GEO Themenlexikon

GEO Themenlexikon

in 20 Bänden

Band 7

Naturwissenschaften und Technik

Begriffe, Methoden, Zusammenhänge

H–Pg

Herausgeber
Peter-Matthias Gaede, GEO
Bibliographisches Institut & F. A. Brockhaus AG

Redaktionsleitung Gabriele Gassen (BIFAB) und Michael Schaper (GEO)

A–Z-Teil
Projektleitung Michael Bauer
Realisation Dr. Ulrich Kilian (science & more redaktionsbüro)
unter Mitarbeit von Dr. Matthias Delbrück, Dr. Angelika Fallert-Müller,
Walter Greulich, Dr. Sabine Klonk, Andreas Lenz, Dr. Heidi Schooltink
Autoren Dr. Katja Bammel, Carsten Heinisch, Dr. Gunnar Radons
Grafik und Karten Dipl.-Ing. (FH) Jörg Radtke

GEO Dossier
Redaktion Jens Schröder; Assistenz: Christian Meyer,
Christoph Scheuermann, Dirk Schneider
Schlussredaktion Jan Pust, Hannelore Koehl (Assistenz)
Bildredaktion Christian und Susanne Gargerle
Technische Realisation Rainer Droste
Kartografie GEO-Kartografie

Layout Horst Bachmann, Barbara Exner, Sigrid Hecker, Tatjana Lorenz
Einband und Umschlag glas ag, Seeheim-Jugenheim
Herstellung Constanze Sonntag

Bibliografische Information der Deutschen Nationalbibliothek
Die Deutsche Nationalbibliothek verzeichnet diese Publikation
in der Deutschen Nationalbibliografie; detaillierte bibliografische
Daten sind im Internet über http://dnb.ddb.de abrufbar.

Satz A–Z Satztechnik, Mannheim
Druck und Bindung MOHN Media Mohndruck GmbH, Gütersloh
Printed in Germany

ISBN-10: Gesamtwerk 3-7653-9420-3 ISBN-13: Gesamtwerk 978-3-7653-9420-1
ISBN-10: Band 7 3-7653-9427-0 ISBN-13: Band 7 978-3-7653-9427-0

Abbildung auf dem Einband Laufmaschine mit lernfähiger Software: Dieter Klein/laif

Hinweise für den Leser

- Die Bände 6, 7 und 8 des GEO Themenlexikons präsentieren das Wissen über Naturwissenschaften und Technik in enzyklopädisch umfassender Gesamtschau: Im Zentrum stehen dabei die klassischen Naturwissenschaften Biologie, Chemie und Physik sowie ihre wichtigsten technischen Anwendungen.
- Das dreibändige Lexikon enthält rund 10 000 Artikel mit allen wichtigen Fakten und Zusammenhängen, mit Hintergrundwissen und Erklärungen spektakulärer Ereignisse. Sonderartikel widmen sich Themen wie biometrische Identifizierung, chemische Kriminalistik, Klimawandel, Künstliche Intelligenz, Navigationssysteme oder Ultraschalldiagnostik. Etliche Artikel werden in den GEO Dossiers vertieft durch ausgewählte Reports und Reportagen.
- Ein klares Verweissystem sorgt für die Verzahnung zwischen Lexikon und GEO Dossier: Von den Lexikonartikeln führen Verweise zu den vertiefenden Informationen in den GEO-Reportagen. Umgekehrt leiten Verweise im GEO Dossier zu denjenigen Einträgen im Lexikon, die Hintergrundfakten zum journalistischen Bericht sowie Anregungen zur weiteren Lektüre enthalten. So kann man bequem zwischen Fakten und Interpretation, zwischen Lexikon und Reportage hin- und herspringen.
- Alle Daten, Fakten und Zusammenhänge wurden mit äußerster Akribie und in Zusammenarbeit mit zahlreichen namhaften Experten erarbeitet und auf den neuesten Stand gebracht. Dennoch kann es zu Varianzen bei Daten, Fakten und wissenschaftlichen Schlussfolgerungen kommen, denn die Forschung ist zum einen ständig in Bewegung, zum anderen kann sie zu durchaus unterschiedlichen Sichtweisen führen. Lexikografische wie journalistische Sorgfalt gebieten es, dies wertungsfrei abzubilden.

h, H, 1) *Chemie:* **H,** chemisches Symbol für →Wasserstoff.

2) *Einheitenzeichen:* H für →Henry, **h** für →Stunde.

3) *Formelzeichen:* H für →Enthalpie, H für →magnetische Feldstärke, h für das →plancksche Wirkungsquantum und $\hbar$ (gesprochen »h quer«) für die Größe $h/2\pi$.

4) *Vorsatzzeichen:* **h** für →hekto...

Haare, 1) Pili, ein- oder mehrzellige, meist fadenförmige Keratinbildungen der Epidermis mancher Tiere und des Menschen. Bei den Wirbeltieren haben nur die Säugetiere Haare. Sie dienen v.a. der Temperaturregulation und als Strahlenschutz, haben aber auch Tastsinnesfunktion und stellen einen Schmuckwert oder Tarnschutz dar. Man unterscheidet den über die Epidermis herausragenden **Haarschaft** und die in einer grubenförmigen Einsenkung steckende **Haarwurzel,** die an ihrem Ende zur **Haarzwiebel** verdickt ist. In diese ragt von unten her eine zapfenförmige, bindegewebige Lederhautpapille **(Haarpapille)** hinein. Sie enthält ein Blutgefäßnetz sowie Pigmentzellen und versorgt die teilungsfähigen Zellen der Haarzwiebel. Von dieser Haarmatrix aus wächst und regeneriert sich das Haar (bei Zerstörung der Matrix oder der Papille ist keine Haarbildung mehr möglich). Nach oben zu sterben die Haarzellen ab und verhornen. Aus unvollständig verhornten und eingetrockneten Zellen bildet sich das **Haarmark.** Um das Mark herum liegt die **Haarrinde,** in deren Zellen Farbstoffe abgelagert sind, die die Haarfarbe bedingen. Die Haarwurzel ist außen vom **Haarbalg,** einer bindegewebigen Schicht aus verdickten Zellen der Lederhaut, umgeben. Die Haare sitzen meist schräg in der Haut. Sie können durch einen kleinen glatten Muskel **(Haarbalgmuskel)** aufgerichtet werden. Zwischen Muskel und Haar liegen ein bis zwei Talgdrüsen **(Haarbalgdrüsen),** die in den Haarbalg münden. Ihr öliges Sekret hält das Haar geschmeidig. Der Mensch hat insgesamt 300 000 bis 500 000 Haare, davon entfallen etwa 25% auf die Kopfbehaarung. Ein menschliches Haar ist 40–100 µm dick. Es wächst täglich zwischen 0,25 und 0,40 mm (Augenbrauen nur etwa halb so viel). Ist das Wachstum beendet, löst sich das Haar unter Verdickung seines untersten Endes von der Papille ab. Nach einer Ruhezeit bildet diese ein neues Haar, das im selben Kanal wächst, das alte Haar mitschiebt, bis dieses ausfällt. Wenn die Pigmentzellen keinen Farbstoff mehr haben, wird das neue Haar grau. Treten zwischen den verhornten Zellen feine Luftbläschen auf, werden die Haare weiß.

Die Dichte des Haarkleides felltragender Säugetiere der gemäßigten Breiten liegt zwischen 200 (Sommerkleid) und 900 (Winterkleid) Haare je cm^2. Auf größeren Haut- beziehungsweise Fellbezirken liegen die Haare im Allgemeinen in bestimmten Richtungen **(Haarstrich).** Der Haarstrich ist häufig der Hauptfortbewegungsrichtung angepasst (verläuft also von vorn nach hinten) oder entspricht der Schutzfunktion des Haarkleides (v.a. gegen Regen; daher meist vom Rücken zum Bauch verlaufend).

2) Pflanzenhaare, Trichome, den tierischen Haaren ähnliche Auswüchse der Oberhautzellen, teils einzellig (z.B. Wurzelhaare, Brennhaare), teils vielzellig (z.B. Gliederhaare, Schuppen, Zotten). Die zu einfachen **Papillen** aufgestülpten Oberhautzellen verursachen den Samtglanz vieler Laub- und Blütenblätter und schützen das Blatt vor Benetzung; **Wurzelhaare** saugen Wasser auf; **Drüsenhaare** scheiden Sekrete aus; **Wollhaare, Seidenhaare** und **Schuppenhaare** schützen vor zu starker Erwärmung; **Kletterhaare** erhöhen die Haftfähigkeit eines Klettersprosses; **Flughaare** verringern die Fallgeschwindigkeit bei Früchten und Samen; **Borstenhaare** sind starre, mit Kieselsäure oder Kalk durchsetzte Haare; die gleichfalls verkieselten **Brennhaare** (→Nesselgewächse) schützen vor Tierfraß; **Fühlhaare** vermitteln Berührungsreize. Haare können auch an den Wänden von Hohlräumen des Pflanzenkörpers vorkommen **(innere Haare).**

Haarkristall, der →Whisker.

Haar|risse, feine, etwa 0,2 mm breite Risse, die bei Putz, Beton, gebranntem Ton u.a. dadurch entstehen, dass sich die Oberflächenschichten beim Abbinden oder Brennen rascher zusammenziehen als das Innere. Bei Metallen entstehen Haarrisse durch zu rasche, ungleichmäßige oder zu tiefe Abkühlung.

Haarwild, die jagdbaren Säugetiere.

Haas, 1) Arthur Erich, österreichischer Physiker, *Brünn 30. 4. 1884, †Chicago 20. 2. 1941; Professor in Leipzig, Wien und Notre Dame (Indiana) in den USA; benutzte 1910 als Erster das Quantenkonzept, um die Atomstruktur aufzuklären; untersuchte auch kosmologische Probleme.

2) Wander Johannes de, niederländischer Physiker, *Lisse (Provinz Südholland) 2. 3. 1878, †Bilthoven (Provinz Utrecht) 26. 4. 1960; Professor in Delft, Groningen und Leiden; wies mit A. Einstein 1915 den →Einstein-de-Haas-Effekt nach, führte grundlegende Untersuchungen über Paramagnetismus bei sehr tiefen Temperaturen, über Superfluidität des Heliums durch. Unabhängig von W. F. Giauque benutzte Haas 1927 das Verfahren der adiabatischen Entmagnetisierung paramagnetischer Salze zum Erreichen von Temperaturen unterhalb 1 K.

Haber, 1) Fritz, deutscher Chemiker, *Breslau 9. 12. 1868, †Basel 29. 1. 1934; ab 1898 Professor für technische Chemie, 1906–11 für physikalische Chemie in Karlsruhe, 1911–33 Leiter des Kaiser-Wilhelm-Instituts für Physi-

Fritz Haber
*** 1868, † 1934**

- entdeckte ein Verfahren zur Ammoniaksynthese
- erhielt 1918 den Nobelpreis für Chemie
- förderte im Ersten Weltkrieg den Einsatz von Giftgas

kalische Chemie in Berlin. Haber stellte sein Institut bei Ausbruch des Ersten Weltkriegs der preußischen Heeresverwaltung zur Verfügung. Er gilt als Initiator und Organisator des Giftgaskriegs, z. B. regte er den Einsatz von Chlor als chemisches Kampfmittel an und leitete den deutschen Chlorgasangriff bei Ypern am 22. 4. 1915, den ersten Masseneinsatz von chemischen Kampfstoffen. Haber war auch verantwortlich für die Einführung der Grünkreuz- und Blaukreuzgeschosse. 1919 war er Initiator der gegründeten Deutschen Gesellschaft für Schädlingsbekämpfung. 1933 emigrierte er wegen seiner jüdischen Herkunft nach Großbritannien.

Wissenschaftlich gesehen war Haber einer der bedeutendsten Vertreter der modernen Chemie, der Forschung und technische Anwendung vereinen konnte. Er entdeckte das Verfahren, Stickstoff und Wasserstoff durch Anwendung hoher Drücke, hoher Temperaturen und bestimmter Katalysatoren zu Ammoniak zu vereinigen, das Carl Bosch für die großtechnische Ammoniaksynthese ausbaute **(Haber-Bosch-Verfahren).** Haber erhielt dafür 1918 den Nobelpreis für Chemie. Er arbeitete außerdem zur Elektrochemie sowie zur Thermodynamik von Gasreaktionen und leistete Beiträge zur organischen Chemie (v. a. zu Nitroverbindungen) und zur physikalischen Chemie (feste Elektrolyte, elektrische Phasenkräfte). Die Reaktionen des Stickstoffs wurden sein Hauptforschungsgebiet.

2) Heinz, deutscher Physiker und Schriftsteller, *Mannheim 15. 5. 1913, †Hamburg 13. 2. 1990; lehrte 1952–56 an der Universität Los Angeles (Kalifornien); ab 1958 Sendereihen für das deutsche Fernsehen; Gründer und Herausgeber der Zeitschrift »Bild der Wissenschaft«; schrieb zahlreiche allgemein verständliche naturwissenschaftliche Sachbücher.

Habitat, Standort, an dem eine Tier- oder Pflanzenart regelmäßig vorkommt.

Hacker ['hækə; zu englisch to hack »(zer)hacken«] *der,* in den 1970er-Jahren in den USA entstandener Begriff für das intensive und begeisterte (auch zwanghafte) Arbeiten (»Hacken«) eines Computerfreaks auf der Tastatur, insbesondere für einen Benutzer, der Programmierprobleme durch Ausprobieren zu lösen sucht. Heute bezeichnen sich computerbegeisterte, erfahrene Anwender selbst als Hacker; illegal bzw. in krimineller Absicht handelnde Hacker nennt man **Cracker.**

Hack|ordnung, *Verhaltensforschung:* eine spezielle →Rangordnung in Hühnergemeinschaften.

Hadal [von griechisch Hades »Unterwelt«] *das,* **Hadopelagial,** *Ökologie:* Zone der Tiefseegräben der Weltmeere, die nach unten an die Zone des Abyssals anschließt, ohne Licht (aphotisch) ist und hydrostatische Drücke über 60 MPa aufweist. Die Lebenswelt der das Hadal bewohnenden Tiere und Mikroorganismen wird als **Hadon** bezeichnet.

Hadronen [griechisch], Sammelbezeichnung für die stark wechselwirkenden →Elementarteilchen, also Baryonen, Mesonen und ihre Resonanzen; zu den Hadronen zählen auch das Proton und das Neutron. Alle Hadronen sind aus →Quarks aufgebaut.

Haemophilus influenzae, gramnegative Bakterien, u. a. Erreger von Krankheiten der oberen Luftwege.

Hafen, natürlicher oder künstlicher, gegen Sturm, See- und Eisgang schützender Anker- und Anlegeplatz für Schiffe mit Einrichtungen und Anlagen für Verkehr und Güterumschlag, Schiffsreparatur und -ausrüstung. Zu unterscheiden sind: 1) nach der Verkehrsart **Seehafen** und **Binnenhafen.** Ein Seehafen besteht oft aus einem offenen Teil, dem **Außenhafen,** und einem geschlossenen Teil; der ebenfalls als Binnenhafen bezeichnet wird 2) nach der geografischen Lage oder der Lage am Gewässer **Küstenhafen, Inselhafen, Flussmündungshafen, Vorhafen,**(Hafen an der Flussmündung, der einem flussaufwärts liegenden Seehafen zugeordnet ist), **Lagunenhafen, Flusshafen** und **Kanalhafen;** 3) nach der Verbindung zwischen Hafen und Wasserstraße **offener Hafen** (Wasserstände im Hafen und in der Wasserstraße ständig ausgespiegelt), **Tidehafen** (offener Hafen im Tidegebiet, gegen Sturmfluten eventuell durch ein Sperrwerk geschützt) und **geschlossener Hafen,** entweder durch eine →Schleuse jederzeit zugänglich **(Schleusenhafen)** oder durch ein Dockhaupt abgeschlossen und damit nur begrenzt zugänglich **(Dockhafen);** 4) nach der Form **Atollhafen** (vor der Küste angelegter Hafen ohne feste Landverbindung), **Parallelhafen,** früher **Lände** (einfachste Form des Binnenhafens, entsteht durch Erweiterung des Fahrwassers bei entsprechendem Uferausbau, Hafenwasserfläche auf ihrer ganzen Länge nicht durch Bauwerke von der Wasserstraße getrennt), **Dreieckshafen** (dreieckförmige Hafenwasserfläche, die nicht durch Bauwerke von der Wasserstraße getrennt ist), **Molenhafen** (Hafenwasserfläche durch Molen von der Wasserstraße abgetrennt) und **Stichhafen** (Hafenwasserfläche landeinwärts der Wasserstraße gelegen, durch eine Hafeneinfahrt mit ihr verbunden); 5) nach dem Zweck, z. B. Schutzhafen oder Winterhafen, Nothafen, Liegehafen, Handelshafen, Industriehafen, Werfthafen, Fährhafen, Kriegshafen und Jachthafen; 6) nach dem Umschlaggut, z. B. Massenguthafen, Stückguthafen, Containerhafen, Ölhafen, Fischereihafen, Erzhafen, Holzhafen, Getreidehafen; 7) nach der Verkehrsbedeutung Lokalhafen, Regionalhafen, Welthafen; 8) nach Zollgrenzen →Freihafen und Zollhafen.

■ **Umschlag** Der Umschlag erfolgt zwischen Schiff und Lagerplatz oder Speicher, beim kombinierten Verkehr zwischen Schiff und Eisenbahn oder Lkw oder auch von Schiff zu Schiff, je nach Art des jeweiligen Umschlagguts mit Kränen, Verladebrücken, Transportbändern, Schüttern (z. B. bei Kohle), Saugluftanlagen (z. B. bei Getreide) oder Druckrohrleitungen (z. B. bei Öl). Stückgüter werden mit Hafenkränen verladen oder palettiert von Gabelstaplern im **Truck-to-Truck-Handling** umgeschlagen. Dem Beladen von Containerschiffen dienen **Containerterminals** mit großen Freiflächen und besonderen Verladebrücken. (z. B. Bremerhaven). Durch Verwendung von →Containern wird u. a. der Umschlag beschleunigt. Daneben spielen über kurze und mittlere Entfernungen →Roll-on-roll-off-Schiffe und →Fähren eine wichtige Rolle.

5694

Hafen.
Hamburger Binnenhafen

Hafer, Avena, Gattung der Süßgräser mit rund 35 Arten vom Mittelmeergebiet bis Zentralasien und Nordafrika; einjährige Pflanzen mit zwei- bis mehrblütigen Ährchen in Rispen. Die bekannteste Art ist der 60–150 cm hohe, in zahlreichen Sorten angebaute **Saathafer** (Avena sativa), wird v. a. als Körnerfutter für Pferde und Futterstroh verwendet. Aus den entspelzten, gequetschten Körnern werden u. a. Haferflocken, -grieß und -mehl hergestellt. In Deutschland wild vorkommende Arten sind u. a. **Windhafer** (Avena fatua) und **Sandhafer** (Avena strigosa).

In der Weltgetreideproduktion steht Hafer (im Jahr 2005: 24 Mio. t) nach Mais, Weizen, Reis, Gerste und Hirse an 6. Stelle.

Hafnium [nach lateinisch Hafnia »Kopenhagen«] *das,* chemisches Symbol **Hf,** metallisches Element aus der 4. Nebengruppe des Periodensystems, Ordnungszahl 72, relative Atommasse 178,49, Dichte (bei 25 °C) 13,31 g/cm³, Schmelzpunkt 2 233 °C, Siedepunkt 4 603 °C.

Das 1923 entdeckte, leicht zieh- und walzbare Metall ist dem Zirkonium, mit dem es stets zusammen auftritt, sehr ähnlich und deswegen nur schwer von ihm zu trennen. Das für die Gewinnung wichtigste Mineral ist der Zyrtolith, eine Varietät des Zirkons, mit einem Hafniumgehalt von etwa 5 %. Hafnium dient als Legierungsmetall und wird aufgrund seines hohen Neutronenabsorptionsquerschnitts vor aallem für Steuerstäbe in Kernreaktoren verwendet.

Haftorgane, morphologische Bildungen, mit deren Hilfe manche Tiere oder Pflanzen an (glatten) Flächen Halt finden können. Dies geschieht v. a. durch Reibung, Adhäsion und/oder Saugkraft.

Bei Pflanzen sind Haftorgane u. a. **Hapteren,** wurzelähnliche Ausstülpungen an der Basis des Vegetationskörpers bei verschiedenen Algen, Flechten und Moosen; **Haftscheiben,** scheibenförmige Haftorgane an der Basis besonders größerer mariner Braun- und Rotalgen sowie an den Ranken des Wilden Weins; **Haftwurzeln,** umgebildete, auf Berührungsreize ansprechende, sprossbürtige Wurzeln mancher Kletterpflanzen (z. B. Efeu).

Bei Tieren erfolgt das Anheften an einen Gegenstand durch aktives Ansaugen mit **Saugnäpfen** oder **Sauggruben,** z. B. bei Saugwürmern; durch von Drüsen abgesonderte Klebstoffe, z. B. Byssusdrüse der Miesmuschel; durch Adhäsionswirkung mithilfe besonderer Strukturen der Körperoberfläche, z. B. der **Haftlappen** am Klauenglied von Insekten oder der **Haftlamellen** der Geckos.

Haftorgane
→ GEO **Dossier**
Von Menschen, die alles wissen wollen, Bd. 6

Hagenbeck, Carl, deutscher Tierhändler, * Hamburg 10. 6. 1844, † ebenda 14. 4. 1913; gründete 1907 den Tierpark Stellingen bei Hamburg, leitete einen Zirkus; schrieb »Von Tieren und Menschen« (1908).

Hagen-Poiseuille-Gesetz [-pwaˈzœj-; nach dem deutschen Wasserbauingenieur G. Hagen, * 1793, † 1884, und dem französischen Mediziner J. L. M. Poiseuille, * 1799, † 1869], Gesetz für die laminare Strömung von Flüssigkeiten durch kreisförmige Röhren: Das pro Zeiteinheit durch den Rohrquerschnitt vom Innenradius r und der Rohrlänge l strömende Flüssigkeitsvolumen Q ist gegeben durch: $Q = \pi r^4 \Delta p / 8 \eta l$, wobei Δp der Druckunterschied zwischen Röhrenanfang und -ende und η die dynamische Viskosität ist. Mithilfe des Hagen-Poiseuille-Gesetzes kann man die Viskosität von Flüssigkeiten durch Strömungsmessungen ermitteln, es spielt z. B. beim Blutkreislauf eine Rolle.

Otto Hahn
*** 1879, † 1968**

565

- fand verschiedene radioaktive Elemente und Isotope
- entdeckte die Kernspaltung
- erhielt 1944 den Nobelpreis für Chemie

Hahn, Otto, deutscher Chemiker, * Frankfurt am Main 8. 3. 1879, † Göttingen 28. 7. 1968; 1910–33 Professor an der Universität Berlin, 1912 ging er ans Kaiser-Wilhelm-Institut für Chemie in Berlin-Dahlem, zunächst als Abteilungsleiter für Radioaktivität, von 1928–45 war er dessen Direktor; 1945/46 Internierung auf Farm Hall in England, 1948–60 Präsident der Max-Planck-Gesellschaft.

Otto Hahn. Arbeitstisch und die Versuchsanordnung, mit der Hahn 1938 die Kernspaltung nachwies (München, Deutsches Museum)

Hahn befasste sich ab 1904 mit Untersuchungen radioaktiver Stoffe (1904/05 bei Sir William Ramsay in London, 1905/06 bei Ernest Rutherford in Montreal). Diese führten ihn – ab 1907 in Zusammenarbeit mit Lise Meitner – zur Entdeckung einer großen Anzahl radioaktiver Elemente beziehungsweise Isotope, u. a. Radiothorium (1904/05), Radioactinium (1905/06), Mesothorium (1907) und Protactinium (1917). Im Ersten Weltkrieg war er unter Fritz Haber Mitglied eines Spezialtrupps für den Giftgaseinsatz. Über diese Beteiligung äußerte sich Hahn in seiner 1968 erschienenen Autobiografie »Mein Leben« sehr beschämt. 1938 entdeckte Hahn – nach Vorarbeiten mit Lise Meitner – in Zusammenarbeit mit seinem Assistenten Fritz Straßmann, dass sich Urankerne unter Neutronenbestrahlung spalten. Damit war die →Kernspaltung entdeckt, die Lise Meitner und Otto Frisch theoretisch deuteten. Für diese Entdeckung wurde ihm nach Kriegsende der Nobelpreis für Chemie des Jahres 1944 verliehen. Am deutschen Atomforschungsprogramm der Nationalsozialisten war Hahn nicht aktiv beteiligt. Unter dem Eindruck des Abwurfs der Atombomben auf Hiroshima und Nagasakai war seine Haltung gegenüber der Kernenergie nach dem Zweiten Weltkrieg skeptisch. So initiierte er 1955 die »Mainau Deklaration«, in der mehrere Nobelpreisträger vor den Gefahren der Atomenergie warnten. 1957 unterzeichnete Hahn die Göttinger Erklärung.

Nach Hahn sind die Otto-Hahn-Friedensmedaille, die Otto-Hahn-Medaille und der Otto-Hahn-Preis benannt.

Hahnenfuß, Ranunculus, Gattung der Hahnenfußgewächse mit über 400 weltweit verbreiteten Arten; meist ausdauernde Kräuter. In Mitteleuropa u. a. **Scharfer Hahnenfuß** (Ranunculus acris), häufig auf Wiesen und Weiden, mit goldgelben Blüten; **Kriechender Hahnenfuß** (Ranunculus repens) auf feuchten Böden, mit dottergelben, bis 3 cm großen Blüten. Beide Arten sowie der **Gifthahnenfuß** (Ranunculus sceleratus), mit kleinen, blassgelben Blüten, sind giftig. In den Alpen wächst der **Gletscherhahnenfuß** (Ranunculus glacialis) mit großen, innen weißen, außen meist rosaroten oder tiefroten Blüten. Als Zierpflanze und Schnittblume beliebt ist v. a. die **Ranunkel** (Asiatischer Hahnenfuß, Ranunculus asiaticus) mit verschiedenfarbigen, einzelnen, gefüllten Blüten.

Hahn-Meitner-Institut Berlin GmbH, Abkürzung **HMI,** 1971 gegründetes Forschungsinstitut mit rund 800 Mitarbeitern (2006); wird von der Bundesrepublik Deutschland (zu 90 %) und vom Land Berlin finanziert, Mitglied der →Hermann von Helmholtz-Gemeinschaft Deutscher Forschungszentren; Aufgaben sind naturwissenschaftliche Grundlagenforschung und anwendungsorientierte Forschung mit den Schwerpunkten Struktur- und Festkörperforschung sowie Solarenergieforschung. Es betreibt zwei Großgeräte, den Berliner Forschungsreaktor BER II sowie einen Beschleuniger des Ionenstrahllabors ISL.

Haie, Haifische, Selachii, Ordnung der Knorpelfische mit halsständigen Kiemenschlitzen und raspelartigem Hautbesatz aus rückwärts gerichteten zahnähnlichen Schuppen. Die Zähne des Gebisses stehen in mehreren Reihen, die nach Abnutzung der vordersten von hinten nachrücken. Hinter jedem Auge liegt ein Spritzloch. Fast alle Haie sind Meeresbewohner, nur wenige Arten leben im Süßwasser. Die frei schwimmenden Haie gebären lebend, die auf dem Meeresboden lebenden Arten legen Eier in Hornkapseln ab. Alle Haie sind Fleischfresser. Zur Ordnung der Haie gehören 19 Familien mit rund 250 Arten. Raubfische, die auch dem Menschen gefährlich werden können, sind u. a. die bis zu 7 m langen **Grauhaie** (**Menschenhaie, Blauhaie,** Carcharhinidae), die nach der T-ähnlichen Kopfform benannten **Hammerhaie** (Sphyrnidae) sowie die **Makrelenhaie** (Isuridae) mit dem etwa 7 m langen **Weißen Hai** (Carcharodon carcharias). Von den ebenfalls **Grauhaie** genannten Hexanchidae sind Angriffe auf Menschen nicht bekannt. Harmlose Planktonfresser sind die bis zu 12 m langen **Riesenhaie** (Cetorhinidae) und die bis zu 18 m langen **Walhaie** (Rhincodontidae); ungefährlich sind auch die weichtierfressenden australischen, nur 1 m langen **Dornhaie** (Squalidae). Das Fleisch kleiner Arten wird geräuchert, das größerer zu Fischmehl verarbeitet. Aus der Leber wird Vitamin-A-reicher Tran gewonnen.

Haitham, Abu Ali al-Hasan Ibn al-Hasan Ibn al-Haitham, lateinisch **Alhazen,** arabischer Naturforscher, *Basra um 965, †Kairo nach 1039; einer der bedeutendsten Universalgelehrten des Mittelalters, führte (qualitative) Experimente in die Naturforschung ein, schrieb über 200 mathematische, medizinische und naturphilosophische Abhandlungen. Seine »Große Optik« war bis zu den Arbeiten von J. Kepler maßgebend.

Haken, Hermann, deutscher Physiker, *Leipzig 12. 7. 1927; 1960–95 Professor in Stuttgart; Arbeiten zur Festkörperphysik und Quantenoptik (besonders zur Theorie des Lasers) sowie zu kooperativen Phänomenen und Selbstorganisation; begründete die →Synergetik; erhielt zahlreiche Preise.

Halb|acetale, sehr unbeständige Verbindungen aus je einem Molekül eines Aldehyds und eines Alkohols. Stabiler sind ringförmige Halbacetale, die viele Zuckerarten bilden.

Halbbildverfahren, *Fernsehtechnik:* gegenwärtig bedeutendstes Fernsehverfahren, bei dem jedes Fernsehbild in Form zweier **Halbbilder** übertragen wird, die jeweils genau die Hälfte der laut Fernsehstandard pro Bild festgelegten Zeilenzahlen (Vollbild 625 Zeilen) umfassen. Das eine Halbbild enthält die geraden, das andere die ungeraden Zeilen, die ineinander »geschrieben« (verkämmt) werden. Bedingt durch die **Halbbildfrequenz,** die pro Sekunde übertragene Anzahl an Halbbildern (50 Hz), erfährt der Betrachter eine (vermeintliche) Verdoppelung der Bildfolgefrequenz und damit eine große Flimmerfreiheit. Technische Grundlage ist das →Zeilensprungverfahren.

halbdurchlässig, →semipermeabel.

Halbleiter, Festkörper, die bei Zimmertemperaturen eine elektrische Leitfähigkeit aufweisen und bei tiefen Temperaturen Isolatoren sind. Starre Grenzen zwischen Halbleitern, Metallen und Isolatoren kann man nicht ziehen. Zweckmäßiger ist eine Einteilung nach der Lage der →Fermi-Energie im Energiespektrum der Elektronen. Die wichtigsten Halbleitermaterialien sind Silicium (Si) und Germanium (Ge). Neben diesen **Elementhalbleitern** haben **Verbindungshalbleiter,** v. a. Verbindungen von Elementen aus der III. und V. oder II. und VI. Hauptgruppe des Periodensystems, das heißt die **III-V-Halbleiter** (GaAs, InP, GaP, InSb u. a.) oder **II-VI-Halbleiter** (CdS, PbS, PbSe, CdSe, CdTe, ZnS u. a.), inzwischen große Bedeutung. Auch gewisse Oxide (z. B. Cu_2O) und Carbide (z. B. SiC) sind halbleitend.

Das elektrische Verhalten der Halbleiter wird durch das →Energiebändermodell erklärt: Anders als bei Metallen wird das bei tiefen Temperaturen unbesetzte Leitungsband (LB) des Halbleiters durch eine verbotene Zone von den voll besetzten Valenzbändern (VB) getrennt, da die Fermi-Energie der Elektronen innerhalb der Bandlücke liegt, das heißt, es gibt keine frei beweglichen Elektronen. Der Energieabstand vom VB zum LB ist beim Halbleiter jedoch wesentlich kleiner als beim Isolator. Bei Energiezufuhr, z. B. durch

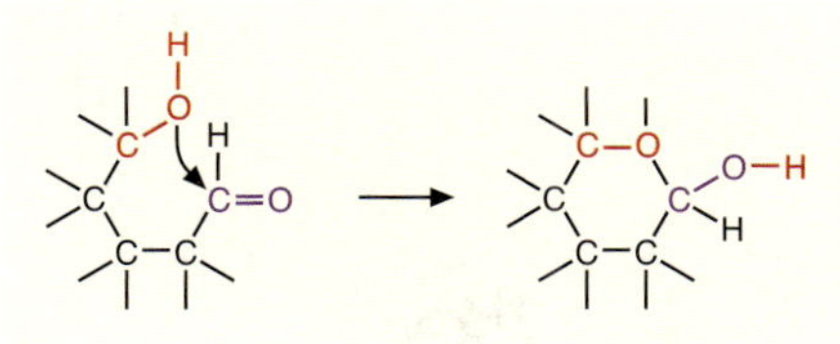

Halbacetale. Ringschluss im Zuckermolekül

thermische oder optische Anregung, können einzelne Elektronen das VB verlassen und ins LB springen, wobei gleichzeitig im VB ein unbesetzter Zustand (Loch, Defektelektron) entsteht **(Generation).** Sowohl Elektronen im LB als auch Defektelektronen im VB können sich im Kristall frei bewegen und liefern einen Beitrag zur elektrischen Leitfähigkeit. Im Gegensatz zu Metallen haben die quasifreien Elektronen im Halbleiter aufgrund der **Rekombination** von Elektronen und Löchern aber nur eine begrenzte Lebensdauer. In starken elektrischen Feldern können einzelne Ladungsträger in Halbleitern so viel Energie aufnehmen, dass sie lawinenartig weitere Ladungsträger erzeugen (Stoßionisation, Lawinendurchbruch), oder es gelangen durch das Feld einzelne Elektronen ins LB (→Zener-Effekt).

Bei einem **Eigenhalbleiter** werden die Elektronen aus dem idealen Kristallgitter herausgelöst, darum ist ein hoher Energiebetrag (Aktivierungsenergie) erforderlich. Diese **Eigenleitung** tritt bei allen Halbleitern ein, wenn die Temperatur so groß wird, dass die thermische Energie der Elektronen der Breite der verbotenen Zone vergleichbar wird. Stammen die Elektronen aus einem gestörten Gitterbereich (Fehlordnung) oder von Fremdatomen (Störstelle), deren Konzentration oft sehr gering sein kann, so ist die Aktivierungsenergie meist sehr viel kleiner **(Störstellenhalbleiter).** Bei der dabei auftretenden **Störstellenleitung (Störleitung)** wird unterschieden, ob die Störstellen Elektronen zur Leitung abgeben (Elektronenleitung, n-Leitung, **n-Typ-Halbleiter**) oder aus den Gitterbindungen aufnehmen (Defektelektronenleitung, p-Leitung, **p-Typ-Halbleiter**). Substanzen, bei denen beide Lei-

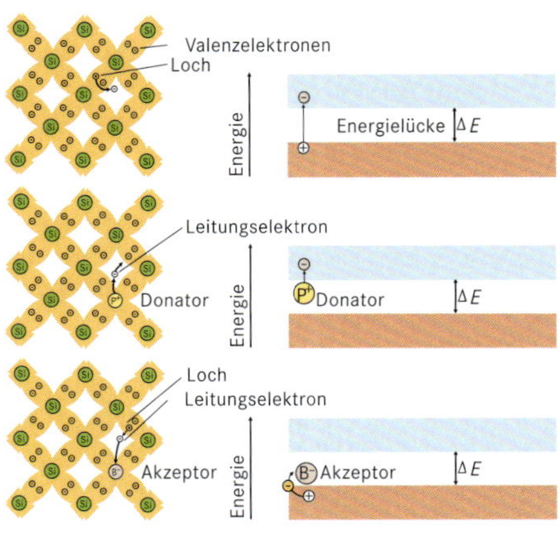

Halbleiter. Schema der Ladungsträger eines undotierten, eines n-dotierten und eines p-dotierten Halbleiters mit dazugehörigen Energiebändermodellen (von oben)

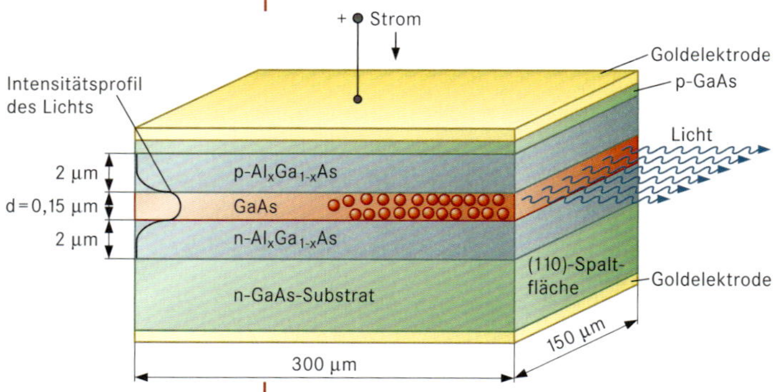

Halbleiterlaser. Schematische Darstellung des Schichtaufbaus eines Galliumarsenid-Halbleiterlasers; die gegenüberliegenden (110)-Spaltflächen bilden den Resonator (d aktive Zone).

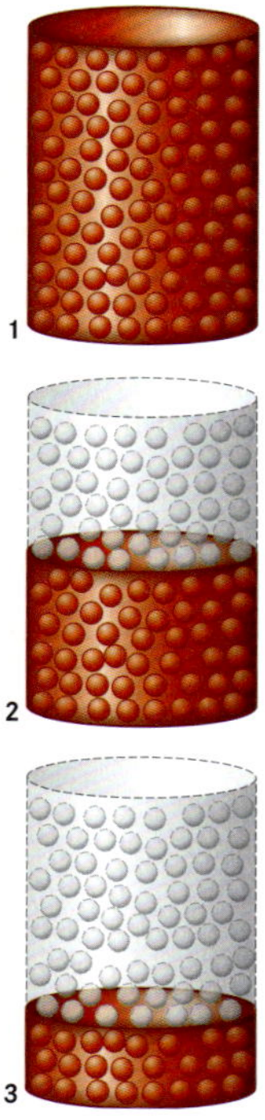

Halbwertszeit. Schematische Darstellung des Zerfalls von Radium 226; nach 1622 Jahren ist nur noch die Hälfte (2), nach 2 x 1622 Jahren ein Viertel (3) der Ausgangsmenge (1) vorhanden

tungsarten auftreten, heißen **amphotere Halbleiter,** z. B. Bleisulfid (PbS). Durch **Dotierung,** das heißt den Einbau bestimmter Elemente, die Elektronen binden (Akzeptoren) oder abgeben (Donatoren), kann n- oder p-Leitung eingestellt werden, z. B. in Germanium und Silicium n-Leitung (n-dotierter Halbleiter) durch Arsen, Antimon, Phosphor und p-Leitung (p-dotierter Halbleiter) durch Aluminium, Gallium, Indium, Bor. Für die Bindung in einem Siliciumkristall zu den nächsten Gitternachbarn werden vier Valenzelektronen je Atom benötigt. Bei Einbau eines fünfwertigen Phosphoratoms (Donator) bleibt ein Elektron übrig, das an der Gitterbindung nicht beteiligt und nur locker an das Phosphoratom gebunden ist; das heißt, es existiert ein besetzter Elektronenzustand knapp unterhalb des LB. Analog entsteht durch den Einbau eines dreiwertigen Boratoms (Akzeptor) ein unbesetzter Elektronenzustand knapp oberhalb des VB. Dies erklärt die im Vergleich zum Eigenhalbleiter niedrige Aktivierungsenergie zur Erzeugung eines beweglichen Elektrons im LB beziehungsweise eines Defektelektrons im VB.

Halbleiterbauelemente, Zusammenfassende Bezeichnung für alle Bauelemente der Elektronik, deren wesentliche Wirkungsweise auf den durch die Festkörperphysik beschriebenen Gesetzen und Effekten bei der Bewegung von Ladungsträgern in einem →Halbleiter beruht. Man unterscheidet nach der Ausnutzung der physikalischen Effekte rein elektrische (z. B. →Diode, →Transistor, →Thyristor), thermoelektrische (z. B. →Heißleiter), optoelektronische (z. B. →Lumineszenzdiode), magnetoelektrische (z. B. Feldplatte), piezoelektrische und akustoelektronische Halbleiterbauelemente; neben diesen diskreten Bauelementen werden auch monolithisch →integrierte Schaltkreise (z. B. Halbleiterspeicher) zu den Halbleiterbauelementen gezählt.

Halbleiterblocktechnik, Verfahren der Mikroelektronik, bei denen die elektronischen Schaltungen in monolithischer Technik im Halbleitereinkristall (meist Silicium) selbst hergestellt werden. Dazu manipuliert man die elektrische Leitfähigkeit und den Leitungstyp durch Dotierung und epitaktisches Aufwachsen (→Epitaxie) unterschiedlicher Schichten. Wichtige Herstellungstechniken sind →Bipolartechnik und →MOS-Technik. Im Gegensatz zu den **Schichttechniken** (→Dickschichttechnik, →Dünnschichttechnik) übernimmt das Halbleitersubstrat nicht nur die mechanischen, sondern auch die elektronischen Funktionen.

Halbleiterdetektor, Halbleiterzähler, ein Strahlungsnachweisgerät, dessen Wirkungsweise auf dem Sperrschichteffekt an einem pn-Übergang beruht. Beim Anlegen einer Spannung bildet sich eine Dipolschicht und in ihr ein starkes elektrisches Feld aus, das Elektronen und Löcher, die durch eine einfallende Strahlung (Alpha-, Beta-, Gammastrahlung) erzeugt werden, beschleunigt. Der resultierende Stromstoß ist ein Maß für die Energie der einfallenden Strahlung.

Halbleiterlaser [-leɪzə, englisch], Festkörperlaser, bei dem kohärentes Licht in Halbleitern, meist durch Leitungsband-Valenzband-Übergänge, entsteht. Die Energiezufuhr kann durch optische Anregung, Elektronenstrahlanregung oder in den für die Anwendung wichtigen →Laserdioden durch Stromfluss, meist durch einen flussgepolten p-n-Übergang, erfolgen.

Halbleiterphysik, Teilgebiet der Festkörperphysik, das sich mit den physikalischen Eigenschaften der →Halbleiter und ihrer theoretischen Erklärung aus dem mikroskopischen Aufbau beschäftigt. Daneben befasst sich die Halbleiterphysik mit der Entwicklung von Prozesstechnologien (→Kristallzüchtung, →Epitaxie, →Lithografie) als Grundlage z. B. für Halbleiter-, Mikro- und Optoelektronik und Photonik.

Halbleiterspeicher, Oberbegriff für die in der Informatik verwendeten →Speicher aus halbleitenden Materialien (besonders Silicium), die in spezieller Technik (z. B. Bipolartechnik, MOS-Technik) hergestellt werden. Halbleiterspeicher sind wegen der hohen benötigten Speicherzellendichte stets als →integrierte Schaltkreise ausgeführt; die Speicherkapazität je →Chip liegt heute im Mega- bis Gigabit-Bereich. Nach dem Verwendungszweck werden Halbleiterspeicher in Festwert- (→ROM) und Schreib-Lese-Speicher (→RAM) unterteilt.

Halbmetalle, Bezeichnung für eine Reihe von kristallinen Festkörpern, deren elektrische Leitfähigkeit bei Raumtemperatur ziemlich klein ist, mit zunehmender Temperatur und/oder zunehmender Dotierung aber stark zunimmt, was die Halbmetalle als elementare →Halbleiter kennzeichnet.

Etwas veraltet werden auch diejenigen chemischen Elemente als Halbmetalle bezeichnet, die im Periodensystem der Elemente im Grenzgebiet zwischen den »links« stehenden)

Halbwertszeiten radioaktiver Nuklide	
Thorium 219	1,05 Mikrosekunden
Stickstoff 13	9,96 Minuten
Kalium 42	12,36 Stunden
Jod 131	8,02 Tage
Strontium 90	28,64 Jahre
Cäsium 137	30,17 Jahre
Radium 226	1600 Jahre
Kohlenstoff 14	5730 Jahre
Plutonium 239	24110 Jahre
Uran 235	703,8 Mio. Jahre

Metallen und den (»rechts« stehenden) Nichtmetallen zu finden sind und die in ihren Eigenschaften eine Mittelstellung zwischen diesen beiden Gruppen einnehmen. Danach gehören zu den Halbmetallen v. a. Bor, Silicium, Germanium, Arsen, Antimon, Wismut, Selen, Tellur und Polonium. Tatsächlich sind viele dieser Elemente klassische Halbleiter.

Halbstrauch, Pflanze, deren unterer Teil holzig und ausdauernd ist; der obere Teil stirbt jährlich ab und wird im Frühjahr durch Neutriebe ersetzt, z. B. Salbei, Ysop.

Halbwertszeit, Formelzeichen $T_{1/2}$, die Zeit, in der eine (meist exponentiell) abfallende Größe auf die Hälfte ihres Anfangswertes abgesunken ist. Die **physikalische Halbwertszeit** ist die für jedes Isotop eines radioaktiven Elements charakteristische Zeitdauer, in der von einer ursprünglich vorhandenen Anzahl radioaktiver Kerne beziehungsweise instabiler Elementarteilchen die Hälfte zerfallen ist. Die **effektive Halbwertszeit** gibt an, nach welcher Zeit sich die Aktivität einer radioaktiven Substanz im Organismus auf die Hälfte reduziert hat. Zur Abnahme führen radioaktiver Zerfall (physikalische Halbwertszeit) und Ausscheidung aus dem Organismus (biologische Halbwertszeit).

Hall ['hɔːl], Edwin Herbert, amerikanischer Physiker, * Gorham (Maine) 7. 11. 1855, † Cambridge (Massachusetts) 20. 11. 1938; Professor an der Harvard University, arbeitete über galvanomagnetische und thermoelektrische Erscheinungen, entdeckte 1879 den →Hall-Effekt.

Hall-Effekt ['hɔːl-], von E. H. Hall entdeckte physikalische Erscheinung: In einem stromdurchflossenen elektrischen Leiter tritt in einem homogenen Magnetfeld, dessen Feldlinien senkrecht zur Richtung des elektrischen Stromes verlaufen, ein elektrisches Spannungsgefälle senkrecht zur Stromrichtung und senkrecht zur Richtung der magnetischen Feldlinien auf. Die durch den Leiter fließenden Ladungsträger werden durch die dabei auf sie wirkende →Lorentz-Kraft seitlich abgelenkt und häufen sich so lange an den seitlichen Begrenzungsflächen des Leiters, bis sich ein von ihrer Raumladung erzeugtes elektrisches Gegenfeld, das **Hall-Feld,** ausgebildet hat. In dem sich dann einstellenden stationären Zustand fließt wieder ein unabgelenkter Strom. (→Quanten-Hall-Effekt)

Hall-Element ['hɔːl-; nach E. H. Hall], **Hall-Effekt-Element, Hall-Generator,**, ein auf dem →Hall-Effekt beruhendes magnetoelektrisches Halbleiterbauelement. In **Hall-Sonden** wird mit konstanter Stromstärke die Stärke von Magnetfeldern oder von zur magnetischen Flussdichte proportionalen Größen ermittelt. Hall-Elemente dienen weiterhin als kontaktlose Signalgeber **(Hall-Kopf),** zur Leistungsmessung, zur elektrischen Multiplikation und Division, zur Modulation und Demodulation sowie zum Aufbau von **Hall-Motoren** (Außenläufermotoren ohne mechanischen Kommutator und mit einem Ferritmagneten als Rotor).

Hallwachs, Wilhelm, deutscher Physiker, * Darmstadt 9. 7. 1859, † Dresden 20. 6. 1922; entdeckte 1888 durch Entladung einer negativ aufgeladenen Metallplatte bei UV-Bestrahlung den äußeren →Fotoeffekt.

Halm, durch Knoten gegliederter Stängel der Gräser.

100775

Halo.
22°-Ring um die Sonne, aufgenommen im Juli 1990 in Lappland, Schweden

Halo, *atmosphärische Optik:* Lichterscheinung, die durch Brechung oder Spiegelung, selten durch Beugung an den Eiskristallen in der Atmosphäre entsteht. Am häufigsten treten Halos in Form von Ringen um Sonne und Mond auf, jedoch werden auch die auf gleiche Art entstehenden Lichterscheinungen in Form von Flecken oder Streifen zu den Haloerscheinungen gerechnet. **Spiegelungshalos** sind weiß (Lichtsäule, Lichtkreuz, Untersonne und Horizontalkreis). **Brechungshalos** erscheinen durch die Zerlegung des Lichtes in die Spektralfarben meist farbig; zu ihnen zählen der 22°-Ring (kleiner oder gewöhnlicher Ring), der 46°-Ring (großer Ring), Nebensonnen, Zirkumzenitalbogen, Zirkumhorizontalbogen

Halo. Sonnenhalo im Gegenlicht

und die verschiedenen Berührungsbogen. Halos treten in Zirruswolken auf; sie sind bei gleichmäßigem, dünnem Zirrostratus am häufigsten und am besten ausgeprägt.

Haloforme, Trihalogenderivate des Methans mit der allgemeinen Formel CHX_3 (X = Fluor, Chlor, Brom oder Jod), bei denen eine Krebs erzeugende Wirkung vermutet wird. Haloforme entstehen in sehr geringen Mengen bei der Chlorierung von Trinkwasser.

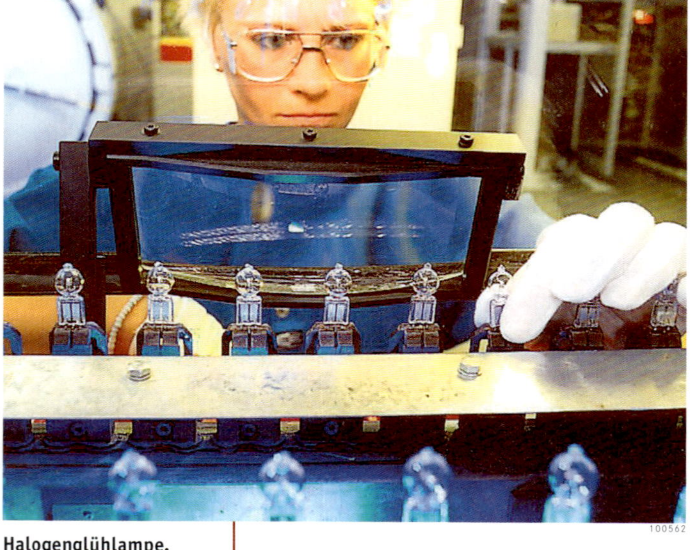

Halogenglühlampe. Fertigung von Halogenglühlampen im Werk Eichstätt der Osram GmbH

Halogene [von griechisch háls »Salz«], Gruppe der reaktionsfähigen nichtmetallischen Elemente Fluor, Chlor, Brom, Jod und das instabile Astat (7. Hauptgruppe des Periodensystems). Infolge ihrer starken Elektronegativität verbinden sich Halogene mit fast allen Elementen zu Halogeniden oder zu Interhalogenverbindungen.

Halogenglühlampe, Halogenlampe, besondere →Glühlampe mit einem Glühfaden (Wendel) aus Wolfram, Halogenzusatz zum Füllgas und einem stark verkleinerten Lampenkolben aus Quarz- oder Hartglas. Die im Betrieb von der Wendel abdampfenden Wolframatome verbinden sich in einer kühleren Zone in der Nähe der Kolbenwand mit dem Halogen (im Allgemeinen Brom), das bei der Kolbentemperatur (über 250 °C) aus der entsprechenden Halogenverbindung freigesetzt wird. Das gebildete Wolframhalogenid (z. B. Wolframbromid) schlägt sich aufgrund der hohen Temperatur nicht auf der Kolbenwand nieder, sondern bleibt dampfförmig. In Wendelnähe dissoziiert das Wolframhalogenid wieder und das Wolfram setzt sich auf der Wendel ab, während das Halogen in den Kreislauf zurückkehrt. Durch diesen Kreisprozess wird eine Kolbenschwärzung durch Ablagerungen verhindert und gleichzeitig die Wendel regeneriert. Halogenglühlampen zeichnen sich durch hohe Lichtausbeuten, lange Lebensdauer, konstanten Lichtstrom und sehr kleine Abmessungen aus. Außer für Flutlicht, Fotografie, Projektoren und Kraftfahrzeug-Scheinwerfer werden Halogenglühlampen auch im Wohnbereich eingesetzt.

Halogenide [griechisch], Verbindungen der Halogene mit stärker elektropositiven Elementen. Man unterscheidet salzartige Halogenide (z. B. Natriumchlorid, NaCl), kovalente Halogenide (Halogenwasserstoffe, Interhalogenverbindungen, Halogenkohlenwasserstoffe), komplexe Halogenide (mit Halogenidionen als Komplexliganden).

Halogenierung [griechisch-lateinisch], Einführung eines Halogenatoms in eine organische Verbindung, z. B. durch Addition.

Halone [Kunstwort aus englisch halogenated hydrocarbon], internationale Bezeichnung für Halogenkohlenwasserstoffe, die als →Feuerlöschmittel verwendet wurden. Seit dem 1. 1. 1994 sind Halone aus Umweltschutzgründen in Deutschland verboten.

Halophyten [griechisch], die →Salzpflanzen.

Halothan *das*, $CF_3-CHClBr$, ein Halogenkohlenwasserstoff; früher häufig (in Kombination mit Lachgas) verwendetes Inhalationsnarkotikum.

häm..., häma..., hämo... [griechisch haĩma »Blut«], in Zusammensetzungen: blut...

Hamamelisgewächse [griechisch], **Zaubernussgewächse, Hamamelidaceae,** in Ostasien heimische Pflanzenfamilie, Bäume und Sträucher. Die **Zaubernuss** (Hamamelis virginiana), dem Haselnussstrauch ähnlich, wird in Deutschland als Zierstrauch angepflanzt; Auszüge aus Rinde und Blättern werden für medizinische und kosmetische Präparate verwendet.

Hamilton-Jacobi-Theorie [ˈhæmɪltən-; nach W. R. Hamilton und C. G. J. Jacobi], besondere mathematische Formulierungsweise der mechanischen Bewegungsgleichungen, die deren Integration wesentlich erleichtert. Eine wichtige Rolle in der Hamilton-Jacobi-Theorie spielt die **Hamilton-Funktion** $H = H(q_i, p_i, t)$ der verallgemeinerten Koordinaten q_i und verallgemeinerten Impulse p_i. In abgeschlossenen Systemen ist H die Summe aus potenzieller und kinetischer Energie; in der Quantenmechanik, bei der an die Stelle der klassischen Größen die entsprechenden Operatoren treten, geht H in den **Hamilton-Operator** $\hat{H}$ (Energieoperator) über, der ein quantenmechanisches System vollständig charakterisiert.

Hamamelisgewächse. Blütenzweige von Hamamelis mollis

Hammel, Schöps, *Tierzucht:* zum Zweck der Mästung kastriertes männliches Schaf.

hämo... [griechisch vergleiche häm...], blut...

Hämoglobin [griechisch-lateinisch] *das,* Abkürzung **Hb,** aus einem Proteinanteil, dem Globin, und einem eisenhaltigen Farbstoffanteil, dem Häm, bestehendes Chromoproteid, das als das am weitesten verbreitete Atmungspigment (roter Blutfarbstoff) im Blut aller Wirbeltiere (einschließlich Mensch) sowie bei manchen Wirbellosen vorkommt. Die Funktion des Hämoglobins besteht sowohl darin, in den Atmungsorganen Sauerstoff aufzunehmen und an die Orte des Verbrauchs im Körpergewebe zu transportieren, als auch darin, das dort gebildete Kohlendioxid aufzunehmen und den Atmungsorganen zuzuführen, wo es nach außen freigesetzt wird. Bei vielen Wirbellosen tritt das Hämoglobin frei im Blutplasma auf. Bei den Wirbeltieren ist das Hämoglobin nur in roten Blutkörperchen (Erythrozyten) enthalten (etwa 95 % der Trockensubstanz); im Blutplasma ist Hämoglobin normalerweise an Haptoglobine gebunden. Das menschliche

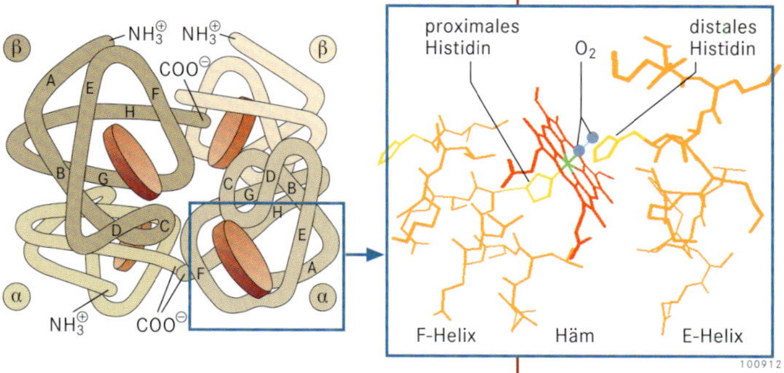

Hämoglobin. Struktur des Hämoglobins (links); vergrößerte Aufnahme der Bindung des Häms an das Protein (rechts)

Hämoglobin hat eine Molekularmasse von etwa 68 000; seine beiden α-Ketten enthalten je 141, seine beiden β-Ketten je 146 Aminosäuren bekannter Sequenz.

Kohlenmonoxid wird vom Hämoglobin wesentlich fester gebunden als Sauerstoff und verdrängt diesen, worauf die hohe Giftigkeit schon geringer CO-Mengen beruht.

Bei den meisten Säugetieren unterscheidet sich das fetale vom mütterlichen Hämoglobin durch eine höhere Bindungsfähigkeit für Sauerstoff, wodurch die O_2-Versorgung des Fetus sichergestellt wird. 5,5 Liter des menschlichen Blutes enthalten etwa 745 (bei der Frau) bis 820 g (beim Mann) Hämoglobin; ein zu niedriger Hämoglobingehalt führt zur Anämie.

Hämolymphe, meist farblose, dem Blut vergleichbare Körperflüssigkeit wirbelloser Tiere (z. B. Gliederfüßer, Weichtiere) mit offenem Blutgefäßsystem. Hämolymphe umspült alle Organsysteme in der Leibeshöhle direkt.

Handbremse, über Handhebel bediente Bremse; sie wirkt durch mechanische Übertragungselemente auf die Bremsbacken. Bei Kraftfahrzeugen ist die Handbremse eine Aus-

Hämoglobin Blutdoping

3 500 Kilometer in drei Wochen mit einer Durchschnittsgeschwindigkeit von mehr als 40 Kilometer pro Stunde für den Sieger, hohe Alpenpässe, oft mehrere pro Etappe – Radrennen wie die Tour de France verlangen den teilnehmenden Sportlern alles ab. Da ist es kein Wunder, dass der Radsport immer schon dafür anfällig war, der menschlichen Natur mithilfe von Doping nachzuhelfen.

Eine der unerlaubten, aber dennoch – nicht nur im Radsport – praktizierten Methoden ist das Blutdoping. Dabei wird dem Sportler sein eigenes Blut, das ihm vier bis sechs Wochen zuvor entnommen wurde, kurz vor dem Wettkampf wieder zugeführt. Durch die Vergrößerung der Blutmenge und den vermehrten Hämoglobinanteil tritt eine erhöhte Sauerstoffaufnahmefähigkeit ein – der Radler fährt nun schneller den Berg hinauf (das hofft er zumindest). Anstelle von Eigenblut kann auch Fremdblut von einem Spender benutzt werden, was aber mit den Risiken einer Fremdbluttransfusion verbunden ist.

Die Wirkungsart des Blutdopings ist also ähnlich wie die des berüchtigten EPO. Auch durch ein Höhentraining kann das Gleiche erreicht werden, jedoch auf legalem Wege und ohne die Risiken einer Bluttransfusion.

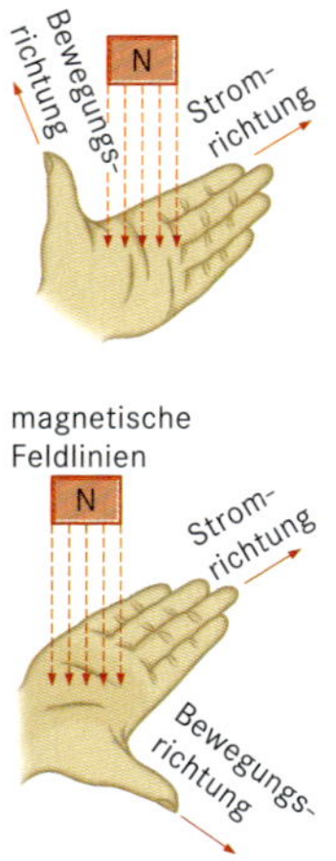

Handregeln.
Oben Linkehandregel; unten Rechtehandregel

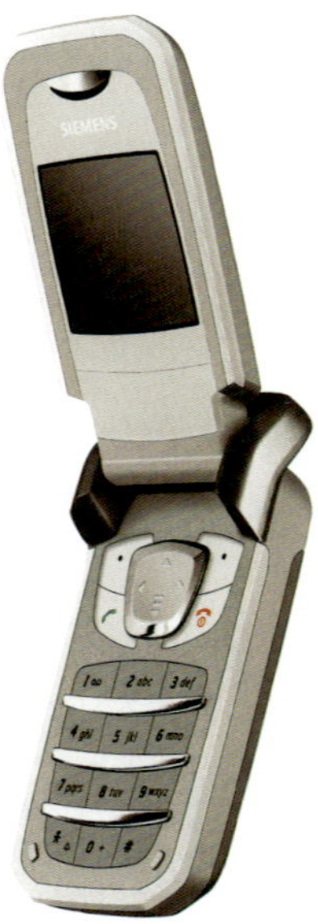

Handy.
Klapp-Handy

führungsart der nach § 41 der Straßenverkehrszulassungsordnung vorgeschriebenen zweiten, unabhängigen Bremse, die das Fahrzeug auch auf einer geneigten Fahrbahn und insbesondere in Abwesenheit des Fahrzeugführers im Stillstand hält **(Feststellbremse).** Bei Eisenbahnen dienen Handbremsen zum Abbremsen beim Rangieren oder zum Festhalten bei Gefällstrecken.

Handheld ['hɛnthɛlt, englisch], **Handheld-Computer,** tragbarer Computer, der bei der Bedienung »in der Hand gehalten« werden kann. Handhelds verfügen über PC-Funktionen wie Büroprogramme und erlauben digitale Kommunikation. Sie werden seit Anfang der 1990er Jahre produziert. Inzwischen haben sich zahlreiche Modelle und unterschiedliche Bezeichnungen herausgebildet. Mit Blick auf ihre Abmessungen werden Handhelds auch als **Palmtop** (in Anlehnung an den Begriff Laptop), mit Blick auf ihre Funktion auch als **PDA** (engl. für personal digital assistent) oder **Organizer** bezeichnet. Viele Handhelds mit Tastatur werden auch **Handheld-PC,** viele ohne Tastatur auch **Pocket-PC** genannt. Stiftgeräte heißen **Penpad** oder **Pen-Computer.**

Handregeln, Merkregeln der *Elektrotechnik,* mit denen man die Richtung von Kraftwirkungen, Strömen und Magnetfeldern ermitteln kann. Die **Linkehandregel** ergibt die Richtung der im magnetischen Feld auf einen Stromleiter wirkenden Kraft: Hält man die linke Hand so, dass die magnetischen Feldlinien (ausgehend vom Nordpol N) senkrecht in die (innere) Handfläche eintreten und der Strom in Richtung der Finger fließt, dann gibt der Daumen die Richtung der Kraft an. Die **Rechtehandregel** ergibt die Richtung des induzierten Stromes in einem im magnetischen Feld bewegten Leiter: Hält man die rechte Hand so, dass die magnetischen Feldlinien senkrecht in die (innere) Handfläche eintreten und der Daumen in die Bewegungsrichtung des Leiters weist, dann geben die Finger die Richtung des induzierten Stromes an.

Entsprechende Regeln lassen sich mithilfe der zueinander senkrecht gestellten Daumen (D), Zeigefinger (Z) und Mittelfinger (M) der rechten oder der linken Hand aufstellen **(Dreifingerregeln).** Bei der Linkehandregel ergibt D die Richtung der Kraft, wenn Z in Magnetfeldrichtung und M in Stromrichtung weist, bei der Rechtehandregel ergibt M die Richtung des Induktionsstromes, wenn Z in Magnetfeldrichtung und D in Bewegungsrichtung weist.

Handy ['hɛndɪ, Kunstwort zu englisch handy »handlich«; im Englischen als »mobile (phone)« oder »portable (phone)« bezeichnet] *das,* umgangssprachliche Bezeichnung für ein →Mobiltelefon, das durch handliche Größe und eine geringe Masse (< 100 g) mobil eingesetzt werden kann. Die in Kraftfahrzeugen verwendeten (und im Unterschied zum Autotelefon nicht fest eingebauten) Handys müssen mit einer Freisprecheinrichtung ausgestattet sein. Moderne Geräte verfügen über Hochleistungsakkus, die eine Gesprächsdauer von mehreren Stunden gewährleisten, sowie Sprachsysteme und Touchscreen. Handys sind inzwischen multifunktionale Geräte (z. B. mit Wecker-, Taschenrechner-, Browser-, Kamerafunktion), mit denen schriftliche Kurznachrichten (→SMS), Bilder, Fotos und Videosequenzen (→MMS) versendet werden können. Viele neuere Handys können über Infrarot- oder Bluetooth-Verbindung mit anderen Geräten kommunizieren und Internetdienste (WAP, E-Mail etc.) nutzen. Den ersten Prototyp eines Handys entwickelte 1973 die amerikanische Firma Motorola Inc., sie brachte 1983 das erste Handy auf den Markt.

Hanf, Cannabis, Gattung der Hanfgewächse mit der einzigen Art **Gewöhnlicher Hanf** (Cannabis sativa). Beheimatet ist der Hanf in Indien, Iran und Afghanistan. Die bis 3,5 m hohen einjährigen Pflanzen sind zweihäusig und besitzen handförmig gefiederte Blätter. Bei den weiblichen Blütenständen sitzen v. a. an den Tragblättern der Blüten Drüsen, die ein Harz ausscheiden, aus dem Haschisch gewonnen wird. Die harzverklebten, getrockneten Pflanzenteile (v. a. die Blütenstände) liefern das Marihuana. Eine aus Asien stammende Kulturform des Gewöhnlichen Hanfs ist der **Faserhanf (Kulturhanf,** Cannabis sativa ssp. sativa), angebaut in Asien, Europa, Nordafrika, Nordamerika, Chile und Australien. Er wird bei weitem Pflanzenabstand bis 3 m hoch und grobfaserig **(Riesenhanf, Schließhanf, Seilerhanf),** bei dichter Aussaat niedrig und feinfaserig **(Spinnhanf).** Die Stängelfaser **(Bastfaser, Weichhanf)** des Hanfs dient zur Herstellung von Nähgarnen (Hanfgarn), Bindfäden, Schnüren und Seilen sowie von Segeltuch, Gurten, Matten und Teppichen. Sie besteht aus zu Bündeln vereinigten Einzelfasern. Fasern aus männlichen und weiblichen Pflanzen unterscheiden sich voneinander durch ihre Feinheit. Die Fasern werden durch Schwingen und Hecheln gewonnen. Die Hanffaser ist weißlich, grünlich oder gelblich, je heller, desto besser die Fasereigenschaften. Die Hanfsamen (nüsschenartige Früchte, auch als Vogelfutter verwendet) liefern ein grünliches Öl, das u. a. zur Seifenherstellung verwendet wird.

Der landwirtschaftliche Hanfanbau, 1982 aus betäubungsmittelrechtlichen Gründen verboten, ist seit 1996 in Deutschland wieder erlaubt. Die jetzt zugelassenen Hanfsorten dürfen jedoch nur maximal 0,3 % des Rauschgifts Tetrahydrocannabinol (THC) enthalten. Hanf gilt als nachwachsender Rohstoff.

Hang|abtriebskraft, *Mechanik:* →geneigte Ebene.

Hänsch, Theodor W., deutscher Physiker, * Heidelberg 30. 10. 1941; seit 1986 Direktor am Max-Planck-Institut für Quantenoptik in Garching und Professor an der Ludwig-Maximilians-Universität in München. Hänschs Hauptarbeitsgebiete sind die Quantenoptik sowie die Quantenphysik ultrakalter Atome. Er entwickelte mit →optischen Frequenzkämmen eine Methode, mit der optische Frequenzen mit Mikrowellenfrequenzen verglichen und ausgezählt werden können. Damit konnte die Messgenauigkeit atomarer Frequenzen entscheidend verbessert werden. Für seine Beiträge zur laserbasierten Präzisionsspektroskopie wurde Hänsch 2005 mit dem Nobelpreis für Physik geehrt.

Hantaviren, zur Familie der Bunyaviren gehörende Gattung der RNA-Viren; können durch die Ausscheidungen kleiner Nagetiere (z. B. Mäuse) auf den Menschen übertragen werden und das Hanta-Fieber hervorrufen, eine Infektionskrankheit, die u. a. zu Blutungen und Nierenversagen führen kann.

haploid [griechisch], *Biologie:* Bezeichnung für Zellen mit einfachem Chromosomensatz (→Chromosomen); Gegensatz: diploid.

Haploidisierung, *Genetik:* Herstellung von haploiden Zellen oder Individuen durch Stimulation der Zellteilung unbefruchteter Eizellen (z. B. bei Fröschen) oder durch Auskeimenlassen von Pollenkörnern zu haploiden Zellkulturen, aus denen sich dann haploide Pflanzen entwickeln können. Die Haploidisierung ermöglicht es, Gene von diploiden Organismen im haploiden Zustand zu analysieren (z. B. rezessive Gene).

Hapteren [griechisch], *Botanik:* 1) Haftorgane festsitzender Algen; 2) Haftfäden der Schachtelhalmsporen.

Haptotropismus *der,* die Fähigkeit (z. B. der Ranken von Kletterpflanzen), nach einem Berührungsreiz den berührten Körper zu umschlingen.

Harddisk ['hɑ:d-, englisch], →Festplattenspeicher.

Harden ['hɑ:dn], Sir (seit 1936) Arthur, britischer Chemiker, * Manchester 12. 10. 1865, † London 17. 6. 1940; erhielt 1929 für Arbeiten über Kohlenhydratvergärung und Gärungsenzyme mit Hans von Euler-Chelpin den Nobelpreis für Chemie.

Hardware ['hɑ:dweə; englisch »Metallwaren«] *die,* Oberbegriff für die maschinentechnische Ausrüstung eines Computersystems.

Hardy-Weinberg-Regel ['hɑ:dɪ-], von dem britischen Mathematiker Godfrey Harold Hardy (* 1877, † 1947) und dem deutschen Biologen Wilhelm Weinberg(* 1862, † 1937) 1908 unabhängig voneinander aufgestellte Regel über die Verteilung von Erbmerkmalen in großen Populationen, nach der die ursprünglichen Proportionen von →Allelen in allen folgenden Generationen erhalten bleiben (Konstanz der Genfrequenzen); grundlegende Regel der Populationsgenetik. Werden Genfrequenzen gefunden, die nicht der Hardy-Weinberg-Regel entsprechen, ist Evolution erfolgt. Daher gelten alle Erscheinungen, die die nach der Hardy-Weinberg-Regel erwarteten Genfrequenzen ändern, als Faktoren der Evolution.

Harkins ['hɑ:kɪnz], William, amerikanischer Chemiker, * Titusville (Pennsylvania) 28. 12. 1873, † Chicago (Illinois) 7. 3. 1951; zeigte in kernchemischen Arbeiten die Möglichkeit der Energieerzeugung durch Kernfusion, sagte 1920 das Neutron voraus und bestimmte die relative Häufigkeit der Elemente im Weltall. Nach der **Harkins-Regel** treten die chemischen Elemente mit geraden Ordnungszahlen (Kernladungszahlen) in der Natur häufiger auf als solche mit ungeraden.

harmonischer Oszillator, schwingungsfähiges System (Oszillator), bei dem die rücktreibende Kraft der Auslenkung aus der Ruhelage proportional ist; führt harmonische →Schwingungen aus, deren Weg-Zeit-Diagramm eine Sinuskurve ist.

Harn, Urin, flüssiges, v. a. Harnstoff enthaltendes Ausscheidungsprodukt der Nieren der Säugetiere und des Menschen. Durch den Harn werden v. a. die stickstoffhaltigen Endprodukte aus dem Protein- und Nukleinsäurestoffwechsel, aber auch nicht verwertbare, u. a. giftige oder im Überschuss zugeführte Nahrungsbestandteile sowie Blut- und Gewebesubstanzen als Schlacken- und Schadstoffe aus dem Körper entfernt. Die Harnbildung erfolgt in den Nieren, wobei aus dem Blut der stark wässrige, ionen- und glucosehaltige **Primärharn** abgepresst wird. Der größte Teil davon (beim Menschen etwa 99 %) wird in das Blut rückresorbiert, sodass die Schlackenstoffe im **Sekundärharn** oder **Endharn** (beim Men-

100562

Theodor Hänsch

Handy Explosionsgefahr?

An jeder Tankstelle wird man durch ein Verbotsschild darauf hingewiesen, dass das Telefonieren mit dem Handy dort verboten ist. Warum eigentlich? In der Tat verdunstet ausgelaufenes Benzin in Sekundenschnelle und erzeugt ein explosives Luft-Benzin-Gemisch. Theoretisch ist ein Handy in der Lage, diesen Benzindampf zu entzünden. Zum einen über die elektromagnetische Strahlung, die es abgibt; allerdings müsste das Handy mindestens mit einer Leistung von sechs Watt senden, um eine Verpuffung in Gang zu setzen; moderne Mobilfunkgeräte arbeiten allerdings mit Leistungen deutlich unter einem Watt – hier besteht also keine Gefahr.
Zum anderen könnte das Handy auf den Boden fallen und einen Funken erzeugen, etwa wenn die Batterie herausgeschleudert wird. Mehrere Forschungsinstitute haben diesen Fall untersucht und sind zu dem Ergebnis gekommen: theoretisch denkbar, aber praktisch sehr unwahrscheinlich. Es gab zwar schon Unfälle an Tankstellen, aber diese wurden durch elektrostatische Entladungen verursacht. Um Ärger zu vermeiden, sollte man sich an das Verbot halten, zu begründen ist es aber nicht.

schen täglich 1–2 l) stark angereichert sind. Über die beiden Harnleiter wird der Harn von den Nieren in die Harnblase weitergeleitet. Durch die Harnbildung und Harnausscheidung werden der Salz- und Wasserhaushalt des Organismus (Volumen und Osmolarität des Blutes) sowie das Säure-Basen-Gleichgewicht (pH-Wert) des Blutes reguliert.

Harnsäure, 2,6,8-Trihydroxypurin, weiße, geruchlose Kristalle bildende chemische Verbindung von geringer Wasserlöslichkeit. Sie tritt in zwei tautomeren Formen (Keto- und Enolform) auf. Ihre Salze heißen **Urate.** Harnsäure ist das Endprodukt des Proteinstoffwechsels von Reptilien und Vögeln. Beim Menschen und Affen ist Harnsäure das Endprodukt des Purinstoffwechsels, bei anderen Säugetieren wird Harnsäure durch das Enzym Uricase in Allantoin umgewandelt. Der Mensch scheidet je Tag durchschnittlich 1 g Harnsäure aus. Abscheidungen von Harnsäure können als Kristalle in der Niere, bei Gicht in den Gelenken abgelagert werden oder als Harnsäuresteine in den Harnwegen auftreten.

Harnstoff, Carbamid, Kohlensäurediamid, farblose, kristalline, in Wasser leicht lösliche chemische Verbindung, die bei 132,7 °C schmilzt. Durch das Enzym Urease wird Harnstoff in Ammoniak und Kohlendioxid gespalten.

Harnstoff wird technisch aus Ammoniak und Kohlendioxid hergestellt. Etwa 85 % der Harnstoffproduktion werden als Düngemittel verwendet. Harnstoff dient darüber hinaus zur Herstellung von Aminoplasten u. a. Im menschlichen Körper ist Harnstoff das wichtigste Endprodukt des Proteinstoffwechsels. Aus Aminosäuren abgespaltenes giftiges Ammoniak wird in der Leber zu ungiftigem Harnstoff umgesetzt **(Harnstoffzyklus).** Die tägliche, mit dem Urin ausgeschiedene Harnstoffmenge liegt zwischen 20 und 35 g.

Harnstoffharze, →Aminoplaste.

Härte, 1) *Chemie:* **Härte des Wassers,** →Wasserhärte.

2) *Mineralogie:* das Maß des Widerstandes, den ein Mineral (Kristall) der mechanischen Verletzung seiner Oberflächenschichten entgegensetzt. Nach der **mohsschen Härteskala** sind die Minerale in zehn Härtegrade eingeteilt. Jedes darin eingeordnete Mineral wird von dem nachfolgenden Mineral geritzt und ritzt selbst das vorangehende.

3) *Physik:* Durchdringungsfähigkeit von Strahlungen (elektromagnetische Wellen oder Teilchenstrahlen, z. B. →Röntgenstrahlen) durch Materie; sie ist umso größer, je kleiner die Wellenlänge, das heißt je höher die Energie der Strahlung ist.

Härten, Aushärtung, 1) *Kunststofftechnologie:* bei Kunststoffen der durch chemische Reaktionen bewirkte Übergang bestimmter Kunstharze in unschmelzbaren und unlöslichen Zustand. Durch das Härten werden im Allgemeinen gleichzeitig hohe Härte und mechanische Festigkeit, gutes elektrisches Isoliervermögen sowie andere günstige Werkstoffeigenschaften erreicht. Es tritt meist durch Erwärmen der Harze auf etwa 80–200 °C **(Wärmehärten),** nach Zusatz katalytisch wirkender Härter auch schon bei Raumtemperatur **(Kalthärten)** oder durch Einwirkung energiereicher Strahlung **(Strahlungshärten)** ein. Die Stoffe reagieren dabei über bestimmte, besonders reaktionsfreudige Molekülgruppen durch Polykondensation, Polymerisation oder Polyaddition zu räumlich vernetzten Makromolekülen weiter. Es können auch Gemische verschiedenartiger Stoffe miteinander härten, wobei unter Umständen die eine Komponente als Härtungsmittel dient. Beispiele härtbarer Harze sind v. a. bestimmte Phenolharze (Resole), ferner Aminoplaste, Epoxidharze und ungesättigte Polyester. Sie bilden als **Duroplaste** eine Hauptgruppe innerhalb der Kunststoffe.

Härte 2): mohssche Härteskala

Härtestufe	Mineral	
1	Talk	mit Fingernagel ritzbar
2	Gips	
3	Kalkspat	mit Taschenmesser oder Stahlnagel ritzbar
4	Flussspat	
5	Apatit	etwa gleich hart wie Fensterglas
6	Orthoklas	ritzen Fensterglas
7	Quarz	
8	Topas	
9	Korund	
10	Diamant	

Besonders Pressmassen werden in geschlossenen Formen unter hohem Druck gehärtet. Aber auch das nahezu oder völlig drucklos durchgeführte Härten findet weite Anwendung, z. B. beim Oberflächenschutz als Einbrennlackierung, bei Leim- oder Klebevorgängen, bei Gießharzen und bei der Verarbeitung von glasfaserverstärkten Kunststoffen.

2) *Metallurgie:* Verfahren zur Verbesserung der mechanischen Eigenschaften, wie Härte, Festigkeit und Zähigkeit, bei Metallen und Legierungen, besonders Stahl, durch Wärmebehandlung; die Verbesserung dieser Eigenschaften wird durch Gefügeänderungen im Werkstoff hervorgerufen, die unter der Wirkung der Wärme erfolgen. Härten erfolgt in drei Arbeitsgängen: Erwärmen, Halten auf Härtetemperatur und Abschrecken.

Beim Härten von Stählen bildet sich der sehr harte, aber spröde →Martensit, sodass es bei Belastung zu vorzeitigem Sprödbruch kommen kann. Durch **Vergüten,** das Härten und nachfolgende →Anlassen auf Temperaturen zwischen 400 und 750 °C, wird die Sprödigkeit beseitigt, wobei auch die Härte geringfügig abnimmt.

Unter **Randschichthärten** versteht man das Härten einer dünnen Randschicht eines Werkstückes durch schnelles Erwärmen der Oberfläche und sofortiges Abschrecken; es dient der Erhöhung der Verschleißfestigkeit. Mit Brennhärten (oder Flammhärten), Induktionshärten und Laserhärten wird dabei die Art der Erwärmung der Oberfläche durch Brenner, Induktion oder Laser bezeichnet.

Beim **Einsatzhärten** wird die Oberfläche eines Werkstückes aus kohlenstoffarmem Stahl mit Kohlenstoff angereichert und anschließend gehärtet. Die Zufuhr des Kohlenstoffs **(Aufkohlen)** erfolgt durch Einbringen der Werkstücke in Kohlenstoff abgebende Einsatzmittel, die fest, flüssig oder gasförmig sein können (Pulver-, Salzbad- beziehungsweise Gasaufkohlen). Durch **Nitrierhärten** wird beim Glühen in einer Ammoniakatmosphäre Stickstoff in die Oberfläche des Werkstückes eingebracht; dabei entfällt das Abschrecken.

Härteprüfung, Ermittlung der Härte eines Werkstoffs (besonders eines Metalls) durch statische oder dynamische Härteprüfverfahren. Statische Härteprüfung: Bei der **Brinellhärteprüfung** wird eine Kugel aus gehärtetem Stahl oder Hartmetall (Durchmesser *D*) durch eine bekannte Kraft *F* in den Stoff gedrückt und der Durchmesser des Kugeleindrucks (Durchmesser *d*) gemessen. Daraus lässt sich die **Brinell-Härte** (*HB*) berechnen. Bei der **Vickershärteprüfung** wird eine Diamantpyramide in den Prüfstoff eingedrückt und die Diagonale des Eindrucks gemessen. Durch Vergleich mit Tabellenwerten lässt sich die **Vickers-Härte** oder **Pyramidenhärte** (*HV*) bestimmen. Bei der **Rockwell-C-Härteprüfung** ist der Prüfkörper ein Diamantkegel mit abgerundeter Spitze und einem Kegelwinkel von 120°, der in zwei Stufen in die Probe eingedrückt wird; bei der **Rockwell-B-Härteprüfung** dagegen eine gehärtete Stahlkugel; die Eindringtiefe wird jeweils mit einer Messuhr gemessen. Nach einer Formel lässt sich daraus die **Rockwell-Härte** (*RHC* oder *RHB*) ermitteln. Dynamische Härteprüfung: Die **Schlaghärteprüfung** mit dem Poldihammer ergibt die **Poldihärte** (*HBp*), die mit dem Kugelschlaghammer die **Schlaghärte.** Die **Rückprallhärteprüfung, Rücksprunghärteprüfung** oder **Fallhärteprüfung** mit dem Skleroskop (Fallhammer mit Diamantspitze) ergibt die **Rückprallhärte, Fallhärte** oder **Skleroskophärte.**

Hartgummi, mit 25–50 % Schwefel vulkanisierter Natur- oder Synthesekautschuk; der hohe Schwefelgehalt führt zu einer starken Quervernetzung des Kautschuks während der →Vulkanisation, wodurch Vulkanisate mit hoher Härte entstehen; internationaler Name **Ebonit**®. Als Hartgummi werden heute auch schwefelarme oder -freie Kautschukderivate bezeichnet, die durch Zusatz von Harzen gehärtet werden (Pseudoebonite). Hartgummi dient als chemikalienbeständiger Werkstoff mit gutem elektrischem Isolationsvermögen; oft durch Kunststoffe ersetzt.

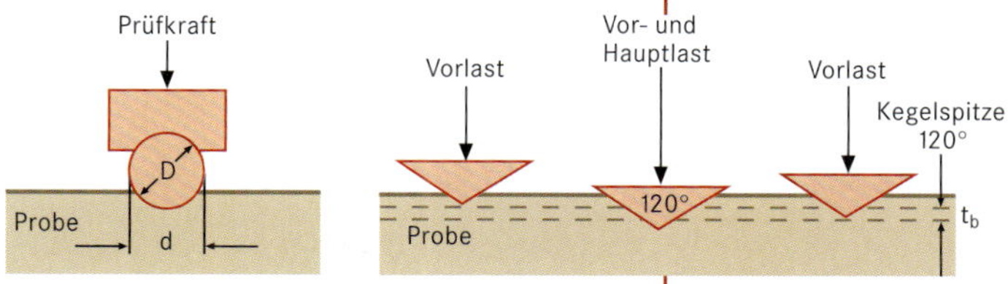

Härteprüfung. Schema der Brinell-Härteprüfung (links) und des Rockwell-C-Verfahrens; D Kugeldurchmesser, d Durchmesser des Kugeleindrucks, t_b bleibende Eindringtiefe

Hart|heugewächse, Johanniskrautgewächse, Hypericaceae, artenreiche Familie meist tropischer und subtropischer Pflanzen, darunter das als Heilpflanze verwendete Johanniskraut.

Hartlaubgewächse, subtropische Pflanzen, mit lederigen, immergrünen Blättern; meist Holzgewächse.

Hartline ['hɑ:tlaɪn], Haldan Keffer, amerikanischer Physiologe, *Bloomsburg (Pennsylvania) 22. 12. 1903, †Fallston (Maryland) 17. 3. 1983; führte grundlegende mikroelektrische Untersuchungen an den Lichtrezeptoren des Auges durch; erhielt 1967 mit R. A. Granit und G. Wald den Nobelpreis für Physiologie oder Medizin.

Hartlaubgewächse. Steineiche

Hartmetalle, Sammelbezeichnung für gegossene oder gesinterte Werkstoffe hoher Härte, besonders Warmhärte, die für stark auf Verschleiß beanspruchte Teile wie Bohrer, Fräser u. a. Schneidwerkzeuge, für Ziehsteine, Glasschneider, Pressmatrizen und Ähnliches dienen. Sie bestehen aus einem oder mehreren metallischen Hartstoffen (z. B. Wolfram-, Titan- oder Tantalcarbid) und einem Bindemittel (Hilfsmetall) der Eisengruppe, v. a. Kobalt.

Hartree ['hɑ:trɪ], Douglas Rayner, britischer Physiker und Mathematiker, *Cambridge 27. 3. 1897, †ebenda 12. 2. 1958; entwickelte zusammen mit dem russischen Physiker W. A. Fock (*1898, †1974) die **Hartree-Fock-Methode,** ein quantenmechanisches Verfahren zur näherungsweisen Berechnung der Wellenfunktionen und Eigenwerte von Mehrelektronensystemen (z. B. in Atomen).

Hartwell ['hɑ:twəl], Leland H., amerikanischer Genetiker, *Los Angeles (Kalifornien) 30. 10. 1939; arbeitet seit 1973 an der University of Washington und ist seit 1997 Präsident und Direktor des Fred Hutchinson Cancer Research Center der University of Washington in Seattle, eines der führenden Krebszentren der USA. Hartwell entdeckte eine Kategorie von Genen, die den Zellzyklus kontrollieren. Eines dieser Gene hat eine zentrale Funktion bei Beginn eines jeden neuen Zellzyklus und wird deshalb Start genannt. Durch die Einführung des Begriffs Kontrollstation (checkpoint) vermittelte er eine neue Perspektive des Zellzyklus. Hartwell erhielt mit T. R. Hunt und P. M. Nurse 2001 den Nobelpreis für Physiologie oder Medizin.

William Harvey
*** 1578, † 1657**

- war Leibarzt am englischen Königshof
- entdeckte den Blutkreislauf

Harvey, William, englischer Anatom und Arzt, *Folkestone 1. 4. 1578, †Hampstead (heute zu London) 3. 6. 1657; 1609–43 Arzt am Saint-Bartholomew's Hospital in London; Leibarzt Jakobs I. und Karls I.; entdeckte den großen Blutkreislauf und veröffentlichte die neue Lehre 1628 in der Schrift »Exercitatio anatomica de motu cordis et sanguinis in animalibus« (deutsch »Anatomische Abhandlung über die Bewegung des Herzens und des Blutes von Tieren«). Harvey stützte sich dabei auf die Berechnung der durch das Herz in einer Stunde hindurchgehenden Blutmenge, auf die anatomische Betrachtung des Herzens und auf die Beobachtungen an gestauten Venen.

Harze, Sammelbegriff für organische, nicht kristalline Stoffe mit mehr oder weniger breiter Verteilung der molaren Massen. Normalerweise haben Harze einen Schmelz- oder Erweichungsbereich, sind im festen Zustand spröde und brechen dann muschelartig. Sie neigen zum Fließen bei Raumtemperatur.

Naturharze sind pflanzlichen (z. B. Kanadabalsam) oder tierischen Ursprungs (z. B. Schellack). Je nach Alter unterscheidet man rezente Harze (frisch gewonnene) und fossile Harze (z. B. Bernstein). **Kunstharze** sind durch Polymerisation, Polyaddition (→Reaktionsharze) oder Polykondensation gewonnene Harze (z. B. Aminoplaste, Epoxidharze und Phenolharze), die gegebenenfalls durch Naturstoffe (fette Öle, Naturharze) modifiziert sind (z. B. Alkydharze). Als Kunstharze bezeichnet man auch durch chemische Umsetzungen (Veresterung, Verseifung u. a.) veränderte Naturharze. Im Gegensatz zu den Naturharzen kann ein großer Teil der Kunstharze durch Vernetzung in Thermodure überführt werden. Harze werden z. B. als Bindemittel für Formmassen, Klebstoffe und Lacke sowie zur elektrischen Isolation (z. B. als Gießharze verwendet.

Haselnuss, Hasel, Corylus, Gattung der Birkengewächse mit 15 Arten, in der nördlichen gemäßigten Zone. Die männlichen Blüten sitzen in langen, hängenden Kätzchen, die weiblichen in knospenähnlichen Blütenständen, die hartschaligen, meist einsamigen Früchte in je einer becher- oder schlauchförmigen Hochblatthülle. Heimisch ist der **Haselstrauch** (**Waldhasel,** Corylus avellana), wächst in Gebüschen und Wäldern Europas; bis 5 m hoch, mit öl- und eiweißreichen einsamigen Früchten (Haselnüsse).

Hasen [althochdeutsch haso, eigentlich »der Graue«], **Leporidae,** Familie der Hasentiere; fast weltweit verbreitet. Hasen sind überwiegend nachtaktiv und fressen Pflanzen. Die Hasen umfassen Echte Hasen und Kaninchen. Die **Echten Hasen** (Gattung Lepus) bewohnen Kultursteppen und lichte Wälder. Sie sind schnelle »Läufer« mit stark verlängerten Hinterbeinen (im Fluchtlauf sollen sie bis 80 km/h erreichen), ihre Neugeborenen sind behaart und haben offene Augen (Nestflüchter). In Europa kommen zwei Arten vor: 1) der **Feldhase** (Lepus europaeus), 40–70 cm lang mit graugelbem bis braunem Fell. Die Häsin (**Setzhäsin** oder **Satzhäsin**) wirft 2- bis 4-mal im Jahr in einer Mulde (Sasse). Der männliche Hase heißt **Rammler.** Der Feldhase drückt sich bei Gefahr nieder, verhält sich ruhig und beobachtet scharf; dies wurde als Schlafen (mit »offenen Augen«) missgedeutet. 2) der **Schneehase** (Lepus timidus); Körperlänge etwa 45–70 cm; angepasst an kühlere Klimate, besiedelt er auch Hochlagen (Alpen) und nordische Gebiete (Tundra), wechselt hier sein im Sommer braunes Fell mit dem weißen Winterkleid.

Hasen|öhrl, Friedrich, österreichischer Physiker, *Wien 30. 11. 1874, ⚔ Folgaria (Provinz Trient) 7. 10. 1915; verfasste Untersuchungen zur Hohlraumstrahlung und machte 1904 erste Aussagen zur Äquivalenz von Masse und Energie, die später von A. Einstein verallgemeinert wurden.

Hassel, Odd, norwegischer Physikochemiker, *Oslo 17. 5. 1897, †ebenda 11. 5. 1981; Professor in Oslo, erforschte die Konformation des Cyclohexans und seiner Derivate, erhielt für diese stereochemischen Untersuchungen mit Derek Barton 1969 den Nobelpreis für Chemie.

Hassium [nach dem Land Hessen] *das,* chemisches Symbol **Hs,** bei der Gesellschaft für Schwerionenforschung (GSI) in Darmstadt 1984 durch Verschmelzung von ^{208}Pb und ^{58}Fe nach Emission eines Neutrons künstlich erzeugtes chemisches Element, ein Transactinoid mit der Kernladungszahl 108. Das Isotop ^{269}Hs hat mit 9,3 s die längste Halbwertszeit.

HASYLAB, Abkürzung für **Ha**mburger **Sy**nchrotronstrahlungs**lab**or, Experimentieranlage am →Deutschen Elektronen-Synchrotron.

Hauptebene, →Kardinalelemente.

Hauptpunkt, →Kardinalelemente.

Hausschwamm

Hauptsatz, Bezeichnung für einen fundamentalen Satz eines Wissenschaftsgebietes, z. B. die drei Hauptsätze der →Thermodynamik.

Hauptschlussmotor, →Elektromotor.

Hauptvalenzbindung, →chemische Bindung.

Hauptwirt, der →Endwirt.

Hausschwamm, Serpula lacrimans, Ständerpilz mit weißem bis grauem, watte- und strangartigem Myzel und rostbraunen, weiß umrandeten Fruchtkörpern (Breite bis 20 cm); zerstört das Holz feuchter Gebäude, aber auch Papier, Stroh, textile Gewebe. Seine Myzelstränge können Mauerwerksfugen durchwachsen. Schutzmaßnahmen: Das Holz muss nach dem Einbau austrocknen können und trocken bleiben (Sperrschichten gegen eindringende Feuchtigkeit, chemische Imprägnierung).

Haustiere, vom Menschen zur Nutzung ihrer Produkte oder Arbeitsleistungen oder aus Liebhaberei gezüchtete und gehaltene Tiere: Hund, Katze, Schwein, Rind, Schaf, Ziege, Rentier, Kamel, Lama, Wasserbüffel, Jak, Arbeitselefant, Pferd, Esel, Maultier, Kaninchen, Huhn, Ente, Pute, Perlhuhn, Gans, Taube, verschiedene Singvögel u. a. Viele Haustiere sind auf bestimmte Bereiche der Erde beschränkt, wie Kamel und Rentier, andere, besonders der Hund, fast überall verbreitet (→Domestikation).

Geschichte: Den Hund als Haustier findet man bereits vor über 10 000 Jahren (ältester Nachweis vor etwa 15 000 Jahren), Rind und Schwein in der Jungsteinzeit, später Schaf, Ziege und Esel. Das Pferd wurde gegen Ende der jüngeren Steinzeit gezähmt, erst später gezüchtet. Seit etwa 5 000 Jahren werden Taube und Huhn als Haustiere genutzt, Gans und Ente erst seit dem Altertum.

Haustorium [lateinisch] *das,* **Saugfortsatz,** zapfenartiges ein- oder mehrzelliges Organ der Schmarotzerpflanzen zum Eindringen in die Wirtspflanze, um ihr Nährstoffe und Wasser zu entziehen.

Haut, Cutis, Derma, Integument, den ganzen Körper bei Wirbeltieren und beim Menschen umgebendes Organsystem; setzt sich zusammen aus der oberflächlichen Oberhaut und der tiefer liegenden Lederhaut, auf die ohne scharfe Abgrenzung in die Tiefe die Unterhaut folgt. Die **Oberhaut (Epidermis)** gliedert sich in die tiefe, dauernd teilungsfähige und für den Zellnachschub verantwortliche **Keimschicht** (Stratum germinativum) sowie die oberflächliche **Hornschicht** (Stratum corneum), deren verhornte Zellen laufend abgeschilfert werden. Abkömmlinge der Oberhaut sind Drüsen, Nägel und Haare. An der **Lederhaut (Corium)** unterscheidet man die äußere, an die Oberhaut mit warzen- oder leistenförmigen Fortsätzen (Bindegewebepapillen) grenzende Schicht (Papillarschicht, Stratum papillare) sowie die innere, durch ein grobmaschiges Netzwerk von Bindegewebefasern ausgezeichnete Schicht (Geflechtschicht, Stratum reticulare), die der Haut ihre Festigkeit verleiht. Die **Unterhaut (Subcutis)** schließt sich ohne scharfe Grenze der Lederhaut an und besteht vorwiegend aus Binde- und Fettgewebe; dient in erster Linie der Wärmeisolation des Körpers, daneben auch als Druckpolster und zur Speicherung von Reservestoffen. Der Säureschutzmantel der Haut wehrt Bakterien ab. Die Pigmente der Keimschicht, die auch in den verhornten Zellen verbleiben, absorbieren Licht und UV-Strahlung. Durch die Absonderung von Schweiß ist die Haut an der Regulation des Wasserhaushaltes und v. a. an der Temperaturregulation beteiligt. Schließlich ist die reichlich mit Sinnesrezeptoren ausgestattete Haut ein Sinnesorgan, das dem Zentralnervensystem eine Vielfalt von Wahrnehmungen vermittelt.

Bei wirbellosen Tieren ist die Haut meist eine einschichtige Epidermis. Über die Haut bei Pflanzen →Epidermis.

Hauteffekt, der →Skineffekt.

Hautflügler, Hymenoptera, weltweit verbreitete Insektenordnung mit etwa 110 000 Arten. Ihre Entwicklung ist eine vollkommene Verwandlung (mit Larven- und Puppenstadium). Vollinsekten haben zwei Paar häutige Flügel, manche sind jedoch flügellos. Der Legeapparat der Stechimmen ist in einen kurzen Giftstachel umgebildet. Man unterscheidet die beiden Unterordnungen **Pflanzenwespen** (Symphyta), z. B. Blattwespen, und **Taillenwespen** (Apocrita), z. B. Ameisen, Bienen. – Abb. S. 505

Haüy [aˈɥi], René, französischer Mineraloge, * Saint-Just-en-Chaussée (Département Oise) 28. 2. 1743, † Paris 1. 6. 1822; gilt durch seine grundlegenden Arbeiten über den Aufbau der Kristalle als Begründer der Kristallografie.

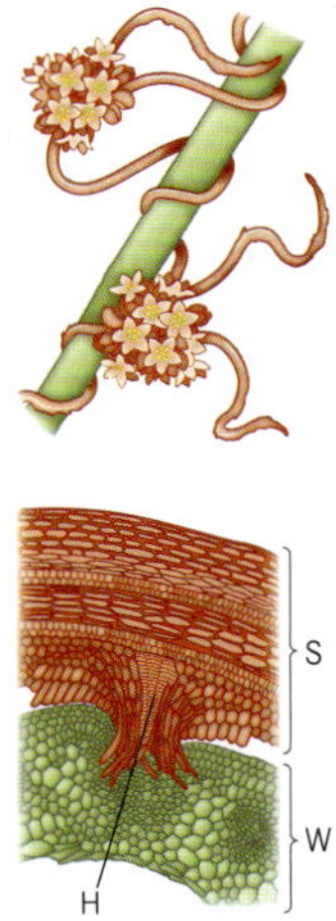

Haustorium.
Oberer Teil: Darstellung des parasitär lebenden Teufelszwirns um den Stängel einer Wirtspflanze gewunden. Unterer Teil: Die Schmarotzerpflanze (S) dringt mit einem Haustorium (H) in das Gewebe der Wirtspflanze (W) ein.

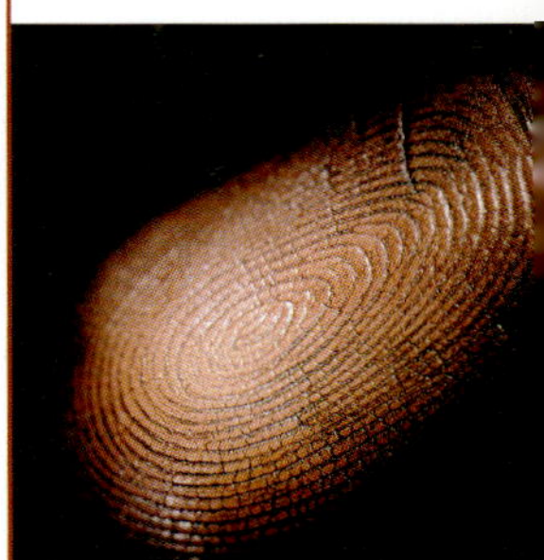

Haut.
Das Relief der Papillarlinien an den Fingern ist bei jedem Menschen individuell verschieden.

Stephen Hawking

Havemann, Robert, deutscher Physikochemiker und politischer Theoretiker, *München 11. 3. 1910, † Grünheide/Mark (Kreis Oder-Spree) 9. 4. 1982; seit 1932 Mitglied der KPD, leitete ab 1943 eine Widerstandsgruppe, deshalb 1943 zum Tode verurteilt, 1943–45 inhaftiert; war u. a. 1947–64 Professor für physikalische Chemie an der Humboldt-Universität in Berlin (Ost). Havemann, zunächst Stalinist, wurde prominentester DDR-Dissident (1964 aller Funktionen enthoben, Ausschluss aus der SED), 1977–79 Hausarrest; im November 1989 von der SED posthum rehabilitiert.

Hawking ['hɔːkɪŋ], Stephen William, britischer Physiker, *Oxford 8. 1. 1942; seit 1977 Professor in Cambridge, schuf eine Theorie der →Schwarzen Löcher und bahnbrechende theoretische Arbeiten über den Ursprung und die Entwicklung des Kosmos (Versuch einer →Großen Vereinheitlichten Theorie). Hawking ist aufgrund einer seltenen Nervenerkrankung (amyotrophische Sklerose) an den Rollstuhl gefesselt und kann sich nur per Computer mit seiner Umwelt verständigen. Sein Buch »Eine kurze Geschichte der Zeit« (1988) wurde ein Welterfolg.

Der antike Mathematiker und Techniker Archimedes wusste, wozu ein **Hebel** gut ist:

»Gebt mir einen Hebel, der lang genug, und einen Angelpunkt, der stark genug ist, dann kann ich die Welt mit einer Hand bewegen.«

Haworth ['hɔːəθ], Sir (seit 1947) Norman, britischer Chemiker, *Chorley (County Lancashire) 19. 3. 1883, † Birmingham 19. 3. 1950; untersuchte u. a. die Struktur von Polysacchariden, synthetisierte (nach der Strukturaufklärung) als Erster Vitamin C; erhielt 1937 mit Paul Karrer den Nobelpreis für Chemie.

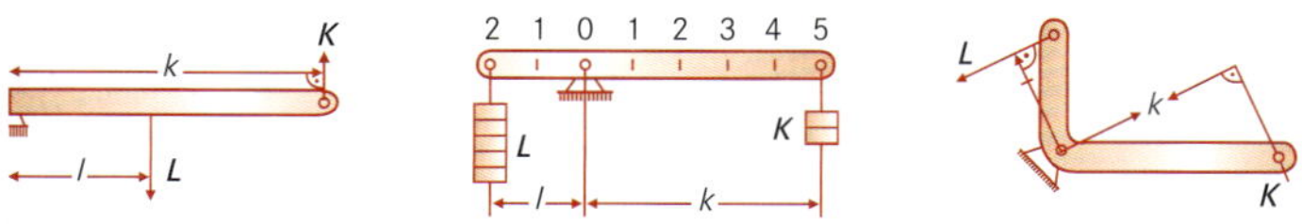

Hebel.
Einarmiger Hebel, zweiarmiger Hebel, Winkelhebel (von links); ***K*** Kraft, ***L*** Last, *k* Länge des Kraftarms, *l* Länge des Lastarms

Haxel, Otto, deutscher Physiker, *Neu-Ulm 2. 4. 1909, † Heidelberg 26. 2. 1998; Professor in Göttingen und Heidelberg, arbeitete über Struktur und Umwandlung von Atomkernen; entwickelte ab 1949 (unabhängig von M. Goeppert-Mayer) zusammen mit H.-D. Jensen ein Schalenmodell des Atomkerns.

HD-DVD [Abk. für High Densitiy DVD, deutsch »DVD hoher (Speicher-)Dichte«], eine DVD mit besonders hoher Speicherkapazität. Sie ist v. a. für Filme im Format →HDTV vorgesehen. HD-DVDs werden mit blauen Lasern geschrieben und gelesen (blauer Laser), was sehr geringe Abstände der Informationseinheiten (Pits) und damit große Speicherkapazitäten erlaubt. Formen der HD-DVD sind a) eine spezielle Form der →Blu-Ray-Disc, die von den Herstellern NEC und Toshiba unterstützt wird (aktuelle Speicherkapazität: 40 GByte) und b) die →AOD.

HDTV [Abkürzung für englisch high definition television »hochauflösendes Fernsehen«], ein Fernsehsystem, das mit höherer Zeilenzahl je Bild, höherer Bildwechselfrequenz und breitbandigeren Videosignalen arbeitet als die üblichen →Fernsehnormen. Bei einem größeren Bildschirmformat (Breite-Höhe-Verhältnis 16 : 9, bisher 4 : 3) liefert HDTV damit brillantere, flimmerfreie Bilder und eine deutlich verbesserte Tonqualität. Die in Japan entwickelten und in Europa modifizierten Standards sehen bisher eine analoge Bild-, jedoch eine digitale Tonübertragung vor. Die Ausstrahlung analoger HDTV-Sendungen erfordert eine bis zu fünfmal so große Übertragungskapazität und folglich eine weitaus größere Kanalbandbreite als das konventionelle Fernsehen; eine Übertragung ist daher nur über Satellit und Kabel möglich. Das digitale HDTV hat den Vorteil einer Datenkompression, die eine schmalbandige Ausstrahlung der Programme auch durch terrestrische Sender ermöglicht.

HDÜ, Abkürzung für Hochspannungsdrehstromübertragung, →elektrische Energieübertragung.

He, chemisches Symbol für →Helium.

Head|set ['hɛd-, englisch] *das,* Kombination aus Kopfhörer und Mikrofon, die ein freihändiges Kommunizieren ermöglicht, z. B. als Freisprecheinrichtung oder Datenhelm.

Heaviside ['hevɪsaɪd], Oliver, britischer Physiker und Elektroingenieur, *Camden Town (heute zu London) 18. 5. 1850, † Paignton (heute zu Torbay) 3. 2. 1925; u. a. Privatgelehrter; wichtige Arbeiten auf dem Gebiet der Elektrostatik und der elektromagnetischen Induktion, die zur Weiterentwicklung des Telefons führten; entwickelte einen mathematischen Formalismus, der der Vektorrechnung ähnlich ist, und verwandte auch schon Operatoren. Heaviside entdeckte 1901 unabhängig von A. E. Kennelly die Existenz einer reflektierenden ionisierten Schicht in der Atmosphäre (Kennelly-Heaviside-Schicht).

Hebel, *Mechanik:* um eine fest stehende Achse drehbarer starrer Körper, oft in Form einer geraden oder gewinkelten **(Winkelhebel)** Stange. Am Hebel herrscht Gleichgewicht, wenn das Drehmoment aller an ihm angreifenden Kräfte gleich null ist **(Hebelgesetz).** Für den einfachen geraden Hebel, an dessen einem Ende eine Kraft (F_1 oder K) angreift und dessen anderes Ende eine Last (F_2 oder L) trägt, gilt dann die Gleichung: Kraft × Kraftarm = Last × Lastarm; dabei sind **Kraftarm** und **Lastarm** die Entfernungen der Angriffspunkte von Kraft und Last von der Drehachse. Beim **einarmigen Hebel** greifen die Kräfte am gleichen Hebelarm an, beim **zweiarmigen Hebel** an je einem Arm. Der Hebel gehört zu den ältesten einfachen Maschinen; mit ihm lassen sich mit kleinem Kraftaufwand und großem Hebelarm große Kräfte an einem entsprechend kleinen Arm erzeugen (Hebebaum, Schere, Zange).

Hecht, Esox lucius, bis 1,5 m langer und 35 kg schwerer, schlanker Raubfisch der eura-

Rechte Seite:
Die Erdbiene (Andrena tibialis) fliegt schon ab März, die Drohnen erscheinen vor den Weibchen und verschwinden auch früher. Da die Art auch im Juli noch gefunden wurde, ist wohl teilweise eine 2. Generation anzunehmen.

sischen und nordamerikanischen Binnengewässer; Speisefisch.

Heeger ['hi:gə], Alan, amerikanischer Chemiker, *Sioux City (Iowa) 22. 1. 1936; Professor; erhielt mit Alan MacDiarmid und Hideki Shirakawa für die Entdeckung und Entwicklung von elektrisch leitenden Polymeren 2000 den Nobelpreis für Chemie.

Hefen, 1) *Botanik:* mikroskopisch kleine einzellige **Hefepilze** (Saccharomyces u. a. Gattungen), die die alkoholische →Gärung bewirken. Durch Reinzucht obergäriger Rassen und Nährlösungen (v. a. Melasse) wird **Backhefe** hergestellt, die als **Presshefe** oder auch **Trockenhefe** in den Handel kommt. Die in der Natur frei vorkommende **Weinhefe** wird heute ausschließlich als Reinzuchthefe gezüchtet. Die **Bierhefen** sind dagegen nur als Kulturstämme bekannt; hier werden untergärige und obergärige Stämme unterschieden. Ebenfalls zu den Hefen wird die **Nährhefe** gerechnet.

2) *Kellereitechnik:* feste Stoffe, die sich nach der alkoholischen Gärung von untergärigem Bier und Wein absetzen **(Drusen, Geläger)** oder bei obergärigem Bier an die Oberfläche steigen **(Geest);** Hefen bestehen vorwiegend aus lebenden oder toten Hefezellen, Proteinen u. a. organischen Stoffen; sie dienen noch zur Herstellung von wein- und branntweinartigen Getränken minderer Güte **(Hefepresswein, Hefewein, Hefebranntwein).**

Heimcomputer [-kɔmpju:tər], **Homecomputer,** in der ursprünglichen Bedeutung ein v. a. für private Zwecke eingesetzter, wenig leistungsfähiger Computer. Die Bezeichnung Heimcomputer wird heute kaum noch verwendet, da eine genaue Abgrenzung zu den →Personalcomputern nicht mehr möglich und sinnvoll ist.

Heinkel, Ernst Heinrich, deutscher Flugzeugkonstrukteur, *Grunbach (heute zu Remshalden) 24. 1. 1888, †Stuttgart 30. 1. 1958; entwickelte zahlreiche Flugzeugtypen, u. a. das erste Raketenflugzeug (He 176, 1939) und das erste Flugzeug mit Turbinenluftstrahltriebwerk (He 178, 1939). Die von ihm 1922 gegründeten **Ernst-Heinkel-Flugzeugwerke,** Warnemünde, wurden nach dem Zweiten Weltkrieg zum Teil enteignet; Nachfolgeunternehmen fusionierten mit der Daimler-Benz AG und den Vereinigten Flugtechnischen Werken.

Heisenberg, Werner Karl, deutscher Physiker, *Würzburg 5. 12. 1901, †München 1. 2. 1976; 1927–41 Professor für theoretische Physik in Leipzig, 1941–45 Direktor des Kaiser-Wilhelm-Instituts für Physik in Berlin; wandte sich während der Zeit des Nationalsozialismus gegen die u. a. von P. Lenard vertretene »deutsche Physik«, wurde dennoch zum Leiter des deutschen Kernenergieprojektes ernannt; 1946–70 Direktor des Max-Planck-Instituts für Physik und Astrophysik (Göttingen, ab 1958 in München) sowie Professor in Göttingen und München.

Heisenberg ist einer der Begründer der Quantenmechanik. 1925 forderte er, in der Physik nur beobachtbare Größen (»Observable«) zuzulassen. Mit M. Born und P. Jordan entwickelte Heisenberg den Matrizen benutzenden Formalismus für die →Quantenmechanik, dessen Äquivalenz mit dem Wellenfunktionen verwendenden Ansatz von E. Schrödinger bald bewiesen wurde. 1927 formulierte Heisenberg die →Unschärferelation und schuf mit N. Bohr die →Kopenhagener Deutung der Quantenmechanik. Für diese Leistungen wurde ihm 1933 der Nobelpreis (für das Jahr 1932) verliehen.

Während des Zweiten Weltkrieges beschäftigte Heisenberg sich mit den Möglichkeiten der Kernspaltung (1940 unveröffentlichte Theorie des Kernreaktors). Ein wichtiger Beitrag zur theoretischen Physik war die Einführung der S-Matrix 1943 in die Störungstheorie. Nach dem Krieg widmete sich Heisenberg dem Versuch, eine einheitliche Feldtheorie für die Elementarteilchen zu entwickeln. Seine Untersuchungen führten ihn zur »heisenbergschen Weltformel« in der Spinortheorie (1958), wobei die Elementarteilchen als Zustände des gleichen Spinorfelds aufgefasst und durch nichtlineare Feldgleichungen beschrieben werden. Diese Theorie erregte seinerzeit großes Aufsehen, wurde aber mittlerweile durch andere Ansätze verdrängt.

Heisenbergs Haltung zur Frage des Baus einer deutschen Atombombe ist umstritten. Im September 1941 fand ein Treffen Heisenbergs mit N. Bohr in Kopenhagen statt. Hauptthemen waren zweifellos die Fortschritte in der deutschen Kernphysik und die Möglichkeit

Werner Heisenberg
*** 1901, † 1976**

- gilt als Mitbegründer der Quantenmechanik
- formulierte die Unschärferelation
- erhielt 1932 den Nobelpreis für Physik

Heisenberg Die deutsche Atombombe

Zwei Wochen nach Bekanntwerden des amerikanischen Atombombenabwurfs, auf den Heisenberg mit Unglauben und Skepsis reagiert hatte, hielt er vor seinen Kollegen einen Vortrag, in dem er einige Berechnungen zu den bei einer Atombombenexplosion ablaufenden physikalischen Prozessen angestellt hatte. Darin machte er, wie auch die amerikanischen Physiker zu Beginn ihrer Arbeiten in Los Alamos, einige typische »Anfängerfehler«, die zeigen, dass er sich mit der eigentlichen Bombenphysik zuvor gar nicht ernsthaft beschäftigt hatte. Es gab keinen Wettlauf um die Bombe.

Die deutschen Anstrengungen während des Krieges glichen weniger den amerikanischen als vielmehr den sowjetischen – begrenzte Mittel, Management durch Wissenschaftler, keine industrielle Entwicklung und kein militärischer Generalbevollmächtigter für das ganze Unternehmen. In beiden Fällen bestimmte die Form der Organisation weitgehend das Ergebnis.

Die deutschen Aufwendungen für das Uranprojekt – personell wie finanziell – machten nur etwa ein Promille der amerikanischen aus und sind schon in dieser Hinsicht gar nicht miteinander vergleichbar.

der Herstellung einer Nuklearwaffe, an der Heisenberg beteiligt war. Auch nach den im Februar 2002 erschienenen bislang unveröffentlichten Brief- und Textentwürfen Bohrs zu diesem Treffen bleibt die Quellenlage widersprüchlich. Offen bleibt weiterhin die Frage, ob Heisenberg Bohr dazu bringen wollte, auch die USA und Großbritannien zu einem Verzicht auf die Entwicklung von Atomwaffen zu bewegen, oder ob Heisenberg tatsächlich an die Unausweichlichkeit eines deutschen Sieges mithilfe der noch zu bauenden Atombombe geglaubt hat.

Heißdampf, überhitzter →Dampf.

Heißdampfkühler, Einrichtung bei Dampferzeugern zur Regelung der Endtemperatur der →Überhitzer. Beim **Oberflächenkühler** wird ein Teil des Heißdampfes in Rohrbündeln durch den Wasser- oder Dampfraum geführt; beim schneller reagierenden **Einspritzkühler** wird fein verteiltes Kondensat in einen in die Dampfleitung eingebauten Raum gespritzt, der zur Oberflächenvergrößerung mit Ringen oder Kugeln gefüllt ist.

Heißleiter, NTC-Thermistor, ein Thermistor mit negativem Temperaturkoeffizienten; mit steigender Temperatur nimmt der Widerstand eines Heißleiters ab, die Leitfähigkeit zu. Heißleiter werden aus gesinterten Metalloxiden hergestellt und z. B. als Temperatursensoren oder -regler eingesetzt; Gegensatz: Kaltleiter.

Heißsiegeln, Verfahren zum Verbinden thermoplastischer Schmelzschichten von Verpackungsmaterialien durch Heißpressen.

Heißwassergeräte, meist elektrisch betriebene Geräte zur Bereitung und Speicherung von Warmwasser bis etwa 85 °C (Warm- oder Heißwasserspeicher; mit hochwertiger Wärmeisolierung, 5–80 Liter Inhalt). **Boiler** (Inhalt 5 Liter) zählen zu den Kochendwassergeräten (meist ohne Wärmeisolierung; bis 100 °C). Mit Strom oder Gas betriebene **Durchlauferhitzer** sind Druckgeräte, die sich nur bei Wasserentnahme einschalten.

Heizkessel, Wärmeerzeuger mit Feuerungen für feste, flüssige oder gasförmige Brennstoffe, der die Wärmeenergie für Heizzwecke bei der Raumheizung, Warmwasserbereitung oder Ähnlichem bereitstellt. Die bei der Verbrennung der Brennstoffe entstehende Verbrennungswärme wird an Wärmeträger (Wasser, Wasserdampf) abgegeben und zum Wärmeverbraucher (Heizkörper, Wärmetauscher) transportiert. Der **Brennwertkessel** nutzt die Kondensationswärme des Brennstoffs (→Brennwerttechnik) und arbeitet mit Rauchgasrückkühlung, das heißt, die Rauchgase durchlaufen einen zweiten Wärmetauscher. Schadstoffe werden dadurch im Kessel gebunden und gelangen nicht in die Umwelt.

Heizkraftwerk, Wärmekraftwerk, in dem Elektrizität und nutzbare Wärme (→Fernwärme) durch →Kraft-Wärme-Kopplung aus anderen Energieformen erzeugt werden.

Heizleiter, Heizwiderstand, elektrische Leiter mit hohem elektrischem Widerstand und hoher Temperaturbeständigkeit, der zur Wärmeerzeugung genutzt wird; verwendet werden v. a. Nickel-Chrom- und Eisen-Chrom-Aluminium-Legierungen; für höhere Temperaturen eignen sich u. a. Siliciumcarbid und hochschmelzende Metalle in nicht oxidierender Atmosphäre (z. B. Molybdän, Wolfram).

Heizöl, flüssiger Brennstoff aus Erdöl, Schieferöl, Steinkohlen- oder Braunkohlenteerölen, der für Feuerungs- und Brennzwecke geeignet sein muss. Nach der Viskosität unterscheidet man die Sorten: **EL** (extra leichtflüssig, besonders für kleine Heizanlagen), **L** (leichtflüssig), **M** (mittelflüssig), **S** (schwerflüssig, v. a. für Großverbraucher). Heizöl EL wird aus Gasölfraktionen der Erdöldestillation gemischt; um die missbräuchliche Verwendung als Dieselkraftstoff zu verhindern, muss Heizöl EL mit Zusatzstoffen (Furfural und roter Farbstoff) gekennzeichnet sein. Heizöl S besteht meist aus Rückständen der Erdöldestillation; Heizöl L und Heizöl M sind Produkte der Braun- und Steinkohlenschwelung. Heizöl besitzt einen hohen Heizwert (bis zu 42 000 kJ/kg für Heizöl EL).

106

Heizung. Moderne Zentralheizungsanlage

Heizung, Vorrichtung oder Anlage zum Erwärmen von Räumen zur Schaffung einer physiologisch günstigen Umgebung. Eine Heizungsanlage besteht im Wesentlichen aus der Wärmeerzeugungsanlage und den zur Wärmeabgabe bestimmten Teilen. Die Wärme wird entweder durch Verbrennung fossiler Brennstoffe oder durch Umwandlung von elektrischer Energie erzeugt. Zur einfachsten und ältesten Form der Heizung, der **Einzelheizung,** gehören alle Arten von Öfen, die ihre Wärme durch Konvektion oder Strahlung abgeben. Die Öfen unterscheidet man nach Baustoffen oder nach Brennstoffen beziehungsweise Energieart.

■ **Bauarten** Der **Kachelofen** zählt zu den Speicheröfen. Seine Ummantelung nimmt Wärme auf und gibt sie langsam, vorwiegend durch Konvektion ab. Bei keramischen oder eisernen **Dauerbrandöfen** für Kohle und Koks sind Füllschacht und Verbrennungsraum voneinander getrennt. Durch selbsttätige Regulierung der Luftzufuhr wird die Zimmertemperatur in beschränktem Umfang konstant gehalten. An den **Ölöfen,** in denen hochwertige leichte mineralische Öle verbrannt werden, ist ein Heizöltank mit Schwimmerregelventil angebaut. Über ein Regulierventil fließt dem Verdampfungsbrenner das Heizöl zu. Das Heizöl kann aber auch vom Keller durch Pumpen den Öfen zugeführt werden. In **Gasöfen** (Strahlungs-, Konvektionsöfen) wird Heizgas verbrannt. In Strahlungsöfen erhitzt die Gasflamme Heizflächen aus Metall oder Schamotte, die die Wärme abstrahlen. Konvektionsöfen werden als Glieder- oder v.a. als Kaminöfen gebaut; die Wärmeabgabe erfolgt über Wärmeaustauscher. Bei **elektrischen Öfen** wird durch elektrische Energie in einem aufgewickelten Widerstandsdraht oder einem Stab Wärme erzeugt. Man unterscheidet Strahlungsheizkörper (z.B. Wand-, Deckenstrahler) sowie Konvektionsheizkörper (z.B. Heizlüfter) mit und ohne Ventilator zur Luftumwälzung. In elektrischen Speicheröfen wird, meist mit verbilligtem Nachtstrom, Wärme speicherndes Material aufgeheizt; die Wärmeabgabe kann reguliert werden (→Elektrospeicherheizung). Zur zentralen Versorgung ganzer Gebäudegruppen dient die Fernheizung (→Fernwärme). Bei der **Zentralheizung** werden die zu beheizenden Räume von einer meist im Keller angeordneten zentralen Wärmequelle aus mit Wärme versorgt. Als Wärmeträger dienen Warmwasser, Dampf oder Luft. Weitaus am häufigsten ist die **Warmwasserheizung,** bei der das Wasser in einem Heizkessel durch die Verbrennung von Koks, Gas oder Öl bis etwa 90 °C (in einer **Druckheizung** oder **Heißwasserheizung** auf 110 °C) erwärmt und durch Rohrleitungen zu den Heizkörpern transportiert wird. Nach der Art des Wasserumlaufs unterscheidet man Schwerkraftheizung und Pumpenheizung. Bei der **Schwerkraftheizung** erfolgt der Wasserkreislauf wegen der unterschiedlichen Dichte zwischen erwärmtem (Vorlauf) und abgekühltem Wasser (Rücklauf). Die **Pumpenheizung** wird bei größeren Gebäuden angewendet; hierbei wird das Wasser mit einer elektrischen Pumpe umgewälzt. – Bei der **Dampfheizung** wird der Dampf im Niederdruckdampfkessel erzeugt und gibt seine Verdampfungswärme in den Heizkörpern ab. Das dabei niedergeschlagene Wasser (Kondensat) fällt durch eine besondere Fallleitung in den Kessel zurück. Wegen der schlechten zentralen Regelbarkeit und geringen Wärmespeicherung werden Dampfheizungen nur noch im industriellen Bereich oder in Gebäuden, die nur kurzzeitig, aber schnell beheizt werden müssen (z.B. Kirchen), angewendet. **Niedertemperaturheizungen** verwenden Heizmittel mit Temperaturen zwischen 30 und 60 °C. Sie gehören aufgrund der verringerten Wärmeverluste zu den Energie sparenden Heizsystemen. Nur als Niedertemperaturheizung betreibbar sind die →Solarheizung, bei der mittels Sonnenkollektoren die Sonnenenergie genutzt wird, und die →Wärmepumpe, die die Umwelt (z.B. Luft, Wasser, Erdreich) als Wärmequelle nutzt. Zu den Niedertemperaturheizungen gehört auch die **Warmluftheizung,** bei der mehrere Räume gleichzeitig meist von einem zentral gelegenen Kachelofen über Luftkanäle beheizt werden.

Heizwert, Reaktionswärme, die bei der vollständigen Verbrennung einer bestimmten Masse (in kg) beziehungsweise Stoffmenge (in mol) eines festen oder flüssigen Brennstoffs freigesetzt wird. Dabei ist im Unterschied zum Brennwert Voraussetzung, dass das bei der Verbrennung gebildete Wasser im gasförmigen Zustand anfällt. Bei festen und flüssigen Brennstoffen unterscheidet man zwischen **spezifischem** (bezogen auf 1 kg Brennstoff) und **molarem** (bezogen auf die Stoffmenge von 1 mol) **Heizwert.** Bei gasförmigen Brennstoffen wird der Heizwert auf 1 m^3 Gas im →Normzustand bezogen.

hẹkto... [von griechisch hekatón »hundert«], Vorsatzzeichen **h,** Vorsatz vor Einheiten für den Faktor 100, z.B. 1 Hektoliter = 1 hl = 100 Liter, 1 Hektopascal = 1 hPa = 100 Pa = 1 Millibar.

Helianthịn [griechisch] *das,* →Methylorange.

Helikọpter [griechisch] *der,* →Hubschrauber.

Hẹlioregulation [griechisch-lateinisch], bei vielen in Hochgebirgen, Steppen, Savannen und Wüsten lebenden Tieren (z.B. Insekten, Reptilien) vorkommende Form der Regulation des Wärmehaushaltes, bei der der Körper nach dem Sonnenstand orientiert und somit maximaler oder minimaler Strahlung ausgesetzt wird. Die Helioregulation hilft, starke Temperaturschwankungen zwischen Tag und Nacht auszugleichen.

Hẹlium [griechisch] *das,* **He,** farbloses chemisches Element aus der Gruppe der Edelgase. Ordnungszahl 2, relative Atommasse 4,002602, Dichte 0,1785 g/l, Schmelzpunkt –272,2 °C (bei 26 bar Druck), Siedepunkt –268,93 °C.

Helium ist geruchlos, unbrennbar, äußerst reaktionsträge (es gibt keinerlei bekannte Verbindungen) und innerhalb der Erdatmosphäre und der Erdkruste außerordentlich selten. Es kommt in allen Uran- und Thoriummineralen vor, in denen es durch radioaktive α-Zerfallsprozesse entstanden ist, in Mineralquellen, in der Luft (4,6 cm^3 He in 1 m^3 Luft). Im Weltall ist es nach Wasserstoff das zweithäufigste Element. Technische Gewinnung vorwiegend aus Erdgas. Helium ist die einzige bekannte Substanz, die keinen →Tripelpunkt besitzt und am absoluten Nullpunkt flüssig bleibt; es wird aber fest (gefriert) unter äußerem Druck. Die beiden natürlichen Isotope ^{3}He und ^{4}He werden bei 3,2 K beziehungsweise 4,2 K flüssig. Flüssiges ^{4}He tritt in zwei verschiedenen Modifikationen auf: oberhalb des Lambdapunkts von 2,184 K als normalflüssiges **He I**, unterhalb als suprafüssiges **He II.** ^{3}He zeigt →Suprafluidität erst unterhalb 2,7 mK. He II ist der beste bekannte Wärmeleiter.

Helium wird als Schutz- und Kühlgas in verschiedenen technischen Prozessen eingesetzt, z. B. als Schweißgas beim Heliarcverfahren (Schweißen). Im Gemisch mit 20 % Sauerstoff dient es als Beatmungsgas für Asthmatiker oder als künstliche Atmosphäre, z. B. in Tauchgeräten – das Gemisch hat eine geringere Viskosität und lässt sich deshalb leichter atmen. Helium wird außerdem zur Erzeugung tiefer Temperaturen (in der Nähe des absoluten Nullpunktes) genutzt, als Kühlgas für Kernreaktoren, als Testgas für Lecksuchgeräte sowie zur Füllung u. a. von Ballonen und Luftschiffen, Gasthermometern, elektronischen Schaltgeräten und Hochspannungsröhren.

Heliummethode, Helium-4-Methode, Uran-Thorium-Helium-Methode, U-Th-He-Methode, Methode zur numerischen Altersbestimmung von Gesteinen und Fossilien, die auf dem Alphazerfall von Uran (U) und Thorium (Th) sowie deren radioaktiven Tochternukliden beruht. Als Edelgas akkumulieren sich die radiogen freigesetzten ^{4}He-Atome (Alphateilchen) im Mineral, die massenspektrometrisch nachgewiesen werden. Wegen der leichten Diffusion des relativ kleinen Heliumatoms aus dem Kristallgitter erweisen sich die U-Th-He-Alter häufig als zu jung, sodass die Heliummethode durch andere geochronologische Verfahren weitgehend verdrängt wurde. Etwa seit 1990 erfährt die Heliummethode eine Wiederbelebung, v. a. in Verbindung mit der Kernspaltungsspuren-Methode zur Niedertemperaturchronometrie von Gesteinen.

Helixstruktur, stabile wendelförmige räumliche Anordnung der Bausteine (niedrigmolekulare Molekülreste) von Makromolekülen, z. B. die Doppelhelix der DNA.

Helizität [zu griechisch helix »Windung«, »Spirale«] *die,* **Spiralität,** Projektion des Spinvektors eines Elementarteilchens auf dessen Bewegungsrichtung. Die Helizität ist eine innere Eigenschaft von Teilchen mit der Ruhemasse null (Photonen, Neutrinos) und charakterisiert einen Schraubensinn.

Hell|empfindlichkeitskurven, grafische Darstellung der Hellempfindlichkeit des menschlichen Auges in Abhängigkeit von der Wellenlänge des Lichts. Der **(spektrale) Hellempfindlichkeitsgrad** ist eine physiologische Funktion des Auges, die die Fähigkeit beschreibt, Licht einer bestimmten Wellenlänge gerade noch wahrzunehmen. An den Grenzen des sichtbaren Spektralgebietes, etwa bei 380 und 750 nm, wird der Hellempfindlichkeitsgrad null; der Höchstwert wird gleich 1 gesetzt. Die sich daraus ergebenden, international für Normalbeobachter genormten Hellempfindlichkeitskurven bilden die Grundlage der →Fotometrie: Die $V(\lambda)$-Kurve gilt für Verhältnisse beim Tagessehen (photopisches Sehen), die $V'(\lambda)$-Kurve für Nachtsehen (skotopisches Sehen).

Helligkeit, *Optik:* Stärke einer Lichtempfindung. In der Farbmetrik ist die Helligkeit neben Farbton und Sättigung die dritte Eigenschaft zur Charakterisierung einer →Farbe.

Hellmann, Hans, deutscher Physiker, * Wilhelmshaven 14 10. 1903, † Moskau 29. 5. 1938; einer der Mitbegründer der Quantenchemie; befasste sich u. a. mit dem Ausbau der Quantenmechanik und ihrer Anwendung auf chemische Probleme, besonders mit der Deutung der chemischen Bindung. Hellmann emigrierte 1934 in die Sowjetunion; er wirkte am Karpov-Institut für Physikalische Chemie in Moskau, dort u. a. Untersuchungen der elementaren Reaktionskinetik sowie Veröffentlichung der ersten Lehrbücher zur »Quantenchemie« (1937). Während der Großen Tschistka (1935–38; umfassende »Säuberung« unter der Herrschaft Stalins) wurde Hellmann denunziert, verschleppt und ermordet; 1958 formal rehabilitiert, konnte sein Schicksal aber erst 1989 aufgeklärt werden.

Helium Blick in die Lunge

Die Kernspintomografie hat sich zu einem unverzichtbaren Hilfsmittel der medizinischen Diagnose entwickelt. Zunächst für die Untersuchung des Gehirns gedacht, gibt es mittlerweile Geräte, die den gesamten Körper abbilden, und sogar offene Tomografen, die ärztliche Eingriffe während der Bildaufnahme erlauben. Mit immer schnelleren Bildfolgen lassen sich inzwischen auch Körperfunktionen sichtbar machen, etwa das Schlagen das Herzens. Die Lungenaktivität allerdings kann nur unzureichend beobachtet werden. Das liegt daran, dass sich in den Lungengefäßen nicht genügend Wasserstoffkerne befinden, um ein ausreichendes Resonanzsignal zu erzeugen.

Die Lösung des Problems verspricht speziell präpariertes Helium-3, das von Mainzer Physikern ursprünglich für die kernphysikalische Grundlagenforschung entwickelt wurde. Durch die spezielle Aufbereitung des Edelgases, die so genannte Spinpolarisation, können auch bei geringer Teilchendichte genügend Signale gemessen werden. Atmet der Patient mit der Luft eine geringe Beimischung des Heliumgases ein, wird somit die Verteilung dieser Luft in der Lunge sichtbar. Die bisherigen Versuche mit dieser Methode verliefen vielversprechend, jetzt wird sie zur klinischen Einsatzreife weiterentwickelt.

Hermann von Helmholtz
* 1821, † 1894

- einer der vielseitigsten Naturwissenschaftler seiner Zeit
- beschäftigte sich u. a. mit Physiologie, Akustik, Wasser- und Elektrodynamik
- schuf bedeutende erkenntnistheoretische Arbeiten

Helmholtz, Hermann Ludwig Ferdinand von (seit 1882), deutscher Physiker und Physiologe, *Potsdam 31. 8. 1821, †Charlottenburg (heute zu Berlin) 8. 9. 1894; Professor in Königsberg (Pr), Bonn, Heidelberg, Berlin, ab 1888 Präsident der Physikalisch-Technischen Reichsanstalt in Charlottenburg. Helmholtz bestimmte erstmals die Fortpflanzungsgeschwindigkeit der Nervenerregung, erfand den Augenspiegel, erklärte physiologische Vorgänge des Sehens und der Akustik (→ohmsches Gesetz) und entwickelte die Klanganalyse mit Resonatoren. Er gab eine exakte Begründung des Prinzips von der Erhaltung der Energie, berechnete die Wirbelbewegung von Flüssigkeiten, bereitete eine umfassende Elektrizitätslehre vor und prägte den Begriff der elektrischen Elementarladung. Bedeutend sind auch seine erkenntnistheoretischen Untersuchungen über die Geometrie sowie über Wahrnehmung, Zählen und Messen.

Helmholtz-Funktion, die →freie Energie.

Helmholtz-Resonator [nach H. von Helmholtz], akustischer Resonator zur Klang- beziehungsweise Schallanalyse, bestehend aus einer Metallhohlkugel mit einer Öffnung, durch die der Schall eindringt. Enthält der zu analysierende Schall einen Teilton mit einer Frequenz, die mit der Eigenfrequenz des Helmholtz-Resonators übereinstimmt, so wird der Teilton verstärkt wahrgenommen.

Helmholtz-Spulen [nach H. von Helmholtz], Anordnung aus zwei gleichen, flachen Zylinderspulen, die sich koaxial im Abstand ihres Radius gegenüberstehen und vom gleichen Strom durchflossen werden. Helmholtz-Spulen dienen zur Erzeugung allseitig zugänglicher homogener Magnetfelder.

Hemicellulosen [griechisch], **Polyosen,** pflanzliche Polysaccharide, die im Unterschied zur Cellulose verzweigte Ketten bilden und aus verschiedenen Monosacchariden aufgebaut sind. Der Polymerisationsgrad liegt zwischen 50 und 200. **Hexosane** bestehen aus Hexosen. Aus Pentosen sind die **Pentosane** aufgebaut, die z. B. in Roggenmehl vorkommen. Die wichtigste Hemicellulose ist das in bestimmten Hölzern, Kleie und Stroh enthaltene Xylan (Holzgummi).

Hemmung, *Technik:* bei mechanischen Uhren zwischen Schwingsystem (Pendel, Unruh) und Gehwerk eingeschaltete Vorrichtung; besteht aus dem pendelnden Anker und dem Hemmungsrad (Gang-, Anker-, Steigrad). Sie hemmt das Ablaufen des Räderwerks im Rhythmus der Periodendauer des Schwingsystems, sodass das Zeigerwerk synchron mit dem Schwingsystem abläuft. Verbreitet sind die Stiftankerhemmung und die Palettenankerhemmung.

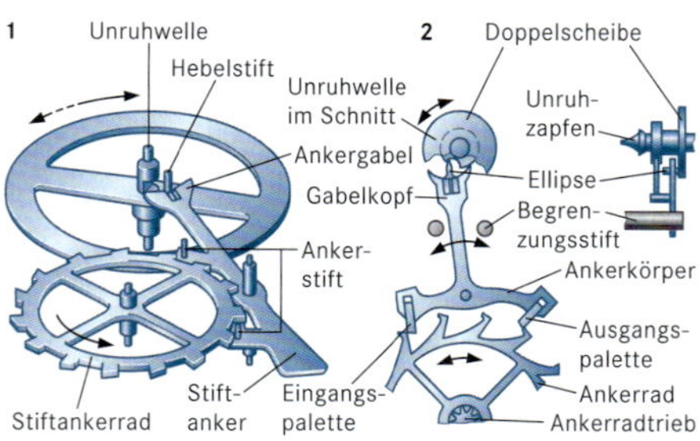

Hemmung. 1 Stiftankerhemmung ohne Spiralfeder, 2 Palettenankerhemmung ohne Unruh und Spiralfeder

HEMT [eɪtʃi:em'ti:; Abkürzung für englisch **h**igh **e**lectron **m**obility **t**ransistor, »Transistor mit hoher Elektronenbeweglichkeit«], ein Feldeffekttransistor mit künstlicher Mikrostruktur auf Galliumarsenidbasis für Höchstfrequenz-Halbleiterbauelemente. Beim HEMT ist der Kanal undotiert, sodass die Elektronen im Kanal eine hohe Beweglichkeit aufweisen. Die Ladungsträger werden von den Donatoren der n-dotierten Schicht geliefert und bilden eine dünne Schicht Leitungselektronen hoher Konzentration. HEMT eignen sich für Gigabitanwendungen.

Hench [hentʃ], Philip, amerikanischer Endokrinologe, *Pittsburgh (Pennsylvania) 28. 2. 1896, †Ocho Rios (Jamaika) 30. 3. 1965; erforschte die Heilwirkung von Cortison bei rheumatischen Erkrankungen sowie dessen chemischen Bau. Hench erhielt 1950 mit Tadeusz Reichstein und Edward Kendall den Nobelpreis für Physiologie oder Medizin.

Henry ['henrɪ; nach J. Henry] *das,* Einheitenzeichen **H,** SI-Einheit der Induktivität. 1 H ist gleich der Induktivität einer geschlossenen Windung, die, von einem elektrischen Strom der Stärke 1 A durchflossen, im Vakuum den magnetischen Fluss 1 Weber umschlingt; 1 H = 1 Wb/A = 1 Vs/A.

Henry ['henrɪ], Joseph, amerikanischer Physiker, *Albany (New York) 17. 12. 1797, †Washington 13. 5. 1878; Hochschullehrer, entdeckte gleichzeitig mit M. Faraday die Induktionserscheinungen, war an der Entwicklung des Morsetelegrafen beteiligt, schuf das amerikanische System der Wetterberichterstattung.

Henry-Gesetz ['henrɪ-; nach dem englischen Physiker und Chemiker William Henry, *1774, †1836], →Absorption.

Heptose *die,* Zuckerart, →Zucker.

HERA [Abkürzung für **H**adron-**E**lektron-**R**ing-**A**nlage], →Deutsches Elektronen-Synchrotron.

Herbarium [lateinisch] *das,* wissenschaftlich geordnete Sammlung getrockneter (gepresster), meist auf Papier befestigter Pflanzen; ursprünglich Kräuterbuch, auch Drogenmuseum.

Herbizide [zu lateinisch herba »Pflanze« und caedere »töten«], chemisches Unkrautbekämpfungsmittel. Nach ihrem Wirkungsspektrum werden sie in **nicht selektive Herbizide (Totalherbizide)** zur Vernichtung jeglichen Pflanzenwuchses und **selektive Herbizide,**

die nur bestimmte Pflanzenarten vernichten und zur Unkrautbekämpfung in Kulturpflanzenbeständen eingesetzt werden, eingeteilt. Herbizide wirken entweder als Ätzmittel **(Kontaktherbizide)**, die die Pflanzen an den vom Wirkstoff getroffenen Stellen zerstören, oder als **systemische Herbizide** (dazu gehören auch die Wuchsstoffherbizide), die von der Pflanze aufgenommen, im Leitgewebe transportiert werden und Stoffwechsel- und Wachstumsstörungen hervorrufen.

Herbstfärbung, im Herbst vor dem Laubfall einsetzende Buntfärbung der grünen Blätter. Durch Abbau des Chlorophylls werden die roten Carotinoide und gelben Xanthophylle farbwirksam, Braunfärbung entsteht erst beim Absterben der Blätter durch braune, wasserlösliche Farbstoffe.

Herdbuch, Zuchtbuch, Stammbuch, zentral geführtes Register von Zuchttieren mit Angaben zur Identifizierung der Tiere, über Nachzucht, Entwicklung u. a.; bei Pferden **Stutbuch** genannt.

Herde, Ansammlung von meist größeren Säugetieren (Antilopen, Büffel, Pferde).

Herdentrieb, die manchen Tieren eigene Tendenz, in einer Herde zusammenzuleben und sich entsprechend zu verhalten (z. B. Einhalten einer Rangordnung).

Heringe, Clupea, Gattung der Heringsfische mit zwei Arten in gemäßigten und kalten Gewässern des nördlichen Atlantiks und nördlichen Pazifiks. Der Hering im engeren Sinn ist der bis 40 cm lange **Atlantische Hering** (Clupea harengus) mit grünlich blauem Rücken, silberglänzenden Körperseiten, bläulich durchscheinenden Flossen und gekielter Bauchkante. Er kommt in riesigen Schwärmen v. a. in planktonreichen Meeresgebieten vor. Nach Ort und Zeitpunkt der Laichabgabe werden zahlreiche Heringsrassen unterschieden, z. B. **Herbstheringe** (laichen im Spätherbst in der Nordsee), **Frühjahrsheringe** (laichen im Frühjahr in den norwegischen Fjorden). Ein Weibchen legt etwa 20 000–70 000 Eier ab. Die Jugendentwicklung erfolgt im Küstenbereich, erst mit 2–3 Jahren wandern die etwa 20 cm langen Jungheringe von der Küste ab. Die Geschlechtsreife tritt im Alter von 3 bis 7 Jahren ein, die Lebensdauer beträgt etwa 20 Jahre. Der Atlantische Hering ist einer der wirtschaftlich wichtigsten Nutzfische, der in verschiedensten Formen auf den Markt gebracht (z. B. Vollhering, Matjeshering, Grüner Hering, Bückling, Brathering) und zu Konserven verarbeitet wird, daneben aber auch zur Gewinnung von Tran und Fischmehl dient. Der **Pazifische Hering** (Clupea pallasii) im nördlichen Pazifik und im Weißen Meer ist dem Atlantischen Hering sehr ähnlich, bleibt jedoch meist kleiner als dieser. Seine Bauchkante ist vor den Bauchflossen ungekielt. Auch er ist ein wirtschaftlich bedeutender Nutzfisch.

Hermann von Helmholtz-Gemeinschaft Deutscher Forschungszentren, Abkürzung **HGF,** Zusammenschluss von 15 naturwissenschaftlich-technischen und medizinisch-biologischen Forschungszentren (Helmholtz-Zentren); Sitz der Geschäftsstelle ist Bonn. Die in der HGF zusammengefassten Einrichtungen verfolgen langfristige Forschungsziele des Staates und der Gesellschaft, einschließlich Grundlagenforschung, in wissenschaftlicher Autonomie. Ihre Forschungsaktivitäten konzentrieren sich auf die sechs Bereiche: Energie, Erde und Umwelt, Gesundheit, Schlüsseltechnologien, Struktur der Materie sowie Verkehr und Weltraum. Die Finanzierung der Helmholtz-Zentren erfolgt im Wesentlichen über die wissenschaftlichen Programme; die finanziellen Mittel werden dabei zu 90 % vom Bund und zu 10 % von den beteiligten Ländern zur Verfügung gestellt. Etwa 30 % des Gesamtbudgets werben die Zentren selbst als Drittmittel ein.

Hermaphrodit [griechisch] *der*, ein Lebewesen, das männliche und weibliche Geschlechtszellen produziert (→Zwitter); ursprünglich Bezeichnung einer orientalischen Zwittergottheit, die im griechischen Mythos als Sohn des Hermes und der Aphrodite **(Hermaphroditos)** galt.

Héroult [e'ru], Paul, französischer Metallurge, *Harcourt (Département Eure) 10. 4. 1863, †bei Antibes 9. 5. 1914; leitete mit der Darstellung von Aluminium aus Tonerde und Kryolith mittels Elektrolyse (patentiert 1886) die industrielle Aluminiumgewinnung ein; entwickelte am Anfang des 20. Jahrhunderts den nach ihm benannten Lichtbogenofen zur Erzeugung von Qualitätsstahl.

Herpesviren, Gruppe DNA-haltiger Viren, deren Vertreter beim Menschen und einer Reihe von Tieren unterschiedliche Krankheitsbilder verursachen, die sich meist auf Gewebe

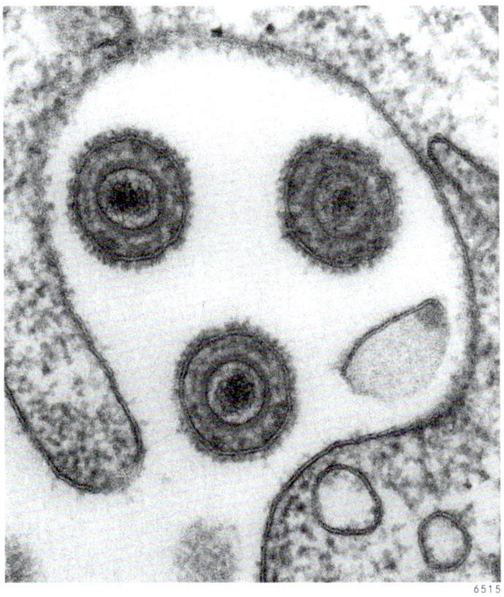

6515

Herpesviren. Mikroskopische Aufnahme

Heinrich Rudolf Hertz
***1857, †1894**

100562

- bestätigte experimentell die elektromagnetische Theorie des Lichtes
- entdeckte die Existenz elektromagnetischer Wellen

ektodermaler Herkunft beschränken. Zu den Herpesviren gehören u. a. das Herpes-simplex-Virus (Lippenherpes), das Zytomegalievirus, das Varizellenvirus (Erreger der Windpocken) und das →Epstein-Barr-Virus.

Herpetologie [griechisch] *die,* Wissenschaft von den Amphibien und Reptilien.

Herrentiere, die →Primaten.

Herschbach ['hə:ʃbak], Dudley, amerikanischer Chemiker, *San José (Kalifornien) 18. 6. 1932; seit 1963 Professor an der Harvard University; entwickelte mit Yuan Lee die Methode der gekreuzten Molekularstrahlen zur Erforschung der chemischen Reaktionskinetik und erhielt dafür mit diesem und mit John Polanyi 1986 den Nobelpreis für Chemie.

Hershey ['hə:ʃɪ], Alfred Day, amerikanischer Biologe, *Owosso (Michigan) 4. 12. 1908, †Syosset (New York) 22. 5. 1997; erhielt für Forschungen über genetische Struktur und Vermehrungsmechanismus der Viren 1969 den Nobelpreis für Physiologie oder Medizin, zusammen mit S. E. Luria und M. Delbrück.

Hershko, Avram, israelischer Biochemiker und Mediziner, *Karcag (Ungarn) 31. 12. 1937; emigrierte 1950 mit seiner Familie nach Israel; lehrt seit 1972 am Israel Institute of Technology (Technion) in Haifa, seit 1980 ist er dort Professor für Biochemie. Seit den frühen 1970er-Jahren begann er Untersuchungen zum Proteinabbau im menschlichen Organismus. Gemeinsam mit seinem Doktoranden Aaron Ciechanover und dem Amerikaner Irwin Rose entdeckte er 1980, dass das zuvor isolierte Protein *Ubiquitin* eine zentrale Rolle im Kreislauf von Proteinentstehung und -abbau spielt. 2004 erhielten sie dafür den Nobelpreis für Chemie.

Hẹrtz [nach H. R. Hertz] *das,* Einheitenzeichen **Hz,** SI-Einheit der Frequenz eines periodischen Vorgangs: $1\,Hz = 1\,s^{-1} = 1/\text{Sekunde}$.

Hẹrtz, 1) Gustav, deutscher Physiker, *Hamburg 22. 7. 1887, †Berlin (Ost) 30. 10. 1975, Neffe von 2); Professor in Halle (Saale), Berlin und Leipzig (1954–61), leitete 1935–45 das Forschungslaboratorium der Siemens-Werke; untersuchte mit J. Franck die Anregung von Atomen durch Elektronenstöße **(Franck-Hertz-Versuch),** wodurch sich das bohrsche Atommodell bestätigte, und erhielt dafür mit Franck 1925 den Nobelpreis für Physik. Er entwickelte ferner ein Verfahren zur Diffusionstrennung von Isotopen. 1945–54 arbeitete er in der UdSSR an Problemen der Kernforschung, des Überschalls und der Radartechnik.

2) Heinrich Rudolf, deutscher Physiker, *Hamburg 22. 2. 1857, †Bonn 1. 1. 1894, Onkel von 1); bestätigte durch seine Untersuchungen über die Ausbreitung der elektrischen Wellen 1887/88 die Voraussagen der maxwellschen Theorie elektromagnetischer Wellen sowie deren Wesensgleichheit mit den Lichtwellen. Die von ihm entdeckten **hertzschen Wellen** (mit Wellenlängen von 0,1 mm bis zu einigen Kilometern) bilden eine der Grundlagen der Hochfrequenztechnik. Hertz wies ferner den Einfluss ultravioletter Strahlen auf die elektrische Entladung (1887) nach, was W. Hallwachs zur Entdeckung des Fotoeffekts führte.

hẹrtzscher Dịpol [nach H. R. Hertz], ein elektrischer →Dipol.

hẹrtzsche Wellen, historische Bezeichnung für einen Teil der elektromagnetischen Wellen, die mit technischen Mitteln erzeugt werden und an denen H. Hertz erstmals Brechung, Reflexion, Interferenz und Polarisation (das heißt den Wellencharakter) nachweisen konnte. Hertzsche Wellen liegen im Wellenlängenbereich von Kilometern bis herab zu 0,1 mm.

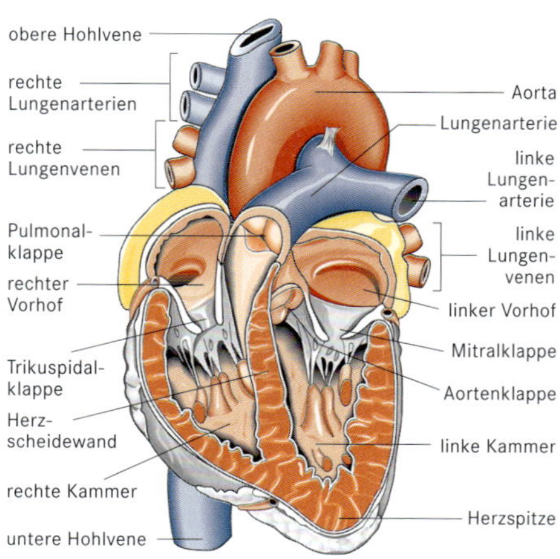

Herz. Längsschnitt durch das Herz des Menschen (Ansicht von vorn)

Herz, Cor, Cardia, Kardia, *Anatomie:* zentrales, muskulöses Pumporgan im Blutkreislauf der Tiere und des Menschen. Das etwa faustgroße Herz des Menschen liegt im Brustkorb über dem Zwerchfell und zwischen den beiden Lungenflügeln. Es wiegt etwa 300 g und besteht aus zwei Hälften, die durch die Herzscheidewand voneinander getrennt sind. Jede Herzhälfte ist in einen muskelschwächeren oberen Abschnitt, den **Herzvorhof (Atrium),** und in einen muskelstärkeren Abschnitt, die **Herzkammer (Ventrikel),** unterteilt. Die **Herzohren** sind blindsackartige Seitenteile der Vorhöfe. Die bindegewebige Hülle des Herzens, der **Herzbeutel (Perikard),** ist hauptsächlich mit der vorderen Brustwand und dem Zwerchfell verwachsen. Seine innere Schicht (Epikard) ist fest mit der Herzoberfläche verwachsen. Seine äußere Schicht besteht aus straffem Bindegewebe, durch dessen Fasern der Herzbeutel auch an der Wirbelsäule, am Brustkorb und an der Luftröhre verschiebbar aufgehängt ist. Unter der inneren Schicht folgt die **Herzmuskelschicht (Myokard).** Sie ist zur Herzhöhle hin von der Herzinnenhaut (Endokard) bedeckt. In den rechten Vorhof münden die obere und untere Hohlvene sowie die Herzkranzvene ein. Er nimmt das aus dem Körper kommende sauerstoffarme (venöse) Blut auf und leitet es in die rechte Herzkammer weiter. Aus dieser entspringt die Lungenarterie, die das venöse Blut zur Lunge leitet. Von dort gelangt das Blut durch die Lungenvenen in den linken Vorhof. In der linken Herzkammer beginnt die Aorta, durch die das Blut zu den einzelnen Körperregionen beziehungsweise den Organen transportiert wird. Um einen Rückfluss des Blutes bei der Kontraktion der Herzkammern (Systole) zu verhindern, verschließen dabei aus Endokardfalten gebildete, durch sehnige Faserplatten versteifte **Segelklappen** den Weg zu den Vorhöfen. Erschlaffen die Herzkammern (Diastole), so verhindern halbmondförmige, aus Bindegewebehäutchen bestehende **Taschenklappen** in der Lungenarterie und in der Aorta ein Zurückfließen des Blutes in die Kammern. Alle Herzklappen liegen in einer Ebene, der Ventilebene. Dabei öffnen sich die Segelklappen und geben dem Blut in den Vorhöfen den Weg frei. Da die linke Herzhälfte stärker arbeiten muss als die rechte, ist ihre Wandung dicker als die der rechten. Die Versorgung der Herzmuskulatur mit sauerstoff- und nährstoffreichem Blut erfolgt in einem eigenen Kreislauf über die **Herzkranzgefäße (Koronargefäße).** Etwa 5–10% des Blutstroms im Körperkreislauf werden dafür abgezweigt. Die Tätigkeit der Herzmuskulatur wird vom Erregungsleitungssystem (→Herzautomatismus) gesteuert. Das Herz eines erwachsenen Menschen schlägt bei leichter Tätigkeit 60- bis 70-mal in der Minute (Herzfrequenz); bei jedem Herzschlag fördert das Herz zwischen 70 und 100 ml Blut je Herzkammer. Bei rund 75 Schlägen je Minute dauert ein Herzschlag 0,8 Sekunden. Davon entfallen nur 0,3 Sekunden auf die eigentliche Arbeit, die Austreibung des Blutes (Systole), während die Erschlaffungsphase (Diastole) 0,5 Sekunden dauert.

■ **Kulturgeschichte** In vielen Kulturen gilt das Herz als Zentrum der Lebenskraft, als Ort des Gewissens, Sitz der Seele und der Gefühle. Die Azteken opferten die Herzen ihrer Gefangenen, um ihre Götter zu nähren; das Wägen der Herzen in der Unterwelt gehörte zu den Vorstellungen über das altägyptische Totengericht; in der griechisch-römischen Antike war das Herz v.a. mit dem Gefühlsleben verbunden. Als Sitz der religiös-sittlichen Haltung wird es in den Hochreligionen angesehen (separate Bestattung des Herzens).

Herzautomatismus, Herzautomatie, Herzautorhythmie, Fähigkeit des Herzens, eigenständig rhythmisch tätig zu sein. Die Erregung der Herzmuskelfasern wird in einem Automatiezentrum des Herzens selbst gebildet. Sie breitet sich von dort über das gesamte Herz aus (Erregungsleitungssystem des Herzens). Beim Menschen liegt in der Wand der oberen Hohlvene als primäres Automatiezentrum der **Sinusknoten** (Keith-Flack-Knoten), der die Kontraktion der Vorkammern bewirkt. Über die Muskulatur der Vorkammerwand wird die Erregung mit einer zeitlichen Verzögerung auf ein zweites, sekundäres Automatiezentrum in der Ebene der Segelklappen, den **Atrioventrikularknoten** (Vorhofknoten, Aschoff-Tawara-Knoten), übertragen und von dort (bevor der Vorhofknoten eine eigene Erregung bilden kann) auf die gesamte Kammermuskulatur weitergeleitet und löst damit deren Kontraktion aus. Taktgeber für die Schlagfrequenz des Herzens ist der Sinusknoten.

Herz Fingerhut hilft dem Herzen auf die Sprünge

Vom Verzehr von Pflanzenteilen des Roten Fingerhuts ist unbedingt abzuraten, denn dies kann tödlich enden. In der richtigen Dosierung wird das aus dieser Pflanze gewonnene, pharmakologisch wirksames Steroid Digitalis jedoch seit langem erfolgreich in der Kardiologie eingesetzt. Digitalis blockiert in den Zellen die Natrium-Kalium-Pumpe. Dadurch flacht der Natriumgradient über der Membran ab. Dieser Gradient wird vom Natrium-Calcium-Austauscher als Energiequelle genutzt, um das Calcium aus den Zellen zu befördern. Bei abgeflachtem Gradient kann der Natrium-Calcium-Austauscher nicht effektiv arbeiten. Infolgedessen ist in den Zellen der Calciumspiegel erhöht, was die Kontraktionskraft der Herzens steigert.

Herzberg, Gerhard, kanadischer Physiker deutscher Herkunft, *Hamburg 25. 12. 1904, †Ottawa 3. 3. 1999; Professor in Darmstadt, Saskatoon und Chicago, seit 1949 tätig am National Research Council in Ottawa; erhielt 1971 den Nobelpreis für Chemie für seine Untersuchungen über Atom- und Molekülspektroskopie, Quantenmechanik und freie Radikale.

Gerhard Herzberg

Herzfrequenz, Anzahl der Herzschläge je Minute, stimmt mit der Pulsfrequenz überein. Die Herzfrequenz ist in erster Linie vom Alter, von der körperlichen und seelischen Belastung sowie von der Körpertemperatur (bei Fieber erhöht) abhängig. Sie beträgt beim Erwachsenen 60 bis 70 in körperlicher Ruhe, 100 bei mittelschwerer Belastung, 150 und mehr bei schwerer Belastung. Bei Höchstleistungen werden Werte um 200 erreicht. Die Herzfrequenz beim Pferd beträgt 20 bis 70, beim Sperling 700 bis 850.

Herzschlag, *Medizin:* der Schlagrhythmus des Herzens.

Herztöne, Schallerscheinungen (keine Töne im physikalischen Sinn), die 1) beim Schluss der Vorhofkammerklappen aufgrund des Druckanstiegs in den Herzkammern gegenüber den Vorhöfen (1. Herzton) und 2) beim Schluss der Aorten- beziehungsweise Lungenarterienklappe nach Ausstoß des Blutes (2. Herzton) auftreten. Weitere, leisere Schallerscheinungen werden als 3. und 4.

Herzton bezeichnet. Die kindlichen Herztöne sind ab dem 4. Schwangerschaftsmonat zu hören und als ein sicheres Zeichen des Lebens des Fetus zu werten.

Hess, 1) Germain, russischer Chemiker schweizerischer Herkunft, *Genf 7. 8. 1802, † Sankt Petersburg 12. 12. 1850; stellte 1840 das nach ihm benannte Gesetz der konstanten Wärmesummen auf; Mitbegründer der Thermochemie.

2) Victor Franz, amerikanischer Physiker österreichischer Herkunft, *Schloss Waldstein (bei Frohnleiten, Bezirk Graz-Umgebung) 24. 6. 1883, † Mount Vernon (New York) 17. 12. 1964; erhielt für die Entdeckung (1911) und Untersuchung der →kosmischen Strahlung (»Hess- Strahlung«) 1936 mit C. D. Anderson den Nobelpreis für Physik.

3) Walter Rudolf, schweizerischer Neurophysiologe, *Frauenfeld 17. 3. 1881, † Muralto (bei Locarno) 12. 8. 1973; forschte v. a. über die Funktion des Nervensystems (seit 1925); entdeckte auch die Bedeutung des Zwischenhirns als Organ der Steuerung beziehungsweise Koordination vegetativer Funktionen und erhielt dafür 1949 (mit A. C. Moniz Egas) den Nobelpreis für Physiologie oder Medizin.

Heteroatome, die in organischen Ring- oder Kettenmolekülen eingebauten Nichtkohlenstoffatome wie Stickstoff, Sauerstoff, Schwefel.

Heterogonie, *Biologie:* eine Form des →Generationswechsels.

Heterolyse [griechisch] *die,* die Spaltung eines Moleküls unter Bildung von zwei entgegengesetzt geladenen Ionen.

Heterophyllie [griechisch] *die,* Ausbildung verschieden gestalteter Blätter an einer Pflanze.

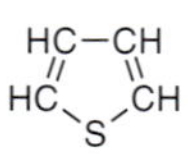

heterozyklische Verbindungen. Thiophen, eine heterozyklische Verbindung mit Schwefel als Heteroatom

heteropolare Bindung, die Ionenbindung (→chemische Bindung).

Heterosis [griechisch] *die,* **Bastardwüchsigkeit,** *Tier-* und *Pflanzenzucht:* die Erscheinung, dass Nachkommen aus einer Kreuzung verschiedener Erbverbände (Rasse, Linien) den Durchschnitt ihrer Eltern in Bezug auf Wüchsigkeit, Ertragsleistung und Vitalität übertreffen; **Heterosiszüchtung** z. B. bei Ölpflanzen, Geflügel.

Heterostruktur, *Physik:* Kombination aus verschiedenen chemisch verwandten Materialien mit gleicher oder ähnlicher Gitterstruktur. Heterostrukturen wurden zuerst aus Halbleitern der 3. und 5. Gruppe des Periodensystems in Form dünner Schichten durch →Epitaxie hergestellt **(Halbleiter-Heterostrukturen).** Beispielsweise wirkt eine einzelne GaAs-Schicht zwischen zwei AlGaAs-Schichten (Legierung aus Galliumarsenid und Aluminiumarsenid) wie ein Potenzialtopf für Elektronen und Löcher und wird als **Quantengraben (Quantentrog)** bezeichnet. Durch die Energiestufen in den Bändern wird der elektrische Transport in Wachstumsrichtung (senkrecht zu den Schichtgrenzen) unterbunden, bleibt aber parallel zu den Schichtgrenzen ungeändert. In derartigen Schichten treten Dimensionsquanteneffekte auf, durch die die physikalischen Eigenschaften der Quantengrabenstruktur gegenüber dem Ausgangskristall modifiziert werden. Insbesondere führt die Quantisierung des Wellenvektors der Ladungsträger in Wachstumsrichtung dazu, dass nur diskrete Energieniveaus für Elektronen und Löcher im Potenzialtopf möglich sind. Da die Lage der diskreten Energieniveaus sich mit der Schichtdicke ändert, werden nicht nur die elektrischen, sondern auch die optischen Eigenschaften geändert. Halbleiter-Heterostrukturen finden in der Optoelektronik Anwendung, z. B. für den Bau von Halbleiterlasern und Lumineszenzdioden, da die Emissionswellenlänge durch Wahl der Schichtdicke sowie des Al-Gehalts der Barrieren in weiten Grenzen verschoben werden kann. Mit der Entwicklung von Methoden der Nanotechnologie können auch dünne Streifen **(Quantendrähte)** oder Inseln **(Quantenpunkte)** hergestellt werden. – In **metallischen Heterostrukturen** aus dünnen Schichten spielen v. a. magnetische Eigenschaften eine große Rolle (→GMR-Effekt).

Heterotrophie [griechisch] *die,* Ernährung aus organischen Stoffen bei nicht grünen **(heterotrophen)** Pflanzen (z. B. Saprophyten), bei Tieren und beim Menschen; Gegensatz: Autotrophie.

heterozygot [griechisch], mischerbig; diploides oder polyploides Lebewesen, das in Bezug auf wenigstens ein Merkmal ungleiche Anlagen besitzt; molekulare Grundlage ist das Vorkommen ungleicher →Allele auf den homologen Chromosomen. Gegensatz: homozygot.

heterozyklische Verbindungen, ringförmige, organische Verbindungen, die außer Kohlenstoff mindestens ein Heteroatom (das heißt ein Nichtkohlenstoffatom wie Stickstoff, Sauerstoff oder Schwefel) enthalten. Besondere Bedeutung haben heterozyklische Verbindungen mit ungesättigten Fünf- und Sechsringen (z. B. →Furan, →Pyridin, →Pyrrol).

Heu, vor oder in der Blüte abgeschnittene, an der Luft getrocknete Pflanzen der Wiesen, auch Feldfutterpflanzen **(Kleeheu, Luzerneheu)** und Winterzwischenfrüchte (Landsberger Gemenge), als Viehfutter.

Die **natürliche Trocknung** von Heu kann in regenarmen Gebieten durch Bodentrocknung erfolgen; in Gebieten mit hohen Niederschlägen wird die Gerüsttrocknung vorgezogen. Bei der **künstlichen Trocknung** unterscheidet man die maschinelle Grünfuttertrocknung und die Unterdachtrocknung mit Gebläse, bei der nur geringe Qualitätsverluste

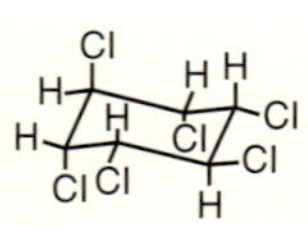

γ-Hexachlorcyclohexan (Lindan)

Hexachlorcyclohexan

auftreten. Weitere Konservierungsverfahren sind die Vergärung von Heu zu Gärfutter oder (selten) zu Braun- oder Brennheu.

Hevesy ['hɛvɛʃi], Georg Karl von, eigentlich **György Hevesi**, ungarischer Physikochemiker, *Budapest 1. 8. 1885, †Freiburg im Breisgau 5. 7. 1966, im April 2001 nach Budapest überführt und dort beigesetzt; Professor in Budapest, Freiburg im Breisgau, Kopenhagen und Stockholm; entdeckte mit D. Coster das Hafnium und erhielt für die mit F. Paneth entwickelte Indikatorenmethode zur Bestimmung geringer Mengen radioaktiver Nuklide (**Hevesy-Paneth-Analyse**, →Radiochemie) sowie für Verfahren zur Untersuchung des Ablaufs chemischer Reaktionen mit Isotopenindikatoren (→Isotope) 1943 den Nobelpreis für Chemie.

Hexachlorcyclohexan, Abkürzung **HCH,** in acht stereoisomeren Formen auftretender Chlorkohlenwasserstoff mit der Summenformel $C_6H_6Cl_6$; wirkt als Atmungs-, Fraß- und Kontaktgift tödlich auf die meisten Insektenarten, die Anwendung unterliegt heute Beschränkungen. Das γ-Isomer (γ-Hexachlorcyclohexan) wird unter der Bezeichnung **Lindan (Gammexan)** als Insektizid verwendet. Besonders toxisch ist das β-Isomer.

hexagonales System, →Kristallsysteme.

Hexane [griechisch], zu den Alkanen gehörende gesättigte Kohlenwasserstoffe der Zusammensetzung C_6H_{14}, die in fünf isomeren Formen existieren; wesentliche Bestandteile des Leichtbenzins.

Hexapoda [griechisch »Sechsfüßer«], →Insekten.

Hexenbesen, Donnerbesen, besen- oder vogelnestartige Verzweigung von Ästen bei verschiedenen Baumarten mit abweichend geformten Blättern; ohne Blütenbildung. Hexenbesen entstehen durch Massenaustreiben »schlafender« Augen, hervorgerufen meist durch pflanzliche oder tierische Parasiten.

Hexenring, Feenring, Kreis von Hutpilzen auf Wiesen- oder Waldboden, verursacht durch konzentrisches Vordringen des Pilzmyzels von einem Punkt aus. Der Ring erweitert sich von Jahr zu Jahr.

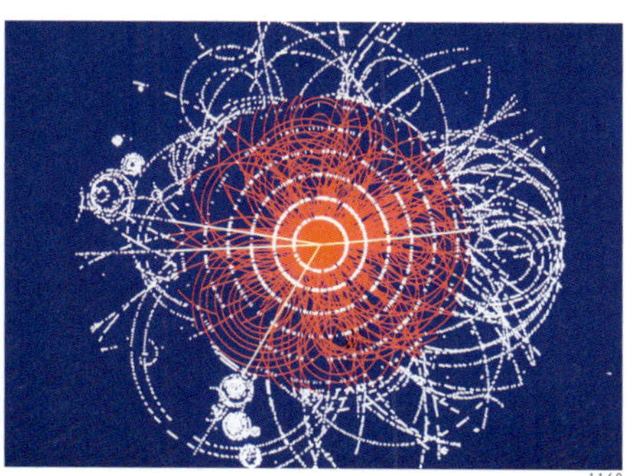

Higgs-Teilchen. Simulation des Zerfalls eines Higgs-Bosons in vier Myonen im ATLAS-Detektor am CERN

Hexite, sechswertige Alkohole (Zuckeralkohole) mit der allgemeinen chemischen Formel: $CH_2OH-(CHOH)_4-CH_2OH$; entstehen durch Reduktion von Hexosen; Hexite sind süß schmeckende so genannte Zuckeraustauschstoffe, z. B. Sorbit und Mannit.

Hexogen [griechisch] *das,* **Hexahydro-1,3,5-trinitro-1,3,5-triazin,** wichtiger und hochbrisanter Explosivstoff, der durch Nitrierung von Hexamethylentetramin hergestellt werden kann.

Hexosen, einfache Zuckerarten (Monosaccharide) mit sechs Kohlenstoffatomen, Summenformel $C_6H_{12}O_6$; die wichtigsten sind Glucose, Mannose und Galaktose.

Heymans ['hɛjmans], Cornelius (Corneille), belgischer Physiologe, *Gent 28. 3. 1892, †Knokke (heute zu Knokke-Heist) 18. 7. 1968; entdeckte die Funktion des Karotissinusreflexes zur Stabilisierung des Blutdrucks; erhielt dafür 1938 den Nobelpreis für Physiologie oder Medizin.

Heyrovský ['hɛjrɔfski:], Jaroslav, tschechischer Physikochemiker, *Prag 20. 12. 1890, †ebenda 27. 3. 1967; Professor in Prag, erfand 1925 die →Polarografie und erhielt dafür 1959 den Nobelpreis für Chemie.

Hf, chemisches Symbol für →Hafnium.

HF [Abkürzung für Hochfrequenz, englisch high frequency], 1) →Hochfrequenz; 2) →Kurzwellen.

Hg, chemisches Symbol für →Quecksilber.

HGÜ, Abkürzung für Hochspannungsgleichstromübertragung, →elektrische Energieübertragung.

Hibernakel [lateinisch »Winterquartier«] *das,* der ungeschlechtlichen Fortpflanzung dienende Überwinterungsknospe der Wasserpflanzen, die in der Regel im Winter zu Boden sinkt, im Frühjahr wieder an die Wasseroberfläche steigt.

Hi-Fi ['haɪfi:, auch 'haɪ'faɪ, englisch], Abkürzung für **Highfidelity** [»hohe Wiedergabetreue«], Qualitätsbezeichnung für elektroakustische Geräte, die bestimmten objektiv messbaren technischen Mindestanforderungen (nach DIN) genügen müssen und so eine größtmögliche Wiedergabetreue der Schallereignisse gewährleisten. Hi-Fi-Kriterien sind v. a.: großer Frequenzbereich mit proportionalem Frequenzgang, großer Geräuschspannungsabstand, niedriger Klirrfaktor, physiologische Lautstärkekorrektur.

Higgs-Teilchen [nach dem britischen Physiker Ware Higgs, *1929], **Higgs-Boson,** hypothetisches massives Teilchen ohne Spin, das im Rahmen der →Glashow-Salam-Weinberg-Theorie eingeführt wurde und für die von null verschiedene Ruhemasse der Leptonen, Quarks und intermediären Bosonen verantwortlich ist. Der experimentelle Nachweis der

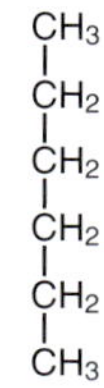

n-Hexan

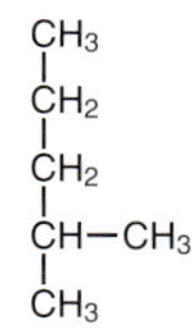

2-Methylpentan

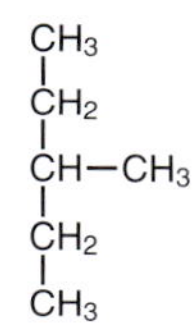

3-Methylpentan

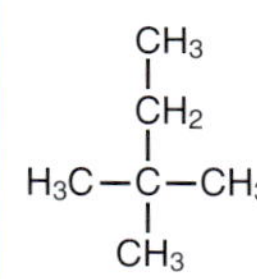

2,2-Dimethylbutan (Neohexan)

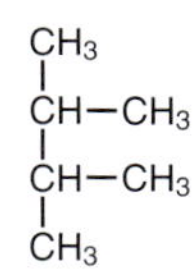

2,3-Dimethylbutan

Hexane. Die fünf isomeren Formen

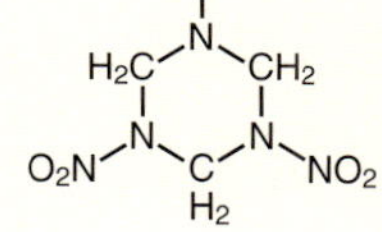

Hexogen

Hirsche, Großer Grauer Spießhirsch (Mazama gouazoubira)

Hirse

Higgs-Teilchen, deren Masse aufgrund jüngerer Berechnungen zwischen 117 und 251 GeV liegen soll, ist eine der wichtigsten Zielstellungen der Elementarteilchenphysik.

Hightech ['haıtek; Kurzwort aus englisch high technology] *das,* **Hochtechnologie,** ursprünglich in Industriedesign und Architektur entstandene Stilbezeichnung, die auf das von Joan Kron und Suzanne Slesin veröffentlichte Buch »High-tech. The industrial style and source book for the home« (1978) zurückgeht, das viele Möglichkeiten aufzeigt, ursprünglich für Fabriken, Laboratorien und Ähnliches entworfene Einrichtungsgegenstände zur Gestaltung von Privatwohnungen zu nutzen. Sie wurde auf dem Gebiet der Architektur für eine Richtung übernommen, die sich moderner Technologien bedient und sich an einer technologischen Ästhetik orientiert (u. a. Lloyd's Building in London von Sir R. Rogers, 1978–86).

In der Ökologiediskussion wurde die Bezeichnung besonders für Geräte verwandt, die dem Stand der Technik entsprachen, im Gegensatz zu solchen, die bewusst einfache Lösungen beinhalteten (»Lowtech«). Heute umfasst der Begriff Hightech v. a. die Wissenschafts- und Technikbereiche, von denen man einen entscheidenden Beitrag für die Zukunft der Industriegesellschaften erwartet, wie Optoelektronik, Mikro-, Nano-, Telekommunikationstechnik, Bio- und Gentechnologie.

Hill, Archibald Vivian, britischer Physiologe, *Bristol 26. 9. 1886, †Cambridge 3. 6. 1977; erhielt für Untersuchungen der energetischen Vorgänge bei der Muskelzusammenziehung 1922 mit O. F. Meyerhof den Nobelpreis für Physiologie oder Medizin.

Hinshelwood ['hınʃlwʊd], Sir (seit 1948) Cyril, britischer Chemiker, *London 19. 6. 1897, †ebenda 9. 10. 1967; war 1955–60 Präsident der Royal Society; untersuchte u. a. den Einfluss von Chemikalien auf das Bakterienwachstum; erhielt 1956 mit Nikolaj Semjonow für seine Arbeiten zur Reaktionskinetik und die Aufklärung von Kettenreaktionen den Nobelpreis für Chemie.

Hintereinanderschaltung, *Elektrotechnik:* die →Reihenschaltung.

Hinterradantrieb, *Kraftfahrzeugtechnik:* konventionelle Antriebsanordnung, bei der die Motortriebkraft vom vorn liegenden Motor mit Kupplung und Schaltgetriebe über die im Kardantunnel verlaufende Kardanwelle auf die Hinterräder übertragen wird. Beim Heckmotor bildet der Hinterradantrieb eine kompakte Baueinheit hinter dem Fahrgastraum an der Hinterachse **(Heckantrieb).**

Hirsche, Cervidae, Familie der Paarhufer mit rund 40 Arten, die in den Unterfamilien Moschustiere, Wasserrehe, Muntjakhirsche, Neuwelthirsche, Rehe und Echthirsche zusammengefasst werden. Hirsche sind etwa 0,8–3 m körperlang, männliche Tiere sind etwas größer als weibliche. Sie leben meist gesellig, außerhalb der Paarungszeit (Brunftzeit) nach Geschlechtern getrennt und während der Paarungszeit oft in polygamen Rudeln, in denen es unter den Männchen häufig zu heftigen Kämpfen um die Weibchen kommt. Typisches Merkmal der Hirsche ist das Geweih, das mit Ausnahme der Rentiere nur bei männlichen Tieren vorhanden ist, bei Moschustieren und Wasserrehen aber ganz fehlt. Alle Hirsche sind wiederkäuende Pflanzenfresser. – Zur Unterfamilie **Echthirsche** (Cervinae) gehören etwa zehn Arten, die ursprünglich im subtropisch-tropischen Bereich Asiens beheimatet sind. Hierzu zählt u. a. der **Rothirsch (Edelhirsch,** Cervus elaphus), der in Europa eines der größten frei lebenden Säugetiere ist (Kopf-Rumpf-Länge 1,8–2,5 m) und als jagdbares Wild auch in Australien und Südamerika eingebürgert wurde. Zur selben, über die gemäßigten Breiten der nördlichen Halbkugel verbreiteten Art gehören u. a. die nordamerikanischen Wapitis. Ein beliebtes Park- und Gatterwild sind die aus Kleinasien stammenden →Damhirsche. Auch die Axishirsche Vorderindiens und Ceylons wurden erfolgreich in verschiedenen Gegenden Europas eingebürgert. Weitere Vertreter der Echthirsche sind u. a. Davidshirsch, Sikahirsch, Sambarhirsch und Zackenhirsch.

Hirschhornsalz, umgangssprachlich für →Ammoniumcarbonat.

Hirse, Bezeichnung für verschiedene Gräser, die als Getreide kultiviert werden; anspruchslose Pflanzen der wärmeren Gebiete. Hirse ist in vielen Gebieten Asiens, Afrikas, Nord- und Südamerikas wichtigstes Nahrungsmittel und Futterpflanze. **Rispenhirse** oder **Echte Hirse** (Panicum miliaceum) ist in Zentralasien die meistkultivierte Hirse, die **Kutkihirse** (Panicum sumatrense) besonders in Indien und auf Ceylon verbreitet. **Schamahirse** (Echinochloa colonum) wird in wärmeren Gebieten als Futter- und Körnerfrucht, **Japanhirse** (Echinochloa frumentacea) besonders in Ostasien als Getreide- oder Futtergras angebaut. **Kolbenhirse** (**Vogelhirse, Fennich,** Setaria italica) dient als Nahrung und in Osteuropa als Viehfutter. In Nordamerika wird besonders **Bluthirse** (Digitaria sanguinalis), in Kalifornien die **Grannenhirse** (Oryzopsis miliacea) als Futtergras genutzt. Wichtige Nahrungsmittel in Afrika sind **Mohrenhirse** (**Kaffernkorn, Durra,** Sorghum bicolor), in Äthiopien der **Teff** (Eragrostis tef).

Hirudin [lateinisch] *das,* in der Speicheldrüse der Blutegel gebildetes Protein, hemmt die Blutgerinnung.

Histidin [griechisch-lateinisch] *das,* Abkürzung **His,** essenzielle Aminosäure, besonders häufig in Proteinen vorkommend; geht im Organismus in Histamin über.

Histologie [griechisch] *die,* **Gewebelehre,** Lehre von den menschlichen, tierischen und pflanzlichen Geweben, deren Struktur und besonderen Leistungen.

Histone [griechisch], Gruppe einfacher Proteine, die basische Aminosäuren enthalten und im Zellkern mit den Nukleinsäuren verbunden sind.

Hitchings [ˈhɪtʃɪŋs], George Herbert, amerikanischer Pharmakologe und Biochemiker, *Hoquiam (Washington) 18. 4. 1905, †Chapel Hill (North Carolina) 27. 2. 1998; betrieb Grundlagenforschungen zu Arzneimitteln, die die Nukleinsäuresynthese von Krebszellen und schädlichen Organismen blockieren, ohne die normalen Zellen zu schädigen. 1988 erhielt er mit G. B. Elion und J. W. Black den Nobelpreis für Physiologie oder Medizin.

Hittorf, Johann, deutscher Chemiker und Physiker, *Bonn 27. 3. 1824, †Münster 28. 11. 1914; Professor in Münster (1852–89).

Hittorf erforschte die unterschiedlichen Erscheinungsformen (Allotropie) von Phosphor und Selen und beschäftigte sich mit chemischen Umwandlungsprozessen bei der Elektrolyse. Er untersuchte die Beweglichkeit von Ionen bei der Elektrolyse und erweiterte Michael Faradays Ionentheorie der Elektrolyse. Auf der Grundlage von präzisen Leitfähigkeitsmessungen und Überlegungen zu den Energieverhältnissen schloss Hittorf, dass die Ionen in der Lösung unabhänging voneinander und mit unterschiedlicher Geschwindigkeit zwischen den Elektroden wandern. Dies bedeutet, dass die Kationen und Anionen den Strom zwischen den Elektroden unterschiedlich schnell transportieren und somit voneinander verschiedene »Überführungszahlen« besitzen. Die Überführungszahlen ergeben sich nach der hittorfschen Methode aus der Bestimmung der Konzentrationsänderungen der Elektrolyten in der Umgebung der Elektroden, die durch den Stromfluss hervorgerufen werden. Hittorf beschäftigte sich auch mit der Physik der Gasentladungen. Er ermittelte die elektrischen Eigenschaften von Vakuumröhren, indem er präzise Messungen durchführte, und ermittelte den Spannungsverlauf in Gasentladungen durch Potenzialsonden. Er erkannte bereits die magnetische Ablenkbarkeit und viele andere Eigenschaften der Kathodenstrahlen. 1851 führte er erstmals quantitative Messungen der Temperaturabhängigkeit der Halbleiter Kupfersulfid und Silbersulfid durch. Außerdem befasste sich Hittorf u. a. mit den elektromotorischen Kräften von galvanischen Elementen und mit Komplexsalzen.

Johann Hittorf
***1824, †1914**

- wies die unterschiedliche Beweglichkeit von Ionen bei der Elektrolyse nach
- erforschte das Verhalten von Kathodenstrahlen

Hitzemauer, Wärmemauer, Hitzeschwelle, Bezeichnung für den Geschwindigkeitsbereich des Über- und Hyperschallfluges, in dem eine starke Erwärmung des Flugzeugs beziehungsweise Flugkörpers durch Aufstau und Reibung der umgebenden Luft auftritt und der deshalb nicht für längere Zeit überschritten werden darf. Die Hitzemauer ist von der Flughöhe, der thermischen Belastungsfähigkeit der Werkstoffe und der Konstruktion abhängig.

HIV, Abkürzung für englisch **h**uman **i**mmunodeficiency **v**irus, **humaner Immunschwächevirus,** zur Gruppe der Lentiviren zählende Retroviren, deren bislang entdeckte Vertreter als HIV-1 und HIV-2 bezeichnet werden. HIV-1 ist nach derzeitigem Kenntnisstand der maßgebliche Erreger der Immunschwächekrankheit Aids.

HMI, Abkürzung für →Hahn-Meitner-Institut Berlin GmbH.

Ho, chemisches Symbol für →Holmium.

Hoatzin [indianisch] *der,* **Zigeunerhuhn, Opisthocomus hoatzin,** etwa 60 cm großer hühnerartiger Baumvogel der tropischen Überschwemmungswälder Südamerikas; fliegt schlecht.

Hobeln, Verfahren der spanenden Formgebung zur Herstellung von meist ebenen Flächen und Profilen an Werkstücken v. a. aus Holz und Metall.

HIV Warum gibt es noch keinen Impfstoff gegen Aids?

Seit der Entdeckung des HI-Virus wird an der Entwicklung eines Impfstoffs gegen Aids gearbeitet. Doch das Virus stellt die Forscher dabei vor große Probleme, da es ständig seine Oberflächenmerkmale verändert. Eine Impfung, bei der Antikörper gegen ein bestimmtes Merkmal erzeugt werden, schützt nur vor Stämmen mit diesem Merkmal, Varianten werden vom Immunsystem nicht erfasst. Das Fehlen eines einfachen Testmodells zur Überprüfung der Schutzwirkung von potenziellen Impfstoffen ist ein zusätzliches Hindernis. Ergebnisse aus Tiermodellen lassen sich nur unzureichend auf den Menschen übertragen. Die Erprobung von Impfstoffen gegen Aids an Menschen wirft dagegen ethische Probleme auf. Viele Forscher vermuten daher heute, dass es noch Jahrzehnte dauern wird, einen wirksamen Impfstoff zu entwickeln.

Hobeln.
Bearbeitung eines Holzstücks mit einem Handhobel

Hochauftriebsmittel, *Flugzeugtechnik:* aerodynamisches Hilfsmittel zur Vergrößerung des Auftriebs von Flugzeugtragflügeln. Hochauftriebsmittel erlauben eine Verkürzung der Start- und Landestrecke sowie die Verringerung der Landeanfluggeschwindigkeit und verbessern den Steigwinkel. Die wölbungs- und flächenvergrößernden Hinterkanten- und Nasenklappen werden bei Start, Landung und bestimmten Flugmanövern teilweise oder ganz ausgefahren (Landeklappen). Durch feste oder ausfahrbare Hilfsflügel an der Flügelvorderkante (→Vorflügel) oder durch →Grenzschichtbeeinflussung tritt das auftriebmindernde Abreißen der Strömung erst bei größeren →Anstellwinkeln ein.

Hochbahn, zur Entlastung des Straßenverkehrs auf Brückenkonstruktionen über der Straßenebene geführte Eisenbahn oder Straßenbahn.

Hochbau, das Errichten von Gebäuden, deren Hauptnutzungszonen über dem Erdboden liegen (im Unterschied zum →Tiefbau). Es wird zwischen dem von Architekten entworfenen, durch das Baugewerbe auszuführenden **einfachen Hochbau** und dem von Ingenieuren konstruierten und durch die Bauindustrie auszuführenden **Ingenieurhochbau** unterschieden. Arten der Ausführung sind u.a. Backsteinbau, Betonbau, Fertigbauweise, Glasbau, Großtafelbau, Holzbau, Lehmbau, Leimbau, Nagelbau, Skelettbauweise, Stahlbau, Steinbau.

Hochbau
→ GEO **Dossier**
Der Bau von Taipei 101, Bd. 8

Hochblätter, Umbildungsformen der Laubblätter im oberen Sprossbereich.

Hochdruck, **1)** *grafische Technik:* →Druckverfahren.

2) *Physik, Technik:* Bezeichnung für Drücke meist oberhalb von 10 MPa (100 bar); über 100 MPa (1 kbar) auch als **Höchstdruck** bezeichnet.

Hochdruckapparate, Reaktionsgefäße, in denen unter hohen Drücken chemische Reaktionen, meist unter Verwendung von Katalysatoren, durchgeführt werden, sowie Geräte für Untersuchungen der Hochdruckphysik. Die in der Verfahrenstechnik gebräuchlichen Hochdruckapparate werden **Hochdruckreaktoren** genannt, Hochdruckapparate für den diskontinuierlichen Betrieb **Autoklaven.** Die erforderliche Wanddicke eines zylindrischen Hochdruckapparats ist dem Innendruck und dem Durchmesser proportional.

Hochdruckchemie, Gebiet der Chemie, das sich mit chemischen Reaktionen und dem chemischen Verhalten von Stoffen bei Drücken über 10 MPa (100 bar) befasst. Hohe Drücke begünstigen Reaktionen, die unter Volumenminderung ablaufen. Bei höchsten Drücken verschwinden die Unterschiede zwischen den Aggregatzuständen, zwischenmolekulare Kräfte gehen in homöopolare und schließlich in metallische Bindekräfte über, und die physikalischen Eigenschaften (wie Dichte, Härte, Elastizität, Ionisation, elektrische Leitfähigkeit) ändern sich.

Wichtige Verfahren der technischen Hochdruckchemie sind die Ammoniaksynthese (20 MPa, seit 1913) und die Hochdruckpolymerisation von Ethylen (100 bis 300 MPa, seit den 1930er-Jahren). Um Investitionskosten und Energieaufwand für die Kompression zu verringern, geht der Trend derzeit zu niedrigeren Drücken (10 bis maximal 30 MPa).

Hochdruckgebiet, Hoch, Antizyklone, eine Luftmasse mit hohem Druck im Vergleich zu benachbarten, anders beschaffenen Luftmassen. Die Luftströmung innerhalb eines Hochdruckgebiets ist nach unten gerichtet, in den unteren Schichten fließt die Luft dann nach außen ab und wird auf der Nordhalbkugel infolge der Coriolis-Kraft im Uhrzeigersinn abgelenkt (antizyklonale Bodenströmung), auf der Südhalbkugel wird sie in entgegengesetzter Richtung abgelenkt. Als Folge dieses Auseinanderströmens der Luft aus dem Kern des Hochdruckgebiets **(Divergenz)** sinken Luftmassen aus der Höhe ab, wobei sich Wolken auflösen, was zu heiterem und trockenem Wetter führt. Oft setzen sich die Absinkbewegungen aber nicht bis zum Boden durch, son-

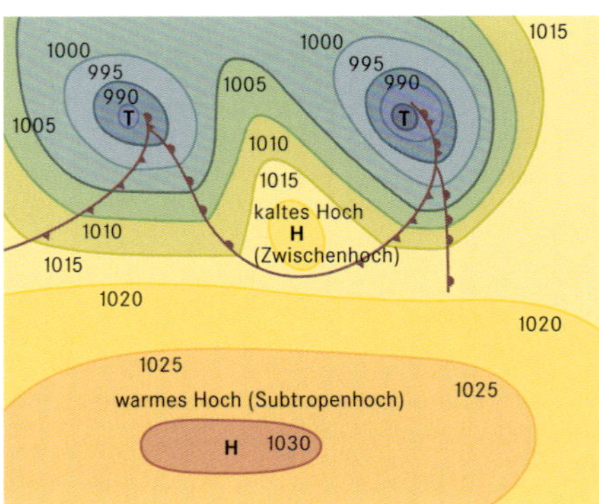

Hochdruckgebiet.
Kaltes (Kältehoch) und warmes Hochdruckgebiet (Wärmehoch)

dern enden in einiger Höhe: eine →Inversion bildet sich aus. An dieser Grenzfläche zwischen tiefer liegender kälterer und darüber liegender wärmerer Luft können sich Staub und Verunreinigungen sammeln, sodass eine Dunstschicht entsteht. An ihr kommt es besonders im Winter zu Hochnebelbildung. Über der Inversion herrscht dagegen wolkenloser Himmel. Im Sommer ist es tagsüber in einem Hochdruckgebiet meist wolkenlos, es bilden sich allenfalls Cumuluswolken, die sich gegen Abend wieder auflösen.

Das **Kältehoch** besteht in allen Höhen aus Kaltluftmassen, ist jedoch nur von relativ geringer vertikaler Mächtigkeit; in der oberen Troposphäre wird es von einem Tiefdruckgebiet oder einer Höhenströmung überlagert. Das **Wärmehoch** ist v. a. in den Subtropen zu finden. Über einer relativ kalten Grundschicht sind diese Hochs bis in große Höhen warm, und zwar durch Zufuhr von Warmluft aus südlicheren Breiten und Erwärmung durch Absinken, und bleiben oft längere Zeit nahezu an der gleichen Stelle.

Hochdruckmodifikationen, Modifikationen von chemischen Elementen, Verbindungen oder Mineralen, die unter extremen Temperatur-Druck-Bedingungen im Laboratorium oder in der Natur gebildet werden. So geht z. B. graues (halbmetallisches) Zinn bei hohen Drücken in weißes (metallisches) Zinn über. Durch →Stoßwellenmetamorphose entstehen Hochdruckminerale wie Coesit und Stishovit.

Hochdruckphysik, Spezialgebiet der angewandten Physik, das sich mit der Erzeugung und Messung hoher und höchster Drücke (→Hochdruck) sowie mit deren Anwendung bei der Untersuchung von Materialeigenschaften (z. B. elektrische und thermische Leitfähigkeit, Viskosität, Plastizität) und zu Materialumwandlungen beschäftigt.

Hochenergiephysik, die →Elementarteilchenphysik.

Hochflussreaktor, *Kerntechnik:* →Forschungsreaktor.

Hochfrequenz, Abkürzung **HF,** elektromagnetische Schwingungen mit Frequenzen zwischen 10 kHz und etwa 300 MHz (im weiteren Sinn 300 GHz), entsprechend Wellenlängen zwischen 30 000 und 1 m (beziehungsweise 1 mm). Hochfrequenzen finden u. a. in der Hochfrequenztechnik, der Medizin, zur Wärmeerzeugung (Hochfrequenzerwärmung) sowie in der Mess- und Rechentechnik Anwendung.

Hochfrequenzspektroskopie, Untersuchung von Quantenübergängen durch spektroskopische Methoden der Atom- und Kernphysik mithilfe hochfrequenter elektromagnetischer Wellen. Die Hochfrequenzspektroskopie wird bei atomaren Systemen angewandt, deren Energieniveaus sich so wenig unterscheiden, dass Strahlungsübergänge zwischen ihnen mithilfe der optischen Spektroskopie nicht mehr auflösbar sind. Nach den Frequenzbereichen wird die Hochfrequenzspektroskopie in die **Radiofrequenzspektroskopie** ($f < 3 \cdot 10^9$ Hz), die **Mikrowellenspektroskopie** ($f < 3 \cdot 10^{11}$ Hz) und die **Submillimeterspektroskopie** ($f < 10^{13}$ Hz) eingeteilt. Die Hochfrequenzspektroskopie erlaubt z. B. Präzisionsbestimmungen von magnetischen Kernmomenten und dient der Strukturaufklärung. Spezielle Methoden sind u. a. die →Atomstrahlresonanzmethode, die →Elektronenspinresonanz, die →NMR-Spektroskopie und die →Zyklotronresonanz.

Hochfrequenztechnik, Kurzbezeichnung **HF-Technik,** Teilgebiet der Elektrotechnik (im engeren Sinn Nachrichtentechnik und Elektronik), das die Techniken (einschließlich der Geräte) umfasst, die die Erzeugung, Fortleitung und technische Anwendung von elektrischen Wechselströmen, elektromagnetischen Feldern und Wellen aus dem Hochfrequenzbereich ermöglichen. Anwendungsgebiete der Hochfrequenztechnik sind die Funk- und Nachrichtentechnik, die Hochfrequenzspektroskopie, die physikalische Messtechnik und der Betrieb von Teilchenbeschleunigern (Hochfrequenzlinearbeschleuniger).

Hochgeschwindigkeitsfotografie, Highspeedfotografie, Verfahren zur fotografischen Aufnahme extrem kurzzeitiger Vorgänge oder von Bewegungsabläufen hoher Geschwindigkeit mit Belichtungszeiten von 10^{-6} bis 10^{-9} Sekunden beziehungsweise mit außerordentlich hoher Bildfrequenz, zum Teil bis 2 Billionen Bilder pro Sekunde **(Hochfrequenzkinematografie).** Noch wesentlich kürzere Belichtungszeiten (10^{-12} Sekunden) ermöglichen die Lasertechnik sowie das Arbeiten mit »suprastrahlendem Licht«. Die Hochgeschwindigkeitsfotografie liefert u. a. Aufschlüsse über das Materialverhalten bei hohen

Hochdruckphysik. Hochdruckzelle, mit der Geoforscher ein Mineral so zusammenpressen können, wie dies durch Kräfte im Erdinnern geschieht

Hochgeschwindigkeitsfotografie. Ein Luftgewehrgeschoss durchschlägt ein Hühnerei.

Geschwindigkeiten und Beschleunigungen sowie bei Beanspruchung durch hochfrequente Schwingungsbelastungen.

Hochgeschwindigkeitsumformung, Hochenergieumformung, Hochdruckumformung, *Fertigungstechnik:* Umformverfahren, bei denen sehr hohe Kräfte beziehungsweise Drücke kurzzeitig auf ein Werkstück einwirken, z.B. bei der →Explosionsumformung, der Unterwasserfunkenentladung (hydroelektrische Umformung), bei der die in Stoßgeneratoren gespeicherte elektrische Energie zwischen zwei Elektroden unter Wasser entladen wird und die Umformung des Werkstücks durch die entstehende Druckwelle stattfindet, sowie bei der Umformung durch direkte Einwirkung elektromagnetischer Kräfte (Magnetumformung).

Hochgeschwindigkeitsverkehr, →Eisenbahn.

Hochgeschwindigkeitszüge, siehe Sonderartikel Seite 522.

Hochleistungspolymere, Polymerwerkstoffe, die in mindestens einer Eigenschaft Standardkunststoffen und technischen Kunststoffen deutlich überlegen sind; sie gliedern sich in Struktur- oder Funktionspolymere. Zu den Strukturpolymeren gehören Polymere mit besonderen mechanischen Eigenschaften (z.B. flüssigkristalline Kunststoffe), Polymere mit hoher chemischer Beständigkeit (z.B. Fluorpolymere) sowie die hochtemperaturbeständigen Kunststoffe (z.B. Polysulfone, Polyimide). Zu den Funktionspolymeren zählen Polymere mit besonderen elektrischen Eigenschaften, z.B. leitfähige Polymere (Polypyrrol, Polyanilin, Polyacetylen) oder piezoelektrische Polymere (Polyvinylidenfluorid), Polymere mit besonderen optischen Eigenschaften, z.B. polymere Lichtwellenleiter (auf der Basis von Polymethylmethacrylat oder Polycarbonat) oder Polymere für die optische Datenspeicherung (flüssigkristalline Seitenkettenpolymere) sowie Polymere mit besonderen biologischen Eigenschaften, z.B. biokompatible Polymere.

Hochofen, Schachtofen zur Gewinnung von →Eisen.

Hochofenschlacke, Nebenerzeugnis der Roheisengewinnung im Hochofen, eine kalk-, tonerde- und silikathaltige Gesteinsschmelze; wird als Stückschlacke zu Straßenbaustoffen und Betonzuschlag, als glasiger Hüttensand zu Bindemitteln (→Zement) und Mauersteinen (Hüttensteine), geschäumt als poriger Leichtzuschlag (Hüttenbims) verarbeitet.

Hochpass, *Elektronik:* elektronische Schaltung (→Filter) mit einem Durchlassbereich zwischen f_g und $f = \infty$, wobei f_g die jeweilige Grenzfrequenz ist. Frequenzen unterhalb f_g werden vom Hochpass gesperrt.

Hochpolymere, →Makromoleküle.

Hochspannung, elektrische →Nennspannung oberhalb 1 kV; mitunter bezeichnet Hochspannung auch den Bereich zwischen 60 und 150 kV (die Definitionen sind hier nicht einheitlich).

Hochspannungen dienen zur verlustarmen →elektrischen Energieübertragung. Dabei gibt es vier übliche **Spannungsebenen:** 11 bis 35 kV, 115 kV, 230 beziehungsweise 400 kV. **Mittelspannungen** werden zur elektrischen Energieübertragung im regionalen Bereich und für Sondervertragskunden genutzt; in Deutschland gebräuchlich sind Spannungen zwischen 11 und 35 kV (bisher zwischen 10 und 30 kV). **Höchstspannungen** dienen zur überregionalen Energieübertragung (400 kV und höher, bei der elektrischen Energieübertragung auch Bezeichnung für Spannungen ab 150 kV); in Deutschland gebräuchlich sind 230 (bisher 220) und 400 (bisher 380) kV. Als Hochspannung im engeren Sinn wird die Spannung von 115 (bisher 110) kV bezeichnet, die von (kleineren) Industriekraftwerken abgegeben wird. – Die Generatoren in den Kraftwerken erzeugen eine Spannung zwischen 6 und 30 kV. Zur Energiefortleitung wird die Generatorspannung auf die gewünschte Spannungsebene hochtransformiert. Braunkohle- und Kernkraftwerke speisen in die 400-kV-, Steinkohle- und Wasserkraftwerke in die 230-kV-Spannungsebene ein.

Hochspannung wird u.a. auch bei Röntgenanlagen, Sende- und Fernsehbildröhren, Elektrofiltern, Elektronenmikroskopen und Teilchenbeschleunigern eingesetzt.

Hochspannungsgenerator, ein →Generator speziell zum Erzeugen hoher elektrischer Spannungen, wie z.B. der elektrostatische →Bandgenerator, der →Kaskadengenerator und der →Stoßspannungsgenerator; sie erzeugen Gleichspannungen bis zu mehreren Millionen Volt.

Höchstspannung, elektrische Spannung, →Hochspannung.

Hochtechnologie, →Hightech.

Hochtemperaturchemie, Teilgebiet der Chemie, das sich mit chemischen Reaktionen befasst, die oberhalb 1 000 °C ablaufen. In der Silikatchemie (z.B. Keramik- oder Zementherstellung) sind hohe Temperaturen Voraussetzung für Sinter- und Schmelzvorgänge; in der Metallurgie (z.B. Hochofenprozess) braucht man sie, um Metalle als flüssige Phase abtrennen zu können. Außerdem werden hohe Temperaturen in der Kernchemie benötigt, z.B. bei der Kernfusion. Reaktionen, die bei etwa 2 500 °C im Plasmareaktor ablaufen (z.B. Synthese von Acetylen), werden erforscht, sind aber noch ohne technische Bedeutung.

Hochtemperaturreaktor, Abkürzung **HTR,** ein →Kernreaktor mit besonders hohen Kühlmitteltemperaturen (bis 1 200 °C).

Hochtemperatur-Supraleiter, Abkürzung **HTSL,** →Supraleiter.

Hochtemperaturwerkstoffe, thermisch besonders stark belastbare Werkstoffe, die v. a. in der Luft- und Raumfahrt verwendet werden. Hochtemperaturwerkstoffe werden unterteilt in **warmfeste,** das heißt sowohl für thermische als auch für hohe mechanische Belastungen geeignete, und **hitzebeständige** Werkstoffe. Bis 1 000 °C werden Metalle und Legierungen verwendet, über 1 000 °C →Cermets, Oxide, Carbide u. a., über 1 500 °C Oxidkeramiken und Verbundwerkstoffe und bis 2 000 °C Ablationswerkstoffe (→Ablationskühlung).

Hochwasserschutz, Maßnahmen zur Verhütung von Hochwasserschäden: Vergrößerung des Abflussquerschnitts, Beseitigung von Abflusshindernissen und Bau von Deichen und Sperrwerken sowie Vorlandgewinnung vor den Deichen; Zurückhaltung von Abflüssen in den Stauräumen von Talsperren und Hochwasserrückhaltebecken; Entlastung durch zusätzliche Gerinne u. a.

Hochzeitsflug, das Ausfliegen der geflügelten Königin und der Männchen bei Termiten, Bienen und Ameisen zur Begattung.

Hochzeitskleid, bei vielen Tierarten zum Teil farbenprächtige Bildungen der Haut oder des Gefieders, v. a. beim männlichen Geschlecht, zur Paarungszeit.

Hodgkin, 1) Sir (seit 1972) Alan Lloyd, britischer Physiologe, * Banbury (County Oxfordshire) 5. 11. 1914, † Cambridge 20. 12. 1998; arbeitete hauptsächlich auf dem Gebiet der Reizübermittlung des Nervensystems. Hodgkin erhielt 1963 zusammen mit A. F. Huxley und J. C. Eccles den Nobelpreis für Physiologie oder Medizin.

2) Dorothy, geborene **Crowfoot,** britische Chemikerin, * Kairo 12. 5. 1910, † Shipston-on-Stour (County Warwickshire) 29. 7. 1994; 1960–77 Professorin in Oxford, Mitglied der Royal Society; ermittelte die Molekülstruktur u. a. von Penicillinen und Vitaminen durch Röntgenstrukturanalyse. 1964 erhielt sie für die Strukturaufklärung des Vitamins B_{12} den Nobelpreis für Chemie.

Hof, *atmosphärische Optik:* →Aureole.

Hoff, Jacobus Henricus van't, niederländischer Physikochemiker, * Rotterdam 30. 8. 1852, † Berlin 1. 3. 1911; begründete unabhängig von Achille Le Bel (* 1847, † 1930) die Stereochemie (1874), arbeitete über chemische Gleichgewichte und Reaktionen und führte neue Methoden zur Bestimmung des Molekulargewichts ein. Für Untersuchungen über die elektrolytische Dissoziation und die Entdeckung des Gesetzes des osmotischen Druckes bei verdünnten Lösungen erhielt er 1901 den ersten Nobelpreis für Chemie.

Hoffmann ['hɔfmæn], Roald, amerikanischer Chemiker polnischer Herkunft, * Złoczew (Woiwodschaft Lodz) 18. 7. 1937; seit 1949 in den USA. Ergebnis seiner praxisorientierten Arbeiten sind u. a. die mit Robert Woodward aufgestellten Woodward-Hoffmann-Regeln von der »Erhaltung der Orbitalsymmetrie«, die für die vorausberechenbare Synthese komplexer chemischer Verbindungen wichtig sind. Hoffmann erhielt mit Kenichi Fukui für die (unabhängig voneinander) erstellten Theorien über den Verlauf chemischer Reaktionen 1981 den Nobelpreis für Chemie.

Hofmann, Fritz, deutscher Chemiker und Pharmazeut, * Kölleda (Kreis Sömmerda) 2. 11. 1866, † Hannover 29. 10. 1956; ihm gelang 1909 die thermische Polymerisation des Isoprens zum ersten Synthesekautschuk, 1916 die Herstellung des »Methylkautschuks« aus Dimethylbutadien.

Hofstadter ['hɔfstetə], Robert, amerikanischer Physiker, * New York 5. 2. 1915, † Palo Alto (Kalifornien) 17. 11. 1990; 1950–85 Professor an der Stanford University (Kalifornien), führte ab 1953 am dortigen Linearbeschleuniger Untersuchungen zur Streuung hochenergetischer Elektronen **(Hofstadter-Versuche)** durch, mit denen er u. a. die endliche Ausdehnung und innere Struktur von Proton und Neutron nachwies und die Ladungsverteilung der Atomkerne ermittelte; erhielt dafür 1961 (zusammen mit R. Mößbauer) den Nobelpreis für Physik.

Höhenformel, *Physik:* →barometrische Höhenformel.

Höhenmessung, *Vermessungstechnik:* 1) die Ermittlung des Höhenunterschieds zwischen zwei oder mehr Punkten durch →Nivellement (in flachem Gelände), durch **trigonometrische Höhenmessung** (in gebirgigem Gelände und bei großen Höhenunterschieden) oder durch **barometrische Höhenmessung** (→barometrische Höhenformel). Das Nivellement ist das genaueste (mm- bis cm-Genauigkeit), die barometrische Höhenmessung das am wenigsten genaue Verfahren (m-Genauigkeit); 2) die Bestimmung von Punkthöhen mithilfe von Tachymetrie (→Theodolit) und Fotogrammetrie zur Darstellung des Geländes durch ein digitales Geländemodell oder Höhenlinien.

Höhlentiere, dauerhaft im Dunkeln lebende Tiere, die keine oder nur geringe Pigmentierung zeigen sowie oft Augenrückbildung (manche Krebs-, Spinnentiere, Insekten, Höhlenfische). Als **Höhlenpflanzen** können manche Algen, Moose und Farne gelten, ferner lichtunabhängige Pilze und Bakterien. – Infokasten S. 524

Hohlfaser, →Lichtleiter.

Hohlleiter, Hohlraumleiter, Hohlwellenleiter, ein →Wellenleiter mit elektrisch leitenden Innenwänden (ohne Innenleiter, im Gegensatz zur →Koaxialleitung). Hohlleiter

Fortsetzung S. 524

Jacobus Henricus van't Hoff
*** 1852, † 1911**

- gilt als einer der Begründer der Stereochemie
- entdeckte die Gesetze zur chemischen Dynamik und des osmotischen Druckes in verdünnten Lösungen
- erhielt 1901 den Nobelpreis für Chemie

Hochgeschwindigkeitszüge

Der Begriff der »Hochgeschwindigkeit« ist relativ: Schon in den 1830er-Jahren bei den ersten Zügen überhaupt warnten Skeptiker, eine Geschwindigkeit von über 20 km/h würde bei den Passagieren zu schweren Gesundheitsstörungen und letztlich zum Wahnsinn führen. Heute versteht man unter Hochgeschwindigkeitszügen Züge (in der Regel für den Personenverkehr), die eine fahrplanmäßige Geschwindigkeit von über 200 km/h erreichen.

Technische Anforderungen

Um den Luftwiderstand zu senken und die Laufruhe zu erhöhen, aber auch um die Antriebsleistung besser auf die Schiene übertragen zu können, sind die Züge nicht als konventionelle Formationen aus Lokomotive mit angehängten Waggons aufgebaut, sondern als Triebzug mit zwei Triebköpfen; in neuerer Zeit findet man auch Triebwagenzüge, bei denen sehr viele oder sogar alle Achsen angetrieben werden.
Die Schnellfahrstrecken werden mit weiten Kurvenradien und ggf. starken Kurvenüberhöhungen trassiert. Um Steigungen und Kurven zu vermeiden, sind bei der Trassierung viele Kunstbauten (Einschnitte, Dämme, Brücken, Tunnel) nötig. Straßenkreuzungen sind als Brücken oder Unterführungen ausgeführt.
Das traditionelle Signalsystem ist wegen des langen Bremswegs von Hochgeschwindigkeitszügen (normale Bremsung bis 7000 Meter, Schnellbremsung ca. 3000 Meter) nicht mehr anwendbar. Die Züge stehen stattdessen in ständigem Funkkontakt mit der Leitzentrale.

ICE 1 und 2

1982 erteilte die Deutsche Bundesbahn den Auftrag zum Bau eines experimentellen Hochgeschwindigkeitszugs, des ICE (Intercity-Experimental ICE V), der 1985 ausgeliefert wurde. Noch während der Erprobungsphase bestellte die Bundesbahn 82 Triebköpfe für den Serien-ICE der ersten Generation (ICE 1; die Abkürzung wurde in »Intercity-Express« umgedeutet). Die Baureihe 401 ist für eine Reisegeschwindigkeit von 280 km/h auf Neubaustrecken ausgelegt. Der Zug besteht aus zwei identischen Triebköpfen mit je vier Drehstrom-Asynchronmotoren von jeweils 1200 Kilowatt Leistung und zwölf (maximal 14) Mittelwagen. Der Zug ist (mit zwölf Wagen) 358 Meter lang und wiegt leer 795 Tonnen. Seit dem 2. Juni 1991 verkehrt der ICE 1 fahrplanmäßig.
Größter Kritikpunkt am ICE 1 war sein Gewicht. Der 1997 in Dienst gestellte Nachfolger ICE 2 (Baureihe 402) wurde daher im Gewicht optimiert: Jeder Wagen wiegt fünf Tonnen weniger als beim ICE 1. Weitere Neuheiten sind das Luftfedersystem (statt Stahlfedern im ICE 1) sowie elektronische Anzeigen für Wagenziel und Sitzplatzreservierung. Der ICE 2 kann auch als Halbzug (bestehend aus einem Triebkopf, fünf Mittelwagen und einem Steuerwagen) fahren. Auf diese Weise lässt sich auch auf weniger befahrenen Strecken eine hohe Zugauslastung erreichen.

ICE 3

Die neueste Version der ICEs, der ICE 3 (Baureihe 403), wurde erstmals Ende 1999 ausgeliefert. Er hat keine Triebköpfe mehr, sondern Unterflurmotoren direkt an den Achsen; die Hälfte der Achsen wird angetrieben. So wird die Achslast auf nun 17 Tonnen reduziert und das Steigungsvermögen (beim alten ICE 1 nur 1,25 Promille) auf über 40 Promille erhöht. Der Zug ist auf eine Reisegeschwindigkeit von 310 km/h ausgelegt. Durch den Wegfall der Triebköpfe sind auch in den Kopfwagen Sitzplätze vorhanden, man kann dem Zugführer bei der Arbeit zusehen. Der ICE 3 hat keinen Speisewagen, stattdessen gibt es ein Bordbistro mit Stehplätzen.

Shinkansen

Das Geburtsland der Hochgeschwindigkeitszüge ist Japan. In Vorbereitung zur Olympiade 1964 begannen 1959 die Arbeiten an einem Hochgeschwindigkeitsnetz namens »Shinkansen« – der Name bedeutet so viel wie »Neue Hauptlinien«. Zunächst wurden nur die Städte Tokio und

100562

Intercity der Generation ICE 3 auf dem Adtranz-Prüfgleis zwischen Hennigsdorf und Velten (Januar 2000)

Osaka verbunden, mittlerweile ist das Netz auch auf die Südinsel Kiushu ausgedehnt. Zum Stoßverkehr fahren die insgesamt 250 elektrisch getriebenen Züge in einem Abstand von 7,5 Minuten. Der schnellste Zug »Hikari« (Licht) erreicht 210 km/h (auf speziellen Ausbaustrecken auch 260 km/h). Damit legt der Zug mit seinen 16 Mittelwagen und über 1000 Sitzplätzen die 1068 Kilometer lange Strecke von Tokio nach Hakata auf der Insel Kiushu in unter sieben Stunden zurück.
In der Volksrepublik China wird zurzeit ein Streckennetz von ca. 2000 Kilometern aufgebaut, auf dem Züge basierend auf der Technik des Shinkansen verkehren sollen. Auch der Hochgeschwindigkeitszug in Taiwan ist ein abgewandelter Shinkansen.

Der TGV und seine Abkömmlinge

Der TGV (»Train à grand vitesse«) als erster europäischer Hochgeschwindigkeitszug hat wie der deutsche ICE 1 zwei Triebköpfe. Er ist jedoch etwas schmaler als der ICE und hat damit einen geringeren Sitzabstand. Die Wagen haben sog. Jakobsdrehgestelle, bei denen jeweils zwei Wagenenden auf einem gemeinsamen Drehgestell gelagert sind. Dies sorgt für eine bessere Aerodynamik, da der Wagenübergang sehr eng ist, und eine hohe Stabilität bei der Fahrt, erhöht aber die Achslast und damit den Verschleiß an Rad und Schienen. Auf einigen Neubaustrecken wird auch ein doppelstöckiger Zug (TGV-Duplex) mit acht Mittelwagen und 560 Sitzplätzen eingesetzt (zum Vergleich: der einstöckige TGV mit zehn Mittelwagen bietet 485 Sitzplätze).
Seit 1981 verkehrt der TGV zwischen Paris und Lyon; heute verbindet das Hochgeschwindigkeitsnetz Paris mit allen französischen Großstädten und Brüssel, eine Verbindung nach Straßburg und weiter nach Deutschland ist im Bau; weitere Strecken sind nach Montpellier/Barcelona, Mailand und Basel geplant.
Schwesterzüge des TGV sind die im internationalen Verkehr eingesetzten Züge »Thalys« und »Eurostar«, die mit unterschiedlichen Bahnstromsystemen betrieben werden können. Der Thalys – ein nur wenig veränderter TGV – wird von Bahngesellschaften aus Frankreich, den Niederlanden, Belgien sowie der Deutschen Bahn AG gemeinsam betrieben und verkehrt auf der TGV-Nordstrecke über Lille und Brüssel nach Amsterdam beziehungsweise Köln oder Düsseldorf. Auch der Eurostar für die Fahrt von Paris bzw. Brüssel nach London durch den Eurotunnel baut auf dem TGV auf, ist aber technisch stärker modifiziert. Da in England die Gleise dichter beieinander liegen als in Frankreich und Belgien, ist der Eurostar besonders schmal und hat daher ein neukonstruiertes Fahrwerk. Der Eurostar fährt mit drei verschiedenen Stromsystemen.

2993

Französischer Hochgeschwindigkeitszug TGV 527 (1996)

Fortsetzung von S. 521
dienen der dämpfungsarmen Fortleitung hochfrequenter elektromagnetischer Wellen, z. B. zwischen Sender und Richtstrahlantenne. Besonders geringe Verluste weisen supraleitende Hohlleiter auf.

Hohlraumresonator, *Mikrowellentechnik:* ein elektrischer →Resonator zur Erzeugung elektromagnetischer Strahlung im GHz-Bereich. Hohlraumresonatoren bestehen aus einem →Hohlleiter, der an beiden Seiten mit einer Kurzschlussplatte möglichst hoher Leitfähigkeit abgeschlossen ist und in dessen Innerem elektromagnetische Schwingungszustände existenzfähig sind. Das Frequenzspektrum dieser Eigenschwingungen ist ein diskretes, im Allgemeinen nicht harmonisches Linienspektrum. Die Energieein- und -auskopplung erfolgt z. B. über ein Koaxialkabel (induktiv, kapazitiv) oder durch Leitungskopplung (kombinierte induktive und kapazitive Kopplung).

Hohlraumstrahlung, die Strahlung eines →schwarzen Körpers.

Hohlraumversiegelung, Form des Rostschutzes, besonders bei Pkw. Dabei wird ein äußerst kriechfähiges Korrosionsschutzmittel unter Druck in die Hohlräume der Fahrzeugkarosserie gesprüht, an deren Wänden es einen elastischen Film bildet.

Hohlspiegel, ein gewölbter Spiegel, bei dem die »hohle« (konkave) Fläche dem Licht zugewandt ist. Der Hohlspiegel erzeugt je nach Lage des Objekts zum Brennpunkt reelle, umgekehrte, vergrößerte beziehungsweise verkleinerte Bilder oder aber virtuelle, aufrechte und vergrößerte Bilder (z. B. beim Rasierspiegel).

Hohltiere, Coelenterata, Gruppe wasserlebender, meist radiärsymmetrischer Vielzeller mit über 10 000 Arten. Die Grundgestalt entspricht der Gastrula (→Entwicklung); sie wird durch Verdickung der Körperwand, durch taschen- oder kanalartige Fortsätze am Gastralraum und Fangarme um den Mundafter bereichert (→Nesseltiere).

Hollerith [englisch 'hɔlərɪθ], Hermann, amerikanischer Ingenieur und Unternehmer deutscher Herkunft, * Buffalo (New York) 29. 2. 1860, † Washington (District of Columbia) 17. 11. 1929; entwickelte das Hollerith-Lochkartenverfahren, bei dem gelochte Karten (als Informationsträger) durch Abtastfedern entsprechend der Lochung automatisch sortiert werden. Hollerith gründete 1896 die Tabulating Machine Co. in New York, einen der Vorläufer der IBM Corporation.

Holley ['hɔlɪ], Robert William, amerikanischer Biochemiker, * Urbana (Illinois) 28. 1. 1922, † Los Gatos (Kalifornien) 11. 2. 1993; untersuchte die molekularbiologischen Grundlagen der Zellteilung und die Biosynthese der Proteine und Nukleinsäuren. Für seinen Beitrag zur Aufklärung des genetischen Codes erhielt er 1968 mit M. W. Nirenberg und H. G. Khorana den Nobelpreis für Physiologie oder Medizin.

Họlmium [nach Holmia, dem latinisierten Namen von Stockholm] *das,* **Ho,** seltenes metallisches Reinelement (natürlich kommt nur das Isotop ^{165}Ho vor) aus der Reihe der Lanthanoide, Ordnungszahl 67, relative Atommasse 164,9304, Dichte (bei 25 °C) 8,795 g/cm^3, Schmelzpunkt 1 472 °C, Siedepunkt 2 694 °C. Das silbergraue Holmium ist an trockener Luft stabil; es kommt stets zusammen mit anderen

Höhlentiere Lebensraum Höhle

100674

Für die meisten Lebewesen sind Höhlen dunkle und unwirtliche Orte, die sie – wenn überhaupt – nur zu bestimmten Zwecken aufsuchen. Auch Fledermäuse sind nur Höhlenbesucher, sie benutzen Höhlen als Schlafplätze oder als Winterquartier. Die echten Höhlenbewohner dagegen sind so an das Leben in der Dunkelheit angepasst, dass sie ihre Höhlen nie verlassen. Der Lebensraum Höhle hat für diese Arten viele Vorteile. Zu ihnen gehören ein gleichbleibendes Klima mit geringen Temperaturunterschieden und einer hohen Luftfeuchte. Da nur wenige Tiere in der Dunkelheit leben sind Nahrungskonkurrenten und auch Feinde selten.

Das Paradebeispiel für einen echten Höhlenbewohner ist der etwa 30 Zentimeter lange, zu den Amphibien gehörende Grottenolm. Während seine oberirdisch lebenden Verwandten nur im Larvenstadium Kiemen tragen, behalten die Grottenolme die büschelartigen Atmungsorgane zeitlebens. Daneben besitzen sie aber auch primitive Lungen. Die Rückbildung der Augen und eine pigmentlose Haut zeichnen die Tiere als Höhlenbewohner aus. Interessanterweise bilden sich bei Tieren, die im Licht aufwachsen, sowohl Augen als auch Farbstoffe in der Haut.

Seltenerdmetallen vor, z. B. im Gadolinit. Holmium findet u. a. Verwendung als Magnetblasenspeicher sowie als Aktivator in den Leuchtmassen von Farbfernsehschirmen. Außerdem werden Polschuhe für Hochleistungsmagnete aus Holmium gefertigt und zur Erzeugung stärkster Magnetfelder genutzt.

Holografie [griechisch] *die,* **Holographie,** von D. Gabor 1948 entwickeltes Verfahren der Bildaufzeichnung und -wiedergabe mit kohärentem Licht, das die Speicherung und Reproduktion von Bildern mit dreidimensionaler (räumlicher) Struktur ermöglicht.

Das Objekt wird mit Licht einer monochromatisch kohärenten Lichtquelle (→Laser) beleuchtet, das reflektierte Licht **(Objektwelle)** mit einer kohärenten Vergleichswelle **(Referenzwelle)** überlagert. Das entstehende Interferenzwellenfeld (→Interferenz) wird als Intensitätsbild auf einer Fotoplatte aufgezeichnet **(Hologramm).** Während beim normalen fotografischen Verfahren nur die Intensitätsverteilung des vom Objekt ausgehenden Lichts am Ort der Fotoplatte registriert wird, enthält das Hologramm durch die Überlagerung der Objektwelle mit der kohärenten Referenzwelle Informationen über Intensität und Phasenlage des vom Objekt kommenden Lichtes. – Zur Wiedergabe wird das Hologramm mit monochromatisch kohärentem Licht aus der gleichen Richtung beleuchtet, aus der bei der Aufnahme die Referenzwelle einfiel. Durch Beugung entstehen zu beiden Seiten des direkten Lichtbündels hinter dem Hologramm im Wesentlichen zwei Lichtbündel erster Ordnung, von denen das eine ein virtuelles Bild dort liefert, wo sich bei der Aufnahme das Objekt befand; das andere Lichtbündel erzeugt ein reelles Bild hinter dem Hologramm. Das virtuelle Bild kann mit dem Auge in begrenztem Raumwinkel von verschiedenen Seiten aus betrachtet werden; das reelle Bild lässt sich ohne Linsen direkt fotografieren. Beide Bilder liefern eine räumliche Rekonstruktion des Objektes.

Überlagert man einem normalen Hologramm in vertikaler Richtung ein ebenfalls holografisch erzeugtes optisches Beugungsgitter, so kann man das entstehende **Regenbogenhologramm (Weißlichthologramm)** für die Rekonstruktion mit weißem Licht bestrahlen und sieht je nach dem gewählten vertikalen Betrachtungswinkel das Bild in der Farbe, die vom Gitter unter diesem Winkel gebeugt wird; in horizontaler Richtung bleibt der räumlicher Eindruck entsprechend der beidäugigen Betrachtung erhalten. Ein ähnlicher Effekt ergibt sich, wenn man das Interferenzwellenfeld statt auf einer dünnen auf einer mehrere Wellenlängen dicken Fotoplatte registriert **(Volumenhologramm).** Die entstehende räumliche Schwärzungsverteilung selektiert bei der Rekonstruktion mit weißem Licht automatisch die Aufnahmewellenlänge(n); erfolgt die Aufnahme mit mindestens drei verschiedenen Farben, erhält man ein Weißlichthologramm in natürlichen Farben.

100562

Holografie.
Bei den Banknoten mit hohem Nennwert (50, 100, 200, 500 Euro) erscheint, je nach Betrachtungswinkel, die Wertzahl oder das jeweilige Architekturmotiv in wechselnden Farben als Hologramm.

■ **Anwendungen** 1) Momentaufnahmen schnell veränderlicher Vorgänge und ihre Vermessung; 2) Einsatz interferometrischer Messmethoden zur Untersuchung beliebig geformter, auch rauer Oberflächen und zum Nachweis geringfügiger Verformungen **(holografische Interferometrie);** 3) die Verwendung von Hologrammen als optische Elemente, z. B. Linsensysteme, Interferenzfilter und Beugungsgitter (holografisches →Gitter); 4) die **holografische Mikroskopie;** 5) Verwendung als optischer Speicher (→holografischer Speicher) sowie zur automatischen Zeichenerkennung. Darüber hinaus werden Hologramme als fälschungssichere Bestandteile von Scheckkarten, Banknoten u. a. sowie für Werbezwecke und als Kunstgegenstände genutzt.

Außer mit Licht werden Hologramme auch mit Mikro- sowie Schallwellen **(akustische Holografie)** hergestellt.

holografischer Speicher, optischer Speicher, der Daten in Form von Hologrammen (→Holografie) speichert. Dabei wird jedes Bit durch ein von zwei Lichtquellen erzeugtes Interferenzmuster dargestellt. Wesentliche Komponenten eines holografischen Speichers sind ein Laser, eine elektrooptische Ablenkstufe für den Laserstrahl, ein Dateneingabewandler, der die als elektrische Signale ankommenden Informationen in ein rasterförmiges Muster umsetzt, ein Speichermedium (z. B. spezielle Kristalle oder Polymere) sowie ein Detektor, auf dem die ursprüngliche Information mithilfe eines Referenzstrahls aus dem Hologramm rekonstruiert werden kann.

Die noch in der Entwicklung befindlichen holografischen Speicher sollen sich v. a. durch eine hohe Bandbreite bei der Datenübertra-

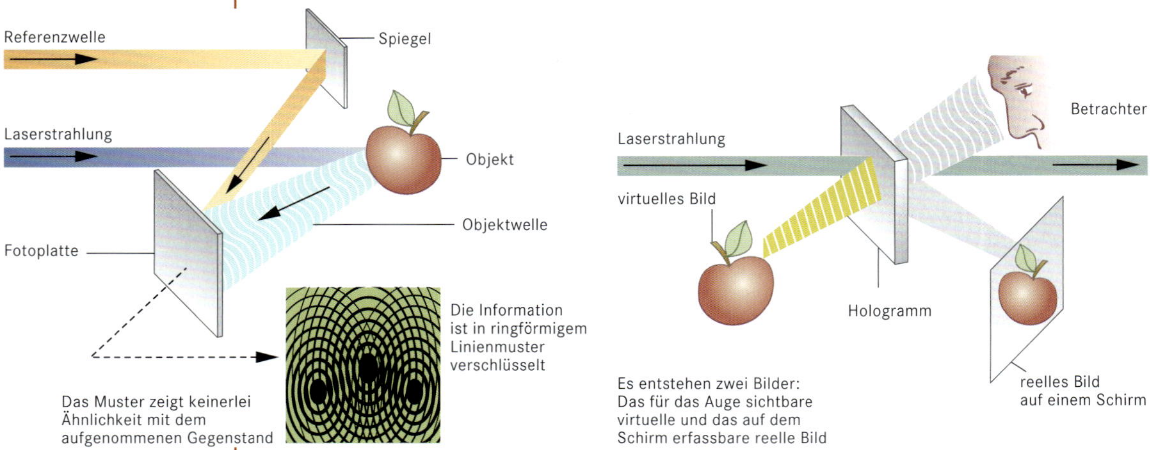

Holografie. Schematische Darstellung der Aufnahme und Wiedergabe eines Hologramms. Links: Aufnahme eines Hologramms; das vom Objekt ausgehende Licht interferiert mit dem am Spiegel reflektierten kohärenten Laserlicht; die Fotoplatte enthält daher auch Informationen über die Phasen des vom Objekt ausgehenden Lichts. Rechts: Das Hologramm wird mit kohärentem Laserlicht bestrahlt, wodurch das Objekt dem Betrachter als dreidimensionales, virtuelles Bild erscheint; daneben wird noch ein reelles, ebenfalls dreidimensionales Bild mit entgegengesetzten Parallaxenbeziehungen (seitenverkehrt) erzeugt.

gung auszeichnen, um ein schnelles Aufzeichnen und Auslesen von relativ großen Datenmengen zu ermöglichen, wie sie u.a. bei Bewegtbildern in einer interaktiven Computerumgebung entstehen. Die Zugriffszeiten sind mit denen der Halbleiterspeicher vergleichbar. Hinsichtlich Kapazität und Kosten werden bei der holografischen Datenspeicherung die Vorteile optischer Speichermedien mit denen von Direktzugriffsspeichern kombiniert.

Bei der Speicherung von Volumenhologrammen in einem Kristall wurden bisher Packungsdichten von rund 100 $MByte/cm^3$ erreicht. Andere Möglichkeiten der holografischen Speicherung gehen davon aus, das Speichermedium (Polymerfilm) in Form einer Scheibe anzulegen, die Ähnlichkeit mit einer herkömmlichen CD hat und die 10- bis 100-fache Informationsmenge aufnehmen kann.

Holozän [griechisch] *das,* **Nacheiszeit, Postglazial,** früher **Alluvium,** der letzte Abschnitt des →Quartärs, der vom Ende des pleistozänen Eiszeitalters bis zur Gegenwart reicht. Bildungen des Holozän sind besonders Fluss- und Seeablagerungen, Marschen, Dünen, Torf, Kalktuffe, Gehängeschutt; die Tier- und Pflanzenwelt entspricht im Allgemeinen der heutigen.

Holsteinische Euterseuche, Weide-Euterseuche, Pyogenesmastitis, durch Corynebacterium pyogenes hervorgerufene Euterentzündung bei Färsen und Kühen; in Weidegebieten seuchenhaft, bei Stalltieren sporadisch auftretend. Aus dem Euter wird eitriges, mitunter blutiges Sekret abgesondert. Die Behandlung erfolgt mit Antibiotika.

Holz, umgangssprachlich Bezeichnung für die Hauptsubstanz der Stämme, Äste und Wurzeln der Holzgewächse; in der Pflanzenanatomie Bezeichnung für das vom →Kambium nach innen abgegebene Dauergewebe, dessen Zellwände meist durch Lignineinlagerungen (zur Erhöhung der mechanischen Festigkeit) verdickt sind.

Ohne Hilfsmittel kann man an einem Stammausschnitt folgende Einzelheiten erkennen: Im Zentrum liegt das **Mark,** das von einem breiten **Holzkörper** umschlossen wird. Dieser setzt sich bei den meisten Holzarten aus dem sich durch Wechsel in Struktur und Färbung voneinander abhebenden Jahresringen zusammen. Das Kambium umschließt als dünner Mantel den gesamten Holzkörper. Die hellere äußere Zone besteht aus den lebenden jüngsten Jahresringen und wird als **Splintholz** (Weichholz) bezeichnet. Der dunkel gefärbte Kern ist das so genannte **Kernholz,** das aus abgestorbenen Zellen besteht und nur noch mechanische Funktionen hat. Da es durch die Einlagerung bestimmter Stoffe (Oxidationsprodukte von Gerbstoffen) geschützt wird, ist es wirtschaftlich wertvoller. An den letzten Jahresring schließt sich nach außen zu der Bast an. Vom Bast in den Holzkörper hinein verlaufen zahlreiche Markstrahlen. Den Abschluss des Stammes nach außen bildet die Borke aus toten Korkzellen und abgestorbenem Bast.

Man unterscheidet folgende Zelltypen: 1. **Gefäße,** sie leiten das Bodenwasser mit den darin gelösten Nährsalzen zu den Blättern; 2. **Holzfasern,** sie sind das Stützgewebe des Holzkörpers; auf ihnen beruht die Trag-, Bruch- und Biegefestigkeit der Hölzer; 3. **Holzparenchym,** die lebenden Bestandteile des Holzkörpers; sie übernehmen die Speicherung der organischen Substanzen; 4. **Markstrahlparenchym,** das aus lebenden Zellen besteht und der Stoffspeicherung und -leitung dient.

■ **Eigenschaften** Die Dichte (Rohdichte zwischen 0,1 g/cm^3 [Balsa] und 1,2 g/cm^3 [Pockholz]) des Holzes hängt von der Holzart ab, ist aber auch innerhalb des gleichen Baumes unterschiedlich (Splintholz ist leichter als Kernholz). Bei weniger als 30 % Wassergehalt schwindet Holz beim Trocknen und wird fester, es quillt bei Wasseraufnahme. Die Holztrocknung erfolgt als Kammertrocknung in belüfteten Räumen bei 60–80 °C, als Hochtemperaturtrocknung mit feuchter Luft bei 100–140 °C (für Furniere bis 260 °C in v. a. düsenbelüfteten Furniertrocknern). Die akustischen Dämmeigenschaften von Holz sind sehr gut. In trockenem Zustand ist Holz ein elektrischer Isolator. Es ist leicht bearbeitbar, kommt in vielen Farben vor und erhält durch Anschnitt von Jahresringen, Markstrahlen und Gefäßen oft eine schöne Textur (Maserung, Zeichnung). Der Heizwert trockenen Holzes beträgt zwischen 15 und 20 MJ/kg.

■ **Kulturgeschichte** Die Verwendung des Holzes zum Feuermachen gilt als Beginn menschlicher Kulturtätigkeit. Neben Knochen und Stein war Holz schon in der Altsteinzeit ein wichtiger Werkstoff, der u. a. zur Fertigung von Waffen (hölzerne Lanzen) und Geräten genutzt wurde. Von der Mittelsteinzeit an sind Schlitten nachgewiesen, seit der Jungsteinzeit Pflug, Wagen, Einbaum, Hausrat aus Holz. Das Haus wurde in Mittel-, Nord- und Osteuropa bis in die geschichtliche Zeit fast nur aus Holz gebaut. Durch die →Dendrochronologie und die Radiocarbonmethode ist Holz zu einem der wichtigsten Datierungsmittel der Vorgeschichtsforschung geworden.

Holzdestillation, die →Holzverkohlung.

Holzfäule, Holzzersetzung durch Pilze.

Holzschutz, Holzkonservierung, Maßnahmen bautechnischer, chemischer und physikalischer Art zur Erhöhung der Haltbarkeit von Hölzern und zum Schutz der Hölzer vor Holzschädlingen, Witterungseinflüssen und Feuer. Anwendungsbereiche sind prophylaktischer Holzschutz vor der Verarbeitung (zeitlich begrenzt), vorbeugend bei der Verarbeitung (Langzeitwirkung) und bekämpfend bei entstandenem Befall. Ein biologischer Holzschutz durch Einsatz antagonistisch wirkender Mikroorganismen oder von Insektenhormonen ist noch im Stadium intensiver Erforschung. Wichtige Wirkstoffe in Holzschutzmitteln sind synthetische Pyrethroide. Die Herstellung und die Verwendung von PCP (Pentachlorphenol) sind seit Ende 1989 untersagt.

Holzverflüssigung, modernes Verfahren der thermochemischen Konvertierung von Holz durch Schnellpyrolyse (Flash-Pyrolyse) zu überwiegend flüssigen Produkten (etwa 75 % Öl, 10 % Kohle, 15 % Gas).

Holzverkohlung, Holzdestillation, thermische Zersetzung von Holz unter Luftabschluss zur Gewinnung von Holzkohle; früher im Meiler, heute großtechnisch in eisernen Retorten und Rohröfen. Anfallende Produkte sind etwa 30 % *Holzkohle* (Gemisch aus 80–90 % Kohlenstoff, 1–3 % Asche), 15–19 % *Holzgas* (Gemisch aus 55 % Kohlendioxid, 32 % Kohlenmonoxid, 8 % Methan), 46–54 % *Holzessig* (Essigsäure) sowie bei weiterer Aufarbeitung 2 % *Holzgeist* (Gemisch aus 45 % Methanol, 7 % Aceton, 5 % Methylacetat) und 13 % *Holzteer* (Gemisch aus Phenolen, Kresolen, Phenolether, Guajakol, Fettsäuren und hochsiedenden Kohlenwasserstoffen).

Holzverzuckerung, Verfahren zum hydrolytischen Abbau der Polysaccharide des Holzes (Cellulose, Hemicellulosen) zu einfachen Zuckern (Glucose, Xylose u. a.) mithilfe von Säuren oder Enzymen. Die Holzverzuckerung wurde im Zweiten Weltkrieg in Deutschland technisch genutzt, erregt in neuerer Zeit verstärktes Interesse im Hinblick auf Treibstoffgewinnung aus cellulosehaltigen Abfällen (»Biomasse«).

Homecomputer [ˈhəʊmkɔmpjuːtər, englisch], der →Heimcomputer.

Homepage [ˈhəʊmˈpeɪdʒ, englisch »Heimatseite«] *die,* **Startseite,** diejenigen Informationen eines Onlinedienstes, die ein Nutzer als erste sieht, wenn er ein bestimmtes Angebot aufruft, und von denen aus er zu weiteren, hierarchisch tiefer liegenden Informationen gelangt. Als Homepage wird insbesondere die erste Seite eines Internetanbieters bezeichnet (→WWW). Die Homepage wird auch immer dann angezeigt, wenn man die Adresse (URL) der Institution in einen Browser eingibt. Homepages, die zu einem gemeinsamen Bereich gehören, fasst man häufig zusammen, um den Benutzern einen systematischen Zugang zu ermöglichen. Man betritt den Bereich über eine übergeordnete Seite, das so genannte **Portal,** von dem aus die weiteren Angebotsseiten erreicht werden.

Homepage
→ GEO **Dossier**
Weltweit verwoben, Bd. 8

homogen [griechisch], *Chemie, Physik:* 1) an jeder Stelle die gleichen makroskopischen Eigenschaften aufweisend (z. B. homogener Körper); 2) nur aus einer Phase bestehend oder nur Bestandteile in einem Aggregatzustand enthaltend (z. B. homogenes System).

Homogenisation [lateinisch] *die,* **Homogenisierung, 1)** *chemische Technik:* die Herstellung einer beständigen Emulsion aus nicht mischbaren Flüssigkeiten verschiedener Dichte. **Homogenisierte Milch** wird nicht nur durch die feine Zerteilung von Fetttröpfchen, sondern auch durch die Bildung von Fett-Kasein-Komplexen vor dem Aufrahmen geschützt.

2) *Metallurgie:* Wärmebehandlung von metallischen Werkstoffen zur Herstellung eines gleichmäßigen Gefüges.

homolog [griechisch], **1)** *Anatomie:* stammesgeschichtlich gleichwertig, sich entsprechend. **Homologe Organe** stimmen hinsichtlich Lage und Herkunft überein, nicht jedoch in Bau und Funktion, z. B. Flügel der Vögel und Vorderflosse der Wale.

2) *Chemie:* strukturell eng verwandt, z. B.: 1) **homologe Elemente,** Elemente mit ähnlichen chemischen Eigenschaften, die im Periodensystem übereinander stehen, wie Alkalimetalle, Halogene oder Edelgase; 2) **homologe Reihen,** Gruppen von chemisch verwandten Stoffen, die sich bei grundsätzlich gleicher Struktur und daher ähnlichen Eigenschaften nur durch den Mehrgehalt bestimmter Molekülgruppen (meist der Gruppe CH_2) unterscheiden, wie die Alkane.

Homolyse [griechisch] *die, Chemie:* Spaltung einer homöopolaren Verbindung derart, dass jeder Spaltpartner anteilmäßig sein Bindungselektron behält, wobei reaktionsfähige Radikale entstehen: $X{-}Y \rightarrow X^{\bullet} + Y^{\bullet}$.

homöopolare Bindung, die Atombindung (→chemische Bindung).

Homöostase [griechisch] *die,* Fähigkeit lebender Organismen zur Konstanthaltung bestimmter physiologischer Parameter, z. B. Blutdruck, Körpertemperatur, Wasser- oder Elektrolythaushalt, gegenüber Störeinflüssen.

Homopolymere, →Polymere.

homozygot [griechisch], reinerbig, mit gleichartiger Erbanlage, bezogen auf das Vorhandensein gleicher →Allele eines Gens; Gegensatz: heterozygot.

Honen [englisch to hone »abziehen«] *das,* **Ziehschleifen,** *Fertigungstechnik:* Verfahren der spanenden Formgebung zur Feinbearbeitung von Metalloberflächen mithilfe feinkörniger Schleifkörper **(Honsteine);** dadurch werden auch Maß- und Formgenauigkeit verbessert. Honen dient v. a. im Maschinenbau zur Bearbeitung von Verbrennungsmotoren, Wälzlagern u. a.

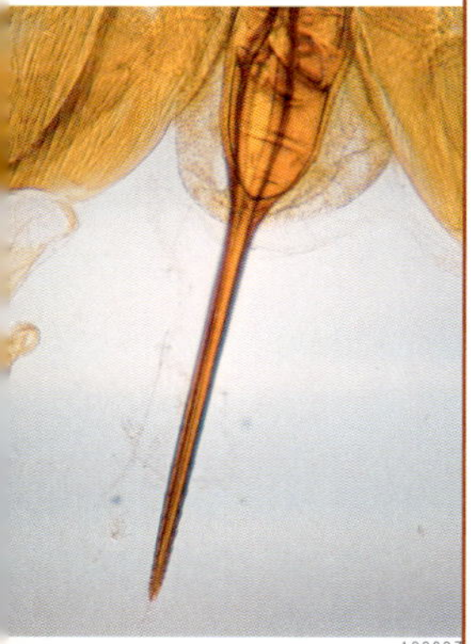

Honigbiene. Stachelapparat von Apis mellifera (lichtmikroskopische Aufnahme)

Honigbiene, Imme, Apis mellifera, weltweit verbreiteter, gesellig lebender Hautflügler (→Bienen) mit zahlreichen Unterarten. Die ursprünglich in hohlen Ästen und Baumstümpfen lebenden Honigbienen werden vom Menschen zur Honiggewinnung in Bienenstöcken gehalten. Das **Bienenvolk** besteht aus 20 000–60 000 Arbeitsbienen (Arbeiterinnen), meist nur einer Königin und im Sommer 500–2 000 Drohnen. Die **Königin (Weisel)** legt täglich rund 1 200 Eier. Die **Drohnen** (Männchen), von denen 6–10 die Königin begatten, sind kräftig, mit auffallend großen Facettenaugen und stachellos. Sie werden einige Monate nach dem Hochzeitsflug aus dem Staat vertrieben. Die nur 13–15 mm langen **Arbeitsbienen** (unfruchtbare Weibchen) verbringen etwa drei Wochen im Stock (Wabenbau, Brutpflege) und fliegen dann zum Sammeln von Nektar und Pollen aus. Bei ihnen sind die Mundwerkzeuge kräftiger; am Hinterbein befindet sich am Unterschenkel außen das Körbchen, eine rings mit Borsten besetzte Mulde zur Aufnahme des Pollens, der am Bein »Höschen« bildet. Das hierauf folgende Fersenglied hat auf der Unterseite eine Bürste zum Pollensammeln. Der Stachel mit zwei Stechborsten und Giftdrüse sitzt am Hinterende. Beim Einbohren in zähe Haut wird der Stachel herausgerissen, eine Verletzung, die für die Honigbiene tödlich ist.

■ **Entwicklungsverlauf** Drei Tage nach der Eiablage schlüpft die Larve, die sich nach sechs Tagen verpuppt. 10–18 Tage später schlüpft aus der Puppe (Nymphe) die junge Biene. Die Entwicklung erfolgt in einer sechseckigen Zelle aus Wachs. Die Zellen bilden die Waben; eine Anzahl Waben den Stock. Die Zellen werden teils für die Ernährung der Larven mit Speisebrei, teils mit Honig als Nahrung für das Volk gefüllt. Wenn nach Ausschlüpfen und Hochzeitsflug die begattete Königin in den Stock zurückkehrt, beginnt sie Eier zu legen. Die in eine Körpertasche geleitete Samenflüssigkeit reicht zeitlebens aus, ihre abgehenden Eier zu befruchten. Aus unbefruchteten Eiern entwickeln sich Drohnen. Im Frühjahr werden Königinnenzellen errichtet und darin aus weiblichen Larven durch Füttern mit dem Weiselfuttersaft (Gelée royale) Königinnen gezogen; die alte Königin fliegt mit einem Teil des Volkes aus (Schwarm) und gründet ein neues Volk.

Der Honig entsteht aus Blütennektar im Honigmagen der Arbeitsbiene, das Wachs in Blättchenform aus Drüsen der Bauchseite (den Wachsspiegeln). Außerdem sammeln die Honigbienen Blütenstaub (Pollen), der zu Nahrungsbrei für die Larven verarbeitet wird. Durch tanzartige Flugbewegungen zeigen sie ihren Artgenossen im Stock die Nahrungsquelle an.

Honigblatt, Nektar produzierendes, nicht mehr zur Pollenbildung befähigtes, umgebildetes Staubblatt (z. B. bei verschiedenen Hahnenfußarten).

Hooft, Gerardus 't, niederländischer Physiker, * Den Helder 5. 7. 1946; seit 1977 Professor für Physik an der Universität in Utrecht, u. a. Mitglied der Holländischen Akademie der Wissenschaften. Für seine grundlegenden mathematischen Beiträge zur Theorie der elektroschwachen Wechselwirkung wurde 't Hooft 1999 (gemeinsam mit M. Veltman) mit dem Nobelpreis für Physik ausgezeichnet.

Hooke [hʊk], Robert, englischer Naturforscher, * Freshwater (Isle of Wight) 18. 7. 1635, † London 3. 3. 1703; verbesserte zahlreiche physikalische Geräte (z. B. Luftpumpe, Mikroskop) und entdeckte 1678 das nach ihm benannte **hookesche Gesetz** (→Elastizität). Hooke führte den Namen Cellula (»Zelle«) in die Wissenschaft ein.

Hopfen, Humulus lupulus, Kletterstaude der Familie Hanfgewächse in Auengebüschen der nördlichen gemäßigten Zone; eine 4–8 m hohe, rechtswindende, zweihäusige Schlingpflanze. Die männlichen Blütenstände bilden rispenartige Trugdolden mit weißlich grünen Blüten. Kultiviert werden nur weibliche Pflanzen, deren »Fruchtzapfen« **(Hopfendolden)**

dicht mit drüsigen Schuppen besetzt sind, die abgeschüttelt das **Lupulin (Hopfenmehl)** ergeben; es enthält v. a. Bitterstoffe (Humulon, Lupulon), die dem Bier Haltbarkeit, Schäumvermögen und Bittergeschmack verleihen. Hopfentee wirkt durch seinen Gehalt an Methylbutenol beruhigend. Hopfen bevorzugt kalk- und humushaltigen, warmen Boden. Zur Anlage von Hopfengärten verwendet man **Fechser**, aus 3- bis 5-jährigen Wurzelstöcken geschnittene Stecklinge. Von den 8–10 wachsenden Trieben (Reben) werden 2–3 angebunden, die anderen entfernt und zum Teil wie Spargel genutzt (Hopfenspargel).

Hopkins ['hɔpkɪnz], Sir (seit 1925) Frederick Gowland, britischer Biochemiker, *Eastbourne 20. 6. 1861, †Cambridge 16. 5. 1947; entdeckte die wachstumsfördernden Vitamine und erhielt hierfür 1929 mit C. Eijkman den Nobelpreis für Physiologie oder Medizin.

Hörbereich, derjenige Frequenzbereich, in dem ein Ton vom menschlichen oder tierischen Gehörorgan wahrgenommen wird. Der Hörbereich des Menschen erstreckt sich von 16 Hz (untere Hörgrenze) bis zu 20 000 Hz (obere Hörgrenze); er umfasst also etwa 10 Oktaven.

Horch, August, deutscher Automobilkonstrukteur und Unternehmer, *Winningen (Landkreis Mayen-Koblenz) 12. 10. 1868, †Münchberg 3. 2. 1951; zunächst Mitarbeiter von C. Benz; gründete 1899 in Köln-Ehrenfeld die Firma A. Horch & Cie. (seit 1904 in Zwickau) und 1910 in Zwickau die Audi-Werke AG, die 1932 in der Auto Union GmbH aufgingen. Horch führte den Kardanantrieb und die Reibungskupplung im Automobilbau ein (1901), baute den ersten deutschen Vierzylinder- (1903) und den Sechszylindermotor (1907) und führte die Linkssteuerung für Kraftwagen ein (1923).

Hören, →Gehör.

Hörhaare, bei Spinnen und Insekten vorkommende Sinneshaare (Haarsensillen, Trichobothrien), die Schallwellen empfangen. Die dünnen, langen, kutikularen Haare sind leicht beweglich und an exponierten Körperstellen in einen festen Balg eingespannt.

Hormone [zu griechisch hormān »in Bewegung setzen«, »antreiben«], vom menschlichen und tierischen Organismus, meist von besonders spezialisierten Hormondrüsen, aber auch von Zellarten oder Geweben mit anderen Funktionen gebildete und ins Blut oder die Zellumgebung abgegebene körpereigene Wirkstoffe, die zusammen mit dem Nervensystem die Vorgänge des Stoffwechsels, des Wachstums, die Entwicklung und den emotionalen Bereich eines Individuums steuern. Die Hormone lassen sich einteilen nach ihrer chemischen Struktur (Steroide, Aminosäuren, Peptide, Fettsäureabkömmlinge) oder nach den produzierenden Organen beziehungsweise Hormondrüsen (z. B. Schilddrüsenhormone, Nebennierenrindenhormone) oder nach dem Wirkungsbereich (z. B. Geschlechtshormone).

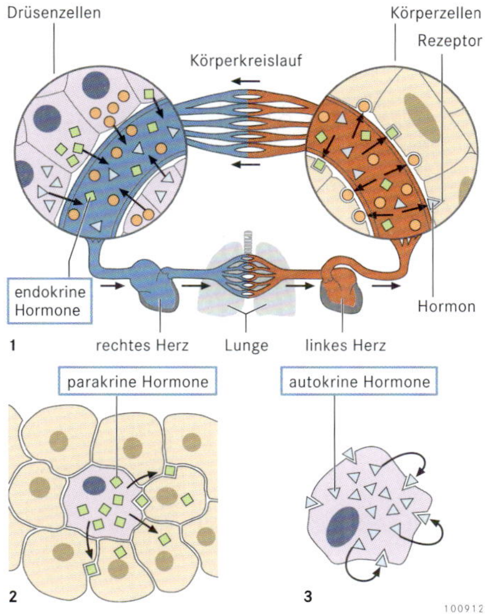

Hormone.
Wirkungweise von Hormonen; 1 endokrine Hormone werden durch spezielle Drüsen sezerniert, durch die Blutbahn transportiert und von den Rezeptoren der Körperzellen gebunden, 2 parakrine Hormone wirken direkt auf benachbarte Zellen, 3 autokrine Hormone wirken auf die Zelle, in der sie produziert wurden.

Die Steuerungsfunktion der bereits in kleinsten Mengen wirksamen Hormone ist sehr differenziert und erstreckt sich auf die Hormonproduktion selbst. Die eigentliche **endokrine Wirkung** ist charakterisiert durch die Bildung einer regulatorisch wirkenden Botensubstanz, des Hormons, in einer spezialisierten endokrinen Drüse. Hier kann das Hormon gespeichert werden und wird nach einer Stimulation in den Blutkreislauf abgegeben. Das Hormon erreicht über den Blutkreislauf, mitunter dort gebunden an spezielle Blutplasmaproteine, das Zielgewebe, in dem es seine Wirkung entfaltet. Daneben existieren Wirkungsvarianten unter Umgehung des Blutkreislaufs wie die **parakrine** und **autokrine Wirkung,** bei der das Hormon im Gewebe, in dem es gebildet wird, wirkt oder sogar die Zellen, in denen es gebildet wird, beeinflusst. Auch eine **juxtrakrine Wirkung,** bei der ein Hormon nicht freigesetzt wird, sondern an der Zelle, in der es gebildet wird, gebunden bleibt und in einer solchen membranständigen Form wirkt, ist bei einigen Cytokinen aufgefunden worden.

Die Hormone wirken immer nur auf bestimmte Organe **(Zielorgane** oder **Erfolgsorgane).** Diese haben spezifische Bindungsstellen (**Rezeptoren;** häufig in den Zellmembranen und Zellkernen), mit denen die entsprechenden Hormonmoleküle gebunden und die biochemischen Reaktionen ausgelöst werden. Ein Hormon-Rezeptor-Komplex kann selbst wirksam sein, z. B. durch Bindung an die DNA im Zellkern, wodurch eine Veränderung der Genaktivität hervorgerufen wird (die typische

Hormone.
Ein typisches Geschlechtshormon ist das Testosteron (Kristalle)

Hormone des Menschen und der Wirbeltiere (Auswahl)

Name	chemische Konstitution	Bildungsort	Wirkung
Adrenalin	Tyrosinderivat	Nebennierenmark	Pulsfrequenz-, Blutzuckererhöhung
Aldosteron	Steroid	Nebennierenrinde	Regulierung des Natrium-Kalium-Gleichgewichts
Calcitonin	Protein	Schilddrüse	Senkung des Calciumspiegels
follikelstimulierendes Hormon (FSH)	Glykoprotein	Adenohypophyse	Reifung der männlichen und der weiblichen Geschlechtszellen
Glucagon	Protein	Langerhans-Inseln	Erhöhung des Blutzuckerspiegels
Insulin	Protein	Langerhans-Inseln	Senkung des Blutzuckerspiegels
Corticosteron und Hydrocortison (Cortisol)	Steroid	Nebennierenrinde	Erhöhung des Blutzuckerspiegels, Unterdrückung allergischer und entzündlicher Reaktionen
luteinisierendes Hormon (LH)	Glykoprotein	Adenohypophyse	Auslösung der Ovulation, Gelbkörperbildung, Produktion der Sexualhormone
luteotropes Hormon (Prolaktin, LTH)	Protein	Adenohypophyse	Förderung der Milchbildung
Melatonin	Tryptophanderivat	Epiphyse	Hemmung der Schilddrüsenfunktion, Beeinflussung der Geschlechtsdrüsen
Noradrenalin	Tyrosinderivat	Nebennierenmark	Blutdrucksteigerung
Östradiol	Steroid	Eierstock	Ausprägung weiblicher sekundärer Geschlechtsmerkmale, Wachstum der Gebärmutterschleimhaut
Oxytocin	Oligopeptid aus 9 Aminosäuren	Hypothalamus (abgegeben über Neurohypophyse)	Gebärmutterkontraktion
Parathormon	Protein	Nebenschilddrüse	Erhöhung des Calciumspiegels
Progesteron	Steroid	Gelbkörper, Plazenta	Sekretionsphase der Gebärmutterschleimhaut, Erhaltung der Schwangerschaft
Somatotropin (Wachstumshormon)	Protein	Adenohypophyse	Förderung des Körperwachstums
Testosteron	Steroid	Hoden	Ausprägung männlicher sekundärer Geschlechtsmerkmale
Thyroxin	Tyrosinderivat	Schilddrüse	Steigerung des Grundumsatzes, des Protein-, Kohlenhydrat-, Fett- und Mineralstoffwechsels, der Atmung, des Kreislaufs; bei Amphibien Auslösung der Metamorphose
Vasopressin (Adiuretin)	Oligopeptid aus 9 Aminosäuren	Hypothalamus (abgegeben über Neurohypophyse)	Wasserresorption in der Niere, Blutdruckerhöhung

Hormone
→ GEO **Dossier**
Mein Reich, meine Melodie, Bd. 7

Wirkung von Steroidhormonen), oder die Bindung des Hormons an den Rezeptor führt zu einer **Signalwandlung** (Signaltransduktion), in deren Folge neue Effektormoleküle gebildet werden, die dann ihrerseits im Stoffwechsel wirken. Solche Effektormoleküle werden als »**sekundäre Botenstoffe**« (englisch »**second messenger**«) bezeichnet, das ursprüngliche Hormon ist dann der »**first messenger**«. Über zweite Boten entfalten fast alle Peptidhormone ihre Wirkungen. Durch die unterschiedliche Ausstattung von Zellen und Geweben mit Rezeptormolekülen und den Signalwandlungssystemen werden Hormonwirkungen zell- und gewebespezifisch.

Zwischen Hormonproduktion, Ausschüttung und Wirkung bestehen vielseitige Wechselbeziehungen. Die Ausschüttung wird nach dem **Rückkopplungsprinzip** geregelt, das heißt, die Ausschüttung einer Hormondrüse wird durch das eigene Hormon bei einer bestimmten Konzentration im Blut gehemmt. Hypophyse beziehungsweise die Hypophysenhormone kontrollieren als übergeordnetes System die Hormonausschüttung anderer Hormondrüsen, und zwar ebenfalls nach dem Prinzip eines Regelkreises.

Hormone und chemisch modifizierte Hormonabkömmlinge sind heute wichtige Medikamente. So werden Insulin bei Diabetes, Somatotropin bei Wachstumsstörungen und Prednisolon bei Entzündungen therapeutisch eingesetzt.

In Pflanzen existieren Regulatorstoffe, die ähnlich den Hormonen der Tiere wirken, die →Pflanzenhormone.

Horn, *Zoologie:* aus Keratinen bestehende Bildungen der Epidermis der Wirbeltierhaut für besondere mechanische Beanspruchung (z. B. Schnabel, Hörner, Nägel, Krallen, Hufe).

Hörner, Gehörn, Stirnwaffe bei einigen Säugetieren, z. B. Antilopen, Rindern, Schafen, Ziegen, meist bei beiden Geschlechtern auftretend. Die Hörner bilden sich auf zwei von ernährenden Hautschichten überzogenen Knochenzapfen des Stirnbeins als bleibende, feste Hornscheiden, die im Unterschied zum Geweih zeitlebens nicht abgeworfen werden. Die Anzahl der **Hornringe** (Wachstumsringe) kann zur Altersbestimmung dienen.

Hornhaut, 1) oberer Teil der →Haut. **2)** vorderer, durchsichtiger Teil des Augapfels (→Auge).

Hörschwelle, der niedrigste Schalldruck, der erforderlich ist, um einen Höreindruck hervorzurufen. Die Hörschwelle ist frequenzabhängig; das Maximum der Empfindlichkeit liegt beim Menschen zwischen 1000 und 2000 Hz. (→Lautstärke)

Horst, *Zoologie:* Nest von Greifvögeln, Eulen und größeren Rabenvögeln.

Horvitz ['hɔ:vɪts], Robert Howard, amerikanischer Molekularbiologe, *Chicago (Illinois) 18. 5. 1947; arbeitet am Massachusetts Institute of Technology in Cambridge (USA); er entdeckte und charakterisierte diejenigen Gene, die den programmierten Zelltod (Apoptose) des winzigen Fadenwurms Caenorhabditis elegans (Länge 1 mm) steuern. Horvitz wies nach, wie diese Gene bei der Apoptose miteinander kooperieren und dass es entsprechende Gene beim Menschen gibt. Er erhielt 2002 (mit S. Brenner und J. E. Sulston) den Nobelpreis für Physiologie oder Medizin.

Host [englisch »Gastgeber«] *der,* verschieden gebrauchter Begriff, u. a. für einen Hauptrechner (Hostcomputer) in einem Netz, der das Netz und die anderen Rechner steuert und überwacht oder Dienste zur Verfügung stellt.

Hot-dry-Rock-Verfahren [hɔt draɪ 'rɔk-, englisch], Verfahren zur Nutzung →geothermischer Energie.

Hotline ['hɔtlaɪn; englisch »heißer Draht«] *die,* zentrale, permanent geöffnete Telekommunikationsverbindung für rasche Serviceleistungen (z. B. von Computerfirmen), wird insbesondere von Callcentern genutzt.

Hörner. Das Gehörn des Alpensteinbocks

3046

Horst. Störche im Horst

Hotmelts ['hɔtmelts, englisch], Sammelbezeichnung für Werkstoffe und Klebstoffe auf der Grundlage von Paraffinen, Wachsen, Harzen, Elastomeren und Thermoplasten, die bei normaler Temperatur fest sind, beim Erwärmen einen thermoplastischen Bereich durchlaufen und in flüssige Schmelzen übergehen.

Hot Spot ['hɔt spɔt, englisch »heißer Punkt«], **Hotspot** *der, Genetik:* besonders häufig mutierende Stelle eines Gens.

Houssay [u'saḭ], Bernardo Alberto, argentinischer Physiologe, *Buenos Aires 10. 4. 1887, †ebenda 21. 9. 1971; ermittelte die Bedeutung des Hypophysenvorderlappens für den Zuckerstoffwechsel und erhielt hierfür 1947 (mit C. F. und G. T. Cori) den Nobelpreis für Physiologie oder Medizin.

hPa, Einheitenzeichen für Hektopascal, 1 hPa = 100 Pa = 1 mbar.

Hs, chemisches Symbol für →Hassium.

HSCSD [Abkürzung für englisch **h**igh **s**peed **c**ircuit **s**witched **d**ata, »Hochgeschwindigkeit(sverfahren) für aufgeteilte Datenströme«], Technologie, um im Rahmen des Mobilfunkstandards →GSM Daten mit wesentlich höheren Geschwindigkeiten als den üblichen 9,6 Kbit/s zu übertragen. Dabei werden mehrere Funkkanäle für die leitungsvermittelnde Datenübertragung zu einem Datenkanal zusammengeschaltet. Theoretisch können bis zu acht Kanälen zu je 9,6 oder 14,4 Kbit/s gebündelt werden (= 115,2 Kbit/s), praktisch werden Übertragungsraten bis zu 57,6 Kbit/s erreicht. Die Abrechnung durch die Netzbetreiber erfolgt nach Verbindungszeit. Ein ähnliches Verfahren zur Erhöhung der Datenübertragungsrate ist →GPRS. Die Bedeutung von HSCSD wird jedoch zugunsten der paketorientierten Übertragung GPRS und →UMTS zurückgehen.

HTML [Abkürzung für englisch **h**yper**t**ext **m**arkup **l**anguage], eine auf SGML basierende Sprache, die die formalen Kriterien für das Aussehen von Dokumenten im World Wide Web (→WWW) festlegt. HTML ermöglicht neben der Strukturierung der Dokumente v. a.

HTML
→ GEO **Dossier**
Weltweit verwoben, Bd. 8

die Definition von Verknüpfungen (so genannte Hyperlinks) zwischen ihnen. Die einzelnen Elemente eines Dokuments (wie Überschriften, Absätze) werden mithilfe von Struktureinheiten (Tags) definiert. Die Textdarstellung erfolgt durch den →Browser, sodass ein HTML-Dokument bei verschiedenen Browsern unterschiedlich aussehen kann; die logische Struktur muss dabei jedoch immer gleich bleiben.

Hub, 1) Kolbenhub, bei →Hubkolbenmaschinen der Weg, den der Kolben zwischen dem oberen und unteren Totpunkt zurücklegt. Das Produkt aus Hub und Kolbenfläche ergibt das Zylinderhubvolumen (Hubraum eines Zylinders).

2) [hʌb], Knotenpunkt des Luftverkehrs, der über viele Speichen (englisch spokes) verfügt, von denen die Passagiere ankommen, umsteigen und zum internationalen Zielort geflogen werden. Auf den Hubs werden die Flüge zu bestimmten Tageszeiten zeitlich zusammengefasst. Voraussetzung sind weltweit optimierte Flugpläne. International existiert ein System von Hubs. In Europa konkurrieren z.B. die Hubs der Star Alliance (Frankfurt, München, Kopenhagen, Wien) mit denen der Oneworld (London, Madrid) oder der Qualiflyer (Brüssel, Zürich). Als Voraussetzung für das Entstehen eines Hubs muss der Flughafen über entsprechende Kapazitäten verfügen, um Wellen von Flugzeugen aufnehmen und die Passagiere schnell abfertigen zu können. Dabei sollen die Umsteigezeiten möglichst kurz sein, und der Flughafen selbst muss für die Luftverkehrsgesellschaft kostengünstig sein. Wichtig ist auch der Einzugsbereich des Flughafens, das heißt ein ausreichendes Passagieraufkommen aus dem eigenen Umfeld.

565

Robert Huber

Hubel ['hju:bəl], David Hunter, amerikanischer Neurophysiologe, *Windsor (Provinz Ontario) 27. 2. 1926; erforschte die Mechanismen bei der Informationsverarbeitung optischer Reize durch das Gehirn; erhielt hierfür 1981 (mit R. W. Sperry und T. N. Wiesel) den Nobelpreis für Physiologie oder Medizin.

Huber, Robert, deutscher Biochemiker, *München 20. 2. 1937; seit 1972 Leiter der Abteilung Strukturforschung am Max-Planck-Institut in Planegg-Martinsried, seit 1987 dort Direktor. 1988 erhielt er für die Bestimmung der dreidimensionalen Struktur des fotosynthetischen Reaktionszentrums eines Bakteriums den Nobelpreis für Chemie (mit Johann Deisenhofer und Hartmut Michel).

Hubkolbenmaschine, eine Kolbenmaschine, bei der die Volumenänderung des Arbeitsraumes durch die Hin- und Herbewegung eines Kolbens in einem Zylinder erzeugt wird. Die Bewegung des Kolbens wird meist durch ein →Kurbelgetriebe erreicht. Hubkolbenmaschinen eignen sich besonders zur Erzeugung und Verarbeitung hoher Drücke, daher werden sie v.a. als Pumpen (**Hubkolbenpumpen**) und als →Verbrennungsmotoren verwendet. Das Ansaugen und Ausschieben des Fördermediums wird durch Ventile gesteuert, die entweder automatisch durch Druckunterschiede zwischen Zylinder und Saug- (oder Druck-)Leitung betätigt werden (Pumpen, Kompressoren) oder zwangsweise von →Nocken (Verbrennungsmotoren) gesteuert werden.

Hubraum, Hubvolumen, das vom Kolben einer →Hubkolbenmaschine bei einem Hub verdrängte Volumen. Bei Verbrennungsmotoren wird meist der (Gesamt-)Hubraum aller Zylinder angegeben.

Hubraumleistung, Literleistung, auf den Hubraum aller Zylinder bezogene Leistung eines Verbrennungsmotors; angegeben als Leistung je Liter Hubraum (kW/l). Die Hubraumleistung ist drehzahlabhängig und kann mit dem absoluten Zahlenwert nur bei gleichem Zylindervolumen oder Motoren gleicher Größenordnung als Vergleichszahl verwendet werden.

Hubschrauber, Helikopter, ein Drehflügelflugzeug, das seinen Auf- und Vortrieb durch eine oder mehrere Hubschrauben erhält. Eine Hubschraube (Rotor) hat zwei bis sechs schmale Flügelblätter. Sie läuft um eine senkrechte (oder nahezu senkrechte) Achse mit mäßiger Drehzahl um. Je nach Anstellwinkel der Flügelblätter und Änderung der Achsstellung können Hubschrauber auf der Stelle schweben, senkrecht steigen oder sinken, waagerecht, seitwärts oder rückwärts fliegen. Die Hubschrauben sind über dem Rumpf angeordnet, zu ihrem Antrieb dienen ein oder zwei im Rumpf untergebrachte Motoren oder Gasturbinen (auch kleine Strahltriebwerke, Raketen oder Druckluftdüsen an den Flügelblattenden sind möglich). Beim **einrotorigen Hubschrauber** gleicht eine kleine Heckschraube das freie Drehmoment des Rotors aus, das den Rumpf um die Hochachse zu drehen versucht. Beim **mehrrotorigen Hubschrauber** mit zwei tandemartig hintereinander oder zwei über- oder nebeneinander angeordneten gegenläufigen Hubschrauben entfällt das freie Drehmoment und daher auch die Heckschraube. Bei Triebwerksausfall wird die Eigendrehung des Rotors durch den Fahrtwind ausgenutzt, um im Autorotationsflug gefahrlos zu landen.

■ **Verwendung** Hubschrauber werden im zivilen und militärischen Bereich für besondere Transportaufgaben, für Überwachungs- und Beobachtungsaufgaben sowie für Sonderaufgaben (z.B. im Luftrettungsdienst) eingesetzt. Je nach Verwendungszweck werden Leichthubschrauber (Zweimannbesatzung, Rotordurchmesser 10 m) und Schwerhubschrauber (100 t Startmasse, Rotordurchmesser 35 m) unterschieden. Der erste wirklich flugfähige Hubschrauber wurde von dem französischen Flugpionier Louis Bréguet (* 1880, † 1955) und René Dorand konstruiert (Bréguet-Dorand-Gyroplane; Erstflug 1935), dessen Flugleistung jedoch wenig später durch eine Konstruktion von H. Focke weit übertroffen wurde (Focke-Wulf Fw 61; Erstflug 1936; bereits 1937 Höhenrekord über 2 400 m).

Hub-Schub-Triebwerk, ein →Strahltriebwerk.

Hubstrahler, ein ausschließlich durch den Schub von →Strahltriebwerken getragenes und lagestabilisiertes Luftfahrzeug, das somit ohne aerodynamische Auftriebserzeugung auskommt. Hubstrahler sind →Senkrechtstarter und schwebeflugfähig; bislang nur als Forschungs- und Versuchsgeräte verwendet.

Hüfte, Coxa, bei Säugetieren (einschließlich des Menschen) die seitliche Körperregion vom Ober- und Vorderrand des Hüftbeins bis zum Oberschenkelansatz.

Huftiere, Ungulata, Säugetiere, deren letzte Zehenglieder von einem Huf umhüllt werden, u. a. mit den Ordnungen:→Rüsseltiere, →Seekühe, →Paarhufer und →Unpaarhufer.

Huggins ['hʌgɪnz], Charles Brenton, amerikanischer Arzt, * Halifax (Kanada) 22. 9. 1901, † San Francisco (Kalifornien) 12. 1. 1997; arbeitete v. a. über Chemotherapie bösartiger Geschwülste. Für seine Entdeckung der Möglichkeit wirksamer Behandlung von Prostatakrebs mit weiblichen Geschlechtshormonen erhielt er 1966 (mit F. P. Rous) den Nobelpreis für Physiologie oder Medizin.

Hühnervögel, Galliformes, Galli, nahezu weltweit verbreitete Ordnung der Vögel mit über 250 Arten; sieben Familien: Großfuß-, Hokkohühner, Fasanen, Raufuß-, Perl-, Trut- und Schopfhühner.

Hüllkurve, *Nachrichtentechnik:* eine Kurve, die bei der Amplitudenmodulation (→Modulation) entsteht und als Abbild der Modulationsschwingung das Signal widerspiegelt. Ein **Hüllkurvendemodulator** ist eine elektronische Schaltung zur Rückgewinnung des Nutzsignals aus dem amplitudenmodulierten Signal.

Hulse [hʌls], Russel Alan, amerikanischer Astrophysiker, * New York 28. 11. 1950; seit 1984 Professor in Princeton, entdeckte mit J. H. Taylor 1974 einen Pulsar in einem Doppelsternsystem, an dem sich Vorhersagen der allgemeinen Relativitätstheorie bestätigten; dafür erhielten beide 1993 den Nobelpreis für Physik.

Hülsenfrüchtler, Leguminosen, Fabales, Leguminosae, Ordnung der zweikeimblättrigen Pflanzen, die die Familien Schmetterlingsblütler, Mimosen- und Caesalpiniengewächse umfasst (über 14 000 Arten in rund 600 Gattungen); holzige oder krautige Pflanzen mit vielfältig gestalteten Fiederblättern. Die Blüte hat nur ein Fruchtblatt, aus dem meist eine vielsamige Hülse (Hülsenfrucht) hervorgeht. Die meisten Hülsenfrüchtler besitzen an ihren Wurzeln Bakterienknöllchen mit Luftstickstoff bindenden →Knöllchenbakterien.

Human|ethologie, Zweig der →Verhaltensforschung.

Humangenetik, Anthropogenetik, Fachgebiet der Medizin und Genetik, das sich mit den Vererbungserscheinungen beim Menschen befasst. Ziel der Humangenetik ist die kausale Erklärung der physischen und psychischen Variabilität des Menschen sowohl im normalen als auch im pathologischen Bereich und in neuerer Zeit (im Rahmen der Gentherapie) auch die kausale Therapie von bestimmten Erbkrankheiten. Die Zahl der anwendbaren klassischen Methoden der Genetik ist im Vergleich zu Tieren oder Pflanzen eingeschränkt, da sich viele Experimente aus ethischen Gründen verbieten. Beim Menschen ist der Genetiker v. a. darauf angewiesen, anhand vieler Fallstudien Rückschlüsse auf die Vererbung bestimmter Merkmale, die grundsätzlich nach den gleichen Gesetzmäßigkeiten vererbt werden wie bei Tieren und Pflanzen, zu ziehen. Für die Aufklärung der Erbstrukturen ganzer Bevölkerungen werden im Rahmen der →Populationsgenetik v. a. statistische Verfahren angewendet. In der Pränataldiagnostik und genetischen Beratung, bei Vaterschaftsgutachten, Eineiigkeitsdiagnose von Zwillingen, in der Erbpathologie, die sich mit der Ursache, Diagnose und Therapie genetisch fixierter Krankheiten beschäftigt, spielen gentechnologische Methoden zunehmend eine Rolle.

Hülsenfrüchtler. Trauer-Schnurbaum

Human-Genom-Projekt, in den 1980er-Jahren begonnenes internationales →Genomprojekt mit dem Ziel der vollständigen Aufklärung der Struktur der menschlichen Erbsubstanz. 1988 schlossen sich die am Human-Genom-Projekt beteiligten Wissenschaftler in einer Dachorganisation zusammen, der **Human**

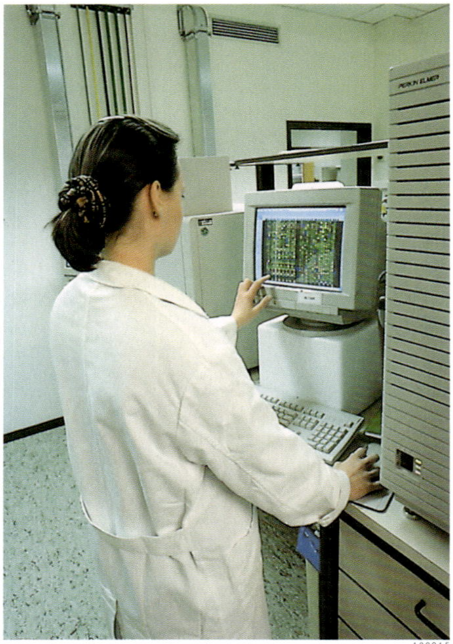

Human-Genom-Projekt. Für die Analyse der Erbinformation in größerem Maßstab sind automatisierte Verfahren zur Durchführung und Auswertung der Versuche unabdingbar.

Genome Organization (Abkürzung **HUGO**), um die Zusammenarbeit der verschiedenen Arbeitsgruppen zu verbessern. Seit Juni 1995 wurde die deutsche Initiative im DHGP koordiniert. Im Jahr 2000 gelang mit wesentlichen deutschen Beiträgen die Sequenzierung des Chromosoms 21. Im April 2003 wurde auf internationaler Ebene die fast vollständige Entschlüsselung der Sequenz des Humangenoms bekannt gegeben. Zu diesem Zeitpunkt galten 99,5 bis 99,8% der Sequenz der etwa 3 Mrd. Bausteine des Genoms als bekannt. Das menschliche Erbgut enthält geschätzt etwa 20 000 bis 40 000 Gene. Aus der genauen Kenntnis des menschlichen Erbgutes erhoffen sich die Wissenschaftler v. a. neue Möglichkeiten der Früherkennung und Behandlung von Krankheiten.

Human-Genom-Projekt
→ GEO **Dossier**
Wettlauf um den Code des Lebens, Bd. 6

Der Molekularbiologe James Watson, der zusammen mit Francis Crick die Struktur der DNA aufgeklärt hat, warb vor dem US-Kongress für die Finanzierung des **Human-Genom-Projekts:**

»Früher haben wir geglaubt, dass unser Schicksal in den Sternen steht, heute wissen wir im Großen und Ganzen, dass unser Schicksal in den Genen steht.«

Humboldtstrom, Perustrom, kühle, an der Westküste Südamerikas nach Norden verlaufende Meeresströmung; von dem kalten antarktischen Wasser des Pazifischen Ozeans gespeist; küstenparallele Winde fördern zusätzlich kaltes, nährstoffreiches Wasser aus der Tiefe; beeinflusst das Küstenklima (Wüste, mit charakteristischer Nebelbildung); fischreiche Gewässer (→Niño, El)

Huminstoffe, kolloidale Bestandteile des Humus, die im Boden aus abgestorbenen Pflanzen neu gebildet werden; sie regulieren besonders Wasserbindung, Gefügebildung, Wärmehaushalt und Nährstoffaufnahme des Bodens. Die stickstoffreichen **Huminsäuren** und ihre Calciumverbindungen bilden sich besonders in organismenreichen neutralen Böden. Sie sind Nährstoffträger und -vermittler.

Hummelblumen, Blüten, die den bestäubenden Insekten am Grund der Blumenkronröhre Nektar bieten, der nur mit langem Saugrüssel erreicht werden kann; z. B. viele Schmetterlings-, Lippen-, Rachenblütler.

Hummer, Homaridae, marine, meist große bis sehr große nachtaktive Zehnfußkrebse, von der Küstenregion bis in die Tiefsee verbreitet. Hummer ernähren sich von Weichtieren und Aas. Als Delikatessen haben Hummer zum Teil große wirtschaftliche Bedeutung. Der **Europäische Hummer** (Homarus gammarus; 30–50 cm lang; Gewicht bis 4 kg) ist braun bis dunkelblau gefärbt (er wird durch Kochen rot) und lebt auf felsigem Boden; sein erstes Beinpaar hat mächtige, ungleich große Scheren. Seine Bestände vor Helgoland sind stark bedroht und haben keine fischwirtschaftliche Bedeutung mehr. Wichtig dagegen ist der **Amerikanische Hummer** (Homarus americanus; bis 60 cm lang), der ebenfalls Felsküsten bevorzugt.

Humus
→ GEO **Dossier**
Ein Zoo im Erdgeschoss, Bd. 7

Humus [lateinisch »Boden«] *der,* Gesamtheit der im Boden befindlichen abgestorbenen organischen Substanz, die durch biologische und chemische Vorgänge einer ständigen Umwandlung unterworfen ist. Bei den biochemischen Vorgängen der Humusbildung **(Humifizierung)** wirken Mikroorganismen und Bodentiere in komplexer Weise. Nach dem Stoffcharakter unterscheidet man **Huminstoffe** und **Nichthuminstoffe. Nährhumus** (hauptsächlich Nichthuminstoffe) ist biologisch leicht angreifbar. **Dauerhumus** (Huminstoffe) verbessert durch Kopplung mit Tonteilchen (organomineralische Komplexe) die physikalischen und chemischen Bodeneigenschaften. Außerdem klassifiziert man die Humusauflage von Waldböden nach Humusformen in **Rohhumus, Moder** und **Mull.** Neben physikalisch-bodenverbessernder Wirkung ist das Nährstofftransformations- und -speicherungsvermögen (auch für Wasser) des Humus von großer Bedeutung.

Hund, Friedrich, deutscher Physiker, *Karlsruhe 4. 2. 1896, †Göttingen 31. 3. 1997; Schüler von M. Born und J. Franck, wirkte als Professor in Rostock, Leipzig, Jena, Frankfurt am Main und Göttingen; er lieferte Arbeiten zur Theorie der Atom- und Molekülspektren sowie zur Anwendung der Quantenmechanik, besonders zur Theorie des Molekülbaus; entdeckte 1926 den Tunneleffekt; zahlreiche Arbeiten zur Geschichte der Physik.

Hunde, Canidae, Familie der Landraubtiere; Wildformen fehlen u.a. in Australien, auf Madagaskar, Neuseeland, Celebes. Hunde sind Zehengänger mit 4–5 vorderen und vier hinteren stumpf bekrallten Zehen. Der Schädel ist im Schnauzenteil verlängert und hat in der Regel 42 Zähne. Die geringe Ausbildung von Hautdrüsen führt zur Wärmeabgabe durch rasches keuchendes Atmen (»Hecheln«). Kleinere Drüsenanhäufungen in der Aftergegend dienen dem gegenseitigen Erkennen. Besonders ausgeprägt sind Geruchssinn und Hörvermögen. Die Milchdrüsen liegen am Bauch, meist in fünf Paaren. Die Jungen werden blind geboren; die Augenlidränder sind verwachsen und öffnen sich erst nach Tagen oder Wochen.

Die heutigen Hunde sind in der einzigen Unterfamilie **Caninae (Echte Hunde)** zusammengefasst. Zu den Hunden zählen die Gattungen: 1) **Canis**, u.a. mit →Wolf und dem nordamerikanischen →Präriewolf. 2) **Alopex,** die arktischen **Eisfüchse** mit kurzen, abgerundeten Ohren und behaarten Sohlen. 3) **Vulpes,** →Füchse. 4) **Fennecus,** afrikanische und asiatische kleine Füchse mit langen, spitzen Ohren und langem Schwanz, z.B. der **Fennek, Fenek** oder **Wüstenfuchs,** der kleinste aller **Wildhunde.** 5) **Urocyon,** mit dem amerikanischen **Graufuchs.** 6) **Nyctereutes,** mit dem ostasiatischen **Marderhund, Waschbär(en)hund** oder **Enok,** etwa fuchsgroß mit kurzem Schwanz und dichtem Fell. 7) **Dusicyon,** die südamerikanischen Schakalfüchse. 8) **Chrysocyon,** mit dem südamerikanischen **Mähnenwolf** oder **Guara,** groß, schlank, mit kurzem Rumpf, hohen Läufen, großen Ohren und aufrichtbarer Mähne. 9) **Speothos,** mit dem südamerikanischen kleinen **Waldhund** mit nur 38 Zähnen. 10) **Cuon,** mit dem **Rotwolf** oder **Rothund** in rund 10 Unterarten, darunter der malaiische **Adjag.** 11) **Lycaon,** mit dem afrikanischen bunten **Hyänenhund** der Steppen und Savannen südlich der Sahara. 12) **Otocyon,** mit dem süd- und ostafrikanischen **Löffelhund** oder **Löffelfuchs,** großohrig, hochbeinig, fuchsähnlich.

Hunde. Bobtail

Hunde. Deutsche Dogge

Der **Haushund (Canis lupus forma familiaris)** gilt als domestizierte Form des Wolfs. Weltweit gibt es gegenwärtig etwa 500 Rassen, die sich nach Größe, Farbe, Behaarung, Körperbau, Körpermasse, Wesen und Gebrauchswert unterscheiden. Zu den **Wachhunden, Schutzhunden** und **Gebrauchshunden** gehören u.a. Deutscher Boxer, Dobermann, Riesenschnauzer und Rottweiler, zu den **Windhunden** u.a. Afghanischer Windhund, Barsoi, Greyhound und Whippet, zu den **Haushunden** im engeren Sinn (vorwiegend als Heimtier, Begleithund oder Wachhund gehalten) u.a. Chow-Chow, Dalmatiner und Schnauzer. Groß ist die Zahl der **Jagdhunde** und der **Terrier.** Haushunde werden mit 6–9 Monaten geschlechtsreif, die Zuchtreife liegt je nach Rasse bei 15–24 Monaten. Hündinnen werden zweimal im Jahr läufig. Nach einer Tragezeit von durchschnittlich 63 Tagen (58–65) werden (je nach Rasse) bis über 10 Welpen geworfen, die mit 9 bis 14 Lebenstagen die Augen öffnen. Die Lebensdauer der Haushunde beträgt 12–14 Jahre.

Hunger, nicht genau lokalisierbare Allgemeinempfindung, die bei leerem Magen auftritt und nach der Nahrungsaufnahme bei gefülltem Magen verschwindet beziehungsweise durch das Sättigungsgefühl verdrängt wird. Als Auslösungsmechanismus des Hungers werden Mechanorezeptoren in der Magenwand diskutiert, die durch Leerkontraktion des Magens aktiviert werden, ferner Glu-

Hurrikan. Der Wirbelsturm »Elena« über Florida; 1985 (Satellitenaufnahme)

corezeptoren in Zwischenhirn, Leber, Magen und Dünndarm, die eine abnehmende Glucoseverfügbarkeit registrieren und hauptsächlich der Langzeitregulierung dienende Liporezeptoren, die Zwischenprodukte des Fettstoffwechsels, v.a. den Anstieg freier Fettsäuren, als Hungersignale registrieren. Durch Nahrungsaufnahme geht das Hungergefühl über einen »neutralen Zustand« in ein Sättigungsgefühl über, meist bevor es zu einer Resorption der Nahrungsstoffe kommt. Ein normal ernährter Mensch kann etwa 40–70 Tage hungern (das heißt vollständiger Nahrungsentzug). Die ertragbare Hungerzeit ist u.a. abhängig von der Flüssigkeitszufuhr und der Umgebungstemperatur.

Hunt [hʌnt], Timothy R., britischer Zell- und Molekularbiologe, *Neston (Cheshire) 19. 2. 1943; leitet seit 1991 das Cell Cycle Control Laboratory am Imperial Cancer Research Fund in London. Hunt entdeckte eine bestimmte Gruppe von Proteinen, die Cycline. Diese regeln die Funktion der cyclinabhängigen Kinase. Er wies nach, dass die Cycline im Zusammenhang mit der Zellteilung abgebaut werden. Dieser Vorgang besitzt eine zentrale Bedeutung für die Kontrolle des Zellzyklus. Er erhielt mit P.M. Nurse und L.H. Hartwell 2001 den Nobelpreis für Physiologie oder Medizin.

Hurrikan [englisch ˈhʌrɪkən; von spanisch hurakán] *der,* tropischer Wirbelsturm im Bereich des Karibischen Meeres, der Westindischen Inseln und des Golfs von Mexiko. Hurrikane entstehen meist aus Störungen der Passatströmung und immer über warmen Meeresgebieten. Der Durchmesser beträgt einige 100 km, die Windgeschwindigkeit bis über 200 km/h; typisch ist das **Auge** des Hurrikans, eine windschwache, niederschlagsfreie und wolkenarme Zone im Zentrum. Hurrikane verursachen verheerende Zerstörungen durch Sturm und Überflutungen.

Hütte, *Industrie:* **Hüttenwerk,** industrielle Anlage zur Gewinnung und teilweisen Weiterverarbeitung metallischer (z.B. Eisen, Kupfer, Blei) oder nichtmetallischer Werkstoffe (Schwefel, Glas, Ziegel), in der Regel durch Anwendung thermischer Verfahren.

Hüttenbims, →Hochofenschlacke.

Hüttenrauch, die mit Flugstaub vermischten Abgase aus metallurgischen Öfen, die u.a. Schwefel- und Arsenoxide sowie leichtflüchtige Metalle enthalten. Hüttenrauch ist stark umweltgefährdend und wird daher heute einer Entstaubung und Rauchgasreinigung unterzogen.

Hüttenwerk, →Hütte.

Hutton [hʌtn], James, schottischer Geologe, *Edinburgh 3. 6. 1726, ebd. 26. 3. 1797; zog 1768 als Gelehrter nach Edinburgh; postulierte, dass sich Naturgesetze über die Zeit und den Raum nicht verändern (Aktualismus); er beschrieb den Kreislauf der Gesteine, bei dem sich durch Verwitterung Boden bildet, dieser abgetragen und ins Meer transportiert wird, wo aus dem eingeschwemmten Material durch Verfestigung wiederum Gestein entsteht; das Gestein gelangt durch Hebung an die Erdoberfläche, an der erneut Bodenbildungsprozesse angreifen. Außerdem erkannte Hutton die magmatische Herkunft von Basalten und Granit durch ihre Beziehung zu den umgebenden Sedimenten.

Thomas Huxley
*** 1825, † 1895**

- war maßgeblich an der Verbreitung der Abstammungslehre Darwins beteiligt
- war Mitbegründer der auch heute noch bedeutenden Fachzeitschrift »Nature«

Huxley [ˈhʌkslɪ], **1)** Andrew Fielding, britischer Physiologe, *London 22. 11. 1917; erkannte in Zusammenarbeit mit Alan Lloyd Hodgkin, dass die Nervenmembranen nur für bestimmte Ionen durchlässig sind. Damit gelang ihnen auch der Nachweis einer Auslösung und Weiterleitung von Aktionspotenzialen durch Ionenverschiebung an den Nervenzellmembranen; erhielt 1963 (mit Hodgkin und John Carew Eccles) den Nobelpreis für Physiologie oder Medizin.

2) Thomas, englischer Zoologe, *Ealing (heute zu London) 4. 5. 1825, †London 29. 6. 1895; ab 1855 Professor in London; schuf bedeutende Arbeiten zur vergleichenden Anatomie der Wirbellosen und der Wirbeltiere; vertrat die Abstammungslehre C. R. Darwins. Sein berühmtestes Werk (»Man's place in nature« (1863) beschäftigte sich mit der Abstammung des Menschen. 1869 gründete er zusammen mit anderen Anhängern Darwins, die auch heute noch bedeutende Fachzeitschrift »Nature«.

Huygens [ˈhɔjgəns, niederländisch ˈhœjxəns], Christiaan, niederländischer Physiker und Mathematiker, *Den Haag 14. 4. 1629, †ebenda 8. 7. 1695; begründete die Wellenlehre des Lichts und fand mithilfe des →huygensschen Prinzips die Erklärung für Reflexion und Brechung. Außerdem berechnete er die Gesetze des elastischen Stoßes, des physikalischen Pendels, erfand die Pendeluhr sowie die Federuhr mit Unruh, entdeckte die Polarisation des Lichts und gab die Erklärung der

Doppelbrechung von Kalkspat. Mithilfe seiner selbst gebauten Fernrohre gelang Huygens u. a. die Entdeckung eines Saturnmonds, des Saturnrings und die erste Beobachtung des Orionnebels.

huygenssches Prinzip ['hɔjgəns-], von C. Huygens 1690 veröffentlichte, auf mechanischer Grundlage beruhende Theorie für die Ausbreitung von (Licht-)Wellen: Jeder in einem isotropen Medium von einer Wellenfront getroffene Punkt kann als Ausgangspunkt einer kugelförmigen Elementarwelle aufgefasst werden, die sich mit der gleichen Geschwindigkeit ausbreitet wie die Primärwelle; die Einhüllende aller Elementarwellen ist die neue Wellenfront. Mit dem huygensschen Prinzip lassen sich Brechung und Beugung von Licht anschaulich deuten. – Unter Einbeziehung der Interferenz der Elementarwellen mit verschiedenen Gangunterschieden erweiterte A. J. Fresnel das huygenssche Prinzip **(Huygens-Fresnel-Prinzip)**.

Hyaloplasma, flüssige, klare Grundsubstanz des →Zytoplasmas.

hybrid [lateinisch], von zweierlei Herkunft.

2540

Hybridantrieb. Hybridauto Toyota Prius mit Elektro- und Benzinmotor

Hybridantrieb, der Antrieb eines Fahrzeugs durch zwei oder mehrere Antriebsarten, um deren jeweilige Vorteile zu nutzen. Dadurch ist der Kraftstoffverbrauch geringer, die Energienutzung effektiver und die Schadstoffemission geringer. Die größte Bedeutung hat die Kombination von Elektro- und Verbrennungsmotor. Zwei Varianten werden unterschieden: Der **parallele Hybridantrieb** nutzt einen Elektromotor und einen Verbrennungsmotor mit voneinander unabhängigem Betrieb; beim **reihengeschalteten Hybridantrieb** erfolgt der Antrieb mit Elektromotor, der Verbrennungsmotor dient nur zum Aufladen der Batterie.

■ **Entwicklungsstand** Auf dem Pkw-Markt sind aktuell bereits Fahrzeuge mit Hybridantrieb erhältlich, die bei bestimmten Fahrzyklen Verbrauchsvorteile gegenüber vergleichbaren herkömmlichen Pkw aufweisen. Bei Hybridkonzepten, die rein elektrisch betrieben werden können, ist nach wie vor die teilweise hohe Masse der Batterien nachteilig. Auch der nicht zufrieden stellende Wirkungsgrad der Energieumwandlung von mechanischer in elektrische Energie und zurück verhindert bei bestimmten Fahrsituationen einen rentablen Einsatz. Kritisch sind die Hybridkonzepte in Bezug auf die energetische Gesamtbilanz zu beurteilen (Energieverbrauch der gesamten Fertigungskette).

Hybride [lateinisch] *die,* auch *der,* Mischling, →Bastard.

Hybridflügel, Strake-Flügel, bei militärischen Hochleistungsflugzeugen zunehmend verwendete Pfeilflügelform mit in der Nähe des Rumpfs weit zur Rumpfspitze vorgezogenen Flügelvorderkanten (englisch »strakes«). Hybridflügel verbinden die Vorteile des schwach gepfeilten Flügels im Unterschallbereich mit denen des →Deltaflügels im Überschallbereich.

Hybridisierung, [lateinisch] *die,* **1)** *Genetik:* so viel wie →Hybridzüchtung, Kreuzung zwischen erbungleichen Partnern.

2) *Molekularbiologie:* Bezeichnung für die Reaktion zwischen zwei komplementären Nukleinsäureeinzelsträngen unter Bildung eines Nukleinsäuredoppelstrangs. Experimentell dient die Hybridisierung dem Nachweis verwandter (komplementärer) Nukleinsäuren zur Genlokalisation und zur Identifizierung unbekannter DNA- beziehungsweise RNA-Stücke.

Hybridmotor, Verbrennungsmotor mit charakteristischen Merkmalen von Otto- und Dieselmotor; die Anwendung ist auf wenige Sonderfälle (z. B. militärischer Einsatz) beschränkt.

Hybridomtechnik, Hybridomatechnik, *Molekularbiologie:* spezielle Hybridisierungsmethode zur Herstellung →monoklonaler Antikörper.

Hybridrechner, komplexe Rechenanlage, die die Arbeitsweisen von Analogrechnern mit Digitalrechnern vereinigt, somit die Vorteile beider Verfahren ausnutzt. Hybridrechner werden u. a. zur Simulation komplexer dynamischer Systeme und zur Lösung von partiellen Differenzialgleichungen eingesetzt.

Hybridsaatgut, Saatgut hochleistungsfähiger Sorten, aus jährlich neuer Kreuzung von zwei verschiedenen Elternsorten entstanden.

Hybridzüchtung, Heterosiszüchtung, in der landwirtschaftlichen Tier- und Pflanzenzüchtung häufig angewandtes Züchtungsverfahren zur Erzielung einer hohen markt- oder betriebsgerechten tierischen oder pflanzlichen Produktion durch →Heterosis.

Hydathoden [griechisch], Blattöffnungen bei Pflanzen zur Abgabe von Wasser.

hydr..., *Chemie:* Vorsilbe, die meist die Gegenwart von Wasserstoff ausdrückt, z. B. Hydrochinon.

Hydrat [griechisch] *das,* durch Hydratation entstandene Verbindung, in der das Wasser durch elektrostatische Kräfte an Moleküle oder Ionen gebunden oder als Kristallwasser in einen Festkörper eingebaut ist, z. B. Glaubersalz, $Na_2SO_4 \cdot 10\,H_2O$, im Unterschied zum wasserfreien Natriumsulfat, Na_2SO_4. Die Hydratbildung ist mit Abgabe von **Hydratationswärme** verbunden. Die so genannten **Gashydrate** sind keine Hydrate, sondern →Einschlussverbindungen.

Hydratation *die,* **Hydration, Hydratisierung,** Anlagerung von Wassermolekülen an Ionen, Moleküle oder Kolloidteilchen unter Bildung von →Hydraten; ein Spezialfall der →Solvatation. Die Hydratation ist u. a. bei der Verwitterung von Gesteinen und beim Abbinden von Zement von Bedeutung.

Hydraulik [griechisch] *die,* ursprünglich Teilgebiet der Strömungslehre; behandelte eindimensionale Strömungen inkompressibler Flüssigkeiten. Heute versteht man unter Hydraulik besonders die technischen Verfahren und Anlagen zur Kraftübertragung mittels Hydraulikflüssigkeiten in geschlossenen Leitungssystemen. Die hydraulische Kraftübertragung wird vielfältig angewendet; z. B. im Fahrzeug- und Werkzeugmaschinenbau für Steuer-, Regel-, Antriebs- und Bremsvorrichtungen; für Hub- und Kippeinrichtungen bei Fahrzeugen, Schleppern und Hebezeugen aller Art sowie in anderen technischen Bereichen, z. B. in der Bühnentechnik.

Hydraulikflüssigkeiten, Flüssigkeiten, die zur hydrostatischen Kraftübertragung verwendet werden. Außerdem dienen Hydraulikflüssigkeiten zur Kühlung, Schmierung und zum Korrosionsschutz. Die größte Bedeutung haben **Mineralöle,** die durch Additive dem jeweiligen Verwendungszweck angepasst werden. **Bremsflüssigkeiten** für hydraulische Kfz-Bremsen bestehen im Allgemeinen aus →Glykolen oder →Glykolethern.

Hydride [griechisch], chemische Verbindungen, die Wasserstoff und ein weiteres Element (Metall oder Nichtmetall) enthalten. Je nach Bindungsart unterscheidet man salzartige (z. B. Lithiumhydrid, LiH), kovalente (z. B. Chlorwasserstoff, HCl, und Wasser, H_2O) und metallische Hydride. Übergangsmetalle wie Eisen oder Palladium bilden metallartige Hydride. Palladium kann mehr als das 1 000-fache Volumen an Wasserstoff in sein Gitter einbauen; es spielt deshalb bei Hydrierungsreaktionen als Katalysaton eine wichtige Rolle.

Hydrierung [griechisch] *die,* Anlagerung von Wasserstoff an chemische Verbindungen, die durch hohen Druck und niedrige Temperaturen begünstigt wird. Zur Aktivierung des Wasserstoffs sind Katalysatoren erforderlich. Technisch bedeutend ist u. a. die Hydrierung von Benzol zu Cyclohexan, von Nitrobenzol zu Anilin, von ungesättigten Fettsäuren zu gesättigten Fettsäuren (Fetthärtung).

Hydrobiologie, Wissenschaft von den im Wasser lebenden Organismen, ihren Lebensgemeinschaften und ihren Beziehungen zum Wasser als Umwelt.

Hydrochorie [-ko-, griechisch] *die,* Verbreitung von Pflanzenfrüchten und -samen durch das Wasser.

Hydrocracken [-krækən] *das,* Verfahren zur Spaltung von Kohlenwasserstoffen in Gegenwart von Wasserstoff; wird u. a. für die Umwandlung von hochsiedenden Erdölfraktionen in Benzin verwendet, liefert schwefelfreie, gesättigte Produkte.

Hydrodynamik, Teilgebiet der Strömungslehre, das sich mit der Strömung inkompressibler Flüssigkeiten sowie mit Gasströmungen befasst, wenn deren Geschwindigkeit, verglichen mit der Schallgeschwindigkeit, gering ist. Im Grenzfall der Ruhe reduziert sich die Hydrodynamik zur Hydrostatik; Gasströmungen hoher Geschwindigkeit werden in der Aerodynamik behandelt.

hydrodynamischer Wandler, →Druckmittelgetriebe.

hydrodynamisches Paradoxon, die Erscheinung, dass eine bewegliche Platte (Kugel u. a.) nicht abgestoßen, sondern angezogen wird, wenn man durch eine in der Mitte durchbohrte parallel befindliche zweite Platte eine Flüssigkeit oder ein Gas einströmen lässt. Das hydrodynamische Paradoxon lässt sich mit dem im Vergleich zum Außendruck geringeren statischen Druck im strömenden Medium erklären.

Hydroformylierung, die →Oxosynthese.

Hydrogamie *die,* Wasserblütigkeit; Bestäubung von Blüten unter Wasser beziehungsweise Übertragung des Pollens durch Wasser.

Hydrogel *das,* aus wässriger, kolloidaler Lösung ausgeschiedener Stoff.

Hydrogen..., Präfix für die Bezeichnung saurer Salze in der anorganischen Chemie, z. B. Hydrogencarbonate.

Hydrogenium [griechisch] *das,* der Wasserstoff.

Hydrografie [griechisch] *die,* **Hydrographie,** beschreibende →Hydrologie.

Hydrokultur, Wasserkultur, Hydroponik, Bezeichnung für Kultivierungsmethoden von Nutz- und Zierpflanzen in Behältern mit Nährstofflösungen anstelle des natürlichen Bodens als Nährstoffträger.

Hydrolasen [griechisch], Gruppe von →Enzymen.

Hydrologie [griechisch] *die,* die Lehre von den Erscheinungsformen des Wassers über, auf und unter der Erdoberfläche. Umfasst neben Hydrobiologie u. a. die Hydrografie (Gewässerkunde) mit den Teilgebieten Grundwasser-, Fluss-, Seen- und Gletscherkunde, im weiteren Sinn auch die Meereskunde.

Hydrolyse [griechisch] *die,* Spaltung kovalenter Verbindungen (→chemische Bindung) durch Wasser. Die Hydrolyse spielt besonders in der organischen Chemie eine große Rolle, wo sie durch Säuren, Basen oder Enzyme katalysiert wird. Beispiele sind die Hydrolyse (Verseifung) von Estern (z. B. Fetten) nach folgendem Schema

$$\underset{\text{Ester}}{\mathrm{RCOOR'}} + \mathrm{H_2O} \rightleftharpoons \underset{\text{Carbonsäure}}{\mathrm{RCOOH}} + \underset{\text{Alkohol}}{\mathrm{R'OH}}$$

sowie die Hydrolyse von Glykosiden (zu Zuckern u. a.) und Proteinen (zu Aminosäuren). Die so genannte Salzhydrolyse, das heißt die Spaltung der wässrigen Lösung eines Salzes in eine Säure und eine Base, ist die Umkehrung der Neutralisation.

Hydromechanik, Teilgebiet der Kontinuumsmechanik, umfasst die mathematische Behandlung der Gleichgewichtszustände (→Hydrostatik) und Strömungsgesetze (→Hydrodynamik) von kontinuierlich verteilten Gasen und Flüssigkeiten.

Hydromikrobiologie, Forschungsgebiet der Meeres- und Binnengewässerökologie, Teilgebiet der →Hydrobiologie; befasst sich mit der Bedeutung von Bakterien (Hydrobakteriologie), Pilzen und Hefen für den Stoffhaushalt der Gewässer. Viele Bakterien und Pilze betätigen sich als Destruenten, die totes organisches Material abbauen und mineralisieren, und sind daher wichtig für den Stoffumsatz und die Selbstreinigung der Gewässer.

Hydromorphie *die,* die besondere Ausbildung von Stängeln und Blättern der Wasser- und Sumpfpflanzen, die unter Wasser leben.

Hydromotor, Hydraulikmotor, Bauelement innerhalb einer hydraulischen Anlage, das die in einer Pumpe (Hydropumpe) erzeugte hydraulische Energie der Betriebsflüssigkeit in mechanische Energie zurücktransformiert. Je nach Bauart (z. B. Zahnrad-, Flügelzellen-, Kolbenmotor) werden drehende, schwenkende oder geradlinige Bewegungen erzeugt.

Hydroperoxide, organische Verbindungen der allgemeinen Formel R – O – OH; die Benennung erfolgt durch das Präfix **Hydroperoxy...**

hydrophil [griechisch], *Chemie, Physik:* Wasser anziehend, in Wasser löslich.

hydrophob [griechisch], *Chemie, Physik:* Wasser abstoßend, nicht in Wasser löslich.

Hydrophyten [griechisch], die →Wasserpflanzen.

Hydrosol, Sol (→Kolloide) mit Wasser als Dispersionsmittel.

Hydrosphäre [griechisch], die Wasserhülle der Erde: alle sichtbaren Gewässer, das Boden-, Grundwasser, Gletschereis und der Wasserdampf in der Atmosphäre; von charakteristischen tierischen und pflanzlichen Organismengemeinschaften besiedelt, deren Erforschung Gegenstand der Hydrobiologie ist.

Hydrostatik, die Lehre vom Gleichgewicht der Kräfte in ruhenden, inkompressiblen Flüssigkeiten; ein Teilgebiet der Hydromechanik. Die Grundlage der Hydrostatik bildet die Erfahrungstatsache, dass der Druck im Innern einer nicht der Schwerkraft unterworfenen Flüssigkeit **(hydrostatischer Druck)** an jeder Stelle gleich (isotrop) ist **(Grundgesetz der Hydrostatik, pascalsches Gesetz).** Im Schwerefeld ist der Druck p in einer ruhenden Flüssigkeit **(Schweredruck)** außer von der Dichte ϱ der Flüssigkeit und der Fallbeschleunigung g des Schwerefelds nur von der Höhe h der Flüssigkeitssäule über der betrachteten Stelle abhängig, $p = \varrho g h$, nicht aber von der Form des Gefäßes oder Flüssigkeitsmenge. Deshalb wirkt auf den Boden verschieden geformter Gefäße die gleiche Kraft, wenn sie gleiche Grundflächen besitzen und bis zur gleichen Höhe mit derselben Flüssigkeit gefüllt sind **(hydrostatisches Paradoxon).** In →kommunizierenden Röhren stellt sich daher überall dieselbe Flüssigkeitshöhe ein. Ein teilweise oder ganz in eine Flüssigkeit eingetauchter Körper erfährt einen (hydro)statischen →Auftrieb, der die Ursache für das Schweben und Schwimmen ist.

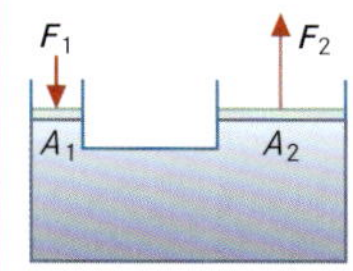

Hydrostatik. Der hydraulische Heber als Beispiel für die Anwendung des pascalschen Gesetzes. Die Kraft F_1 des hydrostatischen Drucks, die auf die Fläche A_1 wirkt, ruft an der Fläche A_2 eine entgegengesetzte Kraft F_2 hervor.

hydrostatischer Druck, →Hydrostatik.

hydrostatisches Paradoxon, →Hydrostatik.

hydrostatische Waage, Waage zur Ermittlung der Dichte fester Körper mithilfe des statischen →Auftriebs.

Hydrotreating [ˈhaɪdrəʊtriːtɪŋ, englisch] *das,* hydrierende Raffination von Erdölfraktionen, v. a. zum Zweck der Entschwefelung.

Hydrotropie [griechisch] *die,* Erscheinung, dass in reinem Wasser schwer- oder unlösliche organische Verbindungen (z. B. Anilin) sich in konzentrierten Lösungen von Alkalisalzen bestimmter organischer Säuren (aromatische Sulfo- oder Carbonsäuren, höhere Fettsäuren) ohne chemische Reaktion gut lösen. Die Oberflächenspannung des Wassers wird durch die Alkalisalze herabgesetzt, sodass die schwerlöslichen Stoffe gelöst, dispergiert oder emulgiert werden (Wasch- und Textilhilfsmittel).

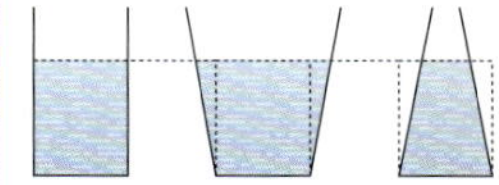

Hydrostatik. Hydrostatisches Paradoxon

Hydroxide [griechisch], Verbindungen von Elementen, überwiegend von Metallen, mit Hydroxidionen (OH^-). Die Hydroxide der Alkalien und Erdalkalien sind in Wasser löslich, sie zeigen alkalische Reaktion. Hydroxide von Metallen mittlerer Wertigkeit (Eisen, Aluminium usw.) sind oft schwer löslich, teils amphoter. Metalle höchster Wertigkeit sowie Nichtmetalle bilden keine Hydroxide im engeren Sinn und reagieren sauer.

Hydroxid|ion *das,* das einfach negativ geladene Ion OH^-. Es bildet sich z. B. beim Lösen von Alkalihydroxiden (z. B. NaOH) in Wasser oder bei der Hydrolyse von Salzen schwacher Säuren. Das Hydroxidion wirkt als starke Base.

Hydroxo..., →Hydroxylgruppe.

Hydroxy..., Bezeichnung für die einbindige funktionelle Gruppe –OH (**Hydroxylgruppe**) in systematischen Namen von organischen Verbindungen; früher meist als **Oxy...** bezeichnet.

Hydroxycarbonsäuren, organische Säuren, die außer einer oder mehreren Carboxylgruppen eine oder mehrere Hydroxylgruppen enthalten, z. B. Milch-, Wein-, Zitronen- und Salicylsäure.

Hydroxyl..., →Hydroxylgruppe.

Hydroxyl|amin, $HO-NH_2$, farblose, hygroskopische, in Wasser lösliche kristalline Substanz. Freies Hydroxylamin ist instabil und kann sich beim Erhitzen explosionsartig zersetzen. Als schwache Base bildet Hydroxylamin mit Säuren relativ beständige Salze. Mit Aldehyden und Ketonen werden Oxime gebildet.

Hydroxylgruppe, Bezeichnung der chemischen Nomenklatur für die Gruppe OH. Sie wird bei Vorliegen als einwertige funktionelle Gruppe in kovalenter Bindung (–OH) bei organischen oder anorganischen Verbindungen durch die Vorsätze **Hydroxy...** oder **Hydroxyl...,** bei Vorliegen als Anion (OH^-) als **Hydroxidion** und bei Vorliegen des Anions als Ligand in Koordinationsverbindungen durch den Vorsatz **Hydroxo...** bezeichnet.

Hydrozoen. Viele Hydrozoen bilden im Laufe ihrer Fortpflanzung Hydromedüsen.

Hydrozoen [griechisch], **Hydrozoa**, Klasse der Hohltiere mit Generationswechsel: der festsitzende **Polyp (Hydropolyp)** als ungeschlechtliche Generation, die sich durch Knospung vermehrt, und die frei schwimmende **Qualle (Meduse, Hydromeduse)** als geschlechtliche Generation, die Geschlechtszellen hervorbringt. Hydropolypen bilden meist fein verzweigte Tierstöcke mit einem gemeinsamen Hohlraum.

Hydrozoen. Grüner Süßwasserpolyp

Die Medusengeneration kann rückgebildet sein, die Polypengeneration kann fehlen. (→Staatsquallen)

Hygrometer [griechisch] *das,* **Feuchtigkeitsmesser,** Gerät zum Messen der relativen Feuchtigkeit der Luft oder anderer Gase.

Hygromorphie *die,* besondere Ausgestaltung von Pflanzenteilen zur Förderung der →Transpiration, z. B. bei feuchtigkeitsliebenden Pflanzen.

Hygrophyten [zu griechisch phytón »Pflanze«], **Feuchtpflanzen, Feuchtigkeitspflanzen,** Bezeichnung für Landpflanzen, die an Standorten mit ständig hoher Boden- und Luftfeuchtigkeit wachsen.

hygroskopisch [griechisch], Feuchtigkeit aufnehmend; hygroskopische Stoffe (z B. Calciumchlorid, Phosphorpentoxid, Schwefelsäure) nehmen aus Gasen Wasser auf; dienen u. a. als Trockenmittel.

Hyläa [griechisch] *die,* tropischer Regenwaldgebiet am Amazonas.

Hymenium [griechisch] *das,* die Fruchtschicht der Schlauch- und Ständerpilze.

Hymenoptera [griechisch], die →Hautflügler.

Hyperatom, ein →exotisches Atom.

Hyperfeinstruktur, zusätzliche, über die →Feinstruktur hinausgehende Energieaufspaltung in den Spektrallinien der Atomspektren, die auf der Wechselwirkung der Hüllenelektronen mit höheren Kernmomenten (magnetische Dipol- und elektrische Quadrupolmomente) sowie auf der Isotopie der Elemente beruht.

Hyperfiltration, →Membranverfahren.

Hyperladung, Formelzeichen *Y*, →innere Quantenzahl zur Beschreibung der Elementarteilchen; Summe aus Baryonenzahl und Strangeness.

Hyperonen [griechisch], instabile →Elementarteilchen aus der Gruppe der Baryonen, deren Ruhemasse größer als die der Nukleonen ist. Sie besitzen halbzahligen Spin sowie die Strangeness $S \neq 0$ (→seltsame Teilchen) und zerfallen mit Halbwertszeiten von weniger als circa 10^{-10} s in einem oder mehreren Schritten in Nukleonen.

Hyperoxid, ältere, aber immer noch zugelassene Bezeichnung: **Superoxid,** besonders von den Alkalimetallen abgeleitete Verbindung mit Sauerstoff, die das Ion O_2^- **(Hyperoxidion)** enthält. Es wird in der organischen Chemie als Oxidationsmittel verwendet und dient als Sauerstoffquelle in Atemschutzgeräten (mit Wasserdampf bindet es Kohlendioxid und spaltet dabei Sauerstoff ab).

Hyperschall, mechanische Schwingungen mit Frequenzen zwischen 10^9 und 10^{12} Hz, zur Untersuchung von Festkörpern angewendet.

hypersonisch, hoch über dem Schallbereich liegend (»Überschall…«); in der Aerodynamik beginnt der hypersonische Bereich ab der →Mach-Zahl 5.

Hyperthermie [griechisch] *die,* Erhöhung der Körpertemperatur infolge ungenügender Wärmeabgabe (Wärmestau); im Unterschied zum Fieber ist der Sollwert des Wärmeregulationszentrums nicht erhöht.

Hypertrophie, *Botanik:* übermäßige Vergrößerung einzelner Pflanzenteile, meist durch Einwirkung tierischer oder pflanzlicher Parasiten, z. B. bei vielen pflanzlichen →Gallen.

Hyperzyklus, Selbstorganisation und Selbstvermehrung (Autokatalyse) von Makromolekülen (Nukleotide, Proteine). Die Hyperzyklustheorie wurde von Manfred Eigen entwickelt und trägt wesentlich zum Verständnis der Entstehung des Lebens aus Unbelebtem bei.

Hyphe [griechisch] *die,* Zellschlauch der →Pilze.

Hypochlorit [griechisch] *das,* stark oxidierend wirkendes Salz der hypochlorigen Säure (HClO); dient u. a. zur Desinfektion und als Bleichmittel.

Hypoderm [griechisch] *das,* bei Pflanzen unter der Oberhaut mancher Blätter gelegene Zellschicht, die die Epidermis in ihrer Funktion unterstützt.

Hypoglykämie [griechisch] *die,* Verminderung des Blutzuckergehaltes unter 2,8 mmol/l Blut (unter 40 bis 70 mg je 100 ml); bedingt durch Insulinüberdosierung bei Diabetikern, gelegentlich durch Geschwülste der Leber und Bauchspeicheldrüse sowie infolge körperlicher Überanstrengung. Kennzeichen sind Heißhunger, Kopfschmerzen, Schwitzen, Krämpfe, Bewusstseinstrübung.

Hypokotyl *das,* bei Samenpflanzen das unterste Sprossglied des Keimlings, welches zwischen Wurzelhals und Keimblättern liegt.

Hypolithal [griechisch] *das,* der Lebensraum unter Steinen (z. B. für bestimmte Schnecken, Käfer, Asseln).

Hyponastie [griechisch] *die,* eine Wachstumsbewegung infolge verstärkten Wachstums der Unterseite eines Pflanzenteils im Vergleich zu dessen Oberseite; führt zum Aufrichten, z. B. von Blättern. Gegensatz: →Epinastie.

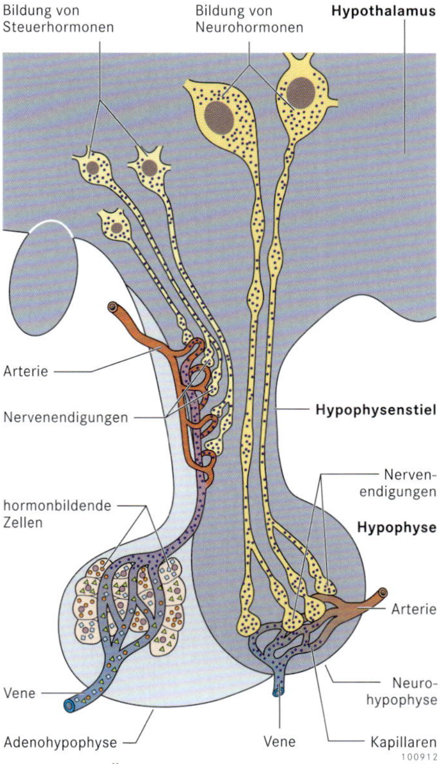

Hypophyse. Übersicht über das hypothalamisch-hypophysäre System

Hypophyse [griechisch] *die,* **Hirnanhangdrüse, Gehirnanhangdrüse,** Hormondrüse der Wirbeltiere, die eine größere Anzahl verschiedener Hormone mit unterschiedlichen Wirkungen produziert. Die Hypophyse liegt in der Sattelgrube (Türkensattel) des Keilbeins und ist durch den Hypophysenstiel mit dem Zwischenhirn verbunden; beim Menschen etwa 0,6 g schwer. Sie besteht aus dem Drüsenteil **(Adenohypophyse)** mit Trichter-, Vorder- und Zwischenlappen und

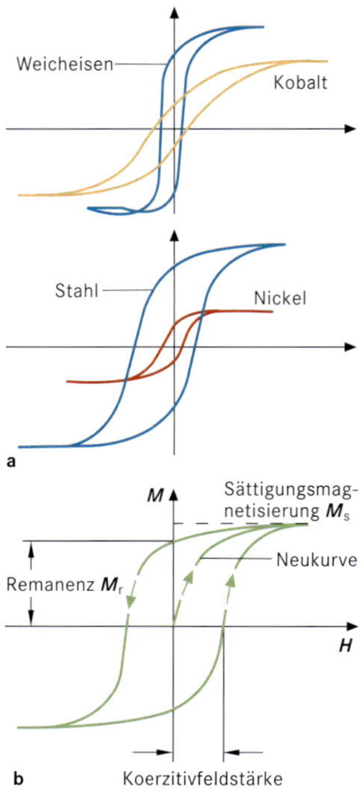

Hysterese 2). Hystereseschleife verschiedener Ferromagneten (a); schematische Darstellung der Abhängigkeit von Magnetisierung ***M*** und magnetischer Feldstärke ***H*** mit Definition der Sättigungsmagnetisierung M_S und der Remanenz M_r (b)

dem Hirnteil **(Neurohypophyse)** mit Hinterlappen und Hypophysenstiel. Die Hypophyse ist eine übergeordnete Hormondrüse, die eng mit dem Nervensystem verknüpft ist und steuernd auf andere Hormondrüsen und Organe wirkt. Durch die im Vorderlappen produzierten Hormone werden Wachstum (Somatotropin), die Tätigkeit von Schilddrüse (Thyreotropin), Nebennierenrinde (ACTH), Milchdrüse (Prolactin) und Geschlechtsdrüsen (Gonadotropine) sowie der Fettstoffwechsel (Lipotropine) reguliert. Der Hinterlappen erzeugt seine Hormone (Oxytocin, Vasopressin) nicht selbst. Sie entstehen im Hypothalamus (Teil des Zwischenhirns), werden im Hinterlappen gespeichert und bei Bedarf an das Blut abgegeben.

Hypothạlamus [griechisch] *der,* Teil des →Zwischenhirns.

Hypothẹse, *Wissenschaftstheorie:* eine wissenschaftlich fundierte Annahme, die so formuliert ist, dass sie durch Erfahrung, Experiment bestätigt (verifiziert) oder widerlegt (falsifiziert) werden kann. Hypothesen sind Basis für wissenschaftliche Theorien. Als **Arbeitshypothesen** weisen Hypothesen der Forschung den Weg. Eine Hypothese, die vielen empirischen Überprüfungen standgehalten hat, wird bewährt genannt.

Hypsothermomẹter, Hypsometer, das →Siedethermometer.

Hysterẹse [griechisch] *die,* **Hysteresis, 1)** *Elektronik:* bei elektronischen Kippschaltungen Bezeichnung für die Differenz der Ansprechspannungen.

2) *Physik:* Abhängigkeit des physikalischen Zustands eines Objektes von vorausgegangenen Zuständen, beruht auf der Restwirkung **(Remanenz)** nach Beseitigung der einwirkenden physikalischen Größe.

Als **magnetische Hysterese** bezeichnet man das Zurückbleiben der Magnetisierung M ferromagnetischer Stoffe gegenüber der erregenden magnetischen Feldstärke H. Wird ein bis zur Sättigung magnetisiertes Stück Eisen durch allmähliches Vermindern der Feldstärke entmagnetisiert, so bleibt eine Restmagnetisierung, die Remanenz M_r, die erst durch ein Gegenfeld von der Größe der **Koerzitivfeldstärke** H_c verschwindet. Bei weiterer Steigerung wächst die Magnetisierung wieder, worauf der Gesamtvorgang umgekehrt wiederholt werden kann. Bei unmagnetischem Material wird mit wachsender Feldstärke H zunächst die **Neukurve** (auch **jungfräuliche Kurve**) bis zur **Sättigungsmagnetisierung,** dem Maximalwert der Magnetisierung, durchlaufen; die gesamte Kurve wird als **Hysteresekurve** oder **Hystereseschleife** bezeichnet. – Weniger leicht zu beobachten ist die **dielektrische Hysterese** von Stoffen mit molekularem Dipolmoment. Die von einem äußeren Feld in einem Dielektrikum erzeugte Polarisation klingt nach Abschalten des Feldes mit einer Exponentialfunktion ab. – Hystereseeffekte treten u.a. auch bei bei elastischen Beanspruchungen **(Nachwirkung)** oder in Gasentladungen durch Nachwirkung früherer Entladungszustände auf den augenblicklichen Zustand auf.

Hz, Einheitenzeichen für →Hertz.

I

i, I *das,* **1)** *Chemie:* **I,** chemisches Symbol für →Jod.

2) *Formelzeichen: I* für elektrische Stromstärke, Lichtstärke, Isospin.

IATA, Abkürzung für englisch International Air Transport Association, internationale Organisation von Luftverkehrsgesellschaften; Sitz: Montreal; gegründet 1945; dient der Förderung eines sicheren, regelmäßigen, wirtschaftlichen Luftverkehrs.

Ibn al-Haitham, →Haitham.

IC, Abkürzung für englisch integrated circuit (→integrierter Schaltkreis).

IC®, Abkürzung für InterCity®, Zuggattung für den Schnellverkehr zwischen Großstädten. Bei der Deutschen Bahn AG sind IC mit einer Lokomotive bespannte Züge aus Abteil- und Großraumwagen mit Speisewagen (Bordrestaurant oder Bordbistro) zwischen der 1. und 2. Klasse, Höchstgeschwindigkeit bis zu 200 km/h. Das IC-Netz besteht seit 26. 9. 1971 (1. Klasse, Zweistundentakt) und wurde am 27. 5. 1979 (1. und 2. Klasse, Einstundentakt) erweitert. Seit 2. 6. 1991 sind zunehmend →ICE® eingesetzt.

ICE®, Abkürzung für InterCity-Express®, deutscher Zug für hohe Geschwindigkeiten bis 330 km/h. Alle Züge der ersten Serie (**ICE 1,** 1991) werden zwischen 2005 und 2008 von Grund auf erneuert. Die zweite Generation (**ICE 2,** 1996) besteht aus kuppelbaren Halbzügen, die gemeinsam oder einzeln fahren können. Der Antrieb ist in Triebköpfen (Lokomotiven mit bündigem Übergang zum Wagenzug) zusammengefasst, beim ICE 1 an beiden Enden, beim ICE 2 nur an einem Ende, am anderen läuft ein äußerlich ähnlicher Steuerwagen ohne Antrieb. Bei der dritten Generation (**ICE 3,** 2000) sind die Antriebsanlagen auf alle Wagen verteilt; seit 2002 verkehren diese Züge auf der Neubaustrecke zwischen Köln und Frankfurt/Wiesbaden mit 300 km/h; für den Einsatz ins Ausland, v. a. nach Belgien und den Niederlanden, aber auch nach Frankreich, wurde ein Teil der ICE-3-Züge für mehrere Stromsysteme ausgerüstet (**ICE 3-M**). Eine weitere Variante (**ICE-T,** 1999) erhielt →Neigetechnik. Der für nicht elektrifizierte Strecken bestimmte Neige-ICE mit Dieselantrieb (**ICE-TD,** 2001) wurde schon nach zwei Jahren aus dem Einsatz zurückgezogen. Anlass war eine Serie technischer Mängel, außerdem die für einen wirtschaftlichen Einsatz zu geringe Platzzahl.

Ichthyologie [griechisch] *die,* die Wissenschaft von den Fischen, Fischkunde.

Ichthyosauri|er [griechisch], **Fischsaurier,** ausgestorbene, bis 15 m lange, meist aber wesentlich kleinere Reptilien, die die Meere des Jura bewohnten. Der nackthäutige Körper war fischförmig.

Idealkristalle, mathematische, räumlich-periodische Abstraktion der →Kristalle, im Unterschied zu den in der Natur auftretenden **Realkristallen.**

Idiogramm *das,* andere Bezeichnung für das →Karyogramm.

Idiotyp [griechisch] *der,* Gesamtheit der Erbanlagen eines Individuums.

I. E., Abkürzung für →Internationale Einheiten.

IFR, Abkürzung für englisch instrument flight rules, →Instrumentenflug.

Igelwürmer, Echiurida, sackförmige Meereswürmer mit ungegliederter Leibeshöhle einem rüsselartigen Kopflappen und zwei bauchständigen Hakenborsten. Die Igelwürmer sind getrenntgeschlechtig.

Ignarro, Louis J., amerikanischer Mediziner, * Brooklyn (New York) 31. 5. 1941. Ignarro erhielt zusammen mit R. F. Furchgott und F. Murad 1998 den Nobelpreis für Medizin oder Physiologie für Arbeiten über die Bedeutung des Stickoxids als Signalgeber im Herz-Kreislauf-System.

Ichthyosaurier. Skelett von Ichthyosaurus quadriscissus mit Abdruck der Haut; 2,10 m lang

Iljuschin, Sergei Wladimirowitsch, sowjetischer Flugzeugkonstrukteur, * Diljalewo (Gouvernement Wologda) 30. 3. 1894, † Moskau 10. 2. 1977; war ab 1948 Professor an der sowjetischen Luftfahrt-Militärakademie; entwickelte und konstruierte zahlreiche Kampf- und Verkehrsflugzeuge.

Illuvialhorizont [lateinisch], horizontale Schicht im →Boden, in den Tonminerale oder Eisen bzw. Aluminium transportiert und angereichert werden (Podsol, Ortsstein).

ILS, Abkürzung für Instrumentenlandesystem, ein →Landeführungssystem.

Imago, *Biologie:* das geschlechtsreife Tier bei den →Insekten.

IMAX® ['aɪmæks; Kurzwort aus imagination maximum, englisch] *das, Filmtechnik:* spezielle Form der Filmprojektion, die aufgrund eines besonderen Bildformats, spezieller Linsen sowie durch Querlauf des Films im Projektor den Eindruck erweckt, der Zuschauer befinde sich selbst mitten in der Handlung.

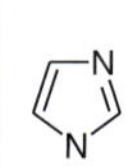

Imidazol

Imidazol *das,* **1,3-Diazol,** kristalline fünfgliedrige, heterozyklische Verbindung, als Baustein in einigen Naturstoffen (z. B. Histidin, Histamin) enthalten. Imidazol und seine Derivate sind Zwischenprodukte für Pflanzenschutzmittel, Pharmaka und Farbstoffe.

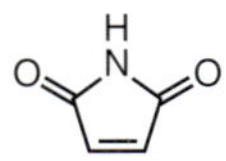
Maleinimid

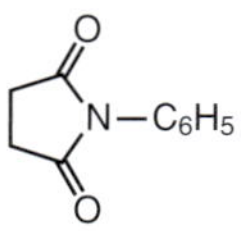
N-Phenyl-succinimid

Imide.
Zyklische Imide der Maleinsäure (oben) und der Bernsteinsäure (unten)

Imide, 1) *Säureimide,* chemische Verbindungen, die sich von zyklischen Dicarbonsäuren ableiten, indem beide Hydroxylgruppen durch eine gemeinsame Imidogruppe, –NH–, ersetzt sind, z. B. Maleinimid oder Succinimid. Wichtig sind v. a. Verbindungen, die am Stickstoffatom substituiert sind, z. B. N-Phenyl-succinimid. Säureimide haben Bedeutung als Arzneimittel (z. B. Contergan® mit dem Wirkstoff Thalidomit) sowie als Fungizide und Herbizide. Einige wirken als Pflanzenwuchsmittel. Hochmolekulare Polyimide werden als temperaturbeständige Duroplaste genutzt. 2) *Metallimide,* Verbindungen, in denen NH-Gruppen anionisch an Metallatome gebunden sind, z. B. Natriumimid, Na_2NH.

Imine, im engeren Sinn organische Verbindungen, in denen formal das Sauerstoffatom einer Carbonylgruppe durch die Iminogruppe ersetzt ist: $R^2C = NH$ (R = organischer Rest). Mit Wasser reagieren sie zu Keton und Ammoniak.

Imkerei *die,* **Bienenhaltung, Bienenzucht,** Haltung und Zucht von Honigbienen zur Gewinnung von Honig und Wachs.

immergrüne Pflanzen, Pflanzen, deren Blätter über mehrere Vegetationsperioden hinweg voll funktionsfähig bleiben; z. B. Rottanne, Immergrüne Bärentraube.

Immersion [lateinisch] *die, Optik:* die Verwendung einer Flüssigkeit mit möglichst hoher Brechzahl im Raum zwischen der Frontlinse eines Mikroskop-Objektivs oder -Kondensors sowie dem Deckglas des mikroskopischen Präparates zur Erhöhung der numerischen Apertur und damit des Auflösungsvermögens.

Immission [lateinisch] *die, Umwelt:* Gesamtheit der Luftverunreinigungen, Geräusche, Erschütterungen, Licht, Wärme, Strahlung oder ähnliche Erscheinungen, die von einer Anlage (z. B. Kraftwerk oder Müllverbrennungsanlage) oder von Produkten (z. B. Kraftfahrzeugen) ausgehen und auf ein Gebiet einwirken.

Immissionskataster, auf Karten dargestellte räumliche Verteilung der Luftverunreinigungen für ein bestimmtes Gebiet. Das Immissionskataster dokumentiert die Schadstoffbelastung der Luft und ermöglicht eine umfassende Bewertung dieser Belastung nach verschiedenen Kriterien (z. B. Ursachenanalyse). Es ist zusammen mit dem Emissionskataster Grundlage für die Aufstellung von Luftreinhalteplänen.

Immissionswerte, Immissionsgrenzwerte, Abkürzung **IW,** gesetzlich festgelegte Grenzwerte für Luftverunreinigungen, die nicht überschritten werden dürfen. Sie sind

Immissionswerte: EU-Richtlinien über Grenzwerte zum Schutz vor Gesundheitsgefahren (vom 19. 7. 1999 und 13. 12. 2000)

Schadstoff	Mittelungszeitraum	Grenzwert	Toleranzmarge bis zum Inkrafttreten des Grenzwertes	Zeitpunkt, bis zu dem der Grenzwert zu erreichen war/ist
Schwebstaub (PM_{10}) Stufe 1	24 Stunden	50 µg/m³ PM_{10} dürfen nicht öfter als 35-mal im Jahr überschritten werden	25 µg/m³ (50 %)	1. 1. 2005
	Kalenderjahr	40 µg/m³ PM_{10}	8 µg/m³ (20 %)	1. 1. 2005
Schwebstaub (PM_{10}) Stufe 2	24 Stunden	50 µg/m³ PM_{10} dürfen nicht öfter als 7-mal im Jahr überschritten werden	aus Daten abzuleiten, gleichwertig mit dem Grenzwert der Stufe 1	1. 1. 2010
	Kalenderjahr	20 µg/m³ PM_{10}	10 µg/m³ (50 %) ab 1. Januar 2005	1. 1. 2010
Blei	Kalenderjahr	0,5 µg/m³	0,5 µg/m³ (100 %)	1. 1. 2005
		1,0 µg/m³		1. 1. 2005 in unmittelbarer Nachbarschaft bestimmter Industriequellen, ab 2010 gelten 0,5 µg/m³
Schwefeldioxid	1 Stunde	350 µg/m³ dürfen nicht öfter als 24-mal im Kalenderjahr überschritten werden	150 µg/m³ (43 %)	1. 1. 2005
	24 Stunden	125 µg/m³ dürfen nicht öfter als 3-mal im Kalenderjahr überschritten werden	keine	1. 1. 2005
Stickstoffdioxid und Stickstoffoxide	1 Stunde	200 µg/m³ NO_2 dürfen nicht öfter als 18-mal im Kalenderjahr überschritten werden	100 µg/m³ (50 %)	1. 1. 2010
	Kalenderjahr	40 µg/m³ NO_2	20 µg/m³ (50 %)	1. 1. 2010
Benzol	Kalenderjahr	5 µg/m³	5 µg/m³ (100 %), ab 1. 1. 2006: 1 µg/m³	1. 1. 2010
Kohlenmonoxid	höchster 8-Stunden-Mittelwert eines Tages	10 mg/m³	2 mg/m³ (33,33 %)	1. 1. 2005

nach EU-Richtlinien der Jahre 1999 und 2000 neu festgelegt worden und dienen dem Schutz vor Gesundheitsgefahren sowie zum Schutz von Ökosystemen. Es handelt sich um Mindestanforderungen, die größtenteils ab 1. 1. 2005 in Kraft traten, für die anderen gelten Toleranzmargen. Die Mitgliedstaaten können aber auch strengere Grenzwerte festlegen, um bestimmte Personengruppen zu schützen, z. B. Krankenhauspatienten oder Kinder. Immissionswerte werden für die Konzentrationen von Schwefeldioxid, Stickstoffoxiden, Blei, Benzol und Kohlenmonoxid in der Luft angegeben. Staubpartikel gelten als umso gefährlicher, je kleiner die Teilchen sind. Sie werden deshalb durch den Parameter PM_{10} charakterisiert, der alle Teilchen (egal welchen Inhalts) mit einem Durchmesser kleiner als 10 μm umfasst. Für Schwefel- und Stickstoffdioxid wurden zusätzlich **Alarmschwellen** von 500 $\mu g/m^3$ beziehungsweise 400 $\mu g/m^3$ festgelegt, gemessen an drei aufeinander folgenden Stunden. Werden diese Werte überschritten, müssen umgehend Maßnahmen ergriffen werden, z. B. aktuelle Warnungen, kurzfristige Aktionspläne. Immissionswerte allein lassen jedoch noch keine sichere Aussage über das Ausmaß von Immissionsschäden zu, da sie sich in ihrer Wirkung gegenseitig verstärken können.

immortalisieren [lateinisch], dauerhaft machen, unsterblich machen (z. B. von Zellen in der Gentechnik).

Immunabwehr, siehe Sonderartikel Seite 546.

Immunsystem, das für die Immunreaktionen von Wirbeltieren verantwortliche Abwehrsystem. Neben dem Schutz vor möglichen Krankheitserregern (Viren, Bakterien, Pilze, Würmer usw.) dient es auch der Beseitigung entarteter körpereigener Zellen (Krebszellen). Die Zellen des Immunsystems gehen aus gemeinsamen Stammzellen des Knochenmarks hervor. Zu ihnen gehören T- und B-Lymphozyten, Granulozyten sowie die Zellen des →Monozyten-Makrophagen-Systems. Reife Zellen des Immunsystems befinden sich in den überall im Organismus verteilten Lymphknoten, der Milz, dem Wurmfortsatz des Blinddarms und den Peyer-Plaques (sekundäre lymphatische Organe) sowie in den Lymphbahnen und dem Blut. Lymph- und Blutgefäße verbinden die sekundären Lymphorgane miteinander und erlauben die Zirkulation der Zellen des Immunsystems und damit das Aufspüren von Antigenen.

i-Mode® ['aɪməʊd, englisch], gebührenpflichtiger multimedialer Mehrwertdienst der japanischen Telekommunikationsgesellschaft NTT DoCoMo, mit dem sich Internetinhalte auf Handys darstellen lassen, vergleichbar mit dem europäischen Standard WAP. Mit dem grafikfähigen Dienst können auch HTML-Inhalte übertragen werden. In Kooperation mit der japanischen Gesellschaft ist i-Mode® seit März 2002 auch in Deutschland verfügbar. Die Übertragungstechnik ist →GPRS. Die angebotenen Datendienste umfassen u. a. Nachrichten, Sport- und Verkehrsinformationen, Bilder, Melodien, Stadtpläne, Wetterkarten.

Imponierverhalten. Radschlag des Pfaus

IMPATT-Diode [Abkürzung für englisch **imp**act ionisation by **a**valanche and **t**ransit-**t**ime], **Lawinenlaufzeitdiode,** eine den →Avalancheeffekt ausnutzende Halbleiterdiode, die zur Verstärkung und Schwingungserzeugung in Verbindung mit Hohlraumresonatoren eingesetzt wird. IMPATT-Dioden werden v. a. zur Erzeugung von Mikrowellen (mit Frequenzen bis über 100 GHz) eingesetzt.

Impedanz [lateinisch] *die,* der Scheinwiderstand (→Wechselstromwiderstand).

Impfung, 1) *Chemie* und *Physik:* Einbringen eines Kristallkeims eines gleichen oder chemisch nahe verwandten Stoffs in eine unterkühlte Schmelze oder übersättigte Lösung, um deren Auskristallisieren zu beschleunigen.

2) *Landwirtschaft:* das Versetzen bakterienarmer Böden mit Präparaten, die meist Stickstoff bindende Bakterien enthalten, z. B. Azotobacter.

3) *Mikrobiologie:* Übertragung von Mikroorganismen in oder auf Nährböden mit Impfnadel oder -öse.

Implosion [lateinisch] *die,* das schlagartige Zusammenfallen eines evakuierten Behälters aufgrund des äußeren Luftdrucks. Bei der mit lautem Knall stattfindenden Implosion fliegen alle Splitter zunächst in den Innenraum, danach explosionsartig nach außen; Gegensatz: Explosion.

Imponierverhalten, Imponiergehabe, *Verhaltensforschung:* ein sich zur Schau stellendes Verhalten, das zum Drohen (Flossenspreizen, Fellsträuben, Zähnefletschen) oder Balzen (Radschlagen bei Pfauen, Imponierschreiten bei Antilopen) eingesetzt wird.

Fortsetzung S. 548

Immunsystem
→ GEO **Dossier**
Störfeuer aus dem Äther, Bd. 8

Immunabwehr

Immunabwehr

Täglich wird unser Organismus mit zahllosen Krankheitserregern konfrontiert. Viren, Bakterien, Pilze und Parasiten können Schädigungen hervorrufen, und im Falle einer unkontrollierten Vermehrung sind sie in der Lage, ihren Wirt sogar zu töten. Im Normalfall werden jedoch nur selten bleibende Schäden durch derartige Erreger verursacht. Dies ist dem Immunsystem zu verdanken, das solche Eindringlinge effektiv bekämpft.

Angeborene und adaptive Immunität

Eine erste Verteidigungslinie gegen in den Körper eindringende Mikroorganismen bilden die Zellen des **angeborenen Immunsystems.** Diese macht die meisten potenziellen Krankheitserreger unschädlich, bevor sie eine erkennbare Infektion verursachen. Zu ihnen gehören die Makrophagen, umgangsprachlich auch »Fresszellen« genannt. Diese Zellen besitzen Rezeptoren, die bestimmte Strukturen auf der Oberfläche von Bakterien erkennen und binden. In Folge nehmen die Makrophagen die Eindringlinge auf und verdauen sie. Die Wirksamkeit dieses Systems wird dadurch eingeschränkt, dass Makrophagen nur eine begrenzte Anzahl von Strukturen erkennen können. Viele pathogene Mikroorganismen verändern oder maskieren ihre Oberflächenmerkmale so, dass sie von den Makrophagen nicht mehr detektiert werden. In solchen Fällen kommen die »Spezialisten« des Immunsystems, die Lymphozyten, zum Einsatz. Lymphozyten gehören zum erworbenen, dem **adaptiven Immunsystem.**

Im Gegensatz zum angeborenen Immunsystem kann sich das adaptive Immunsystem den aktuell auftretenden Krankheitserregern anpassen. Diese Anpassung dauert jedoch seine Zeit, daher setzt dieser Teil der Immunantwort erst nach einigen Tagen ein. Darüber hinaus »merkt« sich das adaptive Immunsystem die Erreger und kann verhindern, dass diese zu einem späteren Zeitpunkt eine Krankheit verursachen.

Wie funktioniert die Anpassung des adaptiven Immunsystems?

Anders als die Makrophagen können Lymphozyten eine nahezu unbegrenzte Anzahl von Oberflächenmerkmalen erkennen. Auch sie besitzen Rezeptoren, die diese Strukturen – **Antigene** genannt – binden. Bemerkenswerterweise trägt ein Lymphozyt immer nur Rezeptoren gegen ein spezifisches Antigen. Im Laufe des Lebens eines Organismus werden ständig neue Lymphozyten mit neuen Antigenspezifitäten gebildet, und die bestehende Lymphozytenpopulation wird einer permanenten Selektion unterworfen. Nur Lymphozyten, die auf »ihr« Antigen treffen, werden aktiviert, die anderen sterben nach einer relativ kurzen Lebensdauer wieder ab. Als Folge des Antigensignals beginnen sich die Lymphozyten mit dem »richtigen« Antigenrezeptor zu teilen und produzieren in kurzer Zeit zahlreiche Nachkommen mit der gleichen Antigenspezifität. Dem Körper stehen damit ständig zahlreiche »Prototypen« von Abwehrzellen zur Verfügung, die erst bei Bedarf in »Massenproduktion« gehen. Die durch das Antigen aktivierten Lymphozyten differenzieren dann u. a. zu Antikörper produzierenden Zellen aus. Die von ihnen synthetisierten Antikörper entsprechen dabei löslichen Formen der Antigenrezeptoren und behalten folglich ihre Antigenspezifität bei. Die Antikörper binden über ihre Antigene an den entsprechenden Krankheitserreger. Solchermaßen markierte Erreger werden von anderen Teilen des Immunsystems erkannt und beseitigt.

Was ist das immunologische Gedächtnis?

Nach einer überstandenen Infektion verschwinden die meisten der antigenspezifischen Lymphozyten wieder. Einige Zellen überleben jedoch, man bezeichnet sie als **Gedächtniszellen.** Wird der Organismus nun ein zweites Mal vom gleichen Krankheitserreger befallen, werden diese Gedächtniszellen aktiviert. Die Immunantwort setzt nun wesentlich schneller ein, und es werden mehr Antikörper als bei der ersten Immunantwort gebildet. Die Reaktion der Gedächtniszellen ist so effektiv, dass eine erneute Infektion mit einem Krankheitserreger, der bereits einmal durch Lymphozyten abgewehrt wurde, verhindert wird. Daher können Menschen manche Infektionskrankheiten nur einmal bekommen. Auch Impfungen beruhen auf dem Prinzip des immunologischen Gedächtnisses. Bei der Impfung wird dem Körper das Antigen eines Krankheitserregers appliziert. Die Lymphozyten mit der entsprechenden Antigenspezifität vermehren sich und bilden Gedächtniszellen. Diese Gedächtniszellen verhindern eine später eventuell auftretende Infektion mit dem Krankheitserreger. Bis heute ist ungeklärt, wie lange die Gedächtniszellen im Körper verbleiben. Deshalb wird bei manchen Impfungen eine regelmäßige Auffrischimpfung empfohlen.

Wie entsteht die Vielfalt der Antigenrezeptoren und Antikörper?

Schätzungen gehen davon aus, dass im Organismus des Menschen zu jedem Zeitpunkt Lymphozyten mit 10^8 verschiedenen Antigenspezifitäten existieren. Die Spezifität eines Antigenrezeptors wird durch seine Aminosäureabfolge bestimmt. Die DNA eines Menschen enthält jedoch nur ungefähr 40 000 Gene. Daher können die zahlreichen Antigenrezeptoren nicht durch verschiedene Gene kodiert werden. 1976 entdeckte der japanische Forscher Susumu Tonegawa den genetischen Mechanismus, der die Vielfalt der Antigenrezeptoren und damit die Antikörpervielfalt erklärt. Antigenrezeptoren und Antikörper bestehen aus mehreren Proteinketten. Diese Proteinketten lassen sich in verschiedene Abschnitte unterteilen. Für jeden dieser Abschnitte gibt es auf DNA-Ebene zahlreiche, verschiedene hintereinandergeschaltete Gensegmente. Während der Reifung der Lymphozyten werden nach dem Zufallsprinzip alle Gensegmente bis auf eins für jeden der Proteinabschnitte entfernt. Die zurückbleibenden Gensegmente werden kombiniert und bilden die Vorlage für einen spezifischen Antigenrezeptor. Die Vielzahl der möglichen Kombinationen ist die Grundlage für eine fast unbegrenzte Anzahl an möglichen Antigenspezifitäten. Da die Antigenspezifitäten der Lymphozyten nach dem Zufallsprinzip entstehen, treten zwangsläufig auch Lymphozyten auf, die körpereigene Strukturen erkennen. Diese werden jedoch bereits in einem frühen Stadium der Lymphozytenreifung aussortiert und richten im Normalfall keinen Schaden an. Ist jedoch der Prozess dieser Elimination gestört, kommt es zur Entwicklung von Autoimmunerkrankungen.

100674

Zecken als Parasiten des Menschen übertragen zwei Krankheitserreger: Viren, Erreger der Frühsommer-Menigoenzephalitis, gegen das man sich mit einer Impfung schützen kann, und Bakterien der Gattung Borrelia, Erreger der Lyme-Borreliose, die man – rechtzeitig erkannt – mit Antibiotika heilen kann.

Fortsetzung von S. 545

Imprägnieren [lateinisch impraegnare »einprägen«] *das, Werkstoffbehandlung:* Tränken fester Stoffe (Holz, Textilien, Papier) mit gelösten, dispergierten oder emulgierten Substanzen, um sie schwer entflammbar, wasserdicht oder Wasser abweisend zu machen, vor tierischen (Insekten), pflanzlichen (Pilze) Schädlingen und Bakterien oder gegen Fäulnis zu schützen.

Impuls [lateinisch] *der,* **1)** *Elektrotechnik:* einmaliger Vorgang, dessen Augenblickswerte nur innerhalb einer beschränkten Zeitspanne merklich von null abweichen (z. B. kurzzeitiger Spannungs- oder Stromstoß) und dabei einen beliebigen Verlauf haben. Kenngrößen sind neben Impulsform (wie Rechteck-, Trapez-, Glocken-, Sägezahnimpuls) u. a. Impulsamplitude und Impulsdauer. Periodische Wiederholungen von Impulsen heißen **Puls.**

2) *Physik:* allgemein die kurzzeitige Wirkung einer physikalischen Größe beziehungsweise ihre kurzzeitige Abweichung von einem Normal- oder Grundwert. Im engeren Sinn ist der Impuls **(Bewegungsgröße),** Formelzeichen p, das Produkt aus Masse m und Geschwindigkeit v eines Körpers oder Massenpunktes. Die Richtung des Impulsvektors fällt mit der der Geschwindigkeit zusammen. Bei Systemen von Massenpunkten ist der Gesamtimpuls gleich der Summe der einzelnen Impulsvektoren. In der Nähe der Lichtgeschwindigkeit ist die relativistische Massenänderung zu berücksichtigen (→Relativitätstheorie).

Impulserhaltungssatz, der →Impulssatz.

Impulsgenerator, Impulsgeber, elektronisches Gerät zur Erzeugung impulsförmiger Wechselspannung. Impulsgeneratoren werden u. a. als Taktgenerator für elektronische Steuerungen oder in Computern verwendet.

Impulshöhenanalyse, Messung von Teilchen- oder Strahlungsenergie. Die einfallenden Teilchen erzeugen in einem Zählrohr (Impulshöhenanalysator) Impulse, deren Höhe (Amplitude) ein Maß für die Energie ist. Durch geeignete Filter lässt sich die registrierbare Impulshöhe einstellen. Je nachdem, ob der Analysator nur eine einzige (durch Schwellen oder Fenster einstellbare) Impulshöhe registrieren kann, oder verschiedene Impulshöhen über einen Analog-digital-Wandler besonderen Messkanälen zuordnet, handelt es sich um einen **Einkanalanalysator** (auch Diskriminator genannt) oder um einen **Vielkanalanalysator.**

Impulssatz, Impulserhaltungssatz, eines der Grundgesetze der Physik; ihm zufolge ist in abgeschlossenen Systemen, auf die von außen keine Kräfte wirken, der Gesamtimpuls nach Betrag und Richtung zeitlich konstant. Der Impulssatz folgt unmittelbar aus den newtonschen Axiomen. Er gilt auch in allen mikrophysikalischen Theorien und spielt z. B bei der Analyse von Stoßprozessen eine große Rolle.

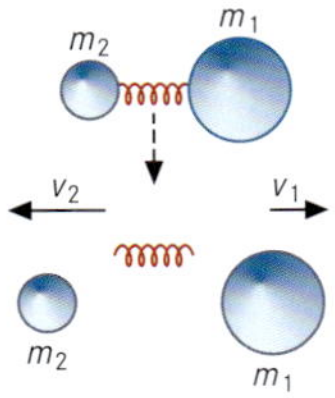

Impulssatz. Nach der Freigabe der Feder erhalten beide Kugeln den gleichen Kraftstoß und werden auf Geschwindigkeiten v_1 bzw. v_2 beschleunigt. Waren beide Kugeln vor dem Stoß in Ruhe, gilt wegen Impulserhaltung $m_1 \cdot v_1 = -m_2 \cdot v_2$.

Impulswahlverfahren, *Telekommunikation:* →Mehrfrequenzwahlverfahren.

In, chemisches Symbol für →Indium.

Inchromieren, Chromieren, das Anreichern der Oberfläche eines Werkstücks (Stahl) mit Chrom durch thermochemische Behandlung (Glühen) in gasförmigen, flüssigen oder festen, Chrom abgebenden Stoffen. Bei Stählen mit niedrigem Kohlenstoffgehalt bildet sich eine intermetallische Eisen-Chrom-Verbindung, die einen erhöhten Oxidationsschutz bei hohen Temperaturen bietet. Bei Stählen mit einem großen Kohlenstoffgehalt (über 0,45 %) bildet sich Chromcarbid, dessen hohe Härte vor abrasivem Verschleiß schützt.

Indanthrenfarbstoffe [Kurzwort aus Indigo und Anthracen], sehr beständige Küpenfarbstoffe der Anthrachinonreihe, die vielfach zum Färben von Stoffen jeder Art verwendet werden.

indifferent, *Chemie:* keine Verbindungen mit anderen Stoffen eingehend.

Indigo [spanisch, aus griechisch-lateinisch »indisch«] *der* oder *das,* der älteste bekannte pflanzliche Farbstoff **(Indigoblau),** $C_{16}H_{10}N_2O_2$, ein Küpenfarbstoff. Indigo kommt v. a. in Arten des Indigostrauches und im Färberwaid vor. Der farbbildende Stoff ist das wasserlösliche **Indican.** Die 1878 von Adolf von Baeyer gefundene Synthese des Indigos, seit 1897 im Handel, verdrängte rasch den Naturfarbstoff, wurde aber nach dem Ersten Weltkrieg zunehmend von farbechteren Farbstoffen abgelöst. Der Modetrend zu weniger reibechten blauen Farbstoffen hat erneut zum Aufschwung der Indigoproduktion geführt.

Indikator *der,* **1)** *Biologie:* **Indikatorart, Bioindikator, Zeigerart,** Bezeichnung für Arten, deren Vorkommen oder Fehlen in einem Biotop auf physikalische und chemische Merkmale des Standorts schließen lässt (z. B. Feuchtigkeit, Stickstoffgehalt des Bodens); besonders wichtig für die Beurteilung der Umweltbelastungen.

2) *Chemie:* →Indikatorfarbstoffe.

3) *Technik:* Anordnung zur Messung schnell wechselnder Drücke, insbesondere des Druckverlaufs in Zylindern von Kolbenmaschinen in Abhängigkeit vom Kolbenweg. Das **Indikatordiagramm** ist ein Druck-Volumen-Diagramm, das den Druck im Arbeitszylinder in Abhängigkeit vom Kolbenhub darstellt.

Indikatorfarbstoffe, Stoffe, die Zustandsänderungen in chemischen Systemen durch Farbwechsel anzeigen. Sie dienen v. a. zur Anzeige des Äquivalenzpunkts in der Maßanalyse. **Säure-Base-Indikatoren (pH-Indikatoren)** sind schwache organische Säuren oder Basen, die bei Abgabe oder Aufnahme eines Protons die Farbe ändern, z. B. Lackmus.

Zur besseren Erkennung des Farbumschlags durch Eingrenzung des Umschlagintervalls werden auch so genannte **Mischindikatoren** verwendet. **Metallindikatoren** bilden mit Metallionen gefärbte Komplexverbindungen. **Redoxindikatoren** zeigen bei einem bestimmten Redoxpotenzial einen Farbumschlag. **Adsorptionsindikatoren** markieren bei Fällungstitrationen den Endpunkt durch charakteristische Färbung des Niederschlags. **Fluoreszenzindikatoren** zeigen am Äquivalenzpunkt bei Bestrahlung mit ultraviolettem Licht eine Änderung der Fluoreszenzemission.

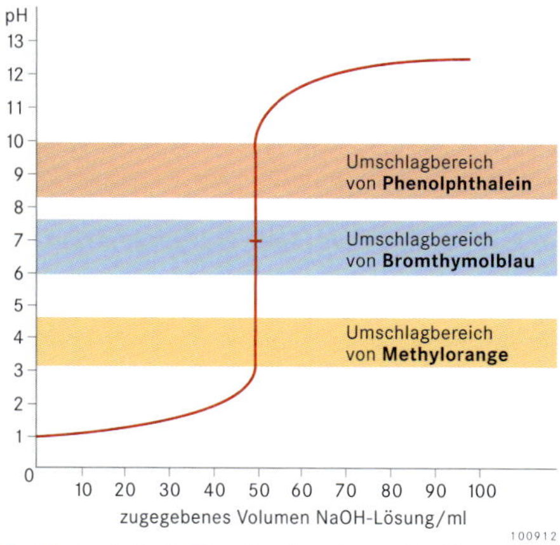

Indikatorfarbstoffe. Titrationskurve für die Titration von 50,0 ml 0,1 M HCl mit 0,1 M NaOH. Dargestellt ist der pH-Bereich, in dem einige Indikatoren durch Farbumschlag den Endpunkt der Titration anzeigen.

Indikatorpapier, mit Indikatorlösung getränktes Filterpapier, meist zur pH-Messung einer Reaktionslösung. Eine Weiterentwicklung des Indikatorpapiers sind die **Indikatorstäbchen,** bei denen die Indikatoren auf Kunststofffolien gebunden sind. Mitgelieferte Farbenvergleichsfelder dienen zur halbquantitativen Bestimmung z. B. des pH-Werts. Eine anschließende Auswertung mittels Reflexionsspektrometrie erlaubt eine quantitative Analyse.

Indium [zu lateinisch indicum »Indigo«] *das,* chemisches Symbol **In,** seltenes metallisches Element aus der 3. Hauptgruppe des Periodensystems, Ordnungszahl 49, relative Atommasse 114,82, Dichte (bei 20 °C) 7,31 g/cm^3, Schmelzpunkt 156,6 °C, Siedepunkt 2 072 °C.

Das silberweiße Indium kommt spurenweise in allen Zinkblenden und in anderen oxidierten und sulfidischen Schwermetallmineralen vor. Es ist wachsweich, sehr dehnbar und wird für niedrig schmelzende Legierungen, metallische Klebmassen, Glasfarben, elektrische Kontakte u. a. verwendet. Als Halbleiter wird es in Transistoren, Flüssigkristallanzeigen, Batterien und als fotoleitendes Material eingesetzt. Verbindungen, wie Indiumantimonid, Indiumarsenid, Indiumphosphid, werden in der Halbleitertechnik eingesetzt (z. B. für Halbleiterlaser, Gunn-Dioden, Fotowiderstände, Infrarotdetektoren, Hall-Generatoren).

Individuum, *Biologie:* eine Pflanze oder ein Tier als Einzelexemplar.

Indol *das,* **Benzopyrrol,** bizyklische heterozyklische Verbindung, die in Steinkohlenteer, Jasmin- und Orangenblütenöl sowie in Fäkalien (als Abbauprodukt des Tryptophans) vorkommt. Das Ringsystem des Indols tritt als Grundkörper vieler Naturstoffe auf, u. a. des Tryptophans, des Skatols, der Indolylessigsäure sowie einiger Alkaloide. Zum Beispiel wird der Duft von blühenden Rapsfeldern durch Indol verursacht.

Induktanz [lateinisch] *die,* der →induktive Blindwiderstand.

Induktion [lateinisch] *die, Physik:* 1) **elektromagnetische Induktion,** Erzeugung elektrischer Felder durch zeitlich veränderliche Magnetfelder. Nach dem **(faradayschen) Induktionsgesetz** wird eine elektrische Spannung U gemäß $U = -\mathrm{d}\Phi/\mathrm{d}t$ induziert, wenn sich der magnetische Fluss Φ, der einen elektrischen Leiter oder eine Spule durchsetzt, ändert; bei geschlossenem Stromkreis fließt ein **Induktionsstrom.** Der magnetische Fluss ändert sich bei Änderung der magnetischen Flussdichte B, z. B. durch Einbringen eines Materials mit anderer relativer Permeabilität in das Magnetfeld, bei Bewegung des Leiters im Magnetfeld oder eines Magneten relativ zum Leiter und durch Formänderung des Leiters oder des Magnetfeldes selbst. Ändert sich der in einer Spule fließende Strom, z. B. periodisch als Wechselstrom, so induziert das sich dadurch ändernde Magnetfeld eine Spannung in der Spule selbst **(Selbstinduktion).** Der Induktionsstrom ist so gerichtet, dass sein Magnetfeld der Induktionsursache entgegenwirkt **(lenzsche Regel).** Induktionserscheinungen beherrschen die gesamte Elektrotechnik; Hauptanwendungen sind Generator, Transformator und Elektromotor. 2) **magnetische Induktion,** die →magnetische Flussdichte.

Induktionshärtung, ein Verfahren der Oberflächenhärtung (Randschichthärtung, →Härten) von Stählen durch Erwärmung des Metalls im elektromagnetischen Wechselfeld einer Spule.

Induktionskonstante, ältere Bezeichnung für die magnetische Feldkonstante (→Permeabilität).

Induktionsmotor, ein Drehstrommotor (→Elektromotor).

induktiver Blindwiderstand, induktiver Widerstand, Induktanz, Zeichen X_L, SI-Einheit: Ohm (Ω); Produkt aus Induktivität L und Kreisfrequenz $\omega = 2\pi f$ im Wechselstrom-

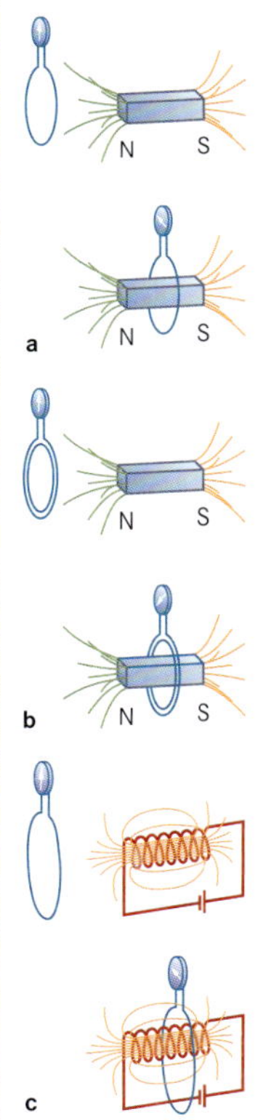

Induktion. Die Bewegung eines Stabmagneten in einer Leiterschleife erzeugt einen Spannungsstoß (a), der bei zwei Leiterschleifen doppelt so groß ist (b); auch die Bewegung einer Spule verursacht einen Spannungsstoß (c).

kreis mit der Frequenz *f*. Der induktive Blindwiderstand erzeugt keine joulesche Wärme, bewirkt aber ein Vorauseilen der Spannung gegenüber dem Strom um 90°.

Industrieroboter. Einsatz von Industrierobotern in der Automobilproduktion

Induktivität [lateinisch] *die,* **Selbstinduktionskoeffizient,** Formelzeichen L, SI-Einheit ist das Henry (H), der Proportionalitätsfaktor zwischen magnetischem Fluss Φ und erregendem Strom I; charakterisiert die Selbstinduktion einer Spule (→Induktion).

Indusi *die,* Kurzwort für induktive Zugbeeinflussung, eine →Zugbeeinflussung.

Indusi|enkalk [lateinisch], Kalkbänke aus Röhren von Köcherfliegenlarven des Tertiärs.

Industriemuse|um, nach Methoden und Erkenntnissen der Industriearchäologie errichtete oder restaurierte ganzheitliche Anlage (häufig stillgelegte Industriebauten), die der Dokumentation der Geschichte der Industrie sowie der Erhaltung der Denkmäler der technischen Architektur dient (z.B. Schiffshebewerk Henrichenburg in Waltrop [1898], Hammerwerk »Frohnauer Hammer« in Annaberg-Buchholz [1924]). Eine museale technische Bildungseinrichtung bezeichnet man in der Regel als →technisches Museum.

Industrieöfen, in der Industrie verwendete Öfen, in denen Roh- und Werkstoffe (Erze, Metalle, Glas, Keramik, Gummi, Kunststoffe u.a.) irgendeine Form der Wärmebehandlung durchlaufen. Industrieöfen werden eingeteilt nach Industriezweigen (z.B. metallurgische Öfen, keramische Öfen), nach der Art der durchzuführenden Behandlung (z.B. Schmelz-, Glüh-, Härte-, Trockenöfen), nach der Art der Beheizung (feste, flüssige, gasförmige Brennstoffe, →Elektroöfen) und nach der Bauform, u.a.: **Schachtöfen,** schachtförmige metallurgische Industrieöfen, bei denen sich Beschickung und Feuerung in einem Raum befinden, z.B. Hochöfen; **Herdöfen,** ausgebildet als flache Mulde, z.B. zum Schmelzen, oder als Flachherd zum Erwärmen oder Glühen von Metallen; **Muffelöfen,** indirekt beheizte, allseitig geschlossene Keramik- oder Stahlbehälter, wo das Gut (z.B. keramische Erzeugnisse) von Verbrennungsgasen und -staub nicht berührt wird; **Tunnelöfen,** bis 100 m lange, an den Seiten und oben beheizte Industrieöfen zum Trocknen, Glühen, Brennen v.a. in der keramischen Industrie; **Drehrohröfen** (→Drehofen).

Industrieroboter, in mindestens drei Freiheitsgraden frei programmierbare, mit Greifern und Werkzeugen ausgerüstete automatische Handhabungseinrichtungen, die für den industriellen Einsatz konzipiert sind. Die wichtigsten Teilsysteme eines Industrieroboters sind die Kinematik, das Steuerungssystem, das Antriebssystem, das Wegmesssystem und das Sensorsystem. Bei der Kinematik unterscheidet man rotatorische und translatorische Elemente. Die Steuerung des Industrieroboters kann als Punktsteuerung (es sind nur einzelne Punkte im Raum anfahrbar) oder als Bahnsteuerung ausgeführt sein. Die Antriebssysteme sind Elektromotoren, Hydraulikmotoren oder -zylinder sowie vereinzelt auch positionierbare pneumatische Antriebssysteme. Als Wegmesssysteme werden lineare oder rotatorische, digitale oder analoge Weg- und Winkelmesssysteme eingesetzt. Die Sensoren können berührend (taktil) oder berührungslos (meist optisch) arbeiten und sind zur Erfassung des Umfeldes im Arbeitsraum eines Industrieroboters eingesetzt. Die wichtigsten Anwendungsgebiete von Industrierobotern sind Beschichten, Lackieren, Schweißen, Schleifen, Polieren, Entgraten, Be- und Entladen.

induzierte Emission, *Physik:* →Emission, →Laser.

induzierter Widerstand, *Flugzeugbau:* derjenige Widerstandsanteil eines Tragflügels, der durch die aerodynamische Auftriebserzeugung verursacht wird. Am Flügel entsteht Auftrieb, wenn der Druck auf der Oberseite geringer ist als auf der Unterseite. An den Flügelenden stellt sich dann eine diesem Druckgefälle folgende Ausgleichsströmung ein, die sich mit der Parallelströmung in Flugrichtung überlagert und die von den Flügelspitzen abgehenden Randwirbel bildet. Die zur Überwindung des induzierten Widerstands geleistete Arbeit stellt die zur laufenden Erzeugung dieser Randwirbel benötigte Energie dar.

Inergen, umweltschonender Ersatzstoff für Halon-Feuerlöschmittel; ein Gemisch aus 50–52% Stickstoff, 8–10% Kohlendioxid und 40% Argon.

Inertgas, Schutzgas, reaktionsträges Gas, das sich an chemischen Reaktionen nur unter extremen Bedingungen beteiligt. Es wird u.a. in der Sicherheits- und Lebensmitteltechnik sowie in der Metallgewinnung und -verarbeitung dazu benutzt, den Luftsauerstoff fern zu halten. Verwendet werden v.a. Argon, Stickstoff und Kohlendioxid.

Inertialsystem, ein räumlich-zeitliches Bezugssystem, in dem die →newtonschen Axiome gelten, das heißt, in dem insbesondere ein kräftefreier Massenpunkt in Ruhe bleibt oder sich geradlinig mit konstanter Geschwindigkeit bewegt.

Infeld, Leopold, polnischer Physiker, *Krakau 20. 8. 1898, †Warschau 15. 1. 1968; emigrierte 1933, wurde Professor in Princeton und Toronto, ab 1950 in Warschau; Mitarbeiter von A. Einstein; arbeitete über die allgemeine Relativitätstheorie, Spinortheorie und zur nichtlinearen Elektrodynamik.

Infloreszenz [lateinisch] *die,* der →Blütenstand.

Influenz [lateinisch »Einfluss«] *die, Elektrostatik:* die Ladungstrennung auf der Oberfläche eines ursprünglich neutralen elektrischen Leiters unter dem Einfluss eines elektrischen Feldes. Geht das Feld von einem geladenen Körper aus, so wird die dem Körper zugewandte Seite des Leiters (z.B. beim Elektroskop) ungleichnamig, die abgewandte Seite gleichnamig aufgeladen. Die Influenz beruht auf der freien Beweglichkeit der Elektronen im Leiter.

Influenzaviren, RNA-Viren aus der Familie der Orthomyxoviren, Erreger der Grippe. Nach den Antigeneigenschaften unterscheidet man drei Typen (A, B, C) mit zahlreichen Untergruppen (Subtypen). Virusinfektionen des A-Typs treten in der Bevölkerung in regelmäßigen Abständen als Pandemie auf.

Influenzkonstante, die elektrische Feldkonstante (→Dielektrizitätskonstante).

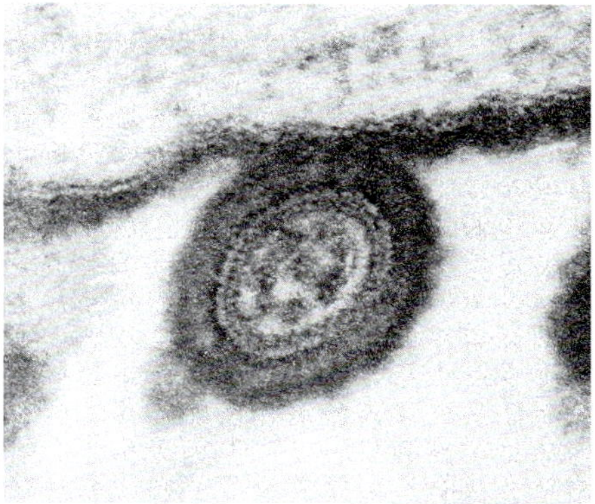

Influenzaviren. 220 000-fache Vergrößerung

Informatik [lateinisch] *die,* englisch **computer science,** Wissenschaft, die sich mit der systematischen Verarbeitung und Übermittlung von Information sowie dem Entwurf, Betrieb und Einsatz von Computern zur Informationsverarbeitung befasst. Die Informatik hat sich seit Mitte der 1960er-Jahre aus anderen Wissenschaften (wie Kybernetik, Logik, Mathematik, Elektronik) als eigenständiges Grundlagengebiet und wichtige Querschnittsdisziplin entwickelt. Sie umfasst sowohl mathematische, methodische und technisch-theoretische Grundlagen von Datenverarbeitungssystemen und -prozessen, wie die Entwicklung von Software (Algorithmen, Datenstrukturen, Programmiersprachen) und Hardware, als auch die Grundlagen ihrer Anwendung. Gemäß den verschiedenen Schwerpunkten unterscheidet man v.a. **theoretische Informatik** (u.a. Theorie der formalen Sprachen, der Berechenbarkeit, Semantik, Automaten-, Informations-, Codierungs- und Komplexitätstheorie), **praktische Informatik** (u.a. Soft-

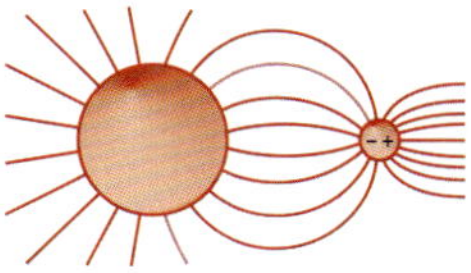

Influenz. Durch die influenzierten Ladungen auf der kleinen Kugel wird das ursprünglich punktsymmetrische Feld der großen geladenen Kugel verzerrt.

Influenzaviren Vogelgrippe – eine Gefahr für den Menschen?

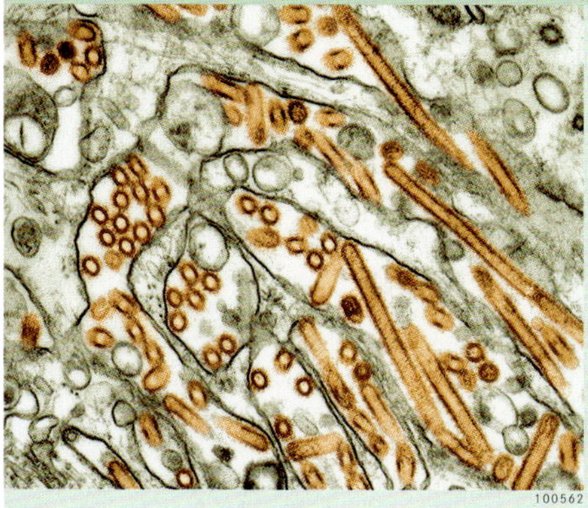

Die Vogelgrippe (Geflügelpest) wird durch Influenza-A-Viren hervorgerufen. Gefährdet sind v.a. Hühner, Puten und Wildvögel. Nach wenigen Tagen Inkubationszeit werden schlagartig fast alle Tiere eines Bestandes krank und sterben. Das Virus, das schon seit Jahren in Südostasien – seit Herbst 2005 auch in Europa – bei Geflügel gehört zum Influenza-A-Subtyp H5N1. Die elektronenmikroskopische Aufnahme zeigt die Viren (braun) in Hundenierenzellen (grün-schwarz).

Menschen können sich bisher nur bei engem Kontakt zu infizierten Tieren mit diesem Virus anstecken (Stand 2006).

Es wird befürchtet, dass sich die Vogelviren so verändern, dass sie – epidemieartig – auch von Mensch zu Mensch übertragen werden könnten. Dies könnte passieren, wenn ein Mensch mit beiden Viren gleichzeitig infiziert ist und Gene zwischen den Viren ausgetauscht werden. Ob es jemals zu dieser Veränderung kommt, bleibt abzuwarten.

waretechnik, Betriebssysteme, Datenbanken, Simulation, künstliche Intelligenz), **technische Informatik** (u.a. Rechnerarchitektur, -organisation, -netze, Prozessdatenverarbeitung) und **angewandte Informatik** (u.a. Wirtschafts-, Medizin-Informatik).

Information, »in Form gebrachtes« Wissen, wie Mitteilungen, Nachrichten, die Gegenstand von Speicherung, Verarbeitung und Übertragung sind, meist dargestellt als eine Folge von Zeichen aus einem bestimmten Zeichenvorrat; in der Informationstheorie ein technisches Maß, das den Zeichen einer Nachricht zugeordnet wird. Der **Informationsgehalt** I eines Ereignisses x_i hängt von der Wahrscheinlichkeit p_i ab, mit der das Ereignis eintritt; es gilt: $I(x_i) = \mathrm{ld}\,1/p_i$, mit $(0 \leq p \leq 1)$. Verwendet wird der Logarithmus zu Basis 2, woraus sich als Informationseinheit das bit (→Bit) ergibt. Für gleich wahrscheinliche Zeichen aus einem Alphabet vom Umfang N ist der Informationsgehalt $I = \mathrm{ld}\,N$ [in bit/Zeichen]. Seltene Ereignisse haben demnach einen hohen, häufige einen geringen Informationsgehalt.

Information-Highway [ɪnfəˈmeɪʃn ˈhaɪweɪ, englisch], →Datenautobahn.

Informationstechnologie, Abkürzung **IT** [von englisch information technology], die Entwicklung und Einführung neuer Erkenntnisse und Methoden der Informationsverarbeitung zur Steigerung der Verfügbarkeit von Information. Im Englischen spricht man auch von »information processing«, »information services«, »information systems«. Informationstechnologie basiert dabei sowohl auf Grundlagen und Spezialbereichen der Informatik als auch auf weiteren physikalisch-technischen Fachgebieten; zu diesen gehören u.a. Bereiche der Mess- und Regelungstechnik, der Nachrichten- und Übertragungstechnik, Telekommunikation, Elektrotechnik, Mikroelektronik und Mikrotechnik. Der Begriff Informationstechnologie impliziert dabei einen sehr innovativen Prozess der digitalen Datenverarbeitung. Zu den wichtigsten basistechnologischen Entwicklungen im IT-Bereich zählen höhere Speicherkapazitäten, schnellere Übertragung in flächendeckenden, breitbandigen Netzen, steigende Prozessorleistungen und intelligente Informationsverarbeitung.

Informations- und Kommunikationstechnik, Abkürzung **IuK,** aus dem Zusammenwachsen von →Informationstechnologie, →Telekommunikation und Unterhaltungselektronik entstandener Industriebereich, der die zur technischen Umsetzung von Multimediaanwendungen erforderlichen Techniken, Verfahren und Geräte umfasst. Zur IuK gehören alle Einrichtungen zur elektronischen oder nachrichtentechnischen Übermittlung, Speicherung und Verarbeitung von Sprache, Text, Stand- und Bewegtbildern und Daten, d.h. sowohl die Übertragungseinrichtungen und -netze als auch die für Empfang, Versand und Verarbeitung erforderlichen Endgeräte. Elektronische IuK-Systeme sind interaktive Informationssysteme zum Abruf von Informationen, die auch die beidseitige Kommunikation zwischen Nutzer und System ermöglichen.

Infrarot, Abkürzung **IR,** früher auch **Ultrarot,** unsichtbarer Teil des elektromagnetischen Spektrums, der sich an den langwelligen Anteil (rot) des sichtbaren Lichtes anschließt und Wellenlängen λ zwischen etwa 800 nm und 1 mm umfasst; er wird unterteilt in **nahes Infrarot** (780 nm–3 µm), **mittleres Infrarot** (3–25 µm) und **fernes Infrarot** (25 µm–1 mm). Das Infrarot äußert sich hauptsächlich als Wärmestrahlung und wird v.a. durch Thermoelemente, Bolometer sowie besondere Fotozellen gemessen.

Infrarotfotografie, fotografische Aufnahmetechnik, die sich der besonderen physikalischen Eigenschaften infraroter Strahlung bedient (z.B. die Fähigkeit, Dunst und atmosphärische Trübungen zu durchdringen; die Möglichkeit, erwärmte Körper mittels der Wärmestrahlung optisch abzubilden; das unterschiedliche Remissionsverhalten vieler Körper bei Infrarot und sichtbarem Licht), um Abbildungen von spezifischem Informationsgehalt zu gewinnen. Die Aufnahmen werden auf zusätzlich für den Infrarotbereich sensibilisiertem Fotomaterial gemacht, wobei die Wirkung des sichtbaren Lichts durch Filter ausgeschaltet werden muss. Als Infrarotlichtquelle dient die Sonnenstrahlung, die Wärmestrahlung der Objekte oder künstliche Beleuchtung (Infrarotstrahler). Die Infrarotfotografie wird u.a. in der Medizin, Kriminalistik, der Fernerkundung der Erde (auch zur militärischen Aufklärung), im Umweltschutz und in der Meteorologie eingesetzt.

Infrarotspektroskopie, IR-Spektroskopie, Spektroskopie im infraroten Spektralbereich (→Infrarot) zur qualitativen und quantitativen chemischen Analyse sowie zur Strukturaufklärung, besonders in der organischen Chemie und Festkörperphysik. Die IR-Spektren werden (meist in Absorption) mit Infrarotspektrometern (hauptsächlich Gitter- oder Fourier-Spektrometer) aufgenommen. Die Spektren sind auf die Schwingungen (Linien im nahen und mittleren Infrarot) und Rotationen (Linien im fernen Infrarot) der Moleküle zurückzuführen.

Infraschall
→ GEO Dossier
Odyssee nach Plan, Bd. 7

Infraschall, die unterhalb der Hörgrenze des Menschen (16 Hz) liegenden elastischen Schwingungen in Erde, Wasser, Luft u.a. (→Schall).

Ingold, Sir (seit 1958) Christopher, britischer Chemiker, *Ilford (heute zu London) 28. 10. 1893, † London 8. 12. 1970; Mitbegründer der modernen physikalischen organischen

Infrarotfotografie. Luftbildaufnahme mit normalem (links) und Infrarotfarbfilm; Pflanzengrün, das ein hohes Reflexionsvermögen für Infrarot besitzt, wird rotviolett wiedergegeben.

Chemie durch zahlreiche Arbeiten über Struktur, Bindung und Reaktionsmechanismen organischer Verbindungen.

Inhibitoren [lateinisch], **Hemmstoffe,** **1)** *Biochemie* und *Medizin:* im weiteren Sinn natürliche oder synthetische Substanzen, die v. a. auf bestimmte Stoffwechselprozesse in Zellen, Organen und ganzen Organismen hemmend einwirken und sie unter Umständen sogar blockieren. Zu diesen Inhibitoren zählen Zytostatika, die das Wachstum und die Vermehrung besonders von rasch wachsenden Zellen hemmen und daher in der Krebsbehandlung zur Wachstumshemmung von Tumoren eingesetzt werden; die Antiwuchsstoffe, die als Gegenspieler der Phytohormone in das Pflanzenwachstum eingreifen, sowie zahlreiche Antibiotika als Inhibitoren des Bakterienwachstums. Im engeren Sinn sind Inhibitoren Substanzen, die sich an Enzyme binden und diese dadurch unwirksam machen (→Enzyme).

2) *Chemie:* Stoffe, die in geringer Konzentration chemische Reaktionen hemmen (negative Katalysatoren), z. B. Antioxidanzien, Korrosionsinhibitoren und Alterungsschutzmittel.

Initialsprengstoffe, Zündsprengstoffe, Sprengstoffe, die sich durch relativ schwachen Stoß oder durch Funken zur Explosion bringen lassen; sie werden in Sprengkapseln zur Detonation von Sekundärsprengstoffen verwendet.

Initiator [lateinisch] *der, Chemie:* Stoff, der bereits in geringer Konzentration eine chemische Reaktion einleitet. Im Gegensatz zu Katalysatoren werden Initiatoren dabei nicht regeneriert.

Injektion [lateinisch], *Halbleitertechnik:* das Einbringen von Ladungsträgern in ein Halbleitergebiet durch →Diffusion oder →Drift.

Inklination [lateinisch] *die, Geophysik:* der Winkel zwischen dem erdmagnetischen Feld und der Erdoberfläche (→Erdmagnetismus).

Inkohärenz [lateinisch-neulateinisch] *die, Physik:* das Fehlen fester Phasenbeziehungen bei Schwingungen und Wellen; Gegensatz: →Kohärenz.

Inkohlung, diagenetische Umbildung pflanzlicher Substanz (besonders Cellulose, Lignin) über die Stadien Torf, Braunkohle, Steinkohle zu Anthrazit im Verlauf lang dauernder geologischer Prozesse.

inkommensurabel [lateinisch], *Quantentheorie:* Bezeichnung für Größen (Observable), die nicht gleichzeitig gemessen werden können. (→kommensurable Observable)

inkompressibel [lateinisch], *Physik:* bei Einwirkung von äußerem Druck nicht zusammendrückbar, von nahezu konstanter Dichte. In guter Näherung kann man feste und flüssige Körper als inkompressibel ansehen.

Inkrement [lateinisch] *das, Physik, Technik:* kleiner Zuwachs einer Größe; Gegensatz: Dekrement.

Inkubation, *Biologie:* Bebrütung, entwicklungsfördernde Erwärmung, z. B. von Bakterienkulturen oder Vogeleiern.

Innenwiderstand, elektrischer Widerstand einer Strom- beziehungsweise Spannungsquelle (z. B. Batterie) oder eines Betriebsmittels (z. B. Messgerät).

innere Energie, Formelzeichen *U*, die gesamte in einem thermodynamischen System enthaltene Energie, die nur vom inneren Zustand des Systems abhängt. Messbar ist nur die Änderung der inneren Energie ΔU, die sich additiv aus der zu- oder abgeführten Wärme ΔQ und der zu- oder abgeführten Arbeit ΔW zusammensetzt: $\Delta U = \Delta Q + \Delta W$ (1. Hauptsatz der Thermodynamik).

innere Quantenzahlen, charakteristische Quantenzahlen von Elementarteilchen, die in **additive (ladungsartige)** und **nicht additive (multiplikative) Quantenzahlen** unterteilt werden. Additive innere Quantenzahlen lassen sich bei Systemen, die aus mehreren Teilchen bestehen, additiv zusammenfassen und wechseln beim Übergang von einem Teilchen zu dessen Antiteilchen das Vorzeichen. Es sind: elektrische Ladung Q (→Ladung), Baryonenzahl B (→Baryonen), Leptonenzahl L, Charmquantenzahl C (→Charm), Flavourquantenzahl f (→Flavour), Farbladungszahl c (→Farbladung), Hyperladung Y, Strangeness S und die dritte Komponente des Isospins I_3; zu den nicht additiven inneren Quantenzahlen gehören Isospin I und Parität P.

innere Spannung, *Physik:* →Spannung.

innere Uhr, →Zeitsinn.

innertropische Konvergenzzone, innertropische Konvergenz, englisch **Intertropical Convergence [Zone],** Abkürzung **ITC** oder **ITCZ,** Zone der äquatorialen Tiefdruckrinne zwischen den Passatgürteln der Nord- und Südhalbkugel der Erde; hier steigt die konvergierende Luft der Passate auf, Folge sind Wolkenbildung, Regen, zum Teil auch Wirbelstürme. Sie fällt nicht mit dem geografischen Äquator zusammen, sondern wandert, dem Sonnenhöchststand folgend, auf den Festländern weit nach Norden und Süden.

Insekten [lateinisch], **Kerbtiere, Kerfe, Insecta, Hexapoda,** seit dem Devon bekannte, heute mit rund 950 000 beschriebenen Arten in allen Biotopen verbreitete Klasse 0,02–33 cm langer Gliederfüßer; Körper mit starrem, aus Chitin bestehendem, segmentiertem Außenskelett (muss bei wachsenden Tieren öfter durch Häutung gewechselt werden). Der Körper gliedert sich in drei Abschnitte: Kopf, Brust (Thorax; mit den Segmenten Pro-, Meso- und Metathorax) und Hinterleib (Abdomen; aus bis zu elf Segmenten). Meist sind zwei Flügelpaare, je eines am Meso- und Metathorax, ausgebildet. Jedes der drei Brustsegmente trägt ein Beinpaar, die Beine sind gegliedert in Hüfte (Coxa), Schenkelring (Trochanter), Schenkel (Femur), Schiene (Tibia) und Fuß (Tarus).

Am Kopf liegen die oft sehr großen Facettenaugen. Daneben können noch auf der Stirn beziehungsweise auf dem Scheitel Nebenaugen (Punktaugen, Ozellen) vorkommen. Außerdem trägt der Kopf als umgebildete Gliedmaßen ein Paar Fühler (Antennen) und drei Paar Mundgliedmaßen: ein Paar Oberkiefer (Mandibeln), ein Paar Unterkiefer (1. Maxillen) und die durch Verwachsung der 2. Maxillen unpaare Unterlippe (Labium). Oberseitig wird die Mundöffnung von der ebenfalls unpaaren Oberlippe (Labrum) begrenzt. Die Atmung erfolgt über Tracheen. Der Darm gliedert sich in Vorder-, Mittel- und Enddarm. Als Exkretionsorgane fungieren die Malpighi-Gefäße. Unter dem Darm liegt als Bauchmark ein Strickleiternervensystem, das Zentralnervensystem liegt im Kopf als Oberschlundganglion (Gehirn) und Unterschlundganglion. Die Entwicklung verläuft über eine Metamorphose. Sie beginnt mit dem abgelegten Ei und vollzieht sich über mehrere Häutungen (Abstreifen der Chitinhülle) als **unvollkommene Verwandlung** (dem Vollkerf ähnliche Larvenstadien wachsen zur Imago heran) oder als **vollkommene Verwandlung** (dem Vollkerf unähnliche Larvenstadien werden in der Puppe zur Imago). Die Sinnesleistungen der Insekten sind hoch entwickelt; Farbensehen ist u. a. für Libellen, Fliegen, Schmetterlinge und die Honigbiene nachgewiesen. Auch der Geruchssinn ist gut entwickelt (so vermögen die Männchen mancher Schmetterlinge mithilfe der Antennen ihre Weibchen aus kilometerweiter Entfernung geruchlich aufzuspüren).

Sehr mannigfaltig ist das Anpassungsvermögen vieler Insekten an die Umwelt (→Mimikry, →Mimese). Man unterteilt die Insekten in 35 Ordnungen, u. a. Urinsekten, Libellen, Schaben, Käfer, Termiten, Heuschrecken, Wanzen, Gleichflügler, Hautflügler, Schmetterlinge und Zweiflügler.

Insektenkunde, Entomologie, die Wissenschaft von den Insekten.

Insektizide [lateinisch], **Insektenbekämpfungsmittel,** meist synthetisch hergestellte Stoffe, die im Pflanzen-, Vorrats-, Materialschutz und in der Hygiene zur Vernichtung von Schadinsekten eingesetzt werden. Insektizide können Atem-, Kontakt- oder Fraßgifte sein, häufig ist die Wirkung jedoch kombiniert. Wenn sie durch die Pflanzenwurzel aufgenommen und mit dem Saftstrom verteilt werden, nennt man sie **systemische Insektizide.** Chemisch lassen sich Insektizide einteilen in **anorganische Insektizide,** Arsenate, Fluorverbindungen, Kupfersalze, Blausäure, und **organische Insektizide,** Mineral- und Teeröle, Chlorkohlenstoffe (z. B. DDT®, HCH), Thiophosphorsäureester (z. B. Parathion®, Malathion) und Carbamate. Als **natürliche Insektizide** sind u. a. bekannt: Derris, Pyrethrum, Quassia, Nikotin, Sabadilla, Ryanodin. Synthetische Analoga des Pyrethrum sind die →Pyrethroide.

Wegen ihrer schlechten biologischen Abbaubarkeit und Anreicherung im tierischen Fettgewebe sind Chlorkohlenwasserstoffinsektizide in Deutschland weitgehend verboten. Neue Entwicklungen streben größere Se-

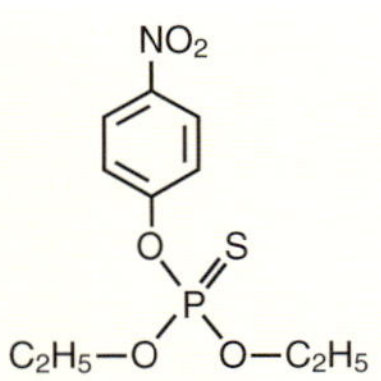

Parathion

Insektizide. Strukturformel des organischen Insektizids Parathion

100139

Insekten. Die Facettenaugen der Libellen setzen sich aus bis zu 30 000 Einzelaugen zusammen.

lektivität und Umweltfreundlichkeit an. Dazu gehören insektenpathogene Mikroorganismen sowie chemische Substanzen mit Hormonwirkung, die die Entwicklung von Insekten hemmen, oder auch artspezifische Duftstoffe (Pheromone), die das Anlocken von Insekten zum Zwecke der Vernichtung ermöglichen.

Insertion [lateinisch] *die, Genetik:* Form der Genmutation, bei der zusätzliche Nukleotide in die genspezifische Basensequenz eingefügt sind; Da ein →Codon immer aus drei Nukleotiden besteht, kommt es, wenn die Zahl der inserierten Basenpaare nicht durch drei teilbar ist, zur Verschiebung des Leserasters bei der Translation (→Proteinbiosynthese) führen.

Insertionssequenzen, *Molekulargenetik:* die →IS-Elemente.

Inspiration, *Medizin:* Einatmung, Teil der →Atmung.

Instabilität [lateinisch] *die, Physik:* 1) Zustand eines Systems, bei dem bereits geringe Fluktuationen zum Übergang des Systems in einen anderen, stabilen Zustand führen oder es immer weiter vom ursprünglichen Zustand entfernen; 2) zur Instabilität von Atomkernen →Radioaktivität.

Instinkt [lateinisch »Anreizung«] *der, Verhaltensforschung:* veralteter Begriff beziehungsweiseTheorie, die das Verhalten der Tiere als starr, angeboren und ausschließlich arterhaltend (z. B. Fortpflanzungsinstinkt) betrachtete, im Gegensatz zum überwiegend plastischen, erlernten und Vernunftgesetzen gehorchenden Verhalten des Menschen.

Institut Pasteur [ɛ̃sti'ty pas'tœ:r], von L. Pasteur in Paris gegründetes Bakteriologie- und Hygieneinstitut; widmete sich zunächst der Tollwuterforschung und -bekämpfung; das mit zahlreichen Filialen im In- und Ausland vertretene Institut Pasteur widmet sich inzwischen der Grundlagenforschung in den Bereichen Mikrobiologie, Genetik, Immunologie u. a.

Instrumentenflug, die Führung eines Luftfahrzeugs nach den Instrumentenflugregeln (englisch instrument flight rules, Abkürzung IFR). Das Luftfahrzeug wird vollständig oder teilweise nach Instrumenten gesteuert, das heißt unter Überwachung durch eine Flugsicherungsstelle und nach Auswertung der Messdaten bestimmter, von Bodensicht unabhängiger Flugüberwachungs- und Navigationsinstrumente. Der Flugzeugführer muss eine IFR-Lizenz besitzen. Der Instrumentenflug ist aus Sicherheitsgründen bei nahezu allen Flügen der kommerziellen Luftfahrt üblich.

Insulin [lateinisch] *das,* in den B-Zellen der Langerhans-Inseln der Bauchspeicheldrüse gebildetes Peptidhormon (→Hormone). Die wichtigste physiologische Wirkung ist die Senkung des Blutzuckergehalts, sobald der Normalwert überschritten wird. Insulin ist ein »Speicherhormon«, das die Bildung von Glykogen-, Fett- und Proteindepots in Leber, Fettgewebe und Muskeln fördert. Insulinmangel durch gestörte Synthese oder verstärkten Abbau beziehungsweise Inaktivierung führt zu der Stoffwechselerkrankung Diabetes mellitus.

Integralprinzipi|en, *Physik:* →Extremalprinzipien.

Integraltank, Kraftstoffbehälter in Flugzeugen, der durch Abdichtung von ohnehin vorhandenen Hohlräumen der Flugzeugzelle (vorzugsweise von Flügelabschnitten) gebildet wird.

Integration, *Biologie:* die Herstellung einer im Ganzen wirksamen Organisation (in der Molekularbiologie z. B. die Einfügung eines Bakteriophagengenoms oder eines Plasmids in ein Bakterienchromosom).

Integrationsgrad, *Elektronik:* ein Maß für die Anzahl elektronischer Bauelemente oder Funktionseinheiten auf einem Chip. Nach der Zahl der Transistorfunktionen (Grundfunktionen) beziehungsweise Funktionselemente pro Chip unterteilt man integrierte Schaltungen in verschiedene Gruppen, die zugleich Entwicklungsstadien entsprechen. Für die Abgrenzung der Integrationsgrade gibt es keine verbindlichen Regelungen.

integrierte Optik, Gebiet der Optik, das sich mit der Realisierung integrierter optischer Festkörperschaltkreise beschäftigt, die entsprechend den integrierten Schaltkreisen der Elektronik durch Miniaturisierung optischer Bauelemente wie Linsen, Prismen, Filter, Spiegel hergestellt werden. Die integrierten optischen Bausteine (z. B. Halbleiterlaser, Modulatoren, optische Wellenleiter, Ablenkelemente) ermöglichen in Kombination mit →Lichtleitern eine direkte Übertragung der Lichtimpulse, die v. a. in der Nachrichtenübertragung und optischen Informationsverarbeitung Anwendung findet (→Photonik).

integrierter Pflanzenschutz, in der Land- und Forstwirtschaft betriebene Schädlingsbekämpfung durch kombinierten Einsatz biologischer Bekämpfungsmethoden und möglichst sparsame Anwendung von Pestiziden unter Berücksichtigung des Nutzen-Schaden-Verhältnisses.

integrierter Schaltkreis, Abkürzung **IC** [zu englisch integrated circuit], **integrierte Schaltung,** elektronische Schaltung, bei der die einzelnen, aktiven und passiven Bauelemente (z. B. Dioden, Transistoren, Widerstände) einschließlich der notwendigen Verbindungsleitungen (Leitungspfade) in miniaturisierter Form auf einem →Chip als untrennbare Einheit aufgebracht sind.

Die Herstellung findet meist nach einheitlichen Verfahren statt und untergliedert sich in: Herstellen des Grundmaterials (Substrat

Instinkt
→ GEO **Dossier**
Können Tiere denken?, Bd. 7

integrierter Schaltkreis. Ein Speicherchip (rund 6 × 10 mm groß) von hohem Integrationsgrad beim Funktionstest. Dabei kontaktieren feinste Nadeln die Signalpunkte.

oder Halbleiterscheibe, als **Wafer** bezeichnet), Herstellen der integrierten Bauelemente nach Verfahren der **Schichttechnik** (→Dickschichttechnik, →Dünnschichttechnik) oder der →Halbleiterblocktechnik, elektronische Funktionstests, Zerteilen der Wafer in einzelne Chips, die auf eine weitere Unterlage aufgeklebt, kontaktiert und in einem Gehäuse (z. B. Dual-inline-Gehäuse) verkappt werden. Bei der Schichttechnik dient das Substrat als Träger leitender, dielektrischer oder halbleitender Schichten, bei der Halbleiterblocktechnik hingegen hat es auch elektrische Funktion. Auf Komponenten beider Techniken beruht die **Hybridtechnik,** die die Vorteile dieser Techniken zur Herstellung komplexer ICs vereint. Wichtige Voraussetzung für die Ausführung von ICs ist die →Lithografie.

ICs, bei denen die Bauelemente nach einheitlichem Herstellungsprozess aus einem Halbleitermaterial gefertigt werden, bezeichnet man als **monolithisch (monolithisch integrierte Schaltkreise).** Sie werden in Halbleiterblocktechnik hergestellt. Nach der Struktur im Halbleitermaterial und dem verwendeten Herstellungsverfahren unterscheidet man integrierte Bipolarschaltkreise (→Bipolartechnik) und integrierte Unipolarschaltkreise (→Unipolartechnik). Heute werden fast ausschließlich monolithische ICs verwendet, die auf einem einzigen Chip Mio. von Funktionselementen auf wenigen Quadratmillimetern vereinigen.

ICs werden u. a. als Operationsverstärker, Halbleiterspeicher, Mikroprozessoren und anwendungsspezifische Schaltungen (ASICs) eingesetzt. Herausragendes Entwicklungsziel von ICs ist die Unterbringung immer komplexerer Schaltungen auf immer kleinerer Fläche auf einem Chip durch fortschreitende →Miniaturisierung.

Integument [lateinisch] *das,* **1)** *Anatomie:* die →Haut.

2) *Botanik:* die Hülle der pflanzlichen Samenanlage, die zur Samenschale wird.

Intensität [von lateinisch intendere »anstrengen«] *die,* **Energieflussdichte,** *Physik:* SI-Einheit ist W/m^2; die je Zeiteinheit durch eine Einheitsfläche hindurchtretende Energie einer Strahlung (z. B. Licht, Schall, Teilchenstrahlung).

intensiv, *Landwirtschaft:* auf kleinen Flächen, aber mit relativ großem Aufwand betrieben; Gegensatz: extensiv.

intensive Größen, Zustandsgrößen eines physikalischen Systems, die sich bei Zerlegung des Systems nicht ändern (z. B. Temperatur, Druck), im Gegensatz zu stoffmengenbezogenen **extensiven Größen,** die sich aus den Beiträgen einzelner Teilsysteme zusammensetzen (Energie, Ladung, Masse u. a.).

Intensivhaltung, Formen der Nutztierhaltung, bei denen die Tiere ohne Auslauf in einem Stall oder in Käfigen gehalten werden; z. B. die →Batteriehaltung von Hühnern; ist tierschutzrechtlich problematisch.

interaktives Fernsehen, Abkürzung **ITV** [zu englisch interactive television], dialoggesteuertes Fernsehen, bei dem der Zuschauer über einen Rückkanal Informationen mit dem Sender austauschen und Kommunikations-, Unterhaltungs- und Informationsdienste über das Fernsehgerät nutzen kann. Voraussetzungen des noch in der Entwicklung befindlichen interaktiven Fernsehens sind die Übertragung und Kompression von digitalen Daten, für deren technische Aufbereitung der Zuschauer im Allgemeinen ein Zusatzgerät benötigt (→Set-Top-Box). Interaktives Fernsehen ermöglicht dem Zuschauer u. a. Pay-TV, →Video-on-Demand, interaktive Spiele und Teleshopping sowie die Nutzung der vom Sender bereitgestellten elektronischen Programmführer (→EPG). Weitere Angebote sind Spielfilme, bei denen der Zuschauer Einfluss auf den Fortgang der Handlung nehmen kann, sowie die Möglichkeit, zwischen verschiedenen Kameraperspektiven (z. B. bei Sportübertragungen) zu wählen.

Intercityzüge [-ˈsɪtɪ-], InterCity® (→IC®), InterCity-Express® (→ICE®).

Interferenz [lateinisch] *die, Physik:* die Überlagerung von zwei oder mehr Wellenzügen ausreichender →Kohärenz am gleichen Raumpunkt, die zu einer von den Amplituden und Phasendifferenzen abhängigen Intensitätsverteilung führt. Diese kann als Verstärkung **(Interferenzmaximum),** Schwächung oder Auslöschung **(Interferenzminimum)** der Wellen beobachtet werden. Die Interferenz beruht auf dem **Superpositionsprinzip,** nach dem die resultierende Amplitude jeweils gleich der Summe der Amplituden der ursprünglichen Wellen ist; es findet keine Wechselwirkung der Einzelwellen statt. Interferenzerscheinungen ermöglichen den Nachweis der Wellennatur einer Strahlung. Sie treten prinzipiell bei allen Wellen auf, bei Oberflächenwellen (Wasser), elastischen und elektromagnetischen Wellen (Schall, Licht), Materiewellen (z. B. bei der Elektronen- oder Neutronenbeugung).

■ **Interferenz des Lichts** Natürliches Licht thermischer Strahler entsteht durch spontane Emission untereinander unabhängiger, angeregter Atome, die nicht zusammenhängende Wellenzüge von etwa 10^{-8} s Dauer mit statistisch wechselnden Phasenbeziehungen aussenden. Die Interferenzerscheinung ist deshalb nicht stationär, sondern ändert in Intervallen von etwa 10^{-8} s ihr Aussehen. Zur Erzeugung interferenzfähiger (kohärenter) Wellen muss deren optische Wegdifferenz kleiner als die Kohärenzlänge sein. Das ist beim →Laser der Fall, dessen stimulierte Emission räumlich und zeitlich kohärent ist. Verwendet man andere Lichtquellen, muss man das Licht in Teilbündel aufspalten und sie zur Interferenz bringen (→fresnelscher Spiegelversuch). Die Interferenzbilder sind meist in Form von regelmäßig angeordneten Figuren **(Interferenzstreifen, Interferenzringe)** zu beobachten, die bei Verwendung von weißem Licht oft ausgeprägte **Interferenzfarben** (newtonsche Ringe) aufweisen. Solche Farben treten auch an dünnen Luft- und Flüssigkeitsschichten (z. B. Seifenblasen, Ölschicht) auf, bei denen das auffallende Licht durch Reflexion an der Vorder- und Hinterseite der Schicht interferiert. Interferenzerscheinungen werden z. B. in Interferometern, Gittern sowie in der Holografie ausgenutzt.

Interferenzfilter, →Lichtfilter.

Interferometer [lateinisch-griechisch] *das,* optisches Gerät, das unter Ausnutzung von Interferenzerscheinungen des Lichts für Präzisionsmessungen eingesetzt wird. In **Zweistrahlinterferometern** werden zwei Lichtbündel, u. a. über halb durchlässige Platten oder Spiegel, zur Interferenz gebracht (z. B. **Michelson-Interferometer, Mach-Zehnder-Interferometer**). In **Vielstrahlinterferometern,** wie dem **Fabry-Perot-Interferometer,** nutzt man die Mehrfachreflexion an planparallelen Platten; sie werden zur hochauflösenden Interferenzspektroskopie verwendet, da die Schärfe der Interferenzstreifen mit der Zahl der interferierenden Teilbündel wächst.

Interferometer erlauben Messungen von Längenunterschieden (→Komparator), Brechzahlen (→Refraktometer) oder Wellenlängen und dienen u. a. zur Prüfung der Ebenheit von Flächen oder als schmalbandige Lichtfilter.

In der *Astronomie* dienen Interferometer zur Messung kleiner Winkel, z. B. des Durchmessers von Sternen. Die interferierenden Strahlenbündel eines astronomischen Phaseninterferometers kommen dabei von zum Teil gegeneinander verschiebbaren Teleskopen. In der Radioastronomie werden zur Steigerung des Auflösungsvermögens spezielle Interferometersysteme eingesetzt.

100583

Intensivhaltung. Hühnerhaltung in Legebatterien

Interhalogenverbindungen, sehr reaktionsfähige chemische Verbindungen aus zwei verschiedenen Halogenen; bei ihnen ist jeweils das schwerere Halogen der elektropositive, das leichtere der elektronegative Partner. Interhalogenverbindungen werden z. B. von Fluor mit Chlor, Brom und Jod gebildet.

interkostal [lateinisch], *Anatomie:* zwischen den Rippen liegend.

intermediär, *Genetik:* Merkmalsausbildung, die mit den Elternformen nicht übereinstimmt, z. B. rote und weiße Blütenfarbe ergibt bei bestimmten Pflanzen eine rosa blühende Filial-(Tochter-)Generation.

intermediäre Bosonen, *Physik:* →Eichbosonen.

intermetallische Verbindungen, intermediäre Phasen, chemische Verbindungen zweier oder mehrerer Metalle, die in einem von den Kristallgittern der sie bildenden Elemente wesentlich verschiedenen Gitter kristallisieren (im Gegensatz zu den →Mischkristallen). Die chemischen Bindungen ihrer Atome enthalten neben metallischen Bindungsanteilen (verbunden mit metallischen Eigenschaften) auch starke Atom- beziehungsweise Ionenbindungsanteile (verbunden mit Halbleitereigenschaften). Des weiteren sind zahlreiche intermetallische Verbindungen supraleitend.

Internationale Einheiten, 1) Abkürzung **I. E.** (englisch **International Units**, Abkürzung **I. U.**), internationale, von der WHO u. a. Organisationen festgelegte Maßeinheiten für biochemisch wirksame Substanzen: 1) bei Hormonen, Vitaminen, Antibiotika u. a. eine Wirkstoffmenge, die auf Referenzpräparate bezogen ist (deren biologische Wirkung ist z. B. in Tierversuchen standardisiert); 2) bei Enzymen diejenige Substanzmenge, die unter genau definierten Bedingungen (Zeit, Temperatur u. a.) eine bestimmte Stoffmenge umsetzt (katalysiert).

2) Einheiten des Internationalen Einheitensystems, die →SI-Einheiten.

Internationales Einheitensystem, französisch **Système International d'Unités,** Abkürzung **SI,** weltweit angewandtes, vielfach gesetzlich vorgeschriebenes Einheitensystem (in Deutschland durch das Gesetz über Einheiten im Messwesen in der Bekanntmachung vom 22. 2. 1985). Es wurde 1948 auf der 9. Generalkonferenz für Maß und Gewicht vorgeschlagen und 1960 auf der 11. Generalkonferenz angenommen. Das Internationale Einheitensystem wird durch sieben Basiseinheiten (→SI-Einheiten) gebildet.

Internationales Geophysikalisches Jahr, Abkürzung **I. G. J.,** gemeinsames Forschungsunternehmen von 67 Ländern auf dem Gebiet der Geophysik, 1. 7. 1957 bis 31. 12. 1958; verlängert bis 31. 12. 1959. Die Forschungsaufgaben umfassten Meteorologie, kosmische Strahlung, Polarlicht und Luftleuchten, Ionosphärenforschung, Erdmagnetismus, Ozeanografie, Glaziologie besonders der Polargebiete. Das I. G. J. fand in einer Periode besonders hoher Sonnenaktivität statt. Um den Einfluss der Sonnenaktivität zu studieren, richtete man in der folgenden Periode eines Sonnenfleckenminimums (1964/65) die **Internationalen Jahre der ruhigen Sonne** ein.

Für 2008 ist das **Internationale Jahr des Planeten Erde** geplant. Im Mittelpunkt der Aktionen sollen die Beziehungen zwischen der Menschheit und unserem Planeten stehen.

Internationale Union für Naturschutz, englisch **International Union for Conservation of Nature and Natural Resources,** Abkürzung **I. U. C. N.,** gegründet 1948, Sitz: Gland (Kanton Waadt), Schweiz; Hauptziel: Schutz der Natur und der biologischen Vielfalt und damit der genetischen Ressourcen auf internationaler Basis.

International Organization for Standardization [ɪntəˈnæʃnl ɔːgənaɪˈzeɪʃn fɔː stændədaɪˈzeɪʃn, englisch], Abkürzung **ISO,** 1946 beschlossene, am 23. 2. 1947 in Kraft getretene internationale Vereinigung von nationalen Normenausschüssen (z. B. DIN Deutsches Institut für Normung e. V.) und Standardisierungsorganen zur Ausarbeitung internationaler Normen; Sitz: Genf.

International Union of Pure and Applied Chemistry [ɪntəˈnæʃnl ˈjuːnjən əv ˈpjʊə ənd əˈplaɪd ˈkemɪstrɪ, englisch], Abkürzung **IUPAC,** 1919 gegründeter internationaler Verband chemischer Gesellschaften aus 44 Ländern, Sitz: Oxford; er befasst sich mit chemischer Nomenklatur und Terminologie, der Festlegung von Atommassen, chemischen Symbolen und Konstanten, Vereinheitlichung von Analysenmethoden u. a. Deutschland wird in der IUPAC durch den Deutschen Zentralausschuss für Chemie vertreten, der aus 13 Mitgliedsorganisationen besteht und dessen Geschäftsführung bei der Gesellschaft Deutscher Chemiker e. V. liegt.

Internet [zu englisch net »Netz«] *das,* weltweites dezentrales Netz von miteinander verbundenen Computernetzen für den Austausch digitaler Daten (»Netz der Netze«).

■ **Technische Voraussetzungen** Die Basis der Datenübertragung im Internet bildet das Kommunikationsprotokoll **TCP/IP** (englisch transmission control protocol/internet protocol), das aus einer Vielzahl von Prozeduren besteht, die die Kommunikationsabläufe zwischen zwei Computern vorschreiben. Die Datenübermittlung erfolgt paketweise, das heißt Dokumente werden in Datenpakete zerteilt, die mit einer Ausgangs- und einer Eingangsadresse sowie einer Sequenznummer versehen werden. Die einzelnen Pakete können unterschiedliche Wege nehmen und am Bestimmungsort wieder zusammengesetzt werden. TCP/IP kann von unterschiedlicher Hardware genutzt werden, ohne dass Applikationen umgestellt werden müssen. Der Zugang einzelner Teilnehmer (englisch **User**) zum Internet erfolgt entweder über einen Computer, der bereits an ein verbundenes Netz angeschlossen ist, oder durch Vermittler (englisch **Provider**), die speziell für diesen Zweck eigene Netze betreiben. Eine in der Diskussion befindliche Möglichkeit ist der Zugang über das Stromnetz (→Powerline-Kommunikation).

Jeder Rechner besitzt im Internet eine eindeutige Adresse, die **IP-Adresse** (englisch internet protocol address). Die IP-Adressen werden in jedem Land von einer autorisierten Stelle vergeben; in Deutschland ist dies das Rechenzentrum der Universität Karlsruhe. Diese teilt speziellen Rechnern im Netz, den so genannten Name-Servern, jede neu vergebene IP-Adresse mit dem zugehörigen **Domain-Namen** mit.

■ **Geschichte und Nutzer** Das Internet hat seinen Ursprung in dem 1969 vom amerikanischen Verteidigungsministerium eingerichteten **ARPAnet** (ARPA englisch für advanced research projects agency), das Computer in den Bereichen Wissenschaft und Militärtechnik vernetzte. Zunächst entwickelte sich das Internet als reines Wissenschaftsnetz, das interne Computernetze von Universitäten und Forschungseinrichtungen miteinander verband. 1989 wurde das World Wide Web (WWW) am CERN in Genf entwickelt; die Internetnutzung nahm seit Ende der 1980er-Jahre weltweit zu. Seit Beginn der 1990er-Jahre haben zunehmend unternehmensinterne Netze sowie Computernetze, die sich aus der Verbindung privater PCs per Modem und Telefonanschluss entwickelt haben, Anschluss an das Internet gefunden. Seither ist die Anzahl der Internetnutzer stark gestiegen: 2001 gab es rund 498 Mio., 2006 bereits 1,022 Mrd. Nutzer.

■ **Dienste** Das Internet bietet eine Vielzahl von Diensten und Informationen. Zu den

Internet
→ GEO **Dossier**
Unternehmen Forschung, Bd. 8

100001

Internet.
Das Übertragungsprotokoll http (englische Abkürzung für hypertext transfer protocol) legt die Datenformate und die Art der Übermittlung von HTML-Seiten im World Wide Web (WWW) fest.

wichtigsten Diensten gehören: **Telnet** (englisch teletype network), erlaubt den interaktiven Zugriff auf einen entfernten Rechner, wozu üblicherweise eine Authentifizierung mit Useridentifikation und Passwort erforderlich ist; **FTP** (file transfer protocol), ermöglicht den Abruf und die Übertragung von Dateien; auch hier ist im Allgemeinen eine Authentifizierung mit Benutzeridentifikation und Passwort erforderlich, es gibt jedoch auch Rechner, die den anonymen Zugriff zum Abholen von kostenloser Software u. a. erlauben; **Electronic Mail** (→E-Mail), erlaubt den schnellen asynchronen Austausch von Nachrichten und Dokumenten; **Newsgroups,** ein automatisches Verteilwesen von Diskussionsbeiträgen, Meldungen und Ähnlichem; **IRC** (internet relay chat), im Internet angebotenes Medium, mit dem man sich online mit anderen über ein Thema unterhalten kann **(Chat),** hierzu muss man sich bei einem Rechner, der das IRC verwaltet, für einen Bereich anmelden; **Homebanking,** die Abwicklung von Bankgeschäften von der Wohnung beziehungsweise vom Arbeitsplatz des Kunden aus; **E-Commerce,** der Handel mit Waren und Dienstleistungen über elektronisch vermittelte Kommunikation; **World Wide Web** (→WWW) steht für die Integration aller bisher genannten Dienste in eine Oberfläche und ist mit seinen Hypermedia-Fähigkeiten der bisher komfortabelste und leistungsfähigste Dienst. Eine noch relativ junge Anwendung ist das Telefonieren auf Basis des Internetprotokolls TCP/IP (→IP-Telefonie).

Daneben gibt es eine Reihe älterer Dienste, die heute kaum noch von Bedeutung sind. Hierzu gehört z. B. **WAIS** (**w**ide **a**rea **i**nformation **s**erver), ein Dienst, mit dem Informationen aus Datenbanken abgerufen werden können, die im Internet verteilt sind. Der Dienst Archie durchsuchte automatisch die Inhaltsverzeichnisse von anonymen FTP-Servern (eingestellt 1999).

■ **Programmiersprachen** Kern des Dienstes WWW ist die Seitenmarkierungssprache →HTML. Ende der 1990er-Jahre wurde das rein statische HTML durch zusätzliche Befehle zum **DHTML** (Dynamic HTML) erweitert sowie durch die externen Zusätze **Java** und **JavaScript** ergänzt. Sie ermöglichen dynamische Konzepte, wie Pull-down-Menüs oder verschiebbare Grafiken.

■ **Suche im Internet** Das Internet ist vor allem ein dynamisches Netz. Täglich werden weltweit Webseiten geändert, gehen neue Webserver ans Netz oder ziehen an einen anderen Standort um. Da es kein Patentrezept für eine erfolgreiche Suche nach Informationen gibt, haben →Suchmaschinen eine herausragende Bedeutung erlangt.

■ **Datensicherheit** Den vielfältigen Möglichkeiten des Internet stehen zahlreiche Gefahren gegenüber. Durch fehlerhafte und Fehler verursachende Software (→Computerviren), die den Nutzer über das Internet erreicht, können Fehlfunktionen bis zur Zerstörung ganzer Festplatteninhalte hervorgerufen werden. Damit stellt sich die verstärkte Forderung nach zuverlässigen Sicherheitsmechanismen (z. B. spezielle Codierungsverfahren, Virenschutzprogramme usw.). So werden u. a. Verfahren der →Kryptologie in unterschiedlichen sicherheitsrelevanten Bereichen eingesetzt. Im Bereich der Identifikation und Authentifikation (Zugangskontrolle) setzt man Verschlüsselungsverfahren ein, um Passworte verschlüsselt zu speichern. Spezielle kryptografische Mechanismen, z. B. die elektronische Signatur, werden auch zur Gewährleistung der Datenintegrität verwendet, die z. B. beim elektronischen Geschäftsverkehr oder bei der Nutzung von Dienstleistungen über das Internet eine große Rolle spielen.

Internet
→ GEO **Dossier**
Weltweit verwoben, Bd. 8

100562

Internet.
E-Mail, E-Commerce, E-Business, E-Shopping gehören mittlerweile zum Alltag.

Internetradio, über das Internet verbreiteter Hörfunk, dessen Empfang einen Computer mit Soundkarte und Boxen oder Kopfhörer sowie spezielle Softwareprogramme zum Abspielen der Audiodaten und einen Internetzugang voraussetzt. Die Mehrzahl der privaten und öffentlich-rechtlichen Rundfunkanbieter in Deutschland ist mit ihren Hörfunkprogrammen, z. T. ergänzt durch Videobilder, im Internet vertreten.

Internodium [lateinisch] *das, Botanik:* durch Knoten (Nodien) voneinander gesonderte Sprossabschnitte (z. B. bei Gräsern).

Interregio® *der,* Abkürzung **IR,** neben dem Intercity® eine Zuggattung der Deutschen Bahn AG, die seit 1988 die D-Züge abgelöst hatte. Das IR-Netz erfüllte teilweise auch Aufgaben des Nahverkehrs und wurde deshalb infolge der Bahnreform nach und nach aufgegeben.

interstitielle Verbindungen, die →Einlagerungsverbindungen.

intramolekular [lateinisch], sich innerhalb der Moleküle vollziehend.

Intranet [zu englisch net, »Netz«] *das,* unternehmensinternes Informations- und Kommunikationsnetz, das auf der Basis des Internet-Protokolls TCP/IP arbeitet. Intranets können mit dem globalen →Internet verknüpft werden und somit externe Dienste nutzen. Intranets werden durch Sicherungssysteme (Firewalls) vor dem Zugriff nicht befugter Nutzer abgeschirmt.

intrazellulär [lateinisch], im Zellinnern gelegen.

Intron [Kunstwort] *das,* →Mosaikgene.

Inulin [lateinisch] *das,* ein besonders in Dahlienknollen und Artischockenwurzeln vorkommendes stärkeähnliches Polysaccharid; dient zur Gewinnung von Fructose.

100573

Inversion 3). Als Folge des verminderten vertikalen Luftaustauschs hat sich eine Dunstschicht gebildet.

Inversion [lateinisch] *die,* **1)** *Chemie:* die Umwandlung des Drehsinns einer optisch aktiven Verbindung; z. B. wird durch Inversion aus rechtsdrehendem Rohrzucker linksdrehender →Invertzucker.

2) *Kristallografie:* Raumspiegelung an einem Punkt, dem Symmetrie- oder Inversionszentrum.

3) *Meteorologie:* Zunahme der Lufttemperatur mit der Höhe über dem Boden (normalerweise nimmt sie ab), besonders im Winter in Gebirgstälern; sie verhindert den vertikalen Luftaustausch, sodass bei Inversionswetterlage die Luftverschmutzung stark ansteigen kann.

Invertebrata [lateinisch], die →Wirbellosen.

Invertzucker, Gemisch von gleichen Anteilen Glucose und Fructose, das aus Rohrzucker durch Inversion mit verdünnten Säuren entsteht; Verwendung v. a. in der Süßwarenindustrie.

in vitro [lateinisch vitrum »Glas«], im Reagenzglas ablaufend oder durchgeführt (z. B. biologische Vorgänge, wissenschaftliche Experimente); Gegensatz: in vivo.

in vivo [lateinisch vivus »lebendig«], am lebenden Objekt ablaufend oder durchgeführt (biologische Vorgänge, wissenschaftliche Experimente); Gegensatz: in vitro.

Inzucht, Paarung von Individuen, die näher verwandt sind, als dies im Durchschnitt bei einem zufallsmäßig aus einer Population entnommenen Individuenpaar der Fall wäre. Inzucht beschleunigt aufgrund der Zunahme der Reinerbigkeit die Bildung erbreiner Stämme und spielt daher bei der Zucht von Nutztieren und Kulturpflanzen eine Rolle. Sie birgt jedoch die Gefahr von Inzuchtschäden in sich, das heißt, dass unerwünschte, erblich rezessive Anlagen erbrein werden und in Erscheinung treten.

Iod *das,* fachsprachlich für →Jod.

Ionen [englisch, von griechisch ión »Gehendes«], elektrisch positiv oder negativ geladene Atome oder Moleküle mit weniger oder mehr Elektronen, als zur Neutralisierung der Kernladung notwendig wären. Je nach der Zahl der überschüssigen oder fehlenden Elektronen spricht man von einfach, zweifach usw. geladenen Ionen und kennzeichnet ihren Ladungszustand durch Anfügen von +, 2+ beziehungsweise –, 2– usw. als rechten oberen Index an die chemischen Symbole. In der Chemie spricht man von einwertigen (z. B. H^+, OH^-), zweiwertigen (z. B. Mg^{2+}, SO_4^{2-}), dreiwertigen (z. B. Al^{3+}) Ionen. Positive Ionen bewegen sich im elektrischen Feld zur Kathode **(Kationen),** negative zur Anode **(Anionen).**

In Gasen entstehen Ionen, wenn Atome oder Moleküle ein oder mehrere negativ geladene Elektronen aufnehmen (negative Ionen) oder aus ihrem Elektronenbestand abgeben (positive Ionen). Die Abspaltung von Elektronen **(Ionisation, Ionisierung)** erfordert die Zuführung von Energie **(Ionisations-, Ionisierungsenergie)** zur Überwindung der Bindungskräfte, z. B. durch Einstrahlung von Licht oder Röntgenstrahlen **(Fotoionisation;** →Fotoeffekt), durch Beschuss mit energiereichen geladenen Teilchen wie Elektronen, Mesonen und Ionen **(Stoßionisation)** oder durch hohe Temperaturen **(thermische Ionisation).** In Elektrolyten entstehen Ionen durch →Dissoziation von Molekülen in zwei entgegengesetzt geladene Bestandteile, indem sich Lösungsmittelmoleküle an die Ionen anlagern, oder durch Schmelzen von Ionenkristallen.

Ionen tragen zur elektrischen Leitfähigkeit z. B. von Gasen, Elektrolyten oder Halbleitern durch Ionenleitung bei. Moderne Verfahren der Halbleitertechnologie und Oberflächenbehandlung nutzen →Ionenstrahlen, die in Ionenquellen erzeugt werden. Hochgeladene (schwere) Ionen lassen sich in Teilchenbeschleunigern erzeugen (→Schwerionenforschung).

Ionenaustauscher, anorganische oder organische Feststoffe, die bewegliche Ionen enthalten und die Fähigkeit haben, diese gegen andere Ionen mit gleichem Ladungsvorzeichen auszutauschen. Es wird zwischen **Kationenaustauschern** und **Anionenaustauschern** unterschieden. Als anorganische Kationenaustauscher wirken u.a. Alumosilikate (z.B. Zeolithe in Waschmitteln zur Verhinderung von Kalkabscheidungen oder Tonminerale zur Aufnahme von Pflanzennährstoffen aus dem Boden); v.a. für die Wasseraufbereitung sind organische Polymere wichtig.

Da der Ionenaustausch eine Gleichgewichtsreaktion ist, kann der mit Ca- und Mg-Ionen beladene Ionenaustauscher mit konzentrierter Natriumchloridlösung regeneriert werden. Für die Vollentsalzung von Wasser werden ein Kationenaustauscher in der H^+-Form (sauer) und ein Anionenaustauscher in der OH^--Form (basisch) hintereinander geschaltet, für die Wasserenthärtung werden stark saure Kationenaustauscher und für die Entcarbonisierung schwach saure Kationenaustauscher verwendet.

Ionenfalle, *Physik:* →Teilchenfalle.

Ionengitter, ein Kristallgitter, dessen Bausteine aus entgegengesetzt geladenen Ionen bestehen, die durch ionische Bindung zusammengehalten werden. In Ionengittern kristallisieren die meisten Salze.

Ionenkanäle, die Zellmembran durchspannende Proteine oder Proteinkomplexe, die die Wanderung von Ionen durch Membranen ermöglichen. Ionenkanäle bilden eine ringförmige Struktur mit hydrophiler Pore. Durch diese Pore können Ionen, meist nach einem bestimmten Signal, die für sie undurchlässige Lipiddoppelschicht passieren. Ionenkanäle spielen eine wichtige Rolle bei zahlreichen physiologischen Prozessen wie der Erregungsweiterleitung im Nervengewebe. Man unterscheidet ligandengesteuerte Ionenkanäle und spannungsgesteuerte Ionenkanäle. Erstere öffnen sich nach Bindung von Signalstoffen wie Neurotransmittern, Letztere sind nach Spannungsänderungen über der Membran zum Öffnen befähigt.

Ionenleiter, Stoffe, deren elektrische Leitfähigkeit nicht wie in Metallen oder Halbleitern auf der Bewegung von Elektronen, sondern im Wesentlichen auf der Wanderung von Ionen **(Ionenleitung)** basiert. Ionenleiter, die fest, flüssig oder gasförmig sein können, sind z.B. Elektrolyte, Salzschmelzen, Ionenkristalle und Gläser. (→Superionenleiter)

Ionenoptik, ein der →Elektronenoptik entsprechendes Teilgebiet der Physik, das die Führung von Ionenstrahlen nach den Prinzipien der geometrischen Optik behandelt; wird z.B. bei der Massenspektroskopie angewandt.

Ionenprodukt, das Produkt aller Konzentrationen der bei der Dissoziation von Molekülen entstehenden Ionen; stark temperaturabhängig.

Ionenpumpe, 1) *Physiologie:* Enzymkomplex, der unter Energieverbrauch Ionen gegen einen Konzentrationsgradienten durch eine plasmatische Membran transportiert. Für die Aufrechterhaltung der Ionenverteilung ist besonders die **Natrium-Kalium-Pumpe** verantwortlich.

2) *Vakuumtechnik:* Vakuumpumpe zur Erzeugung eines Hochvakuums mit Drücken bis unter 10^{-8} Pa. Die in einem evakuierten Gefäß befindlichen Restgase werden ionisiert und die Ionen durch elektrische oder magnetische Felder zur Gefäßwand hin beschleunigt, wo sie durch Vorvakuumpumpen »abgesaugt« oder in **Getterionenpumpen** mithilfe von →Gettern gebunden werden.

Ionenquelle, Vorrichtung zur Erzeugung von freien Ionen oder Ionenstrahlen. Aus Festkörpern oder Gasen gewonnene Ionen werden im Vakuum in elektromagnetischen Feldern zu einem gerichteten Ionenstrahl gebündelt und beschleunigt; Verwendung z.B. in Teilchenbeschleunigern, zur Massenspektroskopie und Isotopentrennung. – Abb. S. 562

Ionenradius, der Radius eines Atomions, also meist der Radius der äußeren Elektronen-

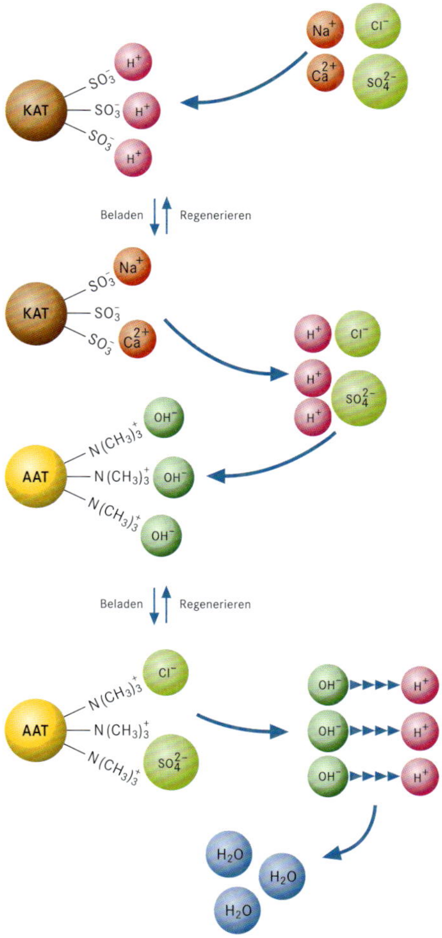

Ionenaustauscher. Vollentsalzung von Wasser; der Kationenaustauscher (KAT, oben) tauscht die Natrium- und Calcium-Ionen des Wassers gegen Protonen aus, der nachgeschaltete Anionenaustauscher (AAT, unten) die Sulfat- und Chlorid-Ionen des Wassers gegen Hydroxid-Ionen.

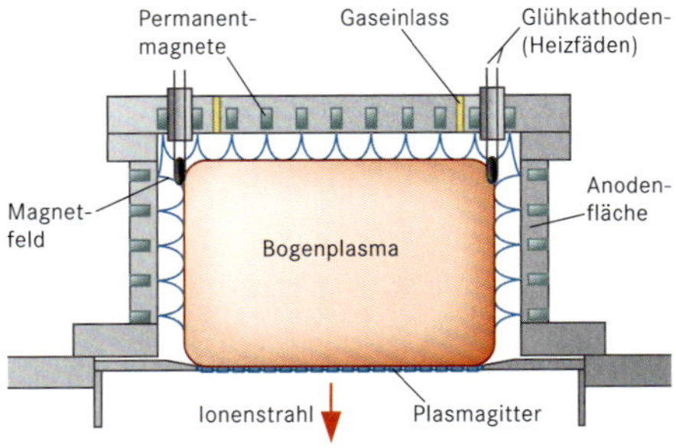

Ionenquelle. In Bogenionenquellen brennt zwischen einer Glühkathode und der Anode eine Bogenentladung, in die das zu ionisierende Gas zugeführt wird und aus der dann die Ionen extrahiert werden. Zwischen einer oder mehreren Glühkathoden und der Anode wird eine Gleichspannung (die so genannte Bogenspannung) von typischerweise 100 V angelegt. Die aus den Glühkathoden emittierten Elektronen werden durch diese Spannung beschleunigt, nehmen Energie auf und können das über den Gaseinlass einströmende Gas ionisieren. Die dadurch entstehenden weiteren Elektronen führen zu einem lawinenartigen Anwachsen des Entladungsstroms. Das z. B. durch Permanentmagnete erzeugte Magnetfeld zwingt den Elektronen eine Gyrationsbewegung auf und verhindert einen direkten Einstrom der Elektronen auf die Anode.

hülle. Die ermittelten Werte eines Ionenradius hängen innerhalb gewisser Grenzen (einige Prozent) von den verwendeten experimentellen oder theoretischen Verfahren ab. Ein Ionenradius bedeutet wegen der diffusen Struktur der Elektronenhülle ebenso wenig eine scharfe Grenze wie ein Atomradius. In einem einfachen Modell kann man den Ionenradius aus der Gitterkonstanten in verschiedenen Ionenkristallen des interessierenden Elements erhalten (z. B. Natriumchlorid, Kaliumchlorid, Natriumbromid).

Ionenstrahlen, aus sehr schnell in einer Richtung bewegten Ionen bestehende Teilchenstrahlen. Ionenstrahlen sind z. B. die aus Atomkernen gebildeten Protonen-, Deuteronen- und Alphastrahlen oder die in →Ionenquellen erzeugten Strahlen.

Ionisation [griechisch] *die,* **Ionisierung,** →Ionen.

Ionisationskammer, Gerät (Detektor) zum Messen der Intensität ionisierender Strahlung (v. a. Alpha-, Beta-, Gamma- und Röntgenstrahlung). Ionisationskammern bestehen im einfachsten Fall aus einem gasgefüllten Gefäß mit zwei Elektroden. Zwischen beiden liegt eine Spannung (etwa 100 bis einige 1 000 V), die ein elektrisches Feld im Medium aufbaut. Ionisiert ein geladenes Teilchen bei seinem Durchgang die Atome des Mediums, wandern die freien Elektronen zur positiv, die positiven Ionen zur negativ geladenen Elektrode. Die durch die Strahlung erzeugten Ionen rufen in Gleichstromkammern einen Strom-, in Impulskammern (→Zählrohr) einen Spannungsstoß hervor, der elektronisch verstärkt und registriert wird.

ionisierende Strahlung, Bezeichnung für alle Arten von Korpuskular- und elektromagnetischer Strahlung, deren Energie ausreicht, um beim Durchgang durch Materie Atome oder Moleküle zu ionisieren. **Direkt ionisierende Strahlung** besteht aus elektrisch geladenen Teilchen, wie Elektronen, Protonen und Alphateilchen; **indirekt ionisierende Strahlung** (Neutronen, Röntgen- und Gammastrahlen) überträgt Energie auf elektrisch geladene Teilchen, die ihrerseits die Ionisation (→Ionen) auslösen. Quellen ionisierender Strahlung sind Beschleuniger (z. B. Synchrotron), Kernreaktionen sowie die kosmische Strahlung. Ihre Messung erfolgt durch spezielle →Teilchendetektoren.

Die *biologische Strahlenwirkung* ionisierender Strahlung ist von der lokalen Dichteverteilung der Ionisationen im Gewebe abhängig. Die durch die Ionisation gebildeten chemisch wirksamen Radikale stören bei lebendem Gewebe den Funktions- oder Zellteilungsstoffwechsel. Die Ionisation leitet eine Zellschädigung beziehungsweise Zellvernichtung ein, die in exakt dosierter Form bei der Strahlenbehandlung bösartiger Geschwülste ausgenutzt wird.

Ionisierungsenergie, Ionisationsenergie, die zur Ionisation eines Atoms oder Moleküls notwendige Energie (→Ionen).

Ionomere, Polymere mit ionischen Gruppen, die einen besseren Zusammenhalt der

Ionenradius: Ionenradien einiger Elemente, geordnet nach zunehmender Kernladung

Element	Wertigkeit	Ionenradius*) (in nm)
Lithium	+1	0,068
Beryllium	+2	0,035
Bor	+3	0,023
Kohlenstoff	+4	0,016
Stickstoff	+5	0,013
Sauerstoff	−2	0,132
Fluor	−1	0,133
Natrium	+1	0,097
Magnesium	+2	0,066
Aluminium	+3	0,051
Silicium	+4	0,042
Phosphor	+5	0,035
Schwefel	+6	0,030
Schwefel	−2	0,184
Chlor	+2	0,027
Chlor	−1	0,181

*) Die in der Literatur zu findenden numerischen Werte sind nicht einheitlich, sie können auf verschiedenen Methoden oder Berechnungen basieren und von der Art der Salze, aus denen sie gewonnen wurden, abhängen.

Molekülketten bewirken. Ionomere haben hohe Transparenz, gute mechanische Eigenschaften; geeignet für Verpackungsfolien. Außerdem werden Ionomere zur Produktion von Flüssigkristallen eingesetzt.

Ionosphäre [griechisch], der Teil der hohen Atmosphäre, in dem Moleküle und Atome teilweise durch extraterrestrische Strahlung, besonders die Ultraviolett- und Röntgenstrahlung der Sonne, ionisiert sind. In ihm wird durch die Existenz freier Elektronen und Ionen die Ausbreitung von Radiowellen merklich beeinflusst. Die Ionosphäre der Erde reicht von etwa 60 km bis in etwa 1 000 km Höhe. Von 90 km Höhe aufwärts wird der molekulare Sauerstoff (O_2) und in geringerem Maße auch der molekulare Stickstoff (N_2) zunehmend ionisiert (Bildung von O_2^+, N_2^+) und gespalten (Bildung von O^+, N^+). Von dieser Höhe ab beginnen die einzelnen Gase auch, sich zu entmischen, sodass der relative Anteil an leichteren Gasen (Heliumionen, He^+ und Wasserstoffionen, H^+) immer größer wird. Für jede Gaskomponente ergibt sich eine Schicht maximaler Ionisation, da die Strahlungsintensität infolge zunehmender Absorption von oben nach unten abfällt, die Zahl der ionisierbaren Atome und Moleküle aber zunimmt. Die Ionendichte ergibt sich als Gleichgewichtswert zwischen Erzeugung und Rekombination. In jeder Höhe gibt es eine der Ionendichte gleiche Elektronendichte n_e.

■ **Aufbau** Es ist üblich, die Gesamtheit der ionisierten Schichten ihrem unterschiedlichen räumlich-zeitlichen Verhalten entsprechend in die Schichten D, E, F_1 und F_2 zu unterteilen. Die **D-Schicht** reflektiert bei Tag und Nacht Lang- und Längstwellen und dämpft tagsüber Mittelwellen und Kurzwellen. Die **E-Schicht** reflektiert nachts die Mittelwellen und tags die längeren Kurzwellen. Zeitweise tritt die **E_s-Schicht** auf, die gelegentlich Kurzwellen bis zu 10 m Wellenlänge reflektiert. Die **F-Schicht** ist für die Kurzwellenausbreitung am wichtigsten. Alle Schichten zeigen als Folge der kurzwelligen Sonnenstrahlung regelmäßige Veränderungen mit der Tages- und Jahreszeit, der geografischen Position und dem elfjährigen Zyklus der Sonnenaktivität. – Die Ionosphäre hat große Bedeutung für den Funkverkehr, da durch Reflexion der sich geradlinig ausbreitenden Radiowellen an der Ionosphäre auf der annähernd kugelförmigen Erde Verbindungen über große Entfernungen möglich sind.

■ **Störungen der Ionosphäre** Sie entstehen zum Teil durch Zunahme der kurzwelligen solaren Strahlung bei Sonneneruptionen, wie der **Mögel-Dellinger-Effekt**, der wenige Minuten bis eine Stunde dauert. Die Elektronendichte nimmt dabei in der D- und E-Schicht durch verstärkte UV- und Röntgenstrahlung (und damit die Absorption der Kurzwellen) erheblich zu. Bei den **Protonenstürmen** dringen schnelle solare Protonen in die Polarkappen, in seltenen Fällen auch in mittleren Breiten bis zu Höhen von 30 km ein und erhöhen die Elektronendichte und Absorption der Kurzwellen. Bei **Ionosphärenstürmen** dringen langsame solare Partikel in die Polarlichtzonen ein und bewirken bei Nacht sichtbares Polarlicht, starke fluktuierende elektrische Ströme, die erdmagnetische Störungen zur Folge haben. Ferner erhöhen sie lokal die Elektronendichte der E-Schicht (»Nordlicht-E«) und treiben die Elektronen der F-Schicht in die Höhe, verbunden mit Störungen des Funkverkehrs.

Ionosphäre: Aufbau

Schicht	Höhenbereich (in km)	maximale Elektronendichte	Bemerkungen
D	60–85	$< 10^4/cm^3$	verschwindet nachts
E	100–140	$10^5/cm^3$	Elektronendichte folgt Sonnenstand
E_s	100	bis $3 \cdot 10^6/cm^3$	unregelmäßig (»sporadisch«)
F_1	180–200	$3 \cdot 10^5/cm^3$	nur tagsüber, Elektronendichte folgt Sonnenstand
F_2	250–400	$5 \cdot 10^6/cm^3$	zeitliche und örtliche Anomalien

Die Ionosphäre der Erde wurde 1924 von E. V. Appleton entdeckt. Er bestimmte die Höhe der reflektierenden Schicht auf 100 km und fand später eine weitere Schicht in 200–300 km.

IP-Adresse [aɪˈpiː-, **IP** Abkürzung für englisch **i**nternet **p**rotocol], eine normierte Ziffernfolge zur eindeutigen Identifizierung eines Rechners in einem Netzwerk, das mit dem Protokoll TCP/IP arbeitet. Zu diesen Netzwerken gehört insbesondere das Internet. Eine IP-Adresse besteht aus vier Zahlen zwischen 0 und 255, die jeweils durch einen Punkt voneinander getrennt sind, z. B. »213.96.4.187«.

IP-Telefonie [aɪˈpiː-, **IP** Abkürzung für englisch **i**nternet **p**rotocol], das Telefonieren über ein Datennetz auf der Grundlage des Internetprotokolls TCP/IP. Meist wird hierfür das Internet verwendet, weshalb diese verbreitete Form der IP-Telefonie auch als **Internettelefonie** bezeichnet wird.

Ir, chemisches Symbol für →Iridium.

IR, Abkürzung für →Infrarot.

Iridium [griechisch-lateinisch »Regenbogen«, wegen der verschiedenen Farben seiner Oxide] *das,* chemisches Symbol **Ir,** metallisches Element aus der 8. Gruppe des Periodensystems, Ordnungszahl 77, relative Atommasse 192,22, Dichte (bei 25 °C) 22,5 g/cm³, Schmelzpunkt 2 446 °C, Siedepunkt 4 428 °C.

Iridium. An den Kreidefelsen Dänemarks fanden Geologen an der Kreide/Tertiär-Grenze eine Schicht mit hoher Iridiumkonzentration – ein Hinweis auf einen großen Meteoriteneinschlag.

Das silberweiße Platinmetall Iridium ist hart, spröde, sehr korrosionsbeständig und chemisch widerstandsfähig; es findet sich in platinhaltigen Erzen und wird in korrosionsbeständigen, harten Legierungen verwendet. Platin für Geräte und Apparaturen wird durch Zusatz von Iridium gehärtet (das Pariser Urmeter besteht aus 90% Platin und 10% Iridium).

irreversibel [lateinisch], Bezeichnung für eine Zustandsänderung eines Systems, die ohne zusätzliche Veränderung von dessen Umgebung nicht rückgängig gemacht werden kann; irreversibel verlaufen z. B. alle makroskopischen Naturvorgänge. (→Entropie)

ISDN [englisch aiesdi:'en, Abkürzung für **i**ntegrated **s**ervices **d**igital **n**etwork, »Dienste integrierendes digitales Netz«], öffentliches Telekommunikationsnetz, in dem digitale Vermittlungs- und Übertragungstechnik vereinigt sind und unterschiedliche Dienste aller Kommunikationsarten (Sprache, Text, Daten, Bild) gemeinsam übertragen werden können.

ISDN. Telefonkabel (Detailansicht)

Vorteile des ISDN sind neben der Abwicklung einer Vielfalt von Diensten über einen Teilnehmeranschluss die Verbesserung der herkömmlichen Dienste (z. B. bessere Qualität beim Telefonieren, schnellerer Verbindungsaufbau, Beschleunigung der Datenübermittlung, Verkürzung der Übertragungszeiten bei der Faxübermittlung) sowie das erweiterte Angebot an Diensten (z. B. Festbild, Bewegtbild) und Dienstmerkmalen (u. a. automatischer Rückruf bei Besetztzeichen, Anrufweiterleitung, Rufnummer- und Gebührenanzeige, Anklopfen, Makeln, Dreierkonferenz).

Das 1988 eingeführte **Schmalband-ISDN** nutzt das vorhandene Telekommunikationsnetz und fasste das bis dahin getrennte analoge Telefonnetz und das integrierte Text- und Datennetz (IDN) zusammen. Die Übertragung der Daten erfolgt über die Nutz- oder Basiskanäle **(B-Kanäle)** mit 64 Kbit/s (→Basisanschluss). Für Anwendungen mit höherem Bandbreitenbedarf (z. B. Videokonferenz, Multimedia, Abruf von Videofilmen usw.) wurde das **Breitband-ISDN** entwickelt, bei dem die Datenübertragung mit konstanten und wechselnden Bitraten von mindestens 140 Mbit/s erfolgt. Als Übermittlungsverfahren dient **ATM** (englisch asynchronous transfer mode), bei dem die Bandbreite entsprechend den Anwendungsanforderungen variabel genutzt werden kann. – 1993 einigten sich 26 Netzbetreiber aus 20 europäischen Staaten auf den Standard **EDSS 1** (englisch european digital subscriber signalling system 1).

IS-Elemente, Insertionselemente, Insertionssequenzen, *Molekulargenetik:* relativ kurze DNA-Sequenzen (800–1400 Basenpaare), die ihren Integrationsort im Bakterienchromosom verändern (Transposition, →transponierbare Elemente) und dadurch Mutationen hervorrufen. Einige IS-Elemente enthalten Start- oder Stoppsignale für die →Transkription.

isentrop [griechisch-neulateinisch], **isentropisch,** *Thermodynamik:* bei gleich bleibender Entropie verlaufend.

ISO, Abkürzung für →**I**nternational **O**rganization for **S**tandardization.

Iso..., *Chemie:* Vorsatz, mit dem ein Isomer einer Stammverbindung gekennzeichnet wird, z. B. Isobutan, Isonikotinsäure.

isobar [zu griechisch báros »Schwere«, »Gewicht«], **1)** *Kernphysik:* gleiche Massen aufweisend.

2) *Meteorologie, Thermodynamik:* bei gleichem Druck verlaufend, gleichen Druck aufweisend.

Isobare, isobare Kerne, Bezeichnung für Atomkerne mit gleicher Massenzahl, aber verschiedenen Ordnungszahlen, z. B. ${}^{16}_{7}N$, ${}^{16}_{8}O$ und ${}^{16}_{9}F$. Da die Kernkräfte unabhängig von der Ladungszahl sind, zeigen die Isobare kernphysikalisch eine größere Ähnlichkeit als die Isotope.

Isobaren, 1) *Meteorologie:* die →Isolinien gleichen Luftdrucks.

2) *Thermodynamik:* die Kurven in einem thermodynamischen Zustandsdiagramm, auf denen der Druck konstant ist.

isochor [zu griechisch chṓra »Platz«, »Stelle«], konstantes Volumen besitzend; bei konstantem Volumen verlaufend. **Isochoren** sind →Isolinien gleichen Volumens.

isochron [griechisch], von gleicher Zeitdauer, zu gleichen Zeitpunkten erfolgend.

Isochronismus [griechisch-neulateinisch] *der,* Eigenschaft von Schwingsystemen bei Uhren, die bewirkt, dass die Schwingungsdauer von Störungen unabhängig ist.

Isocyanate, Salze und Ester der Isocyansäure, sehr reaktionsfähige organische Verbindungen mit der funktionellen Gruppe $-N=C=O$. Nach der Anzahl der NCO-Gruppen im Molekül unterscheidet man Mono-, Diisocyanate usw. Verwendung v. a. zur Herstellung von Polyurethanen.

Isocyanide, früher **Isonitrile,** organische Verbindungen mit der funktionellen Gruppe $-C{\equiv}N$; meist widerlich riechende, giftige Flüssigkeiten; dienen zum Nachweis primärer Amine **(Isonitrilreaktion).**

iso|elẹktrisch [griechisch], zugleich positiv und negativ geladen, sodass die Summe der Ladung null ist und Moleküle ungeladen erscheinen; z. B. Moleküle von Aminosäuren, in denen basische und saure Gruppen einander abgesättigt haben.

Iso|enzyme [griechisch], **Isozyme,** in einem Organismus vorkommende Enzyme mit gleicher Wirkung, aber genetisch unterschiedlich festgelegter Proteinstruktur, meist aus verschiedenen Organen stammend.

Isolationswiderstand, *Elektrotechnik:* elektrischer Durchgangswiderstand einer Isolierung; wichtige Kenngröße für die Betriebssicherheit elektrischer Geräte. Ein zu niedriger Isolationswiderstand **(Isolationsfehler),** insbesondere zwischen Leiter und Erde, kann zur Zerstörung der Isolation, zu Betriebsunterbrechungen, zu elektrischen Schlägen bis hin zu Bränden und Explosionen führen.

Isolator *der, allgemein:* ein elektrisch nicht leitender Stoff, der beim Anlegen einer elektrischen Spannung praktisch keinen Strom leitet; spezifischer elektrischer Widerstand größer als etwa 10^6 Ωm. Ein Isolator in einem elektrischen Feld wird auch →Dielektrikum oder Nichtleiter genannt. – Unter einem Isolator versteht man in der *Elektrotechnik* einen Isolierkörper aus elektrisch nicht leitendem Stoff (→Isolierstoffe), in der *Hochspannungstechnik* ein elektrisch nicht leitendes Konstruktionselement zur Befestigung oder Durchführung spannungsführender Leiter, z. B. Stütz-, Hänge-, Durchführungsisolatoren.

Isoleucin, Abkürzung **Ile,** neben Leucin in zahlreichen Proteinen enthaltene essenzielle Aminosäure (chemisch die 2-Amino-3-methylpentansäure), die u. a. aus Hefeprotein gewonnen werden kann.

Isolierstoffe, 1) *allgemein:* Sammelbezeichnung für Materialien zur Isolation gegen Feuchtigkeit, zur Wärmedämmung, zur Schalldämmung oder -dämpfung sowie im engeren Sinn gegen elektrischen Strom.

2) *Elektrotechnik:* elektrisch nicht leitende Werkstoffe. Sie besitzen keine freien Ladungsträger und somit einen sehr hohen →spezifischen Widerstand. Isolierstoffe sind je nach Einsatz neben elektrischen auch mechanischen, thermischen und chemischen Beanspruchungen ausgesetzt. Wichtigste Kenngrößen der Isolierstoffe sind →Isolationswiderstand und elektrische →Durchschlagfestigkeit sowie mechanische Festigkeit, Temperatur- und Alterungsbeständigkeit. Isolierstoffe können fest, flüssig oder gasförmig sein. Eine ausreichende Isolation ist meist nur durch gleichzeitigen Einsatz unterschiedlicher Isolierstoffe zu erreichen. Unterschieden werden anorganische und organische Isolierstoffe. Häufigste Isolierstoffe sind Glas, Keramik, Kunststoffe auf Phenolharz-, Polyamid-, Silicon- und Epoxidharzbasis, Glimmer, Papier, Hartpapier, Öl, Isolierlack, Luft, Wasserstoff, Stickstoff, Schwefelhexafluorid (SF_6); auch in Verbindung mit Trägermaterial wie Papier, Leinen, Glasseide, z. B. als Ölpapier, Isolierband.

In der Hochspannungstechnik werden Hartporzellan und Steatit, in der Hochfrequenztechnik Hochfrequenzkeramiken sowie in der Elektrowärmetechnik poröse Sonderwerkstoffe (z. B. lithiumhaltige Keramik) eingesetzt.

Isolierung, Isolation *die,* **1)** *Bautechnik:* der Schutz von Räumen u. a. gegen Wärme, Kälte, Feuchtigkeit oder Lärm durch Einsatz von Sperr-, Dichtungs- oder Dämmstoffen.

2) *Biologie:* Aussonderung, z. B. bestimmter Bakterien aus dem Erdboden als Reinkultur **(Isolat).** Die natürliche **geografische Isolierung** verhindert durch räumliche Trennung den Austausch von Erbfaktoren und kann zur Bildung neuer Rassen oder Arten beitragen.

3) *Elektrotechnik:* Trennung spannungsführender elektrischer Leiter durch →Isolierstoffe.

Isolini|en, Isarithmen, Linien, die v. a. auf Karten benachbarte Punkte gleicher Merkmale oder Werte einer bestimmten Größe (z. B. Luftdruck, Wassertiefe) miteinander verbinden. Sie werden besonders in der Geografie, Geophysik und Meteorologie, aber auch in der Sprachwissenschaft verwendet.

Isomerie [griechisch] *die,* **1)** *Chemie:* das Auftreten von zwei oder mehreren Verbindungen **(isomere Verbindungen, Isomere)** mit derselben Bruttoformel, jedoch mit unterschiedlicher Anordnung der Atome innerhalb der Moleküle (unterschiedliche Strukturformeln) und damit unterschiedlicher physikalischer und (mit Ausnahme der optischen Isomerie) chemischer Eigenschaften. Isomerie tritt v. a. in der organischen Chemie auf, in der anorganischen Chemie besonders bei Koordinationsverbindungen.

Man unterscheidet zwei Isomeriearten: 1) **Konstitutionsisomerie (Strukturisomerie),** bei der die Atome in unterschiedlicher Reihenfolge im Molekül angeordnet sind. Konstitutionsisomer zueinander sind u. a. Alkohole und Ether, Aldehyde und Ketone. Eine Art der Konstitutionsisomerie ist die **Skelettisomerie** oder **Kettenisomerie,** bei der ein unterschiedlicher Aufbau des Kohlenstoffskeletts vorliegt (z. B. n-Butan und Isobutan). Bei der **Stellungsisomerie** oder **Substitutionsisomerie** ist eine funktionelle Gruppe an verschiedene C-Atome des gleichen Skeletts gebunden (z. B. 1,2-, 1,3- und 1,4-Dihydroxybenzol). **Doppelbindungsisomerie** entsteht durch unterschiedliche Lage der Doppelbindung im Molekül (z. B. 1-Buten und 2-Buten). Spezielle Möglichkeiten der Strukturisomerie gibt es bei

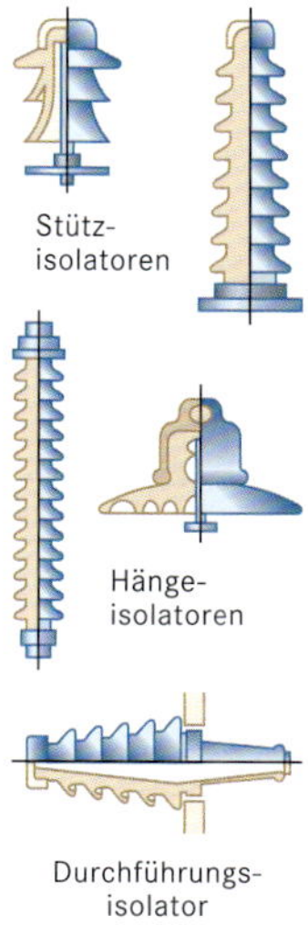

Isolator. Verschiedene Isolatoren

Komplexverbindungen. Können sich strukturisomere Moleküle bis zu einem Gleichgewicht schnell ineinander umlagern, so spricht man von →Tautomerie. 2) **Stereoisomerie (räumliche Isomerie)** entsteht durch unterschiedliche räumliche Anordnung der in gleicher Anzahl vorhandenen Atome im Molekül. Hierzu gehören die **cis-trans-Isomerie** und die **optische Isomerie (Spiegelbildisomerie, Enantiomerie),** bei der sich die optischen Isomeren (oder optischen Antipoden) wie ein nicht deckungsgleiches Bild und Spiegelbild verhalten. Voraussetzung dafür ist meist ein asymmetrisches Kohlenstoffatom (→Asymmetrie).

2) *Kernphysik:* →Kernisomerie.

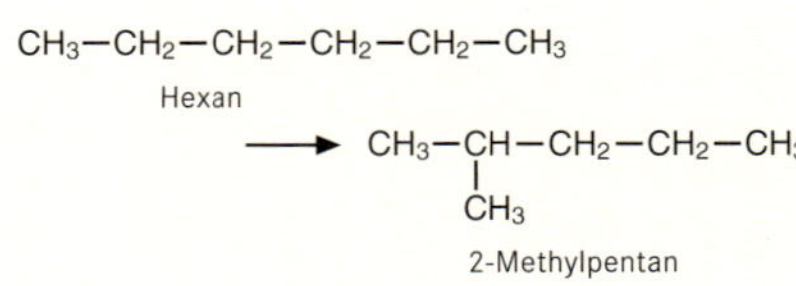

Isomerisierung. Klopffesteres Benzin durch Umlagerung des Kohlenstoffgerüsts in verzweigte Moleküle

Isomerisierung *die,* Umlagerung chemischer Verbindungen in Isomere (→Isomerie). Von technischer Bedeutung sind u. a. die Isomerisierung von Maleinsäure zu Fumarsäure und von n-Paraffinen zu klopffesteren Isoparaffinen beim Reformieren.

Isomorphie [griechisch] *die,* Strukturgleichheit oder -ähnlichkeit von Kristallen verschiedener chemischer Zusammensetzung; sie beruht auf dem fast gleichen Raumbedarf der entsprechenden Atome und ähnlichen Bindungsverhältnissen. Isomorphe chemische Verbindungen können sich beim Kristallaufbau gegenseitig ersetzen (Bildung von Mischkristallen).

Isopropyl|alkohol, Isopropanol, →Propanole.

Isospin [griechisch-englisch] *der,* **Isobarenspin,** innere Quantenzahl zur Beschreibung des elektrischen Ladungszustands von Elementarteilchen, die der starken Wechselwirkung unterliegen; sie wurde zur Unterscheidung der verschiedenen Zustände **(Isospinmultipletts)** sonst gleichartiger, fast gleich schwerer (isobarer) Hadronen eingeführt. Wie der Spin ist der Isospin gequantelt und kann nur wenige halb- und ganzzahlige Werte annehmen: $I = 0, \frac{1}{2}, 1, \frac{3}{2} \ldots$ Zu jedem Wert von I gibt es $2I + 1$ Eigenzustände, die durch die Quantenzahl I_3 unterscheidbar sind. $I_3 = I, I-1, \ldots, -I$. So gehören zu den Nukleonen mit $I = \frac{1}{2}$ das Proton ($I_3 = +\frac{1}{2}$) und das Neutron ($I_3 = -\frac{1}{2}$).

Isosterie [griechisch] *die,* Gleichheit der Elektronenkonfiguration bei Molekülen oder Ionen gleicher Atom- und Gesamtelektronenzahl. Isoster sind z. B. das Stickstoff- |N≡N| und das Kohlenmonoxidmolekül |C≡O|. Isostere Verbindungen haben oft ähnliche physikalische Eigenschaften.

isotaktisch [griechisch], *Chemie:* regelmäßig, periodisch, wiederholt; verwendet in Bezug auf die räumliche Anordnung der Seitengruppen in makromolekularen Stoffen (z. B. in Polypropylen), die dadurch besondere Eigenschaften (z. B. Festigkeit) erhalten.

isotherm [griechisch], eine konstante Temperatur aufweisend, bei konstanter Temperatur verlaufend.

Isothermen [griechisch], **1)** *Meteorologie:* →Isolinien der Temperatur.

2) *Thermodynamik:* Linien, die die Abhängigkeit des Drucks vom Volumen eines Gases bei unveränderter Temperatur angeben.

Isothermschmieden, Schmiedeverfahren, bei dem Werkstück und Werkzeug während des Bearbeitungszeitraums dieselbe Temperatur aufweisen. Die Fließfähigkeit des Werkstoffs kann während der gesamten Umformung aufrechterhalten und dadurch die aufzuwendende Presskraft deutlich reduziert werden. Da beim Isothermschmieden keine Wärme vom Werkstück an das Werkzeug abgegeben wird, können bei niedrigen Fließspannungen sehr homogene Umformteile hergestellt werden.

Isotone [griechisch], Atomkerne mit gleicher Neutronen-, aber unterschiedlicher Protonenzahl.

isotonische Lösungen [griechisch], im weiteren Sinn Bezeichnung für Lösungen mit gleichem osmotischem Druck; im engeren Sinn Lösungen, die den gleichen osmotischen Druck wie das menschliche Blut haben (z. B. Ringer-Lösung: Salzlösung aus Natrium-, Kalium- und Calciumchlorid sowie Natriumhydrogencarbonat).

Isotope [griechisch], Atomkerne (Nuklide) mit gleicher Protonenzahl (Kernladungszahl, Ordnungszahl), aber unterschiedlicher Neutronenzahl und damit unterschiedlicher Nukleonenzahl (Massenzahl). Das chemische Verhalten der Isotope eines Elements ist weitgehend identisch, lediglich bei den leichten Elementen gibt es messbare Unterschiede. Physikalisch unterscheiden sich Iso-

Isotope Isotopen-Fingerabdruck

Über die geografische Herkunft eines unbekannten Toten geben die Isotope von Kohlenstoff, Wasserstoff, Stickstoff, Schwefel, Blei und Strontium Auskunft. In verschiedenen Regionen der Erde liegen diese Isotope im Trinkwasser, Boden und in der Luft in unterschiedlichen Mengen vor. Mit der Nahrung und der Atemluft werden sie aufgenommen und haben am normalen Stoffwechselgeschehen teil. Sie lagern sich in Knochen, Fingernägeln, Haaren und Zähnen ein und bilden einen charakteristischen »Isotopen-Fingerabdruck«. Bei einem Vergleich der chemischen Zusammensetzung einer Haarprobe mit Daten, die von der ganzen Welt gesammelt wurden, können Rückschlüsse auf den Aufenthaltsort der letzten Wochen gezogen werden. Die chemische Zusammensetzung der Zähne gibt Auskunft über die Orte der Kindheit.

tope außer in ihrer Masse auch durch Spin, magnetisches Moment und Volumen. Häufig werden nicht nur die verschiedenen Atomkernarten eines Elements, sondern auch die zugehörigen Atome als Isotope bezeichnet. Isotope werden durch die Angabe der Massenzahl am chemischen Symbol gekennzeichnet, z. B. ^{35}Cl.

Mit Ausnahme weniger →Reinelemente treten alle Elemente als natürliches Isotopengemisch auf, die relative Häufigkeit der Isotope ist in der Regel jeweils konstant. Neben den in der Natur vorkommenden **stabilen Isotopen** kennt man **instabile Isotope,** die ebenfalls natürlich auftreten können, meist aber durch Kernreaktionen künstlich hergestellt werden (**radioaktive Isotope,** →Radioisotope). Die Elemente mit Ordnungszahlen über 83 weisen nur noch radioaktive Isotope auf. Bekannt sind heute etwa 300 stabile und über 2400 instabile Isotope; die meisten stabilen Isotope hat Zinn (10), die meisten Isotope überhaupt Xenon (über 30). – Die stabilen Isotope dienen, v. a. in der chemischen, medizinischen und biologischen Forschung, als **Isotopenindikatoren** (beziehungsweise Leitisotope) zur Herstellung →markierter Verbindungen, die zur Verfolgung von Reaktionsabläufen und zur Aufklärung komplizierter Stoffstrukturen eingesetzt werden.

Isotopenbatterie, Radionuklidbatterie, Gerät zur Umwandlung der Energie radioaktiver Strahlung künstlicher Radionuklide in elektrische Energie. Bei **direkten Isotopenbatterien** erfolgt die Energieumwandlung ohne Zwischenstufen (z. B. durch Aufladen eines Kondensators). Bei **indirekten Isotopenbatterien** wird die Strahlungsenergie zunächst in thermische oder Lichtenergie umgewandelt, z. B. über thermoelektrische oder thermoionische Wandler beziehungsweise Fotoelemente. Bei Letzteren wird in einem Leuchtstoff durch die radioaktive Strahlung Lumineszenzlicht angeregt und dieses über ein Fotoelement in elektrische Energie umgewandelt.

■ **Verwendung** Isotopenbatterien eignen sich v. a. dort, wo ein langer wartungsfreier Einsatz erforderlich ist, z. B. in Satelliten und Raumsonden. Als besonders geeignet hat sich Plutonium 238 mit seiner energiereichen Strahlung und langen Halbwertszeit (rund 88 Jahre) in thermoelektrischen Wandlern erwiesen.

Isotopenmarkierung, →markierte Verbindungen.

Isotopentrennung, die vollständige Trennung verschiedener Isotope eines Elements oder die Anreicherung einzelner Isotope im Isotopengemisch mithilfe physikalisch-chemischer Verfahren. Hierzu gehören: 1) das Diffusionsverfahren (→Gasdiffusionsverfahren), 2) das Schleuderverfahren mithilfe der →Gaszentrifuge, 3) das auf dem Prinzip der Thermodiffusion beruhende Trennrohrverfahren, 4) die Gegenstrom- und fraktionierte Destillation (→Destillation), 5) die Elektrolyse des Wassers, 6) chemische Austauschreaktionen, 7) →Massenspektrometrie, 8) die Laserisotopentrennung; dabei wird durch das monochromatische Laserlicht infolge der isotopieabhängigen Verschiebung der Spektrallinien nur ein bestimmtes Isotop angeregt, während alle anderen Isotope in ihrem Grundzustand verbleiben.

Der Trenn- beziehungsweise Anreicherungseffekt der einzelnen Methoden ist sehr unterschiedlich, weshalb die einzelnen Stufen der Isotopentrennung häufig kaskadenartig wiederholt werden.

isotrop [griechisch], in allen Richtungen gleiche Eigenschaften (besonders optische) aufweisend.

Isotropie [griechisch], *Physik* und *Chemie:* die Richtungsunabhängigkeit physikalischer und chemischer Eigenschaften von Körpern und des physikalischen Raumes. Isotropie zeigen amorphe Stoffe, z. B. Glas; Gegensatz: Anisotropie.

Isozyme [griechisch], die →Isoenzyme.

IT [aɪˈtiː, Abkürzung für englisch information technology], →Informationstechnologie.

ITER [Abkürzung für englisch International Thermonuclear Experimental Reactor, »internationaler thermonuklearer Versuchsreaktor«], als europäisch-amerikanisch-japanisch-russisches Gemeinschaftsprojekt geplanter Fusionsreaktor vom Typ »Tokamak«. Ziel der für dieses Vorhaben 1988 begonnenen Zusammenarbeit auf dem Gebiet der kontrollierten →Kernfusion ist die Umsetzung der bislang nur im »Labor« gewonnenen Ergebnisse der Fusionsforschung und damit der Nachweis, dass die wissenschaftlichen und technologischen Voraussetzungen für die Energiegewinnung durch Kernfusion erfüllt werden können. ITER soll erstmals ein thermonuklear gezündetes und für längere Zeit Energie lieferndes Plasma erzeugen.

Als Standort für die Forschungsanlage wurde nach fast zweijährigen Verhandlungen Cadarache (Südfrankreich) ausgewählt. Der Forschungsbetrieb soll in rund 10 Jahren aufgenommen werden können.

IUCN [aɪjuːsiːˈen, englisch], Abkürzung für International Union for Conservation of Nature and Natural Resources, →Internationale Union für Naturschutz.

IUPAC, Abkürzung für englisch →International Union of Pure and Applied Chemistry.

Iwanenko, Dmitri Dmitrijewitsch, russischer Physiker, * Poltawa 29. 7. 1904, † Moskau 31. 12. 1994; entwickelte unabhängig von W. Heisenberg die Vorstellung eines aus Protonen und Neutronen aufgebauten Atomkerns.

99997
Dimitri Dmitrijewitsch Iwanenko

J

100674

Jahresringe

j, J [jɔt, in Österreich je], **1)** *Chemie:* **J,** Symbol für →Jod (chemisch fachsprachlich heute I).

2) *Einheitenzeichen:* **J,** für →Joule.

3) *Formelzeichen:* j in der Elektrotechnik für die imaginäre Einheit i, *J* für die →Stromdichte.

Jacob, François, französischer Genetiker, *Nancy 17. 6. 1920; erhielt 1965 mit A. Lwoff und J. Monod für die Entdeckung von Regulatorgenen bei der Enzym- und Virussynthese den Nobelpreis für Physiologie oder Medizin.

Jaco̲bi, Moritz Hermann von (seit 1842), deutscher Physiker, *Potsdam 21. 9. 1801, †Sankt Petersburg 10. 3. 1874; entwickelte die Galvanoplastik, benutzte ab 1834 Elektromotoren zum Antrieb von Fahrzeugen; förderte die Einführung des metrischen Einheitensystems.

Jagd, Weidwerk, Aufsuchen, Nachstellen, Erlegen, Fangen jagdbarer Tiere durch Jagdausübungsberechtigte. Heute gelten im Allgemeinen die Regeln des Jagdrechts und des Jagdgebrauchs (Weidgerechtigkeit, fachsprachlich oft Waidgerechtigkeit). Wesentlicher Teil des Jagdrechts ist die Hege. Nach altem Herkommen werden hohe und niedere Jagd unterschieden. Zum Hochwild gehören Schalenwild (außer Rehwild), Auerwild, Stein- und Seeadler; alle anderen Wildarten sind Niederwild. Jagdbar sind die im Jagdgesetz so bezeichneten frei lebenden Tiere.

Jahresringe, Jahrringe, konzentrische Wachstumsringe im →Holz eines Baumstamms.

Jạmswurzel [afrikanisch-portugiesch], **Yamswurzel, Dioscorea,** Gattung der Jamswurzelgewächse in den Tropen und den wärmeren Bereichen der gemäßigten Zone; zum Teil wichtige tropische Nutzpflanzen, z. B. die **Brotwurzel** (Dioscorea batatas), deren bis 20 kg schwere, stärkereiche Knollen **(Jams, Yams)** gekocht wie Bataten und Kartoffeln verwendet werden.

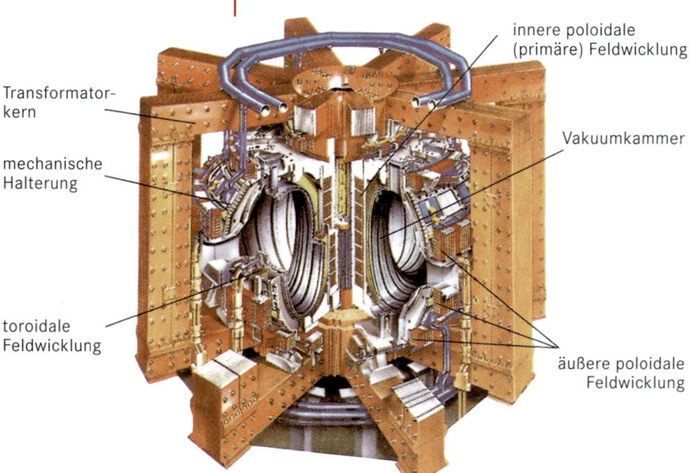

JET.
Schematischer Aufbau des europäischen Tokamakfusionsexperiments JET in Culham (bei Oxford)

Jasmi̲n, Jasminum, Gattung der Ölbaumgewächse, meist in tropischen und subtropischen Gebieten; Sträucher mit langröhrigen weißen, rosa oder gelben Blüten, zum Teil stark duftend. Mehrere Arten werden als Zierpflanzen kultiviert, z. B. der aus Persien und dem Himalajagebiet stammende **Echte Jasmin** (Jasminium officinale), ein nicht ganz winterharter Strauch mit duftenden weißen Blüten, und der winterharte, gelb blühende **Winterjasmin** (Jasminum nudiflorum) aus Nordchina; dieser ab Januar blühende Strauch, kann eine Höhe von 3 m erreichen.

Jeans [dʒiːnz], Sir (seit 1928) James Hopwood, britischer Mathematiker, Physiker und Astronom, *Ormskirk (County Lancashire) 11. 9. 1877, †Dorking (County Surrey) 16. 9. 1946; leistete wichtige Beiträge zur Theorie des schwarzen Strahlers (Strahlungsgesetze), Stellardynamik und Kosmogonie; verfasste naturphilosophische und populärastronomische Schriften.

Jẹnsen, Hans Daniel, deutscher Kernphysiker, *Hamburg 25. 6. 1907, †Heidelberg 11. 2. 1973; Professor in Hannover, Hamburg, Heidelberg, entwickelte mit O. Haxel das Schalenmodell der Atomkerne; erhielt 1963 zusammen mit M. Goeppert-Mayer und E. P. Wigner den Nobelpreis für Physik.

Jẹrne, Nils Kaj, dänischer Immunologe, *London 23. 12. 1911, †Castillon-du-Gard (Département Gard) 7. 10. 1994; erhielt 1984 für seine Arbeiten über Aufbau und Steuerung des Immunsystems und für die Entdeckung des Prinzips der Produktion von monoklonalen Antikörpern (mit C. Milstein und G. Köhler) den Nobelpreis für Physiologie oder Medizin.

Jet [dʒet; englisch »Düse«, »Strahl«], *Physik:* **Hadron-Jet,** Teilchenbündel (Hadronen), das in Elementarteilchenreaktionen auftritt. Es entsteht durch die (unmessbar schnelle) Umwandlung eines aus seiner normalen Bindung gelösten energiereichen Quarks, Antiquarks oder Gluons in (langlebigere) Hadronen.

JET [dʒet; Abkürzung für englisch **J**oint **E**uropean **T**orus, »gemeinsames europäisches Torusprojekt«], Vorhaben der Europäischen Atomgemeinschaft zur Erforschung der physikalischen und technischen Grundlagen der kontrollierten →Kernfusion. Standort der Forschungsanlage ist Culham (bei Oxford), Zentrum des Projekts ein seit 1983 nach dem Tokamak-Prinzip arbeitender Fusionsreaktor.

Jetstream [ˈdʒetstriːm, englisch] *der,* **Strahlstrom,** äußerst intensiver, bandfömiger, nicht beständiger, von Westen nach Osten gerichteter Luftstrom mit Geschwindigkeiten zwischen 150 km/h und bis zu mehr als 600 km/h in der oberen Troposphäre im Übergangsgebiet zwischen polaren Kaltluft- und subtropischen Warmluftmassen (Frontalzone), der mit starken horizontalen Temperatur- und Druckgradienten verbunden ist. Im Jetstream herrscht, meist bei Wolkenlosigkeit, starke Turbulenz.

Joch, *Elektrotechnik:* der unbewickelte Teil des magnetischen Kreises bei elektrischen Maschinen und Transformatoren.

Jod [zu griechisch iṓdēs »veilchenfarbig«, nach der Farbe seines Dampfes] *das,* chemisches Symbol **I** (internationale Bezeichnung **Iod**), veraltet **J,** nichtmetallisches Element der 7. Hauptgruppe des Periodensystems. Ordnungszahl 53, relative Atommasse 126,9045, mehr als 30 künstliche Isotope (^{109}I–^{142}I) mit Halbwertszeiten von 0,65 Sekunden bis $1{,}7 \cdot 10^7$ Jahren; Dichte 4,93 g/cm^3, Schmelzpunkt 113,7 °C, Siedepunkt 184,4 °C.

Die glänzenden grauschwarzen Kristalle sublimieren bei Raumtemperatur; der aus I_2-Molekülen bestehende giftige violette Dampf riecht charakteristisch und ist stark schleimhautreizend. Jod wirkt sehr stark keimtötend und wird daher zusammen mit Kaliumjodid und Ethanol als Desinfektionsmittel verwendet (»Jodwasser«). Jod ist chemisch reaktionsträger als die anderen →Halogene, ist in Wasser nur sehr wenig löslich, gut löslich in Kaliumjodidlösung, Chloroform, Alkohol, Ether, Schwefelkohlenstoff, Benzol. Jod ist ein sehr seltenes Element. In der Natur tritt es nie elementar auf, sondern nur in Form von Jodverbindungen. Diese finden sich in geringen Mengen in vielen Gesteinen, Böden, Mineralquellen und sogar in der Luft. Das technisch wichtigste Vorkommen ist der Chilesalpeter, in dem Jod als Nebenbestandteil in Form von Jodaten vorliegt (bis 0,1 %). Jod kommt auch in Meeresalgen vor, weil diese die im Meerwasser vorkommenden Jodide anreichern. Im Wasser selbst beträgt der Anteil der Jodide nur etwa 0,0002 %. Industriell wird Jod in Südamerika aus den riesigen Chilesalpeter-Lagerstätten gewonnen, außerdem in Frankreich, Schottland, USA und Russland aus Seetang, der an den Meeresküsten geerntet wird.

In seinen Verbindungen ist Jod überwiegend einwertig, z. B. in den **Jodiden,** den Salzen der Jodwasserstoffsäure. Silberjodid, AgI, wird in der Fotografie verwendet. Fünfwertige Jodverbindungen sind die **Jodate,** die Salze der Jodsäure. Bekannte organische Jodverbindungen sind Jodoform, CHI_3, und **Alkyljodide** für Synthesen.

Aus der Reihe künstlich hergestellter radioaktiver Jodisotope wird das ^{131}I zur Behandlung von Schilddrüsenerkrankungen angewendet (Halbwertszeit 8,02 Tage). In der Schilddrüsendiagnostik kommen die Isotope ^{123}I (Halbwertszeit 13,2 Stunden) und ^{128}I (Halbwertszeit 25 Minuten), überwiegend inzwischen jedoch Technetiumisotope zum Einsatz. Im jodierten Speisesalz werden Jodsalze wie Natrium- oder Kaliumjodat zugesetzt.

100001

Jetstream.
Jetstream über Ägypten und dem Roten Meer, durch Wolken markiert

Radioaktive Jodisotope, die bei Reaktorunfällen freigesetzt werden können, sind v. a. ^{131}I und ^{129}I (Halbwertszeit rund 16 Mio. Jahre, biologische Halbwertszeit etwa 140 Tage). Als vorbeugende Maßnahme bei möglichen Kernreaktorunfällen wird das Einnehmen von Kaliumjodidtabletten (»Jodtabletten«) vorgeschlagen, um rasch die Jodspeicher aufzufüllen und dadurch das strahlenempfindliche Schilddrüsengewebe gegen die Aufnahme von radioaktivem Jod zu schützen.

Jod ist ein unentbehrlicher Bestandteil des tierischen und menschlichen Organismus; es wird mit der Nahrung aufgenommen. Als essenzielles Spurenelement (z. B. Baustein des Schilddrüsenhormons Thyroxin) beträgt der tägliche Bedarf 0,15 mg. Jodmangel ist in ganz Mitteleuropa, und nicht nur in manchen Gebirgsregionen (Strumatal in Südbulgarien), endemisch. Jodiertes Trinkwasser und jodhaltiges Speisesalz sind dringend zu empfehlen.

Jodid *das,* →Jod.

Jodometrie [griechisch] *die,* →Oxidimetrie.

Jod-Stärke-Reaktion, sehr empfindlicher Nachweis von elementarem Jod durch Stärkelösung; dabei bildet sich eine blauschwarze Verbindung.

Jodwasserstoff, HI, farbloses, stechend riechendes, giftiges Gas, dessen wässrige Lösung als Jodwasserstoffsäure bezeichnet wird.

Joffe, Joffé, Abram Fjodorowitsch, russischer Physiker, *Romny (Gouvernement Poltawa) 29. 10. 1880, †Leningrad 14. 10. 1960; Schüler von W. C. Röntgen, ab 1918 Professor in Leningrad, später Direktor des Instituts für Halbleiterphysik; arbeitete besonders über Kristallphysik, Dielektrika und Halbleiter-Thermoelemente, mitbeteiligt an der Entwick-

100674

Jod.
Sublimation von Jod im Glaskolben

Irène Joliot-Curie
* 1897, † 1956

565

■ entdeckte zusammen mit ihrem Mann Jean Frédéric Joliot-Curie die künstliche Radioaktivität

■ erhielt 1935 den Nobelpreis für Chemie

lung der ersten sowjetischen Wasserstoffbombe. Unter dem **Joffe-Effekt** (1924) versteht man die Steigerung der Plastizität und Reißfestigkeit von Ionenkristallen bei Einwirkung eines Lösungsmittels.

Joint Implementation ['dʒɔɪnt ɪmplɪmen'teɪʃn, englisch], die gemeinsame Umsetzung der sich aus der →Klimarahmenkonvention ergebenden Vertragsverpflichtungen. Dabei wird angenommen, dass gemeinsam ergriffene Maßnahmen des Klimaschutzes kostengünstiger sein können als einzelstaatliche.

Joliot-Curie [ʒɔl'joky'ri], **1)** Irène, französische Physikerin, * Paris 12. 9. 1897, † ebenda 17. 3. 1956; Tochter von Marie und P. Curie, ⚭ (seit 1926) mit 2); arbeitete seit 1918 als Assistentin an dem von ihrer Mutter geleiteten Institut du radium in Paris; 1925 Promotion über die Alphastrahlung des Poloniums. 1932 wurde Joliot-Curie Forschungsdirektorin des Institut du radium, 1946–56 dessen Direktorin. Sie erhielt 1937 eine Professur an der Sorbonne (ohne Lehrstuhl), 1946 übernahm sie den Lehrstuhl für Allgemeine Physik und Radioaktivität. Zusammen mit ihrem Mann wurde sie vom französischen General C. de Gaulle in die französische Atomenergiebehörde berufen (1945), aus der sie 1951 wegen ihrer Tätigkeit für die Kommunisten wieder entlassen wurde.

Frühe Arbeiten betrafen die Verbesserung der Herstellungstechniken radioaktiver Präparate, die Alphastrahlung und die Isotopie. Anfang 1934 entdeckten Joliot-Curie und ihr Mann die Möglichkeit, künstliche radioaktive Elemente zu erzeugen, wofür beide 1935 mit dem Nobelpreis für Chemie geehrt wurden. Joliot-Curie stellte Radioisotope von Phosphor, Stickstoff und Silicium her. Strahlenschädigungen verlangten ab Mitte der 1930er-Jahre größere Arbeitsunterbrechungen, Joliot-Curie starb 1956 an Leukämie.

2) Jean Frédéric, eigentlich **J. F. Joliot**, französischer Physiker, * Paris 19. 3. 1900, † ebenda 14. 8. 1959; ⚭ (seit 1926) mit 1); Mitarbeiter von M. Curie am Institut du radium in Paris (als Nachfolger seiner Frau 1956–58 dessen Direktor), nach 1945 Vorsitzender der französischen Atomenergiebehörde, 1950 als Kommunist entlassen; entdeckte gemeinsam mit seiner Frau die künstliche Radioaktivität und erhielt mit ihr 1935 den Nobelpreis für Chemie. Nach Entdeckung der Kernspaltung durch O. Hahn und F. Straßmann sagte Joliot-Curie die Möglichkeit von Kernkettenreaktionen voraus. Joliot-Curie war namhaftes Mitglied der Résistance.

Jordan, Ernst Pascual, deutscher Physiker, * Hannover 18. 10. 1902, † Hamburg 31. 7. 1980; 1957–61 MdB; war maßgebend an der Entwicklung der Quantenmechanik beteiligt und wandte sie auch auf biophysikalische Fragen an, arbeitete über Quantenelektrodynamik, allgemeine Relativitätstheorie, Astrophysik und Kosmologie.

Josephson ['dʒəʊzɪfsn], Brian David, britischer Physiker, * Cardiff 4. 1. 1940; erhielt 1973 für Untersuchungen auf dem Gebiet der Supraleitung (→Josephson-Effekte) mit L. Esaki und I. Giaever den Nobelpreis für Physik.

Josephson-Effekte ['dʒəʊzɪfsn-], 1962 von B. D. Josephson theoretisch vorausgesagte und wenig später experimentell nachgewiesene quantenmechanische Festkörpereffekte. Sie beruhen auf dem Durchgang (→Tunneleffekt) von Cooper-Paaren durch eine Kontaktstelle zwischen zwei Supraleitern, die durch eine sehr dünne Isolierschicht oder durch eine sehr enge supraleitende Verbindung (Größenordnung einige Nanometer) voneinander getrennt sind **(Josephson-Kontakt).** Zwischen den Supraleitern fließt ein spannungsloser Suprastrom; diesen Vorgang nennt man **Gleichstrom-Josephson-Effekt,** er erlaubt sehr empfindliche Magnetfeldmessungen. Beim Anlegen einer Gleichspannung an den Tunnelkontakt fließt ein hochfrequenter Wechselstrom **(Wechselstrom-Josephson-Effekt).** – Wichtige technischen Anwendungen der Josephson-Effekte sind Mikrowellengeneratoren und -detektoren, parametrische Verstärker sowie logische Schalt- und Speicherelemente **(Josephson-Elemente)** mit äußerst kurzen Schaltzeiten für die Informatik.

Joule [dʒu:l; nach J. P. Joule] *das,* Einheitenzeichen **J,** SI-Einheit der Arbeit, Energie, Wärmemenge. Die Arbeit 1 J wird verrichtet, wenn eine Kraft von 1 N über eine Weglänge von 1 m wirkt: $1\,J = 1\,Ws = 1\,Nm = 1\,kg\,m^2/s^2 = 0{,}2388\,cal$.

Joule [dʒu:l], James Prescott, britischer Physiker, * Salford (bei Manchester) 24. 12. 1818, † Sale (County Cheshire) 11. 10. 1889; fand 1841 das →Joule-Gesetz und war einer der Entdecker des Energiesatzes; er bestimmte die Menge der durch mechanische Arbeit erzeugten Wärme (mechanisches Wärmeäquivalent), untersuchte die innere Energie der Gase und entdeckte mit W. Thomson bei Gasdrosselversuchen den Abkühlungseffekt (→Joule-Thomson-Effekt).

Joule-Effekt [dʒu:l-], →Magnetostriktion.

100674

Josephson-Effekte. Tunnelkontakte in 137-facher Vergrößerung

Joule-Gesetz [dʒuːl -], von J. P. Joule entdeckte Aussage über die Erwärmung eines elektrischen Leiters infolge Stromdurchgangs. Für die erzeugte Wärmemenge Q **(Joule-Wärme)** gilt: $Q = R \cdot I^2 \cdot \Delta t = U \cdot I \cdot \Delta t$; R ist der elektrische Widerstand des Leiters, Δt die Zeit des Stromflusses, I die Stromstärke und U die Spannung.

Joule-Thomson-Effekt [dʒuːl ˈtɔmsn -; nach J. P. Joule und W. Thomson], die Temperaturänderung eines realen Gases durch Ausdehnung beim Durchströmen eines Drosselventils (z. B. eine poröse Keramik) ohne äußere Arbeitsleistung und Wärmeaustausch **(adiabatische Entspannung).** Bei hohen Temperaturen tritt Erwärmung **(negativer Joule-Thomson-Effekt)** auf, unterhalb der für jedes Gas charakteristischen Inversionstemperatur dagegen Abkühlung **(positiver Joule-Thomson-Effekt).** Auf der Abkühlung beruhen wichtige Verfahren der →Gasverflüssigung.

J-Teilchen, *Physik:* das →Psiteilchen.

Jumbojet [ˈdʒʊmbəʊdʒet; amerikanisch jumbo »Koloss«, »riesig«, eigentlich ein Elefantenname] *der,* umgangssprachliche Bezeichnung für das erste Großraumflugzeug Boeing 747.

Jungfernfrüchtigkeit, Parthenokarpie, Fruchtbildung bei Pflanzen ohne Befruchtung; natürliche Jungfernfrüchtigkeit kommt bei Banane, Ananas und einigen Zitrusgewächsen vor.

Jungfernzeugung, Parthenogenese, Art der Fortpflanzung, bei der aus unbefruchteten tierischen oder pflanzlichen Eizellen Nachkommen hervorgehen; v. a. bei einigen Würmern und Insekten vorkommend.

jungfräuliche Kurve, *Physik:* →Hysterese.

Jụngius, Joachim, deutscher Mathematiker, Mediziner und Naturforscher, * Lübeck 22. 10. 1587, † Hamburg 23. 9. 1657; wurde 1609 Professor der Mathematik in Gießen, gründete 1623 in Rostock die erste deutsche wissenschaftliche Gesellschaft, ab 1629 Professor in Hamburg. Jungius lieferte Beiträge zur Erneuerung der Logik und trug zum Vordringen der Atomistik und zur Begründung der Chemie als Wissenschaft bei. Seine naturwissenschaftlichen Erkenntnisse bemühte er sich zu systematisieren und mithilfe mathematischer Methodik wissenschaftlich zu begründen.

Jụnkers, Hugo, deutscher Flugzeugkonstrukteur und Unternehmer, * Rheydt (heute zu Mönchengladbach) 3. 2. 1859, † Gauting 3. 2. 1935; entwickelte u. a. 1907 den Doppelkolbenmotor, 1910 ein Nurflügelflugzeug, 1915 das erste Ganzmetallflugzeug mit freitragenden Flügeln (J 1), 1919 das erste Ganzmetallverkehrsflugzeug (F 13) und 1929 den ersten Schwerölflugmotor nach dem Doppelkolbenprinzip. Junkers gründete 1913 die **Junkers-Motorenbau GmbH** und 1919 die **Junkers-Flugzeugwerke AG,** beide in Dessau, die 1934 verstaatlicht und 1936 zu den **Junkers-Flugzeug- und Motorenwerken AG** zusammengefasst wurden, in denen die Verkehrsflugzeuge Ju 52 (1931, »Tante Ju«), Ju 90 (1937) und die Kampfflugzeuge Ju 87 (1935, »Stuka«), Ju 88 (1936) entstanden. Nach dem Krieg blieben die Werke in der sowjetischen Besatzungszone staatlich; die im Bereich der Bundesrepublik Deutschland reprivatisierten Werke gingen 1969 in der Messerschmitt-Bölkow-Blohm GmbH auf.

Ju̲piterlampe, sehr starke Lichtquelle (z. B. Bogen- oder Xenonlampen), die auf Bühnen sowie für Film- und Fernsehstudioaufnahmen verwendet wird.

Ju̲ra *der,* eines der geologischen Systeme des Mesozoikums, dauerte rund 60 Mio. Jahre, während denen besonders Tone, Mergel und Kalksteine abgelagert wurden (nutzbar: Eisenerz-, Gips- und Salzlager). In diese Zeit fallen das weitere Zerbrechen des Urkontinents Pangäa, zahlreiche Meeresüberflutungen (Entstehung des Atlantiks), gewaltige Lavaeruptionen und ein mildes Klima. Unterteilt wird der Jura in Lias, Dogger, Malm oder nach den in Süddeutschland vorherrschenden Gesteinsfarben in Schwarzen, Braunen und Weißen Jura.

justieren [von lateinisch iustus »richtig«], *allgemein:* technische Geräte und Einrichtungen vor Gebrauch genau einstellen beziehungsweise einrichten.

Ju̲te [angloindisch] *die,* Fasern aus dem Bast der aus Indien stammenden, einjährigen Jutepflanzen Corchorus capsularis und Corchorus olitorius, den nach der Baumwolle wichtigsten Faserpflanzen. Die Faserbündel sind sehr lang, aber wesentlich weniger fest als Hanf und Flachs. Verwendet wird Jute v. a. für Verpackungs-, Polster- und Wandbespannungsmaterial sowie als Grundgewebe für Teppiche und Linoleum.

189

Jumbojet.
Eine Boeing 747 beim Start

Jungfernzeugung
→ GEO **Dossier**
Das Spiel der Triebe, Bd. 7

100562

Jura.
Blick auf den Creux du Van, einen natürlichen Felstrichter im Jura-Kalkgestein

K

Nur ein **Käfer,** aber für den Philosophen Arthur Schopenhauer doch etwas Besonderes:

»Jeder dumme Junge kann einen Käfer zertreten. Aber alle Professoren der Welt können keinen herstellen.«

698

Kakaobaum. Blüte (links) und Frucht eines Kakaobaums

k, K, 1) *Chemie:* **K**, Symbol für →Kalium.

2) *Einheitenzeichen:* **K** für →Kelvin.

3) *Formelzeichen:* *k* für die →Boltzmann-Konstante, *K* für →Kerma.

4) *Vorsatzzeichen:* **k** für →Kilo.

Kabel [mittelhochdeutsch kabel »Ankerseil«, »Schiffstau«], Leitung zur Übertragung von elektrischer Energie beziehungsweise Signalen für Verlegungen in Luft, Wasser und im Boden. Kabel bestehen (im Gegensatz zur flexiblen Litze) aus gegeneinander isolierten, starren Kupferdrähten. Die leitenden **Adern** sind nach außen durch den isolierenden **Kabelmantel** und gegebenenfalls eine **Bewehrung** aus Kunststoff oder Metall geschützt.

Starkstromkabel (Leistungskabel) werden nach ihrer Nennspannung in **Niederspannungskabel, Mittelspannungskabel** (Spannung zwischen 0,61 kV und 18 beziehungsweise 30 kV) und **Hochspannungskabel** (> 26 beziehungsweise 45 kV) eingeteilt. Auch die Art der Isolation hängt von der Höhe der Spannung ab, sie besteht bei Niederspannungskabeln vorwiegend aus Polyvinylchlorid. – Bei **Fernmeldekabeln (Nachrichtenkabel)** sind Leiterquerschnitt und Isolationsdicke geringer. Man unterscheidet Fernmeldekabeln mit symmetrischer Leiteranordnung **(symmetrische Kabel)** mit gleichen Hin- und Rückleitern aus verseilten Drähten sowie Kabel mit koaxialer Leiteranordnung (**Koaxialkabel,** →Koaxialleitung). Zur optischen Signalübertragung dienen z. B. **Lichtleitkabel.**

Kabelfernsehen, Verteilung von Fernsehprogrammen im Rahmen des Kabelrundfunks.

Kabelrundfunk, Verteilung von Hörfunk- und Fernsehprogrammen (Kabelfernsehen, →Fernsehen) über kabelgebundene Breitbandnetze (BK-Netze, →Breitbandkommunikation). Die Programmzuführung in die BK-Netze erfolgt über Satelliten, Richtfunkstrecken oder heranführende Kabelstrecken des öffentlichen Kommunikationsnetzes.

Kạdmium *das,* eingedeutschte Schreibung für chemisch fachsprachlich →Cadmium.

Käfer [althochdeutsch chevar, eigentlich »Nager«], **Koleopteren, Coleoptera,** mit rund 350 000 Arten in fast allen Biotopen weltweit verbreitete Ordnung 0,25–160 mm langer Insekten (davon rund 5 700 Arten in Mitteleuropa); Körper mit meist hartem Hautpanzer und stark verhärteten Deckflügeln (Elyton), die in Ruhe die gefalteten, häutigen Hinterflügel (Alae) schützen und meist auch den ganzen Hinterleib bedecken. Zum Flug werden nur die Hinterflügel benutzt. Am Körper sind drei gelenkig miteinander verbundene Abschnitte zu unterscheiden: 1) Kopf mit Facettenaugen, Fühlern und kauenden Mundwerkzeugen; 2) Halsschild mit einem Beinpaar; 3) mittleres und letztes Brustsegment (mit je einem Bein- und Flügelpaar sowie dem Schildchen [Scutellum]), starr verschmolzen mit dem Hinterleib, an dem sich die Atemöffnung (Stigma) befindet. Die meisten Käfer sind Pflanzenfresser, viele leben räuberisch. Entwicklung durch →Metamorphose.

Kaffee, siehe Sonderartikel Seite 574.

Käfigläufer, Käfiganker, Kurzschlussanker, *Elektrotechnik:* der rotierende Teil (Läufer) eines Asynchronmotors (→Elektromotor).

Kakạobaum, Theobroma, Gattung der Sterkuliengewächse mit 20 Arten im tropischen Amerika. Die wichtigste, in den Gebieten des Amazonas und des Orinoco beheimatete, in Mittel- und Südamerika, in Westafrika und einigen asiatischen Ländern angebaute Art ist **Theobroma cacao** mit einer großen Anzahl von Zuchtformen (z. B. Criollo, Amazonasforastero und Trinitaro): ein bis 10 m hoher Baum mit knorrigem Stamm und breiter Krone. Die Blüten sind gelblich weiß oder rötlich. Sie erscheinen in Büscheln aus dem Stamm (Kauliflorie) oder den Ästen. Die gurkenförmigen Früchte (Trockenbeeren) sind 10–20 cm lang, gelb oder rotbraun, mit 25–60 in Längsreihen angeordneten weißlichen Samen **(Kakaobohnen),** die zu Kakao verarbeitet werden. Die Samen enthalten etwa 40–53 % Fett, 15 % Eiweiß, 8 % Stärke, 7 % Gerbstoffe, die Alkaloide Theobromin (1–2 %) und Koffein (0,2–0,3 %).

Kaktẹen [lateinisch-griechisch], **Kaktusgewächse, Cactaceae,** Pflanzenfamilie mit rund 200 Arten v. a. in den tropischen und subtropischen Wüsten und Steppen Amerikas; fast ausschließlich Stammsukkulenten (→Sukkulenten) mit dornigen, borstigen oder behaarten reduzierten Kurztrieben (Areolen); Blüten meist einzeln, werden von Insekten, Vögeln oder Fledermäusen bestäubt; Stämme beziehungsweise Sprosse z. B. schlangenförmig (Schlangenkaktus), rutenförmig (Rutenkaktus), säulenförmig (Säulenkaktus), kugelig (Teufelszunge), abgeflacht (Feigenkaktus)

Kakteen. Feigenkaktus

oder gegliedert (Gliederkaktus). Einige Arten sind Nutzpflanzen, z. B. Feigenkaktus (Opuntie), viele Kakteen sind als Zimmerpflanzen in Kultur. Die meisten blühen nur, wenn sie im Winter hell, trocken und kühl, im Sommer sonnig und warm stehen.

Kali [arabisch] *das,* unpräzise Bezeichnung für →Kalium und seine Verbindungen, v. a. Kalisalze.

kalibrieren, *Messtechnik:* einen reproduzierbaren Zusammenhang zwischen Ausgangs- und Eingangsgröße feststellen, z. B. zwischen der Anzeige eines Messgeräts und der Messgröße.

Kalilauge, →Kalium.

Kalisalze, natürlich vorkommende Chloride und Sulfate des Kaliums, meist Doppelsalze (mit Magnesium, Mg; Calcium, Ca; Natrium, Na), z. B. Carnallit, Kainit, Sylvin, Polyhalit. **Primäre Kalisalze** entstehen unter ariden Klimabedingungen durch Eindunsten von Salzwasser. Hier scheiden sich entsprechend ihrer Löslichkeit nacheinander Kalkstein, Gips, Anhydrit, Steinsalz und Kalisalze aus. Weitere Kalisalze bilden sich durch **sekundäre Umwandlung** der Primärausscheidungen (»Salzmetamorphose«). Kalisalze wurden in allen geologischen Zeitaltern seit dem Kambrium nachgewiesen; große Lagerstätten aus dem Unterperm, Zechstein und Tertiär. Kalisalze dienen v. a. zur Herstellung von Düngemitteln, daneben als Rohstoffe in der chemischen Industrie.

Kalium [zu Alkali] *das,* chemisches Symbol **K,** Alkalimetall aus der 1. Hauptgruppe des Periodensystems, Ordnungszahl 19, relative Atommasse 39,0983, Dichte (bei 20 °C) 0,862 g/cm^3, Schmelzpunkt 63,38 °C, Siedepunkt 759 °C.

Kalium ist wachsweich und silberweiß glänzend; es ähnelt chemisch dem Natrium, reagiert heftig unter Flammenbildung mit Wasser zu Kaliumhydroxid und Wasserstoff. Um Kalium vor der Verbindung mit Sauerstoff zu schützen, wird es in reaktionsträgen Flüssigkeiten, z. B. Petroleum, aufbewahrt. Zur Gewinnung von Kalium wird meist Kaliumfluorid mit Calciumcarbid umgesetzt oder geschmolzenes Kaliumchlorid mit Natrium reduziert. Kalium ist in der Erdrinde mit 2,59 % enthalten. Es wird spektralanalytisch nachgewiesen. Das Isotop ^{40}K (zu 0,0117 % in natürlichem Kalium enthalten) ist radioaktiv und wird zur Altersbestimmung herangezogen (Kalium-Argon-Methode).

Kalium ist in Form seines Ions (K^+) ein lebenswichtiger Mineralstoff für Tier und Mensch; es kommt in vielen Lebensmitteln vor. K^+ ist das Hauptkation im intrazellulären Raum und damit wichtig für die Aufrechterhaltung des osmotischen Drucks der intrazellulären Flüssigkeit; weiterhin ist es notwendig für den über die Natrium-Kalium-Pumpe stattfindenden Aufbau von Membranpotenzialen und damit für die Erregbarkeit von Nerven-, Muskel- und Sinneszellen. Der mittlere Tagesbedarf des gesunden Erwachsenen beträgt etwa 2,0 g/Tag, die tägliche Aufnahme über die Nahrung liegt bei 2–4 g. Kaliummangel führt zu Störungen der Erregungsleitung von Nerven und der Muskelkontraktion.

100562

Kali. Kalihalde

Landpflanzen sind Kaliumsammler; bei ihrer Veraschung fällt das Element als Kaliumcarbonat an. Einige Kaliumverbindungen sind wichtige gesteinsbildende Minerale: Feldspat, Glimmer, Leucit. Kalium hat kaum technische Bedeutung, da es durch das billigere Natrium zu ersetzen ist.

■ **Verbindungen** Kalium tritt in Verbindungen einwertig positiv auf. **Kaliumhydroxid (Ätzkali, Kaliumoxidhydrat),** KOH, eine undurchsichtige weiße Masse, entsteht in wässriger Lösung bei der Elektrolyse von Kaliumchlorid. Das aus dieser Lösung **(Kalilauge)** durch Abdampfen gewonnene feste Kaliumhydroxid ist sehr hygroskopisch, eine starke Base, zieht Kohlendioxid an, schmilzt leicht und wirkt ätzend. Verwendet wird es in der Seifen- und Farbenindustrie. **Kaliumcarbonat (Pottasche),** K_2CO_3, ein Bestandteil der Pflanzenasche, wird hauptsächlich durch Elektrolyse von Kaliumchlorid und Sättigen mit Kohlendioxid dargestellt. Das weiße Salz wird zur Herstellung von Glas, Seifen, Ätzkali, Wasserglas und in der chemischen Industrie verwendet. **Kaliumsulfat** , K_2SO_4, dient zur Darstellung von Alaun und als Düngemittel. **Kaliumchlorat,** $KClO_3$, wird durch Einleiten von Chlor in heiße Kalilauge oder durch Elektrolyse wässriger Chlorkaliumlösungen dargestellt, verwendet als sauerstoffreiche Verbindung, z. B. in der Zündholz-, Sprengstoff- und Feuerwerksindustrie. Durch Einleiten von Chlor oder Kohlendioxid in eine wässrige Lösung von Kaliummanganat bildet sich **Kaliumpermanganat,** $KMnO_4$, grünschwarze, metallisch glänzende Kristalle, die sich in Wasser mit tief violetter Farbe lösen; das starke Oxidationsmittel dient als Desinfektionsmittel und wird in der Oxidimetrie verwendet. Durch Erhitzen von Kaliumcarbonat mit Schwefel entsteht ein Gemisch von **Kaliumpentasulfid**

Fortsetzung S. 576

Kaffee

Ein Hauch von Orient entströmt einer Tasse Mokka – schließlich waren es Araber, die als Erste die Kaffeebohnen über dem Feuer rösteten, anschließend im Mörser zerrieben und daraus das aromareiche Getränk zubereiteten. Von hier aus trat das belebende und die Sinne schärfende Getränk seinen Siegeszug über alle Kontinente an. Heute wird der Kaffee in mehr als 70 Staaten der Tropen und Subtropen angebaut. 7 Mio. Tonnen Rohkaffee, geerntet von ca. 15 Mio. Bäumen, werden weltweit gehandelt. Die Röstereien in den Importländern stellen hieraus den aromatischen Röstkaffee her. Sein Geschmack, Aroma und Preis hängen stark vom Anbaugebiet und Röstvorgang ab.

Von der Kirsche zur Bohne

Kaffeepflanzen sind anspruchsvoll: Sie lieben ein möglichst ausgeglichenes Klima und einen nährstoffreichen, durchlässigen Boden. Von den über 80 Arten der Gattung Coffea werden in den Kaffeeplantagen lediglich zwei angebaut: Zwischen 600 und 1 800 Metern Höhe der *Coffea arabica* (Hochlandkaffee) und bis 600 Meter Höhe der *Coffea robusta* (Tieflandkaffee). Der Kaffeeanbau benötigt eine relativ kleine Fläche – nur 0,8 % der weltweit kultivierten 1 500 Mio. Hektar –, jedoch einen hohen Arbeitseinsatz. Die Früchte reifen nur sehr langsam: beim Arabica in sechs bis acht Monaten, beim Robusta in neun bis elf Monaten. Normalerweise werden die Kaffeekirschen einmal im Jahr geerntet. In tropischen Regionen, in denen es keine unterschiedlichen Regen- und Trockenzeiten gibt – z. B. in Kolumbien und Kenia – kann der Kaffeebaum zweimal pro Jahr blühen, sodass es neben einer Haupt- noch eine Nebenernte gibt. In den meisten Ländern ist die Kaffeeernte Handarbeit, weshalb die Erntekosten mehr als 50 % der Gesamtkosten ausmachen. Aus den Kernen der Kaffeekirschen werden jeweils zwei beige-grüne Kaffeebohnen gewonnen und in 60-kg-Säcke für den Export verpackt. Die Hauptexportländer sind Brasilien, Vietnam und Kolumbien.

237

Kaffeekirschen

Weltweit leben 25 Mio. Menschen vom Kaffeeanbau. Kaffee ist nach dem Erdöl der wichtigste Rohstoff im Welthandel. Der Kaffeepreis auf dem Weltmarkt wird von Angebot und Nachfrage bestimmt und unterliegt deshalb sehr starken Schwankungen. Seit 1998 sinken die Weltmarktpreise. Ein Konzept der Nachhaltigkeit soll aus der Krise führen, den Kaffeebauern langfristig ein Auskommen sichern und gleichzeitig den umweltverträglichen Anbau ermöglichen.

Espresso – ein Kult(getränk)

Mit der Erfindung der ersten »Crema Caffe Machine« im Jahr 1947 erlangte der Espresso in Italien Kultstatus. Für Espresso werden dunkel geröstete Kaffeebohnen bevorzugt. Bei der Zubereitung wird heißes Wasser mit einer Temperatur von ca. 90 °C mit einem Druck von ca. 9 bar durch eine Schicht Kaffeepulver gepresst. Innerhalb von 30 Sekunden entsteht so die ersehnte Tasse Espresso. Die Bezeichnung espresso stammt übrigens aus dem Italienischen und bedeutet auspressen. Während der kurzen »Extraktionszeit« werden lediglich 75 % des Koffeins extrahiert. Aber auch viele geschmacklich unerwünschte Stoffe werden nicht vom Wasser gelöst, weshalb der Espresso bekömmlicher ist als Filterkaffee.

Eine feste, mittelbraune Crema ist das typische Merkmal einer gelungenen Tasse Espresso. Sie hält die flüchtigen Aromastoffe in der Tasse zurück und verleiht dem Getränk eine cremige, unverwechselbare Konsistenz. Beim ersten Schluck bedeckt die Crema die Rezeptoren für Bitterkeit im hinteren Zungenbereich, sodass der Espresso milder schmeckt. Außerdem bleibt sie im gesamten Mundbereich haften und gibt die Aromastoffe verzögert frei. Ein guter Espresso schmeckt noch ca. 20 Minuten nach.

Kaffee – mehr als Aroma und Genuss

Der typische Duft und das Aroma des Kaffees entstehen erst durch chemische Reaktionen beim Rösten der Kaffeebohnen in den Röstereien der Importländer bei Temperaturen bis 250 °C. Einen bedeutenden Beitrag leistet hierbei die so genannte Maillard-Reaktion. Insgesamt entstehen durch den Röstvorgang mindestens 800 verschiedene Aromastoffe.
Der Röstkaffee gängiger Kaffeemarken bildet eine Mischung aus bis zu 20 verschiedenen Teilen unterschiedlicher Qualität, Herkunft und Sorte. Dadurch soll eine gleich bleibende Standardqualität zu gleichen Preisen angeboten werden. Espressomischungen enthalten meist einen höheren Anteil an Robusta-Kaffee, der kräftiger und bitterer schmeckt und weniger Säuren besitzt als der Arabica-Kaffee. Rund 80 % des in Deutschland konsumierten Kaffees ist Arabica-Kaffee. Dagegen ist in den Mittelmeerländern der Robusta-Anteil höher.
Im Durchschnitt trinkt jeder Deutsche 150 Liter Kaffee pro Jahr. Die volkstümliche Meinung stuft den Kaffee als eher ungesund ein. Für viele ist der Genuss von bis zu fünf Tassen Kaffee pro Tag jedoch unbedenklich, wenn nicht sogar förderlich. Der Inhaltsstoff Coffein verbessert die Leistungsfähigkeit und neuronale Aktivitäten wie das Kurzzeitgedächtnis. 60–70 mg sind hiervon in einer Tasse Espresso und 100–150 mg in einer Tasse Filterkaffee enthalten. Als bedenklich gilt jedoch die Zigarette zum Kaffee, denn das Coffein verstärkt die negativen Folgen des Nikotins. Die Erbanlagen bestimmen mit, wie ein Lebensmittel oder Medikament auf die Gesundheit eines Menschen wirkt. Das trifft auch auf Kaffee zu. Denn eine Reihe von Menschen bauen – erblich bedingt – Coffein nur sehr langsam ab. Für sie kann ein erhöhter Kaffeekonsum schädlich sein, weil das Coffein zu lange im Körper verweilt und dadurch das Herzinfarktrisiko erhöht.
Eine positive Wirkung haben die im Kaffee vorkommenden Polyphenole. Sie wirken als Antioxidanzien und können schädliche Radikale in den Zellen abfangen. Des Weiteren enthält Kaffee Mineralsalze wie Kalium, Magnesium, Eisen und Kupfer sowie Nikotinsäure (Vitamin B2) – eine Tasse Kaffee deckt ein Zehntel des Bedarfs eines Erwachsenen an diesem Vitamin. Widerlegt ist die Meinung, Kaffee raube dem Körper Wasser. Die harntreibende Wirkung von Kaffee ist vergleichbar mit der von Wasser. Deshalb leistet jede Tasse Kaffee auch einen Beitrag zur Flüssigkeitszufuhr.

Farmer am Kilimandscharo bei der Kaffeeauslese von Hand

Fortsetzung von S. 573

und **Kaliumthiosulfat**, die **Schwefelleber**, die in der Medizin zu keratolytischen Schwefelbädern dient. Weitere Kaliumverbindungen sind z. B. **Kaliumbromid**, **Kaliumchlorid**, **Kaliumferricyanid** beziehungsweise **Kaliumferrocyanid**, das rote beziehungsweise gelbe Blutlaugensalz, **Kaliumnitrat** (der Kalisalpeter) und **Kaliumsilicat**, das Kaliwasserglas (→Wasserglas).

Kalk.
Kreide gehört zu den natürlichen Kalkablagerungen; hier die Kreideküste (Wissower Klinken) auf Rügen.

Kalium-Argon-Methode, Methode der →Altersbestimmung von Gesteinen. Sie beruht auf dem radioaktiven Zerfall des Kaliumisotops ^{40}K, das mit 0,0117 % zum natürlichen Kalium beiträgt. Das ^{40}K-Nuklid zerfällt mit einer Halbwertszeit von 1,3 Mrd. Jahren, zu 11 % durch Elektroneneinfang zum Argonisotop ^{40}Ar und zu 89 % durch Betazerfall zum Calciumisotop ^{40}Ca (dualer Zerfall). Als Edelgas akkumuliert sich radiogenes ^{40}Ar im Mineral, sodass seine Menge – bezogen auf den Kaliumgehalt – ein Maß für das Alter ist. ^{40}Ar wird zusammen mit den anderen Argonisotopen massenspektrometrisch nachgewiesen, wodurch es von absorbiertem Luftargon unterschieden werden kann. Die Kalium-Argon-Methode ist eines der am häufigsten angewendeten geochronologischen Verfahren mit einem zeitlich weiten Anwendungsbereich, der von der Bildung des Planetensystems (Meteoriten) vor 4,6 Mrd. Jahren bis in das jüngste Pleistozän reicht.

Kaliumcyanid, Zyankali, Abkürzung **KCN,** hochgiftiges Kaliumsalz der Blausäure; bildet ein weißes, in Wasser leicht lösliches Pulver.

Kalkspat

Kalk, Bezeichnung für Calciumverbindungen, die in einfachem Zusammenhang mit Calciumoxid, CaO, stehen. **Kohlensaurer Kalk, Calciumcarbonat,** $CaCO_3$, ist in der Natur verbreitet als Kalkstein, Kreide, Marmor, Kalkspat, Aragonit, ferner als Hauptbestandteil von Eierschalen und Ähnlichem sowie als Aufbaustoff der Knochen. Kalk ist lebenswichtig für den Stoffwechsel bei Mensch, Tier und Pflanze. **Gebrannter Kalk, Ätzkalk,** entsteht aus Kalkstein, der im Kalkofen bei über 900 °C gebrannt wird, Kohlendioxid wird ausgetrieben, es verbleibt Calciumoxid, CaO. Der gebrannte Kalk ist porös, bröcklig und nimmt Wasser aus der Luft auf (daher trockene Lagerung). **Löschkalk, gelöschter Kalk,** entsteht aus gebranntem Kalk, der mit Wasser übergossen wird; es bildet sich Calciumhydroxid, $Ca(OH)_2$. Dabei wird Wärme frei, die das überschüssige Wasser verdampfen lässt (»Rauchen« beim Kalklöschen). Gelöschter Kalk geht durch Aufnahme von Kohlendioxid aus der Luft wieder in $CaCO_3$ über. Deshalb wird er bei der Mörtelbereitung und in der Landwirtschaft (Kalkdüngung) verwendet.

Kalk|algen, verschiedene Arten der Algen, die an oder in der Zellwand Kalk ablagern; fossile Kalkalgen aus dem Jura bildeten Kalksedimente (Schreibkreide).

Kalkpflanzen, Pflanzen, die nur auf kalkhaltigem Boden vorkommen (kalkstete Pflanzen) oder sich v. a. dort finden (kalkholde Pflanzen).

Kalkspat, Calcit, Kalzit, trigonales, formen- und flächenreichstes Mineral, $CaCO_3$, meist farblos oder weiß, eines der wichtigsten gesteinsbildenden Minerale. Dichte bis körnige Aggregate von Kalkspat sind Kalkstein, Kreide und Marmor. Seine starke →Doppelbrechung ist bereits makroskopisch erkennbar. Große Kalkspatkristalle werden daher auch in optischen Instrumenten verwendet (Doppelspat, Islandspat, früher v. a. auf Island abgebaut).

Kalkstickstoff, Calciumcyanamid, $CaCN_2$, entsteht durch Umsetzung von Calciumcarbid mit Stickstoff bei Rotglut; wichtiger Stickstoffdünger.

Kallus, *Botanik:* bei Pflanzen auftretende Gewebewucherung an Wundflächen, dient dem Wundverschluss; häufig als Überwallung an Baumstämmen. Als Kallus bezeichnet man auch Gewebestücke aus undifferenzierten Zellen, die einer lebenden Pflanze entnommen wurden. Unter geeigneten Kultivierungsbedingungen kann sich aus dem Kallusgewebe eine neue Pflanze entwickeln. Kalluskulturen finden in der Pflanzenforschung breite Anwendung.

Kalmare [lateinisch], schlanke zehnarmige Kopffüßer mit schwimmtüchtigen Flossen.

Die **Riesenkalmare** (volkstümlich **Riesenkraken,** Architeuthis) sind mit über 20 m Gesamtlänge (einschließlich Tentakeln) und 1 t Gewicht die größten wirbellosen Tiere. Der etwa 50 cm lange **Gemeine Kalmar** (Loligo vulgaris) wird im Mittelmeer und Westatlantik gefischt.

Kalorie [französisch, zu lateinisch calor »Wärme«] *die,* Einheitenzeichen **cal,** veraltete, aber noch häufig verwendete Einheit der Energie (Wärme), ursprünglich definiert als die Energie, die 1 g Wasser um 1 °C erwärmt. SI-Einheit ist das →Joule: 1 cal = 4,1868 J beziehungsweise 1 J = 0,2388 cal. In Nährwertangaben wurde meist die Kilokalorie (kcal) verwendet.

Kalmare. Südlicher Riffkalmar

Kalorimeter [lateinisch-griechisch] *das,* **1)** *Elementarteilchenphysik:* Detektor zur Messung der Energie und der Richtung von Teilchen und -bündeln (Jets). Man unterscheidet elektromagnetische Kalorimeter für Elektronen, Myonen und Photonen (auch Schauerzähler genannt) und Hadronenkalorimeter für stark wechselwirkende Teilchen.

2) *Thermodynamik:* gegen Wärmeaustausch mit der Umgebung isoliertes Gerät zum Messen von Wärmemengen, die bei physikalischen oder chemischen Prozessen erzeugt oder verbraucht werden, sowie von spezifischen Wärmekapazitäten **(Kalorimetrie).**

Beim **Flüssigkeitskalorimeter** wird der Probekörper beziehungsweise das Reaktionsgefäß in eine Flüssigkeit mit gutem Wärmeleitkontakt im Kalorimeter eingebracht und aus ihrer Temperaturänderung die umgesetzte Wärmemenge bestimmt. Verbrennungswärmen werden in der **kalorimetrischen Bombe (Bombenkalorimeter, Berthelot-Bombe)** gemessen, die aus einem abgeschlossenen dickwandigen, innen emaillierten Stahlgefäß (Bombe) besteht. Hierin verbrennt man eine genau abgewogene Menge einer festen oder flüssigen Substanz nach Zündung durch einen elektrischen Glühdraht (Zündleitung) in Sauerstoff von 25 bis 35 MPa Druck. Während der Verbrennung taucht die Bombe in eine abgemessene Wassermenge ein; die Verbrennungswärme des verbrannten Brennstoffs wird an das Wasser abgegeben und ruft dort eine messbare Temperaturerhöhung hervor, aus der man die frei gewordene Wärmemenge bestimmen kann. Um eine gleichmäßige Verteilung der abgegebenen Wärmemenge zu gewährleisten, wird das Wasser gerührt. Das Kalorimetergefäß ist von der Umgebung durch Strahlungsschutz und Wassermantel isoliert. In **isothermen Kalorimetern** wird die umgesetzte Wärmemenge für eine isotherme Phasenumwandlung (Schmelzen, Verdampfen, Kondensieren) einer Substanz genutzt, das heißt, die Temperatur bleibt während des kalorimetrischen Prozesses konstant. Aus der Volumen- oder Gewichtsänderung der Substanz lässt sich die umgesetzte Wärmemenge ermitteln.

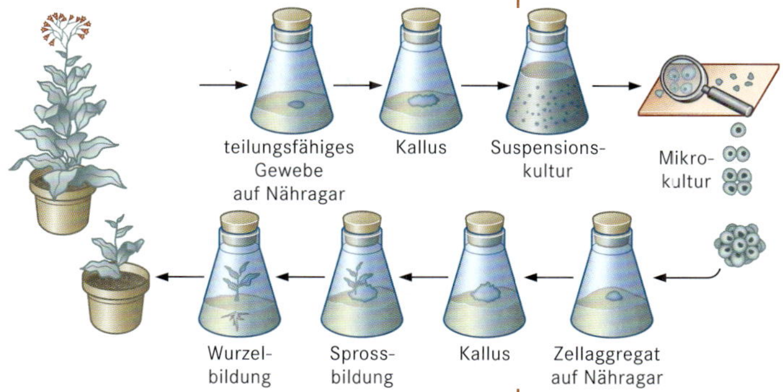

Kallus. Schema der Anzucht ganzer Pflanzen aus Kalluszellen

Kalt|arbeitsstähle, legierte oder unlegierte, meist karbidreiche, harte Werkzeugstähle für Kaltarbeitswerkzeuge (spanabhebende Werkzeuge, Scheren, Meißel u. a.).

Kaltblüter, volkstümliche Bezeichnung für wechselwarme Tiere, →Poikilotherme.

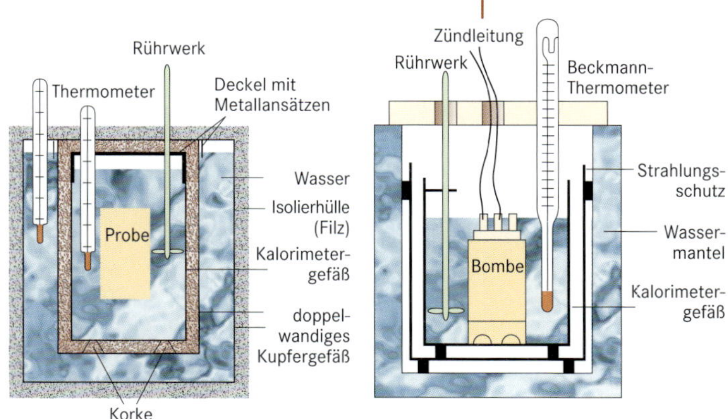

Kalorimeter 2). Schematische Darstellungen eines Erwärmungskalorimeters (Flüssigkeitskalorimeter; links) und eines Bombenkalorimeters (Berthelot-Bombe; rechts)

Kältemaschine, Anlage zur Kühlung von geschlossenen Räumen und von festen, flüssigen oder gasförmigen Körpern auf eine vorgegebene, unter der Umgebungstemperatur liegende Temperatur und zu deren Aufrechterhaltung. Dazu muss unter Arbeitsaufwand Wärmeenergie von einem kälteren Körper, der dabei noch kälter wird, auf einen wärmeren

100764

Kältemaschine. Kältemaschine von 1877 (Wien, Technisches Museum)

Körper übertragen werden. Das Funktionsprinzip der Kältemaschine beruht auf der Ausnutzung verschiedener physikalischer Effekte und der Anwendung thermodynamischer Kreisprozesse. Der wichtigste Kreisprozess ist der **Kaltdampfprozess,** bei dem ein leicht siedendes, flüssiges →Kältemittel zwischen zwei verschiedenen Drücken und den dazugehörigen Siedetemperaturen geführt wird. Die zur Verdampfung des flüssigen Kältemittels benötigte Wärmeenergie (Verdampfungswärme) wird der Umgebung entzogen, wodurch sich diese abkühlt.

■ **Kompressionskältemaschine** Bei der Kompressionskältemaschine befindet sich das siedende Kältemittel in einem Verdampfer, wo es die Verdampfungswärme dem Kälteträger, dem Kühlraum oder dem Kühlgut entzieht. Der Kältemitteldampf wird von einem Kompressor aus dem Verdampfer abgesaugt, verdichtet und dann in einem luft- oder wassergekühlten Kondensator unter Wärmeabgabe verflüssigt. Das flüssige Kältemittel wird dann durch einen Drosselvorgang wieder auf den Ausgangsdruck entspannt und in den Verdampfer expandiert, womit der Kreislauf geschlossen ist.

■ **Absorptionskältemaschine** Bei der Absorptionskältemaschine wird der mechanische durch einen »thermischen Kompressor« mit einer zwischen Absorber und Austreiber umlaufenden Lösung ersetzt. Der Kältemitteldampf wird verdichtet, sodass er im Absorber bei niedrigem Druck von der (an Kältemittel) armen Lösung absorbiert und im Austreiber (Kocher, Generator) bei hohem Druck unter Wärmezufuhr aus der reichen Lösung ausgetrieben wird. Die übrig bleibende, arme Lösung fließt über einen Wärmetauscher in den Absorber zurück. Der Kältemitteldampf wird im Kondensator verflüssigt, im Drosselorgan entspannt und im Verdampfer unter Wärmeaufnahme verdampft. Die beiden wichtigsten Stoffpaare für diesen Prozess sind Ammoniak (als Kältemittel) mit einer wässrigen Ammoniaklösung (als Absorptionsmittel) oder Wasser (als Kältemittel) mit einer wässrigen Lithiumbromidlösung (als Absorptionsmittel). Das Stoffpaar Wasser/Lithiumbromidlösung kann nur bei Verdampfungstemperaturen oberhalb 0 °C eingesetzt werden (z. B. in der Klimatechnik).

Kältemischung, Mischung von Salzen, die eine negative Lösungswärme besitzen, mit Wasser oder Eis; kann zur einmaligen Kälteerzeugung genutzt werden. Die Temperaturerniedrigung entsteht dadurch, dass die Stoffe beim Lösen Wärme verbrauchen, die der Mischung entzogen wird.

Kältemittel, Arbeitsstoffe, die in einer →Kältemaschine durch Verdampfen bei niedriger Temperatur und niedrigem Druck Wärme aufnehmen und durch Verflüssigen bei höherer Temperatur und höherem Druck Wärme abgeben. Als Kältemittel werden leicht siedende Flüssigkeiten mit großer Verdampfungswärme verwendet, z. B. Ammoniak (für Großkälteanlagen). In Kühl- und Gefrierschränken waren FCKW lange Zeit von größter Bedeutung (→Fluorchlorkohlenwasserstoffe). Ersatzkältemittel ist z. B. der teilfluorierte Kohlenwasserstoff R 134 a.; heute werden die noch umweltverträglicheren Kältemittel Propan oder Butan verwendet.

Kälte|resistenz, die Fähigkeit von Organismen, länger dauernde Einwirkung tiefer Temperaturen ohne bleibende Schäden zu ertragen. Allgemein existiert eine große individuelle Variabilität im Ertragen von Kälte, die u. a. abhängig ist vom Flüssigkeitsanteil am Lebendgewicht der Organismen beziehungsweise dem Verhältnis von freiem zu gebunde-

Kältemischung: Temperaturen, die mit ausgewählten Kältemischungen erreicht werden können

Stoff A	Stoff B	g Stoff A je 100 g Stoff B	erreichbare Temperatur in °C
Eis	Wasser	–	0
Natriumcarbonat (Na_2CO_3)	Eis	6	−2
Ammoniumchlorid (NH_4Cl)	Wasser	23	−3,4
Ammoniumchlorid (NH_4Cl)	Eis	14	−15
Natriumchlorid (NaCl)	Eis	23	−21
Calciumchlorid ($CaCl_2$)	Eis	30,2	−50
CO_2 (fest)	Ethanol	–	−72
CO_2 (fest)	Ether	–	−100

nem Wasser sowie Einwirkungsdauer, Plötzlichkeit und Wiederholung der Kälteeinwirkung. Organismen kühlerer Klimate besitzen eine wesentlich größere Kälteresistenz als Pflanzen und Tiere wärmerer Lebensräume, die häufig schon bei einigen Graden über 0 °C zum Kältetod führende Schäden erleiden.

Häufig wird bei Pflanzen die **Frostresistenz,** tiefe Temperaturen unter 0 °C lebend zu überstehen, von der Kälteresistenz unterschieden. Sinkende Temperaturen lösen die Bildung von Frostschutzstoffen aus, die u. a. in Chloroplasten eingelagert werden und vor Wasserentzug schützen.

Kältestarre, mit Bewegungshemmung und weitgehender Einstellung des Stoffwechsels verbundener Körperzustand von Pflanzen und Tieren unterhalb der zum aktiven Leben erforderlichen Temperatur, ohne dass es zum Absterben **(Kältetod)** kommt.

Kältetechnik, technische Disziplin, die sich mit der Erzeugung und Anwendung von Temperaturen unterhalb der Umgebungstemperatur sowie mit der Konstruktion aller dazu erforderlichen Maschinen, Apparate, Steuer- und Regeleinrichtungen befasst. Bei Temperaturen unterhalb von 77 K (−196 °C) spricht man von Tieftemperatur- oder →Kryotechnik.

Die Verfahren der Kältetechnik nutzen die negative Lösungsenthalpie zur Abkühlung aus (→Kältemischung), verwenden die Verdampfung einer Flüssigkeit unter Aufnahme von Verdampfungswärme (→Kältemaschine), die adiabatische Entspannung oder Drosselung eines Gases oder Gasgemisches (→Joule-Thomson-Effekt) oder den Wärmetransport durch thermoelektrische Vorgänge (→Peltier-Effekt). Ein wichtiges Anwendungsgebiet der Kältetechnik ist die Lebensmitteltechnik (Herstellung, Kühllagerung und -transport von Lebensmitteln, Entwicklung und Bau von Kühlmöbeln).

Kaltformung, Kaltverformung, Umformung metallischer Werkstoffe bei Temperaturen unterhalb der Rekristallisationstemperatur des betreffenden Metalls (→Rekristallisation), in der Regel bei Raumtemperatur. **Kaltformverfahren** dienen u. a. zum Richten gekrümmter Teile und zur Herstellung bestimmter Profile; sehr häufig bilden sie den Abschluss einer vorhergegangenen Warmformung. Fertigungsverfahren, die als Kaltformung durchgeführt werden können, sind v. a. Stauchen, Prägen, Fließpressen, Einsenken, Walzen, Draht-, Rohr- und Tiefziehen sowie Verfahren der Blechbearbeitung.

Kaltfront, *Meteorologie:* →Front.

Kaltleiter, PTC-Thermistor, ein →Thermistor mit positivem Temperaturkoeffizienten; mit zunehmender Temperatur steigt sein Widerstand, die Leitfähigkeit nimmt ab. Zu den Kaltleitern gehören u. a. alle Metalle; Anwendung für Regelzwecke, als Überlastschutz, zur Strombegrenzung in elektrischen Stromkreisen; Gegensatz: →Heißleiter.

Kaltzeit, geologische Periode mit kühlerem Klima als in Warmzeiten; →Eiszeitalter.

Kalzinieren, →Calcinieren.

Kalzium, eingedeutschte Schreibung für chemisch fachsprachlich →Calcium.

Kambium [lateinisch] *das,* peripherer Gewebemantel aus teilungsfähigen Zellen in Spross und Wurzel der mehrjährigen Nacktsamer, der Zweikeimblättrigen und einiger Einkeimblättriger (z. B. Drachenbäume), der nach innen sekundäres Holz, nach außen sekundäre Rinde erzeugt und dadurch Dickenwachstum bewirkt.

Kambrium *das, Geologie:* ältestes System des Paläozoikums nach dem weithin fossilfreien Proterozoikum, dauerte rund 60 Mio. Jahre. Das im Präkambrium begonnene Aufbrechen des frühen Urkontinents in die Großkontinente Gondwana und Laurasia setzt sich fort, es beginnt die sprunghafte Entfaltung einer vielgestaltigen Fauna und Flora. Die rein marine Fauna weist urtümliche Züge, aber schon alle Stämme der Wirbellosen auf. Das Kambrium enthält Kalkstein, Sandstein, Tonschiefer, Diabas, oolithische Eisenerze.

Kamele.
Guanako (Körperlänge bis 2 m)

Kamele, Camelidae, Familie der Paarhufer, Schwielensohler. Kamele haben dicke Polster unter den Zehen, dichtes, wolliges Haar, eine gespaltene Oberlippe und ovale Blutkörperchen (einmalig bei Säugetieren). Kamele sind genügsame, langbeinige Passgänger und Wiederkäuer mit einem mehrkammerigen Magen. Die **Altweltkamele** (Großkamele, Gattung Camelus) gehören zu den größten Paarhufern (bis 650 kg schwer); mit einem oder zwei Rückenhöckern, die als Fettspeicher die-

Kamele. Trampeltier (Körperlänge bis 3 m)

nen, sowie verschließbaren Nasenlöchern (Schutz bei Sandstürmen). Das **Dromedar** (Einhöckeriges Kamel, Camelus dromedarius) bewohnt die Trockengebiete Nordafrikas und Arabiens; in Persien, Südwestafrika, Australien und Mexiko wurde es eingeführt; es kann bis 17 Tage ohne Wasser auskommen; durch langes Dursten verliert ein Dromedar bis zu 30% seines Körpergewichts; außerdem kann es Wasser ungewöhnlich schnell wieder aufnehmen (circa 100 Liter in 10 Minuten). Das **Trampeltier** (Zweihöckeriges Kamel, Camelus ferus) bewohnte die Trockengebiete Innerasiens; heute lebt noch ein kleiner Bestand in der Wüste Gobi. Von ihm stammt das als Last- und Reittier, Milch-, Fleisch- und Dunglieferant gehaltene Hauskamel ab. Die höckerlosen **Neuweltkamele** (Schafkamele oder **Lamas,** Gattung Lama) bewohnen in zwei Arten Südamerika: das **Guanako** (Lama guanicoë) die trockenen Berg- und Flachländer, das **Vicuña** (**Vikunja,** Lama vicugna) die höheren Lagen der Anden. Vom Guanako stammen die beiden Haustierformen **Lama** (Last- und Fleischtier) und **Alpaka** (Wolllieferant) ab.

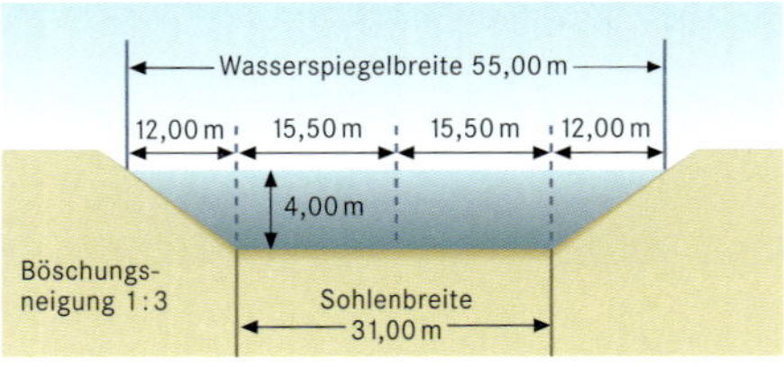

Kanal 2). Regelquerschnitt des Main-Donau-Kanals

Kamera [Kurzform von Camera obscura] *die,* Aufnahmegerät in der Fotografie (→fotografische Apparate), beim Film und beim Fernsehen (→Videokamera).

Kamerlingh Onnes [- ˈɔnəs], Heike, niederländischer Physiker, *Groningen 21. 9. 1853, †Leiden 21. 2. 1926; seit 1882 Professor in Leiden, wo er 1894 ein Laboratorium gründete, in dem er das Verhalten von Gasen und Metallen bei tiefen Temperaturen untersuchte. 1906 gelang ihm die Verflüssigung des Wasserstoffs, 1908 die des Heliums, 1911 entdeckte er die Supraleitfähigkeit am Quecksilber. Kamerlingh Onnes erhielt 1913 den Nobelpreis für Physik.

Kamille, [zu lateinisch camomilla], 1) (Chamomilla), Korbblütlergattung, meist einjährige Kräuter. In Europa und Westasien wächst die bis 40 cm hohe **Echte Kamille** (**Feldkamille,** Chamomilla recutita), mit kegelförmigem, hohlem Blütenboden und abwärts gebogenen Zungenblüten, die würzig duften. Wegen der Inhaltsstoffe (u. a. ätherisches Öl, Flavouride) werden die Blüten v. a. als krampflösendes und entzündungshemmendes Mittel medizinisch verwendet. 2) (Hundskamille, Anthemis), Korbblütlergattung, einjährige bis ausdauernde Kräuter. Die **Römische Kamille** (Anthemis nobilis), die gelbe Röhren- und weiße, abstehende Zungenblüten hat, aus Südeuropa eingeführt wurde und wie Echte Kamille duftet, wird wie diese genutzt. **Stinkhundskamille** (Anthemis cotula) und **Ackerhundskamille** (Anthemis arvensis) sind europäische Feldunkräuter. Die gelb blühende **Färberhundskamille** (Anthemis tinctoria), die auf sonnigen Kalkhängen Süd- und Mitteldeutschlands wächst, diente früher zum Gelbfärben.

Kanal [aus lateinisch canna »Röhre«], **1)** *Elektronik:* der Teil eines (unipolaren) Halbleiterbauelements, durch den der gesteuerte Strom fließt. (→Feldeffekttransistor)

2) *Wasserbau:* künstlicher Wasserlauf. **Abwässerkanäle** dienen zur Abführung der Schmutz- und Regenwässer (→Kanalisation), die **Bewässerungskanäle** und **Entwässerungskanäle** zur Be- und Entwässerung von landwirtschaftlich genutzten Flächen, **Werkkanäle** zur Zu- und Ableitung des Betriebswassers von Wasserkraft- und Industrieanlagen und **Schifffahrtskanäle** zur Herstellung zusammenhängender Schifffahrtswege. Letztere haben kein natürlichen Gefälle; Höhenunterschiede im Gelände werden durch Schleusen oder Schiffshebewerke überwunden, die die Kanalstrecke in verschiedenen Höhenlagen halten. Der theoretisch günstigste Kanalquerschnitt ist das Muldenprofil; wegen der wirtschaftlicheren Bauausführung wird heute meist ein Querschnitt mit etwa fünf Knickpunkten verwendet.

Kanalisation *die,* Anlage zur Sammlung und Abführung von Abwasser, Regen- und Schmelzwasser durch unterirdische Kanäle. Abwasser und Niederschlagswasser werden entweder vermischt durch ein einheitliches Kanalsystem abgeführt **(Mischkanalisation)** oder getrennt **(Trennkanalisation)** in eine Kläranlage beziehungsweise ein natürliches Gewässer geleitet. Für das Niederschlagswasser beginnt das Kanalnetz in Regenrohren und

Straßenabläufen mit Sinkkästen. Die Ableitung des Schmutzwassers beginnt in den Einrichtungen der Hausentwässerung (Ausguss, Toiletten) und führt über senkrechte **Fallrohre** zur **Grundleitung** unter dem Keller, die in der Regel durch eine Anschlussleitung mit dem öffentlichen Kanalnetz verbunden ist. Die kleinen **Anschlusskanäle** fließen in größeren **Straßenkanälen** zusammen; mehrere Neben- und Hauptsammler münden in einen Hauptkanal **(Endsammler)**, der das Wasser der Kläranlage zuführt (→Abwasserreinigung). Der Übertritt von übel riechenden und gesundheitsgefährdenden Gasen aus der Kanalisation in die Wohnungen wird durch →Geruchverschlüsse verhindert.

Kanalstrahlen, historisch bedingte Bezeichnung für positive Ionenstrahlen, die durch eine Bohrung (Kanal) in der Kathode von Niederdruckgasentladungsröhren aus dem Entladungsraum in das dahinter liegende Vakuum austreten. Aus der Analyse der als Ionenquelle dienenden Kanalstrahlen hat sich die moderne Massenspektroskopie entwickelt.

Kanalwähler, kompakte Baugruppe in einem Fernseh- oder UKW-Hörfunkempfänger zur →Abstimmung auf einen der zur Verfügung stehenden Kanäle (→Tuner).

Kandel, Eric, amerikanischer Neurobiologe österreichischer Herkunft, *Wien 7. 11. 1929; seit 1974 Professor an der Columbia University. Kandel erhielt 2000 mit A. Carlsson und P. Greengard für die Entdeckungen zur Signalübertragung im Nervensystem den Nobelpreis für Physiologie oder Medizin. Insbesondere erforschte er die Veränderungen an den Nervenschaltstellen (Synapsen), die als Grundlage für Gedächtnisvorgänge gelten.

Kaneelbaumgewächse, Canellaceae, Pflanzenfamilie in den Tropen und Subtropen Nordamerikas; bekannt v. a. der auf den Westindischen Inseln heimische **Zimtrindenbaum** (Canella winterana), dessen weißlich gelbe Rinde (Kaneelrinde) den wie Zimt verwendeten weißen Kaneel (Ceylonzimt) liefert.

Kängurus [australisch], **Macropodidae,** Familie der Beuteltiere, 25–165 cm körperlang, mit langen Hinterbeinen (Fortbewegung überwiegend auf den Hinterbeinen hüpfend) und kräftigem Stützschwanz, schwachen Vorderbeinen und kleinem Kopf; Pflanzenfresser, hauptsächlich in den Grassteppen Australiens. Nach kurzer Tragezeit (30–40 Tage) wird in der Regel nur ein etwa daumengroßes Junges geboren, das selbstständig in den Beutel der Mutter kriecht und sich an einer Zitze festsaugt; nach mehreren Monaten verlässt es den Beutel. Wichtige Gattungen sind: **Felskängurus** (Petrogale), **Baumkängurus** (Dendrolagus), **Wallabys** (Wallabia), **Riesenkängurus** (Macropus).

Kannibalismus, *Zoologie:* An- oder Auffressen von Artgenossen, meist infolge zu hoher Populationsdichte, die Aggressivität erzeugt; von vielen Arten bekannt.

kanonisch, Bezeichnung für nach einer festen Regel gebildete Größen, Operationen u. a., die für die Beschreibung eines physikalischen Vorgangs am besten geeignet sind.

Kaonen, *Physik:* die K-Mesonen (→Mesonen).

Kapazitanz [lateinisch] *die,* der kapazitive →Blindleitwert; Wechselstromwiderstand einer Kapazität.

Kapazität [lateinisch] *die,* **1)** *Elektrochemie:* bei Akkumulatoren und Batterien das Produkt aus Entladestrom und Entladezeit, gemessen in Amperestunden (Ah).

2) *Elektrostatik:* **elektrische Kapazität,** Formelzeichen C, SI-Einheit ist das Farad (F), das Verhältnis des Betrags Q der gleich großen, aber ungleichnamigen elektrischen Ladungen auf zwei Leitern und der zwischen diesen bestehenden Spannung U; $C = Q / U$. Die Kapazität ist (besonders bei →Kondensatoren) ein Maß für das Aufnahmevermögen elektrischer Ladungen.

Kapazitätsdiode, Varaktor, Varaktordiode, eine Diode, bei der die Abhängigkeit der Sperrschichtkapazität von der Sperrspannung besonders ausgeprägt ist. Wegen ihrer hohen Güte bis in das UHF-Gebiet (300 MHz bis 3 GHz) werden Kapazitätsdioden in Schwingkreisen mit spannungsgesteuerter Resonanzfrequenz verwendet (z. B. zur automatischen Scharfabstimmung in Rundfunkempfängern). Daneben finden sie Verwendung in parametrischen Verstärkern (Reaktanzverstärker) sowie als Speicherdioden (Speichervaraktor).

Goethe war sich im Gespräch mit Eckermann der Bedeutung eines **Kanals** für die Schifffahrt bewusst:

»Es ist für die Vereinigten Staaten durchaus unerlässlich, dass sie sich eine Durchfahrt aus dem Mexikanischen Meerbusen in den Stillen Ozean bewerkstelligen, und ich bin gewiss, dass sie es erreichen. Dieses möchte ich erleben, aber ich werde es nicht. Zweitens möchte ich erleben, eine Verbindung der Donau mit dem Rhein hergestellt zu sehen. Aber dieses Unternehmen ist gleichfalls so riesenhaft, dass ich an der Ausführung zweifle.«

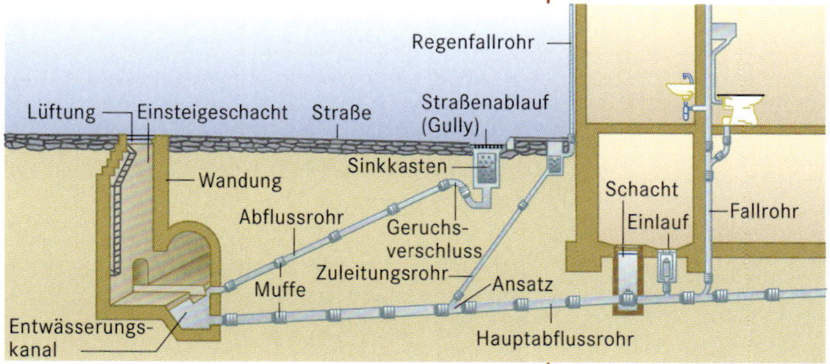

Kanalisation. Schematische Darstellung einer Kanalisationsanlage

kapazitiver Blindwiderstand, kapazitiver Widerstand, Kondensanz, Zeichen X_C, SI-Einheit: Ohm (Ω); Kehrwert des Produkts aus Kapazität C und Kreisfrequenz $\omega = 2\pi f$ im Wechselstromkreis mit der Frequenz f. Der kapazitive Blindwiderstand bewirkt ein Nachlaufen der Spannung gegenüber dem Strom um 90°.

Kapillarität *die,* das durch die Grenzflächenspannung bedingte Verhalten von Flüssigkeiten in engen Hohlräumen fester Körper (z. B. Spalten, Kapillaren, Poren). Beim Eintauchen einer engen Röhre in eine benetzende

Flüssigkeit, z. B. Wasser, steigt diese in dem Kapillarrohr empor **(Kapillaraszension).** Handelt es sich jedoch um eine nicht benetzende Flüssigkeit, z. B. Quecksilber, so sinkt sie im Kapillarrohr ab und steht dort tiefer als außerhalb **(Kapillardepression);** Ursache für diese Art der Kapillarität sind die im Vergleich zu den Adhäsionskräften zwischen Flüssigkeit und Kapillarwand größeren Kohäsionskräfte zwischen den Flüssigkeitsmolekülen.

Als **Kapillarkondensation** wird die in kapillaren Hohlräumen poröser Körper bereits oberhalb des Siedepunkts eintretende Kondensation von Flüssigkeitsdämpfen bezeichnet. Sie beruht auf einer Erniedrigung des Dampfdrucks, da sich infolge der Adhäsionskräfte der Kapillarwände die Oberfläche der Flüssigkeit verkleinert.

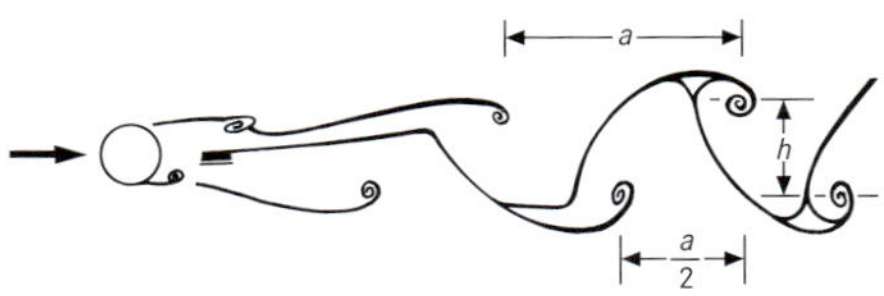

kármánsche Wirbelstraße. Bildung einer Wirbelstraße hinter einem von links angeströmten Zylinder; für $h/a = 0{,}281$ ist die Wirbelstraße stabil.

Kapiza, Kapitza, Kapica, Pjotr Leonidowitsch, russischer Physiker, *Kronstadt 8. 7. 1894, † Moskau 8. 4. 1984; 1921–34 Mitarbeiter von E. Rutherford in Cambridge, ab 1955 Direktor des von ihm gegründeten Instituts für physikalische Probleme an der Akademie der Wissenschaften der UdSSR in Moskau; entdeckte 1938 die Suprafluidität des Heliums. Kapiza erhielt für seine grundlegenden Entdeckungen auf dem Gebiet der Tieftemperaturphysik 1978 (mit A. A. Penzias und R. W. Wilson) den Nobelpreis für Physik.

Kapsel, *Botanik:* zur Reifezeit aufspringende Fruchtform.

Karat [französisch, zu griechisch kerátion »kleines Horn«] *das,* **1) metrisches Karat,** Einheitenzeichen **Kt, ct,** gesetzliche Einheit zur Angabe der Masse von Edelsteinen: 1 Kt = 0,2 g.

100001

Karosserie. Verschweißung der Karosserie bei der Autoproduktion

2) Verhältniszahl zur Angabe des Feingehalts von Goldlegierungen; eine Legierung, die zu $^{2}/_{4}$ aus Gold besteht, hat 1 Karat; reines Gold hat 24 Karat.

Karbon [lateinisch] *das,* geologisches System des Paläozoikums, in **Unterkarbon** und **Oberkarbon** gegliedert; charakterisiert durch kalkige und sandig-schiefrige Schichten und die obere, die Kohlenflöze enthaltende Schicht. Im Oberkarbon faltete sich in Mitteleuropa das Variskische Gebirge auf. Plötzliche Entfaltung der Pflanzenwelt kennzeichnet die Liegendgrenze, die Obergrenze ist unscharf. In der Folge der tektonischen Vorgänge drangen zahlreiche Granite auf, die Erzbringer der europäischen Mittelgebirge. Warmfeuchtes und niederschlagsreiches Klima und reicher Pflanzenwuchs führten in den durch die Gebirgsbildung abgesenkten Räumen Eurasiens zur Bildung von mächtigen Torfmooren, deren Pflanzenstoffe zu Kohle umgewandelt wurden. Vertreter der Pflanzenwelt, die die Steinkohlenwälder bildete, sind besonders schachtelhalm- und bärlappartige Gewächse.

Karbonisieren, *Chemie:* die Umwandlung organischer Substanzen in Kohlenstoff (Verkohlung, v. a. Inkohlung) oder Carbonate, auch das Anreichern mit Kohlendioxid.

kardanische Aufhängung [nach G. Cardano], eine Aufhängevorrichtung, bei der ein Körper allseitig drehbar gelagert ist; besteht aus drei Ringen, von denen jeder um jeweils eine der drei möglichen senkrecht aufeinander stehenden Achsen im Raum beweglich ist. Ein im innersten Ring befindlicher Körper (z. B. Schiffskompass) behält bei Lageänderung der kardanischen Aufhängung seine Schwerpunktslage oder durch Kreiselwirkung vorgegebene Stellung im Raum bei.

Kardanwelle [nach G. Cardano], eine →Gelenkwelle.

Kardinal|elemente, die Punkte, Strecken oder Flächen **(Kardinalpunkte, Kardinalstrecken, Kardinalflächen),** die nach den Gesetzen der geometrischen Optik für die Abbildungseigenschaften eines optischen Systems charakteristisch sind. Kardinalelemente sind v. a. die auf der optischen Achse liegenden, jeweils objekt- und bildseitigen Brennpunkte (F, F'), Hauptpunkte (H, H') und Knotenpunkte (N, N') und die durch diese definierten beziehungsweise hindurchgehenden Strecken und Flächen; für die Hauptpunkte ist der Abbildungsmaßstab, für die Knotenpunkte das Winkelverhältnis gleich 1 (→Abbildung).

Karle [kɑ:l], Jerome, amerikanischer Physikochemiker und Kristallforscher, *New York 18. 6. 1918; seit 1946 am Forschungslaboratorium der amerikanischen Marine in Washington (District of Columbia); erhielt für seine Beiträge zur Entwicklung direkter Methoden zur Kristallstrukturbestimmung 1985 mit H. A. Hauptman den Nobelpreis für Chemie.

Karpfen. Wildkarpfen

Kármán ['ka:rma:n], Theodore von, ungarischer Physiker und Aerodynamiker, * Budapest 11. 5. 1881, † Aachen 7. 5. 1963; ab 1913 Professor in Aachen, ab 1930 in Pasadena (USA) und Direktor (1930–49) des Guggenheim Aeronautic Laboratory am California Institute of Technology; Arbeiten u. a. über Strömungslehre, Turbulenzen, Tragflügelprofile.

kármánsche Wirbelstraße ['ka:rma:n-; nach T. Kármán], zwei parallele Reihen von Wirbeln mit entgegengesetztem Drehsinn. Eine kármánsche Wirbelstraße kann u. a. bei der Umströmung zylindrischer Objekte entstehen und dabei Töne erzeugen (z. B. Singen von Telegrafendrähten); im Extremfall wird das Objekt zerstört.

Karnivoren [lateinisch], →Fleischfresser.

Karolus, August, deutscher Physiker, * Reihen (heute zu Sinsheim) 16. 3. 1893, † Zollikon (Kanton Zürich) 1. 8. 1972; Professor in Leipzig und Freiburg im Breisgau. Karolus entwickelte 1923 die auf dem Prinzip der →Kerr-Zelle beruhende Karolus-Zelle zur trägheitslosen Lichtmodulation, die er u. a. zur Messung der Lichtgeschwindigkeit verwendete und für die Bildtelegrafie, die Film- und Fernsehtechnik nutzbar machte. 1925 stellte er ein auf dieser Technik basierendes Fernsehgerät der Öffentlichkeit vor.

Karosserie *die,* Aufbau des Kraftwagens über dem Fahrgestell. Die **nicht selbsttragende Karosserie,** die auf einen tragenden Fahrzeugrahmen (Chassis) aufgesetzt ist, wird nur noch für Lkw angewendet. Bei Pkw überwiegt wegen des geringeren Gewichts die **selbsttragende Karosserie,** die aus punktverschweißten Blechhohlkörpern und Schalen besteht; die Trieb- und Fahrwerksteile werden unmittelbar an verstärkten Stellen der Karosserie befestigt. – Aus Sicherheitsgründen werden an die Karosserien von Pkw besondere Anforderungen hinsichtlich Festigkeit und Verformbarkeit bei Unfällen gestellt. Daher besitzen die Karosserien eine stabile, gestaltfeste Fahrgastzelle, während Bug- und Heckpartien als **Knautschzonen** verformbar sind.

Karotin, →Carotin.

Karpell [griechisch-lateinisch] *das,* Fruchtblatt der →Blüte.

Karpfen, Cyprinus carpio, Art der Karpfenfische, v. a. in seichten, schlammigen Gewässern; wird als Speisefisch gezüchtet, kann über 1 m lang und 60 cm hoch werden.

Karrer, Paul, schweizerischer Biochemiker, * Moskau 21. 4. 1889, † Zürich 18. 6. 1971; Professor in Zürich, arbeitete über Polysaccharide und Pflanzenfarbstoffe, isolierte die Vitamine A und K, synthetisierte die Vitamine B_2 und E. 1937 erhielt er mit Walther Haworth den Nobelpreis für Chemie.

Kartoffel, Solanum tuberosum, wirtschaftlich wichtigste Art der Gattung Nachtschatten aus Südamerika; mehrjährige (in Kultur einjährige) krautige Pflanze mit unterbrochen gefiederten Blättern, weißen oder blassvioletten Blüten und grünen, giftigen Beerenfrüchten. Alle oberirdischen Pflanzenteile sowie grün gewordene Kartoffeln und Keime enthalten das giftige Alkaloid Solanin. Die unterirdischen Ausläufer bilden Sprossknollen (Kartoffeln, Erdäpfel, Erdbirnen, Grundbirnen) aus. Diese speichern Reservestoffe, v. a. Stärke (10–30 %). Außerdem enthalten sie 65–80 % Wasser, 2 % Rohprotein sowie Rohfett, Zucker, Spurenelemente und verschiedene Vitamine.

Karyogramm [griechisch] *das,* nach Größe und Gestalt geordneter, grafisch wiedergegebener Bestand an Chromosomen im diploiden Chromosomensatz einer Zelle; für jede Organismenart ist das Karyogramm kennzeichnend. – Abb. S. 584

Karyolyse [griechisch] *die,* das Verschwinden der Kernmembran und die scheinbare Auflösung des Zellkerns zum Beginn der Kernteilung; auch Auflösung des Kerns nach dem Zelltod.

Karyon [griechisch] *das,* der →Zellkern.

Karyotyp, Gesamtheit der in den Zellen enthaltenen Chromosomen.

Kasein *das,* **Casein,** wichtigster, zu den Phosphoproteiden zählender Proteinbestandteil der Milch, in der er überwiegend als kolloidales Calciumsalz vorliegt. Durch Enzyme oder durch Säuerung wird Kasein feinflockig als **Parakasein** ausgefällt (Milchgerinnung). Kasein ist ein wichtiges Nahrungsmittel, dient auch zur Herstellung von Kunststoffen, Leimen und Farben (Kaseinfarben).

Kaskade [französisch, aus italienisch cascata »Wasserfall«] *die,* →Kaskadenschauer.

Kaskadengenerator, Cockcroft-Walton-Generator, Gerät zur Erzeugung hoher Gleichspannungen (einige Hundert kV bis etwa 3 MV) bei großen Stromstärken; beruht auf einer →Kaskadenschaltung von Gleichrichtern (Stromventilen) und Kondensatoren, bei der Letztere parallel aufgeladen und in Reihe entladen werden. Kaskadengeneratoren werden in der Technik zur Prüfung von Isolatoren und in der Kernphysik zum Betrieb von Teilchenbeschleunigern verwendet. Mit einem

Goethe mochte offenbar keine **Kartoffeln:**

»Der Hausfrau soll es nicht an Kohl noch an Rüben oder sonst einem Gemüse im Topf ermangeln, damit dem unseligen Kartoffelgenuss nur einigermaßen das Gleichgewicht gehalten werde.«

Kartoffel. Pflanze mit Früchten

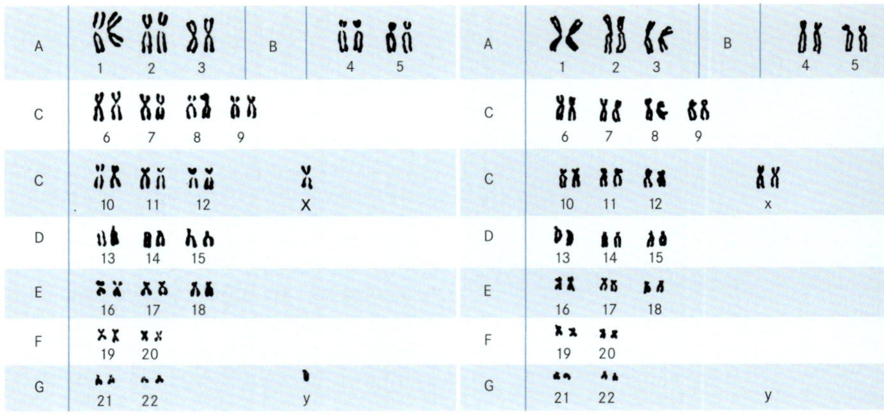

Karyogramm. Menschlicher Chromosomensatz (links männlich, rechts weiblich) nach der Nomenklatur von Denver; autosomale Gruppen A, B, C, ... mit den Chromosomen 1, 2, 3, ... (z. B. A 1–3, B 4–5, C 6–12) sowie die Geschlechtschromosomen X und Y

Beschleuniger dieses Typs führten J. D. Cockcroft und E. T. S. Walton 1932 die ersten künstlichen Kernumwandlungen durch.

Kaskadenschaltung, *Elektrotechnik:* Art der Hintereinanderschaltung gleich gearteter Bauteile oder -gruppen (z. B. Transformatoren), bei der außer der Spannungsteilung auf die beiden hintereinander geschalteten Elemente noch ein Spannungsgefälle entsteht.

Kaskadenschauer, Kaskade, *Physik:* lawinenartige Vermehrung energiereicher Elementarteilchen, ausgelöst durch Wechselwirkung hochenergetischer Teilchen mit Materiebausteinen; als **Elektronenkaskadenschauer** erstmals in der kosmischen Strahlung beobachtet, wobei durch Elektronen sehr hoher Energie hochenergetische Photonen erzeugt werden, die sich durch Paarbildung in neue Elektron-Positron-Paare umwandeln, die wiederum Photonen erzeugen usw.

Kastler [kastˈlɛːr], Alfred, französischer Physiker, * Gebweiler (Elsass) 3. 5. 1902, † Bandol (Département Var) 7. 1. 1984; Professor in Bordeaux und Paris; entwickelte Verfahren der Hochfrequenzspektroskopie (Doppelresonanzmethode) und führte 1950 das →optische Pumpen ein. 1966 erhielt er den Nobelpreis für Physik.

Katabolismus [griechisch] *der,* Abbaustoffwechsel; im engeren Sinn Proteinabbau der Lebewesen. Gegensatz: Anabolismus.

Kataklysmentheorie, Katastrophentheorie, besonders von Georges Baron de Cuvier vertretene Theorie, die Faunen- oder Florenunterschiede innerhalb der Erdgeschichte durch Katastrophen und anschließende Neuschöpfung oder Einwanderung aus anderen Gebieten erklärt.

Katalase [griechisch] *die,* eisenhaltiges Enzym, das das für Zellen giftige Wasserstoffperoxid (H_2O_2) in Wasser (H_2O) und Sauerstoff (O_2) zerlegen kann; kommt in sehr vielen tierischen Organen, bei Pflanzen und Mikroorganismen vor.

Katalysator *der,* **1)** *Chemie:* Stoff, der durch Bildung aktiver Zwischenprodukte eine chemische Reaktion ermöglicht, beschleunigt oder in eine bestimmte Richtung lenkt. Katalysatoren setzen die Aktivierungsenergie der Reaktion herab und erhöhen dadurch ihre Reaktionsgeschwindigkeit, ohne selbst verbraucht zu werden.

Besondere Bedeutung in der technischen Chemie haben **heterogene Katalysatoren** (Kontakte). Üblicherweise handelt es sich dabei um Feststoffe, während die Reaktanden flüssig oder gasförmig sind und an den Katalysator heranströmen. Durch Diffusion gelangen sie an die Katalysatoroberfläche, wo sie adsorbiert (→Adsorption) und anschließend umgesetzt werden. Nach Desorption diffundieren die Produkte zurück in die fluide Phase. Die katalytische Reaktion läuft an aktiven Zentren der Katalysatoroberfläche ab.

Technisch wichtige Katalysatoren sind Metalle, besonders Edelmetalle und Metalloxide, die Redoxreaktionen katalysieren, z. B. Oxidationen, Hydrierungen oder Dehydrierungen.

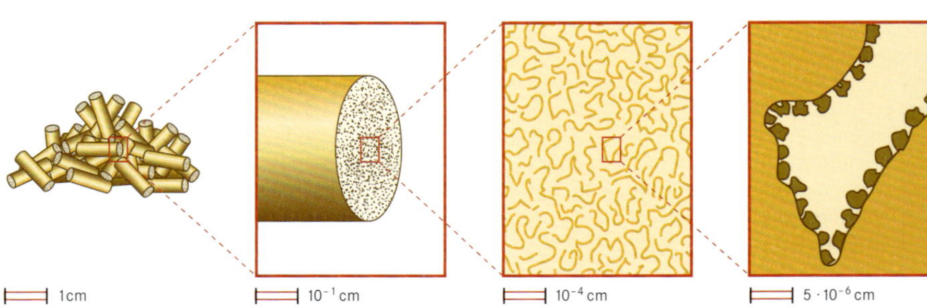

Katalysator 1). Aufbau eines edelmetallhaltigen Trägerkatalysators von links nach rechts in zunehmender Vergrößerung. Zu erkennen ist die inhomogene kristalline Struktur.

Beispiele dafür sind Eisen (Ammoniaksynthese), Nickel (Herstellung von Margarine), Platin/Rhodium (Erzeugung von Salpetersäure) oder Iridium/Rhodium (Oxidation von Kohlenmonoxid zu Kohlendioxid). Nach einem Säure-Base-Mechanismus ablaufende Reaktionen können durch Zeolithe (poröse Alumosilikate) und Aluminiumoxid beeinflusst werden. Derartige Katalysen spielen bei der Verarbeitung von Erdöl eine wichtige Rolle, z. B. beim Cracken oder bei Alkylierungen. Bei Raffinerieverfahren nutzt man darüber hinaus bifunktionelle Katalysatoren, die sowohl Redox- als auch Säure-Base-Eigenschaften besitzen (z. B. Platin auf saurem Aluminiumoxid). Sie sind beim Reformieren und Hydrocracken von großer technischer Bedeutung.

2) *Technik:* mit katalytisch wirksamen Substanzen (→Katalysator 1) ausgerüstete Vorrichtung zur Reinigung der Abgase von Kraftfahrzeugen, Kraftwerken und Industrieanlagen (katalytische Abgasreinigung). Im engeren Sinn technische Vorrichtung zur Reduzierung der Schadstoffemission von Kraftfahrzeugabgasen. Bei Ottomotoren sind die für die Umwelt schädlichen Abgasbestandteile Kohlenmonoxid (CO), Kohlenwasserstoffe (H_mC_n) und Stickoxide (NO, NO_2, zusammengefasst als NO_x). Im **Dreiwegekatalysator (geregelter Katalysator),** der wirkungsvollsten Form, werden Kohlenwasserstoffe zu Kohlendioxid (CO_2) und Wasserdampf (H_2O), Kohlenmonoxid zu Kohlendioxid oxidiert und Stickoxide zu Stickstoff (N_2) reduziert (insgesamt um bis zu 90 %). Die hierzu erforderliche (möglichst konstante) Abgaszusammensetzung wird durch eine elektronisch geregelte Aufbereitung des Kraftstoff-Luft-Gemischs erreicht; dazu muss ständig der Sauerstoffanteil im Abgas (mithilfe einer →Lambdasonde) gemessen werden. Der im motornahen Teil der Auspuffanlage eingebaute Katalysator besteht aus einem wabenförmigen Keramikkörper, in dessen Kanälen eine Trägerschicht aus Aluminiumoxid aufgebracht ist, die die Oberfläche stark vergrößert und auf der das eigentliche Katalysatormaterial (v. a. Edelmetalle wie Platin, Palladium, Rhodium) aufgebracht ist.

Katalyse [griechisch »Auflösung«] *die,* Beschleunigung einer chemischen Reaktion unter der Wirkung eines →Katalysators. Bei der **homogenen Katalyse** befinden sich Katalysator und Reaktionspartner in einer Phase, oder der Katalysator liegt in gelöster Form vor und ist an der Reaktion beteiligt. Besondere technische Bedeutung hat die **heterogene Katalyse,** bei der die flüssigen oder gasförmigen Reaktionspartner an der Oberfläche eines meist festen Katalysators (Kontakt) zur Reaktion kommen. Bei der **Autokatalyse** wirkt ein bei der Reaktion gebildeter Stoff als Katalysator. So genannte Katalysegifte können die Aktivität des Katalysators verringern.

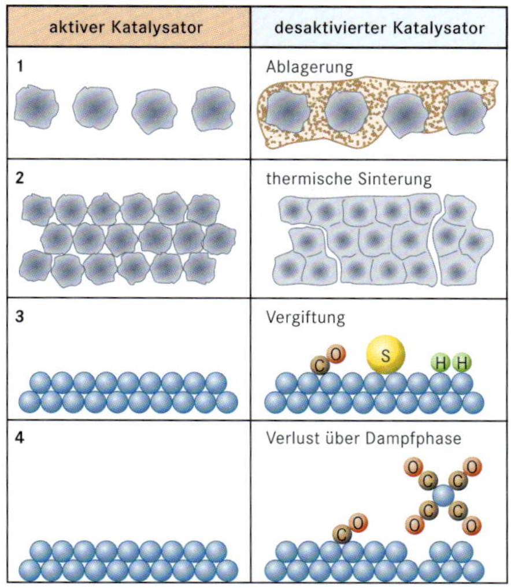

Katalysator 1).
Begrenzte Lebensdauer eines heterogenen Katalysators durch 1 Ablagerungen, 2 thermische Belastung und 3 Katalysatorgifte, die die aktive Oberfläche verringern, 4 Bildung leicht flüchtiger Substanzen, wodurch Katalysatorteilchen ausgetragen werden

Kataphorese [griechisch] *die,* →Elektrophorese.

Kataster [von mittellateinisch capitastrum »Kopfsteuerverzeichnis«] *der* oder *das, Umweltschutz:* eine (häufig kartografische) Darstellung spezieller Belastungen in definierten Untersuchungsgebieten (→Emissionskataster, →Immissionskataster).

Katastrophentheorie, *Biologie:* die →Kataklysmentheorie.

Katharobi|en [griechisch], **Katharobionten,** in völlig sauberem (katharobem) Wasser lebende Organismen; Gegensatz Saprobien.

Kathode [griechisch] *die,* **Katode,** die elektrisch negative →Elektrode (Minuspol) in Elektronen- und Entladungsröhren, Elektrolysezellen, elektrochemischen Elementen u. a., an der die negative Ladung austritt und positive Ionen entladen werden; Gegensatz →Anode.

Kathodenstrahlen, historische Bezeichnung für die z. B. bei Gasentladungen oder beim glühelektrischen Effekt (Glühemission) aus der Kathode austretenden (niederenergetischen) →Elektronenstrahlen. Die Kathodenstrahlen wurden 1858 von dem Mathematiker und Physiker J. Plücker entdeckt.

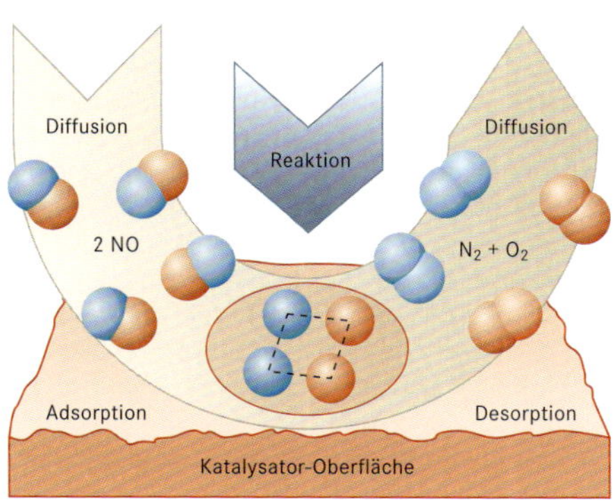

Katalyse.
Teilprozesse (Diffusion, Adsorption, Desorption und chemische Reaktion), aus denen eine katalytische Reaktion besteht, am Beispiel der Zersetzung von Stickstoffmonoxid

Kathodenstrahlröhre, die →Elektronenstrahlröhre.

Katˌion [griechisch] *das,* positiv geladenes Ion, das im elektrischen Feld zur Kathode wandert.

Katode [griechisch] *die,* die →Kathode.

Katz [kæts], Sir (seit 1969) Bernard, britischer Biophysiker deutscher Herkunft, * Leipzig 26. 3. 1911, † London 20. 4. 2003; Arbeiten zur Physiologie der Nerven und der Muskeltätigkeit; erhielt für die Aufklärung chemischer Vorgänge bei der Erregungsübertragung an den Synapsen 1970 mit J. Axelrod und U. S. von Euler-Chelpin den Nobelpreis für Physiologie oder Medizin.

Kätzchen, eine Form des razemösen →Blütenstands (eine hängende Ähre).

Katzen.
Perserkatze (Exotic Chinchilla) mit Jungtieren

Katzen, Felidae, Familie der Landraubtiere mit hoch spezialisiertem Gebiss, sprungkräftigen Hinterbeinen und einziehbaren Krallen (Ausnahme: Gepard), sehr gutem Gehör, Tast- (Tasthaare am Kopf) und Sehvermögen. Rezent sind die **Eigentlichen Katzen** (**Echte Katzen,** Felinae) mit zwei Gattungsgruppen, den Kleinkatzen (Felini) und den Großkatzen (Pantherini), und die **Geparden** (Acinonychinae). Alle zu den **Großkatzen** gehörenden Arten besitzen anstelle des verknöcherten Zwischenasts des Zungenbeins ein elastisches Band und können daher brüllen und nur beim Ausatmen schnurren (Ausnahme: Schneeleopard). Hierher gehören u. a. →Leopard, →Tiger und →Löwe. Die **Kleinkatzen** hingegen, die ein vollständig verknöchertes Zungenbein besitzen, können nicht brüllen, hingegen beim Ein- und Ausatmen schnurren. Zu den in diese Gruppe gehörenden fast 30 Arten, die mit Ausnahme des bis 1,8 m körperlangen →Pumas bis etwa 1 m körperlang sind, zählen u. a.: Wildkatze, Serval, Luchs und Ozelot. Die **Hauskatze** stammt von der Wildkatze ab, insbesondere von der in Ägypten und Nubien verbreiteten Nubischen Falbkatze (Felis silvestris libyca). Sie wurde im 3. oder 2. Jahrtausend v. Chr. in Ägypten und Kleinasien domestiziert. Die Rassenmannigfaltigkeit ist bei der Hauskatze viel geringer als z. B. beim Hund. Die Hauskatzen unterscheiden sich in Zeichnung, Färbung und Beschaffenheit des Haarkleides, in Körperform und Größe. Man unterscheidet zwischen »gewöhnlichen« Hauskatzen und Rassekatzen. Letztere werden in Langhaar- und Kurzhaarrassen eingeteilt, die meist in mehreren Spielarten oder Farbschlägen vorkommen. Zu den **Langhaarrassen** sind u. a. Perserkatzen, Colourpoint (Khmer), Birmakatzen und Türkische Katzen, zu den **Kurzhaarrassen** Europäische Kurzhaarkatzen, Orientalische Kurzhaarkatzen einschließlich Siamkatzen, Abessinierkatzen, Burmakatzen, Koratkatzen, Russischblaue und Rexkatzen zu zählen. Rassekatzen erlangen die Zuchtreife mit 10–12 Monaten. Nach einer Tragezeit von 63 bis 65 Tagen (Siamkatzen etwa 67) werden meist 3–6 Junge geboren. Sie sind blind und taub und öffnen die Augen im Alter von 8 bis 10 Tagen.

Kauliflorie [griechisch] *die,* **Stammblütigkeit,** das Hervorbrechen der Blüten aus dem Stamm von Bäumen, z. B. beim Kakao- und Kolabaum.

Kaulquappen, die Larven der →Froschlurche.

Kaumagen, der Zerkleinerung der Nahrung dienender Abschnitt des Darmkanals bei manchen Tieren, z. B. Insekten. Funktionell als Kaumagen wirkt auch der als **Muskelmagen** ausgebildete Teil des Verdauungskanals der (Körner fressenden) Vögel.

Kausalität, das Vorliegen eines (gesetzmäßigen) Wirkungszusammenhangs zwischen Ereignissen beziehungsweise Erscheinungen in der Weise, dass ein Ereignis *A* unter bestimmten Bedingungen ein Ereignis *B* (mit Notwendigkeit) hervorbringt (verursacht), wobei die Ursache *A* der Wirkung *B* zeitlich vorausgeht und *B* niemals eintritt, ohne dass vorher *A* eingetreten ist.

Die universelle Gültigkeit der Kausalität behauptet das **Kausalprinzip (Kausalitätsprinzip),** wonach jedes Geschehen seine (materielle) Ursache hat, und es keine ursachelosen, »akausalen« Dinge, Erscheinungen, Abläufe usw. gibt. Ein neues Verständnis der Kausalität brachte die Relativitätstheorie: Ereignisse können jeweils nur mit Ereignissen aus bestimmten Bereichen des Raum-Zeit-Kontinuums kausal verknüpft sein und nicht mit beliebigen. Die Kopenhagener Deutung der Quantenmechanik erkennt zwar noch das Kausalprinzip an, aber nicht mehr, dass Ereignisse genau vorhersagbar seien.

Kaustik, *Optik:* **Brennfläche, kaustische Fläche,** bei einem optischen System die einhüllende Fläche derjenigen Punkte, in denen sich die Bildstrahlen eines parallel einfallenden Lichtbündels schneiden. Die Kaustik an spiegelnden Flächen heißt **Katakaustik,** die bei brechenden Systemen (Linsen) **Diakaustik.**

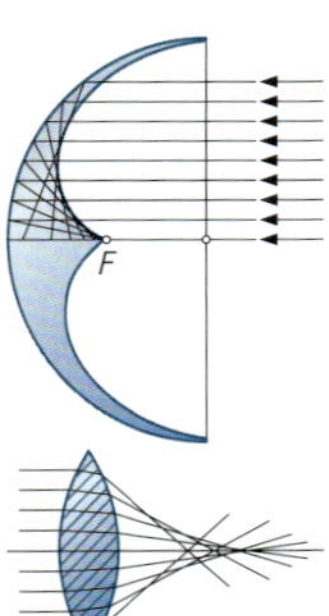

Kaustik.
Oben: Schnittdarstellung der Katakaustik eines Hohlspiegels; die geschwungene, spitz zulaufende Fläche stellt die Schnittlinie der Kaustik dar; unten: Diakaustik einer Linse; *F* Brennpunkt.

Kautschuk Die Physik des Reifens

100001

Viele Autofahrer, die sich für sportlich halten, sind stolz auf ihre quietschenden Reifen. Formel-1-Rennfahrer hingegen wollen genau das vermeiden, denn Quietschen ist in der Regel die Folge mangelnder Haftung, Rennreifen sind aber ganz auf Haftung ausgelegt, um das Fahrzeug auch wirklich voranzutreiben. Für einen Erfolg in der Formel 1 kommt es also entscheidend auf den richtigen Reifen an, weshalb ständig mit neuen Gummimischungen experimentiert wird. Das gilt natürlich nicht nur für den Rennsport; auch bei den Reifen für den alltäglichen Gebrauch suchen die Hersteller nach immer besseren Materialien, um den verschiedenen Anforderungen an die Pneus gerecht zu werden.

Inzwischen hat sich auch die Wissenschaft der Kräfte zwischen Gummi und Fahrbahn angenommen. Bo Persson vom Forschungszentrum Jülich hat eine Theorie entwickelt, um die Eigenschaften neuer Gummimischungen vorherzusagen. Damit lässt sich die Entwicklungszeit für neue Reifen erheblich verkürzen. Persson benötigt nur eine kleine Probe eines neuen Materials, um mithilfe seines Modells das Verhalten des gesamten Reifens zu berechnen.

Formel-1-Fahrzeuge quietschen übrigens auch deshalb nicht, weil die Renngummis eine klebrige Flüssigkeit absondern, die Unebenheiten im Asphalt ausgleicht, um die Kontaktfläche zu verbessern. Der Kleber erschöpft sich allerdings mit dem Verschleiß der Reifen, weshalb die Fahrer immer wieder zum Reifenwechsel in die Boxengasse müssen.

Kautschuk [aus einer peruanischen Indianersprache »tränender Baum«] *der,* unvernetztes, aber vernetzbares (vulkanisierbares) Polymer mit gummielastischen Eigenschaften bei Raumtemperatur, das bei höherer Temperatur oder unter dem Einfluss deformierender Kräfte plastisch verformbar ist. Kautschuk ist Ausgangsstoff für die Herstellung von Elastomeren (Gummi). **Naturkautschuk** (Abkürzung NR, für englisch natural rubber) ist im Milchsaft (Latex) verschiedener tropischer Pflanzen enthalten, von denen Hevea brasiliensis (Parakautschukbaum) die größte Bedeutung hat. Hauptproduzenten sind Malaysia und Indonesien. Zum Zapfen des Latex wird die Rinde des Kautschukbaumes bogenförmig angeschnitten. Latex ist eine kolloide Dispersion von 32–38 % Kautschuk und 1–2 % Proteine in einer wässrigen Lösung. Festkautschuk wird meist durch Koagulation mit Säuren erzeugt. Das Koagulat wird entweder zu »Fellen« ausgewalzt oder durch Rauch konserviert (so genannte Smoked Sheets), oder unter Waschen auf Walzwerken verarbeitet (so genannter Crêpe). Der rohe Naturkautschuk wird nur in geringem Umfang direkt zur Herstellung von Klebebändern und -lösungen, Knetgummi u. a. verwendet; meist wird er durch Mastikation und →Vulkanisation in **Gummi** überführt. Vulkanisierter Naturkautschuk zeichnet sich durch hohe Elastizität, Zugfestigkeit und Kälteflexibilität aus. Er wird u. a. zur Herstellung von Autoreifen und dünnwandigen Artikeln hoher Festigkeit verwendet. Das Polymer des Naturkautschuks ist linear angeordnetes cis-1,4-Polyisopren mit 3 000–5 000 Isopreneinheiten. Durch Chlorieren und Sulfonieren erhält man Produkte, die zu Klebstoffen, Lackrohstoffen oder Verpackungsfolien verarbeitet werden. Vom Naturkautschuk unterscheidet man synthetisch hergestellte Kautschukarten (→Synthesekautschuk).

Kavitation [lateinisch] *die,* **Hohlsog,** Bildung und nachfolgende schlagartige Kondensation von Dampfblasen in strömenden Flüssigkeiten, hervorgerufen durch Geschwindigkeitsänderungen (z. B. auf Turbinenschaufeln oder Schiffsschrauben). In der Nähe der Kavi-

237

Kautschuk. Kautschukgewinnung in Indonesien

Keimblatt 1).
Keimblätter der Rotbuche

tationsstelle kann es zur mechanischen Zerstörung des Werkstoffes kommen.

kcal, Einheitenzeichen für Kilokalorie (→Kalorie).

Keilriemen, *Technik:* endloser Riemen aus Gummi mit Gewebeeinlagen; trapezförmiger Querschnitt. Dient z. B. bei Kraftfahrzeugen u. a. zum Antrieb von Lichtmaschine, Wasserpumpe, Ventilator.

Keim, *Botanik:* der →Embryo.

Keimbahntherapie, →Gentherapie.

Keimbläs|chen, Blastozyste, aus dem Maulbeerkeim (Morula) hervorgehendes Entwicklungsstadium der plazentalen Säugetiere (einschließlich Mensch).

Keimblatt, 1) *Botanik:* **Kotyledone,** das erste, bereits an der Keimachse des pflanzlichen Embryos im Samen angelegte, kurzlebige Blattorgan der Samenpflanzen.

2) *Embryologie:* in der Embryonalentwicklung vielzelliger Tiere auftretende Zellschicht, aus der sich Gewebe und Organe herausbilden. Das **äußere Keimblatt (Ektoderm)** bildet Hautepithel und Hautdrüsen, Vorder- und Enddarm, Nervensystem und Sinnesepithelien; das **innere Keimblatt (Entoderm)** bildet den Mitteldarm mit seinen Anhangsdrüsen sowie z. B. Schilddrüse, Thymus. Bei den bilateral-symmetrischen Tieren kommt ein drittes, das **mittlere Keimblatt (Mesoderm)** vor; es bildet v. a. Innenskelett, Muskulatur, Blutgefäße, Bindegewebe, Unterhaut und Exkretionsorgane.

Keimung.
Keimpflanzen der Feuerbohne (hypogäische Keimung; oben) und der Gartenbohne (epigäische Keimung); P Primärblätter, E Epikotyl, K Keimblätter (oben in der Samenschale), H Hypokotyl, W Primärwurzel

Keimhemmungsmittel, Substanzen, die besonders bei Kartoffeln die unerwünschte vorzeitige Keimung verhindern oder verzögern.

Keimling, der →Embryo, besonders der Pflanze.

Keimung, Bezeichnung für die ersten Entwicklungsvorgänge bei Pflanzen. Der Wiederaufnahme des Wachstums des Embryos nach der Samenruhe geht eine Wasseraufnahme unter Quellung des Sameninhalts und Sprengung der Samenschale voraus. Es folgt die Streckung der Keimwurzel des Embryos, die in den Boden einwächst, Wurzelhaare ausbildet und sich verzweigt. Damit ist die Keimpflanze verankert und die Aufnahme von Wasser und Nährstoffen aus dem Boden gewährleistet. Bei der Entwicklung des Sprosssystems durchbricht die sich stark streckende Keimachse (Hypokotyl) bogenförmig die Erdoberfläche und bringt die Keimblätter ans Tageslicht, wo sie die ersten Assimilationsorgane darstellen (**epigäische Keimung,** z. B. bei Raps). In anderen Fällen (**hypogäische Keimung,** z. B. bei Eichen) bleiben Hypokotyl und die als Nährstoffspeicher dienenden Keimblätter mit der Samenschale im Boden; dafür streckt sich das erste Sprossglied (Epikotyl) mit der Sprossknospe, durchbricht die Bodenoberfläche und bildet die ersten Laubblätter aus.

Keimzelle, die Geschlechtszelle (→Gameten).

K-Einfang, *Physik:* die Absorption eines Elektrons aus der K-Schale der Atomhülle durch den Atomkern, wobei sich ein Proton unter Emission eines Neutrinos in ein Neutron verwandelt; eine Art der →Kernumwandlung.

Kẹkulé von Strạdonitz, August, deutscher Chemiker, * Darmstadt 7. 9. 1829, † Bonn 13. 7. 1896; 1858–65 Professor in Gent, danach in Bonn.

Kekulés Interesse galt mehr der theoretischen als der praktischen Chemie. Sein Arbeitsgebiet war die Kohlenstoffchemie, insbesondere die Aufklärung der Struktur aromatischer Verbindungen. Er entdeckte 1858 (gleichzeitig mit Archibald Couper, * 1831, † 1892) die Vierwertigkeit des Kohlenstoffs und erkannte die Fähigkeit der Kohlenstoffatome, sich miteinander zu Ketten und Ringen zu verbinden. 1865 postulierte er die Ringstruktur des Benzols mit alternierenden Einfach- und Doppelbindungen (Benzolformel). 1869 zeigte Kekulé, dass alle sechs C-C-Bindungen des Benzols gleichwertig sind und entwickelte die Vorstellung von den oszillierenden Doppelbindungen (1872).

Kelch, *Botanik:* die äußeren Hüllblätter (**Kelchblätter**) der Blüte.

Kẹlvin [nach W. →Thomson, Lord Kelvin] *das,* Einheitenzeichen **K**, SI-Basiseinheit der thermodynamischen →Temperatur. Die Teilung der Kelvinskala entspricht der Celsiusskala, doch ist ihr Skalennullpunkt der absolute Nullpunkt der Temperatur. Die thermodynamische Temperatur des Eispunktes beträgt T_0 = 273,15 K (= 0 °C) und die des Tripelpunktes von Wasser T_{tr} = 273,16 K.

Die angloamerikanische Einheit der thermodynamischen Temperatur ist das auf der Fahrenheit-Skala aufbauende Grad Rankine (°R).

Kendall [kendl], **1)** Edward Calvin, amerikanischer Biochemiker, * South Norwalk (Connecticut) 8. 3. 1886, † Princeton (New Jersey) 4. 5. 1972; entdeckte 1914 das Schilddrüsenhormon Thyroxin, stellte 1936 Cortison rein dar. Für seine Arbeiten über die Hormone der Nebenniere erhielt er 1950 mit P. S. Hench und T. Reichstein den Nobelpreis für Physiologie oder Medizin.

2) Henry Way, amerikanischer Physiker, * Boston (Massachusetts) 9. 12. 1926, † Wakulla Springs State Park (Florida) 15. 2. 1999; ab 1967 Professor am Massachusetts Institute of Technology. Kendall erhielt 1990 mit J. I. Friedman und R. E. Taylor den Nobelpreis für Physik für seine Forschungen über die Streuung von Elektronen an Protonen und gebundenen Neutronen, mit denen um 1970 das Quarkmodell der Hadronen bestätigt wurde.

Kendrew ['kendru:], Sir John, britischer Molekularbiologe, * Oxford 24. 3. 1917, † Cambridge 23. 8. 1997; erhielt 1962 zusammen mit Max Perutz für die Strukturaufklärung des Myoglobins den Nobelpreis für Chemie.

Kenngröße, die →Kennzahl.

Kennlini|e, Charakteristik, grafische Darstellung eines technisch wichtigen Zusammenhanges zwischen den funktionalen Größen eines Systems.

Kennung, *Nachrichtentechnik, Navigation:* beim Leuchtfeuer charakteristische Folge, Dauer oder Farbe abgestrahlter Lichtsignale; beim Funkfeuer oder Sender bestimmtes, im Morsealphabet ausgesendetes Rufzeichen; im Sprechfunk Namens- oder Stationsangabe. – Im militärischen Bereich dient die **Freund-Feind-Kennung** zur Unterscheidung eigener oder feindlicher Kräfte, z. B. durch farbige Leuchtkugelkombinationen oder →IFF-Gerät.

Kennzahl, Kenngröße, dimensionslose Größe zur Beschreibung physikalischer Vorgänge (besonders in der Strömungslehre, Thermodynamik, bei Wärme- und Stofftransport), z. B. →Mach-Zahl und →Reynolds-Zahl. Gleichartige Vorgänge in geometrisch ähnlichen Begrenzungen verlaufen bei identischen Kennzahlen ähnlich.

Keramik [griechisch] *die,* Bezeichnung für durch Sintern hergestellte, anorganisch-nichtmetallische Erzeugnisse. Die Fertigung erfolgt durch Mischen feinkörniger Rohstoffe (durch Wasser plastifizierbare tonige Substanzen aus Kaolinit, Illit und Montmorillonit mit Quarz, Feldspat, Glimmer und Kalk), Formen zu Gegenständen bei Raumtemperatur und anschließendes Brennen. Hierbei bildet sich ein dauerhafter Werkstoff, der vorwiegend aus feinen Kristallen besteht, zwischen denen sich häufig Poren und vielfach glasartige Bindesubstanz befinden. Ursprünglich gehörten zur Keramik nur vorwiegend aus Ton hergestellte Formkörper (Tonwaren) mit porösem beziehungsweise dichtem →Scherben, die als Baustoffe oder Geschirr Verwendung fanden.

Die traditionelle Einteilung der klassischen Keramik erfolgt in **Grobkeramik** und **Feinkeramik.** Sind die Inhomogenitäten eines keramischen Scherbens (Poren, Kristalle, Körner, Glasbereiche und Ähnliches) mit dem bloßen Auge zu unterscheiden, spricht man von einem grobkeramischen, andernfalls von einem feinkeramischen Werkstoff. Neben diese »klassischen Keramiken« traten in den letzten Jahrzehnten »**Hightechkeramiken**«, d. h. Fertigteile und Halbzeuge aus nichtmetallisch-anorganischen Werkstoffen, deren Einsatz durch Optimierung bestimmter Eigenschaften und Formgebungsverfahren eine spezielle Verwendung erlauben. Beispiele sind Elektrokeramik in Kondensatoren, Temperaturmessfühlern und piezoelektrischen Zündelementen, Werkzeugkeramik wie Schleifwerkzeuge und Schneidkeramik in der Fertigungstechnik, Kernbrenn- und Absorberkeramik in Kernreaktoren, Biokeramik in der Medizin, Substratkeramik in der Mikroelektronik, Glaskeramik in der Haushaltstechnik, keramische Teile im Motoren- und Gasturbinenbau sowie Keramikfasern für Wärmeisolation bei Temperaturen bis über 2000 °C.

Keramikfasern, anorganische Chemiefasern (z. B. Silikat- oder Bornitridfasern), die für hochhitzebeständige und chemisch beständige Isoliermaterialien eingesetzt werden. Gerichtete Keramikfasern dienen als Verstärkungskomponente in Verbundwerkstoffen.

Keratine [zu griechisch kéras »Horn«], Hornsubstanzen, Skleroproteine, die in der Hornhaut, in Haaren, Hufen, Nägeln, Hörnern, Geweihen u. a. vorkommen.

Kerma [Abkürzung für englisch **k**inetic **e**nergy **r**eleased in **ma**terial] *die, Dosimetrie:* Formelzeichen K, SI-Einheit ist das Gray (Gy); Quotient aus der Summe der kinetischen Energien aller geladenen Teilchen, die durch indirekt ionisierende Strahlung in einem Volumenelement eines Stoffes freigesetzt wird, und dessen Masse.

Kern, 1) *Biologie:* der in einer Zelle vorhandene Zellkern; der Samen des Kernobstes **(Steinkern)**; innerer Bereich des Holzkörpers bestimmter Bäume **(Kernholz)**.

2) *Gießerei:* bei Metallformgussstücken ein in die Form eingelegter Körper zur Erzeugung von Durchbrüchen, Hohlräumen oder Aussparungen am Gussstück.

3) *Kernphysik:* der innerste, aus einem oder mehreren Nukleonen bestehende Teil eines →Atoms **(Atomkern)** oder aus einer endlichen Zahl von Nukleonen bestehendes System ähnlicher Art, z. B. ein →Compoundkern oder ein →Nuklid.

Kernbindung, die durch die →Kernkräfte bewirkte Bindung mehrerer Nukleonen zu einem Kern.

Kernbindungs|energie, die bei der Bildung eines Atomkerns frei werdende Energie

August Kekulé von Stradonitz
*** 1829, † 1896**

100880

- entdeckte die Bindungseigenschaften von Kohlenstoff
- klärte die Struktur von Benzol auf

E_B. Beim Aufbau von leichten Kernen aus Protonen und Neutronen wird als Kernbindungsenergie die Energie frei, die aufgewendet werden müsste, um den Kern gegen die Anziehung der →Kernkräfte wieder in seine einzelnen Bausteine zu zerlegen. Aufgrund der Äquivalenz von Masse und Energie sind zusammengesetzte Kerne leichter als die Summe ihrer Bausteine (→Massendefekt). Der Verlauf der Kernbindungsenergie pro Nukleon, E_B/A, aufgetragen über der Massenzahl A, zeigt für stabile Kerne drei auffallende Merkmale: 1) E_B/A ändert sich nur wenig über den gesamten Bereich aller Nuklide; 2) es gibt ein breites Maximum bei etwa $A = 60$; 3) der Verlauf hat eine Feinstruktur mit zum Teil ausgeprägten relativen Maxima und Minima, v. a. bis etwa $A = 20$.

Aus diesen Merkmalen folgt, dass die Kernkräfte im Kern abgesättigt sind, dass sowohl bei der Verschmelzung leichter (→Kernfusion) als auch bei der Spaltung schwerer Kerne (→Kernspaltung) Energie frei wird, und dass es Nukleonenzahlen gibt, die →magischen Zahlen, bei denen die Kerne besonders fest gebunden sind, das heißt eine Schalenstruktur der Atomkerne besteht. Aus dem Tröpfchenmodell (→Kernmodelle) kann der Verlauf von E_B/A sehr gut abgeleitet werden.

100001

Kernenergie. Kühlturm eines Kernkraftwerks; die Dampfwolke entsteht bei der Beschickung des Kühlturms durch die Temperatur des zu kühlenden Betriebswassers.

Kernenergie
→ GEO **Dossier**
»Wir sind das Frühwarnsystem«, Bd. 8

Kernbrennstoffe, nukleare Brennstoffe zur Energiegewinnung. Das Material, aus dem durch Kernspaltung im Kernreaktor Kernenergie gewonnen wird, befindet sich als Metall, Legierung oder chemische Verbindung in den →Brennelementen der Kernreaktoren. Es enthält den **Spaltstoff,** das heißt Nuklide, die durch Neutronen exotherm spaltbar sind und dabei Neutronen für weitere Spaltungen freisetzen. Einziger natürlicher Spaltstoff ist das Isotop Uran 235, das zu etwa 0,7 % im Natururan enthalten ist und für Leichtwasserreaktoren auf circa 3 % angereichert wird. In schnellen Brutreaktoren entstehen aus Uran 238 beziehungsweise in Hochtemperaturreaktoren aus Thorium 232 die künstlichen Spaltstoffe Plutonium 239 beziehungsweise Uran 233.

Bei der durch Kernfusion erzeugten Energie (z. B. in Sternen) bilden v. a. Wasserstoffisotope (Deuterium, Tritium) die Kernbrennstoffe.

Kernbrennstoffkreislauf, die Kette der Verfahren, die der Versorgung der Kernreaktoren von Kernkraftwerken mit Kernbrennstoffen und deren Entsorgung dienen; hierzu gehören →Brennstoffaufbereitung, Anreicherung des Gehaltes an U 235, Herstellung der Brennelemente und deren Einsatz in einem Kernreaktor, Entsorgung und →Wiederaufarbeitung der abgebrannten Brennelemente zur Rückgewinnung der nicht verbrauchten Brenn- und Brutstoffe sowie deren Rückführung in den Kernbrennstoffkreislauf bis hin zur →Endlagerung der radioaktiven Abfälle. Im Allgemeinen ist der Kernbrennstoffkreislauf nur partiell ein wirklicher Kreislauf; einem solchen kommt ein Kernbrennstoffkreislauf mit Wiederaufarbeitung nahe (»geschlossener« Kernbrennstoffkreislauf). Eine Alternative zur Wiederaufarbeitung ist die direkte Endlagerung verbrauchter Brennelemente.

Kernchemie, Nuklearchemie, Gebiet der Chemie, das sich mit der Erforschung von Atomkernen und Kernreaktionen unter Verwendung chemischer Methoden befasst. Untersucht werden u. a. Vorkommen, Reindarstellung, physikochemische Eigenschaften und Reaktionsverhalten von Radioelementen und -nukliden. Die Kernchemie wird im Allgemeinen in →Radiochemie und technische Kernchemie unterteilt, die v. a. die Verfahren des Kernbrennstoffkreislaufs umfasst (z. B. Wiederaufbereitung). Wichtige Anwendungen der Kernchemie im Rahmen der allgemeinen Chemie sind die Aktivierungsanalyse, die Markierung von Atomen mit radioaktiven Isotopen (markierte Verbindungen) sowie die radioaktive Altersbestimmung.

Kern|energie, allgemeinsprachlich **Atomenergie,** der durch →Kernreaktionen freisetzbare oder freigesetzte Anteil der →Kernbindungsenergie. Kernenergie ist somit eine Form von Primärenergie, die in Primärenergieträgern, z. B. Uran (U), gespeichert ist. Trotz bedeutender Fortschritte in der Forschung zur kontrollierten →Kernfusion ist die →Kernspaltung gegenwärtig die einzig mögliche und großtechnisch nutzbare Form der Kernenergiegewinnung. Im weiteren Sinn wird deshalb unter Kernenergie auch der wirtschaftlich-technologische Bereich verstanden (Kernenergiewirtschaft, Kernenergieindustrie, »Atomindustrie«), der auf dieser Art der Gewinnung von Sekundärenergie (v. a. Elektroenergie) in Kernreaktoren basiert.

■ **Ausstiegsdiskussion in Deutschland**
Am 14. 6. 2000 einigten sich die Bundesregierung und die vier führenden Energieversorgungsunternehmen auf eine Vereinbarung zum Ausstieg aus der Nutzung der Kernenergie, die am 11. 6. 2001 unterzeichnet wurde. Damit war der Weg für einen entschädigungslosen Atomausstieg frei. Die Vereinbarung ist im novellierten Atomgesetz vom 22. 4. 2002 abgesichert. Das Gesetz verbietet den Neubau von kommerziellen Kernkraftwerken und von Anlagen zur Aufarbeitung bestrahlter Kernbrennstoffe, befristet die Regellaufzeit der bestehenden Kernkraftwerke und legt für jedes eine künftig noch zu produzierende Reststrommenge fest. Allerdings wird wieder über eine stärkere Nutzung der Kernenergie diskutiert (Stand 2006).

Kern|energieantrieb, Atomenergieantrieb, Atomantrieb, Nuklearantrieb, Fahrzeugantrieb mithilfe eines Kernreaktors, dessen Wärmeenergie in zum Fahrzeugantrieb geeignete mechanische Energie umgewandelt wird. Der Kernenergieantrieb ist bisher nur als **Schiffsantrieb** praktisch verwirklicht, wobei Druckwasserreaktoren hochgespannten Wasserdampf zum Antrieb von Dampfturbinen (Leistung bis etwa 15 MW) liefern. Die Gewichtsersparnis durch den Wegfall der bei anderen Antriebsarten benötigten großen Brennstoffmengen wird durch das größere Gewicht des Reaktors, einschließlich aller Kollisions- und Strahlenschutzeinrichtungen, wieder ausgeglichen. Wesentlicher Vorteil ist allein der praktisch unbegrenzte Fahrbereich, besonders bei U-Booten auch die hohe Geschwindigkeit ohne Zufuhr von Verbrennungsluft.

Das erste mit Kernenergieantrieb ausgerüstete Schiff war das amerikanische U-Boot »Nautilus« (Stapellauf 1954); erster Flugzeugträger mit Kernenergieantrieb war die »Enterprise« (Stapellauf 1960), erstes ziviles Überwasserschiff mit Kernenergieantrieb war der sowjetische Eisbrecher »Lenin« (Stapellauf 1957). Das deutsche Forschungsfrachtschiff »Otto Hahn« (Stapellauf 1964, erste Fahrt 1968) wurde 1979 außer Dienst gestellt.

Kern|explosion, Kernreaktion, bei der ein Atomkern durch das Auftreffen eines energiereichen Teilchens, z.B. aus der kosmischen Strahlung oder einem Teilchenbeschleuniger, in seine Bestandteile (Nukleonen) zerlegt wird. Beträgt die Geschossenergie mindestens 300 MeV pro Nukleon, treten bei der Kernexplosion meist sehr viele Teilchen auf (Nukleonen, Nukleonencluster, Pionen). Bei einer schwächeren Form der Kernexplosion, der **Spallation (Kernzertrümmerung),** mit einer Geschossenergie von etwa 100 MeV ist die Kernauflösung nicht so vollständig. Es bleiben unter Aussendung von Nukleonen und Alphateilchen größere Kernbruchstücke (Fragmente) übrig (meist ein oder zwei).

Kernexplosionen sind immer von der Emission hochenergetischer Gammastrahlung begleitet. Sie wurden erstmals 1937 in →Kernspuremulsionen nachgewiesen. Die sternförmigen Spuren dieser Ereignisse, die man nach der fotografischen Entwicklung in den Kernspurplatten erhält, werden auch als **Stern** bezeichnet.

Kernfotoeffekt, durch Absorption energiereicher Gammaquanten eingeleitete Kernreaktion, bei der ein Atomkern so weit angeregt wird, dass er Nukleonen (meist ein Neutron) emittiert; 1934 von J. Chadwick und M. Goldhaber bei der Fotospaltung des Deuterons entdeckt.

Kernfusion, Kernverschmelzung, die Verschmelzung leichter Atomkerne zu einem schwereren.

Die Kernfusion tritt ein, wenn sich zwei Atomkerne bis zur Reichweite der anziehenden Kernkräfte nähern. Die sehr starke abstoßende Coulomb-Kraft wird v.a. in Beschleunigern oder in Plasmen mit genügend hoher Temperatur (z.B. der Sonne) überwunden, in denen Kerne mit extrem hoher Geschwindigkeit aufeinander treffen. Auch eine statische Annäherung der Kerne ist möglich, z.B. in myonischen Molekülen des schweren Wasserstoffs, in denen das Elektron in der Atomhülle durch ein circa 200-mal schwereres Myon ersetzt wird. Aufgrund seiner größeren Masse zwingt das Myon die beiden Atomkerne auf einen circa 200-mal geringeren Abstand und erhöht damit die Wahrscheinlichkeit zur Kernfusion. Da die statische Überwindung der Coulomb-Abstoßung keine hohen Temperaturen erfordert, spricht man auch von **kalter Kernfusion.** Myonkatalysierte Fusionsreaktionen wurden zwar schon nachgewiesen, einer großtechnischen Nutzung stehen jedoch große Probleme entgegen.

Die Kernfusion ist die wichtigste Energiequelle der Natur. Die von der Sonne (→Sonnenenergie) und den Sternen ausgestrahlten Energien stammen größtenteils aus Kernfusionsprozessen, die bei den in ihrem Inneren herrschenden extrem hohen Temperaturen (etwa 15 Mio. K bei der Sonne) und Drücken ablaufen. Dabei treten je nach den in den Sternen vorherrschenden Bedingungen verschiedene Prozesse auf; die wichtigsten sind die →Proton-Proton-Reaktion, der →Bethe-Weizsäcker-Zyklus und der →Drei-Alpha-Prozess.

Eine künstliche Kernfusion mit positiver Energiebilanz konnte bisher nur unkontrolliert in der Wasserstoffbombe realisiert werden. Angestrebt wird die **kontrollierte (gesteuerte) Kernfusion** in Fusionsreaktoren, die als mögliche Energiequelle der Zukunft gilt. Besonders groß ist der Energiegewinn bei der Fusion der Wasserstoffisotope Deuterium (^{2}D) und Tritium (^{3}T) sowie des Heliumisotops ^{3}He mit den Reaktionen (n Neutron, p Proton):

(1)
$$^{2}\mathrm{D} + {}^{3}\mathrm{T} \rightarrow {}^{4}\mathrm{He}\,(3{,}517\,\mathrm{MeV}) + \mathrm{n}\,(14{,}069\,\mathrm{MeV})$$

(2)
$$^{2}\mathrm{D} + {}^{3}\mathrm{He} \rightarrow {}^{4}\mathrm{He}\,(3{,}67\,\mathrm{MeV}) + \mathrm{p}\,(14{,}681\,\mathrm{MeV}).$$

Kernfusion.
Das Tokamak-Fusionsexperiment ASDEX Upgrade am Max-Planck-Institut für Plasmaphysik in Garching. Das Foto wurde während der Montage aufgenommen, zu erkennen ist der Kranz der ringförmigen Magnetspulen.

Kernfusion Sichere Kraftwerke?

100562

Bis die Kernfusion für die Energieversorgung genutzt werden kann, werden noch einige Jahre vergehen. Bisher konnten Versuchsreaktoren für einige Sekunden nur einen Teil der Energie liefern, die zuvor eingesetzt wurde, erst 2016 soll der Reaktor ITER, der im französischen Cadarache entsteht (Bild), einen Energieüberschuss erzeugen. Trotzdem macht man sich heute schon Gedanken um die Sicherheit zukünftiger Fusionskraftwerke. Als größten Unfall nehmen Forscher an, dass in einem hypothetischen Reaktor die Kühlung ausfällt. Dann würde binnen Sekunden die Kernfusion zum Erliegen kommen und sich die Anlage durch eine geringe Nachwärme aufheizen, allerdings wohl nicht so stark, dass der Reaktor »undicht« würde. Selbst bei einem Feuer würden höchstens einige Gramm radioaktives Tritium frei werden, und die Strahlenbelastung außerhalb der Anlage würde unter einem kritischen Wert bleiben. Welche Folgen eine Explosion im Kühlkreislauf hätte, ist jedoch noch unklar.
Wenn man von Unfällen absieht, sind Fusionskraftwerke auf jeden Fall umweltverträglicher als heutige Kernkraftwerke; sie produzieren weniger radioaktive Abfälle und verwenden keine Kernwaffenmaterialien.

100562

Kernkraftwerk. Ein Arbeiter bei der Inspektion des Reaktorbehälters mit den Brennelementen im Kernkraftwerk in Borssele in den Niederlanden.

■ **Kontrollierte Kernfusion** Die Erforschung der kontrollierten Kernfusion hat sich bisher auf die Reaktion (1) konzentriert, da sie u. a. die höchste Reaktionswahrscheinlichkeit hat und ihre maximale Ausbeute bei der niedrigsten Temperatur auftritt. Tritium kann mithilfe der bei der Kernfusion erzeugten Neutronen aus Lithium erbrütet werden, das, wie auch Deuterium, praktisch unbegrenzt als Kernbrennstoff auf der Erde zur Verfügung steht. Um eine kontrollierte Kernfusion einzuleiten, müssen die Reaktionspartner mit Energien zwischen 10 und 100 keV aufeinander treffen. Dafür werden Deuterium und Tritium auf Temperaturen über 100 Mio. K aufgeheizt **(thermonukleare Reaktion),** wobei die Gasatome vollständig ionisiert werden und ein Plasma, das heißt ein Gemisch aus Ionen und Elektronen großer Teilchendichte, bilden. Weiterhin muss das Plasma lange genug in einem Reaktionsvolumen eingeschlossen bleiben, damit Fusionsstöße häufig genug auftreten.

Zum Einschluss des Plasmas wird die Wirkung von Magnetfeldern oder Trägheitskräften ausgenutzt. Beim **magnetischen Einschluss** werden die Plasmateilchen aufgrund ihrer elektrischen Ladung durch ein Magnetfeld auf eine Kreisbahn senkrecht zur Richtung der Feldlinien gezwungen. Bei **toroidalen (geschlossenen) Konfigurationen** schließt sich das Magnetfeld zu einem Ring oder Torus. Da das Magnetfeld hierdurch nicht mehr räumlich konstant ist, überlagert sich der Kreisbewegung der Plasmateilchen eine zusätzliche Driftbewegung, die zu einer radial nach außen an die Gefäßwand gerichteten Beschleunigung des Plasmas führt. Um diese radiale Bewegung zu unterdrücken, werden die Magnetfeldlinien »verdrillt«, indem man dem toroidalen Feld ein zusätzliches (poloidales) Feld derart überlagert, dass die Feldlinien nicht nur kreisförmig um die Torusachse laufen, sondern sich schraubenförmig um die Torusseele winden. Nach der Art der Erzeugung des poloidalen Zusatzfeldes werden zwei Hauptklassen von toroidalen Anordnungen unterschieden. Beim **Tokamak-Prinzip** (russisch für »torusförmige Kammer mit Magnet«) besorgt dies ein toroidal im Plasma fließender Strom, der durch einen Transformator induziert oder durch andere Stromtriebmechanismen angetrieben wird. Der **Stellarator** vermeidet einen Plasmastrom und benutzt externe Zusatzspulen, die geeignet geformt sind (helikale Stellaratorwindungen oder modulare Magnetspulen). Beim **Trägheitseinschluss** wird ein Materiekügelchen (»Pellet«) mit intensiven fokussierten Laserstrahlen **(Laserfusion)** oder Teilchenstrahlen so schnell aufgeheizt, dass die Atomkerne infolge ihrer Trägheit für einen Zeitraum zusammengehalten werden, der für genügend viele Fusionsstöße ausreicht.

■ **Forschung** Wegen des enormen apparativen und finanziellen Aufwands ist die Kernfusionsforschung hauptsächlich in internationalen Programmen organisiert. Neben den Tokamak-Großforschungsanlagen in den USA (TFTR, Abkürzung von englisch toroidal fusion test reactor, bis 1997), Japan und Russland sowie der europäischen Fusionsforschungsanlage →JET läuft u. a. seit 1988 ein internationales Forschungsprojekt (→ITER). Bis zur wirtschaftlichen Nutzung der Kernfusion sind jedoch noch zahlreiche physikalische und technologische Probleme zu lösen.

■ **ASDEX** Die größte deutsche Fusionsanlage ist der Tokamak ASDEX Upgrade (Axialsymmetrisches Divertor-Experiment) des Max-Planck-Instituts für Plasmaphysik in Garching bei München. Seit Ende 2002 steht ASDEX Upgrade für die Nutzung durch Fusionslaboratorien aus ganz Europa zur Verfügung.

Kern|induktion, 1946 von F. Bloch entwickelte Methode der Hochfrequenzspektroskopie zum Nachweis der →Kernspinresonanz, bei der durch die Präzession der Kerndipolmomente beziehungsweise Kernspins in der Empfangsspule ein Signal induziert wird.

Kern|isomerie, das Auftreten von Atomkernen gleicher Protonen- und Neutronenzahl, die außer im Grundzustand in relativ langlebigen (bis zu einigen Jahren) angeregten Zuständen **(isomere Zustände)** existieren. Die verschiedenen Energiezustände unterscheiden sich z. B. in Spin, Parität, Halbwertszeit und Strahlungsenergie.

Kernkettenreaktion, *Physik:* →Kettenreaktion.

Kernkräfte, Kräfte zwischen den Nukleonen, die deren Zusammenhalt in den Atomkernen, das heißt die **Kernbindung,** bewirken. Sie gehören zu den starken →Wechselwirkungen, die nur im Bereich des Kerns wirken, das heißt auf eine Entfernung von rund 10^{-15} m; innerhalb des Kerns sind sie sehr viel stärker als die Coulomb-Kraft, außerhalb sind sie nicht nachzuweisen. Die Kernkräfte sind ladungsunabhängig, wie Streuversuche von Nukleonen an Nukleonen zeigen, spinabhängig und haben den Charakter einer Zentralkraft. Eine theoretische Basis zur Beschreibung der Kernkräfte liefert das im Rahmen der →Quantenchromodynamik entwickelte Quark-Gluonen-Bild.

Kernkraftwerk, Abkürzung **KKW,** allgemeinsprachlich **Atomkraftwerk,** Abkürzung **AKW,** ein mit →Kernreaktoren betriebenes Dampfkraftwerk. Die Energie wird bisher ausschließlich durch Spaltung schwerer Atomkerne (→Kernspaltung) gewonnen, die als kontrollierte Kettenreaktion in einem Kernreaktor abläuft. Zur näheren Kennzeichnung eines Kernkraftwerks wird auch der verwendete Reaktortyp angegeben (z. B. Leichtwasserkernkraftwerk), von dem Gestaltung und Auslegung eines Kernkraftwerks wesentlich abhängen. In Deutschland werden in Kernkraftwerken derzeit nur noch Druckwasserreaktoren (DWR) und Siedewasserreaktoren (SWR) eingesetzt. Die in den westlichen Industrieländern üblichen Blockgrößen liegen heute bei mehr als 1 000 MW elektrischer Leistung.

Die im Kernreaktor freigesetzte Wärme wird direkt (**Einkreisanlage,** z. B. bei Kernkraftwerken mit SWR) oder über Dampferzeuger **(Zweikreisanlage)** den Turbinen eines Generators zur Umwandlung in elektrische Energie zugeleitet. Ein Kernkraftwerk mit DWR hat zwei hintereinander geschaltete Kühlkreisläufe. Im **Primärkreislauf** fördert eine Hauptkühlmittelpumpe das unter hohem Druck stehende Kühlwasser in den Reaktordruckbehälter, wo es beim Durchtritt durch den Reaktorkern erwärmt und einem Dampferzeuger zugeführt wird; von hier wird es wieder zum Reaktordruckbehälter zurückgeleitet. Abhängig von der Leistung des Reaktors werden mehrere Primärkreise an den Reaktordruckbehälter angeschlossen und entsprechend auch mehrere Dampferzeuger betrieben. In diesen übertragen die vom Primärkühlwasser durchströmten Heizrohre die Wärme an das Wasser des **Speisewasser-Dampf-Kreislaufs (Sekundärkreislauf),** das unter geringem Druck steht und verdampft wird. Der erzeugte Sattdampf (Temperatur rund 280 °C, Druck 6,4 MPa) wird einer Turbine zugeführt, die den Generator antreibt; außerdem beinhaltet der Sekundärkreis die Kühlung des Kondensators und die Umwandlung des Dampfes in Wasser. Kernkraftwerke mit natriumgekühlten schnellen Brutreaktoren verfügen über einen zusätzlichen Kühlkreislauf **(Dreikreisanlage).** Da Natrium beim Durchtritt durch den Reaktorkern in hohem Maße aktiviert wird, muss zwischen Primärkreis und Dampferzeuger ein weiterer Kühlkreis installiert werden (meistens ebenfalls mit Natrium als Kühlmittel).

Die bei der Nutzung der Kernenergie unvermeidliche Strahlengefährdung macht umfangreiche Maßnahmen des Strahlenschutzes notwendig. Zur Vermeidung eines Austritts radioaktiver Stoffe in die Außenwelt sind der Kernreaktor und die Dampferzeuger mit einem stählernen Sicherheitsbehälter (Containment) umgeben; das Reaktorgebäude, eine Stahlbetonhülle, umschließt den Sicherheitsbehälter. Jedes Kernkraftwerk ist außerdem zum Schutz vor Betriebsunfällen mit umfangreichen technischen Sicherheitseinrichtungen versehen, die bei schwerwiegenden Störungen

Kernkraftwerk. Die beiden Blöcke des KKW Biblis erzeugen zusammen eine Bruttoleistung von 2500 MW; die Energieerzeugung des KKW entspricht im Monat etwa dem Strombedarf von 3,5 Mio. Menschen. Biblis A soll 2007, Biblis B 2009 abgeschaltet werden (Stand 2006).

Kernkraftwerk: Kernkraftwerksblöcke weltweit in Betrieb 1975 und 2004 (Auswahl)

Staat	1975 Anzahl	1975 installierte Leistung (in MW)[1]	2004 Anzahl	2004 installierte Leistung (in MW)[1]	Anteil des Atomstroms (in %)[2]
Argentinien	1	367	2	1005	8
Belgien	4	1752	7	6050	55
Bulgarien	1	440	4	2880	32
China	–	–	9	6878	2
Deutschland[3]	10	3493	18	21693	29
Frankreich	9	2952	59	65952	78
Großbritannien	30	6126	23	12883	21
Indien	3	630	14	2720	3
Italien	3	642	–	–	–
Japan	10	5211	54	47122	28
Kanada	7	2633	17	12810	15
Litauen[4]	–	–	2	2600	72
Niederlande	2	531	1	480	4
Russland	–	–	31	23242	16
Schweden	5	3231	11	9814	53
Schweiz	3	1010	5	3352	40
Slowakische Republik	–	–	6	2640	6
Spanien	3	1113	9	7876	23
Süd-Korea	–	–	20	17715	38
Taiwan	–	–	6	5144	24
Tschechische Republik	–	–	6	3744	31
Ukraine	–	–	13	11818	48
Ungarn	–	–	4	1866	33
USA	52	37539	104	104200	20
■ **insgesamt**	174	75200	442	386830	–

[1] Installierte Bruttoleistung in Megawatt. [2] Anteil der Kernenergie an der öffentlichen Stromversorgung in % (nach IAEA). [3] 1975 alte Bundesländer, 2004 Gesamtdeutschland. [4] Ignalina Block 1 (1300 MW) wurde am 31. 12. 2004 außer Betrieb genommen.

Der amerikanische Schriftsteller Norman Mailer (* 1923) zur **Kernphysik:**

»Wenn der Mensch zuviel weiß, wird das lebensgefährlich. Das haben nicht erst die Kernphysiker erkannt, das wusste schon die Mafia.«

für Schnellabschaltung des Reaktors durch Steuerelemente sowie Abfuhr der nach der Abschaltung noch erzeugten Wärme (z.B. Notkühl-, Notspeisewassersystem, Nachwärmekühler, Abblasestation) sorgen.

Kernladungszahl, Formelzeichen Z, die Anzahl der positiven Elementarladungen eines Atomkerns, stimmt mit der **Protonenzahl** (Zahl der Protonen im Atomkern) und der Ordnungszahl des chemischen Elements überein.

kernmagnetische Resonanzspektroskopie, die →NMR-Spektroskopie.

Kernmagneton, physikalische Konstante von der Größenordnung der magnetischen Momente der Atomkerne (→Magneton).

Kernmodelle, von experimentellen Fakten ausgehende Modellvorstellungen über Struktur und Verhalten von Atomkernen (→Atom). Zu den auf den Vorstellungen der klassischen Physik beruhenden **phänomenologischen Kernmodellen** gehören das **Clustermodell,** in dem Nukleonen in Kernen Unterstrukturen, so genannte →Cluster, ausbilden, die ähnlich dem Alphateilchen eine große Bindungsenergie besitzen, und das **Tröpfchenmodell,** in dem der Atomkern als ein homogen geladenes Tröpfchen einer inkompressiblen, wirbel- und reibungsfreien Flüssigkeit aus Protonen und Neutronen betrachtet wird, die sich in ständiger Wechselwirkung befinden. Mit dem Tröpfchenmodell können u.a. Kernbindungsenergien berechnet und die Kernspaltung qualitativ erklärt werden; es eignet sich nicht zur Beschreibung der inneren Struktur der Kerne.

Zu den **quantenmechanischen Kernmodellen** gehört das →Schalenmodell, ein Einteilchenmodell; Vielteilchenmodelle sind das Modell eines →Fermi-Gases und das aus dem Schalen- und Tröpfchenmodell entwickelte **Kollektivmodell.** Dieses berücksichtigt die Wechselwirkung der »Leuchtnukleonen« mit dem als Flüssigkeitstropfen betrachteten Kernrumpf und erklärt Deformationen von Kernen und das Auftreten kollektiver Bewegungen der Nukleonen. Weitere Kernmodelle sind u.a. die Vorstellung eines →Compoundkerns zur Beschreibung von Kernreaktionen sowie das **optische Kernmodell** zur Erklärung von Streuung und Absorption bei Stoßprozessen von Kernen.

Kernmomente, die elektrischen und magnetischen Multipolmomente der Atomkerne.

Kern|obst, die Obstsorten aus der Familie der Rosengewächse (z.B. Apfel, Birne, Quitte), die eine fleischige Sammelfrucht (Apfelfrucht) bilden. Die eigentliche Frucht ist das aus pergamentartigen Fruchtblättern bestehende Kernhaus mit den Kernen als Samen.

Kernphysik, Zweig der Physik, in dem die Struktur und Eigenschaften der Atomkerne sowie die Wechselwirkung von Kernen untereinander, mit ihren Bestandteilen (den Nukleonen) und mit den übrigen Elementarteilchen untersucht werden. Sie ist eng mit Atom- und Elementarteilchenphysik verbunden. Theoretische Grundlagen der Kernphysik sind Quantenmechanik, Quantenelektrodynamik und spezielle Relativitätstheorie.

Man unterteilt die Kernphysik auch in: 1) **Niederenergiekernphysik** (klassische Kernphysik), die sich mit den physikalischen Eigenschaften der Atomkerne und den zwischen den Kernbausteinen wirkenden →Kernkräften beschäftigt, 2) **Mittelenergiekernphysik** bei Energien jenseits der Schwelle der Mesonenerzeugung (etwa 300 MeV) und 3) **Schwerionenphysik** (→Schwerionenforschung), bei der künstlich beschleunigte Kerne zur Untersuchung von Kernphänomenen herangezogen werden, die anders nicht zugänglich sind.

Experimentelle Daten über die Kerneigenschaften werden aus →Kernreaktionen, Streuexperimenten, massen- und kernspektroskopischen Untersuchungen, der Hyperfeinstruktur der Atomspektren (Mößbauer-Effekt), Verfahren zur Untersuchung der Kernspinresonanz u. a. gewonnen. Zur theoretischen Interpretation der Ergebnisse sind zahlreiche Modellvorstellungen (→Kernmodelle) über den Aufbau der Atomkerne und die Wechselwirkungskräfte zwischen ihren Bausteinen entwickelt worden.

Kernphysikalische Methoden werden u. a. in der medizinische Diagnostik und Therapie, der Materialforschung, Spurenanalyse, Altersbestimmung, bei der Bestrahlung von Lebensmitteln, der biologischen Wachstums- und Mutationsbeeinflussung und zur Aufklärung von Verbrechen eingesetzt. Aus der Anwendung der Kernphysik ist die Kerntechnik hervorgegangen.

Kernreaktion, jede durch einen Stoß mit einem anderen Kern oder Elementarteilchen bewirkte Umwandlung von Atomkernen. Kernreaktionen unterscheiden sich damit von spontan ablaufenden Kernumwandlungen (→Radioaktivität, spontane →Kernspaltung). Da die Bindung der Nukleonen im Kern millionenfach stärker ist als die Bindung der Hüllenelektronen (chemische Bindung), werden bei Kernreaktionen millionenmal größere Energien umgesetzt als bei chemischen Reaktionen. Daher finden natürliche Kernreaktionen in größerem Umfang nur im Innern von Sternen statt, wo bei extremen Temperaturen die notwendigen kinetischen Energien verfügbar sind. Kernreaktionen sind z. B. →Abstreifreaktionen, →Einfangprozesse, →Kernexplosionen, elastische und inelastische Streuprozesse; die technisch wichtigste Kernreaktion ist die Kernspaltung.

Für künstlich induzierte Kernreaktionen kann man energiereiche, in Beschleunigern erzeugte Teilchen gezielt auf die Teilchen einer Probe (Target) schießen oder nutzt natürliche Kernumwandlungen, wie die Uranspaltung, zur Anregung; so werden die meisten künstlich erzeugten Radionuklide durch Neutronenbeschuss im Kernreaktor gewonnen. Wandelt man den Zielkern A durch Beschuss mit dem Teilchen a in einen Kern B um, wobei ein Teilchen b emittiert wird, das heißt $A + a \rightarrow B + b$, so schreibt man vereinfacht A (a, b) B. – Die erste künstliche Kernreaktion beobachtete E. Rutherford 1919: Beim Prozess $^{14}_{7}Na + ^{4}_{2}He \rightarrow ^{17}_{8}O + ^{1}_{1}He$ wird ein Alphateilchen (Heliumkern) auf das Stickstoffisotop $^{14}_{7}Na$ geschossen, das sich dabei unter Aussendung eines Protons in das Sauerstoffisotop $^{17}_{8}O$ umwandelt.

Kernreaktor, Reaktor, allgemeinsprachlich **Atomreaktor,** Anlage, in der eine sich selbst erhaltende →Kettenreaktion zur Nutzung von Kernenergie geregelt abläuft. Die bei der →Kernspaltung in einem Kernbrennstoff frei werdende Kernenergie wird in Leistungsreaktoren zunächst in Wärme und dann in elektrische Energie oder mechanische Antriebsenergie (→Kernenergieantrieb) umgewandelt. Die meist kleineren Forschungsreaktoren werden als Neutronenquellen für Forschung und Ausbildung, für Werkstoffuntersuchungen, Neutronenradiografie und Strahlentherapie sowie zur Produktion von Radionukliden verwendet.

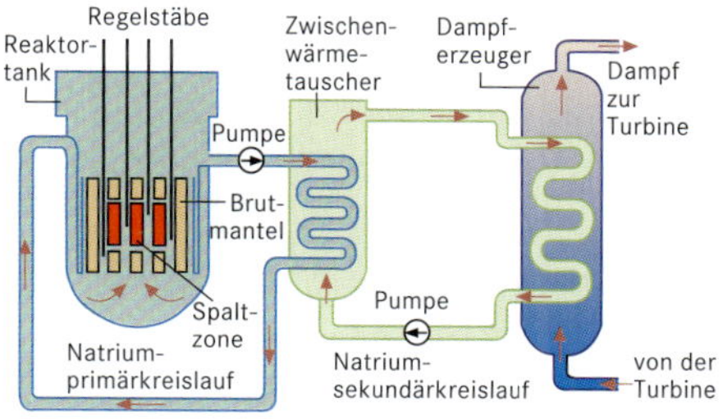

Kernreaktor. Schnelle Brutreaktoren arbeiten mit schnellen Neutronen, also ohne Moderator. Im Brutmantel wird aus Uran 238 thermisch spaltbares Plutonium 239 erbrütet; der Natriumsekundärkreislauf (oder Zwischenkühlkreislauf) trennt den radioaktiven Natriumprimärkreislauf vom Wasser-Dampf-Kreislauf des Dampferzeugers.

■ **Prinzipieller Aufbau und Baulinien**
Bei der Kernspaltung durch Neutronen bricht der Spaltstoffkern nach Einfang eines Neutrons unter Freigabe von →Kernbindungsenergie auseinander, wobei neben den Kernbruchstücken auch einige schnelle Neutronen entstehen. Diese werden entweder von anderen Atomkernen absorbiert, durch Zusammenstöße abgebremst oder verlassen den Brennstoff durch die Oberfläche. Wenn am Ende dieses Prozesses insgesamt im Mittel genauso viele Neutronen für die Spaltung weiterer Kerne zur Verfügung stehen wie zu Beginn (Neutronenmultiplikationsfaktor $k = 1$), kommt eine stationäre Kernkettenreaktion und gleichförmige Energiefreisetzung in Gang: Der Kernreaktor ist **kritisch.** Ist die Zahl dieser Neutronen größer beziehungsweise kleiner als die ursprüngliche, dann ist der Kernreaktor **überkritisch** beziehungsweise **unterkritisch,** was im ersten Fall zur Leistungserhöhung, im zweiten zum Erlöschen der Kernkettenreaktion führen kann. – Kernspaltungen können durch thermische (langsame) oder schnelle Neutronen bewirkt werden. Neben dieser und der durch den Verwendungszweck bestimmten Unterscheidung werden Kernreaktoren klassifiziert nach dem verwendeten Kernbrennstoff, dem Arbeitsprinzip des zur Abführung der erzeugten Wärme dienenden Kühlsystems beziehungsweise dem Kühlmittel (z. B. Druck-, Siedewasserreaktor beziehungsweise gas-, wasser- oder natriumgekühlter Reaktor), nach den erzeugten Temperaturen (u. a. Hochtemperaturreaktor), nach dem Moderator (Leichtwasser-, Schwerwasser- oder Graphitreaktor); nach dem Grad der Gewinnung neuen Spaltstoffs unterscheidet man →Brutreaktoren (Brüter) und Konverter.

Der Kernbrennstoff befindet sich (meist in Form von Tabletten) in gasdicht abgeschlosse-

100674

Kernreaktor. Brennstäbe in einem Kernreaktor

Kernreaktor.
Beim heliumgekühlten Hochtemperaturreaktor dient der Reaktorbehälter (aus Graphit) als Reflektor und befindet sich zusammen mit den Dampferzeugern in einem Spannbetondruckbehälter.

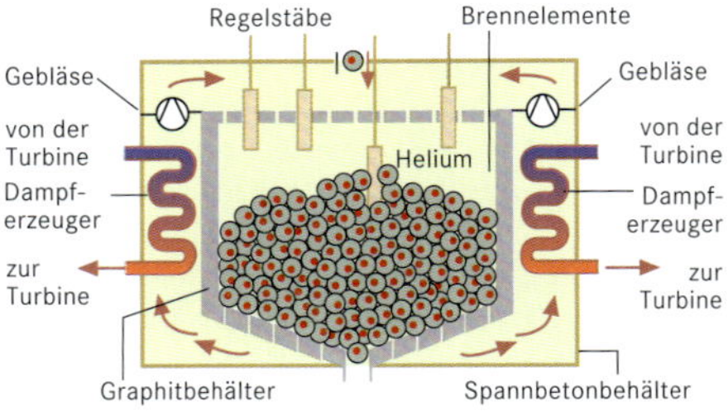

Kernreaktor.
Auf dem Gelände des schnellen Brüters in Kalkar (Nordrhein-Westfalen) entstand ein Freizeitpark mit Hotel.

nen Brenn(stoff)stäben, die zu Brennelementen zusammengesetzt sind. Diese bilden, bei thermischen Reaktoren zusammen mit dem Moderator, die **Spaltzone (Reaktorkern,** englisch **Core)** des Kernreaktors. Der Moderator, ein zusätzlicher den Brennstoff umgebender Stoff, wird bei **thermischen Kernreaktoren** eingesetzt, um die durch die Kernspaltung entstehenden schnellen Neutronen auf thermische Energien abzubremsen, da langsame Neutronen mit größerer Wahrscheinlichkeit von Spaltstoffkernen eingefangen werden und Kernspaltungen auslösen als schnelle. Besonders wirksame Moderatoren sind gewöhnliches (leichtes) Wasser, schweres Wasser und Graphit. Der gesamte Reaktorkern ist meist von einem gasdichten Druckbehälter (Reaktordruckbehälter) umgeben, der innen mit einem Neutronen reflektierenden, aus den gleichen Stoffen wie der Moderator bestehenden Material (Reflektor) zur Reduktion der Neutronenverluste ausgekleidet ist. Durch eine Änderung des Kühlmittelstroms durch den Reaktorkern und/oder der Neutronenabsorption lässt sich die Leistung eines Kernreaktors während des Betriebes je nach Bedarf regeln. Die Erhöhung oder Verminderung der Neutronenabsorption erfolgt meistens durch Ein- und Ausfahren Neutronen absorbierender Regel-, Trimm- und Abschaltstäbe, z.B. aus Borkarbid oder Silber-Indium-Cadmium. Zur Abführung der in Wärme umgewandelten Energie muss der Reaktorkern gekühlt werden. Als Kühlmittel dienen Flüssigkeiten, Gase und niedrig schmelzende Metalle mit geringer Neutronenabsorption und guten Wärmeübertragungseigenschaften.

■ **Reaktorarten** Der als Leistungsreaktor in Kernkraftwerken am häufigsten eingesetzte Kernreaktortyp ist heute der **Leichtwasserreaktor (LWR),** ein thermischer Kernreaktor mit leichtem Wasser als Moderator und Kühlmittel. Er wird als **Druckwasserreaktor (DWR)** und **Siedewasserreaktor (SWR)** gebaut. Als Brennstoff wird leicht mit U 235 angereichertes Uran (im Mittel circa 3%) in Form von Urandioxid verwendet, das sich in gasdicht verschlossenen Rohren aus Zircaloy befindet und zusammen mit diesen die Brennstäbe bildet. Der hohe Druck im Primärkreislauf des DWR und die dadurch verursachte Siedepunkterhöhung verhindern eine Dampfbildung im Reaktorkern; die Wärme wird im indirekten Kreislauf abgeführt. Der DWR, der in Deutschland als Standardreaktor gilt, liefert heute elektrische Leistungen bis zu etwa 1 500 MW. Im Gegensatz zum DWR kommt es beim SWR zum Sieden des Wassers; der im Kernreaktor erzeugte Dampf wird meist direkt zur Turbine geleitet. Der **Schwerwasserreaktor,** ein mit schwerem Wasser (D_2O) moderierter Kernreaktor, arbeitet nach dem Prinzip des DWR und wird ebenfalls als Leistungsreaktor eingesetzt. Wegen der guten Moderationseigenschaften des schweren Wassers (geringe Neutronenabsorption) kann dieser Kernreaktor mit Natururan als Brennstoff arbeiten. Eine andere Baulinie, die **Druckröhrenreaktoren,** führt leichtes oder schweres Wasser als Moderator und Kühlmittel in einzelnen Druckröhren (ohne Reaktordruckbehälter) durch den Reaktorkern. Der **Hochtemperaturreaktor (HTR),** ein thermischer Kernreaktor, arbeitet mit Graphit als Moderator und dem Edelgas Helium als Kühlmittel. Kernbrennstoff ist ein Gemisch aus Uran- und Thoriumkarbid. Die hohen Kühlgastemperaturen erlauben den Einsatz moderner Dampfprozesse und Turbogeneratoren mit hohem thermischen Wirkungsgrad sowie die Auskopplung von Prozesswärme. Beispiele sind die Kernreaktoren in Jülich und Hamm-Uentrop (heute stillgelegt).

Da bei der Kernspaltung durch ein Neutron jeweils mehr als zwei neue Neutronen freigesetzt werden, ist nicht nur die Aufrechterhaltung einer Kernkettenreaktion, sondern auch die Umwandlung von nicht spaltbarem Material in spaltbares **(Konversion)** möglich, wobei unter bestimmten Bedingungen mehr Spaltstoff erzeugt werden kann als gleichzeitig zur Energieerzeugung verbraucht wird (→Brüten). Für diesen Prozess eignen sich das Uranisotop U 238 und das Thoriumisotop Th 232. Beim besonders effektiven Uran-Plutonium-Brutprozess wandeln sich bei der Kernspaltung entstehende schnelle Neutronen U-238-Kerne in spaltbare Pu-239-Kerne um **(schneller Brutreaktor, schneller Brüter).** Dieser Reaktortyp arbeitet ohne Moderator und mit flüssigem Natrium als Kühlmittel. Im Reaktorkern ist die Spaltzone von einem so genannten Brutmantel umgeben, in dem im Wesentlichen der Brutprozess stattfindet. Brutreaktoren können durch Umwandlung des nicht spaltbaren U 238 eine bis zu 100-fach höhere Energieausbeute aus Natururan als Leichtwasserreaktoren erzielen. Der schnelle Brutreaktor in Kalkar wurde 1991 jedoch aus wirtschaftlichen und politischen Gründen nicht in Betrieb genommen, die gesamte Anlage 1995 an einen privaten Investor verkauft.

Weltweit sind heute über 1 000 Kernreaktoren in Betrieb; davon etwa 300 Forschungsreaktoren als Neutronenquellen, circa 440 in

Kernkraftwerken, die übrigen in Schiffen (fast ausschließlich im militärischen Bereich) mit Kernenergieantrieb.

Kernresonanz, die →Kernspinresonanz.

Kernresonanzspektroskopie, →NMR-Spektroskopie.

Kernspaltung, Ende 1938 von O. Hahn und F. Straßmann beim Beschuss des Elements Uran mit langsamen Neutronen entdeckte Zerlegung eines Atomkerns mit hoher Nukleonenzahl in zwei Kerne mittlerer Nukleonenzahl und vergleichbarer Massen (so genannte Spaltprodukte). Die Kernspaltung ist mit der Emission von Elementarteilchen wie Neutronen, Neutrinos, Betateilchen und Photonen verbunden. Die erste theoretische Erkärung für die Kernspaltung gaben 1939 L. Meitner und O. R. Fritsch. Die Nuklide der schweren Elemente Thorium und Uran sowie der Transurane sind instabil und zerfallen durch Zuführung einer geeigneten Anregungsenergie, z. B. durch das Eindringen eines Neutrons in den Atomkern, in zwei mittelschwere Kerne **(induzierte Kernspaltung),** zum Teil aber auch mit einer bestimmten, im Allgemeinen sehr großen Halbwertszeit von selbst **(spontane Kernspaltung).** Hierbei werden pro Spaltung etwa 10 % der gesamten Kernbindungsenergie, rund 200 MeV, frei, die sich zunächst in kinetische Energie der Spaltprodukte und Strahlungsenergie, schließlich in Wärmeenergie umsetzen. Die Energie entsteht durch Massenumwandlung des Spaltstoffes (→Massendefekt). Pro Spaltvorgang werden zwei bis drei schnelle Neutronen **(Spaltneutronen)** ausgesandt, die den Spaltprozess aufrechterhalten können (→Kettenreaktion); weil die Neutronen im Allgemeinen nicht sofort, sondern zum Teil erst nach mehreren Sekunden frei werden **(verzögerte Neutronen),** ist der Spaltungprozess steuerbar. Die Spaltprodukte sind überwiegend radioaktiv, da sie meist einen erheblichen Neutronenüberschuss besitzen, den sie durch mehrfache Emission von Betastrahlung ausgleichen (Betazerfälle).

Am wichtigsten sind die Kernspaltungen der Uranisotope U 233 und U 235 sowie des Plutoniumisotops Pu 239, da sie bereits durch thermische Neutronen (Energie < 0,025 eV) ausgelöst werden können **(thermische Kernspaltung).** Diese Isotope dienen als Kernbrennstoff zur Energieerzeugung in Kernreaktoren oder als Spaltmaterial in Kernwaffen. Mit höheren Neutronenenergien sind alle Uran- und Thoriumisotope sowie Transurane spaltbar, bei geeigneter Energiezufuhr durch Stoßprozesse beliebiger Art (Alphateilchen, Deuteronen, Protonen, Photonen) auch leichtere und sogar stabile Kerne wie die von Wismut, Blei, Thallium, Quecksilber und Gold bis herab zum Platin. Auch wurden beim Beschuss von Urankernen mit energiereichen Uranionen Kernspaltungen beobachtet.

Kernspinresonanz, Kernresonanz, [para]magnetische Kernresonanz, Abkürzung **NMR** (von englisch nuclear magnetic resonance), die Auslösung von Richtungsänderungen der Drehimpuls- beziehungsweise Spinachse eines Atomkerns, der in einem homogenen Magnetfeld eine →Larmor-Präzession ausführt, durch ein äußeres magnetisches Wechselfeld. Der Übergang eines Teils der Spins in ein Niveau mit größerer magnetischer Energie ist an der Energieentnahme aus dem Wechselfeld als Dämpfung (Absorption) erkennbar und wird als Absorptionssignal des Wechselfeldes (»Purcell-Methode«) oder durch →Kerninduktion (»Bloch-Methode«) nachgewiesen. Die Kernspinresonanz wird besonders zur Strukturaufklärung in der →NMR-Spektroskopie genutzt.

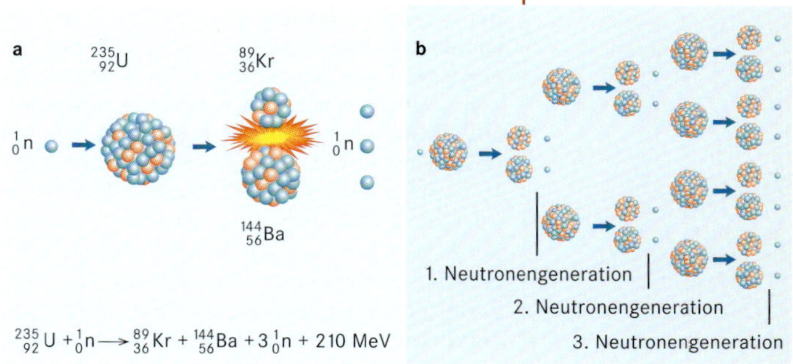

Kernspaltung. Prinzip a der Kernspaltung und b der Kettenreaktion in Uran 235 (Kr Krypton, Ba Barium, U Uran, n Neutron)

Kernspur|emulsion, Kernemulsion, Silberhalogenidschicht einer Fotoplatte **(Kernspurplatte),** die durch Erhöhung des Silberhalogenidanteils und Verminderung sowie Gleichmäßigkeit der Korngröße für die Untersuchung von Kernreaktionen und Vorgängen der kosmischen Strahlung besonders empfindlich ist. Durchsetzen Kernbruchstücke oder andere geladene Teilchen die Schicht, so erzeugen sie längs ihrer Bahnen in dichter Folge Ionenpaare, die die getroffenen Silberhalogenidkristalle entwickelbar machen. Man erhält Reihen von Schwärzungskörnern, die die Teilchenspuren markieren. Deren Auswertung liefert Daten über Masse, Energie, Ladung u. a. der Teilchen und erlaubt ihre Identifizierung.

Kernteilung, die direkte **(Amitose)** oder indirekte Teilung **(Karyokinese, Mitose, Meiose)** des Zellkerns der Organismen, der meist eine Zellteilung folgt.

Kern|umwandlungen, jede durch äußere Einwirkung bewirkte (induzierte) oder von selbst (spontan) erfolgende Umwandlung eines Atomkerns in einen oder mehrere andere Kerne. Zu den Kernumwandlungen gehören sowohl →Kernreaktionen als auch radioaktive Umwandlungen (→Radioaktivität).

Kernverschmelzung, die →Kernfusion.

Kernzertrümmerung, Spallation, *Kernphysik:* →Kernexplosion.

Kerosin *das,* zwischen etwa 150 und 250 °C siedende Erdölfraktion. Kerosin wird v. a. als Flugturbinenkraftstoff, in geringerem Umfang für Beleuchtungszwecke und zur Gewinnung von Normalparaffinen verwendet.

Kerr [englisch kɑ:, auch kə:], John, britischer Physiker, * Ardrossan (North Ayrshire) 17. 12. 1824, † Glasgow 18. 8. 1907; entdeckte den elektrooptischen (1875) und den magnetooptischen (1876) →Kerr-Effekt und entwickelte die →Kerr-Zelle.

Kerr-Effekt [nach J. Kerr], 1) **elektrooptischer Kerr-Effekt,** Erscheinung, dass isotrope Stoffe (besonders Flüssigkeiten) durch Ausrichtung ihrer polaren Moleküle im elektrischen Feld doppelbrechend werden (→Doppelbrechung). Der relative optische Gangunterschied für die beiden parallel und senkrecht zum elektrischen Feld polarisierten Komponenten eines einfallenden Lichtstrahls ist dem Quadrat der elektrischen Feldstärke und der durchlaufenen Strecke des Feldes proportional; die Proportionalitätskonstante ist die wellenlängenabhängige **Kerr-Konstante** des betreffenden Stoffes.

2) **magnetooptischer Kerr-Effekt,** an magnetisierten ferromagnetischen Spiegeln bei der Reflexion von Licht auftretende Änderung der Polarisationsverhältnisse. Die Drehung der Schwingungsellipse des reflektierten Lichts und die Änderung des Achsenverhältnisses sind der im Spiegel erzeugten Magnetisierung proportional. Der magnetooptische Kerr-Effekt geht auf dem Zeeman-Effekt zurück.

3) **optischer Kerr-Effekt,** Effekt der nichtlinearen Optik, nach dem die Brechzahl *n* eines transparenten Mediums bei hohen Lichtintensitäten linear mit wachsender Intensität zunimmt. Der optische Kerr-Effekt führt u. a. zu einer Selbstfokussierung eines intensiven Laserstrahls.

Kerr-Zelle, Karolus-Zelle [nach J. Kerr und A. Karolus], Gerät zur Umwandlung elektrischer Spannungsschwankungen in Lichtintensitätsschwankungen. In einem mit Nitrobenzol gefüllten Glasgefäß befinden sich in geringem Abstand zwei Elektroden, an die Wechselspannung angelegt wird. Die Polarisationsebene eines hindurchgehenden polarisierten Lichtstrahls wird infolge der induzierten Doppelbrechung (→Kerr-Effekt) beim Durchgang durch die Kerr-Zelle gedreht, wobei die Größe der Drehung von der Spannung an den Elektroden abhängt. Fängt man Licht mit der Schwingungsrichtung der einfallenden Welle durch einen (gekreuzten) Analysator ab, so erhält man einen Lichtstrahl, dessen Helligkeit sich im Takt der Spannungsschwankungen ändert. Kerr-Zellen werden u. a. zur Umwandlung von Mikrofonströmen in Lichtimpulse beim Tonfilm (Lichtsteuergeräte), als Lichtmodulator bei der Lasersteuerung und als schnelle elektrooptische Schalter z. B. bei der Hochgeschwindigkeitsfotografie verwendet. Höhere Modulationsfrequenzen erzielt man aber erst mit Kristallen als aktivem Medium.

Leo Szilard erinnert sich an den 2. Dezember 1942, den Tag der ersten atomaren **Kettenreaktion:**

»Es war eine große Menge Leute dort, dann sind Fermi und ich allein geblieben. WIr schüttelten die Hände, und ich sagte, dass dieser Tag als ein finsterer Tag in die Geschichte der Menschheit eingehen wird.«

Ketone, organische Verbindungen, bei denen die Carbonylgruppe $>C{=}O$ an Alkyl- oder Arylgruppen gebunden ist. Der einfachste aliphatische Vertreter ist das →Aceton, das einfachste aromatische Keton das Benzophenon (Diphenylketon), $C_6H_5-CO-C_6H_5$. Verwendung finden Ketone besonders als Lösungsmittel in der organischen Chemie, daneben sind sie auch Zwischenprodukte bei technisch wichtigen Synthesen. Ketonverbindungen sind u. a. intermediäre Stoffwechselprodukte (→Ketonkörper).

Ketonkörper, Substanzen des intermediären Stoffwechsels (Aceton, Acetessigsäure, β-Hydroxybuttersäure), die beim Fettsäureabbau entstehen und besonders bei Hungerzuständen und Diabetes mellitus vermehrt im Blut **(Ketonämie)** und im Harn **(Ketonurie)** vorkommen können.

Ketosäuren, →Oxocarbonsäuren.

Ketosen, Monosaccharide, die eine Ketongruppe enthalten, z. B. Fructose.

Kettenmoleküle, die →Makromoleküle.

Kettenreaktion, 1) *Chemie:* Vorgang, der sich, einmal eingeleitet, von selbst wiederholt, da die für die Auslösung (oder Aufrechterhaltung) des Prozessablaufs benötigten Produkte oder Reaktionspartner immer wieder neu erzeugt werden. Eine chemische Kettenreaktion besteht aus **Startreaktion, Wachstumsreaktion** und **Abbruchreaktion.** Bei einer Kettenreaktion überträgt sich die an einer Stelle eingeleitete Reaktion auf viele Moleküle, die weitere Moleküle zur Reaktion bringen. Dabei treten instabile, reaktionsfähige Zwischenprodukte (Kettenreaktionsträger) auf, bei Radikalkettenreaktionen Radikale und bei Ionenkettenreaktionen Ionen. Chemische und biochemische Kettenreaktionen heißen Stufenreaktionen. Beispiel einer fotochemischen Kettenreaktion ist die Chlorknallgasreaktion (*hν* Lichtquantenenergie):

$$\left.\mathrm{Cl_2} + h\nu \rightarrow \mathrm{Cl}^{\cdot} + \mathrm{Cl}^{\cdot}\right\}\ \text{Startreaktion}$$
$$\left.\begin{array}{l}\mathrm{Cl}^{\cdot} + \mathrm{H_2} \rightarrow \mathrm{HCl} + \mathrm{H}^{\cdot}\\ \mathrm{H}^{\cdot} + \mathrm{Cl_2} \rightarrow \mathrm{HCl} + \mathrm{Cl}^{\cdot}\end{array}\right\}\ \text{Wachstumsreaktion}$$
$$\left.\begin{array}{l}\mathrm{H}^{\cdot} + \mathrm{Cl}^{\cdot} \rightarrow \mathrm{HCl}\\ \mathrm{H}^{\cdot} + \mathrm{H}^{\cdot} \rightarrow \mathrm{H_2},\ \mathrm{Cl}^{\cdot} + \mathrm{Cl}^{\cdot} \rightarrow \mathrm{Cl_2}\end{array}\right\}\ \text{Abbruchreaktionen}$$

2) *Physik:* **Kernkettenreaktion,** eine sich selbst erhaltende Folge von →Kernspaltungen, bei der die je Kernspaltung freigesetzten Neutronen (etwa 2,5) so viele weitere Kernspaltungen bewirken, dass der Prozess erst zum Erliegen kommt, wenn er durch äußere Einwirkung unterbrochen wird (z. B. mithilfe von Abschaltstäben in einem Kernreaktor) oder aufgrund innerer Gesetze erlischt (z. B. weil die Menge des Spaltstoffs zu gering ist). Die Kettenreaktion läuft im Kernreaktor kontrolliert unter gleichförmiger Energiefreisetzung ab. Bei Kernwaffen schwillt die Zahl der Kernspaltungen dagegen rasch an, was zu einer explosionsartigen Energiefreisetzung führt.

Ketterle, Wolfgang, deutscher Physiker, *Heidelberg 21. 10. 1957; 1982–88 wissenschaftlicher Mitarbeiter am Max-Planck-Institut für Quantenoptik, 1989/90 am Physikalisch-Chemischen Institut der Universität Heidelberg tätig; seine Arbeiten führten u. a. zur Entwicklung eines durchstimmbaren Zwei-Wellenlängen-Excimerlasers. Ketterle wechselte 1990 an das Massachusetts Institute of Technology (MIT) in Cambridge (Massachusetts), wo er 1993 eine Assistenzprofessur erhielt und seit 1998 als Professor der Physik arbeitet. Ketterle arbeitet insbesondere auf dem Gebiet der Laserkühlung. Er konnte die Verdampfungskühlung (die am MIT für Wasserstoffatome entwickelt worden war) auf Natriumatome anwenden; im September 1995 gelang ihm die Erzeugung eines Bose-Einstein-Kondensats (→Bose-Einstein-Kondensation). 1997 machte er erstmals Schallwellen in einem Bose-Einstein-Kondensat sichtbar und 1999 konnte er mit seinem Team die Energie messen, die das Kondensat am absoluten Nullpunkt besitzt. Außerdem entwickelte er einen selbstverstärkenden Atomlaser.

Ketterle erhielt 2001 zusammen mit E. A. Cornell und C. E. Wieman für die Erzeugung der Bose-Einstein-Kondensation in verdünnten Gasen aus Alkaliatomen und für frühe grundsätzliche Studien über die Eigenschaften der Kondensate den Nobelpreis für Physik. An Ketterle wurde der 100. Nobelpreis für Physik verliehen.

keV, Einheitenzeichen für Kiloelektronvolt, 1 keV = 1 000 eV (→Elektronvolt).

Kiefer. Kanarische Kiefer

kg, Einheitenzeichen für →Kilogramm.

Khorana [kɔˈrɑːnə], Har Gobind, amerikanischer Biochemiker indischer Herkunft, *Raipur 9. 1. 1922; synthetisierte als Erster Polynukleotide mit bekannter Basensequenz und konnte damit im genetischen Code alle Codons den Aminosäuren zuordnen und zeigen, dass ein Codon jeweils drei Nukleinbasen enthält. 1968 erhielt Khorana (mit M. W. Nirenberg und R. Holley) den Nobelpreis für Physiologie oder Medizin.

kHz, Einheitenzeichen für Kilohertz, 1 kHz = 1 000 Hz (→Hertz).

KI, Abkürzung für →**k**ünstliche **I**ntelligenz.

Kiefer, Pinus, Gattung immergrüner, einhäusiger Nadelhölzer (Kieferngewächse) fast ausschließlich auf der nördlichen Erdhalbkugel. Die langen, von einer Scheide umgebenen Nadeln sitzen zu zweit bis zu fünft, selten einzeln, an Kurztrieben. Die Früchte (Zapfen) fallen nach der Reife (2–3 Jahre) als Ganzes ab. Das Holz ist meist harzreich.

Kiemen [niederdeutsche Form für Kimme »Einschnitt«], **Branchien,** Atmungsorgane im Wasser lebender Tiere. Meist sind es stark mit Blut beziehungsweise Körperflüssigkeit versorgte oder von Tracheen **(Tracheenkiemen)** durchzogene dünnhäutige Ausstülpungen der Körperwand (äußere Kiemen) oder der Schleimhaut des Vorderdarms (innere Kiemen), die den Gasaustausch zwischen Wasser und Blut ermöglichen; unterschiedlich ausgebildet. Gitterförmige **Fadenkiemen** kommen bei verschiedenen Muschelgruppen vor. Aus ihnen gehen die **Blattkiemen** mit zahlreichen blättchenförmigen Lamellen hervor. Federartig sind die **Fiederkiemen,** z. B. bei den Nussmuscheln. Durch Rückbildung einer Fiederblättchenreihe werden **Kammkiemen** (bei vielen Schnecken) ausgebildet. Manteltiere, Lanzettfischchen und Fische haben einen von Kiemenspalten durchbrochenen Vorderdarm, den so genannten **Kiemendarm.** Die Kiemen der Fische werden durch ein knorpeliges oder knöchernes Kiemenskelett, die **Kiemenbögen,** gestützt.

Kiesel|algen, Diatomeen, Diatomeae, Bacillariophyceae, Klasse mikroskopisch kleiner, einzelliger Algen des Süß- und Meerwassers; Chromatophoren meist braun gefärbt; die zwei Zellen haben einen schachtelartig zusammenpassenden zweiteiligen Panzer aus Kieselsäure. Man unterscheidet zwei Ordnungen, die unbeweglichen **Centrales** mit runden Schalen und die beweglichen **Pennales** mit stab- oder schiffchenförmigen Schalen.

Fossile Lager von Kieselalgen liefern die technisch vielfältig verwendete Kieselgur.

Kieselfluorwasserstoffsäure, die →Fluorokieselsäure.

Kieselsäuren, Sammelbezeichnung für die Sauerstoffsäuren des Siliciums, die in der

Wolfgang Ketterle
*** 1957**

565

- erzeugte als einer der Ersten eine Bose-Einstein-Kondensation
- erhielt 2001 den Nobelpreis für Physik

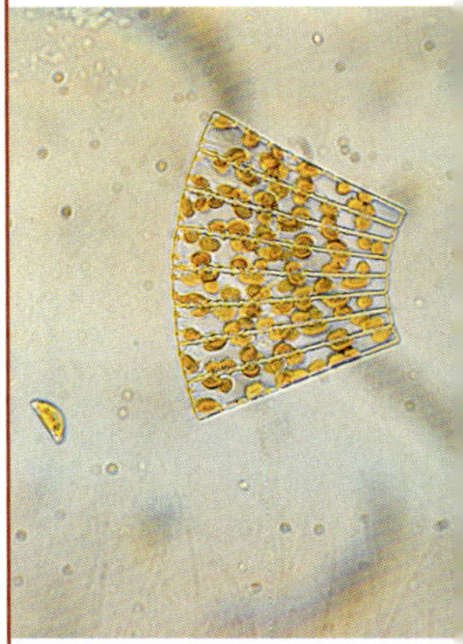

100807

Kieselalgen. Fächerkieselalge (Meridion circulare)

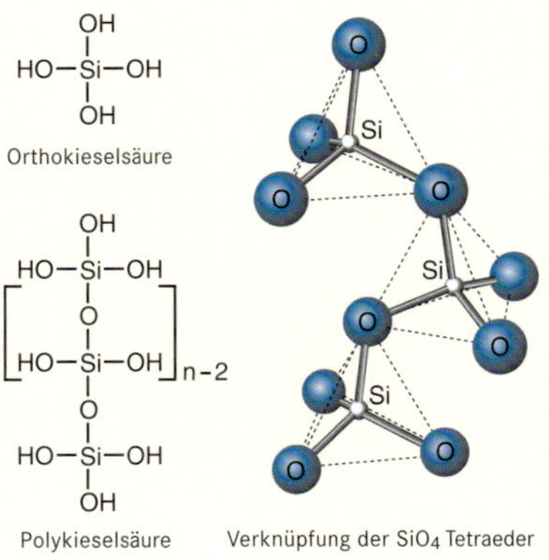

Kieselsäuren. Konstitutionsformel der Polykieselsäure (links unten), die durch intermolekulare Wasserabspaltung (Kondensation) aus der Orthokieselsäure (links oben) entsteht; rechts SiO_4-Tetraeder und deren Verknüpfung – das Grundgerüst von Kieselsäuren

Natur nur in Form ihrer Salze, der Silikate, vorkommen und aus diesen durch Ansäuern hergestellt werden. Die am einfachsten gebaute Kieselsäure ist die nur kurzzeitig beständige **Monokieselsäure** oder **Orthokieselsäure,** H_4SiO_4, die unter fortschreitendem Wasseraustritt (Kondensation) in komplizierte Polymere übergeht, die als **Polykieselsäuren,** $H_{2n+2}Si_nO_{3n+1}$, bezeichnet werden. Beim Überschreiten eines bestimmten Kondensationsgrades können aus den kolloidal gelösten Kieselsäuren stark wasserhaltige, gallertige Kieselsäuren, die **Kieselgele** oder **Kieselsäuregele,** und als Endstufe der Kondensation Siliciumdioxid entstehen. Beim Erhitzen der Kieselgele entweicht langsam das eingeschlossene Wasser und ein weißes, trübes, äußerst poröses Produkt, das **Silicagel** (oder **Kieselxerogel**), bleibt zurück, das wegen seiner großen inneren Oberfläche als sehr wirksames Adsorptions-, Reinigungs- und Trockenmittel für Gase und Lösungen verwendet wird.

Kilby ['kılbı], Jack St. Clair, amerikanischer Physiker, *Jefferson City (Missouri) 8. 11. 1923; 1958–70 bei Texas Instruments Inc. (Dallas), 1978–84 Professor für Elektrotechnik an der Texas A&M University. Kilbys Idee, alle Bauteile eines Schaltkreises aus einem Material (Silizium) herzustellen, führte zur Entwicklung des ersten integrierten Schaltkreises, den er am 12. 9. 1958 bei Texas Instruments präsentierte. Kilby erhielt für seine bahnbrechenden Leistungen zusammen mit H. Kroemer und S. Alferow 2000 den Nobelpreis für Physik.

Kilogramm. Kilogrammprototyp-Waage mit evakuiertem Gehäuse

Killer|alge, Caulerpa taxifolia, giftige tropische Grünalge, die im Mittelmeer die heimischen Algenarten überwuchert (und erstickt) und sich aufgrund fehlender Fressfeinde sehr stark ausbreitet.

Kilo [griechisch], Vorsatz (Zeichen **k**) vor Einheiten für das Tausendfache, z. B. 1 kg = 1 000 g, 1 km = 1 000 m; in der *Informatik* Größenvorsatz (Zeichen **K**) vor Bit oder Byte in der Bedeutung 2^{10} = 1 024.

Kilogramm, Einheitenzeichen **kg,** SI-Basiseinheit der Masse, definiert durch das seit 1889 in Sèvres bei Paris aufbewahrte Urkilogramm (Platin-Iridium-Zylinder). Seit einigen Jahren arbeiten Experten verschiedener Metrologieinstitute an Experimenten, mit denen sich eine neue, exaktere Definition des Kilogramms ableiten lässt, die überall reproduzierbar sein sollte.

Kilometerwellen, →Langwellen.

Kilopond, Einheitenzeichen **kp,** veraltete Einheit der Kraft; 1 kp = 1 000 p (Pond) ist die Gewichtskraft einer Masse von 1 kg bei der Normalfallbeschleunigung. Die SI-Einheit der Kraft ist das Newton (N); 1 kp = 9,806 65 N.

Kilowattstunde, Einheitenzeichen **kW · h,** gesetzliche Einheit der Energie, besonders in der Elektrotechnik: 1 kW · h = 3 600 kW · s = 3,6 · 10^6 W · s = 3,6 MJ (Megajoule).

Kindchenschema, *Psychologie:* die Kombination verschiedener für das Kleinkind charakteristischer Körpermerkmale, die beim Menschen als Schlüsselreiz den (elterlichen) Pflegeinstinkt ansprechen. Zum Kindchenschema gehören insbesondere ein im Verhältnis zum übrigen Körper großer Kopf, Pausbacken, »tollpatschige« Bewegungsabläufe.

Kinematik [griechisch] *die,* **Bewegungslehre,** die Untersuchung und Beschreibung von Bewegungen (Bahnkurve, Geschwindigkeit, Beschleunigung) der Körper ohne Berücksichtigung der sie verursachenden Kräfte (im Unterschied zur Dynamik und zur Kinetik).

Kinetik [griechisch, zu kineĩn »bewegen«] *die,* **1)** *Chemie:* →Reaktionskinetik.

2) *Physik:* Teilgebiet der klassischen Mechanik; Lehre von den Bewegungen der Körper unter dem Einfluss innerer oder äußerer Kräfte.

kinetische Energie, die Bewegungsenergie (→Energie).

kinetische Gastheorie, Teilgebiet der statistischen Mechanik, das die Gesetzmäßigkeiten und makroskopischen Eigenschaften eines Gases, wie Druck, Volumen, Wärmeleitung, innere Reibung und Diffusion, aus der Bewegung seiner Moleküle ableitet. In der Modellvorstellung der kinetischen Gastheorie betrachtet man die Atome und Moleküle eines Gases als Massenpunkte, die sich in ständiger regelloser, nur statistisch erfassbarer Bewegung befinden sowie untereinander und auf die Gefäßwand nur elastische Stöße ausüben. Auf der Grundlage dieses Modells des idealen →Gases folgt u.a. der Zusammenhang zwischen absoluter Temperatur T und der mittleren kinetischen Energie der Moleküle: $W_{kin} = {}^3/_2 kT$ (k Boltzmann-Konstante).

Die kinetische Gastheorie wurde 1738 von D. Bernoulli begründet und 1856–68 von R. Clausius, C. Maxwell und L. Boltzmann weiter ausgebaut. Sie trug wesentlich zur Anerkennung der wissenschaftlichen Atomtheorie bei.

Kinine, zu den Gewebehormonen zählende Substanzen, die stark gefäßerweiternd wirken, die Permeabilität der Kapillaren steigern sowie eine Kontraktion der glatten Muskulatur verursachen. Kinine werden aus Vorstufen, den Kininogenen, durch die Protease Kallikrein freigesetzt; hierbei entsteht zuerst das aus 10 Aminosäuren bestehende **Kallidin,** das zu Bradykinin weiter abgebaut werden kann.

Kipp-Apparat [nach dem niederländischen Apotheker Petrus Jacobus Kipp, *1808, †1864], **Kipp-Gasentwickler,** gläsernes Laborgerät zur Entwicklung von Gasen durch Umsetzung von Feststoffen mit Flüssigkeiten, z.B. zur Gewinnung von Wasserstoff aus Zink und verdünnter Schwefelsäure mit wenigen Tropfen Kupfersulfatlösung.

Kippflügelflugzeug, ein →Senkrechtstarter.

Kippschaltung, Kippstufe, elektronische Schaltung, bei der sich das Ausgangssignal sprunghaft oder nach einer bestimmten Zeit zwischen zwei Werten ändert. Die Änderung (Kippen) kann durch die Schaltung selbst oder durch ein Auslösesignal erfolgen. Die **bistabile Kippschaltung** besitzt zwei stabile Ausgangszustände, wobei der jeweilige Zustand auch nach Wegnahme der Eingangssignale bis zur nächsten Umschaltung erhalten bleibt; sie dient u.a. der Speicherung von Informationen. Beim →Flipflop (bistabiler Multivibrator) genügt dazu ein kurzer Impuls, während beim Schmitt-Trigger ein andauerndes Signal erforderlich ist. Die **monostabile Kippschaltung** (Monoflop, monostabiler Multivibrator, Univibrator, Zeitschalter) ist eine Digitalschaltung, bei der ein Eingangsimpuls den Ausgang vom stabilen in den nichtstabilen Zustand schaltet. Nach einer bestimmten Zeit kehrt die monostabile Kippschaltung selbsttätig in den stabilen Zustand zurück; sie wird z.B. als Impulsgeber in Zeitschaltern oder Frequenzteilern verwendet. Die **astabile Kippschaltung** wird in der Impulstechnik als Rechteckspannungsgenerator verwendet, wobei ihre Frequenz durch →RC-Glieder bestimmt wird. – Als Kippschaltung werden auch solche Anordnungen bezeichnet, die sägezahnförmige Kippschwingungen liefern.

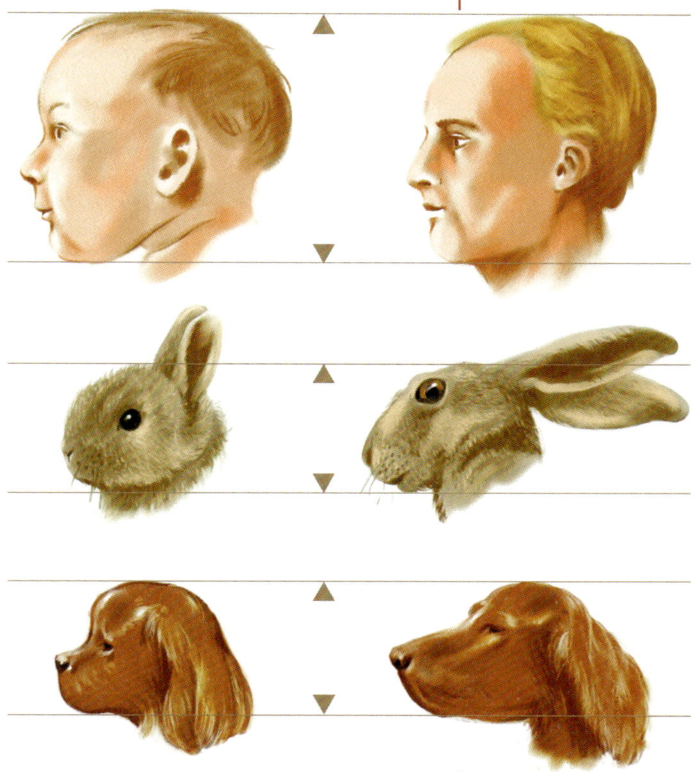

Kindchenschema. Kindchen- (jeweils links) und Erwachsenenmerkmale (jeweils rechts)

Kippschwingung, elektrische Schwingung, die auf periodisch sich wiederholenden Ausgleichsvorgängen in →Kippschaltungen beruht und deren zeitlicher Verlauf oder dessen Ableitung einen Sprung oder Knick aufweist. Unter Kippschwingung wird v.a. die Sägezahnschwingung verstanden, verwendet als Zeitablenkspannung oder -strom für die Horizontalablenkung des Elektronenstrahls in Bild- und Oszilloskopröhren.

Kirchhoff, Gustav Robert, deutscher Physiker, *Königsberg (heute Kaliningrad) 12. 3. 1824, †Berlin 17. 10. 1887; wirkte 1850–54 als Professor in Breslau, 1854–75 in Heidelberg und 1875–86 in Berlin. Kirchhoff stellte 1845 bereits als Student in Königsberg weit allgemeiner als G. S. Ohm die Gesetze der Stromverzweigung auf (→kirchhoffsche Regeln). Er führte zusammen mit R. W. Bunsen 1859/60 Untersuchungen zur Emission und Absorption des Lichts durch, die die Grundlage der Spektralanalyse darstellten und zur Aufstellung des →kirchhoffschen Strahlungsgesetzes führten. Mit der Spektralanalyse konnte er die fraunhoferschen Linien als Absorptionslinien erklären und entdeckte dadurch gemeinsam mit Bunsen die Elemente Cäsium und Rubidium. Kirchhoff untersuchte außerdem Fragen der Mechanik, der Akustik (Erklärung der Chladni-Figuren) und der Elektrizitätsleitung, wobei er 1857 erkannte, dass diese annähernd mit Lichtgeschwindigkeit erfolgt.

kirchhoffsche Regeln [nach G. R. Kirchhoff], Sätze über stationäre Strom- und Spannungsverteilungen, von großer Bedeutung bei der Hintereinander- und Parallelschaltung linearer elektrischer Leiter:

1) **Knotenregel:** In jedem Verzweigungspunkt (Knoten) ist die Summe der zufließenden Ströme gleich der Summe der abfließenden, sodass für die Ströme I_ν allgemein gilt:

$$\sum_{\nu=1}^{n} I_\nu = 0;$$

2) **Maschenregel:** In jedem geschlossenen Stromkreis (Masche) ist die Summe der elektromotorischen Kräfte (Urspannungen) E_ν gleich der Summe aller Spannungsabfälle, das heißt der Produkte IR (I Strom, R Widerstand), das heißt:

$$\sum_{\nu=1}^{n} E_\nu = \sum_{\nu=1}^{n} I_\nu R_\nu$$

Die Maschenregel ist eine Erweiterung des →ohmschen Gesetzes.

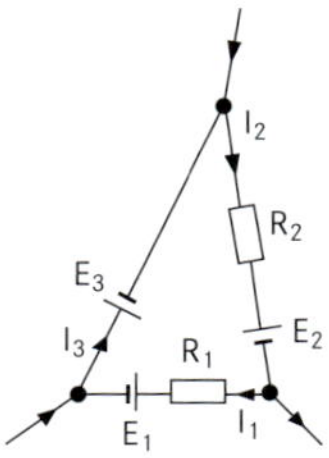

kirchhoffsche Regeln. Maschenregel: Die Summe der Spannungsabfälle IR an den Widerständen R_1 und R_2 ist gleich der Summe der Urspannungen E_1, E_2 und E_3 ($I_1R_1 + I_2R_2 = E_1 + E_2 + E_3$).

kirchhoffsches Strahlungsgesetz, von G. R. Kirchhoff 1859 formulierter Zusammenhang, nach dem bei →Temperaturstrahlern der Quotient aus Emissions- und Absorptionsvermögen bei gegebener Wellenlänge und Temperatur – unabhängig von allen Materialeigenschaften – gleich dem Strahlungsvermögen eines →schwarzen Körpers bei der gleichen Temperatur und Wellenlänge ist.

Kitz, Junges von Reh, Gämse, Steinwild. Das männliche heißt **Bockkitz,** das weibliche **Geißkitz.**

kJ, Einheitenzeichen für Kilojoule, 1 kJ = 1 000 J (→Joule).

KKW, Abkürzung für →Kernkraftwerk.

Kladogenese [griechisch] *die, Abstammungslehre:* Abwandlung der anagenetisch entstandenen Grundtypen (→Anagenese) durch Spezialisation zu größerer Formenmannigfaltigkeit.

Klang, *Akustik:* eine vom Ohr wahrnehmbare periodische mechanische Schwingung, die durch das Zusammenklingen von mehreren Tönen **(Teiltönen)** entsteht, deren Schwingungen sinusförmig verlaufen. Dabei bestimmt der tiefste Teilton **(Grundton)** die subjektiv empfundene **Klanghöhe.** Die Frequenzen der höheren Teiltöne **(harmonische Töne, Obertöne)** sind ganzzahlige Vielfache des Grundtons. Die Anzahl und die relative Stärke der Obertöne bestimmen die **Klangfarbe** einer Tonquelle, z. B. eines Musikinstruments. – Im Gegensatz zum Klang besteht das Tongemisch aus sinusförmigen Schwingungen mit beliebigen Frequenzen, das heißt, die auftretenden Teiltöne sind nicht harmonisch. Das Klanggemisch setzt sich aus Klängen mit Grundtönen beliebiger Frequenz zusammen.

Die **Klanganalyse** ist die Auflösung eines Klangs in die ihn zusammensetzenden Teiltöne mithilfe von Filtern und Resonatoren. Das dabei entstehende **Klangspektrum** gibt die Frequenzen der Einzeltöne mit ihren Intensitätsverhältnissen wieder. Ihr Gegenteil, die **Klangsynthese,** ist ein Verfahren zum Aufbau künstlicher Klänge aus willkürlich ausgewählten Komponenten, z. B. mit einem Synthesizer.

Klangfiguren, die Chladni-Figuren (→Chladni).

Klapperschlangen, Crotalus, Gattung amerikanischer Grubenottern, die bei Erregung mit Hornringen am Schwanzende ein rasselndes Geräusch erzeugen; bei jeder Häutung entsteht ein neues Segment der Klapper. Das hochwirksame Gift der Klapperschlangen enthält vorwiegend zytotoxische und hämotoxische, aber auch neurotoxische Komponenten, besonders bei der einzigen südamerikanischen Art, der **Schauerklapperschlange** (Crotalus durissus). Im südlichen Nordamerika leben die etwa 2 m lange **Texasklapperschlange** (Crotalus atrox) und die mehr als 2,5 m lange **Diamantklapperschlange** (Crotalus adamanteus).

Klaproth, Martin, deutscher Chemiker, * Wernigerode 1. 12. 1743, † Berlin 1. 1. 1817; dort seit 1810 Professor, Wegbereiter der analytischen Chemie. Entdeckte zahlreiche Elemente, u. a. Kalium, Uran, Zirkonium, Strontium, Cer, Tellur und Titan, führte wichtige Mineralanalysen durch; verhalf der antiphlogistischen Lehre Antoine de Lavoisiers in Deutschland zum Durchbruch.

Klär|anlage, Klärwerk, Anlage zur →Abwasserreinigung.

Klären, *Verfahrenstechnik:* das Beseitigen von Verunreinigungen aus flüssigen Substan-

Klebstoffe Wunden kleben statt nähen

Medizinische Kleber, so genannte Fibrinkleber, ahmen die Blutgerinnung nach und erreichen eine rasche Blutstillung und Wundheilung. Fibrinogen und Thrombin, die beiden Hauptbestandteile des Fibrinklebers liegen getrennt in zwei Fertigspritzen vor. Daneben enthalten die Spritzenlösungen noch Substanzen, die auch bei der natürlichen Blutgerinnung benötigt werden. Gemeinsam angewendet, vernetzt das Enzym Thrombin das Fibrinogen zu Fibrinfäden. Dabei entsteht wie beim natürlichen Wundverschluss ein Gerinnsel, das die Wunde verklebt und an dem der Regenerationsprozess des Gewebes und der Haut ansetzen kann. Chirurgen verwenden den Fibrinkleber z. B. zur Gewebeklebung nach Operationen an inneren Organen, zum Einkleben neuer Linsen bei Graue-Star-Operationen oder zum Abdichten verletzter Hirnhäute.

zen durch Absetzen (Sedimentieren), Aufschwimmen (Flotation), Filtrieren oder Zentrifugieren.

Klärschlamm, wässrige Suspensionen mit etwa 5% Trockenmasse, die bei der →Abwasserreinigung in den Absetzbecken (Klärbecken) einer Kläranlage anfallen. Klärschlamm setzt sich aus dem **Primärschlamm** (abgesetzte Stoffe aus der Vorklärung) und dem **Überschussschlamm** (bei der Abwasserreinigung zuwachsende Mikroorganismen) der biologischen Behandlung zusammen. Bei der anaeroben Schlammfaulung in Faultürmen bildet sich **Klärgas** (etwa 65% Methan und 35% Kohlendioxid), das zur Erwärmung des Klärschlamms und zur Energieversorung der Anlage verwendet wird (→Biogas). Der ausgefaulte Schlamm wird in Trockenbeeten beziehungsweise mit Maschinen bis zur Stichfestigkeit getrocknet. Bei Großanlagen, besonders bei biologischen Kläranlagen für industrielle Abwässer, gibt man aus Zeit- und Platzgründen der thermischen Entwässerung den Vorzug.

Klasse, *biologische Systematik:* Bezeichnung für eine taxonomische Einheit zwischen Stamm und Ordnung.

Klause, *Botanik:* die aus zwei Fruchtblättern gebildete Spaltfrucht der Lippenblütler und Borretschgewächse.

Klebsiẹlla [nach dem Bakteriologen Edwin Klebs (* 1834, † 1919)] *die,* Bakteriengattung, gramnegative, unbewegliche Stäbchen, die beim Menschen u.a. eine Lungenentzündung hervorrufen können.

Klebstoffe, nichtmetallische Werkstoffe, die Körper durch Oberflächenhaftung (Adhäsion) und innere Festigkeit (Kohäsion) verbinden können, ohne das Gefüge der Körper wesentlich zu verändern (Leim, Kleister, Kitt). Zu den natürlichen Klebstoffen gehören Kasein-, Glutinleime, Stärkeprodukte (Kleister) und Naturharze. Von größerer Bedeutung sind heute synthetische Klebstoffe. **Schmelzklebstoffe** werden heiß als Schmelze aufgetragen und bilden beim Erstarren die Klebverbindung. Verwendet werden v.a. Mischungen von Ethylen-Vinylacetat-Copolymeren mit Harzen und Wachsen. Diese Gruppe schließt die **Heißsiegelklebstoffe** ein, die z.B. zum Verschließen von Joghurtbechern dienen. **Kontaktklebstoffe** müssen auf beide zu verklebenden Oberflächen aufgetragen werden. Nach einer Vortrocknung erfolgt die Klebung durch kurzzeitiges, starkes Zusammendrücken. Verwendet werden u.a. Copolymere von Butadien mit Styrol oder Acrylnitril. **Haftklebstoffe** sind dauerklebrige Klebstoffe, meist auf Kautschukbasis, die unter geringem Druck haften, bei dauernder Last aber zum »Kriechen« neigen. Sie werden für Haftetiketten und Dekofolien verwendet. **Alleskleber** sind u.a. Lösungen von Polyurethan oder Polyvinylacetat in

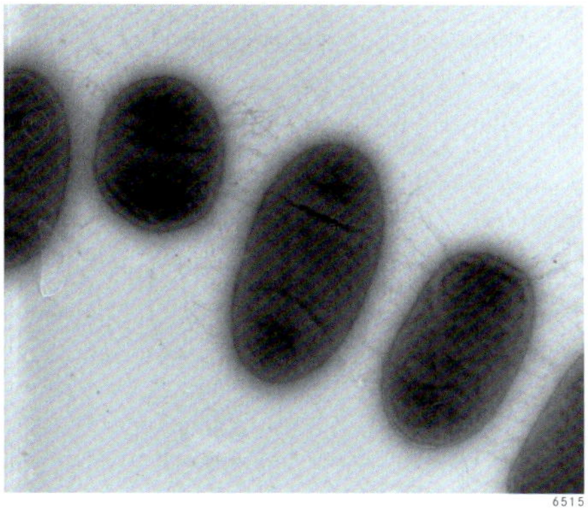

Klebsiella. Klebsiella pneumoniae (Zellgröße 1,2 × 0,6 μm)

Estern, Ketonen oder Kohlenwasserstoffen, die durch Verdunsten des Lösungsmittels abbinden. **Anlösende Klebstoffe** werden für Kunststoffe verwendet. Sie enthalten ein Lösungsmittel (z.B. Aceton für Polystyrol), das die zu verklebenden Oberflächen anlöst, sodass nach Diffusion der Makromoleküle und Verdunstung des Lösungsmittels Klebung eintritt. **Reaktionsklebstoffe** (Ein- und Zweikomponentenkleber) binden durch chemische Reaktion ab. Sie enthalten u.a. Aminoplaste oder Epoxidharze.

Klee, Trifolium, Gattung der Schmetterlingsblütler mit etwa 300 Arten; Kräuter mit meist dreizähligen Blättern, kopfig, doldig oder traubig angeordneten Blütenständen und kurzen Fruchthülsen. Mitteleuropäische Arten und wichtige Futterpflanzen sind: **Wiesenklee** (Trifolium pratense) mit roten Blütenköpfchen, **Inkarnạtklee** (Trifolium incarnatum) mit blutroten länglichen Blütenköpfchen, **Weißklee** (Trifolium repens) mit weißen Blüten, am weitesten verbreiteter Weidenklee. Wildpflanzen sind der meist rot blühende **Voralpenklee** (Trifolium alpinum) und der weißlich bis rötlich blühende **Hasenklee** (Trifolium arvense).

Kleinbären. Schlankbär

Kleinbären, Procyonidae, Raubtierfamilie von marder- bis bärenähnliche Gestalt; gute Kletterer; vorwiegend nachtaktive Allesfresser. Ursprünglichster Vertreter ist das in

Mittel- und Nordamerika lebende **Katzenfrett** (Bassariscus astutus) mit katzenartigem Gesicht und schwarzweiß geringeltem Schwanz. Zu den Kleinbären gehören weiterhin die Nasenbären, Wickelbären und →Waschbären.

Kleine Eiszeit, Bezeichnung für die Periode der Klimaverschlechterung in Europa, die um 1400 begann und, unterbrochen durch mildere Abschnitte und einzelne sehr warme Jahre, bis etwa 1900 dauerte. Charakteristisch waren starke Vorstöße von Gletschern (Schneegrenze in den Alpen um 150–200 m tiefer als heute) und von Treibeis (bis zu den Färöern und Westnorwegen).

Kleinspannung, Schutzkleinspannung, umfasst alle →Nennspannungen von Wechselspannungen bis 25 V und von Gleichspannungen bis 60 V; alle darüber liegenden Spannungswerte sind aus medizinischer Sicht für den Menschen potenziell gefährlich.

Kleistogamie [griechisch] *die,* Selbstbestäubung in geschlossener Blüte (z. B. bei Veilchen).

kleistsche Flasche [nach dem Physiker E. J. von Kleist, * 1700, † 1748], die →Leidener Flasche.

Klemmenspannung, Klemmspannung, im engeren Sinn an den Anschlussklemmen einer elektrischen Maschine messbare Spannung; im weiteren Sinn Spannung an den Eingangs- oder Ausgangsklemmen eines Betriebsmittels oder einer Anlage.

Kletterpflanzen, die →Lianen.

Klima: Klimaklassifikationen

A	trop. Klimate	alle Monate über 18 °C Mitteltemperatur
B	Trockenklimate	die Vegetation leidet unter Wassermangel
C	warmgemäßigte Klimate	kältester Monat zwischen 18 °C und ç–3 °C
D	Schneeklimate	wärmster Monat über 10 °C
E	Eisklimate	wärmster Monat unter 10 °C Mitteltemperatur

Klima [griechisch-lateinisch clima »Neigung (zum Äquator)«] *das,* der mittlere Zustand der Atmosphäre über einem bestimmten Gebiet und der für dieses Gebiet charakteristische (durchschnittliche) Ablauf der Witterung. Wegen der Schwankungen ist das Klima nur für bestimmte Zeiträume streng definiert. Erforscht wird es von der Klimatologie. Die wichtigsten **Klimaelemente** sind Temperatur, Luftdruck, Windrichtung und -stärke, Niederschläge, Luftfeuchtigkeit, Bewölkung und Sonnenscheindauer. Das Klima eines Ortes ergibt sich aus dem Zusammenwirken der durch die allgemeine Zirkulation der Atmosphäre bedingten Häufigkeit von Advektion und dynamischer Stabilität mit den lokalen **Klimafaktoren.** Dazu gehören: die geografische Breite, die unterschiedliche Ausbildung der Erdoberfläche als Land und Meer, Berg und Tal, Wald und Freiland sowie die Höhe über dem Meer. Trotz des vielfältigen Zusammenwirkens der Faktoren folgt aus der breitenabhängigen Strahlungsintensität und der jeweils typischen unterschiedlichen Zirkulation der Atmosphäre über Kontinenten und Ozeanen eine gewisse Regelmäßigkeit in der räumlichen Verteilung der **Klimazonen.** So befindet sich um den Äquator die Region der **tropischen Regenwaldklimate** mit jahreszeitlich variablen Niederschlägen; innere Tropen (immerfeucht/vollhumid) im Gegensatz zu den äußeren Tropen (wechselfeucht/semihumid). Die Temperatur hat in den inneren Tropen fast gleich bleibende Monatsmittelwerte über 18 °C. Zu den Wendekreisen hin steigt die Jahresamplitude allmählich an. Mit Übergang zu den sie umgebenden Savannen und Steppen bilden die Wüsten die Zone der **Trockenklimate,** in denen die mögliche Verdunstung den Niederschlag stets übertrifft. Polwärts folgen in den hohen Mittelbreiten **warmgemäßigte Klimate,** winter- oder sommertrocken, mit großen jahreszeitlichen Temperaturunterschieden. Relativ warme Sommer und kalte Winter sowie geringe Luftfeuchtigkeit und Niederschläge zeichnen das **kontinentale Klima** aus. Das entsprechende **maritime Klima** zeigt thermisch wie den Niederschlag beziehungsweise die Luftfeuchte betreffend einen ausgeglicheneren Verlauf. Monatsmittel unter 10 °C haben die **Schneeklimate** oder **Eisklimate** der Polargebiete.

Klimaschwankungen sind kurzzeitige periodische Veränderungen der klimatischen Gegebenheiten durch Abweichungen (Anomalien) von einem mittleren Wert, der sich über einen sehr langen Zeitraum hin ergibt. Sie stehen im Gegensatz zu nachhaltigen Veränderungen des Klimas, die nur in einer Richtung verlaufen, den Klimaänderungen, sind aber von diesen nicht immer deutlich zu unterscheiden. Auffällige Erscheinungen sind Temperaturerhöhung (Klimaoptimum) und -rückgang (Klimapessimum). Extreme sind die Eiszeiten, in denen die Tieflandvereisung äquatorwärts bis 50° Breite vordrang, sowie Warmzeiten mit weitgehend eisfreiem Polarmeer.

Klima
→ GEO **Dossier**
Ein Zoo im Erdgeschoss, Bd. 7

Klima|änderung, Sammelbezeichnung für alle nachhaltigen Veränderungen des Klimas. Von Klimaänderungen werden v. a. die allgemeine Zirkulation der Atmosphäre, Luftdruck, Temperatur und Niederschlag betroffen, wobei vielfältige, auch Rückkopplungseffekte enthaltende Wechselwirkungen bestehen. Neben den **natürlichen Klimaänderungen,** bedingt u. a. durch Variabilität der Sonneneinflüsse (v. a. Veränderungen der Strahlungsbilanz) und Vulkaneruptionen (Verstärkung der stratosphärischen Aerosolschicht), gibt es vom Menschen verursachte **(anthropo-**

Klimaänderung Wie war das Klima vor 500 000 Jahren?

100562

Wissenschaftler können diese Frage mit erstaunlicher Genauigkeit beantworten. Mit modernster Bohrtechnologie ist man inzwischen über 3000 m tief in das antarktische Eis vorgedrungen. Das Eis aus dieser Tiefe entstand vor nahezu 900 000 Jahren. Im ewigen Eis haben Wirbelstürme und Vulkanausbrüche ihre Spuren in Form von Staub hinterlassen. Das Aussehen der Eiskristalle im polarisierten Licht liefert Aufschlüsse über die in grauer Vorzeit herrschenden Temperaturen. Acht aufeinanderfolgende Eiszeiten und dazwischenliegende Wärmeperioden können so datiert werden.
Die Eisbohrkerne liefern auch Daten über die Zusammensetzung der damaligen Atmosphäre. Schmilzt man sie in einem luftdichten Raum, entweichen die eingeschlossenen Gase und können analysiert werden. Dabei wird deutlich, dass die Kohlendioxidkonzentration in den Wärmeperioden jedes Mal gestiegen ist. Ein Vergleich mit den aktuellen Daten zeigt, dass die Konzentrationen der Treibhausgase Kohlendioxid und Methan in der Atmosphäre noch nie so hoch waren wie gegenwärtig.

gene Klimaänderungen), v.a. durch Energiezufuhr, Abgase, Zunahme von Kohlendioxid, Spurengasen sowie Veränderungen durch Zerstörung der Vegetation (→Klimawandel).

Klimakonferenzen, →Weltklimakonferenz.

Klimamembranen, siehe Sonderartikel Seite 606.

Klimarahmenkonvention, Abkürzung **KRK**, auf der UN-Konferenz über Umwelt und Entwicklung in Rio de Janeiro 1992 (»Erdgipfel«) von vielen Staaten unterzeichnete Konvention zum Schutz des Erdklimas. Damit wurde eine völkerrechtlich verbindliche Grundlage zum globalen Klimaschutz geschaffen (→Weltklimakonferenz).

Klimatechnik, Raumlufttechnik, Fachrichtung der Ingenieurwissenschaften, die die Beeinflussung der klimatischen Umgebungszustände in geschlossenen Räumen durch Änderung von Temperatur, Druck, Feuchtigkeit, Geschwindigkeit und Zusammensetzung der Raumluft und durch Änderung der Temperatur der Raumumgrenzungsflächen zum Inhalt hat.

Klimatologie *die*, **Klimakunde**, Wissenschaft vom Klima; Teilgebiet der Meteorologie, aber auch der Geografie (Klimageografie). Eine wichtige Aufgabe der Klimatologie ist die statistische Auswertung langjähriger Mess- und Beobachtungsreihen von Klimaelementen; mithilfe der EDV kann sie heute in wesentlich größerem Umfang durchgeführt werden. Um vergleichbare Elemente zu erhalten, wählt man gewöhnlich Mittelwerte 30-jähriger Perioden aus. Neben der **Mittelwertsklimatologie** steht die **Witterungsklimatologie**, die sich mit der Aufeinanderfolge, Häufigkeit und örtlichen Ausbildung typischer Witterungen im Jahresablauf unter Einbeziehung der Großwetterlage befasst. Mittelwertsklimatologie und Witterungsklimatologie ergänzen sich und führen erst miteinander zur vollständigen Erfassung der Erscheinungen, die in den Begriffen Klima und Klimaklassifikation zusammengefasst werden. Die **synoptische Klimatologie** untersucht das Klima auf der Grundlage der großräumigen atmosphärischen Zirkulation, der Steuerung und Luftmassenbeeinflussung. Die **dynamische Klimatologie** setzt die dynamischen Vorgänge in der Atmosphäre in Bezug zu den meteorologischen Erscheinungen und Wetterlagen. Von besonderer Bedeutung für den Menschen und die anderen Lebewesen ist das Klima der bodennahen Luftschicht, das Aufgabengebiet der **Mikroklimatologie**. In der **theoretischen Klimatologie** wird die theoretische Behandlung klimatologischer Vorgänge vorgenommen, wobei von den Ursachen der Klimabildung (Klimagenese) und den dabei auftretenden Kräften (z.B. Änderung der Erdbahnelemente, Polverlagerungen, Verschiebung von Meeres- und Luftströmungen, die Lage von Aktionszentren und Frontalzonen) ausgegan-

Fortsetzung S. 608

Klimaänderung
→ GEO **Dossier**
Odyssee nach Plan, Bd. 7

Klimamembranen

Klimamembran

Entsprechend dem Motto »Es gibt kein schlechtes Wetter, nur falsche Kleidung« bieten die Hersteller von Klimamembranen wie Aerotex®, Gore-Tex® oder Sympatex® »atmungsaktive« und (fast) allen Wetterwidrigkeiten trotzende Bekleidung an. Denn Wind, Kälte und hohe Luftfeuchtigkeit beschleunigen den Wärmeverlust des Körpers. Die Klimamembran in der Kleidung unterstützt die natürliche Temperaturregelung des menschlichen Körpers, indem der Wasserdampf, der auf der Haut durch das Schwitzen entsteht, nach außen transportiert wird.
Bei den Klimamembranen handelt es sich um ultradünne Folien, die als Zwei-, Drei- oder Mehrlagenlaminate zwischen Oberstoff und Futter integriert werden. Auf dem Markt haben sich in den letzten Jahren zwei Arten von atmungsaktiven Membranen etabliert, die mikroporösen hydrophoben und die geschlossenen hydrophilen Systeme.

Mikroporöse Klimamembran

Die mikroporösen Membranen bestehen im Allgemeinen aus Polytetrafluorethylen (PTFE), besser bekannt unter seinem Handelsnamen Teflon®. Dieses thermoplastische Polymer von milchig weißer Farbe besitzt eine wasserabweisende, glatte Oberfläche, die sich wachsartig anfühlt. PTFE ist ein vollständig fluoriertes Polymer, das aus Chloroform durch partielle Fluoridierung hergestellt wird. Mikroskopisch betrachtet besteht PFTE aus länglichen Knötchen, die über viele parallel laufende Molekülketten (Firbrillen) miteinander verbunden sind.
Ende der 1960er-Jahre entdeckte der Amerikaner Bob Gore, dass bei einer mechanischer und schneller Expansion des Kunststoffes eine mikroporöse Membran entsteht, die als ePTFE bezeichnet wird (das Kürzel e steht für engl. expanded). Da das ePTFE nach der Expansion amorph und sehr brüchig ist, muss es bei einer definierten Temperatur gesintert werden. Dadurch erhält die Membran ihre Festigkeit und Elastizität.

Entscheidend für den Einsatz als Klimamembran ist das strapazierfähige und stark hydrophobe Verhalten von PTFE, dass an seiner Oberfläche – jeder kennt teflonbeschichtete Pfannen – so gut wie nichts haften lässt. Verantwortlich dafür ist die im Vergleich zu Wasser gut dreimal kleinere Oberflächenspannung: Wasser kann die PTFE-Oberfläche nicht benetzen und perlt vom Material ab.

Luftdicht, aber atmungsaktiv

Die heckenähnliche und poröse Struktur der ePTFE-Membran sorgt dafür, dass die Membran luft- und damit windundurchlässig ist. So besitzen Membranen von Gore-Tex® bei einer Dicke von 20 Mikrometern auf einem Quadratzentimeter rund 1,4 Milliarden Poren: diese machen rund 80 % der Membranoberfläche aus. Die Poren sind im Mittel etwa 0,2 Mikrometer groß und damit etwa 700-mal größer als ein Wassermolekül und gut 20 000-mal kleiner als ein Wassertropfen. Folglich sind die Moleküle des Wasserdampfes, der durch das Schwitzen entsteht, klein genug, um durch die Poren und damit durch die Membran diffundieren zu können, während Wassertropfen aufgrund ihrer Größe nicht in die Poren eindringen.
Verantwortlich für den Diffusionsprozess der Wassermoleküle durch die Membran ist das Dampfdruck- bzw. Temperaturgefälle, das zwischen der Innen- und Außenseite der Membran herrscht: Je größer dieses Gefälle (in der Regel sollten es etwa 15 Grad Celsius sein), desto besser entweicht der Wasserdampf durch die Poren. Begünstigt wird die Diffusion der Wassermoleküle durch die Größe der Poren und die Kürze des Diffusionsweges.

Porenlose Polyester-Klimamembranen

Die geschlossenen und porenlosen, etwa 10 Mikrometer dünnen Kompaktmembranen dagegen bestehen aus unregelmäßig angeordneten Molekülketten unterschiedlicher Polymertypen. Im Fall von Sympatex® sind es rund 70 % hydrophobes Polyester, das dem Polymer seine Festig-

keit verleiht, und rund 30 % hydrophiles Polyether, das die Fähigkeit besitzt, Wassermoleküle anzulagern.
Die Dichte dieser Membran gegenüber Wasser resultiert aus der geschlossenen Struktur der größtenteils hydrophoben Oberfläche. Im Inneren der Polymerstruktur dagegen bilden die unregelmäßig angeordneten Molekülketten kleine Öffnungen, die molekularen Honigwaben.
Diese sind zwar kleiner als die Mikroporen der ePTFE-Membran, aber immer noch groß genug, um die Moleküle des Wasserdampfes entlang der Molekülketten zu transportieren. Verantwortlich dafür sind die funktionellen Gruppen der hydrophilen Polyether-Kettenbausteine, die eine erhöhte negative Ladungsdichte aufweisen und an die sich die polarisierten Wassermoleküle anlagern.
Treibende Kraft für den Migrationsprozess der Moleküle durch die Membran ist wiederum das Temperatur- bzw. Wasserdampfkonzentrationsgefälle und die Bewegung des Körpers in der Kleidung selbst. Denn diese makroskopische Bewegung sorgt im Inneren der Membran für eine mikroskopische Annäherung bzw. ein Auseinanderdriften der miteinander verwobenen Molekülketten und damit der funktionellen Gruppen. Als Folge dessen kommt es zu einem Austausch der an diesen Gruppen angelagerten Wassermoleküle bei der Diffusion durch die Membran.

Grenzen der Atmungsaktivität

Unter optimalen Bedingungen entweichen durch gute Klimamembranen pro Stunde und Quadratmeter zwischen 400 und 830 Gramm Feuchtigkeit. In Extremfällen stoßen allerdings auch diese an ihre Grenzen: Bei warmem Wetter, wenn sich Köper- und Außentemperatur annähern, und hoher Luftfeuchtigkeit funktionieren die Membranen nur eingeschränkt. Erschwerend kommt hinzu, dass der menschliche Körper schon im Ruhezustand bis zu 0,16 Liter Wasser pro Stunde ausschwitzt und dieser Wert bei körperlichen Anstrengungen wie Wandern oder Radfahren auf bis zu zwei Liter ansteigen kann. Vor allem an Stellen, an denen man besonders stark schwitzt, etwa an den Achseln, wird dann die Leistungsgrenze der besten »atmungsaktiven« – besser: wasserdampfdurchlässigen – Klimamembranen überschritten, und der überschüssige Wasserdampf kondensiert auf der im

100001

Bei allen Outdoor-Aktivitäten ist eine Bekleidung aus modernen »atmungsaktiven« Materialien unverzichtbar geworden.

Vergleich zur Körpertemperatur immer etwas kühleren Innenseite der Klimamembran. Zur Erhaltung des Klimakomforts statten deshalb einige Hersteller beispielsweise ihre Jacken mit Lüftungsöffnungen unter den Achseln aus. Die Bewegung des Körpers in der Bekleidung erzeugt eine zusätzliche Konvektion, welche die eingeschlossene, feuchte Luft umwälzt und für einen zusätzlichen Feuchtigkeits- und Wärmetransport sorgt.

Fortsetzung von S. 605
gen wird. Sie führt u. a., ausgehend von globalen Energiebilanzen, zu einfachen und dreidimensionalen Klimamodellen. Zu den Anwendungsbereichen der **angewandten Klimatologie** gehören Wirtschaft, Technik (u. a. Heizung, Lüftung, Klimatisierung), Bauwesen (Gebäudeklimatologie), Energiewesen, Gesundheitswesen (Bioklimatologie), Landwirtschaft (Agrarmeteorologie), Wasserwirtschaft (Hydrometeorologie), Verkehrswesen, Standort-, Stadt-, Regional- und Landesplanung, Umweltplanung, Luftreinhaltung.

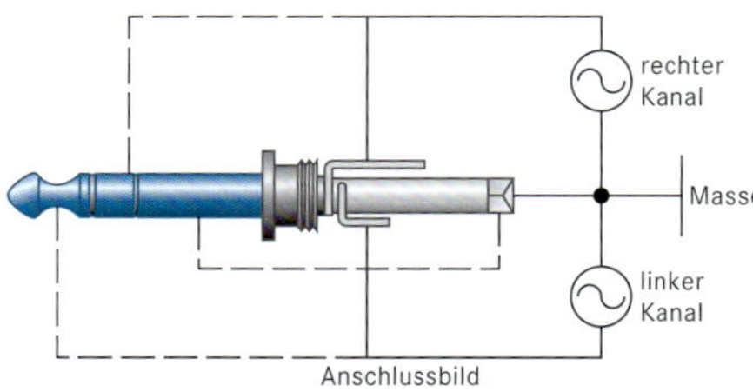

Klinkenstecker

Klimawandel, siehe Sonderartikel Seite 610.

Klingel, akustische Signalvorrichtung. Bei der nach dem Prinzip des wagnerschen Hammers (→Unterbrecher) arbeitenden **elektrischen Klingel** (»Rasselwecker«) schwingt der Unterbrecherkontakt hin und her, solange der Stromkreis durch Druck auf den Klingelknopf geschlossen bleibt; die Glocke wird dauernd angeschlagen. Die früher in Telefonen verwendeten **Wechselstromwecker** enthalten einen drehbar gelagerten Permanentmagneten, der im magnetischen Wechselfeld eines vom Rufstrom durchflossenen Elektromagneten im Takt der Rufstromfrequenz hin- und herpendelt.

Klinkenstecker, *Elektrotechnik:* zwei- oder mehrpoliger Steckverbinder, dessen Kontaktkopf aus zwei oder mehreren zylindrischen und isoliert axial hintereinander liegenden Kontaktstücken besteht. Die zugehörige Klinkenkupplung oder -buchse enthält die Kontaktfedern und zum Teil weitere gesonderte Schaltkontakte, die beim Steckvorgang ausgelöst werden.

Klirrfaktor, Maß für die nichtlinearen Verzerrungen, die ein Übertragungsglied (z. B. Mikrofon, Verstärker, Lautsprecher) bei sinusförmiger Eingangsspannung verursacht. Bedingt durch Nichtlinearitäten innerhalb der Übertragungsglieder entstehen Oberwellen mit der doppelten, dreifachen, vierfachen usw. Frequenz der Eingangsspannung, die sich als Verzerrungen (z. B. bei der Wiedergabe von Klängen) bemerkbar machen können. Der Klirrfaktor ist abhängig von der Aussteuerung (d. h. der eingespeisten Signalspannung) und von der Frequenz; üblicherweise gibt man den Klirrfaktor in Prozent und auf eine definierte Frequenz (in der Regel 1 000 Hz) und Aussteuerung bezogen an. Hochwertige elektroakustische Anlagen weisen einen Klirrfaktor unter 1% auf (bei der Sprachwiedergabe macht sich erst ein Klirrfaktor von über 5% störend bemerkbar).

Klitzing, Klaus von, deutscher Physiker, *Schroda (heute Środa, Woiwodschaft Großpolen) 28. 6. 1943; seit 1985 Direktor am Max-Planck-Institut für Festkörperphysik und Professor in Stuttgart; erhielt 1985 für die Entdeckung des →Quanten-Hall-Effekts den Nobelpreis für Physik.

Kloake [lateinisch] *die, Zoologie:* gemeinsamer Endabschnitt von Darm, Harn- und Geschlechtsorganen bei Haifischen, Amphibien, Reptilien, Vögeln und Kloakentieren sowie wenigen Wirbellosen.

Kloakentiere, Monotremata, primitivste Säugetiergruppe mit einer →Kloake; die Weibchen legen dotterreiche Eier. Zu den Kloakentieren gehören der Ameisenigel und das Schnabeltier.

Klon [englisch, von griechisch klṓn »Schössling«, »Zweig«] *der,* durch Zellteilung bei Einzellern oder ungeschlechtliche Vermehrung (Abgliederung vegetativer Keime, Stecklinge, Teilung von Embryonalzellen u. a.) aus einer pflanzlichen oder tierischen Ursprungszelle entstandene erbgleiche Nachkommenschaft. In der Gentechnik wird als Klon auch selektiv vervielfältigte DNA bezeichnet.

100562

Klon. Eibenklone, die aus dem genetischen Material einer einzigen Mutterpflanze herangezüchtet wurden.

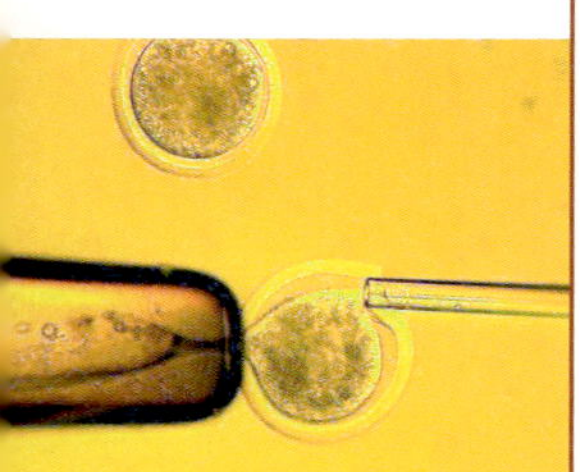
100562

Klonieren. Übertragung des Zellkerns einer Körperzelle in eine entkernte Eizelle dabei wird die Eizelle von einer Pipette (links) festgehalten.

Klonieren, Klonen, Bezeichnung für das Herstellen einer größeren Anzahl gleichartiger, genetisch identischer Nachkommen einer Zelle oder identischer DNA-Moleküle (→Klon).

Die moderne Biologie arbeitet mit mehreren Verfahren: 1) Selektion und Vermehrung eines einzelnen Bakteriums, das Träger für eine bestimmte Mutation ist; 2) Anregung einzelner Lymphozyten des Immunsystems zu Zellteilungen auf einen Reiz durch ein Antigen hin (→monoklonale Antikörper); 3) Vermehrung von DNA-Stücken durch den Einbau in Plasmide von Bakterien; 4) Züchtung von vollständigen, normalen Pflanzen aus isolierten Zellen in einem Nährmedium durch bestimmte Wuchsstoffzusätze (→Kallus); 5) Ersatz der Zellkerne in unbefruchteten Eizellen durch Kerne aus Körperzellen eines anderen Tierembryos (v. a. Frösche, Mäuse). Das Klonieren eines Säugers aus Somazellen (Körperzellen) eines erwachsenen Tieres gelang erstmals 1996 in einem schottischen Labor unter Leitung von Ian Wilmut (*1944) und ist 1997 der Öffentlichkeit in Gestalt eines sieben Monate alten Schafes (»Dolly«) vorgestellt worden. Hierbei wurde die entkernte Eizelle eines Schafes mit einer Körperzelle aus dem Euter eines anderen Schafes verschmolzen. Die so manipulierte Eizelle teilte sich im Reagenzglas, ein Embryo wuchs heran, den man einem dritten Schaf in die Gebärmutter einpflanzte. Geboren wurde ein genetisch identisches Ebenbild des Schafes, dem die Körperzelle aus dem Euter entnommen worden war. Inzwischen sind auch andere Säugetiere aus Körperzellen mit dem gleichen oder ähnlichen Verfahren kloniert worden.

Das Klonen menschlicher Embryonen, zum Beispiel zur Gewinnung von Stammzellen, die zur Bildung von Zell- und Gewebeersatz verwendet werden können (→therapeutisches Klonen), ist aus ethischen Gründen heftig umstritten. Die gezielte Erzeugung menschlicher Klone (reproduktives Klonen), z. B. mit bestimmten Eigenschaften, als »Wiedergeburt« eines Verstorbenen oder als Organspender, wird mehrheitlich von Politik und Wissenschaft abgelehnt.

Klopffestigkeit, Eigenschaft eines Ottokraftstoffs, ohne Klopfen (ungleichmäßige, schlagartige Verbrennung des Kraftstoff-Luft-Gemisches) zu verbrennen. Einer hohen Selbstzündungstemperatur des Ottokraftstoffes entspricht eine hohe Klopffestigkeit; sie wird in speziellen Prüfmotoren bestimmt und als →Oktanzahl angegeben. Je höher das Verdichtungsverhältnis eines Motors ist, umso höher muss die Klopffestigkeit des Kraftstoffs sein.

Klug, Aaron, britischer Biochemiker südafrikanischer Herkunft, *Johannesburg 11. 8. 1926; Professor für Molekularbiologie in Cambridge, erhielt für seine kristallografischen Untersuchungen der Struktur von Nukleinsäure-Protein-Komplexen, besonders der Chromosomen der Zellkerne, 1982 den Nobelpreis für Chemie.

km, Einheitenzeichen für Kilometer; **km^2**, Einheitenzeichen für Quadratkilometer.

km/h, Einheitenzeichen für Kilometer je Stunde.

kN, Einheitenzeichen für Kilonewton, 1 kN = 1 000 N (→Newton).

Knallgas, Gemisch aus Wasserstoff und Sauerstoff (2 : 1), das bei Zündung mit scharfem Knall explodiert; im weiteren Sinn auch zündfähige Mischungen brennbarer Gase mit Luft. Im **Knallgasgebläse** werden Sauerstoff und Wasserstoff über einen daniellschen Hahn getrennt zugeführt, sodass die Zündung im Augenblick des gleichzeitigen Austritts erfolgt; hierbei erreicht man Temperaturen bis 3 300 °C (Anwendung im chemischen Labor und beim autogenen Schweißen). Die **Knallgasreaktion** ($2\,H_2 + O_2 \rightarrow 2\,H_2O + 485$ kJ) läuft beim Erhitzen des Gasgemisches auf 500–600 °C spontan ab, kann aber in Gegenwart von geeigneten Katalysatoren auch bei Raumtemperatur und kontrolliert vor sich gehen (»kalte Verbrennung« in der →Brennstoffzelle).

Knallsatz, →Pyrotechnik.

Kniesehnenreflex, Patellarsehnenreflex, Quadriceps-femoris-Reflex, reflektorische Streckbewegung des Unterschenkels, wenn bei entspannter Haltung des Beins ein Schlag mit dem »Reflexhammer« gegen die Patellarsehne des vierköpfigen Schenkelstreckers (Musculus quadriceps femoris) unterhalb der Kniescheibe geführt wird; kann bei bestimmten Erkrankungen des Nervensystems fehlen, abgeschwächt oder gesteigert sein.

Knietsch, Rudolf, deutscher Chemiker, *Oppeln 13. 12. 1854, †Ludwigshafen am Rhein 28. 5. 1906; entwickelte bei der BASF das Kontaktverfahren zur Herstellung von Schwefelsäure sowie ein kontinuierliches Verfahren zur Indigoproduktion; arbeitete über Kontaktgifte.

Knochenbildung, die →Ossifikation.

Knochenkohle, durch Glühen frischer und entfetteter Knochen unter Luftabschluss gewonnene →Aktivkohle.

Knock-out-Mäuse [nɔkˈaʊt-], gentechnisch veränderte Mäuse, bei denen durch Deletionen Gene gezielt entfernt wurden. Knock-out-Mäuse werden zur Aufklärung der biologischen Funktion von Genen speziell gezüchtet. Einige solcher Mäusestämme haben Bedeutung als Krankheitsmodelle erlangt, an denen z. B. die Wirkung von Medikamenten erprobt werden kann.

Knöllchenbakteri|en, gramnegative Bakterien der Gattung Rhizobium, die mit Hülsenfrüchtlern (Leguminosen) in Symbiose leben. Nach Infektion mit den Bakterien bilden sich 1–3 mm große Knöllchen an den Wurzeln, worin die Knöllchenbakterien leben. Diese fixieren elementaren Stickstoff (oft ein Mangelfaktor für die Pflanzen), dafür werden sie mit Assimilationsprodukten der Pflanze versorgt. Knöllchenbakterien sind wichtig für die Stickstoffanreicherung im Boden.

Die Symbiose mit Knöllchenbakterien macht Hülsenfrüchtler besonders gut zur Gründüngung geeignet.

Fortsetzung S. 612

100562

Klonieren.
Nach seinem frühen Tod im Alter von sechs Jahren steht das Klonschaf Dolly präpariert und ausgestopft im Royal Museum in Edinburgh. Unter guten Bedingungen werden Schafe zwölf Jahre alt.

Klimawandel

Klimawandel

Fachsprachlich steht »Klima« für den mittleren Zustand der Atmosphäre, der durch das statistische Verhalten von Temperatur, Luftdruck, Bewölkung, Niederschlag usw. beschrieben wird. Dabei werden stets weiträumige Gebiete und längere Zeiträume sowie Art und Ausmaß der Schwankungen betrachtet.
Das globale Klima ist ein labiles System, das verschiedenen Einflussfaktoren unterliegt: Wasser verdunstet aus den Ozeanen, ein Gebirge bewirkt, dass sich darüber hinweg bewegende Luftmassen beim Aufstieg verstärkt ausregnen, Wolken schirmen die Sonneneinstrahlung ab, Schnee reflektiert Sonnenlicht, Pflanzenbewuchs verändert die Reflexionseigenschaften des Bodens. Einer der bekanntesten Einflussfaktoren ist der Treibhauseffekt.

Der Treibhauseffekt

Der Treibhauseffekt ist vergleichbar mit der Wirkung des Glasdaches eines Gewächshauses: Bestimmte Gase lassen die von der Sonne kommende Strahlungsenergie passieren, verschlucken aber die vom Erdboden abgegebene, langwelligere Infrarot-Wärmestrahlung. Dadurch sind Erdboden und bodennahe Luftschichten etwa 20 Grad wärmer, als sie es in einer Atmosphäre ohne Treibhausgase wären. Die wichtigsten natürlichen Treibhausgase sind Wasserdampf und Kohlendioxid (CO_2), außerdem Methan (CH_4), Lachgas (N_2O) und bodennahes Ozon (O_3). Mit der Verbrennung von fossilen Brennstoffen erhöht der Mensch den atmosphärischen Anteil von Treibhausgasen wie CO_2: Der Kohlendioxidgehalt der Atmosphäre liegt heute bei etwa 380 ppm (parts per million, Tausendstel Promille) – 1960 waren es noch 317 ppm, 1760 – vor Beginn der Industrialisierung – 277 ppm. Es ist kein Zufall, dass im letzten Jahrzehnt die höchsten Durchschnittstemperaturen seit Beginn der Wetteraufzeichnungen zu messen waren.

Welche Auswirkungen wird der Klimawandel haben?

Nach dem Entwurf eines Berichts des Zwischenstaatlichen Ausschusses für den Klimawandel (Intergovernmental Panel on Climate Change, IPCC) an die UNO, dessen Kernaussagen im Frühjahr 2006 bekannt wurden, wird die globale Erwärmung bis zum Jahr 2100 zwischen 2 und 4,5 Grad liegen; der wahrscheinlichste Wert liegt bei etwa 3 Grad – unter der Voraussetzung, dass sich der Kohlendioxidgehalt der Atmosphäre gegenüber der vorindustriellen Zeit maximal verdoppelt. Regional (etwa in der Arktis) kann sich die Temperatur noch erheblich stärker ändern.
Eine solche globale Erwärmung wird sich nicht nur einfach in erhöhten Temperaturen äußern, sondern wegen der vielfältigen Vernetzung der klimatischen Einflussfaktoren zu erheblichen Rückwirkungen auf das Klima selbst und vor allem zu sekundären Wirkungen auf die Ökosysteme führen. Ferner werden erhebliche sozioökonomische Schäden auftreten, insbesondere in den Entwicklungsländern.

Extreme Wetterereignisse

Durch die Erhöhung der globalen Durchschnittstemperatur steigt die Verdunstung an, was stellenweise zu mehr und vor allem stärkeren Niederschlägen (auch in Form von Hagel) führt. Der erhöhte Energiegehalt in der Atmosphäre, vor allem in Form von Wasserdampf, führt zudem zu einer wachsenden Zahl von schweren Hurrikanen. In mittleren Breiten werden Stürme zwar seltener auftreten, dafür aber an Stärke gewinnen; mit extremen Wellenhöhen an der Küste und dadurch verursachten größeren Schäden ist zu rechnen. Die steigenden Niederschlagsmengen erhöhen das Risiko für Überschwemmungen.

Erhöhung des Meeresspiegels

Der Meeresspiegel wird sich nach älteren Szenarien des IPCC bis 2100 zwischen 9 cm und 88 cm erhöhen, nach dem neuen IPCC-Bericht von 2006 ist aber mit noch höheren Werten zu rechnen. Dafür werden im Wesentlichen zwei Faktoren verantwortlich gemacht: Zum einen dehnt sich das Meerwasser bei höheren Temperaturen stärker aus, zum anderen kommt es zum ver-

stärkten Abschmelzen von Gletschern und Polkappen.
Der Anstieg des Meeresspiegels hat zur Folge, dass weite Teile der küstennahen Bereiche überflutet werden. An den Küsten – vor allem denen der Entwicklungsländer – liegen aber die meisten Millionenstädte. Allein in Deutschland lägen bei einem Anstieg um einen Meter etwa 14 000 km^2 unterhalb des Meeresspiegels, ein Gebiet, in dem etwa 3 Millionen Menschen leben. Einige kleine Inseln im Pazifischen Ozean müssen gar fürchten, dass sie ganz im Meer versinken.

Verschiebung der Vegetationszonen

Die sich ändernden Temperaturen beeinflussen auch die Ökosysteme. Tier- oder Pflanzenarten, die den sich geografisch schnell verschiebenden Vegetationszonen nicht folgen können, werden aus ihren Lebensräumen verdrängt oder können gar aussterben. Andere, wärmeliebendere Arten können sich unter den veränderten Bedingungen stärker ausbreiten. Die Tundra würde verschwinden, die Bewaldung um ein Sechstel zurückgehen, Savannen und Steppen würden um 60 % zunehmen, und auch die Wüsten würden sich vergrößern.

Positive Rückkopplung

Prekärerweise ist der Klimawandel ein positiv rückgekoppelter Prozess – die Änderungen aufgrund der höheren globalen Temperatur verstärken also die Temperaturerhöhung. Zu diesen Effekten gehört, dass sich Kohlendioxid in warmem Wasser schlechter löst als in kaltem. Wärmere Ozeane bedeuten also, dass die Bindungskapazität der Meere sinkt und mehr CO_2 in der Atmosphäre verbleibt. Das Schmelzen der Eiskappen an den Polen verringert zudem die Reflektivität der Erde und verstärkt damit den Treibhauseffekt. Beide Effekte könnten bis 2100 zu einer zusätzlichen Erwärmung von bis zu 1,2 Grad führen.
Die höheren Globaltemperaturen bewirken zudem das Auftauen des Permafrostbodens in Sibirien. Neben dem wirtschaftlichen Schaden an den Gebäuden und Einrichtungen (z. B. Pipelines) werden beim Auftauen erhebliche Mengen an Methan (einem hochaktiven Treibhausgas) freigesetzt.

100562

Die Klimaänderung führt auch zu einem Abschmelzen der Alpengletscher. Das Bild zeigt einen neu entstandenen Gletschersee unterhalb des Monte Rosa in den italienischen Alpen.

Schließlich wird auch nicht ausgeschlossen, dass der Golfstrom als die »Warmwasserheizung Europas« umkippt, wenn die bisherige Schichtung des atlantischen Ozeans gestört wird und durch das Abschmelzen der Polkappen der Salzgehalt des Meers zurückgeht. In diesem Fall hätte die globale Erwärmung paradoxerweise ein Absinken der Temperaturen in West- und Mitteleuropa zur Folge.

Lässt sich die Klimakatastrophe noch abwenden?

Nach Ansicht der Experten nicht, der Klimaumschwung ist heute allenfalls noch lindern. Selbst wenn sofort alle Emissionen gestoppt würden, könnte sich das globale Klimasystem frühestens in einigen Jahrzehnten wieder bis auf das heutige Niveau abkühlen. Der Hauptgrund dafür ist, dass die Treibhausgase wie CO_2 nur sehr langsam auf die Atmosphäre wirken, so dass das Globalklima insgesamt sehr träge reagiert.

Fortsetzung von S. 609

Knolle, Knollen, meist unterirdischer fleischig verdickter Spross- oder Wurzelabschnitt **(Sprossknolle, Wurzelknolle),** der besonders mit Stärke angefüllt ist und als Überdauerungsorgan für Kälte- oder Trockenperioden dient.

Knollengewächs. Blühender Topinambur

Knollengewächs, Pflanze mit unterirdischen Knollen, z. B. Kartoffel, Topinambur, Batate.

Knopfzelle, *Elektrotechnik:* eine Batterie mit runder, flacher Bauform und Zellspannungen zwischen 1,35 und 3,6 V, Stromquelle z. B. für Digitaluhren, Taschenrechner, Hörgeräte (zum Teil wieder aufladbar). Nach dem Elektrodenmaterial unterscheidet man u. a. Silberoxid-, Quecksilberoxid- und mit Festelektrolyten arbeitende →Lithiumbatterien.

Knorpelfische, Chondrichthyes, Klasse der Wirbeltiere; Fische mit knorpeligem Skelett (im Gegensatz zu den Knochenfischen); gegliedert in die Unterklassen Elasmobranchii (z. B. Haie und Rochen) und Holocephali (Seedrachen).

Knospe, 1) *Botanik:* Bezeichnung für die noch nicht voll entwickelte Sprossspitze höherer Pflanzen. Je nach Art der aus der Knospe hervorgehenden Organe werden Laubknospen, Blütenknospen und gemischte Knospen unterschieden. Am Ende des Hauptsprosses befindet sich die **Endknospe** oder **Gipfelknospe,** die bei einigen Pflanzen enorme Größe erreichen kann (z. B. Köpfe von Weiß-, Rot- und Wirsingkohl). In den Achseln von Laubblättern bilden sich **Achselknospen** (Seitenknospen), von denen die Verzweigung des Sprosssystems ausgeht. Knospen treiben entweder im Jahr der Bildung als **Bereicherungsknospe** oder im folgenden Jahr als **Erneuerungsknospe** (Winterknospe) aus. Manche Knospen können auch als »schlafende Augen« ruhen.

2) *Zoologie:* →Knospung.

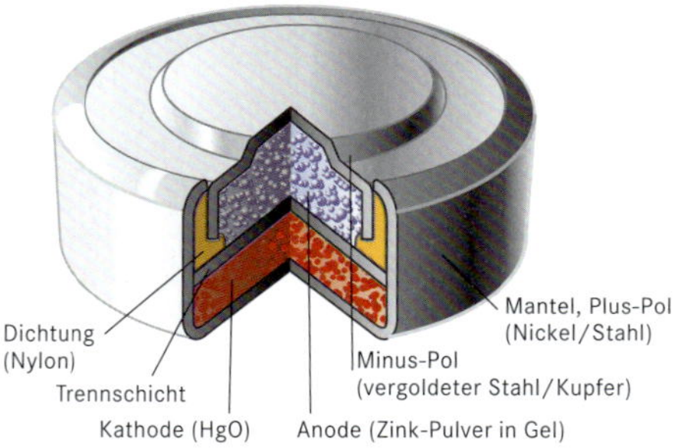

Knopfzelle. Schematischer Aufbau einer Quecksilberoxid-Zelle, die eine Spannung von 1,35 V liefert

Knospung, Sprossung, Form der ungeschlechtlichen Fortpflanzung bei verschiedenen niederen Lebewesen, u. a. bei Algen, Pilzen, vielen Schwämmen und Moostierchen. Dabei werden Zellkomplexe als Körperauswüchse (Knospen) mehr oder weniger weitgehend abgeschnürt (Tochterindividuen). Verbleiben diese am Mutterorganismus, so entstehen Kolonien oder Tierstöcke.

Knoten, 1) *Botanik:* Verdickung des Stängels am Blattansatz.

2) *Physik:* bei stehenden →Wellen diejenigen Orte, an denen die Schwingungsamplitude gleich null ist.

Knowles [nəʊlz], William, amerikanischer Chemiker, * 1917; promovierte 1942 an der Columbia University, war danach bis 1986 bei der Monsanto Company beschäftigt. Knowles erhielt für die Entwicklung der katalytischen asymmetrischen Synthese organischer Verbindungen, speziell für seine Arbeiten über chiral katalysierende Hydrierungsreaktionen, 2001 mit Ryoji Noyori und Barry Sharpless den Nobelpreis für Chemie.

Koagulation [lateinisch »das Gerinnen«] *die,* das Ausfällen (Ausflocken) kolloidaler Stoffe aus ihrer Lösung durch chemische, physikalische oder thermische Einflüsse, z. B. der Übergang von Proteinen aus dem löslichen in den unlöslichen Zustand bei Temperaturänderungen, beim Schütteln, bei Zusatz von Fremdstoffen, insbesondere von Ionen, u. a. Einwirkungen. Der ausgeflockte Stoff wird **Koagulat** genannt.

Koala [australisch] *der,* **Beutelbär, Phascolarctos cinereus,** Kletterbeutler in den Eukalyptuswäldern Ostaustraliens; mit rund 60–80 cm Körperlänge und 16 kg Höchstgewicht größte Kletterbeutlerart; Kopf rundlich mit kurzer Schnauze und großen, runden Ohren; besitzt ein silbergraues, wolliges Fell sowie eine mit spitzen Krallen versehene Greifhand; nachtaktiver Baumbewohner; lebt nur von bestimmten Eukalyptusblättern; trinkt nie Wasser. Der Koala steht unter strengem Schutz.

Koaleszenz [spätlateinisch] *die,* das Zusammenfließen der Tröpfchen einer →Emulsion zu einer kompakten Flüssigkeitsphase.

Koaxialleitung, Koaxialkabel, elektrische Doppelleitung, bestehend aus einem zylindrischen Rohr oder Drahtgeflecht als Außenleiter und einem koaxialen Innenleiter

(Draht oder Litze). Zwischen Außen- und Innenleiter befindet sich ein verlustarmes Dielektrikum, in dem die elektromagnetischen Wellen geführt werden. Vorteil der Koaxialleitung ist die gute Abschirmung des Feldes nach außen. Die Koaxialleitung wird überwiegend zur Fortleitung elektrischer Energie in der Nachrichtentechnik verwendet; sie eignet sich besonders zur Übertragung breiter Frequenzbänder.

Koazervat [lateinisch] *das,* ein im Schwebezustand zwischen kolloidaler Lösung und Ausfällung befindlicher Stoff, meist im Anfangsstadium bei der Bildung hochpolymerer Kolloide.

Kobalt [eigentlich »vom Kobold verzaubertes Erz«] *das,* fachsprachlich **Cobalt,** chemisches Symbol **Co,** stahlgraues, ferromagnetisches, metallisches Element aus der 8. Nebengruppe des Periodensystems, Ordnungszahl 27, relative Atommasse 58,9332, Dichte (bei 20 °C) 8,9 g/cm^3, Schmelzpunkt 1 495 °C, Siedepunkt 2 927 °C. Kobalt hat nur ein einziges stabiles Isotop (^{59}Co), alle anderen Isotope sind radioaktiv mit Halbwertszeiten zwischen 0,3 Sekunden und 5,2 Jahren.

Kobalt ist härter und fester als Stahl und sehr zäh. Im chemischen Verhalten dem Eisen und Nickel ähnlich, an der Luft beständig, wird es von oxidierend wirkenden Säuren gelöst. Kobalt kommt stets als Begleiter des Nickels vor, ist aber etwa viermal weniger häufig als dieses (Gehalt der Erdkruste 0,001 %). In Eisenmeteoriten ist Kobalt stark angereichert (0,6 %), vermutlich auch im Erdkern. Gediegenes Kobalt kommt in der Natur nicht vor. Es findet sich in Erzen, besonders in Speiskobalt, Kobaltglanz, Kobalt-Nickel-Kiesen, Linneit, Kobaltblüte. Wichtige Erzlagerstätten liegen v. a. in der Demokratischen Republik Kongo, in Sambia, Kanada, Marokko, Australien und den USA.

Koala

Knorpelfische. Ammenhai

Technisch gewonnen wird Kobalt durch Reduktion der beim Rösten der Minerale gewonnenen Kobaltoxide mit Koks. Insgesamt umfasst die Gewinnung des Kobalts alle auch in der Metallurgie des Nickels angewandten Methoden. Über 80 % der Kobalterzeugung dienen der Herstellung von Werkzeugstählen, korrosionsbeständigen Legierungen und Dauermagneten. Das Kobaltisotop 60 ist ein starker Gammastrahler, der für Bestrahlungen in Medizin und Technik (Materialprüfung) eingesetzt wird. Verbindungen des Kobalts werden besonders zur Blaufärbung von Glasschmelzen verwendet.

▪ **Verbindungen** Kobalt tritt in seinen Verbindungen v. a. zwei- und dreiwertig auf. **Kobalt(II)-Oxid,** CoO, ein olivgrünes Pulver, entsteht durch Glühen von **Kobalt(II)-Hydroxid,** $Co(OH)_2$, oder **Kobalt(II)-Carbonat,** $CoCO_3$, unter Luftabschluss. Das aus Kobalt(II)-Oxid und Aluminiumoxid, Al_2O_3, beim Glühen sich bildende tiefblaue Doppeloxid, $CoO \cdot Al_2O_3$ Kobaltblau **(Thenards Blau),** und das Doppeloxid mit Zinkoxid, $ZnO \cdot Co_2O_3$ Kobaltgrün **(Rinmanns Grün),** werden als Farbpigmente verwendet. Kobaltoxide lösen sich mit tiefblauer Farbe (»Kobaltblau«) in Schmelzen von Phosphaten, Boraten und Silikaten auf, worauf Nachweis und vielfältige Anwendungen beruhen (Kobaltglas, Kobaltglasuren). Außerdem gibt es eine ganze Reihe anderer Kobaltpigmente.

In Komplexverbindungen ist das dreiwertige Kobalt sehr stabil. Es weist darin stets die Koordinationszahl 6 auf. Neben Ammoniak, NH_3, sind Hauptliganden die Halogenidionen, ferner CN^-, NO_3^- und Wasser. Auf diese Weise ist eine Vielzahl von Komplexverbindungen möglich (allein mit Ammoniak etwa 2 000 **Kobaltammine** oder **Kobaltiake**). Viele davon tragen Namen, die ihre Farbe angeben, z. B.

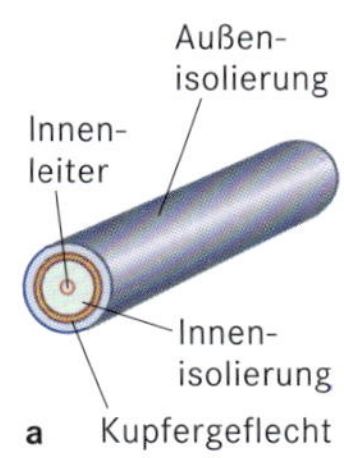

a

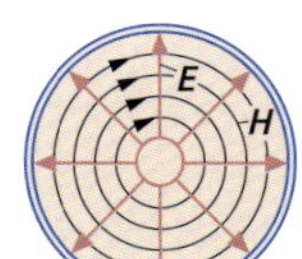

b

Koaxialleitung. a Aufbau und b Feldlinienverteilung im Inneren der Koaxialleitung (*E* elektrisches Feld, *H* magnetisches Feld)

Kobras. Brillenschlangen mit deutlicher Brillenzeichnung auf der Oberseite

Purpureosalze, Roseosalze. Eine organische Kobaltverbindung ist das Vitamin B_{12}.

Kobras, Hutschlangen, Schildottern, Naja, Gattung südasiatischer und afrikanischer Giftnattern. Einige Arten richten den Vorderkörper senkrecht auf und flachen den Nacken durch Spreizen der Halsrippen scheibenförmig ab (Hut); bei der bis 1,8 m langen **Brillenschlange** (Naja naja) tritt dabei zwischen den Schuppen eine brillenähnliche Zeichnung hervor. Die **Speikobra** (Naja nigricollis) spritzt zur Verteidigung dem Gegner bis 3 m weit ihr Gift entgegen. Durch eigene Bewegungen reizen Flöten blasende »Schlangenbeschwörer« die Tiere zum Pendeln des Oberkörpers; auf die Töne können die Schlangen infolge ihrer Taubheit nicht reagieren.

Koch
→ GEO **Dossier**
Im Rausch der Erkenntnis, Bd. 6

Koch, Robert, deutscher Bakteriologe, * Clausthal (heute Clausthal-Zellerfeld) 11. 12. 1843, † Baden-Baden 27. 5. 1910; Mitbegründer der modernen experimentellen Bakteriologie; mit der Entdeckung der Milzbrandsporen und der Klärung der Ursache des Milzbrandes (1876) wies Koch erstmals einen lebenden Mikroorganismus als Erreger einer Infektionskrankheit nach. 1882 entdeckte er den Tuberkelbazillus, 1883 den Erreger der Cholera; 1905 Nobelpreis für Physiologie oder Medizin.

Kocher, Emil Theodor, schweizerischer Chirurg, * Bern 25. 8. 1841, † ebenda 27. 7. 1917; beschäftigte sich v. a. mit der operativen Behandlung des Kropfes und gilt als einer der Begründer der Bauchchirurgie. 1909 erhielt er für seine Verdienste um die Schilddrüsenforschung den Nobelpreis für Physiologie oder Medizin.

Kochsalz, Bezeichnung für handelsübliches, aus natürlichen Vorkommen gewonnenes, mehr oder weniger reines Natriumchlorid, NaCl; es ist meist bis zu 3 % mit anderen Salzen (Magnesium- und Calciumchlorid, Sulfate des Magnesiums, Calciums und Natriums) gemischt, von denen Magnesiumchlorid das Feuchtwerden des Kochsalzes bewirkt (reines NaCl ist nicht hygroskopisch); außerdem enthält es verschiedene Spurenelemente. Verschiedentlich wird Jod beigesetzt (Jodsalz). Kochsalz bildet farblose, in Wasser leicht lösliche Kristalle; es kommt in der Natur als Steinsalz in Salzlagerstätten, in Solen und Salzseen sowie im Meerwasser (Anteil 2,7 %) vor. Gewonnen wird Kochsalz durch Vermahlen von bergmännisch abgebautem Steinsalz oder durch Eindampfen von gesättigten Solen in flachen Siedepfannen **(Solesalz** oder **Sudsalz).** Bei 60 °C erhält man das **Grobsalz,** das durch Zentrifugieren von der restlichen Sole getrennt und dann getrocknet wird, bei Siedehitze das weiße, feinkörnige **Siedesalz,** das vorwiegend als **Speisesalz (Tafelsalz)** verwendet wird. Durch Eindunsten von Meerwasser in Salinen gewinnt man in wärmeren Ländern das **Meersalz, Seesalz** oder **Baysalz** (mit 96 % NaCl).

Kochsalz. In flache Felsstufen an der Küste eingearbeitete Becken zur Meersalzgewinnung (Malta, bei Xlendi auf Gozo)

Koeffizient, *Physik, Technik:* Größe, die den Einfluss einer Stoffeigenschaft oder eines Systems auf einen physikalischen Zusammenhang kennzeichnet (z. B. Absorptions-, Ausdehnungs- oder Elastizitätskoeffizient).

Ko|erzitivfeldstärke [lateinisch], *Physik:* →Hysterese.

Kohärenz [lateinisch] *die, Physik:* 1) das Vorliegen zeitlich unveränderlicher Beziehungen zwischen den Phasen eines Wellenfeldes an verschiedenen Orten, allgemein zwischen den Zufallsgrößen von beliebigen stochastischen Prozessen. Die Kohärenz von Wellenfeldern ist die Voraussetzung für deren Interferenzfähigkeit (→Interferenz). Im Gegensatz zum natürlichen →Licht, das inkohärent ist, sind Phase und Amplitude des Wellenfeldes eines →Lasers wegen der dominierenden induzierten Emission weitgehend konstant, Laserlicht ist daher fast vollkommen kohärent. 2) In der *Quantentheorie* bezeichnet Kohärenz be-

Kohle: Förderung von Braunkohle (in Mio. t)			
Land	**1990**	**2000**	**2003**
Deutschland	348,4	167,7	179,1
USA	82,6	83,5	74,7
Russland	183,6[1)]	86,4	70,0
Griechenland	49,8	63,3	69,4
Australien	46,2	67,8	68,0
Polen	68,0	61,3	60,9
Tschechische Republik	85,5	50,1	50,4
Türkei	43,8	63,0	43,7
■ **Welt**	1 177,3	877,4	876,9

[1)] ehemalige Sowjetunion

ziehungsweise **kohärenter Zustand** einen speziellen quantenmechanischen Superpositionszustand, der eine klassische Welle bestmöglich annähert. Das bekannteste Beispiel eines solchen Zustandes ist eine von einem Einmodenlaser (Laser mit einer Resonatoreigenschwingung) erzeugte Lichtwelle. (→Dekohärenz)

Kohle: Förderung von Steinkohle (in Mio. t)			
Land	**1990**	**2000**	**2003**
China[2)]	1 080	880	1315
USA	861	909	896
Indien	202	312	348
Australien	159	228	269
Südafrika	176	221	238
Russland	474[1)]	172	184
Indonesien		72	107
Polen	148	103	102
Ukraine	–	81	80
Kasachstan	–	75	58
Kolumbien	21	38	48
Nord-Korea	40	54	45
Deutschland	70	37	29
■ **Welt**	3 501	3 340	3 883

[1)] ehemalige Sowjetunion. [2)] für die Jahre 2000 und 2003 einschl. Braunkohle; ohne Hongkong und Taiwan

Kohäsion [lateinisch] *die,* Zusammenhalt der Atome und Moleküle eines Stoffes durch zwischenmolekulare Anziehungskräfte **(Kohäsionskräfte);** das Aneinanderhaften verschiedener Stoffe beruht dagegen auf →Adhäsion. Die Kohäsion bewirkt die Zerreißfestigkeit der Festkörper und die Oberflächenspannung bei Flüssigkeiten.

Kohle, Gruppe von kohlenstoffreichen, festen Brennstoffen. Im engeren Sinn die brennbaren Überreste von Pflanzen u. a. organischen Substanzen, die in langen geologischen Zeiträumen durch Inkohlung in braune bis schwarze Sedimentgesteine verwandelt wurden **(Mineralkohle);** im weiteren Sinn jeder brennbare, braun bis schwarz gefärbte, unter Luftabschluss entstandene Entgasungsrückstand, z. B. Holzkohle. Nach der Art der organischen Ausgangsstoffe unterscheidet man bei den Mineralkohlen die aus dem Lignin und der Cellulose von Pflanzen hervorgegangene **Humuskohle** von der aus Fetten und Proteinen des Faulschlamms entstandenen **Sapropelkohle** oder **Bitumenkohle** (z. B. Bogheadkohle, Blätterkohle, Gagat und Kännelkohle). Entsprechend dem Inkohlungsgrad teilt man ein in →Braunkohle, →Steinkohle und Anthrazit.

Kohle enthält im Wesentlichen die Elemente Kohlenstoff, Wasserstoff, Sauerstoff, Stickstoff und Schwefel. Mit steigendem Inkohlungsgrad erhöht sich der Gehalt an Kohlenstoff, während der Gehalt an flüchtigen Bestandteilen, u. a. Wasserstoff, Sauerstoff abnimmt.

Kohlebildung gibt es bereits im Präkambrium **(Schungit)** sowie im Altpaläozoikum. Nach der Entwicklung der Landpflanzen ist ein erster Höhepunkt im Karbon und Perm zu verzeichnen. Im Mesozoikum gibt es nur lokale Vorkommen. Im Tertiär entstanden die großen Braunkohlenlagerstätten.

■ **Wirtschaft** Kohle dient als Energieträger und Rohstoff. Größere Bedeutung erlangte sie um die Wende des 18./19. Jahrhunderts mit der Entwicklung der Eisenbahn und Dampfschifffahrt, der Einführung des Kokshochofens (um 1750) in Großbritannien, des Siemens-Martin-Ofens (1864) und des Thomas-Verfahrens (1879) in der Eisen- und Stahlgewinnung, mit der sich schnell ausweitenden Gaswirtschaft sowie dem Bau von Wärmekraftwerken (um 1900). Nach 1920 fand die Kohle als Rohstoff in der Chemie zunehmende Verwendung. Künftig wird die Bedeutung der Kohle wesentlich von der Entwicklung des Weltenergiebedarfs und der alternativen Energieträger abhängen.

Die Weltvorräte an gewinnbarer Kohle werden auf rund 1 032 Mrd. t geschätzt, darunter 519 Mrd. t Steinkohle.

Kohle. Braunkohletagebau im Rheinischen Braunkohlerevier bei Hambach (Gemeinde Niederzier, südöstlich von Jülich, Nordrhein-Westfalen).

5543

Kohle. Streckenvortriebsmaschine im Steinkohlebergbau

Kohlechemie, Teilgebiet der Chemie, das sich mit der Aufklärung der Struktur und Zusammensetzung der verschiedenen Kohlen befasst. Zur Kohlechemie gehören auch alle chemischen Prozesse und Verfahren, bei denen Kohle der Ausgangsstoff ist und die der chemischen »Veredlung« der Kohle dienen (→Kohleveredlung, →Kohlehydrierung) und sich mit der Weiterverarbeitung der dabei anfallenden Produkte befassen. Mit dem Ausbau der Petrochemie verlor die Kohlechemie an Bedeutung. Es werden aber noch etwa 15 % des Benzols, über 90 % des Naphthalins, 25 % des Rußes sowie praktisch das gesamte Anthracen und Chinolin aus Kohle hergestellt.

Kohle|entschwefelung, zusammenfassende Bezeichnung für technische Verfahren, die den Schwefelgehalt von Kohlen und damit die Emission von Schwefeldioxid bei der Verbrennung vermindern. Kohle enthält Schwefel organisch gebunden und als Pyrit (FeS_2). Die **mechanische Kohleentschwefelung** beruht auf der größeren Absetzgeschwindigkeit der Pyritpartikel, wenn fein gemahlene Kohle mit Wasser aufgeschlämmt oder mit Luft verwirbelt wird. Bei der **chemischen Kohleentschwefelung** wird das Pyrit z. B. mit Eisensulfatlösung herausgelöst, während es bei der **mikrobiellen Kohleentschwefelung** durch geeignete Mikroorganismen (z. B. Thiobacillus ferrooxidans) in lösliche Eisensulfat umgewandelt wird.

Kohlefasern, Graphitfasern, →Kohlenstofffasern.

Kohlehydrierung, Kohleverflüssigung, Verfahren zur Herstellung flüssiger Kohlenwasserstoffe aus Kohle und Wasserstoff. Man unterscheidet indirekte Verfahren, denen eine Kohlevergasung vorangeht (z. B. **Fischer-Tropsch-Verfahren**), und direkte Verfahren, z. B. das von Friedrich Bergius 1913 erstmalig durchgeführte und von Matthias Pier (* 1882, † 1965) bei der I. G. Farbenindustrie unter Verwendung von Katalysatoren zur technischen Reife entwickelte **Bergius-Pier-Verfahren (IG-Verfahren).** Dabei wurden Kohlen bei bis zu 460 °C und 700 bar mit Wasserstoff umgesetzt. Zwischen 1927 und 1945 wurden in Deutschland zwölf Hydrierwerke betrieben. Nach 1945 war die Kohlehydrierung wegen der niedrigen Rohölpreise unwirtschaftlich. Nach einigen besonders in Deutschland weiterentwickelten Konzepten werden fein gemahlene Kohle und ein Katalysator mit Mittel- und Schweröl oder anderen Rückständen aus der Petrochemie angemaischt und bei 475 °C und 300 bar mit Wasserstoff behandelt; auch diese Verfahren erwiesen sich jedoch als wirtschaftlich nicht konkurrenzfähig. Kohlehydrierung wird heute noch in der Republik Südafrika industriell betrieben, China plant, im Jahr 2007 eine Kohlehydrierungsanlage in Betrieb zu nehmen.

Kohle: Zusammensetzung (deutsche Einteilung)

	Wassergehalt (frisch gefördert)	flüchtige Bestandteile	Kohlenstoff*)	Wasserstoff	Sauerstoff	Heizwert
	%	%	%	%	%	in kJ/kg
Weichbraunkohle	45–60	70–50	65–70	5–9	30–18	25 100–26 800
Hartbraunkohle	10–30	64–45	70–75	5–6	18–12	26 800–28 500
Flammkohle	4–7	45–40	75–82	5,8–6,0	>9,8	<32 850
Gasflammkohle	3–6	40–35	82–85	5,6–5,8	9,8–7,3	bis 33 900
Gaskohle	3–5	35–28	85–87	5,0–5,6	7,3–4,5	bis 35 000
Fettkohle	2–4	28–19	87–89	4,5–5,0	4,5–3,2	bis 35 400
Esskohle	2–4	19–14	89–90	4,0–4,5	3,2–2,8	35 400
Magerkohle	1–3	14–10	90–91,5	3,75–4,0	2,8–2,5	bis 35 600
Anthrazit	<2	10–6	>91,5	<3,75	<2,5	bis 36 000

*) in wasser- und aschefreier Substanz

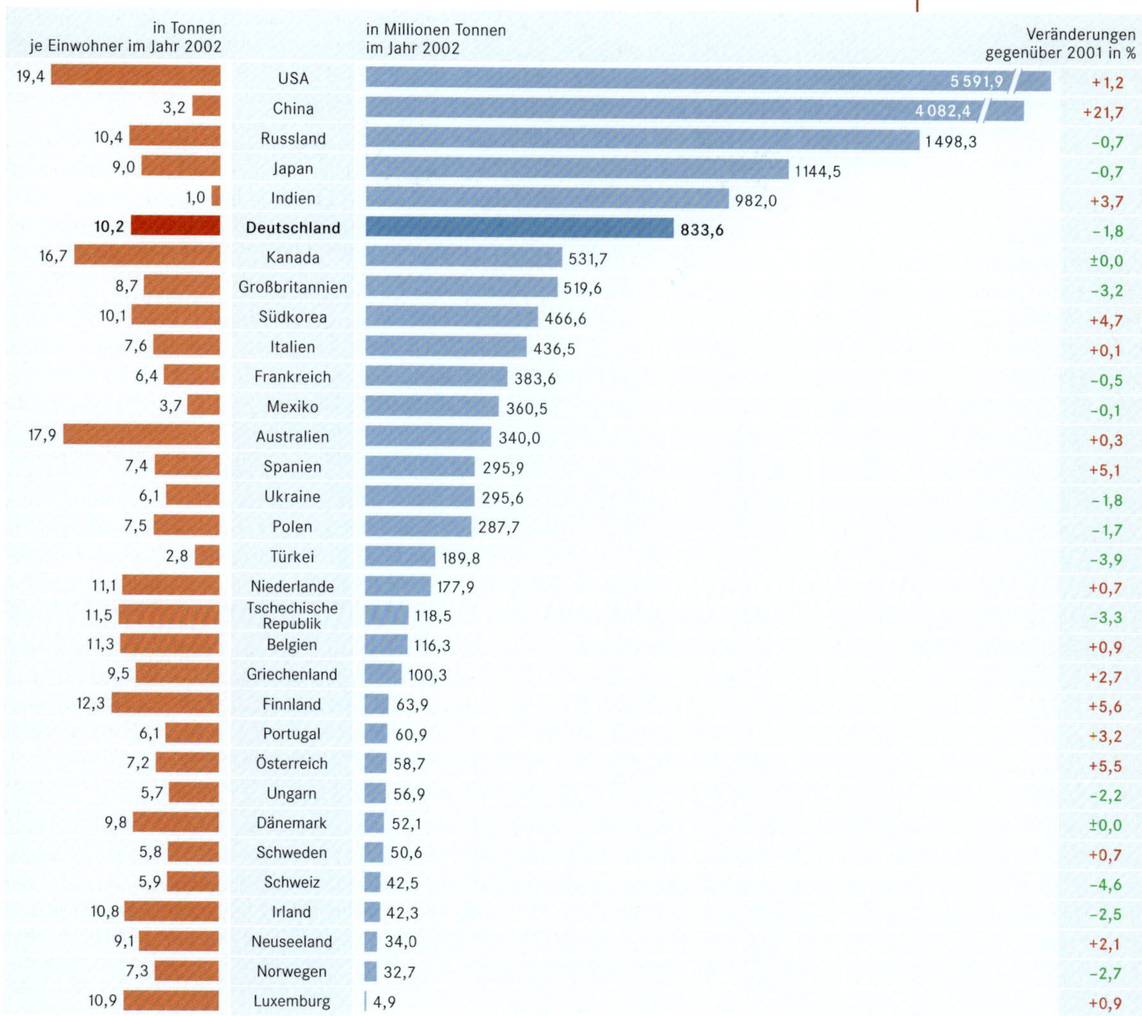

Kohlendioxid. Emissionen einzelner Länder im Jahr 2002 im Vergleich

Kohlekraftwerk, →Wärmekraftwerk.

Kohlendioxid, fachsprachlich **Kohlenstoffdioxid,** CO_2, das Anhydrid der →Kohlensäure, ungenau selbst Kohlensäure genannt; farbloses, nicht brennbares Gas von säuerlichem Geschmack. Da seine Dichte etwa 1,5-mal so groß wie die der Luft ist, sammelt sich Kohlendioxid an vertieften Stellen in der Nähe seiner Entstehung. Bei –78,5 °C und Normaldruck geht Kohlendioxid unmittelbar in den festen Zustand über. Unter Druck kann es verflüssigt werden. Die kritische Temperatur des Kohlendioxids liegt bei 31,04 °C, der kritische Druck bei 73,83 bar. Stahlflaschen des Handels enthalten flüssiges Kohlendioxid unter einem Druck von rund 57 bar bei 20 °C. Infolge des starken Wärmeverbrauchs bei der Verdunstung von flüssigem Kohlendioxid erstarrt ausströmendes, flüssiges Kohlendioxid teilweise zu einer weißen Masse von festem Kohlendioxid **(Kohlensäureschnee).** Festes Kohlendioxid kommt in Blöcke gepresst als **Trockeneis** in den Handel und dient als Kühlmittel. Kohlendioxid ist in Wasser gut löslich, die Lösung reagiert schwach sauer infolge Bildung der eigentlichen Kohlensäure.

Kohlendioxid kommt in der Luft (etwa 0,03 Volumenprozent) und in vielen Mineralwässern vor. In gebundenem Zustand ist es als **Calciumcarbonat** und **Magnesiumcarbonat** weit verbreitet. Im Laboratorium erhält man Kohlendioxid durch Zersetzung von Carbonaten mit Säuren, technisch durch Verbrennen von Koks mit überschüssiger Luft oder als Nebenprodukt beim Kalkbrennen. Kohlendioxid wird verwendet zur Herstellung künstlicher Mineralwässer, in der Kältetechnik, als Feuerlöschmittel, Inertgas, chemischer Rohstoff. 4–5 % Kohlendioxid in der Atemluft wirken betäubend, mit steigender Konzentration kommt es zu Kopfschmerzen, Schwindel, Krämpfen, Bewusstlosigkeit und Tod durch Ersticken.

Kohlendioxid ist Endprodukt der Verbrennung von Kohlenstoff und aller organischer

Kohlendioxid Fangt den Klimakiller

Zwar gibt es immer noch einige Wissenschaftler, die bezweifeln, dass das vom Menschen freigesetzte Kohlendioxid maßgeblich zur Klimaveränderung beiträgt, überwiegend besteht jedoch Einigkeit darüber, dass zukünftig der CO_2-Ausstoß deutlich reduziert werden muss. In erster Linie wird dabei eine Vermeidungsstrategie verfolgt: Wo herkömmliche fossilie Energiequellen durch regenerative ersetzt werden, entsteht weniger Kohlendioxid. Doch ebenso wie Hausmüll lässt sich das Treibhausgas auch deponieren – als Zwischenlösung, bis eines Tages klimaschonende Techniken der Energiegewinnung ausgereift sind. CCS heißt diese Vision: Carbon Capture and Storage, und sie wird seit dem 15. März 2006 im dänischen Esbjerg im Pilotbetrieb eines Kraftwerks erprobt. Mit Amin-haltigen Lösungsmitteln wird dort das Kohlendioxid aus den Abgasen herausgefiltert. Andere geplante Verfahren erfordern einen ganz neuen Kraftwerktyp, bei dem z. B. die Kohle mit reinem Sauerstoff verbrannt wird, wodurch sofort konzentriertes CO_2 entsteht. Die Frage jedoch, wo das »gefangene« Kohlendioxid anschließend gelagert werden soll, bereitet den Wissenschaftlern noch Sorge. In der Tiefsee? In erschöpften Ölfeldern? In salzhaltigen Grundwasservorkommen? Experten schätzen, dass die Möglichkeiten zur Gasdeponierung erst 2015 bis 2020 ausgereift sein werden. Umweltschützer argumentieren zudem, dass damit die Verantwortung einfach nur auf die nächste Generation verschoben würde.

Substanzen. Die grünen Pflanzen führen mittels Lichtenergie das Kohlendioxid der Luft in organische Verbindungen über (→Assimilation), die als Nahrung im Tierkörper wieder abgebaut und in Kohlendioxid zurückverwandelt werden. Mit Beginn der Industrialisierung hat sich der Kohlendioxidgehalt in der Luft seit Anfang des 19. Jahrhunderts stetig erhöht, von etwa 280 ppm auf 317 ppm im Jahr 1960 (Zunahme um 37 ppm in circa 160 Jahren) und auf 354 ppm 1990 (Zunahme um 37 ppm in 30 Jahren). Ursache ist v. a. die Verbrennung fossiler Brennstoffe. Zusätzlich trägt auch die Abholzung von Waldflächen zur Erhöhung des Kohlendioxids in der Atmosphäre bei, denn die Wälder dienen normalerweise als Speicher für CO_2. Weil Kohlendioxid die von der Erdoberfläche abgestrahlte Infrarotstrahlung absorbiert, erhöht sich mit steigendem Kohlendioxidgehalt die Temperatur in der Lufthülle (etwa um 0,5 Grad in den letzten 100 Jahren; Kohlendioxidhypothese). Kohlendioxid gilt deshalb als Treibhausgas (→Treibhauseffekt). Wegen der davon ausgehenden Gefahr für das Weltklima haben über 150 Staaten auf der UN-Konferenz für Umwelt und Entwicklung in Rio de Janeiro 1992 die **Klimarahmenkonvention** beschlossen, die eine Stabilisierung der Kohlendioxidemissionen (u. a. Treibhausgase) auf einem bestimmten Niveau vorsieht. Als Ergebnis langjähriger Verhandlungen wurde 1997 das Kyōto-Protokoll unterzeichnet, in dem sich die Industrieländer verpflichten, die Emission ihrer Treibhausgase bis 2008/2012 gegenüber dem Basisjahr 1990 um zusammen 5,2 % zu senken; dafür bekamen die einzelnen Industriestaaten unterschiedliche Vorgaben. Nach mehrjährigen Verhandlungen und Kompromissen bezüglich der Auslegung der Vorgaben trat das **Kyōto-Protokoll** im Februar 2005 in Kraft.

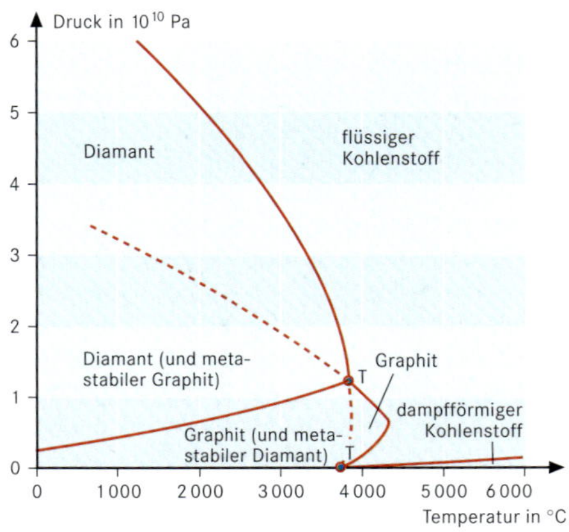

Kohlenstoff. Phasendiagramm des Kohlenstoffs; bei hohem Druck und hoher Temperatur sind Graphit und Diamant ineinander umwandelbar. Die Diamantsynthese aus Graphit erfordert hohen Druck (35–50 kbar) und hohe Temperatur (1 200–1 600 °C).

Kohlendisulfid, der Schwefelkohlenstoff (→Schwefel).

Kohlenhydrate, Kohlenstoffhydrate, Saccharide, in der Natur weit verbreitete Stoffklasse, zu der einfache Zucker (Monosaccharide), Di-, Tri- usw., allgemein Oligo- und Polysaccharide gehören. Der Name ist darauf zurückzuführen, dass viele Kohlenhydrate die Summenformel $C_n(H_2O)_m$ haben, das heißt formal Hydrate des Kohlenstoffs sind. Kohlenhydrate sind jedoch chemisch mehrwertige Alkohole, bei denen eine primäre oder eine sekundäre Hydroxylgruppe zur Aldehydgruppe beziehungsweise Ketogruppe oxidiert ist. Sie werden von Pflanzen durch Fotosynthese aus Kohlendioxid und Wasser aufgebaut und v. a. in Form des **Reservekohlenydrats** Stärke in Samen und Knollen (Getreide, Kartoffeln) abgelagert. Als Gerüstsubstanz der pflanzlichen Zelle ist Cellulose das in der Natur am weitesten verbreitete Kohlenhydrat. In tierischen (und menschlichen) Zellen sind Kohlenhydrate (Glucose und das Reservekohlenhydrat Glykogen) die wichtigsten Energieträger. 1 g Kohlenhydrate liefert eine Energie von 17 kJ (= 4,1 kcal). Der Mensch benötigt mindestens 100–150 g Kohlenhydrate täglich.

Kohlenmon|oxid, Kohlenoxid, fachsprachlich **Kohlenstoffmonooxid,** CO, farb- und geruchloses, in Wasser kaum lösliches, sehr giftiges Gas, das bei −191,5 °C flüssig und bei −204,0 °C fest wird. Kohlenmonoxid verbrennt mit bläulicher Flamme zu Kohlendioxid (CO_2). Es entsteht bei der Verbrennung von Kohle bei unzureichender Luftzufuhr und ist auch in den Abgasen von Benzinmotoren (Ottomotoren) enthalten. Technisch erhält man Kohlenmonoxid aus Erdgas, Naphtha, Heizöl und Koksin in Form von Generator- und Wassergas. Kohlenmonoxid ist Ausgangsstoff für viele großtechnische Synthesen, z.B. Oxosynthese, Fischer-Tropsch-Synthese, Methanolsynthese. Es spielt außerdem eine große Rolle bei der Reduktion von Metalloxiden im Hochofen (Eisen). Mit zahlreichen Metallen verbindet sich Kohlenmonoxid zu Carbonylen.

Kohlensäure, H_2CO_3, schwache Säure, die in geringer Menge beim Auflösen von Kohlendioxid in Wasser entsteht: $CO_2 + H_2O \rightleftharpoons H_2CO_3$. Kohlensäure ist rein nicht isolierbar. Als zweibasige Säure bildet Kohlensäure **Hydrogencarbonate,** z.B. Natriumhydrogencarbonat, $NaHCO_3$ (Natron), und **Carbonate,** z.B. Natriumcarbonat, Na_2CO_3. Alle Carbonate außer denen der Alkalimetalle sind in Wasser schwer löslich; sie sind in der Natur weit verbreitet. Die Hydrogencarbonate sind meist leichter löslich und oft nur in Lösung beständig. Ungenau verwendet man den Begriff Kohlensäure auch für das Kohlendioxid.

Kohlensäurediamid, der →Harnstoff.

Kohlenstaub, staubförmig-feinkörnige Kohle, die beim Mahlen von Kohle entsteht und zur Befeuerung von Kohlekraftwerken dient. Kohlenstaub-Luft-Gemische sind durch eine heiße Flamme entzündbar **(Kohlenstaubexplosion).** Der in Kohlengruben anfallende Kohlenstaub muss zur Vermeidung von Schlagwetterexplosionen (→Schlagwetter) abgesaugt oder gebunden werden.

Kohlenstoff, chemisches Symbol **C,** nichtmetallisches Element aus der 4. Hauptgruppe des Periodensystems. Ordnungszahl 6, relative Atommasse 12,011, Dichte je nach Modifikation unterschiedlich, Schmelzpunkt > 3 550 °C, Siedepunkt 4 827 °C.

Natürliche Isotope sind ^{12}C, ^{13}C und ^{14}C. Die Masse des Isotops ^{12}C, das 98,89 % des natürlichen Kohlenstoffs bildet, wird seit 1962 als Standard für die Festlegung von Atommassen verwendet. Das radioaktive ^{14}C wird zur Altersbestimmung herangezogen (→Radiokohlenstoffmethode).

Kohlenstoff tritt in drei Modifikationen auf, als hexagonaler →Graphit, kubischer →Diamant und in Form von →Fullerenen. Diamant wandelt sich beim Erhitzen unter Luftabschluss auf 1 650–1 800 °C spontan in Graphit um, der umgekehrte Prozess ist nur bei hohen Drücken und Temperaturen durchführbar.

Ruß, Holzkohle, Koks sind verschiedene Erscheinungsformen des Kohlenstoffs, zu Tier- oder Holzkohle →Aktivkohle.

Kohlenstoff ist chemisch reaktionsträge, setzt sich aber bei höherer Temperatur mit Wasserstoff, Sauerstoff und zahlreichen Metallen um. Seine Fähigkeit, als einziges Element durch Einfach- oder Mehrfachbindungen mit sich selbst Ketten und Ringe von fast beliebiger Länge und Anordnung zu bilden, ist die Grundlage der organischen Chemie

Kohlenstofffasern (Mikrofotografie)

(→Kohlenstoffverbindungen). Kohlenstoff ist in Form der Carbonate ein wichtiger Bestandteil gesteinsbildender Minerale. Als →Kohlendioxid kommt Kohlenstoff im Wasser und in der Atmosphäre vor.

Kohlenstofffasern, Carbonfasern, anorganische Fasern, die aus graphitähnlich miteinander verknüpften Kohlenstoffatomen aufgebaut sind. Die Herstellung erfolgt überwiegend aus textilen Fasern (z.B. Polyacrylnitrilfasern) oder Pechfasern in drei Schritten: Überführen in eine unschmelzbare Form, unter Streckung, durch Luftoxidation bei 200–300 °C (Stabilisierung), Carbonisation unter Abspaltung flüchtiger Produkte bei 1200–1500 °C und schließlich Graphitisierung bei 2000–3000 °C.Bei der Carbonisation entstehen hochfeste **(HT-Kohlenstofffasern)** und bei der Graphitisierung Hochmodul-Kohlenstofffasern **(HM-Kohlenstofffasern),** die gele-

Kohlenstoff Diamantkühlung

Ständig zunehmende Taktraten steigern die Leistungsfähigkeit von Chips, erzeugen aber auch immer mehr Verlustwärme. Die heute eingesetzten Systeme zur Wärmeableitung wie z.B. Kupfer- oder Aluminiumkühlkörper (Wärmespreizer), die als dünne Plättchen auf Prozessoren aufgesetzt werden, stoßen immer häufiger an ihre Grenzen. Abhilfe sollen Wärmeleiter aus Diamant schaffen, die in dünnsten Schichten aus dem Vakuum auf dem Siliciumwafer abgeschieden werden (englisch Chemical Vapour Deposition, CVD). Denn von allen natürlichen Materialien leitet Diamant die Wärme am besten (2 300 W/mK): rund sechsmal besser als Kupfer (386 W/mK) und fünfmal besser als Silber (430 W/mK). In der Mikroelektronik findet die Diamantkühlung bereits Anwendung in Form dünner Schichten auf integrierten Schaltungen.

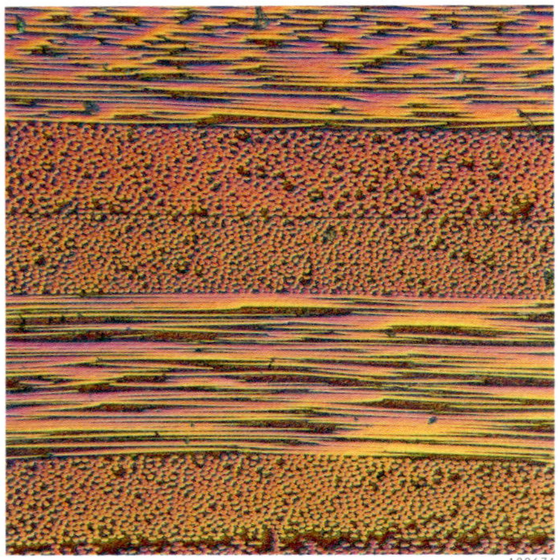

Kohlenstofffasern. Die Mikroaufnahme zeigt die eingebetteten Kohlenstofffasern im Epoxidharz.

gentlich auch als Graphitfasern bezeichnet werden. Zur Herstellung von **carbonfaserverstärkten Kunststoffen (CFK)** werden die Kohlenstofffasern noch einer (oxidativen) Oberflächenbehandlung unterzogen, um eine bessere Adhäsion zwischen Faser und Kunststoff zu erhalten; zur Herstellung kompakter Teile werden die unbeschichteten Kohlenstofffasern mit Metallen beschichtet, gepresst und gesintert. Kohlenstofffasern sind hochfest, temperatur- und korrosionsbeständig, besonders zugfest (HT-Kohlenstofffasern) oder elastisch (HM-Kohlenstofffasern) und haben eine wesentlich geringere Dichte als Metalle. Sie finden u.a. Anwendung bei der Herstellung von Fahrzeugbauteilen, Sportgeräten, medizinischen Implantatwerkstoffen und in der Elektronikindustrie.

Kohlenstoffkreislauf
→ GEO **Dossier**
Ein Zoo im Erdgeschoss, Bd. 7

Kohlenstoffkreislauf

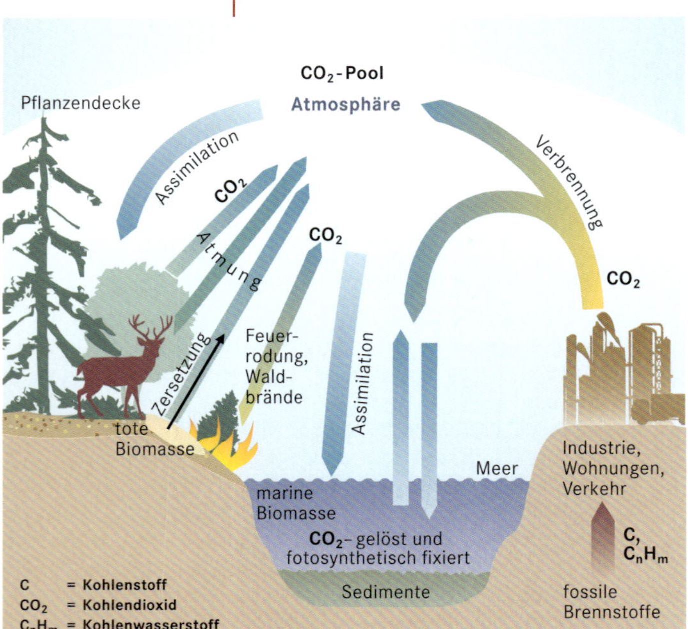

Kohlenstoffkreislauf, die zyklische Umsetzung des Kohlenstoffs in der Biosphäre.

Der auf etwa 26×10^{15} t geschätzte Gesamtvorrat an Kohlenstoff auf der Erde liegt fast völlig in Form anorganischer Verbindungen vor, davon über 99% in Sedimenten (Carbonatgesteine), der Rest findet sich als gelöstes Kohlendioxid sowie in Form von Hydrogencarbonat- beziehungsweise Carbonationen in Gewässern und als gasförmiges Kohlendioxid in der Atmosphäre. Der organisch gebundene Teil (0,05%) ist zu 64% in fossilen Lagerstätten (Torf, Kohle, Erdöl, Erdgas), zu 32% in organischen Abfällen (Tier-, Pflanzenreste) zu finden.

Der Kohlenstoffkreislauf wird im Wesentlichen durch die Organismen in Gang gehalten. Circa 6–7% des in der Atmosphäre und im Oberflächenwasser vorhandenen Kohlendioxids werden jährlich von autotrophen Pflanzen fotosynthetisch in organischen Verbindungen festgelegt (Assimilation); davon kehrt ein Drittel über die pflanzliche Atmung wieder in die Luft beziehungsweise das Wasser zurück, während zwei Drittel in die Nahrungsketten der heterotrophen Organismen eintreten, in deren Ablauf alle Kohlenstoffverbindungen über Atmung, Gärung und Verwesung wieder zu →Kohlendioxid um- und freigesetzt werden. Gestört wird dieser weitgehend ausgeglichene Kohlenstoffkreislauf besonders durch die zunehmende Verfeuerung fossiler Brennstoffe.

Kohlenstoffmethode, C-14-Methode, die →Radiokohlenstoffmethode.

Kohlenstoff-Stickstoff-Zyklus, der →Bethe-Weizsäcker-Zyklus.

Kohlenstoffverbindungen, chemische Verbindungen des Kohlenstoffs, gekennzeichnet v.a. durch die Verknüpfung von Kohlenstoffatomen miteinander, wie sie in den Grundgerüsten der organischen Verbindungen vorliegt. Die Kohlenstoffatome sind durch Einfachbindungen **(gesättigte Kohlenstoffverbindungen)** oder durch Doppel- und Dreifachbindungen **(ungesättigte Kohlenstoffverbindungen)** zu einem stabilen Kohlenstoffgerüst verknüpft. Die derart aufgebauten Kohlenstoffgerüste besitzen »freie Valenzen« zur Bindung anderer Elemente, im einfachsten Fall von Wasserstoff (→Kohlenwasserstoffe). Die riesige Zahl der Kohlenstoffverbindungen, die die aller anderen chemischen Verbindungen weit übersteigt, wird dadurch ermöglicht, dass außer Wasserstoff beliebige andere Atome oder Atomgruppen als **funktionelle Gruppen** den Gerüsten der Kohlenstoffverbindungen angeheftet sein können. Durch →Isomerie vervielfachen sich Strukturmöglichkeiten bei Kohlenstoffverbindungen. Besonders wichtige Kohlenstoffverbindungen sind →Kohlenwasserstoffe, →Kohlenhydrate, →Fette, →Proteine, →aromatische Verbindungen. Anorganische Kohlenstoffverbindungen sind →Carbide, →Kohlenmonoxid, →Kohlendioxid, →Kohlensäure.

Kohlenwasserstoffe, chemische Verbindungen, die nur aus Kohlenstoff (C) und Wasserstoff (H) aufgebaut sind. In den Kohlenwasserstoffen sind Kohlenstoffatome durch kovalente Bindungen zu geraden oder verzweigten Ketten **(azyklische** oder **aliphatische Kohlenwasserstoffe)** oder Ringen **(zyklische Kohlenwasserstoffe)** miteinander verbunden. Die **Alkane** sind gesättigte azyklische Kohlenwasserstoffe (das heißt mit Einfachbindung). Azyklische Kohlenwasserstoffe mit Doppel- oder Dreifachbindung werden als **Alkene** beziehungsweise **Alkine** bezeichnet. Gesättigte zyklische Kohlenwasserstoffe heißen analog **Cycloalkane,** solche mit Doppelbindung **Cycloalkene.** Sie ähneln in ihren Eigenschaften den aliphatischen Kohlenwasserstoffen und werden deshalb auch **alizyklische** (= aliphatisch-zyklische) **Kohlenwasserstoffe** genannt. Zyklische Kohlenwasserstoffe, die sich vom Benzol ableiten, werden als aromatische Verbindungen bezeichnet. **Polyzyklische Kohlenwasserstoffe** enthalten mehrere Ringsysteme. Sind mindestens zwei weitgehend ungesättigte Ringe über mindestens zwei gemeinsame C-Atome miteinander verbunden, spricht man von **kondensierten polyzyklischen Kohlenwasserstoffen.** Bei verbrückten polyzyklischen Kohlenwasserstoffen haben mindestens zwei gesättigte Ringe wenigstens zwei gemeinsame C-Atome. In **Spirokohlenwasserstoffen** sind zwei Ringe über ein einziges C-Atom miteinander verbunden.

Kohlenwasserstoffe mit bis zu vier C-Atomen sind bei Raumtemperatur und Atmosphärendruck Gase. Mit steigender C-Zahl bilden Kohlenwasserstoffe zunächst leicht bewegliche, dann ölige Flüssigkeiten und schließlich Feststoffe. Alle Kohlenwasserstoffe lassen sich zu Kohlendioxid und Wasser verbrennen.

Kohlenwasserstoffe sind Bestandteile von Erdgas, Erdöl und Steinkohlenteer. Bestimmte Kohlenwasserstoffe kommen auch im Pflanzen- (z. B. Terpene) und Tierreich (z. B. Steroide) vor. Synthetisch lassen sich Kohlenwasserstoffe durch →Kohlehydrierung herstellen. Kohlenwasserstoffe spielen als Bestandteile von Kraftstoffen, Heizölen, Lösungsmitteln sowie als chemische Rohstoffe (→Petrochemie) eine große Rolle.

Köhler, Georges Jean Franz, deutscher Immunologe, * München 17. 4. 1946, † Freiburg im Breisgau 1. 3. 1995; seit 1984 ebenda am Max-Planck-Institut tätig. Köhler revolutionierte die theoretische und angewandte Immunforschung mit den von ihm erstmals hergestellten monoklonalen Antikörpern. Hierfür erhielt er 1984 mit N. K. Jerne und C. Milstein den Nobelpreis für Physiologie oder Medizin.

Kohleveredlung, alle Prozesse zur Wertsteigerung der geförderten Kohle. Mechanische und physikalische Verfahren umfassen die Methoden der Kohleaufbereitung; thermische Verfahren sind die Schwelung und die Verkokung; chemische Verfahren sind die Aufarbeitung von Kohlewertstoffen (Rohteer, Rohbenzol), die →Kohlehydrierung und die →Kohlevergasung. Auch die Umwandlung in höherwertige Energie beziehungsweise in gasförmige Brenn- und Heizstoffe sind Kohleveredlungsverfahren.

Kohleverflüssigung, die →Kohlehydrierung.

Kohlevergasung, Umsetzung der organischen Kohlesubstanz mit Vergasungsmitteln wie Sauerstoff, Luft, Wasserdampf u. a. zu Brenn- und Synthesegasen. Wichtige Vergasungsreaktionen sind:

1)	$C + {}^1/_2 O_2 \rightleftharpoons CO$	exotherm
2)	$C + H_2O \rightleftharpoons CO + H_2$	endotherm
3)	$C + 2H_2 \rightleftharpoons CH_4$	exotherm
	C = Kohlenstoff	H = Wasserstoff
	O = Sauerstoff	CH_4 = Methan

Für die Kohlevergasung sind Mindesttemperaturen von etwa 700 °C (Braunkohle) und 900 °C (Steinkohle) erforderlich, die bei der **autothermen Kohlevergasung** durch die exotherme Reaktion 1) erreicht werden. Höhere Gasausbeuten können ohne Sauerstoffzufuhr erzielt werden, wenn die für Reaktion 2) erforderliche Energie von außen zugeführt wird **(allotherme Kohlevergasung).**

Seit 1930 wurde Synthesegas für die Ammoniaksynthese durch Vergasung von fein-

Georges Köhler

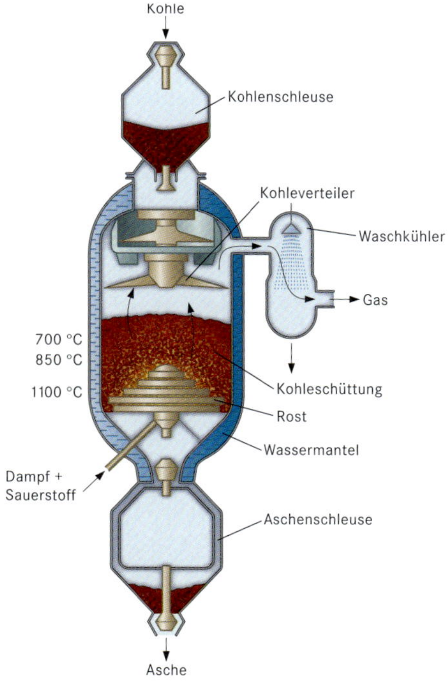

Kohlevergasung. Schema eines Lurgi-Druckvergasers

körniger Kohle mit Sauerstoff und Dampf in der Wirbelschicht hergestellt (**Winkler-Verfahren**). Bei der **Lurgi-Druckvergasung** von stückiger Kohle begünstigt der erhöhte Druck (10–30 bar) die Methanbildung und führt zu einem Gas mit höherem Brennwert. Anfang der 1960er-Jahre, als Erdöl in großen Mengen billig zur Verfügung stand, wurden die meisten Anlagen zur Kohlevergasung stillgelegt. Die »Ölkrise« von 1973 löste zahlreiche Neu- und Weiterentwicklungen aus. Von den modernen Verfahren wird das **Texaco-Verfahren** in Deutschland im großtechnischen Maßstab zur Herstellung von Synthesegas und Wasserstoff betrieben. Bei dem Verfahren werden pumpfähige Kohle-Wasser-Suspensionen bei 80 bar und 1 400 °C mit Sauerstoff vergast. Bei der hohen Temperatur findet eine vollständige Umwandlung zu Kohlenmonoxid und Wasserstoff statt, sodass ein sehr reines Gas entsteht. Das in Deutschland entwickelte **Prenflo-Verfahren** (Abkürzung für englisch pressurized entrained flow) zur Kohlevergasung arbeitet mit einem vierstufigen Verfahrensverlauf. Das Verfahren wird z. B. in dem mit Mitteln der EU erbauten spanischen Kombikraftwerk in Puertollano großtechnisch eingesetzt. Die Vergasung von Kohle in der Lagerstätte wird als **Untertagevergasung** bezeichnet.

Kohle-Zink-Zelle, Leclanché-Element [ləklãˈʃe-, nach dem französischen Chemiker George Leclanché, * 1839, † 1882], ein →galvanisches Element (Primärzelle), bei dem die Anode durch einen von Braunstein umgebenen Kohlestab gebildet wird, während die Kathode aus amalgamiertem Zink besteht. Die Kohle-Zink-Zelle liefert eine Spannung von 1,5 V. Als Elektrolyt dient eine 10–20 %ige Ammoniumchloridlösung (Salmiak). In der Regel wird sie durch Zusatz von Quellmitteln (z. B. Sägespäne) eingedickt und auf poröses Papier immobilisiert. In dieser Konstruktion als **Trockenelement** wird die Kohle-Zink-Zelle als Taschenbatterie verwendet, u. a. für Taschenlampen, Taschenrechner, Kameras.

Kohn, Walter, amerikanischer Chemiker österreichischer Herkunft, * Wien 9. 3. 1923; erhielt zusammen mit John Pople 1998 den Nobelpreis für Chemie für seine Arbeiten zu einer Theorie der Quantenchemie.

Kokastrauch, Koka, Coca, Erythroxylum coca, Storchschnabelgewächs in den subandinen Gebieten Perus und Boliviens, auch in Indien und auf Java kultiviert; immergrüner Strauch mit kleinen, gelblich oder grünlich weißen Blüten und kleinen, ovalen, Kokain enthaltenden Blättern.

Der Genuss von Kokablättern als leistungssteigerndes, Hunger und Durst linderndes Mittel ist bei den südamerikanischen Indianern sehr verbreitet, die daraus unter Zusatz von Pflanzenasche, Kalk und Wasser Kügelchen kneten, aus denen beim Kauen das Kokain langsam freigesetzt wird. Kokain ist eines der gefährlichsten und verbreitetsten Rauschgifte. Es besitzt eine zentral stimulierende, lokalanästhetische und gefäßzusammenziehende Wirkung.

Kokerei, technische Anlage zur thermischen Zersetzung von Kohle unter Luftabschluss **(Verkokung).** Bei niedrigen Temperaturen (um 500 °C) spricht man von **Schwelung.** Große Bedeutung für die Herstellung von Hochofenkoks hat die **Hochtemperaturverkokung** (bei 1 000 °C). Produkte der Kokerei sind →Koks und Kokereigas, ein v. a. aus Wasserstoff, Methan, Stickstoff und Kohlenmonoxid bestehendes Gas, das für Heizzwecke verwendet werden kann.

Kokken [griechisch], kugelförmige →Bakterien.

Kokkolithen [griechisch], ozeanische, aus Kalk aufgebaute abgestorbene Algen in den Ablagerungen der Tiefsee.

Kokon [kɔˈkɔ̃, französisch] *der,* Gespinsthülle (oft mit Fremdkörpern wie Erde, Holzspäne u. a.), mit der sich viele Insektenlarven beim Verpuppen umgeben **(Puppenkokon),** auch Gespinst- oder Sekrethülle **(Eikokon)** zum Schutz der Eigelege (z. B. bei Spinnen, Regenwürmern).

Kokospalme [spanisch], **Cocos,** Fiederpalmengattung mit der einzigen Art Kokospalme (Cocos nucifera), durch Kultur im tropischen Küstenbereich weit verbreitet. Der bis 30 m hohe Stamm ist durch Blattnarben geringelt. Die Fruchthülle der **Kokosnuss** besteht aus einem trockenhäutigen äußeren Epikarp, einem faserigen, dicken Mesokarp und einem inneren harten Endokarp mit nur einem Samen (Steinkern). Die Samenschale ist sehr dünn; sonst besteht der Samen zum überwiegenden Teil aus Endosperm und einem winzigen, unterhalb einer der drei (dünnwandigen) Keimporen des steinharten Endokarps gelegenen

100619

Konkon.
Raubspinnen sind frei jagende Spinnen. Sie produzieren einen riesigen Kokon, den sie bis kurz vor dem Schlupf der Jungtiere mit sich herumtragen.

100807

Kokospalme.
Noch von der äußeren Fruchthülle umgebene Kokosnüsse

Embryo. Das essbare Endosperm ist in eine feste, ölreiche Phase **(Kopra)** und eine flüssige Phase **(Kokosmilch)** gegliedert. Die Fasern der Fruchtwand werden zur Herstellung von Seilen und Matten verwendet, Endknospen und Blätter als **Palmkohl** gegessen; der nach Abschneiden des Blütenstandes austretende Saft ergibt vergoren **Palmwein.**

Koks [englisch] *der,* schwarzer oder grauer, fester Rückstand der Schwelung **(Schwelkoks)** oder Verkokung von Stein- und Braunkohle, Erdölrückständen **(Petrolkoks)** u. a.; **Hochofenkoks** wird meist durch Hochtemperaturverkokung in Kokereien gewonnen. **Gießereikoks** dient als Brennstoff zum Schmelzen von Roheisen im Kupolofen, so genannter **EM-Koks** elektrometallurgischen Zwecken.

100533

Kolabaum. Nüsse des Kolabaums

Kolabaum [westafrikanisch kola, kolo], **Colabaum, Kolanussbaum, Cola,** Gattung der Sterkuliengewächse im tropischen Afrika; 6–20 m hohe Bäume. Mehrere Arten werden im Sudan, im tropischen Amerika und tropischen Asien zur Gewinnung der Samen kultiviert, deren Keimling **(Kolanuss)** bis 3 % Koffein, bis 0,1 % Theobromin, etwa 40 % Stärke und 4 % Gerbstoffe enthält und als Nahrungsmittel beziehungsweise zur Herstellung von Erfrischungsgetränken verwendet wird.

Kolben [verwandt mit Keule], **1)** *Botanik:* ährig-dickachsiger Blüten- und Fruchtstand, z. B. beim Mais.

2) *Chemie:* unterschiedlich geformtes, hitzebeständiges Reaktionsgefäß aus Geräteglas.

3) *Maschinenbau:* im Zylinder der Kolbenmaschinen oszillierendes (Hubkolbenmaschinen) oder sich drehendes (Kreiskolbenmaschinen) Bauteil, das die Volumenveränderung des Arbeitsraums bewirkt. Bei den Kolbenkraftmaschinen (Verbrennungsmotor, Dampfmaschine u. a.) wird vom Gas oder Dampf bei der Expansion Arbeit am Kolben geleistet und die Kraft des Arbeitsmediums auf das Pleuel übertragen und in Bewegungsenergie umgewandelt. Im Gegensatz dazu leistet der Kolben beim Verdichter oder bei der Pumpe (Kolbenarbeitsmaschinen) Arbeit am Gas oder einer Flüssigkeit. Scheibenkolben sind meist an der Kolbenstange starr befestigt, die mittels Kreuzkopfs geführt ist, z. B. für Dampfmaschinen. Tauchkolben sind am Pleuel gelenkig befestigt, z. B. bei Verbrennungskraftmaschinen und Pumpen (ohne Kolbenringe als Plungerkolben).

Kolbenmaschinen, Maschinen, die mittels volumenveränderlicher Räume Gase oder Flüssigkeiten ansaugen, verdichten (bei Gasen) und ausschieben. Die Volumenänderung erfolgt durch →Kolben.

Kolibakteri|um, Escherichia coli, zur Gattung Escherichia gehörendes gramnegatives (→Gramfärbung), bewegliches, sporenloses Stäbchen. Die Kolibakterien gehören zur normalen Darmflora; es kommen auch pathogene Vertreter (Krankheitserreger) vor, die z. B. Enteritis, Eiterungen u. a. auslösen; Indikator für Fäkalverunreinigungen von Trinkwasser (Kolititer) und Nahrungsmitteln. Zu den Kolibakterien gehören die **Ehec-Bakterien** (enterhämorrhagische Escherichia coli) die bei Kindern und Säuglingen ein hämolytisch-urämisches Syndrom (HUS) hervorrufen können, bei dem es zu Ödembildungen, Nierenversagen und Schäden an Herzmuskel und Blutgefäßen im Gehirn kommt. Ehec-Bakterien werden über Rohmilch, unzureichend gegartes Rindfleisch oder durch Schmierinfektion übertragen.

Kolibris [karibisch »leuchtende Fläche«], **Trochilidae,** Familie meist farbenprächtiger Vögel Amerikas mit nur zum Sitzen geeigneten Füßen und zum Teil an die Nektarentnahme aus Blütenröhren (gleichzeitig Blütenbestäubung) angepassten Schnäbeln; z. B. Helmkolibri (Oxypogon guerinii), Adlerkolibri (Eutoxeres aquila), Topaskolibri (Topaza pella). Kolibris können mit den Flügeln sehr schnell schlagen (bis 80 Schläge pro Sekunde) und im Schwirrflug sowohl vor- wie rückwärts, auf- und abwärts fliegen und auch an einer Stelle verharren. Zu den Kolibris gehören die kleinsten Vögel, wie etwa die **Bienenelfe** (Calypte helenae) auf Kuba, die 2 g wiegt und die 6 cm lange **Hummelelfe** (Acestrura bombus) aus Ecuador.

3046

Kolben 2). Maßkolben

100674

Kolibris. Rubinkehlkolibri

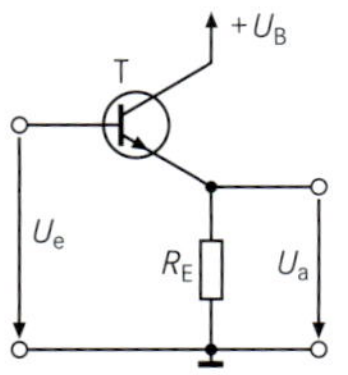

Kollektorschaltung. Emitterfolger mit einem npn-Transistor; U_e Eingangsspannung, U_a Ausgangsspannung, U_B Betriebsspannung, R_E Emitterwiderstand

Kollagene [griechisch], langfaserige, hochmolekulare Skleroproteine des Stütz- und Bindegewebes (Haut, Knorpel, Sehnen, Knochen), die bis zu 25% des Gesamtproteins des menschlichen und tierischen Körpers ausmachen; Ausgangsstoff für Leim und Gelatine.

Kollektivmodell, →Kernmodelle.

Kollektor [lateinisch] *der,* **1)** *Elektronik:* Elektrode eines →Bipolartransistors (mitunter auch als Kollektoranschluss oder Kollektorelektrode bezeichnet).

2) *Elektrotechnik:* der →Kommutator.

3) *Optik:* optisches Element, dem eine abbildende beziehungsweise fokussierende Funktion zukommt; v.a. bei der Mikroskopbeleuchtung als Sammellinse verwendet.

4) *Technik:* →Solarkollektor.

Kollektorschaltung, eine der drei Grundschaltungen des Bipolartransistors mit dem Kollektor als gemeinsamer Bezugselektrode für Eingang und Ausgang der Schaltung. Die Kollektorschaltung besitzt einen sehr großen Eingangswiderstand und einen sehr kleinen Ausgangswiderstand, hohe Stromverstärkung und eine Spannungsverstärkung von ungefähr 1. Da das Emitterpotenzial dem Basispotenzial nachfolgt, wird die Kollektorschaltung auch als **Emitterfolger** bezeichnet.

Kollenchym [griechisch] *das,* dehnungs- und wachstumsfähiges pflanzliches Festigungsgewebe aus lebenden Zellen, deren Wände teilweise verdickt sind.

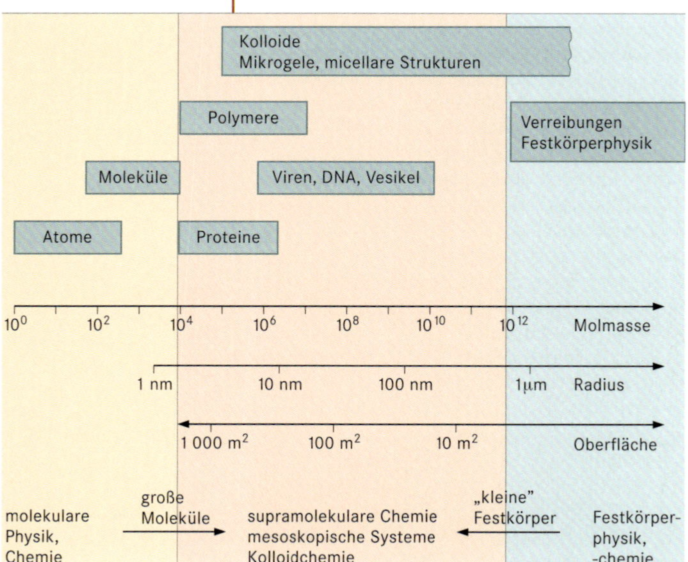

Kolloide. Einordnung der Kolloide in die Größenklassen von Chemie und Physik

kolligative Eigenschaften, Stoffeigenschaften (besonders von Lösungsmitteln in einer Lösung), die durch die Zahl, nicht aber die Natur der gelösten Moleküle festgelegt werden, wie Dampfdruck(erniedrigung), Siedepunkt(erhöhung), Gefrierpunkt(erniedrigung) und osmotischer Druck. Mittels der kolligativen Eigenschaften lässt sich die Molmasse der gelösten Substanz bestimmen. Gegensatz: konstitutive Eigenschaften.

Kollimator [lateinisch] *der,* Gerät zur Erzeugung paralleler Strahlen. Bei Licht oder Teilchenstrahlung nicht zu hoher Energie wird die Strahlungsquelle oder eine als solche wirkende enge Blende (Spalt, Lochblende) in den Brennpunkt einer optischen beziehungsweise elektronenoptischen Sammellinse gebracht, die sie ins Unendliche abbildet, sodass die Strahlen das Objektiv parallel verlassen. In der Optik werden Kollimatoren in Spektralapparaten und für Justierzwecke in Verbindung mit Zielfernrohren benutzt. Bei Röntgen- und energiereicher Teilchenstrahlung, für die es keine Linsensysteme gibt, werden durch hintereinander koaxial aufgestellte Blenden die divergenten Strahlenanteile absorbiert, was zu starken Intensitätsverlusten führt.

Kolloide [griechisch-lateinisch], **kolloiddisperse** oder **kolloidale Systeme,** fein verteilte Stoffe, →Dispersionen mit einem Teilchendurchmesser von 10^{-4} bis 10^{-7} cm oder 1 000 bis 1 nm). Sie bestehen aus 10^3 bis 10^{12} Atomen (den Übergang von Atomen zu Kolloiden bilden **Cluster**), die sich zu Kolloiden zusammenlagern. Der Teilchendurchmesser von Kolloiden ist geringer als der von makroskopischen Teilchen, aber größer als der Durchmesser von einzelnen Atomen oder Molekülen, d.h., Kolloide sind mit bloßem Auge nicht sichtbar, aber andererseits bedeutend größer als die atomare Dimension. Kolloidteilchen sind unter dem Lichtmikroskop nicht zu sehen und werden von Papierfiltern nicht zurückgehalten; sie streuen jedoch das Licht (→Tyndall-Effekt) und lassen sich durch Ultrafiltration vom Dispersionsmittel abtrennen. Bei genügender Größe können kolloidal verteilte Stoffe mit einem Ultra- oder Elektronenmikroskop direkt beobachtet werden; zur indirekten Analyse dienen v.a. Streulicht-, Sedimentations- und osmotische Messungen. Mit der Rasterkraft- sowie Elektronenmikroskopie stehen heute auch Methoden zur Verfügung, um besonders fein verteilte Kolloide zu bestimmen. Größe, Masse, Anzahl sowie chemische Zusammensetzung der Teilchen werden auch mit laserinduzierten Verfahren ermittelt.

Dispersionsmittel und disperse Phase können in Kolloiden fest, flüssig oder gasförmig sein. Ist die disperse Phase relativ frei beweglich, so spricht man von einem **Sol,** sind die einzelnen Teilchen dagegen netzartig miteinander verbunden und daher nur schwer gegeneinander zu verschieben, so liegt ein **Gel** vor. Übergänge zwischen den beiden Zuständen verlaufen in manchen Fällen reversibel (z.B. Abkühlen oder Erhitzen von Sülze), in anderen lässt sich eine Gelierung nicht mehr ohne weiteres rückgängig machen (z.B. Vernetzung von Polymeren, Koagulation).

Dispersionskolloide entstehen durch geeignete Zerteilung (Kolloidenmühle, elektrische Zerstäubung, chemische Fällung) der zu dispergierenden Substanzen. Diese Kolloide sind instabil und werden nur durch Solvatation, gleichsinnige elektrische Aufladung oder **Schutzkolloide** (z. B. ein geeignetes Molekülkolloid oder Assoziationskolloid) daran gehindert, in echte Lösungen überzugehen. **Assoziationskolloide** entstehen durch Zusammenlagern von Molekülen zu größeren Aggregaten **(Micellen)**; das Auftreten derartiger Molekülklumpen stellt häufig eine Folge großer Polaritätsunterschiede innerhalb des assoziierenden Teilchens dar. **Molekülkolloide** sind in ihrer Größe bereits durch ihre makromolekulare Struktur (→Makromoleküle) weitgehend festgelegt, z. B. Proteine, Polysaccharide, Kautschuk.

Kolloide sind von großer praktischer Bedeutung (Emulgatoren, Waschmittel, Polymere, Katalysatoren, Farbstoffe, fotografische Schichten u. a.). In der Biologie und Medizin spielen sie eine entscheidende Rolle, da sich alle Lebensvorgänge in der kolloiden Phase abspielen. Begründer der **Kolloidchemie** war der britische Chemiker T. Graham.

Kolonie, *Biologie:* die Vergesellschaftung von Einzelorganismen der gleichen Art zu einer Lebensform höherer Ordnung unter teilweiser oder völliger Aufgabe der Individualität (z. B. Korallenstock). Als Kolonie bezeichnet man auch die zeitlich begrenzten Ansammlungen von Vögeln zur Brut und Aufzucht der Nachkommen **(Brutkolonie)**, ferner manche Familienstaaten von Insekten, z. B. von Ameisen.

Kolonne, *chemische Technik:* turm- oder säulenförmiger technischer Apparat zur Trennung von Stoffgemischen bei der Destillation, Extraktion, Absorption oder Adsorption. Um einen intensiven Kontakt der beteiligten Phasen zu ermöglichen (z. B. Dampf und Flüssigkeit bei der Destillation), sind Kolonnen mit Einbauten versehen. *Siebböden* enthalten für den Dampfdurchtritt viele kleine Bohrungen. *Glockenböden* sind mit Kaminen ausgestattet.

Kolorimetrie, *Chemie:* Verfahren der analytischen Chemie zur Konzentrationsbestimmung von farbigen gelösten Stoffen durch Vergleich der Absorption oder Extinktion von Licht beim Durchtritt durch die zu analysierende Lösung zur Absorption (Extinktion) einer gleichartigen Lösung bekannter Konzentration. Der Vergleich ist mit visuellen (z. B. Eintauchkolorimeter) Methoden möglich, wird aber heute in der Regel mit lichtelektrischen (fotometrischen) Messungen durchgeführt, wobei nicht immer streng zwischen Kolorimetrie und →Fotometrie unterschieden wird.

Kolostrum [lateinisch] *das,* **Erstmilch, Vormilch,** vor und in den ersten Tagen nach der Geburt abgesonderte Milch; unterscheidet

Kolloide: Einteilung kolloidaler Systeme nach dem Aggregatzustand der beteiligten Stoffe

Bezeichnung	Kolloid	Dispersionsmittel	Beispiele
festes Sol	fest	fest	blaues Steinsalz, Goldrubinglas
Suspension	fest	flüssig	Kolloide (z. B. Tonminerale) in Gewässern
festes Aerosol	fest	gasförmig	Tabakrauch, Staub
feste Emulsion	flüssig	fest	Milchquarz, Opal, Perlen
Emulsion	flüssig	flüssig	Milch, Mayonnaise, Butter
flüssiges Aerosol	flüssig	gasförmig	Nebel, Haarspray
fester Schaum	gasförmig	fest	Bimsstein, Styropor
flüssiger Schaum	gasförmig	flüssig	Seifenschaum, Flotation

sich von der normalen Muttermilch durch höheren Gehalt an Proteinen und Vitaminen. Bei Säugetieren auch **Biestmilch** genannt.

Koma, ein →Abbildungsfehler.

kombinierter Verkehr, kombinierter Ladungsverkehr, Abkürzung **KV,** Güterverkehrsart, bei der innerhalb einer Transportkette das Transportgefäß bei Wechsel des Transportmittels (z. B. vom Schiff auf die Bahn, von der Bahn auf Lkw) beibehalten wird. Als Transportgefäße dienen Container, Großpaletten, auswechselbare Sattelauflieger oder ganze Transportfahrzeuge. Neben diesem unbegleiteten KV besteht noch in geringerem Umfang der von den Fahrern begleitete **Huckepackverkehr (rollende Landstraße)**, allerdings fast nur noch auf Engpassstrecken wie über die Alpen, über Meerengen (Kanaltunnel) oder bei mangelhafter Straßeninfrastruktur.

4505

kombinierter Verkehr. Ein Sattelanhänger (Trailer) wird am Gleisanschluss auf das Eisenbahndrehgestell geschoben; das Straßenlaufwerk wird auf der Bahnfahrt mitgeführt.

Kommensalismus [lateinisch] *der,* Zusammenleben zweier Organismen verschiedener Arten, wobei sich der eine **(Kommensale)** vom Nahrungsüberschuss des anderen ernährt, seinen Wirt aber nicht oder nur unwesentlich schädigt.

kommensurable Observable, *Quantentheorie:* ein Paar von Observablen, für das keine →Unschärferelation gilt, das heißt, das prinzipiell gleichzeitig genau gemessen werden kann.

kommunizierende Röhren, oben offene, unten miteinander verbundene, mit Flüssigkeit gefüllte Röhren oder Gefäße. Eine Flüssig-

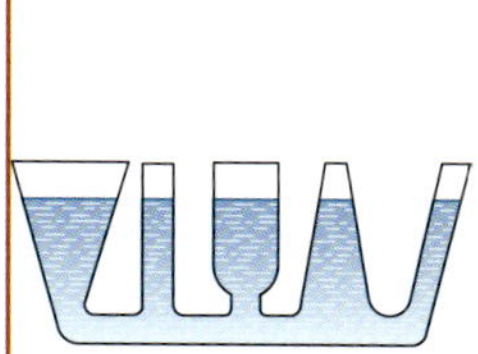

kommunizierende Röhren

keit steht unabhängig von der Gefäßform überall gleich hoch (Abweichungen können eine Folge der →Kapillarität sein). Auf dieser Erscheinung beruhen z.B. Wasserstandsmesser und artesische →Brunnen.

Kommutator [lateinisch commutare »verändern«, »(aus)tauschen«] *der,* **1)** *Elektrotechnik:* **Kollektor**, auf der Welle eines →Universalmotors aufgebrachter Ring von gegeneinander isolierten Kupferlamellen, auf dem Bürsten aufliegen, um den Stromkontakt zwischen Stator und Rotor sicherzustellen. – Bei Gleichstrommaschinen bilden Lamellen und Bürsten einen Schalter, der bei Drehung des Ankers die Richtung des Stromes zweier benachbarter Ankerspulen umkehrt (Kommutierung). Der Kommutator heißt daher auch **Strom-** oder **Polwender.** Bei **Drehstrom-Kommutatormaschinen** bilden Lamellen und Bürsten einen mechanischen Frequenzwandler, der die Netz- in die Ankerfrequenz umwandelt. Drehstrom-Kommutatormaschinen können daher grundsätzlich mit Strömen beliebiger Frequenz betrieben werden.

2) *Physik:* die aus zwei Operatoren F und G gebildete Größe $[F, G] = FG - GF$; gibt insbesondere in der Quantentheorie die Vertauschungsrelation zweier im Allgemeinen nicht vertauschbarer Größen an.

Komparator [lateinisch] *der,* **1)** *Elektronik:* Schaltungsanordnung zum Vergleich zweier Größen. Komparatoren bestehen meist aus einem →Operationsverstärker mit nichtlinearen Gliedern zur symmetrischen Begrenzung der Ausgangsgröße in der Rückführung.

2) *Messtechnik:* Vorrichtung zur genauen →Längenmessung, z.B. mechanisch-optisch durch Vergleich eines Prüflings mit einem Normal (Strichmaßstab). Der Komparator besteht dann aus zwei vertikal gerichteten, starr miteinander verbundenen Messmikroskopen und einem in einer Richtung verschiebbaren Aufnahmetisch (Schlitten). Prüfling und Normal liegen entweder parallel nebeneinander oder fluchtend hintereinander; der Mikroskopträger oder der Schlitten wird beim **Transversalkomparator** senkrecht zur Längsrichtung des Normals verschoben, beim **Longitudinalkomparator** in Längsrichtung. **Interferenzkomparatoren,** deren Aufbau sich vom Michelson-Interferometer ableitet, nutzen die Interferenz von Lichtstrahlen v.a. zum Ausmessen und Vergleichen der Länge von Endmaßen.

Kompartiment [lateinisch] *das, Zellbiologie:* durch eine einfache Elementarmembran oder durch Doppelmembran abgegrenzter Bezirk oder Reaktionsraum in einer Zelle. Die Membranen können Barrieren für bestimmte Substanzen sein. Größere Kompartimente mit besonderen Funktionen heißen →Zellorganellen.

100264

Kompass. Taschenkompass

Kompass [italienisch, zu compassare »ringsum abschreiten«, »abmessen«] *der,* Instrument zur Bestimmung der Himmelsrichtung, wobei v.a. Magnetkompasse und Kreiselkompasse von Bedeutung sind. Der **Magnetkompass** beruht auf der vom →Erdmagnetismus ausgehenden, auf einen Magneten ausgeübten Richtkraft, die die Magnetnadel fast überall auf der Erde (ausgenommen sind die Polargebiete) in den magnetischen Meridian, das heißt in die magnetische Nord-Süd-Richtung, einstellt. Da die magnetischen Pole nicht mit den geografischen Polen übereinstimmen, zeigen Kompasse eine örtlich verschiedene Abweichung von der Nord-Süd-Richtung, die Missweisung (→Deklination). Mit dem Aufkommen der modernen Navigationsgeräte (GPS) ist die Bedeutung der Magnetkompasse gesunken. Infolge der unbekannten magnetischen Störungen, die im Fahrzeug und im Erdmagnetfeld auftauchen können, sind die Fehler von Magnetkompassen so groß, dass diese oft nicht mehr als primäres Navigationsgerät infrage kommen, sondern nur noch (wegen ihrer hohen Ausfallsicherheit) als Reservegeräte.

Der **Kreiselkompass** nutzt die Erdrotation zum Aufsuchen der Nordrichtung. Ein mit etwa 20000 U/min rotierender axialsymmetrischer Kreiselkörper ist so aufgehängt, dass seine Drehachse in die Horizontalebene gezwungen wird. Aufgrund der Kreiselgesetze versucht die Drehachse, sich parallel zur Erdrotationsachse zu stellen. Während die Horizontalebene infolge der Erddrehung ihre Lage im Raum verändert, sucht der Kreisel die Lage seiner Drehachse beizubehalten; da aber die Drehachse z.B. durch ein Pendelgewicht in der Horizontalebene gehalten wird, kann sie sich nur in Richtung des geografischen Meridians (Längenkreis) einstellen. Der Kreiselkompass ist im Gegensatz zum Magnetkompass vom Magnetfeld der Erde unabhängig. Seine einwandfreie Funktion wird oft mit einem Magnetkompass kontrolliert.

Elektronische Kompasse werden oft in Kombination mit einer Multifunktionsarmbanduhr oder einem GPS-Gerät vertrieben. Sie sind mit magnetresistenten Bauteilen ausgestattet (z.B. mit der Nickel-Eisen-Legierung Permalloy®). Zwei um 90° versetzt montierte Teile ändern ihren elektrischen Widerstand abhängig von Richtung und Stärke eines Magnetfeldes, woraus ein Mikroprozessor die Himmelsrichtung errechnet und über Zeiger oder digital anzeigt.

Kompassori|entierung, die Fähigkeit von Organismen, durch Orientierung z.B. nach dem Stand von Sonne, Mond oder den Sternen beziehungsweise dem Magnetfeld der Erde eine bestimmte Richtung einzuschlagen. Am weitesten verbreitet ist im Tierreich die Sonnenkompassorientierung (z.B. Fische, Amphibien, Reptilien, Vögel, manche Säugetiere).

Kompasspflanzen, Pflanzen, die ihre Blattspreite zum Schutz gegen zu starke Erwärmung oder Verdunstung (fast) senkrecht zu den einfallenden Sonnenstrahlen stellen (Profilstellung), z. B. der Kompasslattich.

Kompensationsmethode, *Messtechnik:* Messverfahren, bei dem einer zu messenden Größe eine gleich große, aber entgegengerichtete Hilfsgröße überlagert wird. Die entgegengerichtete Größe wird einer Hilfsenergiequelle entnommen, deren Einstellstufen das Auflösungsvermögen der Messanordnung bestimmen. Die Gleichheit der beiden Größen **(Nullabgleich)** wird durch Nullanzeige eines hoch empfindlichen Messgeräts **(Nullinstrument)** angezeigt. Im abgeglichenen Zustand wird der Messgröße keine Energie entzogen. Die Kompensationsmethode wird v. a. in der Strom- und Spannungsmesstechnik angewendet. Mit der Entwicklung sehr genauer und sehr hochohmiger elektronischer Messgeräte (z. B. Digitalvoltmeter) sinkt jedoch ihre Bedeutung.

Kompensator [lateinisch], *Elektrotechnik:* auf der →Kompensationsmethode beruhendes Messgerät zur Spannungsbestimmung (v. a. Gleichspannung).

Komplementärfarben, Ergänzungsfarben, zwei Farben, deren additive Farbmischung Weiß ergibt.

Komplementarität *die, Physik:* von N. Bohr 1928 in die Quantenmechanik eingeführtes Prinzip zur Charakterisierung sich in einem Experiment gegenseitig ausschließender (komplementärer) physikalischer Größen wie Ort und Impuls (heisenbergsche →Unschärferelation) und Erscheinungsformen mikrophysikalischer Systeme (Lichtquanten, Elementarteilchen), z. B. der →Dualismus von Welle und Teilchen. Die Komplementarität ergibt sich aus der Notwendigkeit, zur Beschreibung mikrophysikalischer Systeme in der klassischen Physik gebildete und nicht miteinander zu vereinbarende Begriffe heranziehen zu müssen.

Komplex, Komplexverbindungen, *Chemie:* Verbindungen höherer Ordnung, die durch Zusammenschluss von Molekülen entstehen, im Gegensatz zu Verbindungen 1. Ordnung, die aus Atomen gebildet werden. Komplexe sind die anorganischen und metallorganischen →Koordinationsverbindungen sowie (im eigentlichen Sinn) die zahlreichen organischen Molekülverbindungen, u. a. Charge-Transfer-Komplexe, Chelate und Sandwichverbindungen. Vielfach werden die Begriffe Komplex und Koordinationsverbindungen gleichgesetzt. Mit der Darstellung und Untersuchung von Komplexen befasst sich die **Komplexchemie.**

Komplexbildner, chemische Verbindungen, die zur Bildung von Komplexverbindungen (im engeren Sinn von →Chelaten) befähigt sind. Als Bestandteile von Waschmitteln verhindern Komplexbildner z. B. die Kalkabscheidung an Waschmaschinenteilen und auf der Wäsche.

komplexe Systeme, Bezeichnung für eine nicht präzise abgegrenzte Klasse **dynamischer Systeme,** das heißt mathematischer Modelle zeitabhängiger Prozesse. Komplexe Systeme sind dynamische Systeme, deren langfristiges Verhalten entweder extrem stark von den Anfangsbedingungen abhängt (z. B. chaotisch ist), oder bei denen es Singularitäten gibt beziehungsweise Katastrophen eintreten können.

Komplexometrie [lateinisch-griechisch] *die,* Verfahren der Maßanalyse, bei der das zu bestimmende Ion mit einem Komplexbildner zu einem Chelatkomplex titriert wird. Die Endpunktbestimmung wird mithilfe von Farbindikatoren durchgeführt.

Komplexverbindungen, *Chemie:* →Komplex.

Kompositen [lateinisch], die Pflanzenfamilie der →Korbblütler.

Kompost. Komposthaufen im Garten eines Privathauses

Kompost [französisch aus mittellateinisch] *der,* aus tierischen und pflanzlichen Abfällen (z. B. Kleintiermist, Laub, Gemüseabfälle) erzeugtes Verrottungsprodukt. Die Abfälle werden einer aeroben (mit ausreichender Luftzufuhr erfolgenden) Umsetzung überlassen. Dabei werden die organischen Substanzen weitgehend ab- und umgebaut und mit Humin- und Nährstoffen angereicherte Endprodukte erzielt. Nach wenigen Monaten ist die Rotte so weit fortgeschritten, dass der Kompost umgesetzt werden kann; nach etwa zwei Jahren ist der Kompost genügend gesetzt, um als krümeliges Bodenverbesserungsmittel im Gartenbau verwendet zu werden.

Kompostierung, steuerbarer Prozess, bei dem organische Substanzen, wie Biomüll, Garten- und Parkabfälle, durch Einwirkung von Mikroorganismen unter Luftzufuhr in feuchtem Milieu abgebaut und zu einem Humusprodukt, dem Kompost, umgewandelt werden. Für die Kompostierung in größeren technischen Anlagen mit jährlichen Verarbeitungskapazitäten zwischen 2 000 und 80 000 t sind verschiedene Kompostierungsverfahren erprobt und verfügbar.

Kompostierung. Wendemaschine in einem Kompostwerk

Kompressibilität [lateinisch] *die,* Formelzeichen κ, SI-Einheit ist Pa^{-1}; Eigenschaft der Körper, unter allseitigem Druck ihr Volumen zu verkleinern; gemessen durch den negativen Quotienten, der aus der relativen Volumenänderung und der Druckänderung gebildet wird. Für feste Körper und Flüssigkeiten ist die Kompressibilität sehr klein, während sie für Gase sehr große Werte annimmt.

Kompression [lateinisch] *die, Physik, Technik:* →Verdichtung.

Kompressionsmodul, bei der elastischen Kompression von Festkörpern der Kehrwert der →Kompressibilität.

Kompressor *der, Technik:* ein →Verdichter.

Kondensanz [lateinisch] *die,* der →kapazitive Blindwiderstand.

Kondensation [lateinisch] *die,* **1)** *Chemie:* Reaktion, bei der durch Vereinigung von zwei Molekülen unter Austritt von einfachen Molekülen wie Wasser oder Alkoholen ein größeres Molekül gebildet wird. Wiederholte Kondensation unter Bildung von Molekülketten wird als **Polykondensation** bezeichnet und spielt bei der Herstellung von Kunststoffen eine große Rolle.

2) *Physik:* der Übergang eines Stoffes aus dem gasförmigen in den flüssigen oder (bei sublimierenden Stoffen) in den festen Zustand beim Überschreiten der Sättigungsdichte seines Dampfes infolge Abkühlung oder Druckerhöhung. Die bei der Kondensation entstehende Flüssigkeit heißt **Kondensat.** Die frei werdende Wärme, die **Kondensationsenthalpie** (früher **Kondensationswärme**), ist gleich der Verdampfungs- oder Sublimationswärme, die Temperatur, bei der die gasförmige und die flüssige oder feste Phase im Gleichgewicht stehen **(Kondensationstemperatur, Kondensationspunkt),** stimmt bei konstantem Druck mit der Siedetemperatur überein. Ist keine entsprechende flüssige oder feste Phase vorhanden, so kann **Kondensationsverzug** auftreten, dem man durch Zuführen von kleinen Fremdkörpern (Staub, Ionen u. a.), so genannten **Kondensationskernen,** entgegenwirken kann.

Kondensator *der,* **1)** *Elektrotechnik:* Bauelement zum (kurzzeitigen) Speichern von elektrischer Ladung beziehungsweise Energie. Kondensatoren bestehen in ihrer Grundform aus zwei durch ein →Dielektrikum (z. B. Luft, Glimmer, Keramik) voneinander getrennten, meist flächenhaften metallischen Leitern; sie werden durch die in Farad (F) angegebene elektrische →Kapazität C gekennzeichnet. Bei Anlegen einer Gleichspannung U zwischen den Leitern wird auf diesen jeweils eine entgegengesetzt gleich große elektrische Ladung vom Betrag $Q = C \cdot U$ gespeichert. Jeder Kondensator wirkt gegenüber Gleichstrom wie ein unendlich großer Widerstand, das heißt, er unterbricht einen Gleichstromkreis praktisch vollständig. Bei Anlegen einer Wechselspannung fließt jedoch ein Verschiebungsstrom durch das Dielektrikum, der Kondensator hat einen endlichen kapazitiven →Wechselstromwiderstand, dessen Größe mit wachsender Frequenz abnimmt.

■ **Bauformen** Je nach geometrischer Anordnung der Leiter unterscheidet man u. a. Platten-, Kugel- und Zylinderkondensatoren. Die Kapazität eines **Plattenkondensators,** der aus zwei gleich großen Metallplatten (Fläche A, Plattenabstand d) besteht, ist $C = \varepsilon_0 \varepsilon_r A / d$ (ε_r relative →Dielektrizitätskonstante des Dielektrums, ε_0 elektrische Feldkonstante). Zwischen beiden Platten bildet sich ein homogenes elektrisches Feld aus, in dem die Feldlinien senkrecht zu den Platten verlaufen.

Drehkondensatoren (eine Sonderform des **Plattenkondensators**) besitzen eine einstellbare Kapazität aufgrund der variablen Anordnung der Metallplatten. **Papierkondensatoren** mit imprägniertem Papier (Kondensatorpapier) oder **Kunststoffkondensatoren (Folienkondensatoren)** mit einer Kunststofffolie als Dielektrikum, z. B. aus Polypropylen, Polystyrol, Polyester, werden, um eine große Kapazität zu erreichen, mit zwei dünnen Metallfolien aufgewickelt und in Becher oder Rohre eingesetzt, die mit Wachs, Öl oder Kunstharz vergossen sind. Zur Verringerung des Volumens kann der Metallbelag als dünne Schicht auf das Dielektrikum aufgebracht werden **(Metallpapierkondensator).** Im **Keramikkondensator** wird als Dielektrikum eine keramische Masse (z. B. Bariumtitanat) mit hoher

Dielektrizitätskonstante verwendet, auf die der Elektrodenwerkstoff aufgedampft und anschließend aufgebrannt wird (Ausführung z.B. als Keramik-Flachkondensator oder Keramik-Scheibenkondensator). Die Wirkungsweise des **Elektrolytkondensators** (kurz »Elko«) beruht darauf, dass manche Metalle, z.B. Aluminium, Titan, Tantal, als Anode in einer Säurelösung beim Anlegen einer Spannung so oxidiert werden, dass die Oxidschicht isoliert und als Dielektrikum wirkt. Die Dicke des Dielektrikums hängt von der angelegten Spannung (Formierspannung) ab. Für den Kondensator wird ein Elektrolyt verwendet, der die Oxidschicht nicht angreift. Die beiden »Platten« werden durch den Elektrolyten und die Metallanode gebildet. Da die Kapazität dem Plattenabstand umgekehrt proportional ist, erreicht man mit dem Elektrolytkondensator sehr hohe Kapazitäten. Elektrolytkondensatoren mit Tantalanode **(Tantal-Elektrolyt-Kondensator)** besitzen bei sehr kleinem Volumen hohe Kapazitäten. Elektrolytkondensatoren werden mit nassem und mit trockenem Elektrolyt hergestellt. Kondensatoren mit nassem Elektrolyt werden beim Durchschlag nicht unbrauchbar und regenerieren sich selbst.

Kondensatoren dienen v.a. in der Hochfrequenztechnik als Bestandteile von Schwingkreisen sowie zu Trenn-, Koppel-, Entstör- und Glättungszwecken. Als Arbeitskondensatoren finden sie z.B. zur kapazitiven Erwärmung oder Trocknung sowie in der Starkstromtechnik zur Verbesserung des Leistungsfaktors und zur Blindleistungskompensation Anwendung.

2) *Energietechnik:* 1) Vorrichtung in Dampfkraftanlagen zum Niederschlagen (Abscheiden) des austretenden Abdampfs. Im **Oberflächenkondensator** wird der Dampf an von Kühlmittel durchflossenen Rohrleitungen kondensiert; das Kondensat wird zum Speisewasser zurückgeführt. Beim **Einspritzkondensator (Mischkondensator)** für Kolbendampfmaschinen wird der Dampf durch direkt eingespritztes, fein vernebeltes Wasser niedergeschlagen. 2) **Verflüssiger,** ein Wärmetauscher bei Kältemaschinen, in dem der verdichtete Kältemitteldampf unter Wärmeabgabe an Kühlwasser oder Kühlluft verflüssigt wird.

kondensierte Ringe, aus einfachen Ringverbindungen aufgebaute Moleküle (z.B. Anthracen aus Benzol).

Kondenswasser, Flüssigkeit, die sich aus ihrer Dampfphase unterhalb des →Taupunkts durch Kondensation bildet.

Konditionierung [lateinisch] *die, Psychologie:* die (besonders experimentelle) Ausbildung eines bedingten Reflexes; durch wiederholte Koppelung eines ursprünglich neutralen Reizes mit einem reflexauslösenden löst der vorher neutrale Reiz schließlich den Reflex aus.

Konduktanz [lateinisch] *die, Elektrotechnik:* der →Wirkleitwert.

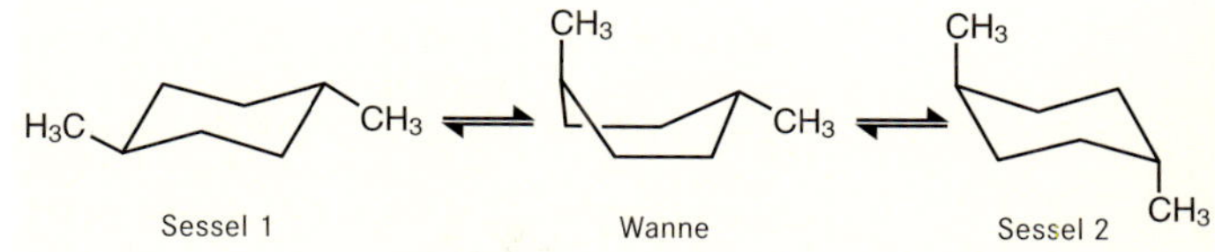

Konformation. Sessel- und die Wannenform des Cyclohexanrings; bei zyklischen Verbindungen führt die Rotation um Einfachbindungen häufig zum »Umklappen« der Struktur.

Konduktometrie [lateinisch] *die,* elektrochemische Analysemethode; sie beruht auf dem Verfolgen chemischer Reaktionsabläufe in Lösungen durch Messen der elektrischen Leitfähigkeit, die sich mit der Konzentration freier Ionen ändert.

Konfiguration, *Chemie:* räumliche Anordnung von Atomen oder Atomgruppen in einem Molekül ohne Berücksichtigung der verschiedenen Atomanordnungen, die sich voneinander nur durch Rotationen um Einfachbindungen unterscheiden.

Konformation [lateinisch] *die,* **Konstellation,** *Chemie:* die räumlichen Anordnungsmöglichkeiten der Atome oder Atomgruppen eines Moleküls, erzeugt durch Rotation um Einfachbindungen. Die Moleküle in den verschiedenen Konformationen werden als **Konformationsisomere (Konformere, Rotationsisomere)** bezeichnet.

Kongorot, Azofarbstoff aus der Gruppe der Benzidinfarbstoffe; dient als Indikator (Umschlag von Rotorange nach Blauviolett bei pH 5,2 bis 3,0).

Konidi|en [griechisch], **Exosporen,** ungeschlechtlich gebildete Verbreitungsorgane niederer Pilze.

Koniferen [lateinisch], →Nadelhölzer.

Königswasser, Mischung von konzentrierter Salz- und Salpetersäure (3 : 1), die infolge Bildung von Nitrosylchlorid, NOCl, und freiem Chlor stark oxidierend wirkt. Königswasser löst fast alle Metalle, auch Gold (»König der Metalle«).

Konimeter [zu griechisch kónis »Staub«] *das,* Messgerät zum Feststellen des Staubgehaltes der Luft. Eine definierte Luftmenge wird über eine Düse an einer drehbaren Objektscheibe vorbeigesaugt, auf der sich der Staub niederschlägt und unter dem Mikroskop auf Anzahl und Größe der Staubteilchen ausgezählt wird.

Konjugation, *Biologie:* Form der geschlechtlichen Fortpflanzung bei Wimpertierchen, wobei sich vorübergehend zwei Partner zusammenlegen und über eine Zytoplasmabrücke Wanderkerne austauschen.

Bei Bakterien werden durch Konjugation über einen fadenförmigen Zellanhang (Sex-Pilus) →Plasmide übertragen.

konjugierte Doppelbindungen, *Chemie:* →Kohlenstoffverbindungen.

konkav [lateinisch], hohl, nach innen gewölbt (z.B. bei →Linsen); Gegensatz: konvex.

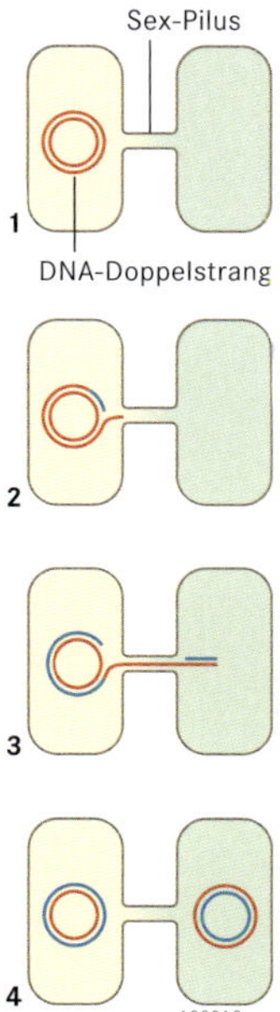

Konjugation. Ablauf einer Bakterien-Konjugation: 1 Bildung eines Sex-Pilus zwischen Donator und Akzeptorzelle, 2 Spaltung der zirkulären Plasmid-DNA durch eine Endonuklease, 3 Eintritt des Einzelstrangs in den Akzeptor, 4 Synthese der komplementären DNA. Die chromosomale DNA der beiden Bakterien wurde aus Übersichtsgründen nicht dargestellt.

konservativ [von lateinisch conservare »bewahren«], *Physik:* Bezeichnung für abgeschlossene mechanische Systeme **(konservative Systeme)**, in denen nur **konservative Kräfte** (→Kraft) wirken und deren Gesamtenergie zeitlich konstant bleibt. Nichtkonservative Systeme, Kräfte u.a. heißen dissipativ.

Konservierung, Haltbarmachung von Gegenständen aller Art, insbesondere von tierischen und pflanzlichen Objekten (z.B. für wissenschaftliche Zwecke), menschlichen Organen u.a., die durch physikalische Prozesse (z.B. Austrocknung, Quellung), chemische Prozesse (v.a. Oxidation), biochemische Prozesse (Enzymreaktionen innerhalb von Geweben) oder durch Mikroorganismen (Schimmel- und Hefepilze, Fäulnisbakterien) vernichtet würden. Allgemein verhindert eine Konservierung den Ablauf von Zerfallsprozessen, die den zu konservierenden Gegenstand in Struktur und/oder Substanz verändern würden.

Konstantan [lateinisch] *das,* Legierung aus 57% Kupfer und 41% Nickel, 1% Eisen und 1% Mangan mit nahezu temperaturunabhängigem ohmschem Widerstand. Verwendung für elektrische Messwiderstände und Thermoelemente.

Konstante [lateinisch] *die, Physik:* die als unveränderbar angesehenen universellen →Naturkonstanten und die nur bei gegebenen Bedingungen unveränderlichen Materialkonstanten (→Stoffkonstanten).

Konstellation, *Chemie:* die →Konformation.

Konstitution, *Chemie:* die Struktur einer chemischen Verbindung, das heißt die für jede Verbindung charakteristische Anordnung der Atome und Atomgruppen im Molekül sowie die zwischen ihnen bestehenden Bindungen.

konstitutive Eigenschaften, Stoffeigenschaften, die durch die Konstitution einer chemischen Verbindung festgelegt werden, u.a. die chemische Reaktivität, aber auch physikalische Eigenschaften wie Refraktion, Dipolmoment u.a.; Gegensatz: kolligative Eigenschaften.

Kontakt [lateinisch] *der,* **1)** *Chemie:* →Katalyse.

2) *Elektrotechnik:* Verbindung elektrisch leitender Teile, durch die absichtlich (z.B. Lichtschalter) oder unabsichtlich (z.B. Kurzschluss) ein elektrischer Stromkreis geschlossen wird. Im weiteren Sinn werden auch die zur Herstellung der Verbindung vorgesehenen Schaltstücke als Kontakt bezeichnet. Der Kontakt kann durch bloße Berührung (z.B. Schleif-, Rollkontakt), durch mechanische Verbindung (Schraub-, Steck-, Feder-, Klemmkontakt) oder durch eine feste materielle Verbindung (Löt-, Schweißkontakt) hergestellt werden. Zu den **Kontaktwerkstoffen** gehören aufgrund ihrer guten elektrischen Leitfähigkeit und Korrosionsbeständigkeit v.a. Gold, Silber und Silberlegierungen.

Kontaktgifte, Berührungsgifte, *Pflanzen-* und *Vorratsschutz:* Bezeichnung für Gifte, die bei Berührung schädigend wirken, z.B. bestimmte Herbizide oder Insektizide.

Kontaktspannung, *Elektrochemie:* die →Berührungsspannung.

Kontaktverfahren, →Schwefelsäure.

Kontamination [lateinisch] *die,* **1)** *Kerntechnik:* eine durch radioaktive Stoffe verursachte Verunreinigung.

2) *Umweltschutz:* die Verschmutzung von Räumen, Gegenständen, Boden, Wasser, Luft, Lebensmitteln u.a. durch →Schadstoffe.

Kontinentalverschiebung, Kontinentaldrift, Bezeichnung für die v.a. von A. Wegener (seit 1912) und dem Amerikaner F. B. Taylor (1910) unabhängig voneinander angenommene, sehr langsame Horizontaldrift (Epeirophorese) der aus relativ leichtem Material aufgebauten Erdkrustenteile, der so genannten Kontinentaltafeln, auf dem schweren plastischen Untergrund, insbesondere das Auseinanderdriften des amerikanischen Doppelkontinents und der Alten Welt (relative Westdrift der Neuen gegenüber der Alten Welt), die zur Entstehung des Atlantischen Ozeans geführt hat, und das Auseinanderstreben von Afrika, Antarktika, Australien und Indien. Die Theorie der Kontinentalverschiebung geht von einem großen Urozean (Urpazifik) und einem großen zusammenhängenden Urkontinent (Pangäa) aus, der bis ins Jungpaläozoikum bestanden haben soll und zunächst in zwei Teile zerbrach, aus denen einerseits Nordamerika und Eurasien und andererseits Südamerika, Afrika, Antarktika, Australien und Indien entstanden, die seitdem in verschiedene Richtungen auseinander beziehungsweise aufeinander zu driften; dabei sollen sich z.B. die Faltengebirge an der Westküste Amerikas durch Stau gebildet und Indien sich auf die eurasische Scholle aufgeschoben haben. Die Ursache für das Zerreißen der Kontinente beziehungsweise Kontinentaltafeln und der Antrieb beziehungsweise der Energielieferant für ihre Driftbewegung, deren Geschwindigkeit einige Zentimeter pro Jahr beträgt, wird allerdings nicht mehr in einer besonderen Polfluchtkraft, in der Gezeitenreibung u.a. gesucht, sondern in der Drift auf Litosphärenplatten und damit in der Öffnung und Erweiterung der Ozeane (→Sea-Floor-Spreading). In den Mittelozean. Rücken quillt Materie des Erdmantels auf, u.a. an den Hot Spots, und erstarrt (unter Ausrichtung ihrer Magnetisierung parallel zum jeweiligen Erdmagnetfeld); auf der dadurch entstehenden Erhöhung gleitet die ozeanische Erdkruste wie auf einer schiefen Ebene ab, wobei sie z.B. Afrika und Südamerika vor sich her schiebt oder an den Rändern des Pazifiks unter die Kontinente geschoben wird. (→Plattentektonik)

Rechte Seite: Das Pantoffeltierchen (Paramecium slipper animalcule) mit kontraktiler Vakuole

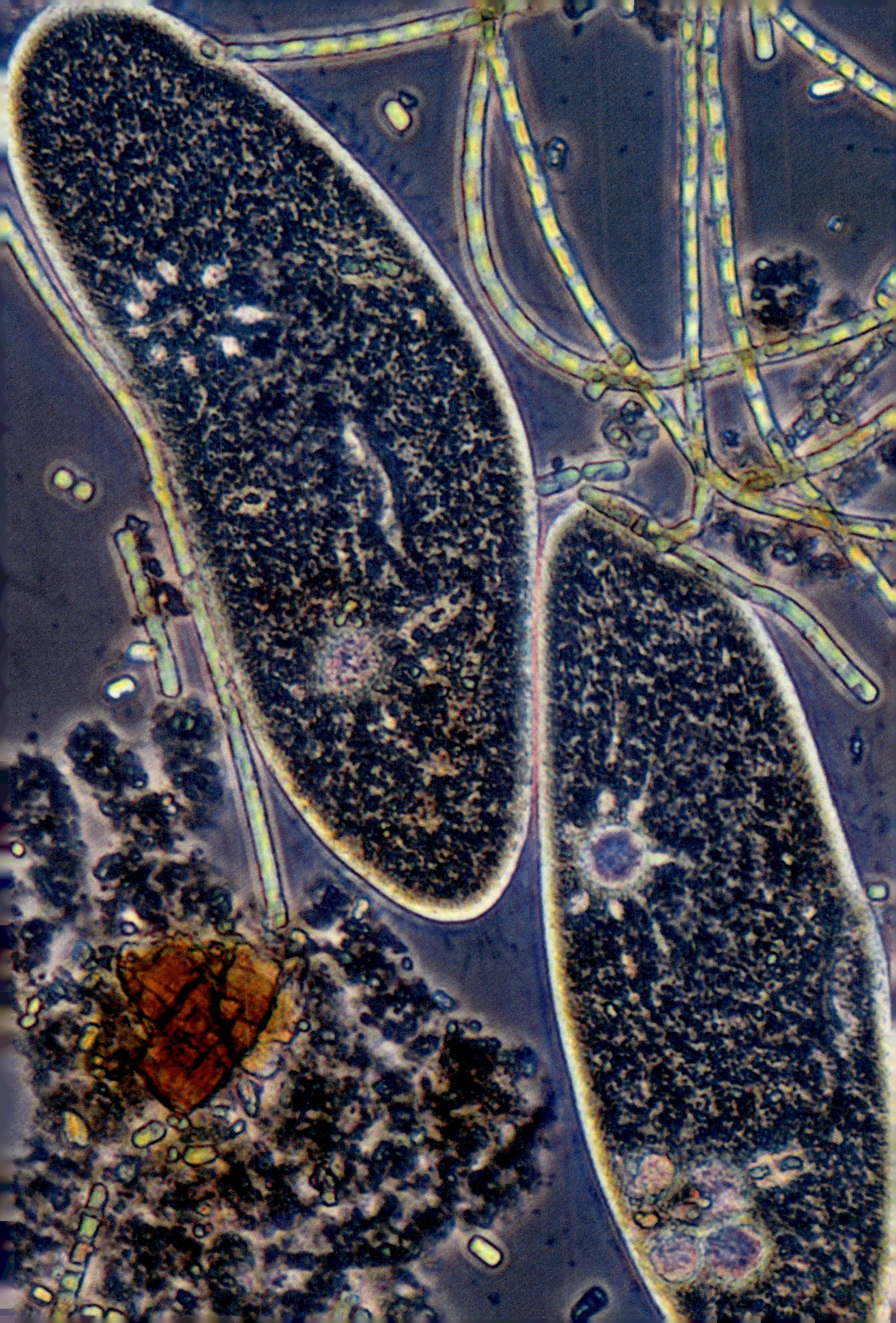

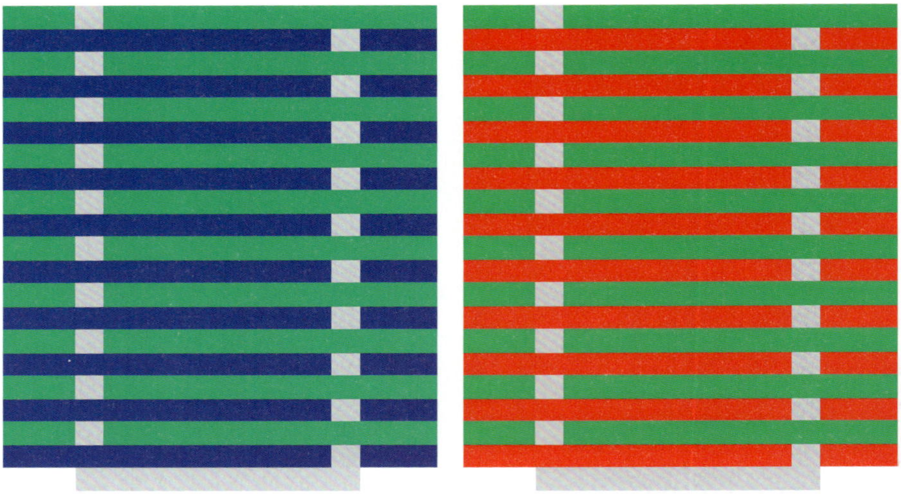

Kontrast. Die durch die bunten Streifen geflochtenen grauen Bänder erscheinen wegen des farbigen Simultankontrasts je nach den benachbarten Farben verschieden gefärbt.

Kontinuitätsgleichung, mathematische Formulierung eines Erhaltungssatzes für eine physikalische Größe. Danach ist die zeitliche Abnahme der betrachteten Größe in einem Volumenelement durch den Strom dieser Größe durch dessen Oberfläche gegeben. Die Kontinuitätsgleichung spielt z. B. in der Hydrodynamik eine Rolle.

Kontinuum [lateinisch] *das, Physik:* der Bereich, innerhalb dessen alle Werte einer physikalischen Größe lückenlos und stetig zusammenhängen. Die Annahme eines Kontinuums stellt häufig eine Idealisierung dar. Trotz Vernachlässigung der atomistischen Struktur der Materie liefert die **Physik der Kontinua** bei makrophysikalischen Anwendungen befriedigende Ergebnisse (z. B. in der Kontinuumsmechanik).

kontraktile Vakuole, pulsierende Vakuole, Organell zur Wasserausscheidung bei vielen im Süßwasser lebenden Einzellern, das sich periodisch mit einem proteinfreien Filtrat des Zytoplasmas füllt. Aus diesem werden die Ionen durch aktiven Transport entfernt und der salzarme Rest durch eine Pore in die Umgebung entleert. – Abb. S. 631

Kontraktion, *Physiologie:* Zusammenziehung, z. B. von Muskeln oder muskulären Hohlorganen.

Kontrast, *Fotografie:* Verhältnis zwischen hellstem und dunkelstem Wert eines Aufnahmeobjekts (Fernsicht ohne Vordergrund 1 : 10; offene Landschaft 1 : 30; Porträt bis 1 : 100; Landschaft mit dunklem Vordergrund etwa 1 : 1 000; Gegenlichtaufnahmen 1 : 10 000 und mehr).

Konvektion [lateinisch »Zusammenbringen«] *die,* **1)** *Meteorologie:* vertikale Luftbewegung, das heißt Aufsteigen erwärmter Luft bei gleichzeitigem Absinken kälterer Luft in der Umgebung.

2) *Physik:* die Mitführung beziehungsweise Übertragung einer physikalischen Eigenschaft oder Größe, wie Wärme (→Wärmeübertragung) oder elektrische Ladung, durch Strömungen in Gasen oder Flüssigkeiten. Die Konvektionsströmung kann als Ausgleichsvorgang von selbst entstehen **(freie Konvektion)** oder z. B. mithilfe von Pumpen erzeugt werden **(erzwungene Konvektion).** – Astrophysikalisch bedeutsam sind die Konvektionsströmungen (Energietransport) im Innern der Sterne, z. B. in der Sonne.

Konvergenz [lateinisch] *die,* **1)** *Biologie:* unter ähnlichen Umweltbedingungen, stammesgeschichtlich aber unabhängig voneinander entstandene weitgehende Ähnlichkeit bestimmter Organismengruppen, z. B. Ähnlichkeit der Körperform von Fischen und wasserlebenden Säugetieren (Delfine, Wale).

2) *Optik:* das Zusammenlaufen von Strahlenbündeln, z. B. paralleler Lichtstrahlen hinter einer Sammellinse.

Konversion [lateinisch] *die, Kerntechnik:* in einem Kernreaktor die Umwandlung von Brutstoffen in Spaltstoffe durch Neutroneneinfang (→Brüten).

Konverter [englisch »Umwandler«] *der,* **1)** *Hüttentechnik:* kippbares, früher birnen- oder tulpenförmiges metallurgisches Frisch-

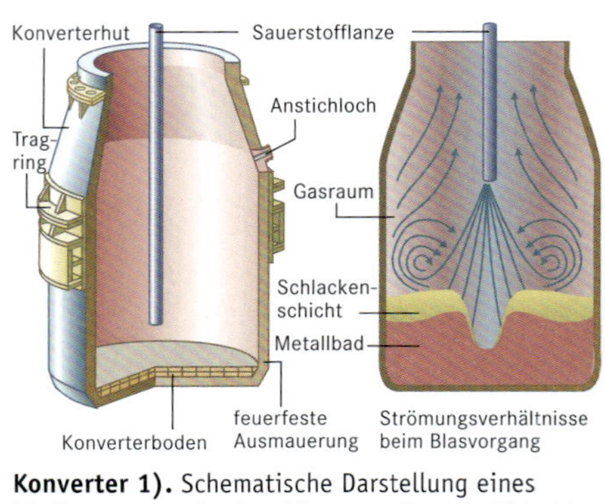

Konverter 1). Schematische Darstellung eines LD-Konverters mit eingeblasenem Sauerstoffstrahl

gefäß mit feuerfester Auskleidung, in dem flüssiges Roheisen, Kupferstein u. a. Legierungen gefrischt werden, um Begleit- oder Verunreinigungselemente (z. B. Kohlenstoff, Silicium, Mangan, Phosphor bei der Stahlerzeugung oder Eisen, Schwefel, Arsen, Zink, Blei und Zinn bei der Kupfergewinnung) so weit wie nötig zu reduzieren. Der zum Frischen notwendige Sauerstoff wird entweder von oben über eine Lanze oder von unten durch einen Düsenboden zugeführt; erste, heute nicht mehr betriebene Konverterverfahren zur Stahlerzeugung sind das Bessemer-Verfahren und das Thomas-Verfahren. Das gegenwärtig bedeutendste Konverterverfahren ist das Linz-Donawitz-Verfahren (LD-Verfahren), bei dem Stahl im LD-Konverter durch Aufblasen von reinem Sauerstoff hergestellt wird.

2) *Kerntechnik:* →Brutreaktor.

Konvẹrterverfahren, das → Blasverfahren.

konvẹx [lateinisch], *Optik:* nach außen gewölbt (z. B. bei →Linsen); Gegensatz: konkav.

Konzentratio̲n, *Chemie:* der Mengenanteil einer bestimmten Komponente in einer Mischphase (Gasgemisch, Lösung, Mischkristall). Größen, die die quantitative Zusammensetzung einer Mischung angeben, heißen **Zusammensetzungsgrößen (Gehaltsgrößen,** früher **Konzentrationsmaße).**

Man unterscheidet **Massenkonzentration** (Partialdichte) m_i / V, **Volumenkonzentration** V_i / V und **Stoffmengenkonzentration** (früher Molarität) $c_i = n_i / V$, wobei m_i, V_i, n_i Masse, Volumen oder Molzahl eines Stoffes i (Stoffmenge) im Volumen V der Mischphase bedeuten. Weitere Stoffmengenkonzentrationen sind die →Äquivalentkonzentration (früher Normalität) und die →Molalität.

Neben diesen Konzentrationsgrößen sind folgende Gehaltsanteile gebräuchlich: **Volumenprozent,** Vol.-% = 100 · (Volumen des Stoffes i / Gesamtvolumen), **Masse(n)prozent** (häufig unkorrekt Gewichtsprozent, Gew.-%, genannt), Massen-% = 100 · (Masse des Stoffes i / Gesamtmasse), **Molprozent,** Mol-% = 100 · Molenbruch = 100 · (Molzahl des Stoffes / Gesamtmolzahl). Ohne den Faktor 100 werden diese Größen als **Volumenmengenanteil, Massenmengenanteil** und **Stoffmengenanteil** (veraltet Molenbruch) beziehungsweise **Stoffmengengehalt** oder **Stoffmengenbruch** bezeichnet. Sehr kleine Konzentrationen werden in →pp-Einheiten angegeben.

konzentrieren, *Chemie:* eine Lösung durch teilweises Abdampfen oder Abdunsten des Lösungsmittels anreichern, eindicken beziehungsweise sättigen.

Ko|ordinatio̲n [lateinisch] *die,* **1)** *Chemie:* in Komplexverbindungen und im Kristallgitter die Anordnung (Struktur und Bindungsverhältnisse) der benachbarten Atome, Ionen und Atomgruppen (Liganden) um das Zentralatom oder -ion.

2) *Physiologie* und *Psychologie:* das vom Zentralnervensystem gesteuerte, den jeweiligen Gegebenheiten angepasste, geordnete und harmonische Zusammenspiel der Skelettmuskeln. Auch das harmonische Zusammenwirken rhythmischer Bewegungsabläufe zweier oder mehrerer zentralnervöser Automatismen, z. B. beim Schreiben oder bei der Bedienung einer Maschine.

Konverter 1). Auf der Konverterbühne eines nach dem Sauerstoffblasverfahren arbeitenden Stahlwerks wird flüssiges Roheisen in den Konverter gefüllt.

Ko|ordinatio̲nsverbindungen, chemische Verbindungen höherer Ordnung, bei denen ein **Zentralatom** von mehreren Atomen, Ionen oder Molekülen, den **Liganden,** umgeben ist. Die Zahl der Liganden **(Koordinationszahl)** ist unabhängig von der Wertigkeit des Zentralatoms und hängt vom verfügbaren Raum ab. Koordinationsverbindungen bilden regelmäßige räumliche Anordnungen, z. B. Tetraeder mit der Koordinationszahl 4. Die aus Zentralatom und Liganden bestehende geschlossene Atomgruppe wird kurz als **Komplex** bezeichnet und bei den Formelzeichen durch eckige Klammern zusammengefasst,

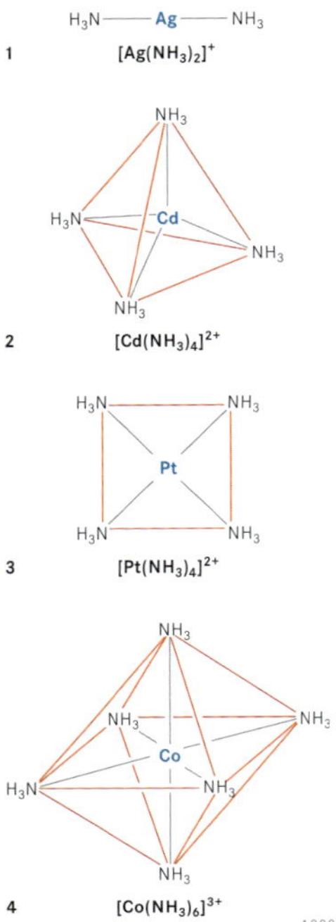

Koordinationsverbindungen. Häufig auftretende Koordinationspolyeder bei Komplexverbindungen; 1 linear, 2 tetraedrisch, 3 quadratisch-planar, 4 oktaedrisch

z. B.: Natriumhexafluoroaluminat (Kryolith), $Na_3[AlF_6]$. Die Koordinationsverbindungen bilden eine große Gruppe der →Komplexe.

Bei den Koordinationsverbindungen handelt es sich meist um Komplexionen, seltener um ungeladene Komplexe. Das Zentralatom (oder -ion) ist häufig ein Schwermetallion (meist ein Übergangsmetall-Kation), kann aber auch ein Nichtmetallatom sein. Es gibt neutrale, anionische und (seltener) kationische Liganden, z. B. Halogenid-, Hydroxid- und Cyanidionen oder Wasser-, Ammoniak- und Kohlenmonoxidmoleküle. Liganden können schwache heteropolare Bindungen (Ion-Ion-Bindung, Ion-Dipol-Bindung) zum Zentralteilchen ausbilden oder durch gemeinsame Elektronenpaare (koordinative chemische Bindung) fester gebunden sein (ältere, aber vielfach gebräuchliche Bezeichnung: **Anlagerungskomplexe** beziehungsweise **Durchdringungskomplexe**). Theoretisch beschrieben werden die Bindungsverhältnisse der Komplexverbindungen heute v. a. mit der →Ligandenfeldtheorie. Koordinationsverbindungen mit so genannten mehrzähnigen Liganden, die mehrere Koordinationsstellen am Zentralteilchen besetzen, heißen →Chelate. Mehrkernige Koordinationsverbindungen enthalten mehrere Zentralatome.

Von besonderer Bedeutung sind heute u. a. Komplexe mit organischen Liganden; viele Spurenelemente sind im Körper als Koordinationsverbindungen an Proteine oder einfachere Ringsysteme gebunden (z. B. Hämoglobin, Chlorophyll). Industriell werden Koordinationsverbindungen zur Bildung gefärbter Komplexe für die Kolorimetrie und Textilfärbung sowie für Wasch- und Reinigungsmittel, Korrosionsschutzmittel, in der Polymerisationstechnik und chemischen Analyse (Komplexometrie) angewendet.

Kopenhagener Deutung [nach der Wirkungsstätte von N. Bohr], die von N. Bohr und W. Heisenberg 1926/27 gegebenen Antworten auf die erkenntnistheoretischen Grundfragen der modernen Quantentheorie (→Quantenmechanik). Die Kopenhagener Deutung interpretiert das Quadrat der →Wellenfunktion eines quantenmechanischen Problems als Wahrscheinlichkeit für sein »potenziell« mögliches Verhalten; erst im Augenblick der Messung wird eine Entscheidung für ein »aktuelles« Verhalten getroffen.

Kopf, Caput, *Anatomie:* beim Menschen und bei den Wirbeltieren, zum Teil auch bei Wirbellosen (Insekten und manche Weichtiere) der vom Rumpf abgesetzte, vordere beziehungsweise obere Körperteil, der Gehirn, Sinnesorgane und den Eingang zu Verdauungs- und Atmungsorganen umschließt. Das Skelett des Kopfes der Wirbeltiere ist der →Schädel. Der Gehirnteil ist von der derben, sehnigen **Kopfschwarte** und der gefäßreichen behaarten **Kopfhaut** bedeckt.

Kopffüßer, Tintenfische, Tintenschnecken, Cephalopoda, höchstentwickelte Weichtierklasse mit etwa 750 marinen, meist räuberisch lebenden Arten, zu der die größten wirbellosen Tiere gehören. Der Körper ist plump, flach gedrückt oder lang gestreckt, die Mantelhöhle mündet mit einem Trichter nach außen. Am Kopf acht (Achtfüßer, →Kraken) oder zehn (Zehnfüßer, →Kalmare) saugnapf- oder hakenbesetzte, äußerst bewegliche Arme zum Ergreifen der Beutetiere und meist hoch entwickelte Linsenaugen, zum Teil sehr groß (bis 40 cm Durchmesser). Kopffüßer schwimmen mit seitlichen Flossen, Flossensäumen oder mittels des Trichters, aus dem das in die Mantelhöhle aufgenommene Wasser mit großer Kraft ausgestoßen wird (Rückstoßprinzip). Dabei kann Tinte (Sepia) abgegeben werden. Kopffüßer sind vielfach zu lebhafter Farbänderung der Haut fähig, tiefseebewohnende Kopffüßer oft mit Leuchtorganen ausgestattet, die Schalen meist innerlich oder reduziert. Kopffüßer sind getrenntgeschlechtig.

Kopfhörer, elektroakustischer Wandler zur Umwandlung tonfrequenter Wechselspannungen oder auch digitalisierter Tonsignale in akustische Schwingungen, die direkt ins Ohr abgestrahlt werden; meist als Doppelkopfhörer ausgeführt und mit einem Bügel versehen.

Kopfwelle, die Stoßfront einer →Druckwelle. (→Mach-Kegel)

Koppelgetriebe, *Maschinenbau:* das →Gelenkgetriebe.

Kopplung, 1) *Elektronik:* die Übertragung von elektrischen Signalen oder Leistungen von einem Stromkreis auf einen anderen. *Erwünschte Kopplungen* werden nach der Art des Koppelglieds unterschieden und v. a. zwischen Verstärkerstufen angewendet. Danach gibt es z. B. **galvanische Kopplung** (Übertragung durch ohmsche Widerstände), **kapazitive Kopplung** (mithilfe von Koppelkondensatoren, meist in Verbindung mit Widerständen)

Kopffüßer. Sepia latimanus

Kopfhörer. Zu einem Handy mit Freisprecheinrichtung gehöriger Kopfhörer

und **induktive Kopplung** (mittels Spulen, meist mit anderen Gliedern kombiniert). *Nicht erwünschte Kopplungen* treten als Ursache für die einseitige oder wechselseitige Beeinflussung von elektrischen Stromkreisen auf. Die Kopplung erfolgt dabei durch elektromagnetische Felder oder durch galvanische Verbindungen. Der Grad der Kopplung kann durch **Kopplungsfaktoren** beschrieben werden. Nicht erwünschte Kopplungen rufen u. a. Störspannungen hervor, die die Arbeitsfähigkeit von Anlagen beeinträchtigen können.

2) *Physik:* die durch eine →Wechselwirkung aufgrund von Energie- und Impulsübertrag vermittelte Verbindung von Systemen oder Systemteilen. Je nach der Stärke der Kopplung können die Teilsysteme als mehr oder weniger unabhängig voneinander angesehen werden. Bei der **elektromagnetischen Kopplung** wird die Energie durch elektromagnetische Felder übertragen, bei der **mechanischen Kopplung** durch mechanische Koppelglieder; z. B. führt die durch eine Feder zwischen zwei Pendeln übertragene Schwingungsenergie zu gekoppelten Schwingungen. Die Stärke der Kopplung wird durch **Kopplungskonstanten** ausgedrückt.

In der *Atomphysik* sind die Kopplungen zwischen den Spins und den Bahndrehimpulsen der Elektronen für die energetischen Verhältnisse in der Atomhülle und damit die →Feinstruktur der Spektrallinien maßgebend. In Festkörpern spielen Kopplung zwischen den verschiedenen Elementaranregungen eine Rolle.

Koprophagen [griechisch], **Kotfresser,** Tiere, die sich von den Exkrementen anderer Tiere (besonders Pflanzenfressern) ernähren; z. B. Fliegenlarven, viele Käfer.

Kopulation *die,* →Begattung.

Korallen [lateinisch], **Korallentiere, Blumentiere, Anthozoen, Anthozoa,** formenreiche Gruppe meeresbewohnender Hohltiere; meist dem Untergrund fest ansitzende Einzeltiere oder Tierstöcke **(Korallenstock);** von Polypengestalt. Vom Mund führt ein Schlundrohr in den weiten Darmraum. Von der Leibeswand springen in regelmäßiger Anordnung Scheidewände **(Septen)** vor, die mehrere taschenartige Räume, die **Radialkammern,** bilden. Die Septen enthalten Verdauungsdrüsen, Nesselfäden und die Geschlechtszellen. Aus der bewimperten Larve geht wieder ein Polyp hervor. Die Korallenstöcke entstehen durch ungeschlechtliche Vermehrung (Knospung); die Einzeltiere bleiben durch Ernährungskanäle in Verbindung. Zahlreiche Korallen scheiden ein chitiniges, hornartiges oder kalkiges Außenskelett ab, das riffbildend sein kann. Nach der Zahl der Arme werden unterschieden: **Hexakorallier** (sechsstrahlige Polypen: Seerosen, Riffkorallen, Dörnchenkorallen, Zylinderrosen, Krustenanemonen) und **Oktokorallier** (achtstrahlige Polypen: Blaukorallen, Rindenkorallen, Seefedern, Weiße Hornkorallen). Zu Letzteren gehört die Gattung **Edelkoralle (Corallium),** bei der um ein strauchförmig verzweigtes, blutrotes, weißes oder schwarzes Kalkskelett ein rindenförmiger lebender Körper mit den weißen Polypenkelchen sitzt. Das Skelett wird zu Schmuck verarbeitet. – Weitere Abb. S. 637

Korbblütler, Korbblütengewächse, Kompositen, Asteraceae, Compositae, eine der größten Pflanzenfamilien (Zweikeimblättrige) mit über 20 000 Arten; meist Kräuter oder Stauden; Blüten in charakteristischen Blütenständen: der gemeinsame Blütenboden trägt meist viele Einzelblüten (Röhren- oder Zungenblüten oder beide Formen zusammen), die von einem gemeinsamen Hüllkelch umgeben sind (Körbchen); Früchte (→Achäne) häufig mit Flugeinrichtungen. Zu den Korbblütlern gehören u. a. zahlreiche Nutzpflanzen (Artischocke, Schwarzwurzel, Sonnenblume), Heilpflanzen (Arnika, Huflattich, Kamille) und Zierpflanzen (Aster, Dahlie, Gerbera, Strohblume). – Abb. S. 636

Korallen. Rote Edelkoralle

Kork [spanisch], **Phellem,** oberflächlich liegendes, meist braunes Schutzgewebe der pflanzlichen Rinde, an Zweigen, Stämmen, Wurzeln, besteht aus lückenlos sich aneinan-

Korbblütler.
Kornblume

Kork.
Korkgewinnung von Korkeichen im Mittelmeerraum

Rechte Seite: Weichkorallen sind Tierkolonien, die aus vielen Einzelpolypen bestehen. Sie besitzen kein festes Kalkskelett, sondern haben meistens als Festigungselemente kleine Kalknadeln (Sklerite) im Körper.

der schließenden Zellen (Korkzellen). Diese sind luftgefüllt und enthalten in ihren Zellwänden einen fettartigen Stoff, das Suberin, das die Wände für Gas und Wasser schwer durchlässig macht. Das Korkgewebe ist für die Pflanze eine Schutzschicht gegen Verdunstung und Infektionen.

Der verwendete Kork stammt von der **Korkeiche** (Quercus suber), die besonders in Portugal, Spanien, Algerien, Marokko, Tunesien, Südfrankreich, Korsika, Italien (Sardinien, Sizilien) wächst. Der in den ersten Jahren gebildete (»männliche«) Kork ist wertlos. Ab dem 20. Jahr wird (»weiblicher«) Kork gebildet, der alle 8–12 Jahre in Platten vom Stamm geschält und zur Herstellung von Flaschenverschlüssen (Korken), Dekorations- und Dämmmaterial sowie Linoleum verwendet wird.

Kormophyten [griechisch], **Cormophyta, Sprosspflanzen,** die in Spross und Wurzel gegliederten, somit einen **Kormus** (Pflanzenkörper) besitzenden Pflanzen; Gegensatz: →Thallophyten. Kormophyten sind Samenpflanzen und Farne.

Kornberg ['kɔ:nbə:g], **1)** Arthur, amerikanischer Biochemiker, *Brooklyn (New York) 3. 3. 1918; isolierte 1956 ein DNA-synthetisierendes Enzym, die Kornberg-Polymerase, und erhielt dafür (mit S. Ochoa) 1959 den Nobelpreis für Physiologie oder Medizin.

2) Roger D., amerikanischer Chemiker, *1947, Sohn von 1); erhielt 2006 für seine Arbeiten zur Aufdeckung des Informationsflusses von den Genen zu fertigen Proteinen in den Zellen den Nobelpreis für Chemie.

Korọna, der →Kranz.

Korọna|entladung, Leuchterscheinung aufgrund einer selbstständigen →Gasentladung, die bei hohen elektrischen Feldstärken an Oberflächen von Hochspannungsfreileitern (besonders an Spitzen und Kanten) auftritt und damit zu unerwünschten Energieverlusten führt.

Körper, *Physik:* Materiemenge mit beständiger oder veränderlicher Gestalt. Zu den →Festkörpern gehören insbesondere →starre Körper, elastische (→Elastizität), plastische (→Plastizität) und amorphe Körper; neben diesen festen Körpern gibt es auch flüssige und gasförmige.

Körpertemperatur, die Temperatur im beziehungsweise am Körper bei Mensch und Tier; bei den Poikilothermen ist sie von der Umgebungstemperatur abhängig, bei den Warmblütern hat sie eine komplizierte räumliche Verteilung, die außerdem rhythmischen Tagesschwankungen unterliegt, mit einem annähernd gleich warmen Körperkern (das Innere des Rumpfes und Kopfes), in dessen Bereich die **Kerntemperatur** herrscht. Die Körpertemperatur liegt bei den meisten Säugetieren zwischen 36 und 39 °C, bei den Vögeln zwischen 40 und 43 °C.

Korpụskel [lateinisch] *das, Physik:* →Teilchen.

Korrespondẹnzprinzip, von N. Bohr abgeleitetes heuristisches Prinzip, das eine Beziehung zwischen den Gesetzen der klassischen Mechanik und denen der →Quantentheorie herstellt. Nach dem Korrespondenzprinzip muss für den Grenzfall stationärer Zustände mit großen Quantenzahlen die quantenmechanische Beschreibung in die klassische übergehen.

Korrosiọn, *Werkstoffkunde:* die Zerstörung von Metall durch chemische oder elektrochemische Reaktion mit seiner Umgebung. Die meisten Gebrauchsmetalle sind schon gegenüber Sauerstoff und Wasser unbeständig; ein aggressiveres korrodierendes Angriffsmittel ist z. B. Schwefeldioxid, das in den Abgasen von Industrieanlagen enthalten ist. **Chemische Korrosion** der Metalle liegt beim Angriff von Medien ohne Ionenleitfähigkeit vor, z. B. trockenen Gasen oder Metallschmelzen; **elektrochemische Korrosion** tritt bei Einwirkung von Ionenleitern auf, z. B. Lösungen von Salzen, Säuren und Alkalien, wobei es zu Phasengrenzflächenreaktionen zwischen den metallischen und festen, gasförmigen oder flüssigen Korrosionsmedien kommt. Sind ein edleres und ein unedleres Metall durch Niet-, Schraub- oder Schweißverbindungen leitend miteinander verbunden, kommt es zur **Kontaktkorrosion.** Einige unedle Metalle (z. B. Aluminium, Chromstähle) sind unter bestimmten Bedingungen (durch →Passivierung) unerwartet korrosionsbeständig. Die Korrosion von Eisen heißt →Rost. – Abb. S. 638

Korrosiọnsschutz, Maßnahmen zur Verhinderung der Korrosion metallischer Werkstoffe durch Aufbringen von Schutzschichten gegen chemischen oder elektrochemischen Angriff **(passiver Korrosionsschutz)** oder durch Anwendung sehr reiner oder legierter Werkstoffe, Einsatz von Korrosionsinhibitoren (z. B. Hydrazin, Amine, Thioharnstoffderivate) oder elektrochemischer Schutzverfahren

Korrosion. Korrosion an einem Spannstahlbündel

(kathodischer oder anodischer Korrosionsschutz) sowie korrosionsschutzgerechtes Konstruieren **(aktiver Korrosionsschutz).** Da in der Metall verarbeitenden Industrie die Werkstücke (Halbzeuge) eine gewisse Zeit gelagert oder versandt werden müssen, überzieht man sie mit dünnen Öl-, Lack- oder Zinkschichten, die sich leicht wieder entfernen lassen **(temporärer Korrosionsschutz).** Beim **VPI-Verfahren** (englisch vapour phase inhibitor) verwendet man Inhibitoren, die bei Raumtemperatur in geschlossenen Behältern verdampfen und sich auf dem zu schützenden Gegenstand niederschlagen. Sie können auch auf Papier aufgetragen werden, das dann als korrosionsschützendes Packmaterial dient (VPI-Papier).

Kort-Düse [nach dem Konstrukteur L. Kort, * 1888, † 1958], feste, ringförmige Ummantelung einer Schiffsschraube, mit der düsenartig die Anströmgeschwindigkeit des Wassers zur Schraube erhöht wird; dadurch entsteht ein Druckabfall unmittelbar vor der Schraube, eine größere Druckdifferenz zum Schraubenstrahl und somit ein verbesserter Schub. Beim **Kort-Düsenruder** ist die Kort-Düse in das Ruder eingebaut, oder der schwenkbare Düsenring übt die Ruderwirkung aus.

kortikal [lateinisch], von der Gehirnrinde ausgehend, in der Gehirnrinde lokalisiert; auch die äußere Zellschicht (Rinde) von Organen betreffend.

Koshiba [-ʃ-], Masatoshi, japanischer Physiker, * Toyohashi (Präfektur Aichi) 19. 9. 1926; u. a. am International Centre for Elementary Particle Physics an der Universität Tokio (Japan) tätig; Pionier der Neutrinoastronomie. Koshiba war maßgeblich am Entwurf des japanischen Neutrinoexperiments Kamiokande beteiligt und ist Mitbegründer des nachfolgenden →Superkamiokande-Experiments. 1987 konnte er mit seiner Arbeitsgruppe einen von einer entfernten Supernovaexplosion stammenden Neutrinoschauer nachweisen. Koshiba wurde 2002 (gemeinsam mit R. Davis jr. zu je 25 %) für seine bahnbrechenden Arbeiten in der Astrophysik, insbesondere für den Nachweis kosmischer Neutrinos, mit dem Nobelpreis für Physik ausgezeichnet. Mit der anderen Hälfte des Preises wurde R. Giacconi geehrt.

Kosmopolit, *Biologie:* Bezeichnung für eine Tier- oder Pflanzenart, die in ihr zusagenden Lebensräumen über weite Teile der Erde verbreitet ist; z. B. Einjähriges Rispengras, Stubenfliege.

Kossel, Albrecht, deutscher Biochemiker, * Rostock 16. 9. 1853, † Heidelberg 5. 7. 1927, Vater von ; entdeckte die Nukleinsäuren und als deren Bestandteile die Purine und Pyrimidine, außerdem das Histidin; erhielt 1910 den Nobelpreis für Physiologie oder Medizin.

kostal [lateinisch], *Anatomie:* zu den Rippen gehörend, auf die Rippen bezogen.

Kot, Exkrement, Fäzes, Faeces, Stuhl, durch den Darm ausgeschiedenes Verdauungsprodukt, bestehend aus Wasser, Darmbakterien, abgeschilferten Zellen der Darmschleimhaut, Sekreten der Verdauungsdrüsen, nicht resorbierten Nahrungsschlacken sowie Gärungs- und Fäulnisprodukten, die den typischen Kotgeruch ausmachen. Die braune Farbe ist durch die Abbauprodukte der Gallenfarbstoffe bedingt.

Kotyledone [griechisch] *die,* →Keimblatt.

kovalente Bindung, die Atombindung (→chemische Bindung).

Kovarianz *die,* **Forminvarianz,** *Physik:* die Unveränderlichkeit der Form von Gleichungen bei bestimmten Koordinatentransformationen.

kp, Einheitenzeichen für →Kilopond.

Kr, chemisches Symbol für →Krypton.

Krabben, Kurzschwanzkrebse, Brachyuren, Brachyura, Unterordnung der Zehnfußkrebse mit gedrungenem Kopfbruststück, unter das der zu einer kurzen Schwanzplatte (bei den Weibchen Brutraum für die Eier) umgebildete Hinterleib eingeschlagen wird. Die gestielten Augen und die Fühler können in kleinen Gruben geborgen werden. Das erste Rumpfbeinpaar trägt große Scheren. Krabben sind Grundbewohner, die sehr gut seitwärts laufen können. Zu den Krabben gehören u. a. die Familien Woll-, Gepäckträger-, Scham-, Schwimm-, Süßwasser-, Renn-, Winker-, Felsen- und Landkrabben, die Seespinnen und die Taschenkrebse.

Kraft, *Physik:* Formelzeichen *F,* SI-Einheit ist das Newton (N); Grundbegriff der newtonschen Mechanik und (von dieser ausgehend) der klassischen Physik; eine vektorielle physikalische Größe, die bei der Wechselwirkung physikalischer Systeme auftritt und bei frei beweglichen Körpern Ursache von Beschleunigungen, bei gebundenen Körpern Ursache von Deformationen ist. Der quantitative Zusammenhang zwischen Bewegungsänderung (Beschleunigung $\boldsymbol{a}$) eines Körpers der Masse m und der einwirkenden Kraft ist definiert durch: $\boldsymbol{F} = m \cdot \boldsymbol{a}$ (→newtonsche Axiome). Wirken auf einen Körper keine Kräfte, wird dessen Beschleunigung null, das heißt, er verharrt im Zustand der Ruhe oder der gleichförmig geradlinigen Bewegung.

Zwei oder mehr in einem Punkt angreifende Kräfte verschiedener Richtung kann man durch eine einzige Kraft, die **Resultierende,** ersetzen. Algebraisch findet man sie durch vektorielle Addition, geometrisch, indem man zwei beliebige Kräfte $\boldsymbol{F}_1$ und $\boldsymbol{F}_2$ längs ihrer Wirkungslinie so verschiebt, dass ihre Angriffspunkte zusammenfallen und $\boldsymbol{F}_1$ und $\boldsymbol{F}_2$ zu einem Parallelogramm ergänzt werden **(Kräfteparallelogramm).** Die Diagonale $\boldsymbol{F} = \boldsymbol{F}_1 + \boldsymbol{F}_2$ ist die resultierende Kraft. Mehr als zwei in einem Punkt angreifende Kräfte lassen sich sukzessiv nach der Parallelogrammregel zusammensetzen und ergeben ein **Kräftepolygon (Krafteck),** bei dem die Resultierende vom Anfangspunkt des ersten zum Endpunkt des letzten Kraftvektors weist. Umgekehrt lässt sich jede Kraft in zwei Komponenten zerlegen, z. B. bei krummliniger Bewegung in eine Komponente normal und eine tangential zur Bahnkurve **(Normalkraft** und **Tangentialkraft).** Aus der Wechselwirkungsnatur folgt, dass Kräfte stets paarweise auftreten. Die Kraftwirkungen zweier Körper aufeinander sind gleich, aber entgegengesetzt gerichtet (»actio = reactio«). Zwei gleich große, entgegengesetzt gerichtete Kräfte $\boldsymbol{F}$ und $-\boldsymbol{F}$ bilden ein **Kräftepaar,** das auf einen Körper ein →Drehmoment $\boldsymbol{M}$ ausübt. $\boldsymbol{M}$ ist gleich der Summe der statischen Drehmomente $\boldsymbol{M}_1 = \boldsymbol{r}_1 \times \boldsymbol{F}$ und $\boldsymbol{M}_2 = \boldsymbol{r}_2 \times (-\boldsymbol{F})$; dabei sind $\boldsymbol{r}_1$ und $\boldsymbol{r}_2$ die von einem vorgegebenen Punkt P zu den Angriffspunkten der Kräfte $\boldsymbol{F}$ und $-\boldsymbol{F}$ weisenden Ortsvektoren. Mit $\boldsymbol{r}_1 - \boldsymbol{r}_2 = \boldsymbol{r}$ gilt $\boldsymbol{M} = \boldsymbol{r} \times \boldsymbol{F}$. Da der Angriffspunkt längs der Wirkungslinie einer Kraft verschoben werden kann, gilt damit auch $\boldsymbol{M} = \boldsymbol{r}_0 \times \boldsymbol{F}$, wobei $\boldsymbol{r}_0$ der senkrechte Abstand der Wirkungslinien der beiden Kräfte ist. Beliebig viele an einem starren Körper angreifende Kräfte können stets durch eine Einzelkraft und ein Kräftepaar ersetzt werden.

■ **Arten von Kräften** An einem mechanischen System können **innere** und **äußere Kräfte** auftreten. Daneben unterscheidet man **eingeprägte Kräfte,** die physikalischen Ursprungs sind (z. B. die →Schwerkraft), von den geometrisch bedingten →Zwangskräften. In Bezugssystemen, die sich gegenüber einem Inertialsystem beschleunigt bewegen, treten zusätzliche **Trägheitskräfte** (so genannte »Scheinkräfte«) auf, mit denen die Körper einer Änderung ihres Bewegungszustandes widerstehen (z. B. →Coriolis-Kraft, →Zentrifugalkraft). Ursache der **Druckkraft,** die ein in ein Gefäß eingeschlossenes Gas auf die Wände ausübt, sind Trägheitskräfte, die die Bewegungsänderung der Moleküle bei ihrem Stoß auf die Wände erzeugen. Daneben kennt die klassische Physik elastische Kräften (die der Auslenkung aus einer Ruhelage proportional sind) und die Kräfte zwischen ungleichnamigen (Anziehung) und gleichnamigen (Abstoßung) elektrischen Ladungen (→Elektrizität) und Magnetpolen (→Magnetismus) sowie die in einem Magnetfeld auf eine bewegte Ladung ausgeübte Kraft (→Lorentz-Kraft), gleichbedeutend der Kraft zwischen stromdurchflossenen Leitern. Die Gesamtheit aller Kraftvektoren im Raum bildet ein **Kraftfeld** (→Feld). Ist dieses wirbelfrei ($\mathrm{rot}\,\boldsymbol{F} = 0$), heißt die Kraft **konservativ.** Während bei konservativen Kräften (Potenzialkräften) beziehungsweise Kraftfeldern die Summe aus kinetischer und potenzieller Energie konstant bleibt, nimmt die Gesamtenergie bei **dissipativen Kräften** (z. B. Reibungskräften) ab.

■ **Fundamentalkräfte** Nach ihrem physikalischen Ursprung lassen sich alle Kräfte auf die mit den fundamentalen →Wechselwirkungen verbundenen Grundkräfte zurückführen, zu denen die →Gravitation, die elektromagnetische und die starke Wechselwirkung (einschließlich der →Kernkräfte) sowie die schwache Wechselwirkung gehören. Für den auch in der Kern- und Elementarteilchenphysik verwendeten Kraftbegriff setzt sich zunehmend die allgemeinere Bezeichnung der Wechselwirkung durch.

Kraftfahrzeug, Abkürzung **Kfz,** selbstfahrendes, gleisfreies Landfahrzeug, das durch Maschinenkraft angetrieben wird (z. B. →Kraftwagen, →Kraftrad) und ab einer Höchstgeschwindigkeit von mehr als 6 km/h zum Betrieb auf öffentlichen Straßen behördlich zugelassen sein muss.

Kraftfahrzeug|elektronik, Teilbereich der Kfz-Elektrik, der die Gesamtheit der elektronischen Bauteile und Geräte in Kfz zur Verbesserung von Wirtschaftlichkeit, Sicherheit, Komfort und Kommunikation umfasst. Dazu gehören u. a. Sensoren zur Messung der verschiedenen Kenngrößen (z. B. Motordrehzahl, Kurbelwellenstellung, Kraftstoffdurchfluss, Luft- und Motortemperatur, Raddrehzahlen, Gierbeschleunigung), Regel- und Steuergeräte zur Verarbeitung der eingehenden Kenndaten und Ausgabe entsprechender Signale an die Stellglieder (z. B. Einspritzventile, Zündspule, ABS-Ventile, Schalter). Bei vielen Kfz gehören mikroprozessorgesteuerte elektronische Systeme (elektronische Zündung und Benzineinspritzung, Lambdaregelung und elektronische Getriebesteuerung; Zentralverriegelung, Wischintervallschaltung) zur Standardausrüstung. Zunehmend verbreitet sind Antiblo-

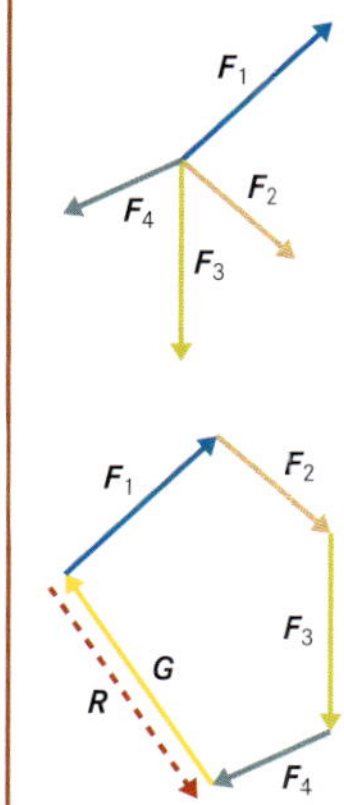

Kraft.
Die in einem Punkt angreifenden Kräfte $\boldsymbol{F}_1$ bis $\boldsymbol{F}_4$ (oben) addieren sich zur Gesamtkraft $\boldsymbol{R}$; die dieser entgegen gerichtete Kraft $\boldsymbol{G}$, die das Kräftepolygon schließt, bringt das Kräftesystem ins Gleichgewicht (unten).

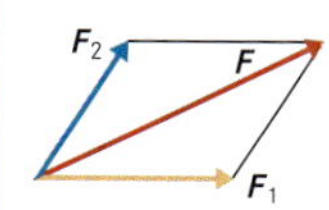

Kraft.
Die beiden Kraftvektoren $\boldsymbol{F}_1$ und $\boldsymbol{F}_2$ spannen ein Parallelogramm auf; $\boldsymbol{F}_1$ und $\boldsymbol{F}_2$ addieren sich zur Gesamtkraft $\boldsymbol{F}$.

ckiersysteme (ABS), Fahrdynamikregelung, Antriebsschlupfregelung (ASR), Rückhaltesysteme (z. B. Airbag, Gurtstraffer) sowie Autoalarmanlagen und Diebstahlsicherungen (z. B. elektronische Wegfahrsperre). Im Bereich Kommunikation werden neben elektronischer Sprachausgabe und anderen neuen Anzeigetechnologien (digitale Anzeige der Geschwindigkeit, Drehzahl, Kraftstoffverbrauch, Uhrzeit, Temperatur u. a.) auch Leit- und Informationssysteme angeboten.

Kraftfeld, *Physik:* →Feld.

Kraftmaschine, Maschine zur Umsetzung einer Energieform (thermische, kinetische, elektrische Energie) in mechanische Energie zum Antrieb von Arbeitsmaschinen oder Fahrzeugen. Bei der Energieumwandlung werden treibende Kräfte erzeugt, die einen Kolben hin- und herbewegen (Hubkolbenmaschine) oder eine drehende Bewegung hervorrufen (→Kreiskolbenmotoren, →Turbinen, Elektromotoren). Nach der Art der ausgenützten Energiequelle unterscheidet man Wärme-, Wasserkraftmaschinen und Elektromotoren.

Kraftrad, Kurzwort **Krad,** zweirädriges, einspuriges Kraftfahrzeug zur Beförderung von Personen und/oder Gütern; auch mit Beiwagen (dann zweispurig).

1333

Kraftrad. Sportkraftrad Honda NSR 125 R (1996)

Kraftschluss, Sicherung der Verbindung zweier Teile (z. B. zweier Getriebeglieder) dadurch, dass die Teile im Unterschied zum →Formschluss durch eine äußere Kraft, meist eine Reibungskraft, in ihrer gegenseitigen Lage gehalten werden, z. B. zwischen Rad und Fahrbahn.

Kraftstoffe, meist flüssige oder gasförmige Treibstoffe zum Betrieb von Verbrennungsmotoren. Man unterscheidet zwischen Vergaserkraftstoffen (→Ottokraftstoffe), →Dieselkraftstoffen und Turbinenkraftstoffen.

In dem Bestreben, den Erdölverbrauch zu senken, sowie v. a. aus Umweltschutzgründen werden seit einigen Jahren **Alternativkraftstoffe** für Otto- und Dieselmotoren auf ihre Eignung untersucht. Mittelfristig kommen →Flüssiggas (Autogas) und Alkohol-Benzin-Mischungen, langfristig auch reine Alkohole (v. a. →Biokraftstoff) und Wasserstoff in Betracht.

Kraftwagen, Automobil, Kunstwort **Auto,** nach Verwendungszweck unterschiedlich konstruiertes, mehrspuriges Kraftfahrzeug zur Beförderung von Personen und/oder Lasten sowie für Sonderzwecke. Man unterscheidet **Personenkraftwagen** (Pkw) und **Nutzkraftwagen** (Nkw) sowie im Motorsport Sport- und Rennwagen. Pkw wurden früher meist nach dem Hubraum des Motors in drei Klassen eingeteilt: **Kleinwagen** (bis 1,0 l), **Mittelklassewagen** (von 1,1 bis 2,0 l) und **Oberklassewagen** (über 2,0 l); die Übergänge sind heute fließend. Ein anderes Unterscheidungsmerkmal ist die Ausführung der Karosserie (Limousine, Kombi, Kabriolett, Coupé, Roadster). Nkw werden unterteilt in Lastkraftwagen, Kraftomnibusse und Zugmaschinen (Straßenzugmaschinen, Sattelzugmaschinen, Ackerschlepper). Angetrieben werden Kraftwagen gewöhnlich von →Verbrennungsmotoren, gelegentlich durch →Elektromotoren oder eine Kombination von beiden (→Hybridantrieb); der Antrieb durch Fahrzeugturbinen ist in der Entwicklung.

100562

Kraftwagen. Renault-Laster aus dem Jahr 1900

■ **Komponenten** Den Motor mit den zu seinem Betrieb notwendigen Einrichtungen und allen Kraftübertragungsteilen rechnet man zum **Triebwerk.** Die vom Motor erzeugte, als Drehmoment von der Schwungscheibe abgegebene Kraft wird über die →Kupplung, das →Kraftwagengetriebe und, je nach Lage des Motors, entweder über die Kardanwelle (Frontmotor mit Hinterradantrieb) oder direkt (Frontmotor mit Vorderradantrieb; Heckmotor mit Hinterradantrieb) auf das →Ausgleichgetriebe übertragen, dieses teilt das Drehmoment dann auf die Antriebswellen mit den Antriebsrädern auf. Während der vorn liegende Motor und angetriebene Hinterräder jahrzehntelang die Standardanordnung bildeten, war später der Frontmotor mit Vorderradantrieb bei kleinen bis mittleren Pkw verbreitet. Heckmotoranordnung ist bei Pkw selten geworden, bei Bussen die Regel. Bei Gelände- und Baustellenfahrzeugen, zunehmend auch bei Pkw, wird vielfach Allradantrieb verwendet, um höchste Zugkraftübertragung zu ermöglichen. Neuere Entwicklungen dienen v. a.

der inneren und äußeren Sicherheit (z.B. →ABS), dem Umweltschutz (Geräuschminderung, Minderung der Abgasemission) und der größeren Wirtschaftlichkeit (Minderung des Kraftstoffverbrauchs, Verringerung des Wartungsaufwands). Ein erheblicher Teil der Verbesserungen steht im direkten Zusammenhang mit der Anwendung der Mikroelektronik sowie neuer Werkstoffe im Kraftwagenbau.

■ **Geschichte** 1886 baute Gottlieb Daimler den von ihm und Wilhelm Maybach entwickelten, schnelllaufenden Benzinmotor mit Glührohrzündung in einen vierrädrigen Kutschwagen ein und fuhr damit 1887 von Stuttgart nach Cannstatt mit einer Geschwindigkeit von 18 km/h. Carl Benz hatte 1885 nach dem gleichen Prinzip eine dreirädrige »Motorkutsche« konstruiert (1888 Fahrt seiner Frau Bertha von Mannheim nach Pforzheim). 1894 fand zwischen Paris und Rouen das erste Autorennen der Welt statt – der Sieger legte die 200 km lange Strecke in sechs Stunden und 48 Minuten zurück. 1908 begann Henry Ford mit der Fließbandfertigung im Kraftfahrzeugbau und ebnete damit den Weg für das Auto als erschwingliches Transportmittel für jedermann. Gab es in Deutschland im Jahr 1930 erst etwa 489 000 Kraftwagen, waren 2006 bereits 54,9 Mio. Kfz zugelassen.

Kraftwagengetriebe, ein Schaltgetriebe, mit dem das Übersetzungsverhältnis zwischen Motor und →Ausgleichgetriebe geändert wird, sodass der Motor bei jeder Fahrgeschwindigkeit in dem für Leistung oder Kraftstoffverbrauch jeweils günstigsten Drehzahlbereich arbeitet. Beim mechanischen **Stufengetriebe** handelt es sich in der Regel um ein mehrstufiges, manuell oder automatisch schaltbares Zahnradgetriebe. Zum Anfahren wird die größte Übersetzung geschaltet. Handschaltgetriebe sind in der Regel als **Zweiwellenvorgelegegetriebe** ausgeführt. Dabei wird von der Kupplungswelle über ein Zahnradpaar zunächst eine Vorgelegewelle angetrieben, von der die einzelnen Zahnradstufen auf die Abtriebswelle (Hauptwelle) wirken; durch unmittelbares Kuppeln der Abtriebswelle mit der Kupplungswelle kann ein direkter Gang geschaffen werden. Beim Rückwärtsgang wird die Bewegungsumkehr durch ein drittes Zahnrad zwischen den Wellen erzielt. In der Regel sind die meist schräg verzahnten Räder ständig im Eingriff; die Räder auf der Hauptwelle sitzen lose und werden je nach eingelegtem Gang durch eine drehfeste, längs verschiebbare Schaltmuffe mit der Welle gekuppelt. Bei **Klauengetrieben** stellen seitliche Klauen an Schaltmuffe und Zahnrädern die Verbindung her; lediglich für den Rückwärtsgang werden heute noch Schiebezahnräder eingesetzt. Bei den heute üblichen **Synchrongetrieben** wird das Einrasten der Klauen erleichtert, indem durch Reibungskupplungen die Drehzahl von Schaltmuffe (das heißt Welle) und Zahnrad annähernd angeglichen (synchronisiert) wird; **Sperrsynchronisierung** bedeutet, dass Schaltmuffe und Zahnrad zwangsweise erst bei Gleichlauf gekuppelt werden können. Zusätzliche Zahnradstufen hinter oder vor dem eigentlichen Getriebe bilden **Gruppengetriebe** mit verdoppelter Gangzahl (Lkw). **Umlaufgetriebe (Planetengetriebe)** werden als Schnellgang-Zusatzstufe (**Overdrive** beim Pkw) oder in Verbindung mit hydrodynamischen Getrieben eingesetzt. **Automatische Getriebe** wählen, schalten oder stellen selbsttätig die für die jeweilige Fahrgeschwindigkeit vorgesehene Übersetzung ein **(Getriebeautomat).** Fahrzeuge mit automatischem Getriebe haben kein Kupplungspedal: Nach dem Wählen der Fahrstellung (einschließlich Rückwärtsgang) mithilfe eines Wählhebels oder Druckknopfs wird nur noch Gas gegeben oder gebremst. Das Getriebe schaltet dann von selbst – abhängig von der Belastung – in den höheren oder niedrigeren Gang. Der Fahrer kann mit starkem Durchtreten des Gaspedals **(Kick-down)** die Fahrgeschwindigkeit, bei der von einem in den anderen Gang geschaltet wird, höher legen, sodass erst später hoch- und schon früher heruntergeschaltet wird. In der Neutralstellung ist der Motor von den Antriebsrädern getrennt; in Parkstellung bleibt der Motor über das automatische Getriebe mit den Antriebsrädern verbunden.

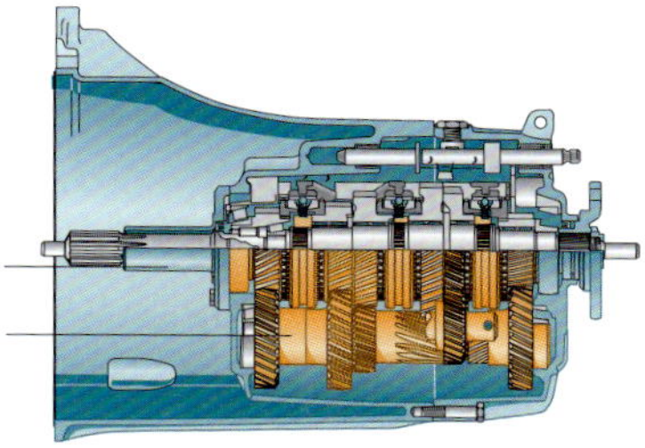

Kraftwagengetriebe. Vollsynchronisiertes 5-Gang-Getriebe

Automatische Getriebe bei Fahrzeugen bestehen heute meist aus einem oder mehreren →Planetengetrieben, denen eine Strömungskupplung vorgeschaltet ist. Diese erlaubt das Anfahren aus dem Stillstand allein durch Gasgeben, kann aber nur ein Drehmoment abgeben, das gleich dem Eingangsdrehmoment ist. Die Drehmomentwandlung (meist Vergrößerung des Drehmoments) übernehmen die nachgeschalteten Planetengetriebe. Bei einem solchen Getriebe stehen die Zahnräder dauernd im Eingriff. Das Schalten beziehungsweise das Einstellen einer anderen Übersetzung kann hier durch wahlweises Festhalten der einzelnen Bauteile (des Sonnenrades, des Hohlrades oder des Planetenradträgers) erfolgen, die alle drei mit je einer Welle beziehungsweise Hohlwelle verbunden sind. Um den kon-

Mit seiner Äußerung zum Thema **Kraftwagen** unterlief Wilhelm II. eine Fehleinschätzung :

»Ich glaube an das Pferd. Das Automobil ist eine vorübergehende Erscheinung.«

Kraftwerk. Braunkohlekraftwerk Niederaußern (Nordrhein-Westfalen)

Krähen. Rabenkrähe (Größe bis 47 cm)

struktiven Aufwand klein zu halten, wird fast immer nur eine dieser Wellen als Antriebswelle benutzt. Durch Festhalten von jeweils einer der beiden anderen Wellen ergeben sich dann zwei Übersetzungen. Zusätzlich ist eine Verblockung des Getriebes möglich, wobei sich dieses als Ganzes dreht: Dadurch ergibt sich eine dritte »Übersetzung«, der direkte Gang (Antriebs- gleich Abtriebsdrehzahl).

Kraft-Wärme-Kopplung, Abkürzung **KWK,** die gleichzeitige Gewinnung von mechanischer Energie (die in der Regel unmittelbar in Elektrizität umgewandelt wird) und nutzbarer Wärme für Heizzwecke (Fernwärme) oder Produktionsprozesse (Prozesswärme) in einem thermodynamischen Prozess in einer Anlage (Heizkraftwerk). Die KWK setzt grundsätzlich einen gleichzeitigen Bedarf von Elektrizität und Wärme voraus, wobei aus wirtschaftlichen Gründen der Wärmebedarf den Gesamtprozess bestimmt. Eine Ausweichmöglichkeit bietet die Kälteerzeugung aus Wärme im Sommer (mit Absorptionskältemaschinen). Vorteil der KWK ist die hohe Ausnutzung der eingesetzten Primärenergie (Nutzungsgrad 85–90 %, allerdings nur bei optimalem Verhältnis von Wärme- und Strombedarf).

Der Beitrag der Kraftwerke mit Kraft-Wärme-Kopplung (ab einer Leistung von 1 MW) betrug im Jahr 2003 in Deutschland 73,8 Mrd. kWh (davon 50,3 Mrd. kWh aus öffentlichen und 23,5 Mrd. kWh aus industriellen Anlagen) bei einer installierten elektrischen Leistung von rund 20 000 MW. Rund 7 % der gesamten Heiz- und Prozesswärmemenge wird in Deutschland über Fernwärme bereitgestellt, die wiederum zu über 60 % aus Kraft-Wärme-Kopplungs-Prozessen gespeist wird. Der Ausbau der Kraft-Wärme-Kopplung gilt heute als eine der wesentlichen Optionen für den Klimaschutz.

Kraftwerk, technische Anlage, in der durch Energieumwandlung Elektrizität erzeugt wird; kann in dieser Anlage auch Wärme ausgekoppelt werden (→Kraft-Wärme-Kopplung), so bezeichnet man sie als Heizkraftwerk.

Nach Art der eingesetzten Energie und der Energieumwandlung unterscheidet man bei den in Deutschland vorherrschenden Kraftwerken v. a. →Wasserkraftwerke und →Wärmekraftwerke; Letztere werden weiter nach der Art der Brennstoffe (z. B. Steinkohle, Öl, Gas, Uran/Thorium) differenziert. Wegen der begrenzten Vorräte der fossilen und nuklearen Brennstoffe sowie aus Gründen des Umweltschutzes und der Risikominderung werden in den letzten Jahren vermehrt Einsatz und Erprobung von →erneuerbaren Energien gefördert. Als Antriebsmaschinen für die Generatoren dienen Wasserturbinen und in Wärmekraftwerken Dampfturbinen, Gasturbinen oder Verbrennungsmotoren (Dieselmotoren und mit Erd-, Bio-, Klär- oder Deponiegas betriebene Gasmotoren). Verbrennungsmotorenkraftwerke in Verbindung mit Abwärmenutzung werden auch als →Blockheizkraftwerke bezeichnet.

Der Elektrizitätsbedarf ist im zeitlichen Verlauf (Tag, Woche) sowie saisonal (Sommer, Winter) unterschiedlich. Entsprechend haben sich auch sehr unterschiedliche Kraftwerkarten entwickelt, um eine insgesamt sichere und kostengünstige Elektrizitätsversorgung gewährleisten zu können. Im Dauerbetrieb werden aufgrund ihrer technischen Auslegung und der Kostenstruktur (niedrige Energiekosten) →Grundlastkraftwerke eingesetzt, die hohe Benutzungsdauern erreichen. Für häufig wechselnde Anforderungen (tägliches An- und Abfahren) sind Mittelleistungskraftwerke ausgelegt; →Spitzenlastkraftwerken lassen mehrmaliges Anfahren pro Tag bei kurzen Anfahrzeiten und hohen Leistungsänderungsgeschwindigkeiten zu.

Krähen, einige Rabenvogelarten aus der Gattung **Corvus** in Europa die **Saatkrähe** (Corvus frugilegus), schwarz mit schillerndem Metallglanz, in Bäumen – auch in Städten – in Kolonien brütend, und die **Aaskrähe** (Corvus corone), ein Einzelbrüter im größten Teil der Alten Welt, bildet in Europa zwei Rassengruppen: im Osten die graue **Nebelkrähe** (Corvus corone cornix), im Westen die schwarze **Rabenkrähe** (Corvus corone corone).

Kraken [norwegisch], **Oktopoden, Octopoda,** artenreiche Ordnung achtarmiger Kopffüßer mit kurzem, sackförmigem Körper und sehr beweglichen, meist gleich langen Armen mit Saugnäpfen. Der **Gemeine Krake** (**Oktopus,** Octopus vulgaris) der Küsten warmer Meere zeigt reichen Farbenwechsel und erreicht bis 3 m Länge. Volkstümlich werden Riesenkalmare (→Kalmare) oft als Kraken bezeichnet.

Kran, Hebezeug mit großer Bauart- und Bezeichnungsvielfalt, das bevorzugt zum Heben von Lasten dient.

Krängung [zu niederländisch krengen, eigentlich »sich abwenden«], seitliche Neigung eines Schiffs durch Winddruck, Seegang, Wassereinbruch, ungleich verteilte Ladung oder durch Zentrifugalkraft (beim harten Drehen).

Kraniche, Gruidae, Familie großer, hochbeiniger Vögel mit langem Hals, kleinem Kopf und spitzem Schnabel. Der etwa 1 m große **Kronenkranich** (Balearica pavonina) Afrikas trägt gelbe Federstrahlen auf dem Kopf; er legt als einzige Art ein Baumnest an. Der etwa 1,2 m große **Graue Kranich** (Grus grus) hat aschgraues Gefieder und einen roten Scheitel. Er lebt in norddeutschen Sumpfgebieten; fliegt mit ausgestrecktem Hals und während des Vogelzugs häufig in Keilformation. Der etwa 1,5 m große graue **Saruskranich** (Grus antigone) mit unbefiedertem rotem Kopf ist in den Sümpfen Vorder- und Hinterindiens heimisch. Der kleinere graue und schwarze, weißschopfige **Jungfernkranich** (Anthropoides virgo) ist in Südspanien, Südosteuropa und Mittelasien heimisch, als Irrgast auch in Mitteleuropa.

Kran. Laufkran im Binnenhafen Düsseldorf

Kraniche. Grauer Kranich

Kranz, Korona, *atmosphärische Optik:* Leuchterscheinung um Sonne oder Mond, bestehend aus farbigen Ringen, die durch Beugung des Lichts an Wolken- oder Nebeltröpfchen und Eiskristallen entstehen. Der Kranz unterscheidet sich von dem ebenfalls ringförmigen →Halo durch einen geringeren Durchmesser und eine andere Spektralfarbenfolge.

Kräuselkrankheit, verschiedene, u. a. durch Pilze, Viren, Insekten hervorgerufene Pflanzenkrankheiten, die sich v. a. in einer Kräuselung der Blätter zeigen, z. B. bei Kartoffel und Pfirsich.

Kräuter, im Unterschied zu Bäumen und Sträuchern nicht oder nur wenig verholzende Pflanzen, die nach jeder Vegetationsperiode ganz (einjährige Kräuter) oder bis auf ihre unterirdischen Teile (zweijährige Kräuter oder mehrjährige Stauden) absterben.

Kreatin [von griechisch kréas »Fleisch«] *das,* **N-Methylguanidylessigsäure,** in der Muskulatur und im Blut der Wirbeltiere enthaltenes Aminosäurederivat, das in Form farbloser wasserlöslicher Kristalle isoliert werden kann. Das aus Kreatin und ATP (→Adenosin) unter dem Einfluss des Enzyms Kreatinkinase gebildete Kreatinphosphat stellt eine wichtige Phosphatreserve der Muskulatur dar, da es eine rasche Regeneration von ATP aus ADP (Adenosindiphosphat) bei Muskelarbeit ermöglicht. Aus dem Organismus ausgeschieden wird Kreatin mit dem Harn in Form des durch Wasserabspaltung entstehenden zyklischen Säureimids Kreatinin.

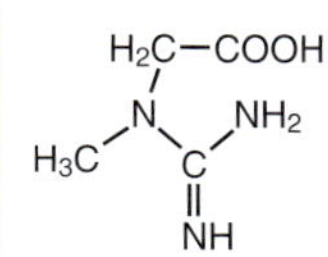

Kreatin

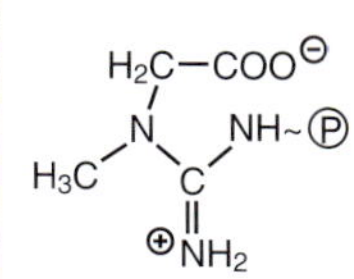

Kreatinphosphat (Ⓟ = Phosphorsäurerest)

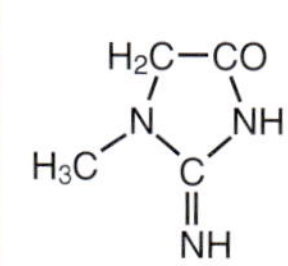

Kreatinin

Kreatin. Konstitutionsformeln von Kreatin, Kreatinphosphat (Phosphatreserve der Muskulatur) und Kreatinin (Ausscheidungsform)

Krebs, 1) *Medizin:* im allgemeinen Sprachgebrauch Bezeichnung für bösartige Geschwülste und Geschwulstkrankheiten (v. a. Karzinom und Sarkom) und einige bösartige Systemerkrankungen des Blutes. Karzinome gehen von bestimmten Deck- und Organgeweben aus, Sarkome von Stütz- und Bindegeweben; Systemerkrankungen (z. B. Leukämie) betreffen die Blutstammzellen. Bösartige Geschwülste dringen rasch in Nachbargewebe ein und zerstören diese. Auf dem Lymph- und/oder Blutweg bilden sie Tochtergeschwülste (Metastasen).

Krebs auslösend wirken über 800 chemische Substanzen. Viele von ihnen sind auch →Mutagene. Da auch Mutationen hervorrufende Strahlen (Röntgenstrahlen, ultraviolette und radioaktive Strahlen) Krebs auslösen, wer-

Krebstiere. Kellerassel

den alle Entstehungsweisen von Krebs auf eine Störung im Steuerungsmechanismus im Kern der Zelle zurückgeführt, der normalerweise die Anzahl der Teilungen begrenzt (→Tumorentstehung). Ein intaktes Immunsystem erkennt und vernichtet die entarteten Zellen sofort.

Krebs ist nur heilbar, wenn alle vorhandenen Krebszellen durch die Behandlung zerstört werden können. Als Therapiemaßnahmen stehen Operationen, Strahlenbehandlung und Chemotherapie (z. B. Behandlung mit zellwachstumshemmenden Medikamenten) zur Verfügung.

2) durch Wucherungen gekennzeichnete Pflanzenkrankheiten, so Kartoffel-, Bakterien-, Baumkrebs.

Krebs, 1) Edwin G., amerikanischer Biochemiker, *Lansing (Iowa) 6. 6. 1918; entdeckte den biologischen Regelmechanismus, der das Zusammenspiel von bestimmten Proteinen (Anlagern und Abspalten von Phosphatgruppen, genannt reversible Phosphorylierung) im Körper steuert; erhielt dafür (mit E. H. Fischer) 1992 den Nobelpreis für Physiologie oder Medizin.

2) Sir (seit 1958) Hans Adolf, britischer Biochemiker deutscher Herkunft, *Hildesheim 25. 8. 1900, †Oxford 22. 11. 1981; emigrierte 1933 nach England; entdeckte 1937 den Zitronensäurezyklus, wofür er 1953 mit F. A. Lipmann den Nobelpreis für Physiologie oder Medizin erhielt.

Krebstiere, Krebse, Krustentiere, Krustazeen, Crustacea, Diantennata, mit etwa 45 000 Arten in allen Meeres- und Süßgewässern verbreitete Klasse 0,02–60 cm langer, kiemenatmender Gliederfüßer (einige Gruppen sind zu Landtieren geworden, z. B. viele Asseln); Körper meist in zwei oder drei Abschnitte gegliedert: Kopf, Brust (häufig miteinander verschmolzen zum Cephalothorax [Kopfbrust]), Abdomen; Kutikula meist als kräftiger Chitinpanzer entwickelt; zwei Paar Antennen; Extremitäten ursprünglich als zweiästige Spaltbeine (Spaltfuß) entwickelt, die jedoch mannigfach abgewandelt sein können (Scherenbildungen, Schreit-, Blatt-, Springbeine). Die Krebstiere sind meist getrenntgeschlechtig; die Weibchen betreiben fast immer Brutpflege, indem sie die Eier mit den Beinen, in speziellen Bruthöhlen oder am Körper angeklebt umhertragen. Die Entwicklung erfolgt direkt oder über eine larvale Verwandlung, die mit einer Naupliuslarve, die mit den Antennen schwimmt, oder einer Zoealarve, die mit den vorderen Brustbeinen schwimmt, beginnt. Das Wachstum erfordert regelmäßige Häutungen, nach denen die Körperdecke ihre Härte jeweils durch Kalkeinlagerungen wiedergewinnt. Die systematische Einteilung der Krebstiere ist umstritten. Zu den Krebstieren gehören Kiemenfuß-, Blattfuß-, Muschelkrebse, Fischläuse, Ruderfußkrebse, Rankenfüßer und die, wohl eher ursprünglichen, **Höheren Krebstiere** (Malacostraca) mit den Fangschrecken-, Ranzen-, Leucht- und Zehnfußkrebsen.

Kreide, *Geologie:* das letzte System des Mesozoikums, dauerte rund 80 Mio. Jahre und wird gegliedert in die Abteilungen Untere Kreide und Obere Kreide; charakteristisch sind Kalke, Mergel, Tone, Sandsteine, Schreibkreide, zum Teil auch Vulkanite. Nutzbar sind Kalkstein, Steinkohle, Eisenerze, Bauxit und Erdöl. Die Kreide ist eine Zeit großer Transgressionen (West- und Osteuropa, Nordböhmen, Alpenraum, Nordwestafrika). In den alpidischen Geosynklinalen begannen die ersten Faltungen, Anden und Rocky Mountains entstanden. Der weitere Aufbruch →Gondwanas, verbunden mit kräftigem Basaltvulkanismus, war nahezu beendet und die Umrisse der heutigen Kontinente waren etwa herausgebildet, die Tethys war verengt. In der Kreide erreichten Foraminiferen, Schwämme und Bryozoen eine Blütezeit. Muscheln, Ammoniten, Belemniten, Seeigel und Coccolithen (Kalkkörperchen mariner Flagellaten) haben Leitwert. Reptilien herrschten im Meer, auf dem Land und in der Luft (Saurier). In der Oberkreide traten die ersten Insektenfresser und Beuteltiere auf. Das Klima war wesentlich wärmer als heute, aber Zuwachsringe der Bäume deuten auf jahreszeitlichen Wechsel. Am Ende der Kreide starben wahrscheinlich durch einen Asteroideneinschlag nahezu die Hälfte der damals lebenden Arten, darunter die Dinosaurier, Ammoniten, Belemniten, Rudisten, mehrere Gruppen von Schnecken, die Meeresreptilien, Flugsaurier und zahntragende Vögel, aus. – Abb. S. 646

Kreisbeschleuniger, Zirkularbeschleuniger, →Teilchenbeschleuniger.

Kreisel, *Physik:* in einem Punkt festgehaltener, sonst frei beweglicher starrer Körper, der um diesen Punkt (Rotationszentrum) Drehbewegungen ausführt. Der schon im Al-

Rechte Seite: Fluoreszenzaufnahme einer Zelle eines Gebärmutterhalskarzinoms im Moment der Zellteilung. In der Anaphase der Mitose haben sich die Spindelpole voneinander entfernt, die Zentromere (blau) der Chromatiden bewegen sich entlang der Mikrotubuli (rot) zu den Polen.

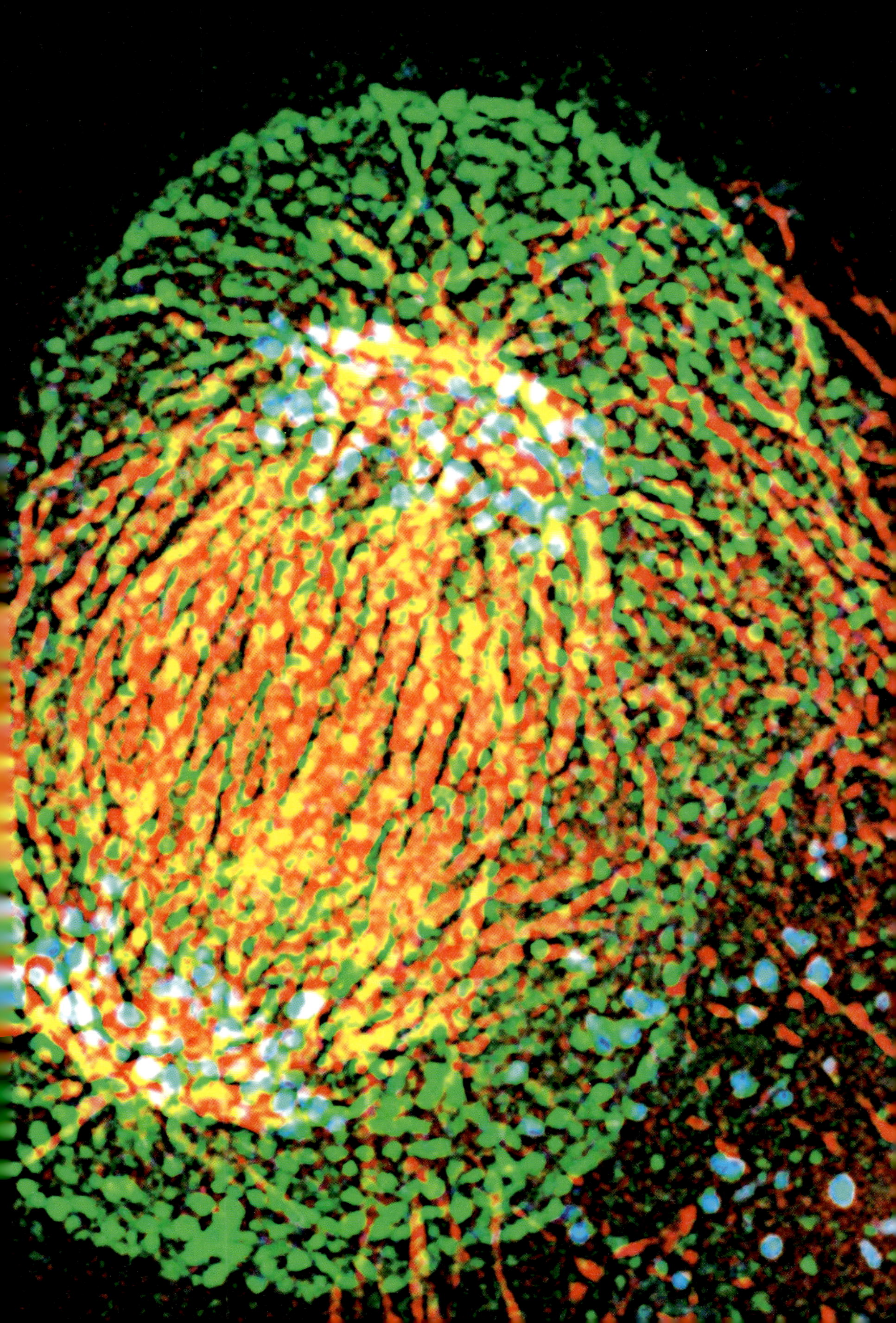

Kreide.
Der Tyrannosaurus rex war einer der größten Raubsaurier der Oberen Kreidezeit; etwa 12–15 m lang und 6 m hoch, lief er auf 2 Beinen; vermutlich war er Jäger und Aasfresser.

tertum bekannte Spielkreisel ist daher kein Kreisel im physikalischen Sinn, da seine Spitze nicht in einem Punkt festgehalten wird, sondern auf einer Fläche frei beweglich ist. In der Praxis wird v. a. die Bewegung **symmetrischer Kreisel** ausgenutzt, zu denen u. a. alle rotationssymmetrischen Körper zählen, sofern das Rotationszentrum auf der Symmetrieachse liegt.

Beim **kräftefreien Kreisel** greifen sämtliche äußeren Kräfte am festgehaltenen Drehpunkt an, Energie und Drehimpuls bleiben bei seiner Bewegung konstant. Der **kräftefreie symmetrische Kreisel** lässt sich z. B. durch einen im Schwerpunkt unterstützten Kreisel oder durch kardanische Aufhängung verwirklichen. Versetzt man einen Kreisel bei festgehaltener Kreiselachse **(Figurenachse, Symmetrieachse)** in Drehung, so bleibt diese Achse, auch nachdem sie freigegeben ist, in Ruhe (raumfest), der Kreisel vollführt eine reine Rotation um die Figurenachse. Im Allgemeinen fallen aber Figurenachse, die durch die Richtung des Drehimpulses festgelegte raumfeste Drehimpulsachse und die momentane Drehachse (bestimmt durch die Winkelgeschwindigkeit ω) nicht zusammen; Figuren- und momentane Drehachse beschreiben je einen Kegel **(Präzessionskegel** beziehungsweise **Rastpolkegel)** um die Drehimpulsachse, die momentane Drehachse beschreibt um die Figurenachse den Gangpolkegel. Diese Bewegung heißt **reguläre Präzession.**

Fällt der Schwerpunkt des Kreisels nicht in den Stützpunkt **(schwerer Kreisel),** so bilden die Schwerkraft und die entgegengesetzt gleiche Auflagerkraft ein äußeres Kräftepaar. Das resultierende Drehmoment (allgemein die Einwirkung äußerer Kräfte beziehungsweise Drehmomente) führt zu einer für den Kreisel charakteristischen Bewegung. Der schnell rotierende Kreisel gibt der Schwerkraft, die versucht, ihn um eine zu seiner momentanen Drehachse senkrechte Achse zu drehen, nicht nach, sondern weicht mit einer heftigen Drehbewegung um eine dazu senkrechte Achse aus, weil sich sein Drehimpuls in jedem Moment mit dem vom Drehmoment der Schwerkraft zusätzlich erzeugten Drehimpuls zu einer Resultierenden zusammensetzt, die um einen kleinen Winkel in der Horizontalen abweicht. Diese Ausweichbewegungen setzen sich zu einer neuen Drehbewegung zusammen. Die allgemeine Bewegung des schweren symmetrischen Kreisels wird bei hoher Drehgeschwindigkeit als **pseudoreguläre Präzession** bezeichnet, weil die Bewegung dann der regulären Präzession ähnelt und sich nur durch die **Nutation,** das heißt kleine Schwankungen der Figurenachse (die sich zwischen zwei Kreiskegeln hin- und herbewegt), unterscheidet.

Die Eigenschaft des Kreisels, jeder Richtungsänderung seiner Drehachse einen starken Widerstand entgegenzusetzen, wird insbesondere für Navigationszwecke genutzt, z. B. mit dem Kreiselkompass, dem →künstlichen Horizont und dem →Wendezeiger; in der Ballistik nutzt man die Kreiselwirkung zur Stabilisierung der Flugbahn von Geschossen. Auch die Erde ist ein großer Kreisel, der wegen der Abplattung an den Polen, der Neigung seiner Rotationsachse und der Gravitationswirkung von Sonne und Mond nicht völlig kräftefrei ist.

Kreisfrequenz, →Winkelgeschwindigkeit.

Kreiskolbenmotor, Rotationskolbenmotor, Verbrennungsmotor mit rotierendem Kolben. Beim **Wankelmotor** (F. →Wankel), der bis jetzt als einziger Kreiskolbenmotor technische Bedeutung hat, bewegt sich ein Drehkolben (Läufer), der in der Form einem Bogendreieck ähnelt, in einem fest stehenden trochoidförmigen Gehäuse. Er führt dabei eine Bewegung aus, die sich aus einer Drehung um seinen eigenen Mittelpunkt und einer Kreisbewegung dieses Mittelpunktes um den Gehäusemittelpunkt zusammensetzt. Alle drei Ecken des Drehkolbens bewegen sich entlang der Gehäusewand. – Vorteile gegenüber dem Hubkolbenmotor: Vibrationsfreiheit (sehr gutes Laufverhalten), kompakte Bauweise, kein Ventilantrieb, günstiger Drehkraftverlauf, geringes Gewicht. Nachteile: schwierige Dichtung zwischen Kolben und Gehäuse, ungünstige Brennraumform mit langen Brennwegen, höherer Kraftstoff- und Ölverbrauch, höhere Herstellungskosten, mehr unverbrannte Kohlenwasserstoffe im Abgas (dafür weniger Stickoxide), kein Dieselmotor möglich.

Kreislauf, *Physiologie:* kurz für →Blutkreislauf.

Kreislaufmotor, Verbrennungsmotor als Antrieb für U-Boote, bei der Überwasser- oder Schnorchelfahrt mit Außenluft, bei der Unterwasserfahrt im Kreislaufbetrieb mit Sauerstoff betrieben. Beim Übergang zur Unterwasserfahrt werden die bisher frei austretenden Abgase durch eine Abgasumschaltklappe in den Abgaskreislauf geleitet und die Frischluftzufuhr abgesperrt. Der Sauerstoffvorrat wird gasförmig, flüssig oder chemisch gebunden (z. B. als Wasserstoffperoxid) mitgeführt.

Kreisprozess, eine Folge von thermodynamischen Zustandsänderungen eines Systems, nach dessen Ablauf Anfangs- und Endzustand übereinstimmen. Gelangt das System vom Anfangszustand 1 zu einem von diesem verschiedenen Zustand 2 auf einem anderen Weg als vom Zustand 2 wieder zurück zum Zustand 1, so wird Wärme in Arbeit umgewandelt (Wärmekraftmaschine) oder unter äußerem Energie-(Arbeits-)Aufwand Wärme von einem tieferen auf ein höheres Temperaturniveau gehoben (Wärmepumpe). Beim **reversiblen Kreisprozess** (z. B. →carnotscher Kreisprozess) durchläuft das System eine Folge von Gleichgewichtszuständen, beim **irreversiblen Kreisprozess** treten Nichtgleichgewichtszustände auf.

Kreuzblütler, Kreuzblütengewächse, Kruziferen, Brassicaceae, Cruciferae, weltweit verbreitete, vielgestaltige Pflanzenfamilie der Zweikeimblättrigen mit rund 3 000 Arten; meist Kräuter oder Stauden; Blüten in Trauben, mit je vier kreuzförmig stehenden, freien Kelch- und Blumenkronblättern; Frucht meist eine Schote oder ein Schötchen. Zu den Kreuzblütlern zählen viele oft sehr alte Nutzpflanzen (z. B. Gartenkresse, Gemüsekohl, Rettich, Raps, Senf) sowie viele Zierpflanzen (z. B. Goldlack, Levkoje).

Kreuzblütler. Goldlack

Kreuzkraut, Greiskraut, Senecio, artenreiche Korbblütlergattung, meist Kräuter oder Halbsträucher; die Blütenkörbchen haben fünfzipfelige Röhren- und meist auch Zungenblüten. Die Früchtchen tragen einen weißlichen Pappus. In Mitteleuropa heimisch sind u. a. das bis 50 cm hohe **Gemeine Kreuzkraut** (Senecio vulgaris), mit hellgelben, meist nur röhrenblütigen Köpfchen, Unkraut; **Jakobskreuzkraut** (Senecio jacobaea), mehrjährig, bis meterhoch, auf Grasland Europas, Nordafrikas und Westasiens. Viele Kreuzkräuter sind Zierpflanzen, z. B. Zinerarie.

Krill. Südlicher Krill

Kreuzspul|instrument, ein elektrisches Messgerät mit zwei gegeneinander verdrehten Spulen, dessen Zeigerausschlag vom Verhältnis der durch die beiden Spulen fließenden Ströme abhängt; Anwendung u. a. zur Leistungs- und Widerstandsmessung.

Kreuzung, *Tier-* und *Pflanzenzucht:* **Kreuzungszüchtung**, die Paarung von Individuen mit unterschiedlichen Erbanlagen; das heißt Rassen, Sorten, Arten.

Kriechstrom, unerwünschter Strom, der entlang der Oberfläche eines Isolierstoffs **(Kriechstrecke)** oder durch Luft **(Luftstrecke)** zwischen zwei Spannung führenden Elektroden beziehungsweise zwischen spannungsführender Elektrode und Erde (z. B. Gehäuse) fließt, wenn das Isolationsvermögen des Isolierstoffes oder der Luft, z. B. durch Feuchtigkeit, herabgesetzt ist.

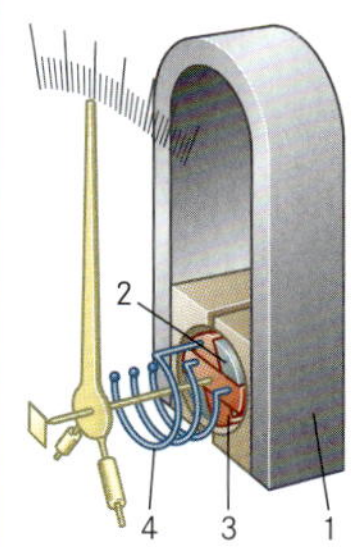

Kreuzspulinstrument. 1 Außenmagnet mit Polschuhen, 2 Weicheisenkern, 3 Kreuzspule, 4 richtkraftfreie Metallbänder als Stromanschluss

Krịll *der,* Bezeichnung für massenhaft in polarnahen Meeren auftretendes tierisches Plankton, bestehend v. a. aus Leuchtkrebsen und Ruderfußkrebsen; dient manchen Fischen (z. B. Heringen) und besonders Bartenwalen als Hauptnahrung; er hat einen hohen Protein-, Vitamin- und Mineralgehalt.

Kristạll [griechisch] *der,* homogener fester Körper, dessen Bausteine (Atome, Ionen, Moleküle) sich während seines Wachstums, der →Kristallisation, aus Schmelzen, Lösungen, Dämpfen oder anderen festen Körpern räumlich-periodisch anlagern, und zwar nach ebenen Flächen, wenn das Wachstum nicht durch die Umgebung behindert wird. Der regelmäßige Aufbau unterscheidet Kristall von quasikristallinen oder amorphen Substanzen wie Gläsern, Flüssigkeiten oder Gasen. Alle Individuen einer Kristallart haben die gleiche Anordnung der Bausteine, das gleiche →Kristallgitter. Frei gewachsene Kristalle sind daher von ebenen Flächen begrenzt, und für jede Kristallart schließen die entsprechenden Flächen stets die gleichen Winkel ein. Die Gesamtform eines Kristalls beurteilt man nach den Kriterien der →Kristalltracht und des →Kristallhabitus. Die

Kristall.
Bergkristall

Abstände der Bausteine (in der Größenordnung 10^{-8} cm) können durch Beugung und Interferenz von Röntgenstrahlung oder mit dem Elektronenmikroskop bestimmt werden. Oft sind sie in verschiedenen Richtungen unterschiedlich; daher sind auch die Eigenschaften der meisten Kristalle richtungsabhängig (Anisotropie der Kristalle). In realen Kristallen **(Realkristalle)** treten immer Abweichungen von der streng periodischen Anordnung der Bausteine auf (**Kristallbaufehler,** Fehlordnungen). Da die physikalischen Eigenschaften (z. B. Festigkeit oder elektrische Leitfähigkeit) stark mit der Zahl der Baufehler variieren, ist die Züchtung (→Kristallzüchtung) möglichst fehlerfreier großer Einkristalle eine wichtige Voraussetzung für die Anwendung der Kristalle, z. B. in der Halbleitertechnik.

Eine Elementarzelle und mit ihr der ganze Kristall können nach verschiedenen symmetrisch zueinander liegenden Richtungen den gleichen Aufbau zeigen **(Kristallsymmetrie).** Die **Symmetrieelemente** (Dreh-, Drehspiegelachsen, Spiegelebenen) können zu mehreren an einem Kristall auftreten; einschließlich der Symmetrielosigkeit und der einzelnen Symmetrieelemente gibt es davon 32 Kombinationen, die 32 **Kristallklassen (Symmetrieklassen),** die den →Kristallsystemen zugeordnet werden können.

An Kristallgittern lassen sich Drehungen und Spiegelungen auch mit Translationen verbinden; aus Drehachsen werden **Schraubenachsen,** aus Spiegelebenen **Gleitspiegelebenen.** Mit diesen Symmetrieelementen ergeben sich 230 Kombinationen **(Raumgruppen, Raumsysteme).** Die Kristallflächen werden durch die reziproken Werte der von ihnen auf den drei Koordinatenachsen abgeschnittenen, in Gitterkonstanten gemessenen Strecken bezeichnet; durch einen gemeinsamen Teiler gekürzt, sind diese Werte meist kleine ganze Zahlen (h, k, l, **millersche Indizes**). Wichtigstes Verfahren zur Untersuchung der Kristallstruktur ist die →Röntgenstrukturanalyse.

Kristallgitter, periodische, dreidimensionale Anordnung von Atomen, Molekülen oder Ionen in festen Stoffen zu gitterförmigen Strukturen **(Kristallstruktur),** in denen die einzelnen Bausteine als Punkte aufgefasst werden. Die Anordnung der Punkte im Kristallgitter lässt sich mit Gittervektoren beschreiben; deren Beträge und die von ihnen eingeschlossenen Winkel sind die **Gitterkonstanten** eines Kristalls. Die kleinstmögliche räumliche Anordnung dieser Gitterkonstanten bildet die für jedes Gitter typische Elementarzelle in Form eines →Parallelepipeds. Ihre Wahl ist willkürlich, erfolgt aber meist entsprechend der äußeren Symmetrie des Kristalls. Durch gesetzmäßige, dreidimensionale Wiederholung der Elementarzelle lassen sich Kristallgitter erzeugen. Man unterscheidet einfache Kristallgitter von zusammengesetzten. Bei einfachen Kristallgittern **(Translationsgitter** oder **Punktgitter)** sind die Gitterpunkte nur mit Bausteinen desselben Elements besetzt, sie wiederholen sich durch Parallelverschiebung gegen die Ausgangslage. Fügt man zu einem reinen Translationsgitter die Gesamtheit aller Punktsymmetrie- und kombinierten Symmetrieelemente hinzu, entsteht ein **Raumgitter.** Geometrisch ergeben sich 7 einfache Raumgitter, deren Gitterpunkte nur eine Art von Kristallbausteinen darstellen. Diese können erweitert werden, indem man zusätzliche Punkte im Zentrum **(innenzentrierte Kristallgitter),** an der Basis **(basiszentrierte Kristallgitter)** oder an den Flächen **(flächenzentrierte Kristallgitter)** annimmt. Insgesamt ergeben sich so die 7 + 7 = 14 so genannten **Bravais-Gitter.** Von diesen ausgehend, erhält man mithilfe der einzelnen Symmetrieoperationen die 230 möglichen Raumgitter.

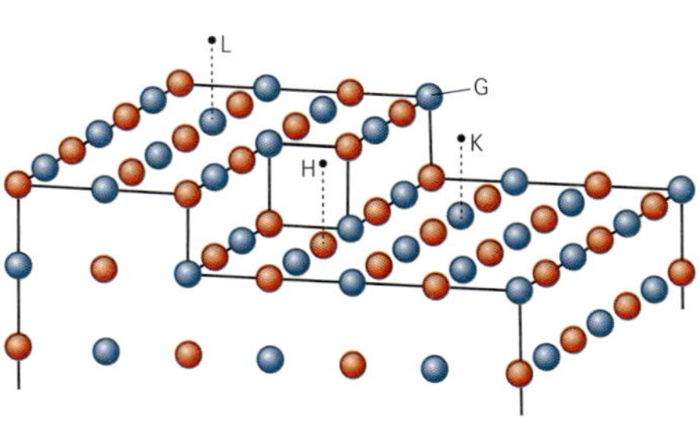

Kristallisation.
Kristallwachstum durch Einbau neuer Gittergeraden und Netzebenen; die begonnene Gerade G wird zunächst bei H fortgesetzt und wächst über den ganzen Kristall, dann wird (etwa bei K beginnend) die nächste Gerade eingebaut, und erst nach Abschluss der ganzen Netzebene wird mit einer neuen Netzebene begonnen (etwa bei L).

Kristallhabitus, kurz **Habitus,** die Kristallgestalt in ihren Grundzügen, z. B. prismatisch gestreckt, säulig, nadelförmig, tafelig.

kristalline Flüssigkeiten Flüssigkristalle, die →flüssigen Kristalle.

Kristallisation [griechisch-lateinisch] *die,* Vorgang der Kristallbildung, ein wichtiges, auch technisches Verfahren zur Herstellung reiner Stoffe (→Kristallzüchtung). Kristalle bilden sich um einen Keim **(Kristallkeim)** durch Substanzanlagerung aus Dämpfen, Schmelzflüssen oder Lösungen, durch Reaktionen und Umwandlungen im festen Zustand und durch Austauschreaktionen. Die Wachstumsgeschwindigkeit ist von den physikalischen (z. B. Temperatur, Sättigungsgrad) und chemischen Bedingungen (Zusammensetzung, Reinheit) in der Schmelze oder Lösung abhängig.

Kristallklassen, →Kristall.

Kristallografie [griechisch] *die,* **Kristallographie, Kristallkunde,** Wissenschaft von Bau, Struktur, chemischen und physikalischen Eigenschaften der →Kristalle.

Kristall|optik, Spezialgebiet der Kristallphysik, das sich mit der Ausbreitung des Lichtes in anisotropen Kristallen und deren Anwendung beschäftigt. In anisotropen Kristallen sind die optischen Eigenschaften von der Ausbreitungsrichtung des Lichtes relativ zu

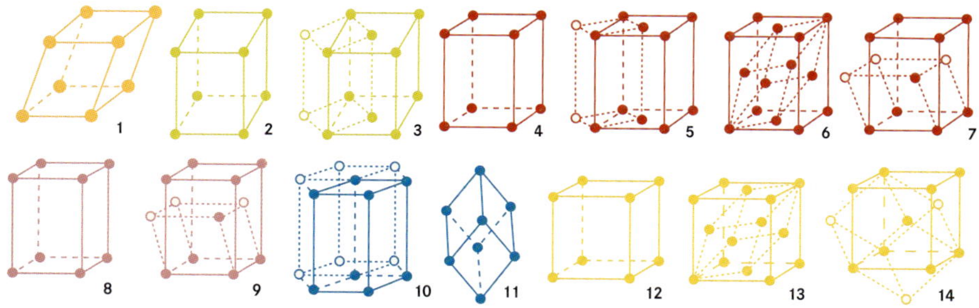

Kristallsysteme. Die Gitterpunkte der sieben einfachen Raumgitter stellen nur eine Art von Kristallbausteinen dar; durch zusätzliche Punkte im Zentrum (innenzentriert), an der Basis (basiszentriert) oder anderen Flächen (flächenzentriert) können die Raumgitter erweitert werden; 1 triklines, 2–3 monokline, 4–7 rhombische, 8–9 tetragonale, 10 hexagonales, 11 rhomboedrisches, 12–14 kubische Gitter.

den Kristallachsen abhängig. In optisch einachsigen Kristallen gibt es eine, in optisch zweiachsigen Kristallen zwei Richtungen, in die sich das Licht wie in isotropen Stoffen ausbreitet **(optische Achsen)**. In allen anderen Richtungen spaltet sich eine Welle in zwei senkrecht zueinander linear polarisierte Wellen unterschiedlicher Geschwindigkeit auf (bei optisch einachsigen Kristallen in den **ordentlichen** und den **außerordentlichen Strahl**). An der Oberfläche anisotroper Kristalle tritt →Doppelbrechung ein. Manche anisotrope Kristalle zeigen →optische Aktivität und →Pleochroismus.

Kristallstruktur, die dreidimensionale periodische Anordnung der Bausteine (Atome, Moleküle, Ionen) von →Kristallen.

Kristallstruktur|analyse, Bestimmung des Aufbaus eines Kristalls, das heißt der räumlichen Anordnung seiner Bausteine (Ionen, Moleküle, Atomrümpfe u.a.), und zwar sowohl der Kerne (Massenschwerpunkte) als auch der dazwischen befindlichen Elektronenwolken. Die Untersuchung erfolgt an Kristallpulvern (→Debye-Scherrer-Verfahren) oder Einkristallen (→Drehkristallmethode, →Laue-Verfahren) mithilfe verschiedener Verfahren, wobei besonders die Beugung von Röntgenstrahlen an der Kristallstruktur (→Röntgenstrukturanalyse) wichtig ist. Aus dem erhaltenen Röntgenbeugungsdiagramm werden die Kristallstrukturdaten ermittelt. Außer Röntgenstrahlen können bei der Kristallstrukturanalyse auch Elektronen- oder Neutronenstrahlen (Elektronenbeugung, Neutronenbeugung) verwendet werden.

Kristallsysteme, Zusammenfassung mehrerer Kristallklassen aufgrund gemeinsamer Symmetrieverhältnisse. Jedes Kristallsystem lässt sich auf ein bestimmtes kristallografisches Achsenkreuz beziehen. Diese unterscheiden sich nach Achsenlängen (a, b, c) und Winkeln (α, β, γ), die diese Achsen untereinander bilden. Es gibt insgesamt sieben Einteilungen:

1) triklin:
$a \neq b \neq c$; $\alpha \neq \beta \neq \gamma$; $\alpha, \beta, \gamma \neq 90°$;
2) monoklin:
$a \neq b \neq c$; $\alpha = \gamma = 90°$, $\beta \neq 90°$;
3) rhombisch: $a \neq b \neq c$; $\alpha = \beta = \gamma = 90°$;
4) tetragonal: $a = b \neq c$; $\alpha = \beta = \gamma = 90°$;
5) kubisch: $a = b = c$; $\alpha = \beta = \gamma = 90°$;
6) hexagonal (4 Achsen): $a_1 = a_2 = a_3 \neq c$; $\sphericalangle(a_1, a_2) = \sphericalangle(a_2, a_3) = \sphericalangle(a_3, a_1) = 120°$; $\sphericalangle(a_1, c) = \sphericalangle(a_2, c) = \sphericalangle(a_3, c) = 90°$;
7) rhomboedrisch:
$a = b = c$; $\alpha = \beta = \gamma \neq 90°$.

Das hexagonale Kristallsystem lässt sich auf ein trigonales Kristallsystem mit drei Achsen reduzieren, die zu den Kanten eines Rhomboeders parallel laufen. (→Kristall, →Kristallgitter)

Kristalltracht, kurz **Tracht,** Gesamtheit aller an einem Kristall entwickelten Flächen (Formen).

Kristallzüchtung, die synthetische Herstellung von Einkristallen für wissenschaftliche und technische Zwecke, z.B. von Siliciumkristallen für Transistoren und integrierte Schaltkreise, von Industriediamanten für die Materialbearbeitung, von Quarz für die Frequenzstabilisierung von elektrischen Schwingkreisen oder von optischen Kristallen für die Lasertechnik und nichtlineare Optik.

■ **Verfahren** Die Kristallzüchtung aus der flüssigen Phase **(Schmelz-Zieh-Verfahren)** geht von in die Schmelze eingebrachten Keimen (so genannten Impfkristallen) aus. Beim **Czochralski-Verfahren** werden zylindrische Einkristalle (z.B. von Germanium) durch gleichförmiges Herausziehen aus der Schmelze gewonnen. Beim **Bridgman-Verfahren** wächst der Einkristall in der zur Schmelztiegelbewegung entgegengesetzten Richtung. Rubine und Spinelle werden nach dem **Verneuil-Verfahren** gezüchtet, bei dem das feinkörnige Ausgangsmaterial in einer Knallgasflamme geschmolzen wird. Der Einkristall wächst durch Absenken eines Schamottestiftes. Beim tiegelfreien **Zonenschmelzverfahren** (v.a. zur Reinigung von Silicium und Germanium) wird durch einen zylindrischen kristallinen Stab eine schmale Schmelzzone gezogen. Die Kristallzüchtung aus der Gasphase (z.B. durch Molekularstrahlepitaxie) erfolgt durch Sublimation fester Substanzen und anschließende Kondensation (→Epitaxie). – Abb. S. 651

kritisch, 1) *Kerntechnik:* →kritischer Zustand.

2) *Thermodynamik:* →kritischer Zustand.

kritische Masse, *Kerntechnik:* →kritischer Zustand.

Herbert Kroemer

Rechte Seite: Kristallzüchtung im Tiegelziehverfahren am Institut für Kristallzüchtung im Forschungsverbund Berlin e. V. auf dem Wissenschafts- und Wirtschaftsstandort Berlin-Adlershof. Das Institut entwickelt mono- und multikristalline Materialien für innovative technische Anwendungen und für den Forschungsbedarf. Kristalle gelten als Voraussetzung für die Werkstoffe des 21. Jahrhunderts. Die Materialien finden Anwendung in der Mikro-, Opto-, Leistungselektronik, Sensorik, Fotovoltaik und in Laserapplikationen.

kritischer Zustand, 1) *Kerntechnik:* Zustand eines →Kernreaktors, in dem die Anzahl der durch Kernspaltung entstehenden Neutronen ebenso groß wie die der absorbierten und nach außen entweichenden ist, das heißt, wenn der effektive Vermehrungsfaktor gleich eins ist (→Reaktivität). Der kritische Zustand ist der normale Betriebszustand eines Kernreaktors. – Als **kritische Masse** bezeichnet man diejenige Masse an Kernbrennstoff, die erforderlich ist, damit eine gegebene Reaktoranordnung gerade kritisch wird, das heißt, bei der sich die Kettenreaktion selbst aufrechterhält.

2) *Thermodynamik:* Zustand eines Stoffes, bei dem zwei Phasen gleichzeitig existieren, z. B. bei der Verflüssigung eines Gases die Flüssigkeits- und die Dampfphase, die in allen ihren physikalischen Eigenschaften übereinstimmen. Komprimiert man ein Gas isotherm bei niedriger Temperatur, so scheidet sich ab einem bestimmten Volumen V_g Flüssigkeit ab. Während der Dampfdruck über der Flüssigkeit konstant bleibt, ist schließlich beim Volumen V_f das gesamte Gas kondensiert. Bei höherer Temperatur nähern sich V_g und V_f, bis sie in einem Grenzzustand, dem kritischen Zustand oder **kritischen Punkt,** zusammenfallen und eine Verflüssigung nicht mehr beobachtet wird. Flüssigkeit und Dampf können nicht mehr unterschieden werden. Der kritische Zustand ist durch die Zustandsgrößen **kritischer Druck, kritisches Volumen** und **kritische Temperatur** gekennzeichnet, die für den jeweiligen Stoff charakteristisch sind. Komprimiert man ein Gas isotherm oberhalb der kritischen Temperatur, nehmen zwar Druck und Dichte immer mehr zu, Gas und Flüssigkeit trennen sich aber nicht mehr.

Kroemer, Herbert, deutscher Physiker, * Weimar 25. 8. 1928; seit 1959 in den USA; 1968–76 Professor an der University of Colorado in Boulder, seit 1976 Professor an der University of California in Santa Barbara; Hauptarbeitsgebiet ist die Entwicklung opto- und mikroelektronischer Bauelemente für die Informationstechnologie. Für die Entwicklung von Halbleiterheterostrukturen für die Optoelektronik erhielt Kroemer mit J. Kilby und S. Alferow 2000 den Nobelpreis für Physik.

Krogh, Schack August Steenberg, dänischer Physiologe, * Grenå (Verwaltungsgebiet Århus) 15. 11. 1874, † Kopenhagen 13. 9. 1949; für seine Arbeiten über die Regulationsmechanismen der Blutkapillaren und den Gasaustausch bei der Atmung erhielt er 1920 den Nobelpreis für Physiologie oder Medizin.

Krokodile [griechisch], **Panzerechsen, Crocodylia,** Ordnung der Reptilien mit drei Familien: Echte Krokodile, Gaviale und Alligatoren. Der Schädel hat eine meist lange Schnauze mit Zähnen; Gaumen und innere Nasenöffnung sind weit nach hinten gezogen, wodurch das Atmen durch die Nase bei unter Wasser geöffnetem Maul ermöglicht wird. Der Rumpf ist mit hornigen, zumindest auf dem Rücken verknöcherten Platten bedeckt. Der mehr als rumpflange kräftige Ruderschwanz trägt oben zwei Schuppenkämme, die sich zum Ende hin zu einem Kiel vereinigen. Die Extremitäten sind relativ kurz, die Füße tragen vorn fünf und hinten vier Zehen, die hinteren Zehen sind durch Schwimmhäute verbunden. Krokodile sind vorwiegend Süßwasserbewohner der Tropen und Subtropen; Fleischfresser. Die Weibchen legen bis 100 hartschalige, gänseeigroße Eier in Nesthügel aus Laub und Ästen (einige Echte Krokodile und alle Alligatoren) oder in Sandgruben und bewachen danach das Gelege.

Das westafrikanische **Stumpfkrokodil** (Osteolaemus tetraspis), bis 1,7 m lang, ist kurzschnauzig. Eine stark verlängerte Schnauze besitzt das **Sundakrokodil** (Tomistoma schlegeli). Zu den Krokodilen der Gattung **Crocodylus** gehören das indische **Sumpfkrokodil** (Crocodylus palustris), das afrikanische **Nilkrokodil** (Crocodylus niloticus) und das fast 10 m lange, Brack- und Seewasser bewohnende, indoaustralische **Leistenkrokodil** (Crocodylus porosus). Auffallend langschnauzig ist das amerikanische **Spitzkrokodil** (Crocodylus acutus).

Wegen des Krokodilleders werden Krokodile stark bejagt und sind in ihrem Bestand gefährdet. Um den Lederbedarf zu decken, werden Krokodile gezüchtet. – Abb. S. 652

Kroll-Verfahren, ein von dem luxemburgischen Metallurgen Wilhelm Kroll (* 1889, † 1973) entwickeltes Verfahren zur Gewinnung schwer reduzierbarer Metalle, besonders von Titan und Zirkon.

Krone [aus lateinisch corona »Kranz«], **1)** *Botanik:* der obere auf den Stamm folgende, mehr oder weniger ausladende Teil des Baumes. Auch Bezeichnung für die Gesamtheit der Kronblätter der Blüte der Bedecktsamer.

2) *Technik:* **Bohrkrone,** mit Hartmetall oder Diamanten besetzte Schneide eines Bohrwerkzeugs.

Kronglas, ein →optisches Glas.

Kropf, Ingluvies, *Zoologie:* die Aussackung der Speiseröhre, in der besonders bei Körner fressenden Vögeln (z. B. Hühner, Tauben) die Nahrung durch Sekrete erweicht wird. Bei Wirbellosen werden als Kropf Erweiterungen im vorderen Abschnitt des Verdauungskanals mit unterschiedlicher Funktion bezeichnet.

Kröten, Bufonidae, weltweit verbreitete Familie der Froschlurche, mit gedrungenem Körperbau. Kröten haben ein zahnloses Maul, ihre Pupille steht horizontal. Die Haut ist häufig mit warzigen Drüsen versehen, in der Ohrregion kommen oft verdickte Drüsenfelder (Ohrdrüsen) vor. Das Hautsekret ist häufig giftig und kann von einigen Arten (z. B. Agakröten) mehrere Zentimeter weit aus den

Krokodile. Leistenkrokodile

Ohrdrüsen herausgespritzt werden. Kröten haben relativ kurze Beine, springen kaum, können jedoch meist gut graben. Sie sind im Allgemeinen Bodenbewohner, selten leben sie auf Bäumen oder im Wasser. Die meisten Arten suchen das Wasser nur zur Fortpflanzung auf und legen dort ihre Eier als Laichschnüre ab. Sie ernähren sich von Würmern, Insekten und deren Larven. Mitteleuropäische Arten: die schwarzbraun bis gelbgrau gefärbte **Erdkröte** (Bufo bufo); auf hellem Grund dunkelgrün gefleckt mit vielen roten Warzen die **Wechselkröte** (Bufo viridis); die **Kreuzkröte** (Bufo calamita) mit olivgrüner Oberseite mit rötlich grauen Flecken und heller Rückenlinie.

Kroto ['krəʊtəʊ], Sir (seit 1995) Harold, britischer Chemiker, * Wisbech (County Cambridgeshire) 7. 10. 1939; entdeckte bei der Laserverdampfung von Graphit die →Fullerene, wofür er 1996 gemeinsam mit Robert Curl und Richard Smalley den Nobelpreis für Chemie erhielt.

Kryal *das, Ökologie:* der Lebensraum von Organismen im Bereich von Gletschern und ihren Abflüssen.

Kryoflora, Algenflora (meist Grün- oder Kieselalgen), die sich auf längere Zeit unveränderten Altschneedecken im Hochgebirge oder Eis in Polarregionen entwickeln kann.

kryogene Gase, zur Erzeugung tiefer Temperaturen durch →Gasverflüssigung gewonnene Kühlmittel, die sich unter Normdruck bei einer kritischen Temperatur unterhalb der Raumtemperatur verflüssigen. Häufig verwendet werden z. B. die Gase Stickstoff, N_2 (Siedetemperatur bei Normdruck 77,3 K), Parawasserstoff (20,3 K) oder Helium, ^4He (4,2 K). Als Kühlmittelstandard wird in der Regel Helium verwendet. Luft eignet sich im Allgemeinen nicht als kryogenes Gas, da die Bestandteile bei unterschiedlichen Temperaturen in feste Phasen kondensieren, was in Kühlsystemen zu Verunreinigungen führen kann.

Nicht alle Temperaturbereiche lassen sich mithilfe von kryogenen Gasen abdecken. Die Temperaturbereiche zwischen den Siedepunkten werden durch **Kaltgaskühlung** überbrückt; dabei wird die tiefe Temperatur des aus der gewonnenen Flüssigkeit wieder verdampften Restflussgases ausgenutzt.

Kryogentank, wärmeisolierter Behälter zum Transport von bei Normaldruck und sehr tiefen Temperaturen verflüssigten Gasen, z. B. Erdgas bei etwa −160 °C.

Kryohydrat [griechisch], wässrige Salzlösung (Kältemittel) im eutektischen Mengenverhältnis (Eutektikum), bei der der Schmelz- oder Erstarrungsvorgang am eutektischen Punkt (bei einem Kryohydrat auch **kryohydratischer Punkt** genannt) wie bei einer reinen Substanz bei einer konstanten Temperatur erfolgt.

Kryon [griechisch] *das, Ökologie:* Bezeichnung für Lebensgemeinschaften (Biozönosen) im Bereich von Gletschern und Gletscherabflüssen. **Eukryon** bezeichnet die Lebensgemeinschaften auf Gletscheroberflächen und Firnschneefeldern. Unter **Metakryon** versteht man die Lebensgemeinschaften in Gletscherabflüssen, v. a. mit Gletscherbachzuckmückenlarven. **Hypokryon** ist der Name für Lebensgemeinschaften in mittleren und unteren Bereichen von Gletscherabflüssen, gekennzeichnet durch das gewässerabwärts aufeinander folgende Hinzukommen von Zuckmücken, Kriebelmücken, Köcher-, Eintags-, Steinfliegen.

Kryopumpe, Vakuumpumpe zur Erzeugung von Hoch- und Ultrahochvakuum durch Kühlen der Wand des Vakuumbehälters mithilfe verflüssigter Gase auf extrem niedrige Temperaturen; an der Wand werden in fester Form Gasmoleküle durch Kondensation niedergeschlagen.

Kryoskopie [griechisch] *die,* Methode zur Bestimmung der Molmasse von gelösten Stoffen aus der Herabsetzung des Gefrierpunktes der Lösung gegenüber dem des reinen Lösungsmittels.

Kryosphäre, Bezeichnung für die die Erde bedeckenden Eismassen.

Kryostat [griechisch] *der,* Kühlgerät mit Regeleinrichtung zur Erzeugung möglichst konstanter niedriger Temperaturen, arbeitet meist mithilfe von verflüssigten Gasen.

Kryotechnik, Tieftemperaturtechnik, Teil der Kältetechnik und Anwendungsgebiet der →Tieftemperaturphysik; umfasst die Verfahren, Geräte und Anlagen zur Erzeugung, Messung und technischen Nutzung tiefer Temperaturen bis in die Nähe des absoluten Nullpunktes, v. a. die Anwendung verflüssigter Gase in der Lebensmittel- und pharmazeutischen Industrie, in der Metallurgie und Raumfahrt.

Kryptogamen [griechisch], die →Sporenpflanzen.

Kryptografie *die,* **Kryptographie,** →Kryptologie.

Kryptologie *die,* Wissenschaft, deren Aufgabe die Entwicklung von Methoden zur Verschlüsselung (Chiffrierung) von (geheimen) Informationen **(Kryptografie)** und deren mathematische Absicherung gegen unberechtigte Entschlüsselung (Dechiffrierung) ist **(Kryptoanalyse).** Als interdisziplinärer Zweig der Informatik weist die Kryptologie enge Beziehungen zur Mathematik, v. a. zur Komplexitäts- und zur Zahlentheorie, auf. – Unter dem Aspekt der Datensicherheit hat das Interesse an der Kryptologie erheblich zugenommen. Grundprobleme bei der Entwicklung von Verschlüsselungsverfahren sind dabei: Vertraulichkeit (Schutz der Daten vor unberechtigter Kenntnisnahme), Authentisierung und Identifikation (Schutz der Daten vor unerkannter Veränderung, eindeutige Zuordnung ihrer Urheberschaft), Anonymität (Schutz vor dem Bekanntwerden des Absenders und Empfängers von Daten).

Chiffriermethoden dienen dazu, eine zu übertragende Nachricht **(Klartext)** so zu verschlüsseln, dass sie nur mithilfe einer entsprechenden Vorschrift **(Schlüssel)** vom Empfänger rekonstruiert werden kann. Das Verschlüsselungsverfahren **(Kryptoalgorithmus)** beruht auf einer Verschlüsselungsfunktion *V,* die jedem Klartext einen verschlüsselten Text **(Schlüsseltext)** zuordnet, und einer Entschlüsselungsfunktion *E,* die umgekehrt Schlüsseltexte in Klartext überführt. Den Funktionen *V* und *E* liegt eine Vorschrift zugrunde, wie einzelne Zeichen zu ver- und entschlüsseln sind. Verfahren, bei denen Sender und Empfänger den gleichen Schlüssel verwenden, nennt man **symmetrische Schlüsselverfahren** (z. B. für geschlossene Benutzergruppen). **Asymmetrische Schlüsselverfahren** verwenden mathematisch zusammenhängende Schlüsselpaare, bei denen ein geheimer Schlüssel unausforschbar gespeichert wird und ein öffentlicher Schlüssel allgemein verfügbar ist (so genannte **Public-Key-Kryptosysteme**). Der Sender chiffriert seine Nachricht mit dem öffentlichen Schlüssel des Empfängers, dieser wiederum kann die Nachricht mit seinem geheimen, nur ihm bekannten Schlüssel dechiffrieren. Das **RSA-Verfahren** (nach R. Rivest, A. Shamir, L. Adleman, 1978), bekanntestes Beispiel eines solchen Verfahrens, beruht auf der Primfaktorzerlegung natürlicher Zahlen.

In der Quantenkryptografie werden Verfahren zur Verschlüsselung geheimer Nachrichten verwendet, die auf den Gesetzen der Quantentheorie beruhen.

Krypton [griechisch] *das,* chemisches Symbol **Kr,** chemisches Element aus der Gruppe der Edelgase. Ordnungszahl 36, relative Atommasse 83,80, Dichte 3,733 g/l, Schmelzpunkt −157,36 °C, Siedepunkt −153,22 °C. Das farb- und geruchlose Gas ist eines der seltensten Elemente (in der Luft mit 0,0001 Volumenprozent enthalten), es wird durch fraktionierte Destillation aus Rückständen der Luftverflüssigung gewonnen.

Verwendung findet Krypton zur Füllung von Glühlampen (Kryptonlampen) sowie Halogenlampen und Niederdruck-Quecksilberdampflampen. Krypton ist wie alle Edelgase sehr reaktionsträge, bildet aber unterhalb −78 °C das Kryptondifluorid, KF_2, eine beständige kristalline Substanz, die im chemischen Labor als starkes Oxidationsmittel verwendet wird. Das instabile Kryptonmonofluorid, KrF, findet Anwendung in Lasern. Das radioaktive Isotop ^{85}Kr (β-Strahler, Halbwertszeit 10,76 Jahre) wird durch kerntechnische Anlagen freigesetzt.

K-Schale, die zur Hauptquantenzahl $n = 1$ gehörende innerste Hauptschale der →Atome, die maximal zwei Elektronen aufnehmen kann.

kt, Einheitenzeichen für Kilotonne, als **kt TNT** (Kilotonne Trinitrotoluol) zur Angabe der Sprengkraft von Kernwaffen.

Kt, Einheitenzeichen für Karat.

Kugelblitz, seltene Erscheinungsform des Blitzes in Gestalt einer leuchtenden Kugel von Tennis- bis Fußballgröße, bewegt sich langsam rollend oder springend nahe der Erdoberfläche; manchmal geräuschlos verschwindend, auch mit lautem Knall explodierend; noch nicht eindeutig erklärt.

Kugelfische, Tetraodontidae, Familie 6–90 cm langer, oft bunter Korallenfische in warmen Meeren; mit vier breiten Zahnplatten, die zum Aufbrechen der Gehäuse von Schnecken, Muscheln, Krebsen dienen. Kugelfische können sich (durch Luft- oder Wasseraufnahme in einen Luftsack) kugelig aufblasen und wirken dadurch abschreckend auf manche Raubfische. Sie werden in Japan trotz Giftigkeit (Tetrodotoxin) nach spezieller Zubereitung (Fugu) gegessen.

100563

Kryptologie. Die Chiffriermaschine Enigma wurde während des Zweiten Weltkriegs von der deutschen Wehrmacht und Marine zum Verschlüsseln von Funksprüchen eingesetzt (München, Deutsches Museum)

100674

Kugelfische. Gepunkteter Igelfisch

Kühler, *Labortechnik:* zum Abkühlen und Kondensieren von Dämpfen verwendetes Laborgerät. Die meist aus Glas hergestellten Kühler arbeiten im Allgemeinen mit kaltem Wasser als Kühlmittel, das dem zu kühlenden Stoff in einem gesonderten System (Kühlmantel) entgegenströmt. Häufig verwendete Formen sind z. B. Liebig-Kühler, Kugelkühler und Schlangenkühler. Nach der Funktion unterscheidet man zwischen **Produktkühlern,** die die bei einer Destillation auftretenden Dämpfe als Kondensat in die Vorlage ableiten, und **Rückflusskühlern,** die die Dämpfe vollständig in den Siedekolben zurückführen.

Kühlschrank, gegen Wärmeeinfall isolierter Behälter in Schrankform, dessen Innenraum durch eine →Kältemaschine gekühlt wird. Als Wärmedämmung zwischen innerer Auskleidung und Stahlblechgehäuse wird heute meist ein Polystyrolschaumstoff verwendet. Bei den am häufigsten verwendeten **Kompressionskühlschränken** besteht der Kühlsatz aus einem kleinen Kompressor, der zusammen mit dem antreibenden Elektromotor hermetisch gekapselt ist, und dem luftgekühlten Kondensator, in dem die abgeführte Wärme anfällt. Vom Kondensator aus gelangt das flüssige →Kältemittel über ein als Drosselorgan dienendes Kapillarrohr in den Verdampfer. Der Verdampfer (Tiefkühlfach) wird mit einer Klappe verschlossen. So entsteht ein Fach mit einer gegenüber der übrigen Innentemperatur des Kühlschranks wesentlich niedrigeren Temperatur.

Bei der Entsorgung von Kühlschränken muss heute das Kältemittel (FCKW, FKW) umweltschonend entfernt werden. Neuere Geräte müssen laut der 1991 in Kraft getretenen FCKW-Halon-Verbotsverordnung FCKW-frei sein.

Kühlung, Temperaturerniedrigung eines Stoffes durch Wärmeentzug (z. B. beim →Peltier-Effekt oder →Verdampfen) beziehungsweise durch Wärmeabgabe an ein Medium geringerer Temperatur, z. B. Luft, Wasser, das sich dabei erwärmt. Kühlung kann u. a. aus werkstofftechnischen (Festigkeit, Ausdehnung), schmiertechnischen oder chemisch-physikalischen Gründen notwendig sein. Allgemein versteht man in der Technik darunter die Abführung von Verlustwärme aus Maschinen und Geräten oder von deren Oberfläche an die Umgebung. Zum Wärmetransport wird ein flüssiges oder gasförmiges Kühlmittel, besonders Luft (»Belüftung«) verwendet.

Kuhn, Richard, deutscher Chemiker, * Wien 3. 12. 1900, † Heidelberg 31. 7. 1967; war seit 1929 Direktor des Instituts für Chemie im

Kühlschrank Einsteins Volkskühlschrank

100562

Albert Einstein wird vor allem als genialer Theoretiker verehrt, er war aber auch ein durchaus praktisch orientierter Erfindergeist.

Zusammen mit dem ungarischen Physiker Leo Szilard entwickelte er z. B. einen »Automatischen Beton-Volks-Kühlschrank«. Motiviert waren die beiden Wissenschaftler, so die Legende, durch den tödlichen Unfall einer Familie, die durch austretende Verdampferflüssigkeit ihres undichten Kühlschranks vergiftet worden war. Einstein und Szilard zogen aus diesem Ereignis den Schluss, dass ein sicheres Gerät ohne bewegte, verschleißanfällige Teile und mit kontrollierter Entsorgung des Betriebsmittels konzipiert werden müsste. Sie meldeten mehrere Patente an, von denen eines 1928 von der Hamburger Firma Citogel GmbH realisiert wurde.
Vor kurzem wurde die Erfindung vom Physikalischen Institut der Universität Oldenburg nachgebaut (Bild). Das Gerät kommt ohne Elektrizitätsversorgung aus und nutzt den Wasserdruck des Leitungsnetzes als Energiequelle; der Kühleffekt ergibt sich durch das Verdunsten eines Kohlenwasserstoffs, der am Ende des Kühlprozesses mit dem Abwasser entsorgt wird. Der gravierendste Nachteil des Einstein-Szilard-Kühlschranks ist sein hoher Wasserverbrauch von bis zu 300 Litern pro Stunde – wohl deswegen ging er nie in Serie.

Kaiser-Wilhelm-Institut (seit 1948 Max-Planck-Institut) für medizinische Forschung in Heidelberg; erhielt für seine Arbeiten über Carotinoide und Vitamine 1938 den Nobelpreis für Chemie.

Kuhpocken, Rinderpocken, virusbedingter, akuter, mild verlaufender Hautausschlag bei Rindern (besonders am Euter); eine Übertragung auf den Menschen ist möglich.

Küken, *Biologie:* das Geflügeljunge bis zum Alter von acht Wochen.

kultivieren, urbar machen (Brachland).

Kultur, auf geeigneten Nährböden gezüchtete Bakterien oder Zellarten; auch das Züchtungsverfahren selbst.

Kulturflüchter, Pflanzen- und Tierarten, die nur außerhalb des menschlichen Kulturbereichs gedeihen und daher mit dessen Ausbreitung verschwinden; z. B. Elch, Biber, Schwarzstorch.

Kulturfolger, Pflanzen- und Tierarten, die aufgrund der günstigeren Lebensbedingungen den menschlichen Kulturbereich als Lebensraum bevorzugen. Auch ihre Verbreitung verdanken sie weitgehend dem Menschen; z. B. Schuttpflanzen, Sperling, Amsel.

Kulturpflanzen, planmäßig zur Nutzung als Nahrungsmittel oder Rohstoff angebaute Pflanzen, deren Ertragsfähigkeit gegenüber den Wildformen durch Auslese und Züchtung ständig gefördert wird. Abhängig vom Hauptverwendungszweck werden unterschieden: Nahrungsmittel-, Genussmittel-, Gewürz-, Arzneipflanzen u. a. Nach den Formen des Anbaus wird unterteilt in landwirtschaftliche, gärtnerische und forstwirtschaftliche Kulturpflanzen. Die wichtigsten sind die landwirtschaftlichen Kulturpflanzen wie Körnergewächse (Mehl- und Hülsenfrucht-, im weiteren Sinn Ölfruchtarten), Blatt-, Blüten-, Knollen-, Wurzelgewächse, Faser-, Grünfutterpflanzen.

Kumulene, Cumulene, ungesättigte organische Verbindungen mit einer größeren Anzahl direkt benachbarter (kumulierter) Doppelbindungen. Das einfachste Kumulen ist das Allen.

Kundt, August Adolph Eberhard, deutscher Physiker, * Schwerin 18. 11. 1839, † Israelsdorf (heute zu Lübeck) 21. 5. 1894; Professor in Zürich, Würzburg, Straßburg und Berlin; Arbeiten über die Schallgeschwindigkeit in festen Körpern und Gasen, wies mit W. C. Röntgen 1879 die magnetische Drehung der Polarisationsebene des Lichtes für Gase nach.

Kundt-Effekt [nach A. Kundt], die außerordentlich starke Drehung der Polarisationsebene des Lichtes bei dünnen ferromagnetischen Substanzen (Eisen, Nickel).

Kunstdünger, die synthetischen →Düngemittel.

Kunstfasern, umgangssprachlich für →Chemiefasern.

Kunstharze, →Harze.

Kunstkautschuk *der,* andere Bezeichnung für →Synthesekautschuk.

künstliche Besamung, Samenübertragung, *Tierzucht:* die künstliche Übertragung von Sperma in den Uterus mittels Pipette oder Samenkatheter anstelle einer natürlichen Begattung (fälschlich auch künstliche Befruchtung genannt). Das Sperma wird in Besamungsstationen gewonnen, es kann entweder mehrere Tage bei niedrigen Temperaturen (2–5 °C) aufbewahrt (Frischsamen) oder, in der Regel bei Rindern und Pferden, durch Tiefgefrieren bei −196 °C in flüssigem Stickstoff konserviert werden, ohne dass die Spermien ihre Funktionsfähigkeit verlieren. Züchter sehen die Vorteile dieser Methode v. a. darin, dass aufwendige Tiertransporte entfallen und von hochwertigen Vatertieren sehr viel mehr Nachkommen produziert werden können. Auch außerhalb des Körpers stattfindende Besamungen (extrakorporale Insemination) werden vorgenommen, mit nachfolgendem Embryotransfer, ebenso der Embryotransfer nach vorheriger Embryoausspülung.

100674

Kulturfolger. Die Amsel war früher ein reiner Waldvogel. Seit Mitte des 18. Jahrhunderts hat sie sich auch in siedlungsnahen Parkanlagen sowie Gärten angesiedelt, was sie zu einem Kulturfolger werden ließ.

Künstliche Intelligenz, siehe Sonderartikel Seite 658.

künstlicher Horizont, Kreiselhorizont, *Luftfahrt:* Flugzeugbordinstrument, das die Lage (Längs- und Querneigung) des Flugzeugs im Verhältnis zur Horizontlinie anzeigt. Der künstliche Horizont ersetzt dem Flugzeugführer beim Instrumentenflug den natürlichen Horizont. Die Stellung eines mit einem kardanisch gelagerten Kreisel, der bei allen Flugbewegungen seine Lage im Raum beibehält, verbundenen Horizontalbalkens zu einem Flugzeugsymbol zeigt die relative Lage des Flugzeugs an. Eine Kombination von künstlichem Horizont und →Wendezeiger heißt **Wendehorizont.**

Kunstseide, →Chemiefasern.

Kunststoffe, Polymerwerkstoffe, Plaste, englisch **plastics,** Werkstoffe, deren Hauptbestandteile synthetisch oder durch Umwandlung von Naturstoffen hergestellte, meist organische Polymere sind. Synthetische

Polymere lassen sich durch →Polymerisation, →Polykondensation oder →Polyaddition aus einfachen Molekülen (Monomeren) aufbauen. Die molaren Massen liegen im Allgemeinen zwischen 10 000 und 1 Mio. g/mol. Je nachdem, ob die entstehenden Makromoleküle aus gleichartigen oder unterschiedlichen Struktureinheiten aufgebaut sind, spricht man von Homo- oder Copolymeren. Von den natürlichen Polymeren, die durch Modifizierung in Kunststoffe umgewandelt werden, hat Cellulose die größte Bedeutung (Celluloseester). Jedoch werden zunehmend auch andere **Biokunststoffe** oder biologisch abbaubare Werkstoffe wichtiger, z. B. Polyhydroxybuttersäuren sowie die Milchsäure, die zu Polymilchsäure verarbeitet wird.

Bei ausreichend hoher Temperatur sind die Molekülketten von Polymeren beweglich und streben eine Knäuelform an. Der Kunststoff ist dann kautschukelastisch bis plastisch. Beim Abkühlen vermindert sich die Kettenbeweglichkeit und damit die Verformbarkeit des Polymeren. Diese Eigenschaft wird durch die **Glasübergangstemperatur (Einfriertemperatur)** gekennzeichnet. Unterhalb dieser geht der Kunststoff in einen glasig-harten Zustand über. Die Molekülketten bleiben dabei ungeordnet (etwa wie die Fäden in einem Wattebausch), d. h., der Kunststoff ist amorph. Bei regelmäßiger Anordnung der Strukturelemente in der Molekülkette können Polymere kristallisieren. Die regelmäßige Anordnung der Molekülketten wird allerdings durch ihre geringe Beweglichkeit behindert, sodass meist amorphe Teilbereiche zwischen geordneten Bereichen bestehen bleiben. Der Kunststoff ist dann teilkristallin. Flüssigkristalline Kunststoffe bestehen aus starren Molekülketten, die in der Schmelze oder in Lösung parallel zueinander angeordnet sind.

■ **Klassifizierung** Die Klassifizierung von Kunststoffen erfolgt meist aufgrund ihres Verhaltens in der Wärme. **Thermoplaste** sind amorphe oder teilkristalline Kunststoffe, deren Moleküle nicht miteinander vernetzt sind. Dadurch können oberhalb der Glasübergangstemperatur ganze Moleküle ihren Platz wechseln, d. h., Thermoplaste sind in der Wärme plastisch verformbar. Sie lassen sich schmelzen und schweißen und sind außerdem in geeigneten Lösungsmitteln quellbar und mehr oder weniger gut löslich. Zu den Thermoplasten gehören die »Standardkunststoffe« Polyethylen, Polypropylen, Polystyrol und Polyvinylchlorid, aber auch wichtige technische Kunststoffe (z. B. Polyamide, Polycarbonate). **Elastomere (Elaste)** sind vorwiegend amorphe Polymere mit Glasübergangstemperaturen unterhalb der Raumtemperatur. Ihre Moleküle sind weitmaschig vernetzt. Dadurch wird zwar der Platzwechsel von Molekülen und damit die plastische Verformung verhindert, die Beweglichkeit von Kettensegmenten bleibt aber erhalten, sodass elastische Formänderungen möglich sind. Elastomere sind bei Gebrauchstemperatur gummielastisch (Kautschuk), sie schmelzen nicht und sind unlöslich, aber quellbar. **Duroplaste** (besser **Thermodure**) oder **Duromere** bestehen aus engmaschig vernetzten Molekülen. Innerhalb der dreidimensionalen Struktur sind daher nur geringfügige Abstandsänderungen möglich. Duroplaste sind nicht plastisch verformbar, lassen sich nicht schmelzen und schweißen und sind unlöslich. Zu ihnen gehören Phenolharze, Aminoplaste, Epoxidharze und Polyurethane.

Polymerlegierungen (Polymerblends) sind mehrphasige Polymermischungen. Besondere Bedeutung haben schlagzähe Polymerlegierungen, bei denen in einer kompakten Polystyrol- oder Polyamid-Hartphase ein weiches

Kunststoffe **Bioplastik – Ausweg aus den Müllbergen?**

101636

Kunststoffe sind zwar nahezu unbegrenzt einsetzbar, jedoch bereiten die wachsenden Müllberge und die schrumpfenden Erdölreserven zunehmend Probleme. Ein Ausweg könnte die Verwendung von umweltfreundlicherem Bioplastik sein. In Japan werden bereits in Pullulan verpackte Lebensmittel angeboten. Pullulan ist ein durch Pilze produzierte Biopolymer. Aus ihm lassen sich Folien herstellen, die das Verpackte luftdicht abschließen und damit haltbar machen.
Neben der Schonung der Rohstoffreserven bietet Pullulan noch ein weiteren Vorteil. Da es im feuchten Zustand von Mikroben abgebaut werden kann, trägt es nicht zum weiteren Anwachsen der Müllberge bei. Andere umweltschonende Biopolymere sind ebenfalls auf dem Vormarsch. Zu ihnen gehören Polymilchsäure, aus denen man z. B. Einweggeschirr herstellen kann, und Pflanzenstärke, die sich zur Herstellung von Obstnetzen eignet.

Elastomer (z. B. Polybutadien) fein verteilt ist **(ABS-Polymerisate).**

■ **Kunststoffrecycling** Die weitere Entwicklung der Kunststofftechnik wird u. a. davon abhängen, ob das Recycling von **Kunststoffabfällen** befriedigend gelöst werden kann. Derzeit werden davon nur knapp 1% wiederverwertet. Kunststoffe sind nicht wasserlöslich und verrotten auf einer Mülldeponie praktisch nicht.

In den letzten Jahren hat es viele technische Neuentwicklungen und Verbesserungen von Verfahren zum Verwerten von Altkunststoffen gegeben. Eine technische Neuentwicklung ist die Nahinfrarotidentifikation, bei der die Kunststoffe in ihrer Polymerstruktur analysiert werden können. Derzeit werden drei Möglichkeiten der Wiederverarbeitung von Kunststoffen unterschieden: das werkstoffliche, das rohstoffliche und das energetische Verwerten. Unter **werkstofflichem Verwerten** versteht man die direkte Wiederverwendung für neue Produkte, wobei aus den Altkunststoffen erst Recyclate hergestellt werden. Beim **rohstofflichen Verwerten** werden die Altkunststoffe mithilfe thermischer oder chemischer Verfahren in ihre chemischen Grundbestandteile zerlegt, die als Rohstoffe wieder verwendet werden können. Unter dem **energetischen Verwerten** wird die Verbrennung verstanden.

Kupfer *das* (lateinisch **Cuprum**), chemisches Symbol **Cu,** metallisches Element aus der 1. Nebengruppe des Periodensystems, Ordnungszahl 29, relative Atommasse 63,546, Dichte (bei 20 °C) 8,96 g/cm^3, Schmelzpunkt 1 084 °C, Siedepunkt 2 562 °C.

Das Schwermetall Kupfer ist relativ weich, sehr zäh und dehnbar; es ist (nach Silber) der beste Strom- und Wärmeleiter. In feuchter Luft überzieht sich das glänzend hellrote Kupfer mit einer grünen Schicht von basischem Kupfercarbonat (Patina). Durch Einwirkung von Essigsäure entsteht der giftige Grünspan (basisches Kupferacetat). Gediegenes Kupfer findet sich verhältnismäßig rein am Oberen See (USA); daneben gebunden in Form zahlreicher Oxide, Sulfide und Carbonate. Die wichtigsten Kupferminerale sind: Kupferkies (Chalkopyrit), Bornit, Rotkupfererz (Cuprit), Malachit, Kupferlasur (Azurit), Atacamit. In der Erdkruste sind im Mittel 0,007% Kupfer enthalten; abbauwürdige Lagerstätten enthalten wenigstens 1% Kupfer.

■ **Verbindungen** In Verbindungen kommt Kupfer ein- und zweiwertig vor. **Kupfer(II)-oxid,** CuO, schwarzes Pulver, das beim Glühen von Kupfersalzen entsteht, dient als grüne Porzellanfarbe und zur Herstellung grüner Gläser. Es ist ein kräftiges Oxidationsmittel, das oberhalb 800 °C unter Sauerstoffabspaltung in **Kupfer(I)-oxid,** Cu_2O, übergeht. **Kupferhydroxid,** $Cu(OH)_2$, ist ein blaugrüner Niederschlag, der bei Zugabe von viel Alkalilauge zu Kupfer(II)-salzlösungen entsteht und unter verschiedenen Namen als Malerfarbe dient (Bremer Blau, Bergblau, Braunschweiger, Kalk- oder Neuwieder Blau). Von **Kupfercarbonaten** gibt es zwei Arten: grünes basisches Carbonat (Malachit) und blaues basisches Carbonat (Azunit). **Kupfersulfat, Kupfervitriol,** $CuSO_4 \cdot 5\,H_2O$, tiefblau gefärbte, trikline Kristalle, wird verwendet zur galvanischen Verkupferung, in galvanischen Elementen, zur Herstellung von Kupferfarben, in der Heilkunde als zusammenziehendes Mittel, besonders zur Bekämpfung von Schmarotzern, z. B. Brandpilzen, Peronospora des Weinstocks. **Kupfer(I)-chlorid,** CuCl, wird wegen seines großen Absorptionsvermögens für Kohlenmonoxid in der Gasanalyse verwendet. **Kupfersulfide** sind die beiden Minerale Kupferglanz und Kupferindig. **Kupferammoniakverbindungen, Kupferammine,** ammoniakhaltige, stark blau gefärbte Kupfersalze, entstehen durch Einwirkung von Ammoniak auf Kupfersalze.

50558

Kupfer. Natürliches Kupfer

Kupfer: Förderung von Raffinadekupfer (in 1 000 t)

Land	2001	2002	2003
Chile	2 882	2 850	2 900
China	1 518	1 650	1 800
Japan	1 426	1 401	1 430
USA	1 800	1 510	1 310
Russland	895	870	840
Deutschland	694	696	597
Polen	529	528	530
Peru	472	503	517
Korea	474	500	510
Australien	558	545	484
■ **Welt**	15 700	15 500	15 200

■ **Gewinnung und Verwendung** Kupfererze müssen in der Regel durch selektive Flotationsverfahren auf verhüttungsfähige Konzentrate angereichert werden. Bei der Verhüttung der sulfidischen Flotationsprodukte wird zunächst **Rohkupfer (Schwarzkupfer)** gewonnen. Dazu wird ein Teil des Schwefels durch Abrösten beseitigt und danach das Röstgut mit Kohle und silikathaltigen Zuschlägen verschmolzen. Neben der leichteren, flüssigen Eisensilikatschlacke entsteht schwerer, flüssiger **Kupferstein,** ein Gemisch von Cu_2S und FeS, der in einem Konverter bei 900 °C durch Einblasen von Luft entschwefelt wird; zugesetzter Quarz verschlackt das zuerst oxidierte Eisensulfid zu Eisensilikat. Weiteres »Verblasen« führt zur Umsetzung von entstandenem Kupferoxid mit unverändertem Kupfersulfid unter Bildung von metallischem Kupfer. Das gewonnene Rohkupfer besteht aus

Fortsetzung S. 660

Künstliche Intelligenz

Als »künstliche Intelligenz« (Abkürzung KI, englisch Artificial Intelligence, Abkürzung AI) bezeichnet man einen interdisziplinären Zweig der Informatik, der sich mit der Nachbildung formalisierbarer Aspekte des menschlichen Denkens und Erkennens befasst und sie für Problemlösungen nutzbar machen will, die Intelligenzleistungen voraussetzen. Neben der Informatik prägen Ergebnisse aus Mathematik und Logik, Kognitionswissenschaften, Psychologie, Neurologie, Linguistik und Philosophie den interdisziplinären Charakter der künstlichen Intelligenz.

100562

Der Roboterhund Aibo des japanischen Elektronikkonzerns Sony kann nicht nur bellen, englisch und japanisch sprechen sowie mit dem Ball spielen, sondern auch einen eigenen Charakter entwickeln – je nachdem er von seinem »Herrchen« behandelt wird.

künstliche Intelligenz
→ GEO **Dossier**
»Wir sind das Frühwarnsystem«, Bd. 8

Geschichte der KI

Als Initialzündung für die KI gilt eine Konferenz im Sommer 1956 am Dartmouth College, Hanover (New Hampshire). Die Anfangsphase der KI war geprägt durch eine fast grenzenlose Erwartungshaltung: Intelligenz und Wissen sollten unabhängig von der Trägersubstanz sein, binnen kurzer Zeit sollte es gelingen, beliebige Probleme durch Computer lösen zu lassen, man sprach gar von der Überwindung des Todes durch die KI (»starke KI«).

In den 1960er-Jahren deutete sich aber an, dass diese Prognosen zumindest kurzfristig nicht eintreten würden. Zwar gab es auf einigen Gebieten auch Erfolge, so z. B. bei Strategiespielen (insbesondere Schach), bei der Spracherkennung, bei der mathematischen Symbolverarbeitung und beim logischen Schließen; dennoch schraubte man in den 1970er-Jahren die Ansprüche herunter, die KI-Forschung wandte sich eher pragmatischen Zielen mit konkreten Anwendungsproblemen zu (»schwache KI«).

Schwerpunkte der heutigen KI-Forschung sind künstliche neuronale Netze, Mustererkennung, lernfähige Industrieroboter und das Gebiet der maschinellen Verarbeitung und Generierung von natürlicher Sprache.

Was kann KI schon heute?

Den größten kommerziellen Erfolg hatten bisher Expertensysteme. In einem solchen System wird Expertenwissen (z. B. medizinisches Fachwissen) in Form von Regeln repräsentiert und auf gegebene Fakten angewendet. Dabei kann das System aus den vorhandenen Regeln und den präsentierten Fakten neue Schlüsse ableiten. Es leistet also mehr als eine Datenbank, die gespeichertes Wissen bloß reproduziert. Allerdings beschränkt sich die Intelligenz jeweils auf einen einzigen Anwendungsbereich. Zunehmende Verbreitung finden auch so genannte Assistenzsysteme. Obwohl sie auf Grundlage der gleichen Technologie arbeiten wie Expertensysteme, setzt man sie nicht zur eigentlichen Lösung von Problemen ein, sondern als Werkzeug zur Unterstützung des Menschen bei der Problemlösung.

Mit der Leistungssteigerung der Hardware in den letzten Jahren konnten auch sprachverarbeitende Systeme für den PC-Bereich zugänglich gemacht werden. Heute gibt es zahlreiche Diktier- und Steuerungssysteme, die auf der Basis einer gesprochenen Eingabe entsprechende elektronische Texte erstellen oder Kommandos ausführen. Ihr Wortschatz beträgt zum Teil einige zehntausend Wörter, die sie mit einer Trefferquote von über 95 % erkennen. Ihre Haupteinsatzgebiete sind die Telekommunikation, die Fertigung und der Bürobereich.

Neuronale Netze

Ein (künstliches) neuronales Netz ist ein Netz aus Einzelprozessoren, dessen Architektur dem genz

Aufbau des Gehirns nachempfunden ist. Es soll einerseits bei der Modellierung von bestimmten Hirnprozessen helfen und andererseits Aufgaben lösen, bei denen herkömmliche Rechner dem Menschen nach wie vor deutlich unterlegen sind.
Ein neuronales Netz besteht aus einer verhältnismäßig geringen Anzahl einfacher Prozessoren, die direkt oder mittelbar miteinander verbunden sind. »Gering« bedeutet hier maximal einige Tausend Prozessoren; sie ist damit verschwindend klein gegenüber der Zahl der Nervenzellen im menschlichen Gehirn mit 100 Milliarden Neuronen, zwischen denen etwa 100 Billionen Verbindungen bestehen.
Ein Prozessor im neuronalen Netz wird aktiviert, wenn die Summe aller hereinkommenden Signale einen bestimmten Schwellenwert übersteigt; dabei werden aber die an einem Prozessor eingehenden Signale unterschiedlich gewichtet. Je nach Ort und Funktion im Netz hat das Ausgangssignal eines Prozessors verstärkende oder hemmende Wirkung. Solche Mechanismen finden sich auch in der Verschaltung der Nervenzellen des menschlichen Gehirns.
Wesentliches Merkmal von neuronalen Netzen ist ihre Lernfähigkeit. Ein solches Netz erledigt also eine Aufgabe umso besser, je öfter es diese bearbeitet hat, und kann neue Aufgaben besser erfüllen, wenn es ähnliche Probleme bereits gelöst hat. Die Lernfähigkeit wird dadurch realisiert, dass die Gewichtungsfaktoren für einlaufende Signale sowie die Antwortsignale eines Prozessors so modifiziert werden, dass sie immer besser zur Problemlösung beitragen. Vereinfacht gesagt bedeutet dies, dass während des Lernprozesses erfolgreiche Verbindungen verstärkt, erfolglose dagegen unterdrückt werden. Der »Unterricht« eines neuronalen Netzes kann dabei nach zwei Prinzipien geschehen: entweder mit Überwachung oder automatisch. Ein Beispiel für den ersten Fall ist die Backpropagation, bei der zunächst ein Eingabemuster eine Ausgabe erzeugt, die mit der (bekannten) richtigen Antwort verglichen wird. Anschließend lässt man die Differenz zwischen gefundener und korrekter Lösung rückwärts durch das Netz laufen und modifiziert die Verbindungen dabei so, dass der Fehler kleiner wird. Dies wird für alle erlaubten Eingabemuster wiederholt durchgeführt. Beim nicht überwachten oder selbstorganisierten Lernen dagegen modifiziert das Netz die Stärke der Verbindungen automatisch. Für diesen Vorgang effektive Lernregeln aufzustellen, ist einer der wesentlichen Punkte der KI-Forschung.

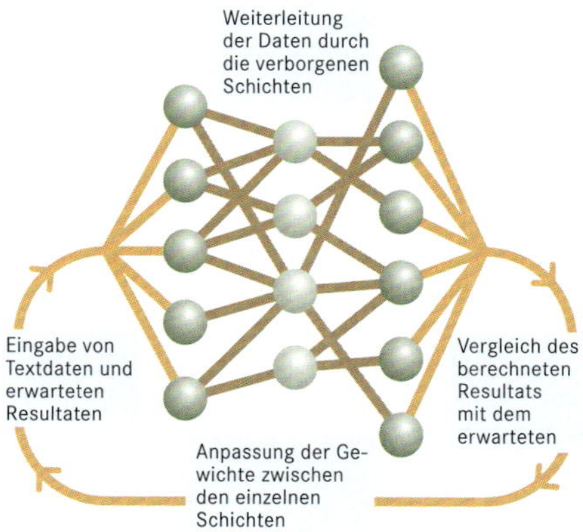

Das neuronale Netz »lernt« beim wiederholten Durchlaufen der Schleife, indem sich die Verbindungsgewichte optimieren.

Solche neuronalen Netze sind zwar nur stark vereinfachte Modelle unseres Gehirns, sie repräsentieren jedoch ein grundlegendes Prinzip seiner Mikrostruktur: die massiv parallele Informationsverarbeitung einer Vielzahl gleichförmiger, einfacher Elemente, die entlang unterschiedlich ausgeprägter Verbindungen Impulse miteinander austauschen. Neuronale Netze werden vor allem bei der Erkennung von optischen oder akustischen Mustern eingesetzt. Beispiele sind die automatische Zuordnung von Bildern einer Überwachungskamera zu Fahndungsfotos, die Überprüfung von Unterschriften oder die Spracherkennung, aber auch der Versuch, Trends in der Entwicklung eines Börsenkurses zu erkennen.

Fortsetzung von S. 657

94–97 % Kupfer mit Beimengungen von Zink, Arsen, Antimon, Eisen, Nickel, Schwefel und Edelmetallen.

Aus kupferarmen Erzen wird das Kupfer in einem nassmetallurgischen Verfahren mit verdünnter Schwefelsäure als Kupfersulfat ausgelaugt und aus dieser Lösung elektrochemisch mit Eisen (Schrott) elementares Kupfer ausgefällt **(Zementkupfer).** Die Anreicherung von Kupfer aus sulfidischen Erzen, in denen Kupfer neben zahlreichen anderen Metallen in nur geringer Menge (bis etwa 0,4 %) enthalten ist, gelingt mithilfe von Bakterien **(bakterielle Erzlaugung)** der Arten Thiobacillus ferrooxidans (oxidieren Sulfide zu Sulfaten) und Thiobacillus thiooxidans (oxidieren den durch Reaktion von Sulfaten mit Sulfiden entstehenden Schwefel zu Schwefelsäure). Im Ergebnis der mikrobiellen Einwirkung wird das sulfidische Material in Sulfat umgewandelt. Dabei geht Kupfer als Kupfersulfat in Lösung und wird anschließend durch Zementation gewonnen.

Das entstandene Rohkupfer wird durch abwechselndes oxidierendes und reduzierendes Schmelzen weiter gereinigt. Dabei werden einige Verunreinigungen verflüchtigt (Zink, Blei, Arsen) oder verschlackt (Eisen, Nickel). Das nach dieser Raffination vorliegende **Garkupfer** ist schmiedbar und kommt als **Raffinatkupfer** in den Handel. Besonders reines Kupfer erhält man durch Elektrolyse **(Elektrolytkupfer)** mit über 99,95 % Kupfer. Circa 40 % des verbrauchten Kupfers stammt aus dem Recycling von Altkupfer und Abfallkupfer sowie den Abwässern u. a. der Galvanoindustrie **(Sekundärkupfer).**

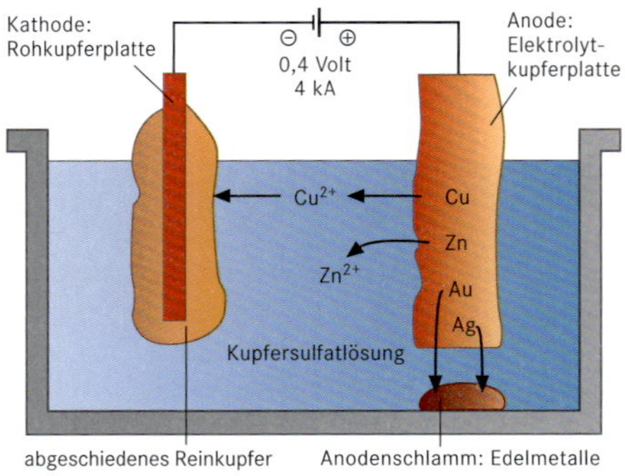

Kupfer. Herstellung von besonders reinem Kupfer durch elektrolytische Raffination; das Kupfer der Rohkupferanode geht in Lösung und scheidet sich an der Kathode aus reinem Kupfer in reinster Form wieder ab.

Reines Kupfer wird v. a. in Form von Draht und Stangen (Schienen) in der Elektroindustrie, in Form von Blechen, Rohren u. a. in der Apparate- und Maschinenbauindustrie verwendet, wegen seiner guten Wärmeleitfähigkeit v. a. für Heiz- und Kühlschlangen, Braukessel, Siedpfannen. Weitere Verwendung zu Münzzwecken und für Beschläge, außerdem als Bestandteil in Solaranlagen und Computerchips und in Form von Verbindungen zur Schädlingsbekämpfung. Große Mengen werden auch in den **Kupferlegierungen** verarbeitet. Die wichtigsten Legierungen: Kupfer und Zinn ergeben →Bronze; Kupfer und Zink →Messing und Tombak; Kupfer, Zinn und Zink Rotguss; Kupfer, Zink und Nickel →Neusilber, Alpakasilber, außerdem →Konstantan, →Monel. Ferner wird Kupfer benutzt zur Herstellung einiger Leichtmetalle (z. B. Duraluminium) und der Lagermetalle.

Kupfer. Kupferhütte in Sambia; die Kupferproduktion in Nordrhodesien – so hieß das Land früher – erlangte bereits in den 1930er-Jahren internationales Renommee.

■ **Physiologie** Kupfer ist für tierische Organismen ein wichtiges Spurenelement, das besonders an Elektronenübertragungsprozessen in Membranen beteiligt ist, z. B. als Bestandteil des aktiven Zentrums der Cytochromoxidase, einem wichtigen Enzymkomplex der Atmungskette. Außerdem ist Kupfer für die Synthese von Hämoglobin notwendig, obwohl es selbst nicht Bestandteil des Hämoglobins ist. Auch das Blut enthält eine Reihe von Kupferproteinen, die überwiegend Oxidations-Reduktions-Prozesse katalysieren. Der tägliche Bedarf des Menschen liegt bei 2 mg, die Menge im Körper bei 100 bis 150 mg. Kupfer wirkt in höheren Dosen toxisch. Auch für Pflanzen ist Kupfer ein wichtiges Spurenelement, das in Enzymen katalysierend wirkt.

Kupplung, lösbare Einrichtung zur Verbindung von Maschinenteilen, Fahrzeugen (z. B. Anhängerkupplungen, Eisenbahnkupplungen) oder Versorgungsleitungen. Bei flexiblen elektrischen Leitungen nennt man die Steckvorrichtung ebenfalls Kupplung. Im Maschinenbau wird als Kupplung die Verbindung meist zweier Wellenenden **(Wellenkupplung)** zur Übertragung eines Drehmoments vom treibenden auf das getriebene Teil (z. B. vom Motor auf eine Pumpe) bezeichnet. Man unterscheidet **nicht schaltbare Kupplungen,** bei denen eine Unterbrechung der Drehmomentübertragung im Allgemeinen nicht beziehungsweise nur nach Ab- oder Ausbau der Kupplung möglich ist, und **schaltbare Kupplungen,** bei denen die treibende Welle von der getriebenen getrennt oder mit ihr verbunden werden kann, zum Teil ohne Anhalten der treibenden Welle.

■ **Kfz-Kupplung** Bei der in der Kraftfahrzeugtechnik am häufigsten verwendeten **Einscheibentrockenkupplung** erfolgen Kraftschluss und Drehmomentwandlung beziehungsweise Drehzahlanpassung in der Weise, dass eine axial verschiebbare, mit der Getriebewelle drehfest verbundene **Kupplungsscheibe** durch Federkraft mehr oder weniger stark gegen das Schwungrad des Motors gepresst und von diesem mit oder ohne entsprechenden Schlupf durch Reibung mitgenommen wird. Zur Lösung der Kupplung wird die Kupplungsscheibe über das **Kupplungspedal,** ein mechanisches Gestänge, und die am Kupplungsausrücklager anlenkende Ausrückgabel vom Schwungrad getrennt. Die übertragbaren Drehmomente sind abhängig vom Durchmesser der Kupplungsscheibe und von der Anpresskraft der Kupplungsfedern. Wo sehr hohe Drehmomente zu übertragen sind (Lkw, Rennwagen) oder wo die Kupplung nur kleine Dimensionen annehmen kann (Motorrad, automatisches Getriebe), werden **Zweischeibenkupplungen** und **Mehrscheibenkupplungen (Lamellenkupplungen)** verwendet. Hier sitzen mehrere Kupplungsscheiben hintereinander auf der Getriebewelle, denen ebenso viele von der Motorwelle angetriebene, axial verschiebbare und zum so genannten **Kupplungskorb** verbundene Außenlamellen gegenüberstehen.

Im Gegensatz zu den fremdbetätigten Kupplungen leiten die **selbsttätig drehzahlgeschalteten Kupplungen (Anlaufkupplung)** den Schaltvorgang erst nach Erreichen einer bestimmten Drehzahl ein. Dafür besitzen sie Kupplungselemente, die im Ruhestand durch Federn nach innen gezogen werden und erst bei einer bestimmten Drehzahl, die von der eingestellten Federkraft abhängt, durch die Fliehkraft **(Fliehkraftkupplung)** nach außen getrieben werden und dabei am abtriebsseitigen Kupplungsteil zum Anliegen kommen und dann die Antriebswelle mitnehmen. Bei **drehmomentgeschalteten Kupplungen,** meist Lamellenkupplungen, ist der Anpressdruck der Federn auf die Reibscheiben so gewählt, dass ab einer bestimmten Grenzbelastung die Kupplung »durchrutscht« **(Rutschkupplung)** und somit als **Sicherheitskupplung** wirkt.

Kupplungsreaktionen, chemische Reaktionen, die zur Ausbildung von Bindungen zwischen Kohlenstoffatomen oder einem Kohlenstoff- und einem Heteroatom führen. Besondere Bedeutung für die Herstellung von Azofarbstoffen haben Kupplungsreaktionen von Diazoniumverbindungen mit aromatischen Aminen oder Phenolen (Azokupplung).

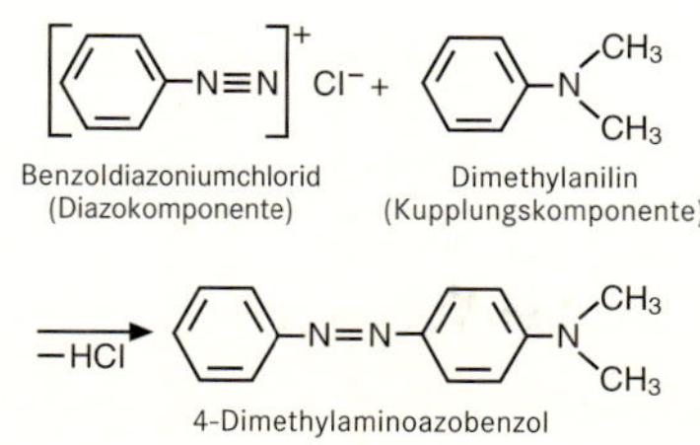

Kupplungsreaktionen. Beispiel für eine Azokupplung

Kurbelgetriebe, Kurbeltrieb, ein Gelenkgetriebe mit mindestens einem als Kurbel umlaufenden Glied; v.a. als Schubkurbelgetriebe ausgeführt, das z.B. in Hubkolbenmaschinen zur Umwandlung hin- und hergehender Kolbenbewegungen in Drehbewegungen und im Pumpenbau zur umgekehrten Bewegungsumformung verwendet wird.

Kurbelwelle, mehrfach gekröpfte Welle in einem Kurbelgetriebe. Die exzentrisch zum Wellenzapfen liegenden Kurbelzapfen übertragen über die Kurbelwangen die auf die Kröpfung einwirkende schwingende Bewegung eines Gestänges (meist einer Pleuelstange) auf die Welle und wandeln so eine oszillierende in eine rotierende Bewegung um oder umgekehrt.

Kurs, *See-* und *Luftfahrt:* Winkel zwischen der Längsachse eines Schiffes oder Luftfahrzeugs und der Nordrichtung. Je nach dem Bezugspunkt unterscheidet man den **rechtweisenden Kurs** (Richtung nach dem geografischen Nordpol), den **missweisenden Kurs** (Richtung nach dem nördlichen Magnetpol) und den **Kompasskurs** (missweisender Kurs + Deviation, das heißt Abweichung durch das Magnetfeld des Fahrzeugs). Durch seitliche Versetzung infolge Wind- oder Strömungseinfluss (→Abdrift) wird der Kompasskurs zum **Kurs über Grund (wahrer** oder **Kartenkurs).**

Kurskreisel, zur Kursüberwachung von Flugzeugen und -körpern verwendetes Kreiselgerät. Hauptbauelement ist ein kardanisch aufgehängter, kräftefreier →Kreisel, der wegen der Erhaltung des Drehimpulses die Lage seiner Drehachse im Raum beibehält (Richtungs-, Kurshalter). Der Kardanrahmen trägt eine Kursskala mit Gradeinteilung, an der der

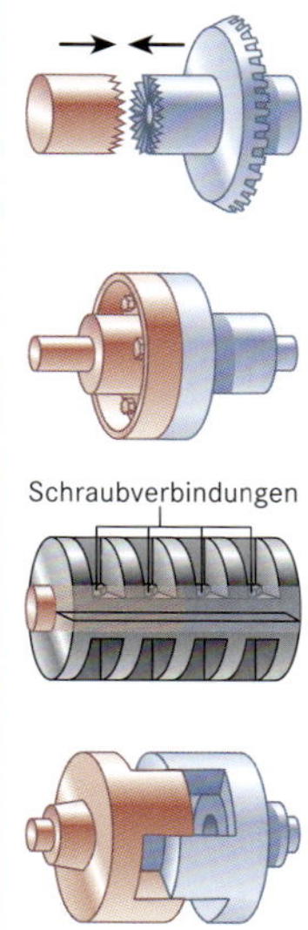

Kupplung. Stirnzahn-, Scheiben-, Schalen- und Klauenkupplung (von oben)

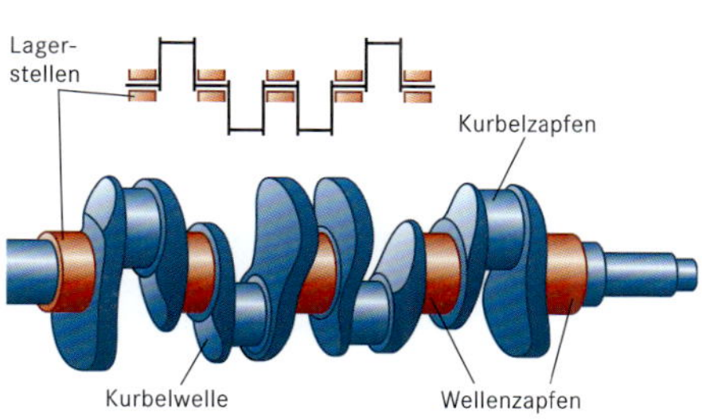

Kurbelwelle. Schematische Darstellung einer fünffach gelagerten Kurbelwelle in einem Vierzylindermotor

jeweilige Kurs ablesbar ist. Im Gegensatz zum Kreiselkompass (→Kompass), der die Nordrichtung selbsttätig aufsucht, muss der Kurskreisel auf die Nordrichtung eingestellt werden.

Kurtschatow, Igor Wassiljewitsch, sowjetischer Physiker, * Sim (Gebiet Tscheljabinsk) 12. 1. 1903, † Moskau 7. 2. 1960; Professor in Leningrad und Moskau, zuletzt am jetzt nach ihm benannten Kernforschungszentrum in Dubna; war maßgeblich beteiligt an der Entwicklung der sowjetischen Atombombe, des ersten Kernkraftwerks der Welt (Obninsk) und von Teilchenbeschleunigern.

Kurvengetriebe, Kurventrieb, Getriebe, in dem von einem meist gleichförmig sich drehenden Kurventräger (Scheibe oder Zylinder) ein Eingriffsglied (Schieber oder Hebel) in bestimmt vorgeschriebene periodische Bewegung versetzt werden kann, die durch entsprechende Kurvengestaltung realisiert wird. Besonders angewendet, wenn zwischen den Bewegungszeiten vollkommene Stillstände des Eingriffsglieds (z. B. Nockenwelle) verlangt werden.

Kurzschluss, *Elektrotechnik:* eine unerwünschte leitende Verbindung, die bei Berührung zweier elektrischer Leiter entsteht, die unterschiedliche Spannungspotenziale führen. Ein Kurzschluss zwischen spannungsführendem Leiter und Erde (Nullpotenzial) oder geerdeten Geräten heißt **Erdschluss.** Der Kurzschluss kann durch schadhafte Isolation, durch Schaltfehler in elektrischen Anlagen oder andere niederohmige Widerstände (z. B. →Lichtbogen) hervorgerufen werden. Der über die Kurzschlussstelle fließende **Kurzschlussstrom** führt im Allgemeinen zu hohen Strömen, die starke Zerstörungen von Anlagen und Geräten durch Kurzschlussstromerwärmung, Unterbrechung der Energieversorgung, Erdströme sowie Kurzschlussstromkräfte bewirken können. Sicherungen, Leistungsschalter und Schutzrelais sorgen für eine rasche und wirksame Abschaltung der vom Kurzschluss betroffenen Leitungen und Geräte vom übrigen Stromnetz.

Kurzschlussläufermotor, ein →Elektromotor.

Kurzstartflugzeuge, STOL-Flugzeuge (STOL: Abkürzung von englisch **S**hort **T**ake-**o**ff and **L**anding), Flugzeuge für kurze Start- und Landestrecken (etwa bis 300 m). Kurzstarteignung wird erreicht durch geringe →Flächenbelastung, hohen Startschub der Triebwerke sowie Verwendung von →Hochauftriebsmitteln.

Kurzwellen, Abkürzung **KW,** englisch **HF** [high frequency] **Dekameterwellen**, elektromagnetische Wellen mit Wellenlängen von 10 bis 100 m und entsprechend Frequenzen von 30 bis 3 MHz. Der Kurzwellenbereich ist der wichtigste Frequenzbereich für funktechnische Fernverbindungen. Kurzwellen können gerichtet gesendet und empfangen werden, da die Wellenlänge mit der Antennengröße vergleichbar sein kann. Kurzwellen werden (ab einem bestimmten Winkel) an der Ionosphäre reflektiert und breiten sich als Raumwellen aus. Während die Bodenwelle infolge starker Absorption nur circa 10–100 km weit empfangbar ist, erhält man wegen des Auftretens einer an der Ionosphäre gespiegelten Raumwelle eine extrem große Reichweite der Kurzwellen. Das zwischen Boden- und Raumwellenempfang liegende Gebiet, in dem kein Kurzwellenempfang möglich ist, nennt man →tote Zone. Wegen der sich tages- und jahreszeitlich sowie langperiodisch (Zyklus der Sonnenaktivität) ändernden Ionosphärenbedingungen muss zur Aufrechterhaltung einer ständigen Kurzwellenverbindung die Betriebsfrequenz häufig gewechselt werden. Eine Prognose aller Einflüsse gestaltet sich immer noch schwierig; im Allgemeinen ergeben tagsüber kürzere (13–25 m), nachts längere Wellen besseren Empfang. Durch kurzzeitige Änderungen in der Ionosphäre treten oft Intensitätsschwankungen und Wiedergabeverzerrungen auf (Fading), die man elektronisch aufzufangen versucht. Dem Kurzwellenrundfunk sind folgende Bänder zugeteilt (Bandbreite 200–500 kHz): 11-, 13-, 16-, 19-, 25-, 31-, 41- und 49-m-Band. Für den →Amateurfunk stehen das 10-, 15-, 20-, 40- und 80-m-Band zur Verfügung.

Kurzzeitmesstechnik, Gesamtheit der Verfahren und Geräte zur Untersuchung und Messung sehr schnell (zwischen 1 s und weniger als 1 ns) ablaufender Vorgänge. **Mechanische Kurzzeitmessgeräte** sind z. B. Stoppuhr oder Chronograf. In **elektrischen Kurzzeitmessgeräten** können u. a. die Ladespannung eines Kondensators oder die Ablenkung eines Kathodenstrahls als Zeitmaß dienen. **Elektronische Zähler** arbeiten mit Impulsgeneratoren, die von dem zu messenden Vorgang gestartet werden. Die Anzahl der in dem Zeitintervall gelieferten Impulse ist ein Maß für dessen Zeitdauer. Mit Elektronenstrahloszillografen sind durch Vergleich mit einer bekannten Frequenz Zeiten von 10^{-9} s, bei periodischen Vorgängen mithilfe punktweiser Abtastung (Samplingoszillograf) sogar von 10^{-11} s messbar. Durch Kombination von fotografischen und elektronischen Methoden können (z. B. mit der Streakkamera) noch Vorgänge im Bereich von 10^{-12} s zeitaufgelöst untersucht werden.

Durch die Entwicklung von Lasern, die intensive ultrakurze Lichtimpulse im Pikosekunden- (10^{-12}) und Femtosekundenbereich (10^{-15}) erzeugen können, und durch spektroskopische Untersuchungsmethoden (→Femtosekundenspektroskopie) sind (z. B. mittels Laufzeitmessungen) Zeitdifferenzen von weniger als 10^{-13} s messbar. Solche hochauflösenden Kurzzeitmessungen werden v. a. in Physik, Chemie und Biologie benötigt, da Relaxations- und viele Energieaustauschprozesse in Atomen, Molekülen oder Festkörpern sowie die elementaren Schritte bei chemischen Reaktionen und biologischen Lebensvorgängen (wie bestimmte Abläufe bei der Fotosynthese) derartige ultrakurze Vorgänge darstellen.

Kusch [ku:ʃ], Polykarp, amerikanischer Physiker deutscher Herkunft, *Blankenburg (Harz) 26. 1. 1911, †Dallas (Texas) 20. 3. 1993; ab 1949 Professor an der Columbia University; war an der Entwicklung der Atomstrahlresonanzmethode beteiligt, wies dabei 1947 nach, dass das magnetische Moment des Elektrons um rund $^{1}/_{1000}$ größer ist als ein bohrsches Magneton; für diese Präzisionsmessung erhielt er 1955 (mit W. E. Lamb) den Nobelpreis für Physik.

Kutikula [lateinisch »Häutchen«] *die,* **Cuticula,** von Epithelzellen nach außen abgeschiedene Schicht aus einer strukturlosen erhärtenden Substanz (Cutin); bedeckt die Oberfläche vieler Tiere und Pflanzen als wirksamer mechanischer Schutz und Verdunstungsschutz.

Küvette [französisch] *die,* Glas- oder Quarzgefäß mit plan geschliffenen Wänden für optische Untersuchungen.

kV, Einheitenzeichen für Kilovolt, 1 kV = 1 000 V.

kVA, Einheitenzeichen für Kilovoltampere, 1 kVA = 1 000 VA.

kW, Einheitenzeichen für Kilowatt, 1 kW = 1 000 W.

KW, Abkürzung für →Kurzwelle.

kWh, Einheitenzeichen für →Kilowattstunde.

Kybernetik [von griechisch kybernētikē (téchnē) »Steuermannskunst«] *die,* formale, fachübergreifende Wissenschaft, die sich mit der mathematischen Beschreibung und modellartigen Erklärung dynamischer (komplexer) Systeme befasst, die gewisse allgemeine Eigenschaften und Verhaltensweisen realer Systeme aus den verschiedensten Bereichen der Wirklichkeit widerspiegeln. Die in realen Systemen ablaufenden Prozesse werden vorzugsweise unter dem Gesichtspunkt der Aufnahme, Übertragung sowie Rückkopplung von Informationen betrachtet, während von den gleichzeitig beteiligten Vorgängen materieller Art weitgehend abgesehen wird. Auf diese Weise wird aus gleichartigen oder ähnlichen Erscheinungen in ganz unterschiedlichen Bereichen ein abstraktes **kybernetisches System** gewonnen. Die anhand eines solchen Modells gewonnenen Erkenntnisse können in sehr allgemeiner Weise zur Beschreibung und Untersuchung des Verhaltens technischer oder natürlicher Systeme verwendet werden.

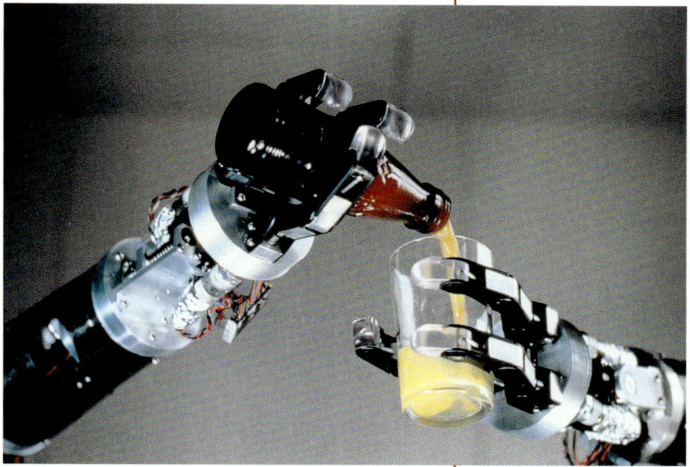

100674

Kybernetik. Komplizierte Bewegungsabläufe, wie das Einschenken eines Getränks durch diesen Roboterarm, werden über Rückkopplungsmechanismen gesteuert.

Der Name Kybernetik stammt von N. Wiener (»Cybernetics«, 1948), der neben C. E. Shannon, A. N. Kolmogorow, J. von Neumann u. a. grundlegende Arbeiten zur Kybernetik lieferte.

Kyōto-Protokoll, das Abschlussprotokoll der Vertragsstaatenkonferenz von Kyōto (1997). 36 Industrieländer werden darin verpflichtet, die Emission von 6 verschiedenen Klimaschadstoffen (→Klimawandel) bis zum Zeitraum 2008–12 um jeweils 5,3 % unter das Niveau von 1990 zu senken (–4,8 % ohne die USA und Australien, die sich an die Verpflichtungen nicht mehr gebunden fühlen). Die einzelnen Industriestaaten bekamen unterschiedliche Vorgaben. Russland z. B. darf seine Ausstoßmenge an Treibhausgasen von 1990 beibehalten, Deutschland muss den Ausstoß um 21 % reduzieren. Die Entwicklungsländer werden noch nicht einbezogen. Zur Umsetzung dieser Ziele kommen hauptsächlich innerstaatliche Maßnahmen in Betracht wie Energieeinsparungen, Steigerung der Energieeffizienz und der vermehrte Einsatz erneuerbarer Energien. Zusätzlich können aber auch explizit marktwirtschaftliche Instrumente genutzt werden wie →Emissionshandel oder →Joint Implementation.

Ob das Kyōto-Protokoll tatsächlich in Kraft treten würde, war lange Zeit unklar, da hierzu die Ratifizierungen von mindestens 55 Unterzeichnerstaaten der Klimarahmenkonvention notwendig waren. Diese 55 Staaten wiederum müssen für mindestens 55% der weltweiten Kohlendioxidemissionen im Jahr 1990 verantwortlich sein. Diese Voraussetzungen wurden im November 2004 erreicht, als Russland das Protokoll ratifizierte. Das Kyōto-Protokoll trat am 16. 2. 2005 in Kraft.

l, L, 1) *Chemie:* L-, Vorsatz vor Namen in optisch aktiven chemischen Verbindungen (→Stereochemie).

2) *Einheitenzeichen:* l für →Liter.

3) *Formelzeichen: l* für →Länge (in Dimensionsgleichungen L) und für Bahndrehimpulsquantenzahl (→Quantenzahlen); *L* für →Induktivität und →Leuchtdichte; *L* für →Drehimpuls.

La, Symbol für →Lanthan.

Lab, →Labferment.

Labferment, Lab, Chymosin, Rennin, Enzym des Labmagens saugender Kälber, das das Kasein der Milch zur Gerinnung bringt (kommt wahrscheinlich in den Mägen aller jungen Säugetiere vor); wird zur Käseherstellung verwendet.

Labmagen, →Wiederkäuer.

Laboratorium [lateinisch] *das,* **Labor,** Arbeitsraum für wissenschaftliche und technische Experimente mit den dazu erforderlichen Einrichtungen (z. B. Foto-, Tiefseelabor).

Lachse. Europäischer Lachs

Laborsystem, Laborkoordinatensystem, *Physik:* ein bezüglich des Labors, in dem der betreffende Versuch durchgeführt wird, festes Koordinatensystem. Im Laborsystem befindet sich der Schwerpunkt eines mechanischen Systems in der Regel nicht in Ruhe (→Schwerpunktsystem).

Labyrinthversuch, *Verhaltensforschung:* Methode zur Untersuchung des Lernverhaltens. Dabei muss ein Tier durch Versuch und Irrtum den kürzesten Weg durch ein System von Stegen oder Gängen finden, von denen nur einer zum Ziel führt und alle übrigen blind enden.

Lachgas, Distickstoffoxid, N_2O, Stickoxydul, farbloses, nahezu ungiftiges Gas; dient in Gemischen mit Sauerstoff als Inhalationsnarkosemittel mit stark schmerzstillender Wirkung.

Lachse, Sammelbezeichnung für einige Arten der Lachsfische. Wirtschaftlich von Bedeutung ist der **Europäische Lachs (Atlantischer Lachs,** Salmo salar), 1 bis 1,5 m langer und bis 36 kg schwerer Wanderfisch, der bei seinen Laichwanderungen bis in die Oberläufe der Flüsse aufsteigt. Dort werden im Herbst/Winter im kiesigen Grund etwa 1 m große Laichgruben angelegt und bis zu 30 000 Eier abgelegt. Nach 1–5 Jahren Aufenthalt im Süßwasser wandert der **Sälmling** (Junglachs) ins Meer. Kehrt er nach einem Jahr in den Fluss zurück, heißt er **Jakobslachs,** nach 2–5 Jahren **Salm.** Die im Meer lebenden Lachse haben eine silbrige Färbung **(Blanklachs),** die laichreifen Tiere nehmen eine rote Tönung an. Beim männlichen Salm bildet sich am Unterkiefer ein hakenförmiger, knorpeliger Fortsatz **(Hakenlachs).** Lachse können bis zu 10 Jahre alt werden. Der Europäische Lachs zählt aufgrund von Wasserverschmutzung und der Errichtung von unüberwindbaren Staustufen zu den vom Aussterben bedrohten Arten; er wird in Norwegen seit Ende der 1970er-Jahre in großen Mengen in küstennahen Aquakulturbetrieben aufgezogen.

Lacke, Sammelbezeichnung für flüssige oder pulverförmige Substanzen zur Erzeugung von Anstrichen mit spezifischen Eigenschaften, wie Beständigkeit gegen Witterungseinflüsse, mechanische oder chemische Beständigkeit oder/und dekoratives Aussehen. Als **Bindemittel** wird der nicht flüchtige Anteil eines Lacks ohne Pigmente und Füllstoffe bezeichnet. Es besteht aus Filmbildnern (z. B. Kunst- und Naturharze) und gegebenenfalls →Weichmachern, Trockenstoffen u. a. Hilfsstoffen. **Lackfarben** enthalten Pigmente, **Klarlacke** sind pigmentfrei. Man kennzeichnet Lacke nach dem Bindemittel (z. B. Alkydharzlacke, Bitumenlacke, Nitrolacke, Öllacke), aber auch nach dem Lösungsmittel (z. B. Spirituslacke, Wasserlacke), nach der Reihenfolge im Anstrichaufbau (z. B. Decklacke), nach Art der Trocknung (z. B. Einbrennlacke), nach Art der Anwendung (z. B. Tauchlacke) oder nach dem Lackierobjekt (z. B. Bootslacke). Die Filmbildung (Trocknung) kann durch Verdampfen des Lösungsmittels, durch Verdampfen von Wasser aus Dispersionen polymerer Stoffe oder durch Abkühlung geschmolzener Stoffe (z. B. bei Pulverlacken) auf physikalische Weise erfolgen. Bei der chemischen Trocknung bilden sich vernetzte Polymere, die durch Lösungsmittel nicht mehr gelöst werden. Es wird dabei zwischen oxidativ trocknenden (z. B. mit trocknenden Ölen modifizierte Alkydharze), kalt härtenden (z. B. Zweikomponenten-Reaktions-Lacke auf der Basis Polyurethan) und ofentrocknenden Lacken (z. B. Einbrennlacke) unterschieden.

Lackmus [niederländisch] *der* oder *das,* Farbstoff der Lackmusflechte; wird z. B. in Form von **Lackmuspapier** als Neutralisationsindikator verwendet; der Farbumschlag erfolgt von Rot (sauer) nach Blau (alkalisch) im pH-Bereich 5,5–8,0.

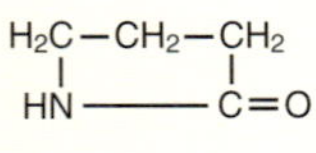

γ-Butyrolactam

Lactame

Lactame, zyklische innere Amide von Aminosäuren mit der Atomgruppierung –NH–CO–. Wichtige Lactame sind z. B. Caprolactam und Penicillin.

Lactate [lateinisch], Salze und Ester der Milchsäure.

Lactone [lateinisch], zyklische innere Ester von Hydroxycarbonsäuren. Verschiedene natürliche und synthetische, nach Moschus riechende Lactone werden in der Riechstoffindustrie verwendet.

Lactose [lateinisch] *die,* **Laktose, Lactobiose, Milchzucker,** ein Disaccharid, $C_{12}H_{22}O_{11}$; das wichtigste Kohlenhydrat in der Milch aller Säugetiere. Lactose wird durch verdünnte Säuren oder Enzyme zu D-Glucose und D-Galaktose gespalten. Beim Sauerwerden der Milch geht sie mikrobiell in Milchsäure über.

Ladung, *Physik:* 1) **elektrische Ladung (Elektrizitätsmenge),** Formelzeichen Q, SI-Einheit ist das Coulomb (C); eine Eigenschaft bestimmter materieller Teilchen **(Ladungsträger),** die die Ursache des elektromagnetischen Feldes und damit der elektromagnetischen Wechselwirkung ist. Alle Feldlinien eines elektrostatischen Feldes beginnen und enden an ruhenden elektrischen Ladungen, die man danach **positiv** (Quelle) und **negativ** (Senke) nennt. Ladungen sind additive physikalische Größen. Gleiche Mengen positiver und negativer Ladung kompensieren sich zur **Gesamtladung** null; es liegt dann äußerlich ein ladungsfreier oder elektrisch neutraler Zustand vor. Für die Ladungen gilt ein Erhaltungssatz: Die in eine Reaktion eingebrachte Gesamtladung bleibt stets erhalten, Ladungen können weder erzeugt noch vernichtet werden. Bewegte elektrische Ladungen stellen einen elektrischen Strom dar, sie werden von magnetischen Feldlinien umschlossen. Zwischen gleichnamigen Ladungen wirken abstoßende, zwischen entgegengesetzten anziehende Kräfte (→Elektrizität). Diese Kraftwirkungen werden zur Messung von Ladungen, z. B. mit Elektrometern, ausgenutzt. Jede Ladung eines makroskopischen Körpers ist ein ganzzahliges Vielfaches der →Elementarladung. 2) **magnetische Ladung,** →Monopol. 3) in der Elementarteilchen- und Quantenphysik gleichbedeutend mit **Ladungszahl,** das heißt der Ladung von Elementarteilchen in Einheiten der elektrischen Elementarladung. Auch Quantenzahlen der Elementarteilchen, die wie die elektrische Ladung additiv sind, bezeichnet man als Ladung (→innere Quantenzahlen).

Ladungsdichte, das Verhältnis der elektrischen Ladung zu Volumen **(Raumladungsdichte),** Fläche **(Flächenladungsdichte)** oder Länge **(Linienladungsdichte).**

Ladungskonjugation, *Quantenfeldtheorie:* Zeichen C, mathematische Operation, die ein Elementarteilchen der elektrischen Ladung Q in eines der Ladung $-Q$ überführt; spielt in den Symmetriegesetzen der Elementarteilchenphysik eine Rolle (→CPT-Theorem).

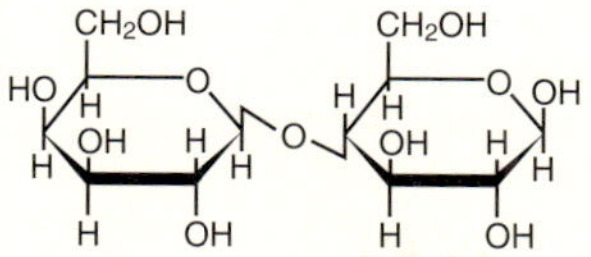

β-Lactose (4-O-β-D-Galaktosyl-β-D-Glucose)

Lactose

Ladungsträger, alle elektrisch geladenen Teilchen, besonders die (sub)atomaren Träger von Elementarladungen (wie Elektronen, Protonen, Ionen); im engeren Sinn geladene Teilchen oder Quasiteilchen, die sich unter der Wirkung eines elektrischen Feldes bewegen und eine elektrische Leitfähigkeit hervorrufen, z. B. die Kationen und Anionen eines Elektrolyten, die Elektronen und Defektelektronen (Löcher) in Halbleitern und die freien Ionen und Elektronen eines Gases.

Ladungswechsel, Gaswechsel, *Technik:* derjenige Teil des Arbeitsspiels eines →Verbrennungsmotors, bei dem die Verbrennungsgase ausgeschoben und das Kraftstoff-Luft-Gemisch oder die Verbrennungsluft angesaugt werden.

Lagerpflanzen, die →Thallophyten.

Lagerstätten, natürliche Anreicherung wirtschaftlich nutzbarer Mineral- (v. a. Erze, Salz), Kohle-, Erdöl- und Erdgasvorkommen.

Lagrange-Funktion [laˈgrãʒ-; nach Joseph Louis de Lagrange, * 1736, † 1813], Formelzeichen L, in der theoretischen Mechanik die Differenz von kinetischer und potenzieller Energie, die das dynamische Verhalten von mechanischen Systemen bestimmt. Mithilfe des Hamilton-Prinzips (→Extremalprinzipien) kann man daraus die **Lagrange-Gleichungen** als Bewegungsgleichungen komplizierter mechanischer Systeme ableiten.

Laich [mittelhochdeutsch leich, eigentlich »Liebesspiel«], von einer Schleim- oder Gallerthülle umgebene, einzeln, in Klumpen oder

100807

Laich.
Laich einer Erdkröte

Schnüren, meist im Wasser abgelegte Eier von Fischen, Schnecken und Amphibien.

Laktose, →Lactose.

lakustrisch, limnisch, die Seen betreffend; z. B. Ablagerungen oder Bildungen.

Jean Baptiste de Lamarck
*** 1744, † 1829**

- prägte den Begriff der »Biologie«
- erkannte als einer der Ersten die Veränderlichkeit der Arten

Lamarck, Jean Baptiste Pierre de **Monet**, französischer Naturforscher, *Bazentin (Département Somme) 1. 8. 1744, †Paris 18. 12. 1829; war Professor am Jardin des plantes in Paris. Lamarck befasste sich zunächst mit Meteorologie, Chemie und Botanik, wandte sich dann ganz der Zoologie zu. 1802 prägte er als einer der Ersten den Begriff »Biologie«. Er unterschied Wirbellose und Wirbeltiere, klassifizierte als Erster die Wirbellosen genauer und führte ein neues System des Tierreichs ein (»Histoire naturelle des animaux sans vertèbres«, 1815–22, 7 Bände). In seiner berühmten »Philosophie zoologique« (1809, 2 Bände) stellte er die Theorie von der Unveränderlichkeit der Arten infrage (Lamarckismus).

Lamarckismus *der,* von Jean Baptiste Pierre Lamarck 1809 begründete Evolutionstheorie. Seine entscheidende Annahme, dass sich bestimmte Merkmale von Lebewesen durch die Wirkung von Umwelteinflüssen u. a. verändern und vererbt werden, hat sich bei genetischen Untersuchungen nicht bestätigt. Der Lamarckismus muss jedoch als wichtiger Vorläufer des →Darwinismus angesehen werden, der der →Abstammungslehre einen wesentlichen Anstoß vermittelt hat.

Lamb [læm], Willis Eugene, amerikanischer Physiker, *Los Angeles (Kalifornien) 12. 7. 1913; bedeutende Arbeiten zur Atom- und Kernphysik (u. a. Theorie des Betazerfalls und der Neutronenstreuung). 1947 entdeckte er eine durch Fluktuationen des elektromagnetischen Feldes verursachte Verschiebung von Energieniveaus des Wasserstoffatoms **(Lamb-Shift)** und wies damit die Hyperfeinstruktur des Wasserstoffspektrums nach. Lamb erhielt dafür 1955 (mit P. Kusch) den Nobelpreis für Physik.

Lambdahyperon, Lambdateilchen, Λ-Teilchen, das leichteste aller →Hyperonen.

Lambdapunkt, λ-Punkt, *Physik:* →Suprafluidität.

Lambdasonde [nach dem Luftverhältnis λ, das heißt dem Verhältnis von zugeführter Luftmenge zum theoretischen Luftbedarf], *Kraftfahrzeugtechnik:* Messfühler im Auspuffsystem von Verbrennungsmotoren mit Katalysator, mit dem der Restsauerstoffgehalt im Abgas ermittelt wird. Das Messsignal wird zur Einregelung der Gemischbildung (Kraftstoff–Luft) auf das gewünschte Luftverhältnis ($\lambda = 1$) genutzt.

Lamb-Shift [ˈlæmʃɪft, englisch], →Lamb, Willis Eugene.

laminare Strömung, stationäre Strömung reibungsbehafteter Flüssigkeiten oder Gase, deren Schichten ohne Wirbelbildung aneinander vorbeigleiten. Bei hoher Reynolds-Zahl wird die laminare Strömung instabil und schlägt in turbulente Strömung um. (→Strömungslehre)

LAN [Abkürzung für englisch **l**ocal **a**rea **n**etwork], **lokales Netz,** lokal begrenzte Vernetzung von Computern, z. B. in einem Gebäude. Ein LAN kann ringförmig, teil- oder vollvermascht, sternförmig oder als Bussystem (eine Basisleitung, von der die einzelnen Rechnerleitungen abgehen) aufgebaut sein. Eine spezielle Vernetzungstechnologie von

LAN Vernetzte Partys

100562

Mitte der 1990er-Jahre entstand ein ganz neuer Partytyp: die LAN-Party. Damals kamen Computerspiele auf, die mit mehreren Teilnehmern, deren Rechner vernetzt sind, gespielt werden; inzwischen sind solche Veranstaltungen ein fester Bestandteil der Jugendkultur und werden weltweit organisiert.

Neben privaten LAN-Partys unter Freunden gibt es auch professionell ausgerichtete, meist kostenpflichtige und oft mehrtägige öffentliche Veranstaltungen mit bis zu mehreren Tausend Teilnehmern; laut Guinness-Buch der Rekorde hält derzeit die Dreamhack Winter 2004 mit insgesamt 5 852 vernetzten Computern den Weltrekord. Bei diesen öffentlichen LAN-Partys, die z. T. auch als Turniere ausgetragen werden, stellt der Veranstalter Strom, Netzwerkausrüstung, mitunter auch Schlafräume zur Verfügung und sorgt für das Catering. Außerdem hat der Veranstalter für die Einhaltung des Jugendschutzes Sorge zu tragen, insbesondere dafür, dass Jugendliche keinen Zugriff auf Spiele haben, die für ihr Alter nicht freigegeben sind.

LAN stellen das **Ethernet** beziehungsweise Netze nach der Norm IEEE 802.3 dar. Diese Netze sind aus einzelnen Bussystemen zusammengesetzt und werden u. a. in der Bürokommunikation und Produktentwicklung (CAD) angewendet, da der Datenaustausch nicht im Echtzeitbetrieb erfolgen muss. Die Datenübertragungsgeschwindigkeit liegt bei 10 Mbit/s, 100 Mbit/s **(Fast Ethernet)** beziehungsweise 1 Gbit/s **(Gigabit Ethernet).** 2002 wurde der Standard für das **10-Gigabit-Ethernet** verabschiedet, das damit die 1 000-fache Übertragungsrate der ersten Ethernet-Version ermöglicht (Einsatz auch in Stadt- und Weitverkehrsnetzen). LANs sind oft mit anderen Netzen verbunden. Sie werden zu Bereichsnetzen zusammengefasst und diese wiederum mit einem leistungsfähigen so genannten Backbonenetz verbunden.

Landau, Lew Dawydowitsch, sowjetischer Physiker, *Baku 22. 1. 1908, †Moskau 1. 4. 1968; Professor in Charkow und Moskau; lieferte Beiträge zu fast allen Bereichen der modernen theoretischen Physik und gilt als deren Begründer in der UdSSR. Seine wichtigsten Arbeiten betrafen den Diamagnetismus, Ferromagnetismus, die Plasmaphysik und die Phasenumwandlungen zweiter Art. 1940/41 gelang ihm die Erklärung der Suprafluidität von Helium II und 1950 gemeinsam mit seinem Schüler W. L. Ginsburg der Supraleitung (u. a. Ginsburg-Landau-Theorie), 1956–58 entwickelte er die Theorie der Fermi-Flüssigkeiten. Weitere Hauptarbeitsgebiete waren die Theorie der kosmischen Strahlung und der Elementarteilchen, die Quantenelektrodynamik und Quantenfeldtheorie. Weite Verbreitung fand sein mit J. M. Lifschitz u. a. verfasstes »Lehrbuch der theoretischen Physik« (10 Bände). 1962 erhielt Landau für seine Arbeiten zur kondensierten Materie, insbesondere zum Helium II, den Nobelpreis für Physik.

Lew Dawydowitsch Landau
*** 1908, † 1968**

- beschäftigte sich mit zahlreichen Teilgebieten der Physik
- verfasste ein Standardwerk zur theoretischen Physik
- erhielt 1962 den Nobelpreis für Physik

Landebahn, →Flughafen.

Landé-Faktor [lã'de-; nach dem deutsch-amerikanischen Physiker A. Landé, *1888, †1975], **gyromagnetischer Faktor,** kurz **g-Faktor,** tritt als dimensionsloser Proportionalitätsfaktor in Beziehungen zwischen magnetischen Momenten und Drehimpulsen von Teilchen oder Teilchensystemen auf.

Landeführungssysteme, funktechnische Verfahren und Anlagen für den Landeanflug von Flugzeugen ohne oder bei unzureichender Bodensicht (Blindlandung, Allwetterlandung). Beim **Instrumentenlandesystem (ILS)** wird der Anflugkurs durch die Schnittlinie zweier Leitstrahlebenen (Landekursebene und Gleitwegebene) festgelegt, deren Signale von einem Landekurssender abgestrahlt und einem Bordinstrument angezeigt werden, wonach der Pilot steuert. Der Gleitwegsender steht circa 150 m neben der Mittellinie der Landebahn in Höhe des Aufsetzpunktes. Die Einflugzeichensender haben Antennen, die eine vom Boden nach oben gerichtete Strahlung erzeugen. Diese ist während des Überfliegens nur kurzzeitig messbar und wird für eine grobe Entfernungsbestimmung genutzt. Der Voreinflugzeichensender befindet sich circa 7 km, der Haupteinflugzeichensender circa 1 km vom Aufsetzpunkt entfernt auf der Anfluggrundlinie. **Mikrowellenlandesysteme (MLS)** liefern präzisere Führungssignale in der Aufsetzphase, da die abgestrahlte Energie schärfer gebündelt werden kann. Sie ermöglichen beliebige (auch gekrümmte) optimale Anflugbahnen und kontinuierliche Entfernungsanzeige. Das **GCA** (Abkürzung für englisch ground controlled approach) bestimmt die Lage des Flugzeugs durch Präzisionsradar, der Radarlotse »spricht« das Flugzeug herunter.

Seit der Einführung des Satellitennavigationssystems GPS werden Anflugverfahren zunehmend unter Anwendung der neuen Technologie durchgeführt. Der Vorteil ist, dass Weg- und Ablaufpunkte unabhängig von Bodeninstallationen definiert werden können. Satellitengestützte Landeführungssysteme verbinden die Vorteile des MLS mit deutlich geringeren Kosten, weshalb sie langfristig (bis etwa 2015) das ILS ablösen sollen.

Landehilfen, *Flugtechnik:* 1) Einrichtungen zur Verkürzung der Landestrecke von Flugzeugen. Auftriebserhöhende Landehilfen sind Landeklappen (Spreiz-, Wölbungs-, Spalt-, Doppelspaltklappen, Fowler-Flügel und Vorflügel); widerstandserhöhende Landehilfen sind Bremsklappen, Bremsschirm und Schubumkehr; 2) funktechnische und optische Hilfen auf Flugplätzen, die die Piloten während des Anflugs über ihre Abweichung vom Sollgleitpfad informieren, z. B. Leitstrahlsender, Instrumentenlandesystem, Gleitwegfeuer, Scheinwerfer.

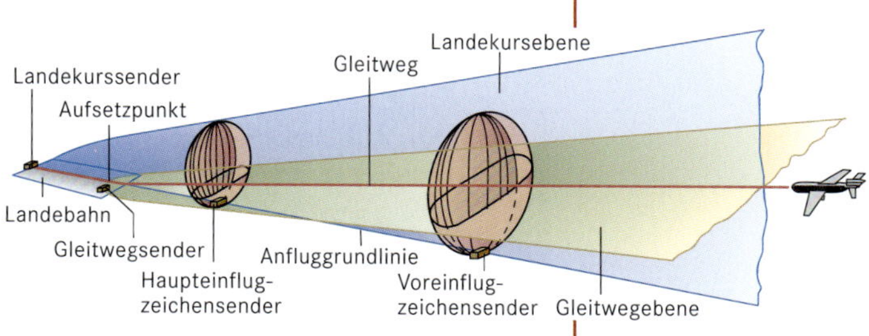

Landeführungssysteme. Schematische Darstellung des Instrumentenlandesystems (ILS)

Landeklappen, bewegliche Teile an den Vorder- und Hinterkanten von Flugzeugtragflügeln, werden bei Start und Landung so verstellt, dass sie als →Hochauftriebsmittel wirken. – Abb. S. 668

Landespflege, Gesamtheit aller Maßnahmen zur Erhaltung, Entwicklung und Wiederherstellung der Natur in ihrer Leistungsfähigkeit, ihrer Vielfalt, nachhaltigen Nutzbarkeit und Erholungsfunktion sowie der Gestaltung

3259

Landeklappen. Ausgefahrene Landeklappen an der Flügelhinterkante und aufgestellte Spoiler während der Landung

des Lebensraumes des Menschen. Hierzu gehört u.a. der **Naturschutz.** Ziel der Landespflege im engeren Sinn **(Landschaftspflege)** ist es, auf wissenschaftlich-ökologischer Grundlage unter Berücksichtigung der Standortbedingungen u.a. die biologische Vielfalt zu erhalten und die nachhaltige Nutzbarkeit von Boden und Wasser zu sichern.

Landolt, Hans Heinrich, schweizerischer Chemiker, *Zürich 5. 12. 1831, †Berlin 15. 3. 1910; arbeitete über optische Aktivität und Polarimetrie; 1883 Herausgeber der ersten »Physikalisch-chemischen Tabellen« (mit R. Börnstein).

Landpflanzen, außerhalb des Wassers lebende Pflanzen, die im Boden oder manchmal auf anderen Pflanzen **(Epiphyten)** wurzeln. Je nach der Feuchtigkeit des Lebensraumes werden sie als **Xerophyten, Mesophyten** oder **Hygrophyten** bezeichnet.

Landrassen, ursprünglich, von der menschlichen Zuchtwahl kaum berührte Haustierrassen; wichtiges Genreservoir der Tierzucht.

Landschafts|ökologie, Landschaftsbiologie, die Wissenschaft von den biologischen beziehungsweise ökologischen Gegebenheiten in der durch den Menschen veränderten, zu einer mehr oder weniger künstlichen Kulturlandschaft gewordenen Umwelt; die Erkenntnisse der Landschaftsökologie können zur Verbesserung der Lebensbedingungen für Mensch, Tier und Pflanze genutzt werden.

Landschaftsschutz, Teilbereich des Naturschutzes mit weniger strengen Schutzbedingungen; versucht einen Ausgleich zwischen den Lebensbedürfnissen der Menschen und der Belastbarkeit der Natur herzustellen.

Landschaftsschutzgebiete, Abkürzung **LSG,** naturnahe Flächen, die zur Erhaltung ihrer ökologischen Vielfalt sowie eines ausgeglichenen Naturhaushaltes und ihres Erholungswertes gegen Veränderungen, z.B. Abholzung, Aufforstung, Überbauung und Industrialisierung, geschützt werden.

Landschildkröten, Testudinidae, Familie der Schildkröten mit meist hochgewölbtem Panzer, stämmigen, säulenförmigen Beinen und bis auf die Krallen zu Klumpfüßen verwachsenen Zehen; der Kopf kann vollständig eingezogen werden; vorwiegend Pflanzenfresser. In Südeuropa kommt die knapp 30 cm lange **Griechische Landschildkröte** (Testudo hermanni) sowie die 25–35 cm lange **Breitrandschildkröte** (Testudo marginata), in Westasien und Nordwestafrika die ihr ähnliche **Maurische Landschildkröte** (Testudo graeca) vor; Trockengebiete Mittelasiens bewohnt die **Steppenschildkröte** oder **Vierzehenschildkröte** (Agrionemys horsfieldi) mit relativ flachem Panzer. Viele Arten sind vom Aussterben bedroht, so die **Strahlenschildkröte** (Asterochelys radiata) auf Madagaskar.

Landsteiner, Karl, österreichischer Bakteriologe, *Wien 14. 6. 1868, †New York 26. 6. 1943; entdeckte das AB0-System der Blutgruppen und erhielt hierfür 1930 den Nobelpreis für Physiologie oder Medizin. 1937 entdeckte er mit Alexander Salomon Wiener (*1907, †1976) das Rhesussystem (→Rhesusfaktor).

Landwirtschaft, wirtschaftliche Nutzung des Bodens zur Gewinnung pflanzlicher und/oder tierischer Erzeugnisse. Zur Landwirtschaft gehören neben Ackerbau, Viehwirtschaft im weiteren Sinn auch Gartenbau einschließlich Zierpflanzen-, Gemüse- und Obstbau, Forstwirtschaft, Jagd sowie landwirtschaftliche Nebengewerbe (z.B. Mühlen, Molkereien, Kellereien).

Den ökologischen Belastungen durch die herkömmliche Landwirtschaft (hohe Schadstoffbelastungen von Boden und Erzeugnissen, u.a. Herbizidrückstände, Arzneimittelrückstände in Schlachttieren) suchen neue »alternative« Formen der Landwirtschaft zu begegnen (→ökologischer Landbau). Der Trend zur verstärkten Nachfrage nach Bioprodukten wird in Deutschland auch als »Agrarwende« bezeichnet. Den durch die Massentierhaltung entstandenen großen Problemen, wie z.B. der Verbreitung von BSE, versucht man durch gezielte Maßnahmen, u.a. das Tiermehl-Verfütterungsverbot, entgegenzuwirken.

Landwirtschaftswissenschaften, Agrarwissenschaften, Sammelbegriff der Forschungszweige, die sich auf die Landwirtschaft beziehen: Pflanzenproduktion (Acker- und Pflanzenbau, Pflanzenzucht, -ernährung, -krankheiten, Bodenkunde), Tierproduktion, Wirtschafts- und Sozialwissenschaften des Landbaus (landwirtschaftliche Betriebslehre, landwirtschaftliche Marktlehre) und Technologie der Landwirtschaft (landwirtschaftliches Bauwesen, Landmaschinenkunde, Kulturkunde); im weiteren Sinn auch Gartenbau-, Ernährungswissenschaften, Ökologie.

Länge, 1) *Geografie:* Die geografische Länge eines Ortes auf der Erdkugel ist der Winkel zwischen seinem Meridian **(Längenkreis)** und dem Nullmeridian von Greenwich.

Vom Nullmeridian aus wird nach Osten und Westen von 0° bis 180° gezählt. Orte auf dem gleichen Längenkreis haben gleiche Ortszeit, sodass man Unterschiede der Länge auch in Zeit ausdrücken kann: 15° entsprechen einer Stunde.

2) *Physik:* Formelzeichen l (in Dimensionsgleichungen L), SI-Einheit ist das Meter (m); eine die Ausdehnungen beziehungsweise die gegenseitigen Abstände von Körpern beschreibende fundamentale physikalische Größe. Sie ist eine Basisgröße des Internationalen Einheitensystems. Nach der Relativitätstheorie ist die Länge zwischen zwei Punkten eines Körpers abhängig von dessen Bewegungszustand (→Längenkontraktion).

Längen|änderung, *Physik:* →Dehnung.

Längengrad, *Geografie:* Entfernung zwischen zwei benachbarten Meridianen.

Längenkontraktion, Lorentz-Kontraktion, die Verkürzung der Länge eines relativ zu einem ruhenden Beobachter mit der Geschwindigkeit v in Längsrichtung bewegten Körpers um den Faktor $\sqrt{1-v^2/c^2}$ gegenüber einem Beobachter, in dessen System der Körper ruht. Sie macht sich erst bei Geschwindigkeiten in der Nähe der Lichtgeschwindigkeit c bemerkbar. Die Längenkontraktion ergibt sich aus der speziellen →Relativitätstheorie; sie folgt unmittelbar aus der →Lorentz-Transformation.

Längenmessung, Längenmesstechnik, Sammelbezeichnung für Verfahren und Geräte zum Messen (Vergleich mit einer Längeneinheit) und Prüfen (Vergleich mit Grenzmaßen und Toleranzen) geometrischer Größen (Länge, Winkel). Nach den Funktionsprinzipien der verwendeten Geräte unterscheidet man u. a.:

Mechanische Längenmessungen (besonders Messungen kleiner Dicken) erfolgen u. a. mit Messschiebern, Dehnungsmessstreifen, Messschrauben. Grundlage der **elektrischen Längenmessung** ist die messtechnische Ausnutzung der wegabhängigen Veränderung eines ohmschen, induktiven oder kapazitiven Widerstandes. **Magnetische Längenmessungen** beruhen auf der Messung von Magnetfeld- beziehungsweise Magnetflussänderungen an Grenzflächen, **pneumatische Längenmessungen** meist auf der Messung von Strömungswiderständen, die ein gegen den Prüfling gerichteter Luftstrom erfährt. Bei der **Ultraschalllängenmessung** wird entweder die Wellenlänge sich ausbildender stehender Wellen (bei Dickenmessungen) oder die Laufzeit von reflektierten Wellen (bei großen Strecken) bestimmt (→Echolot). Zu den Geräten der häufig verwendeten **optischen Längenmessung** gehören z. B. →Komparatoren und →Entfernungsmesser. Genaueste Längenmessungen werden mithilfe von Lichtinterferenzen ausgeführt **(Interferenzlängenmessungen),** wozu verschiedene Interferenzkomparatoren verwendet werden.

Langevin [lãʒˈvɛ̃], Paul, französischer Physiker, * Paris 23. 1. 1872, † ebenda 19. 12. 1946; formulierte die erste atomare Theorie für Paramagnetismus (Verallgemeinerung des curieschen Gesetzes) und Diamagnetismus; Arbeiten zur brownschen Molekularbewegung und kinetischen Gastheorie.

Langmuir [ˈlæŋmjʊə], Irving, amerikanischer Physiker und Chemiker, * Brooklyn (New York) 31. 1. 1881, † Falmouth (Massachusetts) 16. 8. 1957; entwickelte 1913 die gasgefüllte Glühlampe, erfand die Quecksilberkondensationsvakuumpumpe, stellte eine Theorie der chemischen Bindung auf, untersuchte die Elektronenemission aus Kathoden, forschte über die heterogene Katalyse. Für seine Arbeiten über Adsorption und Absorption an Grenzflächen erhielt er 1932 den Nobelpreis für Chemie.

50558

Landwirtschaft. Künstliche Beregnung eines Getreidefeldes

Langmuir-Blodgett-Film [ˈlæŋmjʊə-ˈblɔdʒɪt-; nach Irving Langmuir und Katherine Burr Blodgett, * 1898, † 1979], **LB-Film,** eine auf einem festen Träger angeordnete ultradünne Molekülschicht exakter Dicke, die sich aus einer monomolekularen Schicht aufbauen lässt. Grundlage dafür ist das Phänomen, dass sich grenzflächenaktive Moleküle (z. B. Lipide, Polymere) auf der Oberfläche einer Flüssigkeit ausrichten können. Dabei entsteht eine so genannte Monoschicht, die aus nur einer Lage der geordneten Moleküle besteht. Beim Eintauchen eines festen Substrates lässt sich diese Schicht auf das Substrat übertragen. Durch mehrfaches Eintauchen und Herausziehen des Substrates lassen sich mehrere Monoschichten übereinander abscheiden, und es entsteht ein LB-Film. Kennzeichnend ist, dass die Monolagen in regelmäßiger Weise geordnet sind und man je nach Art der Erzeugung verschiedene Dickenabstufungen (Architekturen) erhalten kann. In der Regel sind die Mo-

Lärm.
Lärmschutzwand an einer Autobahn. Lärm wird im weiteren Sinne zur Umweltverschmutzung gerechnet.

leküle mit ihrer Längsachse senkrecht zur Substratunterlage ausgerichtet und parallel zueinander angeordnet.

Da die entstehenden Doppelschichten denselben Aufbau wie Membranen lebender Zellen zeigen, werden sie hinsichtlich möglicher Transportvorgänge intensiv untersucht. Diskutiert werden LB-Filme derzeit als Fotoresists, als Materialien für die nichtlineare Optik oder die reversible Informationsspeicherung.

Längstwellen, Abkürzung **VLF** [englisch very low frequency], **Myriameterwellen,** elektromagnetische Wellen mit Wellenlängen zwischen 10 und 30 km beziehungsweise Frequenzen zwischen 30 und 10 kHz. Mit Längstwellen lassen sich zuverlässige Verbindungen über große Entfernungen erzielen (geringer Schwund), sie erfordern aber sehr hohe Sendeleistungen.

Langwellen, Abkürzung **LW,** englisch **LF** [low frequency] **Kilometerwellen**, elektromagnetische Wellen mit Wellenlängen von 1 bis 10 km, entsprechend 300–30 kHz (für Hörfunk 1 050–2 000 m beziehungsweise 285–150 kHz). Langwellen breiten sich als Bodenwellen aus, die der Erdkrümmung durch Beugung folgen und in diesem Wellenlängenbereich kaum von der Erde absorbiert werden. Deshalb ist die Reichweite groß (besonders über den Meeren) und auch unabhängig von der Tageszeit.

Larve.
Larve eines Siebenpunkts

Lanthan [griechisch] *das,* chemisches Symbol **La,** silberweißes Metall aus der 3. Nebengruppe des Periodensystems, Ordnungszahl 57, relative Atommasse 138,9055, Dichte je nach Modifikation verschieden, z. B. 6,162 g/cm^3 (hexagonal), Schmelzpunkt 920 °C, Siedepunkt 3 455 °C. Lanthan tritt in drei Modifikationen auf (unterhalb 310 °C hexagonal, zwischen 310 °C und 868 °C kubisch flächenzentriert, oberhalb 868 °C kubisch raumzentriert); es ist dehnbar, oxidiert rasch an der Luft und ist chemisch sehr reaktionsfähig. Unterhalb 6 K (–268 °C) wird es supraleitend. Es kommt in der Natur v. a. mit Cer im Monazit und Orthit vor. Lanthanoxid, La_2O_3, wird für Spezialgläser (Lanthangläser) verwendet (häufig für optische Gläser mit hoher Brechzahl und niedriger Dispersion).

Lanthanoide, Gruppenbezeichnung für die 14 auf Lanthan folgenden chemischen Elemente der Ordnungszahlen 58 bis 71 (Cer bis Lutetium). Die Lanthanoide sind ziemlich unedle, dem Lanthan ähnliche Metalle (Seltenerdmetalle), denen im Atombau drei äußere Valenzelektronen (in der 6. Elektronenschale) gemeinsam sind, während die 4. Elektronenschale von 18 auf 32 Elektronen aufgefüllt wird. Hierdurch erklärt sich ihre große chemische Ähnlichkeit. Die Lanthanoide sind am Aufbau der festen Erdkruste mit 0,01–,02 % beteiligt und daher weniger selten als viele andere Elemente (z. B. Antimon und Silber). Die Häufigkeit der einzelnen Lanthanoidelemente schwankt erheblich. Am häufigsten ist Cer, am seltensten Thulium. Die chemischem Trennung der Lanthanoide ist sehr schwierig und kann nur durch oft wiederholte Trennung (u. a. fraktionierte Kristallisation, Adsorption, Ionenaustausch) bewirkt werden.

Lärm, jedes als störend empfundene laute Geräusch, dessen Intensität psychologisch als Lautheit, physikalisch als →Lautstärke bezeichnet wird. Zur psychischen Beeinträchtigung kann es bereits bei 35–65 dB (A) kommen, zusätzliche physische oder psychische Störungen sind bei 65–90 dB (A) möglich, Hörschädigung (→Lärmschwerhörigkeit) bei Lärm zwischen 85 und 120 dB (A). Lärm wirkt nicht nur auf das Gehörorgan, sondern auf den Gesamtorganismus. Lang andauernder Lärm bewirkt v. a. vegetativ-psychische Veränderungen **(Lärmsyndrom),** die sich u. a. in Nervosität, Herz- und Kreislaufbeschwerden, Verdauungsstörungen, Schlaflosigkeit und Kopfschmerzen äußern. Als **Lärmschädigungsgrenzwerte** gelten folgende Lärmpegel: in reinen Industriegebieten am Tag und in der Nacht 70 dB (A); in gemischten Baugebieten tagsüber 60 dB (A), nachts 45 dB (A); in reinen Wohngebieten tagsüber 50 dB (A), nachts 35 dB (A).

Larmor-Präzession ['lɑːmɔː-; nach dem britischen Physiker J. Larmor, * 1857, † 1942], die ähnlich der Präzession eines mechanischen Kreisels verlaufende Präzessionsbewegung eines elementaren magnetischen Dipols in einem Magnetfeld; ihre Frequenz heißt **Larmor-Frequenz.** Ein elementarer Dipol ist z. B. ein Elektron, das aufgrund seiner Bewegung ein magnetisches Dipolmoment besitzt.

Larve, *Zoologie:* jugendliches, meist noch nicht fortpflanzungsfähiges Tier, das in seiner Gestalt (vor der Metamorphose) wesentlich von den geschlechtsreifen Formen abweicht. Larvenformen sind bei den Insekten Raupe, Engerling, Made, bei Krebstieren der Nauplius oder die Zoea, bei den meisten Amphibien die Kaulquappe. Die Larve vieler Insekten wandelt sich über das Stadium der →Puppe in das ausgewachsene Vollinsekt um.

Laser ['leɪzə; englisch für light amplification by stimulated emission of radiation, »Lichtverstärkung durch induzierte Strahlungsemission«] *der,* Verstärker und Generator für kohärente elektromagnetische Wellen, v. a. im ultravioletten, sichtbaren und infraroten Spektralbereich, aber auch darüber hinaus (z. B. →Maser, →Röntgenlaser).

■ **Prinzip und Wirkungsweise** Die Funktion des Lasers beruht auf der **induzierten (stimulierten) Emission.** Diese kann eintreten, wenn ein angeregtes Atom oder Molekül mit einem elektromagnetischen Strahlungsfeld in Wechselwirkung steht, dessen Frequenz der Energiedifferenz zwischen dem angeregten und einem energetisch niedriger liegenden Zustand in dem System entspricht. Hierdurch wird ein Übergang in den niedrigeren Zustand induziert, wobei die Anregungsenergie als Photon emittiert wird. Als Voraussetzung für eine effektive Verstärkung des Strahlungsfeldes muss das höhere Niveau stärker besetzt sein als das tiefer liegende, da sonst die Schwächung der Strahlung durch Absorption (Übergang vom niederen zum höheren Zustand) größer wäre als die Verstärkung durch stimulierte Emission. Da eine derartige **Besetzungsinversion** in der Natur im thermischen Gleichgewichtszustand nicht vorkommt, muss dem atomaren System von außen Energie (Pumpenergie) zur Umkehr der natürlichen Besetzung zugeführt werden.

Wird ein laserfähiges (aktives) Medium in einen optischen Resonator eingebracht, der eine Rückkopplung der Laserstrahlung ermöglicht, so erhält man einen Oszillator (Generator) für elektromagnetische Schwingungen. Als Resonator dienen meist zwei einander gegenüberstehende ebene oder auch sphärische

Laser.
Das Bild zeigt eine Minibrille, die Wissenschaftler mithilfe spezieller Lasertechnologie auf dem zwei Millimeter großen Kopf einer Stubenfliege platziert haben.

Spiegel, es sind aber auch Systeme mit drei oder mehr Spiegeln möglich **(Ringlaser).** Übertrifft die Strahlungsverstärkung im aktiven Medium die Verluste für einen Umlauf der zwischen den Spiegeln hin- und herreflektierten Welle, so fängt der Laser an, auf einer für das Lasermaterial charakteristischen Wellenlänge zu schwingen, wobei sich zwischen den Spiegeln ein stehendes Wellenfeld aufbaut. Wegen der gegenüber den Resonatorabmessungen kleinen Wellenlänge des Lichts werden sehr viele Resonatoreigenschwingungen **(Moden)** angeregt, sofern deren Zahl nicht durch selektive Verfahren **(Modenselektion)** reduziert wird; durch Phasenkopplung der Moden **(Modensynchronisation,** englisch modelocking) können wesentlich kürzere Laserimpulse erzeugt werden. Zur Auskopplung der Laserstrahlung aus dem Resonator ist einer der Spiegel schwach durchlässig. Viele Lasermaterialien können viele verschiedene Frequenzen verstärken (z. B. Argon, Krypton, Kohlendioxid), andere (z. B. Lösungen organischer Farbstoffmoleküle) sogar jede Wellenlänge in einem breiten Frequenzband. Um in diesen Fällen eine monochromatische Emission auf einer gewünschten Wellenlänge zu erhalten, müssen zur Unterdrückung der anderen Wellenlängen Filter (Prismen, Gitter u. a.) in den Resonator eingesetzt werden. Bei kontinuierlicher Variation der Durchlasswellenlänge des Filters lassen sich dann breite Bereiche des Spektrums lückenlos mit monochromatischer Laserstrahlung überdecken.

■ **Lasertypen** Als Unterscheidungskriterium für Laser dient z. B. das verwendete aktive Medium. Eingesetzt werden Festkörper **(Festkörperlaser),** v. a. Rubinkristalle, mit Neodym dotierte Kristalle oder Gläser, Halbleiter (→Halbleiterlaser) wie Gallium-Arsenid-Dioden, Flüssigkeiten (v. a. Lösungen organischer Farbstoffmoleküle, **Farbstofflaser**) und Gase **(Gaslaser)** wie Kohlendioxid, Kohlenmonoxid, Stickstoff, Helium-Neon-Gemische, Metalldämpfe (z. B. Cadmium) und angeregte Edelgase sowie mit diesen gebildete Moleküle (sie bilden das Lasermedium der **Excimerlaser,** →Excimer). – Die Besetzungsinversion lässt sich auf verschiedene Weise erzeugen, z. B. bei Gaslasern durch Elektronenstoß in ei-

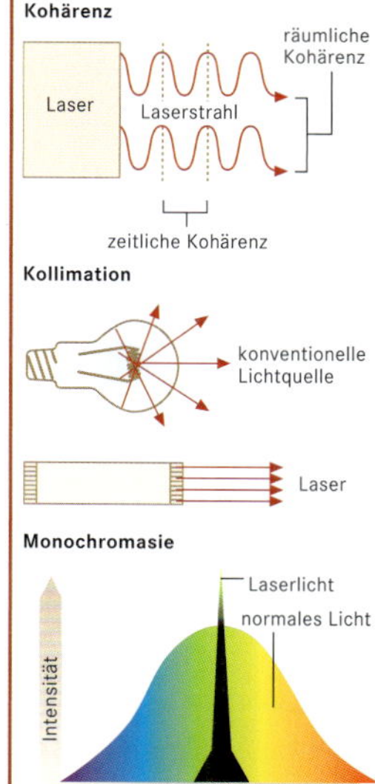

Laser.
Eigenschaften von Laserlicht im Vergleich zum Licht einer »gewöhnlichen« Lichtquelle

ner Gasentladung, bei Halbleiterlasern durch Injektion von Ladungsträgern in einen →pn-Übergang, bei den optisch gepumpten Festkörperlasern und Flüssigkeitslasern durch die intensive Strahlung einer thermischen Hochleistungslichtquelle oder eines anderen Lasers. **Chemische Laser** nutzen die bei chemischen Reaktionen freigesetzte Energie (chemisches Pumpen) zur Besetzungsinversion. Die Strahlungsverstärkung in Lasern an freien Elektronen (**Freie-Elektronen-Laser,** Abkürzung FEL; englisch Free-Electron-Laser) erfolgt in einem hochenergetischen Elektronenstrahl, der durch ein periodisch seine Richtung änderndes Magnetfeld geschossen wird.

Weitere Lasertypen sind der **Röntgenlaser** (ohne Spiegel) und der **Atomlaser** (Materiestrahl statt Lichtstrahl).

■ **Eigenschaften von Laserstrahlung** Von der Strahlung gewöhnlicher (das heißt thermischer) Lichtquellen (Glühlampen, Gasentladungslampen) unterscheidet sich Laserlicht durch folgende Eigenschaften: 1) Die Strahlung ist räumlich kohärent, das heißt, die von verschiedenen räumlichen Punkten im aktiven Material emittierten Wellenzüge haben eine feste Phasenbeziehung. Die Strahlung wird nicht in alle Raumrichtungen abgegeben, sondern ist scharf gebündelt, sodass eine exakte Fokussierung mit extrem hohen Leistungsdichten (bis zu 10^{14} W/cm^2) möglich ist. 2) Ein Laser emittiert lange fortlaufende Wellenzüge mit nur geringen Phasenschwankungen, das heißt, der Laserstrahl ist zeitlich

Laser. Laserschweißen im Fahrzeug- und Maschinenbau. Mit einem in allen drei Dimensionen beweglichen Neodym-YAG-Laser werden Blechformteile mit Nahtverfolgungssystem verschweißt.

kohärent. Verbunden damit ist die hohe Monochromasie der Strahlung. Die Schwingungsfrequenz sichtbaren Lichts liegt in der Größenordnung von 10^{15} Hz, die typische Frequenzbandbreite des Lasers bei 10^8 bis 10^9 Hz. Durch Stabilisierungsmaßnahmen lässt sich die Größe der Frequenzschwankungen aber um mehrere Größenordnungen reduzieren. 3) Die in einem schmalen Wellenlängenbereich abgegebene Strahlungsleistung kann bei **Pulslasern** (Hochleistungslasern) Werte von 10^{10} bis 10^{13} W erreichen. Die hohe elektrische Feldstärke in einem derartigen Laserstrahl hat zur Entdeckung völlig neuartiger physikalischer Effekte bei der Wechselwirkung von Licht mit Materie geführt (→nichtlineare Optik). 4) Mit Lasern können ultrakurze, intensive Lichtpulse mit Pulsdauern weniger als 10^{-14} s erzeugt werden.

■ **Anwendungen** Laser finden heute in fast allen Gebieten der Naturwissenschaften und Technik Anwendung **(Lasertechnik).** Sie werden u. a. zur Materialbearbeitung (Schweißen, Schneiden, Bohren von Metallen u. a.), in der Messtechnik (z. B. zur Längenmessung, für Fluchtungs- und Steueraufgaben), zum Sichtbarmachen von Schwingungen (Vibrometrie, z. B. im Maschinenbau und bei Musikinstrumenten), in der Medizin (→Laserchirurgie), im Umweltschutz (→Spektralanalyse, →Lidar) sowie zur optischen Informationsübertragung und -verarbeitung (u. a. für →optische Speicher, →Laserdrucker, →Scanner) eingesetzt.

Laser sind wegen der hohen Kohärenz ihrer Strahlung hervorragende Strahlungsquellen für die →Holografie. Weitere Anwendungsgebiete sind Mikroskopie, Spektroskopie (Laserspektroskopie), Interferometrie (Laserinterferometrie), Kurzzeitmesstechnik, Flugnavigation, grafische Technik, Lithografie, Fotochemie (Laserchemie).

■ **Geschichte** Die Theorie des Lasers geht auf die 1917 von A. Einstein vorausgesagte und 1928 von R. Ladenburg und H. Kopfermann in Gasen untersuchte induzierte Emission zu-

Laserdiode Strahlender Winzling

In dem Filmklassiker »Goldfinger« wird James Bond mit einer mannshohen Laserkanone bedroht, in der Realität war man aber immer schon an kleineren (und nützlicheren) Laserquellen interessiert. Bereits 1962 strahlte der erste, nur wenige Zentimeter große Halbleiterlaser, wenn auch nur für wenige Minuten. Heute lassen sich Laserdioden in Millimetergröße realisieren und gehören zu den effizientesten Lasern überhaupt.

Den Sprung zum Massenprodukt machten die Laserdioden mit der Einführung der CD Anfang der 1980er-Jahre. Übliche CD-ROM-Laufwerke verwenden Infrarot-Laserdioden mit einer Wellenlänge von 780 Nanometern, DVD-Laufwerke hingegen kurzwelligere Dioden, die im sichtbaren roten Spektralbereich arbeiten. Dadurch ist es möglich, statt nur 700 Megabyte Daten nun bis zu 4,7 Gigabyte auf einer Scheibe zu speichern. Da der Datenhunger ständig wächst, sucht man nach Möglichkeiten, noch mehr Informationen auf einer DVD unterzubringen, sprich: die Wellenlänge noch weiter zu reduzieren. Inzwischen sind auch blaue Laserdioden kommerziell erhältlich, und gleich zwei konkurrierende Nachfolger der klassischen DVD stehen in den Startlöchern: HD-DVD und Blu Ray. Beide Techniken basieren auf einem blauvioletten Laser mit 405 Nanometern Wellenlänge.

Blaue, grüne und rote Laserdioden im Verbund könnten auch einmal die Vision eines Laserfernsehens ermöglichen. Das Fernsehgerät, welches sein Bild an die Wand projiziert, wäre dann nicht mehr größer als eine Zigarettenschachtel.

rück. Die Anwendung des Maserprinzips auf Licht schlugen 1958 A. L. Schawlow und C. H. Townes vor, theoretische Grundlagen lieferten auch N. G. Bassow und A. M. Prochorow. T. H. Maiman konstruierte 1960 den ersten Rubinlaser. Den ersten Gaslaser setzten 1961 A. Javan, W. R. Bennett und D. R. Herriott in Betrieb. 1962 wurden die ersten Halbleiterlaser entwickelt, ab 1997 die ersten →Atomlaser.

Laser|ablation ['leɪzə-], Abtragung fester Stoffe durch kurze, intensive Laserpulse. Die Laserablation ermöglicht die Überführung nicht oder schwer schmelzbarer Stoffe in ein Plasma gleicher chemischer Zusammensetzung und damit eine Stoffabscheidung in Form dünner Schichten (z. B. zur Herstellung von Hochtemperatur-Supraleiterfilmen).

Laserdiode ['leɪzə-], Abkürzung **LD, Diodenlaser,** stromgepumpter Halbleiterlaser, der einen in Flussrichtung gepolten →pn-Übergang als aktives Medium enthält. Laserdioden werden als Kanten- und als Flächenstrahler hergestellt. Ein **Kantenstrahler** besteht im Wesentlichen aus einer Folge dünner Schichten mit unterschiedlicher Breite der verbotenen Zone, die zum Teil n-, zum Teil p-dotiert sind (Heterostruktur). In der Raumladungszone des pn-Übergangs befindet sich die dünne aktive Schicht mit einer Breite der verbotenen Zone, die kleiner ist als die der beiden angrenzenden Barriereschichten. Die Breite der verbotenen Zone der aktiven Schicht bestimmt die Quantenenergie (Farbe) des emittierten Lichts. Zwei gegenüberliegende planparallele Endflächen senkrecht zur Fläche des pn-Übergangs dienen als Rückkopplungsspiegel und bilden zusammen mit der lichtführenden Schicht einen Wellenleiterresonator.

Laserdioden zeichnen sich durch extrem kleine Abmessungen (Kantenlänge < 1 mm), hohe Verstärkung, sehr guten Wirkungsgrad und einfache Modulierbarkeit der Laserstrahlung aus. Breite Anwendungen finden Laserdioden z. B. in Laserdruckern, Leseköpfen und Brennern für CDs und DVDs, in der Messtechnik sowie als Pumplaser.

Laserdrucker ['leɪzə-], von einem Mikroprozessor gesteuerter, nicht mechanisch arbeitender Drucker. Ein in seiner Richtung programmgesteuerter Laserstrahl bildet die zu druckenden Zeichen oder grafischen Darstellungen auf eine elektrostatisch vorgeladene Fotohalbleiterfolie ab. Das so entstehende Ladungsbild wird mithilfe von Tonerpartikeln von der mit der Folie überzogenen Drucktrommel auf das Papier übertragen. Vielfach werden anstelle des Laserspiegelsystems LED-Druckzeilen verwendet, die aus etwa 5 000 LEDs (Leuchtdioden) bestehen. LED-Drucker werden in der Regel Laserdrucker genannt, obwohl die Bezeichnung nicht zutrifft. Laserdrucker zeichnen sich durch hohe Auflösung, Druckqualität und -geschwindigkeit und geringe Geräuschentwicklung aus; jeder Laserdrucker ist ein Seitendrucker.

Laserdiode. Fertigung von Laserdioden

Laserkühlung ['leɪzə-], die Verminderung der Bewegungsenergie atomarer Teilchen durch den Photonenimpuls von Laserstrahlung. Bewegt sich ein Atom oder Ion einem Laserstrahl entgegen, so wird durch resonante Absorption eines Laserphotons das Atom in einen angeregten Zustand versetzt und gleichzeitig seine Anfangsgeschwindigkeit in Bewegungsrichtung vermindert. Da die nachfolgende spontane Emission von Photonen isotrop (mit gleicher Wahrscheinlichkeit in jede Richtung) erfolgt, verbleibt nach genügend vielen Absorptions-Emissions-Zyklen nur eine betragsmäßig viel kleinere Endgeschwindigkeit, die einer niedrigeren Temperatur entspricht (→Teilchenfalle).

Laserpinzette ['leɪzə-], *Mikrotechnik:* die →optische Pinzette.

Laserspektroskopie ['leɪzə-], zusammenfassende Bezeichnung für alle spektroskopischen Verfahren, die mit Laser als Strahlungsquelle arbeiten.

Last, *Technik:* Benennung einer Größe von der Art einer Masse (z. B. Traglast eines Krans), einer Kraft oder Gewichtskraft, einer Leistung (insbesondere in der Elektrotechnik, z. B. Blindlast), auch Bezeichnung für einen (zu transportierenden) Gegenstand.

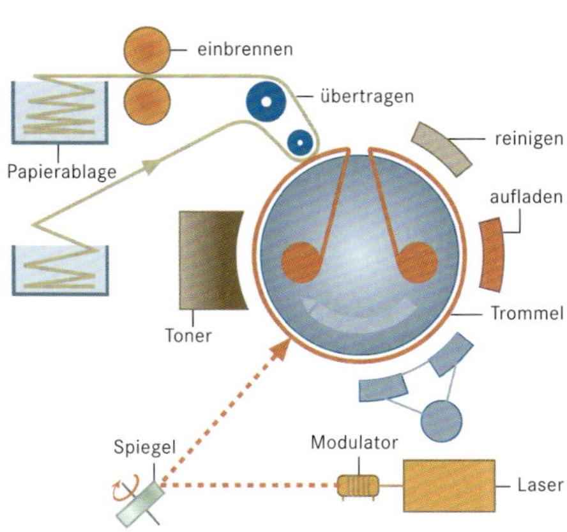

Laserdrucker. Funktionsprinzip

Last|annahme, rechnerische Größe, die Art, Größe und Richtung möglicher, auf ein Bauwerk, Fahrzeug oder Hebezeug ausgeübter Kräfte und deren mögliches Zusammenwirken vorgibt und die Grundlage für Dimensionierung, Berechnung und Festigkeitsversuche bildet.

Lastigkeit, Schwimmlage (Trimm) eines Schiffes oder Fluglage eines Luftfahrzeugs bezüglich der Horizontalen in Längsrichtung; man unterscheidet Kopflastigkeit (Vorlastigkeit, Buglastigkeit), Gleichlastigkeit und Hecklastigkeit (Achterlastigkeit).

Lastkraftwagen. Schwerlastkraftwagen »Actros« von Mercedes-Benz (1996)

186

Lastkraftwagen, Lastwagen, Abkürzung **Lkw, LKW,** ein →Kraftwagen, der nach Bauart und Einrichtung zum Transport von Ladungen (Gütern) bestimmt ist. In der Regel ist die Hinterachse als Treibachse mit Zwillingsbereifung ausgebildet, da sie gewöhnlich stärker belastet wird als die lenkende Vorderachse; geländegängige Lkw haben häufig Allradantrieb. Als Lkw-Motoren werden meist Dieselmotoren verwendet sowie Schaltgetriebe, die wesentlich mehr Abstufungen als bei Pkw ermöglichen (häufig sind 16 Gänge). Je nach Transportgut werden entsprechende Aufbauten, z. B. Pritsche, Kipper, Koffer-, Tankaufbau, ausgeführt, Spezialformen gibt es z. B. für Müllabfuhr, Feuerwehr. Zur Steigerung der Transportleistungen werden Sattelkraftfahrzeuge (Sattelzugmaschine mit Auflieger) und Lastzüge (Lkw mit Anhänger) eingesetzt; ihr Gesamtgewicht darf im Regelfall 40 t nicht überschreiten.

Laterit

101919

latentes Bild, *Fotografie:* das unsichtbare Bild, das bei Belichtung fotografischer Schichten entsteht, durch die Entwicklung sichtbar und durch die Fixierung haltbar gemacht wird.

Lateralvergrößerung, *Optik:* der lineare Abbildungsmaßstab (→Abbildung).

Laterit [lateinisch later »Ziegelstein«] *der,* gelber bis roter Verwitterungsboden der wechselfeuchten Tropen, angereichert mit Aluminiumhydroxid und Eisenoxid, das verhüttungsfähige Konkretionen und Krusten bilden kann. Laterit ist eine Vorstufe des Bauxits.

Lateritböden sind mäßig bis gering fruchtbar.

Latex [lateinisch »Flüssigkeit«] *der,* wässrige Dispersion von natürlichen oder synthetischen Polymeren. **Natürlicher Latex** ist der Milchsaft der Kautschukbäume (→Kautschuk). **Synthetischer Latex** entsteht bei der Emulsionspolymerisation. Verwendet v. a. als Bindemittel für die umgangssprachlich als Latexfarben bezeichneten Dispersionsfarben.

Latosol *der,* stark und tiefgründig verwitterter roter und brauner Bodentyp der wechselfeuchten Tropen mit erheblicher Anreicherung an freien Aluminium- und Eisenoxiden.

Laub, Gesamtheit der Blätter grüner Pflanzen, besonders der Holzgewächse.

Laubbäume, baumartige →Laubhölzer.

Laubblatt, ein Blatt mit flächiger Spreite im Unterschied zum Nadelblatt.

Laubfrösche, Hylidae, hauptsächlich in Amerika und Australien verbreitete Familie meist baum- und strauchbewohnender, klettergewandter Froschlurche mit bezahntem Oberkiefer sowie Haftscheiben an Fingern und Zehen. In Europa und Kleinasien der bis 5 cm lange **Europäische Laubfrosch** (Hyla arborea); Oberseite meist laubgrün, von der weißlichen Bauchseite durch ein schwarzes Band abgesetzt; Insektenfresser. Im nördlichen Südamerika der 11,5 cm lange **Riesenlaubfrosch** (Hyla maxima) mit einem daumenartigen Fortsatz neben den vier Fingern. Durch das zunehmende Verschwinden von Feuchtgebieten (Laichplätze) gehören die einheimischen Laubfrösche zu den stark bedrohten Arten.

Laubhölzer, Laubgehölze, Bäume und Sträucher mit flächigen, nicht nadelförmigen Blättern; Gegensatz: Nadelhölzer.

Laubwald, Pflanzengemeinschaft, in der Laubhölzer vorherrschen.

Laue, Max von, deutscher Physiker, * Pfaffendorf (heute zu Koblenz) 9. 10. 1879, † Berlin 24. 4. 1960; Schüler von M. Planck, Professor in Zürich, Frankfurt am Main, Berlin und (ab 1948) Göttingen, zuletzt Direktor des Instituts für Physikalische Chemie und Elektrochemie in Berlin-Dahlem. Laue entwickelte die Theorie der Beugung von Röntgenstrahlen an den Raumgittern von Kristallen, die Grundlage für die wichtigste Methode zur Analyse von Kristallstrukturen (→Laue-Verfahren), wofür er 1914 den Nobelpreis für Physik erhielt. Er entwickelte die Relativitätstheorie weiter, stellte eine relativistische Thermodynamik auf und gab eine Theorie der Supraleitung. Laue trat während der NS-Zeit für die verfemte »jüdische Physik« ein.

Laue-Gleichungen [nach M. von Laue], drei vom Kristallsystem unabhängige Gleichungen zur Deutung des Zustandekommens von Interferenzmaxima der Sekundärstrahlen bei der Beugung von Röntgenstrahlen am Raumgitter eines Kristalls.

Laue-Verfahren, auf M. von Laue (1912) zurückgehende Methode zur Bestimmung der Struktur und Symmetrie von Kristallen. Ein durch einen dünnen Einkristall hindurchtretendes feines Bündel breitbandiger Röntgenstrahlen wird an den Netzebenen des Kristalls gebeugt. Die gebeugten Wellen breiten sich je nach Kristallstruktur in bestimmten Richtungen aus und erzeugen auf einem fotografischen Film eine regelmäßige Anordnung von Röntgenstrahlinterferenzen **(Laue-Diagramm),** aus der man die Lage der Netzebenen und damit die Kristallstruktur berechnen kann. Die Methode wird deshalb auch zur Bestimmung der Orientierung von Kristallen angewendet.

Läufer, *Technik:* umlaufender Teil bei Maschinen, z. B. bei Elektromotoren, Generatoren, Turbinen, Kreiselpumpen, Rotationsverdichtern.

Lauf|feuer, Bodenfeuer, sich rasch ausbreitendes Feuer, das trockene Bodenflora erfasst.

Läufigkeit, Brunst, Hitze der Hündin; zweimal jährlich 2–3 Wochen.

Laufwasserkraftwerk, ein →Wasserkraftwerk ohne Speichermöglichkeit für das Betriebswasser, z. B. Kraftwerke an Staustufen von Flüssen.

Laufzeit, *Physik:* Zeit, die physikalische Vorgänge (z. B. elektromagnetische Wellen, Impulse, Signale) oder Teilchen (→Flugzeitmethode) zum Durchlaufen einer bestimmten Strecke benötigen; z. B. die Laufzeit der Ladungsträger in Halbleiterbauelementen oder der Elektronen in Laufzeitröhren.

Lauge, 1) *Chemie:* Bezeichnung für eine wässrige Lösung von →Basen, sofern diese deutlich alkalisch reagiert, oft eingeschränkt auf wässrige Lösungen starker Basen, v. a. die Lösungen von Natrium- und Kaliumhydroxid (Natronlauge beziehungsweise Kalilauge). Da auch Salze starker Basen mit schwachen Säuren alkalisch reagieren, heißen deren Lösungen auch Laugen (z. B. Bleichlauge).

2) *Technik:* wässrige Lösung, die – unabhängig von ihrem Gehalt an Hydroxidionen – alle möglichen Nutz- und Ballastbestandteile enthalten kann, z. B. Mutterlaugen, Ablaugen.

Laughlin [ˈlɔklɪn], Robert B., amerikanischer Physiker, *Visalis (Kalifornien) 1. 11. 1950; seit 1989 Professor an der Stanford University in Palo Alto (Kalifornien). Laughlin erhielt 1998 zusammen mit H. L. Störmer und D. C. Tsui den Nobelpreis für Physik für die Entdeckung und theoretische Erklärung des fraktionierten →Quanten-Hall-Effekts.

Laubfrösche. Europäischer Laubfrosch

Laugung, Leaching, die Herauslösung von Metallen oder ihren Legierungen, von Salzen, Schwefel u. a. aus Haufwerken, Erzen, Lagerstätten oder Abfällen durch Lösungsmittel, auch mithilfe von oxidierenden Mikroorganismen **(biologische** oder **bakterielle Laugung, Bioleaching)** schon in der Lagerstätte, z. B. bei der Gewinnung von Kupfer.

Laurasia, *Geologie:* Urkontinent auf der Nordhalbkugel (Nordamerika, Europa und Nordasien), der seit dem Jura zum Teil auseinander driftete.

Läuse, Echte Läuse, Anoplura, Unterordnung der Tierläuse, auch als eigene Ordnung aufgefasst; flügellose kleine Insekten, Blutsauger auf Mensch und Säugetieren; flach, mit stechenden und saugenden Mundwerkzeugen, Klammerbeinen; mit unvollständiger Verwandlung. Am Menschen leben Kleiderlaus, Filzlaus, Kopflaus. Die **Kleiderlaus** (Pediculus humanus) wird bis 4 mm lang. Sie ist, ebenso wie die Eier (Nissen), hitzeempfindlich, dagegen wenig empfindlich gegen Kälte und Nässe; die Erreger von Fleckfieber, Rückfallfieber, Fünftagefieber werden unmittelbar durch Stiche der Kleiderlaus auf den Menschen übertragen. Entlausung durch Insektizide, Wäschewechsel; Wäsche wird durch trockene Hitze und durch Begasen entlaust. Die **Filzlaus** (Phthirius pubis) ist 1–1,5 mm lang, sitzt hauptsächlich an den Schamhaaren, seltener an anderen Körperhaaren; ihre Bisse hinterlassen manchmal bläuliche Flecken. Übertragung durch Geschlechtsverkehr, Kleider, Bettwäsche. Entlausung durch Insektizide. Die **Kopflaus** (Pediculus capitis) ist 2–3 mm lang, kommt fast nur an menschlichem Kopf-

99997

Max von Laue

Läuse. Die Kopflaus wird 2–3 mm lang.

haar vor. Entlausung durch Einreiben der Haare mit Insektiziden.

Lauterbur ['lɔ:təbə:(r)], Paul C., amerikanischer Chemiker und Radiologe, *Sidney (Ohio) 6. 5. 1929; arbeitete 1969–85 an der University at Stony Brook in New York; anschließend wechselte er an die University of Illinois in Urbana Champaign. Lauterbur passte in den 1970er-Jahren das bis dahin nur von Chemikern genutzte Verfahren der Kernspintomografie für die medizinische Diagnostik an und lieferte erste Schichtbilder menschlichen Gewebes. Mit der Kernspintomografie lassen sich Aufbau und Funktion von Organen, z. B. des Gehirns, aber auch von Gelenken darstellen. Außerdem können Tumoren damit sichtbar gemacht werden; hierfür erhielt er 2003 mit P. Mansfield den Nobelpreis für Physiologie oder Medizin.

Läuterung, *Technik:* 1) bei der Erzaufbereitung das Befreien (Entschlämmen) der mineralischen Rohstoffe von lehmigen und tonigen Verunreinigungen; 2) bei der Glasherstellung das Entgasen und Homogenisieren der Schmelze; 3) bei der Zuckergewinnung das Entfernen schäumender Bestandteile aus der Zuckerlösung.

Lautheit, →Lautstärke.

Lautsprecher, elektroakustisches Gerät zur Umwandlung niederfrequenter Tonfrequenzströme in hörbaren Schall. Von den verschiedenen Wandlerprinzipien (elektrodynamisch, elektrostatisch und piezoelektrisch) ist das elektrodynamische das häufigste. Bei diesem Prinzip erzeugt ein Permanentmagnet ein konstantes Magnetfeld in einem ringförmigen Spalt, in dem die mit der Membran fest verbundene Ringspule beweglich aufgehängt ist. Durch die Spule fließt der tonfrequente Erregerstrom. Die Kraftwirkungen der sich überlagernden Magnetfelder bewegen die Membran, es werden Schallwellen abgestrahlt.

Lautstärke, die vom Gehörsinn abhängige, subjektiv empfundene Schallstärke, die sowohl von der Größe des Schalldrucks p als auch von der Frequenz des Tones abhängt. Das Pegelmaß für die Lautstärke ist der **Lautstärkepegel,** der in phon (→Phon) angegeben ist. Die Normallautstärke wurde durch einen Ton der Frequenz von 1 000 Hz mit einem Schalldruck p_0 von 20 µPa definiert und entspricht etwa der Hörschwelle. Bei dieser Frequenz ist die Lautstärke in phon gleich dem Schalldruckpegel in dB (→Dezibel). Für den Lautstärkepegel gilt: $L_N = 20 \lg (p/p_0)$. Eine physiologische Bewertungsgröße der Lautstärke ist die **Lautheit,** deren relativer Wert durch Vergleich der subjektiven Lautstärkeempfindung für frequenzgleiche Töne unterschiedlichen →Schalldruckpegels ermittelt wird. Nach Definition entspricht einem Lautstärkepegel von $L_N = 40$ phon eine Lautheit von $N = 1$ sone.

Lava [italienisch »Schlammmassen«] *die,* das bei Vulkanausbrüchen unter lebhafter Entgasung aus Spalten oder Schloten an die Erdoberfläche austretende glühend heiße →Magma und das daraus entstandene meist poröse, häufig auch glasige Ergussgestein. Erstarrung tritt ab 900–700 °C ein.

Laval, Carl Gustaf Patrik de, schwedischer Ingenieur, *Orsa (Verwaltungsbezirk Kopparberg) 9. 5. 1845, † Stockholm 2. 2. 1913; u. a. erfand er unabhängig von C. A. Parsons die →Dampfturbine in Form einer einstufigen, schnell laufenden Gleichdruckturbine und konstruierte die **Lavaldüse** (→Düse).

Laveran [la'vrã], Charles Louis Alphonse, französischer Mediziner, *Paris 18. 6. 1845,

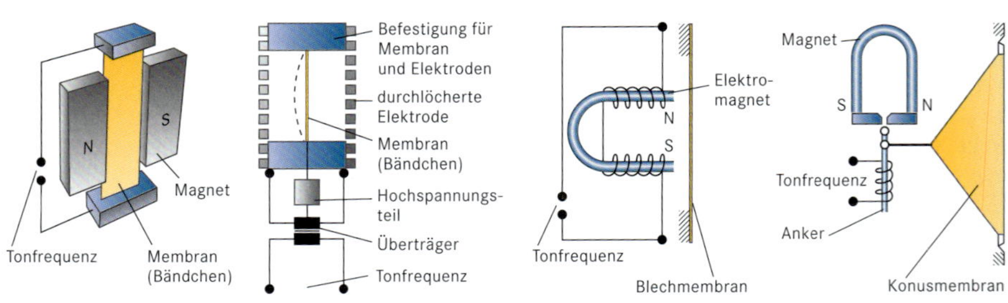

Lautsprecher. Schematische Darstellungen verschiedener Lautsprecherprinzipien; 1 Elektrodynamischer Bändchenlautsprecher; 2 Elektrostatischer Lautsprecher; 3 Elektromagnetischer Lautsprecher mit Blechmembran; 4 Elektromagnetischer Freischwinger

† ebenda 18. 5. 1922; arbeitete als Militärarzt in Algier v. a. über Malaria und die afrikanische Schlafkrankheit. Für die Entdeckung des Malariaerregers (1880) erhielt er 1907 den Nobelpreis für Physiologie oder Medizin.

Lavoisier [lavwa'zje], Antoine de, französischer Chemiker, * Paris 26. 8. 1743, † (hingerichtet) ebenda 8. 5. 1794; studierte Jura und Naturwissenschaften und wurde 1768 Mitglied der Académie des sciences. Ab 1772 widmete er sich der wissenschaftlichen Aufklärung des Verbrennungsvorganges. Er erkannte, dass dieser eine chemische Reaktion ist, während der Sauerstoff aufgenommen wird (Sauerstoff- oder Oxidationstheorie, 1789). Lavoisier widerlegte damit die bis dahin vorherrschende →Phlogistontheorie. 1783 bewies er, dass Wasser eine Verbindung aus Wasserstoff und Sauerstoff ist. 1785 führte er die organische Elementaranalyse als quantitative Analysenmethode ein. 1789 erschien sein Hauptwerk »Traité élémentaire de chimie« (2 Bände), in dem er u. a. eine pragmatische Elementdefinition gab und eine neue chemische Nomenklatur propagierte. Lavoisier war damit einer der Begründer der modernen Chemie. Darüber hinaus befasste er sich mit physiologischen, mineralogischen, technischen, geologischen und meteorologischen Problemen.

Lavoisier wurde während der französischen Revolutionswirren als ehemaliger Steuerpächter der Erpressung angeklagt und guillotiniert. Er gehört zu den größten Persönlichkeiten der Chemiegeschichte.

Lävulose [lateinisch-griechisch] *die,* →Fructose.

Lawrence ['lɔ:rəns], Ernest Orlando, amerikanischer Physiker, * Canton (South Dakota) 8. 8. 1901, † Palo Alto (Kalifornien) 27. 8. 1958; ab 1928 Professor in Berkeley (Kalifornien), ab 1936 Direktor des nach ihm benannten Lawrence Berkeley Laboratory, entwickelte 1929/30 das →Zyklotron, mit dem er zahlreiche künstliche Radionuklide herstellte; erhielt dafür 1939 den Nobelpreis für Physik. Lawrence isolierte die künstlich hergestellten Transurane Plutonium und Neptunium.

Lawrencium [lɔr-; nach Ermest Lawrence] *das,* chemisches Symbol **Lr** (früher Lw), zu den →Transuranen gehörendes radioaktives metallisches Element mit der Ordnungszahl 103, erstmals 1959 durch Beschuss von Californium mit Bor-Ionen hergestellt. Von dem dreiwertigen Element sind mehrere Isotope bekannt, deren langlebigstes ist ^{262}Lr, Halbwertszeit 3,6 Stunden.

LCD [Abkürzung für englisch **l**iquid **c**rystal **d**isplay], die →Flüssigkristallanzeige.

LC-Glied, aus einer Spule *L* und einem Kondensator *C* gebildeter frequenzabhängiger Vierpol. LC-Glieder werden als Filter (z. B. Siebschaltung) und als frequenzbestimmende Schaltung in LC-Oszillatoren eingesetzt. (→RC-Glied)

Lava. Lavastrom beim Ausbruch des Ätna, Sizilien

LD-Verfahren, das Linz-Donawitz-Verfahren (→Sauerstoffmetallurgie), in der Stahlherstellung verwendet.

Leaching ['li:tʃɪŋ, englisch] *das,* →Laugung.

Least-Cost-Routing ['li:st kɔst raʊtɪŋ; englisch »Wahl des Wegs mit den geringsten Kosten«] *das,* Abkürzung **LCR,** in der Datenkommunikation ein Routingverfahren, bei dem der Datenübertragungsdienst oder das Netz mit den geringsten Übertragungskosten ermittelt wird; in der Telekommunikation ein Verfahren zur automatischen Auswahl der kostengünstigsten Call-by-Call-Verbindung.

Lebedew, Pjotr Nikolajewitsch, russischer Physiker, * Moskau 8. 3. 1866, † ebenda 14. 3. 1912; ab 1900 Professor in Moskau; wies 1895 das Phänomen der Doppelbrechung von elektromagnetischen Wellen und 1901 den Strahlungsdruck des Lichtes nach.

Leben, Daseinsform aller Organismen, ein komplexes System von Eigenschaften. Typische Merkmale des Lebendigen sind: Stoff- und Energiewechsel, Wachstum, Reizbarkeit, Bewegung, Fortpflanzungsvermögen, Vererbung, Individualität, Mutationsfähigkeit (Möglichkeit der Veränderung des Erbguts), der Besitz von Nukleinsäuren (DNA und RNA) und Proteinen (Enzyme) und die Fähigkeit, Moleküle selbst zu synthetisieren. Die Einordnung der →Viren ist umstritten, da ihnen manche dieser Merkmale, z. B. ein eigener Stoffwechsel, fehlen.

Die kleinste Bau- und Funktionseinheit der Lebewesen ist die →Zelle, die selbst einen Organismus darstellen kann (Einzeller). Mehrzellige Organismen zeichnen sich durch einen bestimmten Bauplan aus, der für die Einordnung der Organismen in ein System (Taxonomie) von entscheidender Bedeutung ist.

Antoine de Lavoisier
*** 1743, † 1794**

- begründete die neuzeitliche Chemie durch Einführung quantitativer Messmethoden
- erklärte den Prozess der Oxidation durch Sauerstoffaufnahme und widerlegte damit die Phlogistontheorie

Leben.
Ein wichtiges Kennzeichen lebender Organismen ist ihr hoher Ordnungsgrad.
Oben: Schnitt durch einen Skelettmuskel,
Mitte: Facettenauge einer Honigbiene;
unten: Schnitt durch die Schale eines Exemplars der zu den Kopffüßern gehörenden Gattung Nautilus.

Essen ist mehr als nur **Lebensmittel** zu sich zu nehmen, wusste der französische Gastrosoph Jean Anthelme Brillat-Savarin (1755–1826):

»Die Entdeckung eines neuen Gerichtes macht die Menschheit glücklicher als die Entdeckung eines neuen Sterns.«

Leben ist nur unter bestimmten Bedingungen (→Umwelt) möglich, die jedoch sehr unterschiedlich sein können (z. B. Temperatur von −50 bis +110 °C). Leben auf anderen Himmelskörpern ist deshalb unwahrscheinlich, aber denkbar.

Der Anfang des Lebens auf der Erde ist nicht genau zu datieren. Anzunehmen ist, dass Leben vor etwa 3–4 Mrd. Jahren in der Uratmosphäre (enthielt v. a. Wasserstoff sowie einfache Kohlenstoff-, Stickstoff-, Sauerstoff- und Schwefelverbindungen wie Methan, Ammoniak, Wasserdampf, Kohlenmonoxid, Schwefelwasserstoff u. a., jedoch zunächst keinen freien Sauerstoff) unter der Einwirkung verschiedener Energieformen (v. a. durch die UV-Strahlung der Sonne, elektrische Entladungen und hohe Drücke) entstanden ist. Zu Beginn des Lebens bildeten sich zuerst kleine, später größere Moleküle. Diese lagerten sich zu einfachen, dann zu komplizierteren Verbindungen und Molekülketten zusammen. Danach entstanden Makromoleküle wie Proteine und Nukleinsäuren. Diese Stoffe müssen jedoch in geordneter Weise zusammenwirken (Selbstorganisation) und sich selbst vermehren (Autokatalyse). Die Hyperzyklustheorie von Manfred Eigen entwickelte dazu eine Modellvorstellung von der Evolution biologischer Makromoleküle. Es werden aber auch andere Theorien diskutiert.

Die Formenmannigfaltigkeit des Lebens wird durch die Evolutionstheorie erklärt.

■ **Künstliches Leben** Im Labor können Gene durch synthetischen Aufbau der diesen zugrunde liegenden Nukleinsäuresequenzen künstlich erzeugt werden, jedoch ist man weit davon entfernt, das umfangreiche Genom eines Lebewesens auf diese Weise zu erstellen. Vollständige Individuen können dadurch erzeugt werden, dass man die Zellkerne von Körperzellen in entkernte Eizellen transplantiert. Dadurch lassen sich erblich identische Kopien von Lebewesen (so genannte Klone) in beliebiger Anzahl herstellen.

Lebende Steine, Lithops, Gattung der Mittagsblumengewächse, Blattsukkulenten südafrikanischer Trockengebiete, deren kugelige Blätter wie runde Steine aussehen.

lebend gebärend, vivipar, *Zoologie:* lebende Junge zur Welt bringend; im Unterschied zu Eier legenden Tieren.

Lebendverbauung, Einsatz lebender Pflanzen als natürliche, umweltgestaltende Ingenieurbauweise im Erd- und Wasserbau durch Bepflanzung mit Gräsern, Schilf, Gehölzen u. a.

Lebensdauer, 1) *Biologie:* Zeitspanne zwischen Geburt beziehungsweise dem Entwicklungsbeginn und dem Tod eines Lebewesens, auch die Zeit des Am-Leben-Bleibens von Teilen eines Organismus oder von bestimmten Stadien (z. B. Dauerstadien, Sporen, Samen). Die maximale Lebensdauer reicht von wenigen Stunden bis zu einigen Tausend Jahren bei verschiedenen Arten (über 200 Jahre bei Riesenschildkröten, über 4 000 Jahre beim Mammutbaum). Die mittlere (durchschnittliche) Lebensdauer ist der Mittelwert der Lebensdauer aller Individuen einer Population; sie schwankt stark.

2) *Physik:* **mittlere Lebensdauer,** die Zeit τ, die im statistischen Mittel verstreicht, bis von einer Ausgangszahl angeregter, sich statistisch ändernder physikalischer Systeme noch der e-te Teil vorhanden ist. Lebensdauer, →Halbwertszeit $T_{1/2}$ und Zerfallskonstante λ (→Radioaktivität) stehen in folgendem Zusammenhang: $\tau = T_{1/2} / \ln 2 = 1/\lambda$. Der Begriff Lebensdauer wird v. a. bei angeregten Zuständen von Atomen, Molekülen und Atomkernen sowie bei Elementarteilchenzerfällen verwendet. Die typische Lebensdauer angeregter Niveaus der Elektronenhülle liegt in der Größenordnung von 10^{-8} s, bei angeregten Kernzuständen zwischen 10^{-10} und 10^{-13} s; nach der charakteristischen Lebensdauer des Zustands kehren die Systeme in ihren Grundzustand zurück.

Lebensformen, *Biologie:* Gruppe nicht näher miteinander verwandter Lebewesen, die aufgrund ähnlicher Lebensweise gleichartige Anpassungserscheinungen an die Umwelt aufweisen.

Lebensgemeinschaft, *Ökologie:* →Biozönose.

Lebensmittel, nach den Definitionen des Lebensmittelrechts Bezeichnung für alle Stoffe, die dazu bestimmt sind, in rohem, zubereitetem oder verarbeitetem Zustand von Menschen aufgenommen zu werden, also Nahrungs- und Genussmittel sowie Zusatzstoffe und Nahrungsergänzungsmittel.

Lebensmittelbestrahlung, die Behandlung von Lebensmitteln mit energiereichen Strahlen zum Abtöten von Mikroorganismen und zur Verhinderung unerwünschter enzymatischer Veränderungen. Laut Lebensmittel-Bestrahlungs-Verordnung vom 14. 12. 2000 ist die Behandlung von getrockneten aromatischen Kräutern und Gewürzen mit Elektro-

Lebende Steine (blühend)

nen-, Gamma- und Röntgenstrahlen in Deutschland zugelassen (bis 10 Kilogray), bei Kennzeichnungspflicht für den Verbraucher. Zu Kontroll- und Messzwecken darf eine Bestrahlung sowie Behandlung von Lebensmitteln mit Neutronen erfolgen (absorbierte Dosis bis 0,01 Gray). Die Entkeimung von Trinkwasser, der Oberfläche von Obst und Gemüse sowie Hartkäse durch ultraviolette Strahlen ist ebenfalls erlaubt.

Lebensmittelchemie, Teilgebiet der Chemie, das die Zusammensetzung und Eigenschaften pflanzlicher und tierischer Lebensmittel sowie die bei der Lagerung, Zubereitung oder industriellen Verarbeitung sich abspielenden Veränderungen erforscht, umfasst auch Arbeitsrichtungen aus der Physik, der Biochemie, der Mikrobiologie, der Toxikologie und der Sensorik der Lebensmittel. Schwerpunkte sind die Untersuchung der Lebensmittel nach den Anforderungen des Lebensmittel- und Bedarfsgegenstände-Gesetzes und die Bestimmung der ernährungsphysiologisch bedeutenden Inhaltsstoffe.

Lebensmitteltechnik, Teilgebiet der Verfahrenstechnik, das sich mit Methoden und Verfahren zur rationellen Erzeugung und Verarbeitung von Lebensmitteln befasst. Zu den mechanischen Methoden zählen u.a. Reinigen, Sortieren, Zerkleinern, Sieben, Mischen, Filtrieren, Pressen, Emulgieren, Zentrifugieren und Extrahieren. Thermische Methoden (z.B. Pasteurisieren, Gefrieren) haben v.a. bei der Konservierung Bedeutung. Daneben werden auch zahlreiche biochemische Verfahren angewandt, die meist zu einer tief greifenden Veränderung der Ausgangsmaterialien führen (z.B. bei den Gärprozessen, Säuerung).

Lebensraum, *Biologie:* →Biotop.

Leber|egel, Sammelbezeichnung für bestimmte Saugwürmer, die erwachsen v.a. in Gallengängen der Leber von Wild- und Haustieren (besonders Wiederkäuer, Schweine, Pferde), zum Teil auch des Menschen leben; u.a. **Großer Leberegel** (Fasciola hepatica), bis 4 cm lang; lanzettlich-blattförmig. Die Eier werden mit dem Kot ausgeschieden. Bei Regen oder Überschwemmungen gelangt die daraus schlüpfende Larve (Miracidium) in Gewässer, wo sie sich in Wasserschnecken einbohrt und dort zu einer Sporozyste heranwächst. Diese erzeugt die zweite Larvengeneration (Redien), die ihrerseits die dritte Larvengeneration (Zerkarien) bildet. Die Zerkarien durchbrechen die Schneckenhaut, setzen sich an landbewohnenden Pflanzen fest und kapseln sich ein, von wo sie vom Endwirt aufgenommen werden. Bei Haustieren können sie die **Leberegelkrankheit (Egelkrankheit, Fasziolose)** hervorrufen; führt durch Leberschädigung z.B. zu Abmagerung, Verminderung der Milchsekretion, Wollausfall (bei Schafen). Der **Kleine Leberegel (Lanzettegel,** Dicrocoelium dendriticum) wird etwa 1 cm lang und ist lanzettförmig. Als erster Zwischenwirt fungieren Schnecken trockener Gebiete, als zweiter Zwischenwirt Ameisen, als Endwirt v.a. Schafe.

Leberstärke, →Glykogen.

Lebewesen, Organismus, ein aus Zellen oder einer Zelle bestehender lebender Körper (→Leben). Lebewesen sind Mikroorganismen, Pflanzen und Tiere (einschließlich Mensch).

Le Chatelier [ləʃatəˈlje], Henry, französischer Chemiker, * Paris 8. 10. 1850, † Miribel-les-Échelles (Département Isère) 17. 9. 1936; untersuchte besonders den Einfluss der Zustandsgrößen Druck und Temperatur auf chemische Gleichgewichtsreaktionen; entwickelte 1884–88 das Prinzip des kleinsten Zwanges **(Le-Chatelier-Braun-Prinzip).** Nach diesem bewirkt bei Gleichgewichtsreaktionen jede durch äußere Einwirkung erzwungene Änderung einer Zustandsgröße eine Verlagerung des Gleichgewichts derart, dass das System dem äußeren Zwang ausweicht. So entgeht z.B. ein unter hohem Druck stehendes Gas dem äußeren Zwang, indem es sich unter Volumenverminderung verflüssigt.

Lecher-Leitung [nach dem österreichischen Physiker Ernst Lecher, * 1856, † 1926], symmetrische Doppelleitung für Anwendungen in der Mikrowellentechnik. Sie besteht aus zwei parallelen Drähten, deren Abstand voneinander groß gegenüber dem Drahtradius ist (z.B. [Antennen-]Flachbandkabel).

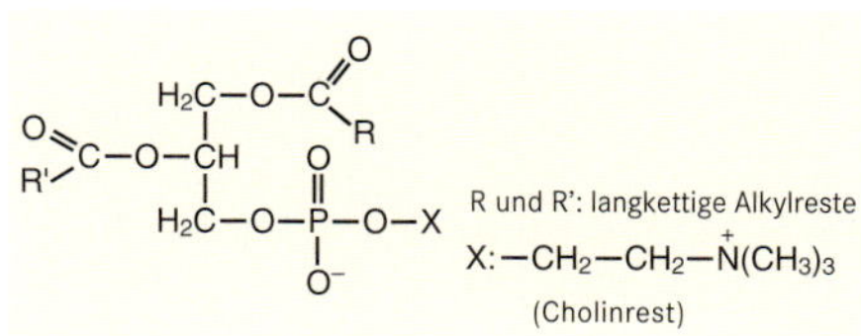

Lecithine

Lecithine [griechisch lékithos »Eigelb«], **Lezithine, Phosphatidylcholine,** zu den Glycerinphosphatiden zählende fettähnliche Stoffe, bei denen zwei Hydroxylgruppen des Glycerins mit langkettigen Fettsäuren verestert sind, die dritte Hydroxylgruppe über Phosphorsäure mit Cholin. Lecithine sind wichtige Bestandteile der Zellen, besonders der biologischen Membranen. Reich an Lecithin sind Blutplasma, Eigelb, Hefen, Hülsenfrüchte u.a.

Lecithine werden v.a. in der Nahrungsmittelindustrie, daneben als Emulgatoren in kosmetischen Präparaten sowie in der Leder- und Textilindustrie verwendet.

Leckstrom, unvermeidlicher elektrischer Strom beim Betrieb von Verbrauchern, der aufgrund bestimmter Eigenschaften elektronischer Bauelemente fließt (z.B. permanente Entladung von Elektrolytkondensatoren).

Lecksuchgerät, Vorrichtung zum Auffinden kleiner Undichtigkeiten in Vakuumapparaturen u. a. Behältern, die dicht abgeschlossen sein müssen. Durch eine Düse wird ein Testgas (z. B. Helium) auf den evakuierten Behälter geblasen. Die durch undichte Stellen ins Innere eintretenden Gasmoleküle lösen im Lecksuchgerät eine Anzeige aus, die proportional zur einströmenden Testgasmenge ist und eine quantitative Bestimmung der Leckrate erlaubt.

Leclanché-Element, die →Kohle-Zink-Zelle.

LED [Abkürzung für englisch **l**ight **e**mitting **d**iode], die →Lumineszenzdiode.

Lederberg ['leidəbə:g], Joshua, amerikanischer Mikrobiologe, * Montclair (New Jersey) 23. 5. 1925; wies durch Kreuzung von Bakterienstämmen in Zusammenarbeit mit E. L. Tatum die geschlechtliche Fortpflanzung von Bakterien nach. Darüber hinaus gelang ihm 1952 der Nachweis der Transduktion von Bakteriophagen. Für diese Forschungsarbeiten erhielt Lederberg (mit G. W. Beadle und E. L. Tatum) 1958 den Nobelpreis für Physiologie oder Medizin.

Leon Max Ledermann

Lederman ['ledəmən], Leon Max, amerikanischer Physiker, * New York 15. 7. 1922; Professor an der Columbia University (New York) und an der Chicago University, 1979–89 Direktor des Fermi National Accelerator Laboratory (Illinois). Lederman entdeckte das Antideuteron, das neutrale Kaon und das Y-Teilchen. Er wies 1962 eine zweite Neutrinoart, das Myon-Neutrino, nach und erhielt hierfür 1988 mit M. Schwartz und J. Steinberger den Nobelpreis für Physik.

Lee [li:], **1)** David Morris, amerikanischer Physiker, * Rye (New York, USA) 20. 1. 1931; Professor an der Cornell University in Ithaca (New York); entdeckte 1971/72 bei Tieftemperaturuntersuchungen die suprafluiden Phasen des Heliumisotops ^{3}He und erhielt dafür 1996 zusammen mit D. D. Osheroff und R. C. Richardson den Nobelpreis für Physik.

2) Tsung Dao, amerikanischer Physiker chinesischer Herkunft, * Schanghai 25. 11. 1926; arbeitet über statistische Mechanik, Hydrodynamik und Feldtheorie; war an der Konstruktion der chinesischen Atombombe beteiligt. Ab 1953 in den USA, gelang ihm mit C. N. Yang der Nachweis, dass bei schwachen Wechselwirkungen zwischen Elementarteilchen die Erhaltung der →Parität nicht gilt; erhielt dafür 1957 mit Yang den Nobelpreis für Physik.

Anthony Leggett

3) Yuan Tseh, amerikanischer Chemiker chinesischer Herkunft, * Xinzhu (Taiwan) 29. 11. 1936; seit 1974 Professor in Berkeley (Kalifornien); erarbeitete mit Dudley Herschbach die Methode der gekreuzten Molekularstrahlen zur Erforschung der chemischen Reaktionskinetik und erhielt dafür mit diesem und John Polanyi 1986 den Nobelpreis für Chemie.

LEED-Verfahren [li:d-, Abkürzung für englisch **l**ow **e**nergy **e**lectron **d**iffraction], Verfahren zur Strukturanalyse von Festkörperoberflächen oder dünnen Schichten, bei dem die Probe mit niederenergetischen Elektronen (etwa 10 bis 100 eV) beschossen wird, das heißt einer Wellenlänge von etwa 0,1 nm, die den Atomabständen im Kristallgitter entspricht. Wegen der sehr geringen Eindringtiefe wird das Beugungsbild durch die obersten Atomlagen bestimmt. Das LEED-Verfahren bildet eine Ergänzung zur Auger-Elektronenspektroskopie und eignet sich besonders zur Untersuchung adsorptiv gebundener Materie, z. B. an Katalyseoberflächen.

Leerlaufspannung, 1) die Ausgangsspannung einer Spannungsquelle (Netzteil, Batterie, Solarzelle u. a.) im unbelasteten Zustand; 2) die Sekundärspannung eines Transformators im unbelasteten Zustand, die als →Nennspannung angegeben wird.

Leerlaufstrom, der von einem elektrischen System zur Energieumwandlung oder -übertragung im unbelasteten Zustand aufgenommene elektrische Strom; bei elektrischen Maschinen und Transformatoren der Magnetisierungsstrom zur Deckung der Eisen- und Stromwärmeverluste sowie (bei Motoren) der Luft- und Lagerreibungsverluste, bei Kabeln und Freileitungen ein Ladestrom zum Aufbau des elektrischen Feldes.

Leeuwenhoek ['le:vənhu:k], Antoni van, niederländischer Naturforscher, * Delft 24. 10. 1632, † ebenda 27. 8. 1723; entdeckte mit selbst angefertigten Mikroskopen viele Einzeller, Bakterien, die roten Blutkörperchen, die Spermien und die quer gestreiften Muskelfasern.

Leggett ['legɪt], Anthony J., britisch-amerikanischer Physiker, * London 26. 3. 1938; lehrte bis 1983 an der Universität von Sussex und ging 1983 an die Universität von Illinois, wo er schon vorher in der Forschung tätig war und heute als Professor am Department of Physics wirkt. Leggett leistete einen wesentlichen Beitrag zum Verständnis der quantenphysikalischen Phänomene der →Suprafluidität. Er konnte erklären, wie sich die Atome des Isotops Helium-3 (^{3}He) bei sehr tiefen Temperaturen paarweise zusammenschließen und in einen supraflüssigen Zustand übergehen. Leggett wurde 2003 (mit W. L. Ginsburg und A. A. Abrikossow) mit dem Nobelpreis für Physik geehrt.

Legierungen [lateinisch] *Plural,* metallische Gemische aus mindestens zwei Komponenten, einem die Hauptmasse bildenden Grund- oder Basismetall mit einem oder mehreren anderen metallischen oder nichtmetallischen Elementen als Zusätzen. Man unterscheidet nach der Zahl der Legierungskomponenten binäre, ternäre, quaternäre und höhere Legierungen (oder Zweistoff-, Dreistoff-, Vierstoff- und Mehrstofflegierungen). Nach der

Legierungen Kann der Euro »rosten«?

Obwohl die 1- und 2-Euro-Münzen augenscheinlich aus unterschiedlichen Metallbestandteilen aufgebaut sind, korrodieren sie nicht. Warum ist das so? Die silberfarbenen Teile der Münzen stellen eine Kupfer-Nickel-Legierung dar, die aus 75 % Kupfer und 25 % Nickel (Cu75Ni25) bestehen, ähnlich wie die früheren Markmünzen. Die goldfarbenen Münzteile bestehen aus Nickel-Messing-Legierungen (Cu75Zn20Ni5). Die Mittelplatten der Euromünzen sind dreischichtig aufgebaut und enthalten jeweils einen Nickelkern. Dies zeigt: Auch wenn die Legierungen sehr unterschiedlich aussehen, so sind sie doch ähnlich zusammengesetzt. Daher ist die Potenzialdifferenz zwischen der silber- und der goldfarbenen Legierung so gering, dass bei normalen Temperaturen kein Strom fließt und sich kein Lokalelement bildet, das zur Zersetzung eines Münzbestandteils führen könnte. Die einfarbigen 10-, 20- und 50-Cent-Münzen bestehen aus so genanntem »Nordischem Gold«, einer Kupfer-Aluminium-Zink-Zinn-Legierung (Cu89Al5Zn5Sn1). Dagegen sind die 1-, 2- und 5-Cent-Münzen aus Stahl aufgebaut, der mit einer Kupferschicht belegt ist.

Zahl der Phasen beziehungsweise Gefügebestandteile werden **einphasige (homogene)** und **mehrphasige (heterogene) Legierungen** unterschieden. Durch die Bildung von Legierungen sollen bestimmte günstige Eigenschaften des Grundmetalls verbessert werden; mitunter ergeben sich auch ganz neue Eigenschaften. Legierungen werden meist durch Zusammenschmelzen oder -sintern der Bestandteile oder durch Diffusion eines Elements in die Oberfläche des anderen (Tempern) hergestellt, bisweilen auch durch gleichzeitige Reduktion der Partner aus den Erzen, durch gemeinsame Elektrolyse oder Zersetzung von Verbindungen oder durch Aufdampfen.

Technisch haben Legierungen eine weitaus größere Bedeutung als reine Metalle; sie werden nach dem Basismetall benannt, z. B. Eisenlegierungen, Aluminiumlegierungen, Kupferlegierungen, Blei- und Zinklegierungen, verbreitet sind aber auch historische Namen wie Bronze, Messing und Amalgam. Je nach Weiterverarbeitung unterscheidet man Guss- und Knetlegierungen.

Leguminosen [lateinisch], die →Hülsenfrüchtler.

Lehn, Jean-Marie, französischer Chemiker, *Rosheim (Elsass) 30. 9. 1939; Professor in Straßburg; erhielt »für die Entwicklung und Verwendung von Molekülen mit strukturspezifischer Wechselwirkung von hoher Selektivität« 1987 den Nobelpreis für Chemie (mit Donald Cram und Charles J. Pedersen).

Lehre, *Messtechnik:* festes oder auf bestimmte Werte einstellbares Messmittel zum Prüfen der Maße und Formen von Werkstücken auf Einhaltung vorgegebener Toleranzen.

Leichtbau, die Anwendung besonderer Baustoffe, Bauweisen und Bauformen (Hohlprofile, Sandwichbauweise) bei der Konstruktion tragender Elemente im Hoch-, Fahrzeug-, Ingenieur- und Maschinenbau. Mit ihr wird große Tragfähigkeit bei geringer Masse erreicht, z. B. bei Flugzeugzellen, selbsttragenden Karosserien im Kraftfahrzeugbau, Brücken mit Kastenträgern aus Stahlblechen.

Leichtmetalle, Metalle und Legierungen mit einer Dichte (meist) unter 4,5 g/cm^3. Zu den Leichtmetallen gehören die Alkali- und Erdalkalimetalle, Aluminium, Magnesium, Scandium, mitunter auch Yttrium und Titan.

Leichtwasserreaktor, Abkürzung **LWR,** mit leichtem Wasser (H_2O) moderierter und gekühlter →Kernreaktor.

Leidener Flasche [nach der Stadt Leiden], **kleistsche Flasche,** älteste Form des elektrischen Kondensators; ein innen und außen mit leitenden Belägen (Stanniol) versehenes Glasgefäß. 1745 (unabhängig voneinander) von E. J. von Kleist und dem Leidener Physiker P. van Musschenbroek (* 1692, † 1762) erfunden.

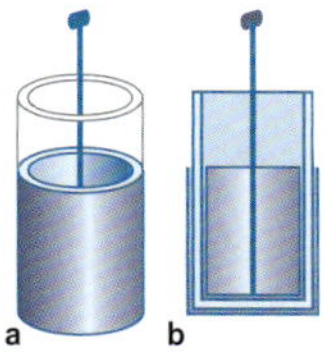

Leidener Flasche. a Draufsicht, b Querschnitt

Leime, kolloide, wasserlösliche →Klebstoffe auf Basis tierischer, pflanzlicher oder synthetischer Grundstoffe, wie Proteine, Gelatine (Glutin), Stärke oder Cellulosederivate.

Leistung, *Physik:* Formelzeichen *P*, SI-Einheit ist das Watt (W); die je Zeitspanne Δt geleistete Arbeit beziehungsweise aufgenommene oder abgegebene Energie ΔW, das heißt $P = \Delta W/\Delta t$ (z. B. Schallleistung, Strahlungsleistung). Ist die während gleicher Zeitintervalle geleistete Arbeit nicht konstant, so wird die Leistung durch die zeitliche Ableitung der Arbeit angegeben: $P = \mathrm{d}W/\mathrm{d}t$.

Da die Arbeit, die eine Kraft F längs eines Wegelements ds verrichtet, durch d$W = F \cdot$ ds gegeben ist, lässt sich die **mechanische Leistung** auch in der Form $P = F \cdot v$ angeben (v Geschwindigkeit). Die **elektrische Leistung** bei einem Gleichstrom ist gleich dem Produkt aus Spannung und Stromstärke: $P = U \cdot I$. Im Wechselstromkreis wird die Leistung auch als **Scheinleistung** bezeichnet, da sie sich aus Blindleistung und Wirkleistung zusammensetzt.

420

Leitfossilien. Ammoniten sind wichtige Leitfossilien für das Mesozoikum (Erdmittelalter); das Bild zeigt einen Ammoniten der Gattung Harpoceras aus dem Unterjura (Lias) mit Resten der gerippten Schale

Leistungs|elektronik, aus der Stromrichtertechnik hervorgegangenes Teilgebiet der Elektrotechnik; Sammelbegriff für die Anwendungsgebiete elektronischer Bauelemente und Schaltungstechniken in Einrichtungen zum Steuern, Schalten und Umformen elektrischer Energie. Besondere Bedeutung haben dafür Halbleiterbauelemente, die bei geeigneter Wärmeableitung und Betriebsart mit sehr großen Strömen und Spannungen betrieben werden können (z.B. Thyristoren, Siliciumdioden). Die Leistungselektronik wird bei Leistungen von einigen Watt bis zu mehreren Megawatt angewendet, u.a. bei Stromversorgungsgeräten, geregelten Antrieben, der Beleuchtungs- und Hochspannungstechnik.

Leistungsfaktor, *Elektrotechnik:* 1) **Wirkleistungsfaktor (Wirkfaktor),** das Verhältnis von →Wirkleistung P zu →Scheinleistung S ($P/S = \cos\varphi$ mit φ als Phasenwinkel); 2) **Blindleistungsfaktor (Blindfaktor),** das Verhältnis von →Blindleistung Q zu Scheinleistung ($Q/S = \sin\varphi$).

Leistungsmasse, früher **Leistungsgewicht,** Quotient aus Masse und Nutzleistung eines Motors, Angabe in kg/kW.

Leistungsmessgerät, 1) Gerät zur Messung einer mechanischen Leistung (z.B. der Bremsleistung mithilfe des Bremsdynamometers); 2) elektrisches Messgerät zur Messung elektrischer Leistungen (auch **Wattmeter**), das meist ein elektrodynamisches Messwerk enthält, durch dessen feste Spule ein zum Verbraucherstrom und durch dessen bewegliche Spule ein zur Spannung proportionaler Strom fließt. Gemessen wird in der Regel die Wirkleistung, mithilfe spezieller Schaltungen auch die Blindleistung.

Leiter, *Physik, Technik:* allgemein ein Stoff oder Körper, der eine mit Energietransport verbundene physikalische Größe, wie elektrischer Strom, elektromagnetische Wellen (Wellenleiter, Hohlleiter), Licht (Lichtleiter), Schall oder Wärme, mit geringem Widerstand leitet, im Gegensatz zu einem Isolator. Im engeren Sinn bezeichnet man als Leiter Stoffe mit guter elektrischer Leitfähigkeit **(elektrische Leiter),** v.a. Festkörper, und unter diesen besonders die →Metalle. Neben der Leitung durch Elektronenleiter (z.B. Metalle, →Halbleiter) und →Supraleiter tritt elektrische Leitfähigkeit auch in →Ionenleitern und →Superionenleitern sowie in Gasen, Plasmen und manchen Schmelzen auf (Ionen- und Elektronenleiter) oder sie kann künstlich erzeugt werden, z.B. in elektrisch leitfähigen Polymeren.

Leiterplatte, *Elektronik:* die →Platine.

Leitfähigkeit, *Physik:* 1) **elektrische Leitfähigkeit,** die Fähigkeit eines Stoffes, elektrischen Strom zu leiten, SI-Einheit ist Siemens je Meter (S/m). Die elektrische Leitfähigkeit ist gleich dem Kehrwert des →spezifischen Widerstands, ihr Wert ist von der Beweglichkeit der Ladungsträger (Elektronen, Ionen, Defektelektronen) im betreffenden Material abhängig. 2) →Wärmeleitfähigkeit.

Leitfossili|en, Fossilien, die für einen bestimmten Zeitabschnitt der Erdgeschichte kennzeichnend sind; geeignet sind möglichst kurzlebige, weit verbreitete und nur in bestimmten Gesteinsschichten vorkommende Formen.

Leitgewebe, lang gestreckte, der Stoffleitung dienende Zellelemente im Innern der höheren Pflanzen, meist zu **Leitbündeln** oder **Gefäßbündeln** vereinigt. Im **Siebteil** oder **Bastteil (Phloem)** werden die gelösten organischen Stoffe transportiert, und zwar in **Siebröhren,** die aus einer Reihe lebender Zellen bestehen, deren aneinander grenzende, meist schräge Querwände von Poren durchbrochen sind (Siebplatten). Im **Holzteil** oder **Gefäßteil (Xylem)** wird das Bodenwasser mit den gelösten Mineralsalzen von den Wurzeln nach oben in toten Gefäßen **(Tracheen, Tracheiden)** geleitet, deren Wände durch ring-, schrauben- oder netzförmige Verdickungsleisten elastisch versteift oder vollständig verholzt sind, bis auf runde oder längliche Aussparungen **(Tüpfel),** durch die der Wassertransport in die angrenzenden Gewebe ermöglicht wird.

Leitrad, bei Turbinen und Axialverdichtern der fest stehende Teil, durch den mithilfe der Leitschaufeln das strömende Medium in die vorgesehene Richtung umgelenkt wird.

Leitstrahlfunkfeuer, Navigationshilfsmittel, das mit funktechnischen Mitteln Signale erzeugt, die auf einer Referenzlinie oder in einer Referenzfläche einen Leitstrahl bilden und dadurch eine gute Orientierungshilfe z. B. beim Landeanflug sind. Der Leitstrahl entsteht durch wechselweise Tastung zweier sich teilweise überlappender Richtdiagramme, die von zwei Richtantennen abgestrahlt werden.

Leitung, *Technik:* Einrichtung zum Fortleiten von Stoffen oder Energie. Zur Leitung von festen Körpern, Flüssigkeiten oder Gasen dienen z. B. →Rohrleitungen und →Pipelines. Zur Übertragung von elektrischer Energie und/oder elektrischen Signalen dienen draht- oder rohrförmige Werkstoffe, die gute elektrische Leitfähigkeit aufweisen (z. B. Kupfer oder andere metallische Werkstoffe). Außenleitungen sind Freileitungen. Als Innenleitungen verwendet man verschiedene Arten mehradriger →Kabel mit Kunststoffmantel. Zur Übertragung von elektrischen Signalen werden in der Hoch- und Höchstfrequenztechnik Koaxialkabel (→Koaxialleitung) und →Hohlleiter benutzt.

Leitungsband, *Festkörperphysik:* →Energiebändermodell.

Leitwerk, *Flugzeugtechnik:* neben Tragflügel und Querruder Baugruppe des Flugzeugs zur Stabilisierung der Fluglage und zur Steuerung um die drei Achsen. **Höhenleitwerk** und **Seitenleitwerk** sind meist am Rumpfende angeordnet und in die fest stehenden Dämpfungsflächen (Höhen-, Seitenflosse) und die beweglichen Ruder (Höhen-, Seitenruder) unterteilt. Das Höhenleitwerk dient der Längsstabilisierung und -steuerbarkeit, das Seitenleitwerk zusammen mit dem Tragflügel der Querstabilität und -steuerbarkeit. Die Querruder sind an den hinteren Tragflügelkanten angebracht.

Leitwert, *Elektrizitätslehre:* kurz für **elektrischer Leitwert,** Formelzeichen G, SI-Einheit ist Siemens (S); Kehrwert des elektrischen →Widerstandes R, das heißt, $G = 1/R$. Bei Wechselströmen unterscheidet man zwischen Wirk-, Blind- und Scheinleitwert.

Leloir [lə'lwa:r], Luis, argentinischer Biochemiker französischer Herkunft, * Paris 6. 9. 1906, † Buenos Aires 3. 12. 1987; erhielt 1970 für die Aufklärung der Biosynthese von Polysacchariden den Nobelpreis für Chemie.

Lemuren [nach den gleichnamigen römischen Geistern], **Makis, Lemuridae,** Familie heute nur noch auf Madagaskar lebender Halbaffen mit verlängerter Schnauze und langem, dicht behaartem Schwanz; nachtaktive Allesfresser. Der **Mausmaki** (Microcebus murinus; Unterfamilie Katzenmakis), ein Insektenjäger, ist mit 13 cm Körperlänge das kleinste Herrentier. Zu den **Makis** (Lemur) zählen der im Wald lebende, bis 40 cm körperlange **Mohrenmaki** (Lemur macaco) und der

Lemuren. Mohrenmaki (Männchen)

Vari (Varecia variegatus), der Schlafnester in den Bäumen baut; Bestände stark bedroht.

Lenard, Philipp, deutscher Physiker, * Pressburg (heute Bratislava) 7. 6. 1862, † Messelhausen (heute zu Lauda-Königshofen) 20. 5. 1947; schuf durch Einbau einer Aluminiumfolie in die Wand einer Entladungsröhre **(Lenard-Fenster)** die Möglichkeit, Elektronen (Kathodenstrahlen) aus der Röhre austreten zu lassen und zu untersuchen; analysierte die Wechselwirkungen zwischen Elektronen und Licht (Fotoeffekt, Phosphoreszenz, Lumineszenz). 1905 erhielt er den Nobelpreis für Physik für Arbeiten über Kathodenstrahlen. Als Antisemit und Gegner der Relativitätstheorie verfasste Lenard später eine 4-bändige »Deutsche Physik« als Gegenstück zur »jüdischen Physik«.

100977s

Philipp Lenard

Lenard-Effekt [nach P. Lenard], 1) Trennung elektrischer Ladungen beim Zerspritzen von Wassertropfen; infolgedessen ist die Luft in der Nähe von Wasserfällen negativ, das Wasser positiv geladen (Balloelektrizität); 2) durch UV-Strahlung hervorgerufene Ionisation eines Gases.

Lenkung, Vorrichtung, die bei Straßenfahrzeugen oder Flugkörpern der Richtungsänderung dient. Bei Straßenfahrzeugen wird die Lenkung fast nur durch Schwenken der Vorderräder bewirkt. Hinterradlenkung wird zum Teil als Rangierhilfe bei Sonderfahrzeugen oder zur Verbesserung der Fahrstabilität eingesetzt. Bei Kraftwagen ist die **Achsschenkellenkung** üblich (1890 von C. F. Benz eingeführt). Durch Drehen des Lenkrads werden über ein Lenkgetriebe die Räder eingeschlagen. Die gelenkten Räder sind auf den Achsschenkeln gelagert, die um eine nahezu senkrechte Achse, den Lenkzapfen, geschwenkt werden können. Durch das Lenktrapez, das aus der Spurstange und den Lenkspurhebeln gebildet wird, wird das kurveninnere Rad so viel stärker als das kurvenäußere eingeschlagen, dass alle Räder mit möglichst geringem

Leopard

seitlichen Gleiten abrollen. Bei der **Hilfskraftlenkung (Servolenkung)** wird die vom Fahrer aufgebrachte Lenkkraft hydraulisch verstärkt. Ein am Lenkgetriebe angebrachtes und von der Lenksäule betätigtes Steuerventil steuert den Öldruck in den Lenkzylinder, der ihn in eine auf die Spurstangen wirkende Hilfskraft umwandelt. Einspurfahrzeuge (Fahrräder, Krafträder) besitzen eine besonders einfache Lenkung, bei der die mit dem Vorderrad verbundene Gabel drehbar gelagert ist. Die mit der Gabel verbundene **Lenkstange** (Lenker) ermöglicht das Einschwenken des Vorderrades.

Lẹnz, Heinrich, russischer Physiker deutscher Herkunft, *Dorpat (heute Tartu) 24. 3. 1804, †Rom 10. 2. 1865; brachte durch Anwendung des →Peltier-Effekts Wasser zum Gefrieren, stellte die **lenzsche Regel** für die Richtung eines induzierten elektrischen Stromes auf (→Induktion).

lẹnzsche Regel, *Physik:* →Induktion.

Leuchtbakterien. Fische der Ordnung Laternenfischartige halten sich Leuchtbakterien in besonderen Zellen. Mit dem Licht locken sie Beute an und kommunizieren miteinander. Über die Sauerstoffzufuhr können sie die Helligkeit des Lichts bestimmen.

Leonạrdo da Vinci [-ˈvintʃi], italienischer Maler, Bildhauer, Architekt, Kunsttheoretiker, Naturforscher und Ingenieur, *Vinci (bei Florenz) 15. 4. 1452, †Schloss Cloux (heute Clos-Lucé, bei Amboise) 2. 5. 1519; war nicht nur ein vielseitiger Künstler, sondern auch Wegbereiter einer anschaulichen Naturforschung auf dem Gebiet der Anatomie, Botanik, Zoologie, Geologie, Hydrologie, Aerologie, Optik und Mechanik. In praktischer Anwendung aufgefundener Gesetzmäßigkeiten konstruierte er zahlreiche Geräte, u. a. Stechheber, Pumpen, Brennspiegel, Fallschirme, Fluggeräte, Kräne, Schleudern sowie Maschinen zur Tuchherstellung.

Leopạrd [lateinisch leo »Löwe« und pardus »Parder«] *der,* **Panther, Panthera pardus,** etwa 1–1,5 m lange (mit Schwanz bis 2,5 m messende), überwiegend dämmerungs- und nachtaktive, meist allein jagende Großkatze besonders in Steppen, Savannen, Regenwäldern, auch Hochgebirgen Afrikas, Südwest- und Südasiens; Fell oberseits fahl- bis rötlich gelb, unterseits weißlich, mit schwarzen Flecken, aber auch völlig schwarze Exemplare **(Schwarzer Panther);** wegen seines Fells stark verfolgt, einige Unterarten sind bereits ausgestorben.

LEP [Abkürzung für englisch **l**arge **e**lectron **p**ositron collider], Elektron-Positron-Speicherring am Europäischen Laboratorium für Teilchenphysik →CERN (von 1989 bis 2000 in Betrieb).

Lepti̲n [griechisch »schlank«], ein 1994 entdecktes, vom Fettgewebe gebildetes Proteohormon. Leptin ist an der Regulierung des Körpergewichtes beteiligt, seine Potenz zur Behandlung von Fettsucht ist umstritten.

Lepto̲nen [griechisch], Familie »leichter« Elementarteilchen mit halbzahligem Spin, die somit der Fermi-Dirac-Statistik genügen. Die Leptonen unterliegen (im Gegensatz zu den Hadronen) nicht der starken Wechselwirkung. Sie gelten zusammen mit den →Quarks als fundamentale Bausteine der Materie. Zu den Leptonen zählen die elektrisch geladenen Teilchen →Elektron (e^-), →Myon (μ^-) und →Tauteilchen (τ^-), deren elektrisch neutrale →Neutrinos (ν_e, ν_μ, ν_τ) und die zugehörigen Antiteilchen, die **Antileptonen,** u. a. das →Positron (e^+). Treten z. B. beim Betazerfall Leptonen auf, spricht man von leptonischem Zerfall.

Lepto̲nenzahl, ladungsartige Quantenzahl L der Elementarteilchen, die nur bei den Leptonen von null abweichende Werte (+1 bei Leptonen, −1 bei Antileptonen) aufweist.

Leta̲lfaktoren, durch Mutation veränderte Gene, die den Tod eines Individuums vor Erreichen des fortpflanzungsfähigen Stadiums bewirken. Nur rezessive Letalfaktoren sind vererbbar.

Leuchtbakteri|en, Gruppe vorwiegend im Meer lebender gramnegativer, begeißelter Bakterien, die ein bläulich grünes Leuchten (u. a. Meeresleuchten) verursachen. Einige Arten leben in Symbiose mit Tinten- und Tiefseefischen in deren Leuchtorganen.

Leuchtdichte, Formelzeichen L, L_v, SI-Einheit ist Candela pro Quadratmeter (cd/m^2); die fotometrische Größe für die vom Auge empfundene Helligkeit einer leuchtenden Fläche. Sie ist der Quotient aus der von einem Flächenelement dA eines Strahlers unter dem Winkel φ zur Flächennormalen abgestrahlten Lichtstärke dI und der Projektion $dA \cdot \cos\varphi$ senkrecht zur betrachteten Richtung: $L = dI/(dA \cdot \cos\varphi)$. Der Leuchtdichtebereich umfasst Werte von 10^9 cd/m² (Sonne) bis 10^{-5} cd/m² (Helligkeitsschwelle). Die der Leuchtdichte entsprechende Strahlungsgröße ist die →Strahldichte.

Leuchtdiode, die →Lumineszenzdiode.

Leuchte, Gerät zur Aufnahme und zum Betrieb künstlicher Lichtquellen (Lampen, z. B. Glühlampen, Entladungslampen, Leuchtstofflampen, Leuchtröhren), bestehend aus den zur Befestigung, zum Schutz gegen Staub, Beschädigung und Feuchtigkeit sowie zur Energieversorgung notwendigen Bestandteilen, wie z. B. Fassungen, Leitungen, Vorschaltgeräte, Starter, Zündeinrichtungen, Anschlussklemmen. Die gewünschte Lichtverteilung und eine Blendungsbegrenzung werden erreicht durch optische Reflektoren, klare oder getrübte Abschlusswannen, Raster aus Metall oder Kunststoff, Streugläser, Prismenrefraktoren. VDE-Vorschriften regeln die Sicherheitsbestimmungen für Leuchten z. B. in explosionsgefährdeten Anlagen.

Leuchte
→ GEO **Dossier**
Neue Wege zur Erleuchtung, Bd. 8

Leuchtfarben, mit →Leuchtstoffen vermischte Anstrichstoffe, die bei Beleuchtung mit kurzwelligem Licht eine leuchtende Farbe haben, zum Teil auch nach Einwirkung von Licht im Dunkeln nachleuchten (→Lumineszenz).

Leuchtfeuer, starke Lichtzeichen, die in der Schifffahrt das Navigieren in Küstennähe, in der Luftfahrt die Orientierung bei Start und Landung (→Befeuerung) bei Nacht oder schlechter Sicht erleichtern. Die in der *Schifffahrt* für →Seezeichen verwendeten Leuchtfeuer unterscheiden sich durch 1) Farbe: weiß (Leitweg, Fahrwasser, Ortsangabe, Gefahrenpunkt), grün (Steuerbord, rechts, frei), rot (Backbord, links, Gefahr, geschlossen), gelb (Sonderfeuer), 2) Kennung: Funkelleuchtfeuer (mehr als 60 Blitze pro Minute), Blitzfeuer (Lichtschein aus relativ langer Dunkelheit heraus kürzer als eine Sekunde), Blinkfeuer (Lichtschein mindestens zwei Sekunden aus relativ langer Dunkelheit), Festfeuer (steter Lichtschein ohne Unterbrechung), 3) Funktion als Fahrwasserbefeuerung: Richtfeuer (zwei Leuchtfeuer hintereinander; markieren die Fahrwassermitte), Leitfeuer (mit Leit- und Warnsektoren), Quermarkenfeuer, Einzelgefahrenfeuer, Torfeuer, Leuchttonne u. a. – Leuchtfeuer werden mithilfe von Leuchtfeuerverzeichnissen erkannt.

Leucht|organismen, Lebewesen, die die Fähigkeit zur Lichterzeugung durch biochemische Vorgänge (Biolumineszenz) besitzen. Leuchtorganismen haben zum Teil spezielle Leuchtorgane, z. B. Leuchtkäfer, -krebse.

Leuchtsätze, →Pyrotechnik.

Leuchtschirm, Fluoreszenzschirm, Lumineszenzschirm, Bildschirm, mit Leuchtstoffen beschichteter Auffangschirm zur Sichtbarmachung von elektromagnetischer oder Korpuskularstrahlung. Farbton und Nachleuchtdauer lassen sich durch geeignete Leuchtstoffe erreichen.

Leuchtstoffe, Luminophore, zur →Lumineszenz fähige Stoffe, die die Energie elektromagnetischer Strahlung (Gamma-, Röntgen-, UV-Strahlung, sichtbares Licht) oder von Korpuskularstrahlung (Alpha-, Betastrahlung) absorbieren und als sichtbares Licht aussenden. Gase und Halbleiter werden v. a. elektrisch zur Lichtemission angeregt (→Gasentladung). Bei den festen Leuchtstoffen bildet entweder eine Atom- oder Molekülgruppe oder ein kennzeichnender Aktivator das Leuchtzentrum, oder der Festkörper wird durch Gitterstörungen oder Dotierung mit Fremdstoffen aktiviert.

Neben den **natürlichen (selbstleuchtenden) Leuchtstoffen** (u. a. Calcium- und Magnesiumwolframat) unterscheidet man **fluoreszierende Leuchtstoffe** (z. B. in Fernsehbildschirmen, Leuchtstofflampen, als Leuchtfarbenzusätze für Verkehrsschilder), deren Lichtemission praktisch nach Beendigung der Anregung endet (Nachleuchtdauer $< 10^{-8}$ s), und **phosphoreszierende Leuchtstoffe** (Phosphore), die ein längeres Nachleuchten zeigen. Letztere sind z. B. zur Herstellung von Signalfarben von Bedeutung, die in der Dunkelheit nachleuchten. Leuchtstoffe werden ebenfalls zur Beschichtung von Oszillografenröhren und Röntgenschirmen angewendet; zu ihnen zählen auch die optischen Aufheller und die Fluoreszenzfarbstoffe. Als Leuchtstoffe werden häufig Zinksulfid sowie andere Salze der Erdalkalimetalle und ihrer Nebengruppenelemente verwendet, die u. a. mit Kupfer, Silber, Mangan und Europium aktiviert werden.

Leuchtstofflampen
→ GEO **Dossier**
Neue Wege zur Erleuchtung, Bd. 8

100807

Leuchtorganismen. Männliches Glühwürmchen

Leuchtstofflampen, Leuchtstoffröhren, Niederdruckentladungslampen, an deren Innenwand Leuchtstoffe aufgebracht sind, die unter dem Einfluss der erzeugten langwelligen

Leuchtturm. Der »Alte Weser« vor Bremerhaven

UV-Strahlung Licht mit einem kontinuierlichen Spektrum ausstrahlen. Die Lichtstrahlung der Gasentladung selbst dringt nur wenig durch die Leuchtstoffschicht. Die →Leuchtstoffe sind v. a. für die Lichtausbeute und die Lichtfarbe (Tageslicht, Universalweiß, Warmton) ausschlaggebend. Leuchtstofflampen werden für verschiedene Leistungen gebaut; Standardleuchtstofflampen werden unter Vorschaltung einer Drosselspule an das Ortsnetz (Nennspannung 230 V) angeschlossen. Beim Einschalten sorgt ein →Glimmstarter für ein kurzes Aufheizen der Elektroden und über das Vorschaltgerät für die Erzeugung eines Spannungsstoßes zum Einleiten der Entladung. Drosselspule und Glimmstarter können auch durch eine elektronische Schaltung ersetzt sein. Vorteile der Leuchtstofflampen sind hohe Lichtausbeute und lange Lebensdauer (bis zu einem Mehrfachen der Werte gewöhnlicher Glühlampen) sowie die Unempfindlichkeit gegen Erschütterungen. Leuchtstofflampen eignen sich besonders zur Beleuchtung von Arbeitsplätzen und Räumen mit großem Lichtbedarf; Leuchtstofflampen werden heute in großem Umfang in der Straßenbeleuchtung verwendet. Zunehmend werden **Kompaktleuchtstofflampen** auch im Wohnbereich eingesetzt, wo sie ein den üblichen Glühlampen entsprechendes Licht erzeugen, jedoch bei wesentlich geringerer Leistungsaufnahme **(Energiesparlampen).**

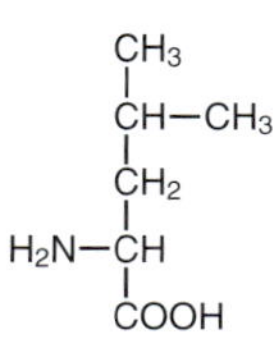

Leucin

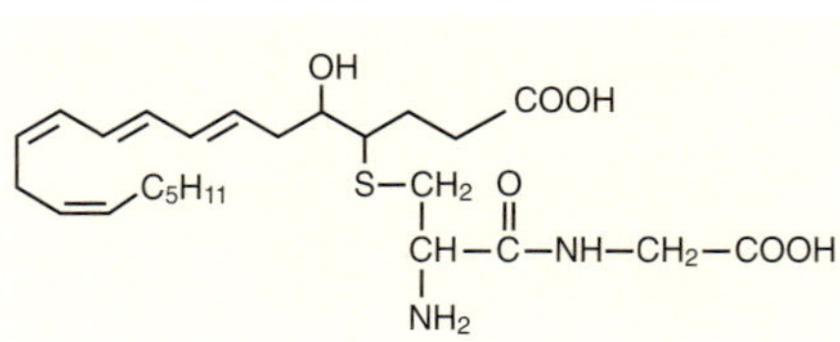

Leukotriene. Leukotrien D_4

Leuchtturm, als Schifffahrtszeichen dienender hoher und daher weithin sichtbarer Turm mit einem starken →Leuchtfeuer an der Spitze, der sich an für die Navigation wichtigen geografischen Punkten befindet und durch Form, Farbe und →Kennung identifizierbar ist. Sein Licht wird durch →Fresnel-Linsen und/oder Spiegelsysteme stark gebündelt, sodass es scharf abgegrenzt und weithin sichtbar ist. Zusätzlich sind meist Radaranlagen, Einrichtungen für Nebel- und Sturmwarndienst, Wetter-, Schiffsmelde- und Seenotdienst, Energieversorgungsstationen und Hubschrauberlandeplätze vorhanden. Leuchttürme werden heute meist ferngesteuert und -überwacht.

Leucin [griechisch] *das,* Abkürzung **Leu,** für den Menschen und viele Tiere essenzielle Aminosäure, Proteinbestandteil aller Organismen.

Leukotriene [zu Leukozyt und Trien gebildet], in Leukozyten gebildete Abkömmlinge der dreifach ungesättigten Fettsäure Arachidonsäure. Leukotriene sind Vertreter der Eicosanoide, einer Gruppe der Parahormone, die bei der Regulation entzündlicher Reaktionen mitwirken.

Leukozyten [griechisch], weiße Blutkörperchen (→Blut).

Leukozytose [griechisch] *die,* erhöhte Zahl von weißen Blutkörperchen im Blut, z. B. bei akuten Entzündungen.

Levi-Montalcini [-'tʃi:ni], Rita, italienisch-amerikanische Neurobiologin, *Turin 22. 4. 1909; für ihre Forschungsarbeiten zur Isolierung und Charakterisierung des Nervenwachstumsfaktors (Nerve Growth Factor, Abkürzung NGF) erhielt sie 1986 mit Stanley Cohen den Nobelpreis für Physiologie oder Medizin.

Lewis ['lu:is], **1)** Edward B., amerikanischer Genetiker, *Wilkes-Barre (Pennsylvania) 20. 5. 1918, † Pasadena (Kalifornien) 21. 7. 2004; war Professor am California Institute of Technology (Caltech). Mit Methoden der klassischen Genetik gelang ihm der Nachweis, dass Erbanlagen in einer aufeinander abgestimmten Weise bei der Embryonalentwicklung zusammenwirken; erhielt (mit C. Nüsslein-Volhard und E. Wieschaus) 1995 den Nobelpreis für Physiologie oder Medizin.

2) Gilbert, amerikanischer Physikochemiker, *Weymouth (Massachusetts) 23. 10. 1875, † Berkeley (Kalifornien) 23. 3. 1946; bedeutende Arbeiten zur Theorie der chemischen Bindung, zur Elektrolyse und →Säure-Base-Theorie. 1933 gelang ihm die elektrolytische Gewinnung des schweren Wassers.

LHC [Abkürzung für englisch large hadron collider], am Europäischen Laboratorium für

Teilchenphysik →CERN im Aufbau befindlicher Doppelspeicherring für Protonen; Inbetriebnahme voraussichtlich 2007.

Li, chemisches Symbol für →Lithium.

Lianen [französisch], **Kletterpflanzen,** Gewächse verschiedener Pflanzenfamilien, die an Stützen emporwachsen, z. B. durch Windbewegungen **(Schlingpflanze),** durch Wurzeln **(Wurzelkletterer),** durch Ranken **(Rankenpflanze).**

Libby ['lɪbɪ], Willard, amerikanischer Chemiker, *Grand Valley (Colorado) 17. 12. 1908, †Los Angeles 8. 9. 1980; Mitglied der amerikanischen Atomenergie-Kommission; erhielt für die Entwicklung der →Radiokohlenstoffmethode 1960 den Nobelpreis für Chemie.

100139

Libellen. Paarungsrad der zu den Kleinlibellen gehörenden Frühen Adonislibelle (Pyrrhosoma nymphula)

Libellen, Wasserjungfern, Odonata, Insektenordnung; Vollinsekten mit vier netzartig geäderten, meist farblosen Flügeln und schlankem, oft lebhaft gefärbtem Körper, Kopf gut beweglich mit großen halbkugelförmigen Augen und kleinen Fühlern; bei der Paarung bilden Männchen und Weibchen ein »Rad«, indem das Männchen mit seinem Hinterleibsende das Weibchen hinter dem Kopf festhält. Vollkerfe und Larven leben räuberisch; die unvollkommene Verwandlung erfolgt im Wasser. Man unterscheidet die Unterordnungen **Kleinlibellen** (Zygoptera) mit langsam fliegenden Arten (z. B. die zur Familie der Schlanklibellen gehörende Becher-Azurjungfer und die zur Familie der Prachtlibellen gehörende Blauflügel-Prachtlibelle und die Gebänderte Prachtlibelle) sowie die **Großlibellen** (Anisoptera) mit bis zu 13 cm langen, schnell fliegenden Arten.

Lichenes [griechisch-lateinisch], *Botanik:* die →Flechten.

Licht, im engeren Sinn die für das menschliche Auge sichtbare elektromagnetische Strahlung mit Wellenlängen zwischen 380 und 780 nm (sichtbares Licht), im weiteren Sinn der Wellenlängenbereich zwischen etwa 100 nm und 1 mm (optische Strahlung), der auch die Ultraviolett- und Infrarotstrahlung umfasst; die Grenzen zu noch lang- beziehungsweise kurzwelligerer Strahlung sind fließend.

■ **Physik** Die physikalischen Eigenschaften des Lichts und seine Gesetzmäßigkeiten werden in der →Optik behandelt. Das einfachste Beschreibungsmodell des Lichts liefert die *geometrische Optik,* in der die Gesetzmäßigkeiten der Lichtausbreitung (z. B. Reflexion, Brechung) als geradlinige Strahlenbündel behandelt werden. Eine weiter gehende Beschreibung gestattet die *Wellenoptik.* Den verschiedenen **Lichtfarben** entsprechen Wellen verschiedener Wellenlänge beziehungsweise Frequenz. Während **monochromatisches (einfarbiges) Licht** nur eng benachbarte Frequenzen enthält, entsteht **weißes Licht** als Überlagerung aller Wellenlängen der sichtbaren Strahlung; durch ein Prisma kann es räumlich abgelenkt (→Brechung) und in seine Spektralfarben zerlegt werden (→Dispersion). Licht breitet sich im Vakuum geradlinig mit der →Lichtgeschwindigkeit c aus; Frequenz ν und Wellenlänge λ sind durch die Beziehung $c = \nu \cdot \lambda$ verknüpft. Die meisten Eigenschaften des Lichts sind jedoch nur erklärbar, wenn man berücksichtigt, dass Licht wie jede elektromagnetische Strahlung sowohl Wellen- als auch Teilcheneigenschaften aufweist (→Dualismus). Diese sind im Sinn der *Quantentheorie* komplementär. Welche Art der Beschreibung anzuwenden ist, richtet sich nach den experimentellen Gegebenheiten. Mit der Quantennatur des Lichts sind Emission und Absorption erklärbar (z. B. →Fotoeffekt, →Compton-Effekt), wobei das Licht aus Elementarteilchen, den **Lichtquanten** oder →Photonen, mit der Ruhemasse null besteht, die die Energie $W = h\nu$ und den Impuls $p = h\nu/c$ tragen (h plancksches Wirkungsquantum). Lichtabsorption und -Emission basieren auf energetischen Übergängen in der Elektronenhülle der Atome. Dabei wird beim Übergang eines atomaren Systems von einem angeregten Zustand auf einen niedrigeren Energiezustand die Energiedifferenz $\Delta W = h\nu$ als Licht definierter Wellenlänge beziehungsweise Frequenz ν abgestrahlt. Dieser Übergang kann zufällig erfolgen oder – wie beim →Laser – durch Strahlung angeregt werden (spontane beziehungsweise induzierte Emission).

■ **Geschichte** Im Gegensatz zu dem von I. Newton 1704 entwickelten Korpuskelbild **(Emanationstheorie** oder **Emissionstheorie),** wonach Licht aus kleinen materiellen Teilchen bestehen sollte, waren die frühen Vorstellungen vom Licht durch die **Wellentheorie** oder **Undulationstheorie** (C. Huygens 1678) gekennzeichnet. Danach wurde die Lichtausbreitung als Überlagerung von Kugelwellen (→huygenssches Prinzip) in einem sehr

Licht
→ GEO **Dossier**
Neue Wege zur Erleuchtung, Bd. 8

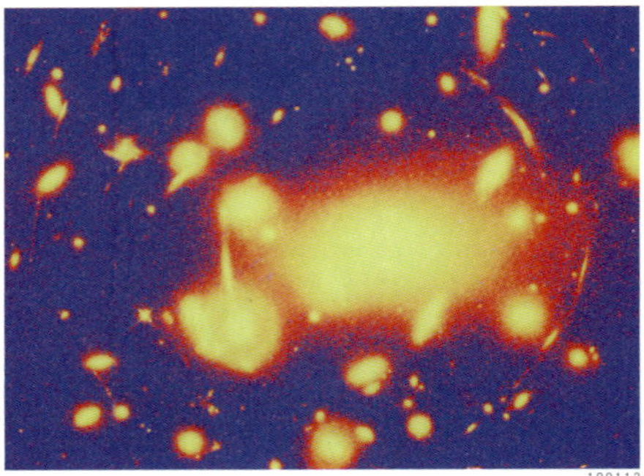

Lichtablenkung. Lichtablenkung innerhalb eines Gravitationsfeldes im Weltall

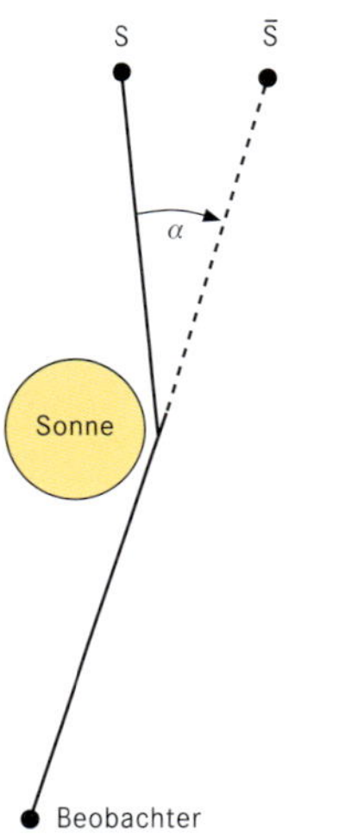

Lichtablenkung. Schematische Darstellung der Lichtablenkung im Schwerefeld der Sonne; S wahrer, S̄ scheinbarer Ort des Sterns, α Ablenkwinkel

Lichtablenkung
→ GEO **Dossier**
Der Mensch, das Genie und sein Weltbild, Bd. 6

feinen Medium, dem Lichtäther (→Äther), erklärt. Die Experimente zur Interferenz, Beugung und Polarisation des Lichts von T. Young (ab 1800), A. J. Fresnel (ab 1815) und J. Fraunhofer (ab 1821) und ihre wellentheoretische Deutung schienen die Lichtwellentheorie eindeutig zu bestätigen. J. C. Maxwell erkannte 1861–64 den elektromagnetischen Charakter der Lichtwellen, der von H. Hertz (1888) experimentell nachgewiesen wurde. Durch die von M. Planck (1900) eingeführten Energiequanten und die aus der Erklärung des Fotoeffekts entstandene **Photonentheorie** von A. Einstein (1905) wurden dem Licht wieder korpuskulare Eigenschaften zugesprochen. N. Bohr interpretierte beide Vorstellungen im Rahmen der Quantentheorie als **Welle-Teilchen-Dualismus** des Lichts.

■ **Biologie** Das Licht führt den Organismen die zur Erhaltung des Lebens notwendige Strahlungsenergie zu, die in Wärme- oder in chemische Energie umgewandelt wird. Licht ermöglicht durch den physikalischen Reiz auf das Auge als Strahlungsempfänger das →Sehen. – Für die Pflanzen ist Licht Voraussetzung für die →Assimilation des Kohlendioxids (Fotosynthese) zum Aufbau organischer Stoffe (→Kohlenhydrate u. a.).

Licht|ablenkung, gravitative Lichtablenkung, Gravitationsaberration, die Abweichung eines Lichtstrahls von einer Geraden, wenn dieser das Gravitationsfeld eines massereichen Körpers durchsetzt. Entsprechend der allgemeinen →Relativitätstheorie ist die Krümmung der Lichtstrahlen, z. B. im Schwerefeld der Sonne oder bei Gravitationslinsen, eine Folge der durch das Gravitationsfeld bestimmten Krümmung des Raumes.

Licht|ausbeute, Formelzeichen η, η_{v}, SI-Einheit ist Lumen/Watt (lm/W); das Verhältnis des von einer Lichtquelle abgegebenen →Lichtstromes zur Leistungsaufnahme der Lichtquelle; kennzeichnet ihre Wirtschaftlichkeit. Die Lichtausbeute beträgt z. B. bei Kerzen 0,1, bei Glühlampen für die Allgemeinbeleuchtung 10–15, bei Leuchtstofflampen 80–90 und bei Natriumdampflampen 85–120 lm/W.

Lichtbild, im deutschen Sprachraum seit etwa 1841 übliche Bezeichnung für ein auf fotografischem Weg erzeugtes Bild (→Fotografie).

Lichtbogen, hell leuchtende Gasstrecke einer Bogenentladung, verbunden mit hoher Stromstärke bei kleinem Spannungsabfall und hoher Wärmeentwicklung. Beim frei brennenden Lichtbogen wird die Bogenentladung durch eine kurze Berührung der Elektroden gezündet. Bei Hochdruck- und Höchstdruckentladungslampen brennt der Lichtbogen in einem geschlossenen Entladungsgefäß aus Quarzglas oder Keramik zwischen Elektroden aus hochschmelzendem Metall. Gewollte Lichtbogen werden u. a. zum Schweißen (Lichtbogenschweißen) und in der Plasmaphysik (Lichtbogenplasmabrenner) angewendet; unerwünscht sind Lichtbogen beim elektrischen Durchschlag von Isolationen und beim Öffnen von Schalterkontakten.

Lichtbogen|ofen, elektrischer Schmelzofen zur Gewinnung besonders von Elektrostahl (→Stahl). Beim indirekt beheizten Lichtbogenofen brennt der Lichtbogen über dem Schmelzgut, beim direkt beheizten Lichtbogenofen zwischen Schmelzgut und Elektrode.

Lichtdruck, 1) *grafische Technik:* ein Druckverfahren, das auf der Lichtempfindlichkeit von Chromsalzen (meist Kalium- oder Ammoniumdichromat) in Verbindung mit organischen Kolloiden beruht und bei dem die Druckelemente von einem bildgemäß abgestuften, gehärteten und gequollenen Gelatinerelief gebildet werden. Der Lichtdruck ist besonders für Gemäldereproduktionen geeignet.

2) *Physik:* **Lichtdruckkraft,** →Lichtkraft.

licht|elektrischer Effẹkt, *Physik:* der →Fotoeffekt.

Lịchtenberg, Georg Christoph, Pseudonyme **Emanuel Candidus, Conrad Photorin,** deutscher Physiker und Schriftsteller, * Ober-Ramstadt (bei Darmstadt) 1. 7. 1742, † Göttingen 24. 2. 1799; Professor für Mathematik und Physik in Göttingen, betrieb intensive naturwissenschaftliche Forschungen, u. a. zur Elektrizitätslehre, Astronomie, Geophysik und

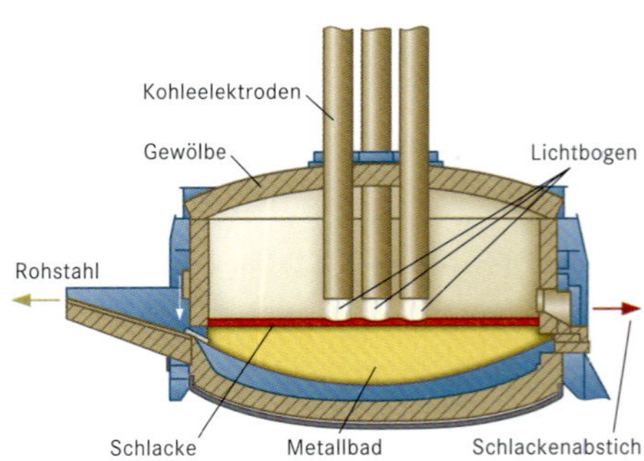

Lichtbogenofen. Schema eines Elektrostahlofens, mit dessen Hilfe Stahl aus Stahlschrott erschmolzen wird. Im Lichtbogen entstehen Temperaturen bis 3 500 °C, in der Stahlschmelze bis 1 800 °C. Der gewonnene Rohstahl wird in eine Pfanne gekippt.

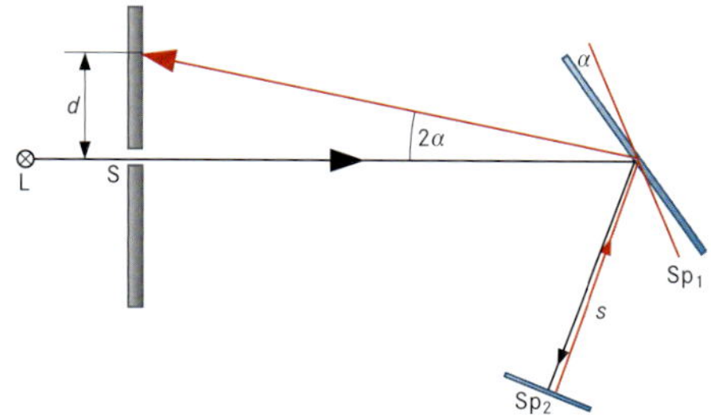

Lichtgeschwindigkeit. Schematische Darstellung von L. Foucaults Drehspiegelmethode zur Messung der Lichtgeschwindigkeit; L Lichtquelle, S Spalt, Sp_1 schnell drehender Spiegel, Sp_2 senkrecht zum Lichtstrahl eingestellter Spiegel, α Drehwinkel von Sp_1 (wenn der Lichtstrahl zweimal die Strecke s durchlaufen hat), d durch die Drehung von Sp_1 bewirkte Abweichung des Lichtstrahls

Meteorologie; entdeckte z. B. die **Lichtenberg-Figuren,** auf einer bestäubten Isolierstoffplatte sichtbar gemachte Spuren einer Büschelentladung. – Lichtenberg war zweimal in England (»Briefe aus England«, 1776–78; »Ausführliche Erklärung der Hogarth'schen Kupferstiche«, 1794–99, erweitert 1800–35). Sein Ruf als Schriftsteller beruht v. a. auf seinen ironisch-geistvollen »Sudelbüchern« (daraus »Aphorismen«, 5 Bände, 1. Gesamtausgabe, herausgegeben 1902–08), in denen er sich als Repräsentant der Aufklärung erweist.

Lichterführung, international vorgeschriebene Kennzeichnung von Luft- und Wasserfahrzeugen durch **Positionslichter,** dient v. a. der Kollisionsverhütung. In Fahrt befindliche Schiffe führen von Sonnenuntergang bis Sonnenaufgang und am Tage bei unsichtigem Wetter ein weißes Topplicht am vorderen und (höher angebracht) am hinteren Mast, ein rotes Seitenlicht backbord, ein grünes Seitenlicht steuerbord und das weiße Hecklicht. Für Spezialschiffe sowie für ankernde, fischende und manövrierunfähige Fahrzeuge ist eine besondere Lichterführung vorgeschrieben. Flugzeuge führen außer den Positionslichtern an den Tragflächenenden (links rot, rechts grün) und am Heck (weiß) ein rotes Rundumblinklicht (bei größeren Flugzeugen an der Rumpfober- und -unterseite), zum Teil zusätzlich weiße Blitzleuchten.

Lichtfilter, optisches Filter, optisches Bauelement, das zur wellenlängenunabhängigen Schwächung der Intensität einer Strahlung, z. B. Licht **(Neutralfilter),** zur Änderung der spektralen Zusammensetzung der Strahlung, meist unter Ausnutzung von Absorption **(Absorptionsfilter)** oder Interferenz **(Interferenzfilter)** oder zur Änderung des Polarisationszustandes (**Polarisationsfilter,** Herstellung von polarisiertem Licht aus unpolarisiertem) dient. Soll der Strahlengang nicht gestört werden, kommen nur klar durchsichtige Körper mit ebenen Begrenzungsflächen in Betracht, wie Farbgläser, Filtergläser, Gelatine- oder Kunststofffolien sowie klare Flüssigkeiten in Küvetten. Lichtfilter werden in Wissenschaft und Technik vielseitig angewendet: in der Fotografie (dort auch als **Farbfilter** bezeichnet), als Schutz vor unerwünschter Strahlung in Schweißerbrillen sowie Lichtschutzfolien; zur Isolierung bestimmter Spektralbereiche (z. B. UV- oder Infrarotfilter); zur Erzielung von Farbwirkungen (Werbung, Bühnenbeleuchtung); beim Farbfernsehen als Aufnahmefilter; zur Anpassung von lichtelektrischen Empfängern an bestimmte spektrale Wirkungsfunktionen (z. B. bei Luxmetern).

Lichtgeschwindigkeit, die Geschwindigkeit, mit der sich Licht und allgemein elektromagnetische Wellen ausbreiten. Die **Vakuumlichtgeschwindigkeit** c_0 (die im Allgemeinen gemeint ist, wenn man von der Lichtgeschwindigkeit spricht) beträgt $c_0 = 299\,792\,458$ m/s. Sie ist als universelle Konstante der Relativitätstheorie die obere Grenze der Geschwindigkeit, mit der sich Energie in irgendeiner Form, also auch ein Signal, ausbreiten kann. Materielle Körper können die Lichtgeschwindigkeit nicht erreichen, sondern sich ihr nur asymptotisch nähern. Für die Phasengeschwindigkeit c, das heißt die Ausbreitungsgeschwindigkeit der Phase einer Lichtwelle (z. B. eines Wellenberges) in einem Medium der Brechzahl n, gilt $c = c_0/n$. Sie ist im Vakuum ($n = 1$) mit c_0 identisch, in Materie im Allgemeinen kleiner ($n > 1$), selten größer ($n < 1$) als c_0. Die Gruppengeschwindigkeit, mit der sich die Lichtenergie fortpflanzt, ist in Materie stets kleiner als c_0, nur im Vakuum gleich c_0.

Lichtgeschwindigkeit
→ GEO **Dossier**
Der Mensch, das Genie und sein Weltbild, Bd. 6

Lichtgeschwindigkeit Licht einfangen

Nichts ist bekanntlich schneller als Licht – doch wie langsam lässt sich Licht machen? Obwohl die Lichtgeschwindigkeit in gewöhnlicher Materie, z. B. Wasser, bereits kleiner als im Vakuum ausfällt, so ist sie doch unter normalen Bedingungen immer noch unvorstellbar groß. In den letzten Jahren ist es Physikern jedoch in einigen aufwendigen Experimenten gelungen, die Lichtgeschwindigkeit extrem nach unten zu drücken, sogar bis zum Stillstand!

Die Wissenschaftler schickten dabei einen Laserpuls – den Teststrahl – in eine tiefgekühlte Atomwolke, die normalerweise lichtundurchlässig ist. Wird die Wolke allerdings mit einem weiteren Laserstrahl – dem Kontrollstrahl – bestrahlt, so wird sie transparent: Der Teststrahl geht nun hindurch. Dieser Vorgang wird als elektromagnetisch induzierte Transparenz bezeichnet. Wenn die Experimentatoren den Kontrollstrahl nun im richtigen Moment ausschalteten, blieb der Teststrahl in der Wolke stecken: Ursprünglich einige Kilometer lang, war der Puls auf wenige Zehntel Millimeter geschrumpft und komplett in der Wolke verschwunden. Schalteten die Forscher den Kontrollstrahl wieder ein, so konnte auch der Teststrahl die Wolke wieder verlassen.

Bisher sind solche Experimente Grundlagenforschung, in der Zukunft lassen sich diese Erkenntnisse aber vielleicht für die Speicherung von Licht bei Quantencomputern nutzen.

■ **Geschichte** Nach vergeblichen Versuchen zur Bestimmung der Lichtgeschwindigkeit durch G. Galilei errechnete erstmals O. Römer 1675/76 die Lichtgeschwindigkeit aus Beobachtungen der Verfinsterungen eines Jupitermondes, nachdem er entdeckt hatte, dass die Intervalle zwischen den Verfinsterungen anwuchsen, wenn sich die Erde auf ihrer Bahn vom Jupiter entfernte, und abnahmen, wenn sie sich ihm näherte.

Die erste terrestrische Bestimmung der Lichtgeschwindigkeit gelang 1849 H. Fizeau, der mit seiner **Zahnradmethode** das Licht durch ein rasch rotierendes Zahnrad in einzelne Lichtimpulse zerlegte, die an einem etwa 9 km entfernten Spiegel reflektiert wurden: Die Laufzeit vom Zahnrad zum Spiegel und zurück konnte aus der inzwischen erfolgten Drehung des Zahnrades ermittelt werden. L. Foucault (1850) verwendete bei seiner **Drehspiegelmethode** anstelle des Zahnrads einen rotierenden Spiegel. Der für die Meterdefinition benutzte endgültige Wert der Lichtgeschwindigkeit beruht auf der gleichzeitigen Messung von Frequenz und Wellenlänge eines Helium-Neon-Lasers.

Lichtintensität, *Physik:* →Intensität.

Lichtkraft, Kraft, die von einer Lichtwelle auf stoffliche Materie ausgeübt wird. Sie besteht aus zwei Anteilen: der **spontanen Lichtkraft (Spontankraft, Lichtdruck, Lichtdruckkraft),** die in Ausbreitungsrichtung der Lichtwelle wirkt, und der **Dipolkraft (Gradientenkraft),** die senkrecht zur Ausbreitungsrichtung eines Lichtstrahls wirkt und Teilchen mit höherer Brechzahl als der der Umgebung in den Lichtstrahl hineinzieht. Die Spontankraft wurde erstmals 1901 von P. N. Lebedew als →Strahlungsdruck des Lichts nachgewiesen, nachdem bereits J. Kepler 1619 ihre Existenz vermutet hatte, da die Schweife von Kometen stets von der Sonne abgewandt sind. Die Dipolkraft beruht auf der durch Licht induzierten Erzeugung von elektrischen Dipolen, sie wurde erst 1970 in Laserstrahlen nachgewiesen und wird seitdem zur Manipulation kleiner Teilchen eingesetzt (z. B. mit der optischen Pinzette).

Die Lichtkraft wirkt auch auf einzelne Atome und wird in diesem Fall durch die wiederholte Absorption und Emission von Photonen aus der Lichtwelle beschrieben. Die spontane Emission erzeugt die Spontankraft, die induzierte Emission die Dipolkraft. Seit 1985 werden beide für die →Laserkühlung von Atomen eingesetzt. Beim Durchgang von Materiewellen durch Lichtgitter verursacht die Lichtkraft die Bragg-Reflexion der Materiewellen an den Netzebenen der Lichtgitter; die Wechselwirkung von Materiewellen mit Laserstrahlen wird ebenfalls durch die Lichtkraft vermittelt und in der Atomoptik zur Konstruktion von Spiegeln und Strahlteilern eingesetzt.

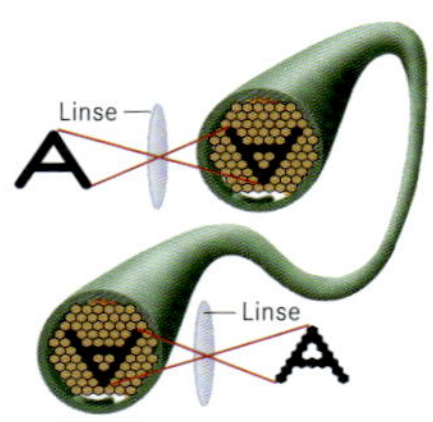

Lichtleiter. Bildübertragung mit einem (geordneten) Glasfaserbündel (Bildleiter)

Lichtleiter
→ GEO **Dossier**
Neue Wege zur Erleuchtung, Bd. 8

Lichtleiter, allgemein jede Vorrichtung aus dielektrischem Material, die geeignet ist, Licht zu leiten. Nach dem Zweck der Lichtleitung werden Lichtleiter unterteilt in Lichtleiter im engeren Sinn, bei denen es nur auf die Leitung der Lichtenergie ankommt (z. B. für Beleuchtungszwecke, wie in einfachen Endoskopen), und **Bildleiter** für die rein optische Bildübertragung sowie in Lichtwellenleiter als Bestandteile optischer Übertragungssysteme, bei denen das Licht beziehungsweise die Lichtwellen als Träger entsprechend codierter Informationen beliebiger Art dienen.

Lichtwellenleiter (Abkürzung **LWL**) sind dünne, runde Fasern **(Lichtleitfasern)** aus Quarzglas, mit Außendurchmessern bis etwa 150 µm (Glasfasern), oder Kunststoff (Plast-LWL) mit Durchmessern von etwa 1 mm; daneben gibt es auch LWL mit einem Kern aus Quarzglas und einem Mantel aus Kunststoff. Um die Führung von Lichtwellen zu gewährleisten, müssen LWL eine definierte Abhängigkeit der Brechzahl vom Radius der Faser aufweisen. Alle LWL-Typen bestehen deshalb aus einem zylindrischen Kern (Durchmesser meist 10–80 µm) und einem Mantel niedrigerer Brechzahl. Bei **Stufenprofil-LWL** ist die Brechzahl innerhalb des Kerns konstant und fällt an der Grenze zum Mantel scharf auf dessen ebenfalls konstanten Wert ab. Bei **Gradientenprofil-LWL** verringert sich die Brechzahl von der Faserachse bis zu einem wiederum konstanten Wert des Mantels stetig.

Die in LWL ausbreitungsfähigen Lichtwellen heißen →Moden. Bei typischen Kerndurchmessern von 50 µm sind sowohl in Stufen- als auch in Gradienten-LWL mehrere Moden ausbreitungsfähig **(Mehrmoden-LWL),** bei kleinerem Kerndurchmesser (etwa 9 µm) dagegen nur der Grundmode **(Einmoden-LWL, Monomodefaser).** Die Lichtführung beim Stufenprofil-LWL erfolgt durch Totalreflexion an der Grenzfläche zum Mantel, bei Gradienten-LWL durch Brechung infolge der radialen Abnahme der Brechzahl.

Lichtleiter sind in der Informationsverarbeitung (Telekommunikation, optische Datenverarbeitung) von besonderer Bedeutung. Dabei wird der im nahen Infrarot gelegene Wellenlängenbereich von 800 bis 1 600 nm genutzt. Für den wirtschaftlichen Einsatz der Lichtleiter sind möglichst kohärente Lichtquellen erforderlich (das heißt solche mit einer kleinen spektralen Breite); diese Anforderungen werden v. a. von →Lasern erfüllt. Weitere Anwendungen sind →Fasergitter, →faseroptische Sensoren sowie Faserlaser (z. B. als optische Verstärker in der Lichtleiter-Nachrichtenübertragung), bei denen das aktive Material den Kern einer Lichtleitfaser bildet.

Eine wichtige Kenngröße für LWL ist die **Dämpfung,** das heißt die Abnahme der nutzbaren Lichtleistung auf dem Weg durch den

LWL. Sie beruht v. a. auf der Lichtstreuung an Inhomogenitäten der Faser (→Rayleigh-Streuung) und liegt für gute Fasern bei circa 0,1 Dezibel pro Kilometer (dB/km). Eine sehr geringe Dämpfung ist auch in Lichtleitern aus **Hohlfasern** zu erwarten, deren Kern aus Luft besteht, und die einen Mantel aus Schichten von hochbrechendem Glas und schwach brechenden Polymeren besitzen. Der Luftkern vermeidet weitgehend Absorption und Streuung des Lichts sowie nichtlineare optische Effekte.

LWL sind sowohl optisch als auch mechanisch sehr empfindlich und werden deshalb mit einer Beschichtung als Schutzhülle versehen. Die beschichteten LWL werden für die Verlegung gebündelt, zum Teil verseilt, bewehrt und zu **LWL-Kabeln** zusammengefasst.

Lichtleitfaser, →Lichtleiter.

Lichtmaschine, *Kraftfahrzeugtechnik:* ein vom Motor angetriebener elektrischer Generator zur elektrischen Energieversorgung eines Kraftfahrzeugs. Die Lichtmaschine liefert den Strom zum Betrieb der elektrischen Anlagen während der Fahrt, bei Motorleerlauf und zum Laden der Batterie. Wesentliches Merkmal der klassischen Ausführung ist die axiale Belüftung durch einen einzigen, außen liegenden Lüfter. Der durch die heutzutage vorwiegend verwendete **Kompaktlichtmaschine,** eine zwölfpolige Drehstromsynchronlichtmaschine mit Klauenpolläufer, erzeugte dreiphasige Wechselstrom wird durch Dioden gleichgerichtet, da zur Speisung des Bordnetzes und zum Laden der Batterie Gleichstrom erforderlich ist. Der Lichtmaschinenantrieb erfolgt meist über den Keilriemen vom Verbrennungsmotor aus und ist daher starken Drehzahlschwankungen unterworfen. Infolge der Drehzahlabhängigkeit der Stromabgabe muss die Generatorspannung durch einen Spannungsregler über den gesamten Drehzahlbereich des Motors konstant gehalten werden.

Lichtmenge, Formelzeichen Q, Q_v, SI-Einheit ist Lumensekunde (lm · s); das Produkt aus dem von einer Lichtquelle ausgehenden (konstanten) Lichtstrom und der Zeit, während der er ausgestrahlt wird; eine fotometrische Größe. Die entsprechende Strahlungsgröße ist die →Strahlungsenergie.

Lichtmühle, →Radiometer.

Lichtquant, *Physik:* das →Photon.

Lichtschranke, Anlage mit einem →Fotodetektor, der von einem Lichtstrahl aus dem sichtbaren oder unsichtbaren Spektralbereich getroffen wird und ein elektrisches Signal liefert, sobald der Lichtweg durch einen Gegenstand unterbrochen wird. Anwendungen u. a. zur Geschwindigkeitsmessung (Sport, Verkehrsüberwachung), zur Maschinensteuerung und in der Sicherheitstechnik.

Lichtsinn, die Fähigkeit der Tiere und des Menschen, Lichtreize mithilfe spezieller Lichtsinneszellen beziehungsweise Lichtsinnesorgane (→Auge) wahrzunehmen. Lichtsinneszellen können über die ganze Körperoberfläche verteilt oder in den Lichtsinnesorganen konzentriert sein. (→Farbensehen, →Sehen)

Lichtstärke, 1) *Fototechnik:* größtes Öffnungsverhältnis eines Objektivs (kleinste Blendenzahl), wird auf der Frontlinseneinfassung zusammen mit der Brennweite angegeben.

2) *Fotometrie:* Formelzeichen I, I_v, SI-Einheit ist die Candela (cd); der Quotient aus dem von einer Lichtquelle abgestrahlten Lichtstrom und dem durchstrahlten Raumwinkel; eine fotometrische Größe. Die entsprechende Strahlungsgröße ist die →Strahlstärke.

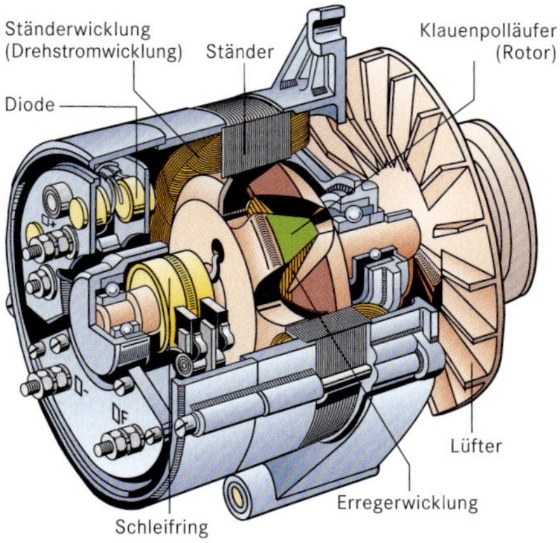

Lichtmaschine. Kompaktlichtmaschine (Drehstromsynchronlichtmaschine mit Klauenpolläufer)

Lichtstrom, Formelzeichen Φ, Φ_v, SI-Einheit ist das Lumen (lm); die von einer Lichtquelle in alle Richtungen des Raumes ausgestrahlte Energie. Der Lichtstrom ist der nach der spektralen Empfindlichkeit des menschlichen Auges (Hellempfindlichkeit) bewertete →Strahlungsfluss einer Lichtquelle.

Lichtweg, die →optische Weglänge.

Lichtwellenleiter, →Lichtleiter.

Lidar, Abkürzung für englisch **li**ght **d**etection **a**nd **r**anging, Übertragung des Radarprinzips auf den Frequenzbereich des Lichts (sichtbar, ultraviolett, infrarot). Als Sender werden leistungsstarke Impulslaser, zum Nachweis der aus der Atmosphäre zurückgestreuten Intensität lichtempfindlicher Empfänger mit vorgeschalteten Spiegelteleskopen verwendet. Die im Vergleich zum Radar kleine Wellenlänge des Lichts erlaubt die Ortung kleinster Partikel (Aerosole) der Atmosphäre. Mit Lasern, deren Wellenlängen sich auf charakteristische Absorptionslinien von gasförmigen Schadstoffen, z. B. Schwefeldioxid oder Stickstoffoxide, abstimmen lassen, ist der Gehalt der Atmosphäre an derartigen Verunreinigungen durch Spektralanalyse mit hoher Nachweisempfindlichkeit messbar und die Ortung von Emissionsquellen möglich. Mit Lidarsystemen können Fernmessungen von

Lichtsinn
→ GEO **Dossier**
Die Erfindung des Bildes, Bd. 7

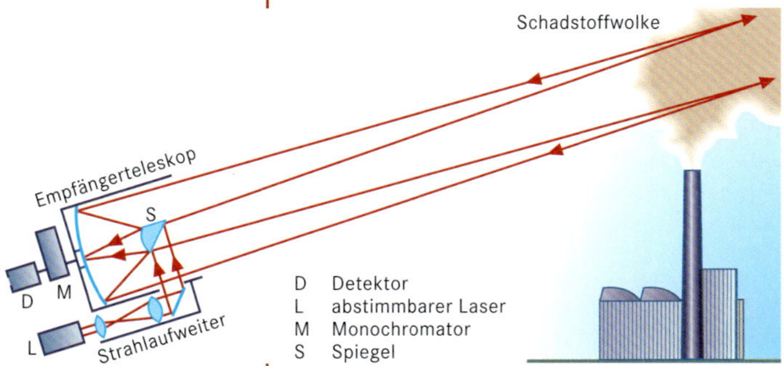

Lidar. Analyse der Luft auf Schadstoffe mit Lidar

Luftverunreinigungen über mehrere Kilometer durchgeführt werden.

Liebig, Justus von (seit 1845), deutscher Chemiker, * Darmstadt 12. 5. 1803, † München 18. 4. 1873; 1824–51 Professor für Chemie in Gießen, wo er sein später weltberühmtes Labor im Wachraum einer ehemaligen Kaserne einrichtete und den Laboratoriumsunterricht begründete. Er entwickelte die Idee eines chemisch-pharmazeutischen Instituts und führte als einer der Ersten in Deutschland das chemische Praktikum als Ergänzung zur Experimentalvorlesung ein. 1852 ging er nach München, wo er 1860 Präsident der Bayerischen Akademie der Wissenschaften und Generalkonservator der Wissenschaftlichen Sammlungen des Bayerischen Staates wurde.

Liebig gilt als bedeutendster deutscher Chemiker des 19. Jahrhunderts. Insbesondere sind seine Forschungen auf dem Gebiet der organischen Chemie wichtig, das er u. a. durch die Entdeckung neuer Stoffe (Aldehyde, Chloral, Chloroform u. a.) erheblich erweiterte. Daneben entwickelte er Methoden zur Elementaranalyse, mit denen es möglich wurde, den Kohlenstoff-, Wasserstoff- und Sauerstoffgehalt organischer Verbindungen quantitativ zu bestimmen; z. B. klärte er die Zusammensetzung von Koffein auf. Viele von Liebigs Entdeckungen fanden auch industrielle Anwendung, z. B. die Herstellung von Fleischextrakt, aber v. a. seine Arbeiten zu landwirtschaftlichen Aspekten der Chemie. Er erkannte, dass die damals häufigen Missernten auf den Mangel an Mineralsalzen im Boden zurückzuführen waren und dass der Ertrag von der Menge desjenigen Nährstoffes abhängt, von dem am wenigsten vorhanden ist (Gesetz des Minimums). Mit seinem berühmt gewordenen Buch »Die organische Chemie in ihrer Anwendung auf Agricultur und Physiologie« (1840) wurde er zum Begründer der modernen Agrikulturchemie. In diesem Werk postulierte er auch den Gedanken des Kohlenstoffkreislaufs in der Natur. Liebig gründete 1832 die »Annalen der Chemie und Pharmacie«, deren Herausgeber er war. Sie wurden später als »Liebigs Annalen« weitergeführt. Heute sind sie im »European Journal of Organic Chemistry« aufgegangen, getragen von der Gesellschaft Deutscher Chemiker und anderen europäischen chemischen Gesellschaften.

Justus von Liebig
*** 1803, † 1873**

- erfand eine einfache Methode zur Elementaranalyse von organischem Gewebe
- entdeckte zahlreiche organische Substanzen und Substanzklassen
- entwickelte einen heute noch weltweit verwendeten Phosphatdünger

Ligand [lateinisch] *der,* Atom, Molekül oder Ion, das an ein Zentralatom oder -ion angelagert ist und →Koordinationsverbindungen bildet. Voraussetzung ist, dass das Atom, Molekül oder Ion in freiem Zustand über mindestens ein einsames Elektronenpaar verfügt, das dem Zentralatom zur Verfügung gestellt werden kann, um eine kovalente Bindung zu knüpfen (→chemische Bindung).

Ligandenfeldtheorie, Theorie der Quantenchemie zur Beschreibung der physikalischen und chemischen Eigenschaften der →Koordinationsverbindungen. Aus der Ladungsverteilung des Ligandensystems werden das elektrostatische Feld am Ort des Zentralatoms oder -ions sowie die Einflüsse auf dessen Elektronen (energetische Verschiebungen und Aufspaltungen von Zuständen) berechnet.

LIGA-Technik [LIGA, Abkürzung für **Li**thografie, **G**alvanoformung und **A**bformung], Verfahren der →Mikrotechnik mit den Hauptprozessschritten →Lithografie, Galvanoformung und Abformung, zur Herstellung hochpräziser dreidimensionaler Mikrostrukturen mit großem Aspektverhältnis (Verhältnis Höhe zu Breite) aus Polymeren, Metallen oder Keramik. Mit der LIGA-Technik werden z. B. Einzelteile stark miniaturisierter Elektromotoren, Komponenten zur hochgenauen Positionierung von optischen Fasern oder miniaturisierte Sensoren hergestellt.

Im Lithografieschritt wird eine strahlungsempfindliche Polymerschicht (→Resist), deren Dicke einige Mikrometer bis Millimeter betragen kann, auf ein Substrat mit einer elektrisch leitenden Oberfläche aufgebracht und durch Belichtung mit energiereicher Strahlung sowie nachfolgendem nasschemischen Entwickeln strukturiert. Durch die Bestrahlung werden die Resistmoleküle entweder in lösliche Bruchstücke zerlegt oder sie reagieren chemisch miteinander und werden unlöslich. Das Ergebnis ist ein Resistrelief, das bis zum Substrat reicht.

Im zweiten Schritt wird in den strukturierten Resistzwischenräumen Metall in einem galvanischen Bad abgeschieden. Nach Entfernen des verbliebenen Resists liegt ein Metallnegativ der ursprünglichen Resiststruktur vor. Das Metallnegativ kann als Abformwerkzeug dienen, um das ursprüngliche Resistrelief in Thermo- oder Duroplasten durch Spritzguss, Reaktionsgießen, UV-Abformung oder Heißprägetechnik zu replizieren. Keramische Mikrostrukturen werden durch keramischen Spritzguss hergestellt, metallische Mikrostrukturen werden durch Metallisieren der abgeformten Polymerstrukturen oder durch Abformung der Polymerstrukturen auf einer leitfähigen Trägerplatte und anschließendes Galvanisieren realisiert.

Lilie [lateinisch], **Lilium,** Gattung einkeimblättriger Pflanzen der Familie Liliengewächse, Zwiebelpflanzen mit großen trichterförmigen bis fast glockigen Blüten. Die europäisch-asiatische Laubwaldpflanze **Türkenbund** (Lilium martagon) hat quirlig stehende Blätter, gelbe Zwiebeln und hellpurpurfarbene, dunkel gefleckte hängende Blüten; die europäische Bergwiesenpflanze **Feuerlilie** (Lilium bulbiferum) mit achselständigen Brutzwiebeln trägt Rispen aufrechter, feuerroter, braunfleckiger Blüten; beide Arten bis 1 m hoch, unter Naturschutz. Gartenpflanzen sind die **Weiße Lilie** (**Madonnenlilie,** Lilium candidum) aus dem östlichen Mittelmeerbereich, mit überhängenden Blüten, die **Tigerlilie** (Lilium lancifolium) aus China und Japan mit orangeroten, gefleckten Blüten u. a.

Lilienthal, Otto, deutscher Ingenieur, *Anklam 23. 5. 1848, †(Absturz) Berlin 10. 8. 1896; untersuchte die Aerodynamik des Vogelflugs und erkannte den Vorteil des gewölbten Flügels. Seit 1891 führte er von erhöhten Geländepunkten Gleitflüge über mehrere 100 m Länge mit selbst gebauten »Hängegleitern« durch, von denen er 18 verschiedene Typen konstruierte. 1896 stürzte er bei einem Flugversuch mit einem Eindecker bei Stölln (Landkreis Havelland) ab und erlitt tödliche Verletzungen. Seine Versuche, an die die Brüder O. und W. Wright anknüpften, vermittelten das erste gesicherte Wissen über das Fliegen. Sein Bruder Gustav Lilienthal (*1849, †1933) unterstützte ihn bei seinen Flugzeugkonstruktionen, befasste sich später mit Schlagflügelflugzeugen.

Limba *das,* gelb- bis grünlich braunes Holz aus dem tropischen Westafrika; Sperrholz und Ausstattungsholz für den Innenausbau.

limbisches System, ringförmig um das Stammhirn gelegener Gehirnbezirk mit enger Verbindung zu Stammhirn, Hirnrinde und Zwischenhirn (Hypothalamus); bei Säugetieren und beim Menschen werden im limbischen System Beziehungen zwischen Bewusstseinsvorgängen, Emotionen und Motivationen einerseits und der Tätigkeit der inneren Organe andererseits hergestellt; außerdem hat es Bedeutung für Gedächtnisprozesse.

Linac [englisch 'laınæk], →Linearbeschleuniger.

Lindbergh ['lındbə:g], Charles Augustus, amerikanischer Flieger, *Detroit (Michigan) 4. 2. 1902, †auf Maui (Hawaii) 26. 8. 1974; überquerte am 20./21. 5. 1927 als Erster im Alleinflug den Atlantischen Ozean auf der Strecke New York–Paris in 33,5 Stunden. Weltweites Aufsehen erregte 1932 die Entführung und Ermordung seines kleinen Sohnes. Als Fliegeroffizier sprach er sich 1941 gegen den Kriegseintritt der USA aus und trat als Brigadegeneral zurück.

Linde, Tilia, Gattung der Lindengewächse mit etwa 45 meist formenreichen Arten in der nördlichen gemäßigten Zone; bis 40 m hohe, zum Teil bis 1 000 Jahre alt werdende, sommergrüne Bäume; Blüten gelblich oder weißlich, meist in hängenden, kleinen Trugdolden mit flügelartig vergrößertem unterem Vorblatt. Das Holz ist für Schnitz- und Drechslerarbeiten geeignet. In Mitteleuropa verbreitete Arten: **Sommerlinde** (**Großblättrige Linde,** Tilia platyphyllos), mit bis 12 cm langen, unterseits weißlich behaarten Blättern; **Winterlinde** (Tilia cordata), mit kleineren, herzförmigen, unterseits rotbraun behaarten Blättern.

Linde, Carl Paul Gottfried von (seit 1897), deutscher Ingenieur und Unternehmer, *Berndorf (heute zu Thurnau, Kreis Kulmbach) 11. 6. 1842, †München 16. 11. 1934; war 1868–78 und 1892–1910 Professor der Maschinenlehre an der Technischen Hochschule München, entwickelte 1876 die Ammoniakkältemaschine und gründete 1879 die »Gesellschaft für Linde's Eismaschinen AG« (heute Linde AG). 1895 erfand Linde ein Verfahren zur →Luftverflüssigung mithilfe des Joule-Thomson-Effekts **(Linde-Verfahren),** 1902 eine Methode zur Herstellung reinen Sauerstoffs und 1903 einen Apparat zur Erzeugung reinen Stickstoffs.

Linearbeschleuniger, englisch **linear accelerator,** Kurzbezeichnung **Linac,** Anlage zur Beschleunigung elektrisch geladener atomarer Teilchen (→Teilchenbeschleuniger) auf geradliniger Bahn; jede Beschleunigungsstrecke wird nur einmal durchlaufen. Für Energien bis zu einigen MeV werden elektrostatische Felder verwendet (→Bandgenerator, →Kaskadengenerator), für höhere Energien lässt man die Teilchen hochfrequente Wechselfelder durchlaufen, deren räumlicher und zeitlicher Verlauf so gestaltet ist, dass ihre beschleunigende Wirkung sich akkumuliert **(Hochfrequenzlinearbeschleuniger).** Hierzu ordnet

100839

Linearbeschleuniger. Blick auf einen Teil des Linearbeschleunigers UNILAC bei der Gesellschaft für Schwerionenforschung mbH (GSI) in Darmstadt

Otto Lilienthal
***1848, †1896**

100562

- war ein Pionier der Flugzeugentwicklung
- untersuchte die Aerodynamik des Vogelfluges
- unternahm zahlreiche Flugversuche mit selbstkonstruierten Hängegleitern

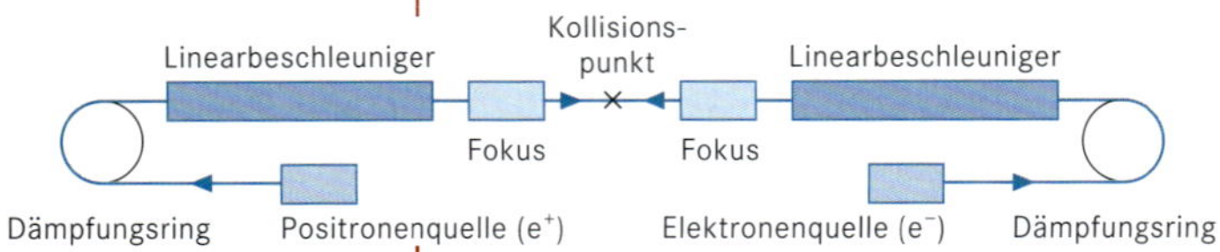

Linearbeschleuniger. Prinzipschema eines Linearbeschleunigers für Elektron-Positron-Kollisionen. Nach einer Vorbeschleunigung gelangen die Teilchen zunächst in Dämpfungsringe (Speicherringe), in denen die Teilchen akkumuliert und ihre Schwingungen um die Sollbahn gedämpft werden. Nach der Beschleunigung in starken Linearbeschleunigern werden die Teilchenstrahlen auf kleinstmögliche Abmessungen fokussiert, um eine hohe Trefferrate am Kollisionspunkt zu erzielen.

man z. B. hohlzylindrische Elektroden **(Driftröhren)** abwechselnd an je einen der beiden Pole eines leistungsstarken Hochfrequenzsenders an **(Wideroe-Linearbeschleuniger,** 1928). Die Rohrlängen und die Frequenz des Wechselfeldes müssen so aufeinander abgestimmt sein, dass die Teilchen immer während der Beschleunigungsphase die Bereiche zwischen den Elektroden passieren und dabei jedes Mal Energie gewinnen. Dieser Linearbeschleuniger wird für Protonen und Schwerionen bis zu etwa 2 MeV verwendet. Wegen der grossen erforderlichen Länge der Driftröhren für größere Energien geht man zu höheren Senderfrequenzen über (etwa 200 MHz) und baut die Driftröhren in einen gemeinsamen Hohlraumresonator-Tank ein **(Alvarez-Linearbeschleuniger).** Eine andere Art von Linearbeschleunigern beschleunigen besonders Elektronen in einem elektrischen Wanderwellenfeld **(Wanderwellenbeschleuniger),** das durch intensive Kurzwellenimpulse von Klystronsendern ausgebildet wird. Ein zum richtigen Zeitpunkt in den Beschleuniger eingeschossenes Elektron wird von den Wanderwellen während der gesamten Flugzeit beschleunigt, wenn ihre Phasengeschwindigkeit der Elektronengeschwindigkeit gleich ist.

Der gegenwärtig weltweit größte Linearbeschleuniger für Elektronen befindet sich am Stanford Linear Accelerator (→SLAC) in den USA. Der Linearbeschleuniger UNILAC (bei Darmstadt) dient v. a. der →Schwerionenforschung.

Linearmotor, Wanderfeldmotor, ein elektrischer Antriebsmotor, bei dem (im Unterschied zu den rotierenden elektrischen Maschinen) sich der eine Motorteil unter dem Einfluss elektromagnetischer Kräfte gegenüber dem anderen geradlinig verschiebt, sodass ein Vortrieb beziehungsweise eine geradlinige Bewegung erzeugt wird. Wegen der berührungslosen Kraftübertragung erscheinen Linearmotoren als Antriebsmittel für →Magnetschwebebahnen besonders geeignet, wobei der Sekundärteil meistens als Fahrschiene ausgebildet ist.

Lini|enbreite, die Breite des von einer Spektrallinie umfassten Wellenlängenintervalls (→Spektrum).

Lini|enspektrum, →Spektrum.

Linkehandregel, *Physik:* →Handregeln.

linksdrehende Stoffe, →optische Aktivität.

Carl von Linné
*** 1707, † 1778**

- war der Begründer der modernen botanischen Systematik
- führte die binäre lateinische Bezeichnung und damit den Artbegriff in die Systematik ein
- stellte den Menschen als Homo sapiens in die Ordnung der Herrentiere

Linné, Carl von (seit 1762), früher C. **Linnaeus,** schwedischer Naturforscher, * Råshult (Småland) 23. 5. 1707, † Uppsala 10. 1. 1778. Nach dem Studium (Medizin und Naturwissenschaften) und anschließenden Forschungs- und Studienreisen wurde er Arzt in Stockholm; 1739 Präsident der Stockholmer Akademie der Wissenschaft, deren Gründung er angeregt hatte, 1741 Professor der Anatomie und Medizin in Uppsala, 1742 Professor der Botanik; er gestaltete den botanischen Garten um und richtete ein naturhistorisches Museum ein.

Seine erstmals 1735 erschienene Abhandlung »Systema naturae« ist die Grundlage der modernen biologischen Systematik. Er führte konsequent die binäre lateinische Bezeichnung (Nomenklatur) durch, die mit der Festlegung des Artbegriffs verbunden war (z. B. Hundsveilchen: Viola canina). Basis der linnéschen Klassifikation waren die Geschlechtsorgane (Staub- und Fruchtblätter) der Pflanzen (Einführung der Symbole ♂ und ♀ für männlich und weiblich), nach deren Verteilung, Zahl und Verwachsung er die zum Teil bis heute üblichen Diagnosen der systematischen Stellung in der Botanik entwickelte. Linné dehnte sein System auch auf die zu seiner Zeit bekannten Tiere und Minerale aus. Von der 12. Auflage seines »Natursystems« (1766) an stellte Linné dann erstmals den Menschen unter der Bezeichnung Homo sapiens in die Ordnung »Herrentiere« (neben den Schimpansen und den Orang-Utan).

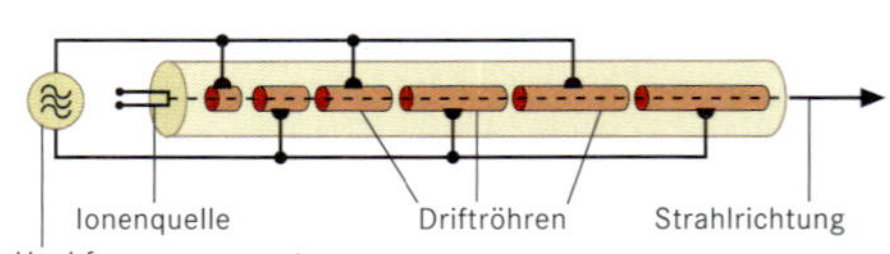

Linearbeschleuniger. Schema des Wideroe-Linearbeschleunigers

Linolensäure, 9,12,15-Octadecatriensäure, dreifach ungesättigte essenzielle Fettsäure, die als Glycerinester v. a. in Lein- und Hanföl vorkommt. Linolensäure u. a. Fettsäuren werden im menschlichen und tierischen Organismus zum Aufbau der Lipide benötigt.

Linolsäure, 9,12-Octadecadiensäure, zweifach ungesättigte essenzielle Fettsäure, als Glycerinester in Leinöl, v. a. aber in Sonnenblumen- und Sojaöl. Linolsäure senkt den Cholesterinspiegel des Blutes und ist Bestandteil von Phosphatiden und Prostaglandinen.

Linse, 1) *Physik:* optisches System mit abbildenden Eigenschaften, das von zwei lichtbrechenden Flächen begrenzt ist. Diese sind meist rotationssymmetrisch, mit gemeinsamer Symmetrieachse **(zentrierte Linse),** die als **Linsenachse (optische Achse)** bezeichnet wird. Eine Linse besteht aus lichtdurchlässigem Material, das meist von zwei schwach gewölbten Kugelflächen **(sphärische Linse)** begrenzt ist. Beim Durchgang von Licht durch

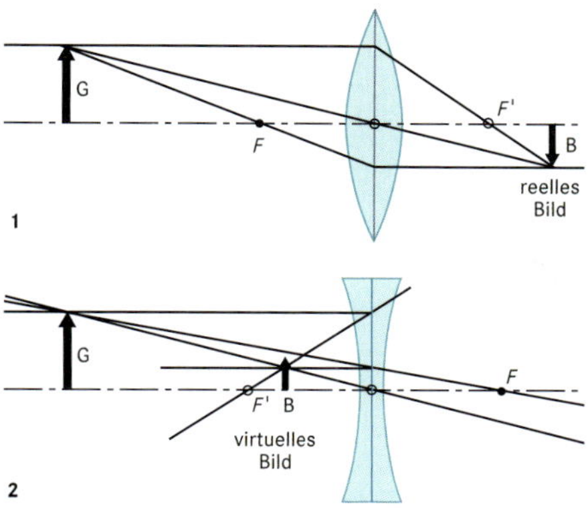

Linse 1). Abbildung durch eine Sammellinse (1) und eine Zerstreuungslinse (2); G Gegenstand, B Bild, *F*, *F'* objekt- und bildseitiger Brennpunkt

Linsen wird infolge der →Brechung der Strahlen an den Linsenoberflächen der Öffnungswinkel des Strahlenbündels verändert und bei geeigneter Linsenanordnung eine optische →Abbildung erzeugt.

Sammellinsen (Konvexlinsen), in der Mitte dicker als am Rand, bewirken das Zusammenlaufen (die Konvergenz) der Strahlen, **Zerstreuungslinse (Konkavlinsen),** in der Mitte dünner als am Rand, vergrößern das Auseinanderlaufen (die Divergenz) der Strahlenbündel. Je nach Art der Krümmung der Linsenflächen unterscheidet man bikonvexe, plankonvexe und konkav-konvexe Sammellinsen und bikonkave, plankonkave und konvexkonkave Zerstreuungslinsen. Alle parallel auf eine dünne Linse auffallenden Strahlen vereinigen sich in einem Punkt, dem **Brennpunkt;** seine Entfernung von der Linsenmitte heißt **Brennweite.** Die von einem Gegenstand ausgehenden, durch eine Linse tretenden Lichtstrahlen erzeugen ein Bild des Gegenstandes. Liegt bei einer Sammellinse der Gegenstand außerhalb der Brennweite, so ist das Bild wirklich (reell), umgekehrt, vergrößert oder verkleinert. Ist der Gegenstand im Brennpunkt, so liegt sein Bild im Unendlichen, das heißt, die auftreffenden Strahlen werden durch die Linse zu Parallelstrahlen. Liegt der Gegenstand innerhalb der Brennweite, so entsteht ein scheinbares (virtuelles), aufrecht stehendes, vergrößertes Bild. Bei der Zerstreuungslinse erhält man stets virtuelle Bilder. Für beide Linsenarten gilt im paraxialen Gebiet die **Linsengleichung:** $1/g + 1/b = 1/f$, wobei g die Entfernung des Gegenstandes **(Gegenstandsweite),** b die Entfernung des Bildes **(Bildweite)** von der Linse und f die Brennweite ist. Bei dicken Linsen oder Linsensystemen werden Gegenstands-, Bild- und Brennweite nicht von der Linsenmitte, sondern vom objekt- oder bildseitigen Hauptpunkt aus gemessen (→Kardinalelemente).

Eine Verringerung der bei der Abbildung durch sphärische Linsen entstehenden Abbildungsfehler kann durch Kombination mehrerer Sammel- und Zerstreuungslinsen oder in gewissen Fällen durch asphärische Begrenzungsflächen erreicht werden. **Asphärische Linsen** enthalten mindestens eine Fläche, die von der Kugelform abweicht und rotationssymmetrisch, zylindrisch oder torisch sein kann. **Zylinderlinsen** werden z. B. für die anamorphotische Abbildung verwendet, **torische Linsen** v. a. in der Augenoptik.

2) *Teilchenoptik:* **Elektronenlinse,** elektrische oder magnetische Feldanordnung mit abbildender Wirkung auf geladene Teilchen (→Elektronenoptik).

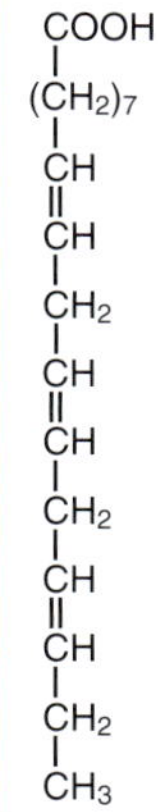

Linolensäure

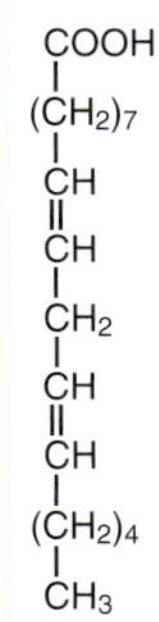

Linolsäure

Linse Asphärische Linsen

100562

Sphärische Linsen können zwar einfach hergestellt werden, sind aber unweigerlich mit Abbildungsfehlern verknüpft. Sie brechen die einfallenden Lichtstrahlen am Bildrand stärker als in der Bildmitte, sodass mehrere Brennpunkte entstehen, was zu einem unscharfen Bild führt. Dieser Abbildungsfehler wird sphärische Aberration oder Öffnungsfehler genannt und tritt zum Beispiel bei lichtstarken Fotoobjektiven auf. Am besten lässt sich der Öffnungsfehler mit asphärischen Linsen korrigieren. Außerdem können asphärische Linsen mehrere sphärische Linsen in einem optischen System ersetzen; dies spart Gewicht und ermöglicht ein kompakteres Design. Gleichzeitig wird die Anzahl der Glas-Luft-Flächen reduziert und dadurch eine höhere Gesamttransmission erreicht.

Weil asphärische Linsen mehrere Krümmungsradien aufweisen, ist ihre Herstellung sehr aufwendig und damit teuer. Inzwischen gibt es aber auch neuartige Fertigungsverfahren, mit denen asphärische Linsen aus optischem Glas maschinell produziert werden können. Mit speziellen Schleif- und Poliermaschinen ist es möglich, jede Art von Glas und jeden Krümmungsradius zu bearbeiten.

Linux Auf dem Vormarsch

Als Linus Torvalds (Foto) mit der Entwicklung von Linux begann, hatte er zunächst nur eine Terminal-Emulation im Sinn, um von seinem PC auf den Großrechner der Universität zugreifen zu können. Irgendwann merkte er jedoch, dass daraus ein ganzes Betriebssystem entstanden war. Inzwischen wird Linux in vielen Distributionen angeboten, die auch von einem Laien auf seinem Desktop-PC installiert werden können. Diese Pakete enthalten auch zahlreiche Anwendungsprogramme, die im Laufe der Jahre für Linux entwickelt wurden – Office-Programme, Bildbearbeitung, Internet-Browser usw.
inzwischen haben auch einige Unternehmen und Institutionen ihre Arbeitsplatzrechner auf Linux umgestellt; ein bekanntes Beispiel ist die Stadtverwaltung von München, die bis zum Jahr 2008 die 14 000 Computer ihrer Mitarbeiter mit dem Betriebssystem ausstatten möchte. Trotzdem liegt die Verbreitung von Linux insgesamt auf PCs noch immer im einstelligen Prozentbereich.
Auf dem Servermarkt hingegen hat Linux ständig seinen Marktanteil ausgebaut – Linux ist stabil, einfach zu warten und kostenlos.

Linux [Kurzwort aus **Linu**s Torvalds' UNI**X**], frei verfügbare Variante des Betriebssystems UNIX, die 1991 von dem Finnen Linus Torvalds (* 1969) entwickelt wurde und seither in weltweiter Zusammenarbeit weiterentwickelt wird. Durch den kostenlosen Zugang zum Quellcode des Betriebssystems (und die Verpflichtung ihn mit vorgenommenen Modifikationen weiterzugeben) können neue Funktionen einfach integriert beziehungsweise Programmierfehler schnell gefunden werden. Das Interesse an Linux ist weltweit stark gewachsen.

Lipide [griechisch], Sammelbezeichnung für →Fette und fettähnliche Stoffe (→Lipoide), die von pflanzlichen und tierischen Organismen gebildet werden. Lipide sind durch ihre gemeinsamen Löslichkeitseigenschaften gekennzeichnet: Sie sind unlöslich in Wasser, aber löslich in vielen organischen Lösungsmitteln wie Benzol, Ether oder Chloroform.

Nach der international gebräuchlichen Einteilung unterscheidet man **einfache Lipide**, die aus einheitlichen Substanzen bestehen oder aus wenigen Komponenten aufgebaut sind (z. B. höhermolekulare Kohlenwasserstoffe, Alkohole, Carbonsäuren, Ester), und **komplexe Lipide**, die aus mehreren Komponenten zusammengesetzt sind (z. B. Lipoproteine, Glykolipide, Phosphatide).

Lipmann, Fritz Albert, amerikanischer Mediziner und Biochemiker deutscher Herkunft, * Königsberg (Pr) 12. 6. 1899, † Poughkeepsie (New York) 24. 7. 1986; erforschte besonders die Energetik des Stoffwechsels und der B-Vitamine; entdeckte das Coenzym A; erhielt 1953 mit H. Krebs den Nobelpreis für Physiologie oder Medizin.

Lipoide [von griechisch lípos »Fett«], zu den →Lipiden zählende fettähnliche Substanzen, dazu gehören zum Beispiel die Cerebroside, Ganglioside und Phosphatide. Lipoide sind für die Organismen lebenswichtige Stoffe. Viele spielen als oberflächenaktive Substanzen eine wichtige Rolle in den Zellmembranen.

Lipolyse [griechisch] *die,* Bezeichnung für die Spaltung von Nahrungsfetten im Darm, die Mobilisierung von Depotfetten durch Lipasen und die Steuerung dieser Vorgänge durch das →lipotrope Hormon.

Lipoproteine, zusammengesetzte Stoffe, die durch Vereinigung von Lipiden (Triglyceride, Cholesterin, Cholesterinester, Phospholipide) mit verschiedenen Proteinen entstehen. Sie üben eine Vehikelfunktion für den Transport der wasserunlöslichen Lipide im Blutplasma aus.

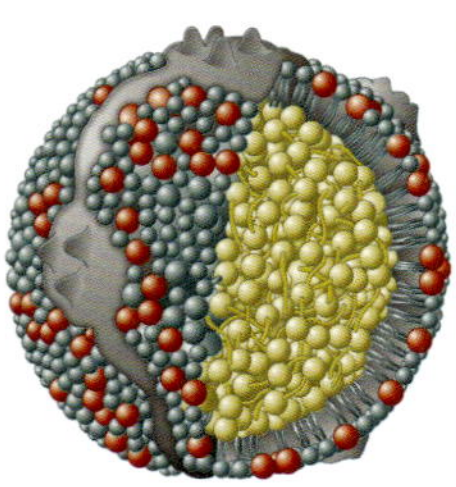

Lipoproteine. Schematische Darstellung eines Lipoproteins geringer Dichte (LDL), bestehend aus unverestertem Cholesterin (rot), Cholesterinester (gelb), Phospholipid (grün) und Protein B-100 (grau)

Lipotropin, lipotropes Hormon, Abkürzung **LPH,** Peptidhormon des Hypophysenvorderlappens, das aus Fettgewebe Fettsäure freisetzt und sie der Fettverbrennung zuführt.

Lippe, 1) lateinisch **Labium,** Teil der Blütenkrone bei Lippenblütlern.

Lippenblütler, Lippenblütengewächse, Lamiaceae, Labiatae, weltweit verbreitete Pflanzenfamilie mit lippenförmigen Blüten, meist zwei Paar ungleich langen Staubblättern und einem oberständigen Fruchtknoten, aus dem sich vier Nussfrüchte entwickeln (»Klausen«); Stängel vierkantig, Blätter kreuzgegenständig; reich an ätherischen Ölen. Zu den Lippenblütlern zählen viele Gewürz-, Parfüm- und Heilpflanzen, z. B. Bohnenkraut, Majoran, Thymian, Lavendel, Pfefferminze, Günsel, Melisse, Salbei.

Lippmann, Gabriel, französischer Physiker, * Hollerich (Luxemburg) 16. 8. 1845, † auf einer Seereise 13. 7. 1921; ab 1883 Professor an der Sorbonne in Paris; 1908 Nobelpreis für Physik für die Entdeckung des auf Interferenzerscheinungen beruhenden **Lippmann-Verfahrens,** das erstmals eine befriedigende Farbfotografie ermöglichte und die Existenz stehender Lichtwellen experimentell belegte; in der Praxis erlangte es jedoch keine Bedeutung.

Lipscomb [ˈlɪpskəm], William, amerikanischer Physikochemiker, * Cleveland (Ohio) 9. 12. 1919; seit 1959 Professor an der Harvard University; arbeitete auf dem Gebiet der Röntgenstrukturanalyse und der Kristallzüchtung. Für die Erforschung des stereochemischen Aufbaus der Borane erhielt er 1976 den Nobelpreis für Chemie.

Lissajous-Figuren [lisaˈʒu-; nach dem französischen Physiker Jules Lissajous, * 1822, † 1880], Figuren zur visuellen Darstellung von Schwingungsvorgängen. Sie entstehen, wenn sich zwei in zueinander senkrechten Richtungen verlaufende periodische Bewegungen mit den Amplituden A_1 und A_2, den Frequenzen ω_1 und ω_2 und der Phasendifferenz $\varphi_1 - \varphi_2$ überlagern. Die geschlossenen Figuren ergeben sich nur, wenn das Verhältnis der Frequenzen rational ist.

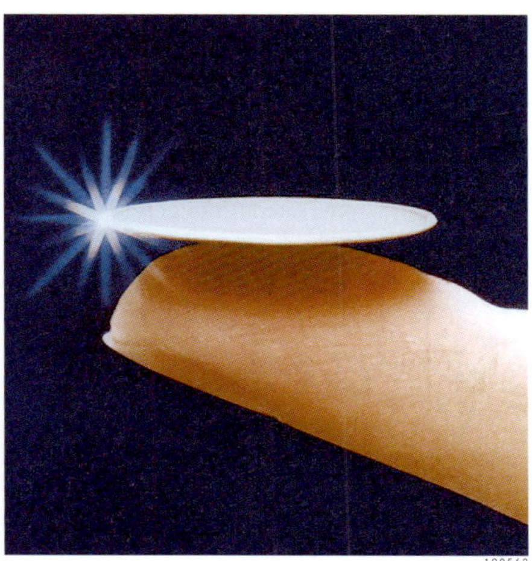

Lithium. Ultradünne Lithiumbatterie für Chipkarten

Lippenblütler. Gartensalbei

Liter [aus französisch litre, griechisch litra], Einheitenzeichen **l,** Volumeneinheit, meist bei Flüssigkeiten verwendete Bezeichnung für Kubikdezimeter: $1\,l = 1\,dm^3 = 10^{-3}\,m^3$.

Lithium [griechisch] *das,* chemisches Symbol **Li,** metallisches Element aus der 1. Hauptgruppe des Periodensystems, Ordnungszahl 3, relative Atommasse 6,941, Dichte (bei 20 °C) 0,534 g/cm³, Schmelzpunkt 180,5 °C, Siedepunkt 1 342 °C.

Lithium ist das leichteste feste chemische Element. Das silberweiße weiche Alkalimetall läuft an der Luft unter Bildung von Oxid und Nitrid an. Bei Entzündung färben flüchtige Lithiumverbindungen die Flamme karmesinrot (Nachweis). Lithium kommt in kleinen Gehalten in fast allen Magmatiten sowie in einigen Mineralwässern vor. Lithiumhaltige Minerale sind **Lepidolith** (Lithiumglimmer), **Petalit** (Lithiumaluminiumsilikat), Spodumen und Amblygonit. Zur Gewinnung des Lithiums werden die Minerale aufgeschlossen und (über mehrere Stufen) in **Lithiumchlorid** überführt, aus dem mittels Schmelzflusselektrolyse metallisches Lithium gewonnen wird. Lithium wird als Legierungsbestandteil, für lithiumorganische Verbindungen und besonders langlebige Lithiumbatterien verwendet. In der Kerntechnik dienen die Isotope ^{6}Li (7,5 % der natürlichen Konzentration) zur Herstellung von Tritium und ^{7}Li, zum Nachweis thermischer Neutronen sowie als Abschirmungs- und Reaktorkühlmittel. Einige Lithiumverbindungen werden zur Therapie depressiver Zustände eingesetzt.

■ **Verbindungen** Der Feststoff **Lithiumhydrid,** LiH, wird zur Erzeugung von Wasserstoff und als Raketentreibstoff verwendet,

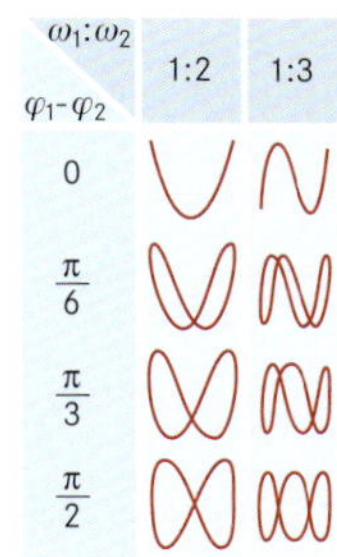

Lissajous-Figuren. Je nach Verhältnis der Frequenzen ω_1 und ω_2 und der Phasendifferenz $\varphi_1 - \varphi_2$ ergeben sich andere Figuren.

ebenso wie **Lithiumperchlorat,** $LiClO_4$. **Lithiumdeuterid,** LiD, ist Ausgangssubstanz bei der Kernfusion und als ^{6}LiD Hauptbestandteil von Wasserstoffbomben. **Lithiumfluorid,** LiF, dient als Prismenmaterial.

Lithiumbatterien, Lithiumzellen, besonders langlebige Primärzelle (→Batterie) mit Zellenspannungen zwischen 1,5 und 4 V, bei Energiedichten bis etwa 300 Wh/kg, die sich u. a. durch ihre Einsatzfähigkeit in einem weiten Temperaturbereich auszeichnet; zum Teil wieder aufladbar. Als Anode dient das elektrochemisch am stärksten negative Metall Lithium, Kathodenmaterialien sind z. B. Pulver aus Mangan-, Kupfer- oder Chromoxid sowie Halogenverbindungen, wie Lithiumjodid, und Metallsulfide, diese besonders bei der Herstellung wieder aufladbarer Lithiumsysteme (→Akkumulator). Da Lithium mit wässrigen Lösungen zu heftigen Reaktionen führt, werden wasserfreie flüssige oder Feststoffelektrolyte eingesetzt. Bei der bekannten **Lithium-Schwefeldioxid-Zelle** wird z. B. als Elektrolyt unter Druck stehendes Schwefeldioxid mit Acetonitril als Lösungsmittel und Lithiumbromid als Leitsalz verwendet. Ein typischer Feststoffelektrolyt für **Lithium-Jod-Zellen** ist Polyvinylpyridin mit Lithiumjodid als Leitsalz. Diese Lithiumfeststoffbatterien haben zwar bislang meist geringere Energiedichten als Lithiumbatterien mit flüssigen Elektrolyten, dafür aber eine sehr große Betriebs- beziehungsweise Lagerfähigkeit (bis 10 Jahre). Sie werden vorwiegend in der Medizin als Batterien für Herzschrittmacher verwendet. Lithiumbatterien zeichnen sich auch durch ihre Einsatzfähigkeit in einem weiten Temperaturbereich (zwischen – 50 °C und + 75 °C, in Sonderfällen sogar bis 150 °C) und eine geringe Selbstentladung aus. Lithiumbatterien werden außerdem vielfach für tragbare Messgeräte, Sicherheitseinrichtungen, Uhren u. Ä. verwendet.

Lithium-Ionen-Akkumulator, Sekundärelement zur Energiespeicherung, →Akkumulator.

Lithium-Jod-Zelle, eine Feststofflithiumbatterie (→Lithiumbatterien).

Lithium-Polymer-Akkumulator, Sekundärelement zur Energiespeicherung, →Akkumulator.

Lithium-Schwefel-Batterie, genauer: **Lithium-Schwefel-Akkumulator,** wieder aufladbare Lithiumzelle (→Akkumulator), die wegen ihrer relativ hohen Energiedichte z. B. als Energiequelle für Elektrofahrzeuge geeignet ist. Ihre Anode besteht aus einer Lithium-Aluminium-Legierung oder Lithiumsilikat, ihre Kathode aus Eisensulfidpulver (FeS), das zur Erhöhung der Leitfähigkeit auf ein Metallgerippe aufgepresst wird; als Elektrolyt dient eine bei 352 °C schmelzende Mischung aus Lithium- und Kaliumchlorid. Die optimale Betriebstemperatur liegt zwischen 400 und 500 °C.

Lithium-Schwefeldioxid-Zelle, eine Feststofflithiumbatterie (→Lithiumbatterien).

Lithografie [griechisch] *die,* **Lithographie, 1) Steindruck,** das älteste Flachdruckverfahren (→Druckverfahren); als Druckform dient eine feinporige Kalksteinplatte (Solnhofener Kalkschiefer). Die Zeichnung wird mit Fettkreide oder -tusche auf den Stein gezeichnet. Durch Behandlung mit einer sauren Gummiarabikumlösung wird die zeichnungsfreie Oberfläche des Steins Fett abstoßend (während Wasser vom Stein aufgesogen wird). Beim Befeuchten und anschließenden Einfärben mit fetter Druckfarbe nimmt nur die Zeichnung Farbe an. Bei Steindruckmaschinen wird die Druckform mit Wischwalzen befeuchtet und dann mit Lederwalzen eingefärbt. Für jede Farbe ist ein eigener Durchlauf durch die Presse nötig. Nachdem im 19. Jahrhundert mit leichteren Metallplatten, v. a. mit gekörnten Zinkplatten (Zinkdruck), experimentiert wurde, ist die Lithografie heute auf fotografische Grundlage umgestellt.

Lithografie 1). Steindruckpresse in der Druckerwerkstatt des Bezirksverbandes bildender Künstler in der Alten Feuerwache in Mannheim

2) *Halbleitertechnik, Mikrotechnik:* Verfahren zur Übertragung der Strukturen eines Entwurfs für →integrierte Schaltkreise auf Halbleiterscheiben oder einer Mikrostruktur auf einem entsprechenden Substrat unter Anwendung verschiedener Bestrahlungsmethoden, entweder direkt oder mittels →Masken, wobei auch die Verfahren zur Herstellung der Masken zur Lithografie gerechnet werden.

■ **Verfahren** Ausgangspunkt aller Lithografieverfahren ist der in Datenform auf einem Speichermedium vorliegende Entwurf eines Bauelements. Dieser muss als geometrisches Muster auf ein Trägermaterial übertragen werden, was nur auf direkte Weise möglich ist, wobei der Strahl einer Belichtungsmaschine durch den Datensatz gesteuert wird. Für die indirekten Verfahren wird so die erforderliche Zahl von primären Masken (Muttermasken) hergestellt, während bei den *direkten Lithografieverfahren* das Muster unmittelbar auf den Wafer aufgebracht wird. Dabei können mehrere Durchgänge (> 10) notwendig sein, um die sich aus dem Entwurf ergebende Komplexität des Bauelements zu erhalten. Auf dem zu belichtenden Material wird zuvor eine strahlungsempfindliche Schicht, der →Resist, aufgebracht, die durch die Bestrahlung an den belichteten Stellen eine Veränderung erfährt. Dadurch wird eine selektive Entfernung der bestrahlten oder der unbestrahlten Gebiete möglich. Die verbleibende Schicht soll das unter ihr befindliche Material vor den Einflüssen der nachfolgenden Prozessschritte schützen oder dient als Form für einen nachfolgenden Galvanikschritt. Während es bei der Maskenherstellung nur auf die Erzeugung strahlungsdurchlässiger und absorbierender Gebiete ankommt, werden den Halbleiterscheiben durch chemische Prozesse (Aufdampfen, Epitaxie u. a.) die eigentlichen Funktionselemente wie Leiterbahnen, Dioden oder Transistoren eingeprägt.

Bei den *indirekten Lithografieverfahren* wird das Halbleitermaterial unter Zwischenschalten der Masken belichtet, wobei verschiedene Strahlungsarten verwendet werden können. Das derzeit gängigste Verfahren, die →Fotolithografie, erlaubt es, mit üblichen Masken und Belichtungswellenlängen zwischen 300 und 400 nm Strukturen bis zu 0,8 µm zu übertragen. Für spezielle Anwendungen und in der Mikrotechnik werden aber auch kürzerwellige und energiereichere Strahlen, wie Röntgenstrahlen (→Röntgenlithografie), Elektronen- und Ionenstrahlen, verwendet, die eine höhere Auflösung und damit eine größere Integrationsdichte der Bauelemente erlauben oder dickere Resistschichten strukturieren lassen.

Lithosphäre [griechisch], der oberste Bereich der festen Erde, oberhalb der Asthenosphäre, umfasst die Erdkruste und den obersten Erdmantel, reicht bis in 100–300 km Tiefe und besteht aus einer größeren Zahl von Platten, die nach der →Plattentektonik auf der Asthenosphäre bewegt werden.

Lithotelmon [griechisch] *das,* Vertiefung im anstehenden Felsgestein im Hochgebirge und an Meeresküsten, die durch Regen, perennierende Fließgewässer oder marinen Spritz- und Hochwassereinfluss mit Wasser gefüllt ist und damit eine extreme Kleinlebensstätte mit entsprechender Kleinlebensgemeinschaft darstellt.

Litze, *Elektrotechnik:* 1) biegsamer elektrischer Leiter aus dünnen, miteinander verseilten oder verflochtenen Einzeldrähten; 2) aus verdrillten Stahldrähten bestehender Strang eines Drahtseils.

Llanos ['ʎanɔs, spanisch »Ebene«], baumarme bis baumlose Ebenen in den wechselfeuchten Tropen Lateinamerikas, v. a. aber für die **Llanos del Orinoco** des Orinocotieflandes.

Loch, 1) *Festkörperphysik:* →Defektelektron.

2) *Quantenmechanik:* →Löchertheorie.

Löcherleitung, *Festkörperphysik:* die Leitung des elektrischen Stroms durch →Defektelektronen.

Löchertheorie, diracsche Löchertheorie, *Quantenmechanik:* eine von P. Dirac entwickelte Theorie (→Dirac-Gleichung), in der die Positronen als unbesetzte Zustände (Löcher) in dem sonst mit Elektronen vollständig besetzten Kontinuum negativer Energiezustände (Dirac-See) aufgefasst werden. Die Anhebung eines Elektrons negativer Energie in einen Zustand positiver Energie entspricht der Erzeugung eines Elektron-Positron-Paares (→Paarbildung), das Zurückfallen des Elektrons in das Loch im Dirac-See der Paarvernichtung. Die Löchertheorie hat auch für andere Teilchen mit von null verschiedener Ruhemasse und halbzahligem Spin Gültigkeit. Die Löchertheorie wurde später in der Festkörperphysik angewendet.

Lochkamera, die →Camera obscura.

Lochkorrosion, Korrosionsart, bei der sich der elektrolytische Metallabtrag nur auf kleine Oberflächenbereiche erstreckt und Lochfraß erzeugt (kraterförmige, die Oberfläche unterhöhlende Vertiefungen).

Lockstoffe, englisch **Attractants,** sehr unterschiedliche chemische Verbindungen, die besonders Insekten zu ihren Futterpflanzen, Wirtstieren oder zum Geschlechtspartner leiten; werden auch bei der Schädlingsbekämpfung angewandt.

Loewi ['lø:-], Otto, amerikanischer Physiologe und Pharmakologe deutscher Herkunft, * Frankfurt am Main 3. 6. 1873, † New York 25. 12. 1961; entdeckte 1921, dass die Übermittlung von Nervenimpulsen zu Erfolgsorganen auf chemischem Weg erfolgt. Hierfür erhielt Loewi 1936 mit Sir H. Dale den Nobelpreis für Physiologie oder Medizin.

Log [englisch, eigentlich »Holzklotz«] *das,* **Logge,** Instrument zum Messen (»loggen«) der Geschwindigkeit (Fahrt) eines Schiffes. Das **Handlog** besteht aus einem im Wasser schwimmenden beschwerten Holzstück, dem Logscheit, und einer Leine, deren Auslaufen vom Heck des Schiffes mithilfe von an ihr angebrachter Knoten in einer festen Zeitspanne mit der Stoppuhr (früher Logglas, eine Sanduhr) gemessen wird (daher die seemännische Bezeichnung Knoten bei Geschwindigkeitsangaben). Das **Patentlog** besteht aus einem nachgeschleppten Schraubenkörper oder Flü-

100562

Litze.
Arbeiterin lötet Litze an Hochtonkalotten für Lautsprecher.

Lockstoffe
→ GEO **Dossier**
Das geheime Leben der Pflanzen, Bd. 7

gelrad, dessen Umdrehungen durch ein Zählwerk als zurückgelegte Strecke direkt angezeigt werden. **Druckloge (Staudruckloge)** nutzen den Unterschied zwischen den Drücken in einem in Strömungsrichtung und in einem senkrecht dazu gehaltenen Rohr (Differenz zwischen Gesamtdruck und statischem Druck). **EM-Loge** beruhen auf der elektromagnetischen Induktion. In ihnen wird ein niederfrequentes Magnetfeld erzeugt, das seinerseits zur Erzeugung einer der Fahrt proportionalen elektrischen Spannung nutzbar ist, die entsteht, wenn sich das EM-Log durch das Wasser bewegt. **Dopplerloge** senden von der Schiffsunterseite Ultraschallwellen ins Wasser und messen die infolge des Doppler-Effekts auftretende Frequenzdifferenz zwischen ausgesandten und reflektierten Wellen; diese ist der Geschwindigkeit proportional.

logische Schaltung, Logikschaltung, Digitalschaltung zur Verknüpfung von Digitalsignalen nach den Regeln der →booleschen Algebra. Die logischen Verknüpfungen (wie »AND«, »OR«) werden als so genannte →Gatter realisiert.

lokales Netz, →LAN.

Lokomotive. Schnittzeichnung der 1997 eingeführten elektrischen Lokomotive aus der Baureihe 101

Lokomotive [von englisch locomotive (engine) »sich von der Stelle bewegende (Maschine)«] *die,* Kurzbezeichnung **Lok,** fahrbare Kraftmaschine als Triebfahrzeug schienengebundener Bahnen; je nach Antriebsart gibt es elektrische Lokomotiven und Diesel- oder Brennkraftlokomotiven; Dampflokomotiven werden kaum noch verwendet. Zur Kennzeichnung benutzen die europäischen Bahnen ein siebenstelliges Ziffernsystem. Bei der Deutschen Bahn AG bezeichnet die erste Ziffer die Fahrzeugart: 0 Dampflokomotiven, 1 elektrische Lokomotiven (früher E), 2 Diesellokomotiven (früher V für Verbrennungsmaschine), 4 elektrischer Triebwagen (früher ET), 6 und 7 Dieseltriebwagen (früher VT); die 2. und 3. Ziffer geben die Baureihe, die 4. bis 6. Ziffer die fortlaufende Ordnungsnummer an; die 7. Ziffer dient als Kontrollziffer zur Erkennung von

Lokomotive. Elektrische Hochleistungslokomotive (Baureihe 152) von Krauss-Maffei und Siemens für die Deutsche Bahn AG

Fehlern. Allen Lokomotiven gemeinsam ist der Fahrzeugkasten mit dem Lauf- und Triebwerk. Er enthält die Maschinen- und Antriebsanlagen, die elektrische Ausrüstung, die Steuerungs-, Brems-, Überwachungseinrichtungen, die Heiz- und Vorwärmeranlagen sowie die Führerräume. An dem Fahrzeugrahmen sind die Zug- und Stoßeinrichtungen befestigt. Das Laufwerk umfasst Lauf- und Triebradsätze; Letztere können mit Radsätzen gleichen Durchmessers gekuppelt werden.

■ **Elektrische Lokomotiven** Bei Wechselstrombahnen müssen die Lokomotiven wegen der hohen Fahrdrahtspannung (15 kV/16,7 Hz oder 25 kV/50 Hz) einen Transformator enthalten, bei Gleichstrombahnen können die Motoren direkt aus der Fahrleitung gespeist werden. Um hohe Gesamtleistung bei möglichst nur vier Radsätzen zu erzielen, wird jeder Radsatz von einem Motor angetrieben. Elektrische Lokomotiven sind heute in der Regel mit Drehstromantriebstechnik ausgerüstet. Damit können Drehstrom-Asynchronmotoren als Fahrmotoren verwendet werden; sie bieten den Vorteil berührungsfreier Drehmomentübertragung, sind weitgehend wartungs- und verschleißfrei und trotz höherer Leistung kleiner und leichter als die früheren Motoren. Der nötige Drehstrom wird aus der einphasigen Wechselspannung aus der Oberleitung durch Umrichter über einen Gleichspannungszwischenkreis erzeugt, wobei sich Zugkraft und Geschwindigkeit durch Einstellung von Spannung (0–2200 V) und Frequenz (0–200 Hz) stufenlos regeln lassen. Diese Technologie hat sich allgemein durchgesetzt.

Die Deutsche Bundesbahn setzte als erste Bahn der Welt eine elektrische **Universallokomotive** mit Drehstromantriebstechnik ein (Baureihe 120 für Schnell- und Güterzüge, Leistung 5,6 MW, Höchstgeschwindigkeit 200 km/h). Von der Universallokomotive ist die Deutsche Bahn AG wieder abgegangen und benutzt nun elektrische Lokomotiven für Schnellzüge (Baureihe 101, 220 km/h), Regionalzüge (Baureihe 145, 140 km/h) und Güterzüge (Baureihe 152, 140 km/h). Die meisten elektrischen Lokomotiven haben vorn und hinten einen Führerraum. Auch die Triebköpfe des ICE 1 und ICE 2 sind elektrische Lokomotiven, jedoch mit nur einem Führerraum und einem Wagenübergang am anderen Ende. Der ICE 3 hingegen wird nicht von Triebköpfen, sondern von mehreren über die Wagen verteilten Motoren angetrieben.

■ **Brennkraftlokomotiven** Die weltweit meisten Lokomotiven sind heute Brennkraftlokomotiven mit Dieselmotoren. Gasturbinen oder Vergasermotoren haben nur untergeordnete Bedeutung. Dieselmotoren für Lokomotiven können unter Last nicht anfahren. Deshalb erfolgt die Kraftübertragung vom Motor auf die Triebradsätze über ein Zahnrad-Stufengetriebe **(dieselmechanischer Antrieb),** ein hydrodynamisches Getriebe **(dieselhydraulischer Antrieb)** oder über einen vom Dieselmotor angetriebenen Generator, der Strom für die elektrischen Fahrmotoren erzeugt **(dieselelektrischer Antrieb).**

■ **Dampflokomotiven** Mit der Entwicklung wirtschaftlicherer Antriebsarten hat die Dampflokomotive ihre Bedeutung verloren. Sie erzeugt Dampf durch Verbrennung von Holz, Torf, Kohle oder Öl in einem →Dampferzeuger. Ihr Triebwerk ist im Wesentlichen eine →Dampfmaschine, deren Kraft über Treib- und Kuppelstangen auf die angetriebenen Achsen übertragen wird.

■ **Geschichte** Die erste Dampflokomotive wurde 1804 in Großbritannien erbaut. Die 1813 gebaute »Puffing Billy« war die erste brauchbare Lokomotive. Die Urform aller späteren Lokomotiven schufen G. und R. Stephenson mit der 1829 für den Wettbewerb der Liverpool-Manchester-Bahn gelieferten »Rocket« (Sieger mit 46,5 km/h); 1835 lieferte die Firma Stephenson auch die Lokomotive »Adler« für die erste deutsche Eisenbahn von Nürnberg nach Fürth. Als erste brauchbare deutsche Lokomotive wurde von der Maschinenbaugesellschaft Übigau bei Dresden 1838 die »Saxonia« für die Leipzig-Dresdener Eisenbahn gebaut. 1876 wurde in Frankreich die erste Verbundlokomotive gebaut; 1916–21 entwickelte F. Ljungström die erste brauchbare Turbinenlokomotive. 1934 bauten die Firmen Henschel & Sohn GmbH und Lokomotiv- und Maschinenfabrik Borsig die ersten Stromlinienlokomotiven für hohe Geschwindigkeiten. Die erste elektrische Lokomotive wurde 1879 von W. von Siemens auf der Berliner Gewerbeausstellung vorgeführt. Die ersten Versuche, den Dieselmotor für Lokomotiven zu verwenden, gehen auf R. Diesel selbst zurück, der 1908 eine Diesellokomotive entwarf.

London-Kräfte [nach dem deutsch-amerikanischen Physiker Fritz London, * 1900, † 1954], →zwischenmolekulare Kräfte.

londonsche Theorie, von den Physikern Fritz London (* 1900, † 1954) und Heinz London (* 1907, † 1970) um 1935 aufgestellte phänomenologische Theorie der elektromagnetischen Eigenschaften von Supraleitern 1. Art, mit der erstmals viele experimentelle Beobachtungen erklärt werden konnten.

longitudinal [lateinisch], in der Längsrichtung verlaufend, längs gerichtet, v. a. für die Ausbreitungsrichtung von →Wellen (Longitudinalwellen) verwendet; Gegensatz: transversal.

Lorbeer [aus lateinisch laurus und »Beere«] *der,* **Laurus,** Gattung der Lorbeergewächse mit zwei Arten; der **Echte Lorbeer** (Laurus nobilis), ein 5–12 m hoher Baum (seltener Strauch) mit ledrigen, immergrünen Blättern, besitzt hellgelbe Blüten in Büscheln und blauschwarze steinfruchtartige Beeren, ist eine Charakterpflanze des Mittelmeergebietes.

Lorentz, Hendrik Antoon, niederländischer Physiker, * Arnheim 18. 7. 1853, † Haarlem 4. 2. 1928; Professor in Leiden; erklärte 1875 auf der Grundlage der maxwellschen Theorie die Brechung und Reflexion des Lichts und mithilfe seiner ab 1892 entwickelten Elektronentheorie auch den →Zeeman-Effekt sowie die Drehung der Polarisationsebene des Lichtes im magnetischen Feld; führte 1892 die **Lorentz-Kontraktion,** 1895 die **Lorentz-Kraft** und 1899 die **Lorentz-Transformation** in die Elektrodynamik ein. 1902 erhielt er (zusammen mit P. Zeeman) den Nobelpreis für Physik.

Lorentz-Kontraktion [nach H. A. Lorentz], die relativistische →Längenkontraktion.

Lorentz-Kraft [nach H. A. Lorentz], die Kraft F, die auf eine elektrische Ladung Q wirkt, die sich mit der Geschwindigkeit $\mathfrak{v}$ in einem elektromagnetischen Feld der magnetischen Flussdichte B und der elektrischen Feldstärke E bewegt: $F = Q \cdot (E + \mathfrak{v} \times B)$. Oft wird als Lorentz-Kraft nur der vom Magnetfeld verursachte Anteil der Kraft F bezeichnet. Dieser steht senkrecht auf Bewegungs- und Feldrichtung und bewirkt die magnetische Ablenkung der Ladung; für den Betrag gilt: $F = Q \cdot \mathfrak{v} \cdot B \cdot \sin\varphi$, wobei φ der Winkel ist, den die Richtung der Geschwindigkeit mit der des Magnetfeldes einschließt.

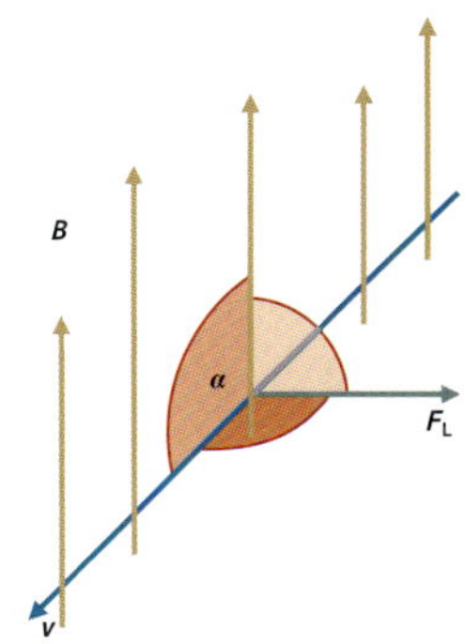

Lorentz-Kraft. Ein Körper mit der Geschwindigkeit v in einem Magnetfeld der magnetischen Flussdichte B wird senkrecht zur von v und B aufgespannten Ebene abgelenkt (F_L: Lorentz-Kraft).

Lorentz-Transformation [nach H. A. Lorentz], *Relativitätstheorie:* eine Transformation der Koordinaten und der Zeit beim Übergang von einem Inertialsystem zu einem anderen (insbesondere einem gegenüber dem Ausgangssystem translatorisch gleichförmig bewegten), unter Beachtung der Konstanz der Vakuumlichtgeschwindigkeit c. Bewegen sich die beiden Inertialsysteme mit der Geschwindigkeit $\mathfrak{v}$ relativ zueinander und zeigen die z- und die z'-Achse in Richtung ihrer relativen Bewegung, so gilt:

$$x' = x,\ y' = y,\ z' = (z - vt)/\sqrt{1 - v^2/c^2},$$
$$t' = (t - vz/c^2)/\sqrt{1 - v^2/c^2}.$$

Konrad Lorenz
*** 1903, † 1989**

- war einer der wichtigsten Vertreter der vergleichenden Verhaltungsforschung
- erhielt 1973 den Nobelpreis für Physiologie oder Medizin

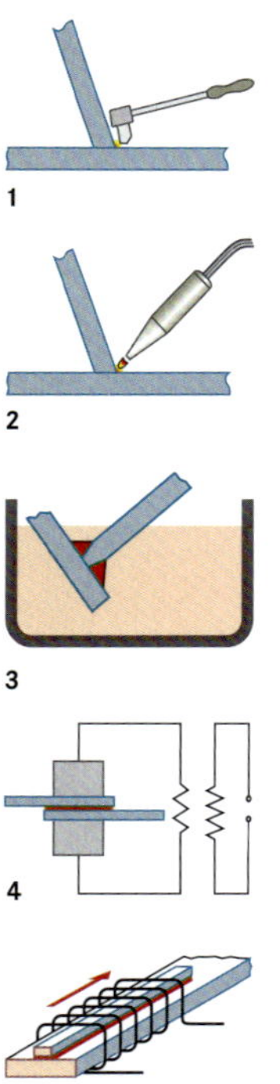

Löten.
1 Weichlöten, 2 Hartlöten mit der Gasflamme, 3 Tauchlöten, 4 Widerstandslöten mit Kupferelektroden, 5 Induktionslöten

Die Lorentz-Transformation ist wesentlicher Bestandteil der speziellen →Relativitätstheorie; aus ihr folgen u. a. die Längenkontraktion und die Zeitdilatation.

Lorenz, Konrad, österreichischer Verhaltensforscher, * Wien 7. 11. 1903, † ebenda 27. 2. 1989; leitete 1951–54 auf Schloss Buldern bei Dülmen die Forschungsstelle für Verhaltensphysiologie des Max-Planck-Instituts für Meeresbiologie; danach stellvertretender Direktor, 1961–73 Direktor am Max-Planck-Institut für Verhaltensphysiologie in Seewiesen bei Starnberg; zuletzt leitete er die Abteilung für Tiersoziologie am Institut für vergleichende Verhaltensforschung der Österreichischen Akademie der Wissenschaften in Wien.

Lorenz erforschte v. a. die stammesgeschichtliche Entwicklung des den Tieren angeborenen Verhaltens (bekannt wurden v. a. seine Untersuchungen an der Graugans). Er erkannte die Bedeutung des Zusammenwirkens angeborener und erworbener (andressierter) Anteile im Verhalten höherer Tiere und entdeckte das Phänomen der ethologischen Prägung. Mit N. Tinbergen klärte Lorenz in den 1930er-Jahren zahlreiche Grundbegriffe der vergleichenden Verhaltensforschung und erhielt 1973 (gemeinsam mit Tinbergen und K. von Frisch) den Nobelpreis für Medizin oder Physiologie. Insbesondere durch Äußerungen in den 1940er-Jahren, die eine Nähe zur NS-Rassenpolitik nicht verleugnen können, geriet Lorenz später in Kritik.

Loschmidt-Konstante, die 1865 von dem österreichischen Chemiker und Physiker Joseph Loschmidt (* 1821, † 1895) aus der kinetischen Gastheorie bestimmte Anzahl der Moleküle je m^3 eines idealen Gases (V_m molares Volumen unter Normalbedingungen): $n_0 = N_A/V_m \approx 2{,}687 \cdot 10^{25}\,m^{-3}$; früher gebräuchliche Bezeichnung für die →Avogadro-Konstante N_A.

Löschmittel, Löschpulver, →Feuerlöschmittel.

Löslichkeitsprodukt, das Produkt der Konzentrationen der Ionen (genauer der Ionenaktivitäten) eines Elektrolyten in einer gesättigten Lösung bei konstanter Temperatur (→Massenwirkungsgesetz). Das Löslichkeitsprodukt gibt die (theoretische) Grenze für das Ausfällen aus einer Lösung an.

Lösung, homogenes Stoffsystem, in dem ein oder mehrere Stoffe in einem anderen, dem **Lösungsmittel** (Solvens), molekular verteilt sind. Das Mengenverhältnis zwischen dem Lösungsmittel und dem gelösten Stoff ist dabei veränderlich; es wird durch die →Konzentration der Lösung angegeben. Von diesen **echten Lösungen** sind die **kolloiden Lösungen** zu unterscheiden; Übergangsstufen bilden die Assoziationskolloide. Lösungen können in allen Aggregatzuständen vorkommen. Unter Lösungen im engeren Sinn werden Lösungen von Feststoffen in Flüssigkeiten verstanden. Die in Gramm angegebene **Löslichkeit** ist diejenige Stoffmenge, die sich in einer bestimmten Menge eines Lösungsmittels bei einer definierten Temperatur lösen lässt. Eine **gesättigte Lösung** enthält bei einer bestimmten Temperatur die höchstmögliche Menge eines gelösten Stoffes. Ist mehr Substanz gelöst, als der Löslichkeit bei dieser Temperatur entspricht, ist die Lösung **übersättigt** (bei Zusatz von Kristallisationskeimen oder beim Rühren setzt sich der überschüssige Anteil ab). Kann das Lösungsmittel noch mehr von der zu lösenden Substanz aufnehmen, spricht man von einer **ungesättigten Lösung.** Die beim Lösen frei werdende oder verbrauchte Energie nennt man **Lösungsenthalpie** (Lösungswärme). Durch die Zugabe der gelösten Substanz wird der Dampfdruck des Lösungsmittels verringert. Dies bedingt einen erniedrigten Gefrierpunkt, einen erhöhten Siedepunkt sowie eine höhere Dichte.

Lösungsmittel, anorganische und organische Flüssigkeiten, in denen sich andere Stoffe bis zu kleinsten Teilchen (Moleküle, Ionen) verteilen lassen, sodass eine Lösung entsteht. Polare Stoffe lösen sich gut in polaren Lösungsmitteln (Salze in Wasser). Unpolare Stoffe lösen sich gut in unpolaren Lösungsmitteln (organische Stoffe in Benzol oder Ether). Die Löslichkeit ist umso besser, je ähnlicher die Wechselwirkungskräfte zwischen den Teilchen des Lösungsmittels und zwischen denen des gelösten Stoffes sind. Für die Anwendung von Lösungsmitteln sind neben dem Lösevermögen auch sicherheitstechnische (z. B. Flammpunkt) und toxikologische (MAK-Wert, maximale Arbeitsplatzkonzentration) Daten von Bedeutung. Lösungsmittel können als Nerven-, Lungen-, Blut-, Nieren-, Lebergifte wirken.

Lot [mittelhochdeutsch »Blei«], *Schifffahrt:* Gerät zum Messen der Wassertiefe vom Schiff aus. Das →Echolot hat das herkömmliche **Handlot** (Bleistück von 3 bis 5 kg an einer mit Markierungen versehenen Leine) verdrängt.

Löten, *Fertigungstechnik:* Fügeverfahren zum Verbinden verschiedener metallischer Werkstoffe mithilfe eines geschmolzenen Zusatzmetalls **(Lot),** dessen Schmelztemperatur unterhalb derjenigen der Grundwerkstoffe liegt; die Grundwerkstoffe werden benetzt, ohne geschmolzen zu werden. Teilweise wird unter Zusatz von pasten- oder pulverförmigen Flussmitteln (z. B. Lötfett) gearbeitet, die die Werkstückoberfläche reinigen, die Benetzbarkeit und den Lötfluss verbessern und die Bildung von Oberflächenfilmen verhindern sollen. Beim **Weichlöten** schmilzt das Lot (Weichlot; Legierungen aus Blei, Zinn und Antimon) bei Arbeitstemperaturen unterhalb 450 °C, beim **Hartlöten** (Hartlot; unlegiertes Kupfer, Messing-, Silberlot) über

450 °C. Zum Weichlöten werden in der Regel elektrisch beheizte Lötkolben benutzt, benzin- oder gasbetriebene Lötlampen dienen zum Weich- und Hartlöten. Beim elektrischen **Widerstandslöten** werden Lot, Flussmittel und Werkstück zwischen Elektroden aus Kupfer oder Wolfram erhitzt und miteinander verbunden; beim **Induktionslöten** erfolgt das Löten dagegen unter Einwirkung des elektrischen Feldes eines hochfrequenten Wechselstroms. Besondere Bedeutung für die Gerätetechnik hat das **Ofenlöten** unter Schutzgas. Hartlötverbindungen können auch in Vakuumkammeröfen hergestellt werden **(Vakuumlöten).** Das **Tauchlöten** ist ein Verfahren der industriellen Massenfertigung, bei dem die Bauteile kurz in ein Zinnbad eingetaucht werden. Hierzu gehört auch das **Schwalllöten** für die Kontaktierung von steckbaren elektrischen und elektronischen Bauelementen mit Leiterplatten; das Eintauchen der Platinen erfolgt dort, wo das zurückströmende Zinn an der Oberfläche des Zinnbads eine Welle (»Schwall«) erzeugt. Ebenfalls vorwiegend in der Elektronik angewendet werden das **Lichtstrahllöten (Infrarotlöten),** bei dem die von der Strahlungsquelle (z. B. Halogenquarzlampe) ausgehende Infrarotstrahlung mithilfe eines Fokussiersystems in die Lötstelle eingekoppelt wird, das **Elektronenstrahllöten,** bei dem die Lötstelle unter Vakuum durch einen Elektronenstrahl erwärmt wird, und das **Laserstrahllöten,** bei dem die zur Erwärmung der Lötstelle erforderliche Energie durch Absorption des Laserstrahls erreicht wird.

Lötrohr, rechtwinkliges Metallrohr mit Mundstück; wird in die Flamme z. B. eines Bunsenbrenners gehalten. Beim Blasen entsteht eine Stichflamme mit besonders feiner Spitze; Verwendung früher bei Goldschmiedearbeiten, noch heute für die Lötrohranalyse.

Lötrohr|analyse, eine Vorprobe in der qualitativen chemischen Analyse und in der Mineralogie. Die Substanz wird auf einem Holzkohleblock durch eine oxidierend oder reduzierend wirkende Flamme mit einem Lötrohr erhitzt. Flüchtige Metalle setzen sich als Metalloxide oder -carbonate um die Erhitzungsstelle ab.

Lotuseffekt®, Wasser und Schmutz abweisende Eigenschaft fein genoppter Oberflächen. Zeigt sich besonders deutlich an den Blättern der Indischen Lotusblume (Nelumbo nucifera) und beruht auf kleinen, nur wenige Mikrometer großen Wachskristalloiden, die eine fein genoppte Blattoberfläche bilden, auf der Schmutzpartikel schlechter haften als auf einer glatten Fläche. Das kugelig abperlende Wasser nimmt diese Schmutzpartikel auf und entfernt sie damit. Dieser Selbstreinigungseffekt wird bei der Herstellung künstlicher Oberflächen nachempfunden.

Löwe, Panthera leo, ursprünglich in ganz Afrika (mit Ausnahme der zentralen Sahara und der großen Regenwaldgebiete) und vom Balkan über weite Teile Vorder- und Südasiens verbreitete, überwiegend nachtaktive Großkatze; seit rund 200 v. Chr. in Südosteuropa, seit etwa 1865 im südlichen Südafrika **(Kaplöwe)** und seit 1920 nördlich der Sahara **(Berberlöwe)** ausgerottet; in Asien leben Löwen heute nur noch im indischen Gir-Reservat **(Indischer Löwe);** Körperlänge etwa 1,4 m (Weibchen) bis 1,9 m (Männchen); Schwanz etwa 0,7–1 m lang, Schulterhöhe bis über 1 m. Das

Löwe.
Männchen (links) und Weibchen

Fell ist kurzhaarig, graugelb bis tief ockerbraun, männliche Tiere haben meist eine Schulter- und Nackenmähne. Löwen leben meist in Rudeln in Savannen und Baumsteppen. Sie jagen größeres Wild (z. B. Antilopen, Zebras, Gnus).

Kreuzungen zwischen Löwe und Tiger werden als **Liger** beziehungsweise **Tigon** bezeichnet.

Lr, chemisches Symbol für →Lawrencium.

L-Schale, im Atommodell die zur Hauptquantenzahl $n = 2$ gehörige Hauptschale der Atome, die maximal acht Elektronen aufnehmen kann.

Lu, chemisches Symbol für →Lutetium.

Luchse [althochdeutsch luhs, eigentlich »Funkler« (nach den Augen)], **Lynx,** Gattung hochbeiniger Katzen, v. a. in Wäldern und Halbwüsten Eurasiens und Nordamerikas; vorwiegend dämmerungsaktive, häufig dunkel gefleckte Raubtiere mit Pinselohren und Stummelschwanz. Luchse besitzen ein ausgezeichnetes Seh- und Hörvermögen. Sie ernähren sich von Säugetieren (von Maus- bis Hirschgröße) sowie Vögeln, Reptilien, Amphibien. In den nördlichen Waldgebieten Europas und Asiens lebt der **Eurasische Luchs (Gewöhnlicher Luchs,** Lynx lynx) mit dunkel ge-

Luft: Zusammensetzung	
Bestandteil	**Volumenprozent**
Stickstoff (N_2)	78,09
Sauerstoff (O_2)	20,95
Argon (Ar)	0,93
Kohlendioxid (CO_2)	0,03
Neon (Ne)	0,0018
Helium (He)	0,0005
Methan (CH_4)	0,0002
Krypton (Kr)	0,0001
Wasserstoff (H_2)	0,00005
Distickstoffmonoxid (N_2O)	0,00005
Xenon (Xe)	0,000009

flecktem Fell, Körperlänge bis 1,10 m; er war in Deutschland ausgerottet, ist jedoch seit den 1970er-Jahren im Bayerischen Wald, später auch im Harz, wieder ausgewildert. Der in Spanien beheimatete **Pardelluchs** (**Iberischer Luchs,** Lynx pardinus) gilt mit 650 lebenden Tieren (im Jahr 2000) als stark bedrohte Raubkatze. Im nördlichen Nordamerika verbreitet ist der **Kanadaluchs** (Lynx canadensis); im mittleren und südlichen Nordamerika lebt der etwas kleinere **Rotluchs** (Lynx rufus) mit weißer Schwanzspitze.

Luftfahrt.
Flugzeug der Gebrüder Wright, mit dem 1903 der Motorflug begann

Luciferasen [lateinisch], strukturell unterschiedliche Enzyme aus verschiedenen Organismen, die Lichtemission infolge Biolumineszens-Reaktion durch Oxidation von **Luciferinen** – das heißt Stoffwechselprodukten von Bakterien, Meerestieren, Insekten u. a. – induzieren können.

Luft, das die Erdatmosphäre bildende Gasgemisch aus rund 78 Volumen-% Stickstoff, 21 Volumen-% Sauerstoff, Spuren verschiedener Edelgase, Kohlendioxid, wechselnden Mengen Wasserdampf, Staub, Stickstoff- und Schwefelverbindungen (siehe Tabelle), Abgasen und Schwebstoffen, ferner pflanzlichen und tierischen Mikroorganismen. Unterhalb von −192 °C verflüssigt sich die Luft bei Atmosphärendruck (→Luftverflüssigung).

Luftbetankung, Flugbetankung, die Betankung eines Flugzeugs während des Fluges durch ein spezielles Tankflugzeug; dient heute v. a. militärischen Flugzeugen zur Reichweitenvergrößerung oder als Nachbetankung nach einem Start unter erschwerten Bedingungen.

Luftbild, ursprünglich ein von einem Luftfahrzeug aufgenommenes fotografisches Bild eines Teiles der Erdoberfläche, heute allgemeiner eine bildliche Darstellung der Erdoberfläche, die mit Aufnahme- und Auswertegeräten der Luft- und Raumfahrt gewonnen werden kann. Findet die primäre Bildaufzeichnung in einem Satelliten statt, so spricht man von einem **Satellitenbild,** das einen viel kleineren Bildmaßstab als das Luftbild besitzt. Kartografische Darstellungen lassen sich aus Einzelbildern, Bildpaaren oder Bildreihen ableiten, die mit Messkammern senkrecht aufgenommen sind und einige bekannte Punkte enthalten. Solche Bilder werden v. a. mit Mitteln der Computergrafik ausgewertet.

Luftbilder sind zu einer wichtigen Informationsquelle in der allgemeinen Erdfernerkundung geworden und haben in den Bereichen Raumordnung, Landesplanung, Vegetationskunde, Ökologie, Umweltüberwachung, geologische Forschung, Rohstoffexploration, Ozeanografie und Klimatologie Bedeutung.

Luftdruck, der von der Atmosphäre infolge der Schwerkraft ausgeübte →Druck. Er wird mit →Barometern gemessen und meist in Hektopascal (hPa) angegeben (1 hPa = 100 Pa). Der Luftdruck beträgt auf Meereshöhe im Mittel bei 15 °C Durchschnittstemperatur 1 013,25 hPa und nimmt mit der Höhe je 5,54 km um die Hälfte ab; er weist tägliche und jährliche Schwankungen auf. Ein Gebiet geringen Luftdrucks heißt barometrisches **Tief,** ein Gebiet hohen Luftdrucks barometrisches **Hoch.** Die Luftdruckabnahme mit der Höhe wird zur barometrischen Höhenmessung benutzt.

Luftfahrt, die Benutzung des Luftraums durch Luftfahrzeuge und alle damit zusammenhängenden Tätigkeiten, Einrichtungen und Techniken. Hauptbereiche sind die **Zivilluftfahrt** und **Militärluftfahrt;** Teilbereiche der Zivilluftfahrt sind die **Verkehrsluftfahrt** (→Luftverkehr) und die **allgemeine Luftfahrt** (gewerbliche und nicht gewerbliche Anwendungen außerhalb des planmäßigen Luftverkehrs).

■ **Geschichte** Der Wunsch des Menschen zu fliegen spiegelt sich in vielen Mythologien und Sagen wider (z. B. Ikarus). Leonardo da Vinci schuf um 1500 die ersten ernst zu nehmenden Pläne und Versuche, um mit von Muskelkraft bewegten Flügeln zu fliegen. Der italienische Jesuitenpater F. de Lana erkannte um 1670 die Möglichkeit, den aerostatischen Auftrieb zu nutzen. Einen unbemannten Heiß-

Luftfahrt: Geschichte (Auswahl)	
1783	Erster Aufstieg eines Heißluftballons (Montgolfiere)
1785	Erste Überquerung des Ärmelkanals von England nach Frankreich durch J.-P. Blanchard und J. Jeffries in einem Wasserstoffballon
1804	L. J. Gay-Lussac erreicht im Ballon 7 000 m Höhe
1890–96	Gleitflüge O. Lilienthals
1900	Erster Aufstieg eines Zeppelin-Luftschiffs (LZ 1) von Manzell am Bodensee
1901	Umstrittener erster Motorflug von G. Whitehead (Weisskopf) in den USA
1903	Erste Motorflüge der Brüder Wright
1909	Ärmelkanalüberquerung von L. Blériot mit einem Eindecker
1915	Erstes Ganzmetallflugzeug von H. Junkers
1917	Streckenrekord des Zeppelin von LZ 59 über 6 757 km von Bulgarien bis Khartum in Afrika und zurück
1919	Erste Nordatlantiküberquerung durch J. W. Alcock und A. Whitten-Brown
1924	Erste Ost-West-Überquerung des Nordatlantiks durch den Zeppelin LZ 126 unter H. Eckener
1927	Nordatlantiküberquerung von New York nach Paris durch C. A. Lindbergh im Alleinflug
1928	Erste Ost-West-Überquerung des Nordatlantiks im Flugzeug durch H. Köhl, G. von Hünefeld, J. Fitzmaurice
1929	Weltfahrt des Zeppelin LZ 127 »Graf Zeppelin« unter H. Eckener
1929	Erstes Raketenflugzeug RAK 1 von J. Hatry, vorgeführt von F. von Opel
1932	A. Piccard erreicht in seinem Stratosphärenballon 16 940 m Höhe
1932	Beginn des regelmäßigen Liniendienstes über den Südatlantik durch den Zeppelin LZ 127
1935	Beginn des Luftverkehrs mit Flugzeugen über den Pazifischen Ozean
1936	Erster leistungsfähiger Hubschrauber Fw 61
1936	Beginn des regelmäßigen Flugdienstes über den Nordatlantik (Frankfurt–Lakehurst, New York) durch die Zeppeline LZ 127 und LZ 129
1937	Brandkatastrophe des Zeppelins LZ 129 »Hindenburg« in Lakehurst, 36 Tote; Ende der Verkehrsluftschifffahrt
1938	Im Segelflugzeug wird die Stratosphäre erreicht (11 400 m Höhe)
1939	Beginn des Luftverkehrs mit Flugzeugen über den Nordatlantik
1939	Erstflug des Raketenflugzeugs Heinkel He 176
1939	Erstes Flugzeug mit Strahltriebwerk Heinkel He 178
1947	Raketenflugzeug Bell X-1 überschreitet Schallgeschwindigkeit
1949	Umrundung der Erde (37 523 km) ohne Zwischenlandung mit Flugbetankung
1952	Luftverkehr beginnt mit Strahlflugzeugen (»Comet«)
1957	Planmäßiger Luftverkehr über den Nordpol
1957	Erster Senkrechtstarter
1967	Raketenflugzeug X-15 erreicht 7 274 km/h
1970	Einführung der Großraumflugzeuge (Boeing 747)
1976	Eröffnung des Überschall-Luftverkehrs (»Concorde«)
1978	Erste Überquerung des Nordatlantiks von USA bis Paris in einem Heliumballon durch M. L. Anderson, B. L. Abruzzo und L. Newman
1981	Ärmelkanal wird von einem Solarkraftflugzeug überquert (S. Ptacek)
1981	Erste Überquerung des Nordamerikanischen Kontinents von der West- zur Ostküste der USA (4 047 km) mit einem Heliumballon
1981	Erste Überquerung des Pazifischen Ozeans von Japan bis Kalifornien mit einem Heliumballon in $3^1/_2$ Tagen durch B. L. Abruzzo R. Aoki, R. Clary und L. Newman
1986	Umrundung der Erde (48 152 km) in 9 Tagen durch D. Rutan und J. Yeager in dem Leichtflugzeug »Voyager« nonstop und ohne Flugbetankung
1987	Der Airbus A 320 wird als erstes Flugzeug mit der Fly-by-Wire-Technik ausgestattet
1997	Wiederaufnahme des Zeppelin-Luftschiffbaus mit dem Prototyp LZ N07
1999	Erste Erdumrundung in einem Heliumballon in 19 Tagen durch B. Piccard und B. Jones
2001	Ein solarbetriebenes, unbemanntes Testflugzeug der NASA erreicht eine Flughöhe von 28 950 km
2002	Erste Erdumrundung in einem Heliumballon (Alleinfahrt) in 13 Tagen durch S. Fossett
2003	Ende des zivilen Überschallflugs mit der »Concorde«
2005	Jungfernflug des größten zivilen Flugzeugs Airbus A 380
2005	S. Fossett fliegt in einem Jet (»Global Flyer«) ohne Zwischenlandung und Auftanken um die Erde

luftballon soll der in Brasilien geborene Jesuitenpater Laurenço de Gusmão 1709 dem König von Portugal im Saal vorgeführt haben.

Luftfahrzeug, Bezeichnung für alle Fluggeräte, die sich in der Atmosphäre halten und bewegen können. **Luftfahrzeuge leichter als Luft** (Ballone, Luftschiffe) werden durch aerostatischen Auftrieb (Dichteunterschied) getragen, **Luftfahrzeuge schwerer als Luft** (Flugzeuge, Drachen, unbemannte Flugkörper, Fallschirme) durch aerodynamische Auftriebserzeugung.

Luftfeuchtigkeit, Luftfeuchte, der Wasserdampfgehalt der Luft; er ist temperaturabhängig und schwankt zeitlich und räumlich zwischen 0 und 4 Volumenprozent; wird angegeben als **absolute Luftfeuchtigkeit** (Gramm Wasserdampf je Kubikmeter Luft), als **spezifische Luftfeuchtigkeit** (Gramm Wasserdampf je Kilogramm Luft) sowie als **relative Luftfeuchtigkeit** (Verhältnis von absoluter zu der für die herrschende Temperatur bei Sättigung möglichen maximalen Luftfeuchtigkeit, in Prozent).

100562

Luftkissenfahrzeug. Luftkissenboot

Luftfilter, Filter zur Abscheidung von Staub u.a. Verunreinigungen aus der Luft. Man unterscheidet →Gewebefilter, für deren Wirkung neben dem Aufbau des Filtermediums v.a. Faserart und -feinheit bestimmend sind, und →Elektrofilter. In der *Lüftungs-* und *Klimatechnik* werden u.a. **Trockenfilter** verwendet, die aus einzelnen Platten (Zellen) aus Glas- oder Kunststoffgespinst in Metallrahmen bestehen. **Ölbenetzte Metallfilter** sind aus einzelnen mit Spezialöl benetzten Zellen oder Platten, die eine Füllung mit möglichst großer Oberfläche besitzen, zusammengesetzt. Hochwertige **Schwebstofffilter** werden zur Abscheidung radioaktiver Schwebstoffe, von Bakterien und Viren verwendet. **Aktivkohlefilter** ermöglichen die Absorption von Gasen, Geruchsstoffen und Dämpfen. – Bei *Verbrennungsmotoren* halten Luftfilter den in der Ansaugluft enthaltenen Staub vom Motor fern und verringern dadurch den Verschleiß, außerdem dämpfen sie die Ansauggeräusche. Bei kleinen Motoren (Pkw) sind sie meist als **Papierluftfilter** ausgeführt. Bei großen Motoren ist dem Papierluftfilter oft ein →Zyklon vorgeschaltet, der die Dauer des Papiereinsatzes verlängert.

Luftkissenfahrzeug, Fahrzeug, das in geringem Abstand über einer Boden- oder Wasserfläche durch ein Luftkissen (Gebiet erhöhten Drucks) in der Schwebe gehalten wird. Mittels motorisch angetriebener Hubgebläse wird Luft durch einen schmalen Ringspalt zwischen Fahrzeugunterseite und Bodenfläche ausgeblasen, wodurch das Luftkissen sowohl erzeugt als auch gegen den Außendruck abgedichtet wird. Der für die Fortbewegung des Luftkissenfahrzeugs benötigte Vortrieb wird überwiegend durch zusätzliche Luftschrauben erzeugt; die Steuerung erfolgt durch angeblasene Ruder oder schwenkbare Luftschrauben. Vorteile der Luftkissenfahrzeuge sind ihre amphibischen Eigenschaften, die Verwendbarkeit über sonst für den Fahrzeugbetrieb ungeeigneten Bodenflächen (Sumpf, Eis, Marsch, Wattenmeer, Sand) und die gegenüber (Fähr-)Schiffen höhere Reisegeschwindigkeit. Seit den 1970er-Jahren wurden Luftkissenfahrzeuge **(Hovercraft®)** z.B. als Seefähren zwischen Boulogne-sur-Mer beziehungsweise Calais und Dover eingesetzt. Wegen veränderter Marktbedingungen wurden die beiden letzten Hovercraft®-Fähren jedoch im Oktober 2000 durch Katamarane (»Seacats«) ersetzt.

Luftkorridor, von den Flugsicherungsbehörden festgelegter und kontrollierter Luftverkehrsweg zur Sicherung des Flugverkehrs.

Luftreinhaltung, Bereich des Umweltschutzes, der sich mit gesetzlichen Maßnahmen und technischen Entwicklungen zur Verringerung der Schadstoffimmission befasst. Dazu enthält das Bundesimmissionsschutzgesetz eine Reihe von Durchführungsverordnungen, z.B. über Feuerungsanlagen, sowie allgemeine Verwaltungsvorschriften, wie die →TA Luft. Die regelmäßige Überwachung der Luftverschmutzung durch physikalisch-chemische Messungen und Beobachtung von Bioindikatoren ermöglicht die Erstellung von →Immissionskatastern. Zu den technischen Maßnahmen der Luftreinhaltung gehören neben den Verfahren zur Abtrennung von Stäuben aus Gasströmen (Entstaubung) sowie von gas- oder dampfförmigen Nebenbestandteilen aus technischen Gasen (Gasreinigung, Rauchgasentschwefelung) alle Methoden, bei denen Abgase durch direkte oder katalytische Oxidation beseitigt werden (z.B. Abfackeln von Raffinerieabgasen, katalytische Oxidation von Geruchsstoffen, Einsatz von Katalysatoren), ferner die Einschränkung des Lösungsmittelverbrauchs in Lacken sowie der Ersatz von Fluorchlorkohlenwasserstoffen (FCKW) durch andere Stoffe. Besondere Vorschriften gelten bei →Smog.

Luftschiff, Luftfahrzeug, bei dem ein Traggas (Wasserstoff oder Helium), das leichter als Luft ist, den Auftrieb erzeugt. Die für die Vorwärtsfahrt erforderliche Vortriebskraft erzeugen →Luftschrauben. Sie werden von Flugmotoren angetrieben, die in am Luftschiffskörper angebrachten Motorgondeln untergebracht sind. Zur Steuerung dienen aerodynamisch wirkende Ruder des am Heck befindlichen Höhen- und Seitenleitwerks. Für Besatzung und Fluggäste ist unterhalb des Luftschiffvorderteils eine großräumige Gondel vorhanden. Man unterscheidet drei Luftschiffarten: **Unstarre Luftschiffe (Prallluftschiffe)** erhalten ihre Form durch den Überdruck des Traggases auf den aus gummierten Geweben bestehenden Tragkörper. Außer den Gondeln, Motoren und Steuerflächen sind keine festen Bauteile vorhanden. **Halbstarre Luftschiffe** besitzen zusätzlich einen Kielträger, an dem Motoren- und Fahrgastgondeln angebracht sind. Die bekanntesten Luftschiffe sind die **Starrluftschiffe;** zur äußeren Formgebung haben sie ein starres Innengerüst aus Leichtmetall, das mit einem beschichteten Textilgewebe überzogen ist. Das Traggas ist in besonderen Gaszellen enthalten.

■ **Geschichte** Das erste wirklich brauchbare Luftschiff (Starrluftschiff) stammt von F. Graf von Zeppelin, das am 2. 7. 1900 startete (»LZ 1«). 1910 wurde ein planmäßiger Passagierluftverkehr eröffnet. 1910–11 baute Johann Schütte (*1873, †1940) das »SL 1«, 1913/14 das »SL 2«, das bereits alle wichtigen Merkmale aufwies, die von künftigen Luftschiffen übernommen wurden (stromlinienförmiger Schiffskörper, innen liegender Laufgang, seitlich am Rumpf angeordnete Maschinengondeln, einfache Leitwerke und Gasschächte). 1924 fand die erste Nonstop-Atlantiküberquerung von Ost nach West durch »LZ 126« statt. »LZ 127« (»Graf Zeppelin«) nahm 1929 nach einem Rundflug um die Erde den Liniendienst über Süd- und Nordatlantik auf, »LZ 129« (»Hindenburg«) folgte 1936. Dieses größte je im Einsatz befindliche Luftschiff fiel am 6. 5. 1937 bei Lakehurst (New York) einer Brandkatastrophe zum Opfer. Daraufhin wurde der Luftschiffbau in Deutschland eingestellt, weil kein Helium als unbrennbares Traggas zu erhalten war. Auch die USA und Großbritannien gaben nach dem Verlust des englischen Luftschiffs »R 101« durch Brand (1931) den Luftschiffbau auf.

■ **Neuentwicklungen** Neu entwickelt wurde ein Hightech-Zeppelin ZNT (Zeppelin neuer Technologie) von der Zeppelin Luftschifftechnik GmbH (ZLT) in Friedrichshafen. Technische Daten: Länge 75 m, Breite 19,5 m, Höhe 17,2 m, Volumen 8 200 m^3, Höchstgeschwindigkeit 125 km/h. Der ZNT zählt zu den Starrluftschiffen, er nutzt jedoch auch Prinzipien der Prallluftschiffe. Als Füllgas dient Helium. Wenn der ZNT für die Wissenschaft arbeitet, ist die Gondel das Forschungslabor, als Verkehrsmittel haben in der Gondel 12 Passagiere Platz. Am 18. 9. 1997 hatte der Prototyp (»LZ N07«) seinen Erstflug, im April 2001 erhielt er seine Musterzulassung.

Luftschiff. Zeppelin NT

Luftschraube, Propeller, Bauteil eines Luftfahrzeugantriebs, das die Wellenleistung eines Kolben- oder Turbotriebwerks zur Erzeugung einer Vortriebskraft nutzt. Eine Luftschraube besteht meist aus zwei bis sechs tragflügelartigen Flächen (Blättern), die in einer zur Flugrichtung etwa senkrechten Ebene umlaufen und den Luftstrom beschleunigen. Die daraus resultierende Impulskraft dient zur Überwindung der Widerstandskraft des Luftfahrzeugs. In der Regel arbeitet die Luftschraube in einem unbegrenzten Luftstrom **(offene** oder **frei fahrende Luftschraube),** seltener in einem durch einen ringförmigen Gehäusemantel umgrenzten Luftstrom **(Mantelluftschraube).** Die **Luftschraubenblätter** sind entweder starr mit der Nabe verbunden **(Starrluftschraube)** oder in dieser während des Betriebs verstellbar angeordnet **(Verstellluftschraube).** Luftschrauben sind an der Rumpfspitze oder vor den Tragflügeln angeordnet (Vortriebskraft wirkt als Zugkraft; **Zugpropeller**), seltener an der Flügelhinterkante oder am Rumpfheck (Vortriebskraft wirkt als Druckkraft; **Druckpropeller, Heckluftschraube**).

Luftspiegelung, atmosphärische Erscheinung, bei der infolge einer starken Brechung (Refraktion) von Lichtstrahlen beim Durchgang durch Luftschichten unterschiedlicher Temperatur und damit unterschiedlicher optischer Dichte ein entfernter Gegenstand

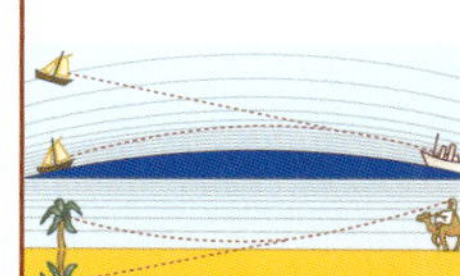

Luftspiegelung. Luftspiegelung nach oben über dem Meer und nach unten über der Wüste

mehrfach, im Allgemeinen verzerrt und zum Teil auf dem Kopf stehend (dann als Spiegelung empfunden) gesehen wird.

Luftspiegelungen nach unten (Kimmung) entstehen, wenn die untersten Luftschichten wärmer sind als die darüber liegenden, was zu einem instabilen negativen Luftdichtegefälle führt. Sie werden bei starker Sonnenstrahlung am häufigsten über Asphaltstraßen (täuschen Wasserflächen vor, in denen sich der blaue Himmel spiegelt) oder über weiten, wenig bewachsenen Ebenen (z. B. Wüstenflächen) beobachtet. Hierzu gehört auch die **Fata Morgana** (italienisch »Fee Morgana«), bei der an Meeresbuchten mit Steilküsten (Bucht von Messina) auch noch seitliche Luftspiegelungen an den erhitzten Felswänden beobachtet werden können. – **Luftspiegelungen nach oben** treten auf, wenn die bodennahen Luftschichten kälter sind als die darüber liegenden, v. a. in Polargebieten über Schneeflächen oder über kalten Meeresgebieten.

Luftstraße, korridorartige, mit Funknavigationseinrichtungen ausgerüstete Flugbetriebsstrecke innerhalb eines Flugsicherungskontrollbezirks. Die Luftstraße dient der Sicherung der Flugzeuge, denen für den Flug auf einer Luftstraße bestimmte Höhen zugewiesen werden (→Flugsicherung).

Luftverflüssigung, die Überführung von Luft aus dem gasförmigen in den flüssigen Aggregatzustand mithilfe der →Kältetechnik. Die Luftverflüssigung erfolgt unter Anwendung der thermodynamischen Gesetze (→Gasverflüssigung), das heißt durch Abkühlung oder Druckerhöhung (oder eine Kombination beider Prozesse). Zur Verflüssigung muss die Luft (bei 10^5 Pa = 1 bar Druck) auf unter −192 °C abgekühlt werden. Technisch ist ein mehrmaliges Durchlaufen des Zyklus Verdichten – Abkühlen (von außen) – Entspannen (Abkühlen von innen) erforderlich. Der wesentliche Schritt, die Entspannung, kann adiabatisch erfolgen (durch Leistungsabgabe über eine Expansionsmaschine) oder als Drosselprozess, das heißt unter Anwendung des →Joule-Thomson-Effekts. Die verschiedenen Verfahren der Luftverflüssigung unterscheiden sich v. a. durch den Prozess der Entspannung. Diese erfolgt beim ältesten, für die Entwicklung der Kältetechnik und Tieftemperaturphysik wichtigsten **Linde-Verfahren** (C. von Linde, 1895) über eine Drosselspule, beim **Claude-Verfahren** (G. Claude, 1902) adiabatisch über eine Expansionsmaschine, beim **Claude-Heylandt-Verfahren** durch eine Kombination beider Entspannungsprozesse. Ein wichtiges Element ist bei allen Verfahren die Gegenstromkühlung (→Wärmeaustauscher) der verdichteten Luft durch den entspannten und dadurch gekühlten, jedoch noch nicht verflüssigten Teil der Luft.

Luftverkehr, Flugverkehr, Beförderung von Personen, Gütern und Post mit Luftfahrzeugen, besonders Flugzeugen. Neben dem militärischen Luftverkehr ist der zivile Luftverkehr wirtschaftlich besonders wichtig; er wird als öffentlicher oder nichtöffentlicher, gewerblicher oder nichtgewerblicher, planmäßiger oder nichtplanmäßiger Luftverkehr betrieben. Träger des gewerblichen öffentlichen Verkehrs sind Luftverkehrsgesellschaften.

Luftverschmutzung
→ GEO **Dossier**
Die Natur als Joint Venture, Bd. 7

Luftverschmutzung, Luftverunreinigung, Anreicherung der Luft mit festen, flüssigen oder gasförmigen Fremdstoffen, die die natürliche Zusammensetzung der Luft verändern. Die Quellen der Luftverschmutzung sind neben natürlichen Vorgängen (biologische Abbauprozesse, Vulkanausbrüche, Staubstürme, Waldbrände u. a.) die durch den Menschen verursachten Verunreinigungen (v. a. durch Verbrennungsvorgänge in Heizungen und Kraftwerken, Kraftfahrzeugabgase und Kernwaffenversuche), besonders in Ballungs- und Industriegebieten. Als *Luftschadstoffe* spielen gasförmige anorganische Verbrennungsprodukte wie Schwefeloxide (SO_x), besonders Schwefeldioxid (SO_2), Kohlenmonoxid (CO), Stickoxide (NO_x), Ammoniak (NH_3), flüchtige organische Stoffe wie Kohlenwasserstoffe (u. a. Halogenkohlenwasserstoffe, z. B. Fluorchlorkohlenwasserstoffe [FCKW] und Dioxine), Aldehyde und Ketone sowie partikelförmige Stoffgemische wie Ruß, Flugasche, Kohle- und Zementstaub die Hauptrolle. Andere in nennenswerten Mengen freigesetzte Schadstoffe sind Fluorverbindungen, Chlor, Schwermetalle (Blei, Cadmium, Zink) und Ozon. Ausbreitung und Verdünnung der Emissionen in der Atmosphäre werden von meteorologischen Bedingungen wie Windstärke und -richtung, Luftfeuchtigkeit, Thermik und Luftschichtung (→Smog), von der Vertikalentfernung der Emissionsquelle zum Erdboden (Schornsteinhöhe), von der Geländeform sowie (bei Stäuben und Aerosolen) von der Teilchengröße bestimmt.

100001

Luftverschmutzung. Flugzeuge erzeugen durch die Aerosole in ihrem Abgas in großer Höhe oft Wolken (»Kondenzstreifen«), die die prozentuale Bedeckung des Himmels erhöhen und wahrscheinlich damit den Treibhauseffekt und die Erderwärmung verstärken.

Als Folge der Luftverschmutzung können Belastungen und Schäden bei Mensch, Tier, Pflanze und unbelebter Umwelt auftreten. Neben akuten physiologischen Auswirkungen der Luftverschmutzung (Geruchsbelästigung, Reizung der Atemwege, enzymhemmende Wirkungen, Störungen des Hormonsystems, kanzerogene Wirkung) spielt bei Lebewesen auch die Aufnahme von Schadstoffen über die Nahrungskette eine wichtige Rolle. Flora und niedere Fauna können durch zahlreiche Immissionen direkt oder durch wässrige Lösungsprodukte bereits bei sehr geringen Konzentrationen erheblich geschädigt werden. Der als →saurer Regen bezeichnete Niederschlag beeinträchtigt das Grundwasser und den Boden; er gilt als Mitverursacher des →Waldsterbens. Materialien der unbelebten

Umwelt werden v.a. durch die wässrigen Reaktionsprodukte des Schwefeldioxids (Schwefelsäure, schweflige Säure) angegriffen und schließlich zerstört (Erosion an Bauwerken, Korrosion von Metallen). Bei der Bewertung solcher Luftverschmutzung auf die Umwelt wird zwischen lokalen, regionalen, überregionalen und globalen Problemen unterschieden. Zu Letzteren gehört der Anstieg des Kohlendioxidgehalts der Atmosphäre und die damit verbundene Erwärmung (→Treibhauseffekt) sowie die Abnahme der Ozonschicht (→Ozonloch) durch FCKW u.a. Stoffe, die zu einem Anstieg der UV-Strahlung auf der Erde führt. Diese Probleme erfordern eine internationale Zusammenarbeit, etwa zum Klimaschutz (→Klimarahmenkonvention, →Weltklimakonferenz). Für Deutschland lässt sich seit Anfang der 1990er-Jahre bei fast allen Luftschadstoffen ein deutlicher Rückgang feststellen, wobei diese Entwicklung in den alten und neuen Bundesländern unterschiedlich ausfiel. In den neuen Ländern hat die industrielle Luftverschmutzung, z.B. durch Schwefeldioxid und Staub, wegen Stilllegungen oder Modernisierungen von Industrieanlagen stark abgenommen und die verkehrsbedingte Luftverschmutzung, z.B. durch Stickoxide, zugenommen. In den alten Ländern hat sich die Kohlendioxidemission aufgrund eines gestiegenen Energiebedarfs erhöht.

In der Technik wurden zahlreiche Methoden und Verfahren entwickelt, die der Analyse von Luftverschmutzung dienen (z.B. →Abgasuntersuchung, →Lidar) und durch die die Emissionen von Luftschadstoffen verhindert oder verringert werden (→Luftreinhaltung).

Luftwiderstand, der →Strömungswiderstand der Luft.

Luftwurzeln, meist aus oberirdischen Achsen entspringende (sprossbürtige) Wurzeln, z.B. Haft- und Stützwurzeln, auch Bezeichnung für →Atemwurzeln.

Luft|zerlegung, Verfahren zur Auftrennung von →Luft in ihre Bestandteile (besonders Stickstoff, Sauerstoff, daneben auch Edelgase). Die Luftzerlegung kann nach einer →Luftverflüssigung in Niederdruckanlagen durch fraktionierte Tieftemperaturdestillation **(Tieftemperaturluftzerlegung)** oder mithilfe von →Molekularsieben **(adsorptive Luftzerlegung)** erfolgen.

Lụmen [lateinisch »Licht«] *das,* **1)** *Anatomie:* lichte Weite von Hohlorganen, Kanälen, z.B. von Blutgefäßen.

2) *Fotometrie:* Einheitenzeichen **lm,** SI-Einheit des Lichtstroms, 1 lm = 1 cd · sr (→Fotometrie).

Lumineszẹnz [zu lateinisch lumen »Licht«] *die,* Sammelbezeichnung für die Lichtemission eines Stoffes oder Körpers, die nicht durch hohe Temperatur verursacht wird (»kaltes Leuchten«). Lumineszenz lässt sich hervorrufen durch Bestrahlung mit sichtbarem oder ultraviolettem Licht **(Fotolumineszenz),** Röntgen- oder Gammastrahlen **(Röntgenlumineszenz),** mit Elektronen **(Kathodenlumineszenz),** radioaktiver Strahlung **(Radiolumineszenz)** oder durch chemische (→Chemolumineszenz), elektrische (→Elektrolumineszenz) oder mechanische Vorgänge **(Tribolumineszenz,** beim Zerbrechen von Kristallen) sowie durch Erhöhung der Temperatur (→Thermolumineszenz). Die **Biolumineszenz** verschiedener Pflanzen und Tiere ist eine Form der Chemolumineszenz. Tritt die Lumineszenz praktisch nur während der Erregung auf, spricht man von →Fluoreszenz, sonst von →Phosphoreszenz.

100562

Luftverschmutzung. Die Verschmutzung der Luft durch Auto- und Industrieabgase sowie die verheerenden Wald- und Torfbrände in Indonesien lösten 1997 eine Smogkatastrophe aus, von der mehrere Millionen Menschen in Malaysia, Indonesien, Singapur, Brunai und Thailand betroffen waren.

Lumineszẹnzdiode, Leuchtdiode, LED [zu englisch light emitting diode], Halbleiterdiode, die im Bereich des pn-Übergangs spontane Lumineszenzstrahlung emittiert, wenn ein Strom in Durchlassrichtung fließt (→Halbleiter). Die angelegte Spannung bewirkt eine erhöhte Zahl wandernder Elektronen vom n-Gebiet und Löcher vom p-Gebiet in den Bereich des pn-Übergangs, wo sie rekombinieren. Da die Elektronen dabei vom Leitungsband in das energetisch niedriger liegende Valenzband wechseln, wird ein bestimmter Betrag an Energie freigesetzt, der als sichtbares oder infrarotes Licht abgestrahlt wird. Die Wellenlänge des emittierten Lichts hängt von der Größe der durch die Grundsubstanz und die Dotierung festgelegten Energiebandlücke ab.

Lumineszenzdioden sind meist so genannte III-V-Verbindungen, da sie aus Elementen der 3. und 5. Gruppe des Periodensystems bestehen. Typische Vertreter sind u.a. Galliumarsenid (GaAs), Galliumphosphid (GaP),

Lumineszenzdiode
→ GEO **Dossier**
Neue Wege zur Erleuchtung, Bd. 8

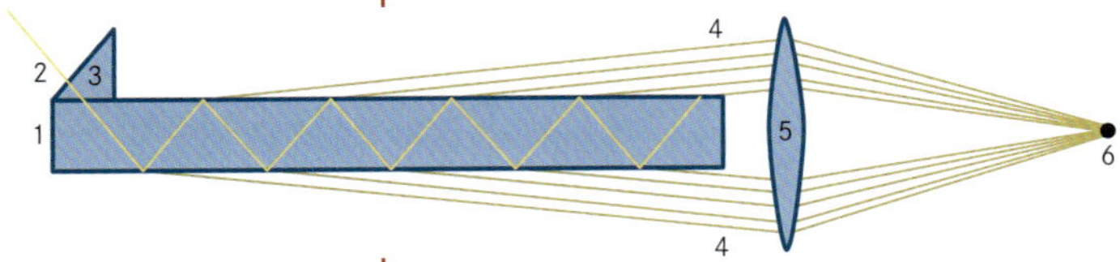

Lummer-Gehrcke-Platte. 1 planparallele Glas- oder Quarzplatte, 2 Licht, 3 Prisma, 4 Teilwellen, 5 Sammellinse, 6 Brennebene

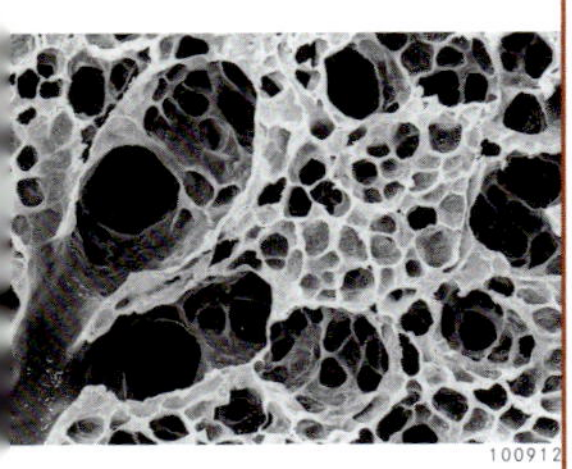

Lunge. Schnitt durch die Aufzweigung einer Bronchiole (unten links), die sich in zahlreiche Alveolen (Mitte, oben links) verzweigt

Galliumnitrid (GaN), die vielfach mit Fremdatomen (z. B. Silicium, Stickstoff) dotiert werden, um die Effektivität der Energieumwandlung zu erhöhen. Die Leuchtdichte ist über einen weiten Bereich zum Durchlassstrom proportional. Neuere Entwicklungen sind Lumineszenzdioden aus Licht erzeugenden Polymeren. Die notwendigen optoelektronischen Eigenschaften solcher **organischen Lumineszenzdioden** (**OLED,** englisch organic light emitting diode) basieren auf halbleitenden organischen Makromolekülen, die unter dem Einfluss eines elektrischen Feldes Lumineszenzstrahlung aussenden. OLEDs können (im Gegensatz zu konventionellen LEDs) flexibel und großflächig aufgebracht werden und sind leicht, dünn und blendfrei.

Lumineszenzdioden werden u. a. als Anzeigeelement (**LED-Display,** z. B. in Uhren, Taschenrechnern, Mobiltelefonen, elektronischen Messgeräten), als optoelektronische Sender (→Optoelektronik) und in →Optokopplern eingesetzt. Zukünftige OLEDs könnten als Displays in beliebiger Form (»aufrollbarer Bildschirm«) Verwendung finden. Lumineszenzdioden sind klein, leicht, unzerbrechlich, langlebig, leistungsstark und Strom sparend (sie verbrauchen bei gleicher Lichtleistung lediglich etwa 10 % der Energie von Glühlampen), allerdings in den Herstellungskosten noch sehr hoch.

Lumineszenzmethoden, auf dem Phänomen der →Lumineszenz beruhende Verfahren zur numerischen →Altersbestimmung von archäologischen Artefakten und jungen Sedimenten. Das »kalte Leuchten« elektrisch nicht leitender Minerale (v. a. Quarz und Feldspat) wird durch die Dosis ionisierender Strahlung angeregt und durch Erwärmen oder Beleuchten stimuliert. Je nach der Art der Stimulation spricht man von →Thermolumineszenz oder **optisch stimulierter Lumineszenz (OSL).** Durch Verwendung verschiedener Wellenlängen des Stimulationslichts (blaue, grüne oder infrarote OSL) werden physikalisch unterschiedliche Anregungszustände zugänglich. Das Alter ergibt sich aus dem Quotienten von Dosis und Dosisleistung.

Luminophore [griechisch], Stoffe, die →Lumineszenz zeigen, insbesondere die →Leuchtstoffe.

Lummer, Otto, deutscher Physiker, * Gera 17. 7. 1860, † Breslau 5. 7. 1925; Arbeiten zur Optik und Temperaturstrahlung; entdeckte die von W. von Haidinger wahrgenommenen Interferenzen in planparallelen Glasplatten wieder, erfand (mit E. J. Gehrcke) die →Lummer-Gehrcke-Platte und mit Eugen Brodhun (* 1860, † 1938) den **Lummer-Brodhun-Würfel** zum fotometrischen Vergleich zweier Lichtquellen (→Fotometrie). Lummer führte Messungen der Hohlraumstrahlung durch und konstruierte den ersten brauchbaren →schwarzen Körper.

Lummer-Gehrcke-Platte [nach O. Lummer und dem Physiker Ernst Johann Gehrcke, * 1878, † 1960], Interferenzspektroskop hoher Auflösung (bis zu 10^{-6} der Wellenlänge), das nach dem Prinzip der Vielstrahlinterferenz arbeitet; besteht aus einer planparallelen Glasplatte, in die das Licht durch ein Prisma so eingekoppelt wird, dass die Strahlung im Platteninneren nahezu unter dem Grenzwinkel der Totalreflexion auf die Plattenoberflächen trifft und mehrfach hin- und herreflektiert wird, wobei jeweils ein Bruchteil des Lichts streifend aus der Platte austritt. Die parallel austretenden Teilwellen, die einen konstanten Gangunterschied besitzen, interferieren miteinander und ergeben im Unendlichen parallele Interferenzstreifen (Interferenzen gleicher Neigung), die durch eine Sammellinse in die Brennebene der Linse verlegt werden.

Lunge, Pulmo, paariges Atmungsorgan der Lungenfische, Amphibien, Reptilien, Vögel und Säugetiere. Die Lunge des Menschen nimmt den Brustraum beiderseits des Herzens ein und wird in ihrer Gestalt durch das Zwerchfell und den Brustkorb bestimmt. Vom Lungenfell, der inneren Auskleidung des Brustfells, überzogen, besteht die rechte Lunge aus drei (Ober-, Mittel-, Unterlappen), die linke Lunge aus zwei **Lungenlappen** (Ober-, Unterlappen), die durch tiefe Spalten voneinander getrennt sind. Jeder Lungenlappen wird in **Lungensegmente** unterteilt. Durch die Lungenpforte **(Lungenhilus)** treten Bronchien, Blut- und Lymphgefäße sowie Nerven in Form eines von Bindegewebe umhüllten Strangs **(Lungenwurzel)** in die Lunge ein. Zu jedem Lungenlappen gehört eine große Bronchie mit begleitender Lungenarterie. Die Hauptbronchien teilen sich beim Eintritt in die Lunge in mehrere kleine Äste (Bronchien), diese wiederum in noch kleinere (Bronchioli) auf. Die kleinsten Kapillaren gliedern sich dann in die **Lungenalveolen** (Bläschen) auf (rund 300–450 Mio.), deren Gesamtoberfläche etwa 100 m² beträgt. Nur in diesen von einem dichten Blutkapillarnetz eingeschlossenen Lungenbläschen tritt Sauerstoff durch die Kapillarwand ins Blut, während Kohlendioxid vom Blut in die Lungenbläschen abgegeben wird.

Lungenfische, Lurchfische, Doppelatmer, Dipnoi, Dipneusti, seit dem Unterdevon bekannte Ordnung der Knochenfische; Atmung durch Kiemen und Lungen; ausschließlich Süßwasserbewohner; u. a. der **Djel-**

leh (Neoceratodus forsteri), bis 2 m lang, in Australien und der **Schuppenmolch** (Lepidosiren paradoxa), etwa 1,2 m lang, in Südamerika.

Lungenfische. Afrikanischer Lungenfisch

Lungenschnecken, Pulmonata, Überordnung größtenteils landbewohnender, zwittriger Schnecken, deren erweiterte Mantelhöhle mit ihrem blutgefäßreichen Netz als Lunge dient.

Lunte, *Zoologie:* Schwanz von Fuchs, Marder, Wolf und Wildkatze.

Luria, Salvador Edward, amerikanischer Mikrobiologe italienischer Herkunft, *Turin 13. 8. 1912, †Lexington (Massachusetts) 6. 2. 1991; arbeitete v. a. über Bakteriophagen. Für seine Erkenntnisse über den Vermehrungsmechanismus der Viren und deren genetische Struktur erhielt er 1969 mit Max Delbrück und Alfred Day Hershey den Nobelpreis für Physiologie oder Medizin.

Lutetium [nach Lutetia, dem lateinischen Namen von Paris], chemisches Symbol **Lu,** Metall aus der Gruppe der →Lanthanoide, Ordnungszahl 71, relative Atommasse 174,967, Dichte (bei 20 °C) 9,841 g/cm³, Schmelzpunkt 1 653 °C, Siedepunkt 3 393 °C. Lutetium kommt als Begleitsubstanz in mehreren Mineralen, u. a. im Gadolinit und Xenotim, vor; es findet außer im Cermischmetall keine technische Anwendung. Bis 1949 wurde es in Deutschland **Cassiopeium** (Symbol **Cp**) genannt.

Lux [lateinisch »Licht«] *das,* Einheitenzeichen **lx,** SI-Einheit der →Beleuchtungsstärke, 1 lx = 1 lm/m².

Luxmeter *das,* **Beleuchtungsmesser,** Gerät zur Messung der Beleuchtungsstärke. Das auf einen fotoelektrischen Empfänger (meist ein →Fotoelement) auffallende Licht erzeugt einen zur Beleuchtungsstärke (gemessen in Lux) proportionalen Fotostrom. Luxmeter werden u. a. nach der Güte ihrer Anpassung an die spektrale Hellempfindlichkeit des Auges bewertet.

LW, Abkürzung für →Langwelle.

Lwoff, André, französischer Mikrobiologe, *Allier (Département Hautes-Pyrénées) 8. 5. 1902, †Paris 30. 9. 1994; arbeitete besonders über Zellphysiologie; für die Entdeckung von Genen, die die Aktivität anderer Gene steuern (fördern oder hemmen), erhielt er 1965 (mit Francois Jacob und Jacques Lucien Monod) den Nobelpreis für Physiologie oder Medizin.

lx, Einheitenzeichen für →Lux.

Lyell ['laɪəl], Sir (seit 1848) Charles, ab 1864 Baron, schottischer Geologe, *Kinnordy (Angus, Ostschottland) 14. 11. 1797, †London 22. 2. 1875; anfangs Jurist, 1831–33 Professor am King's College in London, später Privatgelehrter, ab 1835 Präsident der Geologischen Gesellschaft London; einer der führenden Geologen seiner Zeit. Er steuerte u. a. grundlegende Arbeiten zur Stratigrafie (u. a. Unterteilung des Paläo- und Neogens), Paläontologie und Alter des Menschen bei; Begründer der Drifttheorie, nach der die eiszeitlichen Ablagerungen des nordeuropäischen Vereisungsgebietes durch Eisberge verfrachtet wurden.

Lyman ['laɪmən], Theodore, amerikanischer Physiker, *Boston (Massachusetts) 23. 11. 1874, †Cambridge (Massachusetts) 11. 10. 1954; entdeckte 1906 die nach ihm benannte, im Ultraviolett liegende Spektralserie des Wasserstoffatoms **(Lyman-Serie).**

Lungenschnecken. Weinbergschnecke

Lymphozyten [lateinisch-griechisch], **Lymphzellen,** zu aktiver Bewegung befähigte Gruppe der weißen Blutkörperchen (Größe 6–10 µm), die einen Teil des Immunsystems und der weißen Blutkörperchen (31 %) bilden. Bildungsort der Stammzellen der Lymphozyten ist das Knochenmark. Man unterscheidet zwei Hauptgruppen: **T-Lymphozyten,** die im Thymus aus den Stammzellen gebildet werden und die je nach Spezialisierung unterschieden werden in natürliche Killerzellen (mit zytotoxischer Wirkung), T-Helferzellen (Produktion zirkulierender Antikörper, Aktivierung der B-Lymphozyten) und T-Suppressorzellen (dämpfende Wirkung auf die Immunantwort). **B-Lymphozyten** werden im so genannten Bursa-Äquivalent gebildet, einem bei Säugetieren bisher hypothetischen, zentralen lymphatischen Organ, dessen Lokalisation im Darm oder Knochenmark vermutet wird. Sie differenzieren sich nach Kontakt mit Antigen und Interaktion mit Makrophagen zu Plasmazellen, die spezifische Antikörper produzieren. Diagnostisch wichtig sind v. a. die Verhältnisse der verschiedenen Lymphozytenfraktionen untereinander, da sie Hinweise geben auf Störungen des Immunsystems, Infekte, Geschwülste, Autoimmunerkrankungen und mögliche Abstoßungsreaktionen nach Transplantationen.

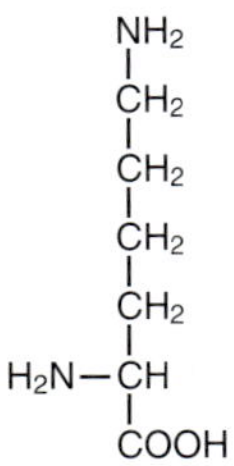

Lysin

Lymphsystem, besteht aus dem Lymphgefäßsystem und den lymphatischen Organen. Das **Lymphgefäßsystem** ist im Wesentlichen ein Abflusssystem zur Ableitung der Lymphe. Es stellt (neben dem Blutgefäßsystem) ein zweites Röhrensystem dar, das in der Körperperipherie mit einem dichten Netzwerk von Lymphkapillaren beginnt. Die peripheren Lymphgefäße führen die Lymphe in einer den Venen parallelen Richtung über Sammelgefäße, die zentralen Lymphstämme, in das Venensystem des Blutkreislaufs. Die Fortbewegung der Lymphe wird v. a. durch rhythmisches Zusammenziehen der mit glatter Muskulatur versehenen Lymphgefäßwände bewirkt. Zu den **lymphatischen Organen** gehören die Lymphknoten, die Milz, der Thymus und die Mandeln (lymphatischer Rachenring). In das Lymphgefäßsystem sind die **Lymphknoten** eingebaut. Sie sind 0,2–2 cm groß, oft bohnenförmig und von einer bindegewebigen Kapsel umgeben. Lymphknoten sind Filter- und Entgiftungsstationen für die Lymphe, mit der Fähigkeit zur →Phagozytose; sie produzieren →Lymphozyten.

Lynen, Feodor, deutscher Biochemiker, *München 6. 4. 1911, †ebenda 6. 8. 1979; arbeitete hauptsächlich über den Cholesterin- und Fettsäurestoffwechsel. 1951 gelang ihm die Isolierung der »aktivierten Essigsäure« (Acetyl-Coenzym A) aus Hefezellen. Er erhielt 1964 (mit Konrad Bloch) den Nobelpreis für Physiologie oder Medizin.

lyophil [griechisch], leicht löslich; Gegensatz: lyophob, schwer löslich.

Lyot-Filter ['ljo-; nach B. Lyot], optisches Filter mit spektral sehr schmalem Transmissionsbereich, das die Dispersion der Drehung der Polarisationsebene in doppelbrechenden Kristallen ausnutzt (Polarisationsinterferenzfilter).

Lysimeter [griechisch] *das,* Messanlage zur Erfassung des Wasserhaushalts eines bewachsenen Bodenvolumens; die Erfassung erfolgt durch Wägung und Bestimmung der durch Niederschlag, Tau und Beregnung zugeführten sowie der durch Abfluss und Verdunstung abgegebenen Wassermengen.

Lysin [griechisch] *das,* Abkürzung **Lys,** L-**2,6-Diaminocapronsäure**, für den Menschen essenzielle Aminosäure (Tagesbedarf liegt bei etwa 1,6 g); fördert das Knochenwachstum und regt die Zellteilung und Nukleosidsynthese an; reichlich in tierischen Proteinen vorhanden. Lysin wird künstlich hergestellt und als Zusatz zu Futtermitteln verwendet.

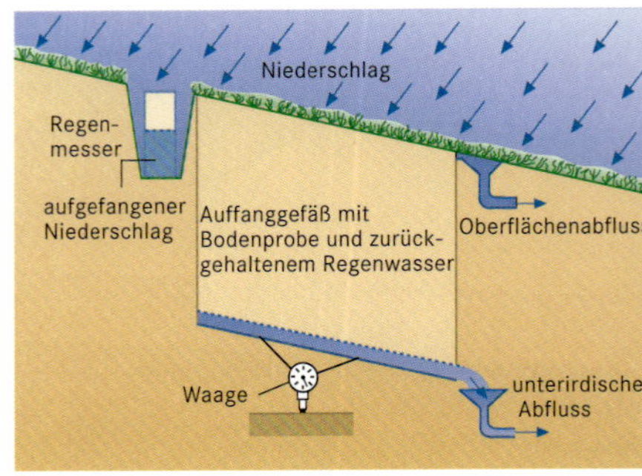

Lysimeter. Schematische Darstellung

Lysine [griechisch], körpereigene Abwehrstoffe, die Bakterien und Blutzellen auflösen können.

lysogen [griechisch »Auflösung hervorrufend«], bezeichnet einen Infektionszyklus (lysogener Zyklus) im Anschluss an eine Infektion, mit →Bakteriophagen, der nicht unmittelbar zur Lyse (Auflösung) der befallenen Zelle führt.

Lysosomen [griechisch], granuläre, membranumgebene Organellen zahlreicher Zellen, die hydrolytische Enzyme enthalten und an intrazellulären Abbauprozessen beteiligt sind.

Lyssenko, Trofim Denissowitsch, sowjetischer Agrarbiologe und Agronom, *Karlowka (bei Poltawa) 29. 9. 1898, †Moskau 20. 11. 1976; entwickelte die Methode der →Vernalisation sowie Pläne zur gezielten Veränderung der Erbanlagen (eingeschlossen die Schaffung eines neuen Menschentyps durch radikale Umformung der gesellschaftlichen Verhältnisse) durch Änderung der Lebensbedingungen. Seine genetischen Theorien erwiesen sich als unhaltbar, da sie auf Fehlinterpretationen, zum Teil auch auf Fälschungen seiner wissenschaftlichen Untersuchungen beruhten.

m, M, 1) *Einheitenzeichen:* **m** für →Meter.
2) *Formelzeichen: m* für →Masse; *M* für →Mach-Zahl (in der Luftfahrt), →molare Masse; *M* für →Magnetisierung, →Drehmoment.
3) *Vorsatzzeichen:* **m** für →Milli; **M** für →Mega.

mA, Einheitenzeichen für Milliampere (1 mA = $^1/_{1000}$ →Ampere).

Ma, Formelzeichen für die →Mach-Zahl.

Macchie [-kiə] *die,* durch Abholzung entstandenes Degradationsstadium des immergrünen Steineichenwaldes im Mittelmeergebiet mit Steineiche, Ölbaum, Myrte u. a., 1–5 m hoch wachsend. Bei noch stärkeren menschlichen Eingriffen (regelmäßiges Abbrennen, starke Beweidung) entsteht eine baumlose, offene Vegetationsform, die **Garigue.**

MacDiarmid, Alan G., amerikanischer Chemiker neuseeländischer Herkunft, *Masterton (Neuseeland) 14. 4. 1927; Professor; erhielt mit Alan Heeger und Hideki Shirakawa für die Entdeckung und Entwicklung von elektrisch leitenden Polymeren 2000 den Nobelpreis für Chemie.

Mach, Kurzbezeichnung für →Mach-Zahl.

Mach, Ernst, österreichischer Physiker und Philosoph, *Chirlitz-Turas (bei Brünn) 18. 2. 1838, †Vaterstetten (Landkreis Ebersberg) 19. 2. 1916; Professor für Mathematik (später auch Physik) in Graz, für Experimentalphysik in Prag und für Philosophie in Wien; vervollkommnete die Stroboskopie (Aufnahme von Luftwellen), erforschte die Bewegung von Körpern mit Überschallgeschwindigkeit (→Mach-Kegel, →Mach-Zahl). Mach untersuchte die Absorptionslinien in Sternspektren, bestätigte 1860 experimentell den Doppler-Effekt und schlug dessen Anwendung zur Messung der Geschwindigkeit weit entfernter kosmischer Objekte vor. Seiner Erkenntnistheorie zufolge sind allein die Sinnesempfindungen die »Elemente« der Wirklichkeit (Empiriokritizismus); er verwarf die Atomistik und verstand Zusammenhänge und Abhängigkeiten zwischen Phänomenen nicht als kausal, sondern als funktional. Mach formulierte das wissenschaftstheoretische Prinzip der Denkökonomie (möglichst einfache Erklärung); er wirkte auf den Neopositivismus (z. B. den Wiener Kreis); seine Philosophie bereitete die Relativitätstheorie vor und beeinflusste W. Heisenbergs Deutung der Quantentheorie.

Mach-Kegel [nach E. Mach], die von der Spitze eines mit Überschallgeschwindigkeit υ bewegten Körpers ausgehende kegelförmige Kopfwelle. Für den halben Öffnungswinkel α des Kegels **(Mach-Winkel)** gilt: $\sin\alpha = c_S / \upsilon = 1 / Ma$, wobei c_S die Schallgeschwindigkeit im umgebenden Medium und *Ma* die →Mach-Zahl ist.

Mach-Zahl [nach E. Mach], Kurzbezeichnung **Mach,** Formelzeichen *Ma*, in der Luftfahrt auch *M*, das Verhältnis der Geschwindigkeit υ eines Körpers zur Schallgeschwindigkeit c_S im umgebenden Medium: $Ma = \upsilon / c_S$. In der Luftfahrttechnik wird die Mach-Zahl der Luft als Bezugsgeschwindigkeit zur dimensionslosen Angabe der →Fluggeschwindigkeit schnell fliegender Flugzeuge verwendet. Da die Schallgeschwindigkeit in Luft in Bodennähe bei einer Temperatur von 20 °C etwa 340 m/s beträgt, bedeutet $Ma = 0{,}5$ eine Geschwindigkeit von 170 m/s oder etwa 600 km/h (0,5 Mach), $Ma = 1$ eine Geschwindigkeit von 340 m/s oder etwa 1 200 km/h (1 Mach). Die Angabe der Geschwindigkeit durch die Mach-Zahl berücksichtigt z. B., dass sich c_S mit der Temperatur ändert.

Macintosh [ˈmækɪntɔʃ], Kurzwort **Mac,** Personalcomputer der Firma »Apple« mit dem 1984 entwickelten Betriebssystem **MacOS** (englisch Macintosh Operating System), das eine grafische Benutzeroberfläche aufweist. MacOS basiert auf der Fenstertechnik und bietet u. a. umfangreiche Möglichkeiten zur persönlichen Gestaltung der Benutzeroberfläche sowie Mehrprogrammbetrieb. Macintosh-Computer sind v. a. in den Bereichen Grafikbearbeitung, Layout und Satz sowie Multimedia verbreitet.

194

Macchie. Typische Macchie-Vegetation

MacKinnon [məˈkɪnən], Roderick, amerikanischer Biochemiker und Mediziner, *Melrose (Massachusetts) 19. 2. 1956; Biochemiestudium an der Brandeis University in Boston (Massachusetts), anschließend Medizinstudium an der benachbarten Tufts Medical School, seit 1996 Professor für Molekulare Neurobiologie und Biophysik an der New Yorker Rockefeller-Universität. 1998 gelang ihm die Identifizierung eines der Kanäle (Ionenkanal), durch den wichtige Signale der Nervenzellen transportiert werden. MacKinnon präsentierte die räumliche Struktur des Membranproteins, das den Kaliumkanal bildet, und lieferte eine Erklärung, warum nur Kaliumionen hindurchpassen, nicht jedoch die kleineren Natriumionen. Für diese Arbeiten erhielt er 2003 den Nobelpreis für Chemie (gemeinsam mit Peter Agre).

Macleod [mə'klaʊd], John James Richard, kanadischer Physiologe britischer Herkunft, *Cluny (bei Perth and Kinross, Schottland) 6. 9. 1876, † Aberdeen 16. 3. 1935; für seine Beteiligung an dem 1921 von F. G. Banting und C. H. Best geführten Nachweis, dass Insulin den Blutzuckerspiegel senkt, erhielt er 1923 (mit Banting) den Nobelpreis für Physiologie oder Medizin.

MacOS [mək-], Abkürzung für englisch **Mac**intosh **O**perating **S**ystem (→Macintosh).

Made, die fußlose Larve der Bienen, Fliegen u. a. Insekten; mit ausgebildeter bis zum Teil völlig rückgebildeter Kopfkapsel.

Magdeburger Halbkugeln. Kupferstich aus »Experimenta nova Magdeburgica de vacuo spatio«, Amsterdam 1672

Magdeburger Halbkugeln, zwei hohle, evakuierte und durch den Luftdruck aneinander gepresste metallene Halbkugeln, die von Otto von Guericke mit der von ihm erfundenen Luftpumpe evakuiert wurden (erstmals 1657 in Magdeburg gezeigt), um die von der Atmosphäre ausgeübten Kräfte zu demonstrieren: Es wurden auf jeder Seite acht Pferde angespannt, um die Magdeburger Halbkugeln voneinander zu trennen, was jedoch nicht gelang.

Magen, Ventriculus, Stomachus, Gaster, erweiterter, meist muskulöser Abschnitt des Verdauungskanals, der auf die Speiseröhre folgt. In ihm wird die aufgenommene Nahrung gespeichert und durch den Magensaft so weit aufbereitet, dass sie als Speisebrei (Chymus) in den Zwölffingerdarm, den ersten Teil des Dünndarms, weitergeleitet werden kann. Erweiterungen, die vor dem eigentlichen Magen liegen und in denen Nahrung nur gesammelt, durch Speichel enzymatisch aufbereitet oder mechanisch zerkleinert wird, werden Vormagen genannt, z. B. Honigmagen der Bienen, Pansen, Netzmagen und Blättermagen beim Wiederkäuermagen (→Wiederkäuer), Kropf der Vögel. – Der Magen des Menschen ist c-förmig, etwa 20 cm lang und hat ein Fassungsvermögen von 1,6 bis 2,4 Liter. Man unterscheidet den **Magenmund** (Kardia), den **Magenkörper** (Korpus) und den **Magenpförtner** (Pylorus). Die **Magenwand** ist 2–3 mm stark und besteht aus vier Schichten. Die innerste (**Magenschleimhaut**) besitzt drei Drüsenarten, die Schleim, Enzyme und das Hormon Gastrin bilden. Letzteres regt die Drüsen im Magenkörper zu verstärkter Salzsäuresekretion an. Der von der Magenschleimhaut abgesonderte **Magensaft** ist eine wasserklare, saure, verdauungsfördernde und keimtötende Flüssigkeit mit von den Schleimdrüsen abgesondertem, alkalischem, in Salzsäure unlöslichem Schleim, Salzsäure und den Verdauungsenzymen Kathepsin und Pepsin. Dieser Magenschleim kann die Salzsäure binden, sodass ihm eine wichtige Schutzfunktion gegen die Selbstverdauung der Magenschleimhaut zukommt. Bereits in Ruhe sondert der Magen geringe Mengen von Verdauungssäften ab. Diese Ruhesekretion von rund 10 cm^3 je Stunde kann nach Nahrungsaufnahme bis auf 1 000 cm^3 je Stunde ansteigen.

magische Kerne, *Kernphysik:* →magische Zahl.

magische Zahlen, bestimmte Anzahl von Protonen (Z) und Neutronen (N) in Atomkernen, bei denen die Kerne besonders stabil sind: Z oder $N = 2, 8, 20, 28, 50, 82$; $N = 126$, gegebenenfalls $Z = 114$ und 126, $N = 184$. – Das Verhalten derartiger **magischer Kerne** (viele stabile Isotope, große Bindungsenergie, hohe Kernanregungsenergie, Maxima der Elementenhäufigkeit u. a.) lässt sich mit dem Schalenmodell erklären: Die magische Zahl kennzeichnet den Abschluss einer Schalenstruktur. **Doppelt magische Kerne,** für die Protonen- und Neutronenzahl magisch sind (z. B. ${}^{4}_{2}He$, ${}^{16}_{8}O$, ${}^{208}_{82}Pb$), sind noch stabiler als einfach magische.

Magma [griechisch] *das,* natürlich vorkommende glühend-flüssige, vorwiegend silikatische Gesteinsschmelze in der Erdkruste und im oberen Erdmantel, die in erstarrtem Zustand die magmatischen Gesteine bildet. Nach der stofflichen Zusammensetzung unterscheidet man saure (granitische, über 66 % SiO_2), intermediäre (52–66 % SiO_2) und basische (basaltische, unter 52 % SiO_2) Magmen. Die Erstarrung eines tief liegenden Magmas beginnt nach der **liquidmagmatischen Phase** bei etwa 1 200 °C. Bei der **Frühkristallisation** (bis 900 °C) und bei der **Hauptkristallisation** (bis etwa 600 °C) kristallisieren zunächst die kieselsäureärmeren Silikate, dann die Hauptmasse der gesteinsbildenden Minerale aus. Die flüchtigen Bestandteile reichern sich in der

Magen Die spät entdeckte Ursache des Magengeschwürs

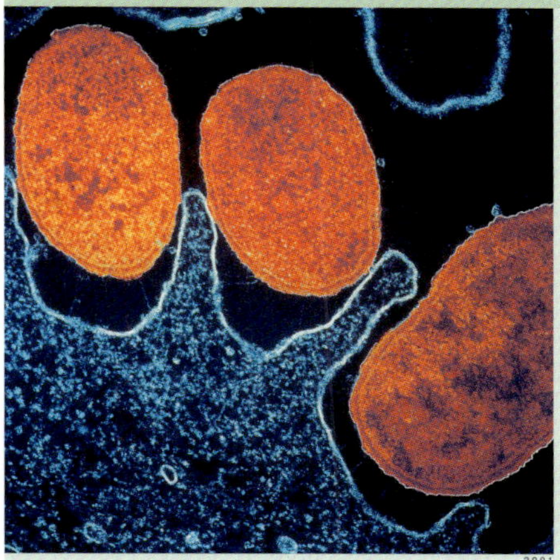

Lange Zeit galt das Magengeschwür als Managerkrankheit. Stress, Belastungen und ungesunde Lebensweise wurden dafür verantwortlich gemacht. Erst seit Mitte der 1980er-Jahre kennt man den wahren Übeltäter der Magenbeschwerden, das Bakterium Helicobacter pylori. Dieser Keim lässt sich fast bei jedem Zweiten in der Magenschleimhaut nachweisen – oft unbemerkt, da er keine weiteren Beschwerden verursacht.

Bei einem Teil der Keimträger vermehrt sich das Bakterium jedoch heftig und verteilt sich über die ganze Schleimhaut. Deren Zellen reagieren auf Dauer gereizt, eine Magenschleimhautentzündung entsteht und äußert sich mit Schmerzen, Völlegefühl und Übelkeit. Diese Entzündung bereitet anderen Erkrankungen wie Magengeschwüren und Magenkrebs den Weg, besonders wenn weitere Risikofaktoren hinzukommen, z. B. eine genetische Veranlagung oder Rauchen. Eine Infektion mit dem Keim lässt sich aber gut mit Antibiotika behandeln – die früher durchgeführten Operationen gehören damit der Vergangenheit an.

Restschmelze an. In der **Restkristallisation** folgt auf die pegmatitisch-pneumatolytische die hydrothermale Phase. Mit der Kristallisation ist die Bildung von Erzlagerstätten verbunden. Das Magma kann auch durch Aufnahme von Nebengestein (Syntexis) stark verändert werden **(syntektisches Magma).**

Magnesium [griechisch] *das,* chemisches Symbol **Mg,** metallisches Element aus der 2. Hauptgruppe des Periodensystems (Erdalkalimetall), Ordnungszahl 12, relative Atommasse 24,305, Dichte (bei 20 °C) 1,738 g/cm^3, Schmelzpunkt 650 °C, Siedepunkt 1 090 °C.

Das Leichtmetall lässt sich ziehen und walzen; es glänzt silberweiß, überzieht sich an der Luft mit einer dünnen Oxidhaut (Passivierung) und verbrennt mit strahlend weißem Licht **(Magnesiumlicht)** zu Magnesiumoxid; in der Natur ist es in Form seiner Verbindungen weit verbreitet. Am Aufbau der Erdrinde ist Magnesium mit 1,95 % beteiligt. Vorkommen als Magnesit, Dolomit, Carnallit, Kieserit, in natürlichen Salzsolen, im Meerwasser; Magnesiumsilikate sind: Olivin, Hornblende, Serpentin, Talk, Speckstein, Asbest, Meerschaum u. a.

■ **Gewinnung und Verwendung** Magnesium wird durch Schmelzflusselektrolyse von wasserfreiem Magnesiumchlorid, $MgCl_2$, bei etwa 700 °C gewonnen. Das an den Graphitanoden entstehende Chlor wird zur Gewinnung von Magnesiumchlorid wieder verwendet. In geringem Umfang erhält man Magnesium auch durch thermische Reduktion von Magnesiumoxid mit Ferrosilicium bei etwa 1 200 °C im Vakuum.

Magnesium hat als Legierungsbestandteil (von Aluminium, Zink u. a.) besonders im Flugzeugbau große Bedeutung. Es dient als Reduktionsmittel bei der technischen Darstellung von Metallen; in der Pyrotechnik für Blitzlichter, Feuerwerkskörper u. a.

■ **Biologische Bedeutung** Magnesium ist unentbehrlicher Bestandteil des tierischen und menschlichen Organismus (Tagesbedarf des erwachsenen Menschen 300–400 mg). Physiologisch ist es oft ein Antagonist des Calciums. Magnesium ist auch am Aufbau des Skeletts der Wirbeltiere und der Wirbellosen (Kalkschwämme, Korallen, Stachelhäuter) beteiligt. Bei Tieren (einschließlich Mensch) wie bei Pflanzen dient es ferner als Aktivator vieler Enzyme (z. B. des Kohlenhydrat-, Fett- und Eiweißstoffwechsels) und wirkt bei Phosphorylierungsvorgängen mit. Zudem ist es für die Übertragung von Nervenimpulsen und für die Muskelkontraktion essenziell. Magnesiummangel kann sich beim Menschen durch Muskelkrämpfe, Taubheitsgefühl in Armen und Beinen oder Zittern äußern. In Pflanzen bildet Magnesium das Zentralatom des Chlorophyllmoleküls und ist wichtig für die →Assimilation des Kohlendioxids.

■ **Verbindungen** **Magnesiumoxid (gebrannte Magnesia,** früher Bittererde), MgO, ein lockeres, in Wasser fast unlösliches weißes Pulver (in der Natur Periklas), besitzt die hohe Schmelztemperatur von 2 800 °C; es kann zu sehr hitzebeständigen keramischen Geräten oder Steinen (Magnesitsteine) verarbeitet werden. Magnesiumoxid geht mit Wasser langsam in das sehr schwer lösliche weiße **Magnesiumhydroxid,** $Mg(OH)_2$, über (Mineral Brucit). Magnesiumoxid und -hydroxid sind milde Neutralisationsmittel für Säuren. **Magnesiumcarbonat,** $MgCO_3$ (Mineral Mag-

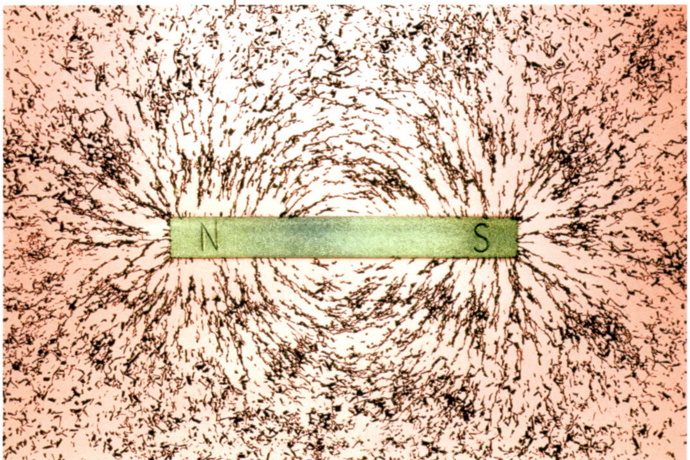

Magnet.
Die magnetischen Feldlinien eines Stabmagneten, mithilfe von Eisenfeilspänen sichtbar gemacht

nesit), ist ein weißer, in Wasser fast unlöslicher, durch Säuren jedoch zersetzbarer Stoff. In Wasser mit viel Kohlendioxid bildet es das etwas leichter lösliche **Magnesiumhydrogencarbonat,** $Mg(HCO_3)_2$, das zum Teil die natürliche Härte des Wassers verursacht. **Magnesiumchlorid,** $MgCl_2$, ein farbloses, in Wasser leicht lösliches Salz, dient zur Gewinnung von elementarem Magnesium; es kristallisiert aus Lösungen als Magnesium-Chlorid-Hexahydrat, $MgCl_2 \cdot 6\,H_2O$; wasserfreies Chlorid wird aus Magnesiumoxid, Kohle und Chlor oder durch Erhitzen von **Magnesiumammoniumchlorid,** $NH_4Cl \cdot MgCl_2 \cdot 6\,H_2O$, hergestellt. Ein Doppelsalz mit Kaliumchlorid ist Carnallit. **Magnesiumfluorid,** MgF_2, ein farbloses, schwer lösliches Salz, wird auf Glaslinsen, z. B. bei fotografischen Apparaten, als Antireflexbeschichtung aufgedampft. **Magnesiumsulfat,** $MgSO_4$, bildet verschiedene Hydrate, u. a. das Mineral Kieserit, $MgSO_4 \cdot H_2O$, und das Epsomit (Bittersalz), $MgSO_4 \cdot 7\,H_2O$; es dient zum Appretieren oder als Flammschutzmittel für Textilien, als Beize in der Färberei, als Abführmittel (Magnesium sulfuricum). **Magnesiumphosphate** sind neben den entsprechenden Calciumverbindungen in Phosphoriten und Knochenasche enthalten. **Magnesiumperchlorat,** $Mg(ClO_4)_2$, ist sehr hygroskopisch und wird als wirksames Trockenmittel für Gase im Laboratorium verwendet. Künstliches **Magnesiumsilikat** ist in Wasch- und Bleichmitteln enthalten. Magnesiumsilikatminerale sind in der Natur weit verbreitet, z. B. Olivin, $(Mg,Fe)_2SiO_4$, Enstatit, $Mg_3[(OH)_4 | Si_2O_5]$, Serpentin, $Mg_4[Si_2O_6]_2$.

Magnet [griechisch líthos magnḗtēs »Stein aus Magnesia«] *der,* Körper, der Quelle eines Magnetfeldes ist. Man unterscheidet zwischen →Elektromagneten, deren Magnetfeld durch stromdurchflossene Spulen erzeugt wird, **Dauermagneten (Permanentmagneten),** die ihr Feld ohne äußere Erregung beliebig lange behalten, und →supraleitenden Magneten zur Erzeugung sehr hoher Feldstärken; große Bedeutung haben auch →magnetische Flüssigkeiten.

Jeder Magnet hat zwei Magnetpole, einen **Nordpol** und einen **Südpol** (für besondere Anwendungen auch ein Vielfaches davon), in deren Umgebung die magnetische Feldstärke besonders hoch ist (→Magnetismus). Zwischen den Polen zweier Magnete wirken Kräfte: Gleichnamige Pole stoßen sich ab, ungleichnamige ziehen sich an **(coulombsches Gesetz).** Die einfachste und älteste Ausführung ist der **Stabmagnet;** dieser stellt den Grenzfall des völlig offenen magnetischen Kreises dar und besitzt demzufolge das größtmögliche Streufeld und die größte →Entmagnetisierung. In Anwendungen, bei denen es darauf ankommt, die Entmagnetisierung klein zu halten, benutzt man Anordnungen mit stärker geschlossenem magnetischen Kreis, wie sie durch **Hufeisensmagneten** (mit und ohne Polschuhe) gegeben sind. Zur Magnetisierung der Dauermagneten verwendet man starke magnetische Felder oder Stromstoßgeneratoren; steigt die Temperatur des Materials über die →Curie-Temperatur, gehen die ferromagnetischen Eigenschaften verloren.

Magnetband, bandförmiger Informationsträger zur Aufzeichnung, Speicherung, Wiedergabe und Löschung von Audio- und Video- (Tonband, Videoband) oder Datensignalen. Auf einem Kunststoffträger (z. B. aus Polyester, Polyvinylchlorid, früher meist Acetylcellulose) sind eine oder mehrere magnetisierbare Schichten aufgebracht. Magnetbänder werden meist in Kassetten aufbewahrt.

Magnetbandspeicher, Externspeicher zur Speicherung großer Datenmengen (Massenspeicher, Tertiärspeicher) mit sequenziellem Zugriff. Er besteht im Wesentlichen aus drei Funktionseinheiten: dem →Magnetband als eigentlichen Speichermedium, dem Magnetbandgerät (Laufwerk) und der Magnet-

Magnet Supermagnete

Dauermagnete versehen in elektrischen Haushaltsgeräten ihren unauffälligen Dienst, viele Menschen pinnen mit kleinen Magnetsteinen die Stundenpläne ihrer Kinder an den Kühlschrank – alles nicht besonders aufregend. Doch inzwischen sind so genannte »Supermagnete« auf dem Markt, die in jedem, der sie in der Hand hält, sofort den Spieltrieb wecken. Nur wenige Quadratzentimeter groß, üben sie trotzdem eine unglaubliche Anziehungskraft aus und sind in der Lage, selbst Gewichte von 80 Kilogramm zu halten!
Die Magnete bestehen – anders als ihre herkömmlichen Verwandten – nicht aus einer metallischen Legierung, sondern aus einer durch Sinterung hergestellten Keramik mit Neodym-, Eisen- und Borbestandteilen. Dieser Werkstoff besitzt eine sehr hohe Kristallanisotropie, was die Voraussetzung für eine magnetische Vorzugsrichtung ist. Die keramischen Eigenschaften bedingen aber auch einen kleinen Nachteil der Supermagnete: Sie sind sehr spröde.

bandsteuerung. Das Magnetbandgerät enthält die gesamte Mechanik und Elektronik zur exakten Bewegung des Magnetbandes sowie den Magnetkopf zum Beschreiben und Lesen des Bandes.

Magnetbildverfahren, die →magnetische Bildaufzeichnung.

Magnetfalle, 1) in der *Plasmaphysik* eine Magnetfeldanordnung, in der Hochtemperaturplasmen über längere Zeit zusammengehalten werden können. In einer Magnetfalle können sich die Ladungsträger nur längs der magnetischen Feldlinien frei bewegen, während sie senkrecht dazu kreisförmige Bahnen ausführen. Feldanordnungen mit starker Zunahme des magnetischen Feldes an den Enden heißen **magnetische Flasche (magnetischer Spiegel)**; 2) **magnetische Atomfalle,** in der *Teilchenphysik* eine →Teilchenfalle.

Magnetfeld, Raumgebiet (das auch Materie enthalten kann), in dem jedem Punkt die magnetische Feldstärke H und die magnetische Flussdichte B zugeordnet sind. Ursache von Magnetfeldern sind Permanentmagneten (→Magnet) oder bewegte elektrische Ladungen. Sie treten als **magnetostatische** oder, verknüpft mit zeitlich veränderlichen elektrischen Feldern (→Induktion), als **elektromagnetische Felder** auf (→Feld). Wie alle Vektorfelder werden Magnetfelder durch Feldlinien veranschaulicht, deren Dichte dem Betrag der Feldgrößen (magnetische Feldstärke, magnetische Flussdichte) proportional und deren Richtung gleich der der Feldgrößen ist. Magnetfelder können auch von Sternen, Planeten (z. B. Jupiter, Erde) oder durch die Bewegung ionisierter Gase im interplanetaren und interstellaren Raum ausgehen **(kosmische Magnetfelder)**.

magnetische Bildaufzeichnung, Magnetbildverfahren, Abkürzung **MAZ,** in der Fernseh- und Videotechnik Verfahren der magnetischen Aufzeichnung von sichtbaren Vorgängen. Bei der magnetischen Bildaufzeichnung von Videosignalen werden meist Quer- oder v. a. Schrägspurverfahren angewendet. Die **Schrägspurverfahren** konnten sich vielfach bei den Aufzeichnungsanlagen in den Fernsehanstalten und bei fast allen Videorekordern im semiprofessionellen und privaten Bereich (z. B. VHS-System, Video 2 000, Betasystem) durchsetzen. Das Magnetband enthält hierbei schräg liegende Spuren (Spurwinkel 6° gegenüber der Laufrichtung des Bandes, Spurbreite 49 µm) mit den Videosignalen (ein Halbbild pro Schrägspur) und schmale Randspuren mit den Ton- sowie Synchron- oder Kontrollsignalen in Längsschrift. Älter ist das **Querspurverfahren,** das 1956 von der amerikanischen Firma Ampex **(Ampexverfahren)** vorgestellt wurde. Bei ihm rotiert ein mit vier jeweils um 90° versetzten Videoköpfen besetztes Kopfrad mit 250 Umdrehungen pro Sekunde, wobei das Videosignal in nebeneinander liegende Querspuren aufgezeichnet wird (1 000 Spuren pro Sekunde). Drei weitere Spuren werden in Längsmagnetisierung aufgezeichnet: eine Tonsignalspur, eine Regiespur sowie eine Steuerspur, auf der ein internes systembedingtes Synchronisiersignal aufgezeichnet wird. Die eigentliche Speicherung der Videosignale erfolgt nach demselben Prinzip wie beim →Magnettonverfahren. Da die Lösung vieler Aufgaben bei der Verarbeitung von Videosignalen jedoch nur mithilfe der Digitaltechnik möglich wurde (z. B. Bildspeicher, elektronische Schnittverfahren, digitale Trickeffekte), durch den gemischten analogen und digitalen Betrieb aber laufende Signalumwandlungen erforderlich sind, bemüht man sich um die digitale Speicherung der Videosignale auf dem Magnetband. 1985 wurde hierfür eine internationale Norm vereinbart. Nach dieser wird eine getrennte Codierung des Farbbildsignals vorgenommen, die einzelnen Komponenten werden jeweils Analog-digital-Wandlern getrennt zugeführt und auf parallelen Wegen verarbeitet oder nacheinander übertragen. Der Standard sieht neben den digitalen Videospuren auch die Aufzeichnung von vier digitalen Tonspuren vor.

magnetische Energie, magnetische Feldenergie, die im Magnetfeld gespeicherte →Energie, die beim Aufbau des Feldes aufzuwenden ist und bei dessen Abbau frei wird. Im Volumen V ist die magnetische Energie

$$W_{\mathrm{m}} = \frac{1}{2} \int_V (HB) \, \mathrm{d}V$$

(H magnetische Feldstärke, B magnetische Flussdichte) enthalten.

magnetische Feldkonstante, →Permeabilität.

magnetische Feldstärke, Formelzeichen H, SI-Einheit ist Ampere/Meter (A/m); neben der magnetischen Flussdichte B ein Feldvektor des magnetischen Feldes. Die magnetische Feldstärke wird mithilfe des Durchflutungsgesetzes (→Durchflutung) definiert.

magnetische Flasche, *Plasmaphysik:* →Magnetfalle.

magnetische Flussdichte, magnetische Induktion, Formelzeichen B, SI-Einheit ist das Tesla (T); neben der magnetischen Feldstärke H ein Feldvektor des magnetischen Feldes. Er wird durch die Kraftwirkung auf bewegte elektrische Ladungen beziehungsweise auf elektrische Ströme definiert (→Lorentz-Kraft). H und B sind im Vakuum proportional zueinander, $B = \mu_0 \cdot H$ (μ_0 magnetische Feldkonstante), in Materie tritt ein Beitrag der →Magnetisierung hinzu.

magnetische Flüssigkeit, Ferrofluid, Ferroflüssigkeit, Suspension ferro- oder ferrimagnetischer Teilchen von weniger als 10 nm Durchmesser in einer Trägerflüssigkeit

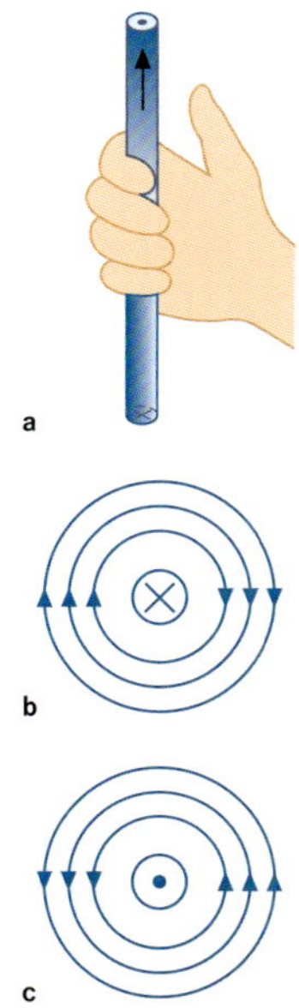

Magnetfeld. Magnetfeld eines geraden, stromdurchflossenen Leiters; zeigt der Daumen der rechten Hand in Stromrichtung, deuten die Finger die Orientierung des Feldes an (Rechte-Hand-Regel, a); Stromrichtung in Zeichenebene hinein (b); Stromrichtung aus Zeichenebene heraus (c).

(z. B. Wasser, Ester, Kohlenwasserstoffe). Die Koagulation der Teilchen wird durch einen Belag (z. B. Ölsäure) auf ihrer Oberfläche verhindert. Durch ein magnetisches Feld können die Teilchen ausgerichtet und in Richtung des Feldgradienten bewegt werden, wobei ihre Bewegung auf die gesamte Flüssigkeit übertragen wird. Verwendet werden magnetische Flüssigkeiten besonders zur reibungsarmen Abdichtung schnell rotierender Wellen, als Schmiermittel, zur Dämpfung von Oberschwingungen in Lautsprechern und zur Trennung von Emulsionen.

magnetische Induktion, die →magnetische Flussdichte.

magnetische Kernresonanz, magnetische Resonanz, die →Kernspinresonanz.

magnetische Polarisation, →Magnetisierung, →Polarisation.

magnetischer Fluss, magnetischer Induktionsfluss, Formelzeichen Φ, SI-Einheit ist das Weber (Wb); das über eine Fläche A erstreckte Integral der magnetischen Flussdichte B:

$$\Phi = \int_A B \cdot \mathrm{d}A$$

Werden die Feldlinien von der Fläche senkrecht geschnitten, gilt $\Phi = B \cdot A$.

magnetischer Monopol, *Physik:* →Monopol.

magnetisches Moment, das magnetische Dipolmoment eines Magneten oder eines atomaren Systems. Ein magnetisches Moment ist in manchen Substanzen permanent vorhanden und wird durch Magnetfelder in allen Substanzen induziert. – Das magnetische Moment $\boldsymbol{m}$ eines Magneten (einer Stromschleife) wird durch das in einem homogenen Magnetfeld im Vakuum auf den Magneten wirkende Drehmoment M definiert: $M = \boldsymbol{m} \times B$ (B →magnetische Flussdichte). Für das in einer Stromschleife (der Stromstärke I und der umfassten Fläche A) induzierte magnetische Moment gilt $m = IA$ (magnetisches (Flächen-)Moment, nach A. M. Ampère; SI-Einheit: $\mathrm{A} \cdot \mathrm{m}^2$) beziehungsweise $\boldsymbol{j} = \mu_0 \boldsymbol{m}$ (magnetisches Dipolmoment, nach C. A. Coulomb; SI-Einheit: $\mathrm{Wb} \cdot \mathrm{m}$; μ_0 magnetische Feldkonstante).

Nach der *Quantenmechanik* sind magnetische Momente in atomaren Systemen stets an die Existenz von Drehimpulsen gekoppelt. Die magnetischen Momente der Atome (Atomhülle) rühren vom Bahndrehimpuls und/oder Eigendrehimpuls (Spin) der Elektronen her **(Atommoment).** Alle Elementarteilchen und Atomkerne, die einen von null verschiedenen Spin besitzen, verfügen auch über ein magnetisches Moment **(Kernmoment),** dessen Dipolachse in der Spinrichtung liegt. Die magnetischen Momente von Proton, Neutron und Atomkernen lassen sich nach der Atomstrahlresonanzmethode oder durch NMR-Spektroskopie bestimmen. Als Einheit des atomaren magnetischen Moments wird das bohrsche Magneton verwendet, als Einheit der Kerndipolmomente das Kernmagneton (→Magneton).

magnetische Widerstandsänderung, der →Magnetowiderstand.

Magnetisierung *die,* Formelzeichen M, SI-Einheit ist Ampere/Meter (A/m); Zustandsänderung eines in ein Magnetfeld gebrachten Stoffes und Bezeichnung für die diesen Prozess kennzeichnende physikalische Größe. Der umgekehrte Vorgang wird als →Entmagnetisierung bezeichnet. Ein Stoff wird magnetisiert durch das Ausrichten permanenter magnetischer Momente (→Paramagnetismus, →Ferromagnetismus) oder durch die Induktion magnetischer Momente (→Diamagnetismus) durch ein Magnetfeld. Als **spontane Magnetisierung** wird die bei Ferro- und Ferrimagnetika ohne Einwirkung eines Magnetfeldes innerhalb der →Weiss-Bezirke vorliegende parallele Ausrichtung der magnetischen Momente bezeichnet. Zwischen magnetischer Flussdichte B und magnetischer Feldstärke H gilt: $B = \mu_0(H + M) = \mu_0 H + J$ (μ_0 magnetische Feldkonstante); J ist die (ebenfalls den magnetischen Zustand kennzeichnende) magnetische Polarisation, es gilt $J = \mu_0 M$.

Magnetismus *der,* die Lehre vom →Magnetfeld und dem Verhalten der Stoffe und Körper in ihm. Das auffälligste Merkmal des Magnetismus sind Kräfte und Drehmomente, die →Magnete oder ferromagnetische Stoffe (besonders Eisen) erfahren, wenn sie in ein Magnetfeld gebracht werden. Am längsten bekannt ist die Ausrichtung einer horizontal frei drehbar aufgehängten Kompassnadel, die sich (abgesehen von der Deklination) in die Nord-Süd-Richtung einstellt (→Erdmagnetismus). Für die Kraft, die zwei isoliert gedachte Pole aufeinander ausüben, gilt wie bei elektrischen Ladungen das coulombsche Gesetz. Quantitativ beschrieben wird der Magnetismus durch die Angabe der Magnetfelder außerhalb magnetischer Körper und/oder durch die Angabe der →Magnetisierung in ihrem Inneren. Qualitativ kann das magnetische Feld durch Feldlinien (→Feld) veranschaulicht werden.

Ursache aller magnetischen Erscheinungen sind bewegte elektrische Ladungen bzw. bewegte elektrische Felder. Elektrische und magnetische Erscheinungen, mit deren Erzeugung sich der **Elektromagnetismus** befasst, beeinflussen sich wechselseitig: Jeder sich zeitlich ändernde elektrische Strom erzeugt durch sein Magnetfeld in einem Leiter elektrische Spannungen oder Ströme; auch im zeitlich konstanten Magnetfeld wird in bewegten Leitern eine Spannung induziert (→Induktion); auf bewegte Ladungen wird im Magnetfeld eine Kraft, die →Lorentz-Kraft, ausgeübt. Schnell veränderliche Magnetfelder sind im-

Magnetismus. Schwebender Magnet

mer mit elektrischen Feldern gekoppelt; beide pflanzen sich gemeinsam als →elektromagnetische Welle im Raum fort. Der Magnetismus ist damit Gegenstand der Elektrodynamik (→maxwellsche Theorie) sowie der Theorien der Materie, insbesondere der Festkörper- und Atomphysik. Danach wird jeder Magnetismus durch die Bewegung elektrischer Ladungen in der Elektronenhülle der Atome sowie durch die mit den Eigendrehimpulsen (→Spin) der atomaren Bausteine verknüpften magnetischen Momente verursacht. Auf den Bahndrehimpuls der Elektronen geht der →Diamagnetismus zurück, der allen Substanzen eigen ist; er wird in vielen Stoffen durch den viel stärkeren →Paramagnetismus überdeckt, der auf dem Vorhandensein permanenter magnetischer Dipolmomente infolge unvollständig besetzter Elektronenschalen beruht. In paramagnetischen Festkörpern können geordnete magnetische Strukturen auftreten, die zu →Ferromagnetismus, →Antiferromagnetismus oder →Ferrimagnetismus führen.

Der Magnetismus und seine Phänomene sind in den verschiedensten technischen und wissenschaftlichen Bereichen von großer Bedeutung, z.B. für die Stromerzeugung mit elektrischen Generatoren, für elektrische Antriebe und Transformatoren, als Magnetspeicher in der Informatik, ferner in der Hochfrequenzspektroskopie, Plasmaphysik sowie in Teilchenbeschleunigern zur Fokussierung und Führung von Teilchenstrahlen.

Ein Einfluss des Magnetfeldes der Erde oder in ihrer Stärke vergleichbarer Magnetfelder auf Lebewesen **(Biomagnetismus)** konnte in einigen Fällen nachgewiesen werden, z.B. die Magnetfeldorientierung von Thunfischen, Vögeln und Delfinen. Auch Bienen richten sich beim Wabenbau nach dem Erdmagnetfeld.

Magnetkarte, Kunststoffkarte mit einem als Datenträger dienenden Magnetstreifen zur Aufnahme bestimmter Kenndaten, die von einem Magnetkartenleser erfasst und einem Computer zur Verarbeitung zugeführt werden. Im Bankwesen und Einzelhandel wird die Magnetkarte u.a. als Kreditkarte eingesetzt. Eine Weiterentwicklung ist die →Chipkarte.

Magnetochemie, Teilgebiet der physikalischen Chemie, das die dia- oder paramagnetischen Stoffeigenschaften zur Lösung von chemischen Problemen nutzt.

Magneto|elektronik, Gebiet der Festkörperelektronik, das Vorgänge untersucht, bei denen der elektrische Stromtransport durch die Wechselwirkung mit magnetischen Feldern beeinflusst wird. Zu den Effekten der Magnetoelektronik gehören insbesondere →Hall-Effekt, magnetische Widerstandsänderung (→Magnetowiderstand), →Magnetostriktion und →GMR-Effekt. Für die magnetische Beeinflussung des Stromtransports in Halbleitern ist die Erzeugung von Elektronen einheitlicher Spinrichtung **(spinpolarisierte Elektronen)** Voraussetzung, was mit magnetischen Halbleitern in den Mischkristallsystemen (Ga,Mn)As (Galliummanganarsenid) und (Be,Mn,Zn)Se (Berylliummanganzinkselenid) bei tiefen Temperaturen (1999) erreicht wurde. Der Nachweis der **Spinpolarisation** erfolgt über die Emission zirkular polarisierten Lichtes. Zu den (möglichen) Anwendungen der Magnetoelektronik gehören die Optoelektronik, magnetisch steuerbare Transistoren (Spintransistoren), magnetisch lesbare und beschreibbare nicht flüchtige Halbleiterspeicherzellen und Quantencomputer. Für das Gebiet, das die Kopplung von Halbleitern und Ferromagneten umfasst, wurde die Bezeichnung **Spinelektronik** (kurz **Spintronik**) geprägt.

Magnetohydrodynamik, Abkürzung **MHD,** Theorie der Strömungsvorgänge in elektrisch leitenden Flüssigkeiten, Gasen und besonders Plasmen unter Einwirkung magnetischer Felder, wobei das vorliegende Medium unter Vernachlässigung der atomaren Struktur als Kontinuum behandelt wird; Anwendung z.B. bei Untersuchungen von Magnetfeldkonfigurationen zum Einschluss thermonuklearer Plasmen für die gesteuerte Kernfusion und bei MHD-Generatoren.

magnetohydrodynamischer Generator, MHD-Generator, MHD-Wandler, Anlage zur Umwandlung der kinetischen beziehungsweise thermischen Energie eines auf Temperaturen von einigen 1000 °C erhitzten, strömenden, elektrisch leitfähigen Mediums (Gas, Flüssigkeit) in elektrische Energie. Das durch Ionisation leitfähig gemachte Gas (Plasma) wird beschleunigt und strömt mit hoher Geschwindigkeit (etwa 1000 m/s) durch ein Magnetfeld, dessen Feldlinien senkrecht zur Strömungsrichtung verlaufen. Dabei wird eine elektrische Spannung senkrecht zur Richtung von Gasströmung und Magnetfeld induziert. Während neutrale Gasmoleküle geradeaus weiterströmen, werden die positiven und negativen Ladungsträger (Ionen und Elektronen) durch die im Magnetfeld auf sie wirkende →Lorentz-Kraft nach entgegengesetzten Seiten abgelenkt. Werden Elektroden in dieser Richtung angebracht und über einen äußeren Lastwiderstand (eines Verbrauchers) verbunden, so fließt ein elektrischer Strom in Richtung der induzierten Spannung durch das Plasma (Faraday-Strom); dem strömenden Medium wird dadurch Energie entnommen. Erprobt wird der Ersatz des heißen Gasstroms durch flüssiges Metall.

magnetokalorischer Effekt, eine durch Änderung der Magnetisierung ohne Wärmeaustausch mit der Umgebung (adiabatisch) erzeugte Temperaturänderung. Der magnetokalorische Effekt wird bei allen Stoffen außer den rein diamagnetischen beobachtet. Um tiefste

2861

Magnetkarte. Rückseite einer »EC-Karte« (heute Maestro-Karte) mit Magnetstreifen

Temperaturen erreichen zu können, ist die **adiabatische Entmagnetisierung** paramagnetischer Stoffe von Bedeutung. Sie beruht darauf, dass sich diese beim Magnetisieren erwärmen und beim Entmagnetisieren abkühlen. Damit können Temperaturen im Bereich von 10^{-3} K beziehungsweise 10^{-6} K bei Elektronen- beziehungsweise Kernspinsystemen erreicht werden.

magnetomechanische Effekte, die →gyromagnetischen Effekte.

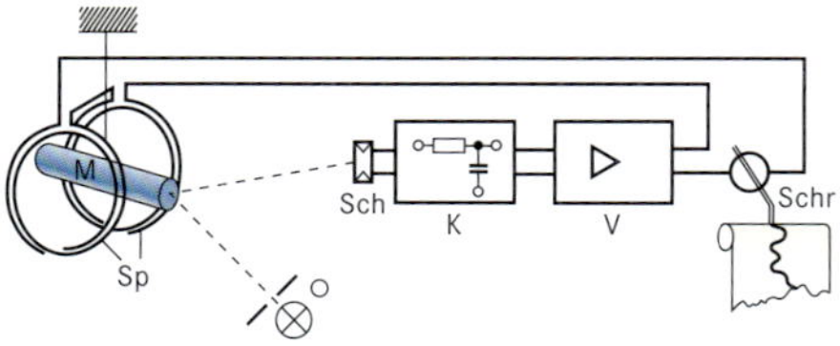

Magnetometer. Schematischer Aufbau eines lichtelektrisch kompensierenden Torsionsmagnetometers mit grafischer Aufzeichnung; M Magnet am Torsionsfaden, Sp Kompensationsspule, O Optik, Sch lichtelektrisches Schaltelement, Schr Schreiber, K Zeitglied zur Frequenzkorrektur, V Verstärker

Magnetometer *das,* Gerät zur Messung von Magnetfeldern, v.a. des erdmagnetischen Feldes. Die Messmethoden beruhen z.B. auf dem Vergleich von Drehmomenten von Magnetstäben (Torsionsmagnetometer, magnetische Feldwaage), Induktionswirkungen an bewegten Spulen, der magnetischen Ablenkung von Elektronen oder auf der Messung der Larmor-Frequenz v.a. von Protonen (Protonenmagnetismus).

Magneton [französisch] *das,* physikalische Konstante, als deren Vielfaches häufig magnetische Momente im atomaren und subatomaren Bereich angegeben werden. 1) Das **bohrsche Magneton** μ_B ist durch $\mu_B = e\hbar/2m_e \approx 9{,}274 \cdot 10^{-24}\,\mathrm{JT^{-1}}$ (e Elementarladung, $\hbar = h/2\pi$, h plancksches Wirkungsquantum, m_e Ruhemasse des Elektrons) definiert; es ist nach klassischer Rechnung genau gleich dem magnetischen Moment eines (spinlos gedachten) Elektrons, das mit dem Bahndrehimpuls $\hbar$ auf einer Kreisbahn umläuft. Auch mit dem Eigendrehimpuls (Spin) $\hbar/2$ des Elektrons ist ein magnetisches Moment verknüpft, das in guter Näherung mit dem bohrschen Magneton übereinstimmt. 2) Das **Kernmagneton** μ_N dient als Einheit der magnetischen Momente von Atomkernen und ist um das Massenverhältnis Proton / Elektron kleiner als das bohrsche Magneton, $\mu_N = 5{,}05079 \cdot 10^{-27}\,\mathrm{JT^{-1}}$.

Magnetooptik, Gebiet der physikalischen Optik, das den Einfluss magnetischer Felder auf die Emission, Absorption und Ausbreitung elektromagnetischer Wellen in stoffliche Materie behandelt. Hierzu gehören folgende **magnetooptische Effekte:** 1) die Drehung der Polarisationsebene des Lichtes unter dem Einfluss eines Magnetfeldes, das parallel zur Ausbreitungsrichtung der elektromagnetischen Wellen gerichtet ist **(Faraday-Effekt);** 2) die Erscheinung, dass in einem zur Ausbreitungsrichtung senkrechten magnetischen Feld verschieden polarisiertes Licht sich unterschiedlich schnell fortpflanzt (**magnetische Doppelbrechung,** →Cotton-Mouton-Effekt, →Majorana-Effekt); 3) der →Kundt-Effekt; 4) der →Zeeman-Effekt; 5) der magnetooptische →Kerr-Effekt.

magnetooptischer Speicher, Speicher, bei dem die Vorteile der magnetischen Aufzeichnung (Wiederbeschreibbarkeit) mit denen optischer Verfahren (hohe Aufzeichnungsdichte) vereinigt werden. Dies geschieht unter Ausnutzung des magnetooptischen →Kerr-Effekts. Bei der **magnetooptischen Platte** (englisch magneto-optical disk, Abkürzung **MO-Platte**) erzeugt der Schreibkopf beim Aufzeichnen ein Magnetfeld. Durch einen Laserstrahl werden bestimmte Bereiche der Platte erhitzt (auf circa 200 °C), die daraufhin ihre magnetische Ausrichtung ändern. Beim Lesen tastet ein wesentlich schwächerer Laserstrahl die Platte ab, wobei dieser – je nach Magnetisierungsrichtung der Bereiche – unterschiedlich reflektiert wird. Je nachdem, welche Polarisation der reflektierte Strahl besitzt, wird die Information als »0« oder »1« interpretiert. Es gibt MO-Laufwerke für 3,5- und 5,25-Zoll-Platten; die Speicherkapazitäten betragen 650 MB bis etwa 3 GB bei durchschnittlichen Zugriffszeiten von 20–50 ms. MO-Platten dienen besonders zur Datensicherung und zum Austausch großer Informationsbestände. Durch die Entwicklung der wiederbeschreibbaren CD und DVD haben sie an Bedeutung verloren.

Magnetopause, →Magnetosphäre.

Magnetosphäre, der Teil der hohen Atmosphäre, in dem die physikalischen Vorgänge v.a. durch die Wirkung des erdmagnetischen Feldes auf die elektrisch geladenen Teilchen (Elektronen, Ionen) des kosmischen Plasmas, besonders des Sonnenwindes (solarer Wind), bestimmt sind. In ihr liegen die Strahlungsgürtel (Van-Allen-Gürtel). Ihre Grenze gegen den interplanetarischen Raum **(Magnetopause)** ist auf der Sonnenseite geschlossen, auf der Nachtseite läuft sie in einem Schweif aus. An der Magnetopause heben sich der Druck des Sonnenwinds und des aus dem Inneren stammenden erdmagnetischen Feldes gerade auf. Vor der Magnetosphäre bildet sich im Sonnenwind eine stehende Stoßwelle aus; zwischen dieser und der Magnetopause befindet sich das so genannte Übergangsgebiet; dort sind die örtlichen Variationen des Magnetfeldes größer und unregelmäßiger als vor der Stoßfront. In der Mitte des Magnetosphärenschweifs existiert eine neutrale Schicht, ein flaches Gebiet, das durch die unvermittelte Richtungsänderung des Magnetfeldes gekennzeichnet ist. Die Feldstärke sinkt hier auf einen sehr kleinen Wert ab. In der Umgebung der neutralen Schicht beobachtet man eine größere Plasmaansammlung mit einer Dicke von 5 bis 10 Erdradien (Plasmaschicht), in die die neutrale Schicht (500 bis 5 000 km dick) eingebettet ist. Im weiteren Sinn der Raum um einen Himmelskörper, in dem dessen Magnetfeld wirkt.

Magnetostatik, die Lehre von den zeitlich unveränderlichen Magnetfeldern, die von Permanentmagneten oder zeitlich konstanten Strömen erzeugt werden.

Magnetostriktion *die,* die Änderung der geometrischen Abmessungen eines (insbesondere ferromagnetischen) Körpers unter dem Einfluss von Magnetisierungsprozessen. Sie ist entweder eine forminvariante Volumenänderung **(Volumenmagnetostriktion)** oder eine volumeninvariante Gestaltsänderung **(Joule-Effekt).** Die Magnetostriktion wird bei der technischen Erzeugung von Ultraschall und der Messung schnell veränderlicher Kräfte ausgenutzt.

Magnetowiderstand, magnetische Widerstandsänderung, die Zunahme des elektrischen Widerstands eines elektrischen Leiters in einem äußeren Magnetfeld. Ursache dafür ist die Krümmung der Bahnen der Ladungsträger durch die →Lorentz-Kraft, die zu einer Verlängerung des Weges der Ladungsträger im Leiter führt. Der Magnetowiderstand ist beim herkömmlichen (anisotropen) Magnetowiderstandseffekt sehr klein (um 3 %); anders ist dies beim →GMR-Effekt.

Magnetplattenspeicher, Externspeicher zur Speicherung großer Datenmengen (Massenspeicher) mit direktem Zugriff. Magnetplattenspeicher sind →Magnetschichtspeicher, dessen Speichermedium eine oder mehrere Magnetplatten sind (z. B. Diskette, Harddisk). In **Festplattenspeichern** sind die Platten fest in die Laufwerke montiert, bei **Wechselplattenspeichern** dagegen können ganze Plattenstapel oder auch nur einzelne Platten (z. B. eine Diskette) ausgewechselt werden. Magnetplatten können pro Oberfläche einige 1 000 Spuren enthalten (das heißt konzentrierte Kreise, auf denen die Daten aufgezeichnet werden), die in einheitlich adressierbare Sektoren eingeteilt werden. Magnetplattenspeicher gehören heute zur Grundausstattung aller Rechenanlagen. Sie haben Kapazitäten bis zu einigen 20 Gigabyte.

Magnetpol, →Erdmagnetismus, →Magnet.

Magnetresonanz, auch Bezeichnung für →Kernspinresonanz.

Magnetron *das,* selbsterregte Senderöhre für Mikrowellen (Magnetfeldröhre) im Frequenzbereich von 1 bis 30 GHz. Eine zylindrische Kathode ist ringförmig von einem Anodenblock umgeben, der mit seinen in gleichmäßigem Winkelabstand eingefrästen Schlitzen und Bohrungen eine in sich geschlossene Verzögerungsleitung aus gekoppelten Hohlraumresonatoren bildet (z. B. Vielschlitzmagnetron). Die Anordnung befindet sich in einem zur Zylinderachse parallelen homogenen Feld eines Permanentmagneten. Aus der Kathode austretende Elektronen bewegen sich im Wechselwirkungsraum unter dem kombinierten Einfluss des elektrischen Kathoden-Anoden-Feldes und dem Magnetfeld auf zykloidenähnlichen Bahnen um die Kathode. Die an der Anode umlaufende elektromagnetische Welle wird durch einen Aussortiervorgang verstärkt: Die von der Welle gebremsten Elektronen erfahren eine schwächere ablenkende Kraft durch das Magnetfeld und landen schließlich streifend auf der Anode. Die von der Welle beschleunigten Elektronen werden dagegen wegen ihrer höheren Geschwindigkeit durch das Magnetfeld auf die Oberfläche der Kathode zurückgelenkt. Durch kleine Änderungen des Magnetfeldes und der Kathodenhochspannung lässt sich die Ausgangsfrequenz geringfügig ändern, in einem weiteren Bereich (10 %), jedoch langsamer, durch mechanisches Abstimmen des Resonanzraumes. Magnetrone werden als **Impulsmagnetrone** v. a. in der Radartechnik, zum Teil auch für Linearbeschleuniger verwendet. **Dauerstrichmagnetrone** mit einer Frequenz von 2,45 GHz und Wirkungsgraden von circa 70 % stellen den am häufigsten verwendeten Röhrentyp dar, der v. a. zur industriellen Mikrowellenerwärmung (bis 6 kW), in Mikrowellengeräten im Haushalt (0,7–1,6 kW) und zur medizinischen Diathermie (200 W) verwendet wird. Ein Nachteil des Magnetrons ist seine relativ geringe Betriebslebensdauer (etwa 5 000 Stunden).

Magnetscheider, Gerät zur Trennung magnetischer Stoffe von unmagnetischen aus Gemischen wie Mineralen, Erzen, Chemikalien und Schlacken mithilfe von Elektro- oder Permanentmagneten. Magnetscheider beruhen darauf, dass viele Feststoffe (ferromagne-

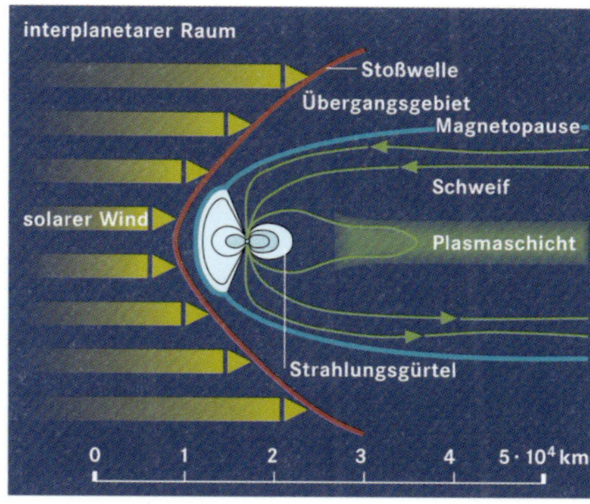

Magnetosphäre. Aufbau der Magnetosphäre; die Erde wird durch den kleinen Kreis inmitten der Strahlungsgürtel dargestellt, die Sonne steht links.

Magnetschwebebahn
Maglev MLX-01 in Japan.

tische und paramagnetische) durch Magnete verschieden stark angezogen werden, während andere unbeeinflusst bleiben. Elektromagnetscheider werden gebaut als Schwachmagnetscheider, z. B. Trommelscheider, für leicht magnetisierbares Gut wie Magnetit; Starkmagnetscheider, z. B. Walzenscheider, für schwach magnetisierbares Haufwerk, z. B. viele arme Eisenerze; Bandscheider, besonders starke Magnetscheider, für schwierigste, feinkörnige Haufwerke wie Zinnerze und manche Seifenerze.

Magnetschichtspeicher, →Magnetspeicher, bei denen die Daten in einer dünnen (höchstens einige tausendstel Millimeter) magnetisierbaren, auf einen Träger (Trommel, Platte, Folie) aufgebrachten Schicht enthalten sind, die mechanisch an einem Magnetkopf vorbeigeführt wird. Die Daten werden in fest vorgesehenen Spuren aufgezeichnet, wobei die gespeicherte Information durch magnetischen Flusswechsel repräsentiert wird.

Magnetschwebebahn, Magnetschienenbahn, Magnetbahn, räderlose Bahn, die mithilfe von Magnetfeldern an oder auf eisernen Fahrschienen schwebend entlanggeführt wird. Es können Fahrgeschwindigkeiten bis über 500 km/h erreicht werden (neuester japanischer Rekord 581 km/h). Man unterscheidet **elektrodynamische** und **elektromagnetische Schwebesysteme** (EDS beziehungsweise EMS). Das EDS nutzt die physikalische Gesetzmäßigkeit, nach der bei der Bewegung eines Magnetfeldes über einem elektrischen Leiter in diesem Strom erzeugt wird, der wiederum ein Magnetfeld aufbaut, das dem erzeugenden Magnetfeld entgegengesetzt ist und somit zu abstoßenden Kräften führt (»magnetisches Fliegen«). Dies setzt eine Mindestgeschwindigkeit voraus, sodass Fahrzeuge auf Rädern anfahren und halten müssen. Der Schwebevorgang ist selbststabilisierend und verlangt keine aufwendigen Regeleinrichtungen. Aufwendig dagegen sind die Magnete, deren Feldstärken sich nur mit supraleitenden Magnetspulen erzeugen lassen. Dieses Prinzip wird in Japan weiterentwickelt. Beim EMS halten regelbare Elektromagnete in Verbindung mit einem elektronischen Regelsystem gleich bleibenden, ständig von Sensoren gemessenen Abstand zwischen Fahrzeug und Fahrweg, indem die Magnetkräfte Gleichgewicht mit allen von Masse und Dynamik verursachten Fahrzeugkräften herstellen. Jede Änderung des rund 10 mm großen Luftspalts führt zu einer entsprechenden Änderung der Magnetkräfte. Das System ist prinzipiell instabil und nur mit der Regelung funktionsfähig. EMS beruht auf anziehenden Magnetkräften, die einzeln geregelte Elektromagnete des Fahrzeugs auf ferromagnetischen Reaktionsschienen (Statorpakete) unter dem Fahrweg ausüben. Dazu greift das Fahrzeug mit seinen Magnetgestellen seitlich unter den Fahrweg. Die Tragmagnete heben das Fahrzeug an, Führmagnete halten es seitlich in der Spur. Im Stillstand setzt das Fahrzeug mit Kufen auf dem Fahrweg auf. Bei den Hochgeschwindigkeits-Magnetschwebebahnen dient als Antrieb und Bremse ein →Linearmotor, dessen aktives Motorteil fahrwegseitig installiert ist. Der in Deutschland entwickelte →Transrapid beruht auf der EMS-Technik.

■ **Einsatz** Die weltweit erste Magnetschwebebahn für den öffentlichen Verkehr wurde in China mit der deutschen Transrapid-Technologie errichtet und symbolisch am 31. 12. 2002 eröffnet. Sie verbindet in Schang-

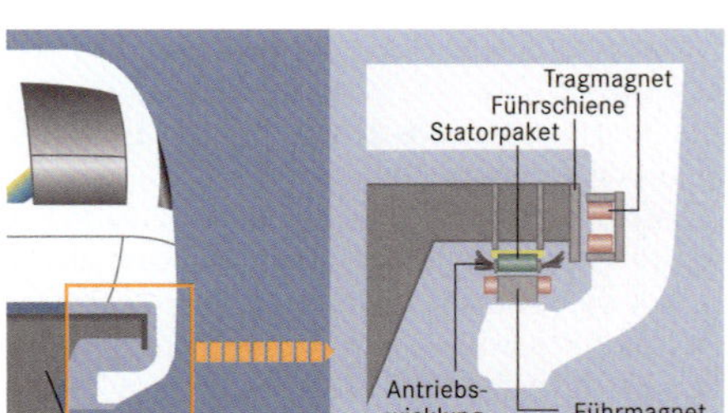

Magnetschwebebahn.
Elektromagnetisches Schwebesystem (EMS)

hai über eine Strecke von rd. 30 km den Flughafen Pudong mit dem Finanzviertel Lujiazui. Seit Anfang 2004 ist die mit 430 km/h befahrene, doppelspurige Strecke planmäßig in Betrieb. In Japan wird seit 1997 eine 18,4 km lange Teststrecke mit trogförmiger Fahrbahn für EDS-Technik bei Yamanashi betrieben; sie soll später in eine Magnetschwebebahn zwischen Tokio und Ōsaka einbezogen werden. Das Testfahrzeug Maglev (Magnetically Levitated Vehicle) erreichte am 2. 12. 2003 mit 581 km/h einen Weltrekord. Für den Nahverkehr hat Japan Airlines (JAL) z.T. zusammen mit der deutschen Industrie eine Magnetschwebebahn in EMS-Technik mit integriertem Trag- und Führsystem und Kurzstator-Linearmotorantrieb v.a. zum Anschluss von Flughäfen entwickelt und in Nagoya eine Teststrecke errichtet; eine rd. 9 km lange Verbindung besteht dort seit 2005 zum Gelände der EXPO. Mit gleicher Technologie entsteht in Korea eine Magnetschwebebahn auf der verlängerten Teststrecke in Taejŏn, wo der Fahrgastbetrieb 2007 beginnen soll.

Magnetspeicher, magnetischer Speicher, nicht flüchtige Speichersysteme, bei denen die remanente Magnetisierung ferro- oder ferrimagnetischer Stoffe zur Aufzeichnung von Informationen benutzt wird. Während bei Analogspeichern (z.B. Tonband) eine eindeutige (von der Vorgeschichte unabhängige) Zuordnung zwischen Remanenz und Signal durch Ausnutzung der idealen Magnetisierungskurve gewährleistet sein muss, genügen bei Digitalspeichern die beiden remanenten Zustände bistabiler magnetischer Elemente für die Darstellung binärer Information. Heute werden v.a. →Magnetschichtspeicher verwendet.

Magnet|tonverfahren, magnetisches Verfahren zum Löschen, Speichern und Wiedergeben von Schallereignissen mithilfe eines zumeist bandförmigen, magnetisierbaren Zeichenträgers. Auf dieses wird über einen Aufzeichnungskopf (Magnetkopf) ein verstärktes Tonsignal (Aufnahmeverstärker) übertragen und gespeichert. Das Magnettonverfahren wird zunehmend durch digitale Tonaufnahmeverfahren abgelöst.

Magnitude [lateinisch] *die,* Zeichen **M,** messbare Größe zur physikalischen Kennzeichnung der Erdbebenstärke, →Richter-Skala.

Magnoliophytina, →Bedecktsamer.

Magnonen, →Quasiteilchen zur Beschreibung der Elementaranregung von gekoppelten Elektronenspins in ferro-, antiferro- oder ferrimagnetischen Festkörpern, die sich als Spinwellen im Kristall ausbreiten.

Magnus-Effekt [nach dem Chemiker und Physiker H. G. Magnus, * 1802, † 1870], die Mitnahme der Stromfäden einer Gas- oder Flüssigkeitsströmung durch einen senkrecht zur Strömung stehenden, rotierenden Zylinder. Aus der ungleichmäßigen Stromfädendichte ergibt sich eine unsymmetrische Geschwindigkeits- und damit Druckverteilung, aus der eine Kraft (Quer- oder Auftrieb) auf den Zylinder senkrecht zur Strömung und senkrecht zur Zylinderachse resultiert. Der Magnus-Effekt spielt eine Rolle bei rotierenden, fliegenden Körpern (Tennisbälle). Ein Anwendungsversuch als Schiffsantrieb ist der Flettner-Rotor.

Magnus-Effekt Physik der Bananenflanke

Ein Freistoß beim Fußball: Wenn der ausführende Spieler den Ball einfach nur in die Mauer »drischt«, hat er in der Regel nur wenig Aussicht auf Erfolg. Intelligenter ist es, wenn er versucht, den Ball um die Mauer herum zu drehen. Auch Eckbälle werden gefährlicher, wenn sie einer gebogenen Flugbahn folgen, ganz zu schweigen von der berühmten Bananenflanke.

Doch wo kommt die Kraft her, die den Ball von der geraden Linie ablenkt? Eine wichtige Rolle spielt der Magnus-Effekt. Er kommt zum Tragen, wenn der Spieler den Ball seitlich tritt und ihm dadurch einen Drall, also eine Rotation um die vertikale Achse, versetzt (beim Tennis nennt man das »Slice«). Ein solcher rotierender Ball beschreibt dann eine Rechtskurve, wenn er sich im Uhrzeigersinn dreht. Zusätzlich zum Magnus-Effekt tragen auch Turbulenzen zur Flugbahn bei, denn durch die Drehung ist die »turbulente Schleppe« des Balls asymmetrisch und neigt sich hinter dem Ball zu der sich gegenläufig drehenden Seite, was den gleichen Effekt bewirkt wie das Ruder eines Bootes: Der Ball driftet zur anderen Seite.

Maier-Leibnitz, Heinz, deutscher Physiker, * Esslingen 28. 3. 1911, † Allensbach 16. 12. 2000; einer der bedeutendsten deutschen Physiker, Arbeiten v.a. zur nuklearen Festkörperphysik, zur Atom- und Kernphysik, besonders Neutronenstreuung. Maier-Leibnitz war Professor in Heidelberg und an der TU München, dort zugleich Leiter des Laboratoriums für Technische Physik; 1967–72 Direktor des Instituts Laue-Langevin in Grenoble, 1974–79 Präsident der Deutschen Forschungsgemeinschaft. Unter seiner Leitung wurde der erste deutsche Kernreaktor für Forschungszwecke in Garching in Betrieb genommen (»Atomei«, 1957).

Maikäfer, Melolontha, Gattung der Blatthornkäfer; 2–3 cm große Käfer mit braunen Flügeldecken und rotbraunem bis schwärzlichem Halsschild; die Fühler besitzen lamellenartig verlängerte Endglieder. Die Käfer ernähren sich von Laub, ihre weißlichen Larven **(Engerlinge)** durch Wurzelfraß. Die Engerlinge haben eine Entwicklungszeit von 3 bis 5 Jahren. Bei günstigen Entwicklungsbedingungen kommt es zu Massenvermehrung und damit zu einem »Maikäferjahr«; durch intensive Bekämpfung sind Maikäfer heute jedoch selten geworden. In Mitteleuropa kommen drei Arten vor: **Feldmaikäfer** (Melolontha melolontha), **Waldmaikäfer** oder **Rosskastanien-**

maikäfer (Melolontha hippocastani) und der vom Aussterben bedrohte **Melolontha pectoralis.**

Mail ['meɪl, englisch »Post(sendung)«, kurz für electronic mail], →E-Mail.

Maillard-Reaktion [ma'ja:r-, nach dem französischen Biochemiker Louis Maillard, *1878, †1936], Reaktion von reduzierenden Zuckern mit Aminosäuren, Peptiden oder Proteinen bei Temperaturen über circa 155 °C. Die Maillard-Reaktion läuft beim Backen oder Braten ab und führt zu Verbindungen, die als Aromastoffe und braune Pigmente (»Melanoide«) in Lebensmitteln Bedeutung haben. Die Maillard-Reaktion geht häufig mit ernährungsphysiologischen oder geschmacklichen Verbesserungen der Lebensmittel, Erhöhung ihrer Verdaulichkeit usw. einher, kann aber auch zu Geschmacksverschlechterungen führen (z. B. bei übermäßiger Sterilisation von Fleisch- oder Milchprodukten). Mitunter entstehen auch toxikologische Produkte, wie z. B. das Acrylamid.

Makrolon. Die Fassade des Polymer Technical Center in Shanghai besteht aus Makrolon®-Platten.

Mainboard ['meɪnbɔ:d, englisch], das →Motherboard.

Mainframe ['meɪnfreɪm, englisch] *der,* →Großrechner.

Mais [spanisch maíz, aus indianisch], **Kukuruz, Türkischer Weizen, Welschkorn,** in den USA **Corn, Zea,** Gattung der Süßgräser mit der einzigen, nur als Kulturform bekannten Art **Zea mays;**vermutliche Heimat Mexiko; bis 2 m hohe Pflanze mit einhäusigen Blüten, männliche Blüten in Rispen, weibliche Blüten in von Hüllblättern (Lieschen) umgebenen Kolben; Früchte **(Maiskörner)** in Längszeilen am Maiskolben. Mais ist eine der wichtigsten, heute weltweit verbreiteten Kulturpflanzen der (wärmeren) gemäßigten Zone.

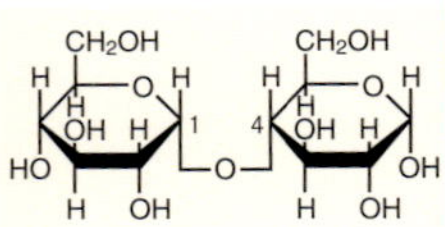

Maltose. α-Form

Maiskleie, bei der Maisverarbeitung anfallendes Futtermittel (3–9 % Fett, 7–14 % Rohprotein).

Majorana-Effekt [nach dem italienischen Physiker Q. Majorana, *1871, †1957], Doppelbrechung kolloidaler Lösungen im Magnetfeld (v. a. von Eisenoxidsolen) verursacht durch die Richtwirkung des Magnetfeldes auf die länglichen, magnetisch anisotropen Kolloidteilchen.

Makrofotografie, fotografische Technik für Aufnahmen im Nahbereich mit brennweitenverkürzenden (Vorsatzlinsen) oder auszugsverlängernden (Zwischentuben, Balgengerät) Mitteln.

Makrokinetik, Lehre vom zeitlichen Ablauf chemischer Reaktionen (→Reaktionskinetik) unter Berücksichtigung des Stoff- und Wärmetransports. Die Makrokinetik spielt bei der Übertragung chemischer Reaktionen in den technischen Maßstab eine große Rolle.

Makrolon® *das,* thermoplastischer Polycarbonatkunststoff, der 1953 von der Bayer AG entwickelt wurde. Makrolon® ist ein Hightechprodukt, das aufgrund seiner besonderen Eigenschaften (hohe Transparenz, hohe Festigkeit und Zähigkeit, Schlag- und Bruchfestigkeit, sehr gute Wärmeform- und Witterungsbeständigkeit) viele technisch anspruchsvolle Anwendungsgebiete erschlossen hat. Seine Herstellung erfolgt durch Extrusions- und Spritzgussverfahren. Makrolon® findet Einsatz als optischer Datenträger (z. B. Audio-CD, CD-ROM, DVD), in der Elektrotechnik und Elektronik, in der Optik für Brillengläser und Lichttechnik, in der Automobiltechnik für Scheinwerferstreuscheiben, in der Medizin- und Haushaltstechnik.

Makromoleküle, von Hermann Staudinger 1992 eingeführte Bezeichnung für Riesenmoleküle mit Molekularmassen ab etwa 10 000 g/mol, deren Atome durch kovalente Bindungen verknüpft sind. Makromoleküle können linear (Kettenmoleküle, Fadenmoleküle), verzweigt oder räumlich vernetzt sein. Enthalten sie mehrere Ketten, die sternförmig von einer Verzweigung ausgehen, spricht man von Kugelmolekülen. Makromolekulare Stoffe, die aus den gleichen Strukturelementen bestehen, heißen **Polymere** oder **Hochpolymere.** Aus Makromolekülen bestehen wichtige Naturstoffe wie Cellulose, Proteine und Nukleinsäuren sowie die Kunststoffe.

Makrophagen [griechisch], zur Phagozytose (Aufnahme von belebten und unbelebten Substanzen) befähigte Bindegewebezellen, die sich aus dem Zellverband lösen und zu frei beweglichen Zellen werden können.

Makrophysik, die klassischen Teilgebiete der Physik (Mechanik, Strömungslehre, Elektrodynamik, Thermodynamik, Akustik, Optik u. a.), die die Medien als strukturlose Kontinua behandeln und ihre Eigenschaften und Wechselwirkungen rein phänomenologisch durch Parameter (z. B. Druck und Temperatur) oder Materialkonstanten (z. B. Leitfähigkeit, Elastizität, Brechzahl u. a.) beschreiben. Im Gegensatz dazu beschäftigt sich die **Mikrophysik** mit den Eigenschaften der Elementarteilchen sowie der Aufklärung der atomaren und subatomaren Strukturen und Wechselwirkungsprozesse (Elementarteilchen-, Kern-, Atom-, Molekül-, Festkörperphysik u. a.).

Malate, Salze und Ester der Apfelsäure.

Maltose *die,* **Malzzucker,** aus zwei Molekülen D-Glucose bestehendes Disaccharid, das durch enzymatischen Abbau von Stärke gebildet wird. Maltose ist als vergärbarer Zucker in Bier- und Branntweinmaische enthalten. Als Bestandteil von Glucosesirup dient Maltose zum Süßen von Lebensmitteln. Durch Säuren oder durch das Enzym Maltase wird sie zu D-Glucose hydrolysiert.

Malus [ma'lys], Étienne Louis, französischer Physiker, *Paris 23. 6. 1775, †ebenda 23. 2. 1812; befasste sich mit der Doppelbrechung des Lichtes, entdeckte 1808 dessen Polarisation durch Reflexion.

Malzzucker, die →Maltose.

Mammutbaum, 1) (Sequoiadendron), Gattung der Sumpfzypressengewächse mit der einzigen Art **Riesenmammutbaum** (Sequoiadendron giganteum) im westlichen Nordamerika; bis 135 m hoher Baum (in Europa als Parkbaum selten höher als 50 m) mit säulenförmigem Stamm (Durchmesser bis 12 m). Die ältesten bekannten Mammutbäume sind zwischen 3 000 und 4 000 Jahre alt; in Europa als Parkbaum angepflanzt. 2) (Sequoia), Gattung der Sumpfzypressengewächse mit der einzigen Art **Küstensequoia** (Sequoia sempervirens) im westlichen Nordamerika; bis 110 m hoch.

Mammute [russisch-französisch], Gattung ausgestorbener, bis 4 m hoher Elefanten, die gegen Ende des Pleistozäns (in Asien vor etwa 10 000 Jahren) in den Steppen Eurasiens und Nordamerikas lebten. Am bekanntesten **Kältesteppenmammut** (**Mammut** im engeren Sinn, Mammuthus primigenius), das nur in Kälteregionen vorkam; mit dichter, langer Behaarung und bis 5 m langen, gebogenen oder eingerollten Stoßzähnen. Im sibirischen Bodeneis wurden vollständig erhaltene Exemplare gefunden.

Mandelbaum, Prunus dulcis, ein Rosengewächs; verbreitet beziehungsweise kultiviert vom westlichen Mittelasien bis ins Mittelmeergebiet und in den wärmeren Gebieten Europas und Amerikas; kleiner Baum oder Strauch mit rosaweißen Blüten; abgeflacht-eiförmige, trockene Steinfrucht mit meist einem glatten Steinkern (**Krachmandel**), der jeweils

100562

Mammute.
Skelett eines Mammuts

Mammutbaum **Wie hoch können Bäume werden?**

Autotrophe Pflanzen nutzen das Sonnenlicht als Energiequelle zur Synthese von organischen Substanzen. Dieser als Fotosynthese bezeichnete Prozess ist überlebenswichtig. Bäume versuchen ihren Platz an der Sonne zu behaupten, indem sie in die Höhe wachsen. Doch das Wachstum der zum Licht strebenden Bäume wird durch die Versorgung der Baumkronen mit Wasser begrenzt. Das über die Wurzel aufgenommene Wasser wird über ein Kanalsystem, dem Xylem, nach oben bis in die Blätter transportiert, wo es verdunstet. Dadurch entsteht ein ständiger Sog von unten nach oben, ähnlich wie beim Trinken mit einem Strohhalm.
Diesem Sog wirkt jedoch die Schwerkraft entgegen, deren Einfluss umso stärker wird, je länger die Wassersäulen in den Wasserleitungsbahnen der Pflanzen sind. Adhäsions- und Kohäsionskräfte der Wassermoleküle halten die Wassersäulen in den Pflanzen nur bis zu einer bestimmten Länge intakt. Wird diese Länge überschritten, reißen die Säulen und die Wasserversorgung der darüber liegenden Teile des Baumes wird unterbrochen.

Mangrove.
Mangroven mit Stelzwurzeln

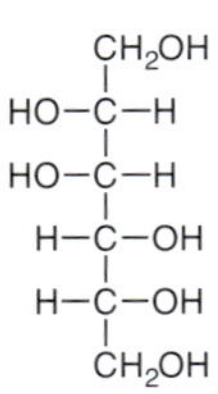

D-Mannit

Mannit

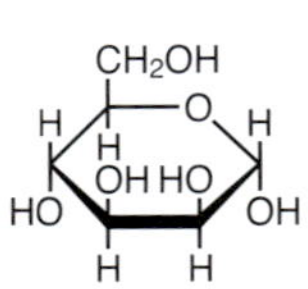

α

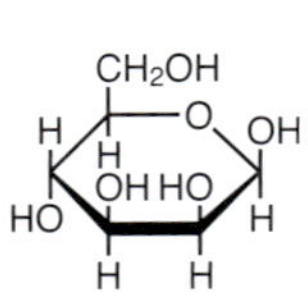

β

Mannose

nur einen einzigen Samen, die **Mandel,** enthält. **Süßmandeln** enthalten bis zu 50 % fettes Öl, 25–35 % Eiweißstoffe und 10 % Zucker; u. a. Verwendung in der Süßwarenherstellung (v. a. für Marzipan). Die **bitteren Mandeln** (von einer Varietät des Mandelbaums) enthalten statt Zucker etwa 4 % Amygdalin, durch dessen Abbau Blausäure entsteht; der Genuss größerer Mengen (bei Kindern 5–12 Stück) kann tödlich wirken.

Mangan [gekürzt aus älter Manganesium, von mittellateinisch magnesia] *das,* chemisches Symbol **Mn,** metallisches Element aus der 7. Nebengruppe des Periodensystems, Ordnungszahl 25, relative Atommasse 54,9380, Schmelzpunkt 1 245 °C, Siedepunkt 2 061 °C. Mangan ist ein in reinem Zustand stahlgraues bis silberweißes, unedles Metall, das oft bunte Anlauffarben zeigt. Von Wasser wird Mangan langsam angegriffen, in verdünnten Säuren erfolgt Auflösung unter Bildung von zweiwertigen Mangansalzen und Wasserstoff. Mangan ist nach Eisen das häufigste Schwermetall und kommt in der Natur nie gediegen, sondern nur in Verbindungen vor. Als Spurenelement findet man es in fast allen Böden sowie häufig im Grundwasser.

Als essenzielles Spurenelement kommt Mangan in allen lebenden Zellen vor und spielt eine wichtige Rolle bei der →Fotosynthese. Das Einatmen von Manganstaub (maximale Arbeitsplatzkonzentration, MAK-Wert: 5 mg/m^3) ist gesundheitsschädlich; bei chronischer Einwirkung kommt es zu Schädigungen des Nervensystems (Manganismus).

Mangan wird meistens in Form von Eisen-Mangan-Legierungen durch Reduktion von Gemischen aus Mangan- und Eisenerzen erschmolzen; reines Mangan wird vorwiegend durch Elektrolyse von hochgereinigten Mangansulfatlösungen gewonnen. Mangan wird v. a. für Manganlegierungen sowie zur Desoxidation und Entschwefelung von Eisen und Stahl verwendet.

Mangan ist, ausgedrückt in Mengen der verbrauchten Erze, das am vierthäufigsten genutzte Metall (nach Eisen, Aluminium und Kupfer). Die manganhaltigen Legierungen werden im Hüttenprozess zur Entschwefelung von Eisen genutzt, v. a. aber bei der Stahlherstellung verwendet. Die wichtigste nichtmetallurgische Nutzung ist die des Mangandioxids in Batterien.

■ **Verbindungen** Mangan liegt in seinen (farbigen) Verbindungen in den Oxidationsstufen –3 bis +7 vor. **Mangan(IV)-oxid,** MnO_2, kommt in der Natur als Braunstein vor; es ist das wichtigste Oxid und findet Verwendung als Oxidationsmittel, in Trockenbatterien u. a. Mit den Alkali- und Erdalkalimetallen bilden die verschiedenen (hypothetischen) Mangansäuren zahlreiche stabile, farbige Salze **(Manganate).** Am bekanntesten ist das **Kaliumpermanganat,** $KMnO_4$, das dunkelviolette, wasserlösliche Kristalle bildet und in der organischen Synthese als Oxidationsmittel sowie in der →Manganometrie Verwendung findet.

Manganometrie *die,* maßanalytisches Verfahren (→Oxidimetrie) mit Kaliumpermanganat als oxidierend wirkender Maßflüssigkeit und dessen Eigenfarbe als Indikator.

Mangrove [spanisch-englisch] *die,* Vegetationszone im Gezeitenbereich flacher tropischer Küsten; ein dichtes Geflecht von hohen Stelzwurzeln, die als Schlickfänger dienen. Bei optimalen Bedingungen entsteht ein 10–20 m hoher, artenarmer Wald **(Gezeitenwald).**

Maniok [aus Tupí] *der,* **Manioka, Mandioka, Cassave, Kassave, Manihot esculenta,** mehrjähriges Wolfsmilchgewächs in Südamerika, heute weltweit in den Tropen in vielen Sorten als wichtige Nahrungspflanze angebaut; bis zu über 3 m hoher Strauch.

Manipulator [lateinisch] *der,* manuell gesteuertes Gerät zur Übertragung der Bewegungen der menschlichen Hand auf Gegenstände, die der unmittelbaren Handhabung nicht zugänglich oder gesundheitsgefährdend sind. Der Manipulator besitzt im Gegensatz zum →Industrieroboter keine Programmsteuerung, sodass er nicht selbsttätig arbeiten kann: Er wird immer vom Menschen direkt gesteuert und führt vom Menschen initiierte Bewegungen aus. **Mikromanipulatoren** übertragen Handbewegungen auf kleinste, mikroskopische Dimensionen, z. B. in biologischen und medizinischen Labors oder bei der Entwicklung von Halbleiterbauelementen.

Mannane, v. a. aus Mannoseeinheiten in glykosidischer Bindung aufgebaute, im Pflanzenreich verbreitete Polysaccharide.

Mannesmann, Reinhard, deutscher Techniker und Industrieller, *Remscheid 13. 5. 1856, †ebenda 20. 2. 1922; erfand mit seinem Bruder Max Mannesmann (*1861, †1915) das Schrägwalz- und Pilgerschrittwalzverfahren zur Herstellung nahtloser Rohre, gründete 1890 mit seinen Brüdern die Mannesmannröhren-Werke AG. Ab 1907 widmete er sich der wirtschaftlichen und industriellen Erschließung Marokkos.

Mannit [zu Manna] *der,* **Mannitol,** kristalliner sechswertiger Zuckeralkohol mit etwa der halben Süßkraft von Rohrzucker. Kommt als D-Mannit in der Mannaesche und in Braunalgen vor. Mannit wird u. a. als harntreibendes Mittel, als Abführmittel oder als Zuckeraustauschstoff für Diabetiker verwendet.

Mannose [zu Manna] *die,* zur Glucose stereoisomeres Monosaccharid; Baustein der →Mannane.

Manometer [griechisch] *das,* Druckmesser für Gase und Flüssigkeiten. Manometer messen stets einen Differenzdruck, meist den Über- oder Unterdruck gegenüber dem Atmosphärendruck. Über Manometer zum Messen des Luftdrucks →Barometer.

Beim **Flüssigkeitsmanometer** wird der Druck aus der Verschiebung einer Flüssigkeitssäule bestimmt. Der anliegende Differenzdruck bewirkt einen verschieden hohen Stand der Flüssigkeitssäulen. Einfachste Form des Flüssigkeitsmanometers ist das **U-Rohr-Manometer** mit zwei senkrecht stehenden Schenkeln. In der **Ringwaage** dient die Flüssigkeit als bewegliche Trennung zweier Druckräume. – **Kolbenmanometer** sind Druckwaagen, in denen die auf den Kolben ausgeübte Kraft mithilfe einer Waage gemessen wird. Beim **Deformationsmanometer** wird der Druck aus der Verformung eines elastischen Messgliedes (z. B. einer Plattenfeder, Bourdon-Feder beim Federmanometer oder eines Dehnungsmessstreifens) bestimmt. – Für die Messung sehr hoher oder sich zeitlich schnell ändernder Drücke werden die Änderung des elektrischen Widerstandes druckempfindlicher Stoffe **(Widerstandsmanometer)** oder der piezoelektrische Effekt bei Quarzkristallen **(Kristallmanometer)** ausgenutzt. Für die Messung kleiner Druckunterschiede (< 10 kPa) kommen **Mikromanometer** zum Einsatz, z. B. das Membranmikromanometer, bei dem die Kapazitätsänderung zwischen einer Membran und einer Gegenelektrode das Maß für die Druckänderung darstellt.

Mansfield ['mænsfi:ld], Sir (seit 1993) Peter, britischer Physiker, *London 9. 10. 1933; seit 1964 an der University of Nottingham in Mittelengland tätig. Mansfield verbesserte die Analyse der Kernspindaten und beschleunigte damit das Verfahren der Kernspintomografie entscheidend. Dabei werden keine Röntgenstrahlen oder Radioaktivität eingesetzt, die Methode macht sich die Eigenschaften von Wasserstoff-Atomkernen zunutze. Aufgrund des hohen Wassergehalts der Körperzellen eignen sich Wasserstoff-Atomkerne besonders gut für derartige Untersuchungen. Dabei verhalten sich die Atomkerne je nach Wassergehalt des Gewebes unterschiedlich, sodass Organveränderungen, z. B. Tumoren, sichtbar werden. Aus zahlreichen Einzelmessungen lassen sich zwei- oder sogar dreidimensionale Bilder des Gewebes errechnen; für seine Arbeiten zur Anwendung der Kernspintomografie beim Menschen erhielt Mansfield 2003 mit P. C. Lauterbur den Nobelpreis für Physiologie oder Medizin.

Manteltiere, Tunikaten, Tunicata, weltweit verbreiteter Unterstamm der Chordatiere mit rund 2 000 ausschließlich marinen, frei schwimmenden oder festsitzenden Arten; Körper von einem manchmal lebhaft bunten **Mantel (Tunica)** aus celluloseähnlicher Substanz umgeben. Sie haben eine Ein- und Ausströmungsöffnung für das Atemwasser und die Planktonnahrung.

Einmalig im Tierreich wird bei den Manteltieren die Pumprichtung des Herzens in regelmäßigen Abständen umgekehrt. Die Manteltiere umfassen u. a. die →Seescheiden und →Salpen.

Marburg-Virus, zu den Filoviren gehörendes längliches RNA-Virus; Erreger einer erstmals 1967 in Marburg beobachteten Erkrankung (ein epidemisch-hämorrhagisches Fieber), die nach Kontakt mit dem Gewebe Grüner Meerkatzen auftrat (»Marburger Affenkrankheit«). Die Symptome ähneln denen der Ebola-Viruskrankeit (→Ebola-Virus).

Marconi, Guglielmo Marchese (seit 1929), italienischer Physiker und Ingenieur, *Bologna 25. 4. 1874, †Rom 20. 7. 1937; ab 1896 in England tätig, wo er 1897 die »Marconi's Wireless Telegraph Co. Ltd.« gründete; erfand 1895 die geerdete Sendeantenne und hatte wesentlichen Anteil an der Entwicklung der drahtlosen Nachrichtenübermittlung (1896 Funksignale über 3 km; 1899 Funkverbindung zwischen England und Frankreich über den Ärmelkanal, 52 km; 1901 zwischen England und Neufundland über den Nordatlantik, 3 600 km). Marconi erfand u. a. auch den abgestimmten Schwingkreis, die abgestimmte, gekoppelte Sende- und Empfangsantenne, die Hohlspiegelrichtantenne und den rotierenden Oszillator. Er setzte Mikrowellen für die Funktechnik ein und zeigte 1935 die prinzipiellen Möglichkeiten des Radars auf. Marconi erhielt 1909 zusammen mit K. F. Braun den Nobelpreis für Physik.

Marcus ['ma:kəs], Rudolph, amerikanischer Physikochemiker kanadischer Herkunft, *Montreal 21. 7. 1923; ab 1964 Professor an der

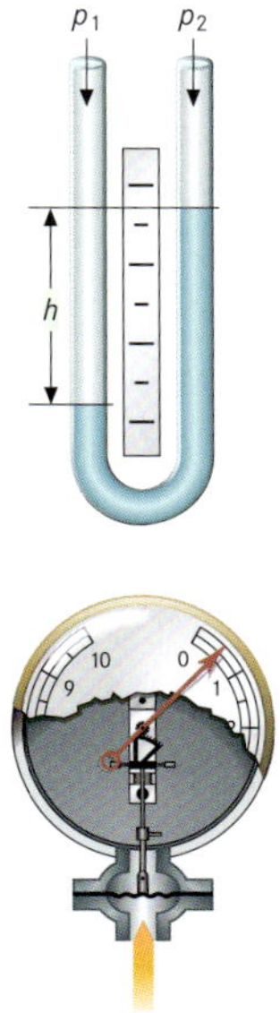

Manometer.
Das U-Rohr-Manometer ist die einfachste Form des Flüssigkeitsmanometers (oben); p_1, p_2 verschiedene Drücke, h Höhendifferenz; beim Deformationsmanometer wird der Druck aus der Verformung der Plattenfeder bestimmt und zum Ausschlag eines Zeigers verwendet.

420

Manteltiere.
Die Schlauchascidie wird 10–15 cm groß und kommt u. a. in der westlichen Ostsee bis Wismar vor.

Was den Menschen über die **Maschine** stellt, sagt der amerikanische Publizist Elbert Hubbard (* 1856, † 1915):

»Eine Maschine kann die Arbeit von fünfzig gewöhnlichen Menschen leisten, aber sie kann nicht einen einzigen außergewöhnlichen ersetzen.«

University of Illinois in Urbana, ab 1978 am California Institute of Technology in Pasadena. Marcus arbeitete u. a. über die Theorie von reaktiven und inelastischen Stoßprozessen; untersuchte besonders den Übergang von Elektronen und entwickelte die theoretischen Grundlagen für die mit dem Elektronenübergang verbundenen Änderungen der Energiezustände. Für diese Arbeiten erhielt Marcus 1992 den Nobelpreis für Chemie.

Marcus, Siegfried, deutscher Mechaniker, * Malchin 18. 9. 1831, † Wien 30. 6. 1898; zeigte 1898 auf der Wiener Gewerbeausstellung einen eigenen Benzinwagen mit Viertaktmotor aus dem Jahre 1888. Ob diesem Wagen eine Ausfahrt mit eigener Kraft gelang, ist ungewiss; es gab keine darauf aufbauende Weiterentwicklung.

Marder, Mustelidae, Raubtierfamilie, zu der neben den Wieselartigen die →Dachse und →Otter sowie die Honigdachse und Skunks gehören; meist mittelgroße Tiere mit gestrecktem Körper, kurzen Beinen und Stinkdrüsen in Afternähe. Zu den schlanken **Wieselartigen** (Mustelinae) zählen folgende Arten: Der **Baummarder** oder **Edelmarder** (Martes martes) mit bis zu 45 cm Körper- und bis zu 25 cm Schwanzlänge hat einen meist gelblichen Kehlfleck. Sein Fell ist auf dem Rücken dunkelbraun, an der Bauchseite gelblich. Der **Steinmarder** oder **Hausmarder** (Martes foina) ist gekennzeichnet durch einen weißlichen, gegabelten Kehlfleck. Bekannt sind die durch ihn verursachten Nageschäden an Kraftfahrzeugen (Kabel, Bremsleitungen). Der **Zobel** (Martes zibellina) wurde wegen seines sehr wertvollen Felles stark verfolgt und lebt heute nur noch in Sibirien, im nördlichen China und in Japan. Das Fell ist oberseits dunkelbraun bis schwärzlich. Gröberes Haar hat der **Amerikanische Zobel** oder **Fichtenmarder** (Martes americana). Das im Norden der Alten Welt heimische **Große Wiesel** (Mustela erminea) wechselt die Haarfarbe im Frühjahr nach Braun, im Herbst nach Weiß **(Hermelin).** Der **Europäische Nerz, Sumpfotter** oder **Krebsotter** (Mustela lutreola) wird 50 cm lang und ist fischotterähnlich. In Nordamerika lebt der **Mink** (Mustela vison) und besonders in Zentralasien der **Erdmarder** oder **Feuermarder** (Mustela sibirica), dessen Fell »Kolinsky« oder »Sibirischer Nerz« genannt wird. Der **Iltis** oder **Ratz** (Mustela putorius) hat einen kurzen Kopf und ein meist schwarzbraunes Fell. Das **Frettchen,** eine domestizierte Form des Iltis, wird zur Kaninchenjagd abgerichtet. Das in Europa und Asien verbreitete **Kleine Wiesel, Mauswiesel** oder **Hermännchen** (Mustela nivalis) wird rund 20 cm lang und ist rötlich braun, unterseits weiß, manchmal im Winter völlig weiß. In Südamerika und Mittelamerika lebt u. a. der **Grison** (Grison vittatus), ein guter Läufer, Schwimmer und Kletterer.

Mariotte [mar'jɔt], Edme, französischer Physiker, * Dijon (?) um 1620, † Paris 12. 5. 1684; arbeitete u. a. zur Hydro- und Aerostatik und entdeckte den blinden Fleck des Auges. Mithilfe des (von Robert Boyle entdeckten) →Boyle-Mariotte-Gesetzes stellte Mariotte die barometrische Höhenformel auf.

Mark, *Botanik:* das innerste Achsengewebe von Spross und Wurzel der Pflanzen, besteht meist aus Parenchym.

Markergene, Markierungsgene, 1) Gene, deren Lage auf einem DNA-Molekül bekannt ist und von denen aus auf Lage und Verteilung anderer Gene geschlossen werden kann, etwa bei der Kartierung von Chromosomen. 2) In der Gentechnologie diejenigen Gene, die bei der Transformation jene Zellen markieren, die die neuen Gene eingebaut haben. Eine derartige Markierung ist nötig, da nur ein Bruchteil der Zellen tatsächlich das gewünschte Gen aufnimmt.

In die Diskussion gekommen sind Markergene, die bei der Entwicklung gentechnisch veränderter Pflanzen als Selektionsmarker verwendet werden und Antibiotikaresistenzen tragen. Es wird befürchtet, dass die Antibiotikaresistenz auf krankheitserregende Bakterien übertragen werden kann, die dann gegen eine Behandlung mit dem entsprechenden Antibiotikum resistent wären. Deshalb wird gefordert, nach einem gentechnischen Eingriff das Gen für die Antibiotikaresistenz aus der Pflanzenzelle wieder zu entfernen beziehungsweise andere Markergene zu verwenden.

Maschinenbau. Bearbeitung von innenbelüfteten Bremsscheiben für Kraftfahrzeuge im Maschinenbau

1395

markierte Verbindungen, chemische Verbindungen, in denen bestimmte Atome durch radioaktive Isotope (z. B. die Betastrahler Tritium, ^{3}H, Kohlenstoff-14, ^{14}C) oder schwere Isotope (z. B. Sauerstoff-18, ^{18}O, schwerer Wasserstoff, ^{2}H) ersetzt sind **(Isotopenmarkierung),** sodass sie z. B. durch ihre Strahlung oder aufgrund ihrer größeren Masse durch Massenspektrometrie nachgewiesen werden können. Markierte Verbindungen sind z. B. bei der Aufklärung von Reaktionsabläufen in der organischen Chemie, bei der Bestimmung der Löslichkeit schwer löslicher Verbindungen und bei der Untersuchung technischer Prozesse (z. B. bei Mischvorgängen) von Bedeutung.

Markierung, *Biologie:* die Kennzeichnung von einzelnen Tieren, z. B. durch Plastikmarken bei Fischen, Beringung bei Vögeln zur Erkennung ihrer Wanderungen.

Markierverhalten, *Verhaltensforschung:* Bezeichnung für Verhaltensweisen zur Kennzeichnung und Abgrenzung eines →Territoriums. Das kann durch Duft- oder Sichtmarken und Gesang erfolgen. Die Angehörigen eines Insektenstaats (Ameisen, Bienen) oder einer Säugergruppe (Ratten, Hunde, Huftiere) können sich wechselseitig markieren und so einen Gruppenduft schaffen, der dem Erkennen dient.

Marshall [mɑːʃl], Barry J., australischer Gastroenterologe, * Kalgoorlie 30. 9. 1951; 1977–86 als Arzt am Royal Perth Hospital tätig, 1986–96 Professor an der Universität von Virginia (Charlottesville), ab 1997 an der Universität von Westaustralien (Perth); seit 1981 an der Erforschung von Helicobacter pylori beteiligt; zusammen mit R. Warren kultivierte er den Erreger und etablierte den Zusammenhang zwischen der Infektion des Magens mit Helicobacter pylori und der Entstehung von Magenschleimhautentzündung, Magen- und Zwölffingerdarmgeschwür. Für die Entdeckung des Bakteriums und dessen Rolle bei der Krankheitsentwicklung erhielt er mit Warren 2005 den Nobelpreis für Medizin oder Physiologie.

Martensit [nach Adolf Martens, * 1850, † 1914] *der,* beim Härten von Stählen durch Wärmebehandlung und anschließende rasche Abkühlung infolge diffusionsloser Umwandlung des →Austenits entstehendes tetragonal verzerrtes kubisch-raumzentriertes Gefüge von Eisen und Eisencarbid (Zementit, Fe_3C).

Martin, 1) [ˈmɑːtɪn], Archer, britischer Chemiker, * London 1. 3. 1910, † 28. 7. 2002; entwickelte seit 1939 die Verteilungs-, seit 1944 die Papierchromatografie als analytisches Hilfsmittel; erhielt dafür 1952 mit Richard Synge den Nobelpreis für Chemie.

2) [marˈtɛ̃], Pierre Émile, französischer Hütteningenieur, * Bourges 18. 8. 1824, † Fourchambault (Département Nièvre) 25. 5. 1915; erfand 1864 mit seinem Vater Émile das saure Herdfrischverfahren zur Stahlherstellung. Sie benutzten dabei die von F. und W. Siemens erfundene Regenerativfeuerung (Siemens-Martin-Verfahren).

Marx-Generator [nach dem Ingenieur E. Marx, * 1893, † 1980], *Hochspannungstechnik:* →Stoßspannungsgenerator.

Maschine [französisch, von lateinisch machina »(Kriegs-, Belagerungs-)Maschine«, von griechisch mēchanḗ »Hilfsmittel«, »Werkzeug«], jede Vorrichtung zur Erzeugung oder Übertragung von Kräften, die technisch nutzbare Arbeit leistet oder eine Form der Energie in eine andere umsetzt (→Kraftmaschinen). In der Physik versteht man unter →einfachen Maschinen Vorrichtungen wie Hebel, Rolle (Wellrad), geneigte Ebene (Keil, Schraube). Aus ihnen u. a. →Maschinenelementen sind **zusammengesetzte Maschinen** aufgebaut.

Maschinenbau, Maschinenbauindustrie, Maschinen- und Anlagenbau, Wirtschaftszweig des verarbeitenden Gewerbes, der Maschinen aller Art herstellt (z. B. Werkzeug-, Druck-, Textil-, Verpackungs-, Bau- und Landmaschinen). Wegen der begrenzten Möglichkeiten der Serienfertigung (vorherrschend sind Einzel- und Kleinserienfertigung) überwiegen Unternehmen mit unter 200 Beschäftigten. Da der Maschinenbau fast ausschließlich Investitionsgüter produziert, ist er besonders anfällig für konjunkturelle Schwankungen. Führende Nationen im Maschinenbau sind die USA und Japan sowie in Europa Deutschland, Frankreich, Großbritannien und Italien.

Maschinen|elemente, allgemein die kleinsten, nicht mehr sinnvoll zerlegbaren und in gleicher oder ähnlicher Form immer wieder verwendeten Grundbestandteile einer Maschine oder Anlage. Primäre Maschinenelemente sind Einzelbauteile (z. B. Träger, Rohre, Wellen, Nieten, Schrauben, Federn), sekundäre Maschinenelemente bauen sich daraus auf, werden aber hinsichtlich ihrer Verwendung als einheitliche Maschinenelemente betrachtet (z. B. Lager, Getriebe, Kupplungen).

Maser [ˈmeɪzə; Kurzwort für englisch microwave amplification by stimulated emission of radiation, »Mikrowellenverstärkung durch induzierte Strahlungsemission«] *der,* Anordnung zur Erzeugung und Verstärkung von Mikrowellen, die, analog zur Wirkungsweise des →Lasers, auf der stimulierten Emission elektromagnetischer Wellen durch Atome, Ionen oder Moleküle beruht. Im Unterschied zum Laser ist der Resonator des Masers ein metallischer Hohlraumresonator, von dessen Moden im Allgemeinen nur eine in die Emissionsbandbreite des Masermaterials fällt (Einmodenbetrieb). Bei entsprechender Rückkopplung der verstärkten Signale wird aus dem Verstärker ein Oszillator, der ein Mikrowellen-

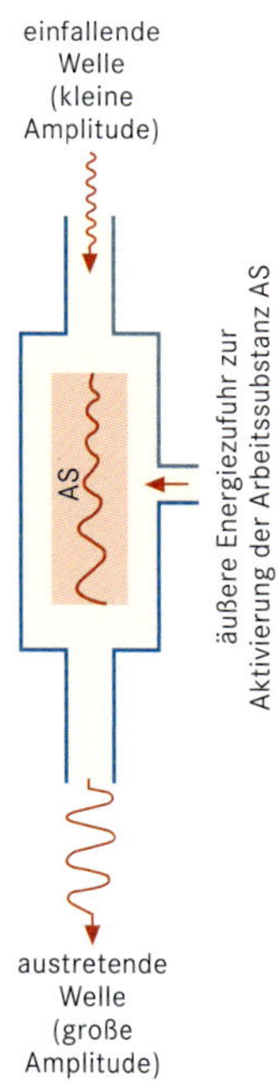

Maser. Prinzipielle Funktionsweise eines Masers

signal hoher Frequenzstabilität erzeugt (Frequenzabweichung $\Delta\nu$ zur Maserfrequenz ν von $\Delta\nu/\nu < 10^{-12}$), sodass Maser auch als Zeit- und Frequenznormale eingesetzt werden.

Wichtige Anwendungen finden Maser als rauscharme Verstärker zur Vorverstärkung schwacher Signale in der Radioastronomie (Rubinmaser), für Radarsysteme großer Reichweite und für Satellitenverbindungen. Als Masermaterialien werden Gase und Festkörper verwendet. Zu den **Gasmasern** gehören u. a. der Ammoniakmaser (erster Maser überhaupt, 1954), Wasserstoffatom- und Rubidiumatommaser in Atomuhren. **Festkörpermaser** (1956) sind zumeist abstimmbar, da die Maserniveaus der verwendeten Kristalle (z. B. Rubin) durch Magnetfelder verschoben werden können.

MASFET [Abkürzung für englisch **m**etal **a**lumina **s**ilicon **f**ield **e**ffect **t**ransistor], ein →Feldeffekttransistor mit Aluminiumoxid (Al_2O_3) als Isolator zwischen Gateelektrode und Kanal. In der Al_2O_3-Schicht kann Ladung gespeichert werden, wodurch die Schwellenspannung eines MASFET verändert wird. Die gespeicherte Ladung kann nur mit UV-Licht gelöscht werden. MASFETs eignen sich daher als Speicherzellen, die ihre Information stromlos lange beibehalten und die gelöscht und danach neu beschrieben werden können.

Maske, *Halbleitertechnik, Mikrotechnik:* in bestimmten Lithografieverfahren ein Träger von durch Transparenzunterschiede dargestellten geometrischen Strukturen, die mittels Schattenprojektion in eine fotoempfindliche Schicht (→Resist) übertragen werden. In der Halbleitertechnik befindet sich der Resist auf einer Siliziumscheibe (Wafer), in oder auf der die elektronische (integrierte) Schaltung erzeugt werden soll. Bei mikrotechnischen Anwendungen, z. B. in der →Fotolithografie, besteht eine solche Maske aus Glas als Substrat mit einer etwa 100 nm dicken Schicht aus Chrom oder Chromoxid, die durch Nass- oder Trockenätzen an bestimmten Stellen entfernt wird, um das gewünschte Muster zu erzeugen. Die Übertragung der Struktur von der Maske in den Resist wird bei allen verwendeten Strahlungsarten als **Belichtung** bezeichnet.

Maskierung, das »Unkenntlichmachen« einer Substanz durch eine geeignete zweite Substanz. Bei der chemischen Analyse verhindert man auf diese Weise, dass Fremdionen eine Nachweisreaktion stören, z. B. weil sie selbst mit dem Nachweismittel reagieren würden. Man maskiert sie, indem man einen anderen Stoff zugibt, mit dem die Fremdionen einen stabilen löslichen Komplex bilden. Häufig verwendete Maskierungsmittel sind z. B. EDTA, Phosphate, Citrate, Triethanolamin.

Maß|analyse, Titrimetrie, Volumetrie, Bestimmungsverfahren der chemischen Analyse, bei dem die zu bestimmende gelöste Substanz (**Titrand**) mit einer weiteren, ebenfalls meist in Lösung befindlichen Substanz bekannter Konzentration (**Maßlösung, Titrans, Titrierflüssigkeit**) bis zu einem durch ein Indikatorsystem angezeigten Endpunkt (**Äquivalenzpunkt**) umgesetzt wird. Dieser Endpunkt kann durch die Farbänderung eines zugesetzten Indikators oder auf elektrochemischem Weg (z. B. →Konduktometrie, →Potenziometrie) erkannt werden. Zur Abmessung der Maßlösung dient die →Bürette. Der Bestimmungsvorgang heißt **Titration.** Je nach dem Reaktionstyp der maßanalytischen Bestimmung gibt es Redoxtitrationen (→Oxidimetrie), Säure-Base-Titrationen (→Alkalimetrie und →Acidimetrie), Komplexbildungstitrationen (→Komplexometrie) und Fällungstitrationen, z. B. die Bestimmung von Chlorid mit Silbernitratlösung (**Argentometrie**). Für Serienanalysen werden heute Titrierautomaten eingesetzt.

Masse, 1) *Elektrotechnik:* Gesamtheit aller leitfähigen Bauteile von Anlagen und Betriebsmitteln, die in der Regel von den unter Spannung stehenden Teilen isoliert sind.

2) *Physik:* Formelzeichen m, SI-Einheit ist das Kilogramm (kg); eine der Grundeigenschaften der Materie und daher eine der Basisgrößen des Internationalen Einheitensystems (SI). Sie ist als **träge Masse** (m_t) ein Maß für den Widerstand (Trägheit), den jeder Körper einer Änderung seines Bewegungszustandes entgegensetzt; gemäß dem 2. newtonschen Axiom ist sie mit der durch eine äußere Kraft F hervorgerufenen Beschleunigung $\boldsymbol{a}$ durch $F = m_t \cdot \boldsymbol{a}$ verknüpft. Die **schwere Masse** (m_s) ergibt sich aus dem newtonschen Gravitationsgesetz und ist die Ursache der Anziehung, die die Körper aufeinander ausüben (→Gravitation), also auch der Gewichtskraft der Körper im Schwerefeld der Erde. Die Gleichheit von träger und schwerer Masse ist durch zahlreiche Präzisionsmessungen nachgewiesen und wird in der allgemeinen →Relativitätstheorie vorausgesetzt.

Für die Masse gilt in der klassischen Physik ein Erhaltungssatz. Wegen der aus der speziellen Relativitätstheorie folgenden **Äquivalenz von Masse und Energie,** $E = m \cdot c^2$ (c Lichtgeschwindigkeit), tritt an seine Stelle der universell gültige Erhaltungssatz für die Energie E, der insbesondere auch für Elementarprozesse wie Paarbildung und -vernichtung sowie für den →Massendefekt der Atomkerne gilt. Aus der speziellen Relativitätstheorie folgt auch, dass die Masse vom Bewegungszustand des Körpers abhängt. Sie nimmt mit wachsender Geschwindigkeit v zu, sodass für die **relativistische Masse** $m = m_0/\sqrt{1 - v^2/c^2}$ gilt, wobei m_0 die Masse des ruhenden Körpers ist. Teilchen mit Ruhemasse $\neq 0$ können nicht auf Lichtgeschwindigkeit beschleunigt werden, da ihre Masse unendlich groß werden würde.

Masse|ausgleich, *Maschinenbau:* der Ausgleich der Fliehkräfte, die bei beschleunigt bewegten Maschinenteilen auftreten; wird durch Einbau genau berechneter Gegenmassen erreicht.

Masse-Energie-Äquivalenz, *Physik:* →Äquivalenz.

Maß|einheiten, →Einheiten.

Massen|anziehung, die →Gravitation.

Massendefekt, *Kernphysik:* die Abweichung der Masse der aus Protonen und Neutronen zusammengesetzten Atomkerne von der Summe ihrer Protonen- und Neutronenmassen. Sie beruht darauf, dass der gegenseitigen Bindung der Bausteine (Nukleonen) im Kern ein bestimmter, negativ zu rechnender Energiebetrag (frei werdende →Kernbindungsenergie) zukommt, der sich nach der Masse-Energie-Äquivalenz als Massenverminderung bemerkbar macht. Im Mittel beträgt die Kernbindungsenergie je Nukleon etwa 8 MeV, der Massendefekt also etwas weniger als 1 % der Gesamtmasse des Kerns. Die mittlere Kernbindungsenergie je Nukleon weist ein flaches Maximum für mittelschwere Kerne auf, die aus etwa 60 Nukleonen bestehen.

Massen|einheit, zur quantitativen Festlegung (Messung) einer Masse verwendete Vergleichsgröße (Einheit). Neben der SI-Basiseinheit →Kilogramm und deren dezimalen Vielfachen und Teilen, wie Gramm, Tonne, Karat (→Einheiten, Übersicht), gibt es als weitere gesetzliche Masseneinheit die vereinheitlichte →atomare Masseneinheit.

Massenmittelpunkt, *Physik:* der →Schwerpunkt.

Massenprozent, →Konzentration.

Massenpunkt, Punktmasse, *Mechanik:* physikalische Abstraktion der Masseverteilung eines Körpers, bei der dessen Gesamtmasse als in seinem →Schwerpunkt konzentriert gedacht wird und zur Lagebestimmung nur die Freiheitsgrade des Schwerpunkts betrachtet werden. Die Behandlung von Körpern als Massenpunkte ist berechtigt, wenn die innere Struktur bei der Bewegung des Körpers keine Rolle spielt.

Massenresonanzen, Teilchenresonanzen, Resonanzen, äußerst kurzlebige →Elementarteilchen, die beim Zusammenstoß sehr energiereicher schwerer Teilchen (Hadronen) entstehen und die als angeregte Mesonen- oder Baryonen-Zustände mit größerer Ruhemasse interpretiert werden können. Sie unterliegen der starken Wechselwirkung und zerfallen unter Emission von Mesonen, seltener Leptonen oder Photonen, in stabilere Elementarteilchen; ihre Lebensdauer ist von der Größenordnung 10^{-22} s. Sie lassen sich daher nicht direkt in Blasen-, Funken- oder Streamerkammern sichtbar machen; man findet dort nur die Spuren ihrer Zerfallsprodukte. Die Wahrscheinlichkeit für das Auftreten derartiger Spuren wird für bestimmte Energien der Stoßpartner sehr groß (Resonanz).

Massenspektrometer, Gerät zur genauen Bestimmung der Massen von Atomen und Molekülen, z. B. in einem Isotopengemisch. Zur Analyse wird eine Probe verdampft, sofern sie nicht bereits in der Gasphase vorliegt, und ihre Atome oder Moleküle werden in der Ionenquelle ionisiert und anschließend durch elektrostatische Felder beschleunigt. Ein ausgeblendeter, gebündelter Ionenstrahl wird durch Massen trennende Feldanordnungen (z. B. im Magnetfeld) derart aufgespalten, dass alle Ionen unterschiedlicher Masse z. B. auf verschiedene Stellen einer Fotoplatte fokussiert werden. Die Maxima des so entstehenden **Massenspektrums,** das heißt der Häufigkeitsverteilung der Massen eines Teilchengemischs in Abhängigkeit von der Massenzahl, entsprechen den Stellen größter Schwärzung. Aus dem Ort der Schwärzungslinien können die Massen, aus dem Schwärzungsgrad die relativen Anteile der Komponenten bestimmt werden. Außer den Feldanordnungen, die zur Massentrennung genutzt werden, enthalten alle Massenspektrometer eine Ionenquelle zur Erzeugung des Ionenstrahls, eine Ionennachweiseinrichtung und ein Vakuumsystem, in dem die Ionen erzeugt und geführt werden. Je nachdem, ob gleichzeitig mehrere verschiedene Massen (beziehungsweise Quotienten aus Masse und Ladung) nachgewiesen werden können oder nur eine einzige, spricht man von **Massenspektrografen** oder von Massenspektrometern. Der erste, 1919 von F. W. Aston entwickelte Massenspektrograf besaß nur eine **Geschwindigkeitsfokussierung.** Erst bei Anordnungen mit **Doppelfokussierung** (Ionen gleicher Masse, aber verschiedener Anfangsrichtung und Geschwindigkeit werden auf den gleichen Ort des Detektors fokussiert) wird die für hohe Genauigkeit erforderliche Intensität erreicht. Bei Anwendung von Differenzialmethoden lassen sich relative Massen mit einem Fehler $< 10^{-7}$ und Isotopenhäufigkeiten mit einem mittleren Fehler von 0,005 % bestimmen. Das Prinzip des Massenspektrometers wird auch zur Isotopentrennung genutzt.

Massenspektrometrie, Massenspektroskopie, Verfahren zur Ermittlung von Aussagen über Massenspektren, absolute Massen und relative Häufigkeiten von Teilchen, speziell von Isotopen. Sie beruht auf der Eigenschaft elektrischer und magnetischer Felder, Ionen nach ihrer spezifischen Ladung (Quotient aus Ladung und Masse), ihrer kinetischen Energie und ihrem Impuls zu trennen. Als Analysegeräte werden Massenspektrometer eingesetzt.

Massentierhaltung, Intensivhaltung, technisierte Haltung landwirtschaftlicher Nutztiere gleicher Art und Altersgruppe in

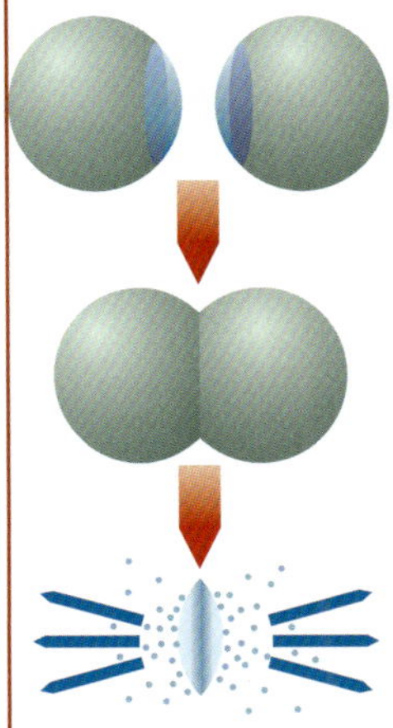

Massendefekt. Um zwei Kugeln zusemmenzukleben, schneide man von jeder Kugel eine Kappe ab. Je größer diese Kappe wird, desto größer wird die Klebefläche und desto fester die Verbindung aus den Kugeln. Die Masse der beiden entfernten Kappen stellt in diesem stark vereinfachten Modell das Äquivalent der Bindungsenergie und damit des Massendefekts dar.

großen Beständen auf begrenztem Raum, um kostengünstig produzieren zu können. Massentierhaltung hat sich zunächst bei Geflügel durchgesetzt, dann auch bei Schweinen, Kälbern und Rindern. Problematisch ist hierbei der Gesundheitszustand der Tiere, da wichtige normale Verhaltensmechanismen blockiert werden. Die Massentierhaltung wirft in ethischer, ökologischer, tierschutz- und lebensmittelrechtlicher Hinsicht viele Probleme auf.

Massenwirkungsgesetz, Abkürzung **MWG,** fundamentales Gesetz über den Verlauf umkehrbarer chemischer Reaktionen: Für ein im chemischen Gleichgewicht befindliches homogenes System ist das Verhältnis aus dem Produkt der Konzentrationen der Reaktionsprodukte und dem Produkt der Konzentrationen der Ausgangsstoffe bei gegebenen Werten von Druck und Temperatur eine für die Reaktion charakteristische Konstante **(Gleichgewichtskonstante,** früher **Massenwirkungskonstante).**

Massenzahl, Nukleonenzahl, Formelzeichen A, die Anzahl der Nukleonen, aus denen ein Atomkern aufgebaut ist: $A = Z + N$ (Z Protonenzahl, N Neutronenzahl). Sie entspricht dem gerundeten Wert der relativen Atommasse. Zur Kennzeichnung eines →Nuklids wird die Massenzahl dem Symbol des Elements als linker oberer Index beigefügt.

Maßsystem, ältere Bezeichnung für →Einheitensystem, auch übergeordnet für →Größensystem und Einheitensystem. In der Mechanik unterschied man das **physikalische, absolute CGS-System** mit den Basisgrößen Länge, Masse, Zeit und den Basiseinheiten Zentimeter (cm), Gramm, Sekunde und das **technische Maßsystem** mit den Basisgrößen Länge, Kraft, Zeit und den Basiseinheiten Meter, Kilopond (früher Kraftkilogramm), Sekunde. In der Elektromagnetik gab es, auf dem CGS-System (mit nur drei Basiseinheiten) basierend, drei Maßsysteme, je nachdem, welche willkürliche Festsetzung getroffen wurde: Im **elektrostatischen CGS-System** wurde die elektrische Feldkonstante (Dielektrizitätskonstante im leeren Raum) $\varepsilon_0 = 1$ gesetzt, im **elektromagnetischen CGS-System** setzte man die magnetische Feldkonstante (Permeabilität im leeren Raum) $\mu_0 = 1$, und im **gaußschen CGS-System** setzte man $\varepsilon_0 = 1$ und $\mu_0 = 1$. Dies führte dazu, dass verschiedenartige Größen dieselbe Dimension bekamen; diese Schwierigkeit wurde nach einem von G. Giorgi 1901 gemachten Vorschlag vermieden, nämlich durch Hinzufügung einer vierten elektrischen Basiseinheit zu einem absoluten, mechanischen **MKS-System** mit den Basiseinheiten Meter, Kilogramm, Sekunde. Aus messtechnischen Gründen einigte man sich auf das Ampere. So gelangte man zum **MKSA-System** oder **Giorgi-System.** Dieses wurde 1954 von der 10. Generalkonferenz für Maß und Gewicht zunächst auf sechs Basiseinheiten und durch die 14. Generalkonferenz 1971 auf sieben Basiseinheiten erweitert und ist heute in das **Internationale Einheitensystem,** kurz **SI** (→SI-Einheiten), übergegangen.

Materialkonstanten, die →Stoffkonstanten.

Materie, *Physik:* Der physikalische Materiebegriff beinhaltet die mathematisch fassbare Struktur der Materie. Bereits im 19. Jahrhundert wurde versucht, den Begriff der Masse als eine der Grundeigenschaften der Materie (oft fälschlich mit ihr gleichgesetzt) rein operational zu definieren und ihn so von den Resten philosophischer Begrifflichkeit (Stofflichkeit) zu trennen. Erst die Physik des 20. Jahrhunderts hat den klassischen Materiebegriff der sinnlichen Anschauung und des ihr entsprechenden euklidischen Raumes aufgelöst. An ihre Stelle treten *makrophysikalisch* der relativitätstheoretische Begriff einer Wechselwirkung zwischen der Materie als (klassisches) Materiefeld und der durch sie gekrümmten vierdimensionalen Raum-Zeit (→Raum), *mikrophysikalisch* die Wahrscheinlichkeitsgesetze im Zustandsraum (Hilbert-Raum) der Quantenmechanik. Die eigentlichen Träger der Materie (die Teilchen) sind dynamische Zentren, die nur einen verschwindend geringen Raum einnehmen. Der räumliche Hauptanteil der makrophysikalisch repräsentierten Materie ist »leer« im Sinne einer naiven Anschauung, jedoch erfüllt von intensiven Kraftwirkungen (→Wechselwirkung). Sie bilden das Feld, das die eigentlichen Materieträger umgibt und als dessen Erzeugnis man umgekehrt auch diese »eigentliche Materie« zu verstehen bemüht ist, da seit Etablierung des →Dualismus eine scharfe Trennung zwischen den Begriffen Teilchen und Feld gar nicht möglich ist. Vielmehr können Teilchen mit Ruhemasse in solche ohne Ruhemasse umgewandelt werden und umgekehrt (→Paarbildung). Beide können nach der von A. Einstein aufgezeigten →Äquivalenz von Masse und Energie nur als zwei verschiedene Erscheinungsformen von Energie aufgefasst werden. – Die →Antimaterie ist im obigen Sinn als eine andere Form von Materie aufzufassen. Durch die Wechselwirkungen der Materie werden sowohl die Elementarprozesse der Mikrophysik (Kern- und Atomaufbau, che-

Der österreichische Schriftsteller Arthur Schnitzler (* 1862, † 1931) zum vermeintlichen Gegensatz von Geist und **Materie:**

»Wer Materie sagt, sagt Geist, ob er es will oder nicht. Denn sie wäre überhaupt nicht vorstellbar ohne Geist. Und wer Geist sagt, sagt Materie, denn ohne Materie könnte er es nicht sagen, nicht einmal denken.«

mische Bindungsverhältnisse in Molekülen u. a.), die Eigenschaften der makroskopischen Materie unserer Umgebung als auch Aufbau und Entwicklung des gesamten Kosmos beschrieben.

Materi|efeld, *Physik:* →Feld, →Materie.

Materi|ewelle, De-Broglie-Welle [nach dem französischen Physiker L. de Broglie], die einem bewegten Materieteilchen nach der →Wellenmechanik zugeordnete Welle (→Dualismus). Ist p der Impuls eines bewegten Teilchens, so ist die Wellenlänge λ **(De-Broglie-Wellenlänge)** durch die **De-Broglie-Beziehung** $\lambda \cdot p = h$ (h plancksches Wirkungsquantum) gegeben. Die Materiewelle ermöglicht die Beschreibung der Welleneigenschaften von Teilchen, z. B. der Interferenz von Elektronenstrahlen an Kristallgittern.

Mather ['mæðə], John Cromwell, amerikanischer Astrophysiker, * 1945; erhielt 2006 für die Erforschung der kosmischen Hintergrundstrahlung im Rahmen des COBE-Projekts gemeinsam mit G. F. Smoot den Nobelpreis für Physik.

Matrizenmechanik, von W. Heisenberg, M. Born und P. Jordan 1925 geschaffene Form der →Quantenmechanik.

Mattauch, Joseph, deutscher Physiker, * Mährisch-Ostrau (heute Ostrau) 21. 11. 1895, † Weidling (bei Klosterneuburg) 10. 8. 1976; Professor u. a. in Wien, Berlin, Bern, zuletzt in Mainz, 1947–65 Direktor des dortigen Max-Planck-Instituts für Chemie; war maßgeblich an der Entwicklung und Anwendung der Massenspektrometrie beteiligt. Die **mattauchsche Isobarenregel** besagt, dass bei Atomkernen mit ungerader Massenzahl in der Regel nur eine stabile Kernart existiert.

Maulbrüter, Fische, die Maulbrutpflege betreiben. Hierbei nimmt eines der Elterntiere die befruchteten Eier ins Maul und behält sie in der Mundhöhle, bis die Jungen geschlüpft sind. Maulbrüter kommen besonders unter den Buntbarschen, aber auch bei Welsen, Kardinal-, Labyrinthfischen u. a. vor.

Maul- und Klauenseuche, Abkürzung **MKS, Aphthenseuche,** anzeigepflichtige, weit verbreitete, hochansteckende, fieberhafte Virusinfektion der Klauentiere. Der Erreger der Maul- und Klauenseuche ist ein Virus (Picornavirus), das leicht übertragbar ist, eine sehr große Ansteckungsfähigkeit besitzt und in sieben verschiedenen Typen mit einer Vielzahl von Subtypen auftritt. Empfänglich für die Maul- und Klauenseuche sind Hauswiederkäuer (Rind, Schaf, Ziege), Wildwiederkäuer (z. B. Rotwild, Rehwild) sowie Haus- und Wildschweine. Das Maul- und Klauenseuchen-Virus wird auf direktem Weg übertragen, meist durch Kontakt von Tier zu Tier, im Stall, auf dem Transport oder auf Tiermärkten. Eine Übertragung ist jedoch auch auf indirektem Weg über Zwischenträger (z. B. Fahrzeuge, Personen, Milch, tierische Erzeugnisse) möglich. Die Maul- und Klauenseuche ist eine klassische Zwischenträgerseuche. Die wichtigste Infektionsquelle sind Tiere in der Inkubationszeit (Zeit vom Eindringen des Maul- und Klauenseuche-Virus in den Organismus bis zum Auftreten der ersten sichtbaren Krankheitszeichen). Der Erreger wird in der Regel über die Schleimhäute von Maul und Nase aufgenommen. Das Virus wird bereits Tage vor Ausbruch der Krankheit über den Speichel, Nasensekret, Samen und die Milch ausgeschieden. Die von einem Tier ausgeschiedene Erregermenge reicht aus, hunderttausende andere Tiere anzustecken.

Die Maul- und Klauenseuche ist im Welthandel die gefährlichste Seuche für Klauentiere. Da wichtige Märkte für Klauentiere sowie die von ihnen stammenden Erzeugnisse frei von Maul- und Klauenseuche sein müssen, führt jeder Ausbruch in der Europäischen Union (EU) zu Sperrregelungen für das betreffende Gebiet zum Schutz des gemeinsamen Binnenmarktes. Länder mit nachgewiesener Maul- und Klauenseuche werden vom Handel mit lebenden Klauentieren sowie deren Produkten ausgeschlossen. Um eine Weiterverbreitung der Seuche zu verhindern, sind einschneidende Maßnahmen mit Massentötungen des betroffenen Bestandes erforderlich.

Bei Übertragung auf den Menschen kann es in sehr seltenen Fällen nach einer Inkubationszeit von etwa sechs Tagen zur Ausbildung oberflächlicher, schmerzhafter Geschwüre an der Mundschleimhaut mit Fieber, auch zu Blasenbildung an Fingerspitzen, Zwischenfingerräumen und Füßen kommen.

Maupertuis [mopɛr'tɥi], Pierre Louis Moreau de, französischer Physiker, Mathematiker und Philosoph, * Saint-Malo 28. 9. 1698, † Basel 27. 7. 1759; bestätigte durch eine Gradmessung in Lappland 1736 I. Newtons Behauptung von einer Abplattung der Erde längs der Achse; 1741–56 Präsident der Preußischen Akademie. Maupertuis formulierte 1740 ein Extremalprinzip **(Prinzip der kleinsten Wirkung)** zur Berechnung der Bewegung mechanischer Systeme mit vorgegebener Gesamtenergie, auf das er zugleich einen Gottesbeweis gründete.

Maus, *Informatik:* Zeige- und Eingabegerät, das mit einer Hand auf einer Unterlage verschoben werden kann und so den Cursor oder ein anderes Markierungssymbol über die Fläche eines grafikfähigen Bildschirms steuert.

Mäuse, Muridae, artenreiche Familie der Nagetiere mit weltweiter Verbreitung; sehr fruchtbar und anpassungsfähig. Die meisten Arten der Mäuse leben in tropischen Gebieten, neben den Ratten sind in Mitteleuropa häufig: die von menschlichen Nahrungsmitteln lebende **Hausmaus** (Mus musculus domesticus) und die auch auf Äckern vorkommende **Ährenmaus** (Mus musculus musculus); in Hecken, Feldern sowie Wäldern lebt die **Wald-**

Max-Planck-Gesellschaft zur Förderung der Wissenschaften e. V.
→ GEO **Dossier**
Im Rausch der Erkenntnis, Bd. 6

Max-Planck-Gesellschaft zur Förderung der Wissenschaften e. V.
→ GEO **Dossier**
Von Menschen, die alles wissen wollen, Bd. 6

James Clerk Maxwell
*** 1831, † 1879**

- beschrieb das Verhalten von elektrischen und magnetischen Feldern durch mathematische Gleichungen
- entwickelte eine mathematische Formel zur Geschwindigkeitsverteilung von Gasmolekülen

Der Physiker Ludwig Boltzmann drückte seine Ansicht über die **maxwellsche Theorie** in folgendem Motto aus:

»War es ein Gott, der diese Zeichen schrieb, // die mit geheimnisvoll verborgnem Trieb // die Kräfte der Natur um mich enthüllen // und mir das Herz mit Freude füllen.«

maus (Apodemus silvaticus), im Hochwald die größere **Gelbhalsmaus** (Apodemus flavicollis); ihr nahe verwandt ist die **Brandmaus** (Apodemus agrarius) mit schwarzem Rückenstrich, die in Hecken lebt; ein geschickter Kletterer mit Greifschwanz ist die **Zwergmaus** (Micromys minutus). **Weiße Mäuse** sind albinotische Hausmäuse, die als Versuchstiere Bedeutung haben. Hausmäuse bringen mehrmals im Jahr nach einer Tragzeit von 23 Tagen vier bis acht blinde, unentwickelte Junge zur Welt.

Max-Planck-Gesellschaft zur Förderung der Wissenschaften e. V., Abkürzung **MPG,** am 26. 2. 1948 in der Rechtsnachfolge der Kaiser-Wilhelm-Gesellschaft zur Förderung der Wissenschaften e. V. gegründeter Verein; Sitz der Generalverwaltung ist München. Die MPG unterhält 80 wissenschaftliche Institute **(Max-Planck-Institute, MPI),** Forschungsstellen und Arbeitsgruppen, die v. a. Grundlagenforschung betreiben. An der Spitze der MPG steht der Präsident (seit 2002 P. Gruss). Im Senat besteht Partnerschaft von Staat, Wissenschaft und sachverständiger Öffentlichkeit, er trifft die forschungspolitischen Entscheidungen, vorbereitet von den Sektionen. Die Forschungseinrichtungen der MPG sind in drei Sektionen gegliedert; zusammen bilden sie den Wissenschaftlichen Rat.

Maxwell ['mækswəl], James Clerk, britischer Physiker, * Edinburgh 13. 6. 1831, † Cambridge 5. 11. 1879; ab 1871 Professor in Cambridge, wo er das »Cavendish Laboratory« gründete; bahnbrechende Arbeiten zur Theorie des Elektromagnetismus: Maxwell entwickelte ab 1855 die Theorie des elektromagnetischen Feldes durch Mathematisierung des von M. Faraday in die Physik eingeführten Feldbegriffs (→maxwellsche Theorie); er begründete damit die Elektrodynamik und erklärte die elektromagnetische Natur des Lichtes. Maxwell arbeitete ferner über die kinetische Gastheorie (→maxwellsche Geschwindigkeitsverteilung), entwickelte ab 1850 die von T. Young aufgestellte Dreifarbenlehre des Sehens weiter, schloss aus mathematischen Überlegungen, dass der Saturnring aus festen Teilchen bestehen müsse und erweiterte die Vektor- und Tensoranalysis.

Maxwell-Boltzmann-Statistik ['mækswəl-; nach J. C. Maxwell und L. Boltzmann], →Boltzmann-Statistik.

maxwellsche Geschwindigkeitsverteilung ['mækswəl-], **Maxwell-Verteilung,** 1860 von J. C. Maxwell theoretisch abgeleitete statistische Funktion, die den Geschwindigkeiten der Atome oder Moleküle eines Gases ihre relativen Häufigkeiten zuordnet. Die grafische Darstellung ergibt eine unsymmetrische Kurve, deren Maximum bei der wahrscheinlichsten (häufigsten) Geschwindigkeit $v_w = \sqrt{2kT/m}$ liegt (k Boltzmann-Konstante, T absolute Temperatur, m Teilchenmasse). Die maxwellsche Geschwindigkeitsverteilung ist ein Spezialfall der boltzmannschen Energieverteilung (→Boltzmann-Statistik).

maxwellscher Dämon ['mækswəl-], von J. C. Maxwell 1871 zur Veranschaulichung einer Möglichkeit der Verletzung des 2. Hauptsatzes der →Thermodynamik in einem Gedankenexperiment eingeführtes fiktives Wesen (Apparat), das ordnend in molekulare Abläufe eingreifen kann; z. B. könnte es an einer Trennwand zwischen zwei gasgefüllten Behältern in einer Richtung nur die langsamen, in der anderen nur die schnellen Moleküle passieren lassen; dadurch erwärmt sich der eine Behälter ohne anderweitige Änderung und der andere kühlt sich ab. Durch Einbeziehung der Entropieänderung bei den ständig nötigen Messprozessen in die Entropiebilanz konnte (u. a. von L. Szilard) gezeigt werden, dass der maxwellsche Dämon den 2. Hauptsatz nicht wirklich verletzt.

maxwellsche Theorie ['mækswəl-], die von J. C. Maxwell 1861–64 entwickelte Theorie der elektromagnetischen Erscheinungen im Vakuum und in ruhenden Medien. Elektrische Ladungen und Ströme wirken vermittels ihrer Felder aufeinander, die sich mit endlicher Geschwindigkeit ausbreiten (→Elektrizität). Die maxwellsche Theorie ist damit eine Nahwirkungs- oder Feldtheorie, im Gegensatz zu den älteren Fernwirkungstheorien. Sie verknüpft durch die **maxwellschen Gleichungen** die elektrische Ladungsdichte ϱ und die elektrische Stromdichte j mit den elektrischen (E elektrische Feldstärke, D elektrische Flussoder Verschiebungsdichte) und magnetischen Feldgrößen (H magnetische Feldstärke, B magnetische Flussdichte). Die Maxwell-Gleichungen beschreiben insbesondere den Zusammenhang zwischen zeitlich veränderlichen elektrischen und magnetischen Feldern (t Zeitkoordinate); sie sind somit die Grundgleichungen des elektromagnetischen Feldes. In differenzieller Form (in SI-Einheiten) lauten sie:

$$1)\ \operatorname{div} D = \varrho \qquad 3)\ \operatorname{div} B = 0$$

$$2)\ \operatorname{rot} H = j + \frac{\partial D}{\partial t} \qquad 4)\ \operatorname{rot} E = -\frac{\partial B}{\partial t}$$

Die äquivalente integrale Form dieser Gleichungen wird seltener verwendet. Ihr physikalischer Inhalt ist folgender: 1. Von positiven elektrischen Ladungen gehen elektrische Feldlinien aus, die an negativen Ladungen enden, das heißt, die elektrischen Ladungen sind die Quellen (Senken) des elektrischen Feldes (genauer des D-Feldes). 2. Jeder elektrische Strom (Leitungs- und Verschiebungsstrom) ist von geschlossenen magnetischen Feldlinien umgeben; für Leitungsströme ist dies das **ampèresche Verkettungsgesetz** (→Durchflutung). 3. Die Feldlinien der magnetischen Flussdichte sind stets in sich geschlossen, das heißt, es gibt keine isolierten Magnetpole, das B-Feld ist quellenfrei. 4. Jedes zeitlich veränderliche Magnetfeld ist von geschlossenen elektrischen Feldlinien umgeben (**Induktionsgesetz,** →Induktion). Diese Grundgleichungen werden durch die **Materialgleichungen** ergänzt, die das elektrische und magnetische Verhalten des Mediums widerspiegeln:

$$D = \varepsilon_r \varepsilon_0 E = \varepsilon_0 E + P,$$
$$B = \mu_r \mu_0 H = \mu_0 H + J, \quad \text{mit}$$
$$j = \sigma E, \; P = \varepsilon_0 \chi_e E \quad \text{und} \quad J = \mu_0 \chi_m H$$

(σ elektrische Leitfähigkeit, ε_r relative Dielektrizitätskonstante, μ_r relative Permeabilität, ε_0 beziehungsweise μ_0 elektrische beziehungsweise magnetische Feldkonstante, P beziehungsweise J elektrische beziehungsweise magnetische Polarisation, χ_e beziehungsweise χ_m elektrische beziehungsweise magnetische Suszeptibilität).

Die Lösungen der Maxwell-Gleichungen beschreiben elektromagnetische Wellen (deren Existenz experimentell erst 1887 von H. Hertz bestätigt wurde). Mit der Erkenntnis, dass Lichtwellen auch elektromagnetische Wellen sind, bezog Maxwell die gesamte Wellenoptik in die Elektrodynamik ein. Die mit atomaren Vorgängen verbundenen Erscheinungen kann die maxwellsche Theorie nicht erklären. Das gelingt in Grenzen durch die lorentzsche Elektronentheorie und die Quantenmechanik, umfassend durch die Quantenelektrodynamik.

Maybach, Wilhelm, deutscher Konstrukteur und Unternehmer, * Heilbronn 9. 2. 1846, † Stuttgart 29. 12. 1929; engster Mitarbeiter von G. W. Daimler; ab 1895 technischer Direktor der Daimler-Motoren-Gesellschaft; war maßgeblich an der Entwicklung des ersten schnell laufenden Benzinmotors beteiligt, erfand den Vergaser und konstruierte u. a. Wechselgetriebe und Lamellenkühler. 1909 gründete er mit seinem Sohn Karl Maybach (* 1879, † 1960) unter Mitwirkung von F. Graf Zeppelin die Maybach-Motorenbau GmbH in Friedrichshafen zur Herstellung von Motoren für Luftschiffe.

Mayr, Ernst, amerikanischer Zoologe und Evolutionsbiologe deutscher Herkunft, * Kempten (Allgäu) 5. 7. 1904, † Bedford (Massachusetts) 3. 2. 2005; ab 1926 am Museum für Naturkunde in Berlin, 1932–53 Kustos am American Museum of Natural History in New York, 1953–75 Professor an der Harvard University in Cambridge (Massachusetts); Arbeiten über den Artbegriff und zur Systematik (entwickelte die evolutionäre Klassifikation, in der auch so genannte paraphyletische Gruppen zugelassen sind); unterstützte wesentlich die Synthese der zoologischen Systematik mit der modernen Evolutionstheorie. Gilt als Mitbegründer der Synthetischen Evolutionstheorie, die die Evolutionstheorie Charles Darwins mit modernen Erkenntnissen aus Genetik, Zellforschung und Populationsbiologie verbindet.

MAZ, *Fernseh-* und *Videotechnik:* Abkürzung für →magnetische Bildaufzeichnung.

Mazeration [lateinisch »das Aufweichen«, »Einweichen«], *Biologie:* Zerstörung von Gewebe durch enzymatische Prozesse oder nach Einwirken von Chemikalien, z. B. Entfernen von Weichteilen durch Kalilauge zur Herstellung eines Knochenpräparates.

mbar, Einheitenzeichen für Millibar, 1 mbar = $^1/_{1000}$ bar = 1 hPa (→Bar).

McClintock [məˈklɪntɔk], Barbara, amerikanische Botanikerin, * Hartford (Connecticut) 16. 6. 1902, † Huntington (New York) 2. 9. 1992. Für ihre Entdeckung (schon 1957) der beweglichen Strukturen in der Erbmasse erhielt sie 1983 den Nobelpreis für Physiologie oder Medizin.

McMillan [məkˈmɪlən], Edwin Mattison, amerikanischer Physiker, * Redondo Beach (Kalifornien) 18. 9. 1907, † El Cerrito (Kalifornien) 7. 9. 1991; erhielt 1951 mit G. T. Seaborg den Nobelpreis für Chemie für die Entdeckung der Transurane mit den Ordnungszahlen 93 (Neptunium) und 94 (Plutonium).

Md, chemisches Symbol für →Mendelevium.

Mechanik [griechisch] *die, Physik:* der älteste Zweig der Physik, der die →Bewegungen materieller Systeme unter dem Einfluss von Kräften untersucht. Ausgehend von den Grundbegriffen des Raumes und der Zeit und der auf ihnen aufbauenden Lehre von den Bewegungen eines oder mehrerer Körper in Raum und Zeit und ihrer mathematischen Darstellung, der **Kinematik,** werden in der **Dynamik** die Bewegungen mit den Begriffen Masse, Kraft, Impuls und Drehimpuls behandelt. Die Dynamik enthält als Sonderfall die **Statik** als Lehre vom Gleichgewicht der Kräfte.

Nach der Methodik unterscheidet man die *experimentelle Mechanik* die sich mit den Verfahren und Vorschriften des Messens mechanischer Größen befasst, von der *theoretischen Mechanik.* Nach der Art der beschriebenen Objekte unterscheidet man v. a. zwischen der *technischen Mechanik,* einer wichtigen Grundlage der Ingenieurwissenschaften, und der *allgemeinen Mechanik* der Physik. Der systematische Aufbau der Mechanik umfasst 1) die Mechanik der Massenpunkte (Punktmechanik), der Systeme von Massenpunkten und der starren Körper und 2) die Mechanik deformierbarer Körper (Kontinuumsmechanik), die die Elastizitätstheorie und die Hydro- und Aeromechanik mit den Sondergebieten Schwingungslehre und Akustik enthält. Spezialgebiete der Mechanik sind z. B. Himmelsmechanik und →statistische Mechanik.

Die **klassische** oder **newtonsche Mechanik,** die auf den →newtonschen Axiomen ba-

Ernst Mayr
*** 1904, † 2005**

100563

- definierte den systematischen Begriff der Art als Fortpflanzungsgemeinschaft
- vereinte die Evolutionstheorie Darwins mit modernen Erkenntnissen der Genetik

Für den theoretischen Physiker Gustav Kirchhoff war die **Mechanik** der Inbegriff der Physik:

»Die Mechanik ist die Wissenschaft von der Bewegung; als ihre Aufgabe bezeichnen wir: die in der Natur vor sich gehenden Bewegungen vollständig und auf die einfachste Weise zu beschreiben.«

siert, gilt nur für Geschwindigkeiten, die klein gegen die Lichtgeschwindigkeit sind, und für Wirkungen, die groß gegen das plancksche Wirkungsquantum sind. Die Weiterentwicklung der Mechanik für Geschwindigkeiten in der Größenordnung der Lichtgeschwindigkeit gelang mit der →Relativitätstheorie **(relativistische Mechanik)** und für den atomaren Bereich in der →Quantenmechanik, die die klassische Mechanik als Grenzfall umfasst.

mechanische Wärmetheorie, Erklärung der Wärmeerscheinung aus der ungeordneten Bewegung der Moleküle. Die quantitative mathematische Formulierung wurde von L. Boltzmann und J. C. Maxwell entwickelt (→kinetische Gastheorie). A. Einstein und M. von Smoluchowski lieferten mit der Theorie der →brownschen Bewegung den Beweis für die Realität der thermischen Molekularbewegung und damit für die Realität der Atome. Später wurde die mechanische Wärmetheorie nicht nur für Gase und Lösungen, sondern auch für Festkörper (Kristalle) erfolgreich zur →statistischen Mechanik und zur →Quantenstatistik ausgebaut.

Mechanismus, *Technik:* Gesamtheit aller beweglichen Elemente von Maschinen, technischen Vorrichtungen, technischen Geräten oder Ähnlichem, die untereinander so gekoppelt sind, dass die Bewegung eines Elements zwangsläufig alle anderen Elemente in Bewegung setzt.

Mechanochemie, Teilgebiet der physikalischen Chemie, das sich mit dem chemischen Verhalten von Stoffen bei mechanischer Einwirkung befasst.

Mechatronik, interdisziplinäres Gebiet der Ingenieurwissenschaften, das auf Maschinenbau, Elektrotechnik und Informatik aufbaut. Im Vordergrund steht die Ergänzung und Erweiterung mechanischer Systeme durch Sensoren und Mikrorechner zur Realisierung teilintelligenter Produkte. Mechatronische Systeme nehmen Signale aus ihrer Umwelt auf, verarbeiten sie und führen aufgaben- und situationsgerechte Aktionen aus. Beispiele sind Roboter, digital geregelte Verbrennungsmotoren, Antiblockiersysteme für Fahrzeuge, Werkzeugmaschinen mit selbsteinstellenden Werkzeugen.

Medawar ['medəwə], Sir (seit 1965) Peter Bryan, britischer Zoologe und Anatom, *Rio de Janeiro 28. 2. 1915, †London 2. 10. 1987; erforschte die Abwehrreaktionen der Lebewesen gegen die Transplantation körperfremden Gewebes; mit F. M. Burnet erhielt er 1960 den Nobelpreis für Physiologie oder Medizin.

medial, *Anatomie:* nach der Mitte zu, in der Mitte gelegen; Gegensatz: lateral.

median [lateinisch], *Anatomie:* auf der Mittellinie eines Körpers gelegen. **Medianschnitt,** Schnitt, der den Körper in zwei weitgehend spiegelbildlich gleiche Hälften teilt.

Medikamente, Arzneimittel, Pharmaka, Zubereitungen von natürlich vorkommenden oder synthetisch (auch gentechnologisch) hergestellten Arzneistoffen zur 1) Heilung, Verhütung, Linderung oder Erkennung von Krankheiten, Leiden, Körperschäden oder krankhaften Beschwerden, 2) Erkennung der Beschaffenheit, des Zustandes oder der Funktion des Körpers oder seelischer Zustände oder 3) zum Ersatz körpereigener Stoffe. Von Arzneimitteln (rechtlich) abzugrenzen sind insbesondere Lebensmittel, Tabakerzeugnisse, kosmetische Mittel und Medizinprodukte. Die in Arzneimitteln verwendeten Stoffe (Wirkstoffe, Arzneistoffe) werden meist mit von der Weltgesundheitsorganisation (WHO) festgelegten Kurzbezeichnungen (Generic Names, International Nonproprietary Names, Abkürzung INN) benannt. Für die Anwendung beim Menschen oder Tier werden die Arzneistoffe mit Hilfsstoffen zu den eigentlichen Arzneimitteln verarbeitet. Diese Präparate werden heute überwiegend von der pharmazeutischen Industrie in abgabefertigen Packungen als Fertigarzneimittel in den Verkehr gebracht.

Arzneimittel verteilen sich im Körper und können daher auf viele Organe einwirken, bei Schwangeren teilweise auch auf das ungeborene Kind. Sie werden meist im Stoffwechsel chemisch verändert, wobei vielfach weniger wirksame, unter Umständen aber auch stärker oder giftig (toxisch) wirkende Produkte (Metaboliten) entstehen. Ausgeschieden werden Arzneimittel überwiegend mit dem Harn, zum Teil auch mit der Galle und dem Stuhl sowie über die Muttermilch, flüchtige Stoffe zum Teil auch über die Lungen.

Medikamententwicklung, siehe Sonderartikel Seite 740.

Meer, die zusammenhängende Wassermasse der Erdoberfläche. Das **Weltmeer** bedeckt rund 71 % der Erdoberfläche, wovon der größte Teil auf der Südhalbkugel liegt. 31,7 % des Meeres sind 4 000 – 5 000 m tief. Die Kontinente gliedern das Meer in den Atlantischen, Indischen und Pazifischen Ozean. Durch Inselketten sowie untermeerische Rücken und Schwellen werden einzelne Meeresgebiete von den Ozeanen abgetrennt und dadurch zu **Nebenmeeren** gemacht. Man unterscheidet **Randmeere** am Rande eines Kontinents (z. B. Nordsee), **interkontinentale Mittelmeere,** die von mehreren Kontinenten eingeschlossen sind (z. B. Europäisches Mittelmeer), sowie **intrakontinentale Mittelmeere,** die in einen Kontinent eingebettet sind (z. B. Ostsee).

Die marine Nahrungskette beginnt mit der pflanzlichen Produktion organischer Substanz durch das Phytoplankton und führt dann weiter über das Zooplankton, die Planktonfresser (z. B. Weichtiere, Hering) und die Weichtiere fressenden Fische (z. B. Schellfisch,

Rechte Seite:
Der Weinrote Zackenbarsch, auch Mondsicheljuwelenbarsch genannt, lebt in Symbiose mit dem Putzerlippfisch. Dieser wippt mit dem Hinterkörper auf und ab und fordert den Barsch dadurch auf, das Maul und die Kiemen zu öffnen, damit er es von Parasiten reinigen kann. In der Tat beobachtet man Putzerlippfische, die gänzlich ins Maul gefährlicher Räuber schwimmen. Es handelt sich um eine besondere Angepasstheit, in der im Lauf der Evolution das Verhalten der beiden Partner aufeinander abgestimmt worden ist.

Scholle) zu den Raubfischen (z.B. Kabeljau) und Warmblütern (z.B. Wale). Die übrig bleibenden organischen Reste werden teilweise von Bakterien (Saprophyten) wieder zu im Wasser gelöster Kohlensäure sowie anorganischen Salzen abgebaut (Remineralisierung).

Meeresbergbau, Tiefseebergbau, mariner Erzbergbau, Teilbereich der Meerestechnik, der den Abbau der auf dem Meeresboden lagernden Erzvorkommen (v.a. Manganknollen), der kupfer- und zinkhaltigen Erzschlämme sowie der massiven Metallsulfide umfasst.Voraussetzung für den Meeresbergbau ist die Erkundung (Prospektion) mariner Lagerstätten mittels geophysikalischer und meeresgeologischer Methoden, ferner besondere Formen der Probennahme sowie spezielle Förder-, Aufbereitungs- und Aufschlussmethoden. Am weitesten fortgeschritten sind die Verfahren zur Gewinnung von Manganknollen und Erzschlämmen.

Der weitere Ausbau des Meeresbergbaus ist abhängig von der Entwicklung der Metallpreise, aber auch von der 1994 in Kraft getretenen Seerechtskonvention von 1982. Diese betrachtet den Meeresboden und seine Ressourcen als »gemeinsames Erbe der Menschheit« und regelt entsprechend alle Tätigkeiten zur Erforschung und Ausbeutung der Ressourcen. Zur Überwachung dieser Tätigkeiten ist eine Internationale Meeresbodenbehörde eingerichtet worden, bei der alle Vertragsstaaten der Seerechtskonvention Mitglieder sind.

Meeresbiologie, Teilgebiet der Hydrobiologie, das sich mit Leben, Verhalten, Verbreitung und Physiologie meeresbewohnender Tiere (Meereszoologie), Pflanzen (Meeresbotanik) und Mikroorganismen (Meeresmikrobiologie) und deren Beziehungen untereinander befasst.

Meereskunde, Meeresforschung, Ozeanologie, Ozeanografie, die Wissenschaft vom Meer. Sie beschäftigt sich mit den Eigenschaften des Meerwassers, dem Wasser-, Stoff- und Wärmehaushalt und den Bewegungsvorgängen des Meeres sowie mit den im Meer lebenden pflanzlichen und tierischen Organismen. Ferner untersucht die Meereskunde die Wechselwirkungen zwischen dem Meer und seiner Umgebung, das heißt der Atmosphäre und dem Meeresboden. Mitunter wird der Begriff »Ozeanografie« auf den physikalisch-chemischen Teil der Meereskunde beschränkt und der biologische Bereich →Meeresbiologie genannt.

Meeresleuchten, nächtliche Leuchterscheinung der Oberfläche besonders tropischer Meere, bedingt durch die Biolumineszenz von Ein- beziehungsweise Mehrzellern mit symbiontischen Leuchtbakterien.

Meeresströmungskraftwerk, neu entwickelter Kraftwerkstyp, der im Unterschied zu einem Gezeitenkraftwerk nicht den Tidenhub, sondern die durch die Gezeiten verursachten, relativ gut prognostizierbaren Meeresströmungen (auch Flussströmungen) nutzt. Im Gegensatz zu Gezeitenkraftwerken sind keine aufwendigen und teuren Stauanlagen notwendig. Somit ist die Umweltbeeinflussung (Biotope, Verlandung) bei Meeresströmungskraftwerken geringer. Im Juni 2003 ging das welt-

Meeresbergbau Methanhydrate – Energieträger der Zukunft?

100562

An den Kontinentalhängen der Ozeane lagern gigantische Mengen Methan, das in gefrorenem Wasser eingeschlossen ist. In diesen Methanhydratvorkommen ist nach Schätzungen doppelt soviel Kohlenstoff gebunden, wie in allen anderen fossilen Brennstoffvorkommen zusammen. Damit könnte Methanhydrat zum Energieträger der Zukunft werden (im Bild: brennendes Methanhydrat).

Pessimisten hingegen sehen in dem Methanhydrat eine tickende Zeitbombe. Da es nur bei hohem Druck und niedrigen Temperaturen stabil ist, könnten bei einer globalen Erwärmung der Weltmeere riesige Mengen an Methan freigesetzt werden. Dies hätte katastrophale Folgen für das Weltklima, denn Methan wirkt als Treibhausgas. Wissenschaftler glauben, dass das Massensterben vor 250 Millionen Jahren, Folge einer durch Methan verursachten Klimakatastrophe war. Damals starben 95 % aller marinen Arten und 70 % aller Landlebewesen aus.

weit erste Kraftwerk dieser Art, eine 350-kW-Pilotanlage, vor der britischen Küste im Bristolkanal bei Devon in Betrieb. Die Stromerzeugungspotenziale sind bisher nur vereinzelt untersucht worden, allein für die britischen Küstengewässer werden jedoch Potenziale zwischen 31 und 58 TWh/a (Mrd. kWh) bei 8 bis 16 GW installierter Leistung angenommen.

Meerwasser|entsalzung, Verfahren zur Gewinnung von Trink- und Betriebswasser aus Meerwasser. Thermische Verfahren arbeiten nach dem Prinzip der Verdampfung, wobei das Hauptproblem die weit gehende Rückgewinnung der Verdampfungsenergie ist. Das bedeutendste Verfahren ist die **Kompressionsverdampfung** (**MSF-Verdampfung,** von englisch Multi stage flash evaporation). Die Verdampfung erfolgt in bis zu 30 hintereinander angeordneten Kammern. Das auf 90–130 °C erhitzte Meerwasser tritt in die erste Kammer ein, wo ein Teil des Wassers unter Abkühlung der Sole verdampft. Von Kammer zu Kammer wird der Druck mithilfe eines Vakuumsystems und damit die Siedetemperatur reduziert. Dadurch kann in jeder Kammer weiteres Wasser verdampfen. Die auf etwa 30 °C abgekühlte Sole fließt ins Meer zurück. Zur Kondensation des Dampfes wird frisches Meerwasser verwendet, das dabei gleichzeitig vorgewärmt wird. Bei der **Gefrierentsalzung** wird vorgekühltes, gereinigtes Meerwasser in eine Vakuumkammer eingespritzt. Durch die Verdampfung eines Teils des Wassers kühlt sich die Sole ab, wobei salzfreies Eis auskristallisiert, das von der Sole abgetrennt wird. Unter den →Membranverfahren haben die **Hyperfiltration** (die Membran hält Salzionen und kleine Moleküle, Teilchendurchmesser 0,1 bis 2 nm, weitgehend zurück; die Trennwirkung lässt sich durch unterschiedliche Löslichkeit von Wasser und gelösten Ionen im Membranmaterial erklären) und die Elektrodialyse wirtschaftliche Bedeutung. Während die Kosten bei thermischen Verfahren unabhängig vom Salzgehalt sind, steigen sie bei den Membranverfahren mit zunehmendem Salzgehalt an. Die Elektrodialyse ist daher nur bei niedrigem Salzgehalt (Brackwasser) wirtschaftlich.

Mega, Vorsatzzeichen **M,** Vorsatz vor Einheiten für den Faktor $10^6 = 1\,000\,000$ (Million); z. B. 1 Megahertz = 1 MHz = 10^6 Hz; in der Informatik Vorsatz für Bit oder Byte mit der Bedeutung $2^{20} = 1\,048\,576$.

Megatonne, Einheitenzeichen **Mt,** das Millionenfache der Masseneinheit Tonne.

Megawatt, Einheitenzeichen **MW,** das Millionenfache der Leistungseinheit →Watt.

Mehltau, mehlstaubähnlicher Belag auf den Blättern vieler Pflanzen, der aus Echten **(Erysiphaceae)** oder Falschen Mehltaupilzen **(Peronosporaceae)** besteht. Die Pilze entziehen der Pflanze durch Saugorgane die Nahrung. Zum **Echten Mehltau** gehören z. B. Getreidemehltau und Echter Mehltau der Weinrebe. Beim **Falschen Mehltau** dringen die Pilze in die Interzellularräume des Blattgewebes ein, so beim Falschen Mehltau des Weins (gefährlichste Krankheit der Weinrebe).

Meeresströmungskraftwerk. Modell eines Meeresströmungskraftwerk, wie es im Jahr 2003 bei North Devon am Bristolkanal in Betrieb gegangen ist

Mehrfachbindung, zusammenfassende Bezeichnung für die zwischen zwei Atomen auftretenden Doppel- oder Dreifachbindungen (→chemische Bindung).

Mehrfrequenzwahlverfahren, Abkürzung **MFV, Tonwahlverfahren,** *Telekommunikation:* Verfahren, bei dem eine am Tastentelefon gewählte Ziffer durch einen aus zwei Frequenzen bestehenden Ton codiert wird. Ein Vorteil ist u. a. der im Vergleich zum **Impulswahlverfahren** (Abkürzung **IWV**) schnellere Verbindungsaufbau. Die Wählziffern werden beim Impulswahlverfahren durch eine

Fortsetzung S. 742

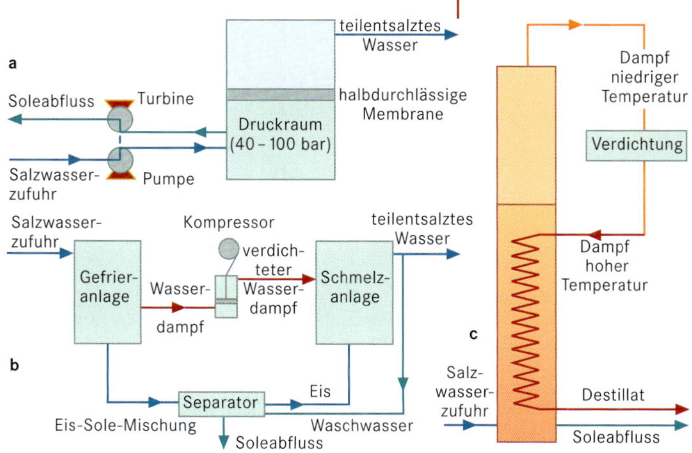

Meerwasserentsalzung. Fließschema verschiedener Verfahren; a Hyperfiltrationsanlage, b Gefrieranlage, c Kompressionsverdampferanlage

Medikamententwicklung

Im Jahr 2004 erreichten 35 Medikamente mit neuen Wirkstoffen den deutschen Markt, überwiegend für die Behandlung von Krebs- und Herz-Kreislauf-Erkrankungen, den beiden häufigsten Todesursachen in Deutschland, sowie von HIV-/Aids-Erkrankungen. Für die Markteinführung weiterer Medikamente bis 2009 befinden sich 181 neue Wirkstoffe (Stand 2005) in den Phasen II und III klinischer Studien.

Erfinden eines Wirkstoffs

Bis zu Beginn des 20. Jh. stellten Ärzte und Apotheker Heilmittel überwiegend aus Naturstoffen zusammen, die sich aus einer Mischung verschiedener Wirkstoffe zusammensetzten und starke Nebenwirkungen verursachen konnten. Deshalb gewann die chemische Synthese einzelner **Wirkstoffe**, die gezielt in das Krankheitsgeschehen eingreifen, in der folgenden Zeit zunehmend an Bedeutung. Heute, Anfang des 21. Jh., werden 82 % der neuen Wirkstoffe chemisch hergestellt.

80585

Der Screeningroboter des Forschungszentrums Wuppertal-Aprath testet mehr als 10 000 Substanzen pro Tag auf ihre pharmakologische Wirkung.

Arzneimittelforscher suchen zunächst nach einem Angriffspunkt, dem so genannten **Target**, für das Wirkstoffmolekül. In den meisten Fällen ist dies ein Enzym oder ein Rezeptor. Beispielsweise ist das Target für Medikamente, die den Cholesterinspiegel senken können (wie die Statine), das Cholesterin-Synthese-Enzym (CSE). Ist das Target gefunden, das für eine bestimmte Erkrankung relevant ist, besteht der nächste Schritt darin, ein geeignetes Wirkstoffmolekül zu konstruieren. Damit es seine Aufgabe, z. B. das Target in seiner natürlichen Funktion zu behindern oder zu blockieren, erfüllen kann, muss das Wirkstoffmolekül verschiedene Voraussetzungen erfüllen. Wurde als Target ein Enzym ausgemacht, dann greift ein Wirkstoffmolekül idealerweise an der gleichen Stelle am Enzymmolekül ein, an der sich das natürliche Substrat anlagert. Dies ist meist eine Einbuchtung an der Oberfläche des Enzyms. Ein Substrat bzw. Wirkstoffmolekül, das sich hier anlagern möchte, muss einerseits in seiner Form genau zu dieser Einbuchtung passen. Andererseits müssen im Wirkstoffmolekül auch bestimmte Atome und Atomgruppen, etwa ein Stickstoffatom oder eine Ringverbindung, an den richtigen Stellen sitzen, damit es sich in die chemische Umgebung der Enzymtasche einfügen kann.

Hit gesucht

Die Anpassung des Wirkstoffmoleküls an das Target, das so genannte **Targeting**, erfordert in der Regel viele Schritte. Ein Roboter testet Hunderttausende unterschiedliche Moleküle, ob sie sich an das Target anlagern. Für dieses als **High-Throughput-Screening** bezeichnete Verfahren verfügen die Forschungsunternehmen über eine umfangreiche **Substanzbibliothek.** Die Substanzen werden entweder chemisch hergestellt oder stammen z. B. aus Bakterien, Pilzen oder Organen. 200 000 Substanzen testet

ein Roboter pro Tag. Meist ist jeder 200. oder 1 000. Test ein Treffer (**Hit**), bei dem beispielsweise eine Rotfärbung anzeigt, dass sich die Substanz an das Target anlagert.
Die vielversprechendsten Moleküle durchlaufen weitere Tests. Beispielsweise wird ihre Löslichkeit geprüft; sie dürfen weder zu stark in Fett löslich sein, dann würden sie sich im Körper anreichern, noch zu wenig, weil sie dann sofort wieder ausgeschieden würden, ohne wirken zu können. Des Weiteren sollen die Wirkstoffmoleküle selektiv, d. h. nur mit dem Target, reagieren, und nicht mit anderen Molekülen im Körper.
Schließlich kristallisiert sich ein Prototyp eines Wirkstoffmoleküls heraus, der die so genannte **Leitstruktur** besitzt. Diese wird durch Veränderung des atomaren Aufbaus weiter optimiert. Hierbei helfen Computersimulationen, Röntgenstrukturanalysen und erste Tests mit Zellkulturen und Versuchstieren. Über mehrere Jahre müssen verschiedene Molekülvarianten zeigen, ob sie als Wirkstoff geeignet sind. Zeigt eine Substanz am Ende die gewünschten Eigenschaften, wird sie zum Patent angemeldet und an die vorklinische Entwicklung übergeben.

Einer gewinnt

In der **vorklinischen Entwicklung** zeigt der Wirkstoffkandidat, ob er für die Anwendung beim Menschen geeignet ist. Dazu sind Tests im chemischen Labor, mithilfe von Zellkulturen sowie Tierversuche notwendig. Es wird untersucht, wie die Substanz sich im Körper verteilt, ob sie chemisch umgewandelt wird und wie sie den Organismus verlässt. Außerdem muss der Kandidat nachweisen, dass er heilend beziehungsweise lindernd wirkt. Auch eine Sicherheitsprüfung absolviert die Substanz: Ist sie giftig, schädigt sie Embryonen, löst sie Krebs aus oder verändert sie das Erbgut?
Trotz umfangreicher Tests, gibt es keine absolute Sicherheit dafür, dass der entwickelte Wirkstoff unbedenklich und sicher für die Anwendung beim Menschen ist. Der Wirkstoffkandidat muss jedoch nachweisen, dass das Risiko für Schäden und Leiden vertretbar ist, d. h., therapeutischer Nutzen und Risiko müssen in einem vernünftigen Verhältnis zueinander stehen. Bei Wirkstoffen zur Therapie von Krebserkrankungen werden sicherlich stärkere Nebenwirkungen toleriert als bei jenen gegen Bronchitits. Über die Zulassung eines Wirkstoffkandidaten zu den klinischen Studien entscheiden die zuständigen Behörden und die Ethikkommission.
In Phase I der **klinischen Studien** testen 60–80 gesunde Freiwillige (Probanden), ob die Substanz beim Menschen ähnlich wirkt wie bei den vorangegangenen Tierversuchen. Bis zu 30 Studien sind notwendig, um zu ermitteln, wie der Wirkstoff aufgenommen, verteilt, umgewandelt und ausgeschieden und ob er gut vertragen wird. An Studien der Phase II nehmen 100–500 freiwillige Patienten teil, Tausende von Patienten in Phase III der klinischen Prüfungen.

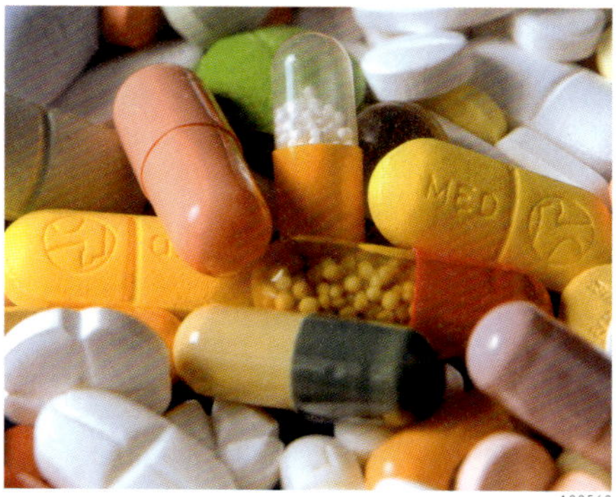

100562

Jedes Jahr erreichen neue Medikamente mit neuen Wirkstoffen den Markt, die gezielt bei bestimmten Erkrankungen eingesetzt werden können.

Vom Patent eines Wirkstoffs bis zur Markteinführung des neuen Medikaments vergehen in der Regel zehn Jahre. Für dieses Ziel werden nach dem Screening 5 000–10 000 Substanzen hergestellt und getestet. Fünf erreichen die Phase I der klinischen Prüfungen und nur eines schließlich den Markt.

Fortsetzung von S. 739

entsprechende Anzahl von Gleichstromimpulsen dargestellt.

Mehrphasenstrom, →Drehstrom.

Mehrwertdienste, →Telekommunikationsdienste.

Meiose [griechisch] *die,* **Reduktionsteilung,** Kern-und Zellteilungsprozess im Verlauf der Gametenbildung, in dem in zwei aufeinander folgenden Kern- und Zellteilungen die diploide Chromosomenzahl auf die Hälfte, zur haploiden, reduziert wird. Die Meiose stellt eine der entscheidenden Voraussetzungen für die Evolution der Organismen dar, da hier die freie Kombination von Genen, die auf verschiedenen Chromosomen liegen (Crossing-over) erfolgt.

Die DNA muss vor den beiden meiotischen Teilungen verdoppelt werden, jedes Chromosom besteht danach aus zwei am Zentromer verbundene Schwesterchromatiden. Typisch für die **erste meiotische Teilung** sind die Chromosomenreduktion und die Paarungen zwischen den homologen Chromosomen. Zu Beginn der ersten Phase, auch Prophase genannt, werden die Chromosomen als einzelne, feine Fäden im Zellkern erkennbar. Die Chromosomen verkürzen sich, die homologen Chromosomen lagern sich zusammen. Die beiden Schwesterchromatiden eines Chromosoms bilden eine Tetrade mit denen des homologen Chromosoms. Zwischen den homologen Nichtschwesterchromatiden kann jetzt der Austausch des genetischen Materials erfolgen. Die Austauschvorgänge bilden das Crossing-over und sind morphologisch als Chiasmata zu erkennen. Die Kernhülle löst sich auf und ein Spindelapparat zur Verteilung der Chromosomen auf die Tochterzellen wird gebildet. In der Metaphase und Anaphase der ersten Teilung trennen sich die homologen Chromosomenpaare und werden zu den Polen der Zelle gezogen. In der Telophase teilt sich die Zelle und neue Kernmembranen entstehen.

Die **zweite meiotische Teilung**, läuft ähnlich wie eine normale →Mitose ab. Am Ende sind vier haploide Zellen entstanden, die sich im männlichen Geschlecht zu vier funktionsfähigen Gameten (Spermatozoen) entwickeln, während im weiblichen Geschlecht eine haploide Eizelle und drei nicht funktionsfähige Pol- oder Richtungskörper entstehen.

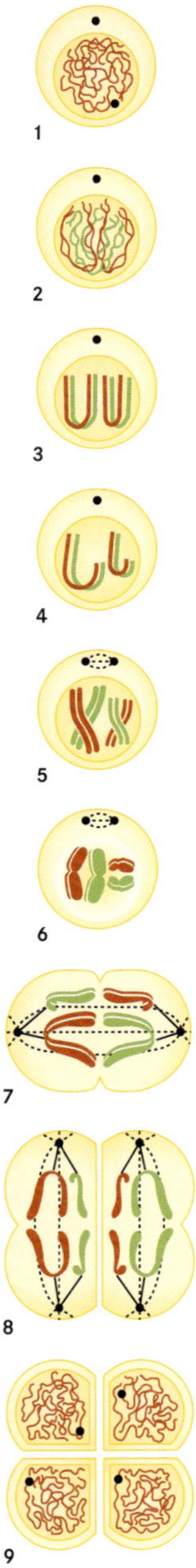

Meiose. Ablauf der Meiose; 1–7 erste meiotische Teilung mit Bildung von Chiasmata (5), 8–9 zweite meiotische Teilung

Meisen, Paridae, Familie der Singvögel in offenen Landschaften und Wäldern der Nordhalbkugel und Afrikas; meist in Höhlen brütende Standvögel oder Teilzieher; in Mitteleuropa u. a.: **Kohlmeise** (Parus major), etwa 14 cm lang, Bauch gelb mit schwarzem Längsband, Kopf schwarz, im Übrigen grünlich, grau und weiß; **Blaumeise** (Parus caeruleus), etwa 11 cm lang, besonders hellblau und gelb; **Sumpfmeise** (Parus palustris), grau mit schwarzem Kopf; **Haubenmeise** (Parus cristatus), bräunlich, mit Haube, in Nadelwäldern.

Meisen. Blaumeise

Meißner-Ochsenfeld-Effekt [nach den Physikern F. W. Meißner, *1882, †1974, und R. Ochsenfeld, *1901, †1993], 1933 entdeckte physikalische Erscheinung, nach der das Innere eines Supraleiters 1. Art stets magnetfeldfrei ist. Beim Übergang in den supraleitenden Zustand werden infolge von Induktion durch die widerstandslosen Supraströme die Feldlinien eines äußeren Magnetfelds aus dem Innern (bis auf eine dünne Randschicht) herausgedrängt. Dagegen zeigen Supraleiter 2. Art vollständige Feldverdrängung nur unterhalb einer unteren kritischen magnetischen Feldstärke, und die Supraleitung bricht oberhalb einer oberen kritischen magnetischen Feldstärke zusammen.

Meißner-Ochsenfeld-Effekt. Ein Permanentmagnet schwebt über einer supraleitenden Schale.

Meitner, Lise, österreichisch-schwedische Physikerin, *Wien 7. 11. 1878, †Cambridge (Großbritannien) 27. 10. 1968; Studium in Wien (bei L. Boltzmann) und Berlin (bei M. Planck), Promotion in Wien (als zweite Frau überhaupt), 1914 wurde sie wissenschaftliches Mitglied des Kaiser-Wilhelm-Instituts für Chemie und 1919 Professor in Berlin; 1938 Emigration nach Dänemark, später Schweden,

Abteilungsleiterin an der Ingenieurwissenschaftlichen Akademie in Stockholm. Hauptarbeitsgebiete: Kernphysik und Radioaktivität. Sie entdeckte mit O. Hahn mehrere radioaktive Isotope der natürlichen Zerfallsreihen und lieferte 1939 mit O. R. Frisch die erste theoretische Erklärung für die von Hahn und F. Straßmann entdeckte Kernspaltung.

Meitnerium [nach Lise Meitner] *das,* chemisches Symbol **Mt,** bei der GSI 1982 künstlich erzeugtes chemisches Element mit der Kernladungszahl 109. Das Isotop ^{266}Mt entstand durch Verschmelzung von ^{209}Bi und ^{58}Fe nach Emission eines Neutrons (Halbwertszeit: 3,4 ms). Vier Isotope des Elements sind derzeit (2005) bekannt.

Melaminharze, durch Polykondensation von Melamin mit Formaldehyd gewonnene →Aminoplaste, die zur Herstellung von Formteilen (z. B. Elektroisolierteile), zur Beschichtung von Holzwerkstoffen, als Einbrennlacke u. a. verwendet werden. Die farblosen und transparenten Melaminharze besitzen hohe Oberflächenhärte, Abriebfestigkeit und Flammbeständigkeit und sind gute elektrische Isolatoren mit hoher Kriechstromfestigkeit.

Melanine, durch enzymatische Oxidation der Aminosäure Tyrosin entstehende gelbliche bis braune oder schwarze Pigmente bei Tieren und Menschen; bewirken die Färbung der Haut und ihrer Anhangsorgane (Haare, Federn). Lokale Melaninansammlungen sind z. B. Leberflecke und Sommersprossen. Melanine sind als Lichtschutzsubstanz (UV-Strahlung) von Bedeutung.

Melanismus [griechisch] *der, Biologie:* Dunkelfärbung der Körperoberfläche durch Melanine.

Melitose, *die,* die →Raffinose.

Mello, Craig Cameron, amerikanischer Biochemiker, * 1960; erhielt 2006 gemeinsam mit Andrew Z. Fire (* 1959, USA) für ein von ihnen entwickeltes Verfahren, mit dem sich bestimmte Gene zur Bestimmung ihrer Aufgaben ausschalten lassen, den Nobelpreis für Medizin oder Physiologie.

Membran [lateinisch »Haut«, »Häutchen«] *die,* **1)** *Biologie:* dünnes, feines Häutchen, das trennende oder abgrenzende Funktion hat (z. B. Trommelfell).

2) *Chemie:* dünne, meist poröse Wand (Häutchen) zur Trennung von Flüssigkeiten oder Gasen unterschiedlicher Zusammensetzung. Eine **semipermeable (halbdurchlässige) Membran (Diaphragma)** ist für mindestens eine Molekülsorte undurchlässig, wodurch sich im Gleichgewicht Druckunterschiede ausbilden. Handelt es sich bei den zurückgehaltenen Teilchen um geladene Stoffe, so treten zusätzlich noch elektrische Potenzialunterschiede auf.

3) *Technik:* ein flächenhafter Körper (z. B. in Mikrofonen, Fernsprechern), ein dünnes, schwingungsfähiges Gebilde aus Metall, Kohle, Kunststoff oder Hartpapier in Form einer Platte oder eines Kegels, das zur Übertragung von Druckänderungen geeignet ist.

Membranverfahren, Verfahren zur Trennung von flüssigen und gasförmigen Gemischen mithilfe selektiv durchlässiger dünner Membranen. Dabei wird ein Gas- oder Flüssigkeitsstrom mit Druck an der Membran vorbeigeführt, wobei ein Teil der Komponenten die Membran zu durchdringen vermag. Dieser Teil fällt als **Permeat** an. Die zurückbleibende aufkonzentrierte Lösung wird als **Retenat** bezeichnet. Membranverfahren werden hauptsächlich zur Aufbereitung von Wasser, Abwasser oder Prozesswasser verwendet. Die wichtigsten Membranverfahren sind die Umkehrosmose / Nanofiltration, Ultrafiltration, Pervaporation, Gaspermeation (Diffusionstrennverfahren) und Elektrodialyse. Sie unterscheiden sich in der Art der Trennwirkung, die durch verschiedene Membranmaterialien bewirkt wird, und in der damit erzielbaren Trennleistung (Größe der Moleküle).

Eine Konzentrationsdifferenz als Triebkraft zur Trennung wird z. B. bei der **Elektrodialyse** genutzt. Sie ist ein Membranverfahren nach dem Prinzip der Dialyse. Die Elektrodialyse wird angewendet, wenn die zu trennenden Stoffe elektrische Ladungen tragen, z. B. wenn Ionen getrennt werden. Deren Wanderung durch die Membran wird durch Anlegen einer elektrischen Gleichspannung beschleunigt. Anode und Kathode von Elektrodialysezellen sind dabei durch mehrere hintereinander geschaltete Kunststoffmembranen voneinander getrennt. Diese sind abwechselnd nur für Anionen (Anionenaustauschermembran) oder nur für Kationen (Kationenaustauschermembran) durchlässig. Die Ionen werden dadurch von der zu dialysierenden Flüssigkeit abgetrennt und gleichzeitig in den Elektrodenzellen angereichert. Mithilfe der Elektrodialyse werden z. B. Salze aus Lösungen ent-

Lise Meitner
*** 1878, † 1968**

100977

- entdeckte mit Otto Hahn mehrere radioaktive Isotope
- entwickelte die erste Theorie zur Kernspaltung

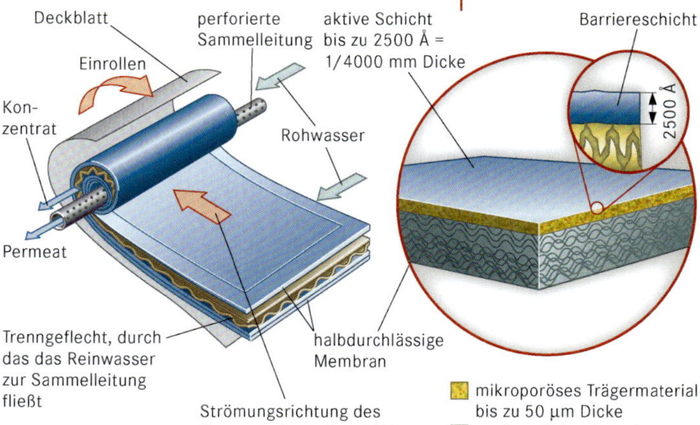

Membranverfahren. Wickelmembranmodul mit Detailansicht einer Membran

fernt (Meerwasserentsalzung). In modifizierter technischer Ausführung findet sie auch Anwendung zur Herstellung von Natronlauge (Diaphragmaverfahren, **Chloralkalielektrolyse**).

Bei der **Umkehrosmose (Reversosmose, Hyperfiltration)** wird gegen den osmotischen Druck (Osmose), der zwischen zwei unterschiedlich konzentrierten, durch eine Membran getrennten Lösungen besteht, ein höherer Druck angelegt und dadurch die Umkehrung der Osmose erzwungen. Bis zu 99 % an gelösten Salzen können in einer Stufe abgetrennt werden. Das Verfahren findet technische Anwendung z. B. bei der Meerwasserentsalzung und in Kombination mit Ionenaustauschern bei der Reinstwasserherstellung und Abwasseraufbereitung. Der Betriebsdruck muss wesentlich höher sein als der osmotische Druck der Lösung. Er kann Werte bis zu 150 bar erreichen. Die Entwicklung von Membranen mit höherem Fluss ermöglicht inzwischen auch die Filtration im Niederdruckbereich von 3–10 bar – eine Technik, die auch als *Nanofiltration* bezeichnet wird.

Die **Ultrafiltration** dient zur Auftrennung kolloider Lösungen (Teilchendurchmesser 1 nm bis 1 µm). Sie arbeitet mit Betriebsdrücken von 0,5 bis 10 bar. Die Trennwirkung wird durch Poren ermöglicht, die Lösungsmittelmoleküle hindurchlassen, nicht aber kolloide Teilchen. Anwendungsgebiete sind u. a. Meerwasserentsalzung, Reinstwasserherstellung (in Kombination mit Ionenaustauschern) und Konzentrierung von Obstsäften und Molke. Umkehrosmose und Ultrafiltration werden häufig unter dem Begriff **Membranfiltration** zusammengefasst.

Memory-Effekt, *Elektrotechnik:* Bezeichnung für ein Phänomen, das beim Entladen von →Akkumulatoren auftritt, wobei diese nicht vollständig, sondern mehrfach nur teilweise entladen werden und dadurch ihre Kapazität und Lebensdauer einbüßen. Der Memory-Effekt tritt v. a. bei Nickel-Cadmium(NiCd)-Akkumulatoren auf, in Lithium-Ionen-Akkumulatoren ist er dagegen kaum wirksam.

Memory-Legierungen, Formgedächtnislegierungen, Gedächtnismetalle, Metalllegierungen mit der Fähigkeit, sich beim Erwärmen in eine frühere Form zurückzuverwandeln. Memory-Legierungen verändern in einem bestimmten Temperaturbereich ihre Kristallstruktur. Bei hoher Temperatur liegt eine kubische Austenitstruktur (→Austenit) vor, bei Abkühlung erfolgt Umwandlung in eine leicht verformbare Martensitstruktur (→Martensit). Wird diese nach einer plastischen Formänderung erwärmt, bildet sich wieder das Austenitgefüge der ursprünglichen Form. Als Memory-Legierungen wirken z. B. Nickel-Titan- und Kupfer-Zink-Aluminium-Legierungen. Memory-Legierungen finden u. a. Anwendung bei Schrumpfringen zum Verbinden von Rohrenden, Knochenklammern und Zahnregulierungen, die nicht nachgespannt werden müssen, sowie bei thermisch ansprechenden Stellelementen (z. B. automatische Fensteröffner für Gewächshäuser, Brandschutzeinrichtungen).

Memory-Zellen, Gedächtniszellen, langlebige B- oder T-Lymphozyten, die durch Kontakt mit ihrem spezifischen Antigen zu einer veränderten und erhöhten Reaktionsbereitschaft sensibilisiert werden. Bei erneuter Konfrontation mit demselben Antigen bewirken die Memory-Zellen eine schnellere und stärkere Immunreaktion als beim Erstkontakt. Dadurch können Krankheiten vor dem Auftreten von Krankheitserscheinungen abgewehrt werden.

Gregor Mendel
*** 1822, † 1884**

- gilt als Vater der Genetik
- führte zahlreiche Kreuzungsversuche mit Hülsenfrüchten durch
- formulierte Gesetze für die Vererbung einfacher Merkmale

Mẹndel, Gregor Johann, Augustinerprior und Lehrer, * Heinzendorf (heute Hynčice, bei Nový Jičín) 20. 7. 1822, † Brünn 6. 1. 1884; entdeckte bei Kreuzungsversuchen an Erbsen und Bohnen 1865 die →mendelschen Gesetze für die Vererbung einfacher Merkmale. Diese richtungweisenden Ergebnisse wurden erst um 1900 von den Pflanzenforschern Carl Erich Correns (* 1864, † 1933), Erich von Tschermak (* 1871, † 1962) und Hugo de Vries (* 1848, † 1935) wieder entdeckt.

Dmitri Mendelejew
*** 1834, † 1907**

- stellte ein Periodensystem der chemischen Elemente auf
- sagte die Existenz und die Eigenschaften von damals unbekannten Elementen voraus

Mendelẹjew, Dmitri, russischer Chemiker, * Tobolsk 8. 2. 1834, † Petersburg 2. 2. 1907; ab 1856 Professor in Petersburg. Mendelejew arbeitete v. a. auf dem Gebiet der physikalischen Chemie. Er stellte gleichzeitig, aber unabhängig von Lothar Meyer 1869 ein →Periodensystem der chemischen Elemente auf, aufgrund dessen er Vorhandensein und Eigenschaften erst später entdeckter Elemente (Gallium, Scandium, Germanium) voraussagte. In den 1870er-Jahren beschäftigte er sich mit der Elastizität der Gase und der Chemie der Lösungen. Er stellte eine Hydrattheorie auf, die sich jedoch nicht durchsetzen konnte. Außerdem förderte Mendelejew die technologische Erschließung Russlands. Er widmete sich Fragen der besseren Nutzung der Erdölressourcen Russlands, insbesondere der Förderung und Verarbeitung des russischen Erdöls, sowie der Kohleindustrie.

Das Element 101 wurde Mendelejew zu Ehren Mendelevium (Md) genannt.

Mendelẹvium [nach Dimitri Mendelejew] *das,* chemisches Symbol **Md,** künstlich hergestelltes, radioaktives chemisches Element aus der Reihe der Actinoide, eines der →Transurane; Ordnungszahl 101, relative Atommasse 258; die Halbwertszeit des längstlebigen Isotops ^{258}Md beträgt 57 Tage. Als erstes Isotop wurde 1955 das Nuklid ^{256}Md von den Amerikanern Albert Ghiorso und Glenn Seaborg durch Beschuss des Einsteiniumisotops ^{253}Es mit Alphateilchen hergestellt.

mẹndelsche Gesetze, mendelsche Regeln, die zuerst von Gregor Johann Mendel erkannten drei Grundregeln, die die Weitergabe von Erbanlagen beschreiben: 1) **Uniformitätsregel:** Kreuzt man reinerbige (homozygote) Individuen (P-Generation) miteinander, die sich nur in einem einzigen Merkmal beziehungsweise in einem Gen unterscheiden (z. B. in der Blütenfarbe), so sind deren Nachkommen (F_1-Generation) untereinander alle gleich (uniform), das heißt für das betreffende Gen mischerbig (heterozygot). War das Merkmal dominant, bestimmt es die äußere Erscheinung, den Phänotyp. Wenn die Nachkommen der F_1-Generation im Phänotyp zu gleichen Teilen beiden Eltern ähnlich sehen (z. B. Mischfarbe), liegt ein intermediärer Erbgang vor.

2) **Spaltungsregel:** Werden heterozygote Individuen der F_1-Generation untereinander gekreuzt, so sind ihre Nachkommen (F_2-Generation) nicht alle gleich, sondern es treten neben heterozygoten auch homozygote Individuen auf. Bei Dominanz eines der beiden Merkmale erfolgt eine Aufspaltung im Verhältnis 3 : 1 (Dominanzregel).

3) **Gesetz der freien Kombinierbarkeit der Gene:** Werden Individuen miteinander gekreuzt, die sich in mehr als einem Gen voneinander unterscheiden, gilt für jedes einzelne Gen die Uniformitäts- und die Spaltungsregel. Die freie Kombinierbarkeit gilt jedoch nur für Genpaare, die auf verschiedenen Chromosomen liegen.

Meningokọkken, Neisseria meningitidis, gramnegative, kugelförmige Bakterien, häufigste Erreger der epidemischen Meningitis.

Mẹnnige [von lateinisch minium »Zinnober«] *die,* **Blei(II, IV)-oxid,** Pb_3O_4, leuchtend rotes, in Wasser unlösliches Pulver, das durch Erhitzen von Blei(II)-oxid (PbO) im Luftstrom auf etwa 500 °C entsteht. Mennige wird u. a. im Gemisch mit Leinöl oder Alkydharzen als Korrosionsschutzmittel verwendet.

Menschen|affen, Große Menschenaffen, Pongidae, Familie der Affen; menschenähnlich sind die Stellung der Augen und Ohren, die Andeutung einer s-förmig gekrümmten Wirbelsäule, die nackte Haut der Handflächen und Fußsohlen u. a. körperliche Merkmale, besonders im Jugendstadium auch die Verhaltensweisen. Die Arme der Menschenaffen, die als Schwingkletterer im Urwald leben, sind länger als die Beine; Daumen und große Zehe sind gegenübergestellt (opponiert). Das Gehirn ist wesentlich kleiner als das des Menschen; v. a. Großhirnrinde, Kleinhirn und optisches Zentrum sind stark entwickelt. Die Menschenaffen sind v. a. Pflanzenfresser; sie legen Schlafnester an. Ihre Bestände sind stark bedroht. Zu den Menschenaffen zählen →Orang-Utan, →Gorilla und →Schimpanse und Bonbono.

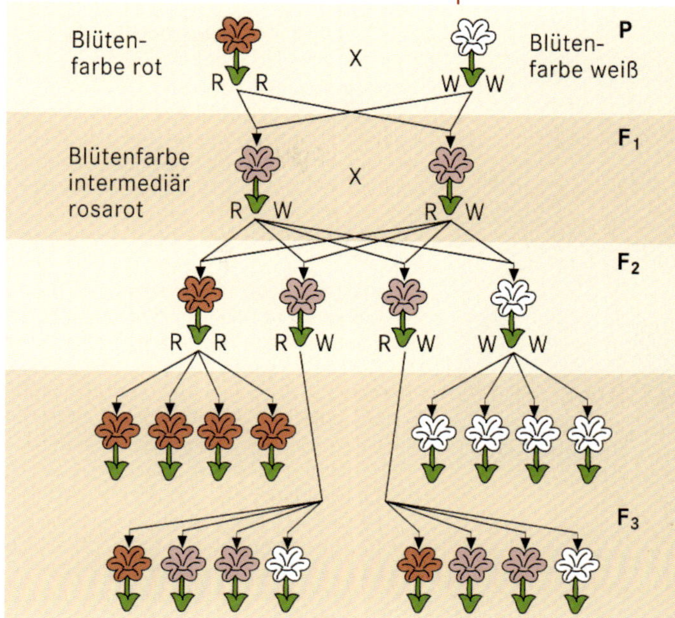

mendelsche Gesetze. Schematische Darstellung eines gemäß der Uniformitätsregel und der Spaltungsregel ablaufenden intermediären Erbgangs; P Elterngeneration, F_1 erste, F_2 zweite, F_3 dritte Tochtergeneration , R Erbanlage für rote Blütenfarbe, W Erbanlage für weiße Blütenfarbe

Mensụr, *Chemie:* →Messzylinder.

Mercạlli-Skala [nach dem italienischen Vulkanologen G. Mercalli, * 1850, † 1914], zwölfstufige Skala der Erdbebenstärke, beruht auf fühlbaren und sichtbaren Wirkungen. International gebräuchlich sind eine **modifizierte Mercalli-Skala** (MM-Skala) und die **MSK-Skala** (Medwedew-Sponheuer-Karnik-Skala). Nach ihnen liegt der Intensitätsgrad 1 bei nur instrumentell nachweisbaren Erschütterungen vor, der Grad 2 bei gerade noch spürbaren Erschütterungen, der Grad 4 bei stärkeren Gebäudeerschütterungen, der Grad 8 bei Auftreten schwerer Gebäudeschäden, der Grad 10 bei Zerstörung zahlreicher Häuser, Rutschen von Berghängen u. a.; der Intensitätsgrad 12 wird zugeordnet, wenn totale Zerstörungen sowie vielfältige Verwüstungen der Landschaft eintreten.

Mercaptạne [mittellateinisch], *Chemie:* →Thiole.

Mercạtor, Gerhard (latinisiert aus **Kremer**), deutscher Geograf und Kartograf, * Rupelmonde (heute zu Kruibeke, bei Antwerpen) 5. 3. 1512, † Duisburg 2. 12. 1594; schuf seit 1541 im Auftrag Kaiser Karls V. eine Erd- und Himmelskugel, 1554 eine Karte von Europa (15 Blätter). Berühmt wurde Mercator durch seine große, für die Seefahrt bestimmte Weltkarte (18 Blätter; 1569) in der von ihm neu entwickelten **Mercator-Projektion:** eine konforme, normalachsige Zylinderprojektion der Erde, bei der sich die (als Geraden abgebildeten) Meridiane und Breitenkreise rechtwinklig schneiden; wegen ihrer Winkeltreue noch heute für die Navigation von Bedeutung. 1595 erschien eine Sammlung seiner Karten, der »Atlas«. – Biografie S. 746

101520

Menschenaffen. Bonobo

Gerhard Mercator
*** 1512, † 1594**

100563

- schuf die erste Weltkarte mit winkeltreuer Projektion
- erstellte eine Kartensammlung, die er »Atlas« nannte

Meridian [lateinisch circulus meridianus »Mittagskreis«] *der,* **Längenkreis,** jeder von Pol zu Pol reichende und senkrecht auf dem Äquator stehende »Halbkreis« (→Länge).

meridional, *Optik:* in der Ebene liegend, die durch die optische Achse und den Objektpunkt aufgespannt wird. Senkrecht zur **Meridionalebene** steht die Sagittalebene (→sagittal).

Meristem [griechisch] *das,* →Bildungsgewebe.

Meristemkultur, Kultivierung pflanzlichen Gewebes auf Nährböden unter sterilen Bedingungen zur Gewinnung virusfreier Klone (→Mikrovermehrung).

Merkmal, *Biologie:* eine kennzeichnende Eigenheit z. B. des Körperbaus, seiner Biochemie, seiner Leistung oder seines Verhaltens.

Merrifield ['merıfi:ld], Bruce, amerikanischer Biochemiker, * Fort Worth (Texas) 15. 7. 1921, † Cresskill (New Jersey) 21. 5. 2006; erhielt für die Entwicklung eines einfachen, schnellen, inzwischen automatisierten Verfahrens zur Synthese von Peptiden und Proteinen 1984 den Nobelpreis für Chemie.

Mesoderm [griechisch] *das,* **Mesoblast,** das mittlere →Keimblatt bei der →Entwicklung des Embryos.

Mesokarp [griechisch] *das,* mittlere Schicht der pflanzlichen Fruchtwand; z. B. fleischiges, meist saftiges Gewebe der Steinfrüchte, Faserschicht der Kokosnuss.

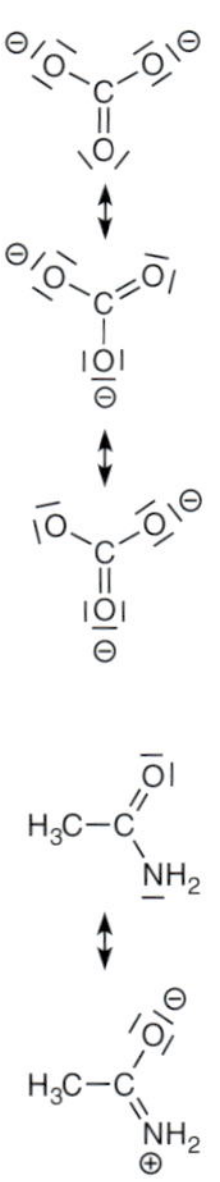

Mesomerie. Mesomere Grenzstrukturen beim Carbonatanion (oben) und beim Acetamid (unten)

Mesomerie [zu griechisch méros »Teil«] *die,* **Resonanz,** Erscheinung, dass die Struktur bestimmter Moleküle mit Mehrfachbindungen nur eingrenzend durch zwei oder mehrere Strukturformeln (»Grenzstrukturen«) wiedergegeben werden kann. Die tatsächliche Molekülstruktur liegt als energieärmerer und daher begünstigter Zustand zwischen den Grenzstrukturen. Mesomerie tritt z. B. bei →aromatischen Verbindungen auf.

Mesonen [griechisch] *Plural,* Gruppe mittelschwerer instabiler →Elementarteilchen mit ganzzahliger Spinquantenzahl, bestehend aus den Pionen (π-Mesonen), Kaonen (K-Mesonen), Eta-Mesonen (η-Mesonen), B-Mesonen, D-Mesonen, F-Mesonen, Ψ-Mesonen (→Psiteilchen), Y-Mesonen (→Y-Teilchen) und deren Antiteilchen. Mit den Baryonen gehören die Mesonen zur Gruppe der stark wechselwirkenden Elementarteilchen, den Hadronen, haben aber im Unterschied zu den Baryonen die Baryonenzahl 0. Sie entstehen z. B. beim Stoß energiereicher Protonen und Neutronen untereinander oder mit Atomkernen, wobei die kinetische Energie der stoßenden Teilchen größer als die Ruheenergie (Ruhemasse) des zu erzeugenden Mesons sein muss. Ihre Lebensdauer liegt zwischen etwa 10^{-17} und 10^{-8} s. Sie zerfallen in Leptonen und Photonen. Zur Gruppe der Mesonen gehören auch die **Mesonenresonanzen,** äußerst kurzlebige (etwa 10^{-22} s) angeregte Zustände von Mesonen (→Massenresonanzen).

Die Mesonen sind in der Theorie der Elementarteilchen für die Struktur der Nukleonen von Bedeutung sowie als Vermittler (Feldquanten) der Kraftwirkungen zwischen den Nukleonen **(Mesonentheorie der Kernkräfte).** Nach den heutigen Vorstellungen sind die Mesonen aus einem Quark-Antiquark-Paar aufgebaut; die Kraft zwischen zwei Nukleonen im Atomkern kommt durch den Austausch von Quarks zustande, der auch als Mesonenaustausch interpretiert werden kann. Als Quanten der starken Wechselwirkung werden die Gluonen angesehen, die die Bindung der Quarks zu Mesonen und Baryonen bewirken.

Mesopause [griechisch], die Grenzschicht zwischen Meso- und Thermosphäre in der Atmosphäre.

Mesophase [griechisch], →flüssige Kristalle.

Mesosphäre [griechisch], eine Schicht der →Atmosphäre.

mesotroph [griechisch], *Botanik:* Bezeichnung für Pflanzen, die sich als Halbschmarotzer (→Parasiten) ernähren.

Messbildkamera, die →Messkammer.

Messbrücke, kurz **Brücke,** *Elektrotechnik:* eine →Brückenschaltung zur Messung von Widerständen (Widerstandsmessbrücke) oder Impedanzen (Impedanzmessbrücke). Alle Messbrücken lassen sich auf eine Grundanordnung zurückführen, die aus vier Brückenzweigen mit je einem oder mehreren zu einem geschlossenen Viereck geschalteten passiven Zweipolen (z. B. ohmsche Widerstände) besteht. Bei der Nullmethode werden die Elemente in einem Brückenzweig so lange variiert, bis ein Nullindikator die Brückenspannung $U_B = 0$ anzeigt. Diesen Vorgang bezeichnet man als **Abgleichen.** Im Unterschied dazu wird bei der in der industriellen Messtechnik häufig angewandten Ausschlagmethode die Veränderung eines der vier Brückenzweige einer vorher abgeglichenen Messbrücke durch ein anstelle des Nullinstruments geschaltetes Messgerät angezeigt. Messbrücken werden nach der Art der Stromspeisung unterschieden in **Gleichstrommessbrücken** (→Wheatstone-Brücke, →Thomson-Brücke) und **Wechselstrommessbrücken,** wobei zu Letzteren diejenige zählen, in denen induktive und kapazitive Glieder enthalten sind.

Messen, experimentelles Bestimmen des Messwertes einer physikalischen Größe (z. B. Länge, Temperatur) im Verlauf eines Messvorgangs durch quantitativen Vergleich der Messgröße mit einer Einheit (z. B. Meter, Kelvin) als Bezugsgröße. Vom Messen zu unterscheiden sind das Prüfen, Kalibrieren und Eichen.

Messenger-RNA ['mesındʒə-; englisch »Bote«], **Boten-RNA, mRNA,** eine Ribonukleinsäure, die als stückweise Kopie der Desoxyribonukleinsäure entsteht und genetische Information zur Synthese von Proteinen überträgt (→Proteinbiosynthese).

Messerschmitt, Willy, deutscher Flugzeugkonstrukteur, * Frankfurt am Main 26. 6. 1898, † München 15. 9. 1978; gründete im Jahr 1923 die Messerschmitt-Flugzeugbau-Gesellschaft, Bamberg (1927 mit der Bayerische Flugzeugwerke AG, BFW, vereint, seit 1938 Messerschmitt-AG, München und Augsburg, 1969–89 Messerschmitt-Bölkow-Blohm GmbH). Messerschmitt baute u. a. 1934 das Reiseflugzeug Bf108 »Taifun« in Leichtbautechnik und aerodynamischer Gestaltung (1939 Höhenrekord 9075 m). Nach 1945 entwickelte Messerschmitt Fertighäuser und baute seit 1953 Kabinenroller, seit 1956 Übungs- und Kampfflugzeuge in Lizenz sowie Senkrechtstartflugzeuge.

Messing, Sammelbezeichnung für Legierungen aus 55–90 % Kupfer, 45–10 % Zink und bei Sondermessing mit weiteren Zusätzen (z. B. Aluminium, Nickel). Messing ist gut verarbeitbar, sehr korrosionsbeständig und besitzt günstige Festigkeitseigenschaften. Aus Messing werden v. a. Armaturen, Schiffsbauteile und Beschläge hergestellt. Als **Tombak** bezeichnet man noch heute Messingsorten mit Kupfergehalten von 70–90 %, während als **Gelbguss** früher Messinggusslegierungen mit etwa 55–80 % Kupfer bezeichnet wurden.

Messkammer, Messbildkamera, Spezialkamera zur Herstellung der Messbilder für die Erd- und Luftbildmessung (→Fotogrammetrie). Es werden hierfür analoge Messbildkameras mit fotografischen Filmen (23 cm × 23 cm) oder Digitalkameras mit mehreren →CCD-Fotoelementen verwendet. Messkammern besitzen Objektive mit sehr hohem Auflösungsvermögen und geringer Verzeichnung. Reihenmesskammern sind Messkammern für eine schnelle Folge von Aufnahmen.

Mess|okular, →Feinmessokular, →Messschraube.

Mess|schraube, ältere Bezeichnung **Mikrometerschraube, Mikrometer,** mechanisches Messgerät zur Messung von kleineren Längen oder Abständen, bei dem eine Gewindespindel mit genauer Steigung des Gewindes als Längennormal dient. Die durch volle Umdrehungen bewirkte Verschiebung der Spindel gegenüber dem fest stehenden Mutterstück wird an einer Längsteilung, die durch Bruchteile einer Umdrehung bewirkte Längsverschiebung an einer Rundteilung auf einer Messtrommel oder -hülse angezeigt.

An optischen Geräten werden Messschrauben **(Messokulare)** zur Verschiebung von Messmarken (Strichplatten) verwendet (→Feinmessokular).

Messtechnik, Gesamtheit der Verfahren und Geräte zur experimentellen Bestimmung (→Messen) und Verarbeitung zahlenmäßig erfassbarer Größen in Wissenschaft und Technik. Grundlage der Messtechnik ist die Bestimmung von Basisgrößen für Länge, Zeit, Masse und Temperatur **(Absolutmessung** oder **Fundamentalmessung).** Aufgaben der Messtechnik sind Kontrollfunktionen aller Art, insbesondere die Überprüfung der Einhaltung von Maßtoleranzen in der Fertigungstechnik, die Überwachung und Steuerung technischer Vorgänge im Rahmen der Steuer- und Regelungstechnik sowie die Verbrauchszählung in der Energietechnik. Von besonderer Bedeutung ist die **elektrische Messtechnik,** da neben der Messung elektrischer Größen (z. B. Spannung, Stromstärke) für nahezu alle nicht elektrischen Größen elektrische Signale gewonnen werden können, die leicht zu digitalisieren sind. Die **Digitalmesstechnik** ermöglicht die direkte elektronische Weiterverarbeitung von Messwerten und eignet sich v. a. zu deren störungsarmer (Fern-)Übertragung.

Messwesen, Teilgebiet der Metrologie, das die Festsetzung und Darstellung der im amtlichen und geschäftlichen Verkehr zu verwendenden →Einheiten sowie die Kontrolle ihrer Verwendung (→Eichen) umfasst. Staatliche Behörde ist die Physikalisch-Technische Bundesanstalt; sie stellt die gesetzlichen Einheiten dar und bewahrt die Prototypen, Einheitenverkörperungen und Normale auf. Das Messwesen, v. a. das Eichwesen, liegt sonst in der Hoheit der Länder.

Messzylinder, zylindrisches Glasgefäß mit Skaleneinteilung **(Mensur)** und einer Schnauze zum Ausgießen.

meta..., *Chemie:* 1) Abkürzung **m,** Vorsilbe zur Kennzeichnung zweier Substituenten am 1. und 3. Kohlenstoffatom einer aromatischen Verbindung; 2) **Meta...,** Vorsilbe zur Kennzeichnung anorganischer Säuren, die durch Wasserabspaltung aus Orthosäuren entstehen.

Metabiose [griechisch-neulateinisch] *die,* Form der →Symbiose; Zusammenleben zweier Organismen, bei dem nur ein Teil Vorteile hat.

Metabolismus [griechisch] *der,* →Stoffwechsel.

Metabolit *der,* meist niedrigmolekulares Zwischenprodukt des Zellstoffwechsels.

Metall|amide, →Amide.

Metalldampflampe, Gasentladungslampe, die eine Edelgasgrundfüllung und für die Strahlungseigenschaften wichtige Metallzusätze enthält. Das nach der Zündung zuerst erscheinende Edelgaslicht wird bei Erwärmung und dem damit verbundenen Dampfdruckanstieg allmählich von den jeweiligen Farben der Strahlung der Metallatome verdrängt. Mit Ausnahme von Sonderlampen erreichen nur Quecksilber und Natrium ausrei-

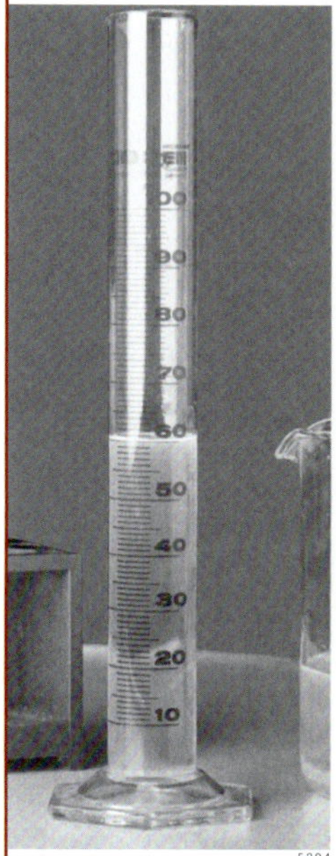

5294

Messzylinder

chende Betriebsdampfdrücke (→Quecksilberdampflampe, →Natriumdampflampe). Andere Metalle besitzen zwar häufig bessere Strahlungseigenschaften, sind aber nur in chemischer Verbindung genügend leichtflüchtig Halogenmetalldampflampe).

Metalle [griechisch-lateinisch], feste oder flüssige chemische Elemente mit folgenden Eigenschaften: starker Glanz (Metallglanz) durch hohes Reflexionsvermögen; sehr großes Absorptionsvermögen für Licht; hervorragende, mit steigender Temperatur abnehmende elektrische und Wärmeleitfähigkeit; meist gute plastische Verformbarkeit durch Walzen, Schmieden, Pressen, Ziehen und Ähnliches; Neigung zur Bildung positiver Ionen; Metalle sind bei Raumtemperatur meist fest. Die meisten dieser Eigenschaften beruhen darauf, dass im metallischen Kristallgitter die äußeren Elektronen nicht an einzelne Atome gebunden sind und leicht innerhalb des aus den Atomrümpfen (Ionen) gebildeten Gitters verschoben werden können. Diese Leitungselektronen bilden ein →Elektronengas und absorbieren oder streuen einfallendes Licht und machen die Metalle undurchsichtig und glänzend. Im Gitter sitzen die positiven Ionen dicht gepackt und werden durch die beweglichen Elektronen zusammengehalten (plastische Verformbarkeit). Dabei kann ein Ion oft durch ein andersartiges ersetzt werden (Legierungsfähigkeit). Das physikalische Verhalten der Metalle kann theoretisch mithilfe des →Energiebändermodells beschrieben werden. Von den 93 in der Natur vorkommenden chemischen Elementen zählen 67 zu den Metallen; Metalle bilden untereinander Legierungen und intermetallische Verbindungen.

■ **Einteilung** Nach der Affinität zu Sauerstoff und der Oxidationsneigung unterscheidet man zwischen **unedlen Metallen,** die sehr leicht Oxide bilden (z. B. Alkalimetalle, Magnesium), **Halbedelmetallen** (z. B. Zinn, Nickel, Kupfer) und **Edelmetallen,** die nur schwer Oxide bilden (z. B. Gold, Silber, Platin, Iridium, Palladium, Osmium, Rhodium, Ruthenium). Nach ihrer Dichte, die zwischen 0,534 g/cm^3 bei Lithium und 22,65 g/cm^3 beim Iridium liegt, unterscheidet man **Leichtmetalle** (Dichte unter 4,5 g/cm^3, wie Aluminium, Magnesium, Titan) und **Schwermetalle** (Dichte über 4,5 g/cm^3). Schmelz- und Siedepunkte der Metalle liegen zwischen −39 °C beziehungsweise 357 °C beim Quecksilber und 3 410 °C beziehungsweise etwa 5 700 °C beim Wolfram. Einander sehr ähnliche Metalle bilden z. B. die Gruppen der Alkalimetalle, Erdalkalimetalle, Platinmetalle und Seltenerdmetalle. Besonders in der Technik wird zwischen Eisen und seinen Legierungen einerseits **(Eisenmetalle** beziehungsweise **Schwarzmetalle)** und den **Nichteisenmetallen** (NE-Metalle) andererseits unterschieden; zu Letzteren gehören z. B. die **Buntmetalle** (Kupfer, Blei u. a., benannt nach ihren farbigen Erzen).

Außer Kupfer und den Edelmetallen, die auch gediegen vorkommen, finden sich Metalle in der Natur nur in Form von Mineralen (z. B. als Oxide, Sulfide, Sulfate, Carbonate) in Erzen und Salzen. Die Gewinnung und Raffination der Metalle aus ihren Erzen, Altmetallen (Schrott) und metallhaltigen Rückständen (z. B. Schlacke) ist Aufgabe der **Metallurgie.**

Metalle der seltenen Erden, die →Seltenerdmetalle.

metallische Bindung, →chemische Bindung.

metallische Gläser, Glasmetalle, amorphe Metalle, metallische Werkstoffe, besonders Legierungen aus Übergangs- oder Edelmetallen (Eisen, Kobalt, Nickel, Palladium, Platin) mit Nicht- oder Halbmetallen (Bor, Kohlenstoff, Phosphor, Silicium), die durch äußerst rasche Erstarrung der Schmelze entstehen. Dabei bildet sich eine regellose amorphe Struktur (unterkühlte Schmelze) wie bei Gläsern und nicht das für Metalle kennzeichnende geordnete kristalline Gefüge. Metallische Gläser besitzen gegenüber den kristallin erstarrten Metallen eine höhere Festigkeit, größere Korrosionsbeständigkeit und zeigen ein sehr gutes weichmagnetisches Verhalten. Bei höheren Temperaturen ist der amorphe Zustand für Metalle instabil, sodass bei Erwärmung oberhalb einer legierungsspezifischen Temperatur Kristallisation eintritt. Mögliche Herstellmethoden sind Aufdampfen auf gekühlte Substrate, Kathodenzerstäubung, chemisches oder elektrolytisches Abscheiden oder das rasche Abschrecken der Schmelze. Metallische Gläser werden z. B. für gewickelte Transformatorenkerne, elektrische Bauelemente für den Hoch- und Mittelfre-

metallische Gläser Tennisschläger aus Glas

Metallische Gläser kennt man schon seit 50 Jahren, doch sie fanden lange Zeit nur als Nischenprodukte Verwendung, etwa als magnetisierte dünne Glasstreifen in Diebstahlsicherungen von Kaufhäusern. Größere Metallmengen waren nicht schnell genug abzukühlen – sie kristallisierten vorzeitig. Einen Schub erhielt die Erforschung metallischer Gläser, als ein japanischer Wissenschaftler herausfand, dass die richtigen Kombinationen großer und kleiner Metallmoleküle viel langsamer kristallisieren. Nun konnten sehr feste glasige Legierungen hergestellt werden, bei denen sich die kleinen Moleküle um die großen ballen und auch die Zwischenräume füllen – die metallischen Gläser wurden industriell genutzt, z. B. für die Herstellung von Sportgeräten. Den größten kommerziellen Erfolg stellt ein Tennisschläger dar, der teilweise aus metallischem Glas besteht. Auch sehr harte und absolut kratzfeste Handyschalen werden aus dem Werkstoff gefertigt.
In der Zukunft wird es ganz neue Legierungen geben, noch härter oder mit völlig neuen Eigenschaften. Mit Materialmischungen aus kristallinen und amorphen Bestandteilen werden Werkstoffe mit Wunschqualitäten entstehen, die etwa für die Automobilbranche interessant sind.

quenzbereich, abriebfeste Tonköpfe, hochwertige Lötfolien, oberflächenverglaste Metalllager verwendet.

Metallisieren, das Beschichten nichtmetallischer Werkstücke mit einer feinen Metallschicht mithilfe der →Galvanotechnik, des →Metallspritzverfahrens, durch Aufdampfen im Hochvakuum oder durch chemische Reduktion von Metallsalzen. Das Metallisieren von Kunststoffoberflächen dient v.a. zum Schutz der Oberfläche vor Wärmeeinstrahlung oder zur Erhöhung des Wärmerückhaltevermögens.

Metallkunde, Teilgebiet der Werkstoffkunde, das sich mit den Eigenschaften und dem Aufbau der Metalle und Legierungen in festem und flüssigem Zustand **(allgemeine Metallkunde)** sowie mit ihrer technischen und wirtschaftlichen Verwendung **(angewandte Metallkunde)** befasst.

Metallocene, Klasse von Katalysatoren (organische Verbindungen mit Sandwichstrukturen), die bei der Herstellung von Kunststoffen, v.a. von Polypropylen und Polyethylen, den konventionellen Ziegler-Natta-Katalysatoren in der katalytischen Wirkung um das Zehn- bis Hundertfache überlegen sind.

metall|organische Verbindungen, Organometallverbindungen, organische Verbindungen, bei denen ein Metallatom direkt an ein Kohlenstoffatom gebunden ist. Sie werden aus Metallen oder Metalllegierungen durch Umsetzung mit Alkylhalogeniden oder anderen metallorganischen Verbindungen hergestellt. In der präparativen Chemie werden v.a. Grignard-Verbindungen (→Grignard-Reaktionen) und Lithiumalkyle angewandt.

Metallspritzverfahren, thermisches Spritzverfahren zur Herstellung von Metallüberzügen (Korrosions- und Verschleißschutz) durch Aufspritzen des in einer Gasflamme, in einem Lichtbogen oder im Plasma erschmolzenen Metalls. Beim →Flammspritzen werden vorwiegend Zink und Aluminium als Spritzmetalle verwendet, während das **Lichtbogenspritzen** und **Plasmaspritzen** zum Auftragen hochschmelzender Werkstoffe (z.B. Wolfram, Molybdän) benutzt wird.

Metallurgie [französisch, zu griechisch metallourgeĩn »Metalle verarbeiten«] *die,* führender Wirtschaftszweig, der sich mit der Metallgewinnung aus Erzen und Altmetallen, mit ihrer Reinigung (Raffination), Legierung und Weiterverarbeitung zu Halbzeug sowie gegossenen und gewalzten Fertigerzeugnissen befasst. Man unterscheidet die Eisen- und Nichteisenmetallurgie, außerdem die Pyro-(Schmelz-)Metallurgie, die Hydro-(Nass-)Metallurgie, die Elektro-, Vakuum- und Pulvermetallurgie.

Metamerie [griechisch] *die,* **Segmentierung,** *Zoologie:* Gliederung eines Tierkörpers in hintereinander liegende, von ihrer Anlage her gleichartige Abschnitte **(Metamere, Segmente),** z.B. beim Regenwurm, die schon äußerlich an der Ringelung erkennbar ist.

Metamorphose [griechisch] *die,* **1)** *Botanik:* Umwandlung von Grundorganen unter Funktionswechsel im Laufe der Evolution, z.B. von Blättern, Sprossachsen oder Wurzeln zu Ranken, Dornen oder Knollen.

2) *Zoologie:* die indirekte Entwicklung vom Ei zum geschlechtsreifen Tier durch Einschaltung selbstständiger Larvenstadien. Eine vollkommene Verwandlung **(Holometabolie)** kommt u.a. bei Käfern, Flöhen und Schmetterlingen vor. Die Larvenstadien unterscheiden sich in Gestalt und Lebensweise vom voll entwickelten Insekt (Imago), wobei diesem ein Ruhestadium (die Puppe) vorausgeht. Bei der unvollkommenen Verwandlung **(Hemimetabolie),** z.B. bei Libellen, geht das letzte Larvenstadium ohne Puppenruhe in die Imago über.

Metaphase [griechisch], Stadium der Mitose.

metastabile Zustände, *Quantenmechanik:* Anregungszustände eines Atoms, Moleküls, Festkörpers oder Atomkerns, die nicht oder nur mit sehr geringer Wahrscheinlichkeit unter Ausstrahlung eines Photons in einen der energieärmeren Zustände übergehen, sodass sie, verglichen mit anderen Anregungszuständen, eine sehr große mittlere Lebensdauer haben.

Metathese [griechisch »Umstellung«], *Chemie:* **Olefinmetathese,** Reaktion der organischen Chemie, bei der Kohlenstoff-Kohlenstoff-Doppelbindungen aufgespalten werden und die Bestandteile eines Moleküls sich neu ordnen (Atome tauschen im Molekül die Plätze). Bei der Metathese werden also Alkene (Olefine) gecrackt (→Cracken) und neue Olefine aufgebaut. Der französische Chemiker Yves Chauvin klärte 1971 die Theorie der Metathese auf und erhielt dafür 2005 gemeinsam mit den Amerikanern Richard Schrock und Robert Grubbs den Nobelpreis für Chemie. Letztere hatten 1990 beziehungsweise 1992 effiziente Katalysatoren für die Metathese entwickelt (metallorganische Verbindungen, v.a. Wolfram-, Molybdän- oder Rheniumkatalysatoren) und ihr damit zum Durchbruch in der chemischen Industrie verholfen.

Metazentrum, *Schifffahrt:* Schnittpunkt, den die Wirkungslinie der Auftriebskraft eines schwimmenden Körpers, besonders eines Schiffes, bei schräger Lage mit dessen senkrechter Mittelachse bildet. Das Metazentrum muss höher als der Schwerpunkt liegen, damit der Körper stabil schwimmt beziehungsweise das Schiff nicht kentert.

Metazoa [griechisch], **Metazoen, Vielzeller,** Unterreich des Tierreichs, dem alle Tiere angehören, deren Körper aus zahlreichen Zellen zusammengesetzt sind, die Gewebe und

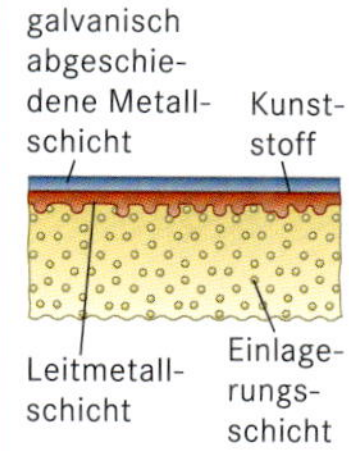

Metallisieren. Querschnitt eines metallisierten zweiphasigen Kunststoffs (Schema)

990

Metallurgie. Kupferkies muss auf mindestens 1200 °C erhitzt werden. Die meisten geförderten Kupfererze müssen wegen ihres geringen Kupfergehaltes zunächst angereichert werden, bevor sie verhüttet werden können.

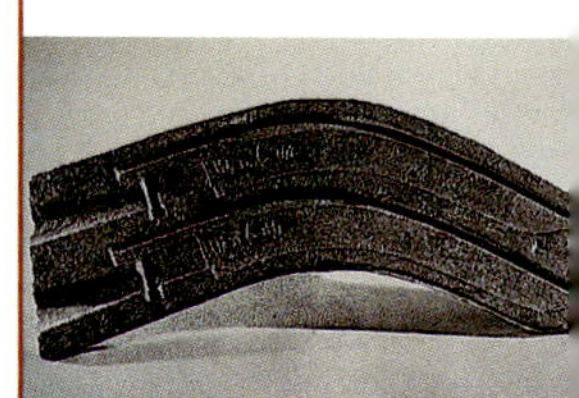

Metallurgie. Gussform für zwei Eisensicheln aus China (8. Jh. v. Chr.)

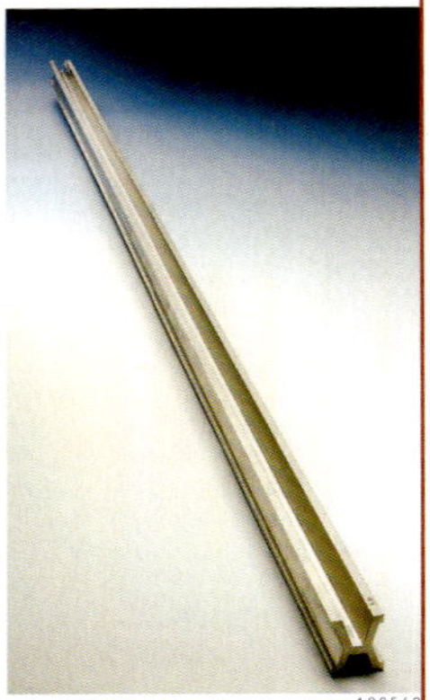

Meter.
Ein Platin-Iridium-Stab mit x-förmigem Querschnitt, auf dem zwei eingeritzte Linien das Längenmaß festhalten: der Urnormal, an dem sich die Wissenschaft noch bis 1960 orientierte

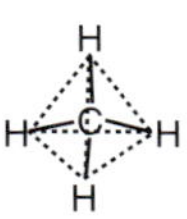

Methan.
Das Molekül ist tetraedrisch aufgebaut; alle vier Wasserstoffatome sind kovalent an das Kohlenstoffatom gebunden und bilden mit diesem Bindungswinkel von jeweils 109,5 °.

Organe sowie eine Differenzierung in Körperzellen und Keimzellen aufweisen; Gegensatz: Protozoen (Einzeller).

Meteorologie [griechisch] *die,* **Wetterkunde,** die Wissenschaft von der Physik der Erdatmosphäre (Teilgebiet der Geophysik), nämlich der physikalischen Erscheinungen in der Lufthülle und ihren Wechselwirkungen mit der festen und flüssigen Erdoberfläche und dem Weltraum sowie vom Wettergeschehen (neuerdings zunehmend eingeschränkt auf die Atmosphäre bis etwa 100 km Höhe).

Meteosat, Abkürzung für englisch **Meteo**rological **Sat**ellite, Bezeichnung für europäische geostationäre Wettersatelliten der ESA. Meteosat 1, 1977 gestartet, sendete bis November 1979. Darauf folgten Meteosat 2 bis Meteosat 7, wobei heute Aufnahmen im sichtbaren, infraroten und Wasserdampfspektralbereich gemacht werden.

Meter [französisch mètre, von griechisch métron »Maß«] *das* oder *der,* Einheitenzeichen **m,** eine Längeneinheit. Das Meter ist eine Basiseinheit des internationalen Einheitensystems (→SI-Einheiten). Das Meter sollte ursprünglich der 10-millionste Teil eines Erdmeridianquadranten sein (**Meterkonvention** 1875); das in Sèvres aufbewahrte **Urnormal** aus Platin-Iridium weicht jedoch hiervon geringfügig ab. 1960 wurde das Meter über die Vakuumwellenlänge λ der orangeroten Spektrallinie des Kryptonisotops ^{86}Kr definiert ($1\,m = 1\,650\,763{,}73\,\lambda$). Um eine wesentliche Steigerung der Genauigkeit des Längenstandards zu erzielen, hat die 17. Generalkonferenz für Maß und Gewicht am 20. 10. 1983 beschlossen, auf einen unabhängigen Längenstandard zu verzichten und das Meter von der Basiseinheit der Zeit abzuleiten: Das Meter ist die Länge der Strecke, die das Licht im Vakuum während der Dauer von 1/299 792 458 Sekunden zurücklegt.

Meter-Kilogramm-Sekunde-Ampere-System [-amˈpɛːr-], Abkürzung **MKSA-System,** ein →Maßsystem.

Meterkonvention, Staatsvertrag, der am 20. 5. 1875 in Paris unter maßgeblicher Beteiligung des Deutschen Reiches durch die Vertreter von 17 Staaten unterzeichnet wurde; der Meterkonvention gehören heute rd. 50 Staaten an. Die Meterkonvention dient der Vervollkommnung und Verbreitung der →metrischen Einheiten. Organe sind u. a. die →Generalkonferenz für Maß und Gewicht und das Internationale Büro für Maß und Gewicht in Sèvres bei Paris, wo u. a. der Meterprototyp aufbewahrt wird.

Meterwellen, →Ultrakurzwellen.

Methan [zu Methyl] *das,* einfachster Kohlenwasserstoff aus der Gruppe der Alkane. Das farblose, bläulich brennende Gas hat einen Brennwert von 39,8 MJ/m^3. Es bildet sich durch Pyrolyse oder anaerobe bakterielle Zersetzung aus organischen Substanzen und ist deshalb wesentlicher Bestandteil von Erd-, Raffinerie-, Kokerei-, Bio-, Grubengas u. a. Methan entsteht auch durch Methanisierung, bei der →Kohlevergasung und →Kohlehydrierung. Riesige Mengen (geschätzte zwölf Trillionen Tonnen) lagern in Form von **Methanhydrat** auf dem Meeresboden. Für deren Bergung gibt es bislang noch kein Mittel. Es wird meist in Gemischen mit anderen Gasen als Brenngas verwendet. Als chemischer Rohstoff dient es zur Herstellung von Synthesegas, Blausäure, Acetylen und Chlormethanen.

Methan Reiches Leben an Methanquelle

Im Tiefseegraben vor der Küste Costa Ricas – an der Nahtstelle zwischen Ozean und Kontinent – entweicht Methan. Hier, 1 000 m unter dem Meeresspiegel, entdeckten Meereswissenschaftler 2005 mit einem Tiefseetauchboot eine reiche Tierwelt. Deren Lebensgrundlage bildet nicht das Licht, wie es in oberflächennahen Arealen der Fall ist, sondern das Methan, das in diesem Bereich aus einem Schlammvulkan am Meeresboden an die Oberfläche drängt.

Spezialisierte Mikroorganismen setzen Methan zur Energiegewinnung mit Sulfat zu Kohlenstoffdioxid und Sulfid um und bilden einen weißen Bakterienrasen auf dem Ozeanboden. Dieser Rasen wird von Tiefseekrebsen abgeweidet. Das von den Bakterien gebildete Sulfid ist die Grundlage für andere, fadenförmige Bakterien sowie für bestimmte Muscheln. Weitere Nutznießer des Sulfids sind Röhrenwürmer, die dort an einem unterseeischen Hang ein weit ausgedehntes Feld besiedeln und Wohnröhren von bis zu 1,5 m Länge bilden. Inmitten des unwirtlichen, lebensfeindlichen Umfelds auf dem Meeresboden ist an der Methanquelle also eine Insel des Lebens entstanden.

Methan gehört zu den Spurengasen, die zum →Treibhauseffekt beitragen. Der Methangehalt der Atmosphäre hat sich seit 1850 auf 1,7 ppm verdoppelt. Als Ursachen dafür werden die Verstärkung von Reisanbau (Sumpfgas) und Viehhaltung (Methanbildung im Pansen von Wiederkäuern) sowie das Entweichen von Deponiegasen angesehen. Methan ist der Hauptbestandteil in den Atmosphären der Planeten Jupiter, Saturn, Uranus und Neptun und kommt auch außerhalb unseres Sonnensystems vor. Es war Bestandteil der Uratmosphäre der Erde und wird im Erdinneren vermutet.

Methanal *das,* →Formaldehyd.

Methanol [Kunstwort aus Methan und Alkohol] *das,* **Methylalkohol,** der einfachste Alkohol, der als Methylester in vielen Pflanzenstoffen (z. B. im Lignin) enthalten ist; Methanol fällt deshalb auch bei der Holzverkohlung in Form von Holzgeist an. Methanol wird heute großtechnisch durch katalytische Umsetzung von Kohlenmonoxid beziehungsweise -dioxid mit Wasserstoff hergestellt. Das für die Methanolsynthese erforderliche →Synthesegas wird aus Erdgas oder Erdölrückständen gewonnen. Methanol ist eine farblose, brennbare Flüssigkeit, Dichte 0,787 g/cm^3 (bei 25 °C), Siedepunkt 64,5 °C. Es ist mit Wasser und organischen Lösungsmitteln mischbar. Zirka 90 % der weltweiten Methanolproduktion werden in der chemischen Industrie verwendet, der Rest dient als Energieträger: einerseits als Zusatz zu Vergaserkraftstoffen, um die Klopffestigkeit zu erhöhen, andererseits kann Methanol auch direkt als Kraftstoff genutzt werden, z. B. als Raketentreibstoff. Durch Veresterung mit Rapsöl wird zudem **Biodiesel** gewonnen. Als Träger von Wasserstoff ist Methanol heute für die Entwicklung von Brennstoffzellen von Interesse. Zu den wichtigsten Produkten der Chemieindustrie gehören Methyl-tert-butylether (Kraftstoffzusatz), Formaldehyd (Kunstharze), Essigsäure und Dimethylterephthalat (Polyesterfasern). Außerdem hat es als Lösungsmittel Bedeutung und zukünftig wohl auch als Kohlenstoffquelle für die Herstellung von synthetischen Proteinen. Daneben hat es als Lösungsmittel Bedeutung. **Methanolvergiftungen** können nach Einnahme von 5–15 g Methanol eintreten, die tödliche Dosis beträgt beim Erwachsenen 50–150 g. Vergiftungserscheinungen: Übelkeit, Erbrechen, heftige Leibschmerzen, Bewusstlosigkeit, Tod durch Atemlähmung. Sehstörungen können zu dauernder Erblindung führen.

Methanzahl, Abkürzung **MZ,** Maß für die Zündneigung und Klopffestigkeit gasförmiger Kraftstoffe, vergleichbar der →Oktanzahl bei flüssigen Kraftstoffen.

Methin..., Bezeichnung der chemischen Nomenklatur für die Kohlenwasserstoffgruppe $=CH-$.

Methionin *das,* Abkürzung **Met,** schwefelhaltige essenzielle Aminosäure, chemisch 2-Amino-4-(methylthio)buttersäure.

Methoxy..., Bezeichnung der chemischen Nomenklatur für die vom Methanol abgeleitete einbindige Atomgruppierung $-O-CH_3$.

Methyl..., Bezeichnung der chemischen Nomenklatur für die vom Methan abgeleitete einbindige Kohlenwasserstoffgruppe $-CH_3$.

Methyl|alkohol, →Methanol.

Methyl|amino..., Bezeichnung der chemischen Nomenklatur für die Atomgruppe $-NH-CH_3$.

Methylcellulose, →Celluloseether.

Methylen..., Bezeichnung der chemischen Nomenklatur für die zweibindige Kohlenwasserstoffgruppe $-CH_2-$.

Methylierung *die,* Einführung der Methylgruppe $-CH_3$ in organischen Verbindungen. Gebräuchliche Methylierungsmittel sind u. a. Methylhalogenide (z. B. Methyljodid), Schwefel- oder Sulfonsäuremethylester (z. B. Dimethylsulfat) und Diazomethan. Methylierungsmittel sind wirksame →Mutagene, Krebs erregend und können Fehlbildungen hervorrufen.

Im Stoffwechsel werden durch Methyltransferasen (Methylasen, Transmethylasen) Methylgruppen übertragen (Transmethylierung), die aus dem durch ATP aktivierten Methionin stammen. Die Methylierung von Cytosinbausteinen der DNA (DNA-Methylierung) spielt eine wichtige Rolle bei der Inaktivierung von Genen (Epigenetik), bei Bakterien dient sie v. a. dem Schutz der DNA vor Abbau durch Restriktionsenzyme.

Methyl|orange [-ɔrãʒ] *das,* **Helianthin,** als Säure-Base-Indikator verwendeter Azofarbstoff, der im pH-Bereich 3,0–4,4 von Rot (sauer) nach Gelb (basisch) umschlägt.

Methylrot, als Säure-Base-Indikator verwendeter Azofarbstoff, der im pH-Bereich 4,4–6,2 von Rot (sauer) nach Gelbgrün (basisch) umschlägt.

Methyl-tert.-butyl|ether, Abkürzung **MTB, MTBE,** farblose Flüssigkeit, die großtechnisch aus Isobuten und Methanol hergestellt und als →Antiklopfmittel (5–15 % in Benzin) besonders in unverbleiten Ottokraftstoffen verwendet wird.

Metrik, *Physik:* der durch Längenmessungen zu ermittelnde Maßzusammenhang des →Raumes, der nach der allgemeinen Relativitätstheorie nicht mehr genau den Gesetzen der elementaren (euklidischen) Geometrie entsprechen muss. Nach A. Einstein ist die Metrik des Raumes in ähnlicher Weise wie das elektromagnetische Feld als ein physikalisches (metrisches) Feld aufzufassen, das Kraftwirkungen auf die darin befindliche Materie ausübt.

metrische Einheiten, die Einheiten eines ursprünglich auf dem Meter, später auf dem

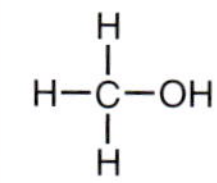

Methanol

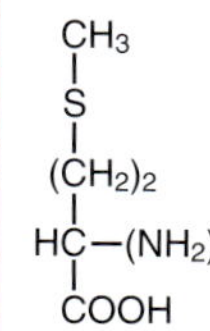

Methionin

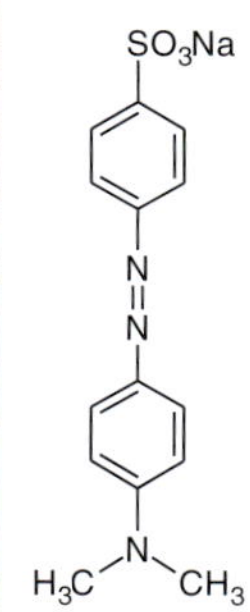

Methylorange

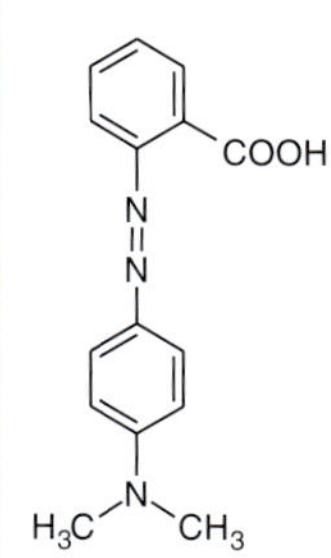

Methylrot

$(CH_3)_3C-O-CH_3$

Methyl-tert.-butylether

Meter und dem Kilogramm aufgebauten →Maßsystems mit dezimaler Teilung. Dieses **metrische System** wurde später durch Hinzunahme der Zeiteinheit Sekunde als 3. Basiseinheit erweitert und nach den Anfangsbuchstaben der Basiseinheiten auch **MKS-System** genannt. Die metrischen Einheiten werden in allen der →Meterkonvention angeschlossenen Ländern benutzt. Ihre Weiterentwicklung führte zu den →SI-Einheiten.

Metrologie [griechisch] *die,* die Wissenschaft vom →Messen.

Mẹtschnikow, Ilja (Elias) Iljitsch, russischer Zoologe und Bakteriologe, * Iwanowka (Gebiet Charkow, Ukraine) 15. 4. 1845, † Paris 15. 8. 1916; arbeitete u. a. über Cholerabakterien, deren Gifte und über Immunität; entdeckte 1883, dass in den Körper eingedrungene Bakterien von weißen Blutkörperchen (→Phagozytose) aufgenommen und vernichtet werden. Mit Paul Ehrlich erhielt er für seine Arbeiten zur Immunität 1908 den Nobelpreis für Physiologie oder Medizin.

MeV, Einheitenzeichen für Megaelektronvolt, 1 MeV = 10^6 eV (→Elektronvolt).

Meyer, Lothar, deutscher Chemiker, * Varel 19. 8. 1830, † Tübingen 11. 4. 1895; Professor in Eberswalde (1866–68), Karlsruhe und Tübingen (ab 1876).

Meyer beschäftigte sich mit chemischen Reaktionen der Halogene Chlor, Brom und Jod und führte Nitrierungen aromatischer Verbindungen durch. 1865 schlug er eine ringförmige Struktur des Benzols vor, in der die sechs freien Valenzen der Kohlenstoffatome in die Mitte ausgerichtet sind. Meyer stellte 1869 unabhängig von Dimitri Mendelejew ein →Periodensystem der chemischen Elemente auf. Er erkannte, dass das Atomvolumen der damals 57 bekannten Elemente in periodischer Weise von deren Atomgewicht abhängig ist. Diese Abhängigkeit stand zudem in enger Beziehung zu Eigenschaften wie Säuren-Basen-, Metallcharakter oder elektrochemischem Verhalten der Elemente. Als Ursache für die Periodizität der Eigenschaften der Elemente vermutete Meyer eine innere Struktur der Atome. 1883 berechnete er die Atomgewichte neu. 1887 war er an der Gründung der »Zeitschrift für physikalische Chemie« beteiligt.

Lothar Meyer
*** 1830, † 1895**

100880

■ stellte ein Periodensystem der chemischen Elemente auf

Meyerhof, Otto, deutscher Biochemiker, * Hannover 12. 4. 1884, † Philadelphia (Pennsylvania) 6. 10. 1951; 1921–24 Professor in Kiel, danach am Kaiser-Wilhelm-Institut für Biologie in Berlin, 1929–38 in Heidelberg; nach Emigration und Aufenthalt in Paris ab 1940 Professor in Philadelphia (Pennsylvania). Seine Forschungen brachten wichtige Erkenntnisse über den intermediären Kohlenhydratstoffwechsel und über die enzymatischen Vorgänge in den Muskelzellen. 1933 entwarf er, unabhängig von Gustav Embden (* 1874, † 1933), ein neues Schema der Glykolyse und der alkoholischen Gärung. Bereits 1922 erhielt er für die Entdeckung gesetzmäßiger Verhältnisse zwischen dem Sauerstoffverbrauch und dem Milchsäureumsatz in Muskeln den Nobelpreis für Physiologie oder Medizin (mit Archibald Hill).

mg, Einheitenzeichen für Milligramm, 1 mg = 0,001 g.

Mg, chemisches Symbol für →Magnesium.

MHD, Abkürzung für →**M**agneto**h**ydro**d**ynamik.

MHD-Generator, Kurzbezeichnung für →**m**agneto**h**ydro**d**ynamischer Generator.

MHP [emeɪtʃˈpiː; Abkürzung für englisch **m**ultimedia **h**ome **p**latform] *die,* auf der Programmiersprache Java basierendes Softwarepaket als allgemein zugängliche technische Lösung für neuartige multimediale Anwendungen (Programme, Dienste) im Rahmen des DVB-Standards für →digitales Fernsehen. MHP definiert eine Softwareschnittstelle zwischen digitalen Anwendungen und den Endgeräten, auf denen sie laufen sollen, und wird in DVB-Empfängern und Multimedia-PCs implementiert. MHP vereint die Vorteile des digitalen Fernsehens mit Anwendungen wie →interaktives Fernsehen, elektronischer Programmführer (→EPG), E-Mail und Internet. Dadurch können Multimediaangebote und Internetdienstleistungen über die →Set-Top-Box auf jedem Empfänger genutzt werden. Die ersten Empfangsgeräte für digitales Fernsehen mit MHP wurden 2001 vorgestellt. MHP konnte sich in Deutschland aber bisher noch nicht durchsetzen, der Anteil MHP-fähiger Receiver liegt bei den DVB-Boxen unter 0,1 %.

MHz, Einheitenzeichen für Megahertz, 1 MHz = 10^6 Hz.

Micẹllen [von lateinisch mica »Krümchen«], **Mizellen,** *Chemie:* →Kolloide.

Mịchel, Hartmut, deutscher Biochemiker, * Ludwigsburg 18. 7. 1948; wurde 1987 Abteilungsleiter und Direktor am Max-Planck-Institut für Biophysik in Frankfurt am Main. 1988 erhielt er für die Bestimmung der dreidimensionalen Struktur des fotosynthetischen Reaktionszentrums eines Bakteriums den Nobelpreis für Chemie (mit Johann Deisenhofer und Robert Huber).

565

Hartmut Michel

Michelson [ˈmaɪkəlsn], Albert Abraham, amerikanischer Physiker, * Strelno (heute Strzelno, bei Posen) 19. 12. 1852, † Pasadena (Kalifornien) 9. 5. 1931; entwickelte das →Michelson-Interferometer, dessen Aufbauprinzip für zahlreiche Interferenzgeräte genutzt wird; führte damit ab 1881 Versuche durch **(Michelson-Versuch, Michelson-Morley-Versuch),** die die Unabhängigkeit der Lichtgeschwindigkeit von der Erdbewegung bewiesen (→Relativitätstheorie), ab 1887 teilweise zusammen mit Edward W. Morley (* 1838, † 1923); benutzte die Interferenzerscheinungen des Lichts zu Präzisionsmessungen (Lichtgeschwindigkeit,

Sterndurchmesser, interferometrische Bestimmung des Meternormals). Michelson erhielt 1907 den Nobelpreis für Physik.

Michelson-Interferometer ['maɪkəlsn-; nach A. A. Michelson], ursprünglich zum Nachweis der Erdbewegung relativ zu einem hypothetischen Äther (Michelson-Versuch) entwickeltes Interferometer. Das einfallende Lichtbündel wird an einer Teilerfläche in zwei Teilstrahlen zerlegt, die nach der Reflexion an zwei Planspiegeln durch die Teilerfläche wieder vereinigt werden. Je nach der Orientierung des virtuellen Bildes des einen Spiegels zum anderen entstehen dabei Interferenzen gleicher Neigung oder gleicher Dicke, die z. B. mit einem Mikroskop beobachtet werden können. Anwendung u. a. in der Interferenzspektroskopie, -mikroskopie und -längenmessung.

Microbodies ['maɪkrəʊbɔdɪz, griechisch-englisch], *Biologie:* Zellorganellen z. B. →Peroxysomen, die verschiedene Oxidasen enthalten.

Mịcrofaser®, Chemiefaser (v. a. Polyester, Polyamid), die feiner ist als alle natürlichen Faserarten. Die Feinheit von Fasern wird in Dezitex (dtex) angegeben; das Maß 1 dtex sagt aus, dass ein Gramm eines Fadens 10 000 m lang ist. Die Feinheit von Microfasern® ist kleiner als 1 dtex. Aus Microfasern® hergestellte Textilien zeichnen sich durch sehr gutes Wärmerückhaltevermögen, guten Feuchtetransport und Atmungsaktivität aus.

Mie-Streuung [nach dem deutschen Physiker Gustav A. L. Mie, * 1868, † 1957], Erscheinung, dass bei der Lichtstreuung an Teilchen, deren Durchmesser in der Größenordnung der Lichtwellenlänge ist, mit wachsendem Durchmesser die Streuintensität in Vorwärtsrichtung stärker zunimmt als in Rückwärtsrichtung. Die Mie-Streuung hängt im Gegensatz zur →Rayleigh-Streuung von den Materialeigenschaften der streuenden Teilchen ab. Sind z. B. die Dunstteilchen der Atmosphäre so beschaffen, dass die Lichtstreuung weitgehend eine Mie-Streuung ist, so tritt an die Stelle des blauen Himmelslichts weißes.

Mịgnonzelle [mi'ɲɔ̃-], dünne, kleine, längliche Batterie, Typ einer Monozelle.

Migratiọn [lateinisch »(Aus)wanderung«, zu migrare »wandern«] *die, Biologie:* Form des Ortswechsels (Mobilität), bei der Einzelne oder Gruppen den Siedlungsraum ihrer Population verlassen oder wechseln.

Mikro, Vorsatzzeichen µ, Vorsatz vor Einheiten für den Faktor 10^{-6} (Millionstel); z. B. 1 Mikrogramm = 1 µg = 10^{-6} g = 0,001 mg.

Mikroaktor, miniaturisiertes Wandlerelement, das elektrische oder thermische Energie in eine Bewegung umwandelt, hergestellt mit Methoden der →Mikrotechnik. Mikroaktoren nutzen elektrostatische oder elektromagnetische Kräfte, Volumenänderungen durch Temperaturänderungen, den Piezo- (→Piezoelektrizität) oder den Formgedächtniseffekt (→Formgedächtnislegierungen) bestimmter Materialien.

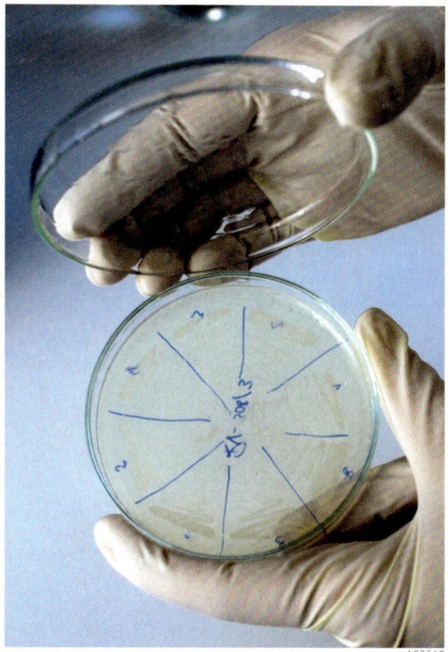

100562

Mikrobiologie.
Blick in eine Petri-Schale mit einer beimpften Bakterienkultur

Mịkroanalyse, Untersuchung extrem kleiner Stoffproben im Unterschied zur →Spurenanalyse, bei der in der Regel in großen Probenportionen kleine Gehalte (unter 1 Promille) zu bestimmen sind. Die Probenmassen liegen bei der Mikroanalyse zwischen etwa 0,1 und 1 mg, bei der Halbmikroanalyse zwischen 1 und 10 mg und bei der Ultramikroanalyse oder Submikroanalyse unter 0,1 mg. Angewendet wird die Mikroanalyse v. a. bei seltenen Mineralien, kostbaren Funden (Fossilien, Kunstwerkprüfung), in der forensischen Chemie oder bei der Analyse von Vitaminen und Hormonen.

Mikrọben, →Mikroorganismen.

mikrobiẹll [griechisch-neulateinisch], durch Mikroben verursacht.

Mịkrobiologie, Wissenschaft von den Mikroorganismen; mit den Teilgebieten Bakteriologie (Bakterien), Mykologie (Pilze), Phykologie (Algen), Protozoologie (Einzeller), Virologie (Viren). Von der allgemeinen Mikrobiologie haben sich verschiedene Spezialdisziplinen abgezweigt, z. B. die **medizinische Mikrobiologie,** die sich besonders mit der Untersuchung von Krankheitserregern beim Menschen befasst, und die **industrielle Mikrobiologie,** (auch →Biotechnologie) die sich mit der Nutzung von Mikroorganismen für die Produktion bestimmter Nahrungs-, Genuss- und Arzneimittel beschäftigt.

Mịkrochemie, Zweig der Chemie, der mit mikroanalytischen Methoden arbeitet; →Mikroanalyse.

100001

Mikroelektronik. In Miniaturbauweise ausgeführte elektronische Schaltung; die flachen Leiterzüge bilden zusammen mit der Isolierstoffplatte eine Leiterplatte (Platine).

Mikrochip [-tʃɪp], umgangssprachlich für →Chip.

Mikrocomputer [-kɔmpju:tər], **Mikrorechner,** Sammelbezeichnung für Computer mit einem →Mikroprozessor als Zentraleinheit. Dabei kann es sich sowohl um Universalrechner (z. B. Workstation) handeln als auch um Rechner für Spezialaufgaben (z. B. zur Prozesssteuerung).

Mikro|elektronik, Teilgebiet der (Halbleiter-)Elektronik, das sich mit Entwurf, Entwicklung, Herstellung und Anwendung →integrierter Schaltkreise (Abkürzung IC) befasst. Historisch haben sich für die Fertigung von ICs verschiedene Realisierungstechniken (mit den entsprechenden →Schaltkreisfamilien) herausgebildet. Durch neue Entwurfs- und Fertigungsverfahren haben Anwender heute die Möglichkeit, auch bei kleineren Stückzahlen spezielle kunden- oder anwendungsspezifische ICs rentabel einzusetzen (→ASIC).

Mikrofluidik, Forschungsgebiet, das sich mit der Herstellung von Mikrostrukturen und -systemen befasst, die für fluidische Vorgänge relevant sind. Mikrofluidische Bauteile können Kanalstrukturen (Kapillaren) oder Hohlräume (Küvetten) mit kleinsten Abmessungen sein, die z. B. als Mikrotiterplatten in der biomedizinischen Analytik oder als Düsenplatten bei Tintenstrahldruckern oder Medikamentenzerstäubern eingesetzt werden. Zu den mikrofluidischen Strukturen zählen auch Mikropumpen, -ventile oder Durchflusssensoren, die auf Membranen aufgebaut sind und thermisch oder mit Piezoaktoren angetrieben werden. Mikrofluidische Systeme sind z. B. in der Medizintechnik Medikamentendosiersysteme.

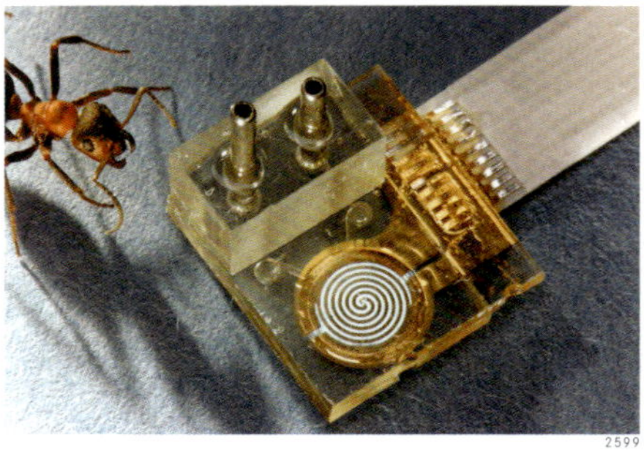

2599

Mikrofluidik. Mikromembranpumpe im Größenvergleich zu einer Ameise

Mikrofon [englisch, zu griechisch phōnḗ »Stimme«, »Ton«] *das,* kurz **Mikro,** Anordnung zum Umwandeln von Schall in elektrische Wechselspannungen. Der auftreffende Schall erregt eine dünne Membran zu mechanischen Schwingungen, die von einem elektroakustischen Wandler in Tonfrequenzspannungen umgewandelt werden. Man unterscheidet elektrostatische, elektrodynamische und piezoelektrische Mikrofone.

■ **Mikrofontypen** Im **elektrostatischen Mikrofon (Kondensatormikrofon)** bilden Membran und Gegenelektrode einen Kondensator, dessen Kapazität sich entsprechend dem auftreffenden Schalldruck ändert und bei anliegender Gleichspannung am Ladewiderstand eine Wechselspannung erzeugt. Eine Sonderform ist das **Elektretmikrofon,** das aufgrund seiner kleinen Abmessungen u. a. als Ansteckmikrofon verwendet wird. Im **elektrodynamischen Mikrofon (Tauchspulmikrofon)** bewegt die Membran eine Spule im Luftspalt eines Dauermagneten und induziert eine elektrische Spannung. Im **piezoelektrischen Mikrofon (Kristallmikrofon)** wandelt ein piezoelektrischer Wandler (z. B. aus Bariumtitanat) die Membranschwingungen in elektrische Spannungen um. Bei **Richtmikrofonen** erreichen die Schallwellen die Membran von vorn und durch eine Öffnung im Gehäuse auch von hinten. Durch die entstehende Bevorzugung bestimmter Richtungen können erwünschte von unerwünschten Schallereignissen getrennt werden. Die häufigsten Richtcharakteristiken von Mikrofonen haben Kugel-, Nieren- (z. B. für die Aufnahme zweier gegenüberliegender Schallereignisse), Achter- (z. B. zur Unterdrückung der Publikumsgeräusche bei Liveübertragungen) oder Keulenform.

Mikrofotografie, fotografisches Aufnahmeverfahren oder fotografische Aufnahme eines Objekts, dessen Einzelheiten nur unter dem Mikroskop erkennbar sind, mithilfe eines (Licht- oder Elektronen-)Mikroskops und (fest) verbundener Kamera.

Mikrohärte, Bereich der Vickers-Härte bei der Härteprüfung von Werkstoffen. Die **Mikrohärteprüfung** erfolgt mit Diamantprüfkörpern, die mit geringer Last (0,01 – 2 N) in die zu prüfende Oberfläche eingedrückt werden. Die Eindrücke werden unter dem Mikroskop ausgemessen. So lässt sich die Härte kleinster Bereiche, einzelner Kristalle und dünner Schichten bestimmen.

Mikrokosmos, *Biologie:* die Welt der Kleinlebewesen.

Mikromechanik. Wabenförmige Mikrostruktur im Vergleich mit einem Fliegenbein

Mikromechanik, Forschungsgebiet, das sich mit der Herstellung von Mikrostrukturen und -systemen befasst, die eine mechanische Funktion erfüllen. Mikromechanische Strukturen werden mit Methoden der →Mikrotechnik hergestellt. Sie dienen entweder als Haltestrukturen zur Aufnahme miniaturisierter Bauteile (z. B. Glasfasern) oder werden als bewegliche Elemente realisiert (Zungen, schwingende Strukturen, Mikromotoren), z. B. mithilfe der →Oberflächenmikromechanik. Beispiele für Systeme der Mikromechanik sind Sensoren für Anwendungen in der Automobiltechnik, elektrostatische und elektromagnetische Linearantriebe (→Mikroaktoren), Mikromotoren, Zahnräder für Mikrogetriebe, Greiferstrukturen, bimorphe Strukturen zur Temperaturmessung oder piezoelektrische Schichtstrukturen zur Dehnungs- oder Spannungsmessung.

Mikromechanische Strukturen können zusammen mit der mikroelektronischen Schaltung auf einem Substrat gefertigt werden. Solch ein integrierter Aufbau vermindert die Fertigungskosten und verringert die Störanfälligkeit.

Mikrometer, Längeneinheit, Einheitenzeichen **µm**; 1 µm = 10^{-6} m = 0,001 mm.

Mikrominiaturisierung, *Halbleitertechnik:* Verkleinerung (→Miniaturisierung) der Strukturelemente monolithischer integrierter Schaltkreise bis an die Grenzen der Maskentechnik, die durch Beugung der verwendeten Strahlen gegeben ist. Mit Lichtoptik erreicht man Strichbreiten < 0,2 µm, mit Röntgenstrahlbelichtung < 0,1 µm und mit Elektronenstrahlbelichtung < 20 nm. Durch die Mikrominiaturisierung elektronischer Schaltkreise erzielte Vorteile liegen in der Verkürzung der Schaltzeiten und Erhöhung der Grenzfrequenz infolge kürzerer Verbindungen auf dem Chip sowie in der Reduzierung des Leistungsverbrauchs und der Erhöhung der Zuverlässigkeit.

Mikron [griechisch] *das,* **My,** Einheitenzeichen **µ,** veraltete Bezeichnung für →Mikrometer (µm).

Mikronukleus, 1) *Biologie:* bei Wimperntierchen der Kleinkern.

2) *Genetik:* Bezeichnung für durch Chromosomenbruch entstandenes kleines, neben dem Zellkern liegendes Kernfragment.

Mikrooptik, Forschungsgebiet, das sich mit der Herstellung von Mikrostrukturen und -systemen befasst, die eine optische Funktion erfüllen. Die Mikrooptik umfasst Komponenten und Systeme der →integrierten Optik und der →Optoelektronik, die mit Methoden der Mikrotechnik realisiert werden; Materialien sind v. a. Glas, Silizium, III-V-Halbleiter und Polymere. – Beispiele für mikrooptische Systeme sind kleinste Linsen oder Linsenarrays, Mikroprismen und Lichtwellenleiterbauelemente, wie Koppler, Verzweiger oder Abschwächer. Neben der optische Informationsübertragung findet die Mikrooptik Anwendung in der Sensorik, z. B. als Mikrospektrometer, Abstands- oder Erkennungssensor. – Werden mikrooptische Strukturen mit Mikroaktoren kombiniert, spricht man von **MOEMS** (englisch für micro-opto-electro-mechanical-systems). Dies sind z. B. Kippspiegel zur Realisierung von Mikrolaserscannern und Umlenkprismen an →Mikroaktoren für optische Schalter.

Mikrooptik. Mikrooptische Bank mit unterschiedlichen mikrooptischen Elementen

Mikro|organismen, Mikroben, meist einzellige Lebewesen, die wegen ihrer geringen Größe (im Bereich von nur wenigen µm) nur durch Vergrößerung im Mikroskop sichtbar gemacht werden können. Es gibt eukaryontische Mikroorganismen, die einen echten Zellkern besitzen (mikroskopisch kleine Pilze, Mikroalgen, Protozoen), und prokaryontische Mikroorganismen ohne echten Zellkern (Eubakterien, Archaebakterien, Cyanobakterien). Mikroorganismen haben Bedeutung u. a. als Krankheitserreger, als Symbionten, im natürlichen Stoffkreislauf, besonders im Boden.

Mikrophagen, im Wasser lebende Tiere, die durch Einstrudeln oder Filtrieren Kleinlebewesen unzerkleinert als Nahrung aufnehmen.

Mikrophysik, die Physik der atomaren und subatomaren Vorgänge; Gegensatz: →Makrophysik.

Mikropräparat, zur mikroskopischen Untersuchung angefertigtes botanisches oder zoologisches Präparat.

Mikroprozessor, miniaturisierter →Prozessor, der auf einem oder einigen wenigen integrierten Bausteinen (→Chip) untergebracht ist. Mikroprozessoren werden als →integrierte Schaltkreise meist in VLSI-Technik ausgeführt (→Integrationsgrad) und in der Regel in →MOS-Technik hergestellt.

Leistungsmerkmale eines Mikroprozessors sind u.a. Befehlsvorrat, Prozessorarchitektur, die Verarbeitungsbreite (z.B. 32- oder 64-Bit-Prozessor), die Taktzeit (die immer gleich lange, zyklisch aufeinander folgende Zeitspanne, die für die Abarbeitung der Befehle zur Verfügung steht) und die daraus abgeleitete Taktfrequenz, die in MHz beziehungsweise GHz gemessen wird (1 MHz entspricht 1 Mio. Zyklen pro Sekunde, 1 GHz entsprechend einer Mrd.). Derzeit werden Mikroprozessoren mit Taktfrequenzen über 3 GHz (Pentium®-4-Prozessor von Intel) sowie Dual-Core-Prozessoren mit zwei CPU-Kernen angeboten. Der Mikroprozessor wurde 1969 in den USA entwickelt und etwa seit 1972 kommerziell eingesetzt. Zu den bekanntesten Herstellern gehören **Intel** (Intel Corporation) und **AMD** (Advanced Micro Devices, Inc.), z.B. mit den Prozessorfamilien Pentium (Intel) und Athlon (AMD).

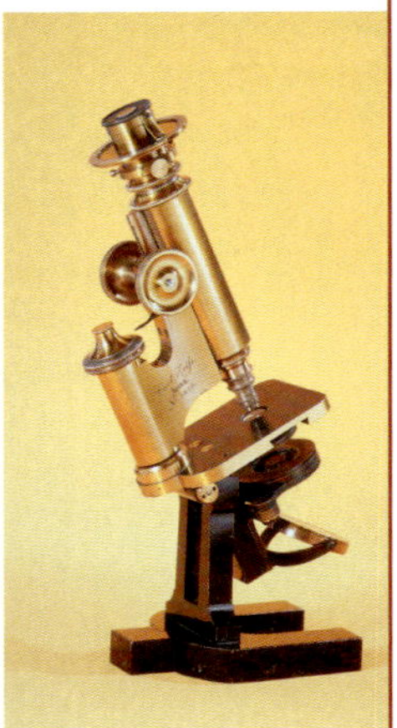

Mikroskop. Nach den Berechnungen von Ernst von Abbe hergestelltes Zeiß-Mikroskop, 1872

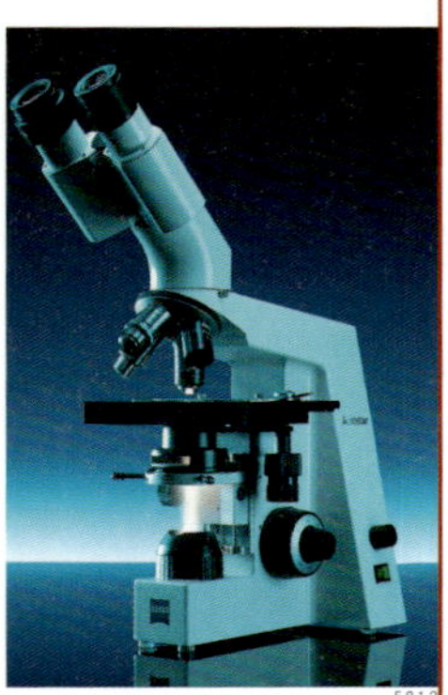

Mikroskop. Modernes Lichtmikroskop

Mikroskop, *Optik:* Gerät, mit dem kleine Gegenstände vergrößert betrachtet oder abgebildet werden, im engeren Sinn unter Verwendung von Lichtstrahlen (Lichtmikroskop).

■ **Aufbau und Theorie** Ein Mikroskop besteht im Wesentlichen aus zwei optischen Systemen, dem Objektiv und dem Okular, die durch einen Tubus miteinander verbunden sind, einer Beleuchtungseinrichtung sowie dem Objekttisch und Stativ zur Halterung der optischen Teile. Die Beleuchtungseinrichtung besteht in der Regel aus einer im Stativ eingebauten Mikroskopleuchte, die sich zum Kollektor (Linse oder Linsensystem dicht vor der Lampe) und der hinter diesem befindlichen Irisblende (Leuchtfeldblende) justieren lässt. Der Kondensator ist ein oft kompliziertes Linsen- oder Spiegelsystem, das die Leuchtfeldblende in die Objektebene abbildet. Zur Regelung der Beleuchtungsapertur ist eine verstellbare Aperturblende am Kondensator angebracht. Das Objektiv liefert (meist in Verbindung mit einer Tubuslinse) ein vergrößertes reelles Zwischenbild des Objekts, das mit dem Okular nochmals vergrößert betrachtet werden kann; zur Einstellung verschiedener Vergrößerungen können mithilfe eines Revolvers die optischen Systeme ausgetauscht werden. Für beidäugiges Sehen stattet man Mikroskope mit zwei Okularen (**Binokularmikroskope**) aus. Nach Art der Beleuchtung unterscheidet man **Durchlichtmikroskope,** bei denen dünne, transparente Objekte durchstrahlt werden, und **Auflichtmikroskope** zur Untersuchung der Oberfläche undurchsichtiger Körper. Für beide Mikroskope sind verschiedene Beleuchtungsstrahlengänge möglich: Im Gegensatz zur gewöhnlichen **Hellfeldbeleuchtung,** bei der das gesamte beleuchtende Licht in das Objektiv eindringt, erscheinen bei der **Dunkelfeldbeleuchtung** die Objekte nur in ihren Konturen, da das nicht am Objekt gebeugte Licht am Objektiv vorbeigeführt wird.

■ **Vergrößerung und Auflösungsvermögen** Für die Güte eines Mikroskops sind dessen →Vergrößerung und das →Auflösungsvermögen maßgebend. Beide werden nach der **abbeschen Theorie** durch die numerische Apertur A des Objektivs bestimmt, die von dessen Öffnungswinkel σ und dem Medium (Brechzahl n) zwischen Objekt und Objektiv abhängt: $A = n \sin \sigma$. Die maximale Vergrößerung eines Lichtmikroskops liegt daher bei üblichen optischen Systemen zwischen etwa $500A$ und $1000A$. Durch die Wahl kleinerer Wellenlängen λ kann das Auflösungsvermögen erhöht werden, da zwei Objektpunkte dann noch getrennt abgebildet werden können, wenn ihr Abstand größer als λ/A ist. Mit sichtbarem Licht können noch Objektpunkte mit einem Abstand von bis 0,5 µm aufgelöst werden.

■ **Mikroskoparten und Verwendung** Bei Verwendung ultravioletten Lichts (**Ultraviolettmikroskop**) kann das Auflösungsvermögen gegenüber dem des Lichtmikroskops auf über das Doppelte gesteigert werden. Noch wesentlich höhere Auflösungen werden mit dem →Elektronenmikroskop und den verschiedenen Arten von →Rastermikroskopen erreicht, die auf dem Abtasten des Objekts mit feinen Sonden beruhen. Das **akustische Mikroskop** (→Ultraschallmikroskop) arbeitet mit Ultraschallwellen, die besondere Zellstrukturen darstellen. **Immersionsmikroskope** enthalten zur Steigerung der numerischen Apertur eine Immersionsflüssigkeit (z.B. Glycerin, Öle) hoher Brechzahl. Teilchen, deren Größe unter dem Auflösungsvermögen des Mikroskops liegt, lassen sich mit dem **Ultramikroskop** unter Verzicht auf die Abbildung ihrer Größe und Gestalt sichtbar machen. Der Untersuchung optisch anisotroper Substanzen (z.B. Kristalle, Minerale) mit polarisiertem Licht dienen **Polarisationsmikroskope.** Mit dem **Phasenkontrastmikroskop** und dem **Interferenzmikroskop** werden auch Objekte sichtbar, die sich nicht durch Farbe oder Helligkeit (Amplitudenkontrast), sondern nur durch geringe Brechzahlunterschiede (und damit einen Phasenunterschied der Lichtwellen) von ihrer Umgebung unterscheiden. **Stereomikroskope** werden zur räumlichen Beobachtung und Präparation von Objekten, z. B. in der Medizin als Operationsmikroskope, eingesetzt.

Mikroskopie [griechisch] *die,* die Anwendung des →Mikroskops und aller zu ihm gehörenden Hilfsmittel zur Untersuchung mikroskopischer Objekte beziehungsweise Objektstrukturen. Die **klassische Mikroskopie** beruht auf der vergrößernden optischen Abbildung: Alle Objektpunkte werden durch die optischen Systeme des Mikroskops gleichzeitig abgebildet; nach diesem Prinzip arbeitet auch die **Elektronenmikroskopie.** Bei dieser Art der Abbildung ist das Auflösungsvermögen durch die Wellenlänge der verwendeten Strahlung begrenzt. Eine höhere Auflösung erhält man bei der **Rastermikroskopie,** bei der Objektpunkte durch einen fokussierten Sondenstrahl abgetastet, einzeln abgebildet und mit elektronischen Verfahren zu einem Bild zusammengesetzt werden.

Bei frischen biologischen Präparaten wird durch Zusatz indifferenter Flüssigkeiten das Austrocknen verhindert. Die Gewebeteile werden ausgebreitet oder mit Zupfnadeln zerkleinert, stärkere werden als Quetschpräparat untersucht. Dünne Schnitte von frischen Gewebeproben werden mit einem →Mikrotom hergestellt. Die Präparate werden meist auf einem Objektträger befestigt und mit einem dünnen Deckglas geschützt. Mikroskopische Untersuchungen am lebenden Gewebe im unversehrten Verband des Organismus **(Intravitalmikroskopie)** werden z. B. am Auge und bei der **Kapillarmikroskopie** an Haut und Schleimhäuten angewendet.

Nach den Objektstrukturen differenziert man Verfahren, die entweder die Amplitude oder die Phase der Strahlung beeinflussen. Bei den häufigsten Anwendungen des Mikroskops hat man es mit Präparaten zu tun, deren Strukturelemente in verschiedenen Helligkeiten oder Farben erscheinen (Objekte mit **Amplitudenkontrast**). Verfahren zur Erzeugung eines Amplitudenkontrastes sind das Anfärben der Präparate und die →Fluoreszenzmikroskopie vornehmlich mit Auflichtanregung. Bei der Mikroskopie an sehr dünnen, nicht einfärbbaren Objekten (z. B. lebende biologische Präparate) werden häufig **Phasenkontrastverfahren** oder **Interferenzkontrastverfahren** zur Erzeugung von Bildkontrasten angewendet. Zunehmend wird die Mikroskopie für quantitative, rechnergestützte Messungen (Bestimmung von Extinktion, Transmission, Reflexion, Teilchenzahlen, Fluoreszenzintensitäten u. a.) herangezogen.

Mikrostrukturtechnik, die →Mikrotechnik.

Mikrosystemtechnik, siehe Sonderartikel Seite 758.

Mikrotechnik, Mikrostrukturtechnik, Sammelbezeichnung für technische Verfahren

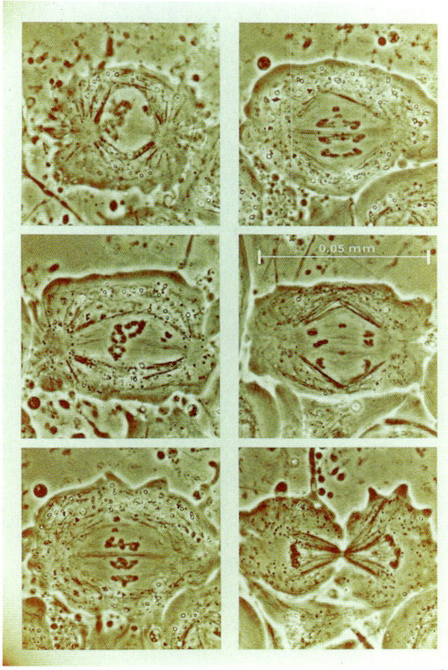

991

Mikroskopie. Die erste mikroskopische Aufnahme einer Zellteilung von 1943 mithilfe der Phasenkontrastmikroskopie

zur Herstellung sehr kleiner und zugleich hochpräziser Strukturen **(Mikrostrukturen);** bisweilen auch gleichbedeutend mit →Mikrosystemtechnik verwendet. Die typischen Abmessungen der durch die Mikrotechnik erzeugten Strukturen liegen im Bereich unter 1 mm. Mikrostrukturen zeichnen sich dadurch aus, dass funktionelle Strukturdetails Abmessungen im Mikrometerbereich und darunter aufweisen. Die erzielten Genauigkeiten liegen im Bereich weniger Nanometer. Hinsichtlich der erzielbaren Dimensionen und Toleranzen überlappen sich mikrotechnische Verfahren mit anspruchsvollen Methoden der Feinwerktechnik.

Ziel der Mikrotechnik ist es, funktionale Strukturen (und damit Bauteile, Baugruppen, Systeme) zu miniaturisieren, um technische Vorteile bei Funktion und Anwendbarkeit sowie eine wirtschaftlichere Fertigung zu erreichen. Eine zentrale Rolle übernehmen dabei Parallelfertigungsverfahren und Replikationstechniken. Die Mikroelektronik entstand etwa 20 Jahre vor den übrigen Zweigen der Mikrotechnik. Viele mikrotechnische Methoden sind daher der Mikroelektronik entlehnt (z. B. Lithografie, Dünnschichttechnik), andere stammen aus der Feinwerktechnik (wie die Strukturierung durch Formdiamanten und die verfeinerten Methoden der Funkenerosion) oder sind neu entwickelte Verfahren (z. B. die Lasermikrobearbeitung). In der Mikrotechnik wird heute v. a. die Miniaturisierung nichtelektrischer Funktionen, also mechanischer (→Mikromechanik), fluidischer (→Mikrofluidik) und optischer (→Mikrooptik) Bauteile,

Fortsetzung S. 760

Mikrosystemtechnik

Mikrosystemtec

Seit jeher ist es das Bestreben von Erfindern und Ingenieuren, immer leichtere und kleinere Geräte zu entwickeln, die mit möglichst geringem Materialaufwand herzustellen sind und sparsam und schnell arbeiten. Maßgeblichen Anteil an der zunehmenden Miniaturisierung im 20. Jahrhundert haben die Fortschritte der Elektrotechnik und davon ausgehend die Beherrschung kleiner elektrischer Spannungen und Ströme für die Ausführung immer komplexerer Funktionen – so wurde aus der Elektrotechnik die Mikroelektronik. Die Geräte wurden leichter, mobiler, flexibler und einfacher zu bedienen, in großen Serien herstellbar und damit erschwinglicher.

Von der Mikroelektronik zur -technik

Auch die nichtelektronische Mikrosystemtechnik ist mittlerweile in alle Lebensbereiche vorgedrungen; aus einigen ist sie bereits nicht mehr wegzudenken: Schreib-Lese-Köpfe von Computerfestplatten, die Oszillatoren in Quarzuhren, Beschleunigungssensoren in Kraftfahrzeugen und die Druckköpfe in Tintenstrahldruckern sind heute weit verbreitet. Die Verfahren der Mikrosystemtechnik sind weitaus vielfältiger und ihre Produkte vielgestaltiger, als es bei der Mikroelektronik der Fall ist – die Entwicklung der Mikrosystemtechnik ist keine einfache Kopie der Erfolgsstory der Mikroelektronik; oft müssen andere, gänzlich neue Wege in Forschung, Entwicklung und Fertigung gefunden werden. Während mikroelektronische Komponenten primär auf die schmale Palette von Halbleiterwerkstoffen zurückgreifen, muss zur Realisierung von Mikrosystemen eine große Anzahl an Materialien verarbeitet werden. Auch fällt der Montagetechnik, also dem Zusammenfügen der unterschiedlichen miniaturisierten Komponenten, eine besonders wichtige Rolle zu. Die einzelnen Komponenten müssen aufeinander abgestimmt und zu einem funktionsfähigen Gesamtsystem integriert werden. Die Materialersparnis bei Mikrosystemen, verbunden mit Volumen- und Masseeinsparungen sowie geringerer thermischer Trägheit und verringertem Energieverbrauch, erlaubt den Einsatz auch kostspieliger Werkstoffe und führt zur Realisierung mobiler Systeme. Daneben macht die Miniaturisierung Massenfertigungsverfahren nutzbar. Die kostengünstige Herstellung großer Stückzahlen wiederum erschließt neue Anwendungen, z. B. die flächendeckende Überwachung von Chemieanlagen, aber auch breite Anwendungsfelder im Bereich der medizinischen Überwachung und der Umweltmesstechnik.

Alle Mikrosysteme haben die Gemeinsamkeit, dass sie im Prinzip aus einer Sensoreinheit, die eine bestimmte physikalische oder chemische Größe aufnimmt, einer Elektronik, die die Sensorsignale verarbeitet, einem Stellglied (Aktor), das zu einer Reaktion befähigt ist, aus Leitungen, die die genannten Einheiten miteinander verbinden (mit in der Regel elektrischer oder optischer Signalübertragung), sowie aus einer Schnittstelle zur Außenwelt bestehen.

Im Folgenden werden zwei Anwendungen näher beleuchtet: Agrarmikrotechnik und chemische Reaktoren.

Mikrotechnik in der Landwirtschaft

Auch in die Landwirtschaft hat die Vision der Mikrotechnik längst Einzug gehalten. Agraringenieure planen mit ihrer Hilfe die Tierhaltung der Zukunft. Kleine Sender, die jedes Stück Vieh am Ohr trägt, identifizieren jedes Tier auf der Weide, melden per Funkfernabfrage seine Position und geben Alter, Zuchtabstammung, Schur- oder Schlachtdatum an. Implantierbare Sensoren messen Blutdruck, Hormonpegel, Körpertemperatur und andere veterinärmedizinische Parameter und stellen die Empfängnisbereitschaft der Kühe fest.

In den Niederlanden, bereits heute eine Hochburg des technisierten Gemüseanbaus, wird am Konzept der »künstlichen Hummel« gearbeitet. Natürliche Hummeln arbeiten leider unter den Bedingungen des industriellen Pflanzenanbaus nicht sehr »zuverlässig« als Bestäuber – in Treibhäusern fühlen sie sich prinzipiell nicht wohl, bestäuben einmal zu viel, ein anderes Mal zu wenig. Eine künstliche Hummel, ausgestattet ik

mit einer winzigen Kamera und einem intelligenten Bildverarbeitungssystem, könnte hingegen die Blüten der Tomatenpflanze erkennen und dann mittels Chemosensoren feststellen, ob die Pflanzen bereits bestäubungsbereit sind. Sie könnte dann mit miniaturisierten Aktoren Pollen einer Blüte sammeln und diesen Pollen wohldosiert auf die Narben der zu bestäubenden Blüten aufbringen, wobei sämtliche Daten registriert und an einen Computer übertragen würden. So ließe sich Überbestäubung verhindern. Der Einsatz von Mikrosystemtechnik in Pflanzenbau und Tierzucht kann auch dazu beitragen, Obst, Gemüse und Fleisch wirtschaftlicher und mit einem geringeren Verbrauch von chemischen Schädlingsbekämpfungsmitteln zu erzeugen. Würde man etwa mit einer großen Zahl von Sensoren, die über eine Obstplantage oder einen Weinberg verstreut aufgestellt sind, Schädlinge schon erkennen, wenn der Befall der Pflanzen erst beginnt, könnte man Schädlingsbekämpfungsmittel rechtzeitig in geringer Dosierung und nur in eng umgrenzten Gebieten einsetzen. Auch Krankheiten von Pflanzen und Tieren könnten mit solchen Sensoren frühzeitig erkannt werden. Dies sind nur einige der unzähligen möglichen Anwendungen, die die Mikrotechnik schon heute oder in naher Zukunft in der Landwirtschaft haben kann.

Chemie im Kleinen

Soll ein neues chemisches Verfahren kommerziell genutzt werden, so ist es in der Regel notwendig, es aus dem Labor, also vom Reagenzglas, auf eine größere Anlage zu überführen. Dieses »Upscaling« ist aber mit mehreren Nachteilen verbunden, u. a. ist es viel langwieriger, größere Substanzmengen hinreichend gut zu durchmischen oder etwa die Temperatur in einem großen Tank konstant zu halten.
Hier setzt die Mikrotechnik an. Chemische Mikroreaktoren greifen das Prinzip der lebenden Zelle auf. In ihr wird eine Vielzahl komplizierter chemischer Substanzen hergestellt, z. B. Stärke aus Wasser und Kohlendioxid in der Zelle eines grünen Blatts. Im Laufe der Evolution wurden

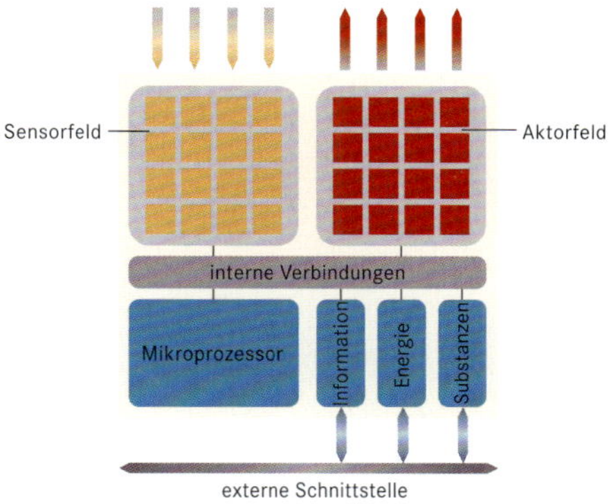

Ein Mikrosystem besteht in der Regel aus einem Mikroprozessor sowie einem Sensor und einem Aktor.

zwar die Lebewesen immer größer, die Zellen jedoch nicht. Die Natur »wählte« vielmehr die Lösungsstrategie, viele gleichartige Zellen an derselben Aufgabe arbeiten zu lassen. Die Vorteile: Ausfälle einzelner Zellen können kompensiert werden, außerdem können Zellen nachgebildet werden.
So funktionieren nun auch die chemischen Mikroreaktoren: Die Flüssigkeiten oder Gase, die miteinander reagieren sollen, werden in kleinen Kanälen geführt und auf kleinstem Raum miteinander in Kontakt gebracht. Durch das hohe Verhältnis zwischen Oberfläche und Volumen kann Wärme gut zu- oder abgeführt werden, die Temperaturkonstanz kann also einfach gewährleistet werden. Vor der Reaktion können »statische Mischer«, die auf kurzen Wegen große Berührungsflächen zwischen zwei Flüssigkeiten oder Gasen schaffen, für die Durchmischung sorgen, ohne mechanisches Rühren oder Schütteln.
Viele solcher Mikroreaktoren parallel geschaltet ergeben ebenfalls eine kleine verfahrenstechnische Anlage, die modular aufgebaut und damit erweiterbar ist. Sicher werden diese Mikroreaktoren nicht die Herstellung von Massenprodukten der chemischen Industrie übernehmen. Aber kritische oder empfindliche Reaktionen lassen sich mit ihnen vorteilhaft durchführen. Durch die geringe Größe kann dies dort erfolgen, wo Produkte gebraucht werden; energieintensive und unter Umständen gefährliche Transporte können vermieden werden.

Fortsetzung von S. 757

angestrebt. Eine Einteilung der Mikrotechnik kann daher nach der vorherrschenden physikalischen Funktion der betreffenden Mikrostruktur vorgenommen werden.

Mikrotom [zu griechisch tomḗ »Schnitt«] *das,* Präzisionsinstrument zur Herstellung feinster Schnitte von eingebetteten biologischen und anderen Objekten zur mikroskopischen Untersuchung. Die Schnittdicke gewöhnlicher Mikrotome liegt bei einigen µm, moderne **Dünnschnittmikrotome** oder **Ultramikrotome** für elektronenmikroskopische Präparate liefern Schnitte bis zu 20 nm Dicke.

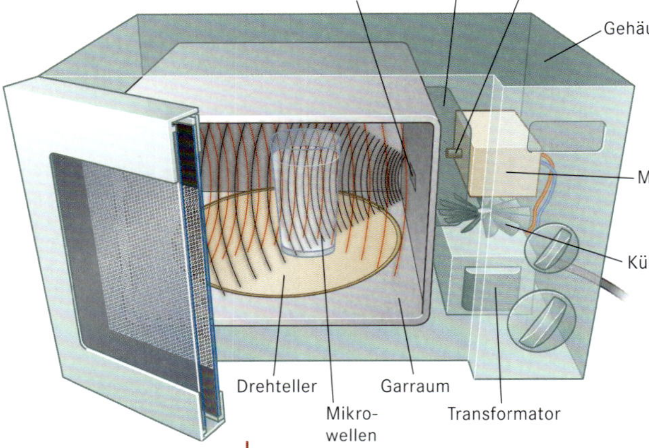

Mikrowellenherd. Schema

Mikrotron [zu mikro... und Elektron] *das,* Teilchenbeschleuniger für Elektronen, der nach dem Zyklotronprinzip arbeitet. Beim **klassischen Mikrotron** (Elektronenzyklotron) bewegen sich die Elektronen in einer Beschleunigungskammer zwischen den Polen eines konstanten Magnetfeldes auf Kreisbahnen, die sich in einem Punkt tangential berühren und in dem sie durch das starke elektrische Feld eines Hohlraumresonators beschleunigt werden. Diese Mikrotrone arbeiten nur im Impulsbetrieb, die Maximalenergie ist auf rund 30 MeV begrenzt. Höhere Energien (bis zu etwa 1 GeV) werden im so genannten **Rennbahnmikroton** erreicht, bei dem der Magnet in zwei jeweils um 180° ablenkende Hälften zerlegt und auseinander gezogen wird. In dem Zwischenraum kann ein kleiner Hochfrequenz-Linearbeschleuniger mit fokussierenden Linsen an seinen beiden Enden untergebracht werden.

Mikrovermehrung, Meristemvermehrung, Verfahren der Pflanzenvermehrung aus Sprossspitzen oder Bildungsgewebe. Knospen von Kräutern, Stauden, Gehölzen werden auf Agar-Agar-Nährboden gesetzt und zum Sprossen der oberirdischen Teile gebracht **(Meristemkultur).** Dann wird durch Zugabe von Wuchsstoffen die Bewurzelung zum gewünschten Zeitpunkt ausgelöst; Anwendung bei Erdbeeren, Rhododendron, Aprikose, Pfirsich, Pflaume und anderen gärtnerischen Kulturpflanzen.

Mikrowellen, Sammelbegriff für den die Dezimeter-, Zentimeter- und Millimeterwellen umfassenden Wellenlängenbereich mit Frequenzen zwischen 300 MHz und 300 GHz **(Höchstfrequenz).** Die Mikrowellen liegen damit im elektromagnetischen Spektrum zwischen den Radiowellen und der Infrarotstrahlung. Als Nachrichtenträger nutzt man Mikrowellen wegen ihrer guten Bündelungsfähigkeit und der quasioptischen Ausbreitung. (→Mikrowellentechnik)

Mikrowellenherd, Mikrowellengerät, elektrisches Haushaltsgerät zur Wärmebehandlung (Garen) von Lebensmitteln mittels Mikrowellenerwärmung, wobei die Wärme im Gegensatz zu konventionellen Verfahren direkt im Inneren des Garguts entsteht. Die Erzeugung der Mikrowellen erfolgt in einem →Magnetron, von wo sie über Koppelstift und Hohlleiter in den Garraum eingeleitet werden. Dieser besitzt metallische Wände, an denen die auftreffenden Wellen reflektiert werden. Ein »Wellenrührer« (Wobbler) in der Nähe der Eintrittsöffnung sorgt für eine gleichmäßige Verteilung des elektromagnetischen Felds im Garraum.

Mikrowellentechnik, Höchstfrequenztechnik, Gebiet, das sich mit der Erzeugung, Verstärkung, Weiterleitung und Anwendung von →Mikrowellen befasst. In der Mikrowellentechnik ist die sonst in der Elektrotechnik angewandte Technik miniaturisierter Schaltkreise im Allgemeinen nicht mehr anwendbar, da die Abmessungen der Bauelemente in der Größenordnung der Wellenlänge und darüber liegen. Es treten Ausbreitungs- (z. B. auf Leitungen) und Abstrahlungseffekte auf. In Halbleiterbauelementen und Elektronenröhren muss die Laufzeit der Elektronen berücksichtigt werden, da sie im Größenordnungsbereich der Periodendauer der Mikrowellen liegt.

Zur Erzeugung von Mikrowellen dienen **Mikrowellenhalbleiterbauelemente** (z. B. Mikrowellentransistoren, Tunneldioden, PIN-, IMPATT-, Schottky-, Gunn-Dioden) und – v. a. für größere Leistungen – **Mikrowellenröhren** (z. B. Klystron, Magnetron). Für Kleinsignalanwendungen und Steuerzwecke sind die Röhren jedoch durch Halbleiterbauelemente und spe-

Mikrowellenherd Explosionsgefahr!

Der Mikrowellenherd hat sich als praktisches Haushaltsgerät etabliert und den Weg zur warmen Mahlzeit oft entscheidend verkürzt. Doch keinesfalls sollte man versuchen, im Mikrowellenherd schnell ein Frühstücksei zu kochen, denn der sich im Ei bildende Wasserdampf lässt die Schale explosionsartig platzen. In diesem Fall ist das Frühstück beendet und der restliche Vormittag mit einer Komplettreinigung des Geräts ausgefüllt ...

zielle integrierte Schaltungen verdrängt. Als **Mikrowellenverstärker** eignen sich z. B. Maser und parametrische Verstärker. Die leitungsgebundene Übertragung von Mikrowellen erfolgt bis circa 1 GHz auf Koaxialleitungen, darüber im Allgemeinen mittels →Hohlleiter.

Wegen ihrer guten Bündelungsfähigkeit und der quasioptischen Ausbreitung nutzt man Mikrowellen z. B. als Nachrichtenträger für terrestrische und Satelliten-Richtfunkverbindungen, für Radarverfahren zur Ortung, Entfernungs- und Geschwindigkeitsmessung, zur Funkpeilung für die Navigation in Schiff-, Luft- und Raumfahrt sowie für Instrumentenlandeverfahren (→Landeführungssysteme) und das →GPS. Weitere Anwendungen sind Radioastronomie, Mikrowellenspektroskopie und NMR-Spektroskopie sowie der Einsatz für industrielle Erwärmungs- und Trocknungsprozesse und Mikrowellenherde.

Milben, Acari, Acarina, weltweit verbreitete Ordnung etwa 0,1–30 mm langer Spinnentiere in allen Lebensräumen an Land und in Gewässern; mit meist vier Beinpaaren und kauenden oder stechend-saugenden Mundwerkzeugen. Milben ernähren sich als Pflanzen- und Abfallfresser, als Säftesauger an Pflanzen oder (bei Tier und Mensch) als Blutsauger, auch Gewebe- oder Hornfresser.

Milch, *Zoologie:* die milchweiße Samenflüssigkeit der männlichen geschlechtsreifen Fische **(Milchner).**

Milchner, der männliche geschlechtsreife Fisch.

Milchsaft, 1) *Botanik:* **Latex,** Zellsaftemulsion in den Milchröhren einiger Pflanzen; milchige, weiß, gelb oder rötlich gefärbte, an der Luft trocknende Flüssigkeit; enthält u. a. Salze, Alkaloide, ätherische Öle und Gummiharze.

2) *Physiologie:* **Chylus,** die trüb-weißliche Flüssigkeit der Lymphgefäße des Dünndarms nach Aufnahme fetthaltiger Nahrung. Der Milchsaft wird von den Dünndarmzotten über den Milchbrustgang in die venöse Blutbahn geleitet.

Milchsäurebakteri|en, anaerobe, grampositive, unbewegliche Bakterien, die aus Kohlenhydraten durch Milchsäuregärung Energie gewinnen; von wirtschaftlicher Bedeutung bei der Konservierung von Milch- und Pflanzenprodukten durch Milchsäure und beim Backen (Sauerteig: CO_2-Bildung). Sie gehören auch zur Darmflora des Menschen.

Milchzucker, die →Lactose.

Miller, Oskar von, deutscher Ingenieur, * München 7. 5. 1855, † ebenda 9. 4. 1934; Begründer des →Deutschen Museums; organisierte 1882 in München die erste Elektrizitätsausstellung Deutschlands und war 1884–90 Direktor der AEG Aktiengesellschaft. Er gründete 1890 ein Ingenieurbüro für Energiewirtschaft in München, baute 1891 die erste Überlandleitung von Lauffen am Neckar nach Frankfurt am Main (rund 180 km) und errichtete das Walchensee-Kraftwerk (1918–24).

millersche Indizes [nach dem britischen Kristallografen W. H. Miller, * 1801, † 1880], in der Kristallografie zur Kennzeichnung von Netzebenenscharen und Kristallflächen verwendete Zahlentripel *(h k l).* Es sind die reziproken und ganzzahlig gemachten Werte der Achsenabschnitte im jeweiligen kristallografischen Achsenkreuz. Die Bravais-Indizes *(h k i l)* beziehen sich auf das vierachsige hexagonale beziehungsweise trigonale Achsenkreuz.

Milli... [zu lateinisch »tausend«], Vorsatzzeichen **m,** Vorsatz vor Einheiten für den Faktor 10^{-3} (Tausendstel); z. B. 1 Millimeter = 1 mm = 0,001 Meter.

Millikan ['mɪlɪkən], Robert Andrews, amerikanischer Physiker, * Morrison (Illinois) 22. 3. 1868, † Pasadena (Kalifornien) 19. 12. 1953; bestimmte ab 1911 in mehreren Versuchen als Erster die Ladung des Elektrons (elektrische Elementarladung) aus der Fallgeschwindigkeit geladener Öltröpfchen im elektrischen Feld **(Millikan-Versuch),** bestätigte das einsteinsche Gesetz für den Fotoeffekt und bestimmte damit den Wert des planckschen Wirkungsquantums, arbeitete über UV- und Röntgenstrahlung. 1923 erhielt Millikan für seine Präzisionsmessungen den Nobelpreis für Physik.

Millimeter-Quecksilbersäule, Einheitenzeichen **mmHg,** zugelassene Einheit zur Messung des Blutdrucks und des Drucks anderer Körperflüssigkeiten; entspricht dem Druck einer 1 mm hohen Quecksilbersäule bei Normfallbeschleunigung (9,80665 m/s^2): 1 mm Hg = 133,322 Pa = 1,33322 mbar.

Millimeterwellen, Abkürzung **EHF** [für englisch extremely high frequency], elektromagnetische Wellen mit Wellenlängen zwischen 10 und 1 mm beziehungsweise Frequenzen von 30 bis 300 GHz. Die Millimeterwellen decken u. a. einen wichtigen Wellenlängenbereich in der Radioastronomie ab.

Milstein ['mɪlstaɪn], César, britischer Molekularbiologe argentinischer Herkunft, * Bahia Blanca 8. 10. 1927, † Cambridge 24. 3. 2002; erhielt 1984 für die Erarbeitung der Technik zur Herstellung monoklonaler Antikörper den Nobelpreis für Physiologie oder Medizin mit G. J. F. Köhler und N. K. Jerne.

Milzbrand, Anthrax, vom Tier (v. a. Wiederkäuer, Schweine, Tierfelle) auf den Menschen übertragbare, meldepflichtige Infektionskrankheit (Anthropozoonose) mit Fieber, Schüttelfrost, Koliken und Atemnot. Erreger ist der Milzbrandbazillus (Bacillus anthracis). Die Inkubationszeit beträgt wenige Stunden bis drei Tage. Die bei Tieren häufigste Form des Milzbrands ist der **Darmmilzbrand** mit typisch vergrößerter, schwarzroter Milz. Aber auch Haut (Milzbrandkarbunkel) und Lungen **(Hadernkrankheit)** werden befallen.

Mikrowellen
→ GEO **Dossier**
Störfeuer aus dem Äther, Bd. 8

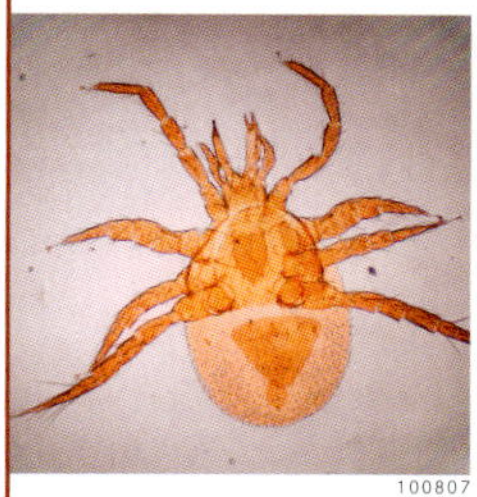

Milben.
Käfermilbe

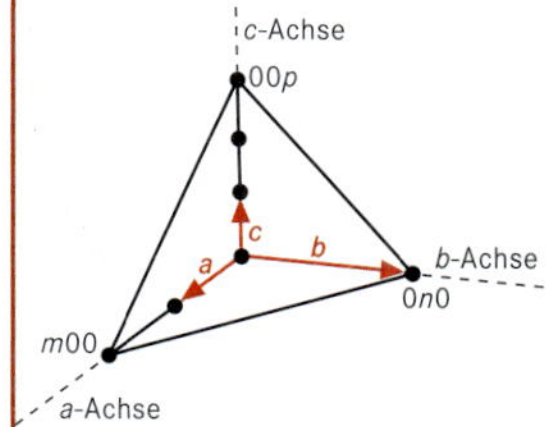

millersche Indizes.
Die Achsenabschnitte einer Netzebene mit den millerschen Indizes (362); das kleinste gemeinsame Vielfache von $m = 2$, $n = 1$, $p = 3$ ist $s = 6$.

Mimese.
Phytomimese der als »Wandelndes Blatt« bezeichneten Gespenstschrecke (Phyllium bioculatum)

Mimikry.
Der ungefährliche Wespenglasflügler ahnt die wehrhafte Wespe nach, um sich zu schützen

Milzbrand ist durch Kontakt mit infizierten Tieren, aber auch Fellen, Häuten, Lumpen und Bürsten (Schmierinfektion), Einatmung der Erreger oder infizierte Nahrungsmittel auf den Menschen übertragbar. Milzbrandsporen besitzen eine hohe Chemo- und Thermoresistenz und überstehen härteste Umweltbedingungen; sie können jahrzehntelang überleben. Beim Menschen manifestiert sich der Milzbrand entsprechend den verschiedenen Infektionswegen an der Haut, in der Lunge und im Darm. Der **Hautmilzbrand** ist die häufigste, natürlich vorkommende Form mit ungefähr 2 000 gemeldeten Fällen pro Jahr. Er entsteht durch die Übertragung erregerhaltigen Materials auf die Haut. Der **Lungenmilzbrand** entsteht durch Einatmung von Sporen (Inhalationsmilzbrand; auch nach Einsatz von Biowaffen). Eine frühe Diagnose ist sehr schwierig; der Nachweis der im Sputum reichlich vorhandenen Bazillen kommt meist zu spät. Der Darmmilzbrand ist sehr selten und wird gewöhnlich durch den Genuss infektiösen Fleisches verursacht. Er verläuft als infektiöse, meist tödliche Darmentzündung. Die *Behandlung* (Isolierstation) besteht in der möglichst frühzeitigen Gabe hoch dosierter Antibiotika (u. a. Penicillin G).

Milzbrandbakterien, Milzbrandbazillen, Milzbranderreger, Anthrax-Bakterien, Bacillus anthracis, zur Bakteriengattung Bacillus gehörende Bakterienart, von Robert Koch entdeckt und 1876 als Erreger des Milzbrandes beschrieben. Milzbrandbakterien sind grampositive unbegeißelte Stäbchen, die von einer Glutaminsäurekapsel umgeben sind. Zur Überdauerung ungünstiger Lebensbedingungen können sie hitzeresistente Endosporen ausbilden, die im Erdboden jahrzehntelang lebensfähig bleiben. Die Bakterien gelangen mit den Ausscheidungen kranker Tiere oder mit ihren Kadavern in den Erdboden und bilden dann außerhalb des Tierkörpers Sporen, die vom Boden aus gesunde Tiere infizieren können. Das Infektionsspektrum des Milzbranderregers umfasst alle warmblütigen Tierarten sowie den Menschen. Die Erkrankung tritt in Europa nur sporadisch auf.

Da Milzbrandsporen über lange Zeiträume infektiös bleiben und bestimmte Formen zu den gefährlichsten Krankheitserregern überhaupt zählen, wurde bereits im Zweiten Weltkrieg an der Entwicklung stabiler Milzbrandbakterienstämme für die biologische Kriegführung gearbeitet. Nach Kriegsende setzten einige Staaten diese Aktivitäten ungeachtet internationaler Verbote fort. Wurden 1998 in den USA bereits 37 Fälle von Milzbrandandrohungen registriert, so terrorisierten im Herbst 2001 unbekannte Täter das Land mit Milzbrandanschlägen, die mehrere Todesopfer forderten.

Mimese [griechisch] *die,* Form der Schutz- und Tarntrachten bei Tieren, die sich in spezifischer Verhaltensweise, in Färbung und Zeichnung oder Körperform äußert und ihre Träger vor der Gefahr schützt, als Beute erkannt zu werden und im Unterschied zur →Mimikry nicht abschreckend wirkt. **Zoomimese** liegt bei Übereinstimmung mit einem anderen Tier vor, **Phytomimese** bei Ähnlichkeit mit einer Pflanze oder ihren Teilen und **Allomimese** bei Nachahmung unbelebter Gegenstände.

Mimikry [englisch, eigentlich »Nachahmung«] *die,* Sonderfall einer tierischen Schutzanpassung, bei der ein gut geschütztes Tier, das über eine →Warntracht verfügt, von einem ungeschützten Tier anderer Artzugehörigkeit in Körperform oder Farbe nachgeahmt wird, z. B. die Hornisse durch den (harmlosen) Hornissenschwärmer oder die giftige Korallennatter durch verschiedene harmlose Schlangen.

Mimose, *Botanik:* **Mimosa,** Gattung der Mimosengewächse mit doppelt gefiederten Blättern, zum Teil stachlig, mit gelben, weißlichen, rosa oder violetten Blüten in Köpfchen oder Ähren. Bei der halbstrauchigen, aus Brasilien stammenden Tropenpflanze **Schamhafte Mimose (Sinnpflanze,** Mimosa pudica) klappen in Gelenkpolstern bei der geringsten Erschütterung und Berührung die Blättchen nach oben zusammen und schließlich das ganze Blatt abwärts; durch den Stängel greift der Reiz abwärts auf andere Blätter über. Nach einiger Zeit richten sich die Blätter wieder zurück. Verdunklung wirkt ähnlich (»Schlafstellung«).

min, Einheitenzeichen für →Minute.

Minerale [lateinisch], **Mineralien,** chemische Elemente oder anorganische, selten organische, meist kristalline Verbindungen, die als Bestandteile der Erdkruste, des Erdmantels oder von Meteoriten in der Natur vorkommen, auch auf Planeten und Monden, oder sich bei technischen Schmelz- und Kristallisationsvorgängen bilden. Sie bauen die Gesteine auf oder kommen als Ausblühungen an der Erdoberfläche vor. Minerale mit gleicher chemisch-stöchiometrischer Zusammensetzung und gleichem Kristallstrukturtyp bilden eine **Mineralart.** Zur Beschreibung und Bestimmung dienen neben chemischen, mikroskopischen und röntgenografischen Daten auch »äußere Kennzeichen«: Kristallform, Dichte, Härte, Spaltbarkeit, Glanz, Farbe, Strich und Lichtdurchlässigkeit. – Von den etwa 3 500 bekannten Mineralen kommen nur etwa 400 gesteinsbildend in der Erdkruste vor, z. B. Quarz, Feldspat, Glimmer, Hornblenden, Olivin. Etwa 13 Mineralarten (v. a. Silikate) bauen über 90 % der Erdkruste auf. Besonders Sulfide und Oxide haben Bedeutung als Erze. – Anhand der chemischen Zusammensetzung unterscheidet man neun **Mineralklassen:** 1) Elemente, 2) Sulfide, Arsenide, Antimonide, 3) Halogenide,

4) Oxide und Hydroxide, 5) Carbonate, Nitrate, Borate, 6) Sulfate, Chromate, Molybdate, Wolframate, 7) Phosphate, Arsenate, Vanadate, 8) Silikate, 9) organische Verbindungen.

Mineralisation [lateinisch] *die,* **Mineralisierung,** Abbau organischer Stoffe bis zu anorganischen (»mineralischen«) Verbindungen (z. B. Kohlendioxid, Ammoniak, Wasser), v. a. durch die Tätigkeit von Mikroorganismen im Boden oder an der Erdoberfläche, auch durch die Einwirkung von Druck und Temperatur im Erdinnern (z. B. bei der Inkohlung). Da die Mineralisation die Elemente wieder in eine von Pflanzen verwertbare Form bringt, ist sie für die Erhaltung der natürlichen Bodenfruchtbarkeit entscheidend.

Mineralocortico|ide, →Nebennierenrindenhormone.

Mineralogie [lateinisch-griechisch] *die,* Wissenschaft, die sich mit der Untersuchung der Minerale befasst. Sie wird allgemein in die Gebiete →Kristallografie, spezielle Mineralogie (Beschreibung der Minerale nach ihrer Entstehung, ihren äußeren Eigenschaften und ihrer Verbreitung), →Petrologie sowie Geochemie, Lagerstättenkunde und technische Gesteinskunde eingeteilt.

Mineral|öle, Sammelbezeichnung für die aus mineralischen Rohstoffen (Erdöl, Braun- und Steinkohle, Holz, Torf) gewonnenen flüssigen Destillationsprodukte, die im Wesentlichen aus Gemischen von gesättigten Kohlenwasserstoffen bestehen.

Mineralsäuren, Sammelbezeichnung für anorganische Säuren, z. B. Schwefel-, Salz- und Salpetersäure.

Miniaturisierung *die,* allgemein Verkleinerung; beschreibt in der *Halbleitertechnik* die Verkleinerung elektronischer Schaltungen durch kleine Baugruppen (Module) und/oder durch besondere Herstellungsverfahren der Planartechnik (→gedruckte Schaltung, →integrierter Schaltkreis). Durch Miniaturisierung entstehen neuartige Lösungen für viele Festkörperschaltungen, häufig durch ausschließliche Verwendung eines einzelnen Bauelemententyps (z. B. von MOSFETs für digitale Schaltkreise). In der *Mikrotechnik* beschreibt die Miniaturisierung die Verkleinerung von Strukturen der Mikromechanik, Mikrooptik, Mikrofluidik unter Anwendung von Lithografie- und Ätzverfahren oder Galvanotechnik. Häufig werden durch die Miniaturisierung physikalische oder chemische Effekte erst zugänglich (z. B. bei elektrostatischen Aktoren).

Minkowski-Raum [nach dem deutschen Mathematiker H. Minkowski, * 1864, † 1909], vierdimensionaler euklidischer →Raum (auch **Raum-Zeit-Kontinuum, Raum-Zeit-Welt**), in dem sich die Gesetze der speziellen Relativitätstheorie besonders einfach darstellen lassen. Er wird von den drei Raumkoordinaten $x = x_1$, $y = x_2$, $z = x_3$ und der Zeitkoordinate $ict = x_4$ (i imaginäre Einheit, t Zeit, c Lichtgeschwindigkeit) aufgespannt. Ein Punkt (Ereignis) des Minkowski-Raums wird als **Weltpunkt,** ein Ortsvektor als **Weltvektor,** die Bahn eines Teilchens als **Weltlinie** bezeichnet.

Minot ['mɪnət], George Richards, amerikanischer Mediziner, * Boston (Massachusetts) 2. 12. 1885, † ebenda 25. 2. 1950; führte mit W. P. Murphy und G. H. Whipple die Leberdiät zur Behandlung der perniziösen Anämie ein; erhielt 1934 mit ihnen den Nobelpreis für Physiologie oder Medizin.

Minute [lateinisch] *die,* **1)** gesetzliche SI-fremde Einheit der Zeit, der 60. Teil der Stunde, Einheitenzeichen **min** für Zeitdauer (1 min = 60 s) und hochgestellt für Zeitpunkt ^{min} oder ^{m}.

2) *Geometrie:* **Bogenminute,** früher auch **Altminute,** Einheitenzeichen ′, gesetzliche, SI-fremde Einheit des ebenen Winkels; der 60. Teil des Winkelgrades: 1 Bogenminute hat 60 (Altsekunden) oder 100 (Neusekunden, **Bogensekunden**), $1' = 1°/60 = (\pi/180)\,\text{rad}$.

Misch|elemente, →chemische Elemente.

Mischkristalle, Kristalle, die in ihrem Gitter fremde Atome oder Ionen in statistischer Verteilung enthalten. Von technischer Bedeutung sind die Mischkristalle der Metalle, die Legierungen. Sind die Komponenten in beliebigem Verhältnis mischbar (bei gleichem Kristallstrukturtyp, chemischem Verhalten sowie annähernd gleichen Ionenradien), liegt eine **lückenlose** oder **unbeschränkte Mischkristallbildung** vor. Bei **beschränkter Mischkristallbildung** kann eine Komponente nur bis zu einer bestimmten Konzentration aufgenommen werden, z. B. bei den Metalllegierungen, wo es bei einer bestimmten Konzentration der Fremdelemente zur Bildung von intermetallischen Phasen oder Eutektika kommt.

Mischkultur, der gleichzeitige Anbau mehrerer Kulturpflanzen auf derselben Fläche.

Mischpult, Mischer, *Audio-* und *Videotechnik:* technische Einrichtung, mit der einzelne, gleichzeitig eingespielte Tonereignisse (Sprache, Musik, Geräusche) in einem bestimmten, veränderlichen Pegelverhältnis zusammengeführt, ausgesteuert, gemischt und einem gemeinsamen Ausgangskanal zugeordnet werden können, um ein erwünschtes Klangbild zu erzeugen **(Tonmischpult).** Entsprechend dem Tonmischpult wird in der Videotechnik das **Bildmischpult** zum Mischen mehrerer Videosignale verwendet. – Abb. S. 764

Mischsäure, die →Nitriersäure.

Mischung, 1) *Chemie:* →Gemisch.

2) *Nachrichtentechnik:* auch **Frequenzmischung,** die Überlagerung zweier hochfrequenter elektrischer Schwingungen von unterschiedlicher Frequenz mittels eines nichtlinearen Schaltungselements, wobei deren

Mischpult.
Mithilfe des Mischpults lassen sich sowohl Effekte erzielen als auch die Lautstärke mehrerer Tonquellen mischen.

100872

Summen- und Differenzfrequenzen entstehen. Durch Mischung ist die Umsetzung einer Frequenz (oder eines Frequenzbandes) in einen zur Weiterverarbeitung geeigneteren Frequenzbereich möglich. Anwendung u.a. in Rundfunkempfängern (Überlagerungsempfänger), wobei das modulierte hochfrequente Empfangssignal mit einem Überlagerungssignal gemischt wird; das entstehende Differenzfrequenzsignal wird durch Filter ausgesiebt und als Zwischenfrequenzsignal verarbeitet.

Mischwald, Wald, der sowohl aus Nadel- als auch aus Laubhölzern besteht.

Mịssing Lịnk [englisch »fehlendes Glied«] *das,* **Zwischenglied,** in der Stammesgeschichte von Tieren und Pflanzen verwendete Bezeichnung für ein Bindeglied, das zwischen Stammformen und aus ihnen hervorgegangenen Gruppen existiert haben muss, fossil aber bisher nicht nachgewiesen wurde.

Missweisung, →Deklination.

MỊS-Technik [Abkürzung für englisch **m**etal **i**nsulator **s**emiconductor, »Metall-Isolator-Halbleiter«], Bezeichnung für die Gesamtheit aller Verfahren zur Herstellung diskreter Halbleiterbauelemente und integrierter Schaltungen, bei denen Metall-Isolator-Halbleiter-Übergänge (MIS-Übergänge) zur Herstellung verschiedener Funktionselemente, wie MISFET (→Feldeffekttransistor), Kondensatoren, Varaktoren, Speicherelemente, Widerstände, verwendet werden. – Die Bezeichnung MIS-Technik wird im weiteren Sinn häufig synonym mit →MOS-Technik verwendet, im engeren Sinn, wenn der Gateisolator nicht aus SiO_2 oder dem natürlichen Oxid des Halbleitersubstrats besteht. In diesem Zusammenhang ist die Herstellung programmierbarer und nicht flüchtiger Speicher (z. B. MASFET, MNOSFET) das Haupteinsatzgebiet der MIS-Technik.

Mitchell [ˈmɪtʃəl], Peter, britischer Biochemiker, * Mitcham (County Surrey) 29. 9. 1920, † Bodmin (County Cornwall) 10. 4. 1992; erhielt für die Entwicklung der chemiosmotischen Theorie der oxidativen →Phosphorylierung (Energiegewinnung der Zellen) 1978 den Nobelpreis für Chemie.

Mitochọndri|en [griechisch], **Chondriosomen,** längliche oder rundliche Organellen in allen kernhaltigen Zellen. Mitochondrien sind von zwei Membranen umhüllt, enthalten eigene DNA und vermehren sich durch Teilung. Die innere Mitochondrienmembran besitzt kamm- oder röhrenförmige Einfaltungen (Cristae- und Tubulustyp) und enthält die Enzyme der Atmungskette sowie der oxidativen Phosphorylierung (ATP-Bildung); in den Mitochondrien sind die Enzyme des Zitronensäurezyklus und des Fettsäureabbaus lokalisiert.

Die DNA der Mitochondrien (mtDNA) wird bei der Fortpflanzung nur von den weiblichen Gameten extranukleär weiter vererbt. Dadurch erhalten also alle Nachfahren die mtDNA aus ihrer mütterlichen Linie. Diese mtDNA verändert sich über mehrere Generationen kaum, sodass sie für Abstammungsuntersuchungen herangezogen werden kann.

Mitọse [griechisch] *die,* **indirekte Kernteilung,** Kernteilungsvorgang, bei dem aus einem Zellkern zwei Tochterkerne gebildet werden, die gleiches (mit dem Ausgangsmaterial identisches) Genmaterial und die gleiche Chromosomenzahl haben. Die Chromosomen werden während der zwischen zwei Mitosen liegenden Interphase verdoppelt, die beiden entstehenden Schwesterchromatiden bleiben am Zentromer verbunden. Es werden vier Phasen durchlaufen: 1) **Prophase:** Die Chromosomen werden als fadenförmige Gebilde im Zellkern sichtbar. Die Kernspindel formt sich, die Kernmembran und der Nukleolus (Kernkörperchen) werden aufgelöst. 2) **Metaphase:** Die Spindelfasern zwischen den vorgebildeten Zentromeren und den Polen sind gebildet; die Chromosomen ordnen sich in einer Ebene zwischen den Polen an. 3) **Anaphase:** Die Zentromeren verdoppeln sich, und die Chromatiden werden getrennt und wandern entlang den Spindelfasern zu den Polen. 4) **Telophase:** Die

Mitochondrien Wer war Kaspar Hauser?

Im Jahr 1828 wurde in Nürnberg ein verwahrloster Junge aufgegriffen, der sich selber Kaspar Hauser nannte. Nachdem er 1833 einem Mordanschlag zum Opfer gefallen war, entstanden wilde Gerüchte um seine Herkunft. Es wurde sogar vermutet, er wäre der erste Sohn des Großherzogs Karl von Baden und damit dessen Erbfolger gewesen.
Die Gentechnik hat inzwischen etwas Licht in das Dunkel bringen können. Aus einem Blutfleck der Unterhose, die Kaspar Hauser angeblich beim Mordanschlag trug, konnte ein Stück der Mitochondrien-DNA (mtDNA) isoliert werden. Diese wurde mit mtDNA-Proben von Nachkommen der Ehefrau des Großherzogs verglichen. Da keine Übereinstimmung des genetischen Material gefunden wurde, ist davon auszugehen, dass es sich bei Kaspar Hauser nicht um den vermuteten Sohn des Großherzogs handelt. Aber war es wirklich seine Unterhose?

Chromosomen an den beiden Polen entfalten (entspiralisieren) sich, der Spindelapparat wird abgebaut, es werden neue Kernmembranen und Nukleoli gebildet.

Mitscherlich, 1) Alexander, deutscher Chemiker, *Berlin 28. 5. 1836, †Oberstdorf 31. 5. 1918, Sohn von Eilhard Alfred; entwickelte ab 1874 ein technisch brauchbares Verfahren zur Gewinnung von Zellstoff aus Holz (Sulfitverfahren).

2) Eilhard Alfred, deutscher Chemiker, *Neuende (heute zu Wilhelmshaven) 7. 1. 1794, †Schöneberg (heute zu Berlin) 28. 8. 1863, Vater von Alexander; entdeckte die Isomorphie bei Kristallen, die Polymorphie chemischer Verbindungen und die Schwefelmodifikationen. Mitscherlich klärte die Struktur vieler organischer Verbindungen auf (z.B. Milchsäure, Harnsäure), konstruierte 1824 ein sehr exaktes Goniometer, klärte die Inversion des Rohrzuckers auf und entwickelte eine Methode zum Nachweis von Phosphor.

Mittelpunktleiter, →Neutralleiter.

Mittelpunktschaltung, *Elektronik:* Zweiweggleichrichterschaltung, →Gleichrichter.

Mittelspannung, *Elektrotechnik:* →Hochspannung.

Mittelwellen, Abkürzung **MW,** englisch **MF** [medium frequency], **Hektometerwellen,** elektromagnetische Wellen mit Wellenlängen zwischen 1 km und 100 m, das heißt mit Frequenzen zwischen 300 und 3 000 kHz. Im Bereich von 1 650 und 3 000 kHz (182 und 100 m) werden sie auch als **Grenzwellen** bezeichnet. Im engeren Sinn wird als Mittelwellenbereich der Frequenzbereich zwischen 526,5 kHz und 1 606,5 kHz (mit Wellenlängen zwischen 569 m und 186 m) bezeichnet, in dem alle Mittelwellensender arbeiten. Zur Informationsübertragung im Mittelwellenbereich nutzt man die **Amplitudenmodulation,** Abkürzung **AM** (→Modulation).

mittlere freie Weglänge, in statistischen physikalischen Theorien der Mittelwert der **freien Weglänge,** das heißt des Weges, der von den betrachteten Teilchen im Mittel zwischen zwei Stößen mit anderen Teilchen zurückgelegt wird. In Gasen und Flüssigkeiten, die nur aus einer Teilchensorte bestehen, gilt $\lambda = 1/n\sigma\sqrt{2}$ (*n* Teilchenzahldichte, σ effektiver Stoßquerschnitt).

MJ, Einheitenzeichen für Megajoule, 1 MJ = 10^6 J (→Joule).

MKS-System, das Meter-Kilogramm-Sekunde-System, älteres →Maßsystem.

ml, Einheitenzeichen für Milliliter, 1 ml = 0,001 l.

mm, Einheitenzeichen für Millimeter, 1 mm = 0,001 m.

mmHg, Einheitenzeichen für →Millimeter-Quecksilbersäule.

MMS [Abkürzung für englisch multimedia messaging service, »multimedialer Nachrichtendienst«], gebührenpflichtiger Dienst zum Versenden von Nachrichten. Im Unterschied zur →SMS können nicht nur Text-, sondern auch Bild- und Tonnachrichten sowie Videosequenzen Inhalt der Nachricht sein. MMS können über die Mobilfunknetze von Handy zu Handy sowie von Handy zu Computer (als E-Mail) und umgekehrt gesendet werden. Voraussetzung für die Nutzung von MMS sind WAP-fähige Handys mit MMS-Software.

Mn, chemisches Symbol für →Mangan.

MNOSFET [Abkürzung für englisch metal nitride oxide semiconductor field effect transistor, »Metall-Nitrid-Oxid-Halbleiter-Feldeffekttransistor«], ein in →MIS-Technik gefertigter →Feldeffekttransistor mit Speichereigenschaften; die Bezeichnung beruht auf der Isolierung der Gateelektrode durch eine Siliciumnitrid-Siliciumoxid-Doppelschicht. Durch entsprechende Spannungsimpulse am Gate können Ladungen in die Grenzfläche zwischen den beiden Isolierschichten eingebracht beziehungsweise aus ihr entfernt werden. Da eine Ladung zwischen den Isolierschichten die Kanalbildung beeinflusst, kann durch sie der Kanalzustand ohne Spannungsversorgung sehr lange erhalten werden. Auf der hierdurch verursachten Veränderung der Schwellenspannung beruht die Eignung des MNOSFET als Speicherelement.

Mo, chemisches Symbol für →Molybdän.

Mobilfunk, Telekommunikationsdienst, der über Funksignale eine ortsungebundene drahtlose Sprach- und Datenübertragung ermöglicht. Unterschieden wird zwischen Mobilfunkdiensten in nichtöffentlichen (z.B. Betriebs- und Bündelfunk) und in öffentlichen Funknetzen. Zu den **öffentlichen Mobilfunknetzen** gehören neben dem regionalen →Cityruf die über →Mobiltelefon erreichbaren digitalen Netze. In Deutschland sind dies: die D-Netze **D 1** (Betreiber: T-Mobile Deutschland GmbH) und **D 2** (Vodafone D2 GmbH, beide seit 1992 in Betrieb), die E-Netze **E 1** (E-Plus Mobilfunk GmbH & Co. KG, seit 1993) und **E 2** (seit 1997; ab Mai 2002 unter dem Namen O_2 [Germany] GmbH & Co. OHG). D 1 und D 2 beruhen auf dem GSM-900-, E 1 und E 2 auf dem GSM-1 800-Standard; →GSM soll schrittweise durch den europäischen Mobilfunkstandard →UMTS abgelöst werden. Grenzüberschreitender Mobilfunk ist mit den in Deutschland betriebenen Mobilfunknetzen in über 100 Ländern möglich, sofern diese den entsprechenden technischen Standard unterstützen. Zusätzlich müssen zwischen den Netzbetreibern so genannte **Roamingabkommen** geschlossen sein, die u.a. die Verteilung der Entgelte regeln.

Neben den terrestrischen Mobilfunknetzen wurden Ende der 1990er-Jahre satellitengestützte Systeme für globale Mobilkommunikation von internationalen Konsortien (z.B. IN-

Mobilfunk
→ GEO **Dossier**
Störfeuer aus dem Äther, Bd. 8

TELSAT, EUTELSAT) aufgebaut **(Satellitenmobilfunk).**

Die Anzahl der Mobilfunkteilnehmer in digitalen und analogen Mobilfunknetzen stieg bislang stetig an; weltweit waren es 2005 über 2,2 Mrd. Teilnehmer.

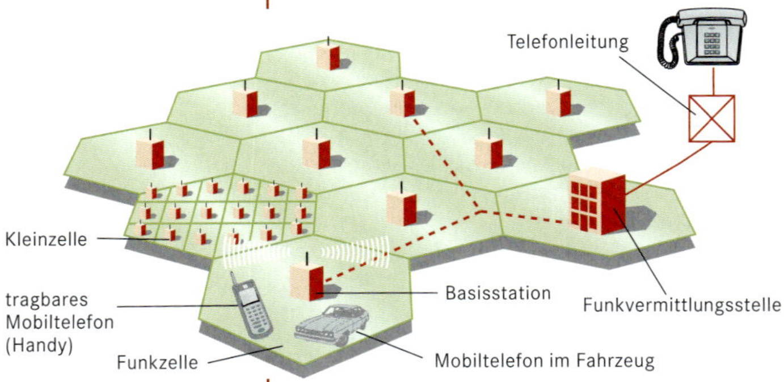

Mobilfunk. Signallauf über Funkvermittlungsstelle und Basisstation der Funkzelle vom Mobiltelefon

■ **Funktionsweise** In den Mobilfunknetzen werden die Verbindungen über **Funkzellen** (Waben) aufgebaut. Meldet sich ein Funktelefon durch Einschalten des Geräts im Netz an, wird in der Netzdatenbank, dem **HLR** (Abkürzung für englisch home location register), von der im Mobiltelefon installierten →SIM-Karte automatisch der Standort des Geräts erfasst (über die Anmeldung bei dem betreffenden Netzknoten) und die Zugangsberechtigung geprüft. Zusätzlich erfolgt eine automatische Abfrage, ob das sich einbuchende Mobiltelefon als gestohlen gemeldet ist. Bei Geräten, die bereits in das Netz eingebucht sind, wird im Stand-by-Modus in regelmäßigen Abständen ein Funkkontakt zwischen Funktelefon und Festsender hergestellt. Das Netz weiß daher stets, wo das Funktelefon angeklingelt werden muss. In diesem Fall erfolgt die Kommunikation nicht zwischen Mobiltelefon und HLR, sondern zwischen Mobiltelefon und der jeweiligen örtlichen Datenbank **VLR** (visitor location register), solange die gemeinsame Rufzone des Netzübergabepunkts **MSC** (mobile switching center) nicht verlassen wird. Ändert sich mit dem Wechsel aus einer Funkzelle in eine andere zugleich der Rufbereich, der mehrere Waben umfassen kann, wird das vom Mobiltelefon aufgrund des veränderten empfangenen Codes registriert. Das Mobiltelefon meldet dem HLR über einen Funkkontakt dann automatisch den neuen Standort.

■ **Umweltwirkung** Die seit Beginn der 1990er-Jahre starke Zunahme der Mobilkommunikation hat zu einer Erhöhung der elektromagnetischen Strahlung in der Umwelt geführt (→Elektrosmog). Eine Gefährdung durch die Nutzung von Mobilfunkgeräten wurde bislang nicht nachgewiesen.

Mobiltelefon, ortsungebundenes, batteriebetriebenes Funktelefon, das zur Sprach- und Datenkommunikation ein entsprechendes Mobilfunknetz nutzt (→Mobilfunk), umgangssprachlich →Handy. Der Anschluss des Mobiltelefons an das Mobilfunknetz erfolgt durch die →SIM-Karte, die die notwendigen individuellen Daten des Teilnehmers enthält (Gerätekennung, Rufnummer, Kontoverbindung, Anschrift). Zum Schutz vor Missbrauch sind Mobiltelefone durch eine persönliche Identifikationsnummer (**PIN,** Abkürzung für englisch personal identification number) gesichert. Ein Mobiltelefon, das über eine Funkverbindung an das öffentliche Telefonnetz angeschlossen ist, bezeichnet man als **Funktelefon.** Zu den Mobiltelefonen gehören auch die fest installierten **Autotelefone.**

Moden [englisch-lateinisch], *Sg.* **Mode** *der,* fachsprachlich auch *die,* Eigenschwingungen oder Eigenwellen elektromagnetischer Wellen in schwingungsfähigen Systemen, im engeren Sinn in optischen Resonatoren (besonders in Lasern und Masern) und in Wellenleitern (z. B. Hohl- und Lichtleiter).

Moderator, *Kerntechnik:* Bezeichnung für Stoffe, in denen hochenergetische (schnelle) Neutronen, wie sie z. B. bei Kernspaltungen entstehen, durch elastische Stöße auf niedrige (thermische) Energien abgebremst werden.

Modifikation [lateinisch] *die,* **1)** *Biologie:* nicht erbliche Veränderung einer Tier- oder Pflanzenart durch äußere Einflüsse (Anpassungsreaktion).

2) *Kristallografie:* eine von mehreren möglichen kristallinen Zustandsformen einer Substanz.

Modul [von lateinisch modulus »Maß«; »Maßstab«] *der, Physik:* eine Materialkonstante (z. B. Elastizitätsmodul).

Modul [englisch, von lateinisch modulus] *das, Elektronik:* Baugruppe, die eine in sich geschlossene Funktion übernimmt und durch elektronische Schaltkreise realisiert ist, meist als mechanisch leicht austauschbare Einheit.

Modulation, *Nachrichtentechnik:* Veränderung von Signalparametern eines Trägers in Abhängigkeit von einem modulierenden Signal (z. B. Modulationsschwingung). Der Träger ist dabei ein Zeitvorgang (z. B. Schwingungs-, Puls- oder Rauschvorgang). Die Modulation wird gewöhnlich dazu verwendet, niederfrequente Nachrichtensignale (z. B. Sprache, Musik, Bilder, Daten) hochfrequenten Schwingungen aufzuprägen, um sie den Eigenschaften eines geeigneten Übertragungsmediums (z. B. Funkstrecke, Lichtwellenleiter, Koaxialkabel) anzupassen oder um mehrere Nachrichten gleichzeitig über einen einzelnen Nachrichtenweg zu senden. Beim umgekehrten Vorgang, der **Demodulation,** wird auf der Empfangsseite das ursprüngliche niederfrequente Signal wieder aus der **Trägerschwingung** zurückgewonnen.

■ **Amplitudenmodulation** Harmonische Schwingungen gestatten die Modulation von

Amplitude, Frequenz oder Phase. Im einfachsten Fall ist der Träger eine Sinusschwingung. Bei der im Kurz-, Mittel- und Langwellenbereich gebräuchlichen Amplitudenmodulation (Abkürzung **AM**) wird die Amplitude A_T der hochfrequenten Trägerschwingung durch die niederfrequenten Schwingungen der Nachricht beeinflusst. Die positiven Halbwellen vergrößern die Amplitude der Trägerschwingung, die negativen verkleinern sie, beides umso mehr, je größer die Amplitude A_M der Modulationsschwingung ist. Das Verhältnis A_T / A_M bezeichnet man als **Modulationsgrad.** Die niederfrequente Modulationsschwingung bildet die **Hüllkurve** der modulierten Schwingung. Diese lässt sich auch als Überlagerung der Trägerschwingung mit zwei Schwingungen darstellen, deren Frequenzen durch die Summenbeziehungsweise Differenzfrequenz (Seitenfrequenzen) gegeben werden; ihre Amplituden sind halb so groß wie A_T. – Periodische Folgen von Rechteckimpulsen ermöglichen die Modulation von Amplitude (Pulsamplitudenmodulation), Frequenz (Pulsfrequenzmodulation), Phase (Pulsphasenmodulation) und Dauer der Einzelimpulse (Pulsdauermodulation).

▪ **Frequenzmodulation** Bei der im UKW-Rundfunk angewandten Frequenzmodulation (Abkürzung **FM**) wird statt der Amplitude die Frequenz der Trägerschwingung im Rhythmus der Nachricht geändert; d. h., die beim Empfänger eintreffende modulierte Schwingung besitzt eine sich ständig ändernde Frequenz. Die Frequenzabweichung von der Trägerfrequenz wird **Frequenzhub** genannt. Das Verhältnis des Frequenzhubs zur höchsten Modulationsfrequenz ist der **Modulationsindex.** Beim UKW-Rundfunk wird zur Störbefreiung der Modulationsindex wesentlich größer als 1 bemessen und außerdem eine Amplitudenbegrenzung im Empfänger durchgeführt.

▪ **Phasenmodulation** Der Frequenzmodulation eng verwandt ist die Phasenmodulation (Abkürzung **PM**), bei der der Phasenwinkel der modulierten Schwingung von dem der Trägerschwingung um einen Betrag abweicht, der dem Momentanwert der modulierenden Schwingung proportional ist; die Amplitude der Trägerschwingung bleibt konstant. Die größte Abweichung des Phasenwinkels der modulierten Schwingung von dem der ursprünglichen Trägerschwingung wird als **Phasenhub** bezeichnet.

Mohn, Papaver, Gattung der Mohngewächse mit rund 100 Arten in den gemäßigten Gebieten der Nordhalbkugel; einjährige, Milchsaft führende Kräuter und Stauden mit kugeligen, eiförmigen oder länglichen Kapselfrüchten; zum Teil Nutz- und Zierpflanzen. Bekannte Arten: **Klatschmohn (Feuermohn, Feldmohn,** Papaver rhoeas), bis 90 cm hoch, mit scharlachroten Blüten; auf Äckern und Ödland. **Islandmohn** (Papaver nudicaule), 30–40 cm hoch, Blüte gelb; in der arktischen und subarktischen Region; wird als Schnittblume in verschiedenfarbigen Sorten kultiviert. **Schlafmohn** (Papaver somniferum), 0,4–1,5 m hoch, mit violetten bis weißen Blüten, die am Grund dunkle Flecken haben; im östlichen Mittelmeergebiet, seit langem in Vorderasien und Indien angebaut. Aus dem Milchsaft der unreifen Fruchtkapseln wird Opium gewonnen. Das durch kaltes Pressen der weißen, blauen oder schwarzen Samen gewonnene Mohnöl wird als Speiseöl sowie industriell genutzt. Blaue (opiumfreie) Samen werden auch in der Bäckerei verwendet.

3881

Modul.
Triband-Modul für den Mobilfunk

mohrsche Waage [nach dem Pharmazeuten Carl Friedrich Mohr, * 1806, † 1879], Gerät zur Dichtebestimmung von Flüssigkeiten mithilfe des Auftriebs, den die zu untersuchende Flüssigkeit einem eingetauchten Körper verleiht.

mohssche Härteskala [nach dem Mineralogen Friedrich Mohs, * 1773, † 1839], Härteskala für Minerale, →Härte.

Moiré [moa're; französisch zu englisch mohair, nach dem Glanz der Mohärwolle] *das,* **1)** *allgemein:* bei der Überlagerung zweier Gitter oder Raster äquidistanter undurchsichtiger Linien auf transparentem Untergrund entstehende Erscheinung. Moiréeffekte werden zur Analyse von Form- und Maßabweichungen größerer Oberflächengebiete ausgenutzt, z. B. mithilfe interferometrischer (holografischer) Verfahren.

2) *Fernsehtechnik:* als Gitter- oder Streifenmuster auftretende, v. a. durch Funkwellen verursachte Bildstörung.

Moissan [mwa'sã], Ferdinand, französischer Chemiker, * Paris 28. 9. 1852, † ebenda 20. 2. 1907; arbeitete v. a. über Fluorverbindungen und stellte erstmals reines Fluor dar; Moissan entwickelte einen Elektroofen, in dem einige Elemente mit hoher Reinheit gewonnen werden konnten; ferner arbeitete er u. a. über Diamantsynthesen, Carbide, Boride und Silicide. 1906 erhielt er den Nobelpreis für Chemie.

Mol [gebildet aus Molekulargewicht] *das,* Einheitenzeichen **mol,** SI-Basiseinheit der →Stoffmenge; definiert als die Stoffmenge eines Systems, das aus ebenso vielen Einzelteilchen besteht, wie Atome in 12 g des Kohlenstoffnuklids ^{12}C enthalten sind; die Teilchenzahl gibt die →Avogadro-Konstante an. Bei Verwendung der Bezeichnung Mol müssen die Einzelteilchen des Systems spezifiziert sein; sie können Atome, Moleküle, Elektronen sowie andere Teilchen oder Gruppen solcher Teilchen in genau angegebener Zusammensetzung sein.

Früher wurde das Mol auch als die Menge eines chemisch einheitlichen Stoffs definiert, die seiner relativen Atommasse beziehungsweise seiner relativen Molekülmasse in Gramm entspricht **(Grammatom** beziehungsweise **Grammmolekül).**

100139

Molche und Salamander. Bergmolch (Männchen, Länge 10–12 cm)

Molalität *die,* Formelzeichen *b,* SI-Einheit ist Mol je Kilogramm (mol/kg); Angabe einer Stoffmengenkonzentration (→Konzentration). Die Molalität einer Lösung ist der Quotient aus der Stoffmenge *n* des gelösten Stoffes und der Masse *m* des Lösungsmittels.

molare Masse, Molmasse, Formelzeichen *M,* SI-Einheit ist kg/mol; der Quotient aus der Masse *m* und der Stoffmenge *n* eines Stoffes. Wird sie in g/mol angegeben, hat sie denselben Zahlenwert wie die relative Atom- beziehungsweise Molekülmasse.

molares Volumen, Molvolumen, Formelzeichen V_m, der Quotient aus dem Volumen *V,* das eine Stoffmenge *n* einnimmt, und der Stoffmenge. Im →Normzustand beträgt das molare Volumen aller hinreichend idealen Gase 22,414 l/mol.

molare Wärmekapazität, früher **Molwärme,** Formelzeichen C_m, SI-Einheit ist J/(K · mol), bei Elementen auch Atomwärme; die auf die Stoffmenge bezogene →Wärmekapazität.

Molarität *die,* nach DIN durch die →Stoffmengenkonzentration ersetzt.

Molche und Salamander, Salamandridae, Familie der Schwanzlurche, v. a. in Europa und Asien. Es werden die zumindest zur Paarungszeit im Wasser lebenden **Molche** mit seitlich abgeflachtem Schwanz und die ganzjährig an Land lebenden **Salamander** mit rundem Schwanzquerschnitt unterschieden.

In Mitteleuropa leben der leuchtend schwarz und gelb gemusterte **Feuersalamander** (Salamandra salamandra) in einer gefleckten und in einer gestreiften Unterart sowie der einheitlich schwarze **Alpensalamander** (Salamandra atra). Das Männchen des bis 18 cm langen **Kammmolchs** (Triturus cristatus) trägt während der Fortpflanzungszeit einen hohen, gezackten Hautkamm längs der Rückenmitte, der in schwächerer Ausbildung auch das Männchen des **Teichmolchs** (Triturus vulgaris) kennzeichnet. Der rotbäuchige **Alpenmolch** oder **Bergmolch** (Triturus alpestris) und der im männlichen Geschlecht mit einem endständigen Schwanzfaden ausgestattete **Fadenmolch** (Triturus helveticus) tragen anstelle eines Kammes eine erhöhte Längsleiste auf dem Rücken.

Molekül [französisch, von lateinisch moles »Masse«] *das,* **Molekel,** allgemein jede Anordnung von zwei oder mehr Atomen, die durch ihre Wechselwirkung lange genug aneinander gebunden sind, um eine Einheit zu bilden und als solche beobachtet werden zu können. Im engeren Sinn wird, v. a. in der Chemie, als Molekül der kleinste Teil einer Reinsubstanz bezeichnet, der noch deren chemische Eigenschaften besitzt und durch eine chemische Bindung zusammengehalten wird. Zur Charakterisierung eines Moleküls gibt man in der Summenformel die Art und die Zahl der Atome an, die es enthält, z. B. bei Wasser, H_2O, zwei Wasserstoffatome (H) und ein Sauerstoffatom (O). Bei komplizierteren Molekülen ist diese Charakterisierung unzureichend, da z. B. das Molekül C_2H_6O je nach der Verknüpfung der Atome Ethanol (CH_3CH_2OH) oder Dimethylether (CH_3OCH_3) sein kann (→Isomerie, →Mesomerie). Die Anzahl der Atome in einem Molekül liegt zwischen 2 und etwa 100, →Makromoleküle bestehen aus mindestens 1 000 Atomen und können viele Millionen Atome haben, mit →Molekülmassen bis zu einigen Hundert Millionen.

Genauere Angaben über die Struktur von Molekülen erhält man u. a. aus deren experimentell beobachteter Wechselwirkung mit elektromagnetischer Strahlung (→Spektroskopie). Die Abmessungen von Molekülen lassen sich nicht exakt festlegen, da ihre Elektronenhüllen keine starren Begrenzungen aufweisen und daher verschiedene experimentelle Methoden unterschiedliche Werte liefern. Nur im Fall genügend hochmolekularer

Verbindungen lassen sich Moleküle sichtbar machen (z.B. mit Elektronenmikroskopen). Zur Beobachtung niedrigmolekularer Substanzen wie Wasserstoff stehen nur indirekte Methoden (Beugung von Elektronen-, Röntgen- oder Neutronenstrahlen) zur Verfügung.

Molekularbewegung, →brownsche Bewegung.

Molekularbiologie, Teildisziplin der Biologie, die Lebenserscheinungen auf molekularer Ebene untersucht. Die Molekularbiologie ist eine interdisziplinäre Fachrichtung, die mit Methoden der Biologie, Chemie, Physik und auch der Medizin arbeitet und methodisch sowie inhaltlich Überschneidungen mit der Biochemie und der Genetik zeigt. Insbesondere mit den beiden letztgenannten Disziplinen teilt sie heute so viele Verfahren, dass eine klare Abgrenzung schwer fällt.

Die Molekularbiologie befasst sich mit der Untersuchung der Umsetzung und Vererbung genetischer Information, folglich sind DNA, RNA und, in geringerem Maß, Proteine die Studienobjekte des Molekularbiologen. Die →Polymerase-Kettenreaktion (PCR), eine Methode, die eine beliebige Vervielfältigung von DNA ermöglicht, gilt heute als wichtigste Methode der Molekularbiologie.

Wichtige Forschungsgebiete sind die Untersuchung von Struktur und Aktivität der Gene, wobei gegenwärtig die Aufklärung von chemischen Modifikationen der DNA (Epigenetik) besonders intensiv betrieben wird. Ähnliches gilt für die Umsetzung der genetischen Information, d.h. die Mechanismen der Bildung von mRNA und Proteinen im Zuge der Proteinbiosynthese. Die Sequenzanalyse der Genome von Viren, Bakterien, Pilzen, Pflanzen und Tieren einschließlich des Menschen wird zur Ermittlung von Verwandtschaftsbeziehungen herangezogen und erlaubt Einsichten in die Evolution. Weitere wichtige Forschungsfelder sind die molekularen Grundlagen der Immunabwehr, Wirkungsweise und Vermehrung von Viren, Entwicklungs- und Alterungsprozesse von Zellen sowie die Entartung von Zellen zu Tumorzellen. Die Molekularbiologie hat zum Erkennen molekularer Mechanismen als Krankheitsursachen beigetragen und damit zur Disziplin der molekularen Medizin geführt.

Molekulargenetik, Forschungsrichtung der →Genetik.

Molekulargewicht, physikalisch ungenaue Bezeichnung für die (relative) →Molekülmasse.

Molekularkräfte, →zwischenmolekulare Kräfte.

Molekularsiebe, Feststoffe mit regelmäßigen Poren- und Hohlraumsystemen, wobei Porenweiten von weniger als 0,7 nm eine Trennung von Molekülen nach ihrer Größe oder Form ermöglichen. Molekularsiebe werden zur Stofftrennung durch →Adsorption und als Katalysatoren verwendet.

Molekularstrahlen, Molekülstrahlen, Strahlen aus neutralen Molekülen oder Atomen (Atomstrahlen) im Vakuum. Zur Erzeugung von Molekularstrahlen lässt man gasförmige Stoffe durch eine 0,1–1 mm große Öffnung in ein Hochvakuum treten, in dem sich die Moleküle mit annähernd paralleler Flugrichtung bewegen. Ihr Abstand untereinander und von den Wänden der Apparatur muss so groß sein, dass Stöße und Wechselwirkungen vernachlässigbar sind. Mit Molekularstrahlen lassen sich u.a. die mittlere freie Weglänge und die Geschwindigkeitsverteilung von Gasen sowie die magnetischen Momente von Atomen und Molekülen bestimmen (→Atomstrahlresonanzmethode).

Molekülgitter, Kristallstrukturen, in denen Moleküle als Baueinheiten durch Van-der-Waals-Kräfte verbunden werden. Molekülgitter treten v.a. bei organisch-chemischen Verbindungen auf.

Molekülmasse, relative Molekülmasse, physikalisch ungenaues **[relatives] Molekulargewicht,** eine Verhältniszahl, die die Masse eines Moleküls im Verhältnis zum 12. Teil derjenigen eines Atoms des Kohlenstoffisotops ^{12}C angibt; sie entspricht der Summe der Atommassen aller im Molekül enthaltenen Atome, z.B. hat Kochsalz (NaCl) eine relative Molekülmasse von 58,5 = 23 (relative Atommasse von Na) +35,5 (relative Atommasse von Cl). Der Zahlenwert ist identisch mit dem Zahlenwert für die **absolute Molekülmasse,** gemessen in der →atomaren Masseneinheit, und gleich dem Zahlenwert der →molaren Masse, gemessen in g/mol.

100674

Molekularstrahlen. Ultrahochvakuumanlage für Molekularstrahlen zur Beschichtung von Supraleitern

Molenbruch, ältere Bezeichnung für →Stoffmengengehalt.

Molina, Mario José, mexikanischer Physikochemiker, *Mexiko 19. 3. 1943; untersuchte zusammen mit S. F. Rowland die Auswirkung von Fluorchlorkohlenwasserstoffen (FCKW) auf die Ozonschicht; dafür erhielt er 1995 zusammen mit Rowland und P. Crutzen den Nobelpreis für Chemie.

Mollusken [lateinisch], **Mollusca,** wissenschaftlicher Name der →Weichtiere.

Molluskizide [lateinisch], Wirkstoffe zur Bekämpfung von Weichtieren (Mollusken), insbesondere von Schnecken.

Molmasse, *Chemie:* die →molare Masse.

Molprozent, *Chemie:* Gehaltsangabe bei Mischphasen (→Konzentration).

Molvolumen, das →molare Volumen.

Molwärme, ältere Bezeichnung für →molare Wärmekapazität.

Molybdän. Molybdän wird aus Molybdänglanz gewonnen

Molybdän [griechisch molýbdaina »Blei(glanz)«] *das,* chemisches Symbol **Mo,** Element aus der 6. Nebengruppe des Periodensystems, Ordnungszahl 42, relative Atommasse 95,94, Dichte (bei 20 °C) 10,22 g/cm^3, Schmelzpunkt 2 623 °C, Siedepunkt 4 639 °C.

Molybdän ist ein hartes und sprödes (in sehr reinem Zustand dehnbares), graues, mit vielen Metallen legierbares Schwermetall. Chemisch ist Molybdän ziemlich beständig; es löst sich weder in nichtoxidierenden Säuren noch in Laugen, dagegen wird es von oxidierenden Säuren angegriffen. Bei erhöhter Temperatur reagiert es u. a. mit Sauerstoff und Halogenen. Molybdän gehört zu den relativ seltenen Metallen; es steht in der Häufigkeit der chemischen Elemente an 39. Stelle. Molybdän ist ein essenzielles Spurenelement und bei Pflanzen v. a. Bestandteil der für die Stickstofffixierung beziehungsweise die Nitratassimilation wichtigen Enzyme Nitrogenase und Nitratreduktase.

Molybdän wird aus Molybdänglanz, MoS_2, durch Abrösten und Reduktion mit Wasserstoff als graues Pulver gewonnen, das durch spezielle Schmelzverfahren (Lichtbogenschmelze) oder nach den Verfahren der Pulvermetallurgie (Sintern, Pressen) zu kompaktem Metall verdichtet werden kann. Es wird v. a. zur Herstellung von Molybdänstählen verwendet, die sich durch hohe Korrosionsbeständigkeit, Festigkeit und Zähigkeit auszeichnen (Molybdängehalt meist 0,2–5 %). Das zur Stahlerzeugung benutzte Ferromolybdän (eine Ferrolegierung mit 60–75 % Molybdän) erhält man durch Reduzieren eines Gemisches von Molybdäntrioxid und Eisenoxiden auf silicoaluminothermischem Wege oder durch Reduktion mit Koks im Lichtbogenofen.

Molzahl, ältere Bezeichnung für →Stoffmenge.

Moment, *Physik:* allgemein eine physikalische Größe, z. B. Kraft, Masse, Ladung, Polstärke, die mit einem Abstand (**Moment 1. Grades**) oder mit dem Abstandsquadrat (**Moment 2. Grades**) multipliziert ist, z. B. →Drehmoment, Massenmoment 2. Grades (→Trägheitsmoment), elektrisches Dipolmoment (→Dipol), magnetisches Dipolmoment (→magnetisches Moment).

Mondsamengewächse, Menispermaceae, Familie der Zweikeimblättrigen; meist tropische holzige Kletterpflanzen mit wechselständigen Blättern und eingeschlechtigen Blüten. Mondsamengewächse enthalten häufig Alkaloide, u. a. das Pfeilgift Curare.

Monel® [Kunstwort], **Monelmetall,** Legierung aus etwa 67 % Nickel, bis zu 33 % Kupfer und als Nebenbestandteile Eisen, Mangan und Aluminium sowie Spuren von Silicium, Kohlenstoff, Titan und Schwefel. Monel® besitzt große Korrosionsbeständigkeit und wird u. a. im Schiff-, Turbinen- und Pumpenbau benutzt.

Moniliakrankheit [lateinisch], Fruchtfäule des Obstes, erregt durch die Pilze **Monilia fructigena** beim Kernobst und **Monilia laxa** beim Steinobst. Auf den Früchten bilden sich polsterartige Sporenlager (häufig in konzentrischen Ringen); die Früchte fallen ab oder bleiben, allmählich mumifiziert, am Baum hängen; Behandlung mit Fungiziden.

Monitor, *Fernsehtechnik:* Fernsehkontrollempfänger für Regie- und Reportagezwecke zur Prüfung von Inhalt und technischer Qualität der Kameraaufnahme oder der Aufzeichnung.

Moniz Egas [muˈniʃ ˈɛɣaʒ], António Caetano, eigentlich **António Caetano de Abreu Freire Egas Moniz**, portugiesischer Neurologe und Politiker (Außenminister 1918), *Estarreja (bei Aveiro) 29. 11. 1874, †Lissabon 13. 12. 1955; Schöpfer der Gehirn-Arteriografie am lebenden Menschen (1927). Für das ebenfalls von ihm angegebene Verfahren der Leukotomie (operative Unterbrechung von Nervenfasern zwischen dem Stirnhirn und tiefer gelegenen Gehirnabschnitten) erhielt er 1949 (mit W. R. Hess) den Nobelpreis für Physiologie oder Medizin.

monochromatisch, *Physik:* einfarbig im Sinne einer Spektralfarbe des Lichts; im weiteren Sinn durch eine elektromagnetische Strahlung definierter Wellenlänge oder eines sehr engen Wellenlängenbereichs charakterisiert oder (aufgrund des Welle-Teilchen-Dualismus) Teilchen einheitlicher Energie (eines geringen Energieintervalls) enthaltend.

Monochromator [griechisch] *der,* Vorrichtung zur Aussonderung von Teilchen nach einer physikalischen Größe (z. B. nach ihrer Masse in Massenspektrometern) oder von elektromagnetischen Wellen nach ihrer Wellenlänge (Frequenz), insbesondere von Licht einer bestimmten Spektralfarbe (→Spektralapparate).

Monod [mɔ'no], Jacques Lucien, französischer Biochemiker, * Paris 9. 2. 1910, † Cannes 31. 5. 1976; erhielt 1965 mit A. Lwoff und F. Jacob den Nobelpreis für Physiologie oder Medizin für die Entdeckung der genetischen Steuerung der Enzym- und Virussynthese. In seinem Werk »Zufall und Notwendigkeit« (1970) befasste sich Monod mit philosophischen Fragen der modernen Biologie.

Monogamie [griechisch] *die,* das geschlechtliche Zusammenleben eines männlichen mit einem weiblichen Lebewesen; beim Menschen und bei höheren Tieren als **Einehe** bezeichnet.

monogen [griechisch], durch nur ein Gen bestimmt (Erbvorgang).

Monohybride [griechisch] *die,* auch *der,* Bastard, dessen Eltern sich in nur einem Merkmal unterscheiden.

monoklines Kristallsystem [griechisch], →Kristallsysteme.

monoklonale Antikörper [zu griechisch klōn »Sprössling«], von einem einzelnen Zellklon produzierte Antikörper. Mit zellbiologischen Verfahren gelang es, entartete Lymphozyten mit Antikörper bildenden Lymphozyten zu verschmelzen. Diese so genannten Hybridome sind fast unbegrenzt lebensfähig und bilden große Mengen des Antikörpers, auf den die Lymphozyten »programmiert« werden. Das Haupteinsatzgebiet der monoklonalen Antikörper liegt v. a. im medizinisch-diagnostischen Bereich zur Bestimmung von Hormonen und Serumproteinen sowie in der Serologie, der Zellbiologie und in der Immunhistochemie. Humanisierte monoklonale Antikörper (der überwiegende Teil ihres Genmaterials stammt vom Menschen) werden auch bereits therapeutisch genutzt.

Monokotyledonen, →Einkeimblättrige.

Monokultur, Form landwirtschaftlicher Bodennutzung; jährlich wiederkehrender Reinanbau derselben einjährigen Nutzpflanzenart auf der gleichen Fläche oder langjähriger Reinanbau von Dauerkulturen (z. B. Wein, Obst, Kaffee, Fichten). Vorteile: Erzeugung großer Mengen und arbeitssparende Bodenbearbeitung mit Maschinen. Nachteile: leichte und schnelle Ausbreitung von Pflanzenkrankheiten und Schädlingen, Verbrauch des natürlichen Mineralgehalts des Bodens durch einseitige Beanspruchung.

Monomere [zu griechisch méros »(An)teil«], niedermolekulare Bausteine von →Polymeren. Typische Moleküle von Monomeren zur technischen Polymersynthese (→Kunststoffe) haben Doppelbindungen (z. B. Ethylen) oder zwei reaktionsfähige Gruppen (z. B. Diisocyanate).

monophyletisch [griechisch], **monogen,** von einheitlicher Abstammung; Gegensatz: polyphyletisch.

Monopol *der, Physik:* isolierte positive oder negative elektrische Elementarladung *e* **(elektrischer Monopol)** oder isolierter magnetischer Nord- oder Südpol mit der magnetischen Einheitsladung *g* **(magnetischer Monopol);** auch Bezeichnung für die diese Ladungen tragenden Teilchen. Während elektrische Monopole seit langem bekannt sind, sind magnetische Monopole hypothetisch. Ihre Existenz wurde 1931 von P. A. Dirac postuliert, um in den maxwellschen Gleichungen eine duale Symmetrie zwischen elektrischen und magnetischen Größen herzustellen. Auch die →Große Vereinheitlichte Theorie setzt das Vorkommen von magnetischen Monopolen voraus.

Monosaccharide, einfach gebaute Zucker, Grundbausteine der →Kohlenhydrate. Monosaccharide sind meist süß schmeckende, farblose, kristalline, leicht wasserlösliche, stets optisch aktive Substanzen. Nach der Anzahl der Kohlenstoffatome unterscheidet man Triosen, Tetrosen, Pentosen, Hexosen und Heptosen sowie Aldosen und Ketosen nach Vorhandensein einer Aldehyd- beziehungsweise Ketogruppe. Monosaccharide bilden meist intramolekulare, fünf- oder sechsgliedrige zyklische Halbacetale (so genannte **Furanosen** beziehungsweise **Pyranosen**). Durch Zusammenschluss von zwei oder mehr Monosacchariden entstehen Disaccharide und Polysaccharide.

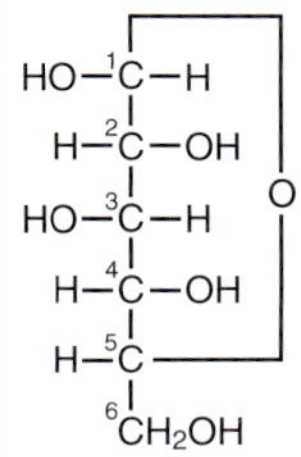

Monosaccharide. α-D-Glucose in zyklischer Halbacetalform (Pyranoseform)

Monoxid, →Oxid.

Monozelle, Spannungsquelle (Batterie), die nur aus einer Zelle besteht. Von den verschiedenen Typen mit international genormten Abmessungen unterscheidet man u. a. Microzelle, Mignonzelle, Babyzelle und die Bauform R 20 (34 × 61,5 mm).

Monözie [griechisch] *die,* **Einhäusigkeit,** das Vorhandensein beider Geschlechter auf derselben Pflanze, jedoch in eingeschlechtigen →Blüten.

Monozyten [griechisch], →Blut.

Monozyten-Makrophagen-System, ältere Bezeichnung **retikulohistiozytäres** beziehungsweise **retikuloendotheliales System,** Abkürzung **RES,** zum Immunsystem gehörendes, im Dienst der unspezifischen Abwehr stehendes System von Zellen und Geweben. Dient v. a. der Abwehr von Schadstoffen und Endoparasiten sowie der Immunregulation und der Synthese unterschiedlicher biologischer Substanzen.

Monsunwälder, lichte, regengrüne Wälder der Monsungebiete Asiens, die meist eine geschlossene Krautschicht haben; besonders die Teakbaum- und die Salbaumwälder Vorderindiens.

Montagnier [mɔ̃ta'ɲe], Luc, französischer Virologe, * Chabris (Département Indre) 18. 8. 1932; beschäftigte sich zunächst mit Fragen der Krebsforschung, besonders im Zusammenhang

Montgolfier. Aufstieg einer Montgolfiere; zeitgenössische Radierung (Paris 1783)

100264

mit Retroviren. 1983 gelang seiner Forschungsgruppe – unabhängig von der um Robert Charles Gallo – erstmals die Isolierung von →HIV, dem Erreger der Immunschwächekrankheit Aids, der von Montagnier zunächst als Lymphadenotropic Virus (LAV) bezeichnet wurde.

Montgolfier [mɔ̃gɔl'fje], französisches Brüderpaar, Erfinder des Heißluftballons: Étienne Jacques de Montgolfier (*Vidalon-lès-Annonay 6. 1. 1745, †Serrières 2. 8. 1799) und Michel Joseph de Montgolfier (*Vidalon-lès-Annonay 26. 8. 1740, †Balaruc-les-Bains 26. 6. 1810). Am 5. 6. 1783 stieg der erste, aus Leinwand gefertigte, mit Papier gefütterte und einem Hanfnetz überzogene, unbemannte Heißluftballon, eine **Montgolfiere,** zu einem Fesselflug auf. Dabei wurde die Luft im unten offenen Ballon durch ein Feuer aus gekämmter Wolle und feuchtem Stroh erwärmt. Am 19. 9. 1783 folgte ein Flug mit Tieren und am 21. 11. 1783 der erste bemannte freie Flug einer Montgolfiere unter der Führung von J.-F. Pilâtre de Rozier (*1754, †1785).

Moore ['mʊə], Stanford, amerikanischer Biochemiker, *Chicago 4. 9. 1913, †New York 23. 8. 1982; erhielt für die Erforschung der Struktur und Reaktivität des Enzyms Ribonuklease 1972 mit Christian Anfinsen und William Stein den Nobelpreis für Chemie.

mooresches Gesetz ['mʊə-], von Gordon Moore, dem Mitbegründer der Firma »Intel«, getroffene Voraussagen zum Wachstum der Halbleitertechnologie. Er sagte 1964 (richtig) voraus, dass sich die Speicherkapazität jeder neuen Chipgeneration jährlich verdoppeln wird. Etwa 10 Jahre später prognostizierte er (auch zutreffend), dass sich die Anzahl der Transistoren, die auf einem Chip integriert werden können, alle 18 Monate verdoppeln wird. Experten gehen derzeit davon aus, dass das mooresche Gesetz noch weit über das Jahr 2010 hinaus Gültigkeit haben wird.

Moose. Weißmoos

Moorwald, flechtenreicher, niedrigwüchsiger Kiefern- oder Birkenwald auf armen Sandböden oder Hochmoortorf.

Moose, Bryophyta, Bryophyten, Moospflanzen, Abteilung der Sporenpflanzen mit etwa 24 000 Arten; weltweit verbreitete Landpflanzen, ohne Gefäßbündel und ohne echte Wurzeln (Rhizoide). Die Moose enthalten in jeder Pflanze zwei Generationen, 1) eine die Gesamterscheinung der Moose beherrschende, dem Farnvorkeim entsprechende Generation mit Archegonien als weibliche und Antheridien als männlichen Geschlechtsorganen; 2) eine auf dieser Generation aus der befruchteten Eizelle des Archegoniums sprossende, nur aus der Mooskapsel mit Unterteil bestehende Generation, die Sporen erzeugt (→Generationswechsel). Aus der Spore keimt wieder die Moospflanze. Die **Laubmoose** (Klasse Musci; z. B. →Torfmoos) sind in Blättchen und Stängel gegliedert, die aus einem fadenförmigen Vorkeim hervorgehen. Die kugeligen oder keuligen Antheridien und die flaschenförmigen Archegonien stehen an Sprossenden. Nach der Befruchtung wächst die Zygote zum diploiden Sporophyten (Sporogon) aus, der zeitlebens auf dem Gametophyten verbleibt, dessen Oberteil als Haube auf dem Deckel der Sporenkapsel einen Schutz bildet.

Die **Lebermoose** (Klasse Hepaticae), z. B. Brunnenlebermoos, haben meist eine lappige Form. Die Sporenkapsel bleibt vom Archegonium umschlossen, ohne Haube und ist auch meist ohne Deckel.

Aufgrund ihres Wasserbindungsvermögens sind Moose wichtig für den Wasserhaushalt der Wälder.

Moostierchen, Bryozoen, Bryozoa, festsitzende, koloniebildende Bewohner des Meeres und Süßwassers. Jedes Moostierchen besitzt einen Fangarmkranz, der in das Innere zurückgezogen werden kann und zum Herbeistrudeln der Nahrung dient. Die Kolonien sind krusten-, moos- oder knollenartige Gebilde, die Pflanzen, Pfähle, Steine überziehen. Die Einzeltiere sind nur wenige Millimeter groß und zum Teil sehr vielgestaltig.

Morgan ['mɔːgən], Thomas Hunt, amerikanischer Genetiker, *Lexington (Kentucky) 25. 9. 1866, †Pasadena (Kalifornien) 4. 12. 1945; entdeckte die geschlechtsgebundene Vererbung und den Faktorenaustausch (→Crossing-over); erhielt hierfür 1933 den Nobelpreis für Physiologie oder Medizin.

Morphogenese [griechisch] *die,* **Morphogenesis, Morphogenie,** Ausformung eines Lebewesens während seiner Entwicklung; ist von den Erbanlagen sowie von Reizen aus der Umwelt abhängig.

Morphologie [griechisch] *die,* **1)** *Biologie:* Lehre von Form und Struktur der Organismen und den Lageverhältnissen der Organe. Neben der beschreibenden und vergleichenden Morphologie ist die funktionelle Morphologie von Bedeutung, da sie Wechselwirkungen zwischen Struktur und Funktion als untrennbare Einheit aufzeigt.

2) *Geowissenschaften:* die →Geomorphologie.

Morphose [griechisch] *die,* Bezeichnung für nicht erbliche Gestaltvariationen der Pflanzen beziehungsweise einzelner Organe, die durch Umwelteinflüsse verursacht werden.

Morse|alphabet, Morseschrift [nach Samuel Morse (* 1791, † 1872)], das genormte Telegrafenalphabet aus Kombinationen von Punkten und Strichen; international durch das Telegrafenalphabet Nummer 2 (Fünferalphabet) abgelöst, findet es in der Funktelegrafie noch Verwendung.

Mörser, *Chemie, Pharmazie:* schüsselförmige Reibschale aus Hartporzellan, Achat, Metall mit keulenförmigem Stab **(Stößel, Pistill)** zum Zerkleinern von harten Stoffen.

Mörtel, Gemisch aus mineralischen Bindemitteln, Zuschlagstoffen (→Zuschlag), Anmachflüssigkeit (allgemein Wasser) und gegebenenfalls Zusätzen; wird ohne Flüssigkeit bereits als **Fertig-** beziehungsweise **Werkmörtel** angeboten. Im Unterschied zu →Beton haben die Zuschlagstoffe eine geringere Korngröße (in der Regel bis 4 mm). Nach dem Verarbeitungszustand wird zwischen **Frisch-** und **Festmörtel** unterschieden. Mörtel verbindet nach dem Erhärten als **Mauermörtel** z. B. Ziegel, Natursteine, Fliesen, schützt als **Putzmörtel** gegen äußere Einflüsse und dient als Nutzschicht **(Estrichmörtel). Luftmörtel** (Kalk, Sand, Wasser) erhärtet nur an Luft, **Wassermörtel** oder **hydraulischer Mörtel** (Zement, Sand, Wasser) auch unter Wasser.

Morula [lateinisch] *die,* Stadium der biologischen →Entwicklung.

Mosaikgene, englisch **split genes,** Bezeichnung für Gene, bei denen die Abschnitte, die die Information für ein Protein tragen **(Exon),** mosaikartig durch solche unterbrochen sind, die zumindest keine für das entsprechende Protein erforderliche Information tragen **(Intron).** Mosaikgene sind bei Eukaryonten, bei Archaebakterien und bei vielen Viren verbreitet.

Mosaik|krankheit, bei vielen Pflanzen durch verschiedene Viren hervorgerufene fleckige Aufhellung des Blattgrüns, oft mit Formveränderungen der Blattspreiten. Die Mosaikkrankheit der Tabakpflanze, erregt durch das Tabakmosaikvirus, äußert sich in Aufhellungen an den Blattnerven, später in hell- und dunkelgrünen Flecken.

Moseley ['məʊzlɪ], Henry, britischer Physiker, * Weymouth (County Dorset) 23. 11. 1887, ⚔ auf der Halbinsel Gelibolu (Türkei) 10. 8. 1915; bestätigte 1913 die Hypothese, dass Kernladungszahl und Ordnungszahl eines Elements identisch sind; stellte das **Moseley-Gesetz** auf, nach dem die Frequenz der von einem Atom ausgesandten charakteristischen Röntgenstrahlung mit steigender Kernladungszahl des emittierenden Atoms anwächst, und zwar nahezu proportional dem Quadrat der Kernladungszahl.

MOSFET [Abkürzung für englisch **m**etal **o**xide **s**emiconductor **f**ield **e**ffect **t**ransistor], ein in →MOS-Technik hergestellter →Feldeffekttransistor. Beim **Anreicherungstyp** ist im Unterschied zum **Verarmungstyp** zwischen Drain und Source kein permanent leitfähiger Kanal vorhanden.

Mößbauer, Rudolf, deutscher Physiker, * München 31. 1. 1929; erhielt für seine Arbeiten über Kernresonanzfluoreszenz und -absorption bei tiefen Temperaturen (→Mößbauer-Effekt) und deren quantenmechanische Deutung mit R. Hofstadter 1961 den Nobelpreis für Physik.

Mößbauer-Effekt [nach R. Mößbauer], die praktisch rückstoßfreie Emission oder Absorption von Gammaquanten durch Atomkerne im Kristallgitter eines Festkörpers bei tiefen Temperaturen. Durch Bindung im Kristall wird die bei freien Atomen durch den Rückstoß des absorbierenden oder emittierenden Kerns verursachte Verschiebung zwischen Gammaabsorptions- und Gammaemissionslinie beseitigt. Außerdem entfällt die bei freien Atomen stets vorhandene Verbreiterung der Gammalinien durch den Doppler-Effekt. Die Bedeutung des Mößbauer-Effekts liegt in der Wiedergabe scharfer Energiequanten, die eine Messung kleinster Frequenz- und Energiedifferenzen mit einer Genauigkeit von 10^{-15} ermöglichen. So konnte die durch die allgemeine Relativitätstheorie vorausgesagte Rotverschiebung einer Gammastrahlung, die das Gravitationsfeld des Entstehungsorts verlässt, experimentell im Schwerefeld der Erde bestätigt werden. Anwendung in der Kernphysik (Bestimmung von Kernmomenten), der Festkörper- und Atomphysik (Kernradiusänderungen in angeregten Zuständen, Elektronendichte am Kern) und in der Chemie (**Mößbauer-Spektroskopie** für Feinstrukturuntersuchungen und Bindungszustände chemischer Verbindungen, quantitative Analyse).

MOS-Technik [MOS Abkürzung für englisch **m**etal **o**xide **s**emiconductor, »Metalloxid-Halbleiter«], im weiteren Sinn synonym zu →MIS-Technik; im engeren Sinn als Spezialbereich der MIS-Technik Basistechnologie bei der Herstellung diskreter und integrierter Halbleiterbauelemente beziehungsweise Funktionselemente, besonders →MOSFET, aber auch MOS-Kondensatoren, MOS-Widerstände und -Speicherelemente. Die MOS-Technik gestattet die Herstellung integrierter Schaltungen großer Komplexität und Packungsdichte, wobei

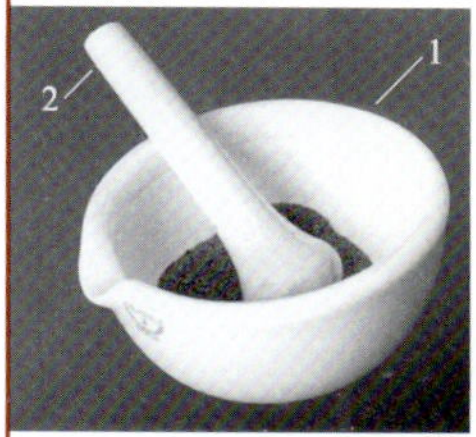

Mörser.
Mörser (1) und Pistill (2)

Rudolf Mößbauer

SiO_2 oder das natürliche Oxid des Substrats als Isolierschicht verwendet wird. Das eigentliche Herstellungsverfahren ist die →Planartechnik.

Man unterscheidet nach dem Kanaltyp **PMOS-Technik** (p-leitender Kanal) und **NMOS-Technik** (n-leitender Kanal). Bei der komplementären (englisch complementary) MOS-Technik werden p- und n-Kanal-Komponenten auf einem Chip integriert (→CMOS-Technik). Eine von diesen Technologien modifizierte Geometrie weist die →VMOS-Technik auf.

Aufgrund der höheren Beweglichkeit von Elektronen gegenüber Löchern sind in PMOS-Technik hergestellte Bausteine erheblich langsamer (typische Arbeitsgeschwindigkeit 100 statt 30 ns/Stufe) als die in der weiterentwickelten NMOS-Technik hergestellten Bausteine. Die PMOS-Technik ist die ursprüngliche Herstellungsform, sie findet heute im Wesentlichen nur noch für Taschenrechner Verwendung. Für andere Anwendungen, z.B. in Halbleiterspeichern oder Mikroprozessoren, werden fast ausschließlich NMOS-Schaltkreise benutzt. Da eine kostengünstige Integration nur bei direkter Kopplung aller Bauelemente erreichbar ist, werden vorwiegend n-Kanal-MOSFET vom Anreicherungstyp verwendet, die mit weniger Fertigungsschritten herstellbar sind als Verarmungs-MOSFET, mit denen die höchste Packungsdichte erreicht wird.

Den Vorteilen der MOS-Technik im Vergleich zur →Bipolartechnik, z.B. hohe Integrationsdichte, geringe Verlustleistung, einfacher Fertigungsprozess und niedrige Herstellungskosten, stehen als Nachteile die geringere Arbeitsgeschwindigkeit und die niedrigere Ausgangsleistung gegenüber. Die Arbeitsgeschwindigkeit in einem MOSFET hängt von der Breite des Gatebereichs ab, die durch das Auflösungsvermögen des lithografischen Prozesses begrenzt wird.

Motherboard [ˈmʌðəbɔːd, englisch] *das,* **Mainboard, Hauptplatine, Systemplatine,** *Informatik:* die Grundplatine eines Computers, auf der alle wesentlichen Baugruppen angeordnet sind, wie z.B. Prozessor, Speicher- und Ein-/Ausgabe-Bausteine. Durch das Motherboard ist die Grundstruktur eines Computers festgelegt. Für Erweiterungen des Einsatzes oder der Leistungsfähigkeit (Speichererweiterung, Schnittstellen, Grafik) sind meist Reservesteckplätze für spezielle Steckkarten vorgesehen.

Motivation, *Verhaltensforschung:* interne Bereitschaft für ein Verhalten. Sie wurde früher auch als Instinkt, Trieb oder Drang bezeichnet. Die Motivation (z.B. Sexualverhalten) beruht auf inneren Ungleichgewichten (Sexualhormone) und löst ein spezielles Suchverhalten (→Appetenzverhalten) nach Kenn- oder Schlüsselreizen (Sexualpartner) aus. Sind diese gefunden, dann erfolgt die Endhaltung (Balz und Kopulation) und somit der Abbau des Defizits bzw. der Motivation. Motivationen sind staubar (»Triebstau«) und je stärker die Motivation, desto leichter kann das adäquate Verhalten ausgelöst werden.

Motor [lateinisch »Beweger«] *der,* Maschine, die eine gegebene Energieart (z.B. thermische, elektrische, chemische Energie) in mechanische Bewegungsenergie (Rotationsbewegung oder auch Linearbewegung eines Kolbens) umwandelt. Im engeren Sinn werden heute vorwiegend der →Elektromotor, der →Stirlingmotor und der →Verbrennungsmotor als Motoren bezeichnet.

Motorbremse, die Nutzung des Kraftfahrzeugmotors als Bremse, wenn beim Wegnehmen des Gases der Leerlaufwiderstand des nicht ausgekuppelten Motors durch die Bewegungsenergie des Fahrzeugs überwunden wird.

Motorgenerator, 1) elektrischer Maschinensatz aus einem Elektromotor und einem oder mehreren mechanisch damit gekuppelten Generatoren zur Umformung elektrischer Parameter (z.B. Spannung, Frequenz, Phasenzahl); 2) aus einem Verbrennungsmotor und einem elektrischen Generator bestehender Maschinensatz, oft als →Notstromaggregat.

Motorik [lateinisch] *die,* Gesamtheit der willkürlich gesteuerten Bewegungsvorgänge bei Mensch und Tier.

Motorsegler, Segelflugzeug mit Hilfsmotor, der zum Start oder zum Überbrücken von Aufwindflauten dient. Motorsegler sind für Segelflugwettbewerbe zugelassen, wenn ein Sperrgerät die Benutzung des Hilfsmotors im Wettkampf verhindert.

Mott, Sir (seit 1962) Nevill Francis, britischer Physiker, *Leeds 30. 9. 1905, †Milton Keynes 8. 8. 1996; 1951–57 Präsident der IUPAP; bedeutende Arbeiten zur Streuung atomarer Teilchen und zur Supraleitfähigkeit; erhielt 1977 für Untersuchungen der elektronischen Struktur magnetischer und amorpher Substanzen mit P. W. Anderson und J. Van Vleck den Nobelpreis für Physik.

Mottelson [ˈmɔtəlsn], Benjamin Roy, amerikanischer Physiker, *Chicago (Illinois) 9. 7. 1926; erhielt 1975 mit A. N. Bohr und L. J. Rainwater für Untersuchungen zur Struktur deformierter Atomkerne im Rahmen des Kollektivmodells den Nobelpreis für Physik.

Motten, Echte Motten, Tineidae, mit rund 2000 Arten weltweit verbreitete Familie bis 4 cm spannender Kleinschmetterlinge; Kopf dicht behaart, Flügel schmal mit langen Fransen; Raupen meist in Gespinströhren, fressen v.a. an Pilzen, Körnerfrüchten, vertrocknetem Kadaver. Viele Arten werden schädlich durch Fraß an Filz, Pelzen und Wollstoffen (z.B. Fellmotten, Kleidermotten, Pelzmotten, Tapetenmotten). Schutzmaßnahmen: Verwendung von Insektiziden, v.a. in Form von Sprüh- oder Stäubemitteln. Textilien und

Pelze werden in dicht schließenden Behältern durch Zugabe von Mottenkugeln, Mottenpulver oder Mottenstrips geschützt. Mottenechte Textilien sind mit Wirkstoffen (z. B. Eulan®) versehen, die mit den Fasern eine dauerhafte Verbindung eingehen.

Möwen, Laridae, Familie der Möwenvögel an den Küsten aller Meere. Möwen haben zwischen den drei Vorderzehen Schwimmhäute. Der kräftige Schnabel endet in einer Hakenspitze; oft auffallender Wechsel zwischen Brut- und Ruhekleid; vielfach in Kolonien brütend. Im europäischen Binnenland am weitesten verbreitet ist die etwa taubengroße **Lachmöwe** (Larus ridibundus) mit weißen Handschwingenkanten und überwiegend weißem Gefieder; der Kopf ist im Brutkleid schwarzbraun. An Küsten und Binnengewässern lebt die **Sturmmöwe** (Larus canus), etwa 40 cm lang, mit grünlich gelbem Schnabel und Füßen. Größer ist die sehr ähnliche **Silbermöwe** (Larus argentatus) mit rotem Fleck an der Spitze des Unterschnabels. Die **Heringsmöwe** (Larus fuscus), etwa 50 cm lang, unterscheidet sich von der Lachmöwe durch schwarzgraue Flügel und schwarzen Rücken. Ihr ähnelt die größere **Mantelmöwe** (Larus marinus), Flügelspannweite bis 1,7 m. Nahe verwandt sind die Raubmöwen.

MP3 [Kurzbezeichnung für **MPEG 1 Audio Layer 3**], Verfahren der →Datenkompression, bei dem Audiodateien auf etwa ein Zehntel ihrer ursprünglichen Größe verkleinert werden. Dadurch lassen sich Platz sparend viele solcher Dateien auf der Festplatte eines Computers oder der Speicherkarte eines **MP3-Players** speichern. Die Tonqualität einer MP3-Datei lässt sich verändern. Je höher die Bitrate beim Komprimieren ist, desto mehr nähert sich der Klang dem Original an. Häufig wird eine Bitrate von 128 Kbit/s verwendet, bei der kaum noch Unterschiede zwischen Original und Kopie zu hören sind.

MPEG [Abkürzung für englisch **m**oving **p**icture **e**xperts **g**roup], →Datenkompression.

MPG, Abkürzung für →**M**ax-**P**lanck-**G**esellschaft zur Förderung der Wissenschaften e. V.

ms, Einheitenzeichen für die Zeiteinheit Millisekunde, 1 ms = 0,001 s (→Sekunde).

M-Schale, die zur Hauptquantenzahl $n = 3$ gehörende Hauptschale der →Atome, die maximal 18 Elektronen aufnehmen kann.

Mt, chemisches Symbol für →Meitnerium.

MTB, Abkürzung für →**M**ethyl-**t**ert.-**b**utylether.

Mucine [lateinisch mucus »Schleim«], **Muzine,** Sammelbezeichnung für die viskosen, von besonderen Schleimzellen abgesonderten Schleimstoffe (Glykoproteine, Mucoproteine, Mucopolysaccharide); haben Schutzfunktion für die Schleimhäute, wirken als Gleitmittel (u. a. im Darmsaft und Speichel).

Mücken, Nematocera, weltweit verbreitete Unterordnung der Zweiflügler; zart gebaut, mit langen dünnen Beinen und vielgliedrigen Fühlern. Wichtige Familien sind Haarmücken, Dungmücken, Pilzmücken, Trauermücken, Gallmücken, Schmetterlingsmücken, Netzmücken, Stechmücken, Gnitzen, Zuckmücken, Kriebelmücken und Schnaken. Die Larven haben meist einen gut ausgebildeten Kopf und leben im Wasser oder in feuchtem Substrat. Die Vollinsekten ernähren sich teils von Pflanzensäften, teils räuberisch, besonders aber Blut saugend. Während Schäden an Pflanzen durch Pflanzen fressende Larven gering sind, ist die hygienische Bedeutung Blut saugender Arten derart groß, dass die **Mückenbekämpfung** unumgänglich ist. Seit dem Altertum wird die Entwässerung verseuchter Sumpfgebiete zur Vernichtung der Brutplätze betrieben. In Ländern, die unter von Mücken übertragenen Krankheiten stark zu leiden haben, war der Großeinsatz chlorierter Kohlenwasserstoffe (DDT®) zunächst erfolgreich; wegen sich ausbreitender Resistenz und bedenklicher Umweltbelastung infolge von →Persistenz verfügten viele Länder Anwendungsverbote. An neueren Insektiziden kommen v. a. Pyrethroide zum Einsatz. Zur biologischen Mückenbekämpfung werden gegen Larven zunehmend insektenpathogene Bakterien verwendet. Abweisenden Effekt gegen Blutsauger, Gelbfieber- und Malariamücken eingeschlossen, besitzen Präparate mit Dimethylphthalat und Äthylbutylpropandiol.

Mucopolysaccharide, Mukopolysaccharide, im tierischen und menschlichen Bindegewebe enthaltene Polysaccharide, die eine wichtige Rolle als Stütz-, Schutz- und Gleitsubstanzen spielen (z. B. Hyaluronidase) oder an der Blutgerinnung beteiligt sind (Heparin).

Müdigkeit, →Ermüdung.

Muffe [von Muff], *Technik:* kurzes Rohrstück, oft mit Innengewinde, das zwei Maschinenteile oder Rohre (Rohrmuffe) miteinander verbindet; auch eine Garnitur zum Schutz von Verbindungsstellen zwischen Kabeln (Kabelmuffe) und Leitungen gegen Feuchtigkeit und Beschädigungen.

Muffel, *Technik:* luftdicht verschließbares, längliches Reaktionsgefäß aus feuerfestem Material, z. B. Schamotte oder Siliciumcarbid, zum Glühen, Brennen, Schmelzen oder Härten von Substanzen. Die Muffel werden in so genannten **Muffelöfen** von außen beheizt, sodass die Heizgase mit den reagierenden Produkten nicht in Berührung kommen.

Mühle, *Technik:* Maschine zum Mittel- (Grieß-) und Feinmahlen, bei der das Mahlgut durch Druck-, Schlag-, Prall- oder Scherbeanspruchung zerkleinert wird. Die **Walzenmühle** arbeitet mit zwei sich gegenläufig drehenden zylindrischen Walzen. **Schermühlen** beanspruchen das Mahlgut scherend zwi-

Möwen.
Lachmöwe

MP3
→ GEO **Dossier**
Unternehmen Forschung, Bd. 8

100807

Mücken.
Larven der Stechmücke

schen einer fest stehenden, meist radial gerippten und einer ähnlich ausgebildeten, um eine Achse rotierenden Mahlfläche. Hierzu gehören die **Glockenmühle** (bei der sich ein Mahlkegel in einem glockenförmigen Hohlkegel dreht) und die **Scheibenmühle** (das Mahlgut wird im Spalt zwischen zwei radial gerippten Scheiben, von denen eine fest steht und die andere angetrieben wird, zerrieben). **Schlagmühlen** zerkleinern das Gut mithilfe von Schlagkörpern (Schlagwerke). Bei **Prallmühlen** wird das Mahlgut von Rotoren gegen fest stehende Prallplatten oder sich gegenläufig zu den Rotoren drehende Prallscheiben **(Pralltellermühlen)** geschleudert, bei **Luftstrahlmühlen** in einem Gas- oder Luftstrom auf über 300 m/s beschleunigt. **Trommelmühlen** zerkleinern das Mahlgut in rotierenden (auch schwingenden) Mahltrommeln.

Mühle.
Bockwindmühle (178) aus Cantrup (Niedersachsen)

Mulch, Bodenbedeckung aus Pflanzenteilen, z. B. Stroh, Torf; schützt vor Austrocknung, unterdrückt den Unkrautwuchs.

Mull [niederdeutsch »Staub«, »Müll«], Humusform bei intensivem biologischem Abbau der Pflanzenreste.

Müll, allgemeinsprachlich für feste Abfallstoffe von Haushalten (Hausmüll) und Unternehmen, die in bestimmten Behältern (Mülltonnen, Müllcontainer) gesammelt und von der Müllabfuhr abgeholt werden; nach der Definition des Kreislaufwirtschaftsgesetzes und in der Terminologie der Abfallwirtschaft werden die Bezeichnung →Abfall und Abfallstoffe verwendet.

Mülldeponie, →Deponie.

Muller ['mʌlə], Hermann Joseph, amerikanischer Biologe, *New York 21. 12. 1890, †Indianapolis (Indiana) 5. 4. 1967. Durch Röntgenbestrahlung konnte Muller bei Taufliegen künstliche Mutationen auslösen; hierfür erhielt er 1946 den Nobelpreis für Physiologie oder Medizin.

Müller, 1) Johannes Peter, deutscher Physiologe und Anatom, *Koblenz 14. 7. 1801, †Berlin 28. 4. 1858; gilt als Begründer der neuzeitlichen Physiologie.

2) Karl Alex, schweizerischer Physiker, *Basel 20. 4. 1927; Professor am IBM-Forschungslaboratorium in Rüschlikon; Leiter des dortigen Physik-Departments, 1982 IBM-Fellow; Forschungen zur Hochtemperatur-Supraleitung, entdeckte eine bereits bei −238 °C supraleitende keramische Substanz; erhielt dafür mit J. G. Bednorz 1987 den Nobelpreis für Physik.

3) Paul, schweizerischer Chemiker, *Olten 12. 1. 1899, †Basel 13. 10. 1965; arbeitete v. a. über Wirkung, Toxizität und Struktur der Chlorkohlenwasserstoffe; er entwickelte 1939 das →DDT® und erhielt hierfür 1948 den Nobelpreis für Physiologie oder Medizin.

Mulliken ['mʌlıkən], Robert, amerikanischer Chemiker und Physiker, *Newburyport (Massachusetts) 7. 6. 1896, †Arlington (Virginia) 31. 10. 1986; nach Arbeiten zur Isotopentrennung, über Bandenspektren (Isotopieeffekte, 1925), Dipolmomente und Elektronegativität bedeutende Forschungen zur chemischen Bindung und Elektronenstruktur von Molekülen; schuf ab 1930 mit Friedrich Hund die Theorie der Molekülorbitale (Molekülorbitalmodell); er erhielt 1966 den Nobelpreis für Chemie.

Mullis ['mʌlıs], Kary, amerikanischer Chemiker, *Lenoir (North Carolina) 28. 12. 1944; entwickelte 1983 ein Verfahren zur Vermehrung von Desoxyribonukleinsäure (DNA), bei dem aus geringsten Mengen von genetischem Material mithilfe des Enzyms Polymerase in einer Kettenreaktion (PCR, Abkürzung für englisch polymerase chain reaction) größere Mengen an DNA gewonnen werden, die sich für detaillierte Analysen u. a. in der mikrobiologischen, genetischen oder medizinischen Forschung eignen; erhielt dafür 1993 zusammen mit Michael Smith den Nobelpreis für Chemie.

Müllverbrennung, →Abfallverbrennung.

Multi|enzymkomplexe, Bezeichnung für aus Einzelenzymen bestehende biologische Reaktionsketten, z. B. die Atmungskette.

Multimeter *das,* analog oder digital anzeigendes elektrisches Vielfachmessgerät, v. a. zur Messung von Spannung, Stromstärke und Widerstand.

Multiplett *das, Physik:* Gruppe physikalisch zusammengehöriger Energieniveaus oder Spektrallinien bei Atomen und Atomkernen. Die Aufspaltung der Energieniveaus (und damit der Spektrallinien) liefert die Multipletts der →Feinstruktur infolge der Wechselwirkung von Bahndrehimpuls und Spin der Elektronen beziehungsweise der →Hyperfeinstruktur aufgrund der Wechselwirkung der Hüllenelektronen mit den Kernmomenten. Multipletts mit 2, 3, 4, ... Energieniveaus heißen **Dubletts, Tripletts, Quartetts, ...; Singuletts** bestehen aus einem einzigen Niveau. Die Anzahl der zu einem Multiplett gehörenden Niveaus nennt man **Multiplizität.**

Multiplexverfahren, *Datenübertragung:* Signal- beziehungsweise Datenübertragungsverfahren, bei dem mehrere Kanäle begrenzter Kapazität für die Datenübertragung zusammengefasst und in einem einzigen Kanal (Übertragungskanal) höherer Kapazität zur mehrfachen Ausnutzung des Übertragungsmediums übergeben werden (Multiplexing). Am Ende der Übertragung wird die Information aus dem Übertragungskanal wieder in einzelne Kanäle niedriger Kapazität zerlegt (Demultiplexing). Das Multiplexverfahren wird mittels einer elektronischen Schaltung realisiert **(Multiplexer).**

Beim **Frequenzmultiplexverfahren** wird jedem Kanal eine Trägerfrequenz innerhalb eines Frequenzbandes des Übertragungskanals zugewiesen und zeitgleich übertragen. Zur technischen Realisierung werden Amplituden-, Frequenz- und Phasenmodulation angewandt (→Modulation). Beim **Zeitmultiplexverfahren** werden die einzelnen Kanäle periodisch abgetastet und zeitlich nacheinander übertragen. Die einmalige Folge der zeitlich aneinander gereihten Kanäle wird als Rahmen (Impulsrahmen), seine zeitliche Ausdehnung als Rahmendauer bezeichnet. Kennzeichnend für den Kanal ist dabei die zeitliche Lage innerhalb des Impulsrahmens. Zur technischen Realisierung des Zeitmultiplexverfahrens werden Pulsamplituden-, Pulsphasen- und Pulsdauermodulation angewandt. Das **Codemultiplexverfahren** wird durch Umsetzung (Codierung) eines schmalbandigen Signals in ein breitbandiges realisiert (Signalspreizung) und danach übertragen. Vorteile des Codemultiplexverfahren sind größere Kanalkapazitäten, keine Zeitsynchronisation sowie extreme Abhörsicherheit. Das Codemultiplexverfahren hat sich als Verfahren für Mobilfunksysteme etabliert (→UMTS).

Die Multiplexverfahren haben große Bedeutung in der Datenübertragung und finden z. B. bei der Mehrfachausnutzung des →Transponders eines Nachrichtensatelliten Anwendung. Ein Multiplexverfahren, dessen Übertragungskanal man in beide Richtungen verwendet, heißt **Duplexverfahren.** Für Multiplexverfahren existieren technische Standards.

Multiplizität, *Physik:* 1) Anzahl der Komponenten eines →Multipletts von Spektrallinien; 2) Anzahl der Terme eines Multipletts von (Energie-)Termen.

Multipol *der,* symmetrische Anordnung von positiven und negativen elektrischen Ladungen (elektrischen Monopolen), auch Magnetpolen, auf engstem Raum. Nach dem →Dipol (2-Pol) sind der **Quadrupol** (4-Pol) und der **Oktupol** (8-Pol) die wichtigsten Multipole.

Multispektralscanner [-skænə], **Multispektralabtaster,** Gerät zur primären Bildaufnahme oder zur Abtastung von Bildvorlagen, synchron in verschiedenen Bereichen des elektromagnetischen Spektrums. Die optomechanischen Multispektralscanner mit einer Bilderzeugung nach Punkten in zeitlich enger Folge werden heute von den optoelektronischen Multispektralscannern verdrängt, die einen geometrisch einfacheren Bildaufbau aus einer bis mehreren synchron aufgenommenen Bildzeilen vornehmen. Die Helligkeitswerte der Spektralbereiche eines einzelnen Bildpunktes werden in der Regel digitalisiert und können dadurch der digitalen Bildverarbeitung zugeführt werden. Die Multispektralscanner finden zunehmende Anwendung in vielen Bereichen von Wissenschaft und Technik, z. B. bei der Bildaufnahme vom Flugzeug oder Satelliten aus für die →Fernerkundung und →Fotogrammetrie, bei der Abtastung von Fotos aller Art, von Strichzeichnungen (Landkarten, technischen Zeichnungen usw.) in der grafischen Technik oder in der Kartografie.

Mumie [arabisch mumija, zu persisch mum »Wachs«] *die,* auf natürliche Weise (z. B. durch Austrocknung im Wüstensand, Luftabschluss in Mooren) oder durch künstliche Verfahren (z. B. Einbalsamierung) vor Verwesung geschützte Leiche. Im alten Ägypten wurde der Körper (vornehmer) Toter durch Behandlung mit Natron, Asphalt und Ausfüllen der Körperhöhlen mit harzgetränktem Leinen oder Sägemehl (v. a. Zedernprodukte) vor dem Zerfall bewahrt (bezeugt seit Beginn des 3. Jahrtausends v. Chr.). Gehirn und Eingeweide wurden vorher entfernt und in speziellen Gefäßen (Kanopen) gesondert beigesetzt; das Herz blieb meist in der Mumie, die dann mit Tüchern umwickelt und in einen der menschlichen Gestalt ähnlichen Sarg gelegt wurde.

Mund, Os, Stoma, Eingang in den Verdauungskanal der Tiere und des Menschen.

Müon *das,* das →Myon.

Murad, Ferid, amerikanischer Mediziner, * Whiting (Indiana) 4. 9. 1936. Murad erhielt mit L. J. Ignarro und R. F. Furchgott 1998 den Nobelpreis für Physiologie oder Medizin für die Entdeckung der Bedeutung des Stickoxids als Signalgeber im Herz-Kreislauf-System.

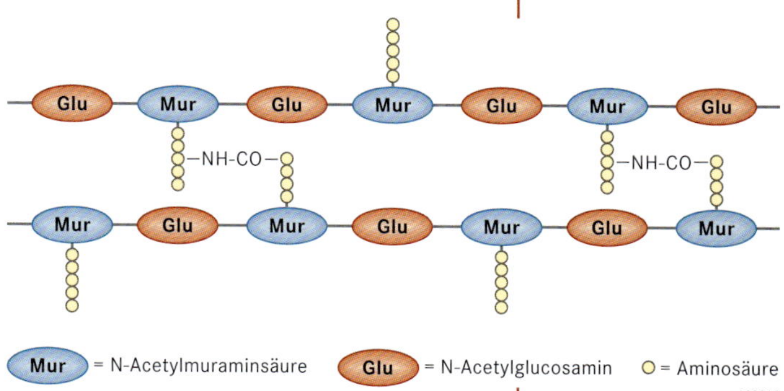

Murein.
Struktur des Mureins

Murein *das,* Peptid-Polysaccharid-Komplex (mit N-Acetylglucosamin und N-Acetyl-Muraminsäure als Polysaccharideinheiten) in der inneren Zellwandschicht aller Bakterien.

Murphy [ˈməːfɪ], William Parry, amerikanischer Arzt, * Stoughton (Wisconsin) 6. 2. 1892, † Brookline (Massachusetts) 9. 10. 1987; erforschte die Wirkung des Insulins bei Diabetes mellitus. Mit G. R. Minot und G. Whipple führte er die Leberdiät bei perniziöser Anämie ein und erhielt 1934 mit ihnen dafür den Nobelpreis für Physiologie oder Medizin.

Murray [ˈmʌrɪ], Joseph Edward, amerikanischer Chirurg, * Milford (Massachusetts) 1. 4. 1919; erhielt für seine Arbeiten zur Überwindung der Immunabwehr bei Organ- und

Muscheln.
Venusmuschel

Muscheln.
Austern

Zelltransplantationen 1990 (mit E. D. Thomas) den Nobelpreis für Physiologie oder Medizin.

Muscheln [lateinisch musculus »Mäuschen«], **Bivalvia, Lamellibranchiata,** Klasse der Weichtiere mit seitlich zusammengedrücktem Körper, der von einem Mantel und zwei von diesem abgeschiedenen Kalkschalen umhüllt ist. Die beiden Schalenklappen sind am Rücken gelenkartig durch Zähne und ein elastisches Schlossband miteinander verbunden und können meist durch einen oder zwei kräftige Schließmuskeln verschlossen werden. Jede Schale besteht aus mehreren Schichten mit einer inneren Perlmutterschicht. Die Muscheln haben zwei röhrenförmige Öffnungen (Siphonen); durch den unteren Sipho werden Atemwasser und Nahrungsteilchen eingestrudelt, durch den oberen verbrauchtes Wasser, Kot und Geschlechtsprodukte ausgestoßen. Der Kopf ist auf die vor dem Fuß liegende Mundöffnung und die sie umgebenden Mundlappen reduziert. In der Mittelebene der Muscheln liegt unten der schwellbare muskulöse Fuß zur Fortbewegung (fehlt festsitzenden Muscheln, z. B. Austern). Zwischen Mantel und Fuß liegen als Atmungsorgane die Kiemen, die auch dem Nahrungserwerb durch Ausfiltern von Kleinlebewesen aus dem Wasser dienen. Viele Muscheln verankern sich mithilfe von erstarrenden Fäden (Muschelseide oder Byssusfäden). Die meisten Muscheln sind getrenntgeschlechtlich. Die Einteilung der Muscheln erfolgt nach dem Bau der Kiemen: **Urkiemer (Fiederkiemer), Fadenkiemer, Blattkiemer.** – Manche Muscheln sind als Nahrungsmittel (z. B. Miesmuscheln, Herzmuscheln, Austern), andere für die Schmuckindustrie (v. a. Flussmuscheln und Seeperlmuscheln) von wirtschaftlicher Bedeutung.

Muskel|elektrizität, die elektrischen Erscheinungen (→Aktionspotenzial) an den Muskeln.

Muster|erkennung, englisch **pattern recognition,** *Informatik:* die Identifizierung von Merkmalen durch Vergleich mit einem vorliegenden Muster; im weiteren Sinn auch Bezeichnung für die Gesamtheit der diesem Zweck dienenden Verfahren. Durch die Mustererkennung kann ein Objekt, das die identifizierten Merkmale trägt, einer gewissen Klasse zugeordnet und somit »erkannt« werden.

Musterprüfung, Eignungsprüfung, Prüfung (z. B. durch den TÜV) von einzelnen Mustern eines technischen Produkts zum Nachweis der Betriebstüchtigkeit, Leistungsfähigkeit und Brauchbarkeit; im sicherheitstechnischen Bereich **Baumusterprüfung** oder **Typenprüfung** genannt.

Mutagene [lateinisch-griechisch], natürliche und synthetische Substanzen **(chemische Mutagene)** sowie Strahlen **(physikalische Mutagene),** die →Mutationen hervorrufen können; Mutagene sind häufig zugleich karzinogen. Als physikalische Mutagene wirken Röntgen-, Höhen-, Gamma- und Ultraviolettstrahlen. Chemische Mutagene (Nitrite, Aflatoxine, Benzpyren, Methylierungsmittel u. a.) verändern meist die Nukleotidbasen der DNA.

Mutarotation, Veränderung des optischen Drehwerts eines Zuckers oder einer anderen optisch aktiven Substanz, die eintritt, wenn diese gelöst werden.

Mutation, Erbänderung, *Genetik:* plötzlich auftretende und dann konstant weitergegebene, also erbliche Veränderung der genetischen Information einer Zelle. Eine Mutation kann spontan (ohne erkennbare Ursache) entstehen **(Spontanmutation)** oder durch Einwirkung von →Mutagenen induziert werden **(induzierte Mutation).** Aufgrund molekularbiologischer Analysen kann man unterscheiden: **Genommutationen** verändern die Anzahl einzelner Chromosomen oder ganzer Chromosomensätze. **Chromosomenmutationen** führen zu Umbauten im Chromosom (→Chromosomenanomalien). **Genmutationen** oder **Punktmutationen** betreffen einzelne Gene; am DNA-Molekül werden nur wenige (oder nur ein) Basenpaare verändert.

Mutation ist ein grundlegender Evolutionsfaktor, der durch Auslese und ein Zusammenwirken mit anderen Evolutionsmechanismen zur Artbildung beiträgt. In der Tier- und Pflanzenzüchtung werden durch Kreuzungen Mutationen, die ein gewünschtes Merkmal bedingen, gefördert. Mithilfe der Gentechnik ist es inzwischen auch möglich, Mutationen gerichtet zu erzeugen.

Mutter, Schraubenmutter, Maschinenelement mit Innengewinde, Teil einer Schraubenverbindung. Die häufigste Form ist die Sechskantmutter mit sechs Schlüsselflächen zum Anziehen. Vierkantmuttern werden meist zusammen mit Schlossschrauben verwendet. Hutmuttern sind zum Schutz des Gewindes einseitig geschlossen. Flügelmuttern und Rädelmuttern können von Hand angezogen werden. Kreuzlochmuttern mit vier Sacklöchern am Rand und Zweilochmuttern mit zwei Löchern auf der Stirnseite werden mit Spezialschlüsseln angezogen. Selbstsichernde Muttern mit gewindelosem Kunststoffring in einer Innenringnut ersetzen zunehmend Kronenmuttern mit Schlitzen zur Sicherung mit einem Splint.

Mutterboden, Muttererde, humushaltige, fruchtbare oberste Schicht eines Bodens mit reicher Mikroflora und -fauna; bei Kulturflächen »Ackerkrume« genannt.

Mutterkorn, Secale cornutum, hartes, bis zu 2,5 cm großes, schwarzviolettes, hornartig aus der Ähre herausragendes Dauermyzelgeflecht (Sklerotium) des Mutterkornpilzes (Claviceps purpurea) im Fruchtknoten beziehungsweise im Getreidekorn (besonders Roggen); bewirkt die Absonderung von zuckerhaltigen Ausscheidungen (Honigtau). Das Mutterkorn enthält biogene Amine und die pharmakologisch stark wirksamen Mutterkornalkaloide.

Besonders im Mittelalter, aber auch noch im 19. Jahrhundert traten infolge Verunreinigung des Mehls mit Mutterkorn schwere Vergiftungskrankheiten (Ergotismus, Mutterkornvergiftung, Kribbelkrankheit) auf.

100674

Mutterkorn. Befallenes Getreide

Mutterlauge, die nach der Kristallisation chemischer Verbindungen aus Lösungen zurückbleibende Flüssigkeit.

Muttermilch, Frauenmilch, das von den weiblichen Brustdrüsen nach der Geburt abgesonderte Sekret. Die Muttermilch ist die ideale Säuglingsnahrung; sie sichert Gedeihen, Wohlbefinden und fördert durch Immunstoffe die Abwehr gegen Infektionen. In den ersten vier bis fünf Tagen nach der Geburt wird das →Kolostrum gebildet. Nach der transitorischen oder Zwischenmilch produziert die Brustdrüse von der zweiten bis dritten Woche an die reife Muttermilch (Menge der abgesonderten Muttermilch acht bis zehn Tage nach der Entbindung etwa 500 cm^3 täglich). Die Proteine der Muttermilch hemmen das Wachstum pathogener Darmbakterien (weniger Durchfallerkrankungen), der hohe Anteil an weißen Blutkörperchen schützt wahrscheinlich vor grippeähnlichen Virusinfektionen.

Mutualismus [lateinisch mutuus »wechselseitig«] *der, Biologie:* Form der →Symbiose.

Muzine, →Mucine.

MW, 1) Einheitenzeichen für →Megawatt, 1 MW = 1 000 000 W.

2) *Funktechnik:* Abkürzung für →Mittelwelle.

My *das,* **1)** *Physik:* **μ,** Symbol für das →Myon.

2) μ, Vorsatzzeichen für →Mikro.

my..., →myo...

myc(o)..., →myk(o)...

myel(o)... [griechisch myelós »Mark«], knochenmark..., nervenmark..., rückenmark...

myk(o)... [griechisch mýkēs »Pilz«], pilz...

Mykobakteri|en [griechisch], **Mycobakterien,** Gruppe verschiedengestaltiger Stäbchenbakterien, meist Saprophyten, aber auch Parasiten, z. B. die Erreger der Tuberkulose und der Lepra.

Mykologie [griechisch] *die,* Lehre von den →Pilzen.

Mykoplasmen [griechisch], Gruppe vielgestaltiger Bakterien, die (im Gegensatz zu den typischen Bakterien) keine Zellwand besitzen; verursachen Infektionen der Atemwege und des Urogenitalsystems.

Mykorrhiza [griechisch] *die,* Symbiose zwischen den Wurzeln höherer Pflanzen und Pilzen. Der Pilz liefert der Pflanze Wasser und Mineralsalze, die Pflanzen versorgen den Pilz v. a. mit Kohlenhydraten. Bei der **endotrophen Mykorrhiza** (z. B. bei Orchideen oder Farnen) dringen die Pilzhyphen in das Innere der Wurzelzellen ein; bei der **ektotrophen Mykorrhiza** (verbreitet bei Waldbäumen) sind die Saugwurzeln von Pilzfäden umgeben.

Myoglobin [zu lateinisch globus »Kugel«] *das,* Sauerstoff bindendes Muskelprotein, das aus einer Peptidkette mit 153 Aminosäuren und einer Häm-Gruppe besteht. Myoglobin hat höhere Affinität zum Sauerstoff als Hämoglobin und ist daher ein guter Sauerstoffspeicher.

myo..., my... [griechisch mȳs »Maus«, »Muskel«], muskel...

Myon [Kunstwort aus μ »Mikro« und Meson] *das,* englisch **Muon, μ-Meson, Müon,** instabiles geladenes →Elementarteilchen aus der Gruppe der →Leptonen, das sich wie ein Elektron verhält, aber eine rund 207-mal so große Masse hat (»schweres Elektron«). Es gibt elektrisch negativ geladene Myonen (μ^-) und deren positiv geladene Antiteilchen (Antimyonen, μ^+). Die Myonen entstehen v. a. beim Zerfall der Pionen u. a. Mesonen und zerfallen mit einer Lebensdauer von rund $2 \cdot 10^{-6}$ s, das μ^- in ein Elektron, ein e-Antineutrino und ein μ-Neutrino, das μ^+ in ein Positron, ein e-Neutrino und ein μ-Antineutrino. Die Myonen wurden 1937 von C. D. Anderson und O. Neddermeyer in der kosmischen Strahlung entdeckt.

myonische Atome, →exotische Atome.

Myonium [griechisch-lateinisch] *das,* ein →exotisches Atom.

Myrmekophagen [griechisch], Bezeichnung für Tiere, die sich von Ameisen ernähren, z. B. Ameisenbären, Ameisenigel.

Myrmekophyten [griechisch], **myrmekophile Pflanzen,** die →Ameisenpflanzen.

Myzel [griechisch] *das,* **Myzelium, Mycelium,** die Gesamtheit der Hyphen eines Pilzes; bildet das Pilzgeflecht oder den Thallus.

N

n, N [ɛn] *das,* **1)** *Chemie:* 1) **N,** Symbol für →Stickstoff; 2) **n,** Abkürzung für normal, das heißt unverzweigt, in der chemischen Nomenklatur der →Alkane; 3) **n** oder *n* in chemischen Formeln, Angabe für eine unbestimmte Anzahl von Atomen.

2) *Einheitenzeichen:* **N** für →Newton.

3) *Formelzeichen:* *n* für Brechzahl, Drehzahl, Stoffmenge, Teilchenzahldichte; *N* für die Neutronenzahl eines Kerns (Nuklids); N_A für die →Avogadro-Konstante.

4) *Physik:* **n,** Symbol für das →Neutron.

5) *Vorsatzzeichen:* **n** für →Nano.

Na, chemisches Symbol für →Natrium.

Nabe, der Teil des Rades, mit dem es auf der Welle oder auf dem Zapfen sitzt. Die Verbindung und die Kraftübertragung zwischen beiden kann entweder durch einen Reibungswiderstand (z. B. durch Aufpressen, Aufklemmen, besondere Spannelemente) oder Formschluss (z. B. Kegel- oder Stirnverzahnung) erfolgen.

NABU, Abkürzung für →**Na**turschutz**bu**nd Deutschland e. V.

nachhaltige Entwicklung, englisch **sustainable development,** eine ökonomische, soziale und ökologische Entwicklung, die weltweit die Bedürfnisse der gegenwärtigen Generation befriedigt, ohne die Lebenschancen künftiger Generationen zu gefährden. Der Grundgedanke geht zurück auf den Bericht »Our common future« (1987; deutsch »Unsere gemeinsame Zukunft«) der World Commission on Environment and Development (»Brundtland-Kommission«). Seit der UN-Konferenz über Umwelt und Entwicklung in Rio de Janeiro 1992 spielt die nachhaltige Entwicklung in der entwicklungs- und umweltpolitischen Diskussion eine herausragende Rolle. Sie soll die wechselseitigen Abhängigkeiten der ökonomischen, sozialen und ökologischen Entwicklungen einbeziehen **(dauerhaft umweltgerechte Entwicklung).** Wesentlich ist die besondere Bedeutung der Natur (natürliche Ressourcen, ökologische Systeme) für den Entwicklungsprozess **(ökologisch tragfähige Entwicklung).** Nachhaltige Entwicklung betont qualitatives Wachstum. Da quantitatives Wachstum (z. B. im Sinne des Anstiegs einer Inlandsproduktgröße) auf lange Sicht nicht möglich ist (z. B. wegen endlicher Ressourcen, begrenzter Aufnahmekapazität der Natur), wird eine Entwicklung im Sinne einer qualitativen Verbesserung von Lebensbedingungen, Produktionspotenzialen und Strukturen gefordert. Entwicklung bedeutet nicht nur Erhöhung des Pro-Kopf-Einkommens, sondern Verbesserung einer Vielfalt von Entwicklungsindikatoren. Hier bestehen enge Verbindungen zur Messung von Lebensqualität und Wohlstand. Letztlich umfasst nachhaltige Entwicklung einen gesellschaftlichen Wandlungsprozess, der zu neuen Wertvorstellungen und Konsumgewohnheiten führen soll.

2002, also 10 Jahre nach der UN-Konferenz über Umwelt und Entwicklung in Rio de Janeiro (Rio-Gipfel), fand der →Weltgipfel für nachhaltige Entwicklung (UN-Gipfel für nachhaltige Entwicklung) in Johannesburg (Südafrika) statt. Vertreter aus über 190 Nationen diskutierten zu Fragen der nachhaltigen Entwicklung im 21. Jahrhundert. Ziel war die Entwicklung eines Aktionsplans, um die grundlegenden Probleme der Menschheit zu lösen und die Erde schonender zu bewirtschaften als bisher. Wichtige Problemfelder des Aktionsplans sind u. a. der Zugang der Menschen zu unbedenklichem Trinkwasser, eine Reduzierung des Rückgangs der biologischen Vielfalt, Maßnahmen gegen die Überfischung, die Erhöhung des Anteils erneuerbarer Energien sowie die Entwicklung nachhaltiger Konsum- und Produktionsmuster.

Nachhaltigkeit, *Forstwirtschaft:* ein Bewirtschaftungsprinzip, das dadurch charakterisiert ist, dass nicht mehr Holz geerntet wird, als jeweils nachwachsen kann.

Nachlauf, *Chemie:* das letzte bei der fraktionierenden →Destillation von Flüssigkeitsgemischen übergehende Destillat.

Nachrichtensatellit, Kommunikationssatellit, künstlicher Erdsatellit, der der Herstellung drahtloser Telekommunikationsverbindungen über große Entfernungen dient. Nachrichtensatelliten für Funkverbindungen zwischen fest installierten Erdefunkstellen werden auch **Fernmeldesatelliten** genannt. Die meisten Nachrichtensatelliten befinden sich auf geostationären Umlaufbahnen. Mit drei um jeweils 120° gegeneinander versetzten geostationären Satelliten lassen sich alle Punkte der Erdoberfläche erreichen, mit Ausnahme der polnahen Gebiete. Für diese werden stark elliptische Umlaufbahnen genutzt.

Nachrichtentechnik, Gebiet der Informationstechnik (historisch der Elektrotechnik), das sich mit der Übertragung von Nachrichten (Informationen) und ihrer Messbarkeit befasst (Informationstheorie), insbesondere mit dem

100562

Nachrichtensatellit. Der Nachrichtensatellit Syncom 4 in seiner Umlaufbahn um die Erde am 31. August 1984 kurz nach dem Aussetzen. Er wurde von der Raumfähre Discovery ins All transportiert.

Bau und Betrieb von Nachrichtenübertragungssystemen. Hierzu gehören Verfahren und Einrichtungen zur Aufnahme, Zwischenspeicherung, Aus- und Wiedergabe sowie zur Vermittlung und Übertragung von Nachrichten (Sprache, Text, Musik, Bilder). Die Nachrichtenübertragung erfolgt durch elektrische Leitungen, über Funkwellen oder mit Lichtleitern. Die Nachrichtenverarbeitung sorgt für die dem Übertragungsmedium gemäße Umwandlung (Modulation beziehungsweise Demodulation) des Signals zwischen Sender und Empfänger.

Seit dem Einsatz digitaler Rechenanlagen hat sich die Aufgabenstellung der Nachrichtentechnik gewandelt, gleichbedeutend sind heute die Bezeichnungen **Telekommunikations-** und **Kommunikationstechnik.** Historisch bedeutsam ist die Einteilung in →Funktechnik (drahtlose Nachrichtentechnik) und →Fernmeldetechnik.

Nachtschattengewächse, Solanaceae, Pflanzenfamilie mit rund 2600 Arten, v.a. in Südamerika. Zu den Nachtschattengewächsen gehören Nutzpflanzen (Kartoffel, Tomate, Paprika, Tabak), Heil- und/oder Giftpflanzen (Tollkirsche, Bilsenkraut) und Zierpflanzen (u.a. Blasenkirsche, Petunie).

Nacht|tiere, nachtaktive Tiere, Tiere, deren Lebensaktivitäten v.a. in der Nachtzeit liegen, während sie tagsüber ruhen oder schlafen (z.B. Leuchtkäfer, Nachtschmetterlinge, Geckos, Schlangen, fast alle Eulenvögel und Flattertiere). Nachttiere haben entweder sehr lichtstarke oder sehr kleine Augen. Im letzteren Fall sind Geruchssinn und Ultraschall Orientierungshilfen.

Nachverbrennung, 1) *Luftfahrt:* Maßnahme zur kurzzeitigen Schubsteigerung (um 50%) von Turbinenluftstrahltriebwerken, durch Einspritzen von zusätzlichem Brennstoff in den noch sauerstoffhaltigen Abgasstrom zu abermaliger Verbrennung. Nachteilig hierbei sind hoher Kraftstoffverbrauch und starke Lärmentwicklung.

2) *Umwelttechnik:* Maßnahmen zur Verringerung der im Abgas enthaltenen brennbaren Luftschadstoffe (z.B. Kohlenmonoxid, Kohlenwasserstoffe). Die Nachverbrennung erfolgt heute meist durch einen →Katalysator.

nachwachsende Rohstoffe, Rohstoffe, die aus Pflanzen gewonnen werden, z.B. pflanzliche Öle, Fette, Stärke, sowie Pflanzen, die während einer relativ kurzen Wachstumszeit sehr viel Biomasse erzeugen, z.B. Chinaschilf, schnell wachsende Hölzer. Werden sie zur Energieerzeugung verbrannt, so belasten sie die Gashülle des Planeten nur mit so viel Kohlendioxid, wie sie vorher durch Fotosynthese entnommen haben.

Nachweisgrenze, Menge oder Konzentration einer Substanz, die in einer Analysenprobe gerade noch nachgewiesen werden kann.

Nacktsamer, Gymnospermen, Gymnospermae, Abteilung der Samenpflanzen mit den Unterabteilungen **gabel- und nadelblättrige Nacktsamer** (Coniferophytina) und **fiederblättrige Nacktsamer** (Cycadophytina). Unter fiederblättrigen Nacktsamern versteht man Samenpflanzen mit fiedrigen Laubblättern, mehreren Pollensackgruppen je Staubblatt und mehreren Samenanlagen je Samenblatt. Sie umfassen u.a. die Samenfarne, Palmfarne, Gnetumpflanzen. Die gabel- und nadelblättrigen Nacktsamer sind gekennzeichnet durch gabelige Laubblätter, Staubblätter mit einzelnen Pollensackgruppen und einfache Samenanlagenträger. Sie werden in Ginkgopflanzen und Nadelhölzer unterteilt.

420

Nachtschattengewächse. Gemeiner Stechapfel

nachwachsende Rohstoffe Die Purgiernuss

100562

In Indien versuchen Wissenschaftler Treibstoff aus den Früchten des Purgiernussbaums zu gewinnen. Ihre Früchte enthalten ein helles Fruchtfleisch, das bis zu 60% fettes Öl enthält – zum Vergleich: der Fettanteil des Rapses liegt bei etwa 40 bis 44%. Der Purgiernussbaum stellt nur wenige Ansprüche an die Bodenqualität und kann dort wachsen, wo andere Nutzpflanzen nicht gedeihen können. Die Pflanze enthält den giftigen Phorbolester, weshalb sie von Schädlingen gemieden wird, und ist ausgesprochen krankheitsresistent. In ersten Versuchen wurde das Öl bereits zu Biodiesel verarbeitet, das rußarm und geruchsarm verbrannte. Die ersten Fahrversuche waren erfolgreich. Allerdings würden – ähnlich wie beim Biodiesel – Umrüstungen der Autos notwendig, da die Motordichtungen angegriffen werden.

Nacktschnecken, Landlungenschnecken mit rückgebildeter Schale, z. B. Egel-, Wegschnecken.

Nadelhölzer, Koniferen, Coniferae, Pinopsida, die artenreichste Klasse der gabel- und nadelblättrigen Nacktsamer, vorwiegend immergrüne (Nadel-)Bäume mit Nadeln oder Schuppen als Blätter und zu Zapfen vereinigten weiblichen Blüten (Gegensatz: Laubhölzer). Nadelhölzer sind u. a. Fichte, Kiefer, Lärche, Lebensbaum, Tanne, Zypresse. Lärche, Sumpfzypresse u. a. werfen die Nadeln im Herbst ab.

Nadelwald, Pflanzengemeinschaft, in der Nadelhölzer vorherrschen.

Nagetiere, Nager, Rodentia, Ordnung der Säugetiere mit rund 3 000 Arten. Die mittleren Schneidezähne sind zu großen, ständig wachsenden **Nagezähnen** umgebildet. Das Kiefergelenk der Nagetiere gestattet reibende Kaubewegungen; sie sind vorwiegend Pflanzenfresser. Weltweit verbreitet besiedeln sie fast alle Lebensräume. Die meisten Nagetiere sind relativ wenig spezialisiert und äußerst anpassungsfähig. Zu den Nagetieren zählen u. a. Hörnchen, Mäuse, Stachelschweine, Meerschweinchen, Biber und Hamster.

Nagetiere. Der Präriehund zählt zu den Erdhörnchen.

Nahfeldmikroskop, ein optisches Rastermikroskop, bei dem eine optische Sonde (meist die offene Spitze einer auf Durchmesser unter 100 nm ausgezogenen metallisierten Glasfaser) mit lateralen Abmessungen weit unterhalb der Lichtwellenlänge im Abstand von wenigen Nanometern rasterförmig über das Untersuchungsobjekt bewegt wird. Das laterale Auflösungsvermögen ist dabei nicht durch die Wellenlänge, sondern durch die Sondenabmessungen bestimmt.

Nährböden, organische oder anorganische Nährstoffe in Agar-Agar oder Gelatine gelöst

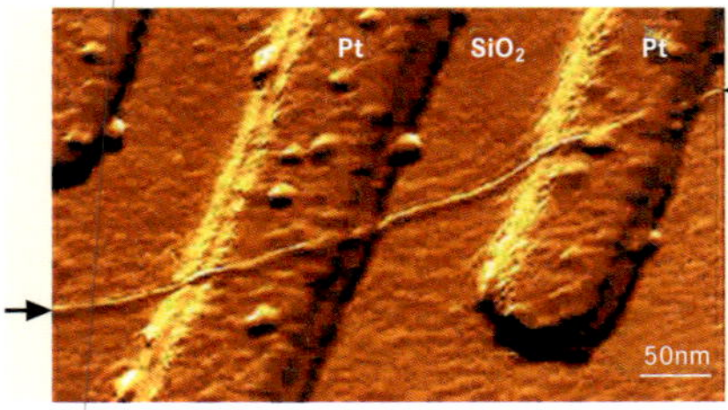

Nanoröhrchen. Rasterkraftmikroskopische Aufnahme eines Kohlenstoff-Nanoröhrchens, das über zwei Platinelektroden liegt

Nanoröhrchen
→ GEO **Dossier** Vorstoß in die Welt des Kleinsten, Bd. 8

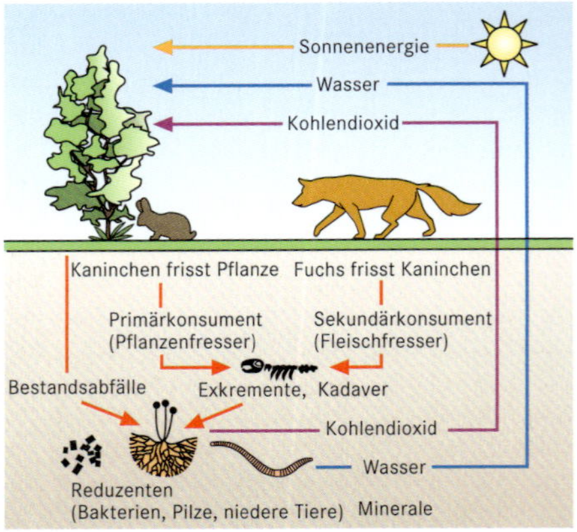

Nahrungskette. Beispiel einer Nahrungskette (schematische Darstellung)

beziehungsweise suspendiert zur Kultivierung von Mikroorganismen (z. B. von Bakterien, Pilzen).

Nährgewebe, Gewebe im →Samen der Pflanzen.

Nährlösung, wässrige Mineralsalzlösung, die alle für das Pflanzenwachstum notwendigen Nährstoffe enthält; zum Anbau von Pflanzen in →Hydrokultur, mit besonderen Zusätzen versehen auch zur Kultur von Mikroorganismen.

Nahrungskette, durch Nahrungsbeziehungen voneinander abhängige Organismen, in einer Reihe bestehend aus grünen Pflanzen (Produzenten), Pflanzenfressern (Primärkonsumenten) und Fleischfressern (Sekundärkonsumenten). Nahrungsketten werden geschlossen durch Zersetzer (Reduzenten; v. a. Bakterien und Pilze), die die Abbauprodukte den Anfangsgliedern der Nahrungskette zur Verfügung stellen. Beispiel: Planktonalge – Algen fressender Wasserfloh – räuberischer Wasserfloh – Friedfisch (Rotauge) – Raubfisch (Hecht) – Mensch. Nahrungsketten können zu Nahrungsnetzen verknüpft sein. Pestizidanwendung kann Nahrungsketten unterbrechen und zur Massenvermehrung einzelner Glieder führen.

Ein großes Problem stellt die über die Nahrungskette fortschreitende Anreicherung biologisch nicht oder schwer abbaubarer Substanzen, z. B. Schwermetalle, radioaktive Stoffe oder chlorierte Kohlenwasserstoffe, bis hin zu schädigenden Konzentrationen dar. Dies erweist sich auch für den Menschen, der häufig am Ende der jeweiligen Nahrungskette steht, als gefährlich.

Nahwirkung, *Physik:* physikalische Wirkung, die sich nur mit endlicher Geschwindigkeit in Form eines Feldes räumlich ausbreitet (im Gegensatz zur →Fernwirkung). **Nahwirkungstheorien** werden durch die entsprechenden →Feldtheorien beschrieben.

Nano... [lateinisch nanus »Zwerg«], Vorsatzzeichen **n,** Vorsatz vor Einheiten für den

Faktor 10^{-9} (Milliardstel); z. B.: 1 Nanosekunde = 1 ns = 10^{-9} s.

Nanokomposite, →Nanotechnologie.

Nanometer, Einheitenzeichen **nm,** Längeneinheit; 1 nm = 10^{-9} m.

Nanooptik, Gebiet der Optik, das sich mit den optischen Eigenschaften von Teilchen und Strukturen beschäftigt, deren Abmessungen im Nanometerbereich liegen, also wesentlich kleiner als die Wellenlänge des Lichtes im freien Raum sind. An solchen Strukturen können sich Lichtfelder mit einer Ausdehnung kleiner als eine Wellenlänge ausbreiten. Dies wird z. B. im →Nahfeldmikroskop genutzt, um ein optisches Auflösungsvermögen unterhalb einer Wellenlänge zu erreichen.

Im Gegensatz zu gröberen Suspensionen (z. B. Milch), die infolge von Lichtstreuung optisch trüb erscheinen, sind Suspensionen von Nanoteilchen optisch homogen, ihre Farbe hängt aber – anders als bei echten Lösungen von Farbstoffen – nicht nur von der stofflichen Zusammensetzung, sondern auch von der Form und dem Volumen der Nanoteilchen ab.

Nanopartikel, Nanokristalle, Partikel meist kristalliner Natur mit Durchmessern im Bereich weniger Nanometer, bestehend aus Elementen oder chemischen Verbindungen, die sich in ihren chemischen und physikalischen Eigenschaften wesentlich von massiven Materialien gleicher Zusammensetzung unterscheiden. Ursachen dafür sind einerseits die im Vergleich zum Volumen sehr großen Oberflächen mit entsprechend veränderter chemischer Struktur und Reaktivität, andererseits Quantenphänomene, die durch die räumliche Einschränkung der Elektronenbewegung in solchen Nanokristallen entstehen. Beispielsweise haben Goldnanopartikel eine größenabhängige Farbe, die bereits von den Römern zum Einfärben von Gläsern genutzt wurde. Durch Variation des Durchmessers kann in Halbleiternanokristallen der effektive Abstand von Leitungs- und Valenzband und damit die Lichtemission über den gesamten sichtbaren Spektralbereich abgestimmt werden, ein Phänomen, das u. a. zur Fluoreszenzmarkierung kleiner biologischer Objekte in Zellen genutzt wird. Kohlenstoffnanopartikel zeichnen sich durch besonders stabile Atomzahlen und veränderte chemische Eigenschaften aus.

Der Umgang mit flüchtigen Nanopartikeln ist aufgrund ihrer andersartigen chemischen Eigenschaften und ihrer leichten Ausbreitung insbesondere über Atemwege nicht ohne Risiko und bedarf weiterer Erforschung.

Nanoröhrchen, Kohlenstoffnanoröhrchen, Nanostruktur aus Kohlenstoff, die aus einer Lage aufgerollten Graphits besteht, einen Durchmesser von etwa 1–2 nm und eine Länge von einigen Mikrometern aufweist. Nanoröhrchen sind eine Art »Ruß«, d. h., sie entstehen u. a., wenn Kohlenwasserstoffverbindungen unvollständig verbrennen (z. B. durch Laserablation). Für die meisten Zwecke müssen Nanoröhrchen nach der Herstellung »gereinigt« werden, meist mit Filtrations- und Chromatografieverfahren. Dazu müssen sie zunächst mithilfe von Detergenzien in stabile Suspensionen gebracht werden.

Nanoröhrchen sind sehr gute Wärmeleiter und je nach Struktur halbleitend, metallisch leitend oder supraleitend; sie sind reißfest und sowohl thermisch als auch chemisch äußerst stabil. Aufgrund dieser Eigenschaften eignen sie sich für zahlreiche Anwendungen, wie Nanotransistoren und nanofaserverstärkte Verbundwerkstoffe.

Nanotechnologie, Nanotechnik, modernes Gebiet naturwissenschaftlicher Forschung an der Schnittstelle zwischen Physik, Chemie und Molekularbiologie, das sich mit der Erforschung und Manipulation von Eigenschaften und Funktionen von Materie im Nanometerbereich befasst. Dieser reicht von etwa 1 nm (= 10^{-9} m) – das sind entsprechend wenige Atomdurchmesser – bis zu etwa 100 nm, den kleinsten Abmessungen von Bauelementen auf hochintegrierten Chips der heutigen Mikroelektronik. – Zu den Zielen der Nanotechnologie gehören v. a. die Herstellung neuartiger Materialien und Werkstoffe, die Entwicklung neuer Methoden zur extrem dichten und effizienten Datenspeicherung, die Entwicklung künstlicher Nanomaschinen, die den in Zellen von Lebewesen arbeitenden natürlichen nachempfunden sind, sowie neue Funktionseinheiten bis hin zu hochintegrierten komplexen Systemen. Die Nanotechnologie

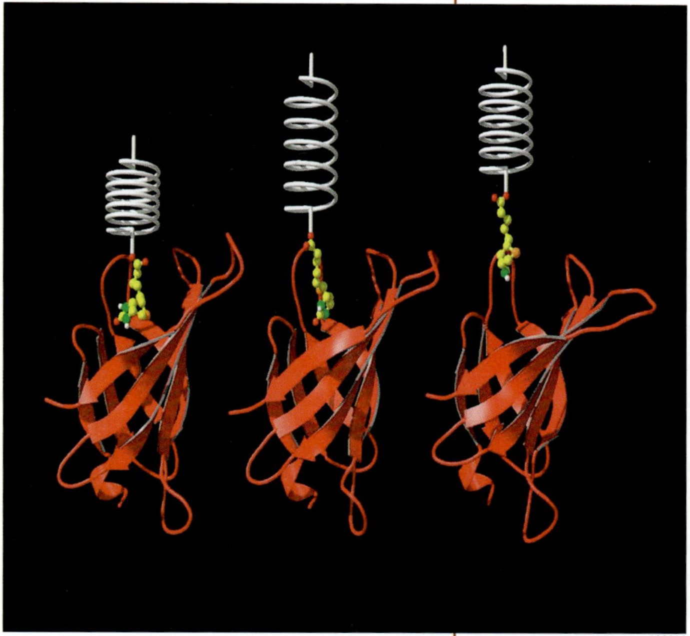

102032

Nanotechnologie. Molekulardynamiksimulation einer mit dem Rasterkraftmikroskop erzwungenen Trennung eines Ligand-Rezeptor-Komplexes. Gezeigt sind drei Schnappschüsse der simulierten Bindungstrennung eines Biotinmoleküls (gelb) aus der Bindungstasche des Streptavidins (rot, in Bänderdarstellung) durch Anwendung einer externen Kraft (symbolisiert durch die weiße Feder). Nach Einwirken einer Maximalkraft (Mitte) werden die molekularen Bindungskräfte überwunden und das Ligandenmolekül verlässt die Bindungstasche; an der Feder ist zu erkennen, dass die Kraft danach wieder abnimmt. Die gesamte Simulationsdauer beträgt etwa eine Nanosekunde; das Biotinmolekül legt während dieser Zeit eine Strecke von etwa einem Nanometer zurück.

Nanotechnologie. Gezielte Bewegung von kleinsten Flüssigkeitstropfen mithilfe von akustischen Oberflächenwellen (»Nanobeben« mit Nanometeramplitude) auf einem »programmierbaren Biochip«

gilt als eine der Schlüsseltechnologien der kommenden Jahrzehnte.

Praktisch erschlossen wurde das Gebiet der Nanotechnologie einerseits durch die ständige Verfeinerung der vorwiegend physikalischen Herstellungsmethoden der Mikroelektronik in einer **Top-down-Strategie** (»von oben nach unten«), die die Miniaturisierung zu immer kleineren Strukturen beinhaltet. Diese Methoden erlauben es heute, auf der Basis lithografischer Verfahren verschiedenste Materialien bis hin zu mesoskopischen Abmessungen von wenigen Nanometern gezielt zu strukturieren. Andererseits gestatten Verfahren der synthetischen und supramolekularen Chemie in zunehmendem Maße die Herstellung komplexer Moleküle bis zu makromolekularen Einheiten und geben uns so – ausgehend von den Atomen – einen **Bottom-up-Zugang** (»von unten nach oben«) zu nanoskaligen Systemen. Dabei werden aus der Biochemie entwickelte Methoden der molekularen Erkennung und Selbstorganisation mit klassischen chemischen Synthesestrategien kombiniert, sodass man heute z. B. anorganische Nanopartikel ebenso wie DNA-Moleküle »maßgefertigt« kaufen kann.

Nanotechnologie
→ GEO **Dossier**
Vorstoß in die Welt des Kleinsten, Bd. 8

Obwohl nanoskalige Objekte in der Chemie, z. B. als Kolloide, seit langem bekannt sind, wurden viele der heute in den Nanowissenschaften genutzten Fertigungsverfahren erst durch hochpräzise Mess- und Charakterisierungstechniken möglich. Ein breites Spektrum von Oberflächen abtastenden Rastersondenverfahren (→Rastermikroskope) kann heute Oberflächenstrukturen mit Details unter 1 nm wiedergeben. Diese Verfahren können z. B. mit abbildender optischer Mikroskopie, Elektronen- und Röntgenmikroskopie sowie mit auf Beugung beruhenden Strukturaufklärungsverfahren mittels Photonen, Elektronen, Neutronen und Atomen kombiniert werden.

■ **Anwendungen** Ein bedeutender Zweig der Nanotechnologie widmet sich der Schaffung neuer Verbundmaterialien, so genannte **Kompositmaterialien (Nanokomposite),** in denen »maßgeschneiderte« nanoskalige Untereinheiten zu Werkstoffen mit neuen Eigenschaften führen. Diese sind v. a. durch die Oberflächen- und Grenzflächeneigenschaften der Nanopartikel geprägt (wie Oberflächenhärte, Gleitfähigkeit, Selbstreinigung, Bruchfestigkeit, effiziente Lichtumwandlung, Leitfähigkeit, Supraleitung u. a.). Beispiele sind mit Nanopartikeln gefüllte **Nanomaterialien,** die als Farben, Tinten, Kosmetika, Keramiken, Leucht- und Klebstoffe breite Anwendungen finden, ebenso wie nanoporöse Materialien (z. B. Zeolithe und metallische Schäume), die z. B. als Katalysatoren bei chemischen Prozessen verwendet werden. Andere Nanokomposite sind →Formgedächtnislegierungen, **Halbleiterheterostrukturen** (→Heterostruktur) mit besonderen elektronischen und optoelektronischen Eigenschaften, die in der Informationstechnologie genutzt werden, sowie **Kohlefaserverbundwerkstoffe** (→Kohlenstofffasern), die als leichte und widerstandsfähige Werkstoffe (z. B. für Sportgeräte wie Tennisschläger, Ski) Anwendung finden. – Weitere Entwicklungen sind **(Kohlenstoff-)Nanoröhrchen,** die aus kleinen zu Röhrenformen aufgerollten graphitähnlichen Kohlenstoffschichten bestehen, von denen man sich einen Einsatz in Wasserstoffspeichern oder als Elektronenemitter in Flachbildschirmen verspricht, sowie **kolloidale Nanokristalle,** die als künstliche Leuchtstoffe in der Beleuchtungstechnik oder als fluoreszierende Marker in der biochemischen Analyse eingesetzt werden können.

Analog zur elektronischen Datenverarbeitung wird erwartet, dass die →optische Datenverarbeitung, das heißt die Datenverarbeitung mit Licht, in den nächsten Jahren zunehmend an Bedeutung gewinnen wird. Hier hofft man, mithilfe der Nanotechnologie schnelle und hochintegrierbare photonische Schalt- und Speicherelemente entwickeln zu können, die z. B. als Grundlage für optische Computer dienen.

Die Herstellungsverfahren der Mikroelektronik haben in jüngerer Zeit zu miniaturisierten sensorischen und aktorischen Systemen geführt, deren Abmessungen die eines daumennagelgroßen Computerchips nicht überschreiten und die Strukturen im Bereich weniger Mikrometer enthalten (→Mikrotechnik). Die Forschung untersucht bereits **nanoelektromechanische Systeme (NEMS)** mit dem Ziel, daraus noch kleinere und empfindlichere Mikrosysteme aufzubauen. Diese basieren z. B. auf Siliziumnanosaiten, deren mechanische Resonanzfrequenzen im Radiofrequenzbereich liegen und auf kleinste Kraftwirkungen reagieren.

Um auf der Nanoskala Materie gezielt manipulieren zu können, bedarf es roboterähnlicher Werkzeuge, mit denen Materie mit Nanometerpräzision bearbeitet und bewegt werden kann (→optische Pinzette).

Nanotechnologische Verfahren werden auch beim Informationsaustausch zwischen Lebewesen und Maschinen zunehmend eine wichtigere Rolle spielen. Beispielsweise ist

Rechte Seite: Nanopartikel aus Titanumdioxid finden sich u. a. in Sonnencreme. Sie sind für das sichtbare Licht durchlässig und darum unsichtbar – ein typischer Nanoeffekt. Ein weiterer Vorteil: Je kleiner die Partikel, desto dichter liegen sie nebeneinander und desto effektiver schützen sie die Haut vor UV-Licht.

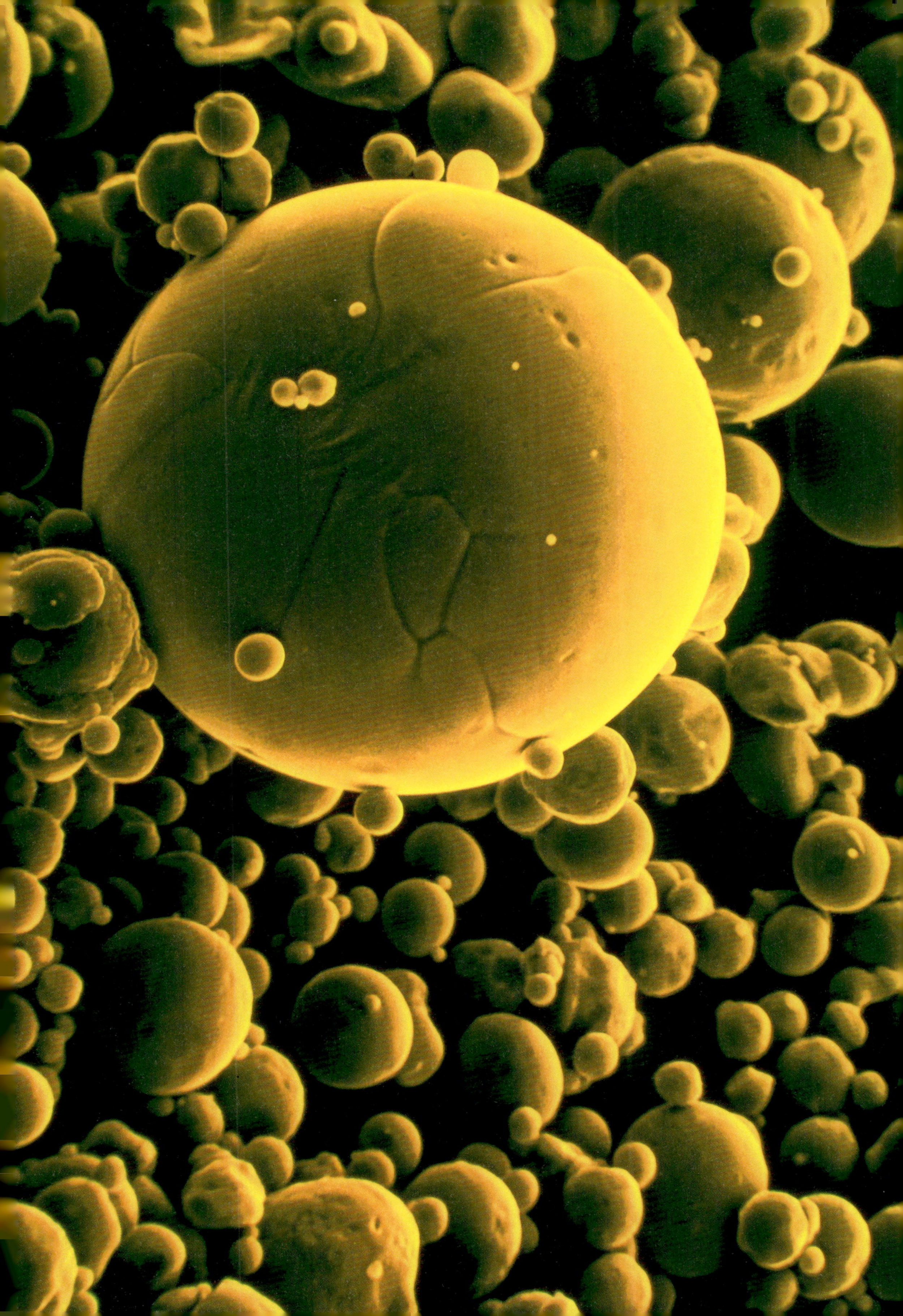

Nashörner. Spitzmaulnashorn

eine lokale und schnelle biochemische Analyse am Patienten, die durch miniaturisierte Laborsysteme auf einem Biochip angestrebt wird, ebenso weitgehend auf nanotechnologische Entwicklungen angewiesen wie eine aktive Prothetik, in der Nervenzellen mit sensorischen und motorischen Elementen direkt verknüpft werden. Noch weiter in die Zukunft blickend, erscheint es möglich, dass mithilfe der Nanotechnolgie in Nachahmung natürlicher Viren und molekularer Motoren kleine Sonden entwickelt werden können, die pharmakologische Substanzen gezielt an den Ort ihrer gewünschten Bestimmung bringen. Natürlich ist dieser Bereich auch mit vielfältigen ethischen Fragen verknüpft.

Naphtha [persisch-griechisch] *das* oder *die,* früher Bezeichnung für leichtflüchtiges Roherdöl **(schwarzes Naphtha)** und die daraus gewonnenen Destillate **(weißes Naphtha).** Heute Bezeichnung für Benzinfraktionen, die als Einsatzmaterial für Steamcracker oder katalytische Reformer verwendet werden (→Petrochemie).

Naphthalin

Naphthalin *das,* fester aromatischer Kohlenwasserstoff, der aus Steinkohlenteer oder Crackgasöl gewonnen wird. Die farblosen, nach Mottenkugeln riechenden Kristalle dienen v. a. zur Herstellung von Phthalsäureanhydrid und als Ausgangsstoff für die Synthese von Farbstoffen, Gerbstoffen, Insektiziden und Lösungsmitteln.

Narbe, *Botanik:* Teil des →Fruchtknotens.

Nashörner, Rhinocerotidae, Familie massiger Unpaarhufer mit hornigem Nasenaufsatz und dicker, fast nackter Haut; bis 4 m lang und bis 1,90 m hoch; Pflanzenfresser; gebären nach 15–18 Monaten Tragzeit ein Jungtier. In indischen Reservaten das einhörnige **Panzernashorn** (Rhinoceros unicornis); in Afrika südlich der Sahara das **Spitzmaulnashorn** (Diceros bicornis) und das **Breitmaulnashorn** (Ceratotherium simum) mit jeweils zwei Hörnern. Nashörner sind durch massive Wilderei und Lebensraumzerstörung gefährdet bzw. vom Aussterben bedroht.

Nastie [griechisch nastós »(fest)gedrückt«] *die,* durch einen Reiz ausgelöste Krümmungsbewegung eines Pflanzenorgans, deren Richtung, unabhängig von der Reizquelle, vom Bau des Organs abhängt. Nach der Reizart unterscheidet man u. a.: **Fotonastie** (durch Lichtreiz), **Thermonastie** (durch Wärme- oder Kältereiz), **Seismonastie** (durch Erschütterung), **Chemonastie** (durch chemischen Reiz).

Nathans ['neɪθənz], Daniel, amerikanischer Mikrobiologe, *Wilmington (Delaware) 30. 10. 1928, †Baltimore (Maryland) 16. 11. 1999; zerlegte mithilfe von Restriktionsenzymen erstmals die DNA eines Virus (Affenvirus SV 40) und beschrieb die Genlokalisation bei diesem Virus; erhielt 1978 mit W. Arber und H. O. Smith den Nobelpreis für Physiologie oder Medizin.

Nationalpark, großräumige Naturlandschaft, die durch ihre besondere Eigenart oft keine Parallelen auf der Erde mehr hat, Gebiet von nationaler Bedeutung; steht unter strengem Naturschutz mit weitgehenden Nutzungsverboten, jedoch sind geeignete Erholungseinrichtungen zugelassen. Seit 2002 ist in Deutschland auch die Ausweisung von so genannten Entwicklungs-Nationalparks möglich, um auch weniger artenreiche Lebensräume wie Hochmoore und Auenwälder zu schützen.

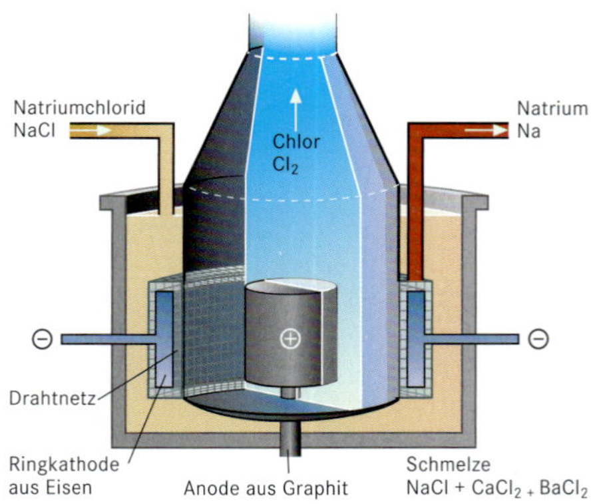

Natrium. Schema der Gewinnung von Natrium aus Natriumchlorid durch Schmelzflusselektrolyse nach dem Downs-Verfahren

Natrium *das,* chemisches Symbol **Na,** Element aus der 1. Hauptgruppe des Periodensystems, Ordnungszahl 11, relative Atommasse 22,9898, Dichte (bei 20 °C) 0,97 g/cm³, Schmelzpunkt 97,80 °C, Siedepunkt 883 °C.

Natrium ist ein sehr weiches, leicht schneid- und pressbares, nur an frischen Schnittflächen silberweißes, sonst infolge Oxidation graubraunes Leichtmetall, das elektrischen Strom und Wärme sehr gut leitet. Es ist wie alle Alkalimetalle äußerst reaktionsfähig; da es an feuchter Luft sehr rasch zu Natriumhydroxid, NaOH, reagiert, kann es nur in reaktionsträgen Flüssigkeiten (wie Petroleum) aufbewahrt werden. Natrium kommt in der Natur verbreitet vor; an der Zusammensetzung der festen Erdkruste ist es mit 2,63 % beteiligt und liegt damit in der Häufigkeit der chemischen Elemente an 6. Stelle. Entsprechend seiner Reaktionsfähigkeit findet es sich jedoch nur in Form von Verbindungen, vorwiegend in Silikaten (z. B. Albit), als Chlorid (Steinsalz oder gelöst im Meerwasser), Carbonat (Soda), Nitrat (Salpeter), Sulfat (Glaubersalz), Kryolith und Borax.

■ **Gewinnung und Verwendung** Die technische Gewinnung des Natriums erfolgt durch Schmelzflusselektrolyse v. a. von wasserfreiem Natriumchlorid oder auch von Natriumhydroxid. Natrium wird zur Herstellung wichtiger Verbindungen wie Natriumamid und Natriumperoxid verwendet, in der Metallurgie zur Reindarstellung einiger schwer reduzierbarer Metalle, für Natriumdampflampen und als Kühlmittel in Kernreaktoren. Es ist in Form seines Ions (Na^+) ein lebenswichtiger Mineralstoff für Tiere und den Menschen, kommt in vielen Lebensmitteln vor und wird v. a. als Kochsalz, NaCl, zugeführt. Na^+ ist das Hauptkation im extrazellulären Raum (rund 98 % des austauschbaren Na^+ im Gegensatz zu nur 2 % im Zellinnern). Hauptaufgabe des Na^+ ist, in enger Verbindung mit Chloridionen, die Aufrechterhaltung des osmotischen Drucks der extrazellulären Flüssigkeit. Weiterhin ist es notwendig für den über die Natrium-Kalium-Pumpe stattfindenden Aufbau von Membranpotenzialen, und es wirkt hemmend (und damit negativ regulierend) auf manche Enzyme.

■ **Verbindungen** Natrium tritt in seinen Verbindungen, die fast alle in Wasser gut löslich sind, stets positiv einwertig auf. Beim Erhitzen an der Luft verbrennt es – wie alle Natriumverbindungen – mit typisch gelber Flamme (»Natriumlicht«) zu **Natriumperoxid,** Na_2O_2, einem starken Oxidationsmittel, das u. a. als Bleichmittel verwendet wird. **Natriumhydroxid,** NaOH **(Ätznatron, kaustische Soda),** ist eine weiße, hygroskopische Substanz, die u. a. bei der Chloralkalielektrolyse entsteht. Natriumhydroxid wird technisch vielfach verwendet, z. B. in der Glas- und Seifenindustrie; **Natriumfluorid,** NaF, u. a. zur Fluoridierung des Trinkwassers, NaF-Kristalle für optische Zwecke (UV- und IR-durchlässig), **Natriumchlorid,** NaCl, →Kochsalz. **Natriumchlorat,** $NaClO_3$, ist Bestandteil vieler Herbizide und Oxidationsmittel. **Natriumsulfat,** Na_2SO_4, findet sich in natürlichen Salzmineralen, im Meerwasser und in Mineralquellen. Aus wässrigen Lösungen scheidet es sich als **Glaubersalz,** $Na_2SO_4 \cdot 10\,H_2O$, aus. Natriumsulfat wird u. a. bei der Zellstoffgewinnung (Sulfatverfahren) verwendet. Die Lösungen von **Natriumsulfit,** Na_2SO_3, **Natriumhydrogensulfit,** $NaHSO_3$, und **Natriumdisulfit,** $Na_2S_2O_5$, sind starke Reduktionsmittel, die zum Bleichen, Desinfizieren und Konservieren verwendet werden. Ein starkes Reduktionsmittel ist auch das **Natriumdithionit,** $Na_2S_2O_4$. **Natriumthiosulfat,** $Na_2S_2O_3$, dient u. a. als Fixiersalz in der Fotografie (→fixieren). **Natriumsulfid,** Na_2S, wird u. a. als Reduktionsmittel in der organischen Chemie verwendet, **Natriumnitrat (Natronsalpeter),** $NaNO_3$, v. a. zur Herstellung von Düngemitteln, **Natriumnitrit,** $NaNO_2$, ein giftiges Salz, u. a. zur Herstellung von Diazoniumverbindungen (für Azofarbstoffe). **Natriumcarbonat,** Na_2CO_3, →Soda; **Natriumhydrogencarbonat (Natron,** veraltet: **Natriumbicarbonat, doppeltkohlensaures Natron),** $NaHCO_3$, ist ein weißes Salz, dessen Lösung infolge →Hydrolyse schwach alkalisch reagiert. Beim Erhitzen spaltet es leicht Kohlendioxid ab; Verwendung in Feuerlöschern, als Back- und Limonadenpulver und in pharmazeutischen Präparaten. **Natriumborhydrid (Natriumboranat),** $NaBH_4$, ist ein wichtiges Reduktionsmittel für organische Synthesen. Auch Natriumsalze vieler organischer Säuren haben praktische Bedeutung, z. B. das Natriumformiat (Salz der Ameisensäure), das Natriumacetat (Salz der Essigsäure) und das Natriumglutamat (Salz der Glutaminsäure).

Natriumdampflampe, eine vorwiegend mit Natriumdampf gefüllte →Gasentladungslampe. Die mit Natriumdampf und einem Hilfsgas (meist Neon) gefüllten **Natrium-dampf-Niederdrucklampen** strahlen fast nur das gelbe Spektralliniendublett des Natriums ab. Dieses monochromatische Licht lässt keine Farben erkennen, sodass die Niederdrucklampe trotz überragender Lichtausbeute (über 180 lm/W) nur ein beschränktes Anwendungsgebiet hat (z. B. als Beleuchtung von Schnellstraßen). Der Lichtbogen der **Natrium-dampf-Hochdrucklampen** brennt in einem Gemisch aus Edelgas, Natrium- und Quecksilberdampf. Sie haben ein keramisches Entladungsgefäß, hauptsächlich aus Aluminiumoxid, das gegenüber Natrium bis zu Temperaturen von etwa 1 500 K resistent ist. Diese Lampen verbinden hohe Lichtausbeute (bis 120 lm/W) mit günstiger Lichtfarbe (gelblich weiß) und für viele Zwecke ausreichender Farbwiedergabe. Anwendungsgebiete sind Verkehrs- und Industrieanlagen.

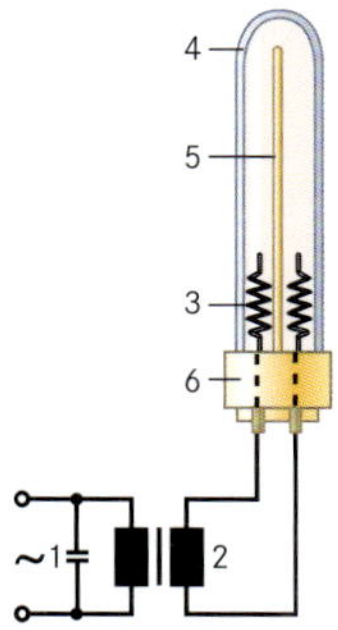

Natriumdampflampe. Natriumdampfniederdrucklampe (Schnittzeichnung); 1 Kompensationskondensator, 2 Streufeldtransformator, 3 Wolframwendeln, 4 Vakuumschutzrohr zur Verringerung von Wärmeverlusten, 5 Entladungsrohr mit Neongas und Natriumdampf, 6 Lampensockel

Natrium-Schwefel-Akkumulator, aus Modulen mit vielen einzelnen Natrium-Schwefel-Zellen zusammengesetzter Hochenergieakkumulator. Die einzelne NaS-Zelle besteht aus flüssigem Natrium als Anode, in elektrisch leitendem Kohlefilz eingebrachtem Schwefel als Kathode und einem keramischen Festkörper aus β-Aluminiumoxid als Elektrolyt, der die bei der Betriebstemperatur von rund 300 °C flüssigen Reaktionspartner Natrium und Schwefel voneinander trennt. Natrium-Schwefel-Akkumulatoren sind noch in der Erprobung; sie eignen sich u. a. zum Betrieb von Elektrofahrzeugen sowie als Pufferspeicher für Fotovoltaikanlagen.

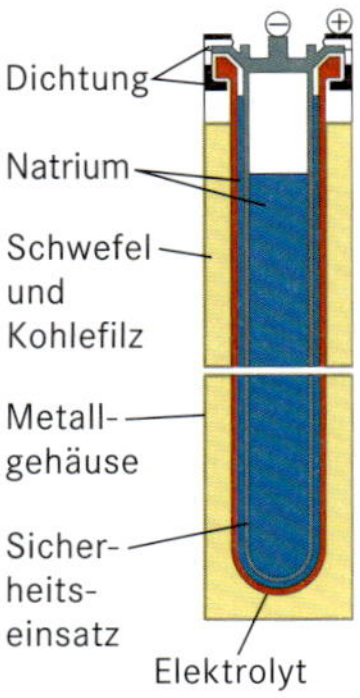

Natrium-Schwefel-Akkumulator. Schematische Schnittzeichnung einer Natrium-Schwefel-Zelle

Natron *das,* Bezeichnung für Natriumhydrogencarbonat (→Natrium); ursprünglich für →Soda.

Natronlauge, Bezeichnung für wässrige Lösungen von Natriumhydroxid (→Natrium), NaOH, die wegen der durch Dissoziation gebildeten Hydroxidionen als starke Base wirken. Die Natronlauge gehört zu den bedeutendsten chemischen Zwischenprodukten.

Natta, Giulio, italienischer Chemiker, * Imperia 26. 2. 1903, † Bergamo 2. 5. 1979; entdeckte u. a. die stereospezifische Polymerisation von Olefinen und Acetylenverbindungen sowie die asymmetrische Synthese optisch aktiver Polymere, wofür er mit Karl Ziegler 1963 den Nobelpreis für Chemie erhielt.

Nattern, Colubridae, mit mehreren Hundert Arten weltweit verbreitete, artenreichste Familie meist schlanker, langschwänziger, 0,3–3,7 m langer Schlangen; ungiftige, zum Teil auch giftige (Trugnattern), jedoch für den Menschen fast völlig ungefährliche Reptilien mit meist deutlich vom Hals abgesetztem Kopf, weit dehnbarem Maul, stark bezahnten Kieferknochen; in Deutschland nur Ringelnatter, Würfelnatter, Äskulapnatter und Glattnatter, sämtlich geschützt.

Naturdenkmal, Einzelschöpfung der Natur (z. B. Felsen, Wasserfall, Baum), die nach Maßgabe einer Rechtsverordnung insbesondere aus wissenschaftlichen, naturgeschichtlichen oder landeskundlichen Gründen oder wegen ihrer Seltenheit und Eigenart unter besonderem Naturschutz steht.

Naturdenkmal. Etwa 1 200 Jahre alte Stieleiche im Schlosspark von Ivenack (Mecklenburg-Vorpommern)

Naturgas, das der Erde entweichend, überwiegend Methan enthaltene →Erdgas.

Naturgesetz, im weiteren Sinn eine erfahrungsgemäß sich immer wieder bestätigende, aus dem Naturgeschehen abgeleitete Regel; im engeren Sinn ein allgemein anerkannter Lehrsatz einer Naturwissenschaft, d. h. eine Aussage, die bei Vorliegen gewisser experimentell prüfbarer Bedingungen Voraussagen über das Eintreten anderer Erscheinungen gestattet. J. Kepler formulierte als Erster Naturgesetze im modernen Sinn (keplersche Gesetze), I. Newton entwickelte die erste umfassende Theorie im Sinne der heutigen Physik.

Naturhaushalt, das Wirkungsgefüge der biotischen und abiotischen Faktoren der Natur. Zur Erhaltung der Leistungs- und Funktionsfähigkeit des Naturhaushalts ist u. a. der Erhalt der Artenmannigfaltigkeit, der biologischen Vielfalt (»Biodiversität«) erforderlich.

Naturkatastrophen, Sammelbezeichnung für alle extremen Naturereignisse, die nicht nur zu großen Schäden in der Natur, sondern v. a. an vom Menschen geschaffenen Bauwerken und Infrastrukturen sowie zu zahlreichen Todesopfern, Verletzten und Obdachlosen führen. Nach ihrer Entstehungsursache kann man folgende Arten von Naturkatastrophen unterscheiden: 1) meteorologische Naturkatastrophen, hervorgerufen durch Stürme, Niederschläge, Hitze, Kälte, Blitzschlag; 2) hydrologische Naturkatastrophen, bedingt durch Überschwemmungen, Sturzfluten, Muren; 3) geologische Naturkatastrophen infolge von Erdbeben, Erdrutschen oder Vulkanausbrüchen; 4) astronomische Naturkatastrophen (Meteoriten- oder Kometeneinschlag); 5) biologische Naturkatastrophen durch Seuchen und Schädlingsbefall. Die Naturkatastrophen haben in den letzten Jahrzehnten zugenommen, wobei die weltweite Bevölkerungszunahme, die Besiedlung und Industrialisierung naturgefährdeter Räume sowie die Änderungen der Umweltbedingungen als Hauptgründe gesehen werden. Als Folge der vermuteten deutlichen Klimaänderung (u. a. durch den Treibhauseffekt) können voraussichtlich in bestimmten Regionen der Erde künftig mehr Überschwemmungen, Hagelschläge und Unwetter, tropische Wirbelstürme, Sturmfluten und Bergstürze, Hitzewellen und Dürren auftreten. Besondere Bedeutung kommt daher den Vorhersage- und Warnmethoden zu.

Naturkautschuk, →Kautschuk.

Naturkonstanten, Fundamentalkonstanten, physikalische Größen, die als von der Natur konstant vorgegeben und im ganzen Universum als gültig angesehen werden. Je nach dem Bereich der Natur, für den sie Bedeutung haben, werden sie auch als **atomare Konstanten** bzw. **Atomkonstanten** oder außerhalb der Atomphysik als **allgemeine phy-**

Naturkatastrophen Tödlicher Gas-See

Durch das Auseinanderdriften von Südamerika und Afrika entstanden in Afrika gewaltige Grabenbrüche, die auch heute noch vulkanisch aktiv sind. In Kamerun liegt in dem Explosionstrichter eines ehemaligen Vulkans der beinahe kreisrunde, bis zu 200 Meter tiefe Nyos-See. Aus einer gasgefüllten Magmakammer dringt ständig Kohlendioxid aus dem Boden ins Seewasser. Durch die windgeschützte Lage und die gleichbleibenden Umgebungstemperaturen weist der See eine stabile thermische Schichtung auf. Die kalten Wasserschichten auf dem Grund des Sees können durch den hohen Druck wesentlich mehr Kohlendioxid speichern als das wärmere Oberflächenwasser. Wird die thermische Schichtung durch seismische Aktivitäten gestört, gelangen auf einen Schlag große Mengen kohlendioxidreiches Wasser an die Oberfläche. Aufgrund der Druckabnahme entweicht das Gas schlagartig.
Ein solches Ereignis hat im Jahre 1986 zu einer Katastrophe geführt. Mehr als eine Million Tonnen Kohlendioxid traten aus dem Nyos-See aus. Da Kohlendioxid schwerer als Luft ist, trieb das Gas als todbringende Wolke über die Landschaft. Etwa 1800 Menschen und zahllose Tiere erstickten.

sikalische Konstanten bezeichnet. Zwischen vielen Naturkonstanten bestehen Beziehungen, die es erlauben, eine Naturkonstante mithilfe anderer (den **universellen Naturkonstanten**) darzustellen.

Die wichtigsten universellen Naturkonstanten sind die Lichtgeschwindigkeit im Vakuum c_0 und das plancksche Wirkungsquantum h, die elektrische Feldkonstante ε_0 und die magnetische Feldkonstante μ_0, die Elementarladung e sowie die Ruhemassen m_e und m_p des Elektrons und des Protons, die Avogadro-Konstante N_A und die Boltzmann-Konstante k.

Es gibt neuere Theorien, die eine minimale Zeitabhängigkeit auf kosmologischen Zeitskalen (Mrd. Jahre) möglich erscheinen lassen (siehe Sonderthema). – Tabelle S. 790

Naturkonstanten – stabil?, siehe Sonderartikel Seite 792.

Naturpark, in sich geschlossener, größerer Landschaftsbereich, der sich durch natürliche Eigenart, Schönheit und Erholungswert auszeichnet und in seinem gegenwärtigen Zustand erhalten werden soll. Als noch relativ intakte Naturräume und bestimmende Faktoren für Klima, Wasserhaushalt und Landeskultur stehen Naturparks unter gesetzlichem Schutz. In Deutschland gab es Anfang 2004 insgesamt 87 Naturparks, mit einer Gesamtfläche von rund 7,96 Millionen ha.

Naturschutz, Gesamtheit der Maßnahmen zur Erhaltung und Pflege von Naturlandschaften oder naturnahen Kulturlandschaften und Naturdenkmalen, von seltenen und in ihrem Bestand gefährdeten Pflanzen- und Tierarten sowie deren Lebensräumen und ihr Schutz vor Zivilisationsschäden. Verschiedene Arten von Schutzgebieten können – mit unterschiedlicher Schutzintensität – rechtlich festgesetzt werden: 1) **Naturschutzgebiete** dienen dem Schutz von Natur und Landschaft und von wild lebenden Pflanzen- und Tierarten. Sie werden aus wissenschaftlichen und naturgeschichtlichen Gründen sowie wegen der Seltenheit der Arten oder der hervorragenden Schönheit der Landschaft angelegt. Alle Handlungen, die zur Zerstörung, Beschädigung oder Veränderung des Naturschutzgebiets oder seiner Bestandteile oder zu einer nachhaltigen Störung führen können, sind verboten. Einige Naturschutzgebiete haben eine internationale Anerkennung erhalten. Die Erklärung zum Naturschutzgebiet erfolgt durch Eintragung in das Landesnaturschutzbuch bei der obersten Naturschutzbehörde. Ein aufgrund des Gesetzes ausgesprochenes Nutzungsverbot muss der Eigentümer entschädigungslos hinnehmen, da dies im Rahmen der Sozialbindung des Eigentums liegt. 2) **Nationalparks** sollen vornehmlich einem möglichst artenreichen heimischen Tier- und Pflanzenbestand dienen. 3) **Landschaftsschutzgebiete** genießen weniger Schutz als Naturschutzgebiete, z. B. ist landwirtschaftliche Nutzung im bisherigen Umfang erlaubt. 4) **Naturparks** dienen v. a. der Erholung und dem Fremdenverkehr. 5) Alte Bäume, Gehölzzonen, Quellen, Felsen werden als **Naturdenkmal** ausgewiesen. 6) Naturnahe und deshalb geschützte Landschaftsbestandteile, z. B. Hecken zur Gliederung und zum Schutz der Landschaft.

Wichtige Impulse für den Naturschutz gehen von den Naturschutzverbänden aus. Sie wirken bei Maßnahmen der Behörden mit und nehmen Einfluss auf die Naturschutzpolitik. Außerdem führen sie selbst Projekte durch, z. B. Ankauf und Pflege von Naturschutzflächen. Bundesweit tätige Naturschutzverbände

Naturkonstanten[1]

Größe	Formelzeichen	Zahlenwert[2]	Einheit (dezimale Vielfache)
Lichtgeschwindigkeit im Vakuum	c_0	299 792 458	ms^{-1}
magnetische Feldkonstante	μ_0	$4\pi \cdot 10^{-7} = 12{,}566\,370\,614 \cdot 10^{-7}$	NA^{-2}
elektrische Feldkonstante, $1/\mu_0 c^2_0$	ε_0	8,854 187 817	10^{-12} Fm^{-1}
Gravitationskonstante	G	6,674 2 (10)	10^{-11} m^3 kg^{-1} s^{-2}
plancksches Wirkungsquantum, Planck-Konstante	h	6,626 069 3 (11)	10^{-34} Js
$h/2\pi$	$\hbar$	1,054 571 68 (18)	10^{-34} Js
Elementarladung	e	1,602 176 53 (14)	10^{-19} C
Bohr-Magneton, $e\hbar/2m_e$	μ_B	5,788 381 804 (39)	10^{-11} $MeVT^{-1}$
Kernmagneton, $e\hbar/2m_p$	μ_N	3,152 451 259 (21)	10^{-14} $MeVT^{-1}$
Sommerfeld-Feinstrukturkonstante, $\mu_0 c_0 e^2/2h$	α	7,297 352 568 (24)	10^{-3}
Rydberg-Konstante, $m_e c_0\, \alpha^2/2h$	R_∞	10 973 731,568 (83)	m^{-1}
Bohr-Radius, $\alpha/4\pi R_\infty$	a_0	0,529 177 210 8 (18)	10^{-10} m
Ruhemasse des Elektrons	m_e	9,109 382 6 (16)	10^{-31} kg
Compton-Wellenlänge des Elektrons, $h/m_e c_0$	λ_c	2,426 310 238 (16)	10^{-12} m
(klassischer) Radius des Elektrons, $\alpha^2 a_0$	r_e	2,817 940 325 (28)	10^{-15} m
Ruhemasse des Protons	m_p	1,672 621 171 (29)	10^{-27} kg
Ruhemasse des Neutrons	m_n	1,674 927 16 (13)	10^{-27} kg
Avogadro-Konstante	N_A	6,022 141 5 (10)	10^{23} mol^{-1}
Faraday-Konstante	F	96 485,341 5 (39)	C mol^{-1}
universelle Gaskonstante	R, R_0	8,314 472 (15)	J mol^{-1} K^{-1}
Boltzmann-Konstante, R/N_A	k	1,380 650 05 (24)	10^{-23} JK^{-1}
Stefan-Boltzmann-Konstante, $(\pi^2/60)\, k^4/\hbar^3 c_0^2$	σ	5,670 400 (40)	10^{-8} Wm^{-2} K^{-4}
atomare Masseneinheit, $1u = m_u = {}^1/_{12} m$ (^{12}C)	u	1,660 538 86 (29)	10^{-27} kg

[1] Nach CODATA (Commitee on Data for Science and Technology), 2002. [2] Die Ziffern in runden Klammern entsprechen der einfachen Standardabweichung.

sind u. a. der Bund für Umwelt und Naturschutz Deutschland e. V. (BUND), der Deutsche Alpenverein, der Naturschutzbund Deutschland e. V., der Deutsche Naturschutzring e. V., der Bundesverband für Umweltschutz, die Deutsche Sektion des Internationalen Rates für Vogelschutz, die Umweltstiftung WWF-Deutschland (World Wide Fund for Nature).

Deutschland ist an verschiedenen internationalen Institutionen, die sich mit Naturschutz befassen, beteiligt: an der Internationalen Naturschutzunion (IUCN), am Internationalen Wasservogelforschungsbüro (IWRB), am Umweltprogramm der UN (UNEP) und am Programm »Der Mensch und die Biosphäre« der UNESCO.

Naturschutzbund Deutschland e. V., Abkürzung **NABU,** 1899 ursprünglich als »Bund für Vogelschutz« gegründete Naturschutzorganisation, Bundesgeschäftsstelle Bonn; gliedert sich in Landes- und Kreisverbände. Schwerpunkte der Arbeit sind u. a. der Schutz und die Pflege gefährdeter Lebensräume von Pflanzen und Tieren.

Naturstoffe, technisch verwertbare Rohstoffe aus der belebten und unbelebten Natur. Naturstoffe im engeren Sinn sind organische Stoffe natürlichen Ursprungs **(Biochemikalien)** wie Proteine, Hormone, Vitamine. Um fossile Rohstoffe zu schonen und die Kohlendioxidemission zu vermindern, sind Naturstoffe wie Stärke, Bioethanol, Öle und Fette in zunehmendem Maße als Energieträger (»nachwachsende Rohstoffe«) und chemische Rohstoffe von Interesse. Verbesserte Verfahren zur Herstellung von Naturstoffen werden durch die moderne Biotechnologie ermöglicht.

Naturverjüngung, im Waldbau die Erneuerung eines Waldes durch natürliche →Verjüngung, z. B. durch Stockausschlag oder Samenabfall des Altbestandes.

Naturwaldreservate, als charakteristische Vegetationsgesellschaften ausgewählte, v. a. der Erforschung ökologischer Systeme dienende, durch Erlass der deutschen Bundesländer unter umfassenden Schutz gestellte Waldteile. Forstwirtschaftliche Eingriffe finden hier nicht statt; Naturwaldreservate bleiben der natürlichen Sukzession überlassen.

Naturwissenschaften
→ GEO **Dossier**
Im Rausch der Erkenntnis, Bd. 6

Naturwissenschaften, Oberbegriff für die einzelnen empirischen Wissenschaften, die sich mit der systematischen Erforschung der Natur (oder eines Teils von ihr) und dem Erkennen der Naturgesetze befassen. Man trennt die Naturwissenschaften auch heute noch vielfach – entsprechend der unbelebten und der belebten Natur oder Materie – in die vorwiegend mathematisch formulierten **exak-**

ten Naturwissenschaften (Physik, Chemie, Astronomie, Geologie sowie ihre verschiedenen Teildisziplinen oder die sie verbindenden Wissenschaftsbereiche wie physikalische Chemie, Astrophysik, Geophysik, Meteorologie, Mineralogie u. a.) und in die **biologischen Naturwissenschaften** (Biologie, u. a. Anthropologie, Physiologie, Genetik, Molekularbiologie und Ökologie, sowie – als Verbindungen zu den exakten Naturwissenschaften – Biophysik und Biochemie). – Die Aufgabe der Naturwissenschaften besteht nicht nur darin, die Erscheinungen und Vorgänge in der Natur sowie ihre Gesetze durch Experimente zu erforschen und mittels naturwissenschaftlicher Theorien zu beschreiben, sondern auch darin, die gewonnenen Naturerkenntnisse im Rahmen der **angewandten Naturwissenschaften** dem Menschen allgemein nutzbar zu machen. Insofern schaffen die Naturwissenschaften die (theoretischen) Voraussetzungen für Technik, Landwirtschaft, Medizin u. a. Bereiche menschlicher Aktivität.

Naturwissenschaftszentrum, andere Bezeichnung für →Science-Center.

Nautik [griechisch, zu naũs »Schiff«] *die,* die zur Schifffahrt gehörenden Wissensgebiete, besonders die →Navigation sowie alle die eigentliche Schiffsführung betreffenden Bereiche. Die **Nautiker** einer Schiffsbesatzung sind der Kapitän und die nautischen Offiziere (im Gegensatz zu den technischen Offizieren, z. B. den Schiffsingenieuren).

Navier [naˈvje], Claude Louis Marie Henri, französischer Physiker und Ingenieur, * Dijon 15. 2. 1785, † Paris 23. 8. 1836; ab 1819 Professor in Paris, leistete bedeutende Beiträge zur Mechanik, Baustatik und Hydrodynamik. Die nach ihm und G. G. Stokes benannte **Navier-Stokes-Gleichung** beschreibt die Bewegung einer zähen isotropen Flüssigkeit.

Navigation [lateinisch] *die,* das Führen eines Wasser-, Luft- oder Raumfahrzeugs von einem Ausgangsort auf bestimmtem Weg zu einem Zielort, einschließlich der dazu erforderlichen Mess- und Rechenvorgänge zur Bestimmung des augenblicklichen Standortes (→Ortsbestimmung) und des →Kurses. Bei der bordautonomen Navigation können sämtliche für die Navigation erforderlichen Mess- und Rechenvorgänge an Bord des Fahrzeugs vorgenommen werden (völlige Unabhängigkeit von Bodenstationen). Hierzu gehört insbesondere die Koppelnavigation (Koppeln) in der Seefahrt. Dabei wird von einem bekannten Punkt ausgehend der zurückgelegte Weg in die Seekarte eingetragen. Die Koppelorte stimmen mit der Zeit jedoch immer weniger mit der tatsächlichen Fahrzeugposition überein und müssen deshalb durch direkte Standortbestimmung (z. B. →Satellitennavigation) korrigiert werden.

Bei der **terrestrischen Navigation** ergeben sich die Standlinien zwischen Standortbestimmung aus Abstandsmessungen, Peilungen (→Decca-Navigationsverfahren, →Sonar, →Echolot), Messen von Horizontalwinkeln und Lotungen, Bestimmung des Erdmagnetfeldes mit einem Kompass oder der Erdrotation mit einem Kreiselkompass. Hilfsmittel der Navigation sind Seekarten, nautische Handbücher und Tafeln. Die Möglichkeiten der Navigation wurden durch die Benutzung von →Navigationssatelliten stark erweitert. Die **astronomische Navigation** setzt an die Stelle der Beobachtung von Landmarken die von Gestirnen, deren Stellung am Himmel (Aufgang, Kulmination und Untergang) den astronomischen Jahrbüchern entnommen wird. Mit dem Sextanten wird die Höhe des Gestirns über dem Horizont gemessen und danach die »astronomische Standlinie« berechnet. (→Funknavigation, →Trägheitsnavigation, →Doppler-Navigationsverfahren, →GPS)

Naturschutz. Krötenschutzanlage an einem Laichgewässer für Amphibien

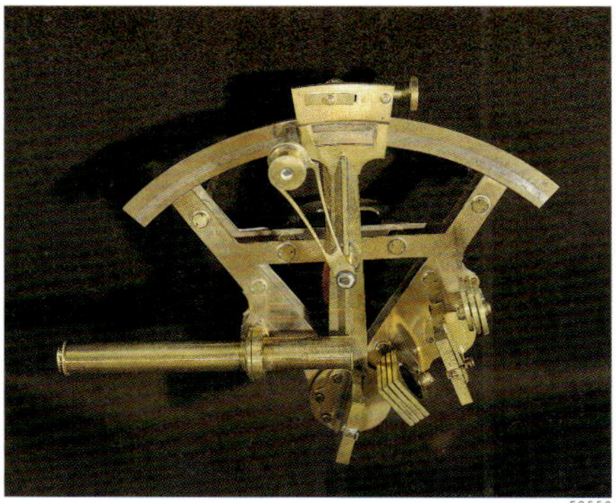

50558

Navigation. Sextant (18. Jh.; Paris, Collection Antiquaire Marine)

■ **Geschichte** Der Kompass wird als Navigationsmittel im Abendland erstmals um 1190 erwähnt. Portolankarten kamen um 1300 für den Mittelmeerraum auf. Genau gehende Schiffschronometer wurden 1675 erstmals als

Fortsetzung S. 794

Naturkonstanten – stabil?

Naturkonsta

Das Gebäude der Physik enthält unter anderem zahlreiche Naturkonstanten, deren Werte man heute mit großer Genauigkeit messen kann. Der Begriff »Konstante« impliziert dabei, dass diese Werte unveränderlich sind – aber stimmt das wirklich? Die Antwort wäre vermutlich ein uneingeschränktes »Ja«, wenn sich die Werte der Naturkonstanten aus den fundamentalen Theorien der Physik – der Quantentheorie und der Relativitätstheorie – ergeben würden. Dies ist jedoch nicht der Fall. Die Elementarteilchenphysiker des 20. Jahrhunderts haben zwar mit ihrem Standardmodell eine experimentell bemerkenswert gut bestätigte Theorie der fundamentalen Bausteine und Kräfte der Natur geschaffen, die Werte der Naturkonstanten – etwa die Masse des Elektrons oder die Feinstrukturkonstante – sind allerdings weiterhin nur Bestandteil der Theorie; das Standardmodell selbst sagt sie nicht vorher. Solange man aber nicht weiß, warum die Naturkonstanten genau die Werte haben, die man im Labor misst, solange weiß man auch nicht, ob diese Parameter zu einem anderen Zeitpunkt, etwa im frühen Universum, nicht einen anderen Wert hatten. Es ist daher eine der großen Aufgaben der modernen theoretischen Physik, die Frage zu klären, ob die Werte der Naturkonstanten rein zufällig verteilt sind oder einem grundlegenden Prinzip gehorchen. Die Idee, dass bestimmte Fundamentalkonstanten gar nicht konstant, sondern im kosmologischen Maßstab veränderlich sind, ist nicht neu. Der Erste, der eine solche Idee äußerte, war 1937 der berühmte englische Physiker P. A. M. Dirac, der eine zeitabhängige Gravitationskonstante diskutierte; bald zogen andere Wissenschaftler nach. Aber erst die Stringtheorie, von vielen Physikern als aussichtsreichster Kandidat einer »Theorie für alles« gehandelt, liefert handfeste Argumente dafür, im Experiment tatsächlich nach zeitlichen Veränderungen der Naturkonstanten zu suchen. Die Stringtheorie postuliert nämlich, dass unser Universum nicht vier (drei räumliche und eine zeitliche), sondern elf Dimensionen hat. Dass diese Extradimensionen nicht in Erscheinung treten, wird in der Theorie damit erklärt, dass sie zu unvorstellbar kleiner Größe »aufgerollt« (in der Fachsprache »kompaktifiziert«) sind. Daraus folgt, dass die uns bekannten Naturkonstanten nur Projektionen der wahren, in elf Dimensionen definierten fundamentalen Parameter sind. Selbst wenn diese konstant sind, könnten sich die Projektionen etwa durch eine Änderung der Kompaktifizierung auch im Laufe der Zeit ändern. Allerdings ist die Stringtheorie noch nicht so weit, dass sie diese zeitliche Veränderung berechnen kann. Bis sie dazu in der Lage ist, suchen Experimentalphysiker im Labor bzw. im Universum nach Hinweisen für veränderliche Naturkonstanten.

Die Feinstrukturkonstante

Die von A. Sommerfeld 1915 bei der Berechnung des Wasserstoffspektrums eingeführte Feinstrukturkonstante α ist aus drei anderen Naturkonstanten – der Lichtgeschwindigkeit c, der Elementarladung e und dem planckschen Wirkungsquantum h – derart zusammengesetzt, dass sich alle Einheiten kürzen und ein reiner Zahlenwert übrig bleibt – α ist gewissermaßen die Mutter aller Naturkonstanten. Dieser Zahlwert ist allerdings ein »hässlicher« Bruch, nämlich ungefähr 1/137,036. Viele berühmte Physiker rätselten, warum α gerade diesen Wert hat; Wolfgang Pauli wurde von der Frage bis zu seinem Lebensende »gequält« – er starb in einem Krankenhauszimmer mit der Nummer 137. Werner Heisenberg versuchte, α aus »schöneren« Zahlen wie 2, 3 oder π zusammenzusetzen, scheiterte aber mit diesem Vorhaben.

Doch α beschäftigt die Physiker nicht nur wegen ihres Wertes – vor fünf Jahren verkündete eine Gruppe internationaler Astronomen, dass die Feinstrukturkonstante vor zehn Milliarden Jahren eventuell kleiner als heute gewesen sei. Die Gruppe hatte ca. 150 weit entfernte Quasare mit dem Keck-Teleskop auf Hawaii untersucht und dabei seltsame Verschiebungen der Absorptionslinien beobachtet. Mit einem etwa ein Hundertstel Promille kleineren Wert für α

ten – stabil?

ließe sich diese Verschiebung erklären. Viele Astrophysiker misstrauen allerdings dem Ergebnis dieser Gruppe, zumal andere Gruppen keine Anzeichen für eine Änderung der Feinstrukturkonstanten finden konnten.
Inzwischen wird auch im Labor die Konstanz von α untersucht. Zwar kann man hier nur Ergebnisse mit wenigen Jahren Abstand miteinander vergleichen, allerdings sind die Messungen extrem genau. Mithilfe der Laserphysik können Quantenoptiker – z. B. die Münchner Arbeitsgruppe des Nobelpreisträgers Theodor Hänsch – die Frequenzen atomarer Übergängen auf 15 Dezimalstellen genau bestimmen; dadurch können sie auch kleinste Änderungen der Feinstrukturkonstanten aufspüren. Innerhalb des Beobachtungszeitraum 1999–2003 wurden allerdings keine gefunden.
Wenn die Feinstrukturkonstante einen etwas anderen Wert hätte, würden sich alle entscheidenden Merkmale unserer Welt ändern, denn sie bestimmt die Kraft zwischen dem Atomkern und den Elektronen in der Atomhülle. Nähme der Wert von α mit der Zeit zu, fielen die Atome eines Tages in sich zusammen – das Ende der Materie.

Protonenmasse

Bereits vor einigen Jahren berechnete der Physiker Harald Fritzsch, dass sich Größen, die mit der starken Wechselwirkung zusammenhängen, schneller ändern sollten als die Parameter der elektromagnetischen Wechselwirkung, zu denen die Feinstrukturkonstante zählt. Zu diesen »starken« Größen zählt u. a. die Protonmasse, genauer: ihr dimensionsloses Verhältnis zur Elektronmasse. Dieser Wert lässt sich in der Atomphysik ebenfalls sehr genau messen. Um einer zeitlichen Variation auf die Spur zu kommen, verglichen Astrophysiker unter der Leitung von Patrick Petitjean den Laborwert mit dem – viele Milliarden Jahre alten – Wert, den sie aus Quasarmessungen extrahierten, und fanden eine Abweichung von 0,002 %. Die Wahrscheinlichkeit für ein zufälliges Zustandekommen des Messergebnisses liegt allerdings bei 0,3 %, einem für Physiker inakzeptabel hohem Wert. Um ihn zu senken, müssen weitere Quasare studiert werden.

100562

Hatten die Naturkonstanten im frühen Universum andere Zahlenwerte als heute? Über diese Frage ist in den letzten Jahren eine heftige Diskussion unter Physikern entbrannt.

Multiversum

In den letzten Jahren haben mehrere theoretische Physiker die Idee aufgebracht, dass unser Universum mit den beobachtbaren Werten der Naturkonstanten nur eines von vielen Universen ist. Denn die Stringtheorie liefert nahezu unendlich viele Lösungen mit eventuell unterschiedlichen, aber in sich konsistenten Naturgesetzen und -konstanten. Die von uns beobachteten Gesetze und Konstanten stellen dann nur eine spezielle Variante dar. Für die Zahlenwerte »unserer« Konstanten bliebe dann letztendlich nur die Erklärung, dass gerade sie eine der wenigen Kombinationen sind, mit denen die Entwicklung eines Universum bis hin zu intelligentem Leben möglich war. Andere Universen wären von ganz anderen Parametern bestimmt, die Kohlenstoffatome und DNA-Moleküle unmöglich machen.
Das Problem der Multiversumidee liegt vor allem darin, dass sie sich niemals praktisch überprüfen lässt. Eine solche Physik, die experimentell nicht zugänglich ist und das Prinzip der Überprüfbarkeit aufgibt, ist aber im Grunde keine Naturwissenschaft mehr. Die Multiversumtheorie hat deshalb auch entschiedene Gegner.

Fortsetzung von S. 791
Hilfsmittel von C. Huygens empfohlen. Seit 1903 wurde die drahtlose Telegrafie in der Schifffahrt verwendet. H. Anschütz-Kaempfe erfand 1908 den Kreiselkompass. Die Trägheitsnavigation (erste deutsche Patentanmeldung bereits 1910) wurde ab 1956 praktisch erprobt (v.a. im militärischen Bereich), die Satellitennavigation ab 1964.

Navigations|satelliten, in der Regel aktive (mit Sender und Empfänger ausgestattete), seltener passive Satelliten zur Ortung und Navigation von See-, Luft- und Landfahrzeugen. Die ersten Navigationssatelliten sind die der amerikanischen Serie Transit (seit 1964), eines der wichtigsten Systeme derzeit ist →GPS.

Navigations|systeme, Sammelbezeichnung für Systeme, die die Bestimmung der Fahrzeugposition sowie eine Orientierungshilfe und/oder Zielführung ermöglichen **(Fahrzeugnavigation);** zunehmend werden externe Ortungssysteme, z.B. Satellitensysteme (GPS), eingesetzt.

Navigationssysteme und Verkehrsleitung, siehe Sonderartikel Seite 796

Nb, chemisches Symbol für →Niob.

Nd, chemisches Symbol für →Neodym.

Ne, chemisches Symbol für →Neon.

Nearktis [griechisch] *die,* tiergeografisches Gebiet, das Nordamerika umfasst.

Nebelkammer, Wilson-Kammer, von C. T. R. Wilson konstruierte Spurenkammer zum Sichtbarmachen der Bahnspuren ionisierender Teilchen in übersättigten Dämpfen. Dabei wirken die von den Teilchen erzeugten Ionen als Kondensationskerne für den Dampf. Die sich bildenden Flüssigkeitströpfchen markieren die Teilchenspur, die fotografiert und (z.B. nach Energie und Masse der Teilchen) ausgewertet wird. Die Nebelkammer war jahrzehntelang eines der wichtigsten Nachweisgeräte der Kernphysik. Durch die Entwicklung von Blasenkammer und Funkenkammer verlor sie an Bedeutung.

Nebelwald, immergrüner Feuchtwald in der Nebelregion tropisch-subtropischer Gebirge.

Nebengruppe, Untergruppe im →Periodensystem der chemischen Elemente.

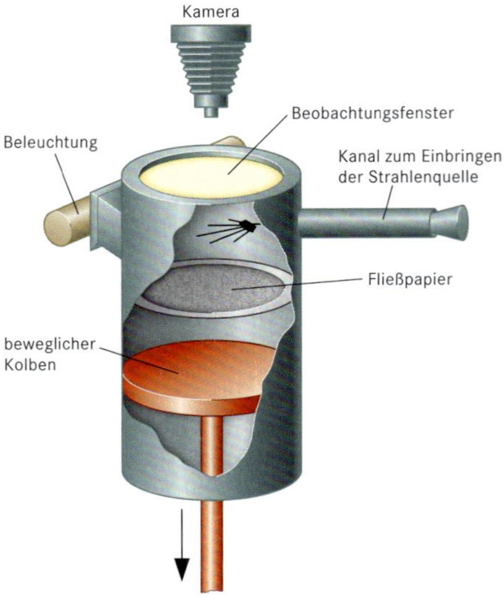

Nebelkammer. Die Übersättigung des Dampfs wird bei der von Wilson konstruierten Expansionsnebelkammer durch eine plötzliche adiabatische Expansion des mit Luft oder Edelgas sowie gesättigtem Dampf gefüllten Kammervolumens und die damit verbundene Unterkühlung des Füllgas-Dampf-Gemisches erreicht. In der Praxis geschieht das z.B. durch die Bewegung eines luftdicht schließenden Kolbens.

Nebennierenrindenhormone, Corticosteroide, Kortikosteroide. Die wichtigsten der von der Nebennierenrinde erzeugten Hormongruppen sind: 1. die **Androgene** (→Geschlechtshormone); 2. die **Glucocorticoide,** die vor allem den Kohlenhydrat-, Fett- und Proteinstoffwechsel beeinflussen. Bei Stress nimmt die Glucocorticoidsekretion zu, wodurch der Blutzuckerspiegel steigt und dem Körper somit mehr Energie zur Verfügung steht. Die Glucocorticoide unterdrücken außerdem allergische und entzündliche Reaktionen, vermindern die Antikörperbildung und in lymphatischen Geweben auch die RNA-Synthese. Natürliche Glucocorticoide sind: Hydrocortison (Cortisol), Cortison und Corticosteron; 3. die **Mineralocorticoide** mit überwiegender Wirkung auf die Elektrolytkonzentration und -zusammensetzung in den Körperflüssigkeiten; vor allem Aldosteron und Desoxycorticosteron.

Nebenschluss, *Elektrotechnik:* Zweig einer elektrischen Parallelschaltung von Stromverbrauchern.

Nebenschlussmotor, →Elektromotor.

Nebenschlusswiderstand, der →Shunt.

Nebensonne, *atmosphärische Optik:* eine Haloerscheinung (→Halos).

Néel [ne'ɛl], Louis Eugène Félix, französischer Physiker, *Lyon 22. 11. 1904, †Brive-la-Gaillarde 14. 11. 2000; erhielt für seine Forschungen auf dem Gebiet des Antiferro- und

Nebennierenrindenhormone. Glucocorticoide; circadianer Rhythmus der ACTH- und Cortisol-Sekretion; die ACTH- und die dadurch induzierte Cortisol-Ausschüttung erfolgen in 2- bis 3-stündigen Episoden

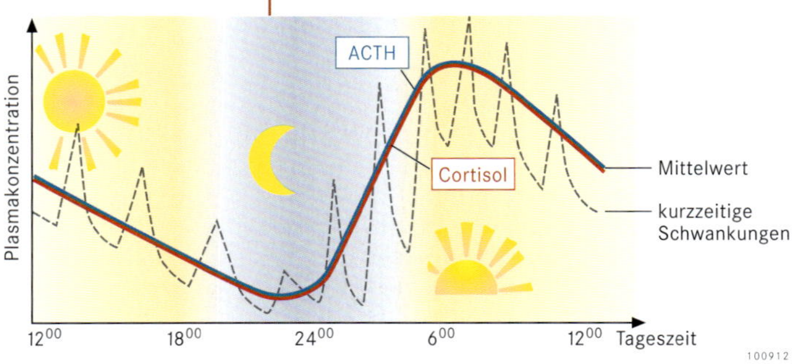

Ferromagnetismus und der Festkörperphysik 1970 (mit H. Alfvén) den Nobelpreis für Physik. Nach ihm benannt sind die **Néel-Temperatur** (die Temperatur, bei der in antiferromagnetischen Stoffen der Antiferromagnetismus verschwindet) sowie die **Néel-Wand,** ein Wandtyp zwischen Weiss-Bezirken in dünnen magnetischen Schichten.

negativ, *Physik:* eine der beiden Formen elektrischer →Ladung.

Negativ [lateinisch] *das,* fotografisch erzeugtes Bild, das seitenverkehrt ist, die Hell-Dunkel-Werte vertauscht und die Objektfarben in ihren Komplementärfarben zeigt. Durch Kopierverfahren entsteht das dem Original entsprechende →Positiv.

Neher, Erwin, deutscher Physiker, * Landsberg a. Lech 20. 3. 1944; arbeitet seit 1972 am Max-Planck-Institut für biophysikalische Chemie in Göttingen und ist dort seit 1983 Leiter der Abteilung Membranbiophysik; er erhielt mit B. Sakmann für gemeinsam durchgeführte Forschungen über zelluläre Ionenkanäle, besonders für die Entwicklung einer Methode zur Messung kleinster elektrischer Ströme, die einzelne Ionenkanäle durchfließen (»Patch-Clamp-Technik«), 1991 den Nobelpreis für Physiologie oder Medizin.

Neigetechnik, Einrichtung in Schienenfahrzeugen, mit der bei schnellerem Durchfahren von Kurven die Fliehkraft in den Fahrgasträumen begrenzt wird. **Aktive Neigetechnik** stellt den Fahrzeugaufbau gegenüber den Fahrwerken bis zu 8° schräg zur Bogeninnenseite; **passive Neigetechnik** lässt den Fahrzeugaufbau infolge der Fliehkraft in Kurven bis zu 3,5° auspendeln.

Neigung, *Verkehrswesen:* die Abweichung eines Verkehrsweges von der Waagerechten in % oder ‰.

Neisseria [nach Albert Neisser (* 1856, † 1916)], Gattung gramnegativer (→Gramfärbung), kugeliger, meist paarig auftretender Bakterien (Diplokokken), zu denen die Erreger des Trippers (Gonokokken) und bestimmte Formen der Meningitis (Meningokokken) gehören.

Nekrophagen [griechisch], Tiere, die sich von toten Organismen ernähren; man unterscheidet →Koprophagen und →Saprophagen.

Nektar, *Botanik:* pflanzliches Drüsensekret, das aus den meist in der Blüte liegenden **Nektarien** (Honigdrüsen) ausgeschieden und Blüten aufsuchenden Insekten als »Lockspeise« geboten wird; wässrige Flüssigkeit mit hohem Gehalt an Trauben-, Frucht- und Rohrzucker sowie an verschiedenen organischen Säuren, Duft- und Mineralstoffen.

Nektari|en, →Nektar.

nematische Phase, Zustand →flüssiger Kristalle.

Nematizide, Wirkstoffe zur Bekämpfung von Fadenwürmern.

Neigetechnik. Ein ICE T mit Neigetechnik auf der Strecke Nürnberg–Dresden in der Schlömener Kurve bei Neuenmark im Landkreis Kulmbach.

NE-Metalle, Kurzbezeichnung für die →Nichteisenmetalle.

Nennspannung, *Elektrotechnik:* Spannung, nach der eine Anlage, ein Netz, ein elektrisches Betriebsmittel und Ähnliches gekennzeichnet ist und auf die sich bestimmte Betriebsgrößen dieses Systems (z. B. Grenzwerte) beziehen, im Unterschied zur tatsächlich zwischen den Leitern herrschenden Betriebsspannung.

Neodarwinismus, die von dem Zoologen August Weismann (* 1834, † 1914) gegen Ende des 19. Jahrhunderts begründete Weiterentwicklung der darwinistischen Abstammungslehre (→Darwinismus); der Neodarwinismus lehnt besonders die von Charles Darwin zum Teil übernommene lamarckistische Theorie der Vererbung erworbener Eigenschaften ab und hebt die Bedeutung der Selektion als entscheidenden Evolutionsfaktor hervor.

Erwin Neher

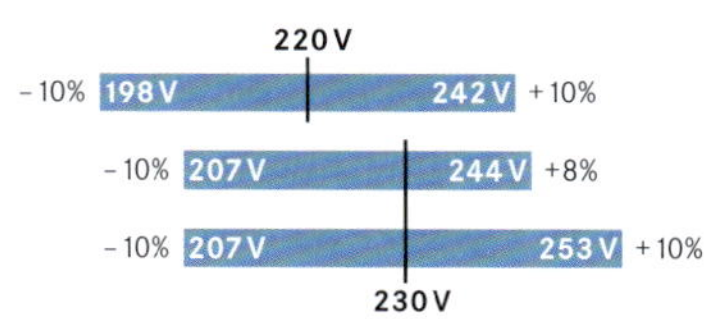

Nennspannung. Angleichung der Nennspannung innerhalb Europas

Neodym [griechisch] *das,* chemisches Symbol **Nd,** Element aus der Gruppe der →Lanthanoide im →Periodensystem der chemischen Elemente; Ordnungszahl 60, relative Atommasse 144,24, Dichte 7,008 g/cm³, Schmelzpunkt 1021 °C, Siedepunkt 3074 °C. Neodym ist ein silberglänzendes, verhältnismäßig unedles Metall, das als Begleiter von Cer u. a. im Monazit vorkommt. In seinen blau bis rotviolett gefärbten Verbindungen tritt es nur in der Wertigkeitsstufe +3 auf. Verwendet wird Neodym meist im Gemisch mit anderen Metallen (v. a. im Cermischmetall) als Bestandteil für Leichtmetall-(besonders Mag-

Fortsetzung S. 798

Navigationssysteme und Verkehrsleitung

Navigationssysteme

Was kann ein Navigationssystem?

Beliebtes Zubehör für Autos, auch zum Nachrüsten, sind so genannte Navigationssysteme. Ein solches System, meist in ein Autoradio integriert, ermöglicht die Orientierung auf unbekannten Straßen und die Wegweisung zu einem gewünschten Ziel während der Fahrt. Das System besteht aus einem in digitaler Form gespeicherten Kartenwerk (auf CD-ROM, DVD oder einer Speicherkarte), einer Ortungseinheit, welche die aktuelle Position des Fahrzeugs bestimmt, einer Computereinheit, die nach Eingabe eines Zieles die Route und die nächsten Fahrmanöver errechnet, und natürlich einer Ausgabeeinheit (Bildschirm und Sprachausgabe).
Ausgereifte Navigationssysteme bieten verschiedene Optionen an, etwa die Auswahl der kürzesten oder der schnellsten Route, Zwischenstationen bei touristischen Sehenswürdigkeiten oder die Berücksichtigung von staugefährdeten Abschnitten und Baustellen. Weicht der Autofahrer von der vorgeschlagenen Route ab, wird sofort der angezeigte Kartenausschnitt angepasst und eine neue Route errechnet. Kam es anfangs noch regelmäßig zu groben Navigationsfehlern, hat die Leistungsfähigkeit moderner Systeme inzwischen einen guten Zuverlässigkeitsstandard erreicht.

Funktionsweise

Die Ortsbestimmung eines Navigationssystems basiert auf dem Global Positioning System, kurz GPS. Dieses vom US-amerikanischen Militär für die Navigation initiierte Satellitensystem besteht aus 24 Satelliten mit einer Umlaufzeit von 12 Stunden, deren Bahn so abgestimmt ist, dass von jedem Punkt der Erde aus ständig direkte Sichtverbindung zu mindestens vier Satelliten besteht. Über eine GPS-Antenne fängt das Navigationssystem die von den Satelliten ausgesandten Signale ein. Da sich der Sender im Satelliten und der Empfänger des Signals im Fahrzeug relativ zueinander bewegen, nimmt der Empfänger ein in der Frequenz verändertes Signal auf. Eine solche Frequenzverschiebung – man nennt sie Doppler-Verschiebung – nimmt man im Alltag beispielsweise beim Vorbeifahren eines Autos wahr: Das Motorengeräusch klingt heller, wenn der Wagen näher kommt; entfernt sich das Auto dagegen, so klingt dasselbe Geräusch tiefer. Aus dieser Doppler-Verschiebung und der Laufzeit der Signale kann der Rechner die aktuelle Position mit einer Genauigkeit von etwa 50 bis 100 Metern ermitteln. Da diese Genauigkeit nicht ausreicht, werden zusätzlich die Geschwindigkeit und die Richtungsänderungen des Fahrzeugs gemessen. Der Computer rekonstruiert anhand dieser Daten die Bewegung des Fahrzeugs und vergleicht sie mit dem digitalisierten Kartenausschnitt, in dem sich das Fahrzeug nach der groben Ortsbestimmung aufhält. Durch den Abgleich mit der Karte wird im Allgemeinen schon nach wenigen Fahrmanövern die genaue Position erkannt. Das System vergleicht dann laufend die Bewegungen des Fahrzeugs mit der digitalisierten Karte sowie den GPS-Daten und passt so ständig die Position neu an die Daten an.

100562

Klassische Verkehrsleitung – Parkleitsysteme in Hamburg

Verkehrsleitung

Dem steigenden Verkehrsaufkommen ist das Straßennetz kaum mehr gewachsen. Nicht nur zu Ferienzeiten und zur Rushhour bricht der Verkehr zusammen, die Reisezeit ist – zumindest über längere Strecken und zu bestimmten Zeiten – fast unkalkulierbar geworden. Systeme zur Verkehrsleitung versprechen, den Verkehr besser zu verteilen und so die Kapazität des Straßennetzes zu erhöhen.

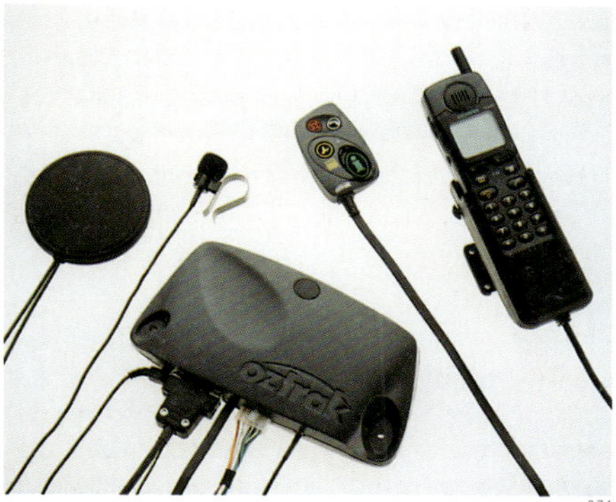

874

Dieser Telematik-Service-Kit enthält eine Anlage zur Satellitenortung des Wagens und ein Mobiltelefon mit Freisprecheinrichtung. Mit dem Pannen- oder Notfallknopf auf dem Display kann eine Direktverbindung zur Leitzentrale hergestellt werden.

Ein älterer Ansatz zur Lösung dieser Probleme sind so genannte Verkehrsbeeinflussungssysteme: Auf Schilderbrücken sind Wechselverkehrszeichen angebracht, die von einem Leitrechner gesteuert werden. In die Berechnung der Verkehrslage gehen verschiedene Daten ein, etwa die Zahl der Autos in einem Straßenabschnitt (gemessen mithilfe von Induktionsschleifen in der Asphaltdecke), die Wetterlage und Lagebeurteilungen der Polizei (etwa nach einem Stau).

Die Weiterentwicklung solcher relativ statischer Systeme soll das »intelligente Verkehrsmanagement« sein, das die Navigationssysteme der einzelnen Autos einbezieht. Die Navigationsgeräte sollen ganz aktuell Daten und Empfehlungen zur jeweiligen Verkehrssituation erhalten und in ihre Routenvorschläge einfließen lassen. Zur Übermittlung der Daten nutzt man das mit dem Verkehrsfunk ausgestrahle RDS/TMC-Signal. Hinter dieser Abkürzung verbirgt sich der englische Ausdruck »Radio Data System/Traffic Message Channel«. Im geeigneten Autoradio lassen sich dann Verkehrsmeldungen jederzeit gezielt und beliebig oft abrufen. Gute Navigationssysteme werten diese Signale aus und ändern gegebenenfalls ihre Routenplanung. Allerdings ist die Reaktionszeit des Verkehrsfunks recht hoch, und die Übermittlung über TMC kann bei vielen Staumeldungen zu lange dauern.

Eine Erweiterung wäre die direkte und automatisierte Übermittlung von verkehrsbezogenen Daten per Mobilfunk an die Autos. Allerdings müsste man für ein solches System erheblich in die Infrastruktur investieren. Viele Tausend Messfühler, die jedes vorbeifahrende Auto registrieren, müssen an den Straßen installiert werden. Eine Verkehrszentrale wertet die Daten aus und übermittelt die Ergebnisse über Mobilfunk den entsprechend ausgerüsteten Fahrzeugen. Ein Prototyp für ein solches intelligentes Verkehrsführungssystem ist in Tokio installiert.

Weitere Möglichkeiten

Außer der Fahrzeug-Zielführung bietet die Kombination eines GPS-Empfängers und eines Mobiltelefons in Kraftfahrzeugen noch eine Reihe weiterer nützlicher Anwendungen. So kann bei einem Unfall automatisch ein Notruf ausgelöst werden, der mit Angabe des Unfallorts und der Identität des Fahrzeugs in einer Zentrale einläuft. Möglich sind auch die Identifizierung, Lokalisierung und Verfolgung gestohlener Fahrzeuge oder das effiziente Management von ganzen Fahrzeugflotten, etwa die Disposition der Lastkraftwagen einer Spedition.

Ein Beispiel für die Leistungsfähigkeit der Kombination von Navigationssystem mit Mobilfunk ist das deutsche Lkw-Mautsystem. Hier sind GPS-Empfänger und Mobilfunkgerät in einer so genannten On-Board-Unit vereinigt. Die aktuelle Position des Fahrzeugs wird regelmäßig an den Leitrechner durchgegeben; dabei ist die Navigation so leistungsfähig, dass sie eine (mautpflichtige) Autobahn und eine kostenfreie, direkt parallel verlaufende Straße unterscheiden kann. Aus zurückgelegter kostenpflichtiger Strecke sowie fahrzeugspezifischen Daten (Achszahl, Ladekapazität, Schadstoffklasse des Motors) wird dann der Rechnungsbetrag ermittelt und dem Spediteur abgebucht.

Fortsetzung von S. 795

nesium-)Legierungen. Neodymverbindungen werden zum Färben von Glas und Email sowie für Porzellanfarben gebraucht. Neodym enthaltende Gläser werden als Sonnenschutzgläser und für →Laser verwendet.

Neozoen. Der Nordamerikanische Waschbär zählt heute in waldreichen Gebieten Deutschlands zum festen Wildbestand.

Neon [griechisch néon »das Neue«] *das,* chemisches Symbol **Ne,** chemisches Element aus der Gruppe der →Edelgase; Ordnungszahl 10, relative Atommasse 20,1797, Dichte (bei 0 °C) 0,899 g/l, Schmelzpunkt −248,59 °C, Siedepunkt −246,08 °C. Neon ist ein farb- und geruchloses, sehr reaktionsträges Gas, das in der Luft zu etwa $1{,}8 \cdot 10^{-3}$ Volumenprozent enthalten ist. Neon gehört zu den sehr seltenen Elementen und steht in der Häufigkeit der chemischen Elemente an 77. Stelle; im Weltraum ist es nach Wasserstoff und Helium das dritthäufigste Element. Technisch wird Neon neben anderen Edelgasen bei der fraktionierenden Destillation von verflüssigter Luft gewonnen und als Füllgas für Gasentladungslampen (»Neonröhren«, rotes »Neonlicht«) und Glimmlampen, für Laser und als Kältemittel in der →Kryotechnik verwendet.

Neophyten [griechisch neóphytos »neu gepflanzt«] *die,* Pflanzenarten, die etwa seit dem 16. Jahrhundert durch den Menschen in ein Gebiet, wo sie nicht schon immer vorkamen, eingeführt (z. B. Kartoffel) oder unabsichtlich eingeschleppt wurden. Einige Neophyten erscheinen nur vorübergehend, andere breiten sich schnell aus, in Mitteleuropa z. B. Kanadische Wasserpest.

Neozoen [griechisch], Tierarten, die etwa seit dem 16. Jahrhundert durch den Menschen in ein Gebiet, wo sie nicht schon immer vorkamen, eingeführt (z. B. Kaninchen nach Australien) oder unabsichtlich eingeschleppt wurden (z. B. Kartoffelkäfer nach Europa). Neozoen stellen häufig eine Gefahr für die einheimische Tierwelt dar, z. B. als Haustiere gehaltene Rotwangenschmuckschildkröten und Ochsenfrösche, die in Teichen ausgesetzt wurden.

Neper [nach J. Napier] *das,* Einheitenzeichen **Np,** Pseudoeinheit zur Kennzeichnung des logarithmierten Verhältnisses zweier gleichartiger physikalischer Größen (häufig als Pegel oder Maß bezeichnet), wenn dabei der natürliche Logarithmus (ln) verwendet wurde. Bei Verwendung des Zehnerlogarithmus (lg) lautet das entsprechende Hinweiswort Bel (Kurzzeichen B). (→Dezibel)

Nephelometrie [zu griechisch nephélē »Nebel«, »Wolke«] *die,* **Tyndallometrie,** optisches Analyseverfahren, das unter Ausnutzung des →Tyndall-Effekts zur quantitativen Bestimmung der Konzentration kolloidaler und feindisperser Teilchen in Flüssigkeiten oder Gasen dient. Die Streuung des Lichts kann entweder durch Messung der Intensitätsabnahme des einfallenden Lichtstrahls nach Durchgang durch das streuende Medium **(Trübungsmessung** oder **Turbidimetrie)** oder durch Bestimmung der Intensität des seitlich abgelenkten Lichts **(Tyndallometrie)** ermittelt werden. Beide Verfahren haben z. B. in der Wassertechnologie und Getränkeindustrie Bedeutung, außerdem in der chemischen und pharmazeutischen Industrie, und sie sind geeignet, um den Staubgehalt von Abgasen zu messen.

Neptunismus *der,* von A. G. Werner entwickelte Theorie, dass alle Gesteine durch Kristallisation aus dem Urozean entstanden seien, mit Ausnahme der aus tätigen Vulkanen stammenden. Der Neptunismus wurde v. a. durch den schottischen Geologen James Hutton (* 1726, † 1797) widerlegt.

Neptunium *das,* chemisches Symbol **Np,** künstlich hergestelltes radioaktives chemisches Element aus der Reihe der →Actinoide im Periodensystem, eines der →Transurane; Ordnungszahl 93, relative Atommasse 237,0482, Dichte (bei 20 °C) 20,25 g/cm³, Schmelzpunkt 644 °C, Siedepunkt rund 3 902 °C. Neptunium ist ein silberweißes, sehr reaktionsfähiges Metall, dessen chemisches Verhalten dem des Urans ähnelt. Das Isotop ^{237}Np fällt in größeren Mengen als Nebenprodukt bei der Herstellung von Plutonium im Kernreaktor an.

neritisch [griechisch], *Ökologie:* zum Flachmeerbereich (Schelf) gehörend.

Walther Nernst

Nernst, Walther Hermann, deutscher Physiker und Physikochemiker, * Briesen (heute Wąbrzeźno) 25. 6. 1864, † Gut Ober-Zibelle (bei Bad Muskau) 18. 11. 1941; einer der Begründer der physikalischen Chemie; entwickelte 1889 seine bedeutende Theorie der galvanischen Stromerzeugung, erfand die **Nernstlampe,** einen Infrarotstrahler aus Oxiden von Seltenerdmetallen, und schuf 1899 die Grundlagen einer Theorie der elektrischen Nervenreizung. Seine bedeutendste Entde-

Rechte Seite: Nervenzelle, aufgenommen mit einem Rasterelektronenmikroskop (Vergrößerung 50 000 : 1)

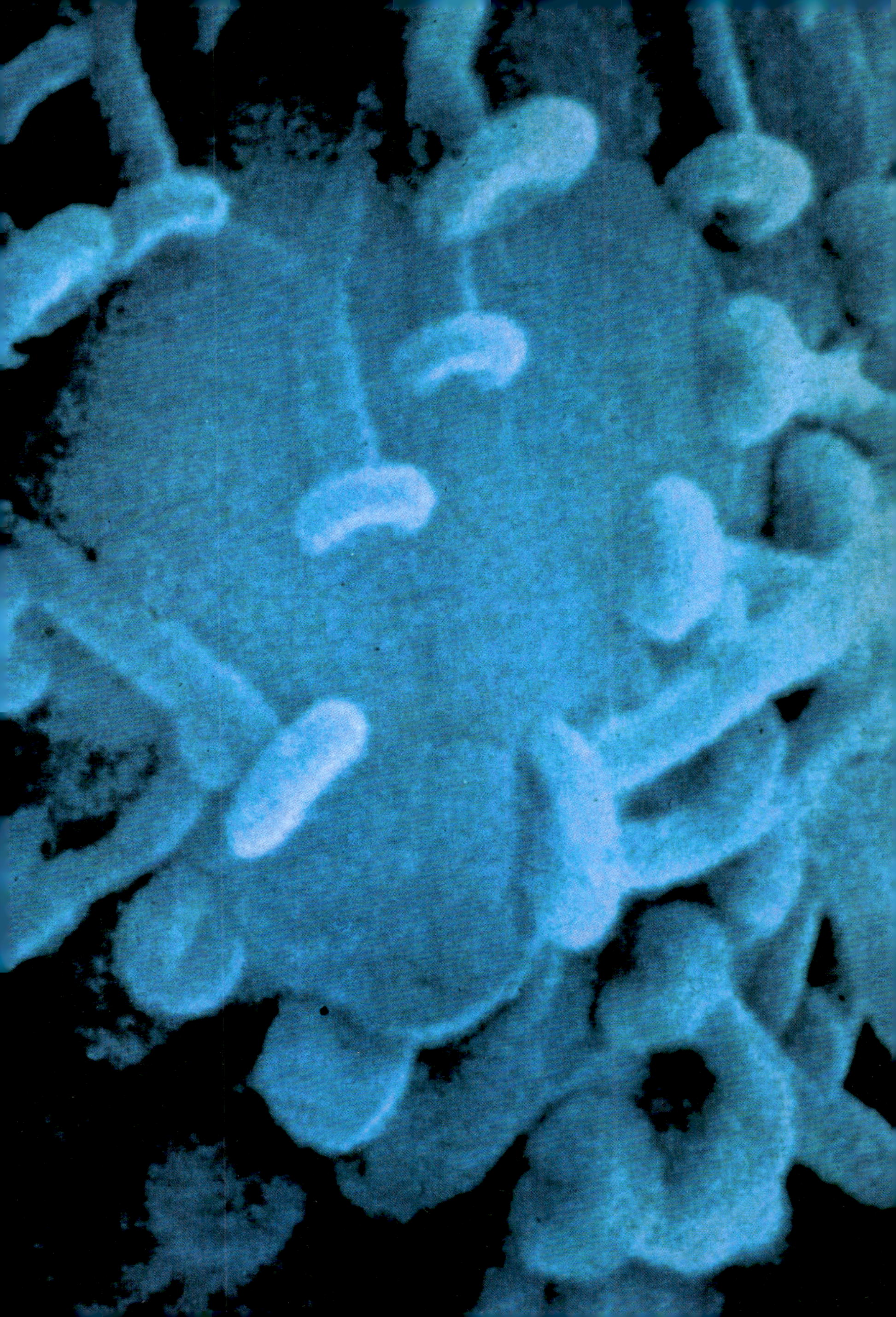

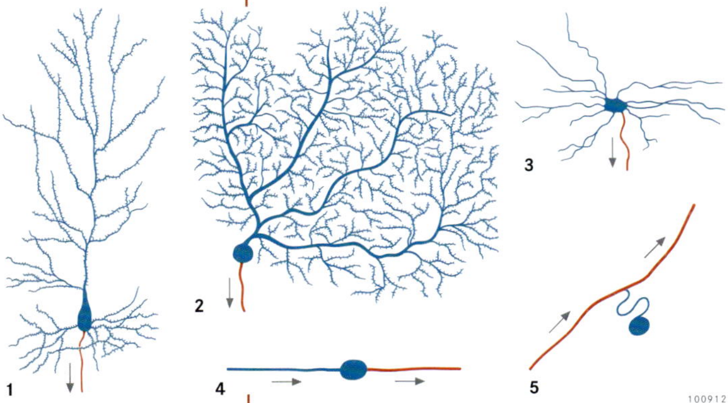

Nerven.
Verschiedene Typen von Nervenzellen; Zellkörper und Dentriten blau, Axone rot, Pfeil Fortpflanzungsrichtung der Signale; 1 multipolare Zelle aus der Endhirnrinde: Pyramidenzelle, 2 multipolare Zelle aus der Kleinhirnrinde: Purkinje-Zelle, 3 multipolare Zelle aus dem Vorderhorn des Rückenmarks, 4 bipolare Zelle, 5 pseudounipolare Zelle

ckung ist das **nernstsche Wärmetheorem** (1906), der 3. Hauptsatz der →Thermodynamik; 1920 erhielt Nernst den Nobelpreis für Chemie.

Nẹrnst-Effekt [nach W. H. Nernst], ein galvanomagnetischer Effekt: Legt man bei einem von einem elektrischen Strom durchflossenen Leiter oder Halbleiter senkrecht zur Stromrichtung ein homogenes Magnetfeld an, so tritt in Richtung des Stromflusses ein Temperaturgefälle auf.

Nerven [lateinisch], von Bindegewebe umhüllte Bündel von Nervenfasern, die die Organe mit dem Zentralnervensystem verbinden. Das gesamte **Nervengewebe** besteht aus Nervenzellen, Nervenfasern und einem Stützgewebe (Neuroglia), das von Gliazellen gebildet wird. Die **Nervenzellen (Ganglienzellen, Neurozyten)** besitzen die Fähigkeit der Erregbarkeit, der Erregungsleitung und -verarbeitung. Sie bestehen aus dem zellkernhaltigen Teil (Perikaryon) und den von hier ausgehenden verschieden langen Fortsätzen (Dendriten und Axon). Die Fortsätze sind vergleichbar mit Telefonleitungen, über die die Nervenzelle Nachrichten empfängt **(Dendriten)** oder absendet **(Axon, Neurit, Achsenzylinder).** Die Nervenzelle mit all ihren Fortsätzen nennt man **Neuron.** Die Axone von motorischen und sensorischen Nervenzellen sind von einer Markscheide **(Myelinscheide, Schwann-Scheide)** umgeben, die aus speziellen Gliazellen, den Schwann-Zellen, gebildet wird. Diese Hülle besitzt im Abstand von etwa 1 mm Einschnürungen (Ranvier-Schnürringe), die von großer Bedeutung sind für die Geschwindigkeit der Erregungsleitung. Das Nervensignal springt dabei von einem Schnürring zum nächsten und pflanzt sich daher sehr schnell fort. Das von der Markscheide umgebene Axon wird als **myelinisierte Nervenfaser** bezeichnet. Mehrere Nervenfasern schließen sich häufig zu parallel verlaufenden, oft von einer gemeinsamen Bindegewebshülle umschlossenen **Nervenbündeln** (Nervensträngen) zusammen, die dann als Nerven bezeichnet werden. Makroskopisch sichtbare Nerven bestehen wiederum aus einer verschieden großen Anzahl von Nervenfaserbündeln. Innerhalb des Zentralnervensystems bezeichnet man die Faserbündel als **Nervenbahnen.** Angehäuft zusammenliegende Nervenzellkörper bilden die Ganglien. Die Fortleitung einer Erregung spielt sich in den Nervenfasern ab (→Aktionspotenzial). Die Verbindungsstellen zwischen dem Ende der Nervernfaser und den Dendriten anderer Nervenzellen oder zwischen Nervenfaser und Muskelzelle werden als Synapsen bezeichnet. – Abb. S. 799

Nervensystem, Gesamtheit des Nervengewebes als Funktionseinheit, das in Zusammenarbeit mit →Rezeptoren und →Effektoren Reize aufnimmt, verarbeitet, teilweise speichert, koordiniert und beantwortet. In den Rezeptoren werden die aufgenommenen Signale umgeformt und kodiert. Besondere zuführende Nerven leiten die empfangenen Reize zu den zentralen Sammelstellen Gehirn und Rückenmark; dort werden sie verarbeitet. Die Befehle dieser Zentren gelangen auf den ableitenden Nervenfasern zu den Organen der Körperperipherie, wo sie entsprechende Reaktionen auslösen.

Die einfachsten Nervensysteme besitzen die Hohltiere; wobei die Polypen ein **Nervennetz** besitzen mit einer Konzentration von Nerven- und Sinneszellen um Mund und Stiel und die Medusen ein kompliziertes ringförmiges Nervensystem. Bei den Wirbellosen konzentriert sich das Nervengewebe zu Nervensträngen, die bei einigen primitiven Würmern und Weichtieren sowohl Nervenzellkörper als auch Nervenfasern enthalten und dann als **Markstränge** bezeichnet werden. Ein entscheidender Fortschritt ist die Bildung von **Ganglien** durch Zusammenlegung mehrerer Nervenzellkörper um einen Knäuel von Nervenfasern. Bei den Gliedertieren befindet sich ursprünglich in jedem Körpersegment auf der Bauchseite ein Ganglienpaar. Durch die Längs- (Konnektive) und Querverbindungen zwischen diesen Ganglien (Nervenknoten) kommt es zur Ausbildung eines so genannten Strickleiter-Nervensystems. Die Gliederfüßer schließlich haben neben diesem Bauchmark in der Kopfregion noch ein Oberschlundganglion. Dieses »Gehirn« verarbeitet und koordiniert alle Erregungen, die von den Komplex- und Stirnaugen, den Fühlern und den anderen Sinnesorganen des Kopfs eintreffen.

Bei den Weichtieren sind die Nervenzellen auf wenige Ganglien konzentriert, die paarigen Fuß-, Wand-, Seiten- und Gehirnganglien.

Bei den Wirbeltieren einschließlich des Menschen) konzentriert sich in der Embryonalentwicklung die Masse des Nervengewebes im Medullarrohr am Rücken, das dann im Kopfbereich das Gehirn, im Rumpfbereich das Rückenmark formt. Diesem **Zentralnervensystem** mit Nerven- und Gliazellen steht im

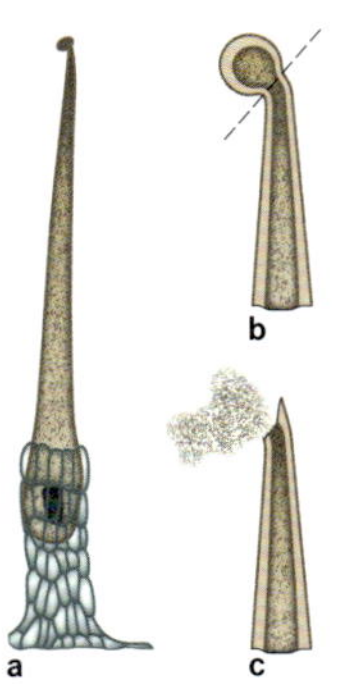

Nesselgewächse.
Bei der Berührung mit den Brennhaaren wird das Köpfchen abgerissen und die brennende Flüssigkeit freigesetzt.

übrigen Körper das **periphere Nervensystem** gegenüber. Neben willkürmotorischen (Bewegungsnerven) und sensiblen Nerven und Ganglien enthält es ein spezielles **vegetatives (autonomes) Nervensystem** (Eingeweide-Nervensystem), das über Sympathikus und Parasympathikus die Funktion der Eingeweide steuert und kontrolliert.

Nesselgewächse, Urticaceae, Familie zweikeimblättriger Pflanzen, besonders in wärmeren Gebieten verbreitet; meist windblütige Kräuter, Sträucher oder Lianen mit unscheinbaren Blüten, oft mit Brennhaaren; einheimisch u.a. die **Große Brennnessel** (Urtica dioica), bis zu 1,5 m hohe Ruderalpflanze, und die **Kleine Brennnessel** (Urtica urens), bis zu 50 cm hohes Gartenunkraut.

Nesseltiere, Cnidaria, Stamm 0,5 mm bis 2,2 m langer Hohltiere, v.a. in Meeren (einige Arten auch in Süßgewässern); mit dem Nahrungserwerb (Zooplankton, Kleintiere) sowie der Abwehr dienenden →Nesselzellen und mundnahem Tentakelkranz. Nesseltiere treten primär in zwei Gestaltformen auf: als schlauchförmige, festsitzende, durch Knospung oder Teilung oft stockbildende **Polypen** und als frei schwimmende, getrenntgeschlechtige **Medusen.**

Nesselzellen, Cnidozyten, hoch spezialisierte Zellen im äußeren Epithel von Nesseltieren. Die Nesselzellen enthalten eine **Nesselkapsel** (je nach Funktionsweise als Nematozyste, Spirozyste oder Ptychozyste bezeichnet); in deren Innerem ist ein **Nesselfaden** aufgerollt, der bei Berührung eines Fortsatzes **(Cnidocil)** ausgestülpt wird und sich entweder mithilfe eines Stilettapparats in das Beutetier einbohrt (Nematozyste) oder am Beutetier haften bleibt (Spirozyste); die Gifte der Nesselzellen zählen zu den stärksten bekannten Giften. – Abb. S. 802

Neßlers Reagenz [nach dem Agrikulturchemiker Julius Neßler, *1827, †1905], alkalische Lösung von Kaliumtetrajodomercurat(II), $K_2[HgI_4]$, zum Nachweis und zur Bestimmung kleiner Mengen von Ammoniak z.B. im Trinkwasser. Es bildet sich ein orangebrauner Niederschlag aus $[Hg_2N]I$.

Nest, von Tieren gebaute, meist der Aufnahme der Eier beziehungsweise der frisch geborenen Jungen sowie dem Erbrüten und/oder der Aufzucht der Nachkommen dienende Behausung; daneben für viele Tiere ein oft schwer zugänglicher Aufenthaltsort, um sich gegen Feinde, Kälte oder Nässe zu schützen, zu schlafen (z.B. **Schlafnester** der Menschenaffen) oder ungünstige Witterungsverhältnisse zu überdauern (z.B. **Winternester** für Winterschläfer). Bei Staaten bildenden Insekten (z.B. Ameisen) ist das Nest der Aufenthaltsort für das ganze Tiervolk. Bei Vögeln, die in der Regel Brutnester bauen, werden je nach Standort und Bauweise verschiedene Nestformen unterschieden; v.a. Rohrsänger bauen an senkrecht stehenden Rohrhalmen befestigte **Pfahlbaunester;** Beutel- und Schwanzmeisen, Webervögel und Zaunkönige bauen bis auf ein Einflugloch geschlossene Kugel- und Beutelnester.

Nesselgewächse. Große Brennnessel

Nestflüchter, in weit entwickeltem Zustand zur Welt kommende, schnell den Geburtsort beziehungsweise das Nest verlassende Tiere; z.B. Hühner- und Laufvögel, Feldhasen.

Nesthocker, Jungtiere verschiedener Vogel- und Säugetierarten, die in einem noch unvollkommenen postembryonalen Entwicklungsstadium geboren werden. Sie kommen nackt und »blind« zur Welt und bedürfen besonderer Pflege und besonderen Schutzes durch die Eltern.

Nesthygiene, *Verhaltensforschung:* Verhaltensweisen zur Reinhaltung des Nests, Bienenstocks oder der Ameisenkolonie. Zur Vermeidung von Fäulnis und Krankheitskeimen werden Nachgeburten, Kotballen, Eischalen und tote Nestinsassen umgehend entfernt.

420

Nesseltiere. Ohrenquallen

Netz [althochdeutsch nezzi, eigentlich »Geknüpftes«, zu lateinisch nassa »Reuse«], **1)** *Elektrotechnik:* 1) **Netzwerk,** eine umfangreiche, aus Widerständen und gegebenenfalls Stromquellen bestehende Schaltung; 2) **Energieversorgungsnetz,** →Elektrizitätsversorgung.

2) *Informatik:* **Netzwerk,** englisch **network,** 1) Datenkommunikationssystem, das durch Übertragung von Signalen den Datenaustausch zwischen mehreren unabhängigen Geräten ermöglicht; 2) graphentheoretisches Modell, um Verbindungsstrukturen zu beschreiben; 3) künstliche →neuronale Netze.

3) *Telekommunikation:* →Telekommunikationsnetze.

Netz|ebene, *Kristallografie:* durch drei nicht auf einer Gittergeraden liegende Gitterpunkte definierte Ebene eines Kristallgitters

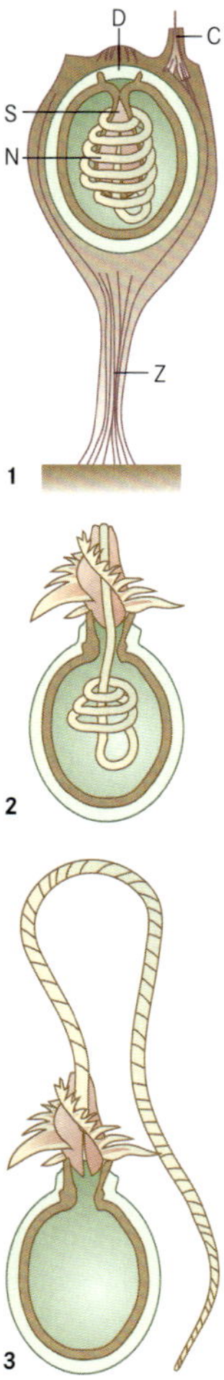

Nesselzellen. 1 schematische Darstellung einer Nematozyste in Ruheposition (D Kapseldeckel, C Cnidocil, N Nesselfaden, S Stilettapparat, Z Zellstiel), 2 mit abgeworfenem Kapseldeckel und auseinander geklappten Stiletten, 3 mit ausgeschleudertem Nesselfaden

(Gitterebene), in der die Atome, Ionen oder Moleküle angeordnet sind.

Netzfrequenz, die Frequenz eines Energieversorgungssystems, z. B. in Mitteleuropa 50 Hz, in den USA 60 Hz.

Netzgerät, Netzteil, elektrisches Gerät, das die Spannung des Versorgungsnetzes in die zum Betrieb von Geräten oder Anlagen benötigte Spannung oder Stromart umformt. Das Netzgerät besteht in der Regel aus Netztransformator, Gleichrichter und Siebschaltung; es ist oft in das betreffende Gerät integriert.

Netzmagen, ein Vormagen der →Wiederkäuer.

Netzteil, →Netzgerät.

Netzwerk, 1) *Elektrotechnik:* →Netz. **2)** *Informatik:* →Netz.

Neukurve, *Physik:* →Hysterese.

Neun|augen, Bricken, Petromyzontidae, fischähnliche Familie der Rundmäuler mit unpaarigem Flossensaum, ohne Schuppen; das Skelett wird von einer elastischen Rückensaite gebildet; an jeder Seite des Kopfbereiches befinden sich neun wie Augen aussehende Organöffnungen: Nase, Auge, sieben Kiemenöffnungen. Der saugnapfartige, kreisrunde Mund hat Hornzähne und eine stempelförmige Zunge, womit sich die Neunaugen entweder an Steinen oder an lebenden Fischen festsaugen. Aus den Eiern schlüpfen schlammbewohnende Larven **(Querder).** Das **Bachneunauge** (Lampreta planeri) wird 10–16 cm lang. Das **Flussneunauge** (Lampreta fluviatilis) wandert nach dem Larvenstadium zum Meer, lebt dort mehrere Jahre, wird rund 50 cm lang und wandert dann zu den Laichplätzen in den Flüssen. Das **Meerneunauge** (**Lamprete,** Petromyzon marinus) wird bis zu 1 m lang.

neur..., neuri..., neuro... [griechisch neũron »Nerv«], nerven...

Neurit [griechisch] *der,* Nervenfortsatz (→Nerven).

Neurobiologie, Disziplin der Biologie, die Struktur und Funktionsweise sowie phylo- und ontogenetische Entwicklung von Nerven und Nervensystemen untersucht. Teilgebiete der Neurobiologie sind u. a. die **Neuroanatomie,** die sich mit Entstehung, Differenzierung und feingeweblichem Aufbau des Nervensystems befasst, die **Neurochemie,** die die chemischen Grundlagen der Aufnahme, Übertragung, Speicherung und Verarbeitung von Informationen im Nervensystem erforscht, die **Neuroimmunologie,** die Immunreaktionen im Nervensystem und nervöse Einflüsse auf das Immunsystem untersucht.

Neurohormone, in Nervenzellen des Hypothalamus gebildete neurosekretorische Hormone: 1) die zyklischen Nonapeptide **Vasopressin** (antidiuretisches Hormon, **ADH**) und **Oxytocin;** ADH regt die Wasserreabsorption der Niere an; Oxytocin bewirkt die Kontraktion der Uterusmuskulatur und fördert die Milchabsonderung der Brustdrüse. 2) die **hypophyseotropen Peptidhormone,** die die Sekretion von Hypophysenhormonen steuern (Releasinghormone).

Neuro|informatik, interdisziplinäre Forschungsrichtung im Grenzbereich von Informatik, (Neuro-)Biologie, Physik und Psychologie, die sich mit der Entwicklung künstlicher →neuronaler Netze zur Simulierung von natürlicher Intelligenz befasst.

Neuron [griechisch] *das,* Nervenzelle mit all ihren Fortsätzen (→Nerven).

neuronale Netze, künstliche neuronale Netze, Abkürzung **KNN,** *Informatik:* Rechnerarchitekturen, deren Struktur und Funktion sich an den Nervennetzen lebender Organismen orientiert. Das Ziel solcher künstlichen Netzwerke ist die Simulation der massiv parallelen Informationsverarbeitung im Gehirn durch die elektronische Informationsverarbeitung, besonders bei Problemstellungen wie Mustererkennung, Steuerung und Lernfähigkeit. In Analogie zu den aus Neuronen (»Knoten«) bestehenden Nervennetzen sind die parallel arbeitenden Prozessoren in (logischen) Schichten angeordnet und innerhalb dieser Schichten sowie über das gesamte Netz hinweg verbunden. Jeder Verbindung zwischen zwei Knoten ist ein »Gewicht« zugeordnet, das der synaptischen Effizienz entspricht. Eine solche Struktur ist in der Lage, über geeignete Rückkopplungen Lernprozesse selbst zu organisieren und damit komplizierte (gerichtete) Relationen zwischen Ein- und Ausgabe darzustellen (→künstliche Intelligenz).

Neurophysiologie, Teilgebiet der Physiologie, das allgemeine und spezielle Leistungen des Nervensystems bei der Koordinierung des Organismus in seiner Wechselbeziehung zur Umwelt untersucht.

Neurotransmitter, Überträgerstoffe, Transmitter, neurogen gebildete Substanzen, die bei der Erregungsübertragung in den Synapsen der Neuronen (→Nerven) freigesetzt werden. Zu den Neurotransmittern gehören Acetylcholin, Adrenalin, Noradrenalin, Dopamin, GABA (Gammaaminobuttersäure) und Serotonin. Da jedes Neuron jeweils nur einen Neurotransmitter synthetisieren und freisetzen kann, ist eine Einteilung der Neuronen nach den erzeugten Neurotransmittern möglich.

Neusilber, Bezeichnung für Kupferlegierungen mit hoher Korrosionsbeständigkeit, Festigkeit und silberähnlicher Farbe aus 45–67 % Kupfer, 10–26 % Nickel, Rest Zink; wird für Reißzeuge, Tafelgeräte und Beschläge verwendet.

neutral [lateinisch], **1)** *Chemie:* →Neutralisation.

2) *Physik:* elektrisch ungeladen, das heißt mit gleich viel positiven und negativen elektrischen Ladungen.

neutrale Ströme, *Physik:* Ströme elektrisch neutraler Wechselwirkungsquanten als Vermittler der →Wechselwirkung zwischen Elementarteilchen. Bei der elektromagnetischen Wechselwirkung sind dies Photonen, also ein neutraler Strom. Bei der schwachen Wechselwirkung treten neben geladenen Strömen (z.B. beim Zerfall des freien Neutrons) bei gewissen Prozessen ebenfalls neutrale Ströme auf; dies zeigt die enge Verwandtschaft zur elektromagnetischen Wechselwirkung und ermöglicht eine vereinheitlichte Feldtheorie (→Glashow-Salam-Weinberg-Theorie), in der beide Wechselwirkungen zur elektroschwachen Wechselwirkung vereinigt sind.

Neutralisation *die, Chemie:* Reaktion zwischen äquivalenten Mengen einer (starken) Säure und einer (starken) Base unter Bildung von Salz und Wasser, wobei sich saure und basische Wirkungen gegenseitig aufheben, z.B.

$$HCl + NaOH \rightarrow H_2O + NaCl.$$

Nach der →Säure-Base-Theorie von Johannes Brønstedt (* 1879, † 1947) handelt es sich bei der Neutralisation um eine Protolyse, wobei die Hydroniumionen (H_3O^+) der Säure mit den Hydroxidionen (OH^-) der Base unter Bildung von undissoziiertem Wasser reagieren. Bei der Neutralisation starker Säuren und Basen ist der Äquivalenzpunkt **(Neutralpunkt)** erreicht, wenn die Konzentration der H_3O^+-Ionen mit der der OH^--Ionen identisch ist; die Lösung reagiert dann **neutral** (pH-Wert 7). Bei der Neutralisation schwacher Säuren mit starken Basen und umgekehrt liegt der Äquivalenzpunkt im basischen beziehungsweise sauren Bereich.

Neutralisationszahl, Abkürzung **Nz.,** Kennzahl, die den Gehalt eines Mineralöls oder Naturfetts an wasserlöslichen Säuren beziehungsweise Gesamtsäuren angibt; ausgedrückt in mg KOH (Kaliumhydroxid), die notwendig sind, um die in 1 g Probe enthaltenen Säuren zu neutralisieren.

Neutralleiter, Abkürzung **N,** elektrischer Leiter, der an den Mittelpunkt eines Gleich- oder Wechselstromsystems (**Mittelpunktleiter,** Abkürzung Mp) oder an den Sternpunkt **(Sternpunktleiter)** eines Mehrphasen-, z.B. Drehstromsystems, angeschlossen ist. Neutralleiter sind meist geerdet und haben keine Sicherungen; Neutralleiter mit Schutzleiterfunktion sind die →PEN-Leiter.

Neutralsalze, 1) Salze, die weder Wasserstoff- noch Hydroxidionen enthalten; 2) Salze, die in wässriger Lösung weder saure noch alkalische Reaktion zeigen (Natriumchlorid, Ammoniumacetat).

Neutrino [italienisch, eigentlich »kleines Neutron«] *das,* stabiles, ungeladenes →Elementarteilchen aus der Gruppe der Leptonen mit dem Spin $^1/_2$, das in drei Arten, **Elektronneutrino** (e-Neutrino, ν_e), **Myonneutrino** (μ-Neutrino, ν_μ) und **Tauneutrino** (τ-Neutrino, ν_τ) und deren Antiteilchen, den **Antineutrinos** ($\bar{\nu}_e$, $\bar{\nu}_\mu$, $\bar{\nu}_\tau$), vorkommt. Das Elektron-Antineutrino wird mit einem Elektron beim β^--Zerfall von Atomkernen, das Elektronneutrino mit einem Positron beim β^+-Zerfall (→Betastrahlung) ausgesandt. Das Myonneutrino entsteht mit einem positiven Myon beim Zerfall eines positiven Pions ($\pi^+ \rightarrow \mu^+ + \nu_\mu$), das Myon-Antineutrino beim Zerfall eines negativen Pions ($\pi^- \rightarrow \mu^- + \bar{\nu}_\mu$). Das Tauneutrino (Tau-Antineutrino) wird beim Zerfall des 1975 entdeckten positiven (negativen) Tauteilchens gebildet. Es wurde 2000 mit dem 800-GeV-Protonenbeschleuniger (»Tevatron«) des Fermi National Accelerator Laboratory (USA) experimentell nachgewiesen. – Neutrinos werden künstlich in Kernreaktoren und mithilfe von Teilchenbeschleunigern erzeugt oder entstehen auf natürliche Weise in kosmischen Prozessen.

Die Existenz der Elektronneutrinos wurde 1931 von W. Pauli postuliert, um die Gültigkeit der Energie- und Spinerhaltung beim Betazerfall nicht infrage stellen zu müssen. Wegen der geringen Wechselwirkung von Neutrinos mit anderen Teilchen (ein Neutrino mit einer Energie von 1 GeV durchquert mit 99,99 % Wahrscheinlichkeit unbehindert die Erde) gelang der direkte Nachweis von Neutrinos erst 1956 mit den Elektron-Antineutrinos eines Kernreaktors in einer Reaktion, bei der sich ein Elektron-Antineutrino und ein Proton (p^+) in ein Neutron (n) und ein Positron (e^+) umwandeln ($\bar{\nu}_e + p^+ \rightarrow n + e^+$).

1998 erbrachten amerikanische und japanische Forscher erstmals den Hinweis auf **Neutrinooszillationen,** indem sie zeigten, dass sich Myonneutrinos auf ihrem Weg von der Atmosphäre zur Erde zu einem bestimmten Teil in andere Neutrinos (vermutlich in Tauneutrinos) umwandeln und dann nicht mehr registriert werden (→Superkamiokande-Experiment). Diese Oszillationen sind nur möglich, wenn Neutrinos eine Masse besitzen. Die Konsequenzen dieser Entdeckung sind weitreichend, sowohl für die Elementarteilchenphysik, die eine Korrektur des von masselosen Neutrinos ausgehenden Standardmodells erfordert, als auch für die Kosmologie. Massebehaftete Neutrinos können einen Anteil zur Dunklen Materie liefern und somit die Expansion des Weltalls entscheidend beeinflussen.

Neutron [griechisch] *das,* Symbol **n,** ein zu den →Baryonen gehörendes elektrisch neutrales Elementarteilchen mit dem Spin $^1/_2$ und der Ruhemasse $m_n \approx 1{,}675 \cdot 10^{-24}$ g; neben dem Proton Baustein der Atomkerne; sein Antiteil-

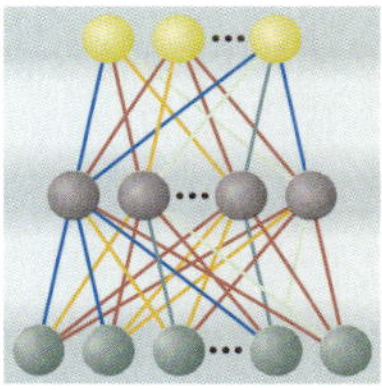

neuronale Netze. Die Aktivität wandert von den Eingabeknoten (grün) über die internen Knoten (grau) zu den Ausgabeknoten (gelb); die Farben der Verbindungslinien stehen für unterschiedlich große Gewichte.

100979

Neutronenquelle. Forschungsneutronenquelle in Garching (bei München)

chen ist das **Antineutron.** Das Neutron ist im Verband eines Atomkerns stabil, als freies Teilchen ist es radioaktiv (Betastrahler) und zerfällt mit einer Halbwertszeit von rund 10 min in ein Proton, ein Elektron und ein Antineutrino ($n \rightarrow p + e^- + \bar{\nu}_e$). Streuversuche mit Elektronen und das magnetische Dipolmoment deuten auf eine unterschiedliche positive und negative Ladungsverteilung des Neutrons, das aber nach außen neutral erscheint.

Neutronen entstehen v. a. bei der →Kernspaltung und spielen bei der Umwandlung und Spaltung von Atomkernen, z. B. bei den Kettenreaktionen im Kernreaktor, eine entscheidende Rolle. Die Wechselwirkung der Neutronen mit Materie hängt stark von ihrer kinetischen Energie ab, nach der grob zwischen **schnellen** und **langsamen Neutronen** unterschieden wird. Bei feinerer Unterscheidung spricht man von **relativistischen** (> 50 MeV), **schnellen** (100 keV bis 50 MeV), **mittelschnellen** (100 eV–100 keV) und **langsamen Neutronen,** zu denen **epithermische** (0,1–100 eV), **thermische** (0,01–1 eV), **kalte** (10^{-5}–10^{-2} eV) und **ultrakalte Neutronen** (< 10^{-5} eV) gehören. Von besonderer Bedeutung sind die bei der Kernspaltung erzeugten hochenergetischen schnellen Neutronen **(Spaltneutronen).** Sie werden durch Stöße mit den Atomen des Moderators auf thermische Energien (thermische Neutronen) entsprechend der Umgebungstemperatur abgebremst. Aufgrund ihrer Ladungsfreiheit sind Neutronen bevorzugte Geschosse bei der Untersuchung von Materiestrukturen; hier wird v. a. die →Neutronenbeugung ausgenutzt. Durch Bestrahlung stabiler Nuklide mit Neutronen lassen sich radioaktive Nuklide erzeugen **(Neutronenaktivierung).**

Die schon von E. Rutherford 1921 vermuteten ungeladenen Teilchen in Atomkernen wurden von seinem Schüler J. Chadwick 1932 entdeckt.

Neutronen|absorption, der Neutroneneinfang (→Einfangprozess).

Neutronenbeugung, 1936 von W. Elsasser nachgewiesene Beugung langsamer Neutronen am Kristallgitter von Festkörpern, die durch den Welle-Teilchen-Dualismus erklärt wird und den Wellencharakter des Neutrons demonstriert (→Materiewelle). Da die Wellenlänge thermischer Neutronen mit 0,1 nm etwa die Größe des Gitterpunktabstandes im Kristall hat, kann die Neutronenbeugung wie Röntgenstrahlung zur Strukturaufklärung, insbesondere zum Nachweis ferro- und antiferromagnetischer Ordnung, genutzt werden.

Neutronen|einfang, ein →Einfangprozess.

Neutronenflussdichte, kurz **Neutronenfluss,** *Kerntechnik:* Dichte des Stroms aller Neutronen, die je Sekunde durch eine Fläche von 1 cm^2 strömen, kennzeichnende Größe für jeden Kernreaktor. Kleine Forschungsreaktoren haben Neutronenflussdichten von 10^8–$10^{14}\,cm^{-2}s^{-1}$, Leistungsreaktoren von 10^{12}–$10^{16}\,cm^{-2}s^{-1}$ und Materialprüfreaktoren bis $10^{17}\,cm^{-2}s^{-1}$.

Neutronen|optik, Teilgebiet der Neutronenphysik, das sich mit den Eigenschaften der einem Strahl langsamer Neutronen zugeordneten Materiewellen befasst. Langsame Neutronen werden in Kernreaktoren erzeugt und über Blendensysteme als Neutronenstrahlen ausgekoppelt. Zur Strukturuntersuchung von Kristallen wird die →Neutronenbeugung eingesetzt. Die wichtigsten Geräte der Neutronenoptik sind **Neutroneninterferometer,** in denen – analog zum optischen Interferometer – ein Neutronenstrahl an einem Strahlteiler (einer dünnen Siliziumscheibe) durch Bragg-Reflexion in zwei kohärente Teilstrahlen aufgespalten wird, die nach Durchlaufen unterschiedlicher Wege zur Interferenz gebracht werden.

Neutronenquelle, Neutronen liefernde Anordnung. Eine Neutronenquelle kann aus einem Alphastrahler (z. B. Radium 226) mit anschließender (α, n)-Kernreaktion bestehen, z. B. bei Beryllium mit der →Kernreaktion $^9Be(\alpha, n)^{12}C$. Andere Neutronenquellen sind der Beschuss geeigneter Kerne (z. B. Lithium, Deuterium) mit Deuteronen oder die Einwirkung energiereicher Gammaquanten über einen (γ, n)-Prozess **(Fotoneutronenquelle).** Auch jeder Kernreaktor ist eine Neutronenquelle. Häufig erzeugt man die Neutronen durch Beschleunigung geladener Teilchen, die dann in einem Target über Kernreaktionen Neutronen auslösen **(Neutronengenerator).** Die höchsten Neutronenflüsse lassen sich mit →Spallationsneutronenquellen erzielen.

Neutronenspektrometer, Gerät zur Trennung von Neutronen verschiedener Energien, dient zur Bestimmung der Energieverteilung **(Neutronenspektrometrie)** und zur Erzeugung von Neutronenstrahlen einheitlicher Energie. Dies geschieht für langsame Neutronen durch Interferenz an Kristallgittern (Neutronenbeugung) mit **Kristallspektrometern** oder für Neutronenstrahlen mit Energien bis etwa 1 keV durch Aussondern von Neutronen bestimmter Flugdauer aus einem Strahl **(Flugzeitspektrometer).** Die Energie schneller Neutronen wird durch Messen des Winkels und der Energie von Rückstoßprotonen ermittelt **(Rückstoßprotonenspektrometer).**

Neutronenzahl, Formelzeichen *N*, Anzahl der Neutronen in einem Atomkern oder Nuklid (→Atom).

Neutronenzähler, Neutronendetektor, Gerät zum Nachweis von Neutronen mithilfe von Kernreaktionen, bei denen durch das Neutron ionisierende und damit nachweisbare Teilchen erzeugt werden. Für langsame oder thermische Neutronen werden mit Borfluorid gefüllte oder mit Cadmium ummantelte →Zählrohre, →Szintillatoren und →Spaltkammern verwendet. Schnelle Neutronen werden im Methanzählrohr oder mit wasserstoffhaltigen organischen Szintillatoren und Spaltkammern bestimmt.

Neuweltgeier, Cathartidae, Familie zu den Storchenvögeln gestellter Aasfresser in Nord- und Südamerika; der **Andenkondor** (Vultur gryphus) mit nacktem, fleischfarbenem Kopf und Hals erreicht eine Flügelspannweite von etwa 3 m. Der **Königsgeier** (Sarcorhamphus papa) ist fast 80 cm groß und kommt in Südmexiko bis Südbrasilien vor.

Newton ['nju:tn, nach I. Newton] *das,* Einheitenzeichen **N,** SI-Einheit der Kraft: $1\,\mathrm{N} = 1\,\mathrm{m\,kg\,s^{-2}} = 1\,\mathrm{J/m}$.

Newton ['nju:tn], Sir (seit 1705) Isaac, englischer Physiker, Mathematiker und Astronom, *Woolsthorpe (bei Grantham, County Lincolnshire) 4. 1. 1643, †Kensington (heute zu London) 31. 3. 1727; 1669–1701 Professor in Cambridge, wurde 1699 königlicher Münzmeister in London, 1703 Präsident der Royal Society in London. Sein Ruhm als Begründer der klassischen theoretischen Physik geht v. a. auf sein 1687 erschienenes Hauptwerk »Philosophiae naturalis principia mathematica« (Mathematische Prinzipien der Naturlehre) zurück, in dem er die drei Bewegungsgesetze der Mechanik (→newtonsche Axiome) und sein bereits 1666 gefundenes Gravitationsgesetz (→Gravitation) formulierte. Newton erklärte damit die Bewegung der Planeten um die Sonne, die Erscheinungen von Ebbe und Flut und berechnete die Massen des Mondes und der Planeten. Er entwickelte gleichzeitig, unabhängig von Leibniz, die von ihm als **Fluxionsrechnung** bezeichnete Differenzial- und Integralrechnung. Newton wies die Zusammensetzung des weißen Lichtes aus den Spektralfarben nach und stellte die Emissionstheorie des →Lichts mit einem Korpuskelmodell auf; er untersuchte Farberscheinungen dünner Blättchen **(newtonsche Interferenzringe),** begründete die Akustik und bestimmte Frequenzen von Schwingungsvorgängen. Erst durch die Relativitätstheorie wurden die von Newton aufgestellten Axiome über Raum und Zeit durch neue Formulierungen erweitert.

Newtonmeter ['nju:tn-, nach I. Newton], Einheitenzeichen **Nm,** SI-Einheit des Drehmoments und (mit dem besonderen Namen Joule) der Energie; $1\,\mathrm{Nm} = 1\,\mathrm{J} = 1\,\mathrm{Ws}$.

newtonsche Axiome ['nju:tn-], die drei von I. Newton aufgestellten Grundgesetze der klassischen Mechanik: 1. Jeder Körper verharrt im Zustand der Ruhe oder der gleichförmig geradlinigen Bewegung, solange er nicht durch äußere Kräfte gezwungen wird, seinen Zustand zu ändern **(Trägheitsgesetz).** 2. Die Bewegungsänderung (Beschleunigung a) eines Körpers der Masse m ist der einwirkenden Kraft F proportional und ihr gleichgerichtet: $F = m \cdot a$ **(dynamisches Grundgesetz).** 3. Die von zwei Körpern aufeinander ausgeübten Kräfte sind gleich groß und entgegengerichtet (actio = reactio; **Wechselwirkungsgesetz, Reaktionsprinzip, Gegenwirkungsprinzip**).

Die newtonschen Axiome definieren implizit den Begriff des Inertialsystems sowie die Vorstellungen von einem absoluten Raum und einer absoluten Zeit. Aus ihnen folgen der Impulssatz sowie (unmittelbar aus dem 2. Axiom) die newtonsche Bewegungsgleichung, allgemein auch für veränderliche Massen: $F = \mathrm{d}(mv)/\mathrm{d}t$ (v Geschwindigkeit, t Zeit). Als »Lex quarta« formulierte Newton das **Superpositionsprinzip,** nach dem sich Körper, an die mehrere Kräfte angreifen, so bewegen, als wirke allein die vektorielle Summe der Einzelkräfte.

newtonsche Flüssigkeiten ['nju:tn-], →Fließen.

newtonsches Gravitationsgesetz ['nju:tn-, nach I. Newton], →Gravitation.

NF, Abkürzung für →Niederfrequenz.

Ni, chemisches Symbol für →Nickel.

Niacin *das,* Sammelbezeichnung für die zu den B-Vitaminen (→Vitamine) zählenden Substanzen Nikotinsäure und Nikotinsäureamid (Nikotinamid, Niacinamid).

Nicht|eisenmetalle, NE-Metalle, Sammelbezeichnung für 1) unlegierte Metalle mit Ausnahme des Eisens; 2) Legierungen, in denen ein beliebiges Metall, ausgenommen Eisen, den größten Massenanteil ausmacht. Sind die Gehalte von Eisen und den übrigen Legierungsmetallen gleich, so zählt die Legierung nicht zu den Nichteisenmetallen.

Nichtgleichgewicht, Zustand eines thermodynamischen Systems bei zeitlicher Veränderung oder bei äußerem Eingriff (im Gegensatz zum thermodynamischen Gleichgewicht). Prozesse, die Nichtgleichgewichtszu-

Isaac Newton
***1643, †1727**

100264

- formulierte die Bewegungsgesetze der Mechanik
- fand das Gravitationsgesetz
- entwickelte die Differenzial- und Integralrechnung
- stellte das Korpuskelmodell des Lichts auf

Die Bedeutung **Newtons** fasste der Dichter Alexander Pope in folgendem Zweizeiler zusammen:

»Natur und Naturgesetze lagen in dunkler Nacht,
Gott sprach: Newton sei! Und sie strahlten voll Pracht.«

stände durchlaufen, sind irreversibel. (→Thermodynamik)

NICHT-Glied, *Digitaltechnik:* Verknüpfungsglied zur Realisierung der Negation im Sinn der Schaltalgebra.

Nichtleiter, *Physik, Technik:* ein Stoff, der einen elektrischen Strom im Gegensatz zu Leitern und Halbleitern praktisch nicht leitet (→Dielektrikum, →Isolator).

nichtlineare Optik, Gebiet der Optik, das die nichtlinearen Wechselwirkungen von elektromagnetischer Strahlung (z. B. Licht) mit Materie untersucht, die auftreten, wenn die elektrische Feldstärke der Lichtwelle in die Größenordnung der atomaren Feldstärken reicht, die die gegenseitige Bindung der einzelnen Materiebausteine bewirken. Die Erzeugung derartig hoher Feldstärken, die erst durch die Entwicklung des Lasers möglich wurde, hat nichtlineare Anteile in den Materialbeziehungen der Maxwell-Gleichungen (→maxwellsche Theorie) zur Folge, wie bei der Abhängigkeit der elektrischen Polarisation von der elektrischen Feldstärke. Diese Nichtlinearitäten führen im Gegensatz zu den Vorgängen in der linearen Optik, bei denen das →Superpositionsprinzip gilt, zu einer Wechselwirkung der elektromagnetischen Wellen.

Typische Effekte der nichtlinearen Optik sind u. a. die Erzeugung neuer Frequenzen **(Frequenzvervielfachung),** so genannter Harmonischer (→Fourier-Analyse) sowie von Summen- und Differenzfrequenzen **(Frequenzmischung).** Unter Ausnutzung der nichtlinearen Polarisation kann eine Lichtwelle auf Kosten einer anderen verstärkt werden **(parametrische Verstärkung).** Ein Sonderfall der Frequenzumwandlung ist die **optische Gleichrichtung,** d. h. die Erzeugung einer elektrischen Gleichfeldkomponente durch eine elektromagnetische Welle in einem nichtlinearen Kristall.

Durch das Strahlungsfeld eines Lasers können Brechzahl und Absorptionsstärke eines Materials für Licht einer bestimmten Wellenlänge verändert werden. Die Intensität des Laserlichts reicht aus, die Absorption eines Materials, das für die schwache Strahlung einer üblichen Lichtquelle undurchlässig ist, so weit »auszubleichen«, dass es für den Laserstrahl transparent wird **(gesättigte Absorption).** Dieser Effekt wird z. B. bei Güteschaltern ausgenutzt. In durchsichtigen Stoffen tritt dagegen **Mehrphotonenabsorption,** d. h. die gleichzeitige Absorption von mehreren Photonen durch ein Atom oder Molekül, auf. – Weitere Effekte der nichtlinearen Optik sind **induzierte Streuprozesse,** z. B. die →Zweiphotonenfluoreszenz, der optische →Kerr-Effekt und der →Pockels-Effekt.

Nichtmetalle, chemische Elemente, die keine metallischen Eigenschaften (Glanz, Verformbarkeit, elektrische und thermische Leitfähigkeit) besitzen. Hierzu gehören Wasserstoff, die Halogene, die Edelgase sowie Kohlenstoff, Stickstoff, Phosphor, Sauerstoff und Schwefel.

nichtnewtonsche Flüssigkeiten [-ˈnju:tn-], →Fließen.

Nicht|oxidkeramik, Fertigprodukt oder Halbzeug aus sauerstofffreien keramischen Werkstoffen. Ausgewählte Nichtoxidkeramiken werden aufgrund ihrer extremen Belastbarkeit (hochtemperaturbeständig bis mindestens 1 800 °C, hohe Härte, gute chemische Beständigkeit) bevorzugt im Industriebereich eingesetzt wie Kohlenstoff (z. B. Diamant, Graphit), Carbide (Bor-, Siliciumkarbid) und Nitride (Aluminium-, Bornitrid).

Nicht|unterscheidbarkeit, Ununterscheidbarkeit, *Quantenstatistik:* Erkenntnis der Mikrophysik, wonach Atome, Moleküle oder Elementarteilchen mit gleichen Eigenschaften nicht individuell unterscheidbar sind (»identische Teilchen«). Hierdurch treten an die Stelle der älteren thermodynamischen Boltzmann-Statistik, die von unterscheidbaren Teilchen ausgeht, die →Bose-Einstein-Statistik und die →Fermi-Dirac-Statistik.

Nickel [schwedisch, gekürzt aus kopparnickel »Kupfernickel«], chemisches Symbol **Ni,** Element aus der 8. Nebengruppe des Periodensystems, Ordnungszahl 28, relative Atommasse 58,693, Dichte (bei 25 °C) 8,902 g/cm³, Schmelzpunkt 1 455 °C, Siedepunkt 2 913 °C.

Nickel ist ein silberweißes, zähes, stark glänzendes, ferromagnetisches Schwermetall, das sich schmieden, walzen, zu Drähten ausziehen, schweißen und polieren lässt. Das reine, kompakte Metall ist sehr resistent gegen

Nickel Nitinol

Als Legierungsbestandteil war Nickel wahrscheinlich schon früh in China und im alten Griechenland bekannt. Um 2000 v. Chr. nutzte man es in Baktrien z. B. in Form von Kupferlegierungen für Münzzwecke. Diese Legierung entspricht dem heutigen Neusilber. Weitere Legierungen kamen im Laufe der Geschichte hinzu, etwa die Nickel-Eisen-Legierung Invar®, die 1896 von dem Schweizer Physiker Charles Édouard Guillaume erfunden wurde und die besondere Eigenschaft hat, bei Temperaturänderungen seine Länge nicht zu ändern. 1920 erhielt Guillaume für seine Entdeckung den Nobelpreis.

In den 1950er-Jahren entwickelte das amerikanische Naval Ordnance Laboratory in White Oak auf der Suche nach einer Legierung, die dem korrosiven Meerwasser trotzen konnte, eine Mischung aus Nickel und Titan, die den Namen Nitinol erhielt. Bei Schweißarbeiten an Blechen aus dieser Legierung stellte man überraschend fest, dass die Werkstücke durch die Erwärmung ihre ursprüngliche Form wieder annahmen: Das erste Metall mit Gedächtnis war entdeckt. Wegen dieser Eigenschaft wird Nitinol u. a. in kleinen Wärmekraftmaschinen verwendet, in denen sich die Legierung rhythmisch streckt und staucht. Da Nitinol zudem sehr elastisch ist, wird es auch viel in der Medizintechnik angewendet, um hochwertige Implantate und eine Vielzahl flexibler medizinischer Instrumente entstehen zu lassen.

Sauerstoff, Wasser und nicht oxidierende Säuren; es löst sich dagegen in verdünnten oxidierenden Mineralsäuren unter Bildung meist grünlich gefärbter Salze auf. Fein verteiltes Nickel absorbiert bei höheren Temperaturen beträchtliche Mengen Wasserstoff (Verwendung als Hydrierungskatalysator). Nickel kommt (außer in Meteoriten) nie gediegen, sondern nur in Form von Verbindungen vor (v. a. als Silikat, Sulfid und Arsenid). Die wichtigsten Nickelminerale sind der Garnierit und der Pentlandit. Nickel ist auch – wegen der Verwandtschaft zu Eisen – häufig Begleiter von Eisenerzen.

■ **Gewinnung und Verwendung** Die Darstellungsverfahren für Nickel hängen von der Art der Erze ab. So wird z. B. aus den sulfidischen Erzen in mehreren Anreicherungs- und Umschmelzschritten Nickelsulfid, NiS, gewonnen, aus dem man durch Abrösten (Umwandlung in Nickel(II)-oxid, NiO) und Reduktion mit Kohle Rohnickel erhält. Das Rohnickel wird durch elektrolytische Raffination in Reinnickel (**Elektrolytnickel** mit 99 % Nickel) überführt; besonders reines Nickel wird nach dem Mond-Verfahren durch Umsetzen mit Kohlenmonoxid gewonnen; dabei entsteht flüchtiges Nickeltetracarbonyl, $Ni(CO)_4$, das sich beim Erwärmen wieder zersetzt (**Carbonylnickel** mit 99,99 % Nickel). Verwendung findet Nickel v. a. als Legierungsmetall für rostfreie Stähle, zur Herstellung von Nickellegierungen, in geringem Umfang als Reinmetall zum Bau von Apparaturen für die chemische Industrie, zur Herstellung von Nickel-Cadmium-Akkumulatoren sowie als Katalysator.

■ **Verbindungen** Nickel tritt in seinen Verbindungen v. a. in der Oxidationsstufe + 2 auf. Das pulverförmige, grünliche **Nickel(II)-oxid,** NiO, dient zum Färben von Glasuren und Email. Gelbes **Nickel(II)-chlorid,** $NiCl_2$, dient, wie das grüne **Nickel(II)-cyanid,** $Ni(CN)_2$, zum galvanischen Vernickeln. **Nickel(II)-sulfat,** ($NiSO_4$), wird als Ausgangsmaterial für die Herstellung von anderen Nickelverbindungen, von Katalysatoren sowie in der Galvanotechnik verwendet. **Nickeltetracarbonyl,** $Ni(CO)_4$, eine farblose, stark lichtbrechende, sehr giftige flüssige Substanz (Siedepunkt 43 °C), ist Zwischenprodukt bei der Gewinnung von besonders reinem Nickel; es wird auch technisch hergestellt und zum Vernickeln von Glas, Porzellan, Keramik u. a. sowie als Katalysator (zur Übertragung von CO-Gruppen) verwendet.

Nickel-Cadmium-Akkumulator, Nickel-Cadmium-Zelle, Sekundärelement zur Energiespeicherung, →Akkumulator.

Nickel-Eisen-Akkumulator, Sekundärelement zur Energiespeicherung, →Akkumulator.

Nickel-Metallhydrid-Akkumulator, Sekundärelement zum Zwecke der Energiespeicherung, →Akkumulator.

Nicken, Drehbewegung eines Fahrzeugs (einschließlich Flugzeug und Schiff) um die Querachse; bewirkt durch ein Längsmoment (**Nickmoment**), das u. a. durch Luftkräfte, Steuer-und Bremsvorgänge hervorgerufen wird.

Nicolle [niˈkɔl], Charles Jules Henri, französischer Bakteriologe, *Rouen 21. 9. 1866, †Tunis 28. 2. 1936; klärte 1909 experimentell die Übertragung des Fleckfiebers und erhielt hierfür 1928 den Nobelpreis für Physiologie oder Medizin.

Nicol-Prisma [ˈnɪkl-; nach dem britischen Physiker William Nicol, *1768, †1851], Polarisationsprisma zur Erzeugung (optischer Polarisator) oder zum Nachweis (optischer Analysator) linear polarisierten Lichts. Es besteht aus einem rhomboedrischen Kalkspatkristall, der zerschnitten und in der ursprünglichen Lage mit Kanadabalsam wieder zusammengekittet wird. Der ordentliche Strahl (→Doppelbrechung) reflektiert an der Kittfläche total und wird an der Fassung absorbiert; der außerordentliche Strahl erleidet nur eine geringfügige Parallelverschiebung und geht als linear polarisiertes Licht durch den Kristall.

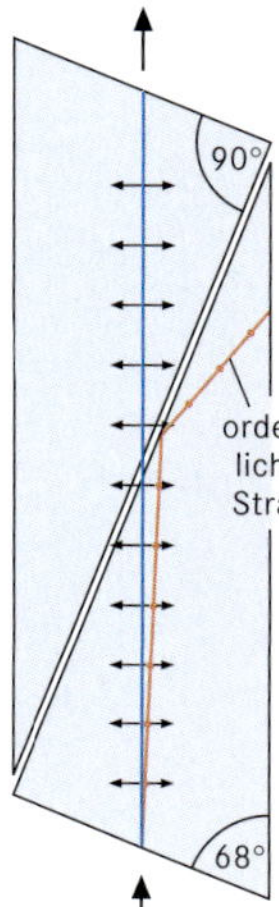

Nicol-Prisma. Darstellung des Strahlengangs; der außerordentliche Strahl ist parallel zur Zeichenebene polarisiert, der ordentliche Strahl senkrecht dazu.

Niederfrequenz, Abkürzung **NF,** Bezeichnung für Frequenzen von elektromagnetischen Schwingungen und von elektrischen Wechselströmen beziehungsweise -spannungen zwischen 10 Hz und 20 kHz. Da niederfrequente Schwingungen nach Umwandlung in Schallschwingungen mit dem menschlichen Ohr wahrgenommen werden können, bezeichnet man die Niederfrequenz oft auch als **Tonfrequenz.**

Niederschachtofen, ein dem Hochofen nachgebildeter kleiner Ofen von etwa 10 m Nutzhöhe zur Gewinnung von Roheisen und Ferrolegierungen.

Niederschlag, *Chemie:* der aus einer (gesättigten) Lösung bei einer chemischen Reaktion oder als Folge einer Druckerhöhung oder Temperaturerniedrigung ausgefällte Stoff (→Fällung).

Niederfrequenz
→ GEO **Dossier** Störfeuer aus dem Äther, Bd. 8

Niederspannung, elektrische Spannung bis 1 kV; in Deutschland gebräuchlich sind 230 und 400 V.

Niedrig|energiehaus, keine genormte, aber üblicherweise für Häuser mit einem jährlichen Energieverbrauch unter 100 kWh/(m²) verwendete Bezeichnung. Bei einem Niedrigenergiehaus soll die Zufuhr von nicht erneuerbarer Energie minimiert werden. Richtungweisend für die Entwicklung energieeffizienter Gebäude waren seit Beginn der 1970er-Jahre Architekten und Bauphysiker in Skandinavien, den USA und Kanada. Im Gegensatz zu der in Amerika und Skandinavien verbreiteten schlichteren Bauweise (z. B. kleine Fenster) setzte sich in Deutschland die →Solararchitektur als Trend durch.

Kennzeichnend für Niedrigenergiehäuser sind: kleine Oberflächen im Verhältnis zum umbauten Raum, geringe Transmissionswärmeverluste durch sehr gute Isolierungen, Vermeidung von Wärmebrücken, sorgfältige Abdichtung aller Fugen, Südorientierung der Fensterflächen. Daneben werden Solarkollektoren zur Wärmegewinnung für Heizung und Brauchwasser, Solarzellen zur Erzeugung elektrischer Energie sowie die Verlustwärme elektrischer Geräte genutzt. Die Deckung des Restwärmebedarfs erfolgt vorzugsweise durch Wärmepumpen. Eine Weiterentwicklung des Niedrigenergiehauses ist das →Passivhaus.

Niere, Ren, Nephros, paariges Ausscheidungsorgan der Wirbeltiere und des Menschen. Die Nieren des Menschen sind zwei bohnenförmige, dunkelrote, je 120–200 g schwere, etwa 11 cm lange, 5 cm breite und 4 cm dicke Organe, die beiderseits der Wirbelsäule in Höhe der untersten Brust- und oberen Lendenwirbel an der Hinterwand des Bauchraums liegen. Jede Niere ist von einer derben, bindegewebigen **Nierenkapsel** umschlossen. Das **Nierenmark** umgibt das **Nierenbecken,** welches in muldenförmige **Nierenkelche** übergeht und in das es pyramidenförmige **Nierenpapillen** entsendet. Nierenpapillen und Nierenkelche bilden zusammen die (10–20) **Nierenlappen.** Das Nierenmark wird außen von der **Nierenrinde** umgeben. Am inneren Rand der Niere liegt der **Nierenhilus,** die Ein- und Austrittsstelle der Nierenarterie, der Nierenvene, des Harnleiters und der Nierennerven. Das Nierenbecken verengt sich trichterförmig zum Harnleiter, der über die Harnblase zur Harnröhre führt. In der Nierenrinde sind die **Nierenkörperchen** (Malpighi-Körperchen) lokalisiert. Jedes Nierenkörperchen enthält einen Knäuel **(Glomerulus)** aus zahlreichen Blutkapillarschlingen, der von einer Kapsel **(Bowman-Kapsel)** umgeben ist. Von dieser führt ein 3–4 cm langes, gewundenes **Nierenkanälchen (Harnkanälchen, Nierentubulus)** in den Bereich des Nierenmarks und bildet eine u-förmige Schleife **(Henle-Schleife).** Nierenkörperchen und Nierenkanälchen bilden gemeinsam die harnbereitende Funktionseinheit der Niere und werden als **Nephron** (über 1 Mio. Nephra in der Niere des Menschen) bezeichnet. Die Nierenkanälchen kommen im einheitlichen Sammelrohr der Nierenpapille zusammen; funktionell wird im Nierenkörperchen durch einen Filtervorgang etwa ein Zehntel der durch die Niere fließenden Flüssigkeitsmenge (etwa 1 700 Liter Blut je Tag) als Primärharn (150–170 Liter je Tag) abgepresst. In diesem finden sich alle Blutplasmaanteile mit Ausnahme der hochmolekularen Proteine. Viele wichtige Salze und Nährstoffe (z. B. Glucose) sowie Wasser werden dann im Nierenkanälchen wieder resorbiert. Beim Menschen beträgt die ausgeschiedene Tagesharnmenge nur 1–2 Liter. Zu den wichtigsten Aufgaben der Niere gehören die Ausscheidung von im Blut gelösten Stoffwechselschlacken (harnpflichtige Stoffe), die Regelung des Wasser- und Elektrolythaushalts sowie des Säure-Basen-Gleichgewichts im Blut, ferner die Produktion der Hormone Renin und Erythropoetin.

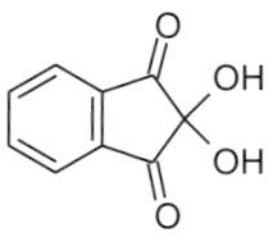

Ninhydrin

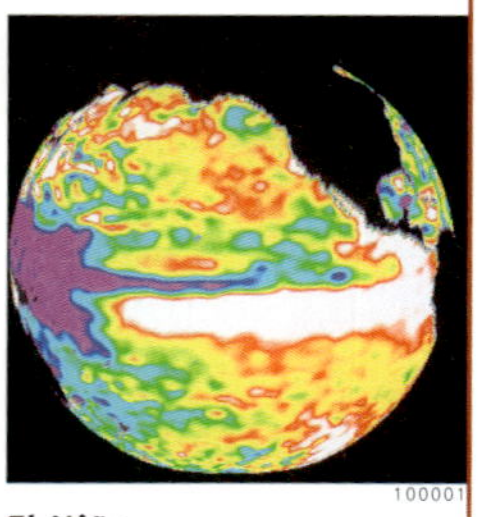

El Niño
(Satellitenaufnahme)

Niet, Bolzen aus einem leicht verformbaren Material (weicher Stahl, Leichtmetall, Kupfer, Messing u. a.) zum unlösbaren, form- und teilweise auch kraftschlüssigen Verbinden von Bauteilen; er besteht aus einem Setzkopf unterschiedlicher Form und dem massiven, hohlen oder angebohrten Nietschaft.

Nikotinsäure, chemisch die Pyridin-3-carbonsäure; farblose, wasserlösliche kristalline Substanz, die mit dem Nikotinsäureamid zum B-Vitamin Niacin zusammengefasst wird (→Vitamine). Die Nikotinsäure wird im Organismus in Nikotinsäureamid überführt und als solches verwertet. Ihre Ester, besonders der Isopropyl- und der Benzylester, werden als durchblutungsfördernde Mittel zur peripheren Gefäßerweiterung verwendet.

Nikotinsäureamid, chemisch das Pyridin-3-carbonsäureamid; farblose, wasserlösliche Substanz, die mit der Nikotinsäure zum B-Vitamin Niacin (→Vitamine) zusammengefasst wird.

Ninhydrin, *das,* **1,2,3-Indantrionhydrat,** Nachweisreagens für α-Aminosäuren, Peptide und Proteine, die beim Kochen mit einer wässrigen Ninhydrinlösung eine Blaufärbung ergeben **(Ninhydrinreaktion).**

Niño, El [elˈninjɔ; spanisch »(Christ)-Kind«] *der,* Warmwasseranomalie des östlichen tropischen Pazifiks vor den Küsten von Peru und Ecuador. Dort tritt im Bereich einer kalten Meeresströmung (Humboldt- oder Perustrom), die zusätzlich vom Aufquellen kalten und somit nährstoffreichen Tiefenwassers überlagert ist, jährlich um die Weihnachtszeit eine mäßige Erwärmung auf. Im Abstand von etwa 3 bis 7 Jahren ist dieses Phänomen deutlich verstärkt (Niño im eigentlichen Sinn). In solchen Fällen ist die Ozeanoberflächentemperatur um einige Grad erhöht. Gelegentlich kommt es so zu »Super-El-Niños«, deren Entwicklung bereits im Spätsommer/Frühherbst einsetzt und die besonders stark ausgeprägt sind (1977/78, 1982/83, 1997/98). Niños sind mit typischen Luftdruckvariationen der Südhemisphäre (Southern Oscillation) verknüpft. Diese atmosphärisch-ozeanische Wechselwirkung ist während eines Niños u. a. durch einen abgeschwächten SO-Passat gekennzeichnet, sodass der an der Wasseroberfläche wirksame Windschub nachlässt; die Folge ist eine sich nach O bis an die südamerikanische Westküste bewegende »Warmwasserwelle«, die das sonst kalte Wasser überdeckt. Im Gegensatz dazu wird ein entsprechendes »Kaltwasserereignis« La Niña genannt. Während der Niños treten in den Tropen zum Teil drastische Niederschlagsanomalien auf, die sonst trockenen Gebieten Überschwemmungen und sonst feuchten Gebieten Dürren bringen. An den Küsten Perus und Ecuadors bewirkt das Ausbleiben des nährstoffreichen Tiefenwassers zum Teil deutliche Rückgänge im Fischfang. Außertropische Folgen von Niños sind weniger ausgeprägt.

Niob [nach Niobe, der Tochter des Tantalos] *das,* **Niobium,** chemisches Symbol **Nb,** ein Element aus der 5. Nebengruppe des Periodensystems, Ordnungszahl 41, relative Atommasse 92,9064, Dichte (bei 20 °C) 8,57 g/cm^3, Schmelzpunkt 2477 °C, Siedepunkt 4744 °C. Niob ist ein luftbeständiges, hellgraues, schmied- und walzbares, sehr hartes Metall, das gegen die meisten Säuren resistent ist. Niob gehört zu den selteneren chemischen Elementen und steht in der Häufigkeit der Elemente an 34. Stelle. Mit Tantal vergesellschaftet wird es v. a. aus den Erzen Pyrochlor mit der chemischen Formel $(Na,Ca)_2(Nb,Ti,Ta)_2O_6(OH,F,O)$ und Columbit gewonnen. Es findet u. a. Verwendung zur Herstellung spezieller Hochtemperaturwerkstoffe und als Legierungskomponente für Stähle.

Nippel, Rohrstück mit Innen- oder Außengewinde, u. a. zum Verschrauben von Rohrenden (Rohrnippel), zum Spannen von Speichen an der Felge (Speichennippel) und als Verschluss von Schmierstellen (Schmiernippel; meist mit Kugelrückschlagventil).

Nirenberg ['naɪrɪnbəːg], Marshall Warren, amerikanischer Biochemiker, * New York 10. 4. 1927; leistete Pionierarbeit zur Entzifferung des genetischen Codes, wofür er 1968 mit R. W. Holley und H. G. Khorana den Nobelpreis für Physiologie oder Medizin erhielt.

Nissen, die Eier der Läuse.

Nitrate, Salze und Ester der →Salpetersäure. Technisch wichtig sind v. a. die (auch als Salpeter bezeichneten) Verbindungen Natrium-, Kalium-, Ammonium- und Calciumnitrat. Sie werden zur Herstellung besonders von Düngemitteln und Sprengstoffen, daneben auch für Kältemischungen u. a. verwendet.

Wegen ihrer Wasserlöslichkeit sind Nitrate überall in der Hydrosphäre zu finden. Sie kommen im »sauren Regen«, im Trinkwasser und in pflanzlichen Nahrungsmitteln vor. Verstärkte Stickstoffdüngung verursacht ein wachsendes Ungleichgewicht der Nährstoffe in den Böden, was zu Versauerung sowie Unterversorgung mit Kalk führt.

Nitride, Verbindungen des Stickstoffs mit elektropositiven Elementen (meist Metallen). Man unterscheidet salzartige, metallartige und kovalente Nitride (zum Teil als diamantartige Nitride bezeichnet).

Nitrieren, Einführen von Nitrogruppen $(-NO_2)$ in organische Verbindungen, meist durch Anwendung konzentrierter Salpetersäure, →Nitriersäure oder durch Stickstoffoxide (→Stickstoff).

100562

El Niño.
Viele Straßen fielen 1998 in Bolivien Erdrutschen zum Opfer. Ursache waren die heftigen Regenfälle infolge des ausgeprägten El-Nino-Phänomens.

Nitriersäure, Mischsäure, Gemische von wechselnder Zusammensetzung aus konzentrierter Schwefelsäure und konzentrierter Salpetersäure, die zur Nitrierung organischer Substanzen verwendet werden.

Nitrile, organische Verbindungen mit der allgemeinen Formel $R-C{\equiv}N$ (R = Alkyl- oder Arylrest), die als Ester der Blausäure aufgefasst werden können. Technische Bedeutung hat z. B. →Acrylnitril.

Nitrite, Salze und Ester der salpetrigen Säure, HNO_2. Im Handel ist hauptsächlich das im **Nitritpökelsalz** (in Mengen von 0,4–0,5 %) enthaltene **Natriumnitrit,** $NaNO_2$, das durch Bildung von rotem Nitrosomyoglobin dem Fleisch eine bleibende rote Farbe verleiht.

Nitro..., Bezeichnung der chemischen Nomenklatur für die Gruppe $-NO_2$ in organischen Verbindungen.

Nitrobenzol, einfachste aromatische Nitroverbindung; gelbliche, stark lichtbrechende Flüssigkeit, die durch Nitrierung von Benzol mit →Nitriersäure bei 60–70 °C hergestellt wird. Nitrobenzol wird zu 90–95 % zu Anilin weiterverarbeitet.

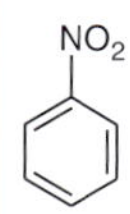

Nitrobenzol

Nitrocellulose, unkorrekte Bezeichnung für →Cellulosenitrat, in der Technik jedoch noch verwendet.

Nitrofarbstoffe, synthetische organische Farbstoffe (gelb oder orange), die Nitrogruppen enthalten; z. B. Pikrinsäure, Naphtholgelb S, Martiusgelb.

Nitrogenase *die,* Multienzymkomplex in frei lebenden aeroben, anaeroben und fototrophen Bakterien, Cyanobakterien und symbiontischen Wurzelknöllchenbakterien; ermöglicht ihnen die Bindung und Reduktion von molekularem Stickstoff.

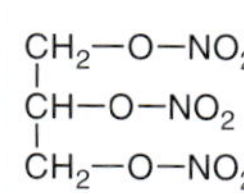

Nitroglycerin

Nitroglycerin, falsche, aber gebräuchliche Bezeichnung für **Glycerintrinitrat,** durch Nitrieren von Glycerin hergestellte, ölige, schwach gelbliche Flüssigkeit. Nitroglycerin explodiert bei Schlag oder Stoß; es darf deshalb nur in Mischungen mit pulverisierten

Nitroglycerin Schneller Bote NO

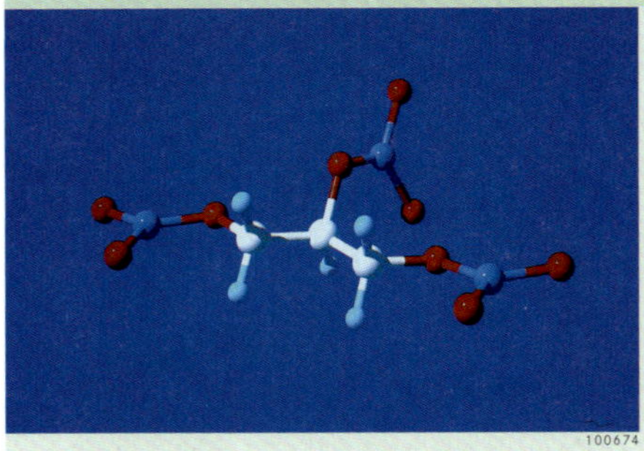

100674

Alfred Nobel empfand es als Ironie des Schicksals, dass sein Arzt ihm, dem Erfinder des Dynamits, zur Linderung seiner Herzbeschwerden Nitroglycerin verordnete. Seit den 1980er-Jahren ist bekannt, dass Nitroglycerin die Herzkranzgefäße erweitert. Es wird von den Blutgefäßen in der Mundschleimhaut aufgenommen und mit dem Blut zu den Herzgefäßen transportiert. Dort gelangt es direkt in die Muskelzellen der Herzgefäße und wird zu Stickstoffmonoxid, NO, abgebaut. Dieses kleine Molekül ist ein körpereigener Botenstoff, der normalerweise in den Zellen der Gefäßinnenseite gebildet wird und in die benachbarten Gefäßmuskelzellen diffundiert. Dort setzt er eine Reaktionskaskade in Gang, an deren Ende die Gefäßerweiterung steht. Die Aufklärung der Wirkungsweise des NO wurde 1998 mit dem Nobelpreis gewürdigt. Anlass für Nobels Stiftung war vermutlich ein innerer Konflikt. Seine Erfindung, die u. a. dem Straßenbau zugute kommen sollte, wurde für kriegerische Zwecke missbraucht und hatte ihn reich gemacht. Mithilfe des Preises sollte das Geld zum Nutzen der Menschheit eingesetzt werden.

Stoffen oder in Lösungen bis zu einem Gehalt von 5% transportiert werden (→Dynamit).

Nitroglykol, Glykoldinitrat, ölige, bei Schlag leicht explodierende Flüssigkeit, die beim Nitrieren von Ethylenglykol entsteht und wegen ihres niedrigen Erstarrungspunktes (–22 °C) heute häufig statt Nitroglycerin als Bestandteil von gewerblichen Sprengstoffen (→Ammon-Gelite) verwendet wird.

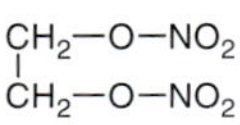

Nitroglykol

Nitropenta, Pentaerythrittetranitrat, brisanter Explosivstoff mit extrem hoher Detonationsgeschwindigkeit, der für Sprengkapselfüllungen und Sprengschnüre verwendet wird.

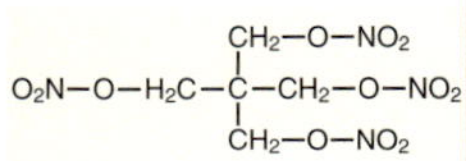

Nitropenta

Nitrosamine, Sammelbezeichnung für **N-Nitrosoverbindungen** der allgemeinen Zusammensetzung $R_2N{-}NO$ (R = Aryl- oder Alkyl-Rest), die durch Reaktion von sekundären Aminen mit salpetriger Säure entstehen. Die meisten Nitrosamine wirken im Tierversuch krebserzeugend.

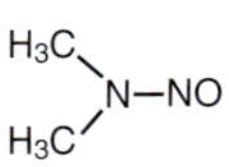

Dimethylnitrosamin

Nitrosamine

nitrose Gase, →Stickstoff (Verbindungen).

Nitroso..., Bezeichnung der chemischen Nomenklatur für die Gruppe –NO in organischen Verbindungen.

Nitrosyl..., Bezeichnung der chemischen Nomenklatur für die Gruppierung –NO als neutralen oder kationischen Liganden in Koordinationsverbindungen.

Nitroverbindungen, Sammelbezeichnung für organische Verbindungen, in denen ein Wasserstoffatom an einem Kohlenstoffatom durch eine Nitrogruppe ($-NO_2$) ersetzt ist. Die einfachste Nitroverbindung ist Nitromethan.

Nival|organismen, Pflanzen und Tiere, die auf Dauerschnee und Eis ständig leben, dazu gehören u.a. der Gletscherfloh und einige Rotalgen.

Niveauregulierung [ni'vo:-], Einhalten der Bodenfreiheit bei Personen- oder Nutzkraftwagen mithilfe der mechanisch oder elektronisch geregelten Luftfederung oder hydropneumatischen Federungselemente.

Nivellement [nivɛlə'mã:, französisch] *das, Vermessungskunde:* Messverfahren zur Bestimmung von Höhenunterschieden im Gelände mithilfe eines Nivellierinstruments **(Nivellier)** und zweier im Allgemeinen 3 m langer Nivellierlatten mit cm-Einteilung oder binärem Code (digitale Ablesung mit CCD-Sensor und elektronische Weiterverarbeitung). Hauptbestandteil des Nivelliers ist das um eine senkrechte Achse drehbare Fernrohr, dessen Zielachse mit einer Libelle **(Libellennivellement)** oder einem die Lotrichtung realisierenden Kompensator **(automatisches Nivellement)** horizontal gestellt wird. Der Höhenunterschied zwischen zwei Punkten *A*, *B* ergibt sich aus der Differenz der Lattenablesungen $a - b$, wobei je nach Genauigkeitsforderung

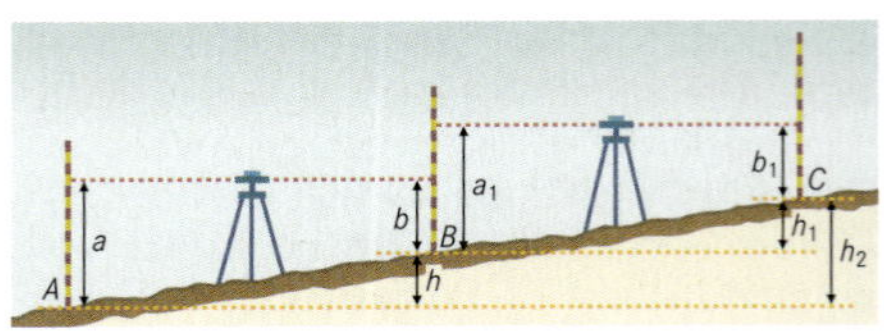

Nivellement. Bestimmung des Höhenunterschieds zwischen zwei entfernten Punkten *A* und *C* durch je eine Messung zwischen dem Anfangspunkt *A* bzw. dem Endpunkt *C* und dem dazwischen liegenden Punkt *B*; bei der ersten Messung auf den Nivellierlatten werden die Werte *a* (Punkt *A*) und *b* (Punkt *B*) abgelesen, bei der zweiten Messung a_1 (Punkt *B*) und b_1 (Punkt *C*); die entsprechenden Höhenunterschiede betragen $h = a - b$ und $h_1 = a_1 - b_1$; der Höhenunterschied zwischen *A* und *C* ist demnach $h_2 = h + h_1$.

Zielweiten von 30–100 m gewählt werden. Aus der Addition aufeinander folgender Differenzen erhält man den Höhenunterschied weiter auseinander liegender Punkte (Messfehler im mm- bis cm-Bereich).

n-Leitung, spezielle Elektronenleitung (→Halbleiter).

nm, Einheitenzeichen für Nanometer, 1 nm = 10^{-9} m = 0,000 001 mm.

Nm, Einheitenzeichen für →Newtonmeter.

NMR-Spektroskopie [NMR, Abkürzung für englisch **n**uclear **m**agnetic **r**esonance], **Kernspinresonanzspektroskopie, kernmagnetische Resonanzspektroskopie, magnetische Kernresonanzspektroskopie,** Verfahren der →Hochfrequenzspektroskopie zur Untersuchung der Struktur von Molekülen und Festkörpern sowie von Bewegungsvorgängen in flüssigen und festen Stoffen, dem die →Kernspinresonanz zugrunde liegt. Die NMR-Spektroskopie beruht auf der Resonanzwechselwirkung zwischen Radiowellen (das heißt einem hochfrequenten magnetischen Wechselfeld) und bestimmten Atomkernen der zu untersuchenden Substanz, die sich in einem starken äußeren homogenen Magnetfeld befinden. Mittels der NMR-Spektroskopie kann auch lebendes Gewebe vermessen werden; mithilfe elektronischer Rechenverfahren können NMR-Querschnittsbilder vom Menschen angefertigt werden, die die Verteilung der »frei beweglichen« Wasserstoffatome darstellen und so Gewebestrukturen und Organe erkennen lassen.

NN, Abkürzung für →Normalnull bei Höhenangaben.

N-Nitrọsoverbindungen, besondere organische Verbindungen, →Nitrosamine.

No, chemisches Symbol für →Nobelium.

Nobẹl, Alfred, schwedischer Chemiker und Industrieller, *Stockholm 21. 10. 1833, †San Remo 10. 12. 1896; zunächst in der väterlichen Maschinenfabrik in Sankt Petersburg tätig, seit 1859 in Stockholm mit der Sprengstoffherstellung beschäftigt. Nobel erfand 1863 die Initialzündung und 1867 das Dynamit, das seinen Reichtum begründete; bedeutend war auch die Entwicklung der Sprenggelatine (1875) und des rauchschwachen Pulvers (Ballistit, 1887). Aufgrund seiner Erfindungen und Patente entstanden Sprengstofffabriken in vielen Industrieländern, so in Deutschland 1865 die Firma Alfred Nobel & Co.

Nobel lebte über zwanzig Jahre in Paris. Hier experimentierte er nicht nur, sondern fand auch Zugang zu literarischen Zirkeln, durch die er seiner zweiten Leidenschaft, der Literatur, frönen konnte. Die aus seinen Erfindungen resultierenden Konflikte mit der französischen Regierung zwangen ihn schließlich dazu, Paris wieder zu verlassen. Seine letzten Jahre verbrachte er im italienischen San Remo.

Nobels Erfindungen waren nicht nur für friedliche Anwendungen gedacht. Von Anfang an wurden auch militärische Anwendungen in Erwägung gezogen, deren Umsetzung er in den Kriegen und Konflikten seiner Zeit miterleben konnte. Der Chemiker Nobel konnte sein Gewissen noch damit beruhigen, dass er für den Einsatz seiner Erfindungen nicht verantwortlich war. Dem Sprengstoff- und Waffenfabrikanten war dies allerdings nicht mehr möglich. Vielleicht sind die daraus erwachsenen inneren Konflikte neben der Belastung durch die Firmenleitung – wenigstens teilweise – für seine ständigen gesundheitlichen Probleme verantwortlich. Nobel engagierte sich daneben auch in sozialen Bewegungen. Seine Unterstützung der damaligen Friedensbewegungen gipfelte in der Stiftung des Friedensnobelpreises. Er hinterließ sein Vermögen einer Stiftung, die das Nobelpreiskapital verwaltet. Die Nobelstiftung, mit Sitz in Stockholm, wurde 1900 gegründet, entsprechend der testamentarischen Verfügung Nobels, mit seinem Vermögen (1896 rd. 33,2 Mio. Schwedische Kronen) einen Fonds zu bilden und dessen Erträge jährlich in fünf gleiche Teile zu teilen und »in der Form von Preisen an jene zu verteilen, die im verflossenen Jahr der Menschheit den größten Nutzen geleistet haben«. Als Legatarin (Vermächtnisnehmerin) Nobels ist die Nobelstiftung zugleich das gemeinsame Verwaltungsorgan der fünf speziellen Nobelkomitees, die den preisverleihenden Institutionen zugeordnet sind.

Alfred Nobel
*** 1833, † 1896**

- erfand das Dynamit
- gründete die Nobelstiftung, die bis heute die Nobelpreise verleiht

Nobẹlium [nach Alfred Nobel] *das,* chemisches Symbol **No,** zu den →Transuranen zählendes chemisches Element aus der Reihe der →Actinoide, Ordnungszahl 102, relative Atommasse 259. Die durch Kernreaktionen darstellbaren Isotope ^{250}No bis ^{259}No sind alle radioaktiv (mit Halbwertszeiten zwischen 0,25 s und 58 min).

Nobẹlpreis, auf die testamentarische Verfügung A. Nobels zurückgehende, hoch angesehene internationale Auszeichnung, jährlich finanziert durch die **Nobelstiftung** mit dem Jahreszins ihres Vermögens, und zwar im Bereich der Naturwissenschaften für Leistungen auf den Gebieten Physik, Chemie sowie Physiologie oder Medizin. Nobel bestimmte, dass die Preisträger für Physik und Chemie von der Königlich Schwedischen Akademie der Wissenschaften, die der Physiologie oder Medizin vom Karolinska Medikokirurgiska Institutet in Stockholm ausgewählt werden sollen. Diese Nobelpreise überreicht der schwedische König in Stockholm am Todestag Nobels (10. 12.). Die Höhe eines (ungeteilten) Nobelpreises lag 2005 bei rd. 10 Mio. Schwedischen Kronen. – Tabelle S. 812–814

Nobelpreis
→ GEO **Dossier**
Im Rausch der Erkenntnis, Bd. 6

Nocken, *Maschinenbau:* Vorsprung an einer Welle (Nockenwelle) oder Scheibe (Kur-

Nobelpreisträger

Chemie

1901 J. H. van't Hoff NL
1902 E. H. Fischer D
1903 S. A. Arrhenius S
1904 Sir W. Ramsay GB
1905 A. von Baeyer D
1906 H. Moissan F
1907 E. Buchner D
1908 Sir E. Rutherford GB
1909 W. Ostwald D
1910 O. Wallach D
1911 M. S. Curie F
1912 V. Grignard F
P. Sabatier F
1913 A. Werner CH
1914 T. W. Richards USA
1915 R. M. Willstätter D
1918 F. Haber D
1920 W. H. Nernst D
1921 F. Soddy GB
1922 F. W. Aston GB
1923 F. Pregl A
1925 R. A. Zsigmondy D
1926 T. Svedberg S
1927 H. O. Wieland D
1928 A. O. R. Windaus D
1929 H. K. A. S. von Euler-Chelpin S
A. Harden GB
1930 H. Fischer D
1931 F. Bergius D
C. Bosch D
1932 I. Langmuir USA
1934 H. C. Urey USA
1935 J. F. Joliot-Curie F
I. Joliot-Curie F
1936 P. J. W. Debye NL
1937 Sir W. N. Haworth GB
P. Karrer CH
1938 R. Kuhn D
1939 A. F. J. Butenandt D
L. Ružička CH
1943 G. K. de Hevesy H
1944 O. Hahn D
1945 A. I. Virtanen FIN
1946 J. H. Northrop USA
W. M. Stanley USA
J. B. Sumner USA
1947 Sir R. Robinson GB
1948 A. W. K. Tiselius S
1949 W. F. Giauque USA
1950 K. Alder D
O. P. H. Diels D
1951 E. M. McMillan USA
G. T. Seaborg USA
1952 A. J. P. Martin GB
R. L. M. Synge GB
1953 H. Staudinger D
1954 L. C. Pauling USA
1955 V. du Vigneaud USA
1956 Sir C. N. Hinshelwood GB
N. N. Semjonow SU
1957 Lord A. R. Todd GB
1958 F. Sanger GB
1959 J. Heyrovský ČSSR
1960 W. F. Libby USA
1961 M. Calvin USA
1962 Sir J. C. Kendrew GB
M. F. Perutz GB
1963 G. Natta I
K. Ziegler D
1964 D. Crowfoot-Hodgkin GB
1965 R. B. Woodward USA
1966 R. S. Mulliken USA
1967 M. Eigen D
R. G. W. Norrish GB
G. Porter GB
1968 L. Onsager USA
1969 Sir D. H. R. Barton GB
O. Hassel N
1970 L. F. Leloir RA
1971 G. Herzberg CDN
1972 C. B. Anfinsen USA
S. Moore USA
W. H. Stein USA
1973 E. O. Fischer D
G. Wilkinson GB
1974 P. J. Flory USA
1975 V. Prelog CH
Sir J. W. Cornforth GB
1976 W. N. Lipscomb USA
1977 I. Prigogine B
1978 P. Mitchell GB
1979 G. Wittig D
H. C. Brown USA
1980 F. Sanger GB
W. Gilbert USA
P. Berg USA
1981 K. Fukui J
R. Hoffmann USA
1982 A. Klug GB
1983 H. Taube USA
1984 R. B. Merrifield USA
1985 H. A. Hauptman USA
J. Karle USA
1986 D. R. Herschbach USA
Y. T. Lee USA
J. C. Polanyi USA
1987 C. J. Pedersen USA
J.-M. Lehn USA
D. J. Cram USA
1988 J. Deisenhofer D
R. Huber D
H. Michel D
1989 S. Altman CDN
T. R. Cech USA
1990 E. J. Corey USA
1991 R. Ernst CH
1992 R. A. Marcus USA
1993 K. B. Mullis GB
M. Smith GB
1994 G. A. Olah USA
1995 P. Crutzen NL
M. J. Molina USA
S. F. Rowland USA
1996 R. F. Curl USA
H. W. Kroto GB
R. E. Smalley USA
1997 P. D. Boyer USA
J. C. Skou DK
J. E. Walker GB
1998 W. Kohn A
J. A. Pople GB
1999 A. Zewail ET
2000 A. J. Heeger USA
A. G. MacDiarmid USA
H. Shirakawa J
2001 W. S. Knowles USA
R. Noyori J
K. B. Sharpless USA
2002 J. B. Fenn USA
K. Tanaka J
K. Wüthrich CH
2003 P. Agre USA
R. MacKinnon USA
2004 A. Ciechanover IL
A. Hershko IL
I. Rose USA
2005 Y. Chauvin F
R. H. Grubbs USA
R. R. Schrock USA
2006 R. D. Kornberg USA

Medizin/Physiologie

1901 E. A. von Behring D
1902 Sir R. Ross GB
1903 N. R. Finsen DK
1904 I. P. Pawlow RUS
1905 R. Koch D
1906 C. Golgi I
S. Ramón y Cajal E
1907 C. L. A. Laveran F
1908 P. Ehrlich D
I. I. Metschnikow RUS
1909 E. T. Kocher CH
1910 A. Kossel D
1911 A. Gullstrand S
1912 A. Carrel USA
1913 C. R. Richet F
1914 R. Bárány H
1919 J. Bordet B
1920 S. A. S. Krogh DK
1922 Sir A. V. Hill GB
O. F. Meyerhof D
1923 Sir F. G. Banting CDN
J. J. R. Macleod CDN
1924 W. Einthoven NL
1926 J. A. Fibinger DK
1927 J. Wagner von Jauregg A
1928 C. J. H. Nicolle F
1929 C. Eijkman NL
Sir F. G. Hopkins GB
1930 K. Landsteiner A
1931 O. H. Warburg D
1932 Lord E. D. Adrian GB
Sir C. S. Sherrington GB
1933 T. H. Morgan USA
1934 G. R. Minot USA
W. P. Murphy USA
G. H. Whipple USA
1935 H. Spemann D
1936 Sir H. H. Dale GB
O. Loewi USA
1937 A. von Szent-Györgyi H
1938 C. J. F. Heymans B
1939 G. Domagk D
1943 H. C. P. Dam DK
E. A. Doisy USA
1944 J. Erlanger USA
H. S. Gasser USA
1945 E. B. Chain GB
Sir A. Fleming GB
Sir W. H. Florey GB
1946 H. J. Muller USA
1947 C. F. Cori USA
G. T. Cori USA

Nobelpreisträger (Fortsetzung)

1947 B. A. Houssay RA
1948 P. H. Muller USA
1949 W. R. Hess CH
A. C. Moniz-Egas P
1950 P. S. Hench USA
E. C. Kendall USA
T. Reichstein CH
1951 M. Theiler ZA
1952 S. K. Waksman USA
1953 H. A. Krebs GB
F. A. Lipmann USA
1954 J. F. Enders USA
F. C. Robbins USA
T. H. Weller USA
1955 A. H. T. Theorell S
1956 A. F. Cournand USA
W. Forßmann D
D. W. Richards jr. USA
1957 D. Bovet I
1958 G. W. Beadle USA
J. Lederberg USA
E. L. Tatum USA
1959 A. Kornberg USA
S. Ochoa USA
1960 Sir F. M. Burnet AUS
Sir P. B. Medawar GB
1961 G. von Békésy USA
1962 F. H. C. Crick GB
J. D. Watson USA
M. H. F. Wilkins GB
1963 Sir J. C. Eccles AUS
Sir A. L. Hodgkin GB
Sir A. F. Huxley GB
1964 K. Bloch USA
F. F. K. Lynen D
1965 F. Jacob F
A. Lwoff F
J. Monod F
1966 C. B. Huggins USA
F. P. Rous USA
1967 R. A. Granit S
H. K. Hartline USA
G. Wald USA
1968 R. W. Holley USA
H. G. Khorana USA
M. W. Nirenberg USA
1969 M. Delbrück USA
A. D. Hershey USA
S. E. Luria USA
1970 J. Axelrod USA
B. Katz GB
U. S. von Euler S
1971 E. W. Sutherland USA
1972 G. M. Edelman USA
R. R. Porter GB
1973 K. von Frisch D
K. Lorenz A
N. Tinbergen GB
1974 A. Claude B
G. E. Palade USA
C. R. de Duve B
1975 H. M. Temin USA
R. Dulbecco USA
D. Baltimore USA
1976 B. S. Blumberg USA
D. C. Gajdusek USA
1977 R. L. Guillemin USA
A. V. Schally USA
R. S. Yalow USA
1978 W. Arber CH
D. Nathans USA
H. O. Smith USA
1979 A. M. Cormack USA
G. N. Hounsfield GB
1980 B. Benacerraf USA
G. Snell USA
J. Dausset F
1981 D. Hubel USA
R. Sperry USA
T. N. Wiesel USA
1982 J. Vane GB
S. Bergström S
B. Samuelsson S
1983 B. McClintock USA
1984 N. K. Jerne DK
G. Köhler D
C. Milstein RA
1985 M. S. Brown USA
J. L. Goldstein USA
1986 S. Cohen USA
R. Levi-Montalcini USA
1987 S. Tonegawa J
1988 Sir J. W. Black GB
G. B. Elion USA
G. H. Hitchings USA
1989 M. J. Bishop USA
H. E. Varmus USA
1990 J. E. Murray USA
E. D. Thomas USA
1991 E. Neher D
B. Sakmann D
1992 E. H. Fischer USA
E. G. Krebs USA
1993 R. Roberts USA
1993 P. Sharp USA
1994 A. G. Gilman USA
M. Rodbell USA
1995 C. Nüsslein-Volhard D
E. B. Lewis USA
E. F. Wieschaus USA
1996 P. C. Doherty AUS
R. M. Zinkernagel CH
1997 S. B. Prusiner USA
1998 R. F. Furchgott USA
L. J. Ignarro USA
F. Murad USA
1999 G. Blobel USA
2000 A. Carlsson S
P. Greengard USA
E. Kandel USA
2001 L. H. Hartwell USA
T. R. Hunt GB
Sir P. M. Nurse GB
2002 S. Brenner GB
R. H. Horvitz USA
Sir J. E. Sulston GB
2003 P. C. Lauterbur USA
Sir P. Mansfield GB
2004 R. Axel USA
L. Buck USA
2005 B. J. Marshall AUS
J. R. Warren AUS
2006 A. Z. Fire USA
C. C. Mello USA

■ **Physik**

1901 W. C. Röntgen D
1902 H. A. Lorentz NL
P. Zeeman NL
1903 A. H. Becquerel F
M. S. Curie F
P. Curie F
1904 Lord J. W. S. Rayleigh GB
1905 P. E. A. von Lenard D
1906 Sir J. J. Thomson GB
1907 A. A. Michelson USA
1908 G. Lippmann F
1909 K. F. Braun D
G. Marconi I
1910 J. D. van der Waals NL
1911 W. Wien D
1912 G. Dalén S
1913 H. Kamerlingh Onnes NL
1914 M. von Laue D
1915 Sir W. H. Bragg GB
Sir W. L. Bragg GB
1917 C. G. Barkla GB
1918 M. Planck D
1919 J. Stark D
1920 C. E. Guillaume F
1921 A. Einstein D
1922 N. Bohr DK
1923 R. A. Millikan USA
1924 K. M. G. Siegbahn S
1925 J. Franck D
G. Hertz D
1926 J. B. Perrin F
1927 A. H. Compton USA
C. T. R. Wilson GB
1928 Sir O. W. Richardson GB
1929 L.-V. de Broglie F
1930 Sir C. V. Raman IND
1932 W. Heisenberg D
1933 P. A. M. Dirac GB
E. Schrödinger A
1935 Sir J. Chadwick GB
1936 C. D. Anderson USA
V. F. Hess A
1937 C. J. Davisson USA
Sir G. P. Thomson GB
1938 E. Fermi I
1939 E. O. Lawrence USA
1943 O. Stern USA
1944 I. I. Rabi USA
1945 W. Pauli A
1946 P. W. Bridgman USA
1947 Sir E. V. Appleton GB
1948 Lord P. M. S. Blackett GB
1949 H. Yukawa J
1950 C. F. Powell GB
1951 Sir J. D. Cockcroft GB
E. T. S. Walton IRL
1952 F. Bloch USA
E. M. Purcell USA
1953 F. Zernike NL
1954 M. Born GB
W. Bothe D
1955 P. Kusch USA
W. E. Lamb USA
1956 J. H. Bardeen USA
W. H. Brattain USA
W. Shockley USA
1957 T. D. Lee RC
C. N. Yang RC
1958 P. A. Tscherenkow SU
I. M. Frank SU
I. J. Tamm SU

Nobelpreisträger (Fortsetzung)

1959	O. Chamberlain USA	1973	B. D. Josephson GB	1986	G. Binnig D	1998	R. B. Laughlin USA
	E. Segrè USA	1974	M. Ryle GB		H. Rohrer CH		H. L. Störmer D
1960	D. A. Glaser USA		A. Hewish GB		E. Ruska D		D. C. Tsui USA
1961	R. Hofstadter USA	1975	A. N. Bohr DK	1987	J. G. Bednorz D	1999	G. 't Hooft NL
	R. L. Mößbauer D		B. R. Mottelson DK		K. A. Müller CH		M. Veltmann NL
1962	L. D. Landau SU		L. J. Rainwater USA	1988	L. M. Lederman USA	2000	S. I. Alferow RUS
1963	M. Goeppert-Mayer	1976	S. C. C. Ting USA		M. Schwartz USA		J. S. Kilby USA
	USA		B. Richter USA		J. Steinberger USA		H. Kroemer D
	J. H. D. Jensen D	1977	P. W. Anderson USA	1989	H. G. Dehmelt D	2001	E. A. Cornell USA
	E. P. Wigner USA		Sir N. F. Mott GB		W. Paul D		W. Ketterle D
1964	N. G. Basow SU		J. H. Van Vleck USA		N. F. Ramsay USA		C. E. Wieman USA
	A. M. Prochorow SU	1978	P. L. Kapiza SU	1990	J. I. Friedman USA	2002	R. Davis Jr. USA
	C. H. Townes USA		A. A. Penzias USA		H. W. Kendall USA		R. Giacconi USA
1965	R. P. Feynman USA		R. W. Wilson USA		R. Taylor CDN		M. Koshiba J
	J. Schwinger USA	1979	S. L. Glashow USA	1991	P.-G. de Gennes F	2003	A. A. Abrikossow
	S. Tomonaga J		S. Weinberg USA	1992	G. Charpak F		RUS, USA
1966	A. Kastler F		A. Salam USA	1993	R. A. Hulse USA		W. L. Ginsburg RUS
1967	H. A. Bethe USA	1980	J. W. Cronin USA		J. H. Taylor USA		A. J. Leggett USA, GB
1968	L. W. Alvarez USA		V. L. Fitch USA	1994	B. Brockhouse CDN	2004	D. J. Gross USA
1969	M. Gell-Mann USA	1981	N. Bloembergen USA		C. G. Shull USA		H. D. Politzer USA
1970	H. O. G. Alfvén S		A. L. Schawlow USA	1995	M. L. Perl USA		F. A. Wilczek USA
	L. E. F. Néel F		K. M. Siegbahn S		F. Reines USA	2005	R. J. Glauber USA
1971	D. Gabor GB	1982	K. G. Wilson USA	1996	D. M. Lee USA		J. L. Hall USA
1972	J. Bardeen USA	1983	S. Chandrasekhar USA		D. D. Osheroff USA		T. W. Hänsch D
	L. N. Cooper USA		W. A. Fowler USA		R. C. Richardson USA	2006	J. C. Mather USA
	J. R. Schrieffer USA	1984	C. Rubbia I	1997	S. Chu USA		G. F. Smoot USA
1973	L. Esaki J		S. van der Meer NL		C. Cohen-Tannoudji F		
	I. Giaever GB	1985	K. von Klitzing D		W. D. Phillips USA		

Die Abkürzung der Nationalitätszugehörigkeit entspricht i. d. R. den Nationalitätszeichen bei Kraftfahrzeugen (u. a. A = Österreich, AUS = Australien, B = Belgien, CND = Kanada, ČSSR = Tschechoslowakei, DK = Dänemark, E = Spanien, ET = Ägypten, H = Ungarn, IL = Israel, IND = Indien, IRL = Irland, J = Japan, N = Norwegen, P = Portugal, RA = Argentinien, RC = Taiwan, RUS = Russland, S = Schweden, SU = Sowjetunion, ZA = Südafrika) – Fehlen in der chronologischen Abfolge ein oder mehrere Jahre, ist der betreffende Preis in dem oder den Jahren nicht vergeben worden.

venscheibe), der bei Drehung der Welle beziehungweise Scheibe einem meist kraftschlüssig mit dem Nocken verbundenen Maschinenteil eine Auf- und Abwärtsbewegung erteilt; dient z. B. bei Verbrennungskraftmaschinen zur Betätigung der Ventile.

Nomenklatur [lateinisch] *die,* **1)** In der *Biologie* wird seit Carl von Linné jede Organismenart (Tiere, Pflanzen, später auch Mikroorganismen) mit zwei lateinischen oder latinisierten Namen belegt (z. B. Haussperling: Passer domesticus). Der erste Name bezeichnet die Gattung, der zweite die Art. Diese **binäre Nomenklatur** wird innerhalb der Art für Unterarten durch einen 3. Namen ergänzt **(trinäre** oder **ternäre Nomenklatur).** Zur eindeutigen Festlegung des Namens wird ihm der Name des Forschers (meist abgekürzt) beigefügt, der die Art unter der betreffenden Bezeichnung erstmals beschrieben hat.

2) *Chemie:* →chemische Nomenklatur.

Nonius [fälschlich nach dem Portugiesen Pedro Nuñez, * 1492, † 1577] *der,* von dem französischen Mathematiker Pierre Vernier (* 1584, † 1638) 1631 erfundener, für die Längen- und Winkelmessung benutzter Hilfsmaßstab zum Ablesen von Bruchteilen (häufig Zehnteln) der Einheiten des betreffenden Hauptmaßstabes. Auf dem Hauptmaßstab liest man die ganzen (ungeteilten) Längen- oder Winkeleinheiten ab und addiert die Noniuseinheiten hinzu, die durch den Teilstrich der Noniusteilung angegeben werden, der mit einem Teilstrich der Hauptskale zusammenfällt.

Nord|atlantischer Strom, Meeresströmung im Nordatlantik, die warmes Wasser nach Nordosten transportiert und damit für das günstige Klima Mittel- und Nordeuropas verantwortlich ist. Der Nordatlantische Strom entsteht südöstlich von Neufundland aus dem warmen Wasser des →Golfstroms, das sich hier mit dem kalten Wasser des Labradorstroms mischt. Er überwindet, in viele

Wasserwirbel aufgelöst, den Mittelatlantischen Rücken und teilt sich in mehrere Arme auf.

Nordpol, **1)** *Geografie:* der nördliche Schnittpunkt der Umdrehungsachse eines Himmelskörpers mit seiner Oberfläche **(geografischer Nordpol);** Gegenpunkt: **Südpol.** Der **Nordpol der Erde** ist der am weitesten vom Äquator entfernt liegende Punkt der nördlichen Halbkugel. Er liegt im Nordpolarmeer. Am Nordpol geht die Sonne vom 21. März bis 23. September nicht unter.

2) *Geophysik:* **magnetischer Nordpol der Erde,** →Erdmagnetismus.

3) *Physik:* einer der beiden Pole eines →Magneten.

Nordrichtung, die Hauptorientierungsrichtung auf der Erdoberfläche. Positionen und Richtungen werden mittels geografischer Koordinaten (Breiten- und Längenkreise) oder durch Kurse (Richtungswinkel) angegeben. Man unterscheidet drei Nordrichtungen: **Magnetisch Nord** ist die Richtung, in die sich eine horizontal frei bewegliche Magnetnadel zum magnetischen Nordpol einstellt. **Geografisch Nord** ist die Richtung, in der die Längenkreise des Erdkoordinatensystems (zugrunde gelegt das Erdellipsoid) verlaufen. **Gitternord** ist in topografische Karten die Richtung, die sich durch das nach Norden ausgerichtete Gauß-Krüger-Meridian-Koordinatensystem ergibt; diese rechtwinkligen Gitterlinien verlaufen parallel zum Mittelmeridian.

Norleucin, mit Leucin isomere geradkettige Aminosäure (2-Aminohexansäure); kommt in der L-Form in einigen Proteinen vor; nicht essenziell.

normal, *Chemie:* Abkürzung **n-,** Bezeichnung für geradkettige (unverzweigte) Moleküle (→Alkane).

Normal [lateinisch] *das,* **Etalon, Standard,** zur Darstellung einer bestimmten Einheit im Messwesen (beziehungsweise ihrer Teile oder Vielfachen) oder zu Eichzwecken verwendeter Körper oder Apparat, für den bestimmte Bedingungen festgelegt wurden. Ein nach internationaler Übereinkunft (z.B. Meterkonvention) geschaffenes Normal wird auch als **Urmaß** oder **Prototyp** bezeichnet (z.B. Urkilogramm).

Normaldruck, der Normdruck (→Normzustand).

Normal|elektrode, Bezugselektrode, Referenzelektrode, Elektrode mit genau definiertem und reproduzierbarem elektrochemischen Potenzial zur Messung der →Normalpotenziale ausgewählter Stoffe, wodurch die Aufstellung elektrochemischer →Spannungsreihen ermöglicht wird. Als Normalelektrode **(Standardelektrode)** wird v.a. die →Normalwasserstoffelektrode verwendet.

Normal|element, →galvanische Elemente.

Normalität, *Chemie:* die →Äquivalentkonzentration.

Normalkraft, Komponente einer →Kraft, die senkrecht auf der Bahnkurve eines Massenpunktes (Körpers) oder einer Fläche (→geneigte Ebene) steht.

Normallösung, einnormale Lösung, Reagenzlösung der Maßanalyse, die in einem Liter Lösung die Äquivalentmenge (→Äquivalentkonzentration) 1 mol des gelösten Stoffes enthält. Durch den Zusammenhang N. = Molarität × Wertigkeit ist z.B. eine einmolare (1 m) Schwefelsäure zweinormal (2 n), da die Schwefelsäure H_2SO_4 zwei Protonen abgeben kann.

Normalnull, Abkürzung **NN,** *Geodäsie:* Bezugsfläche für die amtlichen Höhen (Normalnullhöhen) in Deutschland, auch Normalnullfläche oder Landeshorizont genannt. Normalnull wird durch die Niveaufläche definiert, die mit dem am **Amsterdamer Pegel** bestimmten Mittelwasser der Nordsee zusammenfällt (Meereshöhe). Realisiert wird Normalnull durch den bei Berlin gelegenen, unterirdisch durch eine Marke festgelegten Normalhöhenpunkt (NH) und die Höhen der Festpunkte des amtlichen Höhennetzes. Die Höhenbezugsflächen in anderen Ländern sind ähnlich definiert.

Normalpotenzial, Standardpotenzial, Potenzial, das für das elektrochemische Verhalten eines Metalls kennzeichnend ist. Das Normalpotenzial entspricht dabei der Potenzialdifferenz einer **Normalmetallelektrode,** das heißt einer Metallelektrode, die in die Lösung eines ihrer Salze der Aktivität 1 eintaucht, gegenüber der →Normalwasserstoffelektrode bei 25 °C und Normdruck, für die willkürlich das Potenzial 0 Volt festgelegt wurde.

Normalschwere, die nach einer internationalen Schwereformel berechneten Werte für die Schwerebeschleunigung der Erde, bezogen auf ein Niveausphäroid.

Normal|uhr, sehr genau gehende Uhr, deren Zeitanzeige als Zeitnormal für andere Uhren dient (z.B. die astronomische Hauptuhr in Sternwarten).

Normalwasserstoff|elektrode, Standardwasserstoffelektrode, Halbzelle eines galvanischen Elements, bei der eine Platinelektrode in eine wässrige Säurelösung der Aktivität 1 bei 25 °C eintaucht und von Wasserstoffgas unter Normdruck umspült wird. Die Normalwasserstoffelektrode wird als Bezugselektrode zur Bestimmung von Normalpotenzialen festgelegt.

Normbedingungen, →Normzustand.

Normdruck, →Normzustand.

Normtemperatur, →Normzustand.

Normung, in Technik, Wirtschaft, Wissenschaft und Verwaltung die Vereinheitlichung von Benennungen, Kennzeichen, Formen,

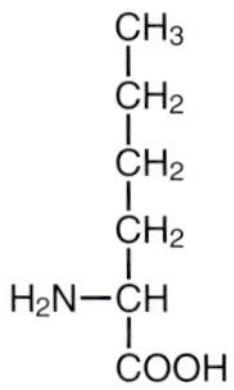

Norleucin

Größen, Abmessungen und Beschaffenheit von Industrieerzeugnissen durch Normen. Jede **Norm** beinhaltet eine optimale Lösung gleichartiger Aufgaben. Die Ziele der Normung sind v. a. Verringerung der Sortenzahlen, einfachere Lagerhaltung, Verbilligung der Herstellung, leichtere Ersatzbeschaffung und Austauschbarkeit. Normen sind verpflichtende Empfehlungen. Die Normen in Deutschland werden vom →DIN Deutsches Institut für Normung e. V. aufgestellt. Alle Länder, die Normen erarbeiten, sind in der →International Organization for Standardization (ISO) zusammengeschlossen. In Europa bilden das Europäische Komitee für Normung (CEN) und das Europäische Komitee für Elektrotechnische Normung (CENELEC) die Gemeinsame Europäische Normeninstitution; ihre Mitglieder sind die nationalen Normungsinstitute der EU-Staaten und der EFTA-Staaten.

Ryoji Noyori

Normzustand, durch Normtemperatur und Normdruck festgelegter Zustand eines festen, flüssigen oder gasförmigen Stoffes (DIN 1343). Der **physikalische Normzustand** ist durch die **Normtemperatur** T_n = 273,15 K (beziehungsweise t_n = 0 °C) und den **Normdruck** p_n = 101 325 Pa = 1,01325 bar definiert; mitunter auch als Normbedingungen (Normalbedingungen) bezeichnet.

Norrish ['nɔrɪʃ], Ronald, britischer Physikochemiker, * Cambridge 9. 11. 1897, † ebenda 7. 6. 1978; arbeitete u. a. über Fotochemie und Reaktionskinetik; entwickelte mit G. Porter spektroskopische Untersuchungsverfahren für extrem schnell ablaufende Reaktionen. 1967 erhielt er (mit Manfred Eigen und George Porter) den Nobelpreis für Chemie.

Northrop ['nɔ:θrɔp], John, amerikanischer Biochemiker, * Yonkers (New York) 5. 7. 1891, † Wickenberg (Arizona) 16. 7. 1987; Professor in New York und Berkeley (Kalifornien); arbeitete über Aufbau und chemische Kinetik von Proteinen und Enzymen, erhielt für die Reindarstellung von Enzymen 1946 mit James Sumner und Wendell Stanley den Nobelpreis für Chemie.

NOT [englisch], die logische Verknüpfung »nicht« (Negation); in der *Digitaltechnik* eine Grundfunktion der →Schaltalgebra.

Not|reife, das vorzeitige und daher unvollständige Reifen von Samen und Früchten, besonders von Getreide infolge unterbrochener Wasserzufuhr.

Notsignale, international gültige Zeichen zur Anforderung von Hilfe in Notsituationen (akustische, optische und Funksignale). **Seenotsignale** sind neben akustischen Signalen (z. B. Dauerton mit Schiffssirene oder Nebelhorn) die optischen Signale, z. B. das Flaggensignal »N« über »C«, ein Ball über Kugel oder Flagge, rote Flammensignale, orangerote Rauchsignale, Fallschirmrakete, »SOS« in Morsezeichen (als Lichtsignal), ferner die auf einer Notfrequenz ausgestrahlten Funknotsignale: »SOS« im Telegrafieverkehr, das Wort »Mayday« im Funksprechverkehr (auch in der Luftfahrt verwendet). **Alpine Notsignale** werden bei Bergnot gegeben: Laut-, Wink- oder Lichtzeichen sechsmal in der Minute, nach einer Minute Pause wird die Signalfolge wiederholt.

Notstrom|aggregat, Stromquelle, die aus einem von Verbrennungsmotoren angetriebenen Generator oder einer Batterie mit Wechselrichter besteht und bei Netzausfall automatisch eingeschaltet wird. Notstromaggregate übernehmen die Versorgung wichtiger Verbraucher (z. B. in Krankenhäusern, Bahnhöfen, Flughäfen, Rechenzentren).

Novel Food ['nɔvəlfu:d; englisch »neue Lebensmittel«], **Designer Food, Genlebensmittel,** Bezeichnung für Lebensmittel, die aus gentechnisch veränderten Organismen bestehen, mit deren Hilfe hergestellt werden oder gentechnisch hergestellte Zusatzstoffe enthalten. Gentechnisch veränderte Lebensmittel (Tomate, Mais, Soja) sind bereits in vielen Ländern im Handel. Wegen ökologischen (→Freisetzungsversuch) und medizinischen (→Markergene) Risiken ist Novel Food in der Öffentlichkeit umstritten.

Novolake, →Phenolharze.

Noyori, Ryoji, japanischer Chemiker, * Kōbe 3. 9. 1938; seit 1972 Professor für Chemie an der Universität von Nagoya in Japan, wurde 2000 ebenda Direktor des Forschungszentrums für Materialwissenschaften. Noyori erhielt für die Entwicklung der katalytischen asymmetrischen Synthese organischer Substanzen, speziell für seine Arbeiten über chiral katalysierende Hydrierungsreaktionen, mit William Knowles und Barry Sharpless 2001 den Nobelpreis für Chemie.

Np, 1) *Chemie:* chemisches Symbol für →Neptunium.

2) *Physik:* Einheitenzeichen für →Neper.

ns, Einheitenzeichen für Nanosekunde, 1 ns = 10^{-9} s.

N-Schale, die zur Hauptquantenzahl $n = 4$ gehörende Hauptschale der →Atome, die maximal 32 Elektronen aufnehmen kann.

NTSC [enti:es'si:], Abkürzung für englisch National Television System Committee, 1951 gegründeter amerikanischer Fernsehnormenausschuss, der das in den USA 1953 eingeführte Farbfernsehsystem vorschlug (→Farbfernsehen).

Nuklearchemie, die →Kernchemie.

nuklearer Winter, Bezeichnung für die nach einem größeren Kernwaffeneinsatz zu erwartenden extremen klimatischen Veränderungen, besonders die Abkühlung der erdnahen Atmosphäre, vor allem im Bereich der Kontinente der Nordhalbkugel, infolge der massiven Rauch- und Rußentwicklung (durch die ausgelösten Großbrände), die gegebenenfalls eine starke Verringerung der Sonnenstrahlung bewirkt.

Nukleinsäuren, Nucleinsäuren, Kernsäuren, in den Zellen aller Lebewesen (v. a. im Zellkern und den Ribosomen, in geringen Mengen auch in den Mitochondrien und Chloroplasten) vorkommende hochpolymere Substanzen; man unterscheidet →Desoxyribonukleinsäure (DNA) und →Ribonukleinsäure (RNA). Beide bestehen aus Ketten (die DNA aus Doppelketten) von →Nukleotiden, die jeweils aus einer Nukleinsäurebase, einem Monosaccharid (Pentose) und einem Phosphorsäurerest zusammengesetzt sind. Die Verknüpfung der Nukleotide geschieht über den Phosphorsäurerest, der mit dem Kohlenstoffatom in 3'- oder 5'-Stellung der Pentose des folgenden Nukleotids verbunden ist. Auf der besonderen Reihenfolge der Basen im Nukleinsäuremolekül beruht die →genetische Information.

Nukleoid [lateinisch] *das,* **Nucleoid,** Bezeichnung für das Kernäquivalent prokaryontischer Zellen.

Nukleonen [lateinisch], Elementarteilchen aus der Gruppe der Baryonen; gemeinsame Bezeichnung für die →Protonen und →Neutronen, die Bausteine der Atomkerne, sowie für deren Antiteilchen, die **Antinukleonen** (Antiprotonen und Antineutronen).

Nukleonenzahl, die →Massenzahl.

Nukleoside [lateinisch], **Nucleoside,** Verbindungen zwischen heterozyklischen Stickstoffbasen (z. B. Nukleinsäurebasen) und Monosacchariden.

Nukleosom [lateinisch] *das,* **Nucleosom,** *Molekularbiologie:* DNA und Histone enthaltende, kugelförmige Bestandteile des Chromatins.

Nukleotide [lateinisch], **Nucleotide,** im engeren Sinn die Phosphorsäuremonoester der →Nukleoside, im weiteren Sinn auch die Phosphordi- und Phosphortrisäureester. Nukleotide sind die Bausteine der Nukleinsäuren, kommen aber auch frei in der Zelle vor. Einige zu Dinukleotiden verbundene Nukleotide spielen als Coenzyme im Zellstoffwechsel eine wichtige Rolle, z. B. Nikotinsäureamidadenindinukleotid (NAD) und Flavinadenindinukleotid (FAD). Die höherphosphorylierten freien Nukleotide, besonders das Adenosintriphosphat (ATP), sind wichtige Energieüberträger und -speicher in den Zellen.

Nukleotidsequenz, Nucleotidsequenz, Basensequenz, Bezeichnung für die Reihenfolge der →Nukleotide in den Nukleinsäuren DNA und RNA. In der Nukleotidsequenz ist die Aminosäuresequenz von Proteinen codiert. Ziel von →Genomprojekten ist die lückenlose Aufklärung der Nukleotidsequenzen chromosomaler DNA.

Nukle|us [lateinisch] *der,* der →Zellkern.

Nuklid [lateinisch] *das,* eine Atomart, die durch die Anzahl der Protonen Z und Neutronen N, das heißt durch Ordnungszahl Z und Massenzahl A ($A = Z + N$) gekennzeichnet ist, z. B. das Kobaltnuklid Co 60 ($^{60}_{27}$Co) mit $Z = 27$ und $A = 60$. Dabei werden 10^{10} s in einem definierten Energiezustand als Nuklid bezeichnet. Neben den (mehr als 280) natürlich vorkommenden, meist stabilen Nukliden gibt es eine große Zahl künstlicher Nuklide, die alle radioaktiv sind **(Radionuklide).**

Der Begriff →Isotop wird für die verschiedenen Nuklide eines Elementes verwendet, z. B. ist das Nuklid $^{92}_{42}$Mo eines der mehr als 20 Isotope des Elements Molybdän.

Null|instrument, hoch empfindliches elektrisches Messinstrument (meist Drehspulinstrument) zum Nachweis der Stromlosigkeit in einem Stromzweig. Reine Nullinstrumente haben den Nullpunkt in der Skalenmitte und benötigen keine in Einheiten kalibrierte Skale.

Nullleiter, *Elektrotechnik:* frühere Bezeichnung für →PEN-Leiter.

Nullmeridian, Anfangsmeridian, durch Konvention festgelegter, senkrecht zum Äquator stehender Meridian, von dem aus die geografische →Länge gerechnet wird, seit 1884 der Meridian von Greenwich.

Nullpunkt, *Naturwissenschaften:* Anfangspunkt einer Skala, z. B. der Temperaturskala (→absoluter Nullpunkt), oder Ursprung eines Koordinatensystems (→Koordinaten).

Nullpunkts|energie, die Energie, die ein physikalisches System am →absoluten Nullpunkt der Temperatur als Schwingungsenergie **(Nullpunktsschwingungen)** enthält, da wegen der heisenbergschen →Unschärferelation die kinetische Energie auch bei $T = 0$ K nicht null werden kann.

Nurflügelflugzeug, im engeren Sinn Flugzeug, dessen Tragflügel, Rumpf und Höhenleitwerk zu einer Baugruppe verschmolzen sind. Als Nurflügelflugzeuge werden im weiteren Sinn auch Flugzeuge bezeichnet, die zwar einen selbstständigen Rumpf, aber kein Höhenleitwerk besitzen **(schwanzlose Flugzeuge).** H. Junkers meldete 1910 ein Patent auf ein Nurflügelflugzeug an; im Segelflugzeugbau entwarf A. Lippisch 1929/30 erste Pläne von Nurflügelflugzeugen. Eine spezifische Form des Nurflügelflugzeugs ist der **Blended Wing Body** (Abkürzung **BWB**), bei dem Rumpf und Tragfläche ineinander übergehen. Er verbindet die Vorteile des Nurflügelflugzeugs mit der Steuerbarkeit und einfachen Nutzlastunterbringung der klassischen Flugzeugkonfiguration.

Nurse [nəːs], Sir (seit 1999) Paul M., britischer Zell- und Molekularbiologe, *Norfolk 25. 1. 1949; arbeitet seit 1996 als Generaldirektor des Imperial Cancer Research Fund und Leiter des Zellzykluslabors in London. Nurse identifizierte eine der Schlüsselkomponenten zur Kontrolle des Zellzyklus, die cyclinabhängige Kinase, mit genetischen und

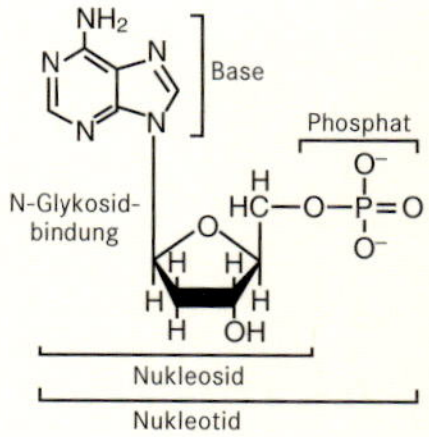

Nukleotide. Aufbau von Nukleoside und Nukleotiden

565

Christiane Nüsslein-Volhard

molekularkinetischen Methoden. Diese Kinase treibt den Zellzyklus durch chemische Modifikation (Phosphorylierung) auf andere Proteine an. Er erhielt 2001 mit T. R. Hunt und L. H. Hartwell den Nobelpreis für Physiologie oder Medizin.

Nuss, *Botanik:* einsamige Schließfrucht.

Nüsslein-Volhard, Christiane, deutsche Entwicklungsbiologin, *Magdeburg 20. 10. 1942; seit 1985 Direktorin am Max-Planck-Institut für Entwicklungsbiologie in Tübingen. Für ihre Entdeckungen über die genetische Kontrolle der frühen Embryonalentwicklung erhielt sie 1995 (mit E. B. Lewis und E. Wieschaus) den Nobelpreis für Physiologie oder Medizin.

Nutation [lateinisch] *die,* **1)** *Botanik:* durch ungleiches Wachstum gegenüberliegender Seiten eines Pflanzenteils verursachte Krümmungsbewegung, z. B. die Entfaltung einer Knospe oder die kreisende Bewegung einer Ranke.

2) *Physik:* 1) kleine periodische Schwankungen des Öffnungswinkels des Präzessionskegels bei der allgemeinen Bewegung des rasch rotierenden schweren symmetrischen →Kreisels. Diese Bewegung, die **pseudoreguläre Präzession,** setzt sich aus einer regulären Präzession und der Nutation zusammen. 2) Bezeichnung für die reguläre Präzession des kräftefreien symmetrischen Kreisels; entsprechend wird der Präzessionskegel **Nutationskegel** genannt.

nutritiv [lateinisch-neulateinisch], der Ernährung dienend, die Nahrung beziehungsweise die Ernährung betreffend.

Nutzholz, alles technisch verwertbare Holz (im Gegensatz zum Brennholz).

Nutzleistung, die von einer Maschine (Generator, Motor) oder einem Gerät (Verstärker, Transformator) abgegebene nutzbare Leistung; sie ist wegen der Verlustleistung (infolge Reibung, Abwärme u. a.) kleiner als die zugeführte Leistung. (→Wirkungsgrad)

Nylon® ['naılɔn; englisches Kunstwort] *das,* Handelsname für Chemiefasern aus →Polyamiden, besonders für die erste vollsynthetische Faser, eine aus Hexamethylendiamin und Adipinsäure hergestellte Polyamidfaser (PA 66).

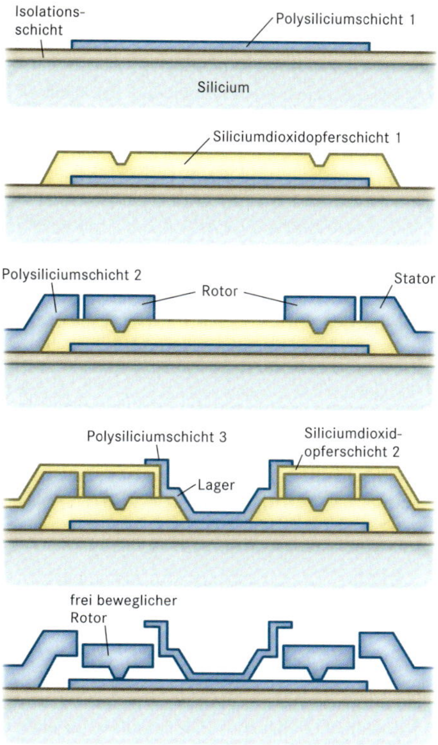

Oberflächenmikromechanik. Prozess der Herstellung beweglicher Mikrostrukturen

o, *Chemie:* **O,** chemisches Symbol für →Sauerstoff (Oxygenium).

o-, *Chemie:* Abkürzung für →ortho...

Oberboden, *Bodenkunde:* oberster Horizont im Bodenprofil.

Oberfläche, →Grenzfläche.

oberflächen|aktive Stoffe, die →Tenside.

Oberflächenbehandlung, Bezeichnung für Verfahren, mit denen Werkstoffoberflächen, v.a. zwecks Korrosions-, Verschleiß- und Alterungsschutz, mit gewünschten Oberflächeneigenschaften versehen werden; dazu gehören das Umformen (z.B. Glattwalzen), die Wärmebehandlung (z.B. Flammenhärten), chemische und elektrochemische Verfahren (z.B. Elektropolieren) und die Behandlung mit energiereichen Strahlen (z.B. Elektronenstrahlhärten).

Oberflächenmikromechanik, Methode der Mikrotechnik zur Herstellung von beweglichen Strukturen aus Silizium. Ausgangspunkt der Strukturerzeugung ist die Herstellung und Strukturierung einer **Opferschicht** auf einem Substrat. Diese wird mit einer Funktionsschicht überzogen, die entsprechend den Vorgaben ebenfalls strukturiert wird. Anschließend wird die Opferschicht entfernt, sodass sich auf dem Substrat bewegliche Strukturen befinden, die mit diesem verankert sind. Durch die Wiederholung des Prozesses lassen sich komplexe Strukturen herstellen. Die Strukturierung erfolgt mithilfe von Lithografie und Ätztechniken. Werden mit dem Prozess schwierige Strukturen erzeugt, so lassen sich diese an einer vorgegebenen Position aufrichten und damit dreidimensional realisieren.

Oberflächenphysik, Spezialgebiet der Festkörperphysik, das sich mit den physikalischen Eigenschaften der Grenzflächen von Festkörpern gegen Gasphasen oder Vakuum befasst. Unter der (idealen) Oberfläche sind die ersten drei bis vier Atomlagen des Festkörpers zu verstehen, in denen starke Abweichungen von der regelmäßigen räumlichen Anordnung der Atome im Kristallgitter auftreten. Das physikalische und chemische Verhalten von Oberflächen spielt eine große Rolle bei der Katalyse, Galvanotechnik, Adhäsion, Verschleißfestigkeit, Korrosion, Dünnschichttechnik, Oberflächenbearbeitung, beim Ionenaustausch u.a. technisch wichtigen Prozessen. Reine Oberflächen können am einfachsten durch Spaltung eines Kristalls hergestellt werden. Da sich nach jeder Oberflächenbehandlung in Sekundenbruchteilen neue Adsorptionsschichten und Verunreinigungen auf der Oberfläche ablagern, solange der Kristall mit einer Gasatmosphäre in Kontakt steht, müssen Oberflächenuntersuchungen im Ultrahochvakuum durchgeführt werden (→Epitaxie, →Sputtern). Wichtige Methoden der Oberflächenanalyse sind Elektronenmikroskopie, →Fotoelektronenspektroskopie, →LEED-Verfahren und Sekundärionenmassenspektrometrie.

Oberflächenspannung, eine →Grenzflächenspannung, die bei Flüssigkeiten an der Grenzfläche gegen den Gasraum wirkt und die Oberfläche zu verkleinern sucht. Sie ist die Folge der gegenseitigen Anziehung der Flüs-

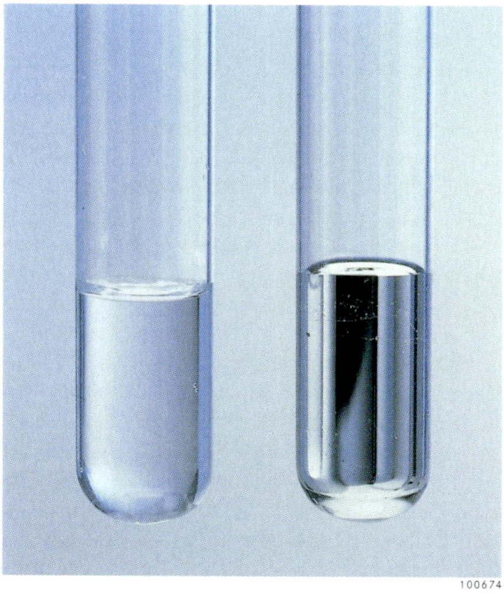

Oberflächenspannung. Die nicht benetzende Flüssigkeit Quecksilber (links) zeigt im Reagenzglas Kapillardepression, Wasser (rechts) hingegen Kapillaraszension.

sigkeitsmoleküle, die an der Oberfläche, an der gleichartige Nachbarn nur auf einer Seite existieren, als Resultierende eine in das Innere gerichtete Kraft liefert; daher verursacht die Oberflächenspannung z. B. die Kugelform kleiner Tropfen. Die Oberflächenspannung nimmt mit zunehmender Temperatur ab und wird stark durch in der Flüssigkeit gelöste Stoffe, z. B. Tenside, beeinflusst.

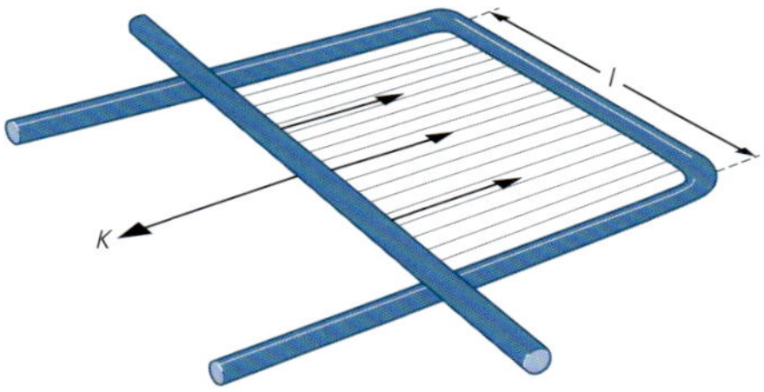

Oberflächenspannung. Modelldarstellung der Messung der Oberflächenspannung mithilfe der Abreißmethode (»Bügelverfahren«); die Kraft vom Betrag *K* kompensiert die Zugspannung der Flüssigkeitslamelle, die zwischen dem Bügel mit der Breite *l* und dem beweglichen Querstück aufgespannt ist.

Oberflächenwellen|element, SAW-Bauelement, Bauelemente der Akustoelektronik, die akustische Oberflächenwellen (AOW) zur Signalübertragung und -verarbeitung ausnutzen. Oberflächenwellenelemente bestehen in der Regel aus einem piezoelektrischen Substrat, auf dem ein eingangs- und ein ausgangsseitiger elektrischer Wandler mit fingerförmiger Struktur aufgebracht sind. Aufgrund der →Piezoelektrizität kann elektrische in akustische Energie und umgekehrt umgewandelt werden. Anwendung u. a. als Filter, Sensor, Verstärker, Verzögerungsschaltung.

Objektiv [lateinisch] *das,* in zusammengesetzten optischen Geräten das dem Objekt zugewandte optische System zur Erzeugung einer möglichst verzerrungs- und farbfehlerfreien Abbildung. Es besteht meist aus mehreren Linsen und/oder Spiegeln und bewirkt ein reelles Bild des Objekts. Die abbildenden Eigenschaften von Objektiven unterscheiden sich nach dem jeweiligen Verwendungszweck erheblich; typische Bauformen sind u. a. Fernrohrobjektiv, Mikroskopobjektiv, Projektionsobjektiv sowie →fotografische Objektive; über Objektive mit veränderlicher Brennweite →Zoomobjektiv.

Objekt|orientierung, *Informatik:* Konzept, das besonders bei der Entwicklung von Software und Datenbanksystemen angewendet wird und von gleichberechtigten und einheitlich erscheinenden **Objekten** ausgeht. Objektorientierung baut nicht auf Prozeduren und Daten, sondern auf Aktivitäten (innerhalb von Objekten, **Methoden** genannt), Kommunikation (Austausch von **Nachrichten** zwischen den Objekten) und **Vererbung** (Weitergabe von Deklarationen, Attribute genannt, zwischen den Objekten) auf. Oberstes Prinzip der Objektorientierung ist es, Objekte nur von außen zu betrachten und ihren inneren Aufbau zu ignorieren. Ihre Struktur wird durch **Klassen** festgelegt. Alle Objekte, die nach der Struktur einer Klasse aufgebaut sind, sind **Instanzen** dieser Klasse. Objekte erledigen ihre Aktivitäten prinzipiell in eigener Verantwortung. Für die Softwareentwicklung bedeutet dies ein im hohen Maße ingenieurmäßiges Vorgehen, wie Konfigurieren, Ergänzen und Anpassen anstelle von Neuentwickeln.

Objektweite, *Optik:* die →Gegenstandsweite.

Observable [lateinisch observare »beobachten«] *die,* in der Quantentheorie eine messbare (beobachtbare) Größe, z. B. Energie, Impuls, Spin oder Ladung.

Obst, Bezeichnung für die essbaren, meist saftreichen, fleischigen Früchte und die Samenkerne von Kultursorten v. a. mehrjähriger Obstgehölze. Im Obstbau und Obsthandel unterscheidet man: Kernobst (z. B. Apfel, Birne), Steinobst (z. B. Kirsche, Aprikose), Schalenobst (z. B. Hasel- und Walnuss) und Beerenobst (z. B. Heidelbeere, Johannisbeere, Weinbeere).

Nicht kultiviertes Obst nennt man →Wildfrüchte, in den Tropen und Subtropen angebautes Obst →Südfrüchte.

Obst zählt wegen seines Gehalts an Vitaminen, Spurenelementen, Fruchtsäuren, Frucht-, Trauben- und Rohrzucker sowie Aromastoffen zu den wertvollsten Lebensmitteln. Der Gehalt an diesen Stoffen schwankt innerhalb der einzelnen Arten nach Sorte und Umweltbedingungen beträchtlich. Ihr Mengenverhältnis bedingt den Geschmack des Obstes.

Ocean Drilling Program [ˈəʊʃən ˈdrɪlɪŋ ˈprəʊgræm], Abkürzung **ODP** [əʊdiːˈpiː], 1985 begonnenes, 1985–2003 durchgeführtes internationales Tiefseebohrprogramm, Nachfolgeprojekt des →Deep Sea Drilling Project und von IPOD (International Phase of Ocean Drilling). Forschungsbereiche sind: Entstehung und Entwicklung der ozeanischen Erdkruste, Entwicklung des geologischen Aufbaus von Kontinentalrändern, Entstehung und Entwicklung von marinen sedimentären Abfolgen, Ursachen der langzeitigen Veränderungen von Atmosphäre, Hydrosphäre, Eiskappen, Biosphäre und Erdmagnetfeld. Das Hauptinstrument des Projektes das Bohrschiff »Joides Resolution«.

Ochoa [englisch əʊˈtʃəʊə; spanisch oˈtʃoa], Severo, amerikanischer Biochemiker spanischer Herkunft, * Luarca (Asturien) 24. 9. 1905, † Madrid 1. 11. 1993; erhielt für seine Arbeiten

Offshoretechnik. Offshoreplattform in der Nordsee (Zeichnung)

über die Rolle der Nukleinsäuren bei der Proteinsynthese 1959 mit A. Kornberg den Nobelpreis für Physiologie oder Medizin. 1961 gelang ihm unabhängig von J. Matthaei und M. Nirenberg die Entzifferung des genetischen Codes.

Ochratoxin A, ein Pilzgift (Mykotoxin), das u. a. vom Schimmelpilz Aspergillus ochraceus gebildet wird und in feuchtem Getreide, besonders Mais und Gerste, aber z. B. auch in Kaffeebohnen, Trockenobst und Gewürzen vorkommt. Ochratoxin A wird durch Hitze (Kochen, Braten) nicht zerstört, bei häufiger Aufnahme sind Nierenschädigung und Krebsentwicklung möglich.

Ochse, das kastrierte männliche Rind.

Octane [zu lateinisch octo »Acht«], gesättigte aliphatische Kohlenwasserstoffe mit der Summenformel C_8H_{18}; farblose, in Wasser unlösliche Flüssigkeiten, die im Erdöl und in Destillations- und Crackbenzinen vorkommen. Neben dem geradkettigen **n-Octan** existieren 17 Isomere mit verzweigten Kohlenstoffketten, von denen das 2,2,4-Trimethylpentan **(Isooctan)** als Grundlage für die Bestimmung der →Oktanzahlen dient.

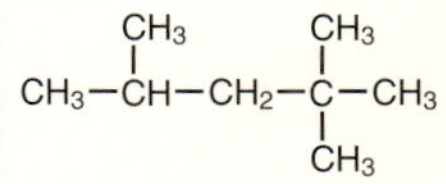

Isooctan (2,2,4-Trimethylpentan)

Octane

ODER-Glied, Grundschaltung der Digitaltechnik zur logischen ODER-Verknüpfung von zwei oder mehreren Eingangssignalen (→Schaltalgebra).

Ofen, *Wärmetechnik:* Gerät, in dem durch Verbrennung von festen, flüssigen oder gasförmigen Brennstoffen oder durch elektrischen Strom in einem Leiter erzeugte Wärme gewonnen und an die Umgebung, an ein eingesetztes Gut oder an ein durchströmendes Medium übertragen wird (→Industrieöfen; →Elektroöfen).

Öffnungsblende, *Optik:* die Aperturblende (→Apertur).

Öffnungsfehler, *Optik:* ein →Abbildungsfehler.

Offsetdruck [englisch], Flachdruckverfahren (→Druckverfahren), bei dem druckende und nicht druckende Druckformstellen praktisch in einer Ebene liegen. Die Druckform (Mehrmetall-, gekörnte Zink- oder Aluminium-, selten Kunststoffplatte) ist chemisch so behandelt, dass sie nur an den druckenden Stellen Farbe annimmt. Der Druck erfolgt zunächst auf einen gummituchbespannten Zylinder, dann auf das zu bedruckende Material. Die Regulierung der Farbe erfolgt mittels Duktors, einer Stahlwalze. Mit Offsetdruck können hohe Druckgeschwindigkeiten und somit -auflagen erzielt werden.

offshore ['ɔfʃɔ:, englisch], in einiger Entfernung von der Küste.

Offshoretechnik ['ɔfʃɔ:-, englisch], im weiteren Sinn die Gesamtheit aller zur Prospektion, Exploration und Gewinnung von Rohstoffen aus dem Meer erforderlichen Unternehmungen; im engeren Sinn Sammelbegriff für die Aufsuchung und Gewinnung von Erdöl und/oder Erdgas aus dem Meeresboden. In der ersten Phase umfasst die Offshoretechnik die Lagerstättenerkundung, das Ausfindigmachen von Erdöl- und/oder Erdgasvorräten im Meeresboden; in der anschließenden Erschließungsphase werden von mobilen Bohrplattformen oder -schiffen aus Probebohrungen in das mutmaßliche Feld abgeteuft; es folgt die Förderphase.

Offshoretechnik. Offshorewindpark vor der dänischen Insel Lolland im Großen Belt

Die **Hubplattform (Hubinsel),** für Wassertiefen bis zu 100 m, wird als schwimmfähige Plattform (Deck) von Schleppern oder durch Eigenantrieb an die Bohrstelle gebracht. Die absenkbaren Beine stehen beim Bohren auf dem Meeresboden. **Halbtaucher** sind ortsbewegliche schwimmende Plattformen, die von Schwimmkörpern mit vertikalen Säulen und Verstrebungen getragen und meist von Versorgungsschiffen geschleppt werden; ihre Ar-

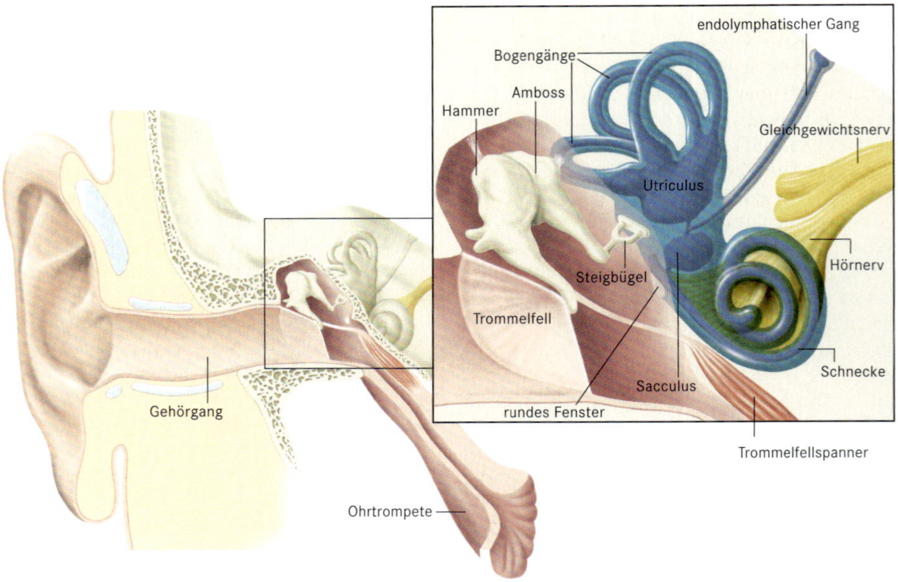

Ohr. Schematischer Aufbau des menschlichen Ohrs

beitstiefe beträgt 600 m (geankert) und bis etwa 1 000 m (dynamische Positionierung). **Bohrschiffe** dienen dem Aufschlussbohren in über 1 000 m Wassertiefe. Wegen der sehr viel stärkeren Hubbewegungen ist zur Erzielung eines gleichmäßigen Andrucks des Meißels auf der Bohrlochsohle am Flaschenzug ein hydraulisch-pneumatischer Tauchschwingungskompensator eingebaut. Für den Tiefwasseraufschluss und in Eisberggebieten wird anstelle des Ankerns dynamische Positionierung angewandt.

Die klassische **Bohrplattform** und **Förderplattform** ist eine an Land vorgefertigte Stahl- oder Stahlbetonkonstruktion; jene wird mit eingerammten Pfählen am Meeresboden verankert, die Stahlbetonkonstruktion steht aufgrund ihres Gewichts auf dem Meeresboden fest; ihr unterer Teil dient gleichzeitig als Speichertank für Rohöl. Von der Plattform aus werden bis zu 60 Bohrungen abgeteuft und in Produktion genommen. Das produzierte Öl wird von Tankern, die auf See aus den Speichertanks der Plattform beladen werden, bei größeren Feldern durch wetterunabhängige Pipelines auf dem Meeresboden abtransportiert.

Ohm [nach G. S. Ohm] *das,* Einheitenzeichen Ω, SI-Einheit des elektrischen Widerstandes; 1 Ω = 1 Volt/1 Ampere.

Ohm, Georg Simon, deutscher Physiker, *Erlangen 16. 3. 1789, †München 6. 7. 1854; Gymnasiallehrer, Professor in München. Er entdeckte 1826 das nach ihm benannte Gesetz der Stromleitung (→ohmsches Gesetz); weitere Arbeiten betrafen die physiologische Akustik und die Interferenz linear polarisierten Lichts beim Durchgang durch einachsige Kristalle.

Ohm|meter [nach G. S. Ohm], Instrument zum Messen elektrischer Widerstände.

ohmscher Widerstand, der nach dem →ohmschen Gesetz bestimmte elektrische Widerstand; im Wechselstromkreis der Wirkwiderstand.

ohmsches Gesetz [nach G. S. Ohm], 1) **ohmsches Gesetz der Elektrizitätslehre:** Bei konstanter Temperatur ist die elektrische Stromstärke I in einem Leiter der elektrischen Spannung U direkt proportional: $U = R \cdot I$. Der nur von den Leitereigenschaften (Länge, Querschnitt, Material) und der Temperatur abhängige Proportionalitätsfaktor R wird als elektrischer (ohmscher) Widerstand bezeichnet. 2) **ohmsches Gesetz der Akustik (Ohm-Helmholtz-Gesetz):** Gesetzmäßigkeit der physiologischen Akustik, nach der das Ohr jedes Tongemisch in einfache Töne (sinusförmige Schwingungen) zerlegt, die getrennt empfunden werden.

Ohr, Auris, paarig angelegtes Gehör- und Gleichgewichtsorgan des Menschen und der Wirbeltiere. Das höchst entwickelte Ohr haben der Mensch und die Säugetiere. – Das Ohr des Menschen besteht aus dem äußeren Ohr, dem Mittelohr und dem inneren Ohr. Das **äußere Ohr** fängt die Schallwellen auf (**Ohrmuschel**) und leitet sie durch den äußeren Gehörgang dem schwingungsfähigen Trommelfell zu. Im **äußeren Gehörgang** finden sich Haare und Ohrenschmalz erzeugende Drüsen. Das **Mittelohr** besteht aus **Paukenhöhle** mit Gehörknöchelchen und Ohrtrompete. Das **Trommelfell,** das Gehörgang und Paukenhöhle trennt, ist eine elliptische bindegewebige Membran. Das innere Ohr hat nach der Paukenhöhle hin zwei Öffnungen: das **ovale Fenster,** in dem die Fußplatte des Steigbügels ruht, und das von einer Membran verschlossene **runde Fenster.** Die **Gehörknöchelchen** bilden eine gelenkig verbundene Kette, die vom Trommelfell über Hammer, Amboss und Steigbügel zum ovalen Fenster reicht und die vom Trommelfell aufgenommenen Schwingungen überträgt. Die Übertragungseigenschaften der Gehörknöchelchen werden u.a. durch den Trommelfellspanner eingestellt und angepasst. Die **Ohrtrompete (Eustachi-Röhre)** verläuft von der Paukenhöhle schräg zum Nasen-Rachen-Raum; sie sorgt für Druckausgleich zwischen Außenluft und Luft im Mittelohr. Das **innere Ohr** besteht aus dem häutigen Labyrinth, das in das **knöcherne Labyrinth,** das heißt in entsprechend geformte Hohlräume in der Felsenbeinpyramide, eingelassen ist. Das **häutige Labyrinth** ist ein System von untereinander verbundenen bindegewebigen Röhren, die von der **Endolymphe,** einer klaren Flüssigkeit, erfüllt sind. Zwischen dem häutigen und dem knöchernen Labyrinth liegt ein zweiter, mit Flüssigkeit **(Perilymphe)** erfüllter Raum, der durch das ovale Fenster mit der Paukenhöhle in Verbindung steht; jede durch eine Schallwelle erzeugte Schwingung des Trommelfells wird daher durch die Gehörknöchelchen auf die Perilymphe übertragen. Zum häutigen Labyrinth gehören die **Schnecke** sowie die dem Gleichgewichtssinn dienenden drei **Bogengänge** und die Statoorgane mit dem Sacculus und Utriculus. Der endolymphatische Gang dient möglicherweise dem Druckausgleich im Labyrinth. Zur Schnecke zieht der als **Hörnerv** bezeichnete Teil des Hör- und Gleichgewichtsnervs (VIII. Hirnnerv), zu den Bogengängen der als **Gleichgewichtsnerv** bezeichnete andere Teil. Innerhalb der häutigen Schnecke befindet sich das eigentliche Hörorgan, das **Corti-Organ.** Dieses enthält die reizaufnehmenden Sinneszellen, mehrreihig angeordnete Haarzellen, deren Verbiegung durch wellenförmige Bewegungen der Endolymphe und der sie umgebenden Hüllen als Sinnesreiz an das Gehirn weitergeleitet wird. Je nachdem, an welcher Stelle die von der Perilymphe angeregten Wellen ihr letztlich von der auf das Ohr auftreffenden Tonfrequenz abhängiges Schwingungsmaximum haben, werden unterschiedliche Sinneszellen gereizt und schließlich vom Gehirn die verschiedenen Töne registriert (→Gehör).

Öko|effizienz, beschreibt i.e.S. eine Produktion oder ein Produktsystem, das bei vorgegebener Produktionsmenge einen minimalen Einsatz an natürlichen Ressourcen und minimale Umweltbelastungen bedingt bzw. bei vorgegebenem Ressourcenverbrauch und Umweltbelastung eine maximale Produktionsmenge erzielt. Der wirtschaftliche Nutzen wird also in Verhältnis zum ökologischen Aufwand gesetzt und ist bei Ökoeffizienz optimal. Ökoeffizienz kann durch Erhöhung der Umwelt- und Ressourcenproduktivität erreicht werden, was selbst oft als ökoeffizientes Verhalten bezeichnet wird. I.w.S. steht Ökoeffizienz seit Anfang der 1990er-Jahre für eine Programmatik betrieblichen Handelns, die eine →nachhaltige Entwicklung zum Ziel hat und den Ausgleich zwischen wirtschaftlichem Erfolg und erforderlichem Umwelt- und Ressourcenschutz anstrebt.

Öko|ethologie, Ethökologie, Verhaltensökologie, Zweig der Verhaltensforschung, der sich mit dem Zusammenhang zwischen Umweltbedingungen und Verhalten einer Tierart beschäftigt, auch in Bezug auf den durch optimiertes, umweltbezogenes Verhalten zu erwartenden Selektionsvorteil im Evolutionsgeschehen.

Ökologie [zu griechisch oĩkos »Haus« und lógos »Lehre«] *die,* aus der Biologie hervorgegangene Wissenschaft; sie befasst sich mit den Wechselbeziehungen zwischen den Organismen und der unbelebten (abiotische Faktoren wie Klima, Boden) und der belebten Umwelt (biotische Faktoren) sowie mit dem Stoff- und Energiehaushalt der Biosphäre und ihrer Untereinheiten (z.B. →Ökosysteme).

Teilgebiete der Ökologie sind **Autökologie** (untersucht die Ansprüche des Einzellebewesens an seine Umwelt sowie die wechselseitigen Beziehungen zwischen Individuum und Umwelt), **Demökologie** (Populationsökologie; befasst sich mit den Wechselbeziehungen art-

Ökosystem. Elemente des Ökosystems Wald; besondere Bedeutung hat die Streuschicht als Biochorion, wo die von den Bäumen abfallenden Blätter von Destruenten zersetzt werden.

Dass **Ökologie** und Ökonomie kein Gegensatz sein müssen, weiß Peter Gillies, ehemaliger Chefredakteur der »Welt«:

»Versöhnung von Ökonomie und Ökologie bedeutet, dass der Schornstein raucht, aber nicht qualmt.«

gleicher Individuen) und **Synökologie** (beschäftigt sich mit Wechselbeziehungen verschiedener Populationen untereinander sowie zwischen diesen und der Umwelt). Neuestes und komplexestes Teilgebiet der Ökologie ist die **Systemökologie,** die Ökosysteme unter autökologischen, populationsökologischen und v. a. unter synökologischen Gesichtspunkten untersucht.

ökologischer Landbau. Ökologisch bewirtschafteter Weinberg. Der Weinberg wird ganzjährig mit Begleitpflanzen begrünt. Auf chemisch-synthetische Pflanzenbehandlungsmittel wird komplett verzichtet.

In zunehmendem Maße wurde auch der Mensch (als Teil seiner Umwelt, v. a. als Manipulator der Natur) in die Ökologie einbezogen. Die **Humanökologie,** die sich den komplexen Wechselwirkungen zwischen dem Menschen und seiner natürlichen und technischen Umwelt widmet, ist nicht mehr nur eine naturwissenschaftliche Disziplin; sie bezieht heute vielmehr auch Erkenntnisse der Geisteswissenschaften (z. B. Philosophie, Psychologie, Sozialwissenschaft) mit ein.

Eine wichtige Rolle für die auf dem Konzept des Ökosystems basierende ökologische Forschung spielen auch die Anwendung der Systemanalyse zur Formulierung mathematischer Modelle, ferner die Kybernetik (v. a. zur Beschreibung ökologischer Gleichgewichte) und die EDV, die die Erfassung komplexen Datenmaterials, dessen Verarbeitung im Sinne von Simulationen komplexer Systeme sowie Prognosen der Wirkung von Veränderungen innerhalb eines Systems ermöglicht.

In den Mittelpunkt des öffentlichen Interesses rückte die Ökologie seit Ende der 1960er-Jahre, als die Auswirkungen der Umweltverschmutzung und die Begrenzung der natürlichen Rohstoffvorkommen immer deutlicher wurden. Seitdem hat die Ökologie eine inhaltliche und institutionelle Ausweitung erfahren, die über die naturwissenschaftliche Ökologie weit hinausgeht. Ökologie steht nunmehr v. a. für eine neue Weltanschauung: Die Idee vom unbegrenzten Fortschritt und Wachstum sei korrekturbedürftig, es werde eine Rückbesinnung darauf gefordert, dass die Natur Veränderungen nur in sehr begrenztem Maß vertrage, ohne irreversible Schäden zu erleiden, und dass die Menschheit als ein Glied des globalen Ökosystems mit dessen Gefährdung sich selbst in ihrer Existenz gefährde.

ökologisch [griechisch], 1) die Ökologie betreffend; 2) die Wechselbeziehungen zwischen den Lebewesen und ihrer Umwelt betreffend.

ökologische Faktoren, →Umweltfaktoren.

ökologische Nische, Bezeichnung für die Stellung beziehungsweise den Lebensbereich einer Art im →Ökosystem.

ökologischer Landbau, alternativer Landbau, biologischer Landbau, im Unterschied zur konventionellen (technisch-ökonomischen) Landwirtschaft alle Formen des Landbaus, die gemeinsam folgende Grundsätze haben: Der landwirtschaftliche Betrieb ist ein Ökosystem, in dem ein geschlossener Kreislauf mit geringstmöglichem Verbrauch nicht erneuerbarer Energie- und Rohstoffvorräte angestrebt wird; Bodenfruchtbarkeit hat den höchsten Stellenwert; Bodenbearbeitung nur unter Schonung der Bodenorganismen und der Bodenstruktur; keine Verwendung von synthetischen Düngemitteln oder Herbiziden; möglichst Verzicht auf Pestizide; Anstreben der biologischen Selbstregulation des Ökosystems.

Seit Anfang 2002 werden im ökologischen Landbau erzeugte Produkte in Deutschland mit dem **Bio-Siegel** gekennzeichnet. Es soll eine Orientierung beim Kauf von Öko-Lebensmitteln geben; daneben sind allerdings auch noch die Eigenmarken des Handels, der Hersteller, sowie die Verbandszeichen der anerkannten Öko-Anbauverbände erlaubt.

ökologisches Gleichgewicht, langfristig unveränderbare Wechselwirkungen zwischen den Gliedern einer Lebensgemeinschaft. Ein ökologisches Gleichgewicht ist dadurch gekennzeichnet, dass jede Veränderung im Ökosystem selbsttätig über eine Regelkreisbeziehung eine entsprechende Gegenveränderung auslöst, die den alten Zustand weitgehend wiederherstellt. Durch künstliche Eingriffe kann das ökologische Gleichgewicht stark und gelegentlich irreversibel gestört werden.

ökologische Streubreite, die Fähigkeit von Pflanzenarten und -sorten, unter verschiedenen Standortbedingungen gleichmäßig hohe Leistungen zu bringen.

Ökomone [griechisch], *Plural,* Bezeichnung für chemische Stoffe, die von Pflanzen oder Tieren ausgeschieden werden und als ökologische Signalstoffe zur Informationsvermittlung dienen, entweder zwischen Individuen der gleichen Art (→Pheromone, z. B. zur Geschlechteranlockung) oder verschiedener

Arten **(Allomone)**, z. B. Hautsekrete zur Abschreckung von Fressfeinden.

Ökosystem, Wirkungsgefüge zwischen Lebewesen verschiedener Arten und ihrem Lebensraum, das aus den Produzenten (v. a. grüne Pflanzen), den Reduzenten oder Destruenten (z. B. Bakterien) und eventuell zwischen diesen eingeschalteten Konsumenten (Pflanzenfresser, Räuber) besteht. Ökosysteme (z. B. Laubwald, Wattenmeer, Sandwüsten) sind offene Systeme. Die natürlichen Stoffkreisläufe in einem Ökosystem sind ausgeglichen, sodass sich ein dynamisches Gleichgewicht, ein so genanntes Fließgleichgewicht, einstellt. Die Änderung einzelner Komponenten eines Ökosystems kann dessen Balance empfindlich stören (z. B. Überdüngung von Gewässern) und, da Ökosysteme immer in Beziehung zueinander stehen, auch das Gleichgewicht benachbarter Ökosysteme beeinflussen. – Abb. S. 823

Ökotop [zu griechisch tópos »Ort«, »Gegend«] *das,* die kleinste ökologische Einheit einer Landschaft.

Ökotoxikologie, Umwelttoxikologie, Teilbereich der Toxikologie, der die Schadwirkungen von chemischen Stoffen (Umweltchemikalien) auf Ökosysteme und Rückwirkungen auf den Menschen untersucht.

Ökotypen, erblich fixierte, umweltbedingte Varianten beziehungsweise Rassen einer Art, die Anpassungen an bestimmte Standortverhältnisse zeigen.

Oktanzahlen, Abkürzung **OZ,** Maß für die →Klopffestigkeit von Ottokraftstoffen. Die Klopfintensität des Kraftstoffes wird dabei mit einem Testgemisch von n-Heptan und Isooctan (2,2,4-Trimethylpentan) verglichen. Die Oktanzahlen bis 100 geben an, wieviel Volumenprozent Isooctan sich in einer Mischung mit n-Heptan befinden, die in einem speziellen Prüfmotor (z. B. der einzylindrige CFR-Motor, Abkürzung für englisch cooperative fuel research) die gleiche Klopffestigkeit hat wie der zu prüfende Kraftstoff. Bei einer Motordrehzahl von 600 Umdrehungen/min (Gemischtemperatur nicht vorgeschrieben) wird die **Research-Oktanzahl (ROZ)** bestimmt, bei 900 Umdrehungen/min (Gemischtemperatur 149 °C) die **Motoroktanzahl (MOZ).** Eine große Differenz zwischen ROZ und MOZ **(Sensitivity)** bedeutet, dass die Klopffestigkeit des Kraftstoffes mit zunehmender thermischer Belastung im Motor stark abnimmt. Unter **Frontoktanzahl (FOZ)** versteht man die ROZ der bis 100 °C abdestillierbaren Kraftstoffanteile. Sie beeinflusst neben ROZ und MOZ das Beschleunigungsklopfen. Zur Vermeidung des Hochgeschwindigkeitsklopfens ist v. a. eine hohe MOZ erforderlich. Mit der **Straßen-Oktanzahl (SOZ)** wird das tatsächliche Verhalten des Kraftstoffs unter Praxisbedingungen ermittelt. Sie wird nach standardisiertem Programm in einem Kraftfahrzeug auf dem Prüfstand oder im Straßenverkehr bestimmt. – Die Oktanzahlen von Kohlenwasserstoffen nehmen mit der Molekülgröße ab, mit dem Grad der Molekülverzweigung und dem ungesättigten Charakter zu. Aromaten haben besonders hohe Oktanzahlen. Für Dieselkraftstoffe gilt die Cetanzahl (→Cetan).

Oktanzahlen von organischen Verbindungen und von Raffinerieprodukten

	ROZ	MOZ
n-Butan	93,4	90,1
n-Pentan	61,8	63,2
n-Hexan	24,8	26
n-Heptan	0	0
Isopentan	92	87
2,2,4-Trimethylpentan	100	100
Methanol	109	88,6
Methyl-*tert*-butylether	118	100
Reformat	94–101	84–89
katalytisches Crackbenzin	86–92	77–80
Normalbenzin	mind. 91	mind. 82,5
Superbenzin	mind. 95	mind. 85
Super Plus	mind. 98	mind. 88

Oktett [lateinisch] *das, Physik:* acht zusammengehörige Energie- oder Massenzustände, z. B. die Zustände der acht Elektronen in der äußeren Elektronenschale eines Atoms oder Ions, die eine Edelgaskonfiguration bilden. Als **Oktett-Theorie (Oktettregel)** der chemischen Bindung bezeichnet man (nach G. N. Lewis und I. Langmuir) das Bestreben der Atome, eine solche Elektronenkonfiguration einzunehmen.

Oktettmodell, Elementarteilchenmodell, das die Klassifizierung der →Baryonen und →Mesonen in bestimmte, strukturmäßig zusammengehörige Gruppen **(Supermultipletts,** z. B. Singulett = 1, Oktett = 8, Dekuplett = 10 Teilchen) mit einheitlichem Spin und einheitlicher Parität gestattet. Es wurde 1961 von M. Gell-Mann und Y. Neeman unabhängig voneinander vorgeschlagen (»Achtfach-Weg-Modell«). Das Oktettmodell entspringt der Vorstellung, dass die Ruhemassen der Elementarteilchen in analoger Weise als gequantelte Energiezustände eines einheitlichen physikalischen Systems aufzufassen sind, wie z. B. die viel enger benachbarten Energiezustände eines Wasserstoffatoms.

Okular [lateinisch zu oculus »Auge«] *das,* an optischen Instrumenten (z. B. Mikroskopen) die dem Auge zugewandte Linse (beziehungsweise das dem Auge zugewandte Linsensystem), ermöglicht die unmittelbare Betrachtung des vom →Objektiv des jeweiligen Instrumentes erzeugten Zwischenbildes. Das Okular besteht meist aus der dem Auge zuge-

Ölbaum. Echter Ölbaum

wandten Augenlinse, die als Lupe wirkt, und der dem Objektiv zugewandten Feldlinse, die die Hauptstrahlen in der Austrittspupille vereinigt. Beim **Huygens-Okular** liegt die Feldlinse vor, beim **Ramsden-Okular** hinter dem Zwischenbild; bei diesem kann am Ort des Zwischenbildes eine Strichplatte oder Ähnliches angebracht werden.

Öl [lateinisch oleum], Sammelbegriff für flüssige, in Wasser schwer lösliche organische Verbindungen, die meist dickflüssiger und schwerer flüchtig als Wasser sind. Die →ätherischen Öle sind aus Pflanzen gewonnene, relativ flüchtige Gemische von Alkoholen, Estern, Ketonen, Kohlenwasserstoffen u.a. Verbindungen. **Fette Öle** (→Fette) sind Glycerinester von zum Teil ungesättigten Fettsäuren; sie hinterlassen auf Papier einen Fettfleck. **Mineralöle** werden überwiegend durch Destillation und Raffination aus Erdöl gewonnen und bestehen v.a. aus Kohlenwasserstoffen, z.B. Heiz- und Schmieröle. Unter der Bezeichnung Syntheseöle werden verschiedenartige, synthetisch hergestellte Öle zusammengefasst, z.B. Ester von Dicarbonsäuren, Siliconöle.

...ol, *Chemie:* 1) Nachsilbe der chemischen Nomenklatur, die in systematischen Namen organischer Verbindungen das Vorhandensein einer Hydroxylgruppe, –OH, anzeigt (z.B. Alkohole); 2) Endsilbe in Trivialnamen, die in der Regel von Oleum (lateinisch »Öl«) abgeleitet sind (z.B. Xylol).

Olah ['əʊlɑ:], George, amerikanischer Chemiker ungarischer Herkunft, *Budapest 22. 5. 1927; erhielt für seine Grundlagenforschung zu den Carbokationen (positiv geladene Kohlenstoffverbindungen, die als kurzlebige Zwischenprodukte auftreten) 1994 den Nobelpreis für Chemie.

Ölbaum, Olivenbaum, Olea, Gattung der Ölbaumgewächse im tropischen und mittleren Asien, in Afrika, im Mittelmeergebiet, in Australien und Neukaledonien. Die wichtigste Art als Kultur- und Nutzpflanze ist der **Echte Ölbaum** (Olea europaea), ein mehr als 1000 Jahre alt werdender, 10–16 m hoher Baum. Die Frucht des Ölbaums ist eine pflaumenähnliche Steinfrucht, die **Olive,** deren Fruchtfleisch sehr ölreich ist. Der harte Steinkern enthält meist nur einen ölreichen Samen.

Oleate [lateinisch], Salze und Ester der Ölsäure.

OLED [Abkürzung von englisch **o**rganic **l**ight **e**mitting **d**iode], eine Lumineszenzdiode, bei der anstelle von anorganischen Halbleitern (z.B. Silizium) ein halbleitendes Polymer (leitfähige Kunststoffe) beim Anlegen einer äußeren elektrischen Spannung sichtbares Licht emittiert. Die Lichtfarbe kann über das verwendete Polymer und seine Moleküllänge eingestellt werden. Im einfachsten Fall besteht eine OLED aus zwei Elektroden und dem dazwischenliegenden Polymer. Der Lichttransport nach außen erfolgt über die Anode aus transparentem Indium-Zinn-Oxid (Abkürzung ITO für englisch indium tin oxid).

OLEDs erlangen derzeit eine große Bedeutung für den Bildschirmmarkt. Hauptproblem und -forschungsgebiet für einen breiteren Einsatz ist die noch zu geringe Lebensdauer von rund 10000 Stunden. Derzeit (2006) werden OLED-Bildschirme lediglich in kleinen Displays technischer Geräte (z.B. Digitalkameras, Mobiltelefone) eingesetzt. Man erwartet, dass Flachbildschirme auf OLED-Basis die Flüssigkristallbildschirme langfristig ersetzen werden.

Olefine [lateinisch], die →Alkene.

Olefinmetathese, →Metathese.

Olein [lateinisch] *das,* →Ölsäure.

Öleinheit, Abkürzung **ÖE,** nichtgesetzliche, aber international verwendete Vergleichseinheit zur Erfassung des Energieverbrauchs; 1 kg ÖE = 42000 kJ oder 10000 kcal oder 1,4 kg SKE.

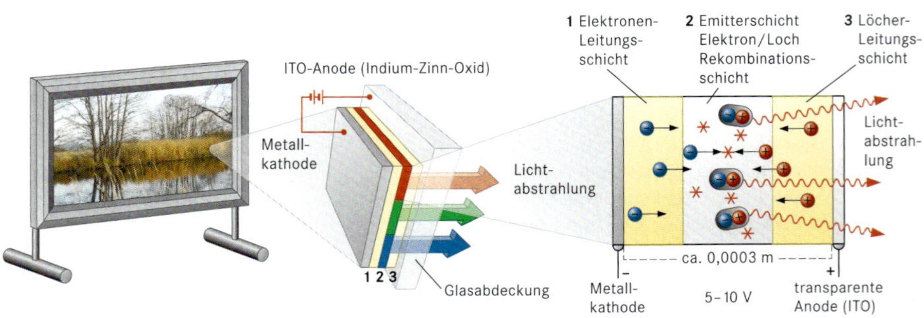

OLED. Bildschirme aus OLED-Pixeln sind selbstleuchtend. Das Licht wird direkt an den OLED-Materialien erzeugt (Rechts). Die Kathode ist aus reflektierendem Metall, die Anode aus transparenten Indium-Zinn-Oxid, so dass das OLED-Rarbpixel in eine Richtung abstrahlt. Die drei Farb-Subpixel rot grün und blau (Mitte) bilden einen Bildpunkt auf dem OLED-Bildschirm. Ein OLED Fernsehbildschirm zeichnet sich durch hohe Schaltzeiten und Kontrastverhältnisse aus.

Ole|um, *Chemie:* rauchende →Schwefelsäure.

Ölfilter, im Maschinenbau, insbesondere bei Verbrennungsmotoren verwendete Filter zur Reinigung des Schmieröles von Schmutz und Abrieb.

Oligomerisierung [griechisch] *die,* Aufbaureaktion, bei der, im Gegensatz zur Polymerisation, nur wenige Moleküle eines Monomeren miteinander reagieren. Je nach Anzahl der sich verbindenden Moleküle unterscheidet man Dimerisierung, Trimerisierung usw.; **Oligomere** heißen die hergestellten Verbindungen.

Oligosaccharide, →Kohlenhydrate.

oligotroph [griechisch], nährstoff- und humusarm; gesagt von Gewässern und Böden, die nur eine geringe Produktivität aufweisen.

Ölkühler, bei Verbrennungsmotoren →Wärmeaustauscher zur Abfuhr der vom Schmieröl aufgenommenen Wärme an Wasser oder Luft.

Ölpalme, Elaeis guineensis, westafrikanische Fiederpalme; der Fruchtstand enthält Hunderte von pflaumengroßen Früchten. Durch Auspressen des öligen Fleisches der Früchte erhält man das Palmöl.

Ölpest, Erdölpest, die Verschmutzung von Uferregionen, v. a. der Meeresküsten, samt der dortigen Flora und Fauna durch Rohöl (z. B. aufgrund von Tankerhavarien, Kriegshandlungen, Offshorebohrungen) oder Ölrückstände (z. B. aus dem Bilgenwasser der Schiffe), die in Fladen oder großen Feldern (Ölteppich) auf dem Wasser schwimmen. Das ausgelaufene Öl beeinträchtigt den Gasaustausch sowie andere Lebensfunktionen des Biotops Wasser erheblich. Innerhalb von 1 bis 2 Wochen verfliegen die leichteren Bestandteile des Öls, die schwer flüchtigen Komponenten verbinden sich mit dem Meerwasser zu einer zähen, braunen Brühe, die nach einigen Wochen entweder auf den Meeresgrund absinkt, als Teerklumpen an die Strände treibt oder sich in den großen Wirbelströmungen sammelt. Augenfälligste Folge ist das massenhafte Verenden von Wasservögeln durch Verkleben des Gefieders.

■ **Bekämpfung** Auf dem freien Meer schwimmende Ölfelder werden erst in einigen Wochen bis Monaten durch Bakterien und Hefepilze weitgehend abgebaut. Chemische Verfahren, das Öl durch Dispersionsmittel zum Absinken zu bringen, sind sehr umstritten, da sie, besonders in flachen Küstengewässern, möglicherweise die Organismen des Meeresbodens vergiften. Die Bekämpfung der Ölpest erfolgt daher v. a. durch Eingrenzen und Abschöpfen beziehungsweise Abpumpen der Ölschicht. Zur biologischen Bekämpfung sind erste Anfänge durch die Züchtung eines Bakterienstammes gemacht worden; diese durch genetische Manipulation entstandenen Bakterien können das in einem Nährmedium enthaltene Rohöl zu etwa 60 % abbauen

Etwa 5–6 Mio. t Erdöl, Ölreste und Abfälle von Erdölkohlenwasserstoffen verschmutzen jährlich die Weltmeere. Der größte Eintrag von Öl in die Meere, fast 71 %, erfolgt allerdings indirekt von Land aus, z. B. durch Raffinerien, ca. 25 % entfallen auf Tanker, Seeschiffe und Bohrinseln (hauptsächlich im Normalbetrieb, wie z. B. durch Reinigung von Laderäumen, Spülen von Tankbehältern), etwa 3,8 % des jährlichen Öleintrags in die Weltmeere ist auf Unfälle von Tankern oder Bohrinseln zurückzuführen, 2,5 % auf Eintrag über Verbrennungs-Emissionen und 1,3 % entfallen auf natürliche Sickervorgänge. In Nordsee und Nordatlantik fallen jährlich 150 000 bis 450 000 Seevögel der schleichenden, chronischen Ölpest zum Opfer. Für die Fischerei ist die summative Toxizität bereits mittelfristig eine Existenzbedrohung. – Abb. S. 828

Ölpflanzen, Kulturpflanzen, deren Samen oder Früchte fette Öle liefern, die der menschlichen und tierischen Ernährung dienen und für medizinische und technische Zwecke verwendet werden. Zu den **Ölsaaten** gehören z. B. die Samen von Erdnuss und Senf, zu den **Ölfrüchten** gehören die Früchte des Echten Ölbaums, der Ölpalme und der Kokospalme.

Ölsäure, Oleinsäure, ungesättigte Fettsäure, kommt als Glycerinester in fast allen

101191

Ölpalme. Fruchtstand

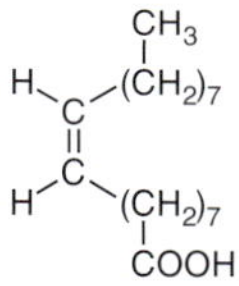

Ölsäure

Ölsäure

100562

Ölpest. Vogelsterben infolge einer Ölpest

Ölpest. Ölverschmutzung vor der bretonischen Küste

Fetten und besonders in den fetten Ölen vor (chemisch die cis-9-Octadecensäure); fällt in unreiner Form **(Olein)** als Nebenprodukt bei der Aufarbeitung von Talg u.a. technischen Fetten an. In reinem Zustand farb- und geruchlos, nimmt sie an der Luft leicht Sauerstoff auf, wodurch sie gelb und ranzig wird. Durch katalytische Wasserstoffanlagerung wird sie in Stearinsäure übergeführt **(Fetthärtung).** Die Salze und Ester der Ölsäure werden als **Oleate** bezeichnet. Ölsäure hat Bedeutung zur Hydrophobierung von Textilien und zur Herstellung von PVC-Stabilisatoren. Sie ist auch von Interesse als »nachwachsender Rohstoff«, der z. B. chemisch zu Tensiden, Polymeren und Schmierstoffen umgewandelt werden kann. Als Rohstoffbasis kommen neu gezüchtete Ölpflanzen mit einem Ölsäuregehalt von 80 % (Rindertalg: 45 %) infrage.

Das trans-Isomer der Ölsäure (trans-9-Octadecensäure), die Elaidinsäure, tritt nur in wenigen Fetten natürlich auf.

Omnivoren. Hausratte

Omega [griechisch »großes O«] *das, Einheitenzeichen:* Ω, für →Ohm.

Omegameson, physikalisches Symbol **ω,** ungeladenes, instabiles Elementarteilchen mit sehr kurzer Lebensdauer aus der Gruppe der Mesonenresonanzen (→Mesonen); 1961 von L. W. Alvarez entdeckt.

Omegateilchen, Omegahyperon, physikalisches Symbol Ω^-, ein gegenüber der starken Wechselwirkung stabiles, schweres Elementarteilchen aus der Gruppe der Hyperonen, das nur mit negativer Ladung auftritt. Durch schwache Wechselwirkung zerfällt das Omegateilchen nach einer mittleren Lebensdauer von $1{,}5 \cdot 10^{-10}$ s.

Omnibus, Kraftomnibus, Autobus, Kurzbezeichnung **Bus,** Kraftfahrzeug für die Beförderung von mehr als neun Personen (einschließlich Fahrer) und ihres Reisegepäcks. Omnibusse werden meist mit einem Dieselmotor, als Unterflur- oder Heckmotor, gebaut oder bei Kleinbussen (maximal 17 Personen) mit einem Ottomotor angetrieben. Der Antrieb kann auch elektrisch über Fahrleitungen (Oberleitungsomnibus) erfolgen. Neuere Entwicklungen sind Omnibusse mit Hybridantrieb, Gasmotoren oder Brennstoffzellen.

Omnivoren [lateinisch], **Allesfresser,** Tiere, die sich sowohl von lebenden als auch toten pflanzlichen und tierischen Substanzen ernähren können; z. B. die Ratte.

On-Board-Diagnose [-bɔːd-], Abkürzung **OBD,** Eigendiagnose bei elektronischen Motorsteuerungen (Motronic, Dieselelektronik) in Personenkraftfahrzeugen. Aufgabe der OBD ist die Überwachung aller Bauteile und Systeme des Motors. Dabei werden Speicher mit Prüfmustern beschrieben und wieder gelesen oder bei Sensoren die Signale innerhalb von Grenzwerten auf Plausibilität geprüft, Stellglieder werden anhand von Stromgrenzwerten überwacht. Mit Einführung der Euro-3-Abgasgrenzwerte werden zusätzlich der Katalysator, die Lamdasonde, das Kraftstoffsystem, das Sekundärluftsystem, die Abgasrückführung und die Tankentlüftung in die Prüfung einbezogen. Die OBD dient darüber hinaus zum Schutz des Motors und seiner Bauteile bei auftretenden Fehlern. Die Elektronik schaltet dann auf ein Notprogramm um; Signallampen, Displays oder akustische Warneinrichtungen machen den Fahrer auf den Fehler aufmerksam. Außerdem wird im Fehlerspeicher des Steuergerätes ein fehlerspezifischer Code gespeichert.

Onkoviren [zu griechisch ónkos »aufgeschwollen«], **Oncovirinae,** vormals den Retroviren zugeordnete RNA-Tumorviren mit insgesamt fünf Gattungen, deren Vertreter u. a. Leukämien und Sarkome bei Wirbeltieren verursachen können (z. B. Rous-Sarkom-Virus). Onkoviren stellen heute keine definierte Virusfamilie mehr dar, da Vertreter ganz unterschiedlicher systematischer Gruppen Krebs verursachen können, darunter neben Retroviren auch Herpesviren und Parvoviren.

Onlinedienste ['ɔnlaɪn-], allgemeine Bezeichnung für Dienstleister und Dienstleistungen, die online (heute in der Regel über das Internet) tätig sind beziehungsweise angeboten werden.

Önologie [zu griechisch oĩnos »Wein«] *die,* Wein- und Weinbaukunde.

Onsager, Lars, amerikanischer Physikochemiker norwegischer Herkunft, * Oslo 27. 11. 1903, † Coral Gables (Florida) 5. 10. 1976; arbeitete über die Leitfähigkeit von Lösungen, über Elektrolyte, Thermodynamik und statistische Mechanik; stellte eine Theorie zur Isotopentrennung auf. Für Untersuchungen zur Thermodynamik irreversibler Prozesse erhielt er 1968 den Nobelpreis für Chemie.

Ontogenie [griechisch] *die,* **Ontogenese,** die →Entwicklung eines Indivuduums.

oo... [griechisch ōón »Ei«, ei...

O|ogamie [griechisch] *die,* Fortpflanzung der Vielzeller durch Eibefruchtung. Der unbewegliche weibliche Gamet (Eizelle) wird vom beweglichen männlichen Gameten (Samenzelle) aufgesucht und befruchtet.

O|ogenese [griechisch] *die,* **Eibildung,** Entwicklung der weiblichen Geschlechtszellen bei Tieren und Mensch. Die diploiden Ureizellen **(Oogonien)** vermehren sich im Eierstock zunächst durch Mitose (Vermehrungsperiode) und wachsen durch Dotterbildung zu **Oozyten** heran (Wachstumsperiode). Menschliche Oozyten sind dotterarm. Aus jeder Oozyte gehen durch →Meiose eine haploide Eizelle und drei (oder nur zwei) Richtungs- oder Polkörperchen hervor.

O|ogonium [griechisch-lateinisch] *das,* **1)** *Botanik:* bei Algen und Pilzen das weibliche Geschlechtsorgan; in ihm entstehen eine oder mehrere Eizellen, die nach Befruchtung zu keimfähigen Zygoten werden.

2) *Zoologie:* die diploide Ureizelle aus der durch →Oogenese die haploide Eizelle entsteht.

Open-Source-Software [əʊpn sɔːs 'sɔftweə; englisch »quelloffene Software«], *Informatik:* Software, deren Quellcode frei zugänglich ist und von allen Benutzern nach ihren Bedürfnissen angepasst, verändert und weiterverbreitet werden darf. Hinter diesem Konzept steht das Bestreben, durch einen beschleunigten Entwicklungsprozess sowie eine schnellere Fehlerbehebung bessere und stabilere Software zu erhalten. Häufig wird Open-Source-Software auch als **freie Software** bezeichnet, was mitunter zu dem Missverständnis führt, »frei« mit »kostenlos« gleichzusetzen. Auch Anbieter kommerzieller Software stellen im Rahmen unterschiedlicher Marketingkonzepte kostenlose Versionen ihrer Produkte zur Verfügung, jedoch ohne den zugehörigen Quellcode.

Open-Source-Software ist lizenzrechtlich geschützt; allerdings gibt es keine einheitliche Open-Source-Lizenz, sondern eine Reihe verschiedener Lizenzmodelle, die sich u. a. hinsichtlich der kommerziellen Verwertbarkeit durch den Programmierer unterscheiden. Durch die 1998 gegründete Open-Source-Initiative sind klare Richtlinien für Open-Source-Lizenzen vorgegeben. Erfolgreiche Beispiele für Open-Source-Software sind das Betriebssystem →Linux und der weltweit am häufigsten eingesetzte Webserver Apache, dessen Entwicklung von der Apache Software Foundation koordiniert wird.

Operationsverstärker, Abkürzung **OPV, OV Rechenverstärker,** englisch **operational amplifier,** universell einsetzbarer linearer Gleichspannungsverstärker mit hoher, idealerweise frequenzunabhängiger innerer Spannungs- und Leistungsverstärkung, hohem Eingangswiderstand und niedrigem Ausgangswiderstand. Operationsverstärker bestehen im Prinzip aus zwei Verstärkerstufen, die auf einem gemeinsamen Ausgang arbeiten. Durch immer vorhandene geringfügige Unsymmetrien ergibt sich eine Verschiebung der Transferkennlinie gegen den Nullpunkt, das heißt, es entsteht eine Offsetspannung, die für jeden Operationsverstärker charakteristisch ist und durch eine Vorspannung am Eingang kompensiert werden kann. Der Operationsverstärker ist ein wichtiger Grundbaustein für die lineare (analoge) Schaltkreistechnik in der Mess-, Steuer-, Regelungs- und Rechnertechnik. Durch Variation der äußeren Beschaltung ergeben sich zahlreiche Schaltungsarten mit unterschiedlichen Eigenschaften, z. B. Konstantspannungs- oder -stromquelle, Impedanzwandler, Messverstärker, Oszillator, aktiver Filter; in der Digitaltechnik: Analog-digital- oder Digital-analog-Umsetzer.

Operon [lateinisch] *das, Genetik:* Funktionseinheit aus benachbarten Strukturgenen, deren Produkte für Stoffwechselvorgänge benötigt werden und deren →Transkription durch eine vorgeschaltete Kontrollregion gemeinsam reguliert wird.

Opossums [englisch, aus Algonkin], **Didelphis,** Gattung bis 50 cm langer (einschließlich des Greifschwanzes 100 cm erreichender), überwiegend grauer und weißlicher rattenähnlicher Beuteltiere mit drei Arten in Nord-, Mittel- und Südamerika.

Oppenheimer ['ɔpənhaɪmə], Julius Robert, amerikanischer Physiker, * New York 22. 4. 1904, † Princeton (New Jersey) 18. 2. 1967; 1947–66 Direktor des Institute for Advanced Study in Princeton. Arbeiten zur relativistischen Quantentheorie und Kernphysik. Unter seiner Leitung wurde 1943–45 die erste Atombombe in Los Alamos hergestellt (→Manhattan-Projekt). Nach Kriegsende sprach er sich (aus technischen und moralischen Gründen)

100562
Robert Oppenheimer

gegen den Bau der Wasserstoffbombe und für eine internationale Kontrolle der Kernwaffen aus. Nach einer Anhörung wegen »kommunistischer Umtriebe« wurde ihm 1954 die Erlaubnis entzogen, an geheimen Projekten mitzuarbeiten; 1963 rehabilitiert.

Optical Disc ['ɔptɪkl 'dɪsk; englisch »optische Scheibe«], die →optische Speicherplatte.

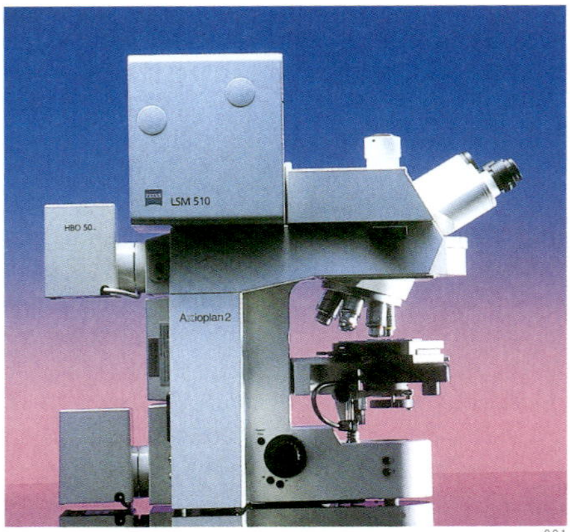

991

Optik. Einblicke in die Welt der mikroskopisch kleinen Strukturen geben Rastermikroskope; beim Laserscanning-Mikroskop wird die Oberfläche des Objekts mit einem fokussierten Laserstrahl abgetastet.

Optik [griechisch] *die,* 1) ursprünglich die Lehre vom sichtbaren →Licht, heute allgemein die Physik optischer Strahlung (elektromagnetische Strahlung vom Ultraviolett bis zum fernen Infrarot) und deren Wechselwirkungen mit Materie.

Die Gesetzmäßigkeiten der Ausbreitung sowie der Emission und Absorption von Licht und die Wechselwirkungsprozesse von Licht mit Materie oder elektrischen (→Elektrooptik) und magnetischen (→Magnetooptik) Feldern sind Untersuchungsobjekt der **physikalischen Optik.** Historisch bedingt wird diese in die klassische Optik (Strahlen- und Wellenoptik) und in die Quantenoptik eingeteilt. Die **geometrische Optik (Strahlenoptik)** umfasst alle Erscheinungen, bei denen der Wellencharakter des Lichtes vernachlässigt werden kann. Sie operiert mit Strahlen als geometrischen Linien, deren Ausbreitungsrichtung durch →Brechung und →Reflexion beeinflusst werden kann und die bestimmte →Abbildungen vermitteln (Abbildungstheorie von C. F. Gauß und E. Abbe). Ihre Gesetze lassen sich als →Elektronenoptik oder Ionenoptik auf die Ausbreitung von Elektronen und Ionen übertragen. Die **Wellenoptik** behandelt die Erscheinungen des Lichtes, die an seine Wellennatur geknüpft sind: →Beugung, →Interferenz, →Kohärenz, →Polarisation; zu ihr gehören ferner elektrooptische, magnetooptische und kristalloptische Erscheinungen (→Kristalloptik). – Effekte, bei denen die Teilchennatur des Lichtes (→Photonen) in den Vordergrund tritt, z. B. der →Fotoeffekt, die Absorptions- und Emissionsspektren der Atome und Moleküle, die Verstärkung von Licht durch stimulierte Emission, der Raman- oder Compton-Effekt, können nur durch die **Quantenoptik** beschrieben werden.

Die **technische Optik** behandelt die Anwendung der Optik zur Lösung von Aufgaben der Informations- und Messtechnik, der Licht- und Beleuchtungstechnik sowie die Entwicklung optischer Instrumente, Bauelemente und Systeme. – Die Entwicklung des →Lasers hat zu neuen Möglichkeiten der lichtoptischen Abbildung und zur Entdeckung zahlreicher neuartiger physikalischer Phänomene geführt, wie →integrierte Optik, →nichtlineare Optik, →adaptive Optik, →Röntgenoptik. Eng verbunden mit den Entwicklungen digitaler Techniken ist die physikalische Optik **(digitale Optik)** heute ein interdisziplinäres Forschungs- und Anwendungsgebiet, mit Bereichen wie →Faseroptik, →Mikrooptik, →optische Datenverarbeitung und →Optoelektronik.

Die **physiologische Optik** behandelt die physikalischen und physiologischen Gesetzmäßigkeiten des Sehens und der Farbempfindung (→Farbensehen).

Die **atmosphärische Optik** beschreibt das Verhalten des Lichtes in der Atmosphäre, z. B. Haloerscheinungen (→Halo), Luftspiegelungen und →Regenbogen.

■ **Geschichte** Mit den Ansätzen der Antike (u. a. Euklids Katoptrik und die Dioptrik des Ptolemäus), den Arbeiten von Alhazen und der Auffindung des richtigen Brechungsgesetzes (W. Snellius 1621; R. Descartes 1629) war bis zum 17. Jahrhundert die Grundlage der geometrischen Optik geschaffen. Ihre Anwendung führte zu Beginn des 17. Jahrhunderts zur Erfindung des Fernrohres und des Mikroskops. Ab der Mitte des 17. Jahrhunderts entwickelten sich die verschiedenen Vorstellungen von der Natur des Lichtes, v. a. die Wellentheorie (u. a. C. Huygens 1678) und die Korpuskulartheorie (I. Newton 1704). Die 2. Hälfte des 19. Jahrhunderts brachte die Erkenntnis der elektromagnetischen Natur des Lichtes (J. C. Maxwell 1864) sowie eine erste atomistische Deutung optischer Erscheinungen mithilfe der Elektronentheorie (H. A. Lorentz 1892–95). Die sich ab der Mitte des 19. Jahrhunderts entwickelnde Spektralanalyse (R. W. Bunsen und G. Kirchhoff 1859) führte zur Auffindung von Spektralserien, deren Begründung dann Aufgabe der Quantentheorie wurde. Diese nahm ihren Ausgang in der Ableitung des planckschen Strahlungsgesetzes der Wärmestrahlung (M. Planck 1900) und wurde durch die von A. Einstein (1905) aufgestellte Lichtquan-

Optik
→ GEO **Dossier**
Neue Wege zur Erleuchtung, Bd. 8

tenhypothese untermauert, mit der man den Fotoeffekt deuten konnte. Damit war gleichzeitig der Welle-Teilchen-Dualismus des Lichtes aufgezeigt.

2) Der Begriff Optik wird auch als Kurzbezeichnung für ein **optisches System,** das heißt die Gesamtheit der bei der Bilderzeugung wirksamen Elemente (Linsen, Prismen, Spiegel) einer optischen Anordnung verwendet.

Optimeter [griechisch-neulateinisch] *das, Technik:* Feinmessgerät für Länge und Dicke.

optische Achse, bei abbildenden optischen Systemen die Symmetrieachse (→Achse).

optische Aktivität, die Eigenschaft mancher fester Stoffe, Flüssigkeiten, Lösungen und Gase, die Schwingungsebene von linear polarisiertem Licht, das sie durchläuft, zu drehen, wobei die Größe des Drehwinkels von der Wellenlänge abhängt und proportional zur Weglänge des Lichts im optisch aktiven Material anwächst. Rechtsdrehung liegt vor, wenn die Polarisationsebene, gegen die Fortpflanzungsrichtung des Lichts gesehen, im Uhrzeigersinn gedreht wird, Linksdrehung, wenn sie diesem entgegen gedreht wird. Verantwortlich für die optische Aktivität ist die →Asymmetrie im Molekülbau. **Racemate** sind optisch aktive Verbindungen, die rechts- und linksdrehende Formen gemischt in gleicher Menge enthalten und deshalb nicht drehen.

optische Datenverarbeitung, optische Informationsverarbeitung, zusammenfassende Bezeichnung für Verfahren, bei denen Licht analog den elektrischen Spannungen oder Strömen in der elektronischen Datenverarbeitung zum Umformen, Speichern und Übertragen von Daten dient. Zur optischen Datenverarbeitung gehören z.B. →optische Speicher, optische Übertragungssysteme (z.B. →Lichtleiter) sowie künftige **optische Computer.** Auf der Basis optisch bistabiler Systeme, bei denen es über ein Intervall einer Eingangsintensität zwei mögliche Systemzustände gibt, können logische Operationen (analog denen in herkömmlichen Computern) über Lichtsignale ausgeführt werden. Neben der bis 10000-mal größeren Schaltgeschwindigkeit bietet die optische Datenverarbeitung die Möglichkeit der Parallelverarbeitung von Informationen, die v.a. für die Entwicklung von optischen Computern von großer Bedeutung ist.

optische Nachrichtentechnik, Teilgebiet der Nachrichtentechnik, das sich v.a. mit der Übertragung, aber auch mit der Verarbeitung und Speicherung von Information unter Verwendung von Licht als physikalischem Trägersignal beschäftigt. Die optische Nachrichtentechnik ist Anwendungsgebiet der →Optoelektronik und eng mit Bereichen wie nichtlineare und integrierte Optik, Lasertechnik, Mikro-, Wellenleiter-, Elektro- und Akustooptik verbunden. Nach der Art der optischen Nachrichtenübertragung unterscheidet man zwischen Freiraumübertragung und Übertragung mithilfe von →Lichtleitern.

optische Pinzette, Laserpinzette, Gerät zur Manipulation kleiner Teilchen (circa 1–100 µm) mittels Laserstrahlen. Eine optische Pinzette besteht aus zwei gegenläufigen Laserstrahlen mit gemeinsamem Brennpunkt, in dem durch die Lichtkraft Teilchen mit höherer Brechzahl als die der Umgebung festgehalten werden und durch seitliche Verschiebung der Laserstrahlen bewegt werden können. Senkrecht zu den Laserstrahlen ist die Beobachtung unter einem Mikroskop möglich. Breite Anwendung finden optische Pinzetten in der Mikro- und Zellbiologie.

optischer Computer [- kɔmˈpju:tər], →optische Datenverarbeitung.

optischer Frequenzkamm, optischer Frequenzkamm-Generator, spezielle Lichtquelle mit einer hohen Zahl diskreter Spektrallinien. Dazu wird aus einem Femtosekundenlaser im infraroten Spektralbereich eine Pulsfolge in eine mikrostrukturierte optische Quarzglasfaser eingekoppelt. Durch nichtlinear-optische Effekte wird in der optischen Faser das Spektrum des Lichts wesentlich verbreitert, es entsteht weißes Licht. Das Spektrum des weißen Lichtes besteht dabei aus unzähligen, eng begrenzten einzelnen Spektrallinien, die grafisch aufgetragen wie die Zinken eines Kamms aussehen. Der Abstand benachbarter Frequenzen ist konstant und eignet sich zur hochpräzisen Messung unbekannter Lichtfrequenzen. Dazu wird das Licht unbekannter Frequenz mit dem Licht des optischen Frequenzkamms überlagert und es entsteht als Schwebung eine charakteristische Schwingung mit wesentlich geringerer Periode, die technisch gemessen werden kann und die Bestimmung der gesuchten Frequenz ermöglicht.

Der optische Frequenzkamm bildet die Grundlage für die Entwicklung von Atomuhren mit erhöhter Präzision, für die weitere Steigerung der Datenraten in der optischen Kommunikation, für die Verbesserung der Genauigkeit bei der Satellitennavigation oder für die exakte Bestimmung von Naturkonstanten.

optischer Speicher, Datenspeicher hoher Speicherkapazität und kurzer Zugriffszeit, dessen Speicherinhalt auf optischem Weg, insbesondere mithilfe von Laserstrahlen, gelesen und aufgezeichnet wird. Zu den optischen Speichern gehören der →holografische Speicher und die →optische Speicherplatte, im weiteren Sinn auch fotografische Speicher und der Mikrofilm.

optisches Glas, für Linsen, Spiegel und Prismen verwendetes Klarglas mit festgelegten Werten der →Brechzahlen. Es muss farb-

1205

Optik.
Moderne Teleskope gehören zu den wichtigsten optischen Beobachtungsinstrumenten der Astrophysik.

los und frei von Blasen, Knoten, Steinchen, Schlieren und Spannungen sein. Man unterteilt grob in das bleifreie **Kronglas** mit relativ niedriger Dispersion und **Flintglas**, ein bleioxidhaltiges Alkaliglas mit hoher Dispersion.

optische Speicherplatte, englisch **optical disc,** kreisförmige Scheibe zur Speicherung digitaler Informationen, die mit einem Laserstrahl in die Speicherschicht eingeschrieben und aus ihr ausgelesen werden. Grundlage der Informationsaufzeichnung bei optischen Speicherplatten ist die Veränderung optischer Eigenschaften, wie Reflexionsverhalten oder Magnetisierung, in kleinen Bereichen (im Durchschnitt etwa 0,5 µm) des Speichermediums, die beim Lesen erkannt und damit ausgewertet werden können. Bei dem bei →CD und →DVD (sowie ihren verschiedenen Formaten) angewandten Verfahren werden Vertiefungen (so genannte Pits) in eine dünne Schicht des Speichermediums eingebrannt, die ein anderes Reflexionsvermögen aufweisen als das umgebende Speichermedium; die Information wird in der Länge und im Abstand der Pits codiert. In der Entwicklung ist der Nachfolger der DVD, →Blu-Ray genannt.

Orang Utan mit Jungtier

optisches Pumpen, von A. Kastler entwickeltes Verfahren, durch Lichteinstrahlung in Materie die Besetzungsdichte bestimmter metastabiler Energiezustände gegenüber dem Gleichgewichtszustand bedeutend zu erhöhen. Anwendung findet das optische Pumpen zur Erzeugung einer Besetzungsinversion insbesondere bei →Lasern.

optische Weglänge, Lichtweg, die auf die Lichtgeschwindigkeit c im Vakuum bezogene Weglänge $n \cdot l$ beim Durchtritt des Lichtes durch ein Medium der Brechzahl n und der Länge l. Der Unterschied der optischen Weglänge zweier kohärenter Teilstrahlen wird als **Gangunterschied** bezeichnet.

Opto|elektronik [griechisch], Gebiet der Elektronik (Grenzgebiet zwischen Optik und Elektronik), das sich mit Anwendungen der Wechselwirkung zwischen optischer Strahlung (Photonen) und elektrischen Ladungsträgern befasst. Physikalische Grundlagen sind v.a. elektrooptische (→Elektrooptik) und magnetooptische Effekte (→Magnetooptik), Fotoeffekte und Lumineszenzerscheinungen. – Vornehmliche Aufgabe der Optoelektronik ist die Entwicklung elektronischer und optischer Bauelemente zur Informationsübertragung und -verarbeitung (→optische Nachrichtentechnik) sowie zur Erzeugung und zum Nachweis optischer Strahlung. Die Optoelektronik hat ihre technische Bedeutung erst mit der Entwicklung von Halbleiterbauelementen erfahren. Als Strahlungssender werden Lumineszenzdioden und Laserdioden, als Strahlungsempfänger Fotodioden, Fotowiderstände und Fototransistoren verwendet. Optoelektronische Bauelemente spielen z.B. in der Lichtleitertechnik eine große Rolle. Ein Teilgebiet der Optoelektronik ist die →integrierte Optik.

Optokoppler, optoelektronisches Bauelement zur Übertragung elektrischer Signale mittels Licht. Optokoppler bestehen aus einem Lichtsender (z.B. Lumineszenzdiode, Halbleiterlaser), einer Übertragungsstrecke für Licht (von Umgebungshelligkeit strahlungsdicht abgeschirmter Raum, gegebenenfalls Lichtleiter) sowie einem Lichtempfänger (z.B. Fotodiode, -transistor, -thyristor, -widerstand).

Optokoppler werden zur rückwirkungsfreien Kopplung und galvanischen Trennung von Stromkreisen, zur Schaltungssicherung (insbesondere bei Verbindung von Mikroprozessorsteuerungen mit elektrischen Maschinen) sowie als Miniaturlichtschranken eingesetzt.

OR [englisch], die logische Verknüpfung »oder« (Disjunktion); in der *Digitaltechnik* Grundfunktion der →Schaltalgebra.

Orang-Utan [malaiisch »Waldmensch«] *der,* **Pongo pygmaeus,** in den Regenwäldern Borneos und Nordsumatras lebende Art der Menschenaffen mit sehr langen Armen, kurzen Beinen, rotbraunem oder gelbbraunem Fell. Die Männchen erreichen eine Scheitelhöhe von 1,5 m, die Weibchen sind wesentlich kleiner. Männchen haben im Alter starke Kehlsäcke. Der Orang-Utan durchwandert (Schwingkletterer) in kleinen Familien das Geäst hoher Bäume, baut sich aus Zweigen ein Schlafnest, ernährt sich von Früchten und Blättern.

Orbital *das, Chemie:* aufgrund quantenmechanischer Überlegungen aus der →Schrödinger-Gleichung abgeleitete Wellenfunktion, die einen Elektronenzustand beschreibt und aus der die räumliche Verteilung der Aufenthaltswahrscheinlichkeit von Elektronen in der Hülle eines Atoms (**Atomorbital,** Abkürzung AO) oder Moleküls (**Molekülorbital,** Abkürzung MO) hervorgeht.

Orchideen [zu Orchis], **Knabenkrautgewächse, Orchidaceae,** Familie ausdauernder einkeimblättriger Pflanzen, meist im tropischen Amerika und Asien, dort vorwiegend als Epiphyten, in Europa nur Bodenpflanzen. Orchideen besitzen verdickte Wurzeln oder Sprossknollen; von den sechs Blütenblättern ist das untere als Lippe ausgebildet, Staubblätter und Griffel sind zu einem Säulchen verwachsen. Die Samen der Kapselfrucht sind staubfein, ohne Nährgewebe und keimen nur bei Anwesenheit bestimmter Pilze.

Alle heimischen Orchideen stehen unter Naturschutz; zu ihnen gehören u.a. Frauenschuh (Cypripedium), Knabenkraut (Orchis), Ragwurz (Ophrys), Riemenzunge (Himantoglossum), Nestwurz (Neottia). Zur Schnittblu-

Orchideen. Bienen-Ragwurz (Ophrys apifera)

mengewinnung werden viele tropische Orchideen unter Glas kultiviert, z. B. Cattleya, Phalaenopsis, Cymbidium, Paphiopedilum.

Ordnung, *Biologie:* in der Systematik eine Einheit zwischen Familie und Klasse.

Ordnungszahl, *Chemie:* **Atomnummer,** Formelzeichen *Z,* Stellenzahl eines chemischen Elements im Periodensystem; stimmt mit der →Kernladungszahl überein.

Organellen, Zellorganellen, in Zellen vorkommende organähnliche Gebilde mit spezifischer Struktur und Funktion, z. B. Mitochondrien, Plastiden.

organische Chemie, Teilgebiet der →Chemie.

organische Elektronik, die →Polymerelektronik.

organische Leuchtdiode, →Lumineszenzdiode.

organische Verbindungen, *Chemie:* die Verbindungen des Kohlenstoffs, ausgenommen die wasserstofffreien Chalkogenide (z. B. CO, CO_2, CS_2; →Chalkogene) und deren Abkömmlinge (z. B. Kohlensäure), die salzartigen und metallischen Carbide sowie die Metallcarbonyle (→Kohlenstoffverbindungen).

Organismus, *Biologie:* Lebewesen, ein- oder mehrzelliger belebter Naturkörper.

organogen [griechisch], **biogen,** organischen Ursprungs, von Organen oder Organismen erzeugt; Organe bildend.

Organometallverbindungen, die →metallorganischen Verbindungen.

Orientierung, *Physiologie:* Fähigkeit von Organismen (Mensch, Tier und Pflanze), sich in Raum und Zeit zurechtzufinden, eine bestimmte Raumlage beizubehalten oder zielgerichtet verändern zu können; beruht v. a. auf verschiedenen Reizen aus der Umwelt, aber auch auf Gedächtnisleistungen beziehungsweise Lernvorgängen.

Ormocere [Kunstwort aus englisch **orga**nically **mo**dified **cer**amics], **Ceramers, Polycerams,** Materialien, die über einen chemischen Syntheseprozess durch Verknüpfung von Bausteinen, die typisch für Gläser oder keramische Materialien (z. B. SiO_2, Al_2O_3, TiO_2) sind, mit organischen Bausteinen (organische oder organofunktionelle Gruppen, Polymerbausteine) hergestellt werden. Damit lassen sich im Gegensatz zu reinen Mischprozessen Homogenitäten bis in den molekularen Bereich herab erzielen und Werkstoffe von hoher Transparenz erzeugen. Ormocere werden v. a. für Beschichtungen (Hartschichten auf Kunststoffen) eingesetzt.

Ornithologie [griechisch] *die,* Wissenschaft von den Vögeln, Vogelkunde.

Ornithose [griechisch] *die,* weltweit verbreitete bakterielle Infektionskrankheit des Wild- und Hausgeflügels (Möwen, Tauben, Hühnervögel) und von Ziervögeln wie Sittichen und Papageien **(Papageienkrankheit, Psittakose),** die v. a. durch Einatmen des Staubs erregerhaltiger Ausscheidungen der befallenen Vögel oder durch direkten Kontakt mit infizierten Tieren auf den Menschen übertragbar ist (Zoonose); der Erreger gehört zur Gattung der Chlamydien (Chlamydia psittaci). Symptome sind Schläfrigkeit, Appetitlosigkeit, Schwäche, Durchfall, Lähmungserscheinungen und Krämpfe. Beim Menschen kommt es nach einer Inkubationszeit von 7 bis 18 Tagen zu grippeartigen Beschwerden oder zu einer hoch fieberhaften Bronchitis, Lungenentzündung und Herz-Kreislauf-Schwäche mit

Ornithologie
→ GEO **Dossier**
Odyssee nach Plan, Bd. 7

Ornithologie
→ GEO **Dossier**
Mein Reich, meine Melodie, Bd. 7

Orchideen.
Phalaenopsis speciosa

teils tödlichem Ausgang. Daneben gibt es symptomarme Formen.

Die *Behandlung* erfolgt medikamentös mit Tetracyclinen, Makrolid-Antibiotika und Chinolonen. Verdachts-, Erkrankungs- und Todesfälle bei Mensch und Tier sind meldepflichtig.

Ørsted ['œrsdɛð], Hans Christian, dänischer Chemiker und Physiker, *Rudkøbing 14. 8. 1777, † Kopenhagen 9. 3. 1851; von Friedrich Schellings (*1775, †1854) Naturphilosophie beeinflusst; entdeckte 1819/20 im Pfeffer das Alkaloid Piperin, beschäftigte sich 1822 mit der Kompressibilität von Gasen und Flüssigkeiten und konstruierte 1822/23 mit Joseph Fourier (*1768, †1830) das erste →Thermoelement. 1820 beobachtete Ørsted während einer Vorlesung die Ablenkung einer Magnetnadel durch elektrische Ströme. André Ampère entwickelte daraufhin die Theorie des Elektromagnetismus für den statischen Fall. Nach Ørsted wurde die nicht gesetzliche Einheit Oersted benannt.

ortho..., *Chemie:* Abkürzung **o-,** Vorsilbe zur Kennzeichnung der 1,2-Stellung von zwei Substituenten bei aromatischen Verbindungen (z. B. beim 1,2- oder o-Dichlorbenzol).

Orthofoto, *Fotogrammetrie:* ein durch orthogonale Parallelprojektion auf einer Ebene gewonnenes Bild eines räumlichen Objekts. Ein Orthobild enthält die Objektinformation in bildhafter Form (wie z. B. eine Fotografie), weist aber einen einheitlichen Maßstab auf und kann wie eine Karte oder ein Plan benutzt werden. Im Allgemeinen muss ein Orthobild durch Differentialentzerrung gewonnen werden. Dazu wird das vorliegende (meist zentralperspektivische) Bild in differentiell kleine Elemente zerlegt, die einzeln in die Parallelprojektion umgebildet werden. Diese Transformation setzt voraus, dass die Oberflächenform des Objekts bekannt ist. Technisch werden Orthobilder heute fast ausschließlich durch digitale Bildverarbeitung hergestellt. Die wichtigste Anwendung ist die Entzerrung zu Orthobildern, wobei die Geländeformen als digitales Geländemodell gegeben sein müssen.

Orthohelium, *Physik:* der Triplettzustand des Heliums. Für angeregte Heliumatome existieren zwei verschiedene Sorten von Energiezuständen (Termsysteme), zwischen denen es nur sehr selten Übergänge gibt. Sie unterscheiden sich dadurch, dass in dem einen System die Spins der beiden Hüllenelektronen des Heliums parallel stehen (Gesamtelektronenspin $S = 1$, **Orthohelium**), im anderen dagegen antiparallel ($S = 0$, **Parahelium**). Die vom Orthohelium emittierten Spektrallinien stellen Tripletts dar, während die Paraheliumlinien Singuletts sind.

orthotrop [zu griechisch tropḗ »(Hin)wendung«], *Pflanzenphysiologie:* senkrecht (ab- oder aufwärts) wachsend; bezogen auf pflanzliche Organe unter dem Einfluss der Erdschwerkraft.

Ortsbestimmung, Ortung, die Feststellung der Position eines Land-, See-, Luft- oder Raumfahrzeuges mithilfe von Himmelskörpern bekannter Koordinaten, ergänzt durch Funk- und optische Peilungen und Radar. (→GPS)

Os, chemisches Symbol für →Osmium.

Osmose Bier nach Einstein

3046

Albert Einstein war eher ein Bierverächter, aber vielleicht würde es ihn trotzdem freuen, wenn er erführe, dass die moderne Herstellungsweise von alkoholfreiem Bier auf den theoretischen Grundlagen der Osmose beruht, die der große Physiker erarbeitet hat. Früher hat man den Gärprozess einfach abgebrochen, bevor ein nennenswerter Anteil Alkohol entstanden war, heute geht man raffinierter vor. Zunächst wird das Bier erhitzt, sodass der Alkohol verdunstet. Biertrinker wissen jedoch, dass warmer Gerstensaft schal schmeckt: Mit dem Alkohol verflüchtigen sich leider auch die Aromastoffe.

Doch dieses nicht schmeckende, aber entalkoholisierte Bier nutzt man nun, um normalem Bier nur den Alkohol zu entziehen. Man lässt die beiden Biere aneinander vorbeiströmen, wobei man sie mit einer halbdurchlässigen Membran trennt. Aufgrund der unterschiedlichen Alkoholkonzentrationen diffundieren Alkoholmoleküle aus dem normal gebrauten Bier durch die Membran zum entalkoholisierten Bier, bis die Konzentrationen im Gleichgewicht sind. Das ausgekochte Bier wird dann erneut erhitzt und wieder an der Membran entlang geführt. Nach und nach erhält man so entalkoholisiertes, aber ungekochtes Bier.

O-Schale, die zur Hauptquantenzahl $n = 5$ gehörende Hauptschale der →Atome, die maximal 50 Elektronen aufnehmen kann.

Osheroff ['ɔʃ-], Douglas Dean, amerikanischer Physiker, * Aberdeen (Washington) 1. 8. 1945; Professor an der Stanford University (Kalifornien); entdeckte 1971 bei Tieftemperaturuntersuchungen eine suprafluide Phase von Helium 3. 1996 erhielt er dafür mit D. M. Lee und R. C. Richardson den Nobelpreis für Physik.

Osmium *das,* chemisches Symbol **Os,** ein Element aus der 8. Nebengruppe des Periodensystems, Ordnungszahl 76, relative Atommasse 190,2, Dichte (bei 25 °C) 22,57 g/cm^3, Schmelzpunkt (3 033 ± 30) °C, Siedepunkt (5 012 ± 100) °C. Osmium ist ein bläulich weißes, sehr hartes, sprödes Edelmetall aus der Gruppe der →Platinmetalle. Nach Iridium ist es das zweitschwerste aller chemischen Elemente. In der Natur kommt es stets zusammen mit den anderen Platinmetallen vor, z. B. in den Mineralen Syssertskit (über 50 % Os) und Newjanskit (30–50 % Os). Osmium wird als Bestandteil sehr harter Legierungen verwendet, z. B. für spezielle elektrische Kontakte, in Legierungen mit Iridium für Schreibfedern, Injektionsnadeln und Dentalinstrumente. Osmium wurde 1804 von Smithson Tennant (* 1761, † 1815) entdeckt.

osmophore Gruppen, Atomgruppierungen, die in Riechstoffen den Geruch bestimmen.

Osmose [griechisch] *die,* die Diffusion zwischen zwei Substanzen (im Allgemeinen Flüssigkeiten) unterschiedlicher Konzentration, insbesondere zwischen zwei gleichartigen Lösungen, durch eine semipermeable Membran. Solche halb durchlässigen Trennwände, die z. B. zur Reinigung oder Anreicherung von Stoffen genutzt werden (Dialyse), lassen kleinere Teilchen (z. B. die des Lösungsmittels) hindurch, halten aber größere (z. B. die des gelösten Stoffes) zurück. Dabei diffundieren mehr Moleküle in die stärker konzentrierte Lösung als umgekehrt, die daher so lange verdünnt wird, bis sich gleich viele Lösungsmittelmoleküle in beide Richtungen bewegen. Der dann auf der Seite der schwächer konzentrierten Lösung herrschende hydrostatische Überdruck wird als **osmotischer Druck** bezeichnet. Er ist mithilfe einer **pfefferschen Zelle** messbar (W. Pfeffer, 1877): Durch Diffusion des Lösungsmittels in die Lösung steigt diese in einem Steigrohr; die Steighöhe ist dabei ein Maß für den osmotischen Druck. Dieser kann auch als derjenige Druck gedeutet werden, den die in der Lösung befindlichen Moleküle des gelösten Stoffes auf die für sie undurchlässige Membran ausüben. Für den osmotischen Druck p einer stark verdünnten (idealen) Lösung gilt die Zustandsgleichung idealer Gase, das heißt, er ist gleich dem Gasdruck, der sich einstellen würde, wenn der gelöste Stoff als Gas bei gleicher Temperatur T das Volumen V der Lösung ausfüllen würde: $p = nRT/V$ (**Van't-Hoff-Gesetz;** R Gaskonstante, n/V Konzentration in mol/l). – Lösungen mit gleichem osmotischen Druck heißen **isotonisch.** Befinden sich verschiedene Flüssigkeiten zu beiden Seiten der Trennwand, spricht man von **Diosmose.** Wird z. B. ein mit Alkohol gefüllter Tonzylinder in ein Gefäß mit Wasser gestellt, so dringt der Alkohol durch die Trennwand nach außen und das Wasser nach innen; dabei kann die Durchtrittsgeschwindigkeit für beide Flüssigkeiten verschieden groß sein.

Da auch die Zellmembranen semipermeabel sind, entsteht ein osmotischer Druck auch in lebenden Zellen. Die Osmose ist besonders für Pflanzenzellen wichtig. Sie bewirkt den Stofftransport, reguliert den Wasserhaushalt und erzeugt einen Innendruck (Turgor), der der Pflanze Form und Stabilität verleiht.

Bei Tieren und beim Menschen wird die Konstanthaltung des osmotischen Drucks in Blut und Gewebeflüssigkeit als **Osmoregulation** bezeichnet. Sie erfolgt über Steuerung der Aufnahme und Abgabe von Wasser und Mineralen sowie durch Ausscheidung osmotisch aktiver Stoffwechselprodukte (z. B. Harnstoff). Der Osmoregulation dienen Osmorezeptoren, hormonale Steuereinrichtungen und Organe mit resorptiven und exkretorischen Leistungen (Niere, Haut, Schleimhäute).

Ossifikation [lateinisch] *die,* **Knochenbildung,** Vorgang der Ausbildung des Knochengewebes und der Knochenentwicklung.

Ostwald, Wilhelm, deutscher Chemiker, Physiker und Philosoph, * Riga 2. 9. 1853, † Großbothen (Muldentalkreis) 4. 4. 1932; war 1883–87 Professor für Chemie in Riga, 1887–1906 Inhaber des ersten deutschen Lehrstuhls für physikalische Chemie in Leipzig. Ostwald entdeckte 1888 das nach ihm benannte **Verdünnungsgesetz,** für organische Säuren. Für seine Verdienste um die Erforschung der Katalyse erhielt er 1909 den Nobelpreis für Chemie. In weiteren Arbeiten beschäftigte sich Ostwald mit der Theorie der Farben und Farbwirkungen.

Die Verfahren zur Produktion von Schwefelsäure, dem Grundstoff der anorganischen großindustriellen Chemie, sind Musterbeispiele für Ostwalds Aussage in seinem Vortrag anlässlich der Verleihung des Nobelpreises, dass »ganz allgemein die Technik keineswegs zu warten pflegt, bis die Wissenschaft eine Sache theoretisch in Ordnung gebracht hat, um sie zu benutzen. Vielmehr genügt es zunächst, wenn der Vorgang selbst in seiner Gesetzmäßigkeit individuell bekannt ist, dass man ihn beliebig hervorbringen und quantitativ regeln kann.« Ostwald hat mit seinen Arbeiten auf dem Gebiet der chemischen Kinetik maßgeb-

Wilhelm Ostwald
*** 1853, † 1932**

100977

- beschrieb das Prinzip der Katalyse
- führte grundlegende Untersuchungen auf dem Gebiet der Reaktionskinetik durch
- erhielt 1909 den Nobelpreis für Chemie

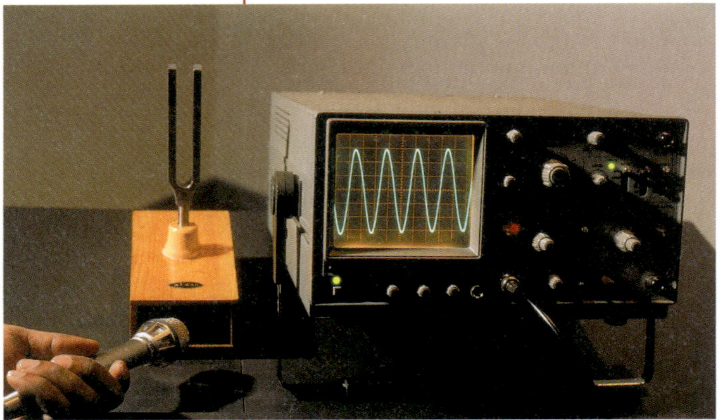

Oszilloskop

lich dazu beigetragen, dass chemische Reaktionen besser zu steuern und zu beherrschen sind.

Ostwald war Initiator und Mitbegründer (1887) der Zeitschrift für physikalische Chemie« und begründete 1889 die Schriftenreihe »Klassiker der exakten Wissenschaften«. Seit Mitte der 1890er-Jahre beschäftigte er sich zunehmend mit philosophischen Fragen und entwickelte eine von ihm als Energetik bezeichnete Lehre. 1901–14 gab er die «Annalen der Naturphilosophie« heraus; 1911–15 stand er dem von Ernst Haeckel 1906 begründeten Monistenbund vor. Ostwald trat für eine gründliche naturwissenschaftliche, auf die Praxis bezogene Ausbildung ein. 1911–13 leitete er die von ihm gegründete Organisation «Die Brücke – Internationales Institut zur Organisierung der geistigen Arbeit«.

Oszillation [lateinisch] *die, Physik, Technik:* die →Schwingung.

Oszillator [lateinisch] *der,* **1)** *Elektrotechnik, Elektronik:* Gerät (Schaltung) zur Erzeugung elektrischer Schwingungen. Die Grundstruktur besteht aus einem Verstärker und einem frequenzabhängigen Rückkopplungsnetzwerk, z. B. ein Schwingkreis, der mithilfe eines Verstärkers entdämpft wird. Nach der Frequenz der Oszillatoren unterscheidet man NF-Oszillatoren, HF-Oszillatoren und Mikrowellenoszillatoren.

2) *Physik:* schwingungsfähiges physikalisches System (Massenpunkt, Ladung u. a.). Wird der Schwingungszustand durch die zeitliche Änderung nur einer einzigen physikalischen Größe beschrieben, so liegt ein **linearer Oszillator** vor. Ein wichtiger Spezialfall ist der →harmonische Oszillator.

Oszilloskop [lateinisch-griechisch] *das,* **Elektronenstrahloszilloskop, Kathodenstrahloszilloskop,** elektronisches Messgerät, mit dem der zeitliche Verlauf elektrischer Spannungen auf einem Bildschirm sichtbar gemacht werden kann. Zur Aufzeichnung der elektrischen Vorgänge dienen Oszillografen. Ein Oszilloskop besteht im Prinzip aus einer Elektronenstrahlröhre, der Zeitablenkeinrichtung, verschiedenen Verstärkern und dem Bildschirm. In der Elektronenstrahlröhre emittiert eine Glühkathode frei bewegliche Elektronen, die beschleunigt und gebündelt (fokussiert) werden, zwei senkrecht zueinander stehende Plattenpaare (*X*- und *Y*-Ablenkung) durchlaufen und an der Aufprallstelle die Leuchtschicht des Bildschirms anregen. Die vielseitigen Verwendungsmöglichkeiten des Oszilloskops ergeben sich daraus, dass bei Anlegen zweier veränderlicher Spannungen an die Ablenkplatten deren gegenseitige Abhängigkeit auf dem Bildschirm sichtbar gemacht werden kann. Üblicherweise legt man die Messgröße an die (vertikal ablenkenden) *Y*-Platten und schließt an die (horizontal ablenkenden) *X*-Platten eine periodische, proportional mit der Zeit ansteigende Sägezahnspannung an. Legt man an beide Ablenksysteme je eine periodische Spannung, so entstehen bei ganzzahligem Verhältnis der Frequenzen auf dem Leuchtschirm geschlossene Kurven (→Lissajous-Figuren), die Aufschlüsse über das Verhältnis von Wechselstromgrößen geben können. Mehrere gleichzeitig ablaufende Vorgänge stellt man durch periodische elektrische Umschaltung von einem Vorgang auf den anderen mithilfe eines Mehrkanalverstärkereinschubs (Chopperbetrieb oder alternierender Betrieb) oder mit einem Zweistrahloszilloskop beziehungsweise Vierstrahloszilloskop dar, bei denen mehrere Elektronenstrahl- und Ablenkplattensysteme in eine Röhre eingebaut sind. Moderne Oszilloskope weisen neben analog arbeitenden Zusatzeinrichtungen (z. B. Verstärker, Spektrumanalysatoren, Kennlinienschreiber) auch digitale Geräte (z. B. Digitalvoltmeter, Zähler, Frequenzmessgeräte) auf, mit denen hochgenaue Amplituden- und Zeitmessungen durchgeführt werden können. Speicheroszilloskope, deren Bildröhre mit einem speziellen Leuchtschirmmaterial ausgerüstet ist, können ein Oszillogramm für einige Stunden auf ihrem

Otter. Fischotter

Bildschirm speichern. Beim digitalen Speicheroszilloskop werden die Augenblickswerte schrittweise aufgenommen, gespeichert und als Punktfolge auf dem Bildschirm dargestellt.

Otter, Lutrinae, fast weltweit verbreitete Unterfamilie der Marder mit dichtem, wasserundurchlässigem Fell, verschließbaren kurzen Ohren und Schwimmhäuten zwischen den Zehen. Der in fast ganz Eurasien verbreitete, mit Schwanz bis 1,3 m lange, dunkelbraune, in Deutschland geschützte **Fischotter** (Lutra lutra) frisst Wassertiere. Verwandte sind der südamerikanische **Riesenotter** (Pteronura brasiliensis) und der **Seeotter** (**Meerotter, Kalan,** Enhydra lutris), der in nordpazifischen Küstengewässern lebt; wegen seines Felles stark bejagt, jedoch durch internationale Schutzmaßnahmen vor Ausrottung bewahrt.

Otto, Nicolaus August, deutscher Maschinenbauer und Unternehmer, *Holzhausen a. d. Haide (bei Nassau) 14. 6. 1832, † Köln 26. 1. 1891; gründete 1864 mit E. Langen die Gasmotorenfabrik Deutz (Name ab 1872), erfand 1867 zusammen mit E. Langen einen atmosphärischen Gasmotor und 1876 den Viertaktgasmotor mit verdichteter Ladung und Fremdzündung (→Ottomotor), der das Vorbild für den gesamten weiteren Verbrennungsmotorenbau gab.

Ottokraftstoffe [nach N. A. Otto], gasförmige oder verdampfbare Kraftstoffe, die zum Betrieb von Motoren mit Fremdzündung (→Ottomotor) geeignet sind. Die wichtigsten Komponenten für Ottokraftstoffe sind die aus Erdöl hergestellten, allgemein Benzin genannten Kohlenwasserstoffgemische wie Leichtbenzin, Crackbenzin, Reformatbenzin, Pyrolysebenzin usw. Die Qualitätsanforderungen für Ottokraftstoffe sind in Deutschland nach DIN EN 228 festgelegt. **Normalbenzin** und **Superbenzine** (»Normal«, »Super« und »Super Plus«) unterscheiden sich durch ihre Klopffestigkeit (→Oktanzahlen). Die Erhöhung der Oktanzahlen kann durch Zusatz von →Antiklopfmitteln erreicht werden. Die Zumischung von Bleialkylen als Antiklopfmittel ist in Deutschland seit 1996 nicht mehr zulässig. Unverbleiter Ottokraftstoff **(bleifreies Benzin)** hat einen Bleigehalt bis 0,013 g/l. Aus Umweltschutzgründen wird der Einsatz von Alternativkraftstoffen (z. B. →Biokraftstoff) und schadstoffarmen Kraftstoffen mit einem Benzolgehalt von ≤ 1 % (»Ökobenzin«) gefordert und gefördert. Die Fahrzeugindustrie bevorzugt uneinheitlich unterschiedliche Alternativen, z. B. Flüssiggas, Methanol, Erdgas, Wasserstoff, Elektroantrieb sowie die Brennstoffzelle.

Ottomotor [nach N. A. Otto], als Hub- oder Kreiskolbenmaschine ausgebildeter →Verbrennungsmotor mit äußerer (außerhalb des Brennraums hervorgerufener) Gemischbildung, bei dem →Ottokraftstoffe als Treibstoffe verwendet werden; als Zweitakt- oder Viertaktmotor ausgeführt. Das Kraftstoff-Luft-Gemisch wird entweder in einem →Vergaser (bei Gasmotoren in einem Gasmischer) oder bei Einspritzottomotoren durch Einspritzen von Benzin in das Ansaugrohr erzeugt. Vom abwärts gehenden Kolben angesaugt, strömt das Gemisch in den Brennraum. Dort wird es durch den Kolben auf Drücke bis zu 30 bar verdichtet und dann durch die Zündkerze entzündet. Die Flamme durchläuft den Brennraum mit Geschwindigkeiten von 20–30 m/s, wobei Temperaturen von 2 000–2 500 °C und Drücke bis 70 bar auftreten. Dadurch wird der Kolben nach unten gedrückt und verrichtet Arbeit. Da Kraftstoff-Luft-Gemische nur bei einem Luftverhältnis λ (Verhältnis von zugeführter Luftmenge zum theoretischen Luftbedarf) zwischen 0,8 und 1,2 zündfähig sind, müssen zur Leistungsregelung des Ottomotors Luft- und Kraftstoffmenge gleichzeitig verändert werden (höchste Leistung bei leichtem Luftmangel, $\lambda \approx 0{,}9$; geringster Kraftstoffverbrauch bei $\lambda \approx 1{,}1$). Dies geschieht sowohl bei Vergasermotoren als auch bei Einspritzottomotoren mit einer Drosselklappe.

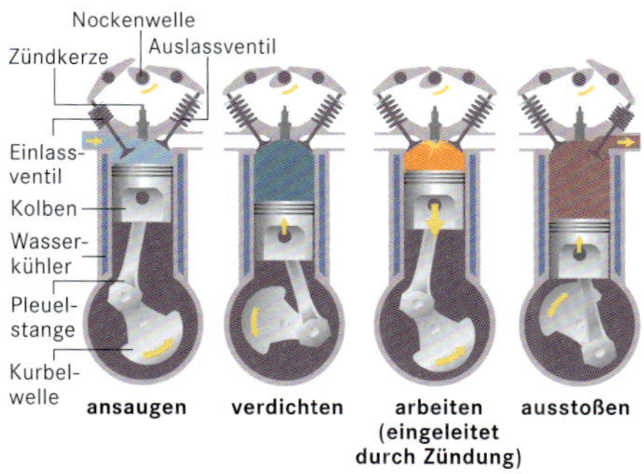

Ottomotor. Viertaktverfahren

Der Ottomotor ist bei gleichem Hubraum leichter als der Dieselmotor und erreicht höhere Leistungen, wird daher v. a. für Pkw sowie als Flug- und Außenbordmotor verwendet. Bei Kraftfahrzeugen mit →Katalysator lässt sich bei Ottomotoren die Emission von Kohlenmonoxid (CO), Kohlenwasserstoffen und Stickoxiden (NO_x) um bis zu 90 % verringern. Die zukünftige Entwicklung von Ottomotoren zielt auf Verbesserung des Wirkungsgrads und Verminderung der Schadstoff- und der Geräuschemission.

Overdrive [ˈəʊvədraɪv, englisch] *der,* beim Pkw Schnellgangzusatzgetriebe (→Kraftwagengetriebe), das bei höherer Geschwindigkeit automatisch schaltet und die Motordrehzahl herabsetzt.

Oviparie [lateinisch] *die,* Ablage von Eiern, und zwar im engeren Sinn von Eiern, die noch unbefruchtet sind (z. B. bei Fischen, Amphibien) oder beim Ablegen befruchtet werden (z.B. bei Insekten). Die Ablage von befruchteten Eiern, die bereits mehr oder weniger weiterentwickelt sind, heißt **Ovoviviparie.**

Oxid [französisch, zu griechisch oxýs »scharf«, »sauer«], früher **Oxyd,** *das,* chemische Verbindung eines Elements mit Sauerstoff, in der dieser in der Regel der elektronegative Bestandteil ist (nur bei den Sauerstoffverbindungen des Fluors ist Sauerstoff der elektropositive Bestandteil). Nach der Anzahl der Sauerstoffatome im Molekül des Oxids spricht man von Monoxid, Dioxid, Trioxid, Tetroxid usw. Oxide mit zusätzlichem Gehalt an Sauerstoff sind die →Peroxide und die →Hyperoxide. Nach der Reaktion der Oxide mit Wasser unterscheidet man Säure bildende (z.B. Schwefeltrioxid), Basen bildende (z.B. Oxide der Alkalimetalle), amphotere (z.B. Aluminiumoxid) sowie indifferente Oxide (z.B. Kohlenmonoxid).

Oxidanzi|en, *Singular das,* **Oxidans, Oxidationsmittel,** →Oxidation.

Oxidasen, Elektronen übertragende Enzyme, die bei vielen tierischen und pflanzlichen Stoffwechselvorgängen wichtig sind.

Oxidation *die,* im engeren Sinn die Reaktion chemischer Elemente oder Verbindungen mit Sauerstoff (z.B. Verbrennung von Kohlenstoff, Korrosion von Eisen), auch die Abspaltung von Wasserstoff aus chemischen Verbindungen. Im weiteren Sinn bedeutet Oxidation die Elektronenabgabe von Elementen, Ionen oder Verbindungen, sodass sich deren Oxidationszahl erhöht; die Elektronen werden dabei von anderen Substanzen, den **Oxidationsmitteln (Oxidanzien),** aufgenommen, die gleichzeitig reduziert werden. Der der Oxidation entgegengesetzte (und stets mit ihr gekoppelte) Prozess ist die →Reduktion.

Oxidationsvorgänge zählen zu den häufigsten chemischen Reaktionen, besonders die durch den Luftsauerstoff bewirkte atmosphärische Oxidation (z.B. von Metalloberflächen, Fetten, Kunststoffen).

$$H_2C{=}CH_2 + 2\,HCl + 1/2\,O_2 \xrightarrow{CuCl_2} CH_2Cl{-}CH_2Cl + H_2O$$

Oxychlorierung. Reaktion von Ethylen zu 1,2-Dichlorethan

Oxidationszahl, Oxidationsstufe, Kenngröße zur Charakterisierung einzelner Atome in einer Verbindung. Sie bezieht sich auf den Ladungsanteil, den das betreffende Atom an einem gemeinsamen Elektronenpaar hat. Grob vereinfacht dargestellt, gibt ein Bindungspartner seine Elektronen ab, der andere nimmt sie auf. Die Oxidationszahl (mit Vorzeichen) gibt an, wie viel Elektronen das Atom abgibt beziehungsweise aufnimmt. Bei Ionen entspricht diese Beschreibung dem tatsächlichen Geschehen. Die Oxidationszahl entspricht der jeweiligen Ladung des Ions. Bei kovalenten Atombindungen ist es jedoch eine stark vereinfachende Betrachtung. Für die Aufstellung von Redoxgleichungen ist die Oxidationszahl für Chemiker ein wichtiges Hilfsmittel.

Oxidimetrie [griechisch] *die,* **Redoxtitration,** Sammelbezeichnung für alle Verfahren der Maßanalyse, denen Oxidations- und Reduktionsvorgänge (Redoxreaktionen), die rasch und quantitativ verlaufen, zugrunde liegen. Oxidimetrische Verfahren sind u.a. die **Bromometrie** (Oxidationsmittel Brom), die **Jodometrie** (Oxidationsmittel Jod), die **Manganometrie** (Oxidationsmittel Kaliumpermanganat) und die **Titanometrie** (mit dreiwertigen Titanverbindungen als Reduktionsmittel).

oxidkeramische Werkstoffe, zu den nichtmetallisch-anorganischen Werkstoffen zählende Materialien, v.a. die hochschmelzenden Aluminium-, Zirkon- und Magnesiumoxide; besitzen große Härte, Festigkeit und Isolierfähigkeit.

Oxidoreduktasen, Bezeichnung für eine der sechs Hauptgruppen der →Enzyme. Oxidoreduktasen katalysieren Redoxreaktionen, sind im pflanzlichen und tierischen Stoffwechsel, besonders bei Energie liefernden Abbauprozessen wichtig.

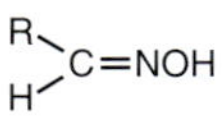

Aldoxim

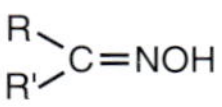

Ketoxim

Oxime

Oxime [Kunstwort], Bezeichnung für organische Verbindungen mit der allgemeinen Formel RR'C=N–OH (R und R' Alkyl- oder Arylrest beziehungsweise Wasserstoff; chemisch Isonitrosoverbindungen), die unter Abspaltung von Wasser aus Aldehyden **(Aldoxime)** oder Ketonen **(Ketoxime)** und Hydroxylamin entstehen. Da Oxime meist gut kristallisieren und sich leicht wieder spalten lassen, werden sie zur Isolierung und Reinigung der Aldehyde und Ketone verwendet.

Oxiran *das,* das →Ethylenoxid.

Oxo... [gekürzt aus Oxygenium], *Chemie:* Bezeichnung der chemischen Nomenklatur, die bei organischen Verbindungen ein an ein Kohlenstoffatom doppelt gebundenes Sauerstoffatom (z.B. in den Oxocarbonsäuren), bei komplexen anorganischen Verbindungen das Vorhandensein von an ein Zentralatom als Liganden gebundenen Sauerstoffatomen anzeigt.

Oxocarbonsäuren, früher **Ketonsäuren, Ketocarbonsäuren,** Carbonsäuren, in denen die Wasserstoffatome einer oder mehrerer CH_2-Gruppen durch ein doppelt gebundenes Sauerstoffatom ersetzt sind, z.B. Acetessigsäure, Lävulinsäure (4-Oxopentansäure).

Oxosynthese, Hydroformylierung, technisch wichtige Reaktion von Alkenen mit Kohlenmonoxid und Wasserstoff zu Aldehyden. Diese **Oxoaldehyde** werden meist durch Hydrierung zu Alkoholen **(Oxoalkohole)** weiterverarbeitet.

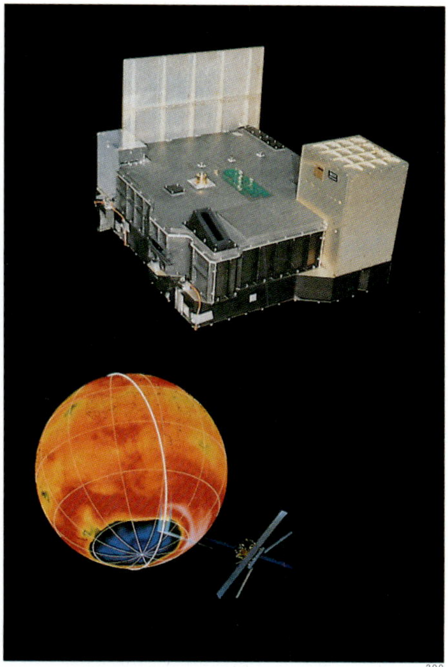

209

Ozon. Ozonmessung mit Satelliten; hier der ERS-2 (unten), der mit einem GOME-Instrument (Globales Ozon-Mess-Experiment, oben) ausgestattet ist

Oxy... [griechisch], *Chemie:* 1) veraltete Bezeichnung für Hydroxy... in Namen organischer Verbindungen; bedeutet heute, dass ein Sauerstoffatom an zwei Atome gebunden ist, die nicht anders miteinander verknüpft sind; wird zur Kennzeichnung von Resten der Form -OR verwendet (R = Alkyl- oder Aryl-Rest; z. B. Methoxy..., Phenoxy...); 2) in der anorganischen Chemie früher zur Kennzeichnung von Oxidsalzen verwendet (z. B. Wismutoxychlorid, heute: Wismutchloridoxid).

Oxychlorierung, Reaktion organischer Verbindungen mit Sauerstoff und Chlorwasserstoff.

Oxyd [griechisch] *das,* früher für →Oxid.

OZ, Abkürzung für →Oktanzahlen.

Ozean [griechisch ōkeanós] *der,* das →Meer.

Ozeanarium [griechisch-lateinisch-neulateinisch] *das,* größeres Meerwasseraquarium.

Ozeanografie [griechisch] *die,* **Ozeanographie,** die →Meereskunde.

Ozon [griechisch »das Duftende«] *der,* fachsprachlich *das,* aus dreiatomigen Molekülen (O_3) bestehende Form des Sauerstoffs; in hoher Konzentration tiefblaues Gas (Siedepunkt -111,9 °C, Schmelzpunkt -192,5 °C) mit durchdringendem Geruch, das sich unter Einwirkung von atomarem Sauerstoff auf molekularen Sauerstoff bildet, aber leicht wieder gemäß $O_3 \rightleftharpoons O_2 + O$ und $2\,O \rightarrow O_2$ zerfällt. Durch das Auftreten atomaren Sauerstoffs ist Ozon eines der stärksten Oxidationsmittel und in höheren Konzentrationen stark giftig. Ozon wird als Oxidations- und Bleichmittel sowie bei der Wasseraufbereitung anstelle von Chlor als Desinfektionsmittel verwendet.

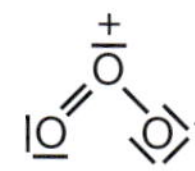

Ozon

Ozon bildet sich überall dort, wo durch Energiezufuhr (u. a. bei der Einwirkung energiereicher Strahlung oder bei elektrischen Entladungen) Sauerstoffatome aus Sauerstoffmolekülen freigesetzt werden, die dann mit weiteren Sauerstoffmolekülen reagieren. In der Stratosphäre, in einer Höhe von etwa 20–35 km, der **Ozonschicht** der Atmosphäre, bildet sich Ozon aus molekularem Sauerstoff unter dem Einfluss der kurzwelligen UV-Strahlung der Sonne. Es zerfällt zwar durch Absorption von UV-Strahlung sofort wieder, doch lagert sich der dabei frei werdende atomare Sauerstoff erneut an molekularen Sauerstoff an, sodass in der Ozonschicht ein Gleichgewicht zwischen Auf- und Abbau von Ozon besteht. Diese Ozonschicht ist äußerst wichtig, weil sie den größten Teil der UV-Strahlung zurückhält. Nur ein kleiner Teil der UV-Strahlung durchdringt sie und gelangt auf die Erdoberfläche. In geringen Mengen ist diese Strahlung lebensnotwendig (der menschliche Körper benötigt sie zur Herstellung des Vitamins D), in größeren ruft sie jedoch Schädigungen (Sonnenbrand, Hautkrebs) hervor.

Ebenso wichtig ist der klimatische Effekt: Bei der Strahlungsabsorption wird zugleich Strahlungsenergie in Wärmeenergie umgesetzt; daraus erklärt sich die Temperaturzunahme in der Stratosphäre. Das Ozon spielt

880

Ozon. Bei hohen Ozonwerten im Sommer werden Tempolimits für Kraftfahrzeuge festgesetzt oder zeitweise auch Fahrverbote erteilt.

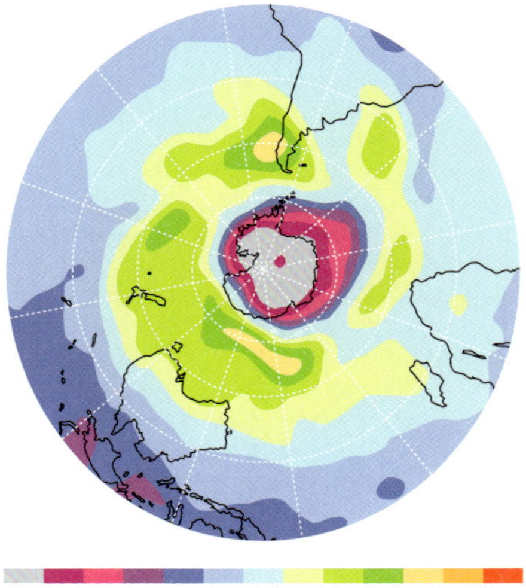

Ozonloch. Im Jahr 2003 hatte das Ozonloch über der Antarktis am 15. 10. seine größte Ausdehnung (Angabe der Ozonsäulendichte in Dobson-Einheiten).

also eine wichtige Rolle im Wärmehaushalt der Atmosphäre. Eine Verminderung des Ozongehaltes in der Stratosphäre hat weitreichende Folgen für das Klima und für das gesamte Leben **(Ozonloch).**

Davon zu unterscheiden ist das bodennahe Ozon, das in den unteren Schichten der Erdatmosphäre vorkommt. Es entsteht in erhöhter Konzentration, wenn energiereiche UV-Strahlung auf sauerstoffreiche Gase, z. B. Stickoxide oder flüchtige organische Verbindungen, einwirkt **(Fotooxidanzien).** Dies ist v. a. in Gebieten mit starker Abgasbelastung der Fall. Ozon gilt deshalb als sekundärer Luftschadstoff (Luftverunreinigungen) und führt in Smogsituationen zu gesundheitlichen Schädigungen bei Mensch, Tieren (v. a. Reizung der Schleimhäute) und Pflanzen (Bleichflecken), ferner zu Schäden an organischen Substanzen wie Textilien, Gummi, Leder, Anstrichen. Bei zu hohen Ozonwerten **(Ozonalarm)** können gegebenenfalls Geschwindigkeitsbeschränkungen für Kraftfahrzeuge festgelegt oder ein kurzzeitiges Fahrverbot angeordnet werden.

Ozonloch, Bezeichnung für unnatürlich niedrige Ozonkonzentrationen über den Polargebieten nach Ende der Polarnacht. Die Ozonschicht wird durch chemische oder physikalische Einwirkung von der Erde aus nachteilig beeinflusst. Als eine der Hauptursachen für die Schädigung gelten die Fluorchlorkohlenwasserstoffe. Sie steigen nach ihrer Freisetzung langsam in die Atmosphäre auf und erreichen nach 10–15 Jahren die Stratosphäre. Dort zerbrechen sie und setzen reaktionsfreudige Chloratome frei, die mit dem Ozon reagieren. Das Ozonloch ist zu unterscheiden von so genannten Minilöchern, einer kurzzeitigen Ozonabnahme aufgrund dynamischer Ursachen. Seit 1968 nahm die Ozonschicht über der Antarktis im Oktober (Südfrühjahr) beständig ab, neueren Messungen zufolge ist die Zerstörung seit 1996 jedoch nicht weiter voran geschritten, was sich besonders mit ersten Erfolgen des 1987 verabschiedeten Montreal-Protokolls, welches den Verzicht auf die Produktion von Halonen und FCKW festschreibt, erklären lässt. Über der Arktis wurden unnatürlich niedrige Ozonsäulendichten (Rückgang um 10–20 %) erstmals im Frühjahr 1993 beobachtet, allerdings war die Abnahme der Ozonschicht deutlich geringer als über der Südhemisphäre.

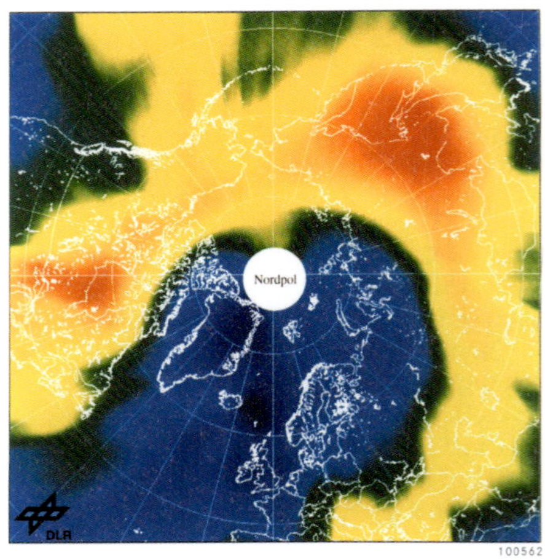

100562

Ozonloch über der Arktis

P

p, P [peː] *das,* **1)** *Chemie:* 1) Abkürzung **p-** für para...; 2) P, chemisches Symbol für →Phosphor.

2) *Formelzeichen: p* für Druck; *p* für Impuls und elektrisches Dipolmoment; *P* für Leistung und Parität, ***P*** für elektrische Polarisation.

3) *Physik:* **p,** Symbol für das →Proton.

4) *Vorsatzzeichen:* p für →Piko, P für →Peta.

Pa, 1) chemisches Symbol für →Protactinium.

2) Einheitenzeichen für →Pascal.

PA, *Chemie:* Abkürzung für →Polyamide.

p. a., *Chemie:* Abkürzung für pro analysi (analysenrein).

Paarbildung, Paarerzeugung, die gleichzeitige Entstehung eines Teilchens und seines Antiteilchens bei der Wechselwirkung hochenergetischer Elementarteilchen mit Materie. Ein Beispiel ist die spontane Umwandlung eines Lichtquants (Röntgen- oder Gammaquant), dessen Energie nach der →Äquivalenz von Energie und Masse mindestens so groß ist wie die doppelte Ruheenergie eines Elektrons, in ein Elektron-Positron-Paar im starken Coulomb-Feld eines Atomkerns. Wegen der Erhaltungssätze von Energie und Impuls ist Paarbildung nur dann möglich, wenn auf einen weiteren Reaktionspartner, z. B. einem Atomkern, Impuls übertragen werden kann. Die überschüssige Energie des Strahlungsquants wird als kinetische Energie auf die erzeugten Teilchen verteilt. Der umgekehrte Vorgang ist die Vernichtung eines Teilchen-Antiteilchen-Paares, z. B. eines Elektrons und eines Positrons **(Paarvernichtung, Annihilation, Zerstrahlung)** unter Aussendung von zwei oder drei Photonen **(Vernichtungsstrahlung).**

Paarhufer, Paarzeher, Artiodactyla, Säugetierordnung (Nichtwiederkäuer, Schwielensohler, Wiederkäuer), bei der der dritte und vierte Zeh und der Mittelfußknochen besonders stark entwickelt sind; der erste Zeh fehlt stets.

Paarung, *Biologie:* die →Begattung.

Paarvernichtung, *Physik:* →Paarbildung.

Pädogenese [griechisch] *die,* Fortpflanzungsform, bei der sich bereits die Jugendform durch unbefruchtete Eier vermehrt (z. B. einige Gallmücken).

Padouk [paˈdaʊk] *das,* **Padauk, Padu,** das Holz des Flügelfruchtbaums, hartes, schweres Konstruktionsholz; für Parkett, Furniere.

Pager [ˈpeɪdʒə, englisch] *der,* **Funkrufempfänger,** *Telekommunikation:* kleines mobiles Empfangsgerät, das einen eintreffenden Ruf durch akustische und optische Signale auf einem Display anzeigt. Alphanumerische Pager können außer Ziffern auch Texte übermitteln, die zusätzlich in einen Speicher abgelegt werden und zeitlich versetzt abgerufen werden können.

PAK, Abkürzung für polyzyklische aromatische Kohlenwasserstoffe (→polyzyklische Aromaten).

PAL [Abkürzung für englisch phase alternating line, »die Phase wechselnde Zeile«], Farbfernsehsystem, das von W. Bruch in den 1950er-Jahren als Verbesserung des amerikanischen NTSC-Systems entwickelt wurde (→Farbfernsehen); in der Bundesrepublik Deutschland ab 1967 eingeführt. Bei PAL werden im Übertragungsweg entstehende störende Einflüsse kompensiert, die Farbfehler bei der Wiedergabe verursachen würden. Hierzu wird ein mit den Farbsignalen amplitudenmodulierter Farbträger in Sender und Empfänger von Zeile zu Zeile umgepolt. Da sich die Fehler von Zeile zu Zeile dadurch in entgegengesetzter Richtung auswirken, lassen sie sich durch Mittelung aufheben.

Die 1994 unter dem Namen **PALplus** (»Breitwandformat«) eingeführte verbesserte PAL-Norm arbeitet mit einem Bildformat (Breite-Höhe-Verhältnis) von 16:9 (vorher 4:3). Wie PAL benutzt PALplus eine Bildauflösung von 625 Zeilen, beide Verfahren sind zueinander kompatibel. Farb- und Helligkeitssignale können bei PALplus exakter getrennt werden, sodass Cross-Colour-Effekte (flimmernde Farbüberlagerungen, regenbogenfarbige Moiréstörungen) vermieden werden. Unterstützt wird die Flimmerfreiheit noch durch die »100-Hz-Technik«, mit der die Bildwechselfrequenz des Zeilensprungverfahrens auf 100 Hz verdoppelt wird.

Palade [pəˈleɪd], George Emil, amerikanischer Biochemiker rumänischer Herkunft, *Jassy 19. 11. 1912; seit 1946 in den USA. Palade gelang die Aufklärung der Feinstruktur der Mitochondrien und des endoplasmatischen Retikulums; er entdeckte dabei die inzwischen als Ribosomen bezeichneten Paladekörner; erhielt 1974 mit A. Claude und C. de Duve den Nobelpreis für Physiologie oder Medizin.

Paläobiologie, Wissenschaft vom Leben der Organismen in der erdgeschichtlichen Vergangenheit. Forschungsgebiete: Morphologie, Umweltbeziehungen **(Paläökologie)** und Ur-

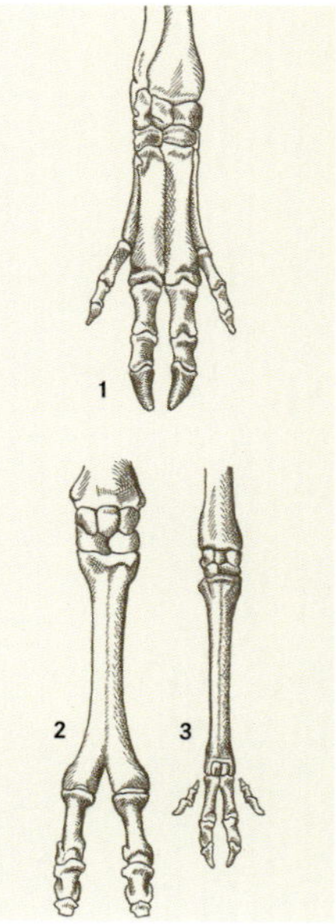

Paarhufer
Vorderfußknochen von Schwein (1), Kamel (2) und Hirsch (3)

101371

Paarhufer. Gazelle

sachen des Aussterbens. Das Vergleichen der Skelette fossiler und heutiger Pflanzen- und Tierformen gestattet Rückschlüsse auf die Lebensweise; Fährten, Fraßbilder, Exkremente, krankhafte Veränderungen an Hartteilen **(Paläopathologie)** liefern wichtige Belege. Auch die Lichteinwirkung auf fossile Lebewesen wird untersucht **(Paläofotobiologie).**

Paläogeografie, Zweig der Geologie zur Erforschung der geografischen Verhältnisse der geologischen Vergangenheit; ehemalige Verteilung von Land und Meer, Verlauf der einstigen Gebirge, Klimaverhältnisse, Ausdehnung der Vergletscherung, der Verbreitung von Vulkanen, der Gestalt der Flusssysteme u. a.

Paläoklimatologie, Lehre von der Klimageschichte der Erde. Organische Reste, Bodenarten, Sedimentbildung, Verwitterungsvorgänge und Oberflächenformen geben Hinweise auf das Klima einzelner geologischer Zeiten, ferner Vereisungsspuren, Kohle-, Salz- und Riffbildungen.

Paläontologie
→ GEO **Dossier**
Die Arche von Manhattan, Bd. 6

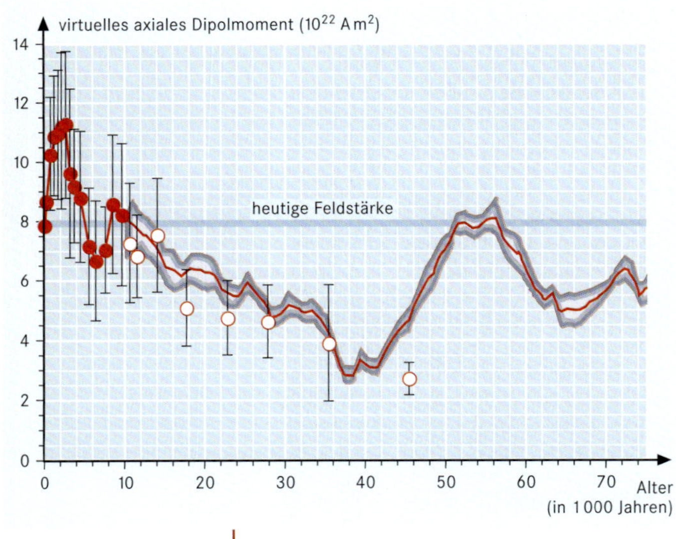

Paläomagnetismus. Variation der Intensität des Erdmagnetfeldes (virtuelles axiales Dipolmoment VADM) für die letzten 75 000 Jahre anhand paläomagnetischer (> 10 000 Jahre) und archäomagnetischer (< 10 000 Jahre) Daten (nach J. Gee u. a., 2000)

Paläomagnetismus, die remanente Magnetisierung (Remanenz) von Gesteinen durch das erdmagnetische Feld in früheren erdgeschichtlichen Epochen; auch Bezeichnung für alle diesbezüglichen Vorgänge und Verfahren, besonders solche zur Rekonstruktion des erdmagnetischen Feldes früherer Epochen, zur Altersbestimmung sowie zur Erforschung der Kontinentalverschiebung.

Die Remanenz ist an bestimmte ferro- und v. a. ferrimagnetische Minerale gebunden, besonders Eisenoxidminerale wie Magnetit, Hämatit, Ilmenit. Bei Ergussgesteinen, die solche Minerale enthalten (v. a. Basalt), ist **Thermoremanenz** zu beobachten, die häufig um ein Vielfaches größer ist als die durch das gegenwärtige erdmagnetische Feld induzierte Magnetisierung. Sie entsteht, wenn die Gesteine beim Abkühlen nach dem Erstarren die Curie-Temperatur unterschreiten. Bei feinkörnigen Sedimentgesteinen, v. a. Tiefseesedimenten, wird die **Sedimentationsremanenz** durch die Einordnung ferro- oder ferrimagnetischer Partikel in die Richtung des Erdmagnetfeldes während des Ablagerungsvorganges hervorgerufen; die Diagenese fixiert dann die Einregelungen. Außer der Richtung kann auch die Intensität des ehemaligen Erdmagnetfeldes in den Gesteinen dokumentiert sein.

Paläontologie [griechisch] *die,* Wissenschaft von den fossilen, das heißt versteinerten Tier- und Pflanzenresten (Petrefakten). Mit den pflanzlichen Resten beschäftigt sich die **Paläobotanik,** mit den tierischen die **Paläozoologie,** mit den menschlichen die **Paläanthropologie.** Die Paläontologie bestimmt den Bau und die Zugehörigkeit der Fossilien, verfolgt deren geologisches Auftreten, besonders für die Bewertung als →Leitfossilien bestimmter Formationen (**Biostratigrafie,** wichtigstes Hilfsmittel der historischen Geologie). Mit der Einbettung der Lebewesen in das werdende Gestein **(Biostratonomie)** und dem Vorgang des »Versteinerns« **(Fossilisation)** beschäftigt sich die **allgemeine Paläontologie.** Die der botanischen und zoologischen Systematik zugewendete Paläontologie ist bedeutsam für die Klärung der Stammesentwicklung (→Phylogenese). Die Paläontologie der Kleinlebewesen **(Mikropaläontologie)** hilft besonders beim Untersuchen nutzbarer Lagerstätten, z. B. der Erdölvorkommen.

Paläozän [griechisch] *das,* unterste Abteilung des →Tertiär.

Paläozoikum [zu griechisch zõon »Lebewesen«] *das,* **Erdaltertum,** Zeitalter der Erdgeschichte, das die Systeme Kambrium, Ordovizium, Silur, Devon, Karbon und Perm umfasst. Vom Proterozoikum durch Fossilreichtum unterschieden, sind im Paläozoikum schon alle Stämme der Tierwelt in großer Formenfülle entwickelt. In der Pflanzenwelt herrschen bis ins Rotliegende Gefäßkryptogamen vor, die dann von der mesozoischen Gymnospermenflora abgelöst werden. In das Paläozoikum fallen die kaledonische und variskische Gebirgsbildung; lebhafter Vulkanismus kennzeichnet manche Abschnitte; es bildeten sich große Steinkohlenvorkommen und, besonders im Perm, ausgedehnte Vereisungen. (→geologische Systeme)

Paläozoologie, die Wissenschaft von den fossilen Tieren.

Palisander [indianisch] *der,* violettbraunes, dunkelstreifiges, sehr dichtes, schweres Holz der Gattung Dalbergie; verwendet als Möbel-, Furnier- und Drechslerholz.

Palladium [englisch, nach dem Planetoiden Pallas] *das,* chemisches Symbol **Pd,** ein

Element aus der 8. Nebengruppe des Periodensystems, Ordnungszahl 46, relative Atommasse 106,42, Dichte (bei 25 °C) 11,8 g/cm³, Schmelzpunkt 1 555 °C, Siedepunkt 2 963 °C.

Palladium ist ein silberhelles, hartes, zähes und dehnbares Edelmetall aus der Gruppe der →Platinmetalle. Es wird von verdünnten Mineralsäuren bei Zimmertemperatur kaum angegriffen, löst sich jedoch in Königswasser und rauchender Salpetersäure. Seine wichtigste Eigenschaft ist sein großes Absorptionsvermögen für Wasserstoff; fein verteiltes Palladium (»Palladiumschwamm«) kann das 850-fache und Palladium in kolloidaler Lösung das 3 000-fache Volumen an Wasserstoff aufnehmen. In dieser Form ist der Wasserstoff besonders reaktionsfähig und lässt sich für viele Reduktionszwecke verwenden; fein verteiltes Palladium dient daher auch als Hydrierungskatalysator. Erhitztes Palladium ist für Wasserstoff selektiv durchlässig und kann zu dessen Reinigung benutzt werden. Palladium kommt mit Platin und als Begleiter anderer Platinmetalle vor. Es wird für elektrische Kontakte, in Legierungen in der Dental- und Schmuckindustrie sowie für chemisch-technische Geräteteile verwendet.

Palmen [lateinisch], **Arecaceae, Palmae,** Familie einkeimblättriger Holzgewächse vorwiegend der Tropen Südostasiens, Südamerikas und Afrikas. Nach der Gestalt ihrer bis 20 m langen Blätter unterscheidet man **Fiederpalmen** (z. B. Dattelpalmen) und **Fächerpalmen** (z. B. Zwergpalmen). Die Blütenstände sind gipfel- oder seitenständig, die Blüten meist eingeschlechtig, doch treten auch Zwitterblüten auf. Die Frucht ist eine Beere (z. B. Dattel) oder eine Steinfrucht (z. B. Kokosnuss). Wichtige Kulturpflanzen sind Dattelpalmen, →Kokospalmen, →Ölpalmen, Hanfpalmen und Sagopalmen. Im europäischen Mittelmeergebiet beheimatet ist die Zwergpalme.

Palmfarne. Indischer Palmfarn

100914

Paläontologie. Fossile Stromatolithen, säulen- oder knollenförmige riffartige Kalkablagerungen, zählen zu den ältesten Lebensspuren auf der Erde.

Palmfarne, Cycadales, Ordnung der Fiederblättrigen Nacktsamer mit tropischen und subtropischen zweihäusigen, immergrünen Holzpflanzen. Palmfarne sind kleine Schopfbäume mit säulenförmigen Markrindenstämmen sowie gefiederten großen Wedelblättern.

Palmitinsäure, Hexadecansäure, gesättigte Fettsäure, $CH_3-(CH_2)_{14}-COOH$, als Glycerinester in fast allen pflanzlichen und tierischen Fetten, als Myricylester im Bienenwachs und als Cetylester im Walrat vorkommend. Palmitinsäure wird durch Verseifung von Fetten gewonnen und zu Seifen, Metallseifen, Fettalkoholen und Fettaminen verarbeitet. Die Salze und Ester der Palmitinsäure sind die **Palmitate.**

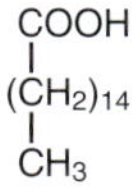

Palmitinsäure

Palpen [lateinisch], **Taster,** v. a. dem Tasten dienende Anhänge am Kopf verschiedener wirbelloser Tiere.

Palynologie [griechisch] *die,* Teilgebiet der Botanik, das sich mit Pollen und Sporen beschäftigt.

Panaschierung [französisch] *die,* **Buntblättrigkeit,** weiße oder gelbliche Fleckung des Laubs infolge Chlorophyllmangels.

Pandas, Name zweier weitläufig mit den Bären verwandter Arten. Der vorwiegend rostrote **Kleine Panda (Katzenbär,** Ailurus fulgens), Körperlänge bis 65 cm, lebt in den Berg- und Bambuswäldern des Himalaja. Er ist vorwiegend dämmerungs- und nachtaktiv und ernährt sich v. a. von Bambusschösslingen, Früchten und Wurzeln. Der **Große Panda (Bambusbär, Riesenpanda,** Ailuropoda melanoleuca), Körperlänge etwa 1,5 m, mit schwarz-weißer Fellzeichnung, lebt in Zentralchina in Bambusdickichten und ernährt sich ausschließlich von Bambus. Er wurde erst 1869 entdeckt.

Paneel [mittelniederländisch, von altfranzösisch panel, »eingefasste Fläche«] *das,* **Solarpaneel,** *Solartechnik:* flächenhaft ausgedehnte Zusammenschaltung mehrerer Solarmodule.

Papageien. Hyazinth-Aras (Anodorhynchus hyacinthinus, Länge bis 98 cm)

Paneth, Friedrich, österreichischer Chemiker, *Wien 31. 8. 1887, †Mainz 17. 9. 1958; seit 1953 Direktor des Max-Planck-Instituts für Chemie in Mainz. Paneth arbeitete v.a. über radioaktive Zerfallsreihen und Altersbestimmungen (besonders von Meteoriten) und leistete wesentliche Beiträge zur Chemie radioaktiv markierter Moleküle (v.a. in Zusammenarbeit mit Georg von Hevesy). Er entwickelte ein Verfahren zur Trennung von Helium und Neon sowie zur quantitativen Bestimmung kleinster Edelgasmengen.

Pangäa [griechisch gaîa »Erde«] *die,* großer einheitlicher, zusammenhängender Urkontinent der Erde in der Zeit vor dem Jura, →Kontinentalverschiebung.

Panleukopenie *die,* **Katzenstaupe, Katzentyphus, Katzenpest,** hoch ansteckende, oft tödlich endende Infektionskrankheit der Katzen (und Marder); Erreger ist ein DNA-haltiges Parvovirus, das in allen Sekreten und Exkreten der erkrankten Tiere enthalten ist und vielfältig übertragen werden kann. Kennzeichen sind Mattigkeit, Appetitlosigkeit, Erbrechen und hohes Fieber, später Durchfälle, Kachexie, Exsikkose mit ständigen (vergeblichen) Versuchen zu trinken.

Die *Behandlung* ist nur symptomatisch möglich, einer Infektion kann jedoch durch Impfung vorgebeugt werden.

Panofsky, Wolfgang, amerikanischer Physiker, *Berlin 24. 4. 1919; Professor in Berkeley und an der Stanford University, 1962–84 Leiter des →SLAC. Bedeutende Arbeiten zur Kern- und Elementarteilchenphysik; u.a. entdeckte er mit seinen Mitarbeitern das neutrale Pion.

Pansen [lateinisch] *der,* Magen der →Wiederkäuer.

Pantoffeltierchen, Paramecium, Paramaecium, Gattung gestreckt ovaler bis pantoffelförmiger →Wimpertierchen mit mehreren weitgehend kosmopolitischen Arten, die vor allem in stark eutrophiertem Süßwasser leben und sich meist von Bakterien ernähren. Studienobjekt in der Biologie ist die bis etwa 0,3 mm lange Art Paramecium caudatum. Paramecium bursaria ist durch Einschluss von symbiotischen Grünalgen (Zoochlorellen) grün gefärbt.

Pantothensäure, ein →Vitamin des Vitamin-B-Komplexes.

Panzerglas, ein schuss-, druck- und schlagfestes Sicherheitsverbundglas, das aus drei oder mehr Glasscheiben besteht, die durch Zwischenschichten aus Kunststoff (z.B. Polyacrylester) unlösbar miteinander verbunden sind.

Papageien [arabisch-französisch], **Psittacidae,** Familie etwa 0,1–1 m langer Vögel mit mehr als 300 Arten, besonders in wärmeren Gebieten der Neuen und Alten Welt (Ausnahme: Europa) und in Australien; Körper häufig bunt befiedert; mit am Nasenbein beweglichem, hakigem Oberschnabel, der (ebenso wie der Greiffuß) auch zum Klettern dient. Nach dem Verhalten und der Entwicklung des Gehirns gehören Papageien zu den höchstentwickelten Vögeln. Ihr Stimmorgan befähigt sie zu außerordentlich modulationsfähigen Lautäußerungen, die bei einigen Arten zum Nachsprechen von Sätzen führen können. Zu den Papageien gehören die Loris (z.B. Blauwangenlori), die Kakadus (z.B. Arakakadu) und die Echten Papageien (z.B. Gelbkopfamazone). Viele Arten sind sehr selten geworden, einige wurden bereits ausgerottet. Zahlreiche Arten lassen sich auch in Gefangenschaft züchten, u.a. Wellensittich und Nymphensittich.

Papageienkrankheit, →Ornithose.

Papier [von lateinisch papyrum, griechisch pápyros »Papyrus(staude)«], flächiger Werkstoff, der zu 60 bis 95% aus mechanisch oder chemisch aufgeschlossenen Fasern meist pflanzlicher Herkunft besteht, die in einer wässrigen Suspension miteinander verbunden sind und unter Zusatz von Hilfsstoffen durch Entwässerung auf einem Sieb zur Blattform verfestigt werden.

■ **Herstellung** In der **Stoffaufbereitung** werden die Faserstoffe in Wasser bei niedriger Stoffdichte (5% = 5kg trockener Stoff in 100 Liter Wasser) in einem »Pulper« (Stofflöser) durch rotierende Laufräder suspendiert;

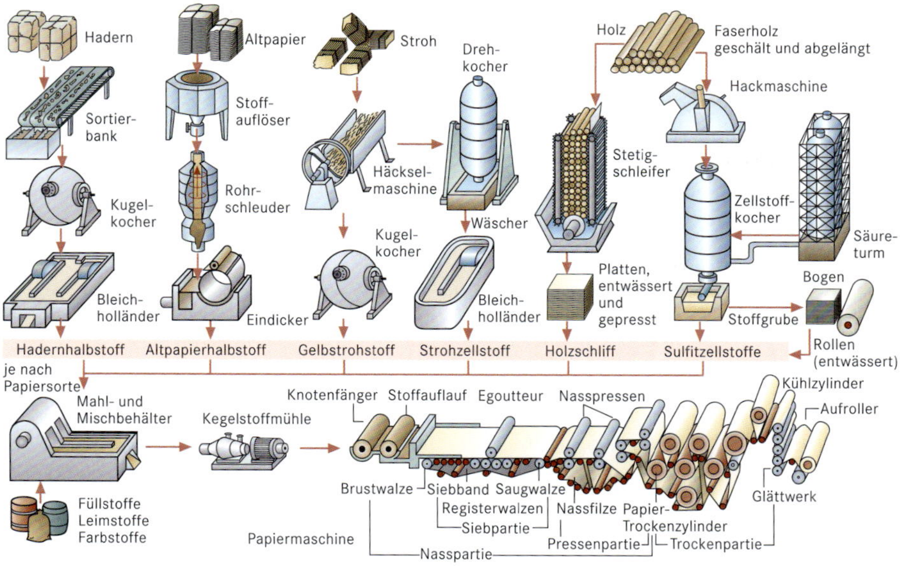

Papier. Schematische Darstellung der Papierherstellung

im nachfolgenden »Entstipper« werden die noch verbleibenden Faserzusammenballungen (»Stippen«) zerlegt. Anschließend wird die Fasersuspension einer mehrstufigen Reinigung unterzogen und in Mahlgeräten mechanisch so behandelt, dass die einzelnen Fasern gekürzt und fibrilliert (in feine Strukturen zerlegt) werden, wobei ihre Flexibilität und spezifische Oberfläche zunimmt. Durch Zumischung verschiedener Hilfsstoffe in gelöster und ungelöster Form werden die späteren Papiereigenschaften zusätzlich beeinflusst. Die eigentliche Papierbildung erfolgt in der **Papiermaschine,** einer aus zahlreichen Einzelelementen zusammengesetzten Fertigungsstraße. Man unterscheidet zwischen Langsiebpapiermaschinen für einlagiges Papier, Rundsiebpapiermaschinen, kombinierten Kartonmaschinen für mehrlagige Produkte und Glättzylindermaschinen (Selbstabnahmemaschinen) für Hygienepapier.

Papierchromatografie, Trennverfahren der →Chromatografie für Substanzmengen im Mikrogrammbereich, wobei ein spezielles Filtrierpapier die stationäre Phase, ein Fließmittel (Lösungsmittel) die mobile Phase darstellt; neben der eindimensionalen Papierchromatografie (aufsteigende, absteigende, horizontale Papierchromatografie) gestattet die zweidimensionale Papierchromatografie (zweimaliger Durchlauf der Substanz bei Drehung des Chromatogramms um 90°) die Trennung komplexerer Gemische.

Papierkonservierung, das Haltbarmachen alter Schriftstücke, Zeichnungen, Bücher, Grafiken u.a. durch Behandeln und Stabilisieren mit neutralisierenden gasförmigen oder flüssigen Substanzen. Eine anschließende ultraviolette Bestrahlung mit Ozoneinwirkung tötet Mikroorganismen ab.

Papilionaceae [lateinisch], die →Schmetterlingsblütler.

Papillomvirus, zur Familie der Papovaviren gehörendes DNA-Virus, von dem bislang 75 humane Virustypen bekannt sind; am weitesten verbreitet sind die Virustypen, die gutartige Warzen an Händen und Füßen verursachen. Der Virustyp HPV-16 tritt weltweit in Verbindung mit Gebärmutterhalskrebs auf. Papillomviren, die Warzen ausbilden, werden durch direkten Kontakt mit infizierten Hautregionen oder über kontaminierte Gegenstände übertragen.

100674

Papierchromatografie. Auf einem Papierstreifen getrennte Farbstoffe

Paradoxon [griechisch] *das, Physik:* in scheinbarem Widerspruch zu physikalischen Gesetzen stehendes Phänomen, z. B. das hydrostatische Paradoxon (→Hydrostatik), das →hydrodynamische Paradoxon, das →Zwillingsparadoxon. Ein echter, nicht aufzulösender Widerspruch heißt **Antinomie.**

Paraffine [zu lateinisch parum »zu wenig« und affinis »teilnehmend an etwas«], im weiteren Sinn die →Alkane; im engeren Sinn bei Raumtemperatur feste, wachsartige Gemische von überwiegend unverzweigten Alkanen (**Normalparaffine**) mit 18–32 Kohlenstoffatomen. Unter 50 °C schmelzende Paraffine werden als **Weichparaffine**, über 50 °C schmelzende als **Hartparaffine** bezeichnet. Sie dienen u. a. zur Herstellung von Kerzen und Lebensmittelverpackungen. Gemische von flüssigen Paraffinen bilden das **Paraffinöl,** das als feines Schmieröl (Weißöl), zum Teil auch medizinisch zur Herstellung von Salben sowie als Darmgleitmittel **(Paraffinum liquidum)** dient.

Parahelium, →Orthohelium.

Parahormone [griechisch], lokal aktive Hormone, die ihre Wirkung in dem Gewebe entfalten, in dem sie gebildet werden. In Abgrenzung zur endokrinen Wirkung der eigentlichen Hormone wird eine solche Wirkung als parakrin bezeichnet. Zu den Parahormonen zählen u. a. die Eikosanoide und die endogenen Opiate (Peptide, zu denen z. B. das Enkephalin zählt).

Parallelrechner, Computer, bei denen im Gegensatz zu herkömmlichen Rechnern voneinander unabhängige Teilaufgaben einer komplexen Aufgabe nicht nacheinander von einem Prozessor, sondern parallel von einer Vielzahl von Prozessoren abgearbeitet werden. Die mit Parallelrechnern erreichbare Steigerung der Rechengeschwindigkeit ist v. a. bei der digitalen Bildverarbeitung und für Simulationsverfahren erforderlich.

Parallelschaltung, Grundschaltung, bei der jeweils die Ein- und Ausgänge der Schaltungselemente verbunden sind. Bei zwei Widerständen addieren sich die Leitwerte zu einem Gesamtleitwert, bei zwei magnetisch nicht gekoppelten induktiven Elementen addieren sich die reziproken Induktivitäten zu einem reziproken Wert der Gesamtinduktivität, bei zwei Kondensatoren addieren sich die Kapazitäten. (→Reihenschaltung)

paramagnetische Elektronenresonanz, →Elektronenspinresonanz.

paramagnetische Kernresonanz, →Kernspinresonanz.

Paramagnetismus, Eigenschaft bestimmter Stoffe, in einem äußeren Magnetfeld eine in Feldrichtung zeigende Magnetisierung aufzuweisen. Der Paramagnetismus beruht auf dem Vorhandensein permanenter magnetischer Momente infolge nicht abgesättigter Spin- und Bahndrehimpulse in unvollständig besetzten Elektronenschalen der Atome. Diese magnetischen Momente sind wegen der Wärmebewegung ungeordnet; im Magnetfeld stellen sie sich jedoch entgegen der Wärmebewegung bevorzugt in Feldrichtung ein. Die Magnetisierung und damit auch die magnetische Suszeptibilität sind im Allgemeinen temperaturabhängig (→Curie-Gesetz). Typische paramagnetische Stoffe sind Chrom und Aluminium.

Parameter [griechisch] *der, Physik:* Variable, die bei dem gerade vorliegenden Prozess konstant gehalten beziehungsweise als konstant angesehen wird, je nach Versuch aber verändert werden kann.

Páramo [spanisch] *der,* Vegetationsformation feuchter Tropengebirge, durch steif-büschelige Gräser, Rosetten- und Polsterpflanzen sowie durch Wollkerzengewächse geprägt.

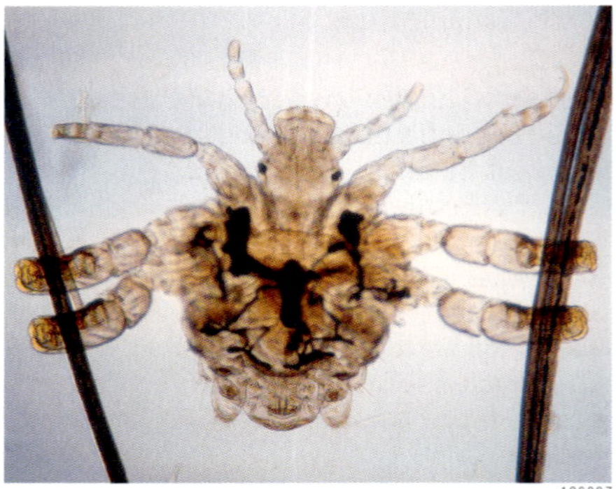

100807

Parasiten. Mikroskopische Aufnahme einer Filzlaus, natürliche Größe etwa 1,5 mm

Parasiten [griechisch-lateinisch], **Schmarotzer,** Bakterien-, Pflanzen- oder Tierarten, die ihre Nahrung anderen Lebewesen (Wirten) entnehmen und sich vorübergehend oder dauernd an oder in deren Körper aufhalten. Man unterscheidet **Ektoparasiten,** die auf der Körperoberfläche des Wirts leben, und **Endoparasiten,** die im Innern des Wirts leben (z. B. Eingeweidewürmer).

Meist ist ein Parasit ganz spezifisch an ein bestimmtes Wirtstier oder eine Wirtspflanze gebunden. Es gibt aber auch Parasiten, deren vollständige Entwicklung nur durch einen oder mehrere Wirtswechsel möglich ist (z. B. Bandwürmer). Die Erhaltung der Art wird durch eine große Eizahl, durch vegetativ sich vermehrende Larvenstadien oder Zwittrigkeit gesichert. Bei Pflanzen unterteilt man die Parasiten (Phytoparasiten) in Halb- und Vollparasiten; die **Halbparasiten (Halbschmarotzer;** z. B. Mistel) haben voll ausgebildete grüne Blätter und sind zu eigener Fotosynthese befähigt. Die **Vollparasiten (Vollschmarotzer,** z. B. Kleeseide) haben kein Chlorophyll und meist vereinfachte Vegetationsorgane.

Parasympathikus [griechisch-lateinisch], **parasympathisches Nervensystem,** Teil des vegetativen Nervensystems, Gegenspieler des →Sympathikus. Zum Parasympathikus gehören vier vom Stammhirn ausgehende Gehirnnerven (Augenmuskelnerv, Gesichtsnerv, Zungen-Schlund-Nerv, Eingeweidenerv) sowie die Rückenmarknerven der Kreuzbeinregion. Neurotransmitter an den Nervenenden des Parasympathikus ist das Acetylcholin. Der Parasympathikus wirkt hemmend auf die Atmung, verlangsamt die Herztätigkeit, setzt den Blutdruck herab, regt die Peristaltik und Sekretion des Verdauungssystems an, fördert die Glykogensynthese in der Leber, steigert die Durchblutung der Geschlechtsorgane und innerviert den Ziliarmuskel sowie den Irismuskel.

Parathion® [griechisch] *das,* Insektizid und Akarizid, eine organische Phosphorverbindung, die unter der Bezeichnung **E 605®** vertrieben wird; wirksam gegen viele Insekten, für Warmblüter sehr giftig.

par|axiales Gebiet, *Optik:* der Strahlenraum in Nähe der optischen Achse eines abbildenden optischen Systems, in dem von Abbildungsfehlern abgesehen werden kann. (→gaußsche Abbildung)

Par|enchym [griechisch] *das,* **1)** *Anatomie:* Gesamtheit aller für ein Organ spezifischen Zellen. Das Parenchym ist eingebettet in beziehungsweise umgeben von Bindegewebe.

2) *Botanik:* pflanzliches Grundgewebe, das meist aus kugeligen Zellen besteht.

Parentalgeneration [zu lateinisch parentalis »elterlich«], *Genetik:* Eltern- oder Ausgangsgeneration einer Kreuzung.

pari|etal [lateinisch], *Anatomie:* 1) wandständig, zur Wand eines Organs oder Gefäßes gehörend; 2) zum Scheitelbein gehörend.

Parität [lateinisch zu par »gleich«] *die, Physik:* Eigenschaft eines physikalischen Systems zur Kennzeichnung seines Verhaltens gegenüber räumlichen Spiegelungen, häufig am Koordinatenursprungspunkt, die die Werte +1 **(gerade** beziehungsweise **positive Parität)** oder −1 **(ungerade** beziehungsweise **negative Parität)** annehmen kann. In der Quantenmechanik wird der Parität ein Operator zugeordnet. – Die frühere Annahme, dass bei Wechselwirkungen zwischen Elementarteilchen grundsätzlich die Parität erhalten bleibe **(Erhaltung der Parität),** das heißt, dass zu jedem Gegenstand auch sein Spiegelbild in der Natur realisierbar sein solle, wurde 1956 durch T. D. Lee und C. N. Yang (Nobelpreis für Physik 1957) entkräftet. Sie entdeckten die **Nichterhaltung der Parität (Paritätsverletzung)** bei schwachen Wechselwirkungen (Mesonenzerfälle, Betazerfall), die auf den Eigenschaften der dabei stets auftretenden →Neutrinos beruht. Daraus folgt, dass Neutrino und Antineutrino nicht identische Teilchen sind (→CPT-Theorem).

Parkes-Prozess ['pɑ:ks-; nach dem britischen Metallurgen Alexander Parkes, *1813, †1890] **Parkes-Verfahren,** wichtiges Verfahren zur Anreicherung und Abtrennung von Silber aus silberhaltigem Werkblei (→Silber).

Parthenogenese [griechisch] *die, Zoologie:* die →Jungfernzeugung.

Partialdruck, in einem Gemisch von Gasen oder Dämpfen der von einer Komponente des Gemisches ausgeübte Teildruck. Bei idealen Gasen gilt das **daltonsche Gesetz:** Die Partialdrücke der einzelnen Komponenten verhalten sich so, als ob jede Komponente der Mischung den Raum allein ausfüllen würde. Die Summe der Partialdrücke ist gleich dem Druck des Gemisches.

Partikel [lateinisch] *die, Physik:* →Teilchen.

Partikelkanone, engl. **Gene Gun** ['dʒi:n gʌn], *Gentechnologie:* Gerät zur künstlichen Übertragung genetischen Materials in Zielzellen mithilfe DNA-beschichteter Gold- oder Wolframpartikel. Diese Mikroprojektile werden, ähnlich den Schrotkugeln eines Gewehrs, unter großem Druck in die Zellen geschossen (→Biolistik). Die Mikroprojektile durchschlagen Zellwand und Plasmamembran und transportieren die DNA zum Zellkern. Im Zellkern angelangt, löst sich die DNA von den Gold- oder Wolframpartikeln und wird von der Zelle selbst in ihre Chromosomen eingebaut. Wie bei anderen Formen der Transformation auch, werden die eingeschleusten Gene bei jeder Zellteilung an die Tochterzellen weitergegeben.

Die Genübertragung mithilfe einer Partikelkanone gehört heute zu den wichtigsten Verfahren zur Erzeugung gentechnisch veränderter Pflanzen. Ziel dieser biolistischen Genübertragung sind meist undifferenzierte, in Petri-Schalen kultivierte Pflanzenzellen, die sich zu ganzen Pflanzen entwickeln können. Da der stabile Einbau von Fremdgenen ein sehr seltenes Ereignis ist, sind aufwendige Vorkehrungen zum Auffinden der erfolgreich transformierten Zellen ebenso nötig wie eine behutsame Anzucht dieser Zellen zu einer vollständigen Pflanze.

parts per ... ['pɑ:ts pə:, englisch »Teile je ...«], Einheiten für Konzentrationsangaben (→pp-Einheiten).

Pa · s, Einheitenzeichen für →Pascalsekunde.

Pascal [nach B. Pascal] *das,* Einheitenzeichen **Pa,** abgeleitete SI-Einheit des Druckes; $1\,Pa = 1\,N/m^2 = 10^{-5}$ bar.

Pascal, Blaise, französischer Mathematiker, Physiker und Religionsphilosoph, *Clermont-Ferrand 19. 6. 1623, †Paris 19. 8. 1662; wies auf dem Gebiet der Physik u. a. die Abnahme des Luftdrucks mit der Höhe durch Messungen mit dem Barometer nach und entdeckte das Gesetz der kommunizierenden Röhren.

pascalsches Gesetz [nach B. Pascal], das Grundgesetz der →Hydrostatik.

Pascalsekunde [nach B. Pascal], Einheitenzeichen **Pa · s,** SI-Einheit der dynamischen →Viskosität, 1 Pa · s = 1 N s/m^2.

Passivhaus.
Die Wohnsiedlung »Im Sonnenfeld« in Ulm

Paschen, Friedrich, deutscher Physiker, * Schwerin 22. 1. 1865, † Potsdam 25. 2. 1947; Professor in Tübingen und Bonn, 1924–33 Präsident der Physikalisch-Technischen Reichsanstalt und Professor an der Universität Berlin; wandte die balmersche Formel auf die infraroten Linien des Wasserstoffspektrums an **(Paschen-Serie),** entdeckte, mit Ernst Back (* 1881, † 1959), den in starken Magnetfeldern auftretenden **Paschen-Back-Effekt** für die Aufspaltung der Linien eines Atomspektrums.

Louis Pasteur
*** 1822, † 1895**

- entwickelte Impfstoffe u. a. gegen Milzbrand
- entdeckte die abtötende Wirkung von Hitze auf Mikroorganismen

Pass, *Elektrotechnik, Elektronik:* →Filter.

Passgang, *Zoologie:* Gangart der Vierfüßer.

Passivhaus, eine Weiterentwicklung des Niedrigenergiehauses, dem zum Heizen außer Sonnenenergie keine Fremdenergie zugeführt werden muss. Durch sorgfältige Auswahl von sehr sparsamen Geräten und solarer Warmwasserbereitung wird auch dieser Energieverbrauch stark vermindert. Der Gesamtenergieverbrauch verringert sich dadurch auf etwa 30 kWh/m^2 im Jahr, was bei bestehenden Gebäuden allein etwa dem Energieverbrauch für Licht und Haushaltsgeräte entspricht. Bei Passivhäusern ist ein möglichst gleichmäßiges Strahlungsangebot von etwa 2,5 kWh pro Tag während des Jahres erforderlich. Nicht zu vermeidende jahreszeitliche Schwankungen müssen durch Wärmespeicher (→Solarheizung) ausgeglichen werden. Zur optimalen Ausnutzung der Sonneneinstrahlung werden lange Südfassaden mit großen Fensterflächen versehen. Die Hauptnutzungsräume liegen im Bereich der Sonneneinstrahlung, und die Dachschräge ist nach der Sonneneinstrahlung im Winter ausgerichtet.

Passivierung, *Chemie:* natürliche Bildung oder künstliche Erzeugung eines elektrochemischen Zustandes von Metalloberflächen, wodurch die Metalle chemische Widerstandsfähigkeit **(Passivität)** gewinnen und vor Korrosion geschützt sind. Dieser Zustand beruht z. B. auf der Bildung einer porenfreien dünnen Oxiddeckschicht bei Aluminium, Nickel oder Chrom, die das darunter liegende Metall schützt. Passivierung wird erreicht durch anodische Oxidation der Oberfläche **(anodischer Korrosionsschutz)** oder chemische Stoffe wie Chromate, Nitrite oder Hydrazin in Gegenwart von Sauerstoff **(Passivatoren).** Bestimmte Metalle und Legierungen (z. B. »nicht rostender Stahl«) werden an der Luft spontan passiv.

Passung, *Technik:* die Beziehung zwischen gepaarten Teilen (z. B. Welle und Lager), die durch den Maßunterschied bestimmt wird und eine bestimmte Funktion sowie die Austauschbarkeit sicherstellt. Der Herstellungsspielraum für das Maß des fertigen Werkstückes wird im ISO-Toleranzsystem als Toleranzfeldgröße durch eine Ziffer gekennzeichnet. Man unterscheidet je nach Toleranzfeldgröße und -lage **Spielpassung** (nach dem Paaren ist Spiel vorhanden), **Presspassung** (nach dem Paaren besteht eine Pressung zwischen den Teilen) und **Übergangspassung** (es kann Spiel oder Pressung vorhanden sein).

Pasteur [pas'tœ:r], Louis, französischer Chemiker und Mikrobiologe, * Dole 27. 12. 1822, † Villeneuve-l'Étang (heute Marnes-la-Coquette, bei Sèvres) 28. 9. 1895; wurde 1867 Professor der Chemie an der Sorbonne, gründete 1888 das →Institut Pasteur. Pasteur entdeckte bei seinen Untersuchungen der optischen Eigenschaften von Stoffen an Tartraten (Salze der Weinsäure) die optische Isomerie (1848) und schuf damit Voraussetzungen für die Entwicklung der Stereochemie und Polarimetrie. Probleme der französischen Getränkeindustrie führten Pasteur ab 1854 zur Beschäftigung mit der alkoholischen Gärung. Er entdeckte, dass diese durch von außen hinzukommende Mikroorganismen verursacht wird, und unterschied bei den Hefezellen solche, die die erwünschte alkoholische Gärung bewirken, und solche, die eine Milchsäuregärung hervorrufen. Er entdeckte auch, dass vorsichtiges Erhitzen zum Abtöten vieler Mikroorganismen führt (→Pasteurisieren; Konservierung).

Eine in Südfrankreich ausgebrochene Epidemie unter den für die Seidenindustrie gezüchteten Raupen brachte Pasteur 1865 auf den für die Mikrobiologie (speziell die Bakteriologie) grundlegenden Gedanken, dass – wie bei der Gärung – auch bei Krankheiten Mikroorganismen die Ursache sein könnten.

Beim Studium der Fleckenkrankheit (»Pebrine«) der Seidenraupen erkannte Pasteur erstmals Mikroben als Krankheitsursache, klärte den Übertragungsmechanismus und gab Anweisungen für Therapie und Prophylaxe. Ab 1877 beschäftigte sich Pasteur mit dem Milzbrand der Rinder. Er wies auf die Bedeutung der Sporen und die Antibiose hin, die er entdeckte. Pasteur erkannte Bakterien als Ursache von Sepsis und eitrigen Erkrankungen. Beim Studium der Geflügelcholera entdeckte er die Alterung und die damit verbundene Toxizitätsabschwächung von Bakterienkulturen. Ab 1881 griff er Edward Jenners (* 1749, † 1823) Idee von einer spezifischen Schutzimpfung auf und begann mit der Entwicklung von Impfstoffen (»Vakzine«) gegen Geflügelcholera, Milzbrand und Schweinerotlauf. Durch Austrocknen des Rückenmarks tollwütiger Hunde und Kaninchen gelang es ihm, einen Impfstoff gegen Tollwut zu gewinnen, den er 1885 erstmals erfolgreich erprobte.

Pasteurisieren [pastør-; nach L. Pasteur], Haltbarmachen von Lebensmitteln, besonders Getränken (z. B. Milch, Obstsäfte, Bier), mittels Wärmebehandlung. Durch Kurzzeiterhitzen auf Temperaturen unter 100 °C werden die lebensmitteleigenen und mikrobiellen Enzyme inaktiviert und die vegetativen Zellen der meisten Bakterien abgetötet; im Gegensatz zum Sterilisieren bleiben jedoch die Bakteriensporen keimfähig. Pasteurisierte Lebensmittel sind daher nur beschränkt haltbar.

Patellarsehnenreflex, der →Kniesehnenreflex.

Patentieren, *Metallurgie:* Wärmebehandlungsverfahren für Stahldraht oder Stahlband. Das Gut wird auf 850–1 100 °C erhitzt und danach z. B. in einem Blei- oder Salzbad von 400 bis 550 °C abgekühlt, um ein für die Kaltverformung (Ziehen, Kaltwalzen) günstiges Gefüge zu erhalten.

Patina [italienisch, eigentlich »Firnis«] *die,* allgemein eine durch Einwirkung von Chemikalien oder Bestandteilen der Luft entstehende Schicht auf Metallen; im engeren Sinn die helle, graugrüne, seidig glänzende, durch Einwirkung der Atmosphäre entstehende Schicht auf Kupfer und seinen Legierungen. **Natürliche Patina** bestand früher vorwiegend aus basischen Kupfercarbonaten (gebildet mit dem Kohlendioxid der Luft), heute besteht sie aus basischen Kupfersulfaten (gebildet mit dem Schwefeldioxid der Luft). **Künstliche Patina** wird mit Ammoniumsalzen, Essigsäure, feuchtem Kohlendioxid oder Pflanzensäften erzeugt (häufig bei Kopien oder Fälschungen von Kunstwerken). Bei **imitierter Patina** wird eine Grünfärbung durch Auftragen löslicher Kupfersalze hervorgebracht. Die Untersuchung der Patina kann Aufschluss über Alter und Echtheit antiker Bronzen geben.

Paul, Wolfgang, deutscher Physiker, * Lorenzkirch (bei Strehla) 10. 8. 1913, † Bonn 7. 12. 1993; Professor in Göttingen und Bonn; 1952–80 Direktor des Physikalischen Instituts der Universität Bonn, 1964–67 Direktor des Physikdepartements am CERN, 1970–73 Vorsitzender des Direktoriums am DESY; Arbeiten u. a. über Atom- und Molekularstrahlen, zur Massenspektroskopie und zur Isotopentrennung mit Massenfiltern. Paul erhielt für die Entwicklung einer Ionenfalle (**Paul-Falle,** →Teilchenfalle) 1989 zusammen mit H. G. Dehmelt und N. F. Ramsey den Nobelpreis für Physik.

Wolfgang Paul

Pauli, Wolfgang, schweizerisch-amerikanischer Physiker österreichischer Herkunft, * Wien 25. 4. 1900, † Zürich 15. 12. 1958; Professor in Zürich, arbeitete über Relativitäts- und Quantentheorie und stellte 1924 das nach ihm benannte Ausschließungsprinzip auf (→Pauli-Prinzip); erhielt dafür 1945 den Nobelpreis für Physik.

Pauling ['pɔ:lɪŋ], Linus, amerikanischer Chemiker, * Portland (Oregon) 28. 2. 1901, † Big Sur (Kalifornien) 19. 8. 1994; war 1929–64 Professor in Pasadena (Kalifornien), 1964–67 in Santa Barbara, 1967–69 in San Diego (Kalifornien), ab 1969 an der Stanford University in Palo Alto. Pauling führte den Begriff der Elektronegativität ein und wurde durch Anwendung der Quantenmechanik auf Probleme der chemischen Bindung zu einem der Begründer der Quantenchemie. Er entwickelte Näherungsmethoden und nutzte diese äußerst geschickt, um chemische Bindungen zu berechnen. Auch komplizierte Verbindungen wie Proteine hat Pauling mithilfe der Röntgenstrukturanalyse und der Anwendung quantenmechanischer Näherungsverfahren durchleuchtet und deren Struktur bestimmt. Für diese Forschungen erhielt er 1954 den Nobelpreis für Chemie. Paulings wissenschaftliches Interesse galt keineswegs nur abstrakten Berechnungen, sondern war breit gestreut. Seine mehr als 350 Veröffentlichungen behandeln die unterschiedlichsten Themen – von der Struktur der Metalle bis zu den Eigenschaften des Blutfarbstoffs Hämoglobin und der Natur serologischer Reaktionen.

Als entschiedener Gegner von Kernwaffentests erhielt Pauling 1962 den Friedensnobelpreis für seine Arbeit in der internationalen Friedensbewegung. Einer breiten Öffentlichkeit wurde Pauling auch wegen seiner Theorien über gesunde Ernährung bekannt. Seit Ende der 1960er-Jahre vertrat er die These, dass hohe Dosen von Vitamin C nicht nur Erkältungen, sondern auch Krebs vorbeugen könnten. Dass Vitamine gesund sind, bestritt zwar damals niemand, Paulings Dosierungsvorschläge ernteten in der Fachwelt jedoch belustigtes Kopfschütteln. Unbeirrt nahm der Chemiker selbst täglich 10 000 Milligramm Vi-

Linus Pauling
*** 1901, † 1994**

- arbeitete über die Natur von chemischen Bindungen
- erkannte das Prinzip der Elektronegativität
- entdeckte die α-Helix-Struktur in Proteinen
- erhielt 1954 den Nobelpreis für Chemie und 1962 den Friedensnobelpreis

tamin C zu sich das entspricht mehr als dem 100-fachen der von der Deutschen Gesellschaft für Ernährung empfohlenen Menge. Nach seinem 90. Geburtstag steigerte er die Dosis sogar auf 18 000 Milligramm, ergänzt durch eine Kombination anderer Vitamine. Dennoch erlag der Wissenschaftler 93-jährig einem Krebsleiden. Doch behauptete er bis zum Schluss, dass er ohne seine Vitaminkur schon 20 Jahre früher erkrankt wäre.

Pauli-Prinzip [nach W. Pauli], **paulisches Ausschließungsprinzip,** Prinzip der Elementarteilchenphysik, dem alle Elementarteilchen mit halbzahligem Spin (Fermionen) gehorchen. Danach kann in Fermionen-Systemen jeder durch einen Satz von Quantenzahlen charakterisierte Zustand nur durch ein Teilchen besetzt werden. Das Pauli-Prinzip erklärt die Gesetzmäßigkeiten des Atombaus, weil niemals zwei oder mehr Elektronen eines Atoms für alle ihre vier Quantenzahlen übereinstimmende Werte haben können. Hierauf beruht der Schalenbau der Elektronenhülle der Atome und damit auch das Periodensystem der Elemente. Für Bosonen gilt das Pauli-Prinzip nicht.

Pawlow, Iwan Petrowitsch, russischer Physiologe, *Rjasan 14. 9. 1849, †Leningrad 27. 2. 1936. Sein Hauptinteresse galt der Physiologie der Verdauung, speziell der nervalen Steuerung der dabei beteiligten inneren Sekretion. Pawlow erhielt dafür 1904 den Nobelpreis für Physiologie oder Medizin. Die Beschäftigung auch mit der »höheren Nerventätigkeit« führte ihn zur Unterscheidung zwischen unbedingtem und bedingtem Reflex sowie zur Erforschung des Lernens durch Konditionierung. Pawlow meinte dabei auf die üblichen psychologischen Begriffe verzichten zu können und versuchte, alle psychischen Vorgänge (auch Denken, Sprechen) auf der Grundlage physiologischer Prozesse zu erklären. Der **Pawlowismus** bestimmte für lange Zeit nicht nur die russische Psychologie, sondern bildete auch die Grundlage der reflexologisch beziehungsweise mechanistisch orientierten Psychologie, speziell des frühen Behaviorismus, sowie der Lernforschung.

Pb, chemisches Symbol für →Blei.

PC, 1) *Chemie:* Abkürzung für →Polycarbonate.

2) *Informatik:* Abkürzung für →Personalcomputer.

PCM, Abkürzung für →**P**uls**c**ode**m**odulation.

PCR [pi:si'ɑ:, Abkürzung für englisch »**po**lymerase **c**hain **r**eaction«], die →Polymerase-Kettenreaktion.

Pd, chemisches Symbol für →Palladium.

PE, Abkürzung für →Polyethylen.

Pedersen, Charles J., amerikanischer Chemiker norwegischer Herkunft, *Pusan (Süd-Korea) 3. 10. 1904, †Salem (New Jersey) 26. 10. 1989; stellte in den 1960er-Jahren erstmals Kronenether her und entdeckte, dass in die von den Molekülen gebildeten Hohlräume Fremdatome eingelagert werden können. Pedersen wurde damit zum Begründer der »Wirt-Gast-Chemie«. 1987 erhielt er mit Donald Cram und Jean-Marie Lehn für »die Entwicklung und Verwendung von Molekülen mit strukturspezifischer Wechselwirkung hoher Selektivität« den Nobelpreis für Chemie.

Pedosphäre [griechisch] *die,* Teil der Biosphäre, die oberste, meist etwa 5 m tiefe Bodenschicht, die von Lebewesen besiedelt ist.

Pegel *der,* **1)** *Technik:* logarithmiertes Verhältnis zweier Energie- oder Feldgrößen gleicher Art, wovon die Nennergröße eine festgelegte Bezugsgröße ist, wie z. B. beim →Schalldruckpegel der Bezugsdruck $p_0 = 2 \cdot 10^{-5}$ Pa. – Der **Nutzpegel** ist der Pegel eines übertragenen Signals. Der maximale Nutzpegel an einem Messpunkt (unter Einhaltung bestimmter Verzerrungsbedingungen) ist der **Nennpegel.** Der Spannungspegel an einem Messpunkt – wenn kein Nutzpegel vorhanden ist – wird **Störpegel** genannt. Der Effektivwert des Störpegels, der mit einer innerhalb des Übertragungsbereichs frequenzabhängigen Anzeige gemessen wird, ist der **Fremdpegel.**

2) *Wasserbau:* Messeinrichtung zur Bestimmung des Wasserstandes von Gewässern, Behältern und des Grundwasserstandes im Boden. Der Pegelnullpunkt liegt unter dem bisher niedrigsten Wasserstand, wobei seine auf Normalnull bezogene Höhe bekannt ist. Lattenpegel sind senkrechte oder schräge Messlatten mit einer Teilung. Schreibpegel (Limnografen) zeichnen den Pegelstand laufend auf; es gibt mechanische Schwimmerpegel, Druckluftpegel und elektrische Fernpegel (mit Fernübertragung der Aufzeichnungen eines Schwimmers). Die laufenden Pegelablesungen bilden auch die Grundlagen für die Feststellung von abfließenden Wassermengen.

Peierls, Sir (seit 1968) Rudolf Ernst, britischer Physiker deutscher Herkunft, *Berlin 5. 6. 1907, †Oxford 19. 9. 1995; im Zweiten Weltkrieg an der Entwicklung der Atombombe beteiligt; Arbeiten zur theoretischen Festkörperphysik und über den Aufbau der Materie, schuf u. a. eine Theorie des Diamagnetismus bei Metallen.

Peierls-Übergang [nach R. E. Peierls], in Festkörpern ein →Phasenübergang II. Art von einem Metall zu einem Halbleiter oder Isolator. Er tritt unterhalb einer bestimmten Übergangstemperatur in manchen Systemen auf, die als niederdimensionales Elektronengas beschrieben werden können. Durch eine Kopplung unterschiedlicher Zustände im Leitungsband entsteht eine Energielücke, das heißt, das Material zeigt keine metallische Leitfähigkeit mehr.

Peilen [zu Pegel], *Navigation:* Richtungsbestimmung durch Winkelmessung zwischen einer Bezugsrichtung und einem terrestrischen Objekt oder einem Gestirn (Astronavigation) mit Peildiopter, Peilaufsatz auf Magnetkompass oder Kreiselkompass **(optisches Peilen).** Beim Peilen mit Kompass müssen die Werte mit der Fehlweisung für den anliegenden Kurs in rechtweisende Werte umgewandelt werden. Erst dann lassen sich zugehörige Standlinien in die Seekarte eintragen. In der Luftfahrt erfolgt **Funkpeilung,** bei der der Einfallswinkel einer elektromagnetischen Welle an einem Peilort gegenüber einer Bezugsrichtung bestimmt wird.

Pektine [griechisch], in den Zellwänden höherer Pflanzen vorkommende, überwiegend aus Galakturonsäure aufgebaute Polysaccharide. Sie sind bedeutend für die Beschaffenheit von Früchten und Gemüsen; dienen als Geliermittel und Emulgatoren.

Pelagial [griechisch »offene See«] *das,* Zone des freien Wassers im Meer und in Seen; Gegensatz Benthal.

PE-Leiter [PE Abkürzung für englisch **p**rotection **e**arth »Schutzerde«], der →Schutzleiter.

Pelikane [griechisch], **Pelecanidae,** Familie der Ruderfüßer, in allen Kontinenten; Vögel mit plumpem Körper (bis 1,8 m lang) und schwertförmigem, vorn hakigem Oberschnabel und ebenso langem Unterschnabel, zwischen dessen Unterkieferästen die Kehlhaut einen großen, dehnbaren, fangnetzartigen Hautsack bildet. Die sich von Fischen ernährenden Pelikane leben hauptsächlich in Kolonien in den Tropen und Subtropen. Der **Rosapelikan** (Pelecanus onocrotalus), nur zur Brutzeit rosafarben, und **Krauskopfpelikan** (Pelecanus crispus) brüten auch in Südosteuropa (v. a. im Donaudelta). Der **Braunpelikan** (Pelecanus occidentalis) Amerikas lebt von Meeresfischen, auf die er sich aus der Höhe herabstürzt. – Nach dem Volksglauben soll der Pelikan seine Jungen mit dem eigenen Blut ernähren; er galt daher als Sinnbild aufopfernder Mutterliebe und des Opfertodes Christi.

pelletieren [englisch], feinkörnige Stoffe durch besondere Verfahren zu kleinen kugel- oder walzenförmigen Stücken von einigen Millimetern Durchmesser (Pellets) zusammenfügen.

Pellets ['pɛləts; englisch »Kügelchen«], Sammelbezeichnung für aus pulvrigen bis feinkörnigen Stoffen geformte, häufig kugel- oder walzenförmige Stücke. In der Metallurgie werden z. B. feinkörnige Erze zu Pellets verarbeitet; auch pulvrige Kunststoffprodukte und wirkstoffhaltige Futtermischungen werden zu Pellets geformt. In der Kerntechnik versteht man unter Pellets Brennstofftabletten zur Füllung von Brennstoffhüllrohren.

Peltier-Effekt [pɛl'tje-; nach dem französischen Uhrmacher und Physiker Jean Charles Athanase Peltier, * 1785, † 1845], 1834 entdeckter thermoelektrischer Effekt, der beim Fließen eines elektrischen Stromes in einem Leiterkreis aus zwei verschiedenen Metallen A und B auftritt; Umkehrung des →Seebeck-Effekts. Dabei wird zusätzlich zur jouleschen Wärme eine Wärmemenge Q **(Peltier-Wärme)** an der Verbindungsstelle beider Metalle erzeugt oder aufgenommen; sie ist der Stromstärke I des von A nach B fließenden Stromes und der Zeit t proportional, $Q = P_{AB} \cdot I \cdot t$ ($P_{AB} = -P_{BA}$ **Peltier-Koeffizient**). – Der besonders starke Peltier-Effekt von Halbleitern kann zum Bau von →Peltier-Elementen genutzt werden.

Peltier-Element [pɛl'tje-], Halbleiterbauelement, das auf der Grundlage des →Peltier-Effekts zur Kälteerzeugung oder zur Erwärmung verwendet wird. Das Peltier-Element ist ein homogen dotiertes Halbleiterplättchen, an dessen Enden eine Spannung angelegt wird. Dadurch entsteht zwischen den Enden eine Temperaturdifferenz, die entweder zur Kühlung oder – bei Umkehr der Polung – zur Heizung genutzt werden kann. Die bei Halbleitern großen Peltier-Koeffizienten erlauben den Bau von praktisch verwendbaren **Peltier-** oder **Halbleiterkühlelementen,** die z. B. bei selendotiertem Wismuttellurid Temperaturerniedrigungen bis um 50 K ergeben.

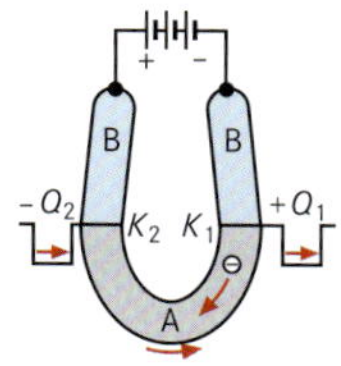

Peltier-Effekt. A und B sind Materialien verschiedener Leitfähigkeit, Q_1 und Q_2 an den Kontaktstellen K_1 und K_2 entwickelte beziehungsweise absorbierte Wärmemengen. Wenn T_1 und T_2 die sich an K_1 und K_2 einstellenden Temperaturen sind und T_0 die Umgebungstemperatur ist, gilt $T_1 > T_0$ und $T_2 < T_0$.

Pelztierzucht. Nutria-Nassgehege

Pendel
→ GEO **Dossier**
Der Bau von Taipei 101, Bd. 8

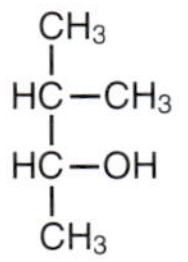

3-Methyl-2-butanol (*sek.*-Isoamylalkohol)

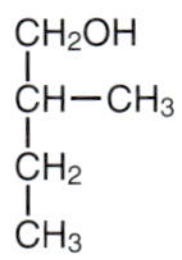

2-Methyl-1-butanol

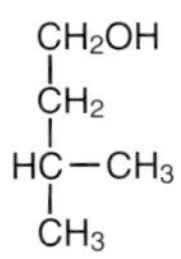

3-Methyl-1-butanol (Isoamylalkohol)

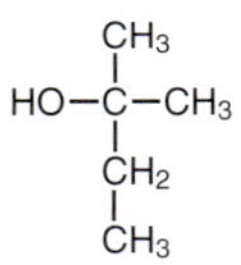

2-Methyl-2-butanol (*tert.*-Amylalkohol)

Pentanole. Vier strukturisomere Formen

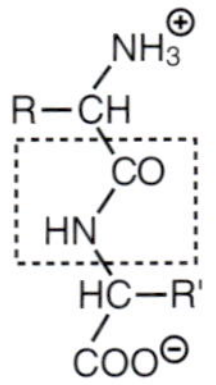

Peptide. Peptidbindung (umrandet) in einem aus zwei Aminosäuren bestehenden Dipeptid (R, R' Alkyl- oder Arylreste)

Pelton-Turbine ['peltn-], **Becherturbine,** von dem amerikanischen Ingenieur Lester Allan Pelton (* 1829, † 1908) 1880 erfundene Freistrahlturbine mit becherartigen Schaufeln (→Wasserturbine).

Pelztiere, Säugetiere, die ihres Pelze liefernden Fells wegen gezüchtet oder gejagt werden; weltweit mehr als 100 Tierarten, einige sind von der Ausrottung bedroht und daher geschützt.

Pelztierzucht, Zucht und Haltung Edelpelze liefernder Raubtiere (Fuchs- und Marderarten) und Nagetiere (z. B. Nutria, Chinchilla) in Kleinbetrieben sowie v. a. in hierauf spezialisierten Pelztierfarmen. Wirtschaftlich entscheidend ist die Produktion bestimmter Farbmutationen. Neben dem Pelz wird zum Teil auch das Fleisch genutzt (Nutria). Nerze und Füchse werden v. a. in den skandinavischen Ländern, in Russland und Nordamerika gehalten; in Deutschland überwiegend Nerzzuchten. Die Haltungsbedingungen von Pelztieren werden häufig von Tierschützern kritisiert. – Abb. S. 851

Pendel [lateinisch], ein um eine Achse **(ebenes Pendel)** oder um einen Punkt **(räumliches Pendel)** frei drehbarer Körper, der nach Auslenkung aus seiner Ruhelage unter dem Einfluss einer Kraft (meist der Schwerkraft) eine periodische Schwingung ausführt. – Ein *idealisiertes Pendel* ist das **mathematische Pendel**, bei dem ein Massenpunkt der Masse m am freien Ende eines masselosen, undehnbaren Fadens der Länge l (bei Vernachlässigung der Lager- und Luftreibung) unter dem Einfluss der Fallbeschleunigung vom Betrag g steht; bei kleiner Auslenkung φ ist die Schwingungsdauer $T = 2\pi/\sqrt{l/g}$ masseunabhängig. Ein Pendel mit $T = 2\,s$ wird **Sekundenpendel** genannt. Bewegt sich der Massenpunkt nicht auf einem Kreis, sondern auf einer Zykloide **(Zykloidenpendel),** ist die Schwingungsdauer von der Amplitude unabhängig. – Das ebene **physikalische Pendel (physische Pendel),** ein *reales Pendel*, ist ein um eine Achse A drehbarer (ausgedehnter) Körper. Der Pendellänge l des mathematischen Pendels entspricht die **reduzierte Pendellänge** $l_{red} = J/ms$ (J Trägheitsmoment des Körpers, s Abstand der Achse vom Massenmittelpunkt des Pendels); seine Schwingungsdauer ist geringer als die eines mathematischen Pendels. Eine Sonderform des physikalischen Pendels ist das **Ausgleichspendel** oder **Minimalpendel,** dessen Schwingungsdauer von der Pendellänge und den sie beeinflussenden Größen, z. B. der Temperatur, nahezu unabhängig ist.

Beim **Kegelpendel** durchläuft ein Massenpunkt einen horizontalen Kreis, sodass der Aufhängefaden den Mantel eines Kegels erzeugt. Außer der Schwerkraft werden auch Feder- und Torsionskräfte zum Bau von Pendeln ausgenutzt **(Federpendel, Drehpendel).** Zwischen zwei gleich langen Pendeln mit identischer Masse, die durch eine Feder oder einen belasteten Faden gekoppelt sind **(sympathisches Pendel),** tritt Resonanz auf, da sie dieselbe Schwingungsdauer haben; die Schwingungsenergie wird abwechselnd von einem Pendel auf das andere übertragen. Ein Spezialfall der gekoppelten Pendel ist das **Doppelpendel,** mit dem man chaotisches Verhalten demonstrieren kann.

Pendeluhr, *Technik:* Uhr, deren →Hemmung durch ein Pendel geregelt wird.

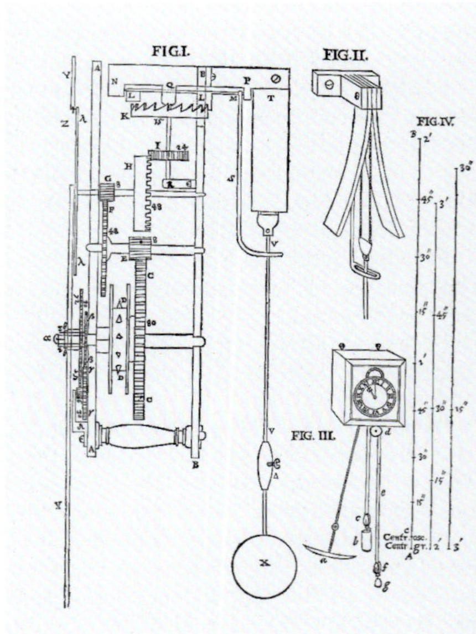

Pendeluhr. Konstruktionszeichnung einer Pendeluhr mit Zykloidenaufhängung (1673, München, Deutsches Museum)

Penetration, *Mikrobiologie:* Eindringen von Mikroorganismen in einen Organismus oder dessen Zellen.

Penis [lateinisch eigentlich »Schwanz«] *der,* **Rute, männliches Glied, Phallus,** männliches Begattungsorgan bei vielen Tieren und beim Menschen; dient der Samenübertragung in den Körper des weiblichen oder zwittrigen Geschlechtspartners, v. a. bei Bandwürmern auch in den eigenen (zwittrigen) Körper. Bei den männlichen Säugetieren (einschließlich des Menschen) entwickelt sich der Penis (wie auch die Klitoris) aus dem Geschlechtshöcker und den Geschlechtsfalten. Der bei den Säugetieren in Länge und Form sehr unterschiedliche Penis wird von der Harn-Samen-Röhre durchzogen. Die diese flankierenden Schwellkörper bewirken durch Blutfüllung die Peniserektion. Zusätzlich kann zur permanenten Versteifung ein in den Penis eingelagerter **Penisknochen** ausgebildet sein

(z. B. beim Hund). Das abgesetzte Vorderende des Penis ist die **Eichel,** die von einer Hautfalte, der **Vorhaut,** ganz oder teilweise bedeckt sein kann.

PEN-Leiter [PEN Abkürzung für englisch **p**rotection **e**arth **n**eutral], früher **Nullleiter,** *Elektrotechnik:* geerdeter Leiter, der die Funktionen von Neutralleiter und →Schutzleiter in sich vereint; im Unterschied zum Neutralleiter zählt der PEN-Leiter nicht zum aktiven Teil eines elektrischen Betriebsmittels, also nicht zu den Leitern oder leitfähigen Elementen, die im Normalfall unter Spannung stehen.

Penrose ['penrəʊz], Sir Roger, britischer Mathematiker, * Colchester 8. 8. 1931; 1966–73 Professor in London, 1973–98 in Oxford; Arbeiten zur Relativitätstheorie und Kosmologie, insbesondere zu Schwarzen Löchern; schrieb internationale Bestseller (u. a. »Computerdenken«, 1989).

Pentanole, Amylalkohole, $C_5H_{11}OH$, aliphatische Alkohole mit fünf C-Atomen, die zu 60–80 % in Fuselölen enthalten sind; treten in acht Isomeren auf. Pentanole und ihre Ester dienen als Lösungsmittel.

Pentaquark, *Elemetarteilchenphysik:* →exotische Teilchen.

Pentosen [griechisch], $C_5H_{10}O_5$, einfache Zucker (Monosaccharide). Die wichtigsten Pentosen sind die Ribose und Desoxyribose.

Pentosephosphatzyklus, bei Pflanzen und Tieren ablaufender Stoffwechselweg, bei dem Glucose vollständig zu Kohlendioxid und Wasserstoff (in Form von $NADPH+H^+$) abgebaut wird.

Pentyl..., früher **Amyl...,** Bezeichnung der chemischen Nomenklatur für die Kohlenwasserstoffgruppe $-C_5H_{11}$.

Peptidasen [griechisch], Enzyme aus der Gruppe der Hydrolasen, die Peptidbindungen spalten; z. B. Pepsin, Trypsin.

Peptide [griechisch], durch (Poly-)Kondensation von Aminosäuren, das heißt durch Reaktion der Aminogruppe einer Aminosäure mit der Carboxylgruppe einer anderen entstehende Verbindungen mit der charakteristischen **Peptidbindung** -CO–NH–, die in der Natur weit verbreitet vorkommen. **Oligopeptide** (z. B. Dipeptide, Tripeptide, Tetrapeptide usw.) enthalten bis zu 10, **Polypeptide** bis 100 und **Proteine** über 100 Aminosäurereste. Peptide haben als Hormone, Antibiotika und Gifte physiologische Bedeutung.

Peptidhormone, Sammelbezeichnung für Hormone, die chemisch gesehen zu den Oligo- bis Polypeptiden gehören. Zu den Peptidhormonen zählen u. a. die Hormone von Hypophyse, Hypothalamus, den Nebenschilddrüsen und den Langerhans-Inseln der Bauchspeicheldrüse.

per... [lateinisch], *Chemie:* Vorsilbe zur Kennzeichnung 1) von Verbindungen mit einem Zentralatom sehr hoher oder höchster Oxidationszahl, z. B. Kaliumpermanganat, $KMnO_4$ (anorganische Chemie); 2) des Vorhandenseins der Atomgruppierung $-O_2-$ im Molekül, z. B. Bariumperoxid, BaO_2 (anorganische und organische Chemie); c) der gesättigten Form einer Grundverbindung, z. B. Perchlorethylen, C_2Cl_4, oder der vollständig hydrierten Form einer gesättigten Verbindung (organische Chemie).

perennierend, *Botanik:* ausdauernd, überwinternd; mehrjährig (Stauden).

Perforine *Plural, Immunbiologie:* membranschädigende Proteine, die von Zellen des Immunsystems abgegeben werden; spielen beim Töten von Zielzellen eine bedeutende Rolle.

Perigon [griechisch] *das,* Blütenhülle mit gleich gestalteten Kronen- und Kelchblättern.

Perikarp [griechisch] *das,* die Fruchtwand.

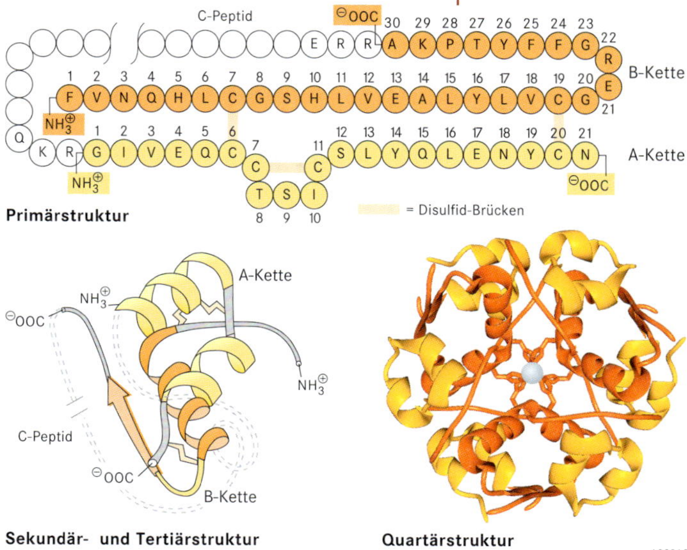

Peptidhormone. Struktur des Insulins; Primärstruktur (oben), Sekundär- und Tertiärstruktur (unten links), Quartärstruktur (unten rechts)

Peptide Tödlicher Stich

Der Stich des nordafrikanischen Skorpions *Androctonus mauretanicus* setzt im Körper seines Opfers einen hochwirksamen Giftstoff frei. Hierbei handelt es sich um das Peptid *Kaliotoxin.* Es bindet an bestimmte Proteine in Zellmembranen von Nervenzellen, die so genannten Kaliumionen-Kanäle, die als Torwächter für Kaliumionen dienen. Die Kanäle sind für Kaliumionen offen, während die Nervenzellen »feuern«, also Signale weiterleiten. Dabei strömen Kaliumionen vom Zellinnenraum in den -außenraum. Heften sich jedoch Kaliotoxinmoleküle an die Kanäle, so ist der Durchlass für Kaliumionen blockiert. Da der Kaliumionen-Kanal die elektrischen Signale z. B. an die Herzmuskelzellen nicht mehr weiterleiten kann, hört das Herz auf zu schlagen. Für die tödliche Giftwirkung des Toxins ist seine spezifische Wechselwirkung mit dem Kanalprotein verantwortlich. Es erkennt eine bestimmte Aminosäuresequenz des Kanalmoleküls und ruft bei diesem eine Strukturänderung hervor. Der auf diese Weise veränderte Kaliumionen-Kanal ist für Kaliumionen nicht mehr durchlässig.

Periode [griechisch] *die,* **1)** *Chemie:* →Periodensystem der chemischen Elemente.

2) *Physik, Technik:* die Wiederholung gleicher Zustände eines physikalischen Systems in regelmäßigen Zeitabständen (→Periodendauer).

Periodendauer, kurz **Periode,** Formelzeichen T, die Zeit, nach der sich ein regelmäßig wiederkehrender Vorgang (periodischer Vorgang) wiederholt, z. B. die bei einer harmonischen Schwingung für eine volle →Schwingung benötigte Zeit (Schwingungsdauer).

Periodensystem der chemischen Elemente, Abkürzung **PSE,** systematische, tabellarische Anordnung der chemischen Elemente nach ihrem Atombau und ihren davon abhängigen periodisch sich wiederholenden chemischen und physikalischen Eigenschaften; 1869 von Dimitri Mendelejew und Lothar Meyer unabhängig voneinander vorgeschlagen. Für einige Leerstellen sagte Mendelejew neue Elemente, z. B. Gallium, Germanium, Scandium, Technetium, Promethium, mit ihren Eigenschaften voraus, die später entdeckt oder durch Kernumwandlung künstlich hergestellt wurden. Anfängliche Unstimmigkeiten in der Reihenfolge wurden durch die spätere Erkenntnis beseitigt, dass nicht die Atommasse, sondern die Ordnungszahl die für die chemischen Eigenschaften maßgebende Größe ist.

Die Erklärung des PSE liefert die Quantentheorie, insbesondere die Anwendung des →Pauli-Prinzips auf den Bau der Atomhülle; sie spiegelt sich hauptsächlich in den Perioden des PSE wider. Danach unterscheiden sich die Atome der verschiedenen Elemente durch die Anzahl der Hüllenelektronen, die sich in »Schalen« (→Schalenmodell) gruppieren.

Es gibt (historisch bedingt) verschiedene Darstellungsarten des PSE (Lang- und Kurzperiodensystem), wobei sich die Langperiodendarstellung weitgehend durchgesetzt hat. In den waagrechten Zeilen, den **Perioden,** werden die Elemente nach steigender Ordnungszahl, in den senkrechten Spalten, den **Gruppen** (oder **Elementfamilien**), nach ähnlichen chemischen und physikalischen Eigenschaften geordnet.

Zu den **Hauptgruppen** (ältere Bezeichnung I A bis VIII A) zählen die 44 Elemente, bei deren Atomen die äußersten Schalen mit Elektronen aufgefüllt werden. Diese Gruppen werden (nach obiger Reihenfolge) als Alkalimetalle (und Wasserstoff), Erdalkalimetalle, Borgruppe, Kohlenstoffgruppe, Stickstoffgruppe, Chalkogene, Halogene und Edelgase bezeichnet. Die Gruppennummer gibt dabei jeweils die Anzahl der vorhandenen Außenelektronen an. Die übrigen 65 Elemente gehören zu den **Nebengruppen** (ältere Bezeichnung I B bis VIII B). Bei den meisten Atomen dieser Elemente erfolgt aus energetischen Gründen vor dem weiteren Auffüllen der äußeren Elektronenschalen ein Besetzen der inneren Elektronenschalen (d- und f-Orbitale). Diejenigen Nebengruppenelemente, bei deren Atomen das neu hinzukommende Elektron ein d-Elektron ist, werden auch als **Übergangselemente** oder als **d-Elemente** bezeichnet.

Die einzelnen Gruppen werden nach der modernen IUPAC-Notation, in der es keine Haupt- und Nebengruppenelemente mehr gibt, mit den Ziffern 1 (Wasserstoff und Alkalimetalle) bis 18 (Edelgase) bezeichnet, jedoch sind die alten Kennzeichnungen (I A bis VIII A für die Haupt- und I B bis VIII B für die Nebengruppen) noch gebräuchlich.

■ **Geschichte** Eine gewisse Periodizität von Eigenschaften chemischer Elemente wurde erstmals u. a. von Johann Döbereiner (* 1780, † 1849) beobachtet; 1817 stellte er die Triadenregel auf, nach der die Atommasse des mittleren Elements einer solchen Triade ungefähr dem arithmetischen Mittel der Atommassen der beiden anderen Elemente entspricht. 1869 schlugen Mendelejew und Meyer unabhängig voneinander umfassende Periodensysteme vor; das System Mendelejews, in dem Plätze für noch unentdeckte Elemente freigehalten wurden, gilt mit wenigen Verbesserungen bis heute.

peripheres Nervensystem, Bezeichnung für die Gesamtheit der Anteile des →Nervensystems, die als periphere Nerven und Ganglien sowohl mittels zuleitender (afferenter, sensorischer) Nervenbahnen Erregung aus der Körperperipherie und den inneren Organen zum Zentralnervensystem übertragen als auch über efferente (motorische) Bahnen Muskeln und Drüsen versorgen.

Peristaltik [griechisch] *die,* bei Hohlorganen (Magen, Darm, Harnleiter) wellenförmig fortschreitende Zusammenziehung der glatten Muskulatur zum Vorwärtstreiben des Inhalts.

Perkin [ˈpəːkɪn], Sir (seit 1906) William, britischer Chemiker und Industrieller, * London 12. 3. 1838, † Sudbury (heute zu London) 14. 7. 1907; stellte 1856 den ersten synthetischen organischen Farbstoff, das Mauvein (Perkin-Violett), her. Perkin begründete eine Anilinfarbenfabrik und entwickelte 1868 die **Perkin-Reaktion** zur Herstellung von ungesättigten organischen Säuren durch Kondensation von Aldehyden mit Natriumsalzen von Carbonsäuren unter dem Einfluss von Säureanhydriden.

Perl [pəːl], Martin Lewis, amerikanischer Physiker, * New York 24. 6. 1927; seit 1964 Professor an der Stanford University (Kalifornien), wies mit seinen Mitarbeitern 1975 am →SLAC ein schweres Lepton, das Tauteilchen, nach. Dafür erhielt er 1995 zusammen mit F. Reines den Nobelpreis für Physik.

PERIODENSYSTEM DER CHEMISCHEN ELEMENTE

1 IUPAC-Empfehlung seit 1986
I A Gruppenbezeichnung nach alter IUPAC-Empfehlung

Übergangsmetalle

1 I A	2 II A	3 III B	4 IV B	5 V B	6 VI B	7 VII B	8	9 VIII B	10	11 I B	12 II B	13 III A	14 IV A	15 V A	16 VI A	17 VII A	18 VIII A	
1 H Wasserstoff																	2 He Helium	1. Periode
3 Li Lithium	4 Be Beryllium											5 B Bor	6 C Kohlenstoff	7 N Stickstoff	8 O Sauerstoff	9 F Fluor	10 Ne Neon	2. Periode
11 Na Natrium	12 Mg Magnesium											13 Al Aluminium	14 Si Silicium	15 P Phosphor	16 S Schwefel	17 Cl Chlor	18 Ar Argon	3. Periode
19 K Kalium	20 Ca Calcium	21 Sc Scandium	22 Ti Titan	23 V Vanadium	24 Cr Chrom	25 Mn Mangan	26 Fe Eisen	27 Co Kobalt	28 Ni Nickel	29 Cu Kupfer	30 Zn Zink	31 Ga Gallium	32 Ge Germanium	33 As Arsen	34 Se Selen	35 Br Brom	36 Kr Krypton	4. Periode
37 Rb Rubidium	38 Sr Strontium	39 Y Yttrium	40 Zr Zirconium	41 Nb Niob	42 Mo Molybdän	43 Tc Technetium	44 Ru Ruthenium	45 Rh Rhodium	46 Pd Palladium	47 Ag Silber	48 Cd Cadmium	49 In Indium	50 Sn Zinn	51 Sb Antimon	52 Te Tellur	53 I Jod	54 Xe Xenon	5. Periode
55 Cs Cäsium	56 Ba Barium	57 La Lanthan	72 Hf Hafnium	73 Ta Tantal	74 W Wolfram	75 Re Rhenium	76 Os Osmium	77 Ir Iridium	78 Pt Platin	79 Au Gold	80 Hg Quecksilber	81 Tl Thallium	82 Pb Blei	83 Bi Wismut	84 Po Polonium	85 At Astat	86 Rn Radon	6. Periode
87 Fr Francium	88 Ra Radium	89 Ac Actinium	104 Rf Rutherfordium	105 Db Dubnium	106 Sg Seaborgium	107 Bh Bohrium	108 Hs Hassium	109 Mt Meitnerium	110 Ds Darmstadtium	111 Rg Roentgenium	112 Uub Ununbium	113 Uut Ununtrium	114 Uuq Ununquadium	115 Uup Ununpentium				7. Periode

58 Ce Cer	59 Pr Praseodym	60 Nd Neodym	61 Pm Promethium	62 Sm Samarium	63 Eu Europium	64 Gd Gadolinium	65 Tb Terbium	66 Dy Dysprosium	67 Ho Holmium	68 Er Erbium	69 Tm Thulium	70 Yb Ytterbium	71 Lu Lutetium
90 Th Thorium	91 Pa Protactinium	92 U Uran	93 Np Neptunium	94 Pu Plutonium	95 Am Americium	96 Cm Curium	97 Bk Berkelium	98 Cf Californium	99 Es Einsteinium	100 Fm Fermium	101 Md Mendelevium	102 No Nobelium	103 Lr Lawrencium

Metall Halbmetall Nichtmetall künstl. Element

Feststoff (20 °C) Flüssigkeit (20 °C) Gas (20 °C) Radioaktiv

Perlmutter Der Natur abgeschaut

Perlmutter, das von einigen Weichtieren gebildet wird, u. a. der Perlmuschel (Bild), beeindruckt nicht nur durch sein schillerndes Farbenspiel, sondern auch durch seine enorme Bruchfestigkeit. Es besteht zwar hauptsächlich aus Kalk, ist aber tausendmal bruchfester. Deshalb haben auch Naturwissenschaftler, die bei der Suche nach neuen Materialien gerne erfolgreiche Konzepte aus der Natur nachahmen, ein Auge auf das Perlmutter geworfen.

Die Bruchfestigkeit verdankt das Perlmutter seinem schichtförmigen Aufbau aus weichen organischen Schichten und harten, nicht einmal einen Mikrometer dünnen Plättchen aus Aragonit, einer speziellen Form des Kalk. Diese keramische Verbindung findet sich etwa auch in Marmor. Könnte man solche Keramiken im Labor nachbauen, ließen sich etwa feste Gewebe herstellen, die als Knochenersatz dienen könnten. Normalerweise sind keramische Materialien allerdings sehr spröde und zerbröseln leicht. Als amerikanische Wissenschaftler jedoch eine Lösung aus Kalk und Wasser zunächst gefrieren ließen und dann das Wasser schlagartig verdampften, erhielten sie eine perlmutterartig geschichtete, poröse Substanz. Zusätzlich füllten die Forscher ihre gerüstartige Struktur mit Epoxidharz oder Aluminium, um sie stabiler zu machen. Da die gesamte Herstellung nur übliche Verfahren benutzte, bietet sich hier vielleicht ein neuer Weg für die Implantationschirurgie an.

Perlit *der,* **1)** *Werkstoffkunde:* eutektoides Gefüge (das heißt →Eutektikum im Festkörperzustand) des Stahls; eine feine, lamellierte Anordnung aus Ferrit (α-Eisen) und kohlenstoffreichem Zementit (Eisencarbid, Fe_3C), die bei langsamer Unterkühlung unter 723 °C aus →Austenit entsteht. Perlit zeigt im Schliffbild einen perlmutterartigen Glanz (daher der Name).

Perlmutter *die* oder *das,* **Perlmutt,** innerste Schicht der Schale mancher Muscheln und Schnecken; besteht aus planparallelen Aragonitplättchen und zeigt irisierende Farben.

Perm [nach dem ehemaligen russischen Gouvernement] *das,* ältere Bezeichnung **Dyas,** jüngstes System (Periode) des Paläozoikums, in Deutschland in Rotliegendes und Zechstein geteilt. (→geologisches System, Übersicht)

Perm. Versteinerte Echse

Permalloy® ['pə:məlɔı, Kunstwort] *das,* Eisen-Nickel-Legierung mit 74–80 % Nickel, 15 % Eisen und vereinzelt geringen Zusätzen von Kupfer, Chrom und Molybdän; von hoher magnetischer →Suszeptibilität bei geringen Feldstärken und niedrigem Hysterese-Verlust (→Hysterese) für Radio-, elektrische und elektronische Ausrüstungen.

Permeabilität [lateinisch] *die,* **1)** *Biochemie:* Durchlässigkeit von Scheidewänden (Membranen, Zellwände) für bestimmte Moleküle, Atome oder Ionen.

2) *Physik:* Formelzeichen μ, in magnetisch isotropen Stoffen Proportionalitätsfaktor zwischen der magnetischen Induktion B und der magnetischen Feldstärke H; $B = \mu H = \mu_0 \mu_r H$. Im Vakuum ist μ gleich der **magnetischen Feldkonstante** μ_0 (früher **absolute Permeabilität des Vakuums, Induktionskonstante**): $\mu_0 = 4\pi \cdot 10^{-7}$ Vs/Am; die **Permeabilitätszahl** μ_r ist somit für Vakuum gleich eins. $\mu_r = \mu / \mu_0$ ist die Permeabilität eines Stoffes bezogen auf μ_0; daher wurde μ_r auch **relative Permeabilität** genannt. Bei diamagnetischen und paramagnetischen Substanzen ist die Permeabilität eine Materialkonstante, bei ferromagnetischen Materialien hängt sie von der Feldstärke ab.

Permittivität [lateinisch] *die,* →Dielektrizitätskonstante.

Pernambukholz, Fernambuk, Brasilholz, braungelbes bis dunkelrotes, hartes Holz der Hülsenfrüchtlerart Caesalpinia echinata (südöstliches Südamerika); Drechsler- und Ausstattungsholz.

Per|oxidasen, Enzyme, die Substrate unter Verwendung von Wasserstoffperoxid oxidieren.

Per|oxide, Verbindungen des als Peroxogruppe, –O–O–, vorliegenden Sauerstoffs mit Wasserstoff oder Metallen (**anorganische Peroxide**) oder mit organischen Resten (**organische Peroxide**). Technisch wichtige anorganische Peroxide sind neben dem →Wasserstoffperoxid einige Metallperoxide (z. B. Natriumperoxid, Na_2O_2), die leicht Sauerstoff abspalten und daher als Oxidations- und Bleichmittel verwendet werden.

Per|oxo..., Bezeichnung der chemischen Nomenklatur, die in Verbindung mit dem Trivialnamen einer Säure die Substitution des Liganden –O– durch –O–O– anzeigt (z. B. Peroxodischwefelsäure, $HO_3S{-}O{-}O{-}SO_3H$).

Per|oxy..., Bezeichnung der chemischen Nomenklatur, die das Vorliegen einer Peroxygruppe (Hydroperoxygruppe), –OOH, in organischen Verbindungen anzeigt (z. B. Peroxyessigsäure).

Per|oxysomen [griechisch], 0,5–1,5 µm große Zellorganellen in pflanzlichen und tierischen Zellen. Peroxysomen und Glyoxisomen werden in der Elektronenmikroskopie zusammenfassend als Microbodies bezeichnet.

Perpetuum mobile [lateinisch »dauernd beweglich«] *das,* Maschine, die ohne Energiezufuhr von außen dauernd Arbeit verrichtet (**Perpetuum mobile 1. Art**) oder aus der Wärmeenergie eines großen Wärmespeichers dauernd mechanische Energie erzeugt, ohne dass dabei in der übrigen Umgebung bleibende Veränderungen entstehen (**Perpetuum mobile 2. Art**). Das Perpetuum mobile 1. Art ist mit dem →Energiesatz, das Perpetuum mobile 2. Art mit dem Entropiesatz (→Entropie) unverträglich. Seit I. Newton und G. W. Leibniz ist die Unmöglichkeit eines Perpetuum mobile erwiesen.

Perrin [pɛˈrɛ̃], Jean-Baptiste, französischer Physiker und Chemiker, * Lille 30. 9. 1870, † New York 17. 4. 1942; wies 1895 die negative Ladung der Kathodenstrahlen nach; erhielt für seine Arbeiten über die diskontinuierliche Struktur der Materie, besonders die Entdeckung des Sedimentationsgleichgewichts, 1926 den Nobelpreis für Physik.

Persistenz *die, Chemie:* Bezeichnung für die Beständigkeit organischer Stoffe in der Umwelt. Bei Pflanzenschutzmitteln bezeichnet Persistenz die Verweildauer einer chemischen Substanz oder ihres Abbauprodukts in einem Umweltbereich (z. B. Wasser, Boden, Luft; nach IUPAC).

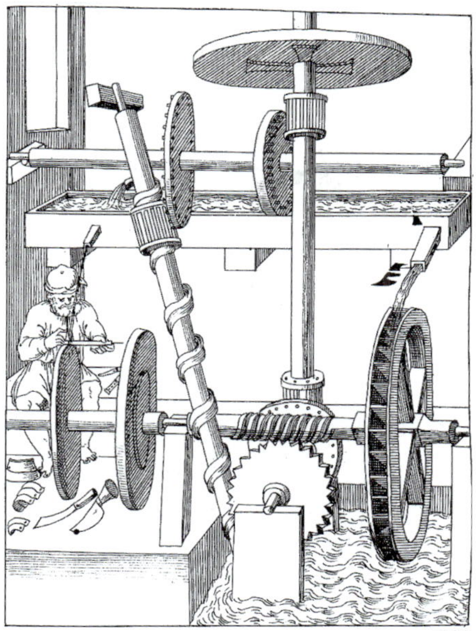

100880

Perpetuum mobile. Das 1580 von dem Mailänder Jacopo da Strada entworfene Perpetuum mobile versprach, aus einem hochgelegenen Becken abgeflossenes Wasser durch eine archimedische Schraube wieder hinaufzupumpen, einen Schleifstein zu betreiben und diesen zugleich mit Kühlwasser zu versorgen.

Personalcomputer [-kɔmpju:tər, englisch], Abkürzung **PC,** ein Rechner, der in der Regel für den persönlichen Gebrauch privat oder beruflich verwendet wird. Im kommerziellen Einsatz verfügen Personalcomputer meist über einen Netzzugang und damit über die Möglichkeit der Kommunikation mit anderen Computern (z. B. →LAN), der Anwender partizipiert dann an den unterschiedlichen Peripheriegeräten, Servern und Anwendungsprogrammen, die im Netz vorhanden sind. Häufig ist mit dem Netzzugang auch ein Zugang zum weltweiten →Internet und seinen verschiedenen Diensten (wie E-Mail, WWW u. a.) verbunden.

Perutz, Max, britischer Chemiker österreichischer Herkunft, * Wien 19. 5. 1914, † Cambridge 6. 2. 2002; lebte seit 1936 in Großbritannien. Perutz arbeitete v. a. über den räumlichen Aufbau von Proteinen und Nukleinsäuren (Tertiärstruktur). 1936 begann Perutz bei John Bernal (* 1901, † 1971) im berühmten Cavendish-Laboratorium der Universität Cambridge erste röntgenanalytische Untersuchungen durchzuführen. Seine Arbeiten konzentrierten sich bald auf die Röntgenstrukturanalyse des Proteins Hämoglobin. 1953/54 wendete Perutz erstmals die Methode des isomorphen Ersatzes an. Sie ermöglichte es, isomorphe Hämoglobinmoleküle zu gewinnen, die an definierten Stellen mit

Personalcomputer
→ GEO **Dossier**
Weltweit verwoben, Bd. 8

Max Ferdinand Perutz
*** 1914, † 2002**

100977

- klärte die räumliche Struktur von Hämoglobin und Myoglobin auf
- erhielt 1962 den Nobelpreis für Chemie

187

Petrochemie. Aromaten- und Olefinanlage im Werk Gelsenkirchen-Scholven (Nordrhein-Westfalen)

Rechte Seite: Raffinerie der Petrochemie

schweren Quecksilber- beziehungsweise Silberatomen markiert waren. Diese abgeänderten Hämoglobinmoleküle, die in ihrer Kristallstruktur prinzipiell nicht verändert waren (isomorph), ergaben aber veränderte Röntgendiagramme. Auf diese Weise konnten mithilfe der Schwermetallatome Bezugspunkte geschaffen werden, die eine korrekte Ableitung der Lage der Polypeptidketten und bestimmter Atomgruppen sowie bestimmter Atome in den Proteinen ermöglichten. Der mit den Röntgenstrukturanalysen verbundene hohe Rechenaufwand wurde durch den Einsatz von Computern bewältigt. Für die Aufklärung der räumlichen Struktur des Hämoglobins durch Röntgenstrukturanalyse erhielt Perutz 1962 (mit John Kendrew) den Nobelpreis für Chemie.

Pestizide [lateinisch], besonders im Umweltschutz gebräuchliche Bezeichnung für die gegen tierische Schädlinge eingesetzten chemischen Substanzen (Schädlingsbekämpfungsmittel wie Akarizide, Insektizide); auch Sammelbegriff für die chemischen →Pflanzenschutzmittel.

Peta, Vorsatzzeichen **P,** Vorsatz vor Einheiten für den Faktor 10^{15} (Billiarde); z. B. 1 Petameter = 1 Pm = 10^{15} m.

Petit [pəˈti], Alexis Thérèse, französischer Physiker, * Vesoul (Département Haute-Saône) 2. 10. 1791, † Paris 21. 6. 1820; untersuchte gemeinsam mit P. L. Dulong die Wärmeausdehnung fester Körper und formulierte die →Dulong-Petit-Regel.

PETRA, Abkürzung für Positron-Elektron-Tandem-Ringbeschleuniger-Anlage, →Deutsches Elektronen-Synchrotron.

Petri-Schale, flache Schale aus Glas oder Kunststoff mit Deckel, v. a. zur Züchtung von Bakterien und niederen Pilzen.

Petrochemie, Petrolchemie, Zweig der chemischen Großindustrie, der chemische Stoffe aus Erdölprodukten und Erdgas herstellt und damit Bindeglied zwischen Erdölverarbeitung und eigentlicher chemischer Industrie ist. Anlagen der Petrochemie sind in Erdölraffinerien integriert oder in speziellen petrochemischen Werken angesiedelt, die oft als gemeinsame Tochterfirmen von Mineralöl- und Chemieunternehmen betrieben werden. Die Anlagen zeichnen sich durch große Kapazität und hohen Automatisierungsgrad aus. Olefine und Aromaten werden durch →Steamcracken erzeugt, in Westeuropa überwiegend aus Rohbenzin, zum Teil aus Flüssiggas oder Gasöl. In den USA ist Ethan aus Erdgas bevorzugter Rohstoff für die Ethylenherstellung. Die aufwendige Trennung der Crackprodukte erfolgt u. a. durch Destillation, Extraktion, Extraktivdestillation und Molekularsiebverfahren.

Zur Herstellung von Synthesegas werden bevorzugt Erdgas (→Steamreforming) und Schweröle verwendet. Die wichtigsten Primärprodukte der Petrochemie sind Ethylen, Propylen, Butadien, Isobuten, Benzol, Toluol und Xylole sowie Synthesegas für die Herstellung von Methanol, Ammoniak, Alkoholen und Essigsäure. Sekundärprodukte der Petrochemie werden durch Polymerisation (z. B. Kunststoffe wie Polyethylen), Oxidation (z. B. Acetaldehyd), Alkylierung (z. B. Ethylbenzol), Hydratisierung (z. B. Isopropylalkohol), Dehydrierung (z. B. Styrol) oder andere chemische Verfahren gewonnen.

Petrolchemie, →Petrochemie.

Petroleum [zu griechisch pétra »Stein« und lateinisch oleum »Öl«] *das, Chemie:* Fraktionen des Erdöls, Siedebereich 150–280 °C; früher fast ausschließlich als **Leuchtöl** verwendet; heute als Flugturbinenkraftstoff bedeutend (→Kerosin). In der englischen Sprache ist Petroleum gleichbedeutend mit Erdöl.

Petrologie [griechisch] *die,* **Gesteinskunde,** das Teilgebiet der Mineralogie, das die Geschichte der Gesteine, besonders ihre Herkunft, ihre Bildung (Petrogenese) und Umwandlungsvorgänge erforscht.

Pfanne [zu griechisch pátanē »Schüssel«], *Metallurgie:* aus Stahlblech gefertigtes Gefäß mit feuerfester Auskleidung zur Aufnahme und zum Transport von geschmolzenen Metallen; in der modernen Metallurgie zunehmend auch Reaktionsgefäß.

Pfauen, Pavo, mit den Fasanen verwandte Gattung der Hühnervögel Südostasiens; gesellige, truthahngroße Waldvögel, mit langen, durch Augenflecken geschmückten Oberschwanzdeckfedern (die beim Hahn bei der Balz zum »Rad« fächerartig aufgerichtet werden können), Federkrone auf dem Kopf und blau, grün, rot schillerndem Gefieder. Der

100562

169
164
162

Blaue Pfau (Pavo cristatus) wird häufig als Ziervogel gehalten.

pfẹffersche Zelle [nach dem Chemiker und Botaniker W. Pfeffer, *1845, †1920], Gerät zur Messung des osmotischen Drucks (→Osmose), wobei poröse Tonwände mit einem Niederschlag von Kupferhexacyanoferrat (II) die semipermeable Membran darstellen.

Pfauen.
Blauer Pfau (Pavo cristatus)

Pfeilflügel, eine Tragflügelform für hohe Fluggeschwindigkeiten. **Positive Pfeilflügel** sind nach hinten, **negative Pfeilflügel** nach vorn abgewinkelt.

Pferde [von mittellateinisch paraveredus »Postpferd«], **Einhufer, Equidae,** Familie der Unpaarhufer mit nur einer Gattung (Equus), zu der →Esel, Halbesel und Zebras sowie das →Prschewalskipferd gehören (die wildpferdeähnlichen Rassen Dülmener und Mustang haben zu den echten Wildpferden keine direkte Beziehung; es sind verwilderte oder ständig in freier Wildbahn lebende Hauspferderassen). Die Pferde treten nur mit der Spitze der mit breitem Huf bekleideten Mittelzehe (3. Zehe) auf. Der 2. und 4. Mittelfußknochen sind zu schmalen Stäben verkümmert (Griffelbeine). Von den übrigen Mitgliedern der Familie Equidae unterscheiden sich die (vermutlich) vom Prschewalskipferd (Wildpferd) abstammenden Hauspferde (Pferde im engeren Sinn) durch kurze Ohren, Hornwarzen an allen Beinen, den behaarten Schweif und das Wiehern.

Die Pferde haben sich vor rund 60 Mio. Jahren aus einer etwa fuchsgroßen Stammform Hyracotherium in Amerika entwickelt. Sie waren zunächst waldbewohnende Laubfresser und wurden später Grasfresser in offenen Landschaften. Vor rund 2,5 Mio. Jahren (Ende des Pliozäns) gelangte ein Seitenzweig nach Asien, während in Amerika alle Pferde nach der Eiszeit ausstarben. Mit den spanischen Eroberern kamen sie dann wieder nach Amerika.

■ **Hauspferde** Die Pferde im engeren Sinn sind hochbeinige Lauf- und Fluchttiere. Sie ernähren sich von Pflanzen; ihr Verdauungstrakt ist auf die ursprüngliche Steppenheimat abgestimmt, wo zur Futtersuche täglich weite Strecken zurückgelegt werden müssen, wobei kontinuierlich kleine Mengen schwer verdaulichen Futters aufgenommen werden. Die Schneidezähne der Pferde tragen eine tütenartige Schmelzeinstülpung (Bohne), die Eckzähne sind nur beim Hengst erhalten, die Backenzähne besitzen Schmelzfalten. Die Abnutzung des Gebisses ermöglicht eine Altersbestimmung; Pferde können bis zu 40 Jahre alt werden, im Mittel sind es 16–18 Jahre.

Das männliche Pferd heißt **Hengst** (kastriert **Wallach**), das weibliche **Stute,** das junge **Fohlen.** Die Geschlechtsreife tritt mit circa 18 Monaten ein; zuchtreif ist ein Hauspferd je nach Rasse allerdings frühestens mit 24–30 Monaten. Die Brunst der Stuten **(Rosse)** dauert zwischen 3 und 15 (selten 30) Tage. Die Trächtigkeitsdauer liegt zwischen 320 und 336 (bis 360) Tagen. Einzelgeburten sind beim Pferd die Regel; Zwillingsgeburten sind selten. Das Fohlen saugt vier bis fünf Monate bei der Mutter, dann wird es abgesetzt. Die Aufzucht der Fohlen und Jungpferde erfolgt meist in Gruppen. Die Ausbildung zum Renn-, Reit-, Wagen- oder Zugpferd beginnt zwischen dem 2. und 4. Lebensjahr.

Die Größe der Hauspferderassen variiert zwischen 180 cm Widerristhöhe (Stockmaß), z. B. beim englischen Shire Horse, und 71 cm, z. B. beim argentinischen Falabella. Nach Fell- und Langhaarfarbe unterscheidet man **Braune** (hell- bis dunkelbraunes Fell, schwarzes Langhaar und schwarze Füße), **Füchse** (rotbraunes Fell und ebensolches Langhaar, in stark variierender Schattierung vom hellen Lehmfuchs bis zum fast schwarzen Kohlfuchs), **Rappen** (schwarzes Fell und schwarzes Langhaar) sowie **Schimmel** (weißes Fell, weißes Langhaar, dunkle Augen); besondere Farbschläge sind Isabellen und Falben. Einzelne weiße Haare im Fell bezeichnet man als Stichelhaare; treten sie vermehrt auf, heißen die Pferde Rotschimmel, Rappschimmel oder Apfelschimmel. Vielfach weisen die Pferde auch weiße Abzeichen im Fell auf, meist auf dem Nasenrücken (z. B. Blesse) oder an den Füßen. Pferde mit weißer Grundfarbe und unregelmäßig geformten braunen und/oder schwarzen Flecken auf dem Körper heißen →Schecken.

Aufgrund des Temperamentes und der Körperform erfolgt eine Einteilung in Vollblut-, Warmblut- und Kaltblutpferde. Zu den temperamentvollen und leicht gebauten **Vollblutpferden (Vollblüter)** gehören das Arabische und Englische Vollblut sowie die Traber;

Rechte Seite:
Przewalski-Wildpferde in Ungarn

es sind in erster Linie Sportpferde. Unter dem Begriff **Warmblutpferd (Warmblut)** sind alle Rassen zusammengefasst, die sich als Reitpferde und Wagenpferde sowie für den leichten Zug eignen; hier wird noch zwischen Edlem Warmblut und Schwerem Warmblut unterschieden. Das **Kaltblutpferd (Kaltblut)** ist ein auf Masse und Starkknochigkeit für den schweren Zug gezüchteter frühreifer Typ mit ruhigem Temperament.

■ **Kulturgeschichte** Die Domestikation des Wildpferdes setzte in Nordeuropa und Westeuropa im 4. Jahrtausend v. Chr. ein. Spätneolithische Domestikationszentren befanden sich im Süden Sibiriens, im Altai- und Sajangebirge sowie in Zentralasien. Um die Mitte des 2. vorchristlichen Jahrtausends sind Pferde als Last-, Reit- und Opfertiere in Indien und China bekannt. Aus dieser Zeit stammen auch die ersten Reiterbilder (u. a. Ritzzeichnungen auf Knochen). Aus Mesopotamien stammt die älteste schriftliche Urkunde über die Existenz von Pferden (um 2000 v. Chr.). Nach Ägypten kamen die Pferde im 17. Jahrhundert v. Chr. In Griechenland spielte die Reiterei nur eine geringe Rolle. Auch die Römer erkannten erst spät die Bedeutung eines schlagkräftigen Reiterheeres.

Pferdestärke, Einheitenzeichen **PS,** nicht gesetzliche Einheit der Leistung. 1 PS = 75 kp · m/s = 0,73549875 kW.

Pflanzen [lateinisch planta], formenreiche, rund 320 000 Arten umfassende Organismengruppe, die in weiten Gebieten der Erde das Landschaftsbild prägt und seit dem Präkambrium nachweisbar ist. Zu den Pflanzen zählen die Samenpflanzen, Farne, Moose und Algen, jedoch nicht die →Pilze und die →Cyanobakterien.

Pflanzen
→ GEO **Dossier**
Das geheime Leben der Pflanzen, Bd. 7

Pflanzen sind im Allgemeinen autotroph, das heißt, sie bauen mithilfe des Sonnenlichts (→Fotosynthese) ihre organische Körpersubstanz aus anorganischem Material auf. Damit schaffen sie die Existenzvoraussetzungen für einige heterotrophe Pflanzen, die heterotrophen Tiere und den Menschen, die ihre Körpersubstanz nur aus organischem Material bilden können.

Die **Algen** sind die ursprünglichste Pflanzengruppe. Sie können einzellig sein sowie lockere Zellkolonien oder einfache Zellfäden bilden. Nur einige Ordnungen der Braun-, Grün- oder Rotalgen besitzen einen gegliederten Vegetationskörper (Thallus; →Thallophyten). Bei den **Moosen** andeutungsweise beginnend, tritt, fortschreitend über die **Farne** zu den **Samenpflanzen,** eine Gliederung des Vegetationskörpers (Kormus; →Kormophyten) in Wurzelsystem, Sprossachse und Blätter ein.

Die äußere Form der Pflanzen ist der autotrophen Lebensweise durch Ausbildung großer äußerer Oberflächen (Blätter, verzweigte Spross- und Wurzelsysteme) zur Aufnahme der Sonnenenergie und von Nährstoffen am Standort angepasst. Unterschiede in Zahl, Anordnung und Größe sowie Metamorphosen der Grundorgane verursachen die Formenvielfalt der Pflanzen.

Grundbaustein der inneren Organisation der Pflanzen ist die →Zelle. Die Fortpflanzung und Vermehrung der Pflanzen erfolgt geschlechtlich durch Vereinigung von Geschlechtszellen oder ungeschlechtlich durch Sporen. Viele Pflanzen vermehren sich zusätzlich vegetativ durch Zellverbände, die sich von der Mutterpflanze ablösen. Auf Außenreize reagieren Pflanzen durch verschiedene Organbewegungen (→Tropismus), frei bewegliche Algen zeigen ortsverändernde →Taxien. Dem Menschen, der Pflanzen schon frühzeitig in Kultur nahm, liefern sie Nahrungs-, Futter- und Heilmittel sowie Rohstoffe für Kleidung, Behausung und Werkzeuge.

Bedrohte Pflanzenarten sind in der →Roten Liste aufgeführt.

Pflanzenfarbstoffe, chemische Verbindungen, die in Pflanzenorganen eine Färbung bewirken: **Chymochrome Pflanzenfarbstoffe** sind wasserlöslich (z. B. in Blüten- und Laubblättern), **plasmochrome Pflanzenfarbstoffe** fettlöslich (das Chlorophyll), **membranochrome Pflanzenfarbstoffe** sind in die Zellwände eingelagert (Strohblumen).

Pflanzenfresser, Phytophagen, Tiere, die sich von Pflanzen ernähren.

Pflanzengeografie, Geobotanik, Phytogeografie, Teilgebiet der Botanik; untersucht die Verbreitung und Vergesellschaftung von Pflanzen nach der räumlichen Ausbreitung der einzelnen Arten **(floristische Pflanzengeografie),** ihrer Abhängigkeit von Umweltfaktoren **(ökologische Pflanzengeografie),** den historischen Bedingungen ihrer Verbreitung **(Vegetationsgeschichte)** sowie nach Zusammensetzung und Entwicklung der Pflanzengesellschaft **(Pflanzensoziologie, Vegetationskunde).**

Pflanzengesellschaft, Phytozönose, aus verschiedenen Pflanzenarten zusammengesetzte Gemeinschaft von Pflanzen mit gleichen oder ähnlichen ökologischen Ansprüchen, z. B. die Pflanzengesellschaft des Laub- und Nadelwaldes, des Hochmoors, des tropischen Regenwaldes.

1

2

Pflanzenhormone. Bewurzelung von Stecklingen der Stechpalme; 1 ohne Wuchsstoffbehandlung, 2 mit Indolylessigsäure, einem Auxin

Pflanzenhormone, Phytohormone, von den höheren Pflanzen synthetisierte hormonähnliche Stoffe; steuern physiologische Reaktionen wie Wachstum, Blührhythmus, Zellteilung und Samenreifung. Zu den Pflanzenhormonen gehören u. a. Auxine, Gibberelline, Zytokinine, Ethylen.

Pflanzenkrankheiten, abnorme Lebenserscheinungen der Pflanzen. **Nichtparasitäre Pflanzenkrankheiten** werden durch abiotische Faktoren wie Überschuss oder Mangel an

100562

Pflanzenschutzmittel. Das Ausbringen der Pflanzenschutzmittel wird auf großen Äckern auch aus der Luft vorgenommen. Dabei ist allerdings die Abdrift größer als bei Bodengeräten, die Auswirkungen auf den Mensch und Naturhaushalt größer.

Wasser und Nährstoffen, Frost, Hitze, Luftverunreinigungen, Bodenvergiftungen und Ähnliches hervorgerufen. **Parasitäre Pflanzenkrankheiten** werden durch tierische Schädlinge oder Viren, Bakterien, Pilze verursacht.

Meldepflichtig sind in Deutschland das Auftreten von Kartoffelkrebs, von Kartoffelnematoden, der San-José-Schildlaus, der Reblaus, des Blauschimmels (Tabak), des Feuerbrands (Obst), der Scharkakrankheit (Pflaume).

Pflanzenkrebs, bösartige Veränderungen pflanzlicher Gewebe, wobei sich Wucherungen verschiedener Form entwickeln, die als Obstbaumkrebs, Wurzelkropf, Mauke, Hernie, Tuberkeln bezeichnet werden. Erreger sind Viren, Bakterien und Pilze.

Pflanzenkunde, die →Botanik.

Pflanzen|ökologie, die Lehre von den Wechselbeziehungen zwischen Pflanzen und Umwelt.

Pflanzenökologie
→ GEO **Dossier**
Ein Zoo im Erdgeschoss, Bd. 7

Pflanzenschutz, 1) *Kulturpflanzenschutz:* zusammenfassende Bezeichnung für alle biologischen, physikalischen und chemischen Maßnahmen zum Schutz von Kulturpflanzen und Vorräten vor Schadorganismen und abiotischen Schäden (z.B. Temperatur, Wind). Der Schutz erstreckt sich auf die Vermeidung von Infektionen mit Mikroorganismen oder deren Bekämpfung, auf die Vermeidung von Fraßschäden durch Insekten und deren Larven sowie durch Schnecken, Wild, Nagetiere, Vögel u.a., auf die Abwehr parasitischer Insekten oder Fadenwürmer und auf die Bekämpfung von Wildkräutern, die mit Nutzpflanzen um Wasser, Licht, Nährstoffe konkurrieren oder auf ihnen parasitieren. **Mechanische Methoden** des Pflanzenschutzes sind Umzäunungen gegen Fraßschäden, Vogelscheuchen oder die akustische Vertreibung von Vögeln, mechanische Entfernung kranker Pflanzen oder Pflanzenteile oder von Wildkräutern, das Einsammeln und Vernichten von Schnecken oder Insekten. **Biologische Methoden** sind die Begünstigung natürlicher Feinde von Schadorganismen, der Einsatz parasitierender (z.B. Schlupfwespen) oder räuberischer Insekten (z.B. Marienkäfer) oder von insektenpathogenen Pilzen oder Bakterien, das Aussetzen sterilisierter Männchen und die Resistenzzüchtung. **Chemische Methoden** des Pflanzenschutzes umfassen den Einsatz von →Pflanzenschutzmitteln, von Insektenhormonen oder analogen Verbindungen sowie den Einsatz von Insektenlockstoffen in Fallen, u.a. von Sexualhormonen. Ziel des **integrierten Pflanzenschutzes** ist es, die Pflanzenschutzmaßnahmen im Sinne einer besseren Umweltverträglichkeit zu optimieren. Hierbei sollen alle wirtschaftlichen, ökologischen und toxikologischen Verfahren dazu verwendet werden, die Schadorganismen unter der wirtschaftlichen Schadensschwelle zu halten, wobei die Ausnutzung natürlicher Begrenzungsverfahren im Vordergrund steht. Die Pflanzenschutzstrategie zielt ab auf sinnvolles Zusammenwirken von Maßnahmen des Pflanzenbaus, der Landtechnik in Abstimmung mit Standort und Umweltbedingungen und schließlich mit dem auf das Notwendigste beschränkten Einsatz chemischer Mittel, da diese v.a. auch durch Rückstandsbildung in Nahrung und Umwelt problematisch sind.

Die Organisation amtlicher Pflanzenschutzdienststellen in Deutschland besteht aus forschenden, überwachenden und administrativen Institutionen. Dazu gehört v.a. die dem Bundesministerium für Verbraucher-

5782

Pflanzenzüchtung. Untersuchung von Erdbeersämlingen, die gentechnisch verändert wurden, um die Anfälligkeit gegenüber Krankheiten und Schädlingen zu verringern

schutz, Ernährung und Landwirtschaft unterstellte Biologische Bundesanstalt für Land- und Forstwirtschaft in Braunschweig. Rechtlich wird der Pflanzenschutz in Deutschland durch das Pflanzenschutzgesetz (in der Fassung vom 14. 5. 1998) geregelt.

2) *Naturschutz:* der Schutz von Wildpflanzen (→Naturschutz).

Pflanzenschutzmittel, nach dem Pflanzenschutzgesetz in der Fassung vom 14. 5. 1998 definiert als Stoffe, die Pflanzen und Pflanzenerzeugnisse vor Schadorganismen oder anderen Beeinträchtigungen schützen sowie als Wachstumsregler oder Keimungshemmer eingesetzt werden. Die häufig synonym gebrauchte Bezeichnung **Pestizide** schließt die im häuslichen Hygienebereich eingesetzten Präparate mit ein. Nach dem Anwendungsbereich können Pflanzenschutzmittel eingeteilt werden in →Akarizide, Bakterizide, →Fungizide, →Herbizide, →Insektizide, →Molluskizide, →Nematizide und →Rodentizide. Pflanzenschutzmittel können als Berührungs-(Kontakt-), Ätz-, Fraß- oder Atemgifte einwirken; sie werden als Gase, Staub, Granulat oder flüssig angewendet; Rückstände werden bei Verzehr oder Verfütterung aufgenommen; sie können umweltgefährdend sein und zu gesundheitlichen Schäden führen.

Die Zulassung von Pflanzenschutzmitteln erfolgt durch das Bundesamt für Verbraucherschutz und Lebensmittelsicherheit (BLV). Die Anwendung besonders persistenter Chlorkohlenwasserstoffe ist in Deutschland weitgehend verboten (z. B. DDT®).

Pflanzensoziologie, soziologische Pflanzengeografie, Lehre von der Entstehung, Entwicklung und Zusammensetzung der Pflanzengesellschaften.

Pflanzenzüchtung, Pflanzenzucht, die Schaffung neuer Kulturpflanzensorten, die den besonderen Standortverhältnissen oder den veränderten Anbaumethoden und Ansprüchen des Menschen angepasst sind. Durch Kreuzung oder durch Erzeugung von Mutationen treten neue Erbmerkmale auf, sodass Formen mit neuen Eigenschaften entstehen. Ziel der Pflanzenzüchtung ist es, v. a. ertragreichere, gegen schädigende Einflüsse beständigere, auch form- und farbschönere Sorten zu erhalten. Wichtige Methoden sind: Auslesezüchtung, Kreuzungs-, Hybrid- und Mutationszüchtung. Mit den Methoden der Gentechnik werden einige Ziele wesentlich schneller erreicht.

Pflug, Gerät zum Wenden und Lockern des Ackerbodens. Die verbreitetste Form ist der **Scharpflug,** dessen Körper aus dem Schar, dem Streichblech mit der als Verlängerung dienenden Streichschiene, der Schleifsohle zum Abstützen der auftretenden Vertikal- und Querkräfte auf dem Boden und aus dem Rumpf, mit dem die Teile verbunden sind, besteht. Vor dem Schar ist am Rahmen (Grindel) ein Sech (in Form eines Messers oder einer Scheibe) angebracht, um Verstopfungen vor dem Pflugkörper zu vermeiden. Mit dem Schar wird aus dem Boden ein Streifen (»Erdbalken«) herausgeschnitten und mithilfe des Streichblechs gewendet. Infolge der dadurch im Erdbalken auftretenden Druck-, Zug- und Drehspannungen entstehen zahlreiche Risse, sodass die Erde in Abhängigkeit von der Bodenbeschaffenheit zerkleinert wird.

5668

Pflug. Moderner Drehpflug. Durch die gegenüberliegende rechts und links wendende Anordnung der Pflugkörper wird das Pflügen Furche neben Furche durch Hin- und Herfahren ermöglicht.

Pfụnd-Seri|e [nach dem Physiker A. H. Pfund, * 1879, † 1949], 1924 entdeckte (infrarote) Spektralserie des Wasserstoffatoms.

GEO Dossier

Überlebensstrategien der Natur

Das Spiel der Triebe

Die Suche nach einem Sexualpartner ist gefährlich. Für die Chance, ihre Gene zu verbreiten, nutzen Tiere jedes Mittel, das Erfolg verspricht. Dabei geht es auch einfacher, wie jene Arten zeigen, die sich per Jungfernzeugung fortpflanzen. Wozu aber ist der Sex dann gut?

Seepferdchen bleiben dem Partner meist treu, das männliche Tier brütet die Eier aus

Text:
Martin Paetsch

Ein grüngeschecktes Kriechtier erschütterte 1958 die biologische Fachwelt: Im Kaukasus hatte der russische Zoologe Ilya Darewsky eine Population von Felseidechsen beobachtet, in der keine Männchen vorkamen. Aus den unbefruchteten Eiern schlüpften dennoch Jungtiere – allesamt identische Kopien ihrer Mutter. Offenbar brauchte die klonierte Damengesellschaft zur Fortpflanzung keine Spermien.

Die ungewöhnliche Echse war das erste der Wissenschaft bekannte Wirbeltier, das sich statt durch Sex per Jungfernzeugung vermehrt. Inzwischen kennen die Forscher 74 Arten von Reptilien, Amphibien und Fischen, die sich die Besamung ersparen.

Die meisten Wirbeltiere jedoch (und auch viele Wirbellose) widmen einen beträchtlichen Teil ihrer Lebenszeit dem mühseligen Geschäft der geschlechtlichen Vermehrung – also dem Sex.

Spermien befruchten Eizellen: Nach diesem immer gleichen Prinzip kommt es im Tierreich zu immer neuen Varianten des Sex. Beinahe jede Art hat eigene, teils bizarre Techniken entwickelt, um das Erbgut der Eltern zu vermengen. Das Spektrum reicht vom lustvollen Gruppensex der Bonobo-Affen bis zur eher pragmatischen Fernbefruchtung der Skorpion-Männchen, die ihre Samenpakete zur Abholung auf dem Boden legen.

MIT THEORIEN, die an ökonomische Modelle erinnern, versuchen Evolutionsbiologen, die vielfältigen Fortpflanzungsstrategien zu erklären. Sex ist demnach eine – durchaus riskante – Investition in die Verbreitung der

Delfine bei der Paarung – manchmal bedrängen mehrere Männchen ein Weibchen

eigenen Gene. Einerseits lockt neben der Aussicht auf Nachkommen die Chance auf Durchmischung des genetischen Erbes. Andererseits drohen Sexualkrankheiten, Betrug durch den Partner – und sogar der Tod: nicht nur wegen gefährlicher Sexpraktiken, sondern auch, weil die Tiere während der Paarung ihren Schutz vor Räubern und die Nahrungssuche vernachlässigen.

Die Teilnehmer an diesem Glücksspiel unterscheiden sich schon durch ihren Einsatz: Im Vergleich zu den kostbaren Eizellen sind Spermien ein Massenprodukt. Das Männchen kann seine Vaterschaftschancen durch Sex mit mehreren Partnerinnen steigern. Für das Weibchen dagegen, das bei zahlreichen Spezies viel Energie für das Austragen der Embryos und die Brutpflege aufwenden muss, bedeuten wiederholte Begattungen meist ein erhöhtes Risiko. Auch werden seine Überlebenschancen verringert, wenn die Nachkommen zu schnell aufeinander folgen.

Mit riesigen Schwingen beeindruckt der **Wanderalbatros** sein Weibchen (oben); bei den **Rüsselkäfern** (unten) ist das männliche kleiner als das weibliche Tier

Um ein Weibchen buhlen häufig mehrere Bewerber. Diese Konkurrenz entschärfen viele Arten durch ritualisierte Auswahlverfahren: Hirsche lassen Geweihe aneinander krachen, Laubenvögel präsentieren kunstvoll gebaute Nester, Stichlinge stellen einen strahlend roten Bauch zur Schau. Die Umworbene sucht sich dann den stärksten, geschicktesten oder attraktivsten Kandidaten heraus.

Auffällige Ornamente oder Färbungen sind für die Freier zwar oft gefährlich – sie machen ja nicht nur die potenzielle Partnerin aufmerksam,

Vergewaltigungen sind bei manchen Tierarten die Regel

sondern auch Raubtiere –, sind aber auch Beweise für gute Gene: Nur kräftige Pfauen können sich das eigentlich hinderliche Prachtgefieder leisten.

Allerdings begnügt sich auch das Weibchen nicht immer mit nur einem Partner. Sehr häufig verlegt es den Wettbewerb einfach in den eigenen Körper: Es paart sich mit mehreren Kandidaten, deren Samenzellen dann das Rennen unter sich ausmachen – die schnellsten und gesündesten schaffen es in die Eizelle. Um die Spermienkonkurrenz zu ermöglichen, horten manche Weibchen den Samen in speziellen Organen. Die so gespeicherten Spermien bleiben bei einigen Reptilienarten mehr als zwei Jahre lang frisch.

Weil solche Strategien ihren Erfolg gefährden, reagieren die Samenspender oft mit Gegenmaßnahmen: Die Männchen mancher Arten versiegeln die Vagina sicherheitshalber mit Begattungspfropfen. Und bei einigen Spinnen-

Königspinguine (oben links) bilden feste Partnerschaften und kümmern sich abwechselnd um das Ei. Einige **Krebsmännchen** halten die Weibchen mit ihren Scheren fest und übertragen ihre »Samenpatronen« mit dafür modifizierten Beinen (unten links). Die festsitzenden **Schwämme** geben ihre Eier und Spermien in das Wasser ab. (oben rechts). **See-Elefanten-Bullen** kämpfen um die Vorherrschaft im Harem (unten rechts)

spezies brechen die männlichen Tiere sogar Teile ihrer Genitalien ab, die dann als Pfropf in der Genitalöffnung des Weibchens stecken bleiben.

Bei manchen Tierarten sind Vergewaltigungen die Regel. Männliche Bettwanzen haben dabei eine besonders brutale Fortpflanzungstechnik entwickelt: Das Männchen rammt sein stilettartiges Sexualorgan, mehr Waffe als Penis, in die Leibeshöhle seines Opfers. Der so injizierte Samen gelangt über den Blutkreislauf zu den Eierstöcken.

Doch auch das andere Geschlecht ist nicht immer zimperlich: Das Weibchen der im Wasser lebenden Riesenwanze etwa klebt seine Eier dem Männchen mit Gewalt auf den Rücken. Bis die Vorräte des Weibchens erschöpft sind, hat es mitunter vier Widerspenstige überwältigt, die dann bis zu 150 Eier tragen müssen.

Ein regelrechtes Wettrüsten der Geschlechter haben Biologen beim Wasserläufer nachgewiesen. Für das Weibchen ist Sex äußerst riskant – unter anderem, weil es während der langen Begattung die untere Position innehat und im Wasser »Rückenschwimmer« lauern, räuberische Wanzen. Um sich die zu hartnäckigen Verehrer vom Leibe zu halten, haben bei einigen Arten die Weibchen dornige Fortsätze ausgebildet, mit deren Hilfe sie aufdringliche Männchen loswerden.

Im Gegenzug sind den Männchen Greifhaken gewachsen, mit denen sie die Bedrängten festhalten. Der Penis einiger Arten weist sogar eine dornenbesetzte Verdickung auf, die sich im weiblichen Geschlechtstrakt aufbläht und festhakt.

Solche sexuellen Konflikte waren vermutlich eine treibende Kraft bei der Evolution der Genitalien. Der Formenreichtum der Geschlechtsorgane ist erstaunlich. Auswüchse, Stacheln und Borsten am Penis stimulieren das Weibchen oder entfernen das Sperma früherer Freier – so bei vielen Libellen. Mancher Penis, etwa der des Waschbärs, wird durch einen Knochen stabilisiert, andere lassen sich in einer Penistasche zusammenfalten, wie das bis zu drei Meter lange Begattungsorgan der großen Bartenwale.

Ungewöhnlich gestaltete Genitalien erfordern so manche komplizierte Verrenkung. Bananenschnecken etwa stecken beim Sex die Köpfe zusammen und versuchen, ihre dort wachsenden Glieder in die Geschlechtsöffnung des Gegenübers einzuführen. Sie sind Zwitter, also jeweils mit männlichen und weiblichen Organen ausgerüstet. Wird ein Penis bei der heftigen Paarung abgebissen, begnügt sich das betroffene Weichtier künftig mit der weiblichen Rolle. Ohnehin ist die sexuelle Identität nicht bei allen Spezies für immer festgelegt. Manche Tiefseebarsche können bei der Paarung bis zu viermal das Geschlecht wechseln.

Für den im Wirt gefangenen Rinderbandwurm ist überdies die Partnersuche schwierig. Der bis zu zehn Meter lange Schädling besteht deshalb aus bis zu 2 000 Segmenten, jedes mit penisartiger Ausstülpung und Vagina versehen. Nach der Selbstbefruchtung fällt das mit Eiern gefüllte Segment ab und wird vom Wirtsorganismus ausgeschieden.

Weshalb Sex in all seinen Kräfte zehrenden Spielformen überhaupt existiert, ist für Evolutionsbiologen gar nicht so leicht zu erklären. Viele niedere Organismen pflanzen sich durch Teilung, Knospung oder andere asexuelle Strategien fort. Sie sparen sich dadurch nicht nur die zeitraubende Partnersuche, sondern geben auch ihr komplettes Erbgut weiter – theoretisch sind sie unsterblich. Jedes Individuum kann Nachwuchs zeugen.

Um diese gravierenden Nachteile aufzuwiegen, muss es gute Gründe für den Sex geben. Heute vermuten viele Forscher, dass sich höhere Spezies mit seiner Hilfe gegen Parasiten verteidigen: Nur wenn sie ihr Erbgut ständig neu mischen, können sie mit den Schädlingen Schritt halten.

Wenn allerdings unter relativ konstanten Umweltbedingungen die ständige neue Anpassung weniger wichtig ist, können manche Populationen auch ohne Samenspender bestehen – so die kaukasischen Felseidechsen. Für Bdelloiden, kleine Rädertierchen, war die Verbannung der Väter sogar sehr erfolgreich: Obwohl sie seit 50 Millionen Jahren auf Sex verzichten, haben sie eine Tierklasse mit 370 Arten aufgebaut. **(2005)**

■ **Siehe auch A–Z-Teil**

→ Evolution · Fortpflanzung · Gene · Geschlecht · Zwittertum

Martin Paetsch lebt als Autor in Hamburg.

Ein Zoo im Erdgeschoss

Der Erdboden – das ist ein Universum für sich: Von der Streuschicht an der Oberfläche bis in die Tiefe bevölkern ihn Milliarden Kreaturen, die oft so bizarr erscheinen, als seien sie einem Science-Fiction-Film entsprungen. Ihnen und ihren Wechselbeziehungen kommen Forscher erst jetzt auf die Spur

Monatelang harrt der **Mondvogel** als Puppe im morschen Holz am Erdboden aus. Im Mai ist der Nachtfalter voll entwickelt

Text: **Christine Heidemann**
Fotos: **Ingo Arndt**

Um in Kontakt mit Bewohnern eines völlig unbekannten Universums zu treten, ist kein Raumschiff nötig und auch keine Jagd nach UFOs. Ein kleiner Krümel Erde aus dem heimischen Garten genügt, gerade so viel, wie zwischen Daumen und Zeigefinger passt, und wir halten rund eine Milliarde Lebewesen in der Hand.

Graben wir mit dem Spaten tiefer und heben einen Bodenblock von einem Quadratmeter Fläche und 30 Zentimeter Höhe aus, wachsen die Bewohnerzahlen, die wir dann zählen könnten, ins Unvorstellbare. Neben 100 Regenwürmern würde die geschätzte Ausbeute bei 10 000 Rädertierchen, 30 000 Borstenwürmern, 50 000 Springschwänzen, 700 000 Milben, je einer Million Wimpertierchen und Fadenwürmern, zehn Millionen Wurzelfüßern, 100 Millionen Geißeltierchen und Algen, 100 Milliarden Pilzen, zehn Billionen Actinomyceten liegen – und bei 100 Billionen Bakterien. Würde man Letztere zu einer Kette reihen, so könnte man sie etwa zehnmal um den Erdball wickeln. Nur einen Bruchteil der Bakterienarten haben Wissenschaftler bisher identifiziert, 90 bis 99 Prozent gelten noch als unerkannt.

Es ist nicht zu sehen und kaum zu glauben: Mehr als die Hälfte allen irdischen Lebens lebt nicht auf, sondern in der Erde: in oder an den mit Wasser oder Luft gefüllten Poren, die sich zwischen den mineralischen und organischen Bodenteilchen bilden. Jedes Gramm Boden bietet mit bis zu zwei Quadratmeter Partikeloberfläche ausgedehnte Siedlungsräume für Organismen; die meisten davon sind allerdings unwirtliche Wüsten.

Das Leben spielt sich vor allem in den mit organischen Nährstoffen angereicherten Oasen ab. Dort verbünden sich Erdbewohner zu friedlichen Symbiosen – und tobt zugleich in jedem Augenblick ein Überlebenskampf. Werden hauchdünne Pilzfäden – sie können zehnmal feiner sein als ein menschliches Haar – zu tödlichen Schlingen oder Klebefallen für Fadenwürmer und Rädertierchen. Sind Mundwerkzeuge zu Giftspritzen oder Stiletten umfunktioniert. Wachsen Räuber in ihre Beute hinein, injizieren ihr Verdauungssäfte und saugen sie aus.

NUR WENIGE ZENTIMETER UNTER unseren Füßen begegnen sich merkwürdige Gestalten, mit blauen Antennen, Doppelaugen, Schuppen, Kiemen, Borsten und Dornen – ein Panoptikum von Formen und Farben. Da hängen sich Milben und Pseudoskorpione an die Beine von Mistkäfern oder Weberknechten, um per Anhalter bequem neue Miniterritorien zu erschließen. Da dämmern Bakterien, Mikropilze, Einzeller, selbst Mehrzeller wie Bärtierchen, als Dauerformen bei minimalem Stoffwechsel mitunter Jahre vor sich hin – um dann, wenn bessere Zeiten anbrechen, in Minutenschnelle wieder aktiv zu werden. Da graben Säugetiere wie Dachs und Wühlmaus Höhlen ins Erdreich. Und verstecken sich Käfer- und Fliegenlarven im Schutz der Tiefe.

Aber auch auf der Bodenoberfläche gibt es ein Leben, das erst auf den dritten Blick zu erkennen ist. Vor allem im Herbst, wenn es Laub regnet. Rund 25 Millionen Blätter, das entspricht einem Gewicht von ungefähr vier

Tonnen, fallen dann pro Hektar allein in einem Buchenwald. Rechnet man das Laub anderer Bäume sowie Nadeln und Zweige hinzu, gehen jährlich bis zu 20 Tonnen Biomasse auf eine gut fußballfeldgroße Waldbodenparzelle unserer Breiten nieder. Dem stehen auf der gleichen Fläche über- und

Wer den Kampf am Boden überlebt, der bestimmt, was auf ihm wächst. Und auch, in welchem Klima wir leben

unterirdisch rund 15 Tonnen Lebendgewicht gegenüber – eine Recycling-Armada aus Tieren, Pilzen und Bakterien; zusammen gewogen, wären sie etwa so schwer wie 20 Kühe. Unter ihnen gibt es Räuber, Parasiten, Vegetarier und Aasfresser. So wird alles verwertet, was von Tieren und Pflanzen übrig bleibt oder was sie an Stoffen abgeben und ausscheiden.

Jeder Kotkrümel, jeder Stängel wird verarbeitet; wobei neue Pflanzennährstoffe entstehen. Ein »Müllrecycling«, ohne das die Wälder in einer meterhohen Abfallschicht ersticken würden. Und ohne das schon nach wenigen Jahrzehnten kein pflanzliches und tierisches Leben auf der Erde mehr möglich wäre – die Luft nicht mehr zu atmen, das Trinkwasser nicht mehr sauber, unsere Nahrungsgrundlage verloren.

»Was waren wir doch für Oberflächen-Chauvinisten«, beklagt David Wolfe, Ökologe an der Cornell University in Ithaca im US-Bundesstaat New York, die mangelnde Kenntnis seiner Zunft. Die mit der Bodenbiologie befassten Forscher sind lange buchstäblich im Dunkeln getappt. Nur langsam, mithilfe neuer Methoden, gelingt es ihnen nun, die Geheimnisse der Unterwelt zu lüften.

Und schon jetzt ist klar: Das Leben in der Erde ist vielfältiger und komplexer als gedacht und hat weit-

Schwerstarbeit: Mit der Kraft seiner Muskeln in den ringförmigen Segmenten kann der **Regenwurm** Material bis zum 60-Fachen des Eigengewichts verschieben. Einen Teil der Erde frisst er und befördert ihn durch seinen körperlangen Darm

reichende Konsequenzen für das Leben auf der Erde. Denn wer den Kampf im Boden überlebt, der bestimmt, was auf diesem wächst, und zum Beispiel auch, in welchem Klima wir leben.

Schlag um Schlag treibt Jörg Salamon den Stechzylinder tiefer in den Waldboden. Sein Testareal ist eine rund 50 Quadratmeter große Fläche in

In den tieferen Schichten wird es eng und stickig: Hier überleben nur noch Spezialisten

einem Buchenwald bei Mörfelden in der Nähe von Frankfurt am Main. Hier wird der Bodenbiologe, begleitet vom GEO-Fotografen Ingo Arndt, das Artenspektrum unter die Lupe nehmen. Für die späteren Analysen im Labor braucht Salamon Proben aus der Streuschicht. Das ist die in diesem Fall rund fünf Zentimeter dicke, organische Bodenauflage, in der die pflanzlichen und tierischen Überreste noch nicht vollständig zersetzt sind – und »in der sich bodenbiologisch das meiste abspielt«. Hier laufen die so genannten Streuabbauprozesse auf Hochtouren, leben mehr als 80 Prozent aller Bodenorganismen.

»Die Streuschicht«, so setzt Salamon seine Einführung in die Bodenkunde fort, »ist der obere Teil des Humuskörpers, der die gesamte abgestor-

Perspektivenwechsel: Aus der Sicht der Bodenbewohner wirken **Farne** wie Urwaldriesen in einem dichten Dschungel

bene organische Substanz enthält« – vom ganzen Blatt bis hin zu dessen Umwandlungsprodukten, den Huminstoffen, die vielen Böden ihre charakteristische dunkle Farbe verleihen. Je nachdem, wie viele Organismen in einem Boden leben und wie aktiv sie sind, ist die Humusauflage bis zu 30 Zentimeter dick. Darunter liegt der häufig ebenfalls bis zu 30 Zentimeter mächtige so genannte A-Horizont des Mineralbodens, verwittertes Gestein, in das bereits organisches Material vorgedrungen ist. Es folgt der in Salamons Testareal etwa 30 bis 40 Zentimeter mächtige Unterboden oder B-Horizont, der fast keine Humusanteile mehr enthält. Tiere finden hier nicht genug zu fressen und besiedeln diesen Lebensraum nur selten. Denn es wird mit zunehmender Tiefe immer enger und stickiger im Boden, und der Sauerstoffgehalt nimmt ab.

Unter dem Blätterdach schießen **Pilze** aus der Erde, oder genauer gesagt: ihre Fruchtkörper mit den die Sporen tragenden Lamellen. Der **Gefleckte Aronstab** (unten) wächst in feuchten Laub- und Mischwäldern. Er ist giftig, von der Wurzel bis zu den Beeren

In tieferen Bereichen leben daher nur noch Spezialisten. Zum Beispiel bestimmte Springschwänze (Collembola). Diese flügellosen Urinsekten – Laien als weiße Punkte in der Blumentopferde vertraut – fühlen sich in fast allen Horizonten wohl. Oben tragen sie entscheidend zum Abbau des Laubs bei, indem sie dessen weichere Teile wie ein Sieb durchlöchern und es damit für die eigentlichen »Zersetzer«, die Bakterien und Pilze, erst zugänglich machen.

Doch sind die zwischen einem Zehntel- und acht Millimeter kleinen Springschwänze nicht nur für ihren »Fensterfraß« bekannt. Kurios ist vor allem die Art, mit der die in der Streu lebenden Vertreter dieser Spezies bei Gefahr das Weite suchen: Sie schlagen Saltos. Dabei hilft ihnen ihre namengebende Sprunggabel, die sich aus den Beinanlagen des vierten Hinterleibsegments entwickelt hat und normalerweise, in einer Halterung festgeklemmt, am Körper ruht. Nähert sich jedoch ein Angreifer, erhöhen die Tiere den Druck ihrer Blut- und Lymphflüssigkeit, die Gabel schnellt wie eine Sprungfeder zum Boden und katapultiert das Urinsekt in die Luft – wobei unterschiedliche Sprungvarianten entstehen. Kugelige Arten machen einen Salto rückwärts, lang gestreckte Formen einen vorwärts. Mit einem Satz können Springschwänze so mehr als zehn Zentimeter zurücklegen.

Den tiefer im Boden lebenden Artverwandten bleiben solch große Sprünge verwehrt. Im nahezu undurchdringlichen Porenlabyrinth des B-Horizonts ist es vorteilhafter, sehr klein und aalglatt zu sein, um sich noch durch kleinste Hohlräume zwängen zu können. Die an diesen Lebensraum angepassten Springschwänze haben daher keine Sprunggabel. Sie sehen aus wie weiße Würmer und besitzen keine Augen, aber

Waldmistkäfer kämpfen um ihren Anteil am Hirschkot (oben links). **Feuerwanzen** wärmen sich gegenseitig in der Gruppe (oben rechts). **C-Falter** tarnen ihre Flügel als Blatt (unten links). **Saftkugler** rollen sich bei Gefahr zusammen (unten rechts)

einen ausgeprägten Tast- und Geruchssinn. Damit orten sie Nahrung, Geschlechtspartner und Fressfeinde. Kommt ihnen ein Angreifer zu nahe, sondern sie eine Flüssigkeit ab, die den Gegner erst einmal verklebt.

Das bodenbiologische Labor der Justus-Liebig-Universität Gießen ist eine der Einrichtungen, in denen Forscher solche Wesen der Unterwelt erkunden. Hier lockt Jörg Salamon die gefangenen Tiere aus der Streu seiner

Pro Hektar werden jedes Jahr bis zu 250 Tonnen Boden durch Wurmdärme geschleust

Buchenwald-Bodenprobe. Dazu heizt er ihnen ordentlich ein: mit »Hitzeextraktion«. Die hierfür aufgebaute Apparatur besteht aus mehreren Infrarotlampen, die über den von unten per Wasserbad gekühlten Gefäßen mit den Bodenproben hängen. Stufenweise heizt Salamon die Lampen auf, von 20 bis auf 50 Grad Celsius. Spätestens dann ist es auch den robustesten Streubewohnern zu heiß und trocken, und sie flüchten in den kühleren unteren Teil ihres Gefängnisses, wo sie schließlich in Ethylenglykol, einer Fixierflüssigkeit, landen.

Etwa zwei Wochen dauert es, bis alle Tiere die Streu verlassen haben und nach Arten bestimmt und ausgezählt werden können. Hundertfüßer, Landasseln, Ohrwürmer, Kurzflügelkäfer, Fliegen- und Mückenlarven sowie Springschwänze kommen zum Vorschein – typische Vertreter einer Waldbodenfauna.

Der bekannteste Bodenbewohner, der Regenwurm, fehlt in dieser Probe. Er kommt im sauren Moderhumusboden im Mörfelder Wald eher selten vor. »Die meisten Regenwurmarten bevorzugen Böden mit höherem pH-Wert, etwa solche mit hohem Kalkgehalt oder nährstoffreicher Wiesenkrume«, erklärt Salamon. Dort können sie sich bis zu drei Meter tief in die Erde bohren und dabei bis zu 400 Meter lange Gangsysteme anlegen – indem sie Material bis zum 60-Fachen ihres Eigengewichts verschieben.

Besonders für Ackerland ist die dadurch bewirkte Bodenauflockerung extrem wichtig. Ökologen schätzen, dass pro Hektar Land jährlich bis zu 250 Tonnen Boden durch Wurmdärme geschleust werden. Das ist in etwa die zweifache Ladung einer Boeing-747-Frachtmaschine. »Jeder Krümel Erde aus dem oberen Boden hat sehr wahrscheinlich den Körper eines Regenwurms passiert«, vermutet Kevin Butt von der University of Central Lancashire.

Höchstleistungen anderer Art erbringen die kleinsten und zugleich wichtigsten Akteure im Mikrokosmos Boden: die Bakterien. Sie sind in den Disziplinen Stoffumsatz, Individuenzahl und Biomasseproduktion unschlagbar. Zusammen mit Pilzen zerlegen sie die organische Materie in ihre anorganischen Grundbausteine und machen sie damit wieder den Pflanzen zugänglich. Manchen Arten kann extreme Hitze nichts anhaben; andere überleben bei grimmiger Kälte. Spezialisten wie der Rhodococcus-Stamm MS11 bauen Benzole ab; andere wie Dehalococcoides CBDB1 fressen Dioxine.

Es sind vor allem mikrobielle Prozesse, die dafür sorgen, dass der oberste Teil der Erdkruste wie eine weltumspannende Haut pflanzliches Leben hervorbringt. Allein von der Fruchtbarkeit dieser dünnen Hülle hängt es ab, was und wie viel die Menschen, die auf ihr leben, ernten können. Mit neuartigen Experimenten und Instrumenten versuchen Bodenwissenschaftler deshalb Fragen zu beantworten, die für die Zukunft unschätzbare Bedeutung haben. Etwa: Welche Einflüsse von unten fördern oder hemmen das Pflanzenwachstum? Wie reagieren Pflanzen auf ober- oder unterirdischen Stress? Und welche Rolle spielt der

Die zu den Krebstieren zählenden **Asseln** sind Spezialisten im »Fensterfraß« und leisten mit ihrer Mahlzeit einen wichtigen Beitrag zur Zersetzung des toten Blattgewebes. Ihre Ausscheidungen können von Regenwürmern und Enchyträen weiter zerkleinert werden

Der zu den Zecken zählende **Holzbock** (oben) und die **Laubschnecke** benötigen zur Kalkaufnahme und für ihre Eiablage keinen Bodenkontakt. Sie sind daher häufig weiter oben, in der lockeren Laubstreu zu finden

Boden für das Klima und den Kohlendioxid-Kreislauf?

Ein Beispiel für diese Forschung findet sich im Kranzberger Forst in der Nähe von Freising. Nur knapp überragt dort der höchste Turm eines Metallgerüsts die schwankenden Baumwipfel. Überall an den Buchen hängen dünne Teflonschläuche, aus deren Düsen Ozon strömt. Etwa 30 Meter tiefer, am Boden, zieht sich ein Kabelwirrwarr durch den Wald, unterbrochen von zahlreichen Messstationen. Hier wird dicke Luft erzeugt: Sommersmog auf Knopfdruck.

»Wir untersuchen, wie die Bäume auf eine veränderte Luftchemie reagieren, indem wir sie in unmittelbarer Nähe von Blättern und Ästen einer erhöhten Ozonkonzentration aussetzen«, erklärt Rainer Matyssek vom Lehrstuhl für Ökophysiologie der Pflanzen an der Technischen Universität München. Dabei gehe es in erster Linie darum, herauszufinden, welche Mechanismen die pflanzliche »Fitness« steuern und für Stressresistenz, Wuchs, Konkurrenzkampf und Fortpflanzung einer Pflanze verantwortlich sind, und wie sich die künstlich erzeugte Luftveränderung auf die Bodenorganismen auswirkt.

Die letzte Frage kann Matysseks Kollege Michael Schloter vom Institut für Bodenökologie am GSF-Forschungszentrum in Neuherberg bei München schon beantworten: »In unseren Experimenten konnten wir nachweisen, dass die Streu der von Ozon begasten Buchen eindeutig langsamer durch Mikroben besiedelt und abgebaut wird.« Die Pflanzen bildeten als Reaktion auf Stress komplexe Stoffwechselprodukte, langkettige Substanzen, die nur Spezialisten unter den Mikroorganismen knacken könnten. Artenvielfalt und Zahl der die Streu besiedelnden Mikroben seien daher im Vergleich zum unbegasten Bereich deutlich zurückgegangen. Folge: eine deutliche Verlangsamung des Nährstoffnachschubs im Boden.

Und das hat enorme Rückwirkungen. Denn den Stickstoff, den die Mikroorganismen beim Abbau der Streu freisetzen, brauchen die Pflanzen für ihr Wachstum. Weil die Ozonbegasung sie außerdem anfälliger für

Schädlinge macht, geraten die Buchen unter doppelten Stress und gewissermaßen in einen Konflikt: Sollen sie ihre Energie jetzt nutzen, um sich gegen die erhöhte Ozonkonzentration und potenzielle Angreifer zu wehren? Oder sollen sie stattdessen den Stickstoffmangel ausgleichen, indem sie ihr Wurzelwachstum ankurbeln und auf diese Weise versuchen, weiter entfernt liegende Nährstoffquellen anzuzapfen, damit sie wachsen und konkurrenzfähig bleiben können?

Wie solche »Entscheidungen« getroffen werden und welche weiteren Beziehungen zwischen ober- und unterirdischen Lebensgemeinschaften bestehen, ist noch lange nicht ausreichend erforscht. »Als Bodenbiologen

Pflanzen kommunizieren über ihre Wurzeln mit Tieren, Pilzen und den Bakterien im Boden

hätten wir uns vor zehn Jahren nicht träumen lassen, dass die Verbindungen derart eng sind und dass wir uns so intensiv mit der Pflanzenseite auseinander setzen müssen«, sagt Stefan Scheu, Leiter der Arbeitsgruppe Zoo-Ökologie an der Technischen Universität Darmstadt, der sich auf die Wechselwirkungen spezialisiert hat.

Inzwischen hat sein Team immerhin herausgefunden, dass Pflanzen über ihre Wurzeln mit Tieren, Pilzen und Bakterien im Boden regelrecht kommunizieren. »Die Pflanze registriert, wer oder was im Boden ist und wie sie darauf reagieren muss.« Dabei spielen offenbar Signalstoffe eine wichtige Rolle. Stehen genug Phosphat und Stickstoff zur Verfügung, lohnt es sich nicht, mit einem Mykorrhiza-Pilz in Kontakt zu treten. Denn diese Pilze, mit denen etwa 80 Prozent aller Pflanzen eine symbiotische Gemeinschaft eingehen, helfen ihnen zwar bei der Nährstoffversorgung, fordern aber Kohlenstoffverbindungen als Gegenleistung. Sie kosten also Energie. Pflanzen, die gut versorgt sind, würden sich daher gegen eine Partnerschaft wehren.

Ist jedoch etwa Stickstoff Mangelware, erweist sich eine Wohngemeinschaft als sinnvoll. Die Pflanze profitiert davon, dass manche Pilze bei der Nährstoffbeschaffung nicht zimperlich sind: Sie betäuben Springschwänze, wachsen in sie hinein und saugen deren stickstoffhaltige Körperflüssigkeit aus.

Dass und wie Bodenorganismen auch untereinander über Signalstoffe kommunizieren, gehört zu den besonders verblüffenden Einsichten der Bodenmikrobiologie. Bestimmte Bakterien produzieren zum Beispiel so genannte AHLs (N-Acyl-L-Homoserinlactone) – Substanzen, die erst seit wenigen Jahren bekannt sind. Sie werden permanent in geringen Mengen von den Bakterien freigesetzt. Sobald die Signalstoffmenge eine bestimmte Schwelle erreicht hat, veranlassen die AHLs die Bakterien, bisher inaktive Gene einzuschalten. Dadurch können aus ruhigen Gesellen plötzlich aggressive Schädlinge werden. Der Grund für diese Wandlung: Erst ab einer bestimmten Dichte rentiert es sich für die Bakterien, Pflanzen anzugreifen. Diese allerdings können die Signale ebenfalls wahrnehmen und Substanzen produzieren, welche die AHLs binden. Die Kommunikation zwischen den Bakterien wird dadurch gestört, der Angriff abgewehrt.

Auch Wurzelfresser wie Fadenwürmer oder Springschwänze können eine ganze Abwehrkaskade in einer Pflanze in Gang setzen und sie dadurch sogar gegenüber oberirdischen Fressfeinden immun machen. Und bestimmte Bakterien sind in der Lage, das Wurzelwachstum von Pflanzen zu stimulieren, sodass diese mehr Wasser und Nährstoffe aufnehmen können.

Könnte ein gezielter Mix aus im Boden verteilten Signalstoffen Kunstdünger überflüssig machen?

Eine verlockende Vorstellung: Könnte ein gezielter Mix aus im Boden verteilten Signalstoffen vielleicht künftig auf natürliche Weise die Nährstoffversorgung und Resistenz von Pflanzen verbessern? Und damit Pflanzenschutzmittel und Kunstdünger überflüssig machen?

Tatsächlich peilen Bodenbiologen langfristig solche Ziele an. Hat der Mensch erst einmal verstanden, wie Organismen und Pflanzen miteinan-

der verhandeln, könnte das also die Landwirtschaft revolutionieren. Etwa, indem Bauern ganz gezielt über Signalstoffe die Kooperation ihrer Ackerpflanzen mit einem Mykorrhiza-Pilz fördern.

Doch soll das Wissen um das sensible und komplexe Wechselspiel im Boden nicht nur die Landwirtschaft verändern. Die Krume und ihre Bewohner könnten auch verstärkt zum Schutz des Klimas beitragen – als so genannte Senke für das Treibhausgas CO_2. Münchner Wissenschaftlern gelang es kürzlich, Bakterienarten aufzuspüren, die fähig sind, Kohlendioxid ähnlich wie Pflanzen zu »fixieren«. Sie besitzen ein Enzym, mit dem sie CO_2 aus der Luft aufnehmen und als organische Kohlenstoffverbindungen speichern können, die vorerst im Boden verbleiben und nicht wieder in die Atmosphäre entweichen.

»Wir haben überraschend viele Gene für die CO_2-Fixierung in Bodenbakterien gefunden, die wir vorher nicht kannten«, sagt Anton Hartmann vom Institut für Bodenökologie des GSF-Forschungszentrums. Doch wie groß der gespeicherte Anteil ist und unter welchen Umständen die Bakterien das Kohlendioxid aus der Luft aufnehmen, wissen die Forscher noch nicht.

Mit solchen Fragen, die für Bodenfruchtbarkeit und Klima gleichermaßen wichtig sind, beschäftigen sich Wissenschaftler weltweit in unterschiedlichsten Projekten. Erwiesen ist, dass die Böden der Erde im Kohlenstoffkreislauf eine entscheidende Rolle spielen. Mit gut 1 500 Gigatonnen binden sie in ihrer organischen Substanz gegenwärtig etwa doppelt so viel

Totengräber machen in nur wenigen Stunden eine **Rötelmaus** buchstäblich dem Erdboden gleich (linkes Bild). Dabei wird der Kadaver kunstgerecht in der Krume versenkt und als Kugel verpackt, aus der nur noch Barthaare und ein Bein herausschauen

Kohlenstoff, wie im Kohlendioxid der Atmosphäre vorkommt. Sie entziehen also der Atmosphäre CO_2 und »versenken« es quasi im Humus. Lässt sich dieser Effekt bei steigender CO_2-Konzentration in der Atmosphäre verstärken?

»Die Stabilisierungsmechanismen für organische Substanz in Böden sind noch weitgehend ungeklärt«, sagt Ingrid Kögel-Knabner, die an der TU München das Schwerpunktprogramm über die Rolle von Böden als Quelle und Senke für CO_2 koordiniert. So stünden zwar Bewirtschaftungsformen wie die pfluglose Bodenbearbeitung oder die Stallmistdüngung im Ruf, langfristig stabile organische Substanz aufzubauen, »aber wie das im Detail abläuft, verstehen wir noch nicht«.

Auch habe man sich bisher fast ausschließlich mit den obersten 30 Zentimetern eines Bodens beschäftigt, den Unterboden als Kohlenstoffspeicher aber vernachlässigt. Neuere Untersuchungen hätten jedoch ergeben, dass auch in tieferen Schichten noch beträchtliche Mengen an Kohlenstoff schlummerten.

Zugleich aber ist sicher, dass der Boden die Atmosphäre nur zeitweilig entlasten kann. Seine Speicher sind nicht unbeschränkt aufnahmefähig. 2050, so erwarten europäische Experten, werden die terrestrischen Kohlenstoffsenken eine Sättigungsgrenze erreicht haben.

Begrenzt wird die Speicherkapazität des Bodens ausgerechnet durch eine Folge des CO_2-Anstiegs, die Erderwärmung. Höhere Temperaturen wirken wie ein Katalysator und treiben die Abbauprozesse in den oben liegenden organischen Schichten an. Durch zunehmende Zersetzung, so befürchten Experten, könne die CO_2-Senke »Boden« sich sogar in eine zusätzliche Quelle des Treibhausgases verwandeln.

»JEDER EINGRIFF IN DEN BODEN stört die Aktivität der Zersetzer und verändert deren Gemeinschaft«, warnt Stefan Scheu. So sei etwa der Großteil des CO_2-Anstiegs in der Atmosphäre nach einem Kahlschlag darauf zurückzuführen, dass mit der Rodung auch Humusmaterial verloren gehe. Denn sobald sich eine Lichtung im Wald auftut, wird der Boden trockener, gelangt mehr Sauerstoff hinein, es steigt die Temperatur, und der Humus wird verstärkt abgebaut.

Zugleich nehmen Zahl und Vielfalt der Bodenorganismen zu – die Diversität ist zum Teil sogar höher als auf seit Jahren unberührten Flächen, wie Untersuchungen in bayerischen Wäldern jüngst gezeigt haben. Und das ist, obwohl Diversität einen guten Klang hat, in diesem Fall kein Vorteil. Denn durch die er-

Mit einer speziellen Apparatur messen Forscher, wie viel **Kohlendioxid** aus einer Bodenprobe entweicht. Je größer das Gasvolumen, desto intensiver der Streuabbau

höhte biologische Aktivität wird mehr organisches Material abgebaut und mehr CO_2 freigesetzt.

Im Höglwald, einem Fichtenwald zwischen München und Augsburg, haben Forscher kürzlich errechnet, wie stark die Bodenorganismen an Emissionen von stickstoffhaltigem Lachgas, einem besonders stark wirksamen Treibhausgas, beteiligt sind. Mithilfe eines Computermodells fanden sie heraus, dass in den ersten zwei Jahren nach einem Kahlschlag auf dem Areal bis zu viermal mehr Lachgas freigesetzt wird als auf bewaldeten Flächen. Und daran haben die kleinsten Bodenbewohner erheblichen Anteil: Pro Hektar und Jahr setzen Mikroben eine halbe Tonne Stickstoff um, wovon mehr als fünf Kilogramm als Lachgas in die Atmosphäre entweichen. Das entspricht in der Treibhauswirkung einer CO_2-Freisetzung von 650 Kilogramm pro Hektar und Jahr.

Je intensiver die Forscher sich mit den Wechselwirkungen zwischen Himmel und Erde befassen, umso deutlicher wird der Boden unter unseren Füßen als ein Universum der Überraschungen erkannt. Sogar Mediziner, Pharmazeuten und Biotechnologen interessieren sich zunehmend für seine Organismen – als Produzenten hochwirksamer Antibiotika und neuartiger Enzyme beispielsweise. Bodenbakterien der Art Bacillus polymyxa etwa können Substanzen gegen Pilzerkrankungen herstellen. Und ein Streptomycetes-Vertreter produziert Stoffe gegen Lungenentzündungen und Harnwegsinfekte.

Typisch für junge **Buchenpflanzen** sind die beiden großen Keimblätter. Buchen bevorzugen leicht tonige, nährstoffreiche Böden

»Alle bisherigen Modelle von Nahrungsnetzen im Boden sind falsch«

Diese Fähigkeiten zu nutzen: eine faszinierende Idee. Doch Stefan Scheu bremst allzu hohe Erwartungen: »Wir müssen erst einmal verstehen, wie das System Boden überhaupt funktioniert.« Und da gelte es zunächst, ganz banale Fragen zu klären – etwa: Wer frisst eigentlich wen? »Wir wollen verstehen, wie sich eine Population im Boden verändert und was dahintersteckt.«

Erst seit kurzem stehen den Bodenforschern Methoden zur Verfügung, mit denen sich solche Fragen beantworten lassen. Zum Beispiel ein Verfahren, das »stabile Isotopenanalyse« genannt wird. Dabei können die Wissenschaftler den Weg der Nährstoffe verfolgen, indem sie das Mengenverhältnis von Kohlenstoff- und Stickstoffisotopen in einer Pflanze und in verschiedenen Bodenlebewesen vergleichen. In der Regel sind Mikroben die ersten Nährstoffverwerter. Es folgen deren Konsumenten, etwa Asseln und Milben. Nächste Station ist der Körper von räuberischen Larven oder Spinnen.

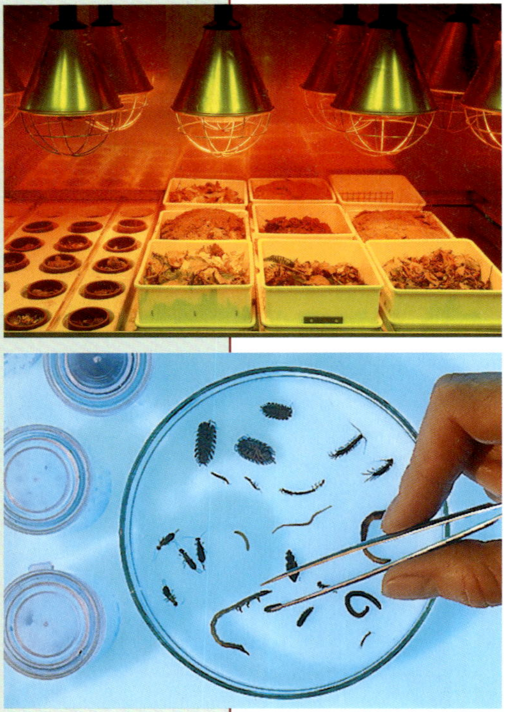

Im Wald gestochene **Bodenproben** werden von oben so lange erhitzt, bis alle Tiere nach unten geflüchtet und in eine Fixierflüssigkeit gefallen sind (oben). Dann werden die Exemplare nach Arten bestimmt und ausgezählt. Zur Ausbeute gehören Asseln, Hundertfüßer und Ohrwürmer

Auch Fettsäuren hinterlassen bestimmte Muster, mit denen Wissenschaftler die Spur der Nahrung aufnehmen können, um herauszufinden, was genau die Tiere verdauen, wovon sie tatsächlich leben. Und mit Methoden aus der Molekularbiologie fahnden Mikrobiologen gleichzeitig nach Bakterien: Mit molekularen »Sonden« aus kleinen DNS-Stückchen, die am Ende mit einem fluoreszierenden Farbstoff markiert sind, können sie Mikroben direkt im Boden identifizieren. »Ein Meilenstein für die Forschung«, schwärmt GSF-Bodenökologe Michael Schloter. Denn bis vor wenigen Jahren konnten Wissenschaftler Bakterien nur im Labor auf Nährböden züchten. Das Anlegen der dazu nötigen Kulturen funktioniert jedoch nur bei etwa ein bis zehn Prozent aller bekannten Mikroben. In den anderen Fällen lassen sich die natürlichen Umwelt- und Wachstumsbedingungen nicht derart simulieren.

»Alle bisherigen Modelle von Nahrungsnetzen im Boden sind falsch«, fasst Stefan Scheu die neu gesammelten Erkenntnisse zusammen. Als Irrtum hat sich etwa die Meinung erwiesen, dass sich ähnliche Arten, zum Beispiel verschiedene Regenwurmspezies, auf der gleichen Ebene im Nahrungsnetz befinden. Die

Der Boden ist ein Fenster zur Unterwelt. Und ein perfekt abgestimmtes System unter weiblichem Regime

stabile Isotopenanalyse hat etwas anderes gezeigt: Mitglieder derselben systematischen Gruppe besetzen mitunter das gesamte Spektrum vom Primärzersetzer bis zum Räuber. Die bislang in der Literatur als Pilzfresser geführten Springschwänze etwa ernähren sich auch von Bakterien, vorverdauter organischer Substanz und tierischem Gewebe.

Scheu vergleicht den Boden mit einem riesigen externen Magen, in dem Mikroben massenhaft Enzyme produzieren, die sich an die Verdauung einer Nahrung machen. Viele der bisher als Erstzersetzer gehandelten Kleinsttiere müssen die Streubestandteile gar nicht selbst anknabbern. Sie brauchen quasi nur den Mund aufzumachen für das, was die Enzyme vorbereitet haben.

In diesem fein vernetzten System hat jeder einzelne Fresser seinen Platz und beeinflusst das Ganze auf subtile Weise. Da die Zersetzergemeinschaft auf relativ feuchte Böden angewiesen ist, geht ihre Population zurück, sobald die Pflanzen über ihnen gut gedeihen und dem Boden Wasser entziehen. Damit sitzen aber auch die Fressfeinde der Zersetzer, die oberirdisch krabbelnden Spinnen und Laufkäfer, auf dem Trockenen, da sie sich zum großen Teil von Springschwänzen, Asseln und Milben ernähren. Um zu überleben, müssen sie sich fortan also neue Opfer suchen. Und die finden sie in Form von Pflanzenschädlingen. Indirekt kontrollieren die Zersetzer somit auch den Schädlingsbefall.

DAS TRADITIONELLE BILD des Bodens verblasst, je weiter die Forscher das Fenster zur Unterwelt aufstoßen. Er ist längst nicht mehr nur ein Substrat, aus dem Pflanzen ihre Nährstoffe ziehen. Es handelt sich bei ihm vielmehr um ein perfekt abgestimmtes System – und zwar unter weiblichem Regime.

»Es gibt Bedingungen im Boden, die das männliche Geschlecht untergehen lassen«, berichtet Scheu über eines der für ihn kuriosesten und spannendsten Kapitel seiner Forschungstätigkeit. So hat er etwa immer mehr Arten gefunden, die sich per Jungfernzeugung fortpflanzen. »Wer in einem Waldboden ein Männchen finden will, der muss bei vielen Tiergruppen lange suchen.«

Sexualität lohnt sich in der flexiblen Gesellschaft der Untergrundbewohner offenbar kaum.

Anscheinend müssen Bodentiere ihre Gene nicht ständig neu mixen, um sich vor unerwünschten Mutationen und Umwelteinflüssen zu schützen. Der kleine Klumpen Erde zwischen Daumen und Zeigefinger entpuppt sich mithin als bizarrer Mikrokosmos geballter Frauenpower. **(2005)**

■ **Siehe auch A–Z-Teil**

→ Biomasse · Bodenorganismen · Humus · Klima · Kohlenstoffkreislauf · ökologisches Gleichgewicht · Stickstoffkreislauf · Symbiose · Treibhauseffekt · Wald

Die Waldbodenbewohner bei Mörfelden in Hessen dürften sich an den Anblick der »oberirdischen« Reporter gewöhnt haben. Um die Welt unter ihren Füßen zu erforschen, kehrten Naturfotograf Ingo Arndt und GEO-Autorin Christine Heidemann ein Jahr lang immer wieder zu ihrem Testareal zurück.

Die Erfindung des Bildes

Sie nehmen UV-Licht wahr, haben einen Rundumblick oder sehen in der Nacht wie am Tag: Tiere vollbringen mit ihren Augen erstaunliche Leistungen – und haben im Laufe der Evolution mehr als 50-mal unterschiedliche Lichtsinnesorgane entwickelt

Haie haben wie Menschen **Linsenaugen,** mit denen sie Objekte scharf und farbig sehen. Zudem aber verfügt ihr Sehorgan über eine Schicht hinter der Netzhaut, die das Licht zurückwirft und so die Sinneszellen ein zweites Mal reizt – das erhöht die Lichtausbeute

Text:
Katharina Kramer

September 1978. Vor Hawaii fliegt ein Hubschrauber mit ungewöhnlicher Fracht: An seiner Unterseite hängen drei Glaskästen, und in jedem sitzt eine Taube. Der Helikopter kreist in 700 Meter Höhe. Plötzlich wird eines der Tiere unruhig und pickt mit dem Schnabel auf einen Schalter: Die Taube hat ein winziges orangefarbenes Floß ausgemacht; den Menschen an Bord dagegen ist der Farbfleck entgangen.

Bei dem Projekt wird der Einsatz von Tauben bei der Suche nach Schiffbrüchigen getestet. Und es beweist eindrucksvoll, dass der Sehsinn der Vögel dem der Menschen weit überlegen ist: Viele Vögel sehen auch dann noch scharf, wenn für uns keine Konturen mehr auszumachen sind. Und sie sehen teilweise dort noch Farben, wo uns schon alles uni erscheint.

Denn während sich in der Netzhaut von Primaten nur drei verschiedene Typen von Zapfen befinden, die auf unterschiedliche Farben spezialisiert sind, verfügen Vögel über vier bis fünf Zapfenarten, mit denen die meisten sogar ultraviolettes Licht sehen können. So erkennt ein Turmfalke noch aus großer Höhe die ultraviolett leuchtenden Urinspritzer, mit denen Wühlmäuse ihr Revier markieren.

Auch viele Insekten nehmen UV-Licht wahr. Bienen erspähen auf einer Wiese Blütenmuster, die wir nie zu Gesicht bekommen: ultraviolette Adern und Punkte – Saftmale, die das Vorhandensein von Nektar anzeigen.

So wichtig ist der Sehsinn in der Tierwelt, dass ihn die Natur gleich mehrfach erfunden hat. Über 50-mal sind die sieben heute vorherrschenden Augentypen unabhängig voneinander entstanden. Etwa das Flachauge bei

Geckos wie dieser **Tokay** können ihre Pupillen bis auf einen schmalen Schlitz verschließen. So schützen sie tagsüber ihre empfindliche Netzhaut – mit der sie als Nachtjäger bei Dunkelheit möglichst viele Informationen aufnehmen

Quallen, das Becherauge bei Plattwürmern, das Grubenauge bei Napfschnecken, die Lochkamera bei Tintenschnecken, das Blasenauge bei Ringelwürmern, das Facettenauge bei Krebsen und Insekten, die hoch komplizierten Linsenaugen von Vögeln und Säugetieren.

Häufig kam es dabei unter nicht verwandten Lebewesen zu einer evolutionären Parallelentwicklung (Konvergenz). So ähneln die Linsenaugen von Oktopussen sehr denen der Wirbeltiere – die Natur verfiel bei extrem unter-

Ob Einzeller oder Bussard: »Sehen« funktioniert überall gleich

schiedlichen Organismen auf die gleiche Lösung. Insgesamt haben 95 Prozent der bekannten Arten Augen entwickelt, die Bilder übermitteln. Der Selektionsvorteil, den das Sehen brachte, muss also enorm gewesen sein.

»Das Auge bietet eine genauere und beständigere Abbildung der Umwelt als irgendein anderer Sinn«, sagt der Tierphysiologe Wolfgang Schwippert. Denn was sich nicht bewegt, kann man häufig nicht hören – und Geruchseindrücke werden durch Winde ungenau. Ein weit entwickeltes Auge dagegen vermittelt zahlreiche Detailinformationen, auch über Bewegungen in der Umgebung.

Im Prinzip funktioniert Sehen wohl bei allen Lebensformen gleich: Lichtempfindliche chemische Substanzen im Sehorgan ändern ihre Struktur oder zerfallen, wenn Licht einer bestimmten Wellenlänge auf sie trifft. Eine chemische Kettenreaktion wird schließlich in einen elektrischen Impuls umgesetzt und weitergeleitet – bei höher entwickelten Lebewesen über Nervenbahnen ans Gehirn.

Eine sehr ursprüngliche Form der Lichtwahrnehmung haben die »Augentierchen« ausgebildet, die sich seit über zwei Milliarden Jahren nicht verändert haben: Sie besitzen einen lichtempfindlichen Fotorezeptor. Mit dessen Hilfe können die Einzeller in Richtung Licht schwimmen.

Etwas mehr »sehen« können schon einfach gebaute Mehrzeller. Beim Regenwurm etwa verteilen sich lichtempfindliche Pigmente über den ganzen Körper, wodurch er hell von dunkel unterscheiden kann. Werden zu viele Rezeptoren gereizt, bewegt der Wurm sich reflexartig vom Licht fort und entfernt sich damit aus dem Blickfeld etwaiger Fressfeinde.

Bei weiter entwickelten Lebensformen konzentrieren sich die Lichtrezeptoren nur noch an wenigen Stellen, was deren Lichtempfindlichkeit steigert. Diese Sehorgane liegen zumeist in Gruben – zum Schutz und weil so ein schattenwerfender Rand entsteht, der es ermöglicht, die Haupteinfallsrichtung des Lichts zu orten.

Über ein bereits recht passables Bildsehen verfügt etwa die Tintenschnecke, die seit gut 200 Millionen Jahren die Meere bewohnt. Die Öffnung ihrer Sehgrube ist zu einem kleinen Loch verengt. Dadurch kommt es zum Lochkamera-Effekt: Die von einem Objekt ausgehenden Lichtstrahlen

TIERISCHE SENSOREN

Tiere sehen nicht nur unterschiedlich – einige haben zur Wahrnehmung der Umwelt zudem hoch spezialisierte Organe entwickelt

Magnetsinn: Wie die Vögel auf ihren Flugwegen, so orientieren sich beispielsweise auch Langusten am Erdmagnetfeld. Die nachts von ihren Wohnhöhlen aus bis zu 30 Kilometer weit wandernden Tiere erkennen wahrscheinlich über Magnetsensoren die Position ihres jeweiligen Standortes und können diese mit der ihres Heimatortes in Beziehung setzen. So finden sie immer wieder zurück. Forscher sind sich recht sicher, dass die sensorische Funktion im Magnetit liegt, einem Eisenoxidkristall, das sich am Erdmagnetfeld ausrichtet.

Riechen: Viele Fische sind Meister im Riechen. So können Lachse, die im Süßwasser geschlüpft und dann ins Meer gewandert sind, nach mehreren Jahren dank ihres Geruchssinns ihren Geburtsort wiederfinden, um dort abzulaichen. Auch bei Insekten spielen Gerüche eine große Rolle: Sie führen etwa zur Nahrung oder zum Partner. Die Kerbtiere riechen mit ihren Fühlern, den Antennen. Auf diesen sitzen mehrere tausend Sensoren, die Duftmoleküle aufnehmen; da Insekten über zwei Antennen verfügen, können sie im Nahbereich sogar räumlich riechen. Einen besonders feinen Geruchssinn hat das Seidenspinnermännchen: Bereits ein einziges Molekül des weiblichen Lockstoffes löst bei ihm einen Nervenimpuls aus.

Hörsinn: Bei Fliegen und Mücken ersetzen die Antennen auch die Ohren: Schallwellen bringen die Fühler zum Vibrieren, Sinneszellen wandeln die Reize in Nervenimpulse um. Einige Insekten wie etwa Heuschrecken hören dagegen mit den Beinen: Unterhalb der Kniegelenke haben sie »Hörmembranen«, die ähnlich funktionieren wie das menschliche Trommelfell. Vögel nehmen Schall über das Trommelfell, Amphibien zusätzlich auch über die Vorderbeine auf: Sie »hören« buchstäblich die Schwingungen des Bodens oder des Wassers. Bei einigen Fischarten übernimmt die Schwimmblase die Funktion unseres luftgefüllten Mittelohres.

Strömungssinn: Wasserbewegungen und ihre eigene Geschwindigkeit »messen« Fische unter anderem mit dem Seitenlinienorgan – einem System unzähliger Sinneszellen mit winzigen Härchen, die sich meist in einem kleinen Kanal unter der Haut an der Körperlängsseite befinden. Porenöffnungen lassen diese Sinneshaare mit dem Wasser in Berührung kommen, wodurch sie jede Bewegung registrieren – und sogar jede Veränderung der Wasserdichte. Auch Seehunde besitzen Strömungssensoren: An jedem ihrer etwa 100 Barthaare sitzen rund 1 600 Nervenfasern (zehnmal mehr als an den Barthaaren von Katzen), mit denen sie Wirbelspuren im Wasser erfassen.

Elektrosinn: Nilhechte, aber auch manche Wels-, Aal- und Rochenarten erzeugen mit speziellen Organen ein (meist schwaches) elektrisches Feld, das ihren Körper umgibt. Die Spannungsquellen sind abgewandelte Muskelzellen, so genannte Elektrozyten. Geraten andere Fische in dieses Feld, verändern sie die Feldlinien und beeinflussen seine Symmetrie. Diese Änderungen registrieren die Fische mithilfe von Sinneszellen, die auf Spannungsschwankungen reagieren. So bekommen die Fische sogar im Dunkeln einen exakten räumlichen Eindruck ihrer Umgebung. Ein Nilhecht erzeugt dabei eine Spannung von etwa einem Volt. Ein Zitteraal, der mit seinen Elektrozyten auch Beutefische betäubt, bringt es auf bis zu 800 Volt.

Echoortung: Fledermäuse stoßen während des Fluges in kurzer Folge durch Mund oder Nasenlöcher meist Laute im Ultraschallbereich mit Frequenzen zwischen 20 000 und 130 000 Hertz aus, unhörbar für das menschliche Ohr. Wirft ein Hindernis das Echo zurück, erkennt die Fledermaus an der Länge der Laufzeit, der Lautstärke und der »Form« der Reflektion die Entfernung des Objektes sowie dessen Gestalt – in manchen Fällen selbst dann, wenn es nur 0,08 Millimeter groß ist.

Infrarotortung: Grubenottern haben auf jeder Kopfseite zwischen Auge und Nasenloch das so genannte Grubenorgan: eine Vertiefung, die von einer feinen, mit Nervenfasern versehenen Membran geteilt wird. Durch sie kann die Schlange den Unterschied zwischen Umgebungstemperatur und Körpertemperatur eines Beutetieres wahrnehmen und erkennt noch Temperaturänderungen von etwa 0,002 Grad Celsius.

fallen durch die Öffnung und werden auf die Rezeptoren am Grubenboden gelenkt, wo sich ein auf dem Kopf stehendes, seitenverkehrtes Bild abzeichnet. Bei geweitetem Loch ist die Abbildung hell, aber unscharf; ist es kleiner, ergibt sich eine scharfe, dunkle Darstellung.

Eine weitere Entwicklungsstufe in der Evolution war die Linse, die Licht bündelt und somit ein ebenso scharfes wie helles Bild liefert. In komplexen Linsenaugen, wie sie einige Tintenfische und auch die Wirbeltiere ausgebildet haben, regelt eine Pupille den Lichteinfall.

Obendrein enthalten komplexe Linsenaugen einen Mechanismus zum Scharfstellen unterschiedlich weit entfernter Objekte. In Ruhe sind die Augen der Säugetiere – einschließlich des Menschen – auf Fernsicht eingestellt. Die Lichtstrahlen entfernter Gegenstände treffen fast parallel auf das Auge des Betrachters. Dabei bleibt die Linse flach, sodass die Strahlen nur wenig gebrochen werden und auf der Netzhaut ein scharfes Bild entsteht.

Soll dagegen ein nahes Objekt fixiert werden, ziehen sich die Ringmuskeln um die Linse zusammen und wölben sie. Eine gekrümmte Linse bricht das Licht stärker: Dadurch erzeugen auch stärker auseinanderstrebende Lichtstrahlen naher Objekte scharfe Bilder im Auge.

Eine hohe Sehschärfe wird zudem durch die Konzentration von Sehzellen in einem Bereich der Netzhaut, der Fovea, erreicht. Beim Menschen befinden sich dort rund 200 000 Rezeptoren pro Quadratmillimeter. Dank dieser Dichte nimmt unser Auge bei optimaler Beleuchtung aus fünf Meter Entfernung noch Punkte im Abstand von 1,5 Millimetern als ge-

Die simpel gebauten Augen dieser **Seeschnecke** arbeiten wie eine Lochkamera: Licht fällt durch eine Öffnung in die Sehgrube und dann auf eine einfache Netzhaut. Anders als bei Linsenaugen lässt sich die Schärfe kaum regulieren

Die **Tintenschnecke** nutzt das Lochkamera-Prinzip und nimmt ein seitenverkehrtes, auf dem Kopf stehendes Bild wahr. Die **Stielaugenfliege** kann durch Kopfbewegung ihre Facettenaugen schwenken und hat so einen besonders guten Rundumblick

trennt wahr. Damit sehen wir zwölfmal schärfer als etwa Hauskatzen.

Allerdings: Greifvögel sehen noch deutlich besser. Ein Bussard beispielsweise hat in seiner Fovea eine Million Lichtrezeptoren pro Quadratmillimeter. Noch aus 100 Meter Höhe kann er eine grüne Heuschrecke erspähen.

Die Facettenaugen der Insekten hingegen funktionieren nach einem ganz anderen Prinzip. Sie bestehen aus winzigen, sechseckigen Seheinheiten, den Ommatidien, die jeweils in einem etwas anderen Winkel zum Licht stehen. Je größer die Zahl der Einzelaugen, desto mehr Bildpunkte liefern sie. Entsprechend sieht eine Biene mit ihren 5 000 Ommatidien weniger detailliert als eine Libelle, die mit 30 000 Seheinheiten wahrscheinlich Eindrücke von etwa der Qualität einer grobkörnigen Fotografie empfängt.

Verglichen mit den Augen vieler Tiere, schneidet das Lichtsinnesorgan des Menschen auch bei der Farbwahrnehmung nicht schlecht ab. Das gilt für alle tagaktiven Primaten und erklärt sich vermutlich aus ihrer Entwicklungsgeschichte: Im tropischen Wald mussten sie junge Blätter von alten, reife Früchte von unreifen und giftige Nahrung von ungiftiger unterscheiden. Ein differenziertes Farbsehen brachte ihnen einen Selektionsvorteil.

Auf der menschlichen Netzhaut (Retina) befinden sich etwa sechs Millionen Zapfen für die Wahrnehmung der Farben Rot, Grün und Blau. Aus den Signalen dieser Rezeptoren errechnet das Gehirn einen Farbeindruck, der auch die Mischfarben umfasst.

Ultraviolettes Licht allerdings nicht: Da ist der Mensch den meisten Vögeln und vielen Insekten unterlegen – und einigen Fischarten. Der Goldfisch etwa kann das komplette Spektrum vom UV-Licht bis zum längerwelligen Rot wahrnehmen.

Dagegen besitzen viele Säugetiere eine eher geringe Anzahl von Zapfen – wohl wegen ihrer Abstammung von kleinen, nachtaktiven Unterholzbewohnern. Nachtaktive Tiere haben auf ihrer Retina stattdessen vor allem Stäbchen: Rezeptoren, die nicht auf die Farben des Lichts reagieren, dafür aber ausgesprochen hell-dunkel-empfindlich sind. Deshalb erkennt eine Hauskatze nur wenige, schwache Farben und der vom Wolf abstammende Hund allein Gelb- und Blautöne.

Andererseits haben Nachttiere Vorrichtungen dafür entwickelt, so viel Licht wie möglich auf ihrer Retina zu sammeln – Hunde, Haie oder Katzen zum Beispiel das »Tapetum lucidum«: eine Schicht hinter der Netzhaut, die das eingedrungene Licht noch einmal reflektiert, sodass die Sinneszellen ein zweites Mal gereizt werden. Das steigert die Lichtausbeute – und bewirkt das Leuchten der Katzenaugen im Dunkeln.

Haus- und Raubkatzen haben zudem, wie viele Jäger, nach vorn gerichtete Augen. Um Entfernungen richtig abzuschätzen und ihre Beute gezielt packen zu können, müssen sie über ein gutes räumliches Sehen verfügen. Das aber ergibt sich nur, wenn die Blickfelder der Augen einander überlappen. Bei Eulen überschneiden sie sich sogar um nahezu 60 Grad – auf Kosten eines rückseitigen blinden Winkels von über 180 Grad. Dieses Manko wird bei den Eulen dadurch wettgemacht, dass sie ihren Kopf um 270 Grad drehen können, ohne den Rumpf zu bewegen.

Einen fast vollkommenen Rundumblick ohne Kopfdrehung ermöglichen dagegen die Facettenaugen vieler Insekten. Das ist aber nicht der einzige Grund dafür, dass Fliegen immer schon weg sind, wenn wir mit der gefalteten Zeitung zuschlagen: Diese Insekten sehen das Niedersausen der Zeitung wie in Zeitlupe – pro Sekunde können sie bis zu 300 Bilder getrennt voneinander wahrnehmen.

Ein Mensch hingegen kann bei schlechtem Licht gerade mal zehn Bilder pro Sekunde auseinander halten. Entsprechend würde eine Stubenfliege in einem Kino nicht etwa bewegte Bilder betrachten, sondern einen Diavortrag. Das genaue Bewegungssehen ermöglicht es den Insekten, auch bei schnellem Flugtempo ihre Umgebung exakt zu beobachten – und rechtzeitig Feinde zu bemerken. Feinde wie das Vierauge etwa. Das ist ein lateinamerikanischer Küstenfisch, der Beute über Wasser (Insekten) und unter Wasser (etwa kleinere Fische) mit ein und demselben Blick erspäht – dank seines außergewöhnlichen Sehorgans.

Da unter Wasser das auf die Hornhaut fallende Licht schwächer gebrochen wird als in der Luft, sind die Linsen vieler Wassertiere stärker gekrümmt als jene von Landbewohnern.

Das Vierauge aber hat sich auf beide Welten eingestellt: Die Pupillen seiner Augen unterteilen sich durch miteinander verwachsene Irislappen in zwei Hälften. Die obere Hälfte der Linse ist schwach, die untere stark gekrümmt, was jeweils für die richtige Brechung der Lichtstrahlen sorgt. Und der Küstenfisch schwimmt so, dass die Trennlinie immer genau auf Höhe der Wasseroberfläche liegt.

Sein Sehorgan macht den Fisch zum Sonderfall der Natur: Das Vierauge ist das wohl einzige Lebewesen, das über und unter Wasser gleich gut sehen kann. **(2005)**

■ Siehe auch A–Z-Teil

→ Auge · Echoorientierung · Fledermäuse · Geruchsorgane · Libellen · Lichtsinn · Sehen · Sehfarbstoffe · Sehzellen

Katharina Kramer lebt als freie Wissenschaftsjournalistin in Hamburg.

Das geheime Leben der Pflanzen

Wer hätte dem Hirtentäschelkraut ein Zeitgespür zugetraut oder der Tabakpflanze die Fähigkeit zum chemischen Krieg? Mehr und mehr erkennen Forscher, dass die Flora über ebenso viele Kanäle der Sinneswahrnehmung verfügt wie der Mensch. Manche Wissenschaftler halten sie sogar für intelligent

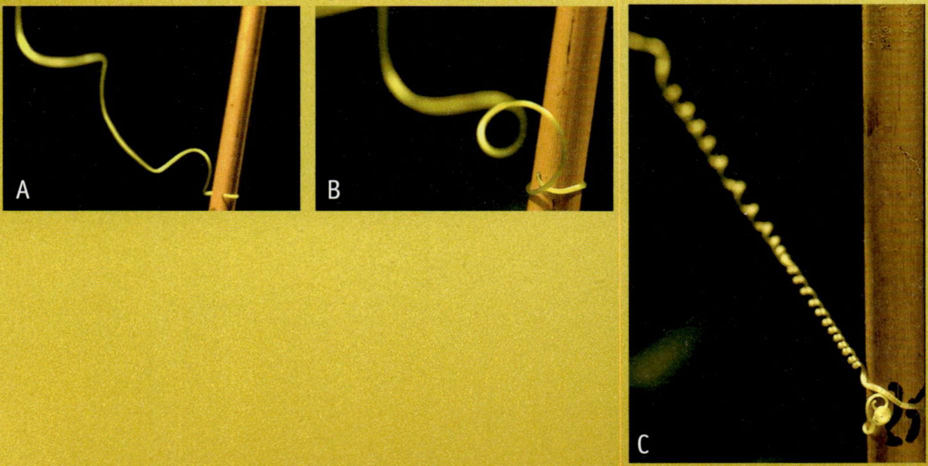

Empfindsame **Zaunrübe:** Wird dieses Gewächs durch zartes Streicheln angeregt, dann verwandelt es sich in eine Schlingpflanze: Anfangs sachte, dann immer stärker beginnen sich seine Ranken zu kräuseln (A). Nach ein paar Minuten haben sie den hingehaltenen Bambusstab umklammert (B). 24 Stunden später hat sich die Ranke komplett spiralisiert und verfestigt (C)

Text: **Hans Haltmeier**
Fotos: **Stephan Elleringmann**

Die Zaunrübe *Bryonia dioica* ist eine der empfindsamen Kreaturen im Pflanzenreich – und darum bei Christian Bockelmann in besten Händen. Behutsam nimmt der Biologe an der Ruhr-Universität in Bochum eine ihrer grünen Ranken zwischen Daumen und Zeigefinger und streicht mit einem rostigen Eisenstab darüber. 20-, 30-mal, im Sekundentakt. Ohne seine Geduld und sein Einfühlungsvermögen, weiß Bockelmann, wird Bryonia ihn nicht beachten. Ein flüchtiges Streicheln bringt sie nicht in Wallung. Derbes Klopfen ignoriert sie. Von glatten, strukturlosen Dingen nimmt sie keinerlei Notiz.

Doch zwischen Bockelmanns Fingern beginnt sich Bryonia zu rekeln. Ohne Zögern packt die Kletterpflanze nach wenigen Minuten den Bolzen. Und der Wissenschaftler bringt es nicht mehr übers Herz, die Ranke nach der gelungenen Demonstration abzureißen. Er sucht ein Stativ und klemmt den von Bryonia ergriffenen eisernen »Zweig« darin fest.

GEMEINHIN IST BOCKELMANN nicht so mitfühlend. In der Klimakammer der Ruhr-Universität Bochum kappt er Bryonia-Ranken im Dutzend, schockgefriert sie in flüssigem Stickstoff, zerreibt sie, seziert ihre biochemischen Bestandteile nach allen Regeln der Laborkunst. Er ist auf der Suche nach dem Mechanismus eines faszinierenden botanischen Phänomens: der schnellen, zielgerichteten Reaktion einer Pflanze auf einen mechanischen Reiz.

Bockelmanns Doktorvater Elmar Weiler, Inhaber des Lehrstuhls für Pflanzenphysiologie in Bochum, erforscht die Zaunrübe seit Jahrzehnten.

Die Raubwanze auf der Kugel sitzt im Luftstrom eines Windkanals, in den Biologen **eine von Kartoffelkäfern befallene Kartoffelpflanze** platziert haben. Die Staude sendet einen »Hilferuf« aus – in Form von Duftstoffen, die die Wanze, einen natürlichen Feind des Käfers, anlocken

Ihre Sinnesorgane, die »Fühltüpfel«, sind seit 1885 bekannt: wenige Tausendstel Millimeter kleine, an die Form von Champignons erinnernde Ausstülpungen der Zellen an der Rankenoberfläche. Sie registrieren feinste Furchen in der Borke eines Baums und ertasten selbst winzige Mauerritzen – »weit empfindlicher als die menschliche Fingerkuppe«, sagt Weiler.

Auf dem Rücken der **Raubwanze** haben die Forscher für den Laborversuch einen Spiegel montiert, um anhand von Lichtreflexen den Weg der Wanze zur kranken Pflanze verfolgen zu können

Die Erkenntnisse, die Sinnesforscher wie Weiler weltweit zutage fördern, rütteln am Klischee des tumben, duldsamen Pflanzengeschöpfs. Wer traut schon dem Hirtentäschelkraut ein Zeitgespür zu? Jeder ordentliche Naturerlebnispfad stellt den Strunk einer Eiche zur Schau, die Jahresringe poliert und im Zentrum mit der Aufschrift »1492: Kolumbus entdeckt Amerika« versehen. Dass der Baummethusalem womöglich Zeit seines Lebens jede Windböe spürte, dass er die Hitze eines Lagerfeuers von der Wärme eines Sommertages unterscheiden, dass er aus der würzigen Waldluft das Nahen gefräßiger Insektenraupen erschnuppern konnte, lange bevor die Invasion stattfand – derart faszinierende Fähigkeiten haben Forscher ihm und anderen Pflanzen erst mithilfe leistungsfähiger Analytik, Gentechnik und Zellkulturmethodik zu entlocken vermocht.

Mitunter stoßen sie dabei auf erstaunliche Parallelen zu Mensch und Tierreich. Glutamat, ein im menschlichen Zentralnervensystem weit verbreiteter Signalstoff, spielt offenbar bei Pflanzen eine zentrale Rolle in der Verarbeitung von Licht. Acetylsalicylsäure, ein beispielsweise in Aspirin enthaltenes Schmerzmittel, dämpft pflanzliche Wundreaktionen.

Pflanzen können 18 verschiedene Arten von Umweltreizen aufnehmen

»Nichts in der Welt der Pflanzen klingt zu verrückt, um wahr zu sein«, kommentiert Marcel Dicke von der niederländischen Universität in Wageningen die rasante Entwicklung auf dem Gebiet der pflanzlichen Sinnesforschung. »Wir haben Pflanzen immer unterschätzt – und tun es heute noch.« Wohin sie ihren Blick auch richten, immer stoßen die Botaniker auf neue Belege für eine erstaunliche Sinnlichkeit der Flora.

Offenbar besitzt jede Pflanze einen mehr oder weniger ausgeprägten »Tastsinn«, der mechanische Reize registriert und deren Ursachen – etwa Wind, Berührung oder Regen – unterscheiden kann. Ein ausgeprägter »Geruchssinn« der Pflanzen erstellt zudem ein präzises Duftbild des Standorts, das beispielsweise Informationen über nahende Fressfeinde enthält. Besonders intensiv untersucht ist das pflanzliche »Sehen«: Die spektrale Zusammensetzung des einfallenden Lichts vermittelt eine Vielzahl von Nachrichten über konkurrierende Gewächse in der nächsten Umgebung. Selbst

Ähnlichkeiten zum »Geschmackssinn« fanden die Forscher: Wurzeln registrieren den Gehalt und die räumliche Verteilung von Nährstoffen im Boden und passen ihr weiteres Wachstum den lokalen Gegebenheiten an.

Die Liste ließe sich fortführen. »Pflanzen können 18 verschiedene Arten von Umweltreizen wahrnehmen, von denen jeder einzelne in seiner Intensität schwankt und viele sich in ihrer Wirkung gegenseitig beeinflussen«, sagt der Pflanzenphysiologe Anthony Trewavas von der Universität Edinburgh. Zwar besäßen Pflanzen weder ein Gehirn noch ein Nervensystem, stellt der Laborveteran klar, der seit mehr als 20 Jahren die Verarbeitung von Informationen im Florenreich erforscht; dennoch seien sie mit erstaunlicher Wahrnehmungsfähigkeit ausgestattet: »Pflanzen können nicht davonlaufen, wenn es gefährlich wird. Gerade deshalb müssen sie wesentlich genauer als Tiere darüber im Bilde sein, was um sie herum geschieht.«

PFLANZEN SIND LICHTGESTALTEN. Vor etwa 3,5 Milliarden Jahren begannen archaische Lebensformen, Urahnen bestimmter heute in heißen Quellen lebender Cyanobakterien, das Sonnenlicht als Energiequelle zu erschließen. Der hierfür gefundene Mechanismus, die chemische Umwandlung von Kohlendioxid und Wasser in Glukose und Sauerstoff unter Lichteinwirkung, wird auch von den heute lebenden Pflanzen genutzt: die Fotosynthese.

Bevor aber ein Keimling mit der Energiegewinnung beginnen kann, muss in diesem farblosen Rohling der grüne Blattfarbstoff Chlorophyll ent-

Durch eine Aufspannvorrichtung in der Horizontalen gehalten, wird das **Wachstum eines Rizinusblattes** 24 Stunden lang von einer Infrarotkamera beobachtet

stehen – das Wundermolekül der Fotosynthese. Außerdem müssen Enzyme produziert werden, muss die zelluläre Infrastruktur für einen koordinierten Ablauf der Reaktion aufgebaut werden.

Verweht ein Same in eine finstere Felsritze, gerät die gesamte Vorbereitung ins Stocken. Stattdessen macht sich ein lang gestreckter, wachsweißer Spross mit bleichen Blättchen und halbfertigen Versorgungsleitungen auf die Suche nach einem rettenden Schimmer. Schon wenige Minuten Bestrahlung täglich reichen aus, um der kränklichen Erscheinung, von Botanikern »vergeilter Spross« genannt, die gesunde grüne Farbe zu geben.

Licht, so zeigt dieses unscheinbare Naturschauspiel, ist weit mehr als ein Lieferant von Energie – es enthält beispielsweise auch Informationen, nach denen die Pflanze ihr Wachstum ausrichtet.

Die Lösung musste in der Zusammensetzung des Sonnenlichts zu finden sein. Weißes Licht besteht aus Strahlung verschiedener Wellenlänge, die sich mithilfe eines Prismas in ihre farbigen Komponenten zerlegen lässt. Das menschliche Auge erkennt davon nur einen Ausschnitt: die Regenbogenfarben vom kurzwelligen Violett bis zum langwelligen Dunkelrot. Pflanzen hingegen enthalten Pigmente, deren Empfindlichkeit über dieses Spektrum hinausgeht.

Samen von Kopfsalat etwa, so tüftelten die Forscher in frühen Experimenten aus, keimen in reinem Hellrot von 660 Nanometern Wellenlänge

Manche Pflanzen scheinen vorauszuahnen, wenn Nachbarn sie überwachsen

besonders gut. Dunkelrot von 730 Nanometern Wellenlänge dagegen, das gerade im Grenzbereich des für den Menschen sichtbaren Spektrums liegt, werten die Samen als Stoppsignal. Und zwar auch, wenn die Keimung bereits in vollem Gange ist: Folgte auf hellrotes Licht eine fünfminütige dunkelrote Phase, endet die bereits begonnene Keimung abrupt.

Die Vermittler dieses feinen Lichtsinns, eine Gruppe von »Phytochromen«, sind bis heute Objekte intensiver Forschung. Sie steuern Dutzende biochemischer Prozesse und damit den Aufbau der Infrastruktur einer Pflanze. Informationen beziehen sie nicht allein aus dem Rotanteil des Lichts, sie messen auch die Intensität der Sonnenstrahlung und die Schwingungsebene des vom Himmel einfallenden polarisierten Lichts. Und sie geben Pflanzen eine Fähigkeit, die an übersinnliche Kräfte glauben lässt: das »Vermeiden von Schatten«.

Die **Aufnahmen der Infrarotkamera** enthüllen den tageszeitlichen Rhythmus der Rizinuspflanze: Nachmittags ist der Zellstoffwechsel gering, das Wachstum ruht weitgehend (grün-blau). Frühmorgens schießen die Blätter geradezu ins Kraut (orange-rot)

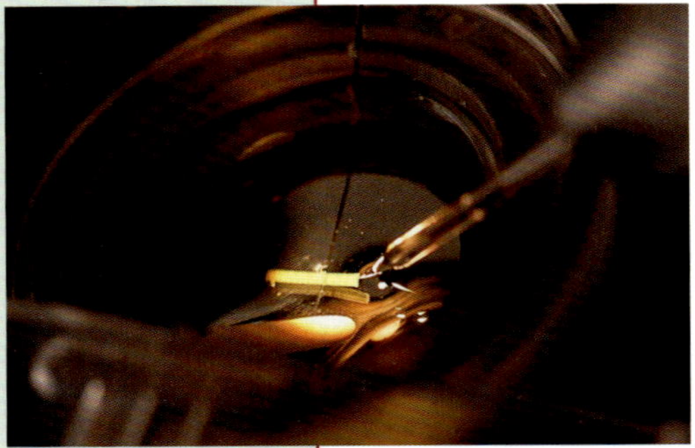

Mit feinsten Elektroden werden in den Zellen von Zaunrüben die **Ionenströme** untersucht. Sie werden durch Berührung der Pflanze ausgelöst und bewirken die Krümmung von deren Ranken

Manche Pflanzen scheinen vorauszuahnen, wenn Nachbarn sie zu überwachsen und vom Sonnenlicht abzuschneiden drohen. In dichten Beständen gewinnen sie schneller an Höhe als in dünn bestandenen Arealen, wo sie einen gedrungenen Wuchs annehmen. Stehen seitlich Konkurrenten, neigt sich die Sprossachse in die Gegenrichtung.

Die Analyse dieses Phänomens verschaffte Forschern Einblick in das komplexe, bislang nur ansatzweise aufgeklärte Zusammenspiel der Phytochrome. Direktes Sonnenlicht enthält hellrote Strahlung und langwelliges Dunkelrot in etwa derselben Intensität. In der Nähe konkurrierender Pflanzen jedoch steigt der Anteil dunkelroter Strahlung an – unter anderem, weil die grüne Umgebung überwiegend dunkelrote Anteile des Lichts zurückstrahlt. Phytochrome interpretieren diese Verschiebung der Lichtintensitäten eindeutig: Ein Nachbar wächst ins Licht – eigenes Wachstum beschleunigen!

Michael Kasperbauer versuchte an einem Forschungszentrum des US-Landwirtschaftsministeriums in Florence, South Carolina, die botanische Farbenlehre zur Steigerung des Ertrags zu nutzen. Nach Christo-Manier belegte er Tomatenbeete mit Kunststofffolien in verschiedenen Farben und verglich die erste Ernte mit dem Ertrag, den Beete mit herkömmlicher schwarzer Folie erbrachten. Ergebnis: Rote Folie steigerte die Tomatenproduktion um bis zu 20 Prozent.

Der Effekt beruht auf einem Täuschungsmanöver. Die rote Folie reflektiert dunkelrote Strahlung besonders intensiv. Trifft diese auf die Blattunterseiten, suggeriert sie: »Achtung, Widersacher!« Um in dem fiktiven Kampf um Licht die Oberhand zu behalten, steigern die Pflanzen das Wachstum von Stängel, Blättern und Früchten – und entziehen Wurzelschädlingen zudem die Futterquelle: »Die Pflanze steckt weniger Energie in ihr Wurzelsystem«, erklärt Kasperbauer den zusätzlichen Nutzen der roten Beete, »und bietet dadurch Nematoden im Boden weniger Nahrung.«

Am anderen Ende des Spektrums, im Bereich des blauen und violetten Lichts, stießen Naturforscher ebenfalls auf rätselhafte Phänomene. Schon Charles Darwin hatte 1881 beschrieben, dass Pflanzen sich nicht mehr nach dem Sonnenstand ausrichten, wenn man das Licht zuvor durch eine Kaliumdichromat-Lösung passieren lässt. Die Flüssigkeit verschluckt den Blauanteil, während alle anderen Wellenlängen das Gefäß ungehindert passieren. Offenbar, so die Folgerung Darwins, spielte kurzwelliges Licht eine wichtige Rolle bei der räumlichen Orientierung. Das war ein erster Hinweis auf die Existenz von Blaulichtrezeptoren bei Pflanzen. Sie erhielten die Bezeichnung »Kryptochrome« – verborgene Farbstoffe, weil ihre Natur aufzuklären den Wissenschaftlern besondere Kopfschmerzen bereitete.

Der Durchbruch zur Erkenntnis gelang erst, als die Ära der Gentechnik heraufdämmerte. »Wir nehmen einen Hammer, schlagen die Maschine kaputt und sehen dann nach, was wir angerichtet haben«, beschreibt Jonathan Gershenzon die Standardprozedur der Pflanzengenetik, die er am Max-Planck-Institut für Chemische Ökologie in Jena zum Studium pflanzlicher Abwehrstoffe einsetzt. Das Prinzip ähnelt einem Roulettespiel: Welche Veränderungen der brachiale Eingriff im Erbmaterial der Versuchsobjekte hinterlässt, bleibt dem Zufall überlassen. Erst nach eingehender

Die Sinne der Pflanzen sind denen der Tiere durchaus ebenbürtig

Untersuchung der Mutanten, meist Modellpflanzen wie Tabak oder Acker-Schmalwand, lässt sich erkennen, ob ein biochemischer Syntheseweg, die Blütenbildung oder die Wahrnehmung von Licht betroffen ist.

Unter Hunderten von derart erzeugten Mutanten, deren Erbsubstanz irreversible und fatale Schäden aufwies, befanden sich auch einige – aus Sicht der Forschung – mit durchaus wertvollen Fehlern. Diese äußerlich intakten Pflänzchen hatten nur eine Macke: Sie waren blind für blaues Licht geworden und trieben ihre farblosen Sprosse orientierungslos in alle Richtungen, gerade so, als würden sie im Finstern wachsen. In jedem dieser Mutanten war Erbinformation zerstört, die für die Wahrnehmung von blauem Licht oder dessen anschließende Verarbeitung unerlässlich ist – ein Ansatzpunkt, um die entsprechenden Gene auf der DNS zu suchen.

Ein **Faradayscher Käfig** schirmt bei der Untersuchung der Zaunrüben durch eine Bochumer Biologin störende Einflüsse elektrischer Felder auf die Messungen ab

Welche zusätzlichen Informationen Kryptochrome und weitere, erst in den letzten Jahren entdeckte Pigmente aus dem kurzwelligen Teil des Spektrums – also im Bereich zwischen blauem Licht und ultravioletter Strahlung – beziehen, lässt sich bislang nur erahnen. Fest steht, dass sie Pflanzen ein Gespür für die Zeit verleihen. Vermutlich in allen Lebewesen tickt eine »innere Uhr« annähernd im 24-Stunden-Takt. Sie bewirkt, dass viele Stoffwechselprozesse einer »zirkadianen« Rhythmik folgen. Und Kryptochrome scheinen diese molekularen Chronometer zu justieren, indem sie den wechselnden Blauanteil des Tageslichts messen.

EINEN AUFSCHWUNG ERLEBTE die Kryptochromforschung im Jahr 1998, als nahezu identische Pigmente in der Netzhaut des Menschen und jener der Maus aufgespürt wurden – und auch in den Nervenzellen des »suprachiasmatischen Kerns« der Maus, eines Hirnareals, das bei Nagetieren vermutlich der Kontrolle der zirkadianen Rhythmik dient.

Hat also der Jetlag nach einem Interkontinentalflug dieselben biologischen Wurzeln wie das abendliche Sich-Schließen einer Tulpenblüte? Nicht unbedingt. Ein genauer Vergleich der genetischen Baupläne ergab, dass die Kryptochrome der Säugetiere und Insekten sich stark von ihren Pendants im Pflanzenreich unterscheiden.

Als »seltenes Beispiel für parallele Evolution« bezeichnet Anthony Cashmore vom Plant Science Institute an der University of Pennsylvania, einer der Entdecker der pflanzlichen Kryptochrome, die zweifache Entste-

In einer **Klimakammer** untersuchen Jenaer Biologen die Verteidigungsstrategien von Tabak. Jede Pflanze wächst in einer aufgeschnittenen Flasche heran, damit sich ihre chemische Ausdünstung auffangen und analysieren lässt

hung dieser Gruppe von Pigmenten während der Stammesgeschichte. Da Blaulichtrezeptoren bei heutigen Bakterien und Archaebakterien fehlen, argumentiert Cashmore, seien sie vermutlich mit den ersten Eukaryonten vor etwa 1,8 Milliarden Jahren entstanden. Tiere hätten ihren Typ von blauempfindlichen Pigmenten erst nach der Trennung ihrer Entwicklungslinie vom Pflanzenreich, also frühestens vor rund einer Milliarde Jahren erworben.

Die Sinne der Pflanzen aber, das Beispiel der Kryptochrome zeigt es, sind denen der Tiere durchaus ebenbürtig. »Und bisweilen sogar überlegen«, meint Anthony Trewavas. Vom siebten Stock seines Instituts für Zell- und Molekularbiologie an der University of Edinburgh sind die Pentland Hills zu sehen, die wie ein grünes Tuch bis zum Horizont wallen. »Blicken Sie doch hinaus«, sagt Trewavas, »99 Prozent der Wesen, die Sie da sehen, sind Pflanzen. Die haben jeden erdenklichen Lebensraum erobert. Pflanzen haben Fähigkeiten, die wir uns noch gar nicht vorstellen können. Sie sind lernfähig und besitzen ein Gedächtnis. Ich halte sie für intelligent.«

Trewavas spricht aus, was viele seiner Kollegen nicht zu denken wagen. Intelligenz, Gedächtnis, Lernvermögen bei Pflanzen – der Professor mit dem zerzausten weißen Haar rüttelt an den Grundfesten der Biologie. Wie denn sollen Organismen ohne Gehirn und ohne Nervensystem zu solchen Leistungen fähig sein?

Der Pflanzenphysiologe kennt die Einwände seiner Kollegen. Doch in den hohen Stapeln wissenschaftlicher Publikationen in seinem Büro, in den überquellenden Hängeregistern und auf der Festplatte seines bon-

Befallen **Raupen** eine Tabakpflanze, sondert diese zur Abwehr Nikotinsäure ab. Das Gift lässt sich im Speichel der Raupe nachweisen (obere Bilder). **Stachelradverletzungen,** in die Raupenspeichel getröpfelt wird, stimulieren ebenfalls die chemische Verteidigung. Vor der **Analyse** der gebildeten Abwehrstoffe (untere Bilder) werden die Blätter in flüssigem Stickstoff eingefroren

bonfarbenen Computers hortet er solide Argumente für seine gewagte These von der Pflanzenintelligenz.

»Le Calcium, C'est la Vie« – »Kalzium ist das Leben« –, überschrieb Trewavas seine jüngste Veröffentlichung in dem Fachblatt »Plant Physiology«. Kalziumionen sind ein im Tier- und Pflanzenreich weit verbreiteter Botenstoff. Die Zellen der Pflanzen pumpen Kalziumionen unter beachtlichem Energieeinsatz aus ihrem »Füllstoff«, dem Zytoplasma, in darin

In jeder Pflanzenzelle verbirgt sich ein winziger biomechanischer Computer

schwimmende membranumhüllte Säcke, die Organellen. Ein Teil gelangt vermutlich auch durch die Zellhülle in die äußere Zellwand und wird dort deponiert. Im Ruhezustand kann die Konzentration in diesen Vorratslagern bis zum 10 000-Fachen höher sein als im Plasma – ein ähnliches Energiespeicherprinzip wie bei einem gefüllten Stausee.

Trifft ein Reiz die Pflanze, öffnen sich molekulare Schleusen in den Membranen und lassen Kalzium aus den Vorratskammern in das Zellplasma zurückströmen. Je mehr die Konzentration dort ansteigt, desto intensiver arbeiten die Pumpen, um die Ionen wieder in die »Stauseen« zurückzuschaffen; zugleich schließen sich die Schleusen. Schon nach wenigen Sekunden kann der ursprüngliche Zustand wieder hergestellt sein.

Die zeitweise Kalziumflut im Inneren stößt eine Kettenreaktion an. Enzyme werden aktiv, Moleküle umgebaut, Eiweißkomplexe zerteilt, Erbinformationen abgelesen. »Ein Sonnenstrahl, ein Kälteeinbruch, eine Trockenperiode«, zählt Trewavas auf, »jedes für die Pflanze bedeutende Vorkommnis löst einen Kalziumfluss aus.« Besonders auf Erschütterungen reagieren Pflanzen extrem empfindlich.

Trewavas lädt zur Demonstration in den Dunkelraum. Behutsam, als sei es eine scharfe Tretmine, hält sein Mitarbeiter Gideon Baum ein transparentes Kunststoffröhrchen in die Höhe. Darin steht ein fingernagelkleines, zwei Wochen altes Tabakpflänzchen, das seine Wurzelfäden in ein trübes, nährsalzreiches Gel getrieben hat. Das schummriggelbe Deckenlicht erlischt. Nachdem sich die Augen an die Dunkelheit gewöhnt haben, führt Baum eine Glaspipette mit Eiswasser über

In einer Druckkammer tritt bei 1,6 Atmosphären der **Saft aus den Blättern einer Pflanze** und kann zur chemischen Analyse mit einer Pipette aufgenommen werden. Die Zusammensetzung dieses so genannten Xylemsaftes ändert sich ständig, abhängig von Umweltbedingungen wie Lichteinfall oder Nährstoffgehalt im Boden

die Öffnung des Röhrchens und spritzt den Inhalt hinein – und für einen Augenblick erhellt sich sein Antlitz im fahlen Licht der aufleuchtenden Pflanze.

Auch der lumineszierende Tabak ist, wie die farbenblinden Mutanten, das Ergebnis eines gentechnischen Kunstgriffs, den Trewavas und sein damaliger Mitarbeiter Marc Knight vor Jahren vornahmen. Sie hatten ein Gen der Meeresqualle *Aequorea victoria* ins Erbgut einer Tabakpflanze eingepflanzt und das »transgene« Gewächs großgezogen. Seither bilden alle Nachkommen in ihren Zellen Aequorin, ein Eiweiß, das einen bläulichen Lichtblitz aussendet, sobald es mit Kalziumionen in Kontakt kommt.

Hält die Flora für intelligent: Pflanzenphysiologe **Anthony Trewavas**

Der leuchtende Tabak – und andere Pflanzenarten, die mittlerweile nach diesem Verfahren entstanden sind – erlaubte es erstmals, die Informationsverarbeitung in der Zelle »live« zu beobachten. Doch sogleich ergaben sich auch Fragen. Denn wenn jeder x-beliebige Reiz die Kalziumschleusen öffnet, wie vermag die Zelle dann – etwa im Fall der Zaunrübe *Bryonia dioica* – zu unterscheiden zwischen einem Hagelkorn und einem Zweig, der verlässlichen Halt verspricht?

Trewavas ließ sich von der vermeintlichen Beliebigkeit der Kalziumantwort nicht entmutigen. »Die Lösung«, weiß er heute, »liegt in der Zelle selber.« Nach einem Reiz leuchtet nie die ganze Zelle, sondern immer nur ein bestimmter Bereich auf. Der Botenstoff, so die Folgerung, wird je nach Beschaffenheit des Auslösereizes auf verschiedenen Wegen in der Zelle verteilt.

Jeder Reiz provoziert außerdem eine charakteristische Reaktionsgeschwindigkeit. Die Kalziumwelle nach einem Kälteschock setzt unverzüglich ein, erreicht nach fünf Sekunden ihr Maximum und ist nach einer halben Minute wieder abgeebbt. Hitze dagegen steigert die Konzentration des Botenstoffs erst nach einigen Minuten, hält diesen Zustand aber eine halbe Stunde lang aufrecht. »Beide Eigenschaften zusammen – die räumliche Verteilung und der zeitliche Verlauf der Kalziumreaktion – bilden einen Code, der Informationen über den spezifischen Auslösereiz vermitteln kann.«

In jeder Pflanzenzelle verbirgt sich demnach ein winziger biochemischer Computer. »Und dessen Arbeitsweise«, schlägt Trewavas den Bogen zum Gehirn der Tiere, »ähnelt einem neuronalen Netz, in dem Nervenzellen tausendfach miteinander verschaltet sind. Anstelle von Neuronen übernehmen innerhalb einer Pflanzenzelle lokal begrenzte Kalziumwellen die Verarbeitung von Signalen.«

Der prinzipielle Unterschied zum Gehirn bestehe allein darin, dass nicht Milliarden hoch spezialisierter Nervenzellen kooperieren müssten, sondern dass jede Pflanzenzelle Umweltsignale autonom verarbeitet. Ziehe man allgemeine Kriterien für Intelligenz heran wie Lernen, Gedächtnis und effektive Informationsverarbeitung, erfüllten Pflanzen alle drei.

Ist Trewavas provokantes Gedankenspiel der letzte Tusch eines streitbaren Geistes zum Abschluss seiner Karriere – ohne Rücksicht auf Imageverlust? Oder ist sein Ansehen so groß, dass keiner ihn anzugreifen wagt, wenn er die Frage nach den intellektuellen Fähigkeiten einer Pflanze stellt? Sicher scheint nur: Kritik wird der Professor aus Edinburgh in jedem Fall auf sich ziehen. So wie schon in den 1960er-Jahren Cleve Backster, der Polizei- und Sicherheitsbeamte in New York im Umgang mit Lügendetektoren schulte – und der mit einem Experiment weltweit Aufsehen erregte.

Aus einer Laune heraus hatte Backster die Elektroden eines »Polygraphen« an die Blätter seiner Büropflanze, eines Drachenbaums, angeschlossen. Als er ihn goss, registrierte das Galvanometer des Geräts heftige Veränderungen

Die Pflanze vergällt ihrem Fressfeind das Mahl – mit Nikotin

des elektrischen Widerstands an der Pflanzenoberfläche, ähnlich wie sich angeblich der Widerstand an der Haut eines ertappten Probanden verändert, wenn er sich mit Lügen aus der Affäre zu ziehen versucht.

Der Schulungsleiter begann, das später als »Backster-Effekt« bekannt gewordene Kuriosum intensiver zu studieren. In den zittrigen Kurven seines Lügendetektors glaubte er gar, den Beweis einer Gedankenübertragung vom Menschen auf die Pflanze gefunden zu haben. So ließ allein das Vorhaben, ein Blatt mit einem brennenden Streichholz zu versengen, die Pflanze angeblich vor Angst erschaudern. In einer Silvesternacht zog Backster mit einer Stoppuhr über den Times Square und notierte seine Gefühlserlebnisse minutiös. Wieder zu Hause, fand er das selbst protokollierte Auf und Ab seiner Stimmung in den Reaktionen dreier Pflanzen wieder, die während seines Stadtbummels an einen Lügendetektor angeschlossen gewesen waren. Backster, der den Boden der Rationalität längst verlassen hatte, sah darin den Beweis für telepathische Fähigkeiten von Pflanzen.

Wissenschaftlich tragfähige Belege für pflanzliche Gefühle und den Nachweis eines plausiblen Kommunikationsmechanismus blieb Backster der Welt schuldig.

Es ist diese Aura des Paranormalen, welche die seriöse Erforschung pflanzlicher Sinnesleistungen lange behindert hat. So ist es kein Wunder, dass einige von deren erstaunlichsten Fähigkeiten nicht von Botanikern aufgedeckt worden sind, sondern von Ökologen und Entomologen. Etwa folgendes Phänomen: Wenn sich im Frühsommer tagtäglich Gewitterwolken über dem Great Basin im US-Bundesstaat Nevada entladen, wittern die Samen der Tabakstaude *Nicotiana attenuata* die Chance ihres Lebens. Hat einer der zahllos herabfahrenden Blitze die dürre Vegetation entzündet, dann wecken Substanzen im Qualm der verbrannten Wacholder- und Beifußstauden die Samen aus einem Schlaf, in dem sie bis zu 115 Jahre lang unversehrt ausharren können.

Ist der Brand über den Wüstenboden mit der Saat darin hinweggefegt, gleicht dieser einem Paradies für die Pflanze. Viele der Konkurrenten hat der Feuersturm dahingerafft und in Dünger verwandelt. Freilich steht der Tabakkeimling unter Zeitdruck. Schon im Jahr darauf können Artgenossen, die ebenfalls in dem verkohlten Land aufkeimen, ihm die Ressourcen streitig machen. Und gefräßige Raupen des Tabakschwärmers *Manduca sexta* beginnen, sich über das im Ödland sprießende Grün herzumachen.

In solchen Situationen wird es höchste Zeit für Ian Baldwin, sein Campmobil in der kargen Hochebene zu beziehen. »*Nicotiana attenuata* ist zwar unter Forschern nicht gerade in Mode«, sagt der Direktor des Max-Planck-Instituts für Chemische Ökologie in Jena, »aber sie ist ein perfektes Studienobjekt, um die schnelle Anpassung einer Pflanze an ständig wechselnde Umweltbedingungen zu untersuchen.«

Das Verhaltensrepertoire des besenförmigen Krauts geht weit über das Erschnuppern von Rauchsignalen hinaus. Frisst etwa eine Manduca-Raupe an ihren Blättern, erkennt die Pflanze einen bislang noch nicht entschlüsselten Signalstoff im Speichel des Insekts. Jasmonsäure, eine Art »Alarmhormon«, regt daraufhin in den Wurzeln die Synthese des giftigen Alkaloids Nikotin an, das sich über die Leitbündel in der gesamten Pflanze verteilt und dem Feind das Mahl vergällt. »Der Nikotingehalt dieser Pflanze kann zehn Prozent ihres Trockengewichts ausmachen«, sagt Baldwin. »Für einen Menschen wäre der Verzehr tödlich. Die Raupe

Wachstum zur blauen Stunde: Blaues Licht stimuliert das Sprießen von **Acker-Schmalwand** (*Arabidopsis thaliana*): Auf die vermehrt ausgeschütteten Kalziumionen reagieren gentechnisch eingebaute Leuchtstoffe der Pflanze und lassen deren Blätter funkeln (kleines Bild)

hingegen ist daran angepasst, das Nervengift in gewissen Grenzen zu tolerieren.«

Letztlich bestimmt vor allem die Intensität, mit der sich Herbivoren über die Pionierpflanzen hermachen, über deren Leben oder Tod. Der Fraßdruck ist die bedeutendste Unbekannte im Leben von *N. attenuata* – ein Umstand, der sie zu einer für Pflanzen außergewöhnlichen Flexibilität zwingt. Der Wettlauf gegen die Insekten erfordert einigen physiologischen Aufwand: ein hochempfindliches Alarmsystem, das im Notfall eine massive, kräftezehrende Giftherstellung in Schwung bringt. Diese Strategie hätte nach den Gesetzen der Evolution unweigerlich zum Untergang der Art geführt, stünde ihm kein ausgleichender Vorteil gegenüber.

Gewächs unter Stress: *Vigna unguiculata*, eine **afrikanische Brunnenpflanze,** wächst in einer Nährlösung, die mit Mangan versetzt worden ist und daher das Gewebe schädigt. Als Reaktion verströmt Vigna das Hormon Ethylen …

Baldwin untersuchte das Verhältnis von Aufwand und Nutzen, indem er von Gegend zu Gegend die Folgen der »induzierten Abwehr« für die Zahl lebensfähiger Samen verglich, die eine Pflanze in ihrem Leben produziert. Nur in Gegenden mit Gefahr für die Pflanze, von Fressfeinden heimgesucht zu werden, so das Ergebnis seiner Freilandstudien, rentiert sich die Investition in die Nikotinherstellung. Sind natürliche Feinde jedoch rar, schlägt die kräftezehrende Giftproduktion negativ zu Buche.

Derart ausgeklügelte – und in Hinblick auf langfristigen Bestand riskante – Verteidigungsstrategien sind keineswegs auf hoch spezialisierte Arten wie *N. attenuata* beschränkt. Dieselben »Warnhormone« stärken auch die allgemeine Widerstandskraft von Gurke, Knoblauch, Sojabohne

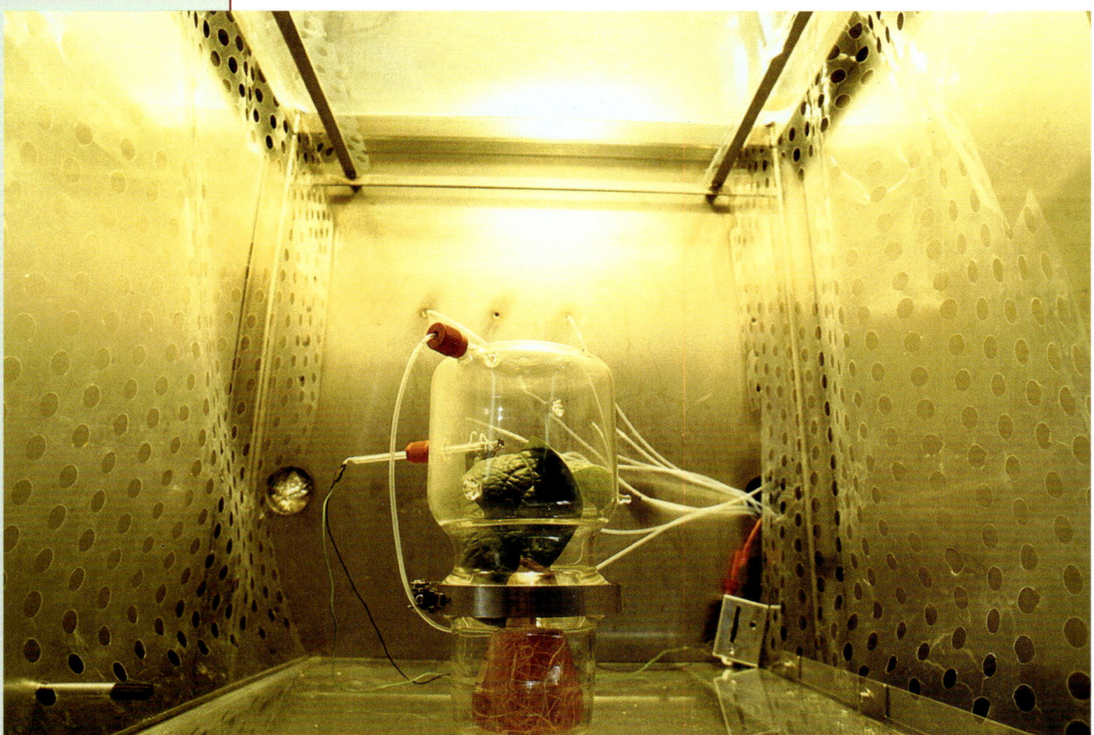

und vielen anderen landwirtschaftlich genutzten Arten. Vor allem Jasmonsäure, ein intensiv duftender Bestandteil des Jasminöls, sowie ein schmerzlinderndes Ingredienz der Weidenrinde, die Salicylsäure, sind Botanikern seit langem als wirkungsvolle Wundsignale bekannt. Ein gequetsches Blatt, ein geknickter Stängel genügen, um den chemischen Alarmschrei bis in das letzte Wurzelhärchen dringen zu lassen.

Als Ted Farmer und Clarence Ryan Ende der 1980er-Jahre an der Washington State University in Pullman Tomatenpflanzen mit Methyl-Jasmonat bepinselten, um auf diese Weise eine Verletzung zu simulieren, nahm das Experiment einen unerwarteten Verlauf. Die biochemischen Analysen ergaben, dass sich nicht nur die jasmonat-behandelten, sondern auch unpräparierte Pflanzen mit Giftstoffen gegen einen bevorstehenden Raupenbefall gewappnet hatten.

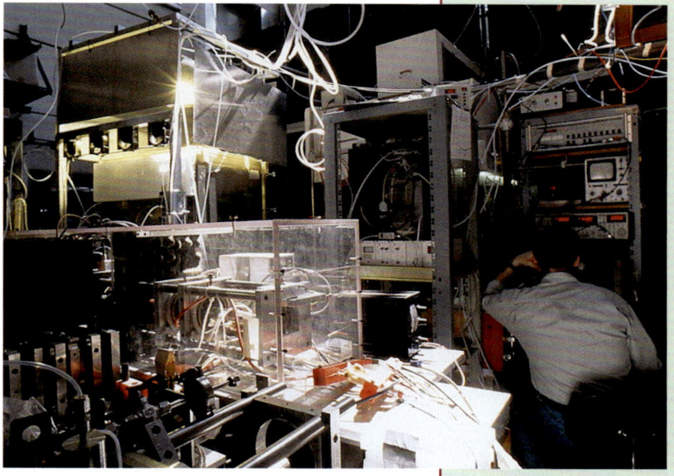

... dessen Konzentration wird mit einem **Laser** nachgewiesen und als Maß für den Stress der Pflanze benutzt

Auf der Suche nach dem vermeintlichen Fehler im Versuchsaufbau stießen die beiden Forscher auf ein bis dahin unerklärbares Phänomen: Die unbehandelten Tomaten hatten das flüchtige Methyl-Jasmonat in der Laborluft offenbar »gerochen« und sich vorsorglich gegen eine Attacke geschützt. »Unsere Mitarbeiterinnen«, so Clarence Ryan, »durften daraufhin kein Parfum mehr benutzen, das Jasminöl enthielt. Geringste Duftspuren hätten jedes Experiment zum Scheitern gebracht.«

»Das Duftsignal der Kartoffelstaude ist tatsächlich eine Art Hilfeschrei«

Wolken aus den flüchtigen Abkömmlingen der Jasmon- oder der Salicylsäure, das gilt heute als gesicherte Erkenntnis, können das »SOS-Signal« einer attackierten Pflanze über weite Strecken transportieren. »Mit einer Warnung hat das allerdings nichts zu tun«, korrigiert Marcel Dicke, Experte für Insekten-Pflanzen-Interaktionen an der Universität im niederländischen Wageningen, einen populären Irrtum. »Keine Pflanze hat ein Interesse daran, ihren Konkurrenten einen Überlebensvorteil zu verschaffen.« Vielmehr hätten die Pflanzen im Lauf ihrer Stammesgeschichte »gelernt«, die von anderen Pflanzen ausgehenden duftenden Wundhormone als Signal zu erkennen.

Auch Insekten verstehen den Code, den Pflanzen in ihrem Kampf ausdünsten. »Ihre Sinnesorgane nehmen Botenstoffe noch in Konzentrationen wahr, bei denen unsere besten Messinstrumente längst versagen« – so Mar-

Die Vegetation der Zukunft: **Waldringe** im US-Bundesstaat North Carolina werden mit Kohlendioxid begast (oben links). Im Zirkelinneren entsteht so eine CO_2-Konzentration, wie sie für das Jahr 2050 erwartet wird. Um die Wirkung des Treibhausgases auf die Vegetation zu ermitteln, untersuchen **Wissenschaftler der Duke University** den Stoffwechsel. Erstes Ergebnis: Unter CO_2 wachsen Fichten um ein Viertel schneller

cel Dicke. Die Lockstoffe bringen eine Art Generalmobilmachung von Schädlingsfressern in Gang: Schlupfwespen, Raubmilben oder räuberische Wanzen, die das Aromagemisch im Umkreis von einigen Metern auffangen, eilen unverzüglich zur Duftquelle. Denn dort erwartet sie ein üppiges Mahl.

Den Beweis der Macht, die eine Kartoffelstaude über die Lebewesen in ihrem Umkreis ausübt, tritt Dicke in einem abgedunkelten Kellerraum seines Instituts an. Sein Kollege Joop van Loon, mit dem er hier eine Teststation betreibt, hat Perillus bioculatus bereits für ihren Auftritt vorbereitet. Die räuberische Stinkwanze klammert sich auf dem höchsten Punkt einer mattschwarzen Kugel an den samtigen Untergrund. Ihre Antennen rudern in dem sachten Luftstrom, der von einer mit Käferlarven übersäten Kartoffelpflanze zu ihr weht. Das krautige Aroma scheint die ganze Aufmerksamkeit des schwarz-roten Insekts zu fesseln, denn es beginnt nach wenigen Augenblicken dem Duft entgegenzulaufen.

Ihr Ziel erreicht die Wanze allerdings nicht. Auf ihrem Rücken klebt ein millimeterkleiner Spiegel, den ein Lichtstrahl trifft. Ein Sensor an der Decke registriert mithilfe der Lichtreflexion jede Bewegung des Tieres. Motoren korrigieren die Stellung der Kugel sekundenschnell. Aus den Drehbewegungen der Kugel errechnet ein Computer den Weg, den die Wanze auf ebener Fläche eingeschlagen hätte.

»Der Geruch einer Kartoffelpflanze ohne Käfer wäre für das Tier uninteressant«, erklärt Dicke die Schlängellinien auf einem Datenblatt, das die errechnete Spur einer sichtlich ziellos umherirrenden Stinkwanze zeigt. »Ist die Pflanze aber von Larven befallen«, fährt er fort und präsentiert die zielstrebig in eine Richtung führende Spur, »dann nimmt der Räuber Kurs auf die Beute.«

»Das Duftsignal der Kartoffelstaude ist nun tatsächlich eine Art Hilfeschrei, nur präziser. Die Kartoffel ruft nicht ›Hilfe‹. Sie ruft ›Feuer‹ oder ›Feuer im ersten Stock‹. Je genauer die Information über ihre Angreifer, desto effektiver werden die angelockten Räuber ihren Job erledigen.«

Die Kartoffel ist nicht die einzige Art, die Retter herbeiruft. 25 weitere Pflanzen-Spezies unterschiedlichster Familien haben diese Fähigkeit bisher im Labor unter Beweis gestellt.

Einen besonders präzisen Notruf bringen Maispflanzen zustande: Fressen junge Raupen an ihnen, verströmen sie einen für Räuber hochattraktiven Lockstoff. Nach einem Befall mit betagten Individuen hingegen, die kurz vor dem Verpuppen stehen und der Pflanze kaum noch gefährlich werden können, entspricht der Informationsgehalt mehr einem allgemeinen Warnhinweis.

Es muss ein Stoff im Speichel der Fressfeinde sein, der einer Pflanze die Art und das Alter ihrer Peiniger verrät. Doch welche Substanz speziell, ließ sich in den meisten Fällen bis heute nicht ermitteln.

Am Jenaer Max-Planck-Institut tun sich seit 1997 Pflanzenfresser im Dienst der Wissenschaft an Mais, Baumwolle und Limabohnen gütlich, um den Pflanzen deren »Wortschatz«, deren »Grammatik« zu entlocken. Das große Fressen findet in luftdichten Kammern statt, wo die Duftsignale von Filtern aufgefangen und dann in ihre chemischen Bausteine zerlegt werden. Die Vielfalt der Kommunikationsstoffe ist gewaltig: Allein 15 000 verschiedene Terpenoide, ein häufig benutztes Medium der »Duftsprache«, sind bekannt. Tausende weitere sind vermutlich noch zu entdecken.

All das neue Wissen um die ungeahnte Sinnlichkeit der Pflanzen lässt Marcel Dicke nicht an den Grundlagen der Biologie zweifeln: Bewusstsein, Gefühle, Gedanken würden Pflanzen für immer vorenthalten bleiben. »Ich spreche auch nach vielen Jahren Forschung nicht mit meinen Kartoffeln«, feixt der Wissenschaftler, der mehr als jeder andere dazu beigetragen hat, den Dialog zwischen dem Reich der Pflanzen und der Tiere zu entschlüsseln. **(1999)**

■ Siehe auch A–Z-Teil

→ Fotosynthese · Keimung · Lockstoffe · Pflanzenhormone · Reiz · Sexuallockstoffe · Sinnesorgane (Pflanzenphysiologie) · Tagesrhythmik · Terpene · transgene Organismen

Auf der Suche nach darstellbaren Experimenten reisten Fotograf Dr. Stephan Elleringmann und Assistent Thorsten Futh zwischen Europa und Amerika hin und her. Der Biologe Dr. Hans Haltmeier hatte nie ein Faible für Zimmerpflanzen. Seit er weiß, »welche faszinierenden Fähigkeiten selbst der Gummibaum besitzt«, ist er erst recht überzeugt: »Pflanzen gehören ins Grüne – zu ihresgleichen.«

Odyssee nach Plan

Milliarden Vögel schweifen in jedem Herbst zum ersten Mal in die Ferne. Die Richtung, die sie einschlagen müssen, ist ihnen angeboren. Aber sie kennen weder den Weg noch das Ziel. Manche werden von Altvögeln geführt, doch für die meisten ist es ein Aufbruch ins Unbekannte. Sie folgen allein ihrem inneren Rhythmus und den Weisungen der Sterne

Nicht ohne ihre Eltern brechen junge **Kanadagänse** zum ersten Zug auf. Die Altvögel zeigen dem Nachwuchs die richtige Route – vom Brutgebiet in der kanadischen Arktis über Lake Powell (Bild) bis an den Golf von Mexiko

Text: **Uta Henschel**
Fotos: **Thomas Stephan**

Man kann nicht immer Recht behalten, besonders nicht in der Vogelzugforschung. Für Experten dieser Disziplin gehört es quasi zum guten Ton, regelmäßig von ehemals verbürgten Erkenntnissen abzurücken und freimütig einzugestehen, was alles »wir noch immer nicht sagen können«. Es ist beinahe so, als freuten sie sich, ungelösten Rätseln die Ehre zu geben.

Dieses Bekenntnis zur Wahrheit »in progress« geht auf Aristoteles zurück, der die Migrationsforschung vor gut 2300 Jahren mit einem Irrtum begründete. Die meisten Vögel, so lehrte er, würden den Winter verschlafen.

Dabei weiß doch jeder, dass Zugvögel im Herbst gen Süden fliegen, also ziemlich aktiv sind. Und im Frühling erst recht. Bis in den Schlaf hinein höre ich die Rufe der Wildgänse: Ahngang, gaa-gaa, ahngang, gaa-ga; wie von einem fliegenden Fagottorchester tönt es zum offenen Fenster herein.

Wer jetzt zweifelt, wem er glauben soll, weil Aristoteles ja nicht irgendjemand ist, sondern eine Autorität auf vielen Gebieten, kann sicherheitshalber in einem ornithologischen Fachbuch nachschlagen und erfährt vermutlich ausführlicher als erwartet:

- welche Ziele verschiedene Vogelarten ansteuern – Spanien zum Beispiel oder Indien, Südafrika, Venezuela oder sogar die Antarktis;
- welche Streckenrekorde sie dabei aufstellen – manche Gartengrasmücken, Steinschmätzer, Sumpfrohrsänger bringen es beim Hin- und Rückzug auf 30000, Küstenseeschwalben auf bis zu 50000 Kilometer pro Jahr;

Zweitausend Augenpaare sehen mehr als eines – beim Suchen nach Futter ebenso wie beim Ausspähen von Feinden. Stare rotten sich zur Zugzeit zusammen und fegen als dunkle Wolke über die Landschaft. Im **Schwarm** fühlen sie sich stark genug, sogar einzelne Greifvögel zu mobben

• welche Routen sie einschlagen – ein weit verzweigtes Netz unsichtbarer Highways umspannt den Luftraum der Erde; und
• wie viele Vögel überhaupt weltweit zwischen ihren Brut- und Feriengebieten zweimal im Jahr hin- und herpendeln: Es sind etwa 50 Milliarden, großzügig geschätzt.

Aber nicht zu großzügig. Denn die Leidenschaft hinter Feldstechern, der Eifer beim Beringen und die Aufzeichnungen nächtlicher Radarechos kennen keine Grenzen.

Peilsender mit Solarbetrieb, wie Techniker sie heute im Reiserucksack einzelner Fernwanderer verstauen, melden mehrmals täglich via Satellit

Die großen Vögel legen die 4 600 Kilometer bis Afrika in drei Wochen zurück

die global erreichte Position. Für belastbare Spezies wie Albatrosse, Kraniche, Adler, Bussarde und Schwäne ist mit dem auf 20 Gramm Standardbriefgewicht geschrumpften »Flugschreiber« das Zeitalter des gläsernen Zugvogels angebrochen. Vor allem für den Weißstorch.

Keine Art wird so umfassend observiert, seit die Vogelwarte Radolfzell, eine Abteilung der Max-Planck-Forschungsstelle für Ornithologie, 1991 damit angefangen hat, einzelne Exemplare vor dem Start mit Sendern auszustatten – heute sind es 120.

Schon nach den ersten Funkkontakten von unterwegs mussten die daheim gebliebenen Forscher ihr Bild des gemächlich gen Süden bummelnden Storchs korrigieren. Zügig legen die großen Vögel die 4 600 Kilometer bis Zentralafrika in knapp drei Wochen zurück. Acht bis zehn Stunden sind sie täglich in der Luft, gleiten in warmen Aufwinden übers Land und schaffen Tagesetappen von 250 Kilometern. Gegen Abend landen sie und segeln am nächsten Morgen weiter, sobald der erste Warmluftfahrstuhl seinen Betrieb aufnimmt und sie in die Höhe trägt.

NICHT ALLE WEISSSTÖRCHE verhalten sich gleich. Zwar kehrt die Mehrzahl Jahr für Jahr »ortstreu« ins selbe Winterquartier zurück. Aber keine Regel ohne Ausnahme: Einer der Radolfzeller Vögel wählt jedes Jahr ein neues Ziel. Mal zieht es ihn in den Tschad, mal nach Tansania, dann segelt er sogar bis nach Südafrika weiter – rund 5 000 zusätzliche Kilometer. So viel Individualismus verdient einen Namen. »Prinzesschen« heißt die Eigenwillige, deren Eskapaden Ulrich Querner, Mitarbeiter der Vogelwarte, in einer gesonderten Zugkarte regelmäßig auf den neuesten Stand bringt.

Prinzesschen gehört zu den sechs Vögeln, deren Anonymität im Experiment aufgehoben wird. Mit Valinka, Felix, Annamarie, Sophia und Jonas ist sie jeden morgen ab 7.30 Uhr online, wenn Querner ihre Ortsbestimmung – wie er sie Minuten zuvor vom ARGOS-Satelliten empfangen hat – weiterleitet an www.storchenzug.de. Auf einer interaktiven Karte ziehen

Wie bestimmen Zugvögel, die zum ersten Mal ziehen, den Kurs ins Winterquartier? Gisela Schmiedeskamp hat ein Magnetfeld aufgebaut, die Kompassnadel zeigt dessen Neigungswinkel an. Im **Orientierungstrichter** hüpft das Rotkehlchen gegen Papier. Kratzer verraten, wohin der Vogel ziehen will. Es zeigt sich, dass die Zielorientierung genetisch festgelegt ist

die sechs Vögel voran, ungeduldig erwartet von Tausenden von Schülern und Studenten, den Nils Holgerssons unserer Zeit, die »ihre« Weißstörche von Tag zu Tag begleiten.

Über solche Informationsquellen hat Aristoteles nicht verfügt, klar. Immerhin, die Möglichkeit, dass einige Arten wie Kraniche und Pelikane tatsächlich vor der Kälte davonfliegen, hat er in Betracht gezogen und die vogelkundliche Nachwelt für lange Zeit in einem Dilemma zurückgelassen.

Gut zwei Millennien lang ist es beim Sowohl-als-auch geblieben, ehe der Winterschlaftheorie die Anhänger ausgegangen sind, und bis der dänische Lehrer H. C. C. Mortensen, der vielen Spekulationen und Anekdoten aus nicht überprüfbaren Quellen leid, im Jahr 1899 eine Methode ersann, von der er sich verlässliche Antworten versprach: Er fragte die Vögel.

Dazu fing er so viele wie möglich, befestigte einen markierten Metallring mit seiner Adresse am Unterschenkel jedes Tieres, notierte sich Art, Alter, Geschlecht, Datum und Ring-Kennzeichen und ließ sie wieder frei. Bald geschah, worauf er gehofft hatte: Rückmeldungen trafen ein, Briefe aus Ländern und Kontinenten, in denen Mortensen noch nie gewesen war. Die Absender schrieben ihm, wann und wo sie die – meist toten – Vögel gefunden hatten, und fügten die Ringe bei.

Kein Meer, kein Gebirge, keine Wüste, kein Eisfeld kann die Vögel aufhalten

Mortensen brauchte nur ein Lineal zu nehmen und auf seiner Weltkarte zwischen dem Ort der Beringung und dem des Fundes eine Linie zu ziehen. Schon zeichneten sich Zugrichtung, Route und Ziel ab.

Bis heute haben Biologen und freiwillige Helfer rund 200 Millionen Vögel beringt und aus mehr als zwei Millionen Rückmeldungen eine globale Langzeitbelichtung des Vogelzugs erhalten. Je mehr Ringe zusammengekommen sind, um so schärfer, um so fantastischer ist das Bild geworden.

Kein Meer, kein Gebirge, keine Wüste, kein Eisfeld hält Vögel auf bei ihrem Zug zwischen Brutgebiet und Winterquartier. Manche Arten fliegen zweimal im Jahr von Pol zu Pol, andere nur einige hundert Kilometer weit, manche wandern ausschließlich bei Tag, andere bei Nacht, einige im Familienverband oder im Schwarm, die meisten jedoch einzeln.

Auf der Spur der Ringe haben Ornithologen verfolgt, ob Vögel in breiter oder schmaler Front ziehen, wo sie abbiegen, wo sie rasten. Nach und nach ist es gelungen, ein unvorstellbar komplexes System aus unterschiedlichen Zielen, Routen und Strategien zu entwirren – nicht nur einzelner Spezies, sondern auch verschiedener Populationen ein und derselben Spezies.

Vom Weißstorch etwa weiß man, dass eine »Westpopulation« über Gibraltar ins westliche Zentralafrika zieht; daneben startet eine »Ostpopulation« – zu der auch Prinzesschen gehört. Sie wählt den Weg über den Bosporus, Israel, die Sinaihalbinsel, Ägypten nach Ost- und Südafrika.

Weil Forscher jeden einzelnen Vogel beim Beringen kenntlich und damit unverwechselbar machen, können sie bestätigen, was bis vor kurzem nur als rührende, aber unbelegte Geschichte kursierte. Ja, es ist wahr, dass dieselbe Rauchschwalbe aus ihrem zentralafrikanischen Feuchtgebiet fast bis auf den Tag genau an einem friesischen Kuhstall ihr altes Nest bezieht. Es stimmt, dass der Fliegenschnäpper vom Vorjahr zur selben Zeit am selben Nistkasten eintrifft.

Für Punktlandungen nach Transkontinentalflügen gibt es Dutzende von Beispielen. Ebenso für Pünktlichkeit und Zuverlässigkeit über Generationen hinweg. Bis zu 38 Jahre hintereinander und mit höchstens vier Tagen Verspätung sind Dunkelwasserläufer in Helsinki eingetroffen, andere Watvögel in Sibirien, Grasmücken im Rheinland.

Zugvögel schätzen das Bewährte. Nicht nur am Brutplatz und im Überwinterungsgebiet beanspruchen die Gewohnheitstiere ihr vorjähriges Territorium. Auch unterwegs machen viele im selben Gebüsch, Wäldchen oder Schlafbaum Pause. Von Fußringen abgelesene Zahlen- und Buchstabenkombinationen addieren sich so zu verblüffenden Momentaufnahmen im Vogeldasein.

Es bleiben Unschärfen. Aus dünn besiedelten Wäldern, Tundren, Wüsten und Hochgebirgen bekommen die Beringer selten Post. Wie viele Daten mitsamt ihren geflügelten Trägern unterwegs spurlos verschwinden – in Seen, Flüssen, Meeren oder in den Schlünden unzähliger Beutegreifer –, lässt sich nur schätzen.

Trotz solcher Schwächen aber ist mit dem von Mortensen begründeten Verfahren ein Ereignis aufgespürt worden, dessen räumliche Ausdehnung, Vielfalt und zeitliche Präzision alles in der Natur übertrifft. Aber auch, wenn sich der milliardenfache Flügelschlag, der zweimal im Jahr um die Erde rauscht, seither messen, exakt beschreiben, aufzeichnen, in Tabel-

Je nach Lichtfarbe nimmt ein Rotkehlchen **magnetische Feldstärken** unterschiedlich gut wahr. Am besten orientiert ist es in grüner Beleuchtung

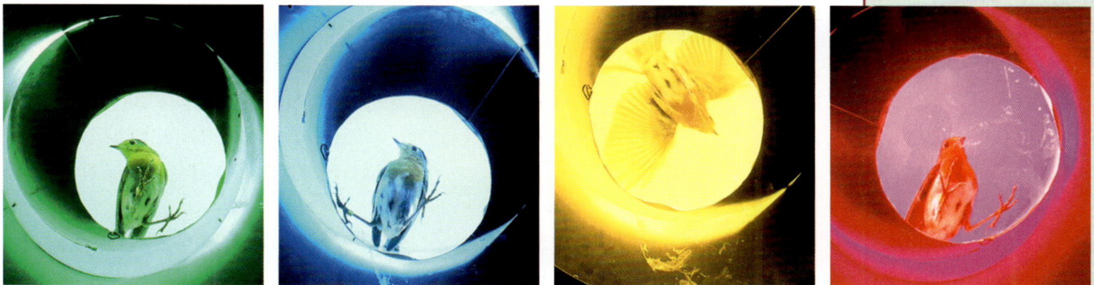

len ordnen, in Grafiken ausdrücken lässt – das Rätsel Vogelzug ist damit nur enthüllt, nicht etwa gelöst worden.

Über dessen Ursachen und inneren Antrieb müssen Ornithologen weiterhin auch spekulieren. Noch immer verstehen sie nicht vollständig, warum Vögel ziehen, wie sie ans Ziel finden, woher sie ihre Startsignale für den Aufbruch im Frühling und Herbst und ihre Stoppsignale bei der Ankunft erhalten.

Wie weiland Mortensen haben Biologen sich schon in den 1950er- und 1960er-Jahren mit weiterführenden Fragen und neuen Untersuchungsmethoden abermals direkt an die Vögel gewandt.

Ihre Experimente gleichen – bis heute – Erkundungsreisen in unbekannte Wahrnehmungswelten und begründen Arbeitsgebiete wie Orientierungs- und Biorhythmusforschung sowie Zuggenetik, die es zuvor so nicht gegeben hat. Die Schrittmacher dieser zweiten großen Phase der Vogelzugforschung arbeiten an deutschen Instituten, die eigens auf diese neuen Felder zugeschnitten werden: Es sind die Abteilung von Roswitha und Wolfgang Wiltschko an der Universität Frankfurt/Main und die heutige Max-Planck-Forschungsstelle für Ornithologie in Radolfzell und Erling mit ihren Direktoren Peter Berthold und Eberhard Gwinner.

Das, wonach die Forscher fahnden, lässt sich jedoch im Freien selten präzise aufspüren. Zu vielfältig, zu unübersichtlich sind die Einwirkungen auf wild lebende Vögel. Um im Einzelnen herauszufiltern, welche Hinweise die Tiere nutzen, ist nötig, sie von ihrer natürlichen Umwelt abzuschirmen und dann ein isoliertes Signal nach dem anderen im Labor zu simulieren. Mithilfe künstlich geschaffener Umgebungen formulieren Wissenschaftler so einzelne Fragen, und das Verhalten der – gezüchteten und insofern künstlichen – Zugvögel gibt ihnen die Antworten. Die Voraussetzungen für das Gelingen solcher »Interviews« sind denkbar günstig. Denn bei Simulationsversuchen zur Migrationszeit muss niemand einen Vogel in Stimmung bringen. Ihn überkommt in seiner Voliere oder im Labor dieselbe Zugunruhe wie im Freien. Jede Nacht – wenn 90 Prozent aller Zugvögel wandern – hüpft und schwirrt er im Versuchskäfig umher, als sei er tatsächlich unterwegs auf einer langen Reise. Er »zieht im Sitzen«, beschreibt es Peter Berthold, Chef der Vogelwarte Radolfzell.

Die Frage, was diese merkwürdige Zugunruhe auslöst, wird Versuchsvögeln zum Beispiel in einer Klimakammer gestellt, in der das »Tageslicht« immer zum gleichen Zeitpunkt ein- und ausgeschaltet und die Temperatur konstant gehalten wird. Obwohl sie also keinen Kontakt zur Außenwelt haben, packt sie die Wanderlust zum selben Zeitpunkt wie ihre freien Artgenossen. An 20 Vogelarten haben Forscher inzwischen nachgewiesen, dass der Starttermin des Zuges ererbt und ihre Unruhe durch eine »innere« biologische Uhr ausgelöst wird.

Schon 1967 nahm Gwinner eine Gruppe »zugunruhiger« Fitislaubsänger per Linienmaschine mit in den Kongo, wo diese Art gewöhnlich überwintert.

Zuggenetiker **Peter Berthold** pustet einer Mönchsgrasmücke ins Gefieder und sieht, wie weit die Mauser bereits fortgeschritten ist. Auch über andere Details im Leben dieser Vögel führen die Ornithologen Buch: etwa darüber, dass die Tiere pro Saison rund 60 Prozent ihres **Geleges** verlieren

Obgleich die Wanderer praktisch über Nacht ans Ziel gelangten, setzten sie ihr rastloses Hüpfen in Afrika fort. Ihre Unruhe dauerte genauso lange an wie die der Gruppe, die Gwinner im deutschen Labor zurückgelassen hatte.

Damit war das »Zeitprogramm« der Wanderer entdeckt, eine Art Terminkalender, mit dem Zugvögel auf die Welt kommen und in dem etwa bei Mitte August als Eintrag stehen könnte: »Zugunruhe! Fliege sieben mal zwölf Stunden in Richtung Südwest, dann bist du da.« Aber schon stellte sich die nächste Frage: Woher wissen Zugvögel, wo Südwesten ist? Wie bestimmen sie ihren Kurs?

Um das herauszufinden, wurden Versuchstiere, die noch nie gewandert waren, auf den flachen Boden eines nach oben offenen Metalltrichters gesetzt. An den mit beschichtetem Papier ausgekleideten Trichterwänden sollten die Vögel, so die Absicht der Ornithologen, ihre Antworten hinterlassen. Und tatsächlich: In diesem »Orientierungskäfig« führten die Zugneulinge den Forschern vor, dass sie für derartige Aufgaben bestens ausgestattet sind und die nötigen Informationen mithilfe verschiedener Bezugssysteme oder Kompasse beziehen.

Bei klarem Wetter, so stellte sich heraus, richteten die Versuchsvögel sich nach der Sonne, wobei sie offenbar deren Bahn und veränderte Höhe über dem Horizont im Verlauf des Tages und Jahres kalkulierten; bei Nacht

Bei Nacht gibt der Polarstern den Zugvögeln zuverlässig die Nordrichtung an

gab ihnen der Polarstern zuverlässig die Nordrichtung an: Sie erkannten ihn daran, dass er als einziger Himmelskörper fest zu stehen schien und von den anderen umrundet wurde. Bei bedecktem Wetter hingegen orientierten die Versuchstiere sich an den magnetischen Feldlinien, deren Neigungswinkel beim Eintauchen in die Erde von steilen 90 Grad an den Polen zum Äquator hin auf 180 Grad abflachen, also eine zuverlässige Peilung erlauben.

Im Versuch kann ein solches Magnetfeld durch Helmholtzspulen künstlich erzeugt werden, den echten Sternenhimmel ersetzt eine Planetariumsprojektion, und anstelle der Sonne leuchten im Labor die Lampen.

Natürlich enthalten solche unter reduzierten Umweltreizen zustande gekommenen Laborergebnisse immer nur schmale Ausschnitte des natürlichen Spektrums. Die eindeutigen Antworten der Versuchstiere spiegeln die präzise formulierten Fragen der Wissenschaftler wider, legen aber nicht fest, wie Vögel sich in der wirklichen Welt mit ihren vielen Reizen und Signa-

Der Hörsinn von Vögeln ist gut entwickelt. Nachtzieher verständigen sich über weite Entfernungen. Von allen Strukturen in der Landschaft geht ein spezifisches Muster tiefer Töne aus, das Vögel vermutlich akustisch wahrnehmen und identifizieren. Solche Infraschall-Signaturen von Meeren, Wäldern, Gebirgen und Kirchtürmen können ihnen helfen, sich zurechtzufinden.

Höhendifferenzen von etwa zehn Metern registrieren Vögel mit ihrem sensiblen Innenohr als Druckunterschiede

IMMER AUF KURS

Die meisten Zugvögel sind nachts unterwegs. Tagsüber wird gefressen. Aber auch die innere Uhr der Tiere wird durch das Tageslicht »gestellt«. So bleiben die biologischen Rhythmen der gefiederten Weltreisenden – ihre Zugunruhe, der Wechsel von Fresslust und Fasten, die Reifung ihrer Geschlechtsorgane, die Mauser – abgestimmt auf die Helligkeitsdauer der Regionen, durch die sie ziehen und auf den Jahreskalender. Welche Sinne sie einsetzen, um beim Erstzug ans Ziel zu gelangen, ist erst zum Teil erforscht. Die Suche nach dem, was Vögel erkennen, Menschen aber nicht, gleicht einer Expedition in alternative Wahrnehmungsuniversen

Wenn die Wanderer etwa eine Stunde nach Einbruch der Dämmerung aufbrechen, ist die Sonne nicht mehr sichtbar, wohl aber das Polarisationsmuster ihres schwingenden Lichts. Polarisiertes Licht tritt im rechten Winkel zum Sonnenstand auf, erscheint also noch am Himmel, wenn das Tagesgestirn schon unter dem Horizont verschwunden ist. So ermitteln Vögel ihren Kurs zum Brutgebiet oder Winterquartier.

Zugvögel, die auf der Nordhalbkugel unterwegs sind, orientieren sich am Polarstern. Sie erkennen ihn, weil er fest steht, während andere Sterne um ihn kreisen

Vermutlich existieren im Auge des Vogels mindestens zwei Magnetrezeptoren. Einer physikalischen Theorie zufolge sollen diese Rezeptoren die Wahrnehmung des Lichts in der Weise beeinflussen, dass der Zugvogel ein Helligkeitsmuster sieht. Es verrät ihm, in welcher Richtung sich Pol und Äquator befinden. So bestimmt er seinen Kurs. Zusätzlich, so eine weitere Hypothese, registrieren Vögel die Stärke des irdischen Magnetfeldes, die vom Äquator zum Pol anwächst. Kombiniert mit spezifischen, regionalen Geruchs- und Schallinformationen, könnte sie den Vögeln als Karte dienen und ihnen vermitteln, wo sie sich befinden

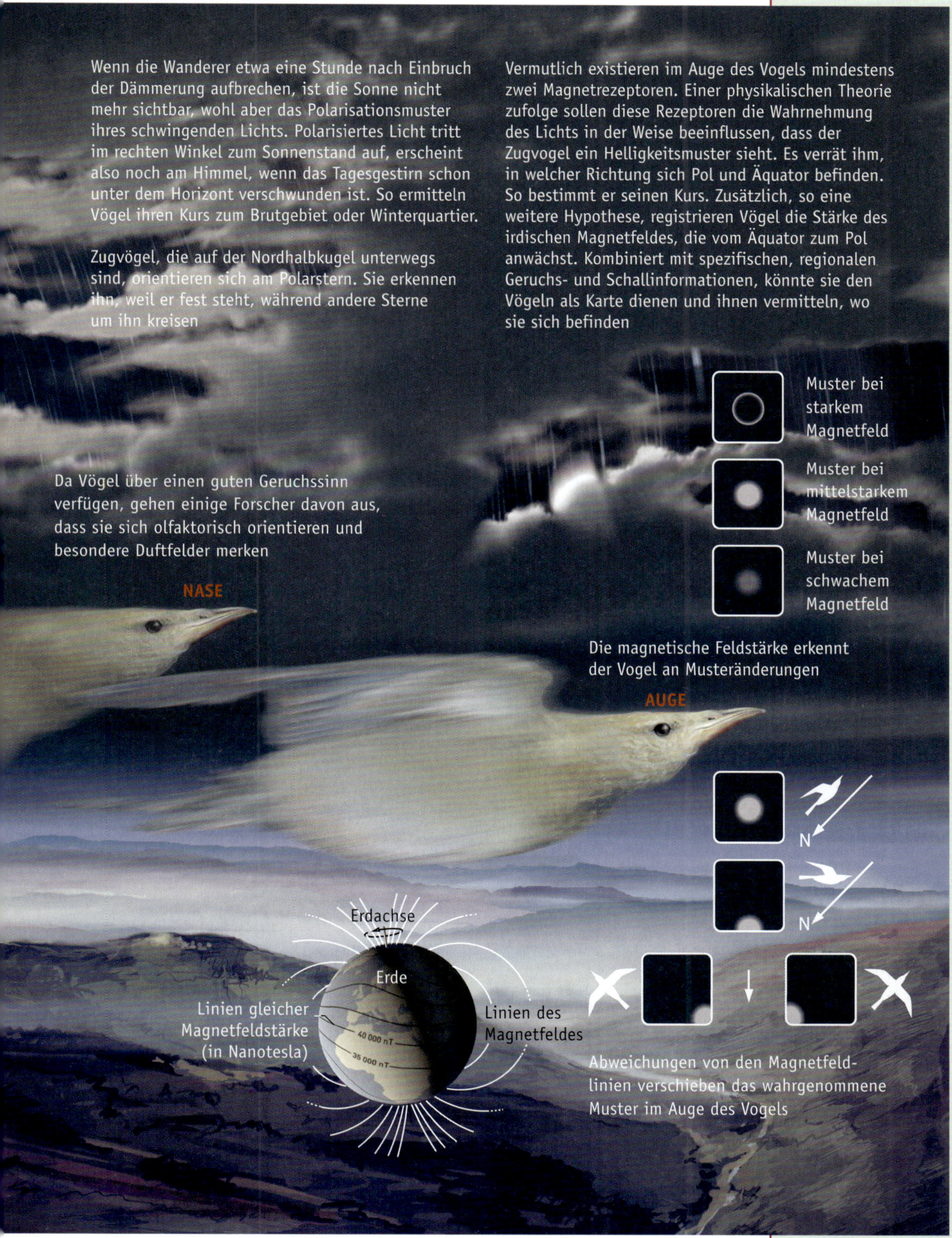

Da Vögel über einen guten Geruchssinn verfügen, gehen einige Forscher davon aus, dass sie sich olfaktorisch orientieren und besondere Duftfelder merken

Die magnetische Feldstärke erkennt der Vogel an Musteränderungen

Abweichungen von den Magnetfeldlinien verschieben das wahrgenommene Muster im Auge des Vogels

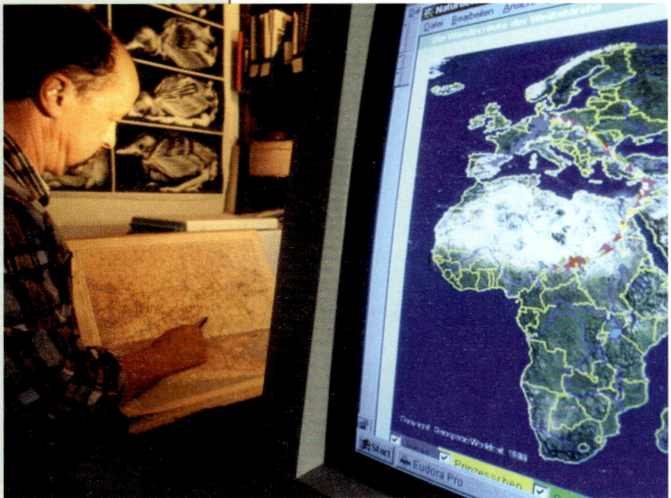

Auf einer **interaktiven Karte im Netz** wird täglich eingetragen, wie weit fünf Störche mit Sendern auf ihrem Afrikazug vorankommen. Ulrich Querner von der Vogelwarte Radolfzell prüft, ob die im Computer eingetragenen Flugetappen mit dem von ihm via Satellit empfangenen Standort übereinstimmen

len zurechtfinden. Oder in welcher Reihenfolge sie ihre Kompasse einsetzen. Unklar ist auch, ob sie deren Weisungen abgleichen; ebenso, WIE sie dabei vorgehen oder WANN und WO sie auf ihrer Reise welche Orientierungsvariante bevorzugen.

Auf jeden Fall hüpften die Vögel in ihrem Trichter, getrieben von ihrer ererbten Unruhe, immer wieder an ein und derselben Stelle gegen das beschichtete Papier, zerkratzten es mit den Krallen und teilten auf diese Weise mit, in welche Zugrichtung sie aufbrechen würden, wenn man sie ließe. War der Versuch nach etwa zehn Minuten zu Ende, wurden die Kratzspuren mit einer Kompassrose korreliert. Und es zeigte sich, dass Zugvögel im Labor so präzise wie in Freiheit wissen, auf welchem Kurs sie nach Süden gelangen. Er muss ihnen, muss jeder wandernden Vogelart, folgerten die Forscher, wohl angeboren sein.

Wie sonst sollten Jungvögel, die teils auch ohne ihre Eltern oder wegkundige Artgenossen zum ersten Mal auf die Reise gehen, ans unbekannte Ziel gelangen? Woher kennt ein Kuckuck, der womöglich im Nest eines nicht ziehenden Zaunkönigs, eines nur bis ans Mittelmeer wandernden Rotkehlchens oder in Südostafrika überwinternden Sumpfrohrsängers aufwächst, die ihm bestimmte Strecke nach Zentralafrika?

IM GENETISCHEN PROGRAMM FIXIERT sind jedoch nicht nur Direktrouten, sondern auch Umwege. An signifikanten Stellen in der realen Topografie wechseln manche Wanderer die Richtung, sie biegen ab: wie die Weststörche, die bei Gibraltar von Südwest auf Süd schwenken; oder wie Prinzesschen, der Oststorch, der bis Syrien nach Südost und dann nach Süden weiterfliegt. Beide Populationen machen einen Bogen ums Mittelmeer.

Einen ähnlichen Knick fliegen mitteleuropäische Grasmücken, sobald sie Europa an der spanischen Küste verlassen und auf ihr Wintergebiet im südlichen Afrika zusteuern. Auch die Grasmücken im Frankfurter Orientierungskäfig hüpften bei Beginn ihrer Zugunruhe am 22. August korrekt in Richtung Südwest und schwenkten ab Anfang Oktober, wie es der »Terminkalender« ihrer Population für den Sprung von Kontinent zu Kontinent vorsieht, auf Kurs Südsüdost. Den behielten sie bei, bis ihre Unruhe aufgebraucht war. Bis sie, ihrem angeborenen Zeitprogramm zufolge, angekommen sein mussten.

Solche Beobachtungen weckten den Verdacht, dass womöglich sogar Flugpläne zum Erbteil wandernder Vögel gehören. Dass es also möglich wäre, in den wirbelnden Wolken ziehender Stare über dem Wollmatinger Ried ein Abbild jener Gene zu erkennen, die als Autopiloten jeden einzelnen Vogel über den Himmel steuern und seine Zugrichtung bestimmen.

Der direkte Nachweis, dass Routen tatsächlich an die nächste Generation weitergegeben werden, gelang allerdings erst 1989 am Max-Planck-Institut in Radolfzell. Dort hat Berthold ein Zentrum für experimentelle

Die Zugrichtung lässt sich manipulieren – in der Natur oder im Labor

Zuggenetik aufgebaut, »Blackcap City« – nach dem englischen Wort blackcap für Mönchsgrasmücke. Ein treffender Spitzname, denn jeden Frühsommer leben und singen dort bis zu 500 gezüchtete und von Wissenschaftlern und Assistenten aufgezogene Vögel in den Laboratorien, Klimakammern und Freilandvolieren rings um das Schloss Möggingen, den Sitz der Vogelwarte Radolfzell.

Andreas Helbig, heute Chef der Vogelwarte Hiddensee, damals Doktorand bei Berthold, kreuzt in jenen Jahren Mönchsgrasmücken aus Süddeutschland mit Mönchsgrasmücken aus Ostösterreich. Beide Populationen wandern in unterschiedlicher Richtung ins Winterquartier, die westliche mehr südwestlich, die östliche mehr südöstlich. Die Nachkommen erben jeweils 50 Prozent vom Zugverhalten ihrer beiden Eltern und

Wo die **Streifengans** den Himalaja quert und wo sie rastet, meldet ein Solarsender via Satellit einmal pro Minute nach Radolfzell

zeigen im Orientierungskäfig eine Vorliebe für den Mittelweg. Sie tendieren geradewegs nach Süden.

In der Reihe der Radolfzeller Kreuzungsexperimente bringt Helbigs Resultat so etwas wie einen Durchbruch. Es bestätigt die Annahme, dass die Zugrichtung sich genetisch manipulieren lässt – in der Natur wie im Labor. Und es zeigt, und das überrascht, wie prompt solche Veränderungen stattfinden können.

Zu ähnlichen Schlüssen nötigen weitere Versuche Bertholds, bei denen die Zugunruhe, also die Dauer der Flugzeit, in nur einer Vogelgeneration

»Das Tempo dieser Mikroevolution übertrifft alle Erwartungen«

halbiert wird. Etwa als er zu Mönchsgrasmücken mit 450 Stunden Zugaktivität einen Partner von den Kapverdischen Inseln in die Voliere setzt, wo Grasmücken als so genannte »Standvögel« leben, also überhaupt nicht ziehen. Der gemeinsame Nachwuchs von Eltern mit viel und mit null Unruhe zieht im Käfig nur noch 210 Stunden lang.

Was Berthold durch künstliche Selektion herbeigeführt hat – die verringerte Zugunruhe, die veränderte Zugrichtung –, existiert nicht nur in seinem Labor. Auch in der realen Welt des Vogelzugs finden dramatische Umstellungen statt. Seit Jahren haben Ornithologen aus vielen Ländern der Erde von kürzer werdenden Zugstrecken berichtet, also von abnehmender Zugunruhe, und von Arten, die im Winter neue Quartiere beziehen.

Aus den Aufzeichnungen seiner eigenen Mitarbeiter weiß Berthold, dass immer mehr mitteleuropäische Bachstelzen, Hausrotschwänze, Stare, Wiesenpieper, Zilpzalpe und die Amseln im Rheingebiet sogar zu ziehen aufhören. Viele Weißstörche wandern nur bis Israel, Drosselrohrsänger überwintern in Spanien statt in Zentralafrika.

AUCH ÜBER MÖNCHSGRASMÜCKEN aus Süddeutschland bekommt Berthold Beobachtungen auf den Tisch, die ihn »vollkommen überraschen«. Demnach sind die Vögel schon seit einiger Zeit extrem von ihrer Standardroute abgewichen und zu Beginn der kalten Jahreszeit nach Nordwesten geflogen, zu den Britischen Inseln.

40 dieser Kolonisten importiert Berthold persönlich aus England zum Brüten nach Radolfzell. Als bei der Generation, die im Frühling 1992 schlüpft, die herbstliche Zugunruhe einsetzt, weichen die letzten Zweifel: Alle streben im Orientierungskäfig Richtung England. Der neue Kurs ist bereits programmiert.

»Wann die erste Mönchsgrasmücke dieses Experiment im Freiland gewagt hat, wissen wir natürlich nicht«, sagt der Professor. »Aber 1961 ist der erste in Österreich beringte Vogel von einem Schäfer in Irland registriert worden. Den Fund – oder vielmehr Fang – verdanken wir einer irischen Katze.«

Wahrscheinlich waren unternehmungslustige Vögel bereits jahrzehntelang auf dieser Strecke umgekommen. Doch irgendwann müssen die Winterfütterungen in Großbritannien ein solches Ausmaß angenommen haben und das Klima in der nahrungsarmen Zeit muss so milde geworden sein, dass Mönchsgrasmücken mit einer Vorliebe für das Inselkönigreich dort überleben konnten. Mittlerweile sind es bereits Zehntausende.

In 1923 Meter Höhe hat die **Schweizerische Vogelwarte Sempach** ihre Außenstation. Mitten im Zug eingefangene, untersuchte, beringte und rasch wieder freigelassene Wanderer wie das **Rotkehlchen** erlauben neue Studien über die Verbrennung von Fett und Protein während des Fluges

Kein Wunder: Die Strecke ist erheblich kürzer als die der Spanien- oder gar Afrikawanderer. Unangestrengt und obendrein früher kehren die Englandreisenden ins Brutgebiet zurück, besetzen die besten Nistplätze, wählen ihren Partner unter den Britannien-Eroberern – denn von den anderen Artgenossen ist noch keiner da – und vererben zweifach, nämlich von Mutter- und von Vaterseite her die Route ins nahe gelegene Überwinterungsgebiet. Aufgrund ihres Startvorteils schaffen sie es vielleicht sogar, in einer Saison mehr Junge aufzuziehen als andere Populationen der Art. Jedenfalls hat sich ihre Innovation in wenigen Jahrzehnten durchgesetzt.

Wie die so manch anderer Zugvogelspezies, die von ihren eingefahrenen Kursen abrücken, seit die kalte Jahreszeit in den nördlichen Breiten eine Woche früher endet und insgesamt feuchter und milder ausfällt, im Mittelmeerraum dagegen trockener. Zunächst haben einzelne, an die neuen Bedingungen angepasste Individuen die Gelegenheit genutzt, schließlich ganze Populationen. Ihre Strategien sind in dem »natürliche Selektion« genannten Auswahlverfahren bevorzugt worden.

»Das Tempo dieser Mikroevolution«, sagt der Radolfzeller Direktor, »übertrifft alles, was wir bisher bei Wirbeltieren für möglich gehalten haben.«

Die Bandbreite der möglichen Varianten, über die Vögel verfügen und mit denen sie auf Veränderungen in ihrer Umwelt reagieren können, müsste demnach von null bis 100 Prozent reichen – von null »Zugweh« und null Distanz zwischen Brutgebiet und Winterquartier bis zu über 1 000 Stunden Aktivität und 10 000 Kilometer Flugstrecke.

Und alle diese Eigenschaften oder Verhaltensweisen stammen, das ist Berthold klar geworden, »aus der Grundausstattung jeder Art«, und werden bei Bedarf aus deren genetischem »Potenzial« abgerufen. Die Zickzackspur der halbierten Hüpfermenge auf dem Papierstreifen hat das schlüssig vorgeführt und Berthold zu einer neuen Migrationstheorie angeregt: Es gibt nur Vögel, die gegenwärtig mehr oder weniger ziehen oder gegenwärtig mehr oder weniger sesshaft sind. Aber alle haben in ihren Erbanlagen das Zeug zu jedem der beiden Lebensstile.

Wie **Albatrosse** auf ihren Routen in den antarktischen Meeren ihre Beute finden – bis vor wenigen Jahren war das ein Rätsel. Erst die Entdeckung, dass diese Vögel exzellent riechen können, führte zum Durchbruch. Offenbar können sie Dimethylsulfid erschnuppern. Dieses gasförmige Stoffwechselprodukt mikroskopischen Pflanzenplanktons steigt auf, wenn Krillschwärme darin weiden. Krill wiederum ist eine Hauptkost der Albatrosse

ZUR ERHÄRTUNG SEINER THESE beginnt Berthold in seinem Institut die Evolution nachzuahmen. Hunderte gezüchteter Mönchsgrasmücken aus verschiedenen Populationen verbringen seitdem die fruchtbare Jahreszeit der Paarung und Brut in Blackcap City, in den Radolfzeller Volieren; und die kalten Monate in geheizten, hellen Pavillons, in dicht nebeneinander stehenden Einzelkäfigen. So hat jeder Vogel Gesellschaft, aber auch, was streitbare Mönchsgrasmücken unbedingt brauchen: ein eigenes Territorium.

Jedes Tier ist unschätzbar wertvoll, Stammmutter oder Stammvater in einem seit Jahren laufenden Großversuch, der in zwei Richtungen führt. Mit Mönchsgrasmücken aus einer sesshaften Population will Berthold Fernzieher züchten, und aus einer Population von Marathonziehern sollen durch gezielte Selektion schließlich Standvögel hervorgehen.

Nach vier Generationen oder insgesamt fünf Jahren, schätzt der Forscher, werden die ersten Nachweise für seine Theorie vorliegen. Zwischenergebnisse erlauben schon jetzt die »plausible Voraussage«, dass Vögel dank ihrer vielseitigen Anlagen »fähig sein werden, sich rasch an dramatisch veränderte Umweltbedingungen anzupassen«.

Vögel sind »präadaptiert«. Das heißt: Sie registrieren weit mehr als den aktuellen Klimawandel. Weil sie nicht erst seit gestern die Erde besiedeln, haben sie »evolutionäre Erfahrung« mit Umweltveränderungen in der Vergangenheit – besonders mit den so genannten Milanković-Oszillationen. Diese Schwankungen der Erde auf ihrer Umlaufbahn wirken sich in der nördlichen Hemisphäre extremer aus als anderswo und führen dazu, so Mats Dynesius und Roland Jansson, dass manche Landschaftsformen sich dort rasch ausdehnen und wieder zusammenziehen. In ihnen können nur Arten überleben, die »gelernt« haben mitzuschwanken, verhältnismäßig schnell zwischen Zug- und Standvogel zu wechseln.

»Durch Migration haben Vögel sich in der Vergangenheit immer wieder vor dem Aussterben gerettet«, sagt Andreas Helbig, der mit einem kleineren Etat als dem eines Max-Planck-Instituts bedeutend kleinere Einheiten erforscht, nämlich die Erbsubstanz heute ziehender Vögel. Entschlüsselte DNA-Stammbäume großer Vogelfamilien bestätigen Helbig, was sein ehemaliger Lehrer Berthold durch Zucht herausfindet: dass Langstreckenzieher nicht miteinander verwandt sind und dass Wanderer nicht von anderen Wanderern abstammen, sondern sich aus sesshaften Gruppen entwickeln.

Die letzte große Veränderung, auf die Vögel mit Wandern reagiert haben, ist die Phase nach der jüngsten Eiszeit. Aus ihren engen Rückzugsgebieten, wahrscheinlich in den Tropen, sind viele Arten den zurückweichenden Gletschern gefolgt und haben das enteiste Terrain kolonisiert.

»Vor allem Bewohner von Habitaten, die sich bei wärmer werdendem Klima nach Norden ausdehnen, sind mit ihrem Lebensraum gewandert«, sagt Helbig. »Laubsängerarten etwa, die in Tannen leben oder in Pionier-

Die genetische Fahrkarte der Zugvögel: jedes Jahr einmal Paradies und zurück

gehölzen wie Birken und Weiden, rücken mit ihren Bäumen in die Taiga vor und werden darüber zu Zugvögeln. Denn wenn sie im Winter nicht verhungern wollen, müssen sie in den Süden zurück.«

Für wenige Wochen im Jahr bieten die weiten, gleichförmigen Landschaften Nordeuropas, -asiens und -amerikas riesige Brutareale, in denen es pro Revier wenig Konkurrenz gibt, dafür umso mehr Insekten, Früchte, Gräser, Samen und lange Tage, um rasch viele Nachkommen großzuziehen. »Paradiesische Bedingungen«, sagt Helbig. »Sie üben auf Vögel einen starken Sog aus und lassen sie gefährliche Reisen ins Unbekannte wagen.«

Jedes Jahr einmal Paradies und zurück – die genetische Fahrkarte verführt dazu, sich Zugvögel so vorzustellen, wie Berthold sie gelegentlich in Vorträgen beschreibt: als aufgezogene Spielzeuge, die auf ihren programmierten Bahnen hin- und herpendeln, bis die Batterie erschöpft ist.

Für viele seiner Kollegen aber ist das, was Zugvögel ererbt haben, nur ein Teil der ganzen Wahrheit – nur ein »Rahmen«, wie es häufig heißt. Das Bild darin werde bestimmt durch die Erfahrungen, die Vögel während des Fluges und auf Rastplätzen machen, durch das, was sie unterwegs lernen und sich merken, durch Entscheidungen, die sie treffen, und durch die körperlichen Leistungen auf ihren Extremtouren.

Wie ist das zu schaffen?, fragt diese Forschergruppe einerseits staunend und andererseits knallhart ökonomisch: Wie hoch sind die Kosten, wie groß die Risiken? Rechnet sich der Ausflug ins Paradies?

Herbert Biebachs Schwerpunkt ist die Ökophysiologie der Wanderung unter verschärften Bedingungen – denen der nordägyptischen Sahara. Mindestens 50 Prozent aller europäischen Kleinvögel, die auf ihrem Herbstzug die afrikanische Küste erreichen, haben 600 Kilometer offenes Mittel-

Der lange Marsch: Weshalb Tiere wandern

Jedes Jahr machen sich Abermilliarden Tiere auf, ihre angestammten Lebensräume zu verlassen: Insgesamt bis zu 10 000 Arten »wandern« und legen dabei oft mehrere tausend Kilometer zurück. Den Bewegungen liegen verschiedene Überlebensstrategien zugrunde. Manche Spezies der gemäßigten Breiten ziehen im Herbst in wärmere Zonen, um dem Frost zu entgehen. **Monarchfalter** fliegen etwa aus dem Osten der USA und Kanadas bis nach Kalifornien oder Mexiko in Winterquartiere.

Andere Tierarten weichen bei Überbevölkerung in neue Gebiete aus, etwa Lemminge oder Wanderheuschrecken. Aale, Lachse, viele andere Fische, Albatrosse und Meeresschildkröten dagegen wandern millionenfach und synchron zu einem Treffpunkt, um sich zu paaren und Eier zu legen.

Atlantische **Lachse** etwa schlüpfen in Flüssen Europas und Nordamerikas, ziehen nach Erreichen einer Größe von knapp 15 Zentimetern dann ins Meer und kehren nach einem bis drei Jahren im Meer in den Oberlauf jener Flüsse zurück, in denen sie aufgewachsen sind. Mit erstaunlicher Präzision finden sie den bis zu 4 000 Kilometer langen Weg: Biologen nehmen an, dass ihnen Störungen im Erdmagnetfeld als Orientierung dienen und dass sie sich an den Geruch ihres Ursprungsflusses erinnern können; die spezifische Mischung der Moleküle ermitteln sie mit ihrem feinen Geruchssinn auch noch in geringsten Konzentrationen.

Unterwegs verlieren sie etwa ein Viertel ihres Körpergewichts, nach dem Laichen sterben viele der Lachse bald an Erschöpfung.

Wie sich diese Wanderungen im Laufe der Evolution entwickelt und welche Ursachen sie haben, ist bisher kaum bekannt. Vielleicht unter-

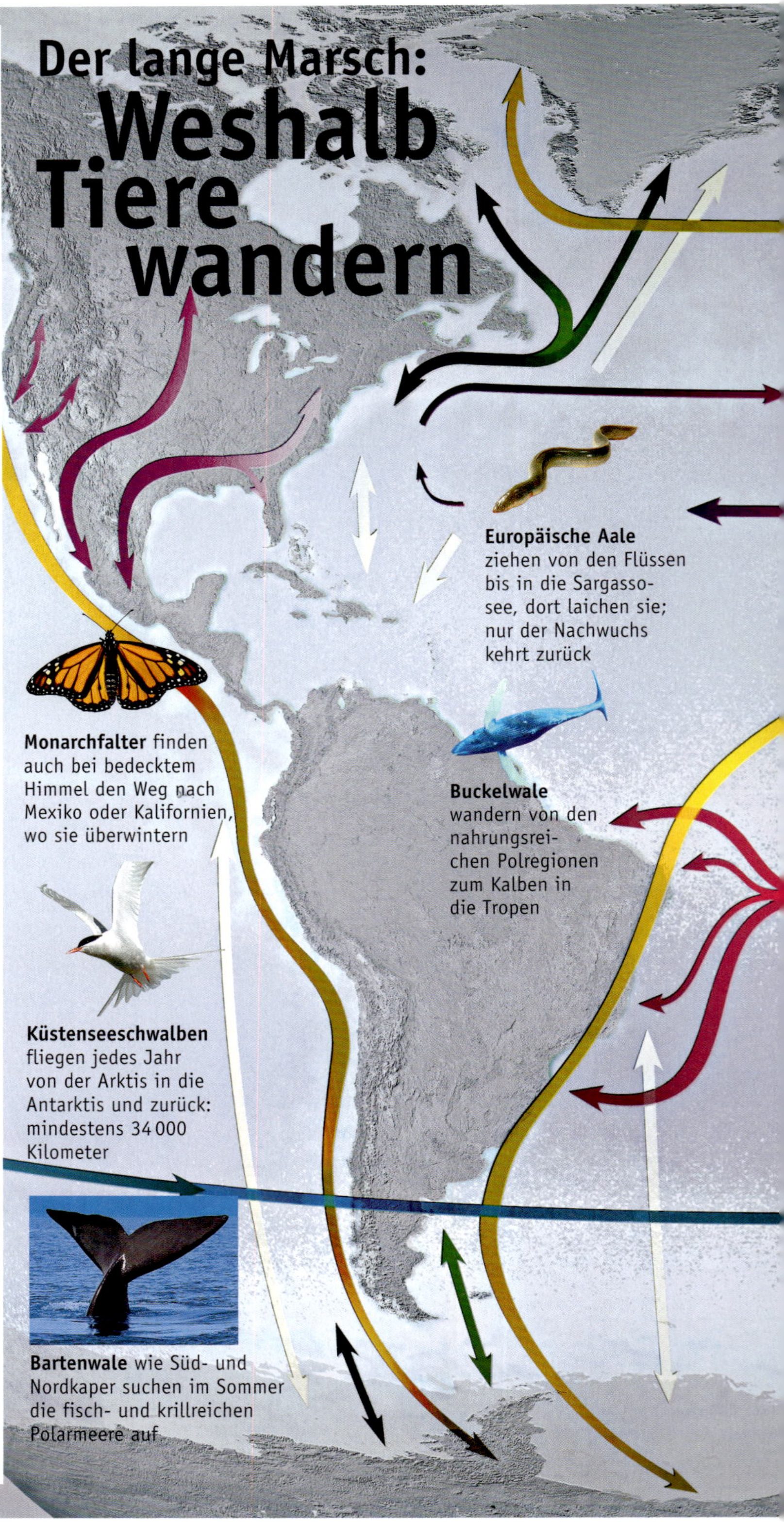

Europäische Aale ziehen von den Flüssen bis in die Sargassosee, dort laichen sie; nur der Nachwuchs kehrt zurück

Monarchfalter finden auch bei bedecktem Himmel den Weg nach Mexiko oder Kalifornien, wo sie überwintern

Buckelwale wandern von den nahrungsreichen Polregionen zum Kalben in die Tropen

Küstenseeschwalben fliegen jedes Jahr von der Arktis in die Antarktis und zurück: mindestens 34 000 Kilometer

Bartenwale wie Süd- und Nordkaper suchen im Sommer die fisch- und krillreichen Polarmeere auf

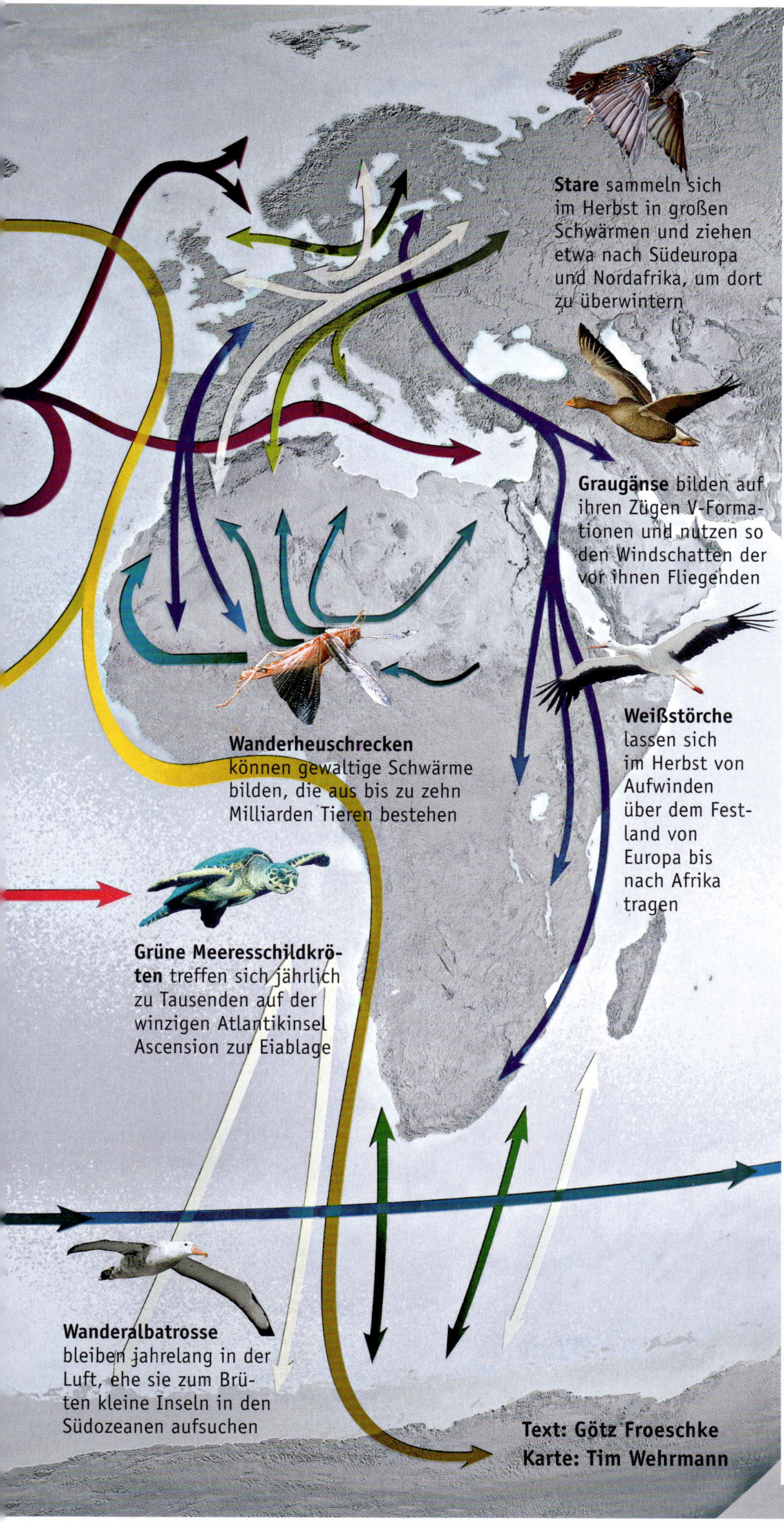

Text: Götz Froeschke
Karte: Tim Wehrmann

nehmen die Lachse die Kräfte zehrende Reise, weil sie in den Flüssen viel öfter als im Meer den kieseligen Untergrund finden, den sie zum Laichen brauchen. Flüsse bieten den Lachsen zudem mehr Verstecke, und womöglich ist dort die Gefahr durch Fressfeinde geringer.

Viele Tiere erschließen sich durch ihre Wanderungen nicht nur Nahrungsressourcen, sondern bringen ihre Nachkommen dadurch auch unter günstigeren Bedingungen zur Welt: Bartenwale, Gnus oder Zugvögel wechseln deshalb mit den Jahreszeiten ihren Lebensraum. Am besten erforscht ist das Verhalten der **Zugvögel**, zu denen mehr als die Hälfte aller Vogelarten zählen. Ornithologen haben über die Beringung zigtausender Tiere und mithilfe von Peilsendern viele Routen nachverfolgen können.

So ist bisher bekannt geworden, dass bei vielen Arten die Informationen über die ungefähren Routen in den Genen gespeichert sind – dennoch probieren sie in manchen Jahren neue Wege aus und verbessern durch die Erfahrungen ihre Zugrouten.

Viele Zugvögel aus Nordeuropa fliegen in die immer gleichen Grasland- und Feuchtgebiete Afrikas, in denen sie nach der Regenzeit dann reichlich Nahrung finden. Dort verbringen sie den Winter und ziehen im Frühjahr nach Norden zurück, wo sie nisten – und über die Sommermonate genügend Futter für ihre Brut finden. Die Flüge kosten jedoch enorm viel Kraft: Zugvögel verbrauchen nicht nur ihre gesamten Fettdepots, sondern wandeln unterwegs auch bis zur Hälfte der Leber sowie 20 Prozent ihrer Muskeln in den Flügeln, den Beinen und im Herzen in Bewegungsenergie um – und verbrennen zudem bis zur Hälfte ihres Gedärms

meer hinter sich und 1800 Kilometer Wüste vor sich. Auf beiden Strecken gibt es weder Futter noch Trinkwasser. Zugvögel müssen also hungern und dursten, bis sie den Südrand der Sahara erreichen. Zur Zeit der Wanderung herrschen bei Tag 25 bis 38 Grad Celsius über dem Land, am Boden beträgt die Temperatur gelegentlich sogar 50 Grad. Die Luftfeuchtigkeit sinkt auf zehn Prozent.

Was er seit Jahren im Freiland erforscht, simuliert Biebach an der Max-Planck-Forschungsstelle für Ornithologie in Erling so realistisch, aber auch so exakt wie möglich im Labor, zum Beispiel mit 29 handaufgezogenen Rosenstaren aus der Ukraine.

Drei der Vögel wippen lässig auf dem Luftstrom, den ihnen der Ventilator des Windkanals unter die Flügel treibt. Mit winzigen Flügelbewegungen steigen zwei der Rosenstare auf und nieder, tauchen abwechselnd unter dem Dritten hindurch, streifen sein Bauchgefieder, überholen knapp, setzen sich dicht vor ihn, drängen von hinten nach – machen sich offenbar einen Spaß mit dem beflissenen Genossen, der nur geradeaus steuert. Bis es dem doch zu viel wird. Er dreht ab und fliegt durch eine seitliche Öffnung zurück in die Gemeinschaftsvoliere.

Für Vögel, die normalerweise bis zu zehneinhalb Monate im Jahr zwischen Brut- und Wintergebiet unterwegs sind, ist das tägliche Flügeljoggen

Beim Langstreckenflug steigert sich der Grundstoffwechsel um das Zehnfache

von 15 bis 30 Minuten ein Jux. So bleibt reichlich Energie für Experimente, die nicht zum Programm der Forscher gehören, aber vielleicht zu dem lernbegieriger junger Stare.

Die beiden biologisch-technischen Assistentinnen Andrea Wittenzellner und Ninon Ballerstädt, von denen die Tiere abwechselnd trainiert werden, haben längst gemerkt, dass sie nur den Kopf über ihre Notizen zu beugen brauchen, statt aufmerksam zuzusehen, und sofort legen ihre Flugschüler eine Pause ein und setzen sich auf den Boden. »Dasselbe passiert, sobald ich den Raum für einen Augenblick verlasse«, sagt Wittenzellner. Taucht sie im Türrahmen wieder auf, schwingen sich die Vögel blitzschnell in die Luft, als wären sie die ganze Zeit brav geflogen.

Im Frühling, wenn sie in Aufbruchstimmung kommen, hofft Biebach, der die Windkanalprojekte koordiniert, auf etwas mehr freiwilligen Einsatz. Dann werden zusätzliche Illusionen geboten: Auf den Glasboden projizierte Landschaften und Sternkonstellationen an der Planetariumskuppel über dem Windkanal sollen den nächtlichen »Zug« in der zwei Meter langen Testkammer begleiten.

Wie viel »Treibstoff« einzelne Arten sich anfressen, ehe sie den Sprung über die Sahara wagen, ist bis auf eine Stelle hinterm Komma bei einigen Kleinvögeln errechnet worden, ebenso wie viel sie verbrennen: Sieben Gramm schwere Fitislaubsänger können ihr Gewicht fast verdoppeln. Gartengrasmücken steigern ihr Ausgangsgewicht von 16 Gramm auf 25 Gramm. Beider Verbrauch pro 1000 Kilometer liegt im grünen Traumbereich von 3,3 Gramm.

Während eines Langstreckenflugs ist der Grundstoffwechsel um das Zehnfache gesteigert. So viel hat Biebach aus den Aufzeichnungen winziger Herzratentransmitter hochgerechnet, die den Vögeln bei ersten Flugtests ins Gefieder gesteckt wurden. Kein anderes Wirbeltier ist zu solchen Höchstleistungen fähig.

Mit ihrem **Zielfolgeradar** kundschaften Mitarbeiter der Schweizerischen Vogelwarte Sempach in der mauretanischen Wüste noch unbekannte Routen des nächtlichen Transsaharazugs aus. Mithilfe eines Computerprogramms können sie das **Radarecho der Flügelschlagfrequenz** einzelner Vogelarten unterscheiden

WIE DER KÖRPER EINES VOGELS die Belastungen wegsteckt und wie er sich während der Strapazen verändert, wann er Fett, wann Protein als Treibstoff einsetzt, woher seine Reserven stammen und wie der tierische Wasserhaushalt solche Durststrecken übersteht, wird während und nach einer Windtunneletappe gemessen, zum Beispiel in Computertomografen und Stoffwechselkabinen.

Während der Versuche wird die Diät der fliegenden Athleten in ihrer Zusammensetzung und Menge aufs Milligramm genau abgemessen – dasselbe gilt für die Ausscheidungen. In Sitzstangen versteckte Waagen übernehmen die automatische Gewichtskontrolle vor und nach jedem Flug. Der Kraftakt soll bis aufs Kilojoule, bis ins letzte ausgeatmete Molekül nachgewiesen werden.

Natürlich hofft Biebach, dass sich seine Beobachtungen aus der Wüste bestätigen; und auch die Erkenntnisse aus Laborexperimenten mit Gartengrasmücken, aber ohne Wind- und Flugsimulation: Zugvögel auf großer Fahrt bauen nicht nur Fettdepots ab. Auch ihr gesamter Verdauungstrakt schnurrt auf die Hälfte ein. »Da sie hungern und dursten, ist er während solcher extremen Etappen nur überflüssiges Gepäck, das Transportkosten verursacht«, erklärt Biebach.

Bis zu 50 Prozent ihrer Leber, 20 Prozent ihrer Bein-, Brust- und Herzmuskeln wandeln Vögel in Flugenergie um. Sobald sie südlich der Sahara ankommen und reichlich Nahrung finden, kehrt sich dieser Prozess wieder um. Die geschrumpften Organe erreichen binnen Tagen ihr altes Format, erfüllen die alten Funktionen; die Vögel fangen wieder an zu fressen.

Lange galt als erwiesen, dass die Millionen Fernwanderer beim Flug über den breiten Todesstreifen aus Meer und Sand aufs Gramm genau mit dem beim Start vorhandenen Treibstoff auskommen, also perfekt angepasst sind. »Irrtum«, sagt der Vogelforscher. »Wir haben einfach nicht nachgerechnet. Sonst hätten wir erkennen müssen, dass die Reserven der meisten Kleinvögel kaum 1500 Kilometer weit reichen. Egal wie fett sie sind, ihre Chancen, die

Im **Windkanal** des Max-Planck-Instituts in Erling trainiert Andrea Wittenzellner drei Rosenstare für den simulierten Langstreckenzug im Labor. Stoffwechselmessungen sollen über die »Betriebskosten« solcher Marathons Aufschluss geben

Barriere aus eigener Kraft zu überwinden, sind gering.«

Dass sie dennoch nicht auf der Strecke bleiben, hat einen Grund, der lange übersehen wurde. Über der Sahara weht ein anderer Wind als dort, wo bisher der Stoffwechsel gemessen worden ist: im Labor und an Tieren, die auf ihrer Stange sitzen, bestenfalls hin und her hüpfen und flattern, aber eben nicht fliegen.

Biebach, der jedes Jahr viele Wochen in der Wüste verbringt, hat unlängst nachgewiesen, dass Zugvögel günstige Luftströmungen ausnutzen und damit ihre Reichweite mehr als verdoppeln. Die verlässlichen Winde streichen wie Förderbänder über die Sahara hinweg. Ab 2 000 Meter Höhe wehen sie in nördlicher Richtung, zwischen 1 000 und 500 Meter nach Süden, besonders stabil während der Nacht. Und genau in dieser Zeit und in diesen Höhenschichten reisen während des Frühjahrs- und Herbstzuges bis zu fünf Milliarden Vögel.

Obwohl der Max-Planck-Forscher die Zahlen kennt – wenn er nachts unter der Zeltplane hervortritt und hinaufblickt, hinauflauscht, ist nichts von den Vogelbewegungen zu hören oder zu sehen. Nur auf dem Radarschirm kann er den zuckenden Tanz der Kurven verfolgen, die Echos eines mächtigen Auftriebs am Himmel. Am Tag dagegen, wenn Höchstleistungen in praller Sonne den Vogelorganismus in kritische Bereiche zu bringen drohen, rasten die meisten der Sahara-Überflieger im Schatten spärlicher Büsche oder am Fuß einer einsamen Akazie mitten in der Wüste. Sie suchen nicht einmal nach Wasser oder Futter, sondern sparen ihre Kräfte für den Nachtzug, für die nächste Etappe.

In mehreren Sprüngen gelangen sie so ans Ziel – und bringen sogar noch ein Sicherheitspolster mit. »Davon zehren sie«, sagt Biebach, »wenn bei der Ankunft im Winterquartier gerade Dürre herrscht oder am Brutplatz noch Schnee liegt.«

SEIT DIESER ÜBERRASCHUNG AUS DEM FELD muss nicht nur die Theorie vom heroischen Non-Stop-Flug als vorherrschender Strategie ins akademische Werk zurückgerufen werden, sondern auch die Annahme, dass Vögel, die in der Sahara am Boden entdeckt werden, es nicht geschafft hätten und dem Ende nahe seien. Im Gegenteil: Überwiegend sind sie ausgesprochen fit und sogar gut genährt. Was Biebach an Singvögeln in der Hand regelmäßig überprüft.

Unzählige hat er schon behutsam aus dem Fangnetz befreit, das in der Wüste meist nur über ein paar Sträucher gebreitet wird. Gelandete Vögel spazieren von ganz allein hinein auf der Suche nach einem schattigen Platz.

Rasch wird das gefangene Tier bestimmt, vermessen, gewogen, beringt und wieder frei gelassen. Eventuell muss es für die Forschung einen winzigen Tropfen Blut spenden, dessen chemische Analyse verrät, ob kurz zuvor Fett, Proteine oder Glykogen verbrannt worden sind.

Allenfalls 20 Prozent der Vögel, so Biebach, würden sich stark genug fühlen, die Barriere in einem Sprung zu überqueren, ununterbrochen zwei Nächte und eineinhalb Tage zu fliegen. Ohnehin sei auf dieser Horrorstrecke kein Schema vorstellbar, das für alle gelte.

Biebach hält es für wahrscheinlicher, dass jedes einzelne Tier »auf äußere wie innere Bedingungen flexibel reagiert«, Flugwetter, Fett- und Wasserreserven vor wichtigen Starts durchcheckt und erst danach seine individuelle Strategie von »Stop and Go« auswählt.

Immer häufiger beobachten Forscher an den Küsten, wie Vögel vor einer plötzlich auftauchenden Gefahrenzone umdrehen oder abbiegen. Am Skagerrak, an der Nordsee, am Atlantik, am Mittelmeer fliegen sie oft scharenweise an der Küste entlang oder ins Land zurück, wo sie kurz zuvor aus der Luft einen attraktiven Rastplatz entdeckt haben. Dort landen sie und fangen sofort an zu fressen. Wann immer es möglich gewesen ist, solche Zugverweigerer zu fangen, hat sich herausgestellt, dass ihre Fettdepots ziemlich leer waren.

»Vögel«, sagt Biebach, »preschen nicht blindlings los, getrieben von Zugunruhe, ferngesteuert allein von ihrem ererbten Programm. Sie haben verschiedene Optionen und nutzen sie auch.« Ihr Erfolg hängt von den Erfahrungen ab, die sie unterwegs sammeln, von den Regeln, die sie sich selbst geben und von immer neuen individuellen Entscheidungen. Das im Einzelnen zu erforschen, hält Biebach für die wichtigste Aufgabe.

»Erst wenn wir ihnen entlocken, worauf sie achten, was sie sich merken, welche Folgen die Strapazen der Wanderungen für ihr weiteres Leben haben, können wir eines Tages klären, warum es sich lohnt, ein Zugvogel zu sein.« **(2002)**

■ **Siehe auch A–Z-Teil**

→ Erdmagnetismus · Schall · Stoffwechsel · Tierwanderungen · Vogelzug

Obwohl sie mit beiden Füßen am Boden geblieben sind – mit dem Herzen haben sich Fotograf Thomas Stephan und GEO-Redakteurin Uta Henschel ein paarmal zu den Zugvögeln in die Lüfte geschwungen.

Die Natur als Joint Venture

Flechten sind so etwas wie Athleten. Pioniere in extremen Zonen. Überlebensrekordler. Sie sind eine Fusion aus Pilz und Alge. Wobei der Pilz, so schwärmte schon vor 150 Jahren ein Botaniker, dieses Kombinat »in staatsmännischer Klugheit« leitet

Text:
Andreas Weber
Fotos:
Oliver Meckes
Nicole Ottawa

Auf 7 400 Meter Höhe, in der Todeszone der Himalaja-Gipfel, spielt sich ein unscheinbares Drama ab. Es hat nicht das Geringste zu tun mit den Dramen, die es bis in die Schlagzeilen schaffen. Und doch ist es eines der spannendsten Kapitel unserer Erdgeschichte. Kaum ein Bergsteiger nimmt davon Notiz, während er sich vorankämpft, die Sauerstoffmaske aufs Gesicht gepresst, die Augen durch dunkle Gläser geschützt gegen die UV-Strahlen. Wer es bis hier geschafft hat, kommt sich vor wie ein verlorenes Stück Leben zwischen kaltem Eis und kahlem Fels.

Doch der Fels ist nicht kahl.

Ihn überzieht, bräunlich-gelb und unscheinbar, eine raue, unregelmäßig gefärbte Borke, unterbrochen von schwarzen Tupfern. Was anmutet wie verwittertes Gestein, ist in Wahrheit ein Ökosystem. Seine Protagonisten: mehrere Krustenflechten, die Mikrometer um Mikrometer das Gestein überwuchern.

Um eine Winzigkeit nimmt der Durchmesser der Flecken auf dem Fels jährlich zu; starr wie ein Mineral wirken die Schichten. Doch während Stürme nadelspitze Kristalle durch die dünne Luft jagen, während alle Flüssigkeit ringsum zu Eis gefriert, verwandeln sich im Inneren der Flechten Kohlendioxid und Wasser in lebensnotwendige Nahrung.

Flechten sind die Helden unter den Organismen, Pioniere und Extrembewohner, die ohne Mühe gedeihen, wo andere Wuchsformen längst vernichtet wären. Manche betreiben noch bei weit unter null Grad

Die leuchtenden Schalen der **Gelben Wandschüsselflechte,** eines der auffälligsten Vertreter der heimischen Flechtenflora. Sie wächst meist auf Bäumen, Mauern und Dächern

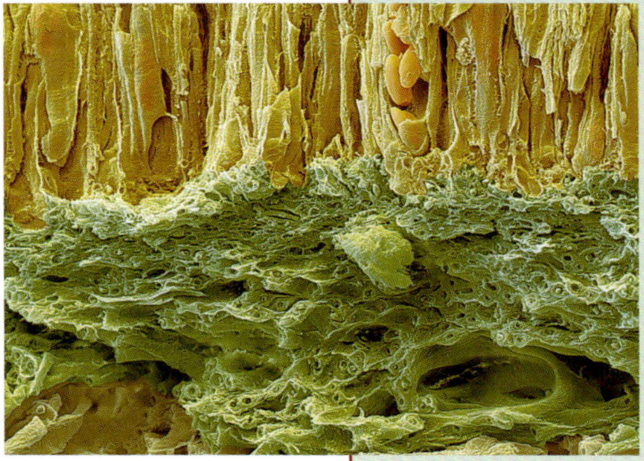

Celsius Fotosynthese, andere ertragen Temperaturen von bis zu 100 Grad. Einige sind so ausdauernd, dass sie sogar weiterwachsen, nachdem sie zuvor in flüssigem Stickstoff gefroren und in Wärmeschränken gekocht wurden. Selbst nach fast einem Jahr totaler Ausdörrung erblühen manche wieder zu vollem Leben.

Flechten gedeihen fast überall, sogar in Trockenwüsten. Sie erobern die Rindenspalten von Stämmen, die nie ein Regentropfen trifft. Sie überziehen Autolack und beschlagen Beton mit bunten Flecken. Flechten wuchern als lange Bärte und struppige Büschel von Bäumen herab. In den arktischen Tundren blähen sie sich zu mächtigen Polstern. Dennoch bleibt ihre Biomasseproduktion gering. Selbst tief in den Stein hinein fressen sich manche, um, geschützt von einer durchsichtigen Mineralschicht, einen Rest von Sonne aufzufangen. In den Flechten hat die Natur einen Weg gefunden, so scheint es, fast jede erdenkliche Oberfläche mit lebendigem Schmelz zu überziehen.

In welches Organismenreich aber gehören diese mal schorfig-harten, dann verknittert-krautigen oder strauchartigen Gewächse? Sind sie exotische Schimmelbeläge? Oder doch nur mineralische Ausblühungen?

Der Botaniker Theophrast, der sie um 300 v. Chr. an Bäumen untersuchte, hielt sie für Wucherungen. Naturforscher schlugen die Flechten lange den Moosen zu. Erst vor 150 Jahren stellte sich heraus, dass eine

Die Algen bieten Kost, der Pilz sorgt im Gegenzug für die Logis

Flechte kein einzelner Organismus ist – sondern gleich zwei auf einmal. Über Steine und Rinden kriechen Mischwesen aus Alge und Pilz, die in einer Symbiose leben, in einer eng verzahnten gegenseitigen Abhängigkeit.

Darüber, wie es zu dieser Koexistenz gekommen ist und wer am meisten davon profitiert, streiten Forscher bis heute. Handelt es sich um eine Gemeinschaft mit fairen Regeln (»Mutualismus«)? Oder hält sich der Pilz die Algen mit »in staatsmännischer Klugheit berechnetem Schmarotzerthum«, wie 1869 ein Botaniker bewundernd schrieb?

So viel ist klar: An ihre unwirtlichen Standorte dringen Pilz und Alge nur gemeinsam vor.

Geborgen unter der robusten Pilzrinde, kann die Alge ein Leben an Orten »riskieren«, deren Kälte oder Trockenheit sie allein sofort vernichten würde. Diesen Schutz gibt es nicht umsonst. Algen zahlen dafür mit Nähr-

Der trompetenförmige Fruchtkörper im oberen Bild gehört einer **Strauchflechte.** Die Überlebenskünstlerin kann sogar auf saurem Boden gedeihen, häufig neben Moosen. Unteres Bild: In den orangefarbenen **Pilzschläuchen** reifen Sporen heran. Unter der grünlichen Rinde ruhen winzige Kugelalgen

Bei der **Krustenflechte** endet die Gleichberechtigung der Partner, wenn es um den Nachwuchs geht: Ihre **grünen Kugelalgen** sind nur Energielieferanten, sexuelle Fortpflanzung bleibt dem Pilz vorbehalten. Dessen Sporen entwickeln sich in den orangefarbenen Schläuchen (großes Bild). Zum Schutz vor Raupen und Schnecken produzieren Flechten **giftige Säuren in Kristallform** (unteres kleines Foto)

Totenstarr ertragen **Rentierflechten** im Gebirge und am Polarkreis monatelang schneidende Winde, Minusgrade, Trockenheit. Kaum aber setzt Tauwetter ein, saugt der Filz aus Pilzfäden die Feuchtigkeit auf wie ein Schwamm. Der Wassergehalt mancher Arten schwankt um 300 Prozent des Trockengewichts. Die Algen beginnen bei 20 Prozent mit der Fotosynthese und liefern dem Pilzpartner Nahrung

stoffen, die bei der Fotosynthese entstehen. Wie winzige Strohhalme bohren manche Pilze Gewebsfäden, Haustorien genannt, durch die Zellwand der Algen und saugen ab, was ihre Gäste für sie produzieren: einen speziellen Zucker, eine Sonderanfertigung für den Wirt. Andere Pilze sind weniger zudringlich. Sie schmiegen ihre Zellwände eng an die der Algen, verschmelzen zum Teil mit ihnen und erhöhen so die Durchlässigkeit für das Kohlenhydrat.

Aus bescheidenen Anfängen entstehen Gebilde von filigraner Schönheit

Der Pilz, der den goldenen Käfig für seine Algen spinnt, wäre ohne sie freilich nichts als ein Konglomerat aus ungestalten Zellfäden. Flechtenpilze können zwar im Labor als Einzelwesen existieren. Aber in der Natur gedeihen sie nur mit ihren Untermietern.

Über 20 Prozent aller Pilzarten leben als Flechte. Wenn das Doppelwesen sich vermehrt, brauchen die keimenden Sporen daher unbedingt die passende Algenspezies, um fortan als Flechte zu existieren. In der Not versklaven manche Pilze erst einmal einen x-beliebigen Zuckerlieferanten und steigen dann bei passender Gelegenheit auf den idealen Partner um. Ihre Chancen, ihn zu finden, sind günstig. Denn Kugelalgen sind fast allgegenwärtig.

Solche »Risiken« meiden viele Flechten, indem sie sich ungeschlechtlich durch Ableger vermehren. Dabei werden ein paar mit einem Pilzfaden

verschnürte Algenzellen als keimfähige Pioniere durch die Luft geschickt. Landen diese Miniaturflechten auf einem geeigneten Untergrund, beginnen sie ganz langsam zu wachsen.

So entstehen aus bescheidenen Anfängen – ist erst der richtige Partner umsponnen – komplexe Gebilde von filigraner Schönheit, die mal an exotische Gewächse erinnern, mal an die Korallenstöcke tropischer Meere. Die meisten Doppelwesen schmieden ein wohl organisiertes »Gehäuse«, in dem eine stabile, aus Pilzgewebe gefertigte Kruste die darunter liegende Algenschicht vor schädlicher Strahlung schützt. Die Algen liegen auf einem lockeren Geflecht aus Pilzhyphen gebettet, durch das Wasser und Kohlendioxid strömen können. Eine untere Pilzlage schließt den Flechtenkörper ab und verankert ihn bei manchen Arten sogar mit wurzelartigen Fäden an der Unterlage. Dabei hängt es von den grünen Gästen ab, wie die Flechte aussieht: Ein Pilz kann mit verschiedenen Algenarten völlig unterschiedliche Wuchsformen bilden.

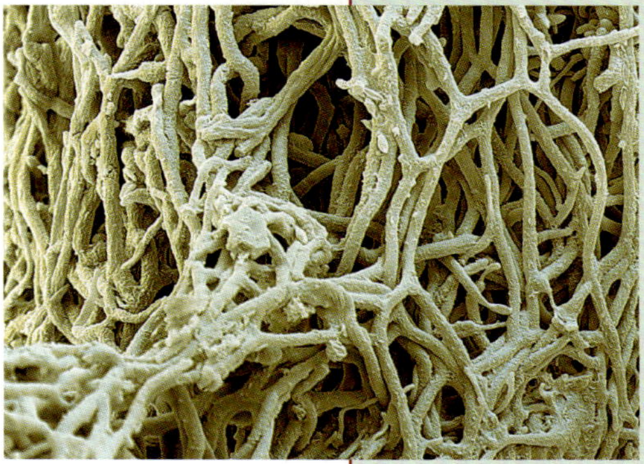

Für die Rentiere in der **arktischen Tundra** sind die genügsamen Rentierflechten ein wichtiger Ernährungsbestandteil. Menschen dienen die verästelten Pflänzchen eher beim Binden von Grabkränzen oder als Buschattrappen für Modelleisenbahnen

Deren Aufbau ähnelt oft frappierend einem Laubblatt. Die kugeligen Algen spielen darin die gleiche Rolle wie die Chloroplasten in den Zellen von Blattpflanzen. In diesen winzigen »Organen« bündelt der grüne Farbstoff, das Chlorophyll, die ständigen Salven des Sonnenlichts und kocht damit aus Kohlendioxid und Wasser den von den Pilzen so begehrten Zucker.

Verglichen mit den Energiekraftwerken in höheren Pflanzen, glimmen die biologischen Meiler der Flechten freilich auf Sparflamme: Auf gleicher Fläche enthalten sie höchstens ein Viertel des Chlorophylls gewöhnlicher Grünpflanzen, und auch die oft bunt gefärbte Kruste schluckt eine Menge Licht.

Deshalb wachsen Flechten so langsam, in kalten Regionen manchmal nur einen Millimeter pro Jahr. Große Placken sind daher uralt: Auf über 4 000 Jahre sind einige Exemplare in Grönland geschätzt worden.

Das starre Aussehen der Flechten, ihre Widerstandskraft gegenüber extremen Lebensumständen ist eine erfolgreiche Strategie. Flechten kämpfen zum Beispiel nicht um jeden Wassertropfen. Während Wüstenpflanzen mit ledrigen Häuten und derben Schalen alle Feuchtigkeit zu speichern versuchen, verhalten sich die Doppelwesen völlig passiv: Ihre durchlässige Rinde hält keinen Tropfen zurück. Stattdessen fallen sie in eine Art Trockenstarre, in einen Zustand des potenziellen Lebens, dem kaum ein Extrem noch etwas anhaben kann.

Doch wie der Inhalt einer Tütensuppe im heißen Wasser kehren die Flechten bei der geringsten Benetzung zur alten Form zurück. Den genüg-

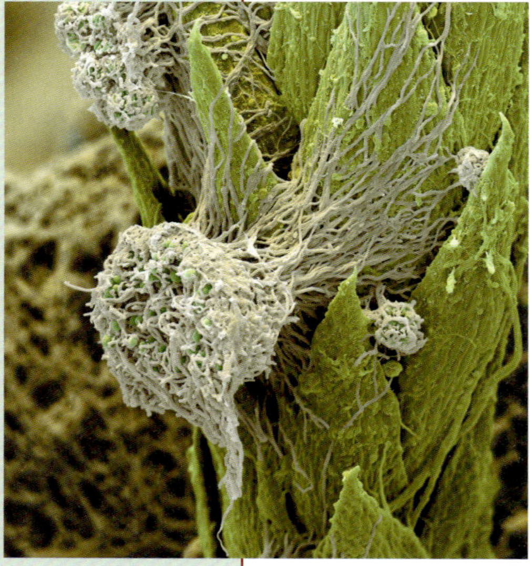

Viele Flechten vermehren sich vegetativ: **Pilzfäden** umschlingen Kugelalgen (unten), und gemeinsam lassen sie sich durch die Luft davontragen. Auf dem **Moospflänzchen** (oben) sind einige Neusiedler einer Strauchflechte gelandet

samsten Krustengewächsen der Namib-Wüste reicht bereits eine Luftfeuchte, die 0,04 Millimeter Niederschlag entspräche, um ihre Fotosynthese anzufahren. Von Tau und Seenebel werden sie jeden Morgen um mehr als 100 Prozent ihres Trockengewichts aufgebläht und erwachen zum Leben. Bis die steigende Sonne wieder den letzten Tropfen Wasser aus ihren Poren gesogen hat. So kurze Wachstumsintervalle genügen, um über die Jahre eine bunte Gemeinschaft aus Krusten und Büscheln auf den staubtrockenen Boden der Namib zu zaubern. Knöchelhohe Polster von Strauchflechten bedecken quadratkilometerweit den Sand.

Weil Flechten selbst dort florieren, wo kein feuchter Humus ihren zarten Wurzeln Halt gibt, zählen sie oft zu den Pionierlebewesen auf Vulkanhalden und Felsmeeren. Einige Experten leiten daraus ab, dass symbiotisch mit Pilzen verschwisterte Organismen womöglich als Erste das Land als Lebensraum erschlossen haben. Damals, so die Theorie, hatten vermutlich nur Gewächse eine Chance, die sich auf dem noch humuslosen Gestein festkrallen konnten und, anders als reine Wasserpflanzen, plötzliche Trockenzeiten erfolgreich durchzustehen vermochten.

Für diese These sprechen die Forschungsergebnisse der vergangenen beiden Jahrzehnte: dass nämlich auch heute nur wenige Grüngewächse ohne die Arbeitsteilung mit Pilzen auskommen. Die Wurzeln von über 90 Prozent aller Landpflanzen sind von Pilzfäden umhüllt. Diese enge Beziehung bezeichnen Experten als Mykorrhiza. Einige behaupten sogar, dass die meisten höheren Pflanzen »keine Wurzeln haben, sondern Mykorrhizen«. In diesen liefert die Pflanze den von Pilzen geschätzten Zucker. Von den Pilzen erhält sie dafür aus dem Boden gelöste Mineralien und Wasser.

Es scheint, dass Pilze viele jener Stoffe überhaupt erst erschließen, die Pflanzen zum Überleben unter harschen Bedingungen brauchen. Kürzlich übertrugen Botaniker symbiotische Pilze von hitzeresistenten Gräsern auf Melonenschösslinge. Und plötzlich hielten diese Spitzentemperaturen von 70 Grad Celsius aus – statt schon bei 38 Grad dahinzuwelken.

Zusammenarbeit, so interpretieren Biologen ihre jüngsten Beobachtungen, scheint ein Prinzip des Lebens zu sein. Alle höheren Zellen, auch unsere eigenen, sind einst durch die Verschmelzung einzelliger Organismen entstanden. Eine zelluläre Urform hat die andere verschluckt, ohne sie wie üblich als Nahrung zu verdauen. Vielmehr kooperierte sie mit dem Wesen in ihrem Inneren. Dadurch machte sie aus ihm einen Endosymbionten, einen nützlichen Arbeiter. Vermutlich gehen auch die Mitochondrien, die Energiestationen der Zelle, auf so genannte Proteobakterien zurück. Und die fotosynthetisch aktiven Chloroplasten waren vermutlich einst unverdaute Cyanobakterien.

Daher könnte es sein, dass Flechten gar keine Extravaganz der Evolution darstellen, sondern nur offener ausleben, was unter Organismen eher die Regel ist.

Die »Symbiogenese«, die gemeinschaftliche Entstehung neuer Lebensformen, werde immer noch unterschätzt, Konkurrenz und Überlebenskampf würden überbetont, meint die amerikanische Biologin Lynn Margulis. Für sie ist die Biosphäre weniger Schauplatz ständiger Konflikte als ein

Aus einer Flechte werden viele

Bei dem Doppelwesen Flechte, einer Symbiose aus Pilz und Alge, ist die Vermehrung mehr als doppelt so kompliziert wie bei den meisten anderen Organismen. Zwischen den beiden Partnern geht es dabei nicht immer partnerschaftlich zu. Nur der Pilz erzeugt Nachkommen (Nr. 4+5) durch Sex. Die Alge ist lediglich an der asexuellen Fortpflanzung beteiligt, wenn die Flechte winzige Kopien von sich selbst hervorbringt (Nr. 6+7)

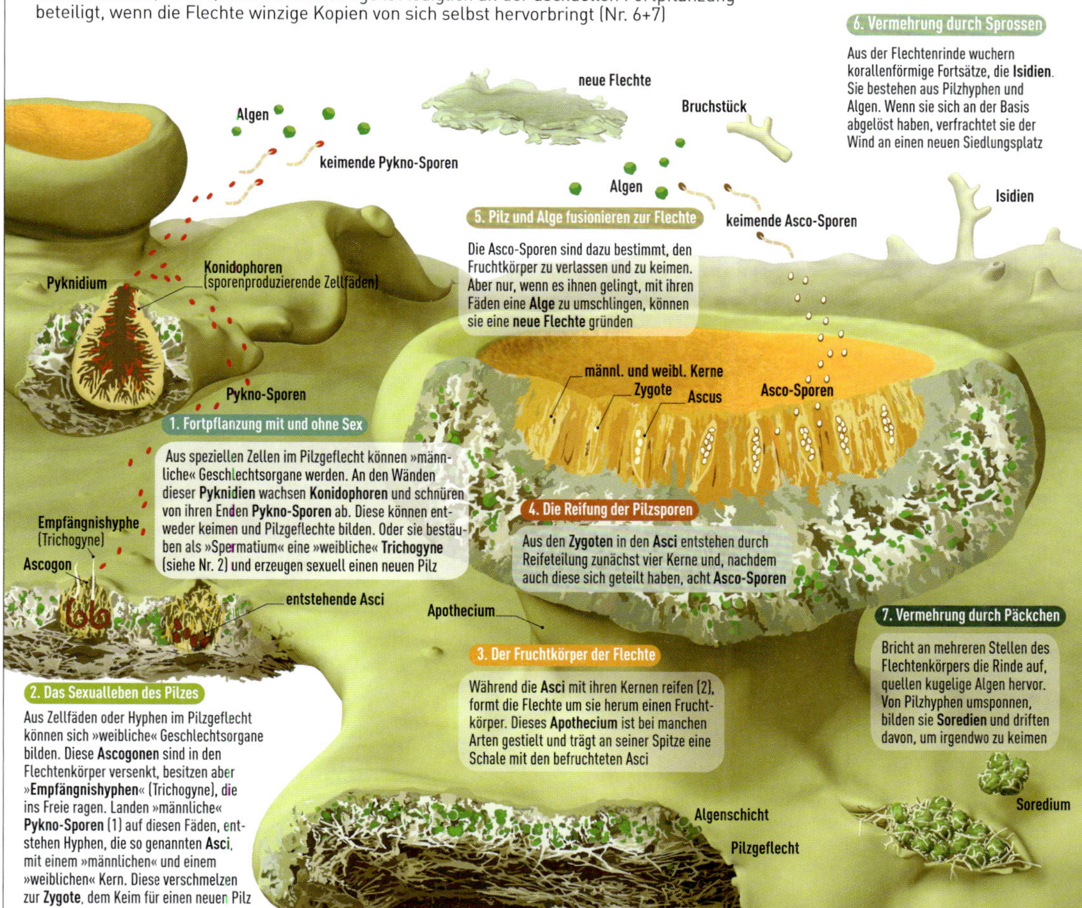

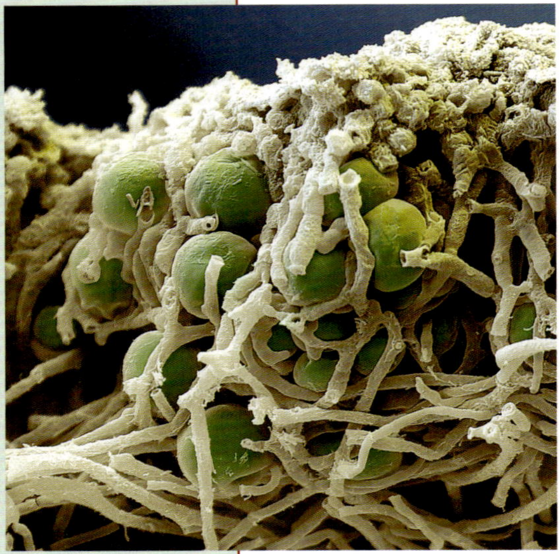

Eng umschlingen die **Pilzfäden einer Blattflechte** (links) ihre Kugelalgen. Das erleichtert den Stoffaustausch durch die Zellwände. Der Pilz liefert dabei Wasser, Mineralien und Logis, von der Alge stammt die Kost. Die **Blattflechte *Xanthoria flammea*** (rechts) deckt ihren Wasserbedarf allein aus der Luft. Ihre orangefarbene Rinde überzieht das küstennahe Gestein der Namib-Wüste. Dort wird sie vom Nebel getränkt, den der Wind ins Land drückt

miteinander verwobenes Muster von Bedürfnissen und Abhängigkeiten. Aus diesem Blickwinkel gesehen, gleichen Ökosysteme einem wundersamen Teppich: Zirkulär hängt alles mit allem zusammen. Zieht man eine Schlaufe heraus, verändert sich das Muster.

Mit ihren intensiv leuchtenden Farbtönen und der grafischen Schönheit ihrer Strukturen sind Flechten die spektakulären Repräsentanten dieses Gefüges. Denn diese Mischwesen leben nicht in Monokulturen, sondern bilden bunte Gesellschaften: Auf der Regenseite eines Baumes

Flechten sind flexibel. Aber deshalb auch besonders verletzlich

kauert eine aus anderen Spezies bestehende Kruste als im Regenschatten; die Lebensgemeinschaft zwischen den Borkenwülsten unterscheidet sich von der auf den Zweigen. In Deutschland können auf einem einzigen Baum bis zu 40 Flechten- und Moosarten siedeln.

Doch das filigrane Netzwerk zwischen den aufeinander angewiesenen Gewächsen ist leicht zu zerreißen. Was Flechten so flexibel macht, macht sie auch besonders verletzlich. Ihre Durchlässigkeit für Wasser und Gase lässt Schadstoffe ungebremst einströmen. Düngemittel und Abgase stärken zum Beispiel die Algenpartner. Sie kündigen die Symbiose auf, und anstelle einer Patina von Strauchflechten tragen Bäume und Mauern nur noch eine Algenschicht.

Weil die symbiotische Sippschaft so sensibel ist, benutzen Forscher sie, um die Luftgüte zu bestimmen. Statt teurer Langzeitanalysen reicht ein kundiger Blick auf die städtischen Parkbäume: Sind sie nur von robusten oder auch von empfindlichen Arten überzogen? Die schlimmste Flechtenvernichtung durch sauren Regen scheint gestoppt. Dennoch stehen in Deutschland heute 61 Prozent aller Arten auf der Roten Liste, mehr als je zuvor.

Bedroht sind sie vor allem vom Schwund urwüchsiger Landschaften, zum Beispiel nährstoffarmer Wiesen und alter Bäume, auf denen die langsamen Wesen Hunderte von Jahren reifen können. So lange nämlich dauert es, bis eine Flechtengesellschaft ihr Gleichgewicht gefunden hat und auch sensible Spezies angewachsen sind. Störungen haben geradezu historische Konsequenzen: Ein vor 200 Jahren ausgebrochener Waldbrand beeinträchtigt noch immer die Flechtenvielfalt in bestimmten Regionen des Schwarzwaldes. Und weil in Deutschland viele Wälder mit Fichten aufgeforstet wurden, deren saure Rinde die meisten Flechten nicht vertragen, kann inzwischen schon das Fällen eines einzigen bewachsenen Baumes bedeuten, dass hierzulande eine Art ausstirbt.

Jeder derartige Rückzug ist immer auch das Schwinden einer weiteren Möglichkeit, Leben zu begreifen. Jenes Leben, das Interaktion ist, Vielfalt, Koexistenz. Denn wo eine Flechte aushält, untermalt sie die Einsicht Goethes, die alles Natürliche betraf: »Kein Lebendiges ist eins«, dichtete er, »immer ist's ein Vieles.« **(2006)**

■ Siehe auch A–Z-Teil

→ Algen · Flechten · Fotosynthese · Luftverschmutzung · Mykorrhiza · Pilze · Symbiose

Wen die Flechtenleidenschaft einmal gepackt hat, den lässt sie so rasch nicht los. Sie inspirierte Dr. Andreas Weber zu einem Buch über die Bedeutung der Natur für den Menschen. Der Fotograf Oliver Meckes und die Biologin Nicole Ottawa liefen monatelang mit der Lupe durchs Gelände, auf der Suche nach weiteren Raritäten für diese optische Sammlung. Ein paar Exemplare sind auch im GEO-Buch »Die fantastische Welt des Unsichtbaren« zu besichtigen.

Text:
Uta Henschel

Können Tiere denken?

Täuschen und betrügen, lernen und sogar Denksportaufgaben lösen: Zu all dem sind Tiere fähig. Doch ob sie wirklich bewusst planen oder lediglich von ihren Instinkten gesteuert werden, darüber streiten die Forscher

Der Seelöwe Tommy reckt den Kopf aus dem Wasser und schaut zu, wie der Biologe Guido Dehnhardt von der Ruhr-Universität Bochum am Rand des Pools drei Leuchtkästen aufbaut. Die Robbe soll zeigen, wie gut sie das beherrscht, was Dehnhardt »mentale Rotation« nennt.

Zuerst leuchtet im mittleren Kasten eine mehrarmige geometrische Form auf. Erlischt sie, erscheint in den Kästen rechts und links einmal eine Kopie des Originals, einmal dessen Spiegelbild.

Tommy soll bestimmen, welche Variante mit dem Original identisch ist. Eine schwierige Aufgabe, denn beide Bilder sind um eine zentrale Achse verdreht, sehen also anders aus als das Vorbild.

Hat der Seelöwe sich entschieden, berührt er die betreffende Form mit der Schnauze und löst einen Kontakt aus. So wird festgehalten, wie lange Tommy braucht und ob er richtig gewählt hat. Seine Trefferquote: 90 Prozent.

Je vielfältiger die Formen werden, desto länger zögert das Tier. Was dabei wohl in seinem Kopf vorgeht, weiß Dehnhardt aus Berichten menschlicher Testpersonen.

Sie haben genau geschildert, wie sie sich das Original einprägten und die zur Wahl stehenden Alternativen vor ihrem geistigen Auge so lange um die Zentralachse drehten – daher »mentale Rotation« –, bis diese die gleiche Position hatten wie das verschwundene Bild. Dann verglichen sie die drei miteinander und bestimmten, welche zwei identisch waren.

Hat Tommy das passende Paar gefunden, geht ein Ruck durch seinen Leib. »Der Aha-Effekt«, sagt Dehnhardt: »Wie bei uns, wenn wir etwas begreifen.«

Soll das heißen, dass Tiere sich Vorstellungen machen? Dass sie ein Bild von der Welt haben, das sie mit der sichtbaren Wirklichkeit vergleichen? Dass sie überlegen, abwägen, bewusste Entscheidungen treffen?

»Es sieht so aus«, meint Dehnhardt.

Der Tierpsychologe Juan Delius aus Konstanz beurteilt den Scharfsinn von Haustauben. Die Vögel können zwischen zwei Näpfen mit verschieden gefärbtem oder gekörntem Kies wählen. Nur in einem ist unter den Steinchen Futter verborgen – was die Tauben durch Picken herausfinden.

Bei Paar AB enthält der Napf A essbare Körner: Wer Napf B wählt, geht leer aus. Bei BC bietet der B-Napf Futter. Beim Durchgang CD ist wiederum C der Futternapf, beim vierten Versuch enthält D die Körner und E Kies pur.

Für manche Forscher sind Tiere nichts weiter als instinktgeleitete Automaten – Schlafwandler des Lebens

Die Vögel durchschauen schnell, nach welchem System die Futterausgabe geregelt ist: Jeweils der zweite Topf einer neu hinzukommenden Kombination enthielt keine Körner. Als bei der Abschlussprüfung das unbekannte Paar BD an sie ausgeteilt wird, picken kluge Tauben folgerichtig in den Napf B.

Offenbar haben sie aus ihren Erfahrungen bewusst den richtigen Schluss gezogen und sind durch Nachdenken ans Ziel gelangt.

Delius aber teilt diese Interpretation nicht. Ein Bewusstsein akzeptiert er nur für Menschen. Den Vögeln gesteht der Wissenschaftler dagegen allenfalls »neuronale Netze« zu, die sich bei Mensch und Tier nicht unterscheiden. Die Netze reagieren auf Reize und leiten Informationen weiter –

Über einen Unterwassermonitor unterhält sich ein Forscher per Gebärdensprache mit einem **Delfin,** der 50 Handzeichen erlernt hat. So kann der Mann den Säuger bitten, einen bestimmten Gegenstand vom Beckengrund nach oben zu befördern

Der **Graupapagei Alex** kann nicht nur plappern, sondern Sprache wirklich benutzen: Problemlos unterscheidet er zwischen Blau und Gelb, Plastik oder Holz

kaum anders als die Schaltkreise in einem Roboter.

Bei der Frage, was wohl in den Köpfen anderer Spezies vorgeht, geizen manche Wissenschaftler noch immer mit Anerkennung. Dass Menschen nicht nur die Bausteine der lebenden Materie mit den Tieren teilen, sondern auch eine gemeinsame Entwicklungsgeschichte des Verstandes, halten sie zwar für möglich.

Aber, so wenden sie ein, nachweisen lässt sich das nicht: Subjektive Erfahrungen könne man nicht untersuchen. Der Regelkanon der Forschung erlaube nur das Sammeln und Auswerten objektiver Daten. Bei den Anhängern dieser Schule gelten Tiere daher als von Instinkten gelenkte Automaten, als Schlafwandler des Lebens.

Von diesem negativen Dogmatismus aber hat sich eine wachsende Fraktion von Experten inzwischen verabschiedet. Sie haben zum Forschungsziel erster Ordnung erklärt herauszufinden, wie animalische Lebewesen Probleme lösen, verschiedene Möglichkeiten geistig durchspielen und überlegen, ehe sie handeln. Einer der Wege, auf denen die Wissenschaftler in die Gedankenwelt der Tiere vordringen, ist deren Kommunikation. Sprachversuche mit Primaten haben dabei den Anfang gemacht.

Kaum hatte der Gorilla Koko im Gehege der Gorilla-Foundation in Woodside, Kalifornien, die Gestensprache der amerikanischen Taubstummen gelernt, machten seine »Mitteilungen« zu Herzen gehende Schlagzeilen: Koko sehnte sich nach einem »Baby« – und erhielt ein Kätzchen. Skeptiker aber taten den Vorgang als Kuriosum ab: Koko, sagten sie, sei »konditioniert«: also darauf trainiert, die gewünschten Handbewegungen zu zeigen, ohne zu wissen, was sie bedeuten.

Doch als bald darauf die erste am Computer geschulte Primatengeneration antrat, war dieser Einwand hinfällig. Die Schimpansin Lana und der Bonobo Kanzi tippten auf den Symboltasten ihres Keyboards ganze Sätze und zeigten so, dass Menschenaffen durchaus die menschliche Sprache verstehen – und sich in ihr verständigen können. Fehlte auf der Tastatur beispielsweise das Zeichen für Gurke, improvisierte Lana einfach den Begriff »grüne Banane«.

Diese Ergebnisse haben zu einer Konjunktur der mentalen Forschung an Tieren geführt. Delfine des Dolphin Institute in Honolulu auf Hawaii bekommen von ihrem Trainer ein Objekt genannt, suchen danach im Pool und drücken ein Ja- oder Nein-Paddel – je nachdem, ob sie es finden oder nicht.

Die Tiere beherrschen 50 Begriffe und verstehen Sätze mit bis zu fünf Wörtern. Dabei können sie unterscheiden zwischen: »Hol den Frisbee und

Meerkatzen haben drei Warnrufe: die »Begriffe« für Leopard, Adler und Python – Fluchtplan inklusive

bring ihn zum Surfboard!« und »Hol das Surfboard und bring es zum Frisbee!« Sie kennen sich demnach in syntaktischen Feinheiten aus.

Graupapagei Alex hat es darin sogar zur Meisterschaft gebracht. Jahrelang hat er zugehört, wenn sich seine Trainerin Irene Pepperberg mit anderen Menschen über das unterhielt, was Alex lernen sollte. So hat er schließlich begriffen, wovon sie sprechen.

Zeigt ihm Irene Pepperberg zwei hölzerne Dreiecke, eines blau, das andere grün, antwortet er auf die Frage »Was ist verschieden?« mit: »Farbe«.

Auf die Frage »Was ist gleich?« antwortet er: »Form«. Auf »Welcher Stoff?« kommt die Antwort »Holz«.

Ersetzt die Biologin das grüne Holzdreieck durch eines aus blauem Plastik und fragt wieder »Was ist jetzt verschieden?«, antwortet Alex: »Stoff«.

Um solche Auskunft geben zu können, muss der Vogel Kategorien bilden und sogar abstrakte Konzepte kennen – wie gleich und ungleich.

Gorillaweibchen Koko (links) wünschte sich mittels der von ihm erlernten Taubstummensprache ein »Baby« – und bekam ein Kätzchen. **Seelöwe Tommy** (rechts) hat gelernt, sich eine Figur zu merken. Und erkennt sie auch in verdrehter Form wieder

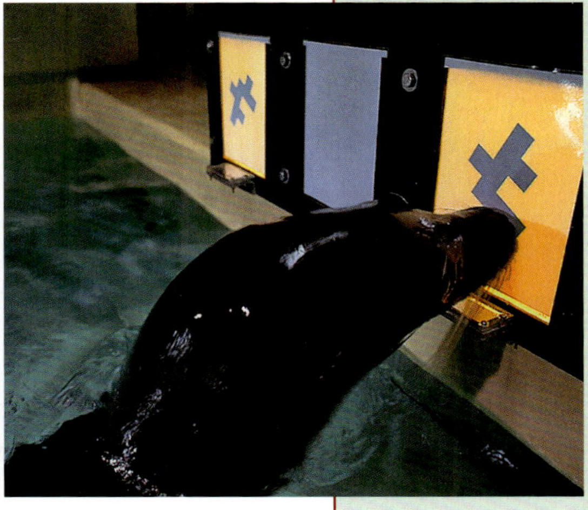

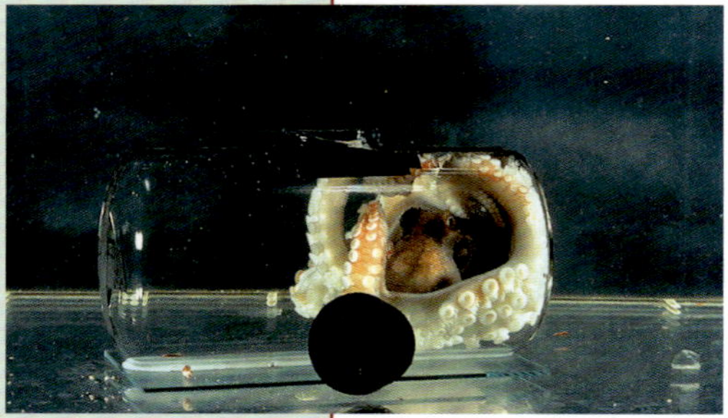

Der **Oktopus** hat nach und nach herausgefunden, wie er den lose aufgesetzten Stöpsel eines Glasbehälters öffnen und sich ins Innere zwängen kann. Um bei weiteren Versuchen an eine Garnele zu kommen, hebelt er den dann tief hereingedrückten Verschluss sogar planmäßig auf

Was diese ersten Einblicke so faszinierend macht: Sie lassen ahnen, wie viel mehr möglicherweise unter natürlichen Bedingungen zu entdecken ist. Denn in den Labors werden die tierischen Wunderkinder ja unter Versuchsbedingungen gehalten, lösen menschliche Denksportaufgaben und kommunizieren mit den Vokabeln der Menschensprache.

Daher hat eine Gruppe von Verhaltensforschern die künstlichen Umwelten der Labors verlassen und die Natur zu ihrem Versuchsfeld gemacht: Sie studieren animalisches Bewusstsein also dort, wo es sich entwickelt hat, weil es fürs Überleben vorteilhaft ist.

Oft brauchten die Biologen Jahre, ehe sie die Kommunikation von Säugetieren, Vögeln, Reptilien, Fischen und Insekten entschlüsseln konnten – diesen subtilen Strom von Mitteilungen aus Haltung, Gerüchen, Lauten, Berührungen, Schwingungen.

Aber die Mühe lohnte sich: Schon aus ersten Übersetzungen erfuhren Forscher, wie nichtmenschliche Individuen ihr Dasein subjektiv erleben und findig eigene Interessen verfolgen.

So identifizierten Biologen im Wortschatz von Meerkatzen drei Warnrufe: die »Begriffe« für Leopard, Adler und Python. Die Savannen-Affen reagieren darauf mit drei unterschiedlichen Fluchtstrategien. Um Leoparden zu entkommen, klettern die Meerkatzen in die Baumwipfel. Vor Adlern verstecken sie sich am Boden. Und vor Pythons rettet sie ein Sprung in die unteren Äste.

Aber nicht jeder Feind wird von den Affen automatisch gemeldet. Sie rufen beispielsweise nicht, wenn sie allein sind. Sie warnen häufiger, wenn sich Verwandte in der Nähe aufhalten. Und sie schweigen hinterhältig, wenn ein Konkurrent sich dem Busch nähert, unter dem sie einen Leoparden lauern sehen. Die Laute verraten also auch etwas über ihre persönlichen Beziehungen zu einzelnen Mitgliedern ihres Verbands.

Auch Schwarzkopfmeisen nehmen es gern genau, wenn sie mit »Tschi-ka-dee«-Zetern einen Räuber melden. Vier »dee«-Silben am Ende des Rufs heißen: kleine wendige Eule, höchste Gefahr! Zwei »dee«-Silben dagegen: großer, schwerfälliger Uhu, keine Panik.

Und Seehunde können am Dialekt von unter Wasser lärmenden Orcas »harmlose« Nachbarn von »gefährlichen« Wanderern entlang der Westküste Nordamerikas unterscheiden: Beim vertrauten Geschnatter fischfressender Schwertwale bleiben die Robben gelassen – die Glissandi der Säugetiere jagenden Orcas dagegen schlagen sie in die Flucht.

Forscher spüren aber nicht nur animalische Arten auf, die sich mit den Strategien ihrer Feinde auskennen. Auch Tiere mit einem Faible für Zahlen sind keine Seltenheit.

Entdeckt etwa ein Spatz im Territorium einer Katze etwas zu fressen, ruft er Artgenossen herbei. Einige von diesen passen dann auf, während die

Experten fragen sich: »Was würde ich jetzt an der Stelle dieses Tieres denken?«

anderen picken – geteiltes Risiko ist halbes Risiko. Aber es muss sich für die Helfer auch lohnen: Also teilt der Finder durch die Zahl der Laute pro Minute mit, dass das Futter für viele Schnäbel reicht.

Primatologen berichten seit Jahren darüber, dass Mitglieder einer Gruppe einander individuell erkennen und unterschiedlich schätzen. Nun stellt sich heraus, dass Augenring-Sperlingspapageien ihre Schwarmgenossen sogar mit »Namen« rufen.

Die Fülle der erforschten Beispiele hat mittlerweile ausgereicht, die Begründung einer neuen Disziplin zu rechtfertigen: der Kognitiven Etholo-

Während das Junge sterbend im Schnee liegt, hält die betrübte **Eisbärenfamilie** bei ihm Wache. Trauert sie wirklich? Von außen sieht es so aus – aber wer kann schon die Gedanken der Tiere lesen ...

Schwierige Selbsterkenntnis: Die meisten Tiere scheitern am »Spiegeltest«. Sie verstehen nicht, dass ihnen das eigene Gesicht entgegenschaut. Delfine und Menschenaffen wie diese **Orang-Utans** aber begreifen das

gie, der Verhaltensforschung des Denkens.

Wo die Experten dieser Fachrichtung durch Abhören nicht weiterkommen, arbeiten sie mit dem Mittel der Empathie. Sie versetzen sich in die Lage eines Tieres und fragen: »Was würde ich an dessen Stelle tun oder denken?«

Sie setzen also ihr eigenes Bewusstsein ein, um ein fremdes zu erkunden – etwa das einer *Heterodon platirhinos*.

In Indiana verfolgten Harry W. Greene und Gordon M. Burghardt die dramatischen Todeszuckungen dieser Schlange, deren Art der vor Feinden schützende Giftbiss fehlt. Bei Gefahr – in diesem Versuch durch eine (ausgestopfte) Eule simuliert – verfällt das Reptil in heftige Krämpfe, entlädt seine Kloake, dreht sich auf den Rücken und liegt da wie tot. Das Maul steht offen, die Zunge hängt heraus, Blut rinnt, die Atmung erlischt.

Manchmal stoßen Forscher auf Phänomene, die ihrer menschlichen Intelligenz Grenzen setzen

Greene und Burghardt aber wollten wissen, ob das Tier seinen Scheintod bewusst inszeniert oder ob die Evolution dabei Regie führt. Im zweiten Falle wäre das Verhalten genetisch vererbt und fixiert und von der Schlange nicht zu steuern.

Was wäre vorteilhafter für mich, wenn ich diese Schlange wäre, lautete die wissenschaftlich ungewöhnliche Frage der Forscher: bewusstlos dazuliegen, bis mein Kreislauf von allein wieder anspringt? Oder nur den Zeitpunkt abzuwarten, bis die Gefahr vorbei ist, und dann rasch zu verschwinden?

Offenbar, so das Ergebnis mehrerer Feldversuche, will die Schlange ihren Feind tatsächlich bewusst täuschen. Denn sie mimte nur so lange den Kadaver, bis die Forscher die ausgestopfte Eule einkassierten.

Das nächste Experiment sollte klären, ob das Tier nur tot spielt, wenn die Biologen es anschauen, oder auch dann, wenn sie wegblicken. Und tatsächlich geschah das, was sich jeder vorstellen kann, der kurz in die Rolle der Schlange schlüpft: Richteten die Forscher ihre Augen auf das Reptil, blieb es wie tot liegen. Wendeten sie die Augen ab, kroch der eben noch starre Leichnam behende davon.

Wer Feinden etwas vormachen will, muss über deren Vorstellungen eben genau Bescheid wissen.

Das gilt ebenso für Tiere, die mit Tricks Opfer fangen. Für Reiher etwa, die Federn oder kleine Zweige auf einem Gewässer schwimmen lassen, um so Fische anzulocken. Oder für Orcas, die Möwen mit halbverdautem, erbrochenem Fisch ködern. Und wohl auch für manche Raubwanzen. Diese Insekten tarnen sich mit Material und Abfällen aus Termitennestern, um unerkannt im fremden Bau Beute zu machen. Gibt es nicht gute Gründe anzunehmen, dass sie vorher überlegen, was sie tun?

Kognitions-Ethologen mögen sich jedenfalls vorläufig nicht festlegen, wo in der Tierwelt die individuelle Intelligenz aufhört und der Instinkt – die Intelligenz der Evolution – beginnt.

Manchmal stoßen die Forscher auch auf Phänomene, die ihrer menschlichen Intelligenz Grenzen setzen. So wissen sie bis heute nicht, wie Huftiere der afrikanischen Savanne aus der Haltung eines zur Jagd aufbrechenden Löwenrudels »herauslesen«, wann Zebra-, Gnu- oder Büffeltag ist: ob sie also flüchten müssen oder weiter weiden können.

Und auch nach über 20 Studienjahren haben Ornithologen noch immer keine Ahnung, wie weibliche Birkhühner unter den Bewerbern um ihre Gunst unweigerlich genau den aussuchen, der am längsten leben wird. **(2005)**

■ **Siehe auch A–Z-Teil**

→ Gebärde · Instinkt · Tiersprache · Verhalten · Verhaltensforschung

Uta Henschel ist GEO-Redakteurin und verfolgt seit vielen Jahren die Forschungsergebnisse über tierische Intelligenz. Was die Wissenschaftler ihr nicht erklären konnten, das bringt sie oft zu Hause in Erfahrung – von ihrem Kater »Moustache«.

Text:
Ute Eberle

Mein Reich, meine Melodie

Gesang ist Männersache, zumindest bei den meisten der rund 4600 Singvogelarten: Sie trällern, sie pfeifen, sie bimmeln wie Glöckchen. Mit hochkomplexen Melodien verteidigen sie ihre Reviere, geben Auskunft über ihren Gesundheitszustand oder verspotten ihren Nachbarn

Das Konzert beginnt, noch ehe die Sonne aufgeht: Ein erster Vogel flattert von seinem geschützten Schlafplatz auf einen hohen Ast oder einen Hausgiebel und fängt an zu singen. Ein zweiter folgt, dann ein dritter, und bald scheint es, als vereinten sich sämtliche Vögel der Nachbarschaft zu einem lauten und ungeordneten Chor.

Das morgendliche Pfeifen und Trillern ist jedoch kein Ausdruck von Lebensfreude, sondern hat eine wichtige Funktion: »Vögel singen nach dem Aufstehen, um ihre Nachbarn daran zu erinnern, dass es sie noch gibt und dass sie die Nacht gut überstanden haben«, so Sandra Vehrencamp vom Cornell Lab of Ornithology im US-Staat New York, eine Spezialistin für die Gesänge der Akazienzaunkönige. Der Morgenchor stellt dabei nur den Auftakt dar. Singen ist für Vögel eine Ganztagsbeschäftigung, harte Arbeit – und wichtiges Instrument im Überlebenskampf.

So liefern sich die männlichen Akazienzaunkönige oft regelrechte Kampfgesänge. Will so ein Vogel sein Revier vergrößern – etwa weil ein ausgeguckter Nistplatz zu nahe an der Grenze zum Territorium des nächsten Zaunkönigs liegt –, pfeift er oft Lieder aus dem Repertoire des Nachbarn, um ihn zu provozieren, zu verspotten, zum Duell zu fordern.

Dieser tut es ihm gleich oder geht zum akustischen Angriff über, indem er die exakt gleichen Lieder möglichst laut zurücksingt, den Rivalen sogar unterbricht und die Melodie für ihn beendet.

Manchmal singen die Vögel stunden- oder sogar tagelang gegeneinander an. »Auf diese Weise versuchen sie, durch Imponiergehabe ihre Kräfte zu messen«, sagt Sandra Vehrencamp, »um herauszufinden, wie wichtig diese paar Meter Territorium dem anderen wirklich sind.« Gibt keiner der beiden nach, endet das Singduell schließlich damit, dass sich die Vögel in Sturzflügen und mit Schnabelhieben attackieren.

Ein Akazienzaunkönig kann aber sängerisch auch den Rückzug einleiten. Dazu entschärft er die Situation, indem er als Botschaft an seinen Gegner ein Lied pfeift, das dieser nicht im Repertoire hat. Dies ist das Deeskalationssignal des Zaunkönigs. Da körperliche Auseinandersetzungen oft zum Tod führen können, gibt es eine solche Verhaltensweise bei vielen Tieren.

Auch abseits von Revierstreitigkeiten ist Singen das wichtigste Kommunikationsmittel der Vögel. Unter anderem verrät das, was die Männchen singen und wie sie es tun, den Weibchen, wie gesund sie sind und wie erfahren und erfolgreich im Überlebenskampf. Vieles an diesen melodiösen Signalen ist so subtil, dass die Wissenschaft es noch nicht entschlüsselt hat. Doch so viel ist klar: Wie gut ein Vogel singt, spielt eine entscheidende Rolle dafür, ob er sich fortpflanzen und seine Gene weitergeben kann.

Deshalb ertönt der Zwitscherchor am vielfältigsten und lautstärksten, wenn erst einmal die Balzsaison begonnen hat. Hormone sind für einen guten Teil des Krawalls verantwortlich. Bei den meisten Vogelarten singen nur die Männchen, durch deren Körper in den ersten hellen und warmen Monaten des Jahres besonders viel Testosteron zirkuliert. Von dem Hormon angestachelt, trillern sie so ausgiebig und kreativ wie sonst das ganze Jahr nicht, und das spiegelt sich auf dramatische Weise auch in ihren Gehirnen wider.

ORNITHOLOGEN HABEN HERAUSGEFUNDEN, dass die das Singen steuernden Regionen in den Gehirnen der Männchen, die »Liedschaltkreise«, im Frühjahr deutlich an Masse zunehmen. Flaut die Testosteronproduktion und damit das Singen im Verlauf des Sommers dann wieder ab,

DIE KUNST ZU ZWITSCHERN

Singvögel können variantenreich trällern, weil feine Membranen in ihren Kehlen die Luft erzittern lassen

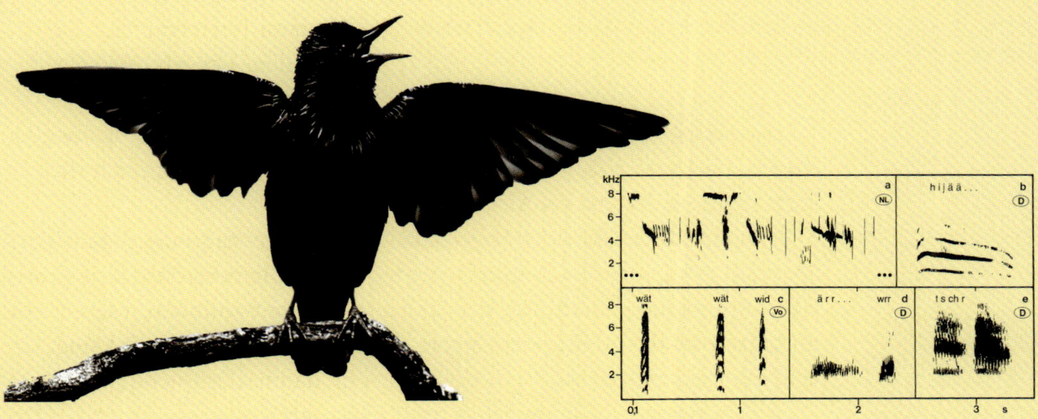

Gern imitiert der Star fremde Vogelstimmen, darunter auch das lang gezogene »hijää ...« des Mäusebussards, wie das mit Mikrofon und Schallschreiber aufgezeichnete Sonagramm (Abschnitt b) illustriert. Stare singen mit weit offenem Schnabel und seitlich abgestellten Flügeln

WENN DOHLEN ES KLINGELN LASSEN

Manche Singvögel lernen bis ins hohe Alter immer neue Melodien. Dabei lassen sie sich auch von Menschen inspirieren

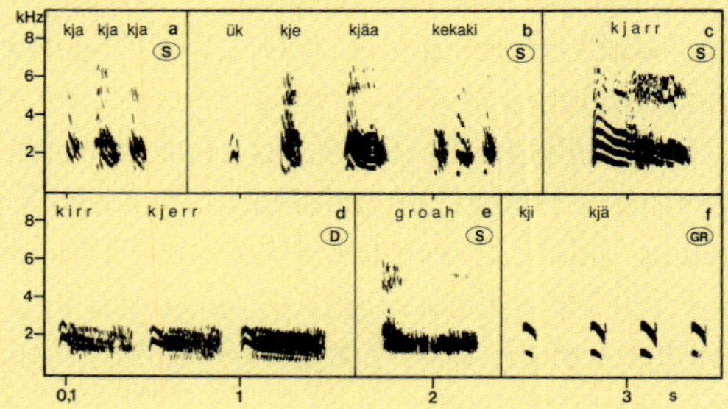

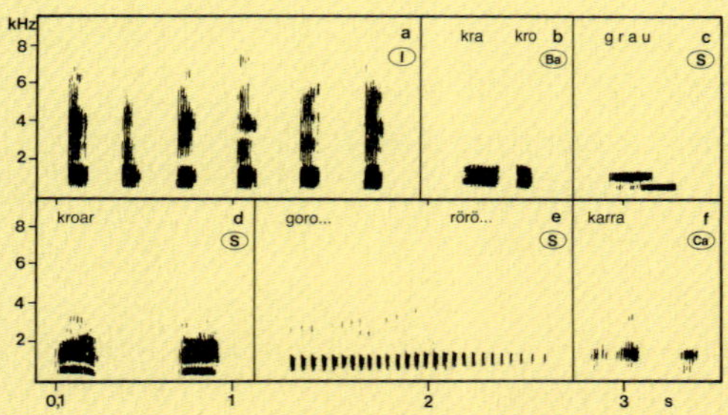

Dohlen sind keine guten Sänger, dafür aber gesellige Schwätzer. Sie verfügen über ein großes Repertoire an Rufen: vom kurzen, in schneller Folge wiederholten »kja« (a) über das lang gedehnte »groah ...« (e) bis zum fast perfekt imitierten Klingeln eines Mobiltelefons. Auch der Kolkrabe (unten) ist ein recht guter Imitator. Bei Balzspielen lässt er ein schnelles »krokro ...« (a) hören, seine Luftkämpfe mit Greifvögeln begleitet ein kurzes »karra...« (f)

schrumpfen diese Areale. Eine Sensation: Bis dahin hatten Wissenschaftler angenommen, dass sich ein erwachsenes Gehirn – gleich welcher Spezies – nicht mehr verändern kann.

Die einzelnen Töne des Vogelgesangs entstehen tief in der Kehle, kurz oberhalb der Lunge. In diesem Bereich, wo sich die Luftröhre in die zwei Hauptbronchien gabelt, sitzt die Syrinx: ein System von Membranen, die im Luftstrom des Atems schwingen und die das Tier durch winzige Muskeln manipulieren kann.

Die Singvögel – von denen es rund 4600 Arten gibt – besitzen zur Regulierung der Syrinx einen besonders komplex gebauten Muskelapparat mit meist fünf bis neun Muskelpaaren, dank derer sie die Membrane verschieden fest anspannen und wieder entspannen können. So entstehen Schallwellen unterschiedlicher Frequenzen.

Singvögel haben zudem eine rechte und eine linke Syrinxkammer, zwischen denen sie hin- und herschalten. Auf diese Weise können etwa tiefe Töne links und hohe rechts erzeugt werden. Bei komplizierten Tonfolgen vibriert es in beiden Syrinxkammern gleichzeitig, die Vögel begleiten sich gewissermaßen selbst.

Die so produzierten Melodien sind derart komplex, dass sich Ornithologen technische Tricks einfallen lassen mussten, um sie überhaupt gründlich studieren zu können. Mit einem Schallschreiber verwandeln sie Mikrofonaufnahmen dieser Tonfolgen in Kurven, die Frequenzen, Lautstärke sowie die Dauer der Töne darstellen. Dabei fällt den Forschern immer wieder auf, dass viele Vögel – etwa Meisen und Ammern – Tempo- und Tonartwechsel in ihre Melodien einbauen.

Wer mit vielen Strophen aufwarten kann, hat den größeren Bruterfolg

Doch selbst die virtuosesten Sänger werden nicht als solche geboren. Wie ein Kleinkind das Sprechen von den Eltern, so muss ein Singvogel das Trällern von den Alttieren lernen. Jede Spezies pflegt charakteristische Klangfolgen von bis zu 300 000 Tönen, die mancher Vogel immer wieder neu zu »Liedern« kombiniert – von den Ornithologen »Strophen« genannt.

Dabei kann es sich – wie etwa bei dem in Australien heimischen Zebrafinken – um eine einzige, kurze Strophe handeln, die das Tier sein Leben lang unbeirrbar wiederholt. Oder um ein Repertoire von gut fünf (Kohlmeisen), etwa 30 (Amseln) oder gar mehr als 2 000 Strophen (Rote Spottdrossel). Manche Strophen, so die des Feldschwirls, dauern über 100 Minuten.

Die Fähigkeit, komplexe Lautfolgen durch Imitation zu lernen, verschafft den Singvögeln eine Ausnahmestellung. Nur einige Fledermaus-, Papageien- und Kolibriarten sowie manche Wale und Delfine beherrschen Vergleichbares.

Die ersten Versuche der Jungvögel ähneln noch dem Brabbeln eines Kleinkinds. Erst mit viel Übung gelingt es ihnen, die abgelauschten und in den Liedschaltkreisen gespeicherten Tonfolgen sowie die eigene Singmotorik so weit in Einklang zu bringen, dass sie die Melodien fehlerfrei und klar nachzwitschern können.

Ganz anders verläuft dies bei den so genannten »Signalrufen«, mit denen sich Vögel etwa gegenseitig vor Angreifern warnen oder als Jungtiere um Futter betteln. Diese vergleichsweise simplen Klangfolgen sind angeboren und müssen nicht trainiert werden.

Manche Papageien und Singvögel – etwa Dohlen, Stare und Eichelhäher – behalten die Fähigkeit, sich neue Melodien einzuprägen, bis ins hohe Alter. Dabei lassen sie sich nicht nur von fremden Vögeln, sondern auch von menschengemachten Geräuschen inspirieren, ahmen etwa Telefonklingeln nach – und bauen dadurch ihr Repertoire immer weiter aus.

Die Rote Spottdrossel eignet sich auf diese Weise jene rund 2 000 Strophen an, die ein erwachsener Vogel beherrscht. Der Zebrafink dagegen ist nur in den ersten Lebensmonaten lernfähig. Lässt man die Vögel in dieser sensitiven Periode künstlich ertauben oder spielt ihnen das falsche Gezwitscher vor, entwickeln sie abnormale Klangfolgen, die sich nicht mehr korrigieren lassen.

Wie viele Strophen ein Vogelmännchen beherrscht, hängt vermutlich damit zusammen, wie wählerisch die Weibchen im Lauf der Evolution auf die Sangeskünste reagiert haben. »Bei den Rohrsängern etwa ist Vielfalt wichtig«, erklärt Peter Becker vom Institut für Vogelforschung in Wilhelmshaven. »Wer mit vielen Strophen aufwarten kann, bekommt die besten Reviere, paart sich eher und hat den größten Bruterfolg.« Auch bei Arten mit kleinerem Repertoire fliegen die Weibchen bevorzugt zu jenen Sängern, die unter anderem vielfältiger und klarer singen als ihre Rivalen.

Dabei fallen die Umworbenen keineswegs auf Prahlerei herein. »Es ist nicht einfach, diese komplexen Tonfolgen zu produzieren, und sie bieten den Weibchen die Chance zu testen, wie vital und gesund ein Männchen ist«, erklärt die US-Ornithologin Sandra Vehrencamp. Ein größeres Repertoire oder ein besonders sauberer Vortrag würden zusätzlich darauf hinweisen, dass ein Kandidat bereits erfahren ist. Viele Weibchen schätzten das.

»Ein etwas älteres Männchen ist geübter im Kämpfen und bei der Aufzucht der Jungen und kennt auch sein Revier besser«, so Sandra Vehrencamp. Ohnehin halten die erfahreneren Männchen oft die besseren Territorien – das bedeutet: vorteilhaftere Nist- und Futterstellen.

Gesang kann auch verraten, woher ein Vogel stammt. Denn so wie Ostfriesen anders reden als Bayern, zwitschern Singvögel in Dialekten. Der Regenruf eines Buchfinken etwa – den der Vogel bei schlechtem Wetter ausstößt, wenn andere Arten schweigen – ändert sich oft innerhalb weniger Kilometer. So erklingt er in Osnabrück als huit, östlich von Osnabrück als wrüd, in Norddeutschland als huid und im südlichen Schwarzwald als tititüt.

Auch die Goldammer pflegt lokale »Mundarten«, und Studien haben gezeigt, dass Weibchen sich bevorzugt mit Männchen aus ihrer eigenen Dialektgruppe paaren. Driften die Lokalsprachen weit genug auseinander, kann sich eine Art sogar in zwei neue teilen.

Haben sich die Paare gefunden, schwindet die Sangeslust der Männchen gewöhnlich deutlich. In den warmen Sommermonaten wird es dann ruhiger in den Wipfeln und Gärten. Bis zur nächsten Balzsaison. **(2005)**

■ Siehe auch A–Z-Teil

→ Balz · Singvögel · Territorium · Tiersprache · Vögel

Ute Eberle lebt als Wissenschaftsautorin in Leiden/Niederlande.